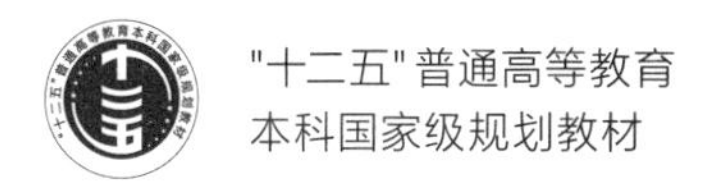

机械原理

第九版

西北工业大学机械原理及机械零件教研室 编著

孙桓 葛文杰 主编

高等教育出版社·北京

内容提要

本书为“十二五”普通高等教育本科国家级规划教材，是在孙桓、陈作模、葛文杰主编的《机械原理》(第八版)的基础上，根据高等学校《机械原理课程教学基本要求》，并结合多年来的教学实践经验及我国机械工业发展的需要修订而成的。本书保持了原书的一贯特色：系统严密、叙述清晰、概念正确、措辞严谨、图表规范、文笔流畅、可读性好；便于学生学习和其他工程技术人员自学，具有良好的教学适用性。同时，还将某些已较为成熟的新技术、新成果、新概念、新理论充实到教材内容中，使教材在内容上保持了先进性、工程实用性和启迪性。为了培养学生的创新思维和能力，本书特增加了许多应用很成功、具有一定创新性的工程实例，以期对读者的创造性思维有所启发，并使得教材内容更加丰富。

除绪论外，全书共分三篇13章，第一篇机构分析基础，内容包括：机构的结构分析、平面机构的运动分析、平面机构的静力分析、机械的动力分析、机械的平衡、机械的运转及其速度波动的调节；第二篇常用机构设计，内容包括：连杆机构及其设计、凸轮机构及其设计、齿轮机构及其设计、齿轮系及其设计、其他常用机构；第三篇机械方案设计，内容包括：机械系统的方案设计、机器人机构及其设计。章后附有思考题及练习题和阅读参考资料。

本书可作为高等学校机械类专业的教材，也可供其他相关专业的师生及工程技术人员参考。

图书在版编目(CIP)数据

机械原理/西北工业大学机械原理及机械零件教研室编著；孙桓，葛文杰主编. --9版. --北京：高等教育出版社，2021.5(2023.12重印)
ISBN 978-7-04-055589-9

Ⅰ.①机… Ⅱ.①西… ②孙… ③葛… Ⅲ.①机械原理-高等学校-教材 Ⅳ.①TH111

中国版本图书馆CIP数据核字(2021)第025403号

Jixie Yuanli

策划编辑 卢广　责任编辑 卢广　封面设计 张申申　版式设计 杜微言
插图绘制 邓超　责任校对 马鑫蕊　责任印制 田甜

出版发行 高等教育出版社
社　　址 北京市西城区德外大街4号
邮政编码 100120
印　　刷 北京市白帆印务有限公司
开　　本 787 mm×1092 mm 1/16
印　　张 26
字　　数 620千字
购书热线 010-58581118
咨询电话 400-810-0598
网　　址 http://www.hep.edu.cn
　　　　 http://www.hep.com.cn
网上订购 http://www.hepmall.com.cn
　　　　 http://www.hepmall.com
　　　　 http://www.hepmall.cn
版　　次 1959年6月第1版
　　　　 2021年5月第9版
印　　次 2023年12月第5次印刷
定　　价 53.00元

物 料 号 55589-A0

机械原理
第九版

西北工业大学
机械原理及机械零件
教研室 编著

孙桓 葛文杰 主编

1 计算机访问http://abook.hep.com.cn/12269376，或手机扫描二维码，下载并安装Abook应用。

2 注册并登录，进入"我的课程"。

3 输入封底数字课程账号（20位密码，刮开涂层可见），或通过Abook应用扫描封底数字课程账号二维码，完成课程绑定。

4 单击"进入课程"按钮，开始本数字课程的学习。

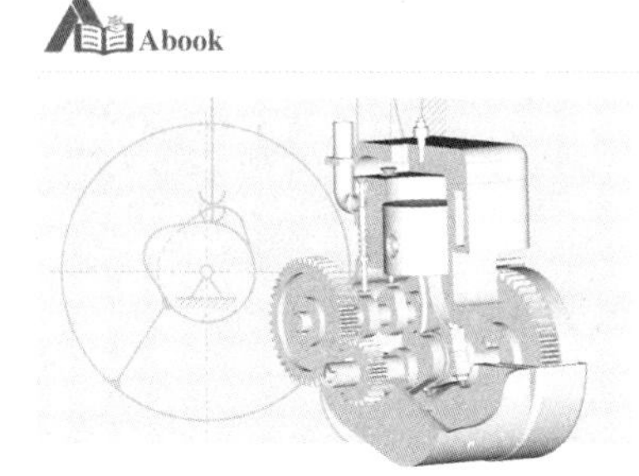

课程绑定后一年为数字课程使用有效期。受硬件限制，部分内容无法在手机端显示，请按提示通过计算机访问学习。

如有使用问题，请发邮件至abook@hep.com.cn。

http://abook.hep.com.cn/12269376

第九版序

本书是在前八版的基础上，根据作者多年来教学实践的经验，结合高等学校教学改革、科技前沿发展和当前“新工科”建设的最新成果，吸收国际工程教育“以学生为中心，以能力为核心”的理念，适应我国实施创新驱动发展和机械工业自身发展的需要修订而成的。

本次修订，在方便教师教学和培养学生创新能力这一原则的指导下，从以下几个方面进行了调整、更新与改进。

首先，变革体系。本次修订，将全书内容分为机构分析基础、常用机构设计及机械方案设计三篇，从第一、二篇的分析与设计基础理论出发，落脚于第三篇的机械系统和机器人系统的方案创新方法，并结合机械原理课程设计和创新实践教学，形成了以“分析基础、设计综合及系统创新”为主线，以工程师的工程创造力培养为目标的课程教学新体系，从而适应新时代工程教育和创新教学对本课程的发展要求。

其次，更新内容。本次修订，以“问题为导向”，调整了部分章节内容和结构顺序，加强了图解思维和电算解析的分析与设计相关内容，扩充了相关工程评价、创新设计内容和前瞻性知识（加有 * 号的小字部分），并引入了许多典型的贯通式机械分析及产品创新设计的工程案例，以及面向学科交叉领域的应用创新实例、例题及习题。为了既不增加教材篇幅，又能为学生提供拓展学习资料，其中部分内容利用二维码进行链接延伸。本书通过对内容的更新、补充，希望学生学习本课程后，可以获得“厚基础、宽视野、强分析及解决工程复杂问题能力”的培养，并能满足以“分析、评价及创新”为主线的工程认知能力和思辨创新能力培养的工程创新教育发展的新要求。

再者，建设更全面的配套资源。为了满足课程教学和学生自主学习的需要，进一步加强了本书配套的线上、线下资源建设。我们同时在中国大学“爱课程”平台建设了《机械原理在线开放课程》和《机械原理精品资源共享课》，在高等教育出版社云课程平台建设了《机械原理数字课程》等网络教学与学习开放资源；与本书配套的《机械原理学习指南》（第六版）、《机械原理作业集》（第四版）、《机械原理课程设计》等辅助教材也将同步出版；《机械原理教案素材》及《机械原理数字教材》等辅教辅学软件也将陆续推出。这些课程教学与学习多媒体优质资源，不论对各类院校相关专业教师的教学，还是学生的学习，都将会提供方便。使用这些资源，将能有效推进新时代“互联网+创新”教育背景下实施“以教师为主导、以学生为中心”的线上线下课程混合式教学模式的改革；促进学生在“教材+课程+互联网”模式下利用多元化的资源及信息化手段进行自主、合作及探究学习，从而提高课程教学质量及学习效率，以适应新时代、新工科对个性化、多样性及创新型人才培养的教学需要。

本书自 1959 年第一版出版以来，在孙桓先生的带领下，先后由孙桓、陈作模等担任主编，经历教研室两代人的集体努力，至今已是第九版，培养了一批又一批的机械专业工程技术人才。本书融入了西北工业大学机械原理 60 多年来课程与教材建设的经验和教学改革的成果，同时也融入了我国机械原理一线教师的集体智慧与课程的教学文化以及“传、帮、带”课程教研的优良传统，成为目前国内机械原理课程最受欢迎和最具影响力的教材之一。为此，编者一直长期坚守着教研室这一基层教学组织和传统教学文化，从事教研、教材建设与课程教学。本书修订过程中，既力求继续保持原有特色，又坚持内容上的与时俱进，为适应新时代高等工程创新教育发展新要求进行了一些大胆的改革实践，以期不辜负本书前辈编者和广大读者的期望。

本书由西北工业大学机械原理及机械零件教研室编著，孙桓、葛文杰主编。参加本书修订工作的有葛文杰（第1、2、3、4、5、8、13、14章）、陈作模（第11章）、苏华（第6、7章）、张永红（第9章）、王三民（第10章）、董海军（第12章）。

教育部高等学校机械基础课程教学指导分委员会主任委员、清华大学阎绍泽教授精心审阅了本书，提出了不少宝贵的意见，特致以衷心感谢。

本书在编写过程中参考了许多论文、教材与专著，在参考文献中未能一一列出，在此一并向这些文献的作者表示诚挚的谢意。

限于编者的水平，书中难免有漏误及不当之处，敬请广大读者不吝指正。

联系地址：陕西省西安市西北工业大学178信箱（邮编710072）；邮箱：gwj@nwpu.edu.cn。

编　者

2020年12月

目录

第1章　绪论 …… 1
1.1　本书研究的对象及内容 …… 1
1.2　学习机械原理课程的目的 …… 7
1.3　机械原理课程的学习方法 …… 8
1.4　机械原理学科发展现状简介 …… 9

第一篇　机构分析基础

第2章　机构的结构分析 …… 13
2.1　机构结构分析的内容及目的 …… 13
2.2　机构的组成、分类及其简图表达 …… 13
2.3　机构的运动确定性及其自由度分析 …… 25
2.4　平面机构的组成原理、结构分类及分析与综合 …… 33
2.5　机构的变换原理及其结构创新设计 …… 36
*2.6　机构结构的型综合及其合理设计 …… 43
思考题及练习题 …… 48
阅读参考资料 …… 54
第3章　平面机构的运动分析 …… 55
3.1　机构运动分析的任务、目的和方法 …… 55
3.2　用图解法作机构的运动分析 …… 55
3.3　用解析法作机构的运动分析 …… 66
思考题及练习题 …… 75
阅读参考资料 …… 81
第4章　平面机构的静力分析 …… 82
4.1　机构力分析的任务、目的和方法 …… 82
4.2　运动副中摩擦力的确定 …… 84
4.3　考虑摩擦时机构的静力分析 …… 89
4.4　机械的效率及其计算与提高措施 …… 95
4.5　机械的自锁及其自锁条件的确定与应用 …… 99
思考题及练习题 …… 107
阅读参考资料 …… 112
第5章　机械的动力分析 …… 113
5.1　机械动力分析的任务、目的及方法 …… 113
5.2　构件惯性力的确定 …… 114
5.3　不考虑摩擦时机构的动态静力分析 …… 116
思考题及练习题 …… 125
阅读参考资料 …… 126
第6章　机械的平衡 …… 127
6.1　机械平衡的目的及内容 …… 127
6.2　刚性转子的平衡 …… 128
6.3　平面机构的平衡 …… 137
思考题及练习题 …… 142
阅读参考资料 …… 145
第7章　机械的运转及其速度波动的调节 …… 146
7.1　概述 …… 146
7.2　机械的运动方程式 …… 148
7.3　机械运动方程式的求解 …… 153
7.4　稳定运转状态下机械的周期性速度波动及其调节 …… 157
7.5　机械的非周期性速度波动及其调节 …… 164
*7.6　考虑构件弹性时的机械运转简介 …… 166
思考题及练习题 …… 169
阅读参考资料 …… 172

第二篇　常用机构设计

第8章　连杆机构及其设计 …… 175
8.1　连杆机构及其传动特点 …… 175
8.2　平面四杆机构的基本类型及应用 …… 177
8.3　平面四杆机构的基本特性 …… 185

8.4 平面四杆机构的设计 …………………… 194
8.5 平面多杆机构 ………………………… 211
8.6 空间连杆机构简介 …………………… 217
思考题及练习题 ………………………… 221
阅读参考资料 …………………………… 227
第 9 章 凸轮机构及其设计 …………… 228
9.1 凸轮机构的应用、分类和选型 ……… 228
9.2 推杆的运动规律 ……………………… 232
9.3 凸轮轮廓曲线的设计 ………………… 240
9.4 凸轮机构基本尺寸的确定 …………… 245
9.5 凸轮机构的分析与反求设计 ………… 250
*9.6 高速凸轮机构简介 …………………… 252
思考题及练习题 ………………………… 255
阅读参考资料 …………………………… 257
第 10 章 齿轮机构及其设计 …………… 258
10.1 齿轮机构的类型及传动特点 ……… 258
10.2 齿轮的齿廓曲线 …………………… 261
10.3 渐开线直齿圆柱齿轮传动 ………… 262
10.4 渐开线变位齿轮简介 ……………… 276
10.5 斜齿圆柱齿轮传动 ………………… 280
10.6 直齿锥齿轮传动 …………………… 286
10.7 蜗轮蜗杆传动 ……………………… 289
*10.8 其他齿轮传动简介 ………………… 292
*10.9 齿轮机构动力学简介 ……………… 298
思考题及练习题 ………………………… 300
阅读参考资料 …………………………… 303
第 11 章 齿轮系及其设计 ……………… 304
11.1 齿轮系及其分类 …………………… 304
11.2 轮系的传动比 ……………………… 306
11.3 轮系的功用及创新应用 …………… 310
11.4 行星轮系的效率 …………………… 315
11.5 行星轮系的选型及设计的基本知识 ………………………………… 316
*11.6 其他新型行星齿轮传动简介 ……… 321
思考题及练习题 ………………………… 324
阅读参考资料 …………………………… 328
第 12 章 其他常用机构 ………………… 329
12.1 间歇运动机构 ……………………… 329
12.2 摩擦轮传动机构 …………………… 344
*12.3 带有挠性元件的传动机构 ………… 348
12.4 组合机构 …………………………… 354
12.5 含有某些特殊元器件的广义机构 ………………………………… 359
思考题及练习题 ………………………… 361
阅读参考资料 …………………………… 362

第三篇 机械方案设计

第 13 章 机械系统的方案设计 ……… 365
13.1 概述 ………………………………… 365
13.2 机械工作原理的拟定 ……………… 366
13.3 执行构件的运动设计和原动机的选择 ………………………………… 368
13.4 机构的选型和变异 ………………… 372
13.5 机构的组合 ………………………… 375
13.6 机械系统方案的拟定 ……………… 378
*13.7 机械系统方案拟定举例 …………… 381
*13.8 现代机械系统发展情况简介 ……… 385
思考题及练习题 ………………………… 386
阅读参考资料 …………………………… 386
第 14 章 机器人机构及其设计 ……… 387
14.1 概述 ………………………………… 387
14.2 机器人的分类及主要技术指标 …… 387
14.3 机器人机构的运动分析 …………… 391
14.4 机器人机构的静力和动力分析 …… 398
14.5 机器人机构的设计 ………………… 399
思考题及练习题 ………………………… 402
阅读参考资料 …………………………… 404
参考文献 ……………………………………………………………………………… 405

钻木取火（人类文明的开始）

第1章

绪论

1.1 本书研究的对象及内容

本书名“机械原理”(theory of machines and mechanisms),顾名思义,可知其研究的对象是机械(machinery),机械是机构(mechanism)和机器(machine)的总称。而其研究的内容则是有关机械的基本理论问题,即关于机构和机器分析与设计的基本理论问题。

1. 机构和机器

对于机构,实际上并不陌生,在理论力学课程中已对一些机构(如连杆机构及齿轮机构等)的运动学及动力学问题进行过研究。在日常生活中,常见的连杆机构如雨伞骨架、折叠椅、可调台灯、楼房窗扇启闭器、汽车挡风玻璃雨刷器等,常见的齿轮机构如机械钟、酒瓶软木塞起拔器、减速器及变速箱等,常见的螺旋机构如活动扳手、汽车千斤顶等。而在工程实际中,常见的机构还有带传动机构、链传动机构、凸轮机构、棘轮机构、槽轮机构等。由此可见,机构是一种用来传递与变换运动和力的可动装置。

至于机器,通常是根据某种使用要求而设计的用来变换或传递能量、物料和信息的执行机械运动的装置。常见的机器如用来变换能量的电动机或发电机、用来变换物料状态的加工机械、用来传递物料的起重运输机械、用来变换信息的计算机或打印机等。

在日常生活和生产中,我们都接触过许多机器。各种不同的机器具有不同的形式、构造和用途,但通过分析可以看到,这些不同的机器,就其组成来说,却都是由各种机构组合而成的。例如图 1-1 所示的单缸四冲程内燃机就包含着由气缸 9、活塞 8、连杆 3 和曲轴 4 所组成的连杆机构,由齿轮 1 和 2 所组成的齿轮机构以及由双凸轮轴 5 和阀门推杆 6、7 所组成的凸轮机构等。又如图 1-2a 所示为一工件自动装卸装置,其中就包含着带传动机构、蜗杆传动机构、凸轮机构和连杆机构等。此装置的工作流程是:当电动机通过各机构驱动滑杆向左移动时,滑杆上的动爪和定爪将工件夹住。当滑杆带着工件向右移动(图 1-2b)到一定位置时,夹持器的动爪受挡块的压迫将工件松开,于是工件落于工件载送器上,被送到下道工序。

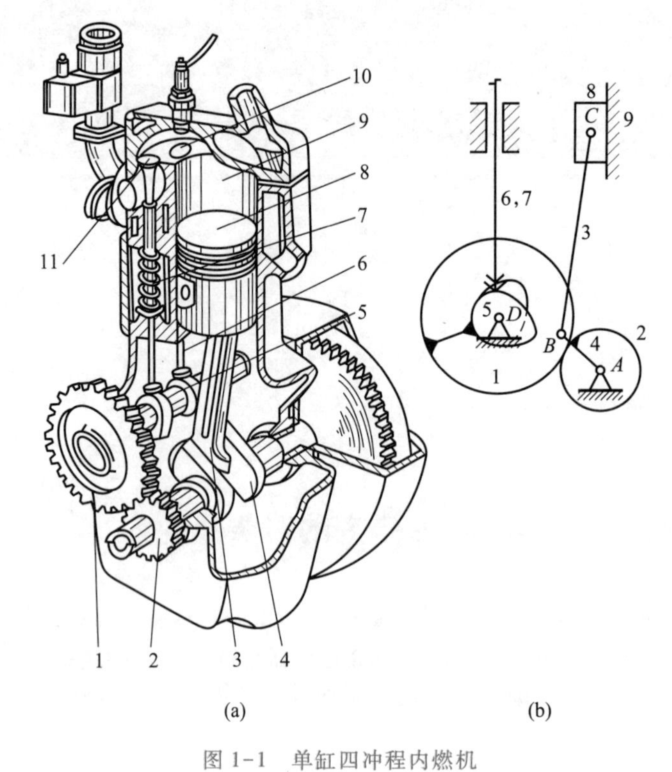

图 1-1 单缸四冲程内燃机

1—大齿轮;2—小齿轮;3—连杆;4—曲轴;5—双凸轮轴;6、7—阀门推杆;8—活塞;9—气缸;10—进气门;11—排气门

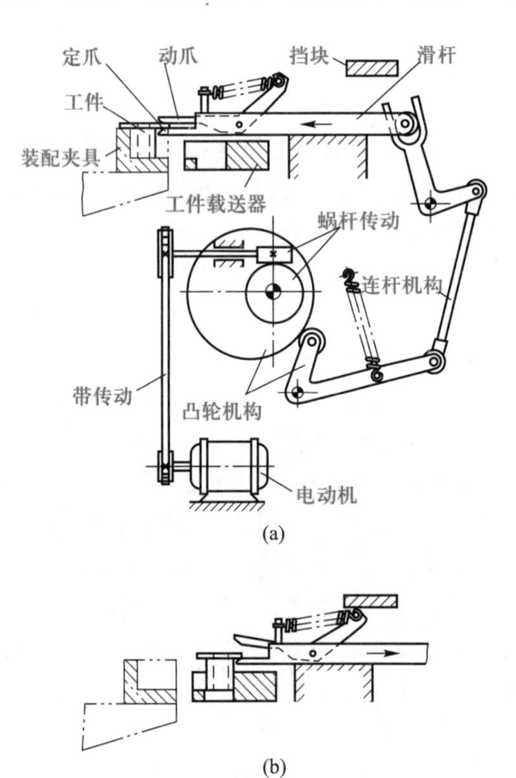

图 1-2 工件自动装卸装置

所以可以说，机器是一种可用来变换或传递能量、物料与信息的机构的组合。

这里再说明一点，通常机构和机器在实际机械中界限划分并不十分严格，当机械以运动及力变换为主要特性时，可认为是机构，而当还需要考虑其力的有效功及能量变换或功率传递特性时，则视为机器。

而上述两机器，就其用途来说，内燃机的用途是将燃油燃烧的热能变换为曲轴旋转的机械能，从而可提供有效的动力和功率输出，通常用作动力机器，又称为原动机（power machine）。而工件自动装卸装置则实现物料位置变换，通常用作完成机械加工生产线上的工件自动装卸作业的工作机器，又称为工作机（working machine）。因此，机器又可分为动力机器和工作机器两大类。

此外，就机械发展简史来说，自有文明史以来，人类就已发明机器和机构，其组成和功能历经了多次变革性发展。例如，石器时代人类用原木或树枝做杠杆移动重石，远古时代古埃及人为修建金字塔而用滚木运送巨石等，那时人类只能利用自身人力、畜力和水或风等自然力作为动力，发明了如杠杆、轮车、滑轮、斜面、螺旋及绞车等纯机构为特征的简单机械。进入 18 世纪中叶，瓦特（James Watt）发明了蒸汽机，开启了第一次工业革命，给人类提供了强大动力和速度，出现了各种以蒸汽机为动力驱动的纺织机、车床、火车等，并逐渐形成各种产业。到了 19 世纪，电动机和内燃机的发明，推动了第二次工业革命，先后出现了三轮、四轮汽车和飞机等运输机械。第一、二次工业革命为机械发展的第一阶段，这个时期所有这些机械都是由原动机、传动机构和执行机构组成的纯机械，称为传统机械。到 20 世纪初，电子元件发明并被引入机械装置中，机械发展进入第二阶段，这个时期的机器由传统纯机械向机电装置稳定转变，形成以机电一体系统或装置为特征的现代机械。到 20 世纪中叶，由于计算机的发明，并将软件设计引入机电产品中，形成了以机械、电子和软件有机结合为结构特征的机械装置，并逐渐向以数字化和人工智能技术植入为特征的现代机械发展，这类机械称为智能机械系统或装置，智能机械系统的出现使机械的发展进入了第三阶段。随着传感器在机械装置中的应用，以及机械本体系统向刚、柔及软结构的方向发展，其系统控制技术也向可实现人、机及环境的自主、交互和共融的智能方向发展，这将推动机器由现代机电一体系统向智能机械系统持续转变。传统、现代及智能机械组成结构及其脉络关系如图 1-3 所示。

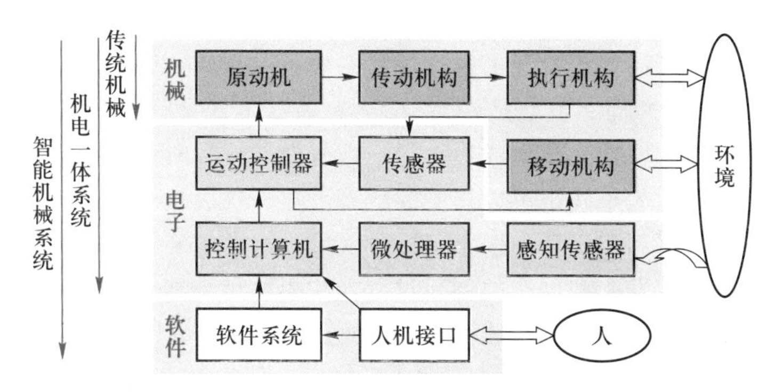

图 1-3　传统、现代及智能机械组成结构及其脉络关系

2. 机械设计过程①

机械设计(mechanical design)是机械工程设计的简称,而机械工程设计一般是指设计机械装置、产品、系统或工艺制程。机械产品各种各样,但它们的设计通常遵循一个基本逻辑过程,它一般包含有产品规划、方案设计、详细设计及试制试验四个阶段,图1-4为机械设计的一般过程及其流程逻辑框图。

在机械设计过程中,第一阶段产品规划,是通过团队组织(产品越来越复杂,设计工作一般都是由团队而不是个人来完成的)、需求分析(面向顾客,解决"需求什么",明确求解问题)及背景调研(调查研究现存的、有关的相似产品和工艺技术,学习与求解问题有关的知识)活动,进行机械产品设计目标(解决系统必须"做到什么",给出要求解的问题——预定的解及功能抽象化的简明陈述)和性能技术条件(仔细定义与约束设计问题,使其达到既能求解,而实际也能求得解的目的)设定,进而进行进度拟定、成本预估与项目评审,完成具有市场需求和竞争力的机械产品开发的设计规划;第二阶段方案设计,是要根据产品规划的设计目标和性能技术要求,通过对产品的功能分析、原理确定及工艺动作分析,进行机构的构型及组合方案设计与评价决策,进而进行机构的尺度设计、运动分析与性能评价,并进行改进迭代,从而得出实现机械产品的预定功能目标及运动性能的机构方案,并绘出机构运动简图;第三阶段详细设计,是根据设计的机械产品系统的机构方案及运动简图,通过机械机构及传动的静力分析,机械强度、刚度计算,零部件及总体结构设计,进而进行3D数字样机及性能仿真,动力分析与动力性能评价,并进行改进迭代,完成机械系统虚拟样机及其相关零部件制造与装配的CAD图纸以及设计报告;第四阶段试制试验,则是考虑制作的经济性和对实际系统表征的正确性,为获得机构的运动特性及品质,按机械产品的复杂性试制适当的缩比物理模型,并进行机械产品功能的检测,机构的位移、速度及加速度、力或效率、温度等物理性能参数的测量,以及工艺调试和产品投产前相关工作的准备。

由此可知,就机械设计而言,其本质是机器设计(machine design),其设计核心则是机构设计(mechanism design),即机构方案设计:根据产品的功能目标及性能技术要求,产生或选择一种特定类型机构,进行其几何尺度设计,以实现期望的运动。机构方案设计在整个机械产品设计过程中占据重要的位置,方案设计的优劣将直接对所设计机械产品的功能、性能、制造、成本、使用及维护以及安全性、创新性及先进性产生较大的影响。

就机械设计过程来看,工程设计的实际过程一般是一个"先设计、再分析、后评判"的反复(即循环迭代)的设计过程。也就是说,对于绝大多数工程设计问题而言,通常无法直接由设计来找出答案,而应该首先找出或提出一个现有设计或暂时性设计,然后利用数值分析和优化技术,通过多次迭代来找出可以接受的解答。这一过程,设计与分析往往是交叉和反复进行的,且需要不断评判和决策,是一个设计、实践及再认知的过程。而设计本身又是一个基于问题求解的构思、发明和创造的创新过程。构思是针对求解问题而产生的大量设计性质不具体的想法,甚至是不成熟或肤浅、荒唐的想法。由此常可引发新的见识或产生抽象的想法,即概念产生(idea generation)。而发明是提出全新的设计概念,但这是最难的,也需要非常强大的创造力。然而,对于绝大多数机械产品的设计,通常要求将现有设计进行修

① 对于机械设计过程,初学时可能不甚理解,待完成本书第三篇的学习后,可再深入理解。

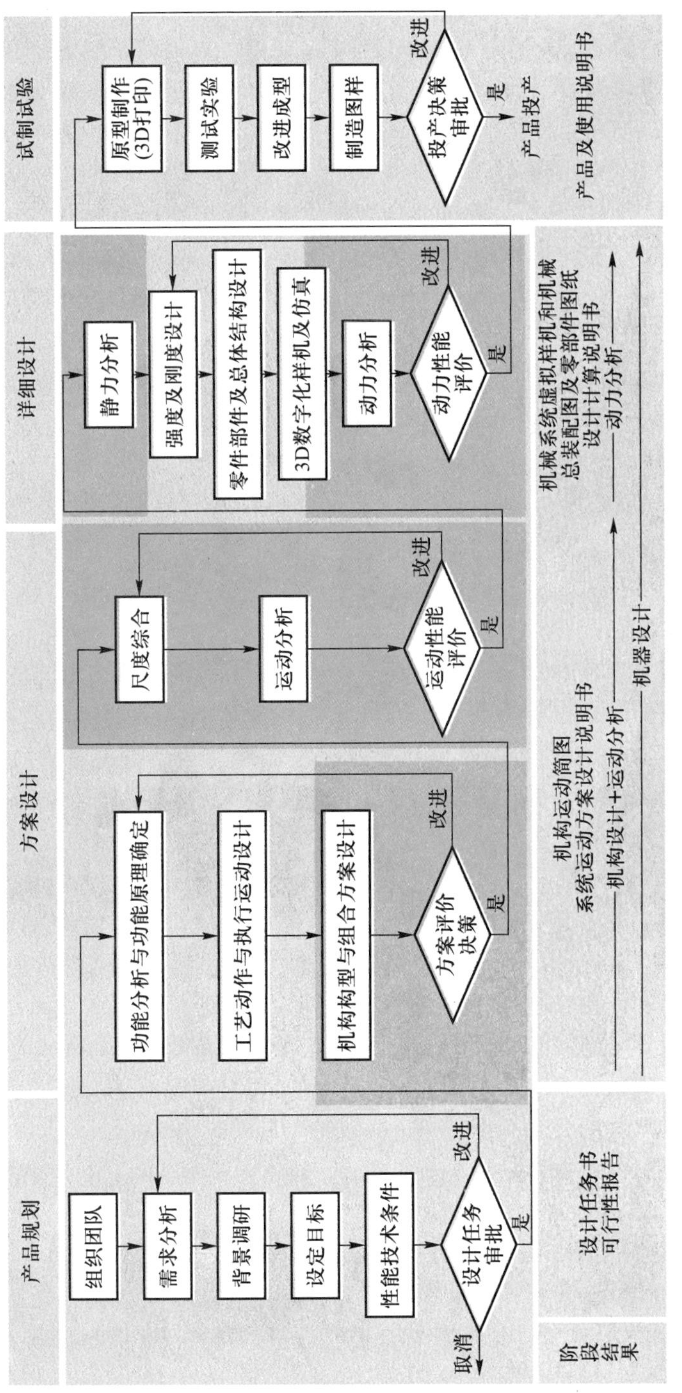

图1-4　机械设计的一般过程及其流程逻辑框图

改,以适应新的设计要求和约束,而并非发明全新的设计,但这也是需要富有创造性思维和实践活动的一个创新过程。因此,机械设计过程既充满挑战性又会遇到挫折,也最能证明工程师的潜在能力和工程创造力。

就机械设计研究的内容而言,机械设计属于工程设计理论与实践的范畴,而其主要内容一般包含设计与分析两部分。由图1-4所示的机械设计过程不难看出,方案设计阶段主要包含了机构的构型及尺度综合、机构的结构及运动分析、运动性能评价,是关于机构设计与分析的内容;详细设计阶段主要是关于机械强度、刚度及其零部件结构的设计,则是以机构的静力分析为基础,以机构的动力分析及动态性能评价为效果的内容,这些内容也正是机械原理的研究内容,即研究机构分析与设计的基本理论。

3. 机械原理研究的内容

机械原理研究的内容是关于机构和机器分析与设计的基本理论问题,由于其分析是基础,设计属综合①,最后落脚于机械方案设计,所以本书相应地将研究内容按机构分析基础、常用机构设计和机械方案设计分为三篇,主要包括机构结构分析、机构运动分析、机器动力学、常用机构设计和机械系统方案设计五部分。

1)机构结构分析　首先研究机构的组成、分类及其简图表达的问题,即绘制机构运动简图的方法;其次研究机构的运动确定性及其分析的问题,即讨论机构具有确定运动的条件和机构自由度计算的方法;最后研究机构的组成原理、结构分类和机构结构的变换原理、型综合等理论问题,了解机构的结构分析与创新原理以及机构结构合理设计的方法。

2)机构运动分析　研究机构运动分析的基本原理及方法,即如何用图解法和解析法进行机构的位移、速度及加速度分析,了解机械运动性能及其运动传递质量的评判准则,为分析现有机械性能和设计新机械打下机构的运动学基础。

3)机器动力学　由于机器在实际运转过程中机构的各构件受力情况较为复杂(如受有摩擦力和惯性力),其真实动力学分析的难度大,为了获得机器真实动力学行为和性能分析方法,本课程中机器动力学首先研究机械运转过程中的摩擦及其受力情况分析以及这些力的能效情况分析,即讨论平面机构的静力分析。其次研究机器动力学的两类基本问题:第一类动力学问题,即已知作用在机械系统上的所有外力(力或力矩),求该系统在这些力作用下的真实运动规律,即加速度、速度及位移,称为正动力学问题(forward dynamics problem);第二类动力学问题,即已知系统的位移、速度及加速度,求解达到这个运动所必须提供的力和力矩的大小和方向,称为逆动力学问题(inverse dynamics problem)。但具体内容安排上,先介绍逆动力学问题,即机械的动力分析与平衡;再介绍正动力学问题,即机械的运转及其速度波动调节。

以上三部分内容属于第一篇机构分析基础。

4)常用机构设计　对常用机构如连杆机构、凸轮机构、齿轮机构及其系统以及其他常用机构等的类型、传动特点、工作原理及特性进行分析,讨论机构的选型问题,重点研究这些

---

① 综合与设计具有相似的意义。由于一般工程实际的设计问题开始很难准确定义,求解方法也不完全确定,其设计变量往往多于其问题求解的方程式而不能直接求解,而且其解常为多解,故在这样一个模糊的概念下建立可能的解答,称为综合。在机械原理课程中常把不考虑零件的材料、强度、结构及工艺性的机构的构型设计和运动尺寸设计称为综合(synthesis)。故机构综合又分为型综合(type synthesis)和尺度综合(dimensional synthesis)两类问题。

机构的设计理论及方法。这部分内容属于第二篇常用机构设计。

5）机械系统方案设计　围绕机械系统机构方案设计问题，分析机械的功能、工作原理和机械运动方案拟定的基本原理及方法，如机械工作原理的拟定，执行构件及其运动设计，原动机选择，机构的选型、组合及变异，机械系统方案设计与评价等内容，以便了解机械系统机构方案设计基本方法，并初步具有拟定机械系统方案的能力。此外，由于机器人系统是未来机器即机械系统的发展方向，故对机器人机构及其设计也作了简要的介绍。这部分内容属于第三篇机械方案设计。

1.2　学习机械原理课程的目的

1. 本课程的性质和作用

机械类各专业的同学在今后的学习和工作中总要遇到许多关于机械的设计和使用方面的问题。所以，机械原理课程是机械类各专业必修的一门重要的技术基础课程，而本课程所学的内容乃是有关机械的基础知识。

我们知道，机械原理内容的特点：它是采用物理的技术手段和数学的科学方法，研究解决机械类各专业领域中的机械共性和核心基础理论问题，同时融入数千年来人类进步与社会发展过程中所创造的优秀机械成果和解决复杂问题的思维方法，由此而建立的有关机械技术的基础理论及方法。因此，本课程不仅是机械类各专业的核心基础课，在整个学科发展和专业教学中，起着由自然科学基础知识学习向机械类各专业课程知识学习过渡的教学桥梁作用，在培养学生的工程知识，综合能力，创造性思维、意识以及工程综合素养方面具有重要的作用。

现代世界各国间的竞争主要表现为综合国力的竞争。而要提高我国的综合国力，就要在一切生产部门实现生产的机械化和自动化，这就需要创造出大量的、种类繁多的、新颖优良的机械来装备各行各业，为各行业的高速发展创造有利条件。而任何新技术、新成果的获得，莫不有赖于机械工业的支持。所以，机械工业是国家综合国力发展的基石。

机械工业大发展的基础在于关键核心技术创新和创造原创性技术成果，而这些创新往往是机械的原理层面上的创新。而现代机械原理的核心内容又是现代机构学，它是机械学科发展的重要理论基础和研究前沿，也是未来机械装备创新的基础和产品创新的灵魂。所以，机械原理课程将对未来机械工业和机械学科的发展有着重要的基础教育作用。

为了满足各行各业和广大人民群众日益增长的新需求，就需要创造出越来越多的新产品，故现代机械工业对创造型人才的渴求与日俱增。机械原理课程在培养机械方面的创造型人才中将起到不可或缺的重要作用。

2. 本课程的任务与学习要求

机械原理课程的主要任务是，面向学生未来可持续发展，构建扎实的机械基础理论，培养分析、解决复杂机械工程问题，创新设计和终身学习的能力以及人文素养。根据机械原理课程的主要任务，对学生学习本课程提出如下要求：

1）掌握机构的结构学、运动学及动力学的主要基础理论及方法，具有工程问题分析与机构运动简图设计的抽象思维及逻辑思维能力和解决复杂工程问题的能力，增强工程、科学及文化的基本素养。

2）掌握常用机构的型综合和尺度综合的基本理论及方法，具有工程创造想象力和综合应用机构设计理论的基本能力。

3）了解机械系统机构方案设计的基本理论和设计过程，并结合本课程的课程设计实践，以获得机械方案及创新设计的基本训练，具有提出新机械系统机构设计初步解决方案的能力。

4）适应机械工程和机械科学的快速发展，具备良好的学习基础与学习能力，具有可持续适应社会科技发展的创新意识和探究精神。

1.3 机械原理课程的学习方法

在进行机械原理课程的学习时，应当注意如下学习特点及方法。

首先，注意本课程特点。机械原理课程是一门技术基础课程。一方面，它较物理、理论力学等理论课程更加结合工程实际；另一方面，它又与讲授专业机械的课程有所不同，它不具体研究某种机械，而只是对各种机械中的一些共性问题和常用的机构进行较为深入的探讨。为了学好本课程，在学习过程中，同学们要着重注意搞清基本概念，理解基本原理，掌握机构分析和综合的基本方法。

其次，抓住本课程内容特点。机械原理课程中对于机械的研究是通过以下两大内容来进行的：

1）研究各种机构和机器所具有的一般共性问题。如机构的组成理论、机构运动学、机器动力学等。

2）研究各种机器中常用的一些机构的性能及其设计方法，以及机械系统方案和机器人机构设计的问题。

第三，注重理论联系实际，建立工程观点，培养运用所学的基本理论和方法发现、提出、分析和解决工程实际问题的能力和素质。机械原理所研究的问题多是源于工程实际、生活实践中的，需要一定的工程感性知识帮助理解。另外，由于对问题的描述多为不详细、不完全或不充分，甚至是模糊的，问题可能是容易或困难的，解决方法也是不确定的，结果也是不唯一的，这就涉及对问题的进一步认知、分析、判断和决策。所以，对事物的观察、调研、抽象、分析、判断、决策以及不断实践与探究的能力是一个工程师所必须具备的基础能力，在学习中必须着重加以培养。

工程问题是涉及多方面因素的综合性问题，故要养成综合分析、全面考虑的习惯；工程问题的解决是一个涉及多方面知识的复杂性过程，故需要具备良好的沟通、交流能力和团队协作精神；工程问题都要经实践的严格检验，不允许有半点疏忽大意，故在学习过程中，要坚持科学严谨的工作作风，认真负责的工作态度，讲究实效和勤于实践的工程态度。

第四，在学习课程基础知识的同时，应注意新知识的学习及创新能力的培养。经济、科技、教育以及人才等全球化竞争的加剧，导致知识、产品及产业更新加快，这就要求学生具备可持续学习和自我发展的能力，进行前瞻性和探究式学习。另外，独创性已成为决定产品设计成败和产业竞争的关键，因此更要注意所学知识的融合贯通，不要墨守成规，能面向未来

社会发展需求和科技前沿，进行创新、创业实践训练，注重培养创新意识、创新精神及创新能力。为此，书中一些打*号的小字部分的内容，多属于对正文内容的拓展和延伸，其目的在于引导同学们了解新概念，自主学习新知识；书中还给出了一些具有创新性应用的工程设计和科学研究案例，目的在于开阔眼界、启迪思维、激发创造力和创新探究的动力，提升创新能力。

1.4　机械原理学科发展现状简介

当今世界正经历着一场新的技术革命，新概念、新理论、新方法、新材料和新工艺不断出现，作为向各行各业提供装备的机械工业，也得到了迅猛的发展。

现代机械既日益向高速、重载、巨型、高效率、低能耗、高精度、低噪声等方向发展，又向微细、灵巧、柔性、智能、自适应等方向发展。对机械提出的要求也越来越苛刻：有的需用于宇宙空间，有的要在深海作业，有的小到能沿人体血管爬行，有的又是庞然大物，有的速度数倍于声速，有的又要作亚微米级甚至纳米级的微位移，如此等等。处于机械工业发展前沿的机械原理学科，为了适应这种情况，新的研究课题与日俱增，新的研究方法日新月异。

为适应生产发展的需要，当前在自控机构、机器人机构、仿生机构、柔性及弹性机构、变胞机构和机、电、磁、光、声、液、气、热等方面的广义机构等的研制上有很大进展。在机械的分析与综合中，早期只考虑其运动性能，目前不仅考虑其动力性能同时还考虑机械在运转时构件的质量分布和弹性变形，运动副中的摩擦间隙和构件的误差对机械运动性能、动力性能与外部环境的影响，以及如何进一步做好构件、机械的动力平衡、速度波动调节与振动、冲击、噪声的控制问题。

在连杆机构方面，重视了对空间连杆机构、多杆多自由度机构、连杆机构的弹性动力学和连杆机构的动力平衡的研究；在齿轮机构方面，发展了齿轮啮合原理，提出了许多性能优异的新型齿廓曲线和新型传动，加快了对高速齿轮、精密齿轮、微型齿轮的研制；在凸轮机构方面，十分重视对高速凸轮机构的研究，为了获得动力性能好的凸轮机构，在凸轮机构推杆运动规律的开发、选择和组合上作了很多工作。此外，为了适应现代机械高速度、快节拍、优性能的需要，还发展了高速高定位精度的分度机构、具有优良综合性能的组合机构以及各种机构的变异和组合等。

在机械驱动方面，提出了欠驱动、冗余驱动、混合驱动及弹性驱动等方式，以增强机械的性能，扩大机械的适应性。

目前，在机械的分析和综合中日益广泛地应用了计算机，发展并推广了计算机辅助设计、优化设计、考虑构件和机构的拓扑结构的优化设计、考虑误差的概率设计，推出了多种便于对机械进行分析和综合的数学工具，编制了许多大型通用或专用的计算程序与仿真软件。此外，随着现代科学技术的发展，测试手段的日臻完善，也加强了对机械的实验研究。

总之，作为机械原理学科，其研究领域十分广阔，内涵非常丰富。在机械原理的各个领域，每年都有大量的内容新颖的文献资料涌现。但是，作为一门技术基础课程，机械原理课程将只研究有关机械的一些最基本的原理和方法。

第一篇　机构分析基础

任何机械设计问题，不是综合(即设计)问题，就是分析问题，而分析又是综合的基础，故应先研究机构的分析问题。机构的分析包括机构的结构分析、运动分析、力的分析、性能分析及运转分析等，其中的机构“分析-评价-创新”这一主线所贯穿的机构分析基本思想、理论及方法是机械设计的工程认知、问题求解、发现创新及学科研究之道，需要重点学习、实践和掌握。

龙骨水车（东汉）

第2章

机构的结构分析

2.1 机构结构分析的内容及目的

机构结构分析研究的主要内容及目的是：

（1）研究机构的组成、分类及机构运动简图的画法

即研究机构是怎样组成的和如何分类的，以及为了了解机构，对机构进行分析与综合，研究如何用简单的图形，即机构运动简图，把机构的结构及运动状况表示出来。

（2）研究机构具有确定运动的条件及其自由度分析

机构要能正常工作，一般必须具有确定的运动，因而必须知道机构的自由度及其具有确定运动的条件。

（3）研究机构的组成、变换原理和结构分析与综合

研究机构的组成原理和变换原理，有利于机构的结构分类与分析以及新机构的创造。根据组成原理，将各种机构进行结构分类，有利于机构进行运动及动力学分析和机构的结构综合（即机构的构型设计）；根据变换原理，对机构的组成要素和基本机构进行结构变换，有利于创造出机构的巧结构和新类型，也有助于解决机构的某些复杂分析或设计问题，还有利于进行机构结构的合理设计。

2.2 机构的组成、分类及其简图表达

2.2.1 机构的组成及分类

1. 机构的组成

（1）构件和运动副

任何机器都是由许多零件组合而成的。如图1-1所示的单缸四冲程内燃机就是由气缸、活塞、连杆体、连杆头、曲轴、齿轮等一系列零件组成的。在这些零件中，有的是作为一个独立的运动单元体而运动的，有的则常常由于结构和工艺上的需要，而与其他零件刚性地连接在一起作为一个整体而运动，例如图2-1中的连杆就是由连杆体、连杆头、螺栓、螺母等

零件刚性地连接在一起作为一个整体而运动的。这些刚性地连接在一起的零件共同组成一个独立的运动单元体。机器中每一个独立的运动单元体称为一个构件①(link)。可见,构件是组成机构的基本要素之一。所以从运动的观点来看,也可以说任何机器都是由若干个(两个以上)构件组合而成的。

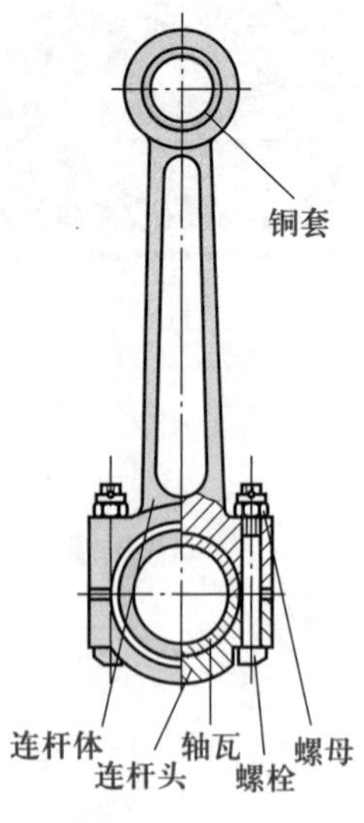

图 2-1　连杆

当由构件组成机构时,需要以一定的方式把各个构件彼此连接起来,而被连接的两构件之间仍须产生某些相对运动(这种连接显然不能是刚性的,因为如果是刚性的,两者便成为一个构件了)。这种由两个构件直接接触且组成的可动的连接称为运动副②(kinematic pair),而两构件上能够参加接触而构成运动副的表面称为运动副元素(pairing element)。例如,轴 1 与轴承 2 的配合(图 2-2)、滑块 2 与导轨 1 的接触(图 2-3)、两齿轮轮齿的啮合(图 2-4)等就都构成了运动副。它们的运动副元素分别为圆柱面和圆孔面、棱槽面和棱柱面及两齿廓曲面。可见,运动副也是组成机构的基本要素。

两构件在未构成运动副之前,在空间中它们共有 6 个相对自由度,即 3 个相对移动自由度和 3 个相对转动自由度。如建立两构件之间的空间相对坐标系的参数来描述,可分别用沿三个坐标轴的相对移动参数 x,y 及 z 和绕三个坐标轴的相对转角参数 α、β 及 θ 表示。而当两构件构成运动副之后,它们之间的相对运动将受到约束。设运动副的自由度(degree of freedom)以 f 表示,它是指一个运动副中两构件之间允许产生的相对运动的数目,其所受到的约束度(degree of constraint)以 s 表示,它是指一个运动副中自由度受到约束的数目,则在空间中两者的关系:$f=6-s$。而在平面中它们共有 3 个相对自由度,即可用平面坐标系的两个相对移动坐标 x、y 和一个相对转角 θ 表示,则两者的关系:$f=3-s$。

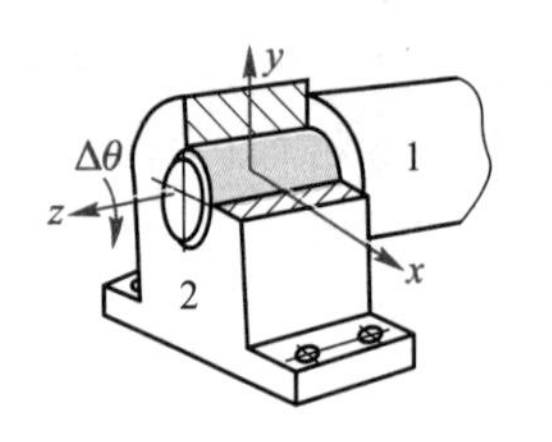

图 2-2　转动副

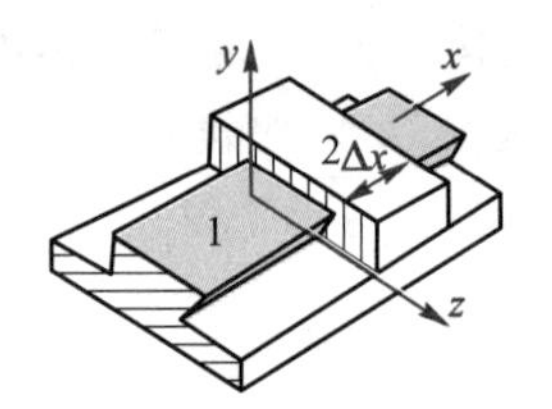

图 2-3　移动副

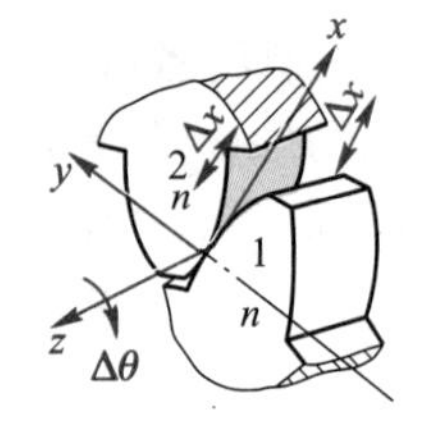

图 2-4　高副

① 此处所指构件是指刚性构件(rigid link)。机器中除刚性构件外,尚有弹性构件(elastic link),如弹簧;挠性构件(flexible link),如绳、索、带等;气体构件(air link)及液体构件(hydraulic link),如气、液传动中的气体、液压油等。不过,在机械原理课程中着重讨论刚性构件。

② 在现代的许多微型机械和生活用品中,为了达到简化机构的结构等目的,常采用类似下图所示的柔性铰链,它允许构件两部分之间可以产生微小的相对位移,起到了运动副的作用。

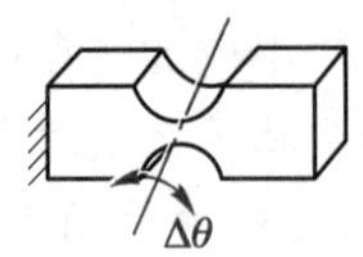

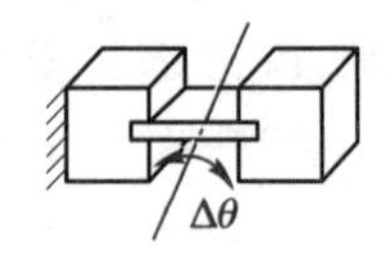

两构件构成运动副后所受的约束度最少为 1,最多为 5。运动副常根据其约束度进行分类[①]:把约束度为 1 的运动副称为Ⅰ级副(class Ⅰ pairs),约束度为 2 的运动副称为Ⅱ级副(class Ⅱ pairs),以此类推。

运动副还常根据构成运动副的两构件的接触情况进行分类。凡两构件通过单一点或线接触而构成的运动副统称为高副(higher pair),如图 2-4 所示的运动副。通过面接触而构成的运动副统称为低副(lower pair),如图 2-2 和图 2-3 所示的运动副[②]。

为了使运动副元素始终保持接触,运动副必须封闭。凡借助于构件的结构形状所产生的几何约束来封闭的运动副称为几何封闭或形封闭运动副(form-closed pair),如图 2-2、图 2-3 所示,借助于推力、重力、弹簧力、气液压力等来封闭的运动副称为力封闭运动副(force-closed pair),如图 2-4 所示运动副。

运动副还可根据构成运动副的两构件之间的相对运动的不同来进行分类。把两构件之间的相对运动为转动的运动副称为转动副或回转副(revolute pair,图 2-2),也称铰链(hinge),其表示代号为 R;相对运动为移动的运动副称为移动副(prismatic pair,图2-3),其表示代号为 P;相对运动为螺旋运动的运动副称为螺旋副(helical pair,如表 2-1 中所示螺杆 1 与螺母 2 所组成的运动副),其表示代号为 H;相对运动为球面运动的运动副称为球面副(spherical pair,如表 2-1 中所示球头 1 与球碗 2 所组成的运动副),其表示代号为 S。

由于构成转动副和移动副两构件之间的相对运动均为单自由度的最简单运动,故又把这两种运动副称为基本运动副(basic pair),而其他形式的运动副则可看成是由这两种基本运动副组合而成的。例如表 2-1 中的槽销副(pin-and-slot pair)的表示代号 RP,就可以看成是转动副 R 和移动副 P 的组合。平面副(planar contact pair,表示代号 F)、球面副、球销副(ball-and-spigot pair,表示代号 S′)、圆柱副(cylinder pair,表示代号 C)及螺旋副等也都是如此。

此外,根据构成运动副的两构件之间的相对运动是平面运动还是空间运动,还可以把运动副分为平面运动副(planar kinematic pair)和空间运动副(spatial kinematic pair)两大类。

在机构中还常可见到由三个或三个以上的构件在同一处构成运动副,这种运动副称为复合运动副(compound pair)。如表 2-1 所示的复合铰链(compound joint)便是由三个构件组成的同轴线的转动副;而胡克铰链(或称万向铰链 universal joint),则是由三个构件(即轴叉 1、3 和十字轴 2)组成的垂直交汇轴线的转动副。前者是平面复合运动副,是若干普通铰链的聚集;而后者为空间复合运动副,是可以在两个方向上转动的一种特殊铰链。

---

① 运动副也可根据其自由度 f 进行分类,此时将自由度为 1 的运动副,称为Ⅰ类副(Ⅰ Pair),自由度为 2 的运动副称为Ⅱ类副(Ⅱ Pairs),同样可以此类推。

② 这两种运动副也均可设计成为点、线接触的复合高副,如图所示(图 a 相当于转动副,图 b 相当于移动副)。点接触运动副主要用于精密或测试仪器中,而线、面接触运动副则主要用于一般机械中。

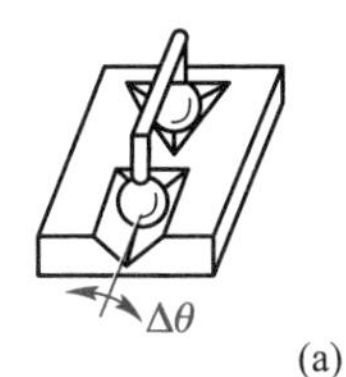

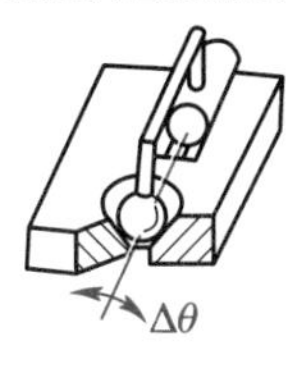

(a)

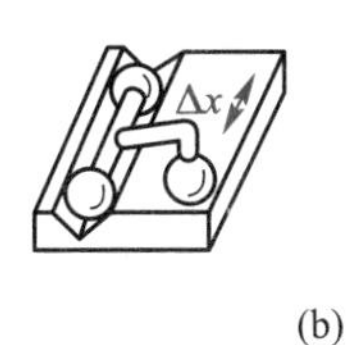

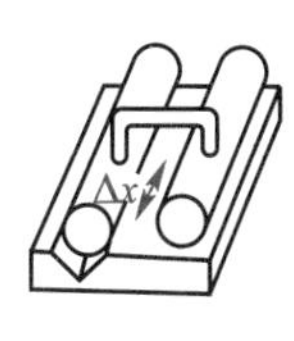

(b)

表 2-1　常用运动副的符号及代号

运动副名称及代号		运动副模型	运动副级别及封闭方式	运动副符号	
				平面表示符号	空间表示符号
平面运动副	转动副 R	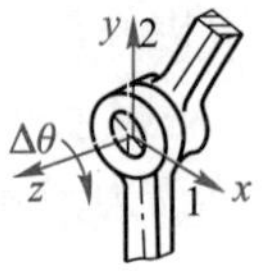	V 级副 几何封闭	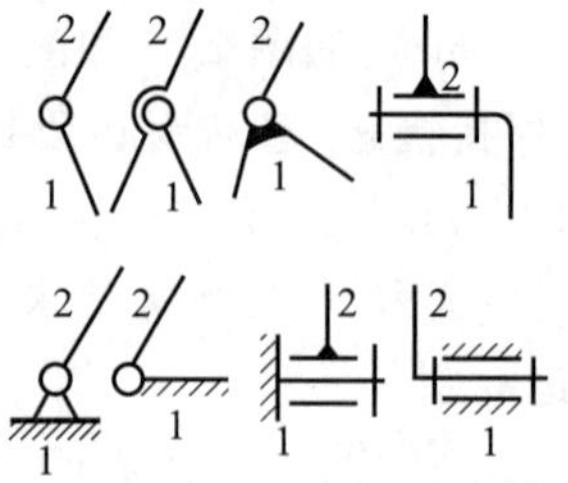	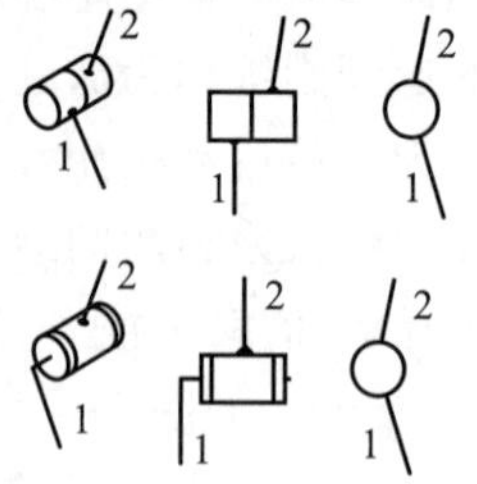 三维　轴面　端面
	移动副 P	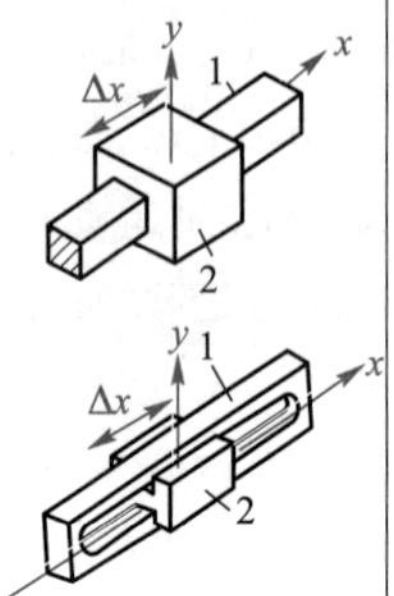	V 级副 几何封闭	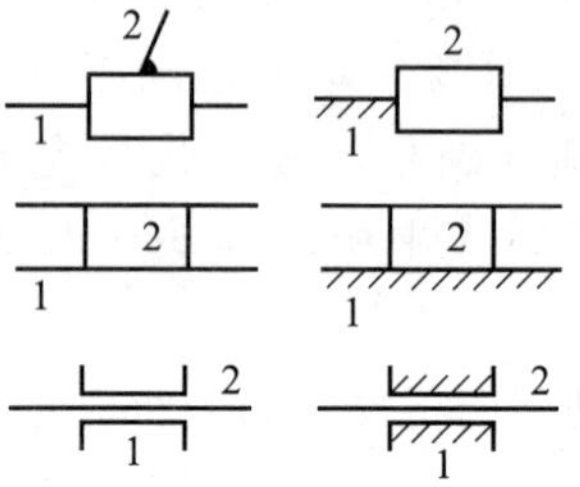	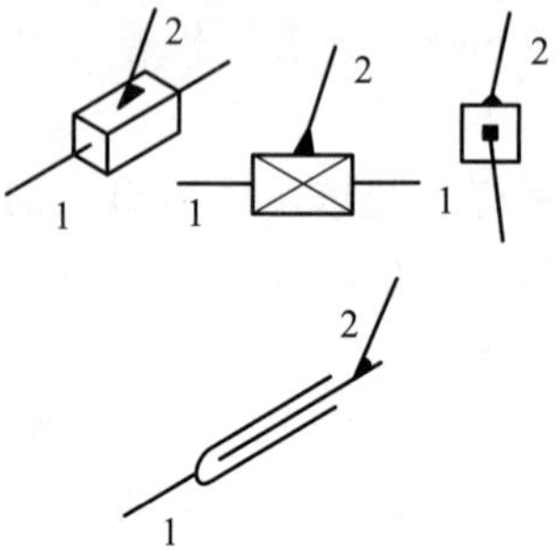
	平面高副①（RP）	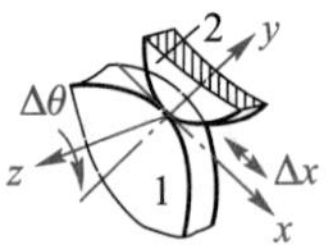	Ⅳ级副 力封闭	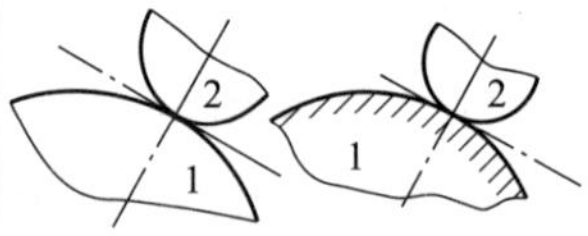	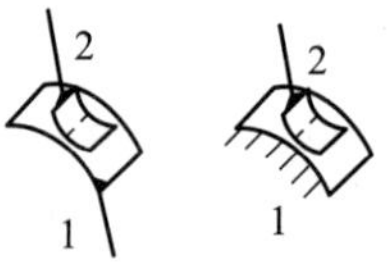
	槽销副（RP）	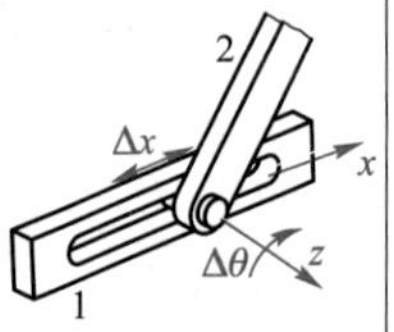	Ⅳ级副 几何封闭	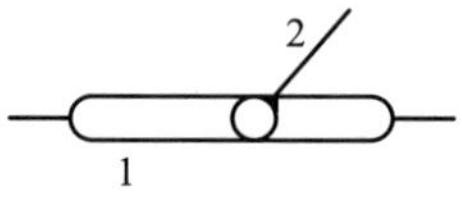	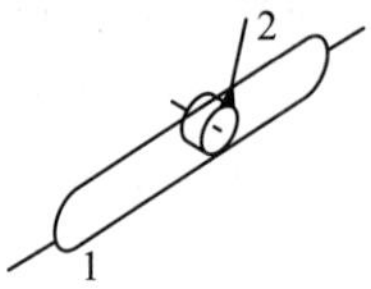
	复合铰链 R	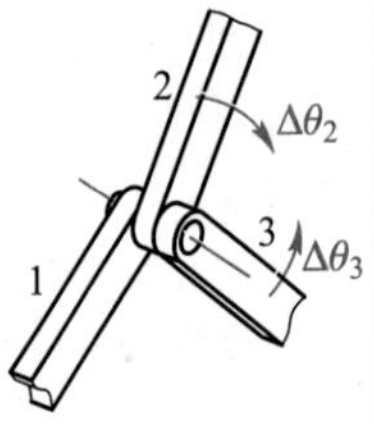	2-V 级副 几何封闭	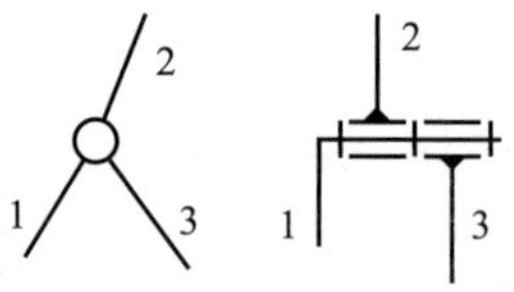	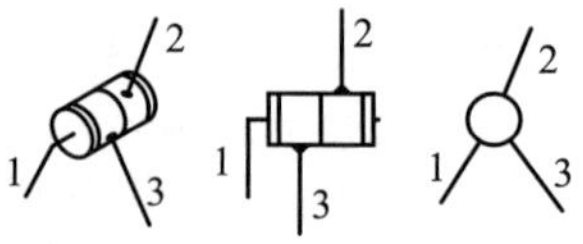

① 平面高副一般为滚动兼滑动的两自由度运动副，故常称之为滚-滑高副（roll-slide pair），这种运动副具有其摩擦力决定实际运动自由度的特性。若高副两元素之间摩擦力足够大而无滑动且只作滚动，就成为单自由度的纯滚动高副（pure roll pair）；若高副元素之间摩擦力小且转动被制动而只能滑动，就成为单自由度的纯滑动高副（pure slide pair）。

续表

运动副名称及代号		运动副模型	运动副级别及封闭方式	运动副符号	
				平面表示符号	空间表示符号
空间运动副	点高副(RRRPP)	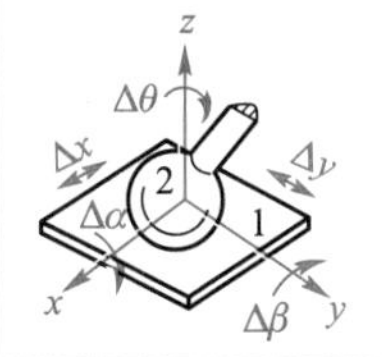 z Δθ Δx Δy 2 Δα 1 x Δβ y	Ⅰ级副 力封闭	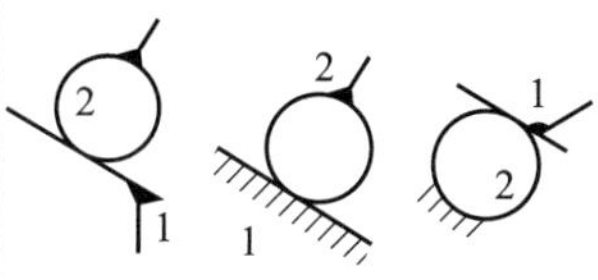 2 1 2 1 1 2	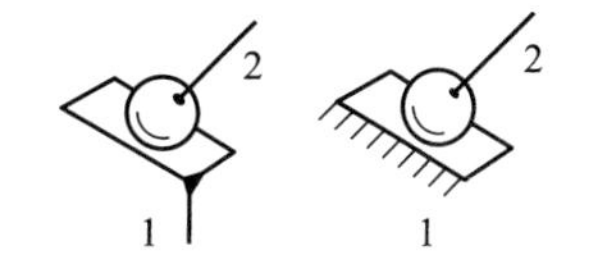 2 1 2 1
	线高副(RRPP)	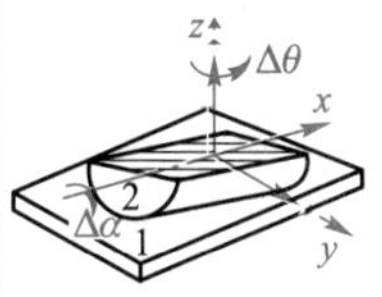 z Δθ x 2 Δα 1 y	Ⅱ级副 力封闭	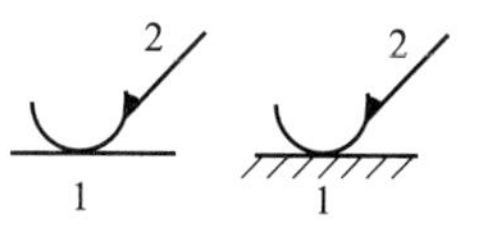 2 1 2 1	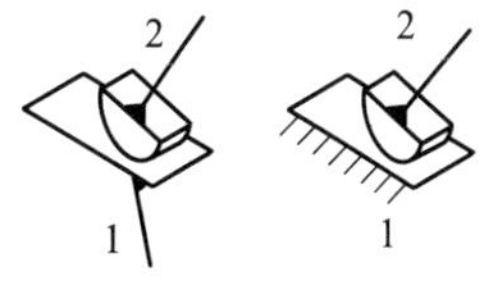 2 1 2 1
	平面副 F (RPP)	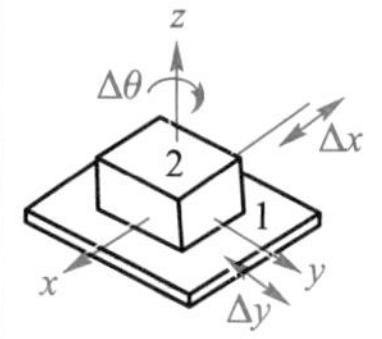 z Δθ Δx 2 1 x y Δy	Ⅲ级副 力封闭	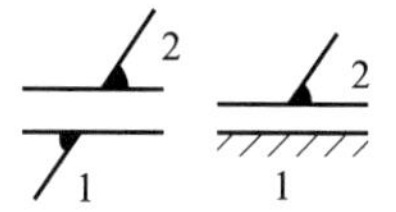 2 1 2 1	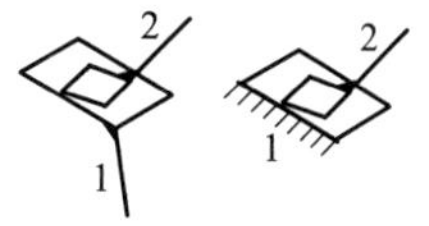 2 1 2 1
	球面副 S (RRR)	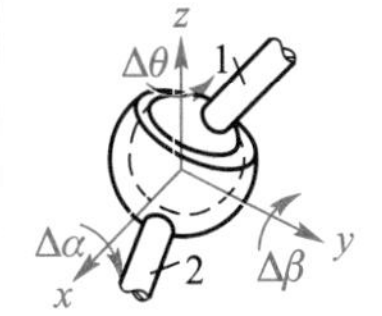 z Δθ 1 Δα x 2 Δβ y	Ⅲ级副 几何封闭	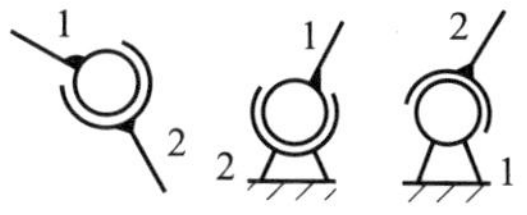 1 2 1 2 2 1	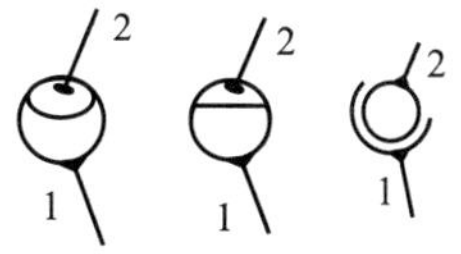 2 1 2 1 2 1
	球销副 S′ (RR)	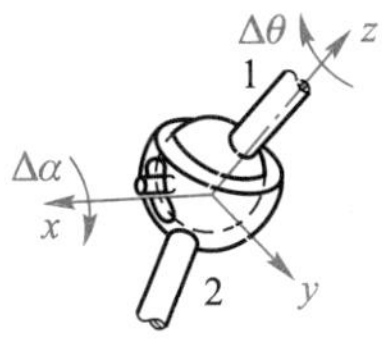 Δθ z 1 Δα x 2 y	Ⅳ级副 几何封闭	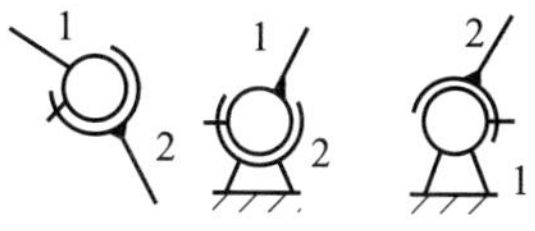 1 2 1 2 2 1	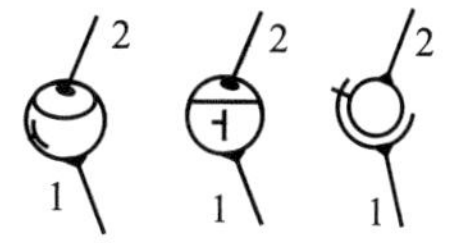 2 1 2 1 2 1
	圆柱副 C (RP)	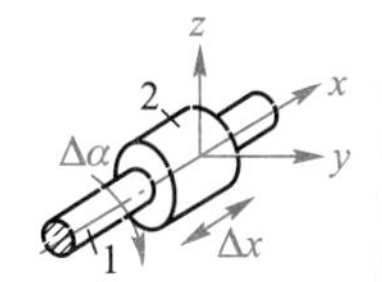 z 2 x Δα y 1 Δx	Ⅳ级副 几何封闭	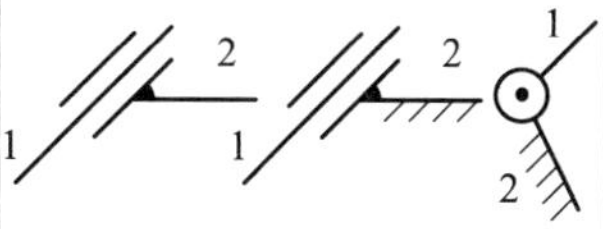 1 2 1 2 1 2	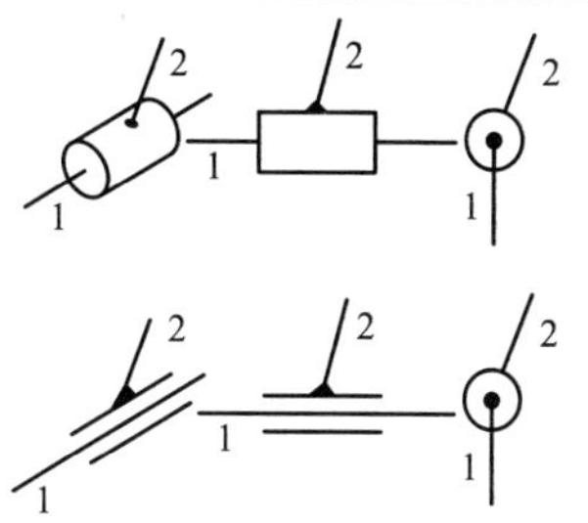 2 1 2 1 2 1 2 1 2 1 2 1
	螺旋副 H (RP)	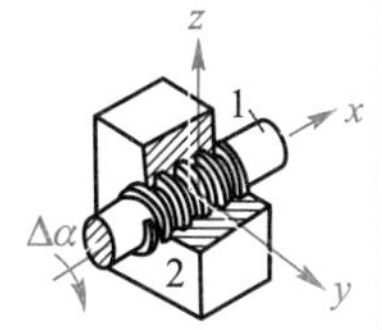 z 1 x Δα 2 y	Ⅴ级副 几何封闭	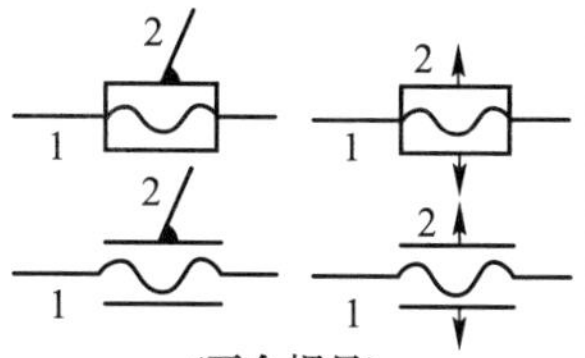 2 1 2 1 2 1 2 1 (开合螺母)	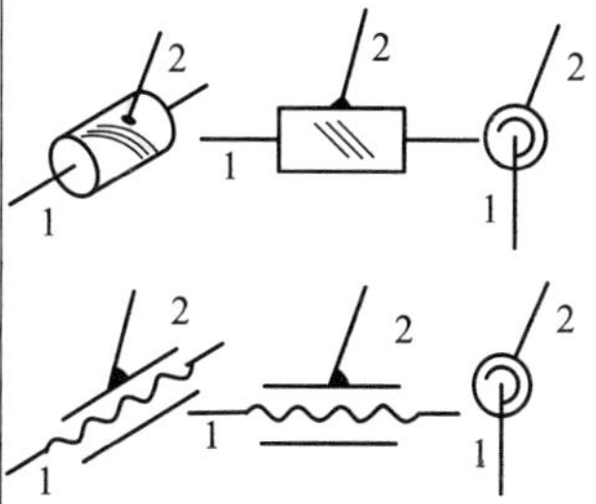 2 1 2 1 2 1 2 1 2 1 2 1

续表

运动副名称及代号		运动副模型	运动副级别及封闭方式	运动副符号	
				平面表示符号	空间表示符号
空间运动副	胡克铰链 U (RR)	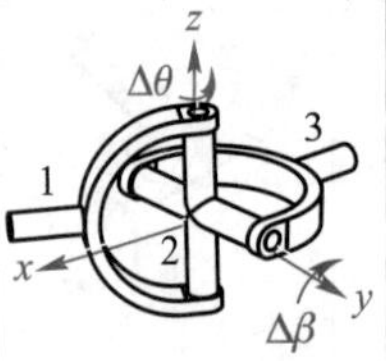	Ⅳ级副 几何封闭	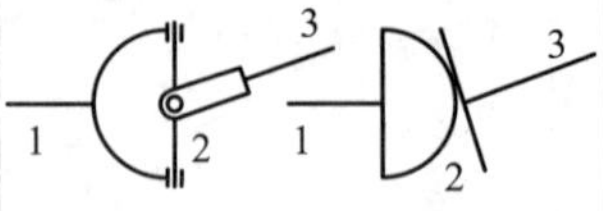	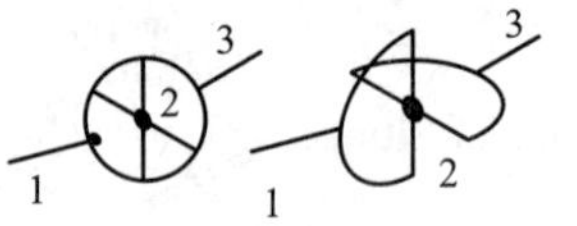

为了便于表示运动副和绘制机构运动简图，运动副常常用简单的图形符号来表示（已制定有国家标准，见 GB/T 4460—2013）。表 2-1 为常用运动副的符号及其代号（图中画有阴影线的构件代表固定构件）。

由此可见，构件与构件之间必须通过运动副相连接。因此构件常根据与其相连接的运动副情况进行分类：具有一个相连接运动副的构件称为单副构件（singular link），具有两个相连接运动副的构件称为两副构件（binary link），常见的还有三副构件（ternary link）和四副构件（quaternary link）。构件的表示方法也就是根据构件所连接运动副的位置、类型及数目，用线段或简单几何图形将它们的运动副符号连接起来。表 2-2 为构件的常见类型和一般表示方法。

由于机械在工作的过程中，其构件间的运动和力的传递都是通过运动副进行的，所以运动副互相接触的两元素间总是处于承受载荷和遭受磨损的状态，而运动副的承载及磨损情况将直接影响到机械的工作性能、工作质量、机械效率和使用寿命。所以在设计新机械时要注意选择运动副类型和配置。

（2）运动链和机构

构件通过运动副的连接而构成的可相对运动的系统称为运动链（kinematic chain）。如果组成运动链的各构件构成了首末封闭的系统，如图 2-5a、b、c 所示，则称其为闭式运动链，或简称闭链（closed kinematic chain）。如组成运动链的构件未构成首末封闭的系统，如图 2-5d、e 所示，则称其为开式运动链，或简称开链（open kinematic chain）。在一般机械中都采用闭链，开链多用在机械手中。

表 2-2 构件的常见类型和一般表示方法

杆、轴类构件	
固定构件（机架）	 固定杆、轴　固定铰链杆　固定滑块　固定轴、杆　固定齿轮
同一构件	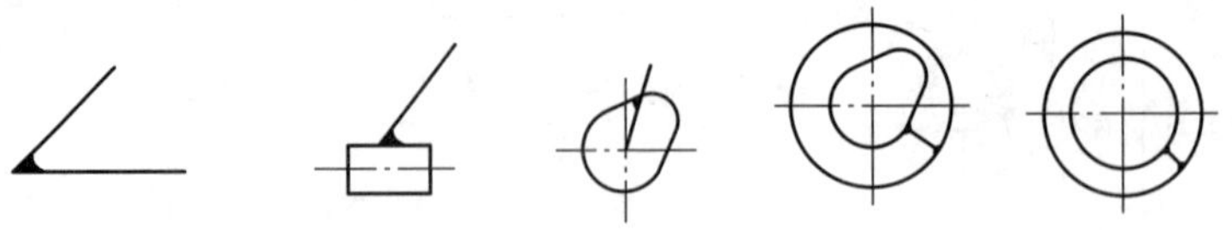 固连杆　固连杆块　固连杆-凸轮　固连凸轮-齿轮　固连齿轮

续表

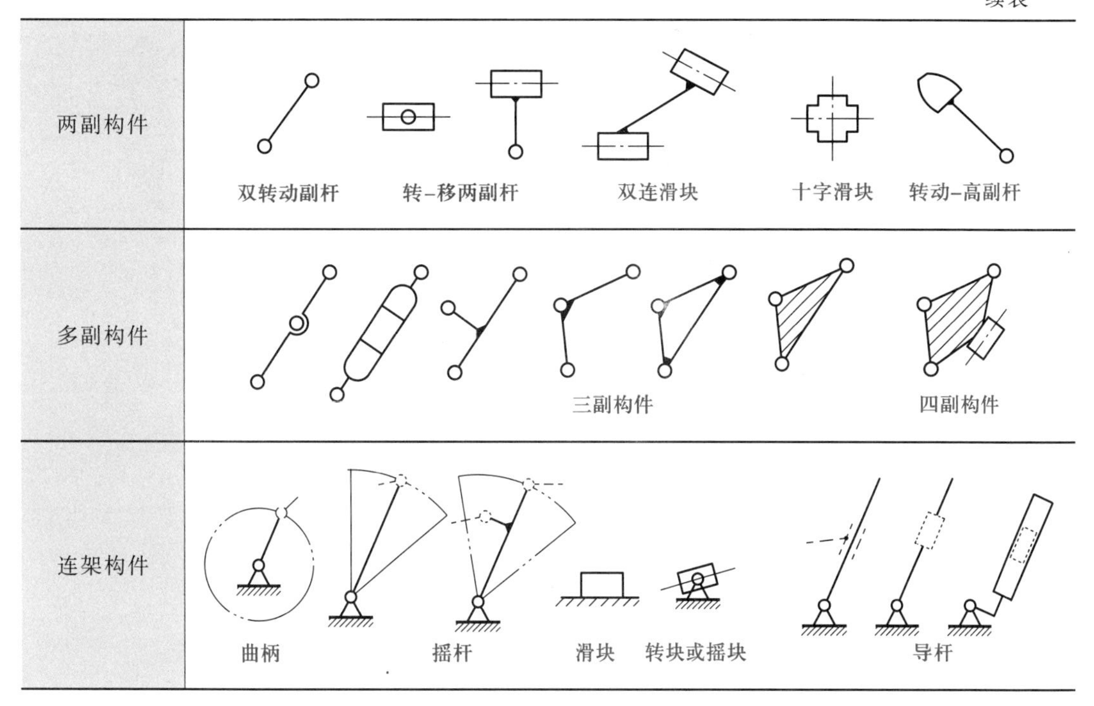

此外,根据运动链中各构件的相对运动为平面运动还是空间运动,又将运动链分为平面运动链(planar kinematic chain)和空间运动链(spatial kinematic chain)两类。如图 2-5a、b 及 d 所示分别为平面铰链四杆闭链、平面含高副闭链和平面铰链四杆开链,而图 2-5c、e 所示分别为空间四杆闭链和空间四杆开链。

在运动链中,如果将其中某一构件加以固定而使其成为机架(fixed link),则该运动链便成为机构,亦即具有机架的运动链便称为机构(mechanism),在图中常以画阴影线表示的固定构件即为机架。如图 2-6a 所示的平面铰链四杆机构,它可看作是由平面铰链四杆运动链(图 2-5a)取其中的构件 4 为机架而形成的。一般情况下,机架相对于地面是固定不动的,但若机械安装在车、船、飞机等运动物体上时,那么机架相对于地面则可能是运动的。机构中按给定的已知运动规律独立运动的构件称为主动件(driving link),也称原动件,在图中常以箭头示出其运动方向,而其余活动构件则称为从动件(drived link)。从动件的运动规律决定于主动件的运动规律和机构的结构及各构件的尺寸。

如图 2-6a 所示铰链四杆机构中,若取构件 1 为主动件,则构件 2 及 3 就为从动件。此机构中,构件 1 和构件 3 都与机架以转动副连接,称之为连架构件或连架杆(side link),其中构件 1 为能作整周转动的连架杆,称为曲柄(crank),而构件 3 则为只能在一定范围内作摆动的连架杆,称为摇杆(rocker),故称此机构为曲柄摇杆机构(crank-rocker mechanism)。由此可见,机构的两连架杆通常用作运动输入构件或输出构件。连杆机构通常就依据其中的两个连架杆的类型来加以命名。再如,在含有移动副的四杆机构中,连架杆还常有相对于导轨作平移运动的滑块、作整周转动的转块和作往复摆动运动的摇块,以及回转导杆或摆动导杆等构件形式,如表 2-2 所示。

至于机构主动件的运动及动力通常是由原动机或驱动装置来提供的。所以即使机构主

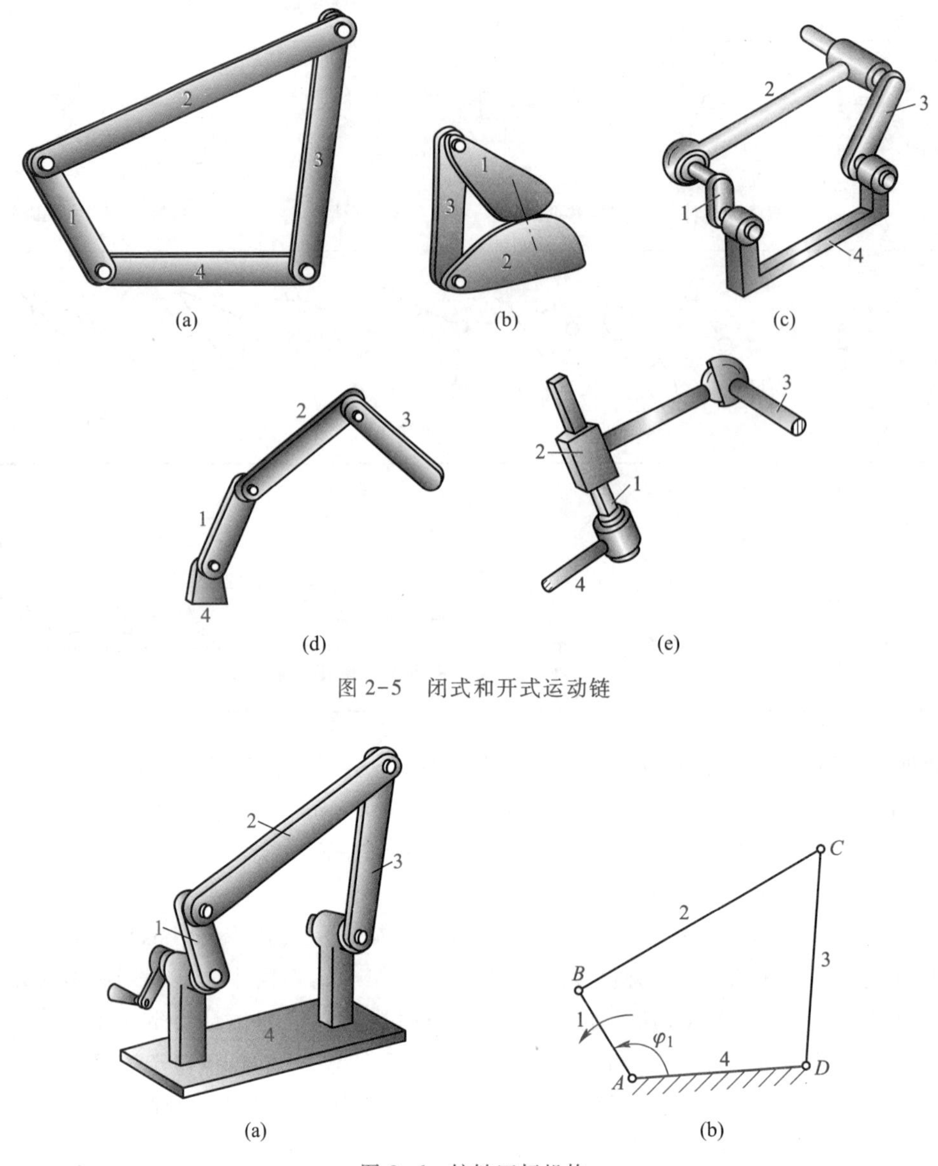

图 2-5 闭式和开式运动链

图 2-6 铰链四杆机构

动件的运动规律不知道,只要其运动形式符合原动机或驱动装置的运动形式要求,那么机构在其结构及尺寸确定的情况下,该机构的各构件运动形式都将是确定的。

2. 机构的分类

机构可从不同的角度或研究目的进行如下分类。

首先,根据机构的组成概念,如按组成机构的运动副类型分,可将机构分为低副机构(lower pair mechanism)和高副机构(higher pair mechanism)两类;按形成机构的运动链类型分,可将机构分为闭链机构(closed chain mechanism)和开链机构(open chain mechanism)两类;根据机构的运动情况分,则可将机构分为平面机构和空间机构两大类,其中平面机构应用最为广泛。

图 2-6 所示的铰链四杆机构就属于平面低副机构或平面闭链机构，由于该机构中的运动构件 2 不直接与机架相连，起着连接主动件与从动件的作用，故称为连杆，将具有连杆的这种低副机构称为连杆机构（link mechanism）。图 2-7a 所示为一般平面高副机构（即由图 2-5b 所示的运动链取其中构件 3 为机架而形成的）或平面含高副闭链机构，最常见的平面高副机构形式有齿轮高副机构和凸轮高副机构两类，分别如图 2-7b、c 所示。

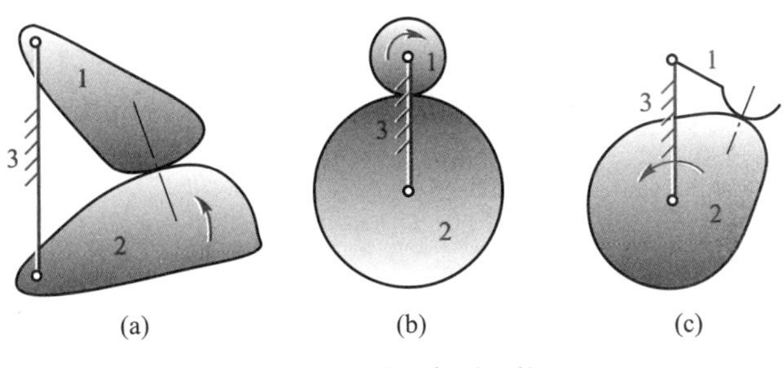

图 2-7　平面高副机构

其次，根据组成机构的构件的情况和机构工作原理的不同，还可将机构分为连杆机构、凸轮机构、齿轮机构、棘轮机构、槽轮机构、螺旋机构、摩擦传动机构等类型的机构，而这些类型的机构都是在各种实际机械中经常见到的，正因如此，在机械原理课程中，将按这一分类，对上述这些常用类型的机构的分析与设计问题加以介绍。除上述这些常见的机构分类方法外，按组成机构的构件性质的不同还可将机构分为刚性机构、柔性机构、挠性传动机构、气动机构、液压机构以及其他广义机构等。在机械原理课程中主要介绍刚性机构。

＊柔性机构

柔性机构或称柔顺机构（compliant mechanism），是一种具有柔性铰链或柔性构件的机构。它利用柔性铰链或柔性构件的弹性变形来实现运动和力的传递与变换。如图 2-8a 所示为一柔性铰链四杆机构。显然，这种机构具有零件数少，无需装配和润滑，也无间隙、摩擦及污染，结构简单，易整体制造，成本低，运动精度高、可靠性及维护性能好等特点；但它只能用作微小位移传动，在工具、开关机构、医疗手术器械、精密定位、微操作、仿生机构和微机电系统的执行机构中应用广泛。图 2-8b 所示为一在单片材料上制成的医疗手术用柔性夹钳的实例。此钳利用其柔性铰链四杆机构 $ABCD$ 的弹性变形不仅能使钳口实现夹持和自动恢复张开功能，而且能使夹钳在握持力过大情况下钳口仍具有输出接近恒定夹持力的特性，从而可避免损伤人体组织。此钳还具有夹持锁止功能（弹性锁钩 E_1 和 E_2）以保持夹紧状态，因此具有操作便利、易消毒、不易污染等优点。图 2-8c 所示为一个具有柔性构件的柔性机构，可用以调节镜头的焦距。

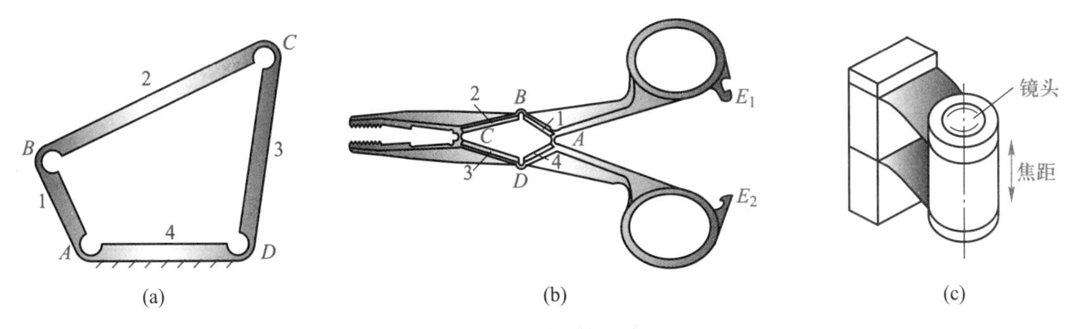

图 2-8　柔顺机构及应用

2.2.2　机构运动简图及其绘制

(1) 机构运动简图

在对现有机械进行分析或设计新机械时，都需要绘出其机构运动简图。由于机构各部分的运动是由其主动件的运动规律、该机构中各运动副的类型和机构的运动尺寸（确定各运动副相对位置的尺寸）来决定的，而与构件的外形（高副机构的运动副元素除外）、断面尺寸、组成构件的零件数目及固连方式等无关，所以只要根据机构的运动尺寸，按一定的比例尺定出各运动副的位置，就可以用运动副符号（表 2-1）及一般构件的表示方法（表 2-2）和常用机构运动简图的符号（表 2-3）将机构的运动传递情况表示出来。这种用以表示机构运动传递情况的简化图形称为机构运动简图（kinematic diagram of mechanism）。图 2-6b 就是图 2-6a 所示铰链四杆机构的机构运动简图。机构运动简图将使了解机构的组成及对机械进行运动和动力分析变得十分简便。

表 2-3　常用机构运动简图符号

在支架上的电动机	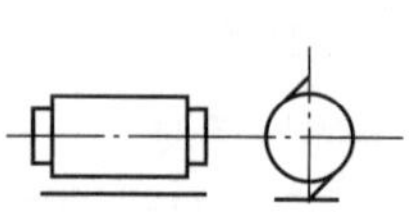	齿轮齿条传动	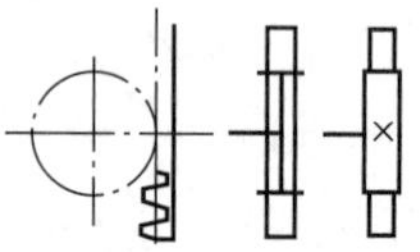
带传动	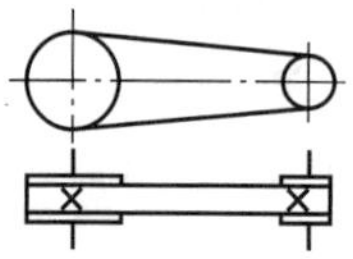	圆锥齿轮传动	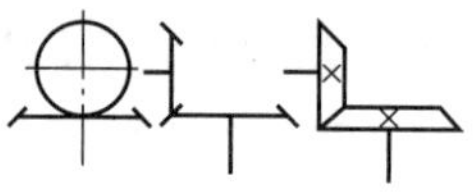
链传动	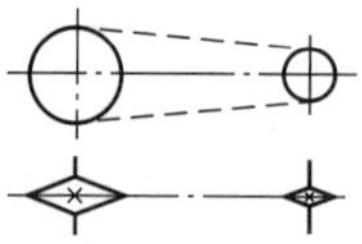	圆柱蜗杆传动	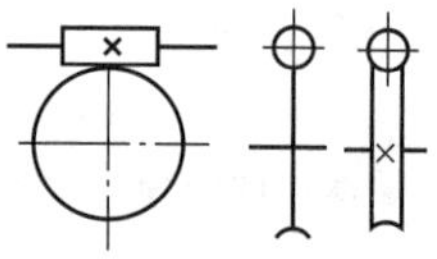
摩擦轮传动	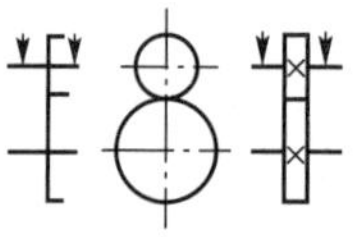	凸轮机构	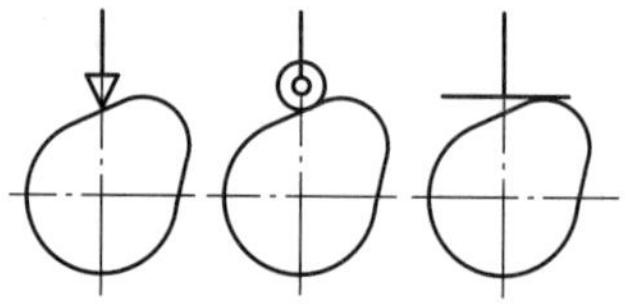
外啮合圆柱齿轮传动	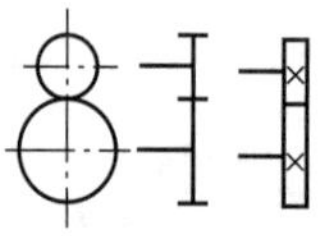	槽轮机构	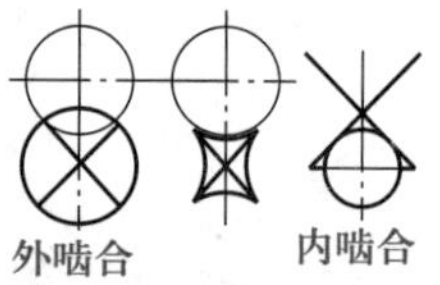 外啮合　内啮合
内啮合圆柱齿轮传动	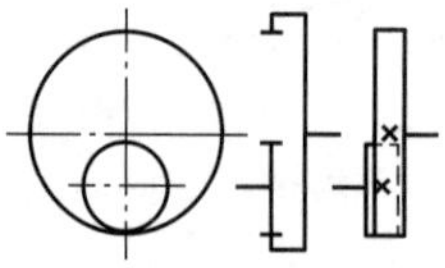	棘轮机构	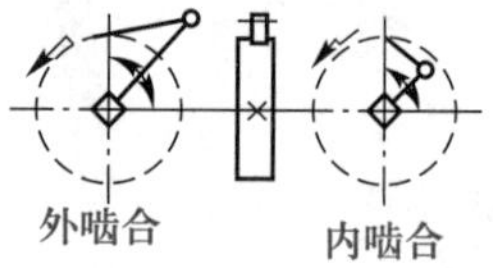 外啮合　内啮合

如果只是为了表明机械的结构状况，也可以不按严格的比例来绘制简图，通常把这样的简图称为机构示意图。

(2) 机构运动简图的绘制

在绘制实际机械的机构运动简图时，首先要把该机构的实际构造和工作时运动传递情况搞清楚，再来进行其机构运动简图绘制。机械机构运动简图的一般绘制方法及步骤如下：

1) 认清机械机构组成的构件数目和各运动副的类型及其位置　为此，需首先确定出其主动件和执行构件(execute link or output link，即直接执行生产任务的构件或最后输出运动的构件)，然后再循着运动传递的路线搞清楚主动件的运动是怎样经过传动部分传递到执行构件的，从而认清该机械是由多少构件组成的，各构件之间组成了何种运动副以及它们所在的相对位置(如转动副中心的位置、移动副导路的方位和平面高副接触点的位置及其运动副元素形状等)，这样才能正确绘出其机构运动简图。

2) 选择适当的机构运动简图表示的视图平面　为了将机构运动简图表示清楚，一般选择机械多数构件的运动平面为视图平面，把机械不同部分的视图展开到同一视图面上，对于难以表示清楚的部分另外绘制一个局部简图。总之，以能简单清楚地把机械的机构结构及运动传递情况正确地表示出来为原则。

3) 选择适当的比例尺，按机械的运动尺寸画出机构运动简图　在选定视图平面和机械主动件的某一适当位置后，便可选择适当的比例尺，根据机械的运动尺寸，确定出各运动副之间的相对位置，之后可用运动副的代表符号、常用机构运动简图符号和构件的表示方法将各部分画出，即可得到机构运动简图。最后，用数字示出各构件和用字母示出各运动副。若已给定主动件，应用箭头示出主动件。

为了具体说明机构运动简图的画法，下面举例加以说明。

例 2-1　试绘制图 1-1a 所示内燃机的机构运动简图。

解：如前所述，此内燃机的主体机构是由气缸 9、活塞 8、连杆 3 和曲轴 4 所组成的曲柄滑块机构。此外，还有齿轮机构、凸轮机构等。

在燃气压力的作用下，活塞 8 首先运动，然后通过连杆 3 使曲轴 4 输出回转运动；而为了控制进气和排气，由固装于曲轴 4 上的小齿轮 2 带动固装于凸轮轴 5 上的大齿轮 1 使凸轮轴回转，再由凸轮轴 5 上的两个凸轮分别推动推杆 6 及 7，以控制进气阀 10 和排气阀 11。

把内燃机的构造情况搞清楚以后，再选定视图平面和比例尺，即不难绘出其机构运动简图，如图 1-1b 所示。

学习探究：

案例 2-1　简摆颚式碎矿机的机构运动简图绘制

图 2-9a 所示为一简摆颚式碎矿机。当偏心轴 1(与飞轮固连)绕其固定轴心 A 连续逆时针回转时，将驱动三副连杆 2 带动前、后肘杆 4、3 往复摆动，而推动动颚板 5 绕其轴心 G 往复摆动，从而利用动、定颚板所形成的破碎楔形腔将矿石轧碎。试绘制此破碎机的机构运动简图。

解：首先，分析并搞清该破碎机的组成情况。由破碎机的主要功能和工作过程可知，其主动件为偏心轴 1，执行构件为动颚板 5。循着运动传递的路线可以看出，此破碎机的偏心轴 1，三副连杆 2，后、前肘杆 3、4 及动颚板 5 都为运动构件，而其余零部件则都可认为是与机座相对固定不动的(若需考虑机器的调节功能或某些辅助运动功能时，则需另加机构来研究)，应都视为一个固定构件即机架 6，故该机构由 5 个运动构件和机架 6 组成。由此根据它们之间的连接结构和相对运动形式，不难分析判别，偏心轴 1 与机架 6 在轴心 A 处组成转动中心固定的转动副 A，而又与连杆 2 在其几何中心 B 处构成了转动中心运动的转动副 B，可见偏心轴 1 实质上是一个可周转的双转动副构件即曲柄 AB；而其余 4 个运动构件如连杆 2、后肘杆 3、

前肘杆 4 及动颚板 5，则与机架 6，依次组成了转动中心位于 C、D、E、F、G 处的转动副，故该机构由六个构件（含机架）和 7 个转动副组成。

其次，再选定视图平面和比例尺，并根据该机构的运动尺寸，选定主动件 AB 的位置，依次确定出各转动副 A、B、C、D、E、F 及 G 的位置，画出各转动副符号和表示各构件的线段或简单几何图形；最后在图上标出各构件的数字标号和各转动副字母标号，并在主动件上标出表示其运动方向的箭头。即可得该机构的运动简图，如图 2-9b 所示。

由此可见，机构运动简图及其绘制过程实质上是对工程实际机械进行理论抽象和认知的过程。当获得实际机械的机构运动简图之后，便可从理论上对其进行运动学和动力学分析和性能研究。

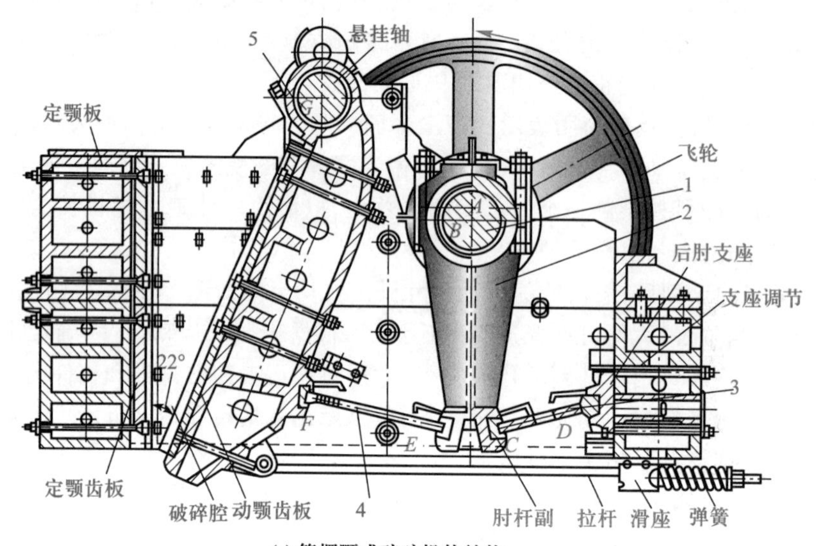

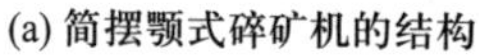

(a) 简摆颚式碎矿机的结构

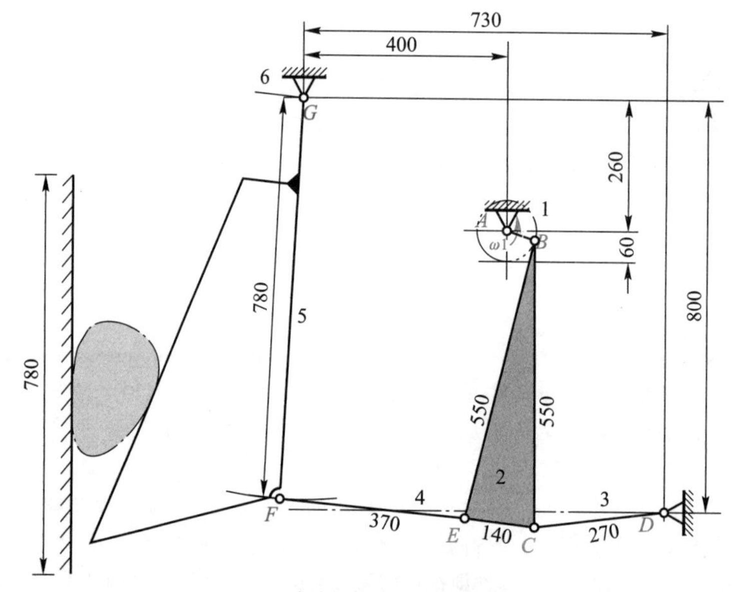

(b) 碎矿机机构运动简图

图 2-9 简摆颚式碎矿机的结构及机构运动简图

1—偏心轮；1′—飞轮；2—三副连杆；3—后肘杆；4—前肘杆；5—动颚板；6—机架

2.3　机构的运动确定性及其自由度分析

为了按照一定的要求进行运动的传递及变换，当机构的主动件按给定的运动规律运动时，该机构其余构件的运动一般也应是完全确定的。因此，为了机构分析及设计时机构具有确定的运动，需确定机构的主动件的数目。为此，首先要了解一个机构在什么条件下才能实现确定的运动；其次要知道机构有多少个自由度，机构自由度又如何计算。下面分别对机构具有确定运动的条件和平面机构及空间机构自由度的计算问题进行讨论。

1. 机构具有确定运动的条件及最小阻力定律

(1) 机构具有确定运动的条件

为了说明机构具有确定运动的条件，下面先来分析两个例子。

在图 2-6b 所示的铰链四杆机构中，若给定其一个独立的运动参数，如构件 1 的角位移规律 $\varphi_1(t)$，则不难看出，此时构件 2、3 的运动便都完全确定了。

而图 2-10 所示的铰链五杆机构，若也只给定一个独立的运动参数，如构件 1 的角位移规律 $\varphi_1(t)$，此时构件 2、3、4 的运动并不能确定。例如，当构件 1 占有位置 AB 时，构件 2、3、4 可以占有位置 $BCDE$，也可以占有位置 $BC'D'E$ 或其他位置。但是，若再给定另一个独立的运动参数，如构件 4 的角位移规律 $\varphi_4(t)$，则不难看出，此机构各构件的运动便完全确定了。

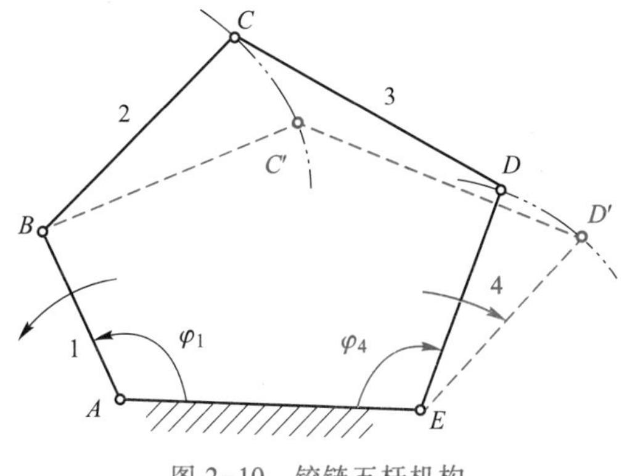

图 2-10　铰链五杆机构

机构具有确定运动时所必须给定的独立运动参数的数目（亦即为了使机构的位置得以确定，必须给定的独立的广义坐标的数目），称为机构的自由度（degree of freedom of mechanism），其数目常以 F 表示。由此可知，铰链四杆机构的自由度 $F=1$，而铰链五杆机构的自由度 $F=2$。

由于一般机构的主动件都是和机架相连的，对于这样的主动件，一般只能给定一个独立的运动参数。所以在此情况下，为了使机构具有确定的运动，则机构的主动件数目应等于机构的自由度的数目，这就是机构具有确定运动的条件。据此条件，对于铰链四杆机构，选取其中任意一个连架杆（构件 1 或构件 3）为主动件，该机构都将具有确定运动。而对于铰链五杆机构，必须选取两个连架杆（即构件 1 和构件 4）为主动件，该机构才具有确定运动。

但当机构不满足这一条件时，如果机构的主动件数目小于机构的自由度，机构的运动将不完全确定，如铰链五杆机构若取一个主动件时，该机构的运动将不完全确定。如果主动件数大于机构的自由度，则将导致机构中最薄弱环节的损坏，如铰链四杆机构若取两个主动件（构件 1 及 3），显然不能运动而导致损坏。

（2）最小阻力定律

对于实际应用机构，由于摩擦等运动阻力的存在，当机构的主动件数目小于机构的自由度时，机构的运动也并不是毫无规律地随意乱动，而这时机构的运动将遵循最小阻力定律，即优先沿阻力最小的方向运动。

例如图 2-11 所示的送料机构，其自由度为 2，而主动件只有曲柄 1 一个。根据最小阻力定律，机构将沿阻力最小的方向运动。因此在推程时摇杆 3 将首先沿逆时针方向转动（因转动副中摩擦力小于移动副中摩擦力），直到推爪臂 3′碰上挡销 a′为止，这一过程使推爪向下运动，并插入工件的凹槽中。此后，摇杆 3 与滑块 4 成为一体，一起向左推送工件。在回程时，摇杆 3 要先沿顺时针方向转动，直到推爪臂 3′碰上挡销 a″为止，这一过程，使推爪向上抬起脱离工件。此后，摇杆 3 又与滑块 4 成为一体一道返回。如此继续进行，就可将工件一个个推送向前。

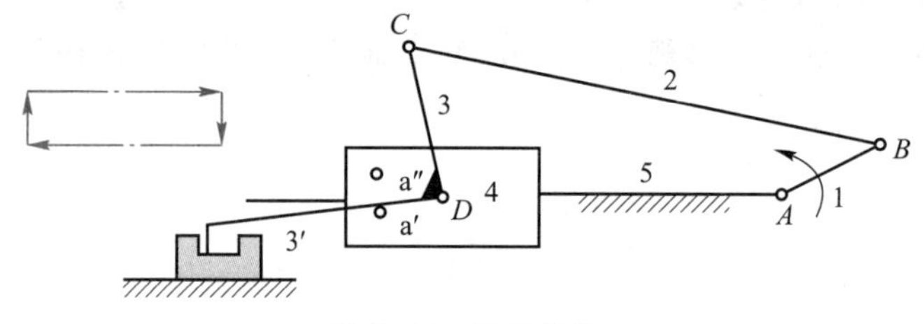

图 2-11　送料机构

*欠驱动机构和冗余驱动机构

主动件数少于机构自由度的机构或机械系统称为欠驱动机构或欠驱动机械系统（underactuated mechanism and underactuated mechanical system），简称欠驱机构或欠驱机械系统。由于欠驱机构的运动将遵循最小阻力定律，人们就利用这一特性创造了许多欠驱机构或装置，如欠驱机械手指、欠驱制动器、欠驱抓斗等，以简化机构，并增加机构的灵巧性和自适应性等。

主动件数多于机构自由度的机构或机械系统称为冗余驱动机构或冗余驱动机械系统（mechanism and mechanical system of actuation redundancy），简称冗驱机构或冗驱机械系统。对于冗驱机构，假如各主动件的运动互不协调，将有可能导致机构在最薄弱的环节损坏；但若各主动件的运动是彼此协调的，则各主动件将同心协力来驱动从动件运动，从而增大了传动的可靠性，减小传动的尺寸和重量，并有利于克服机构处于某些奇异位形（即某些特殊位置和状态）时其运动所受到的障碍。例如图 2-12a 所示的多点柔性传动的自由度为 1，却用了四个电动机通过 4 个小齿轮来驱动中央的大齿轮。而由于电动机的自调性，加之传动装置的柔性设计，使四个驱动装置能协调共同工作，并不至于导致装置的损坏，却可使整个装置的尺寸及重量得以大幅度减小。所以，这种装置常用于某些重型机械中，如在水泥窑传动装置、炼钢转炉倾倒装置、轮斗式挖掘机、大型船舶主传动装置等中均有应用。

图 2-12b 所示为机车车轮联动机构，此处也采用了冗余驱动，目的是为了增大牵引力，而且也为了克服机构处于奇异位形（死点，参看 8.3）时运动受到的障碍。

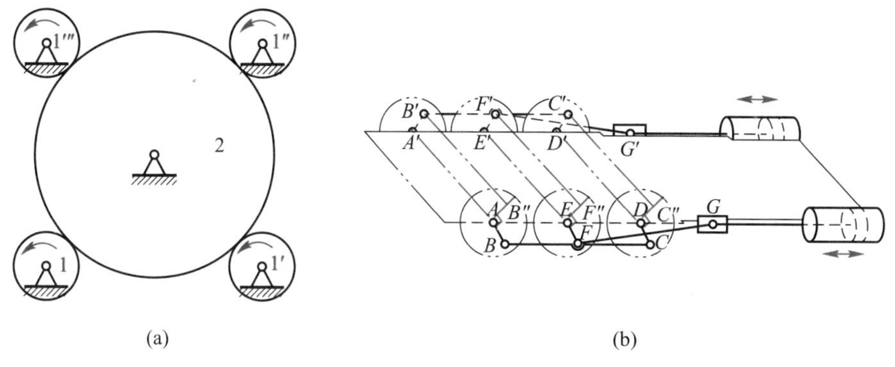

(a)　　　　(b)

图 2-12　冗余驱动机构

学习探究：

*** 案例 2-2**　某型机械手手指机构的驱动特性分析

图 2-13 所示为一铰链四杆闭链 $ABCD$ 与机架组成的机械手两指节手指机构，即开-闭链混合式的五杆机构，并在指杆 AB 和指尖杆 BC（连杆）之间装有保持二者伸直状态的弹簧和限位挡块。若取杆 AD 为主动件，并对其上 D 点施加一驱动力 F 来完成抓取物体的动作，试分析该手指机构在抓住物体过程中的驱动特性。

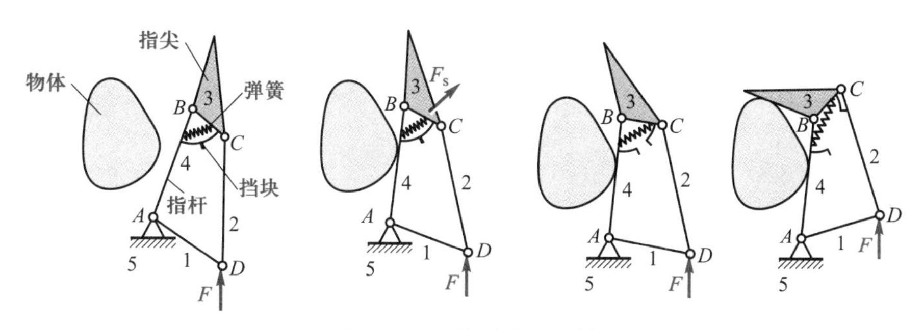

图 2-13　机械手手指机构

解：为了分析该手指机构的驱动特性，先要确定该机构的自由度。与前述铰链四杆、五杆机构对比，不难看出该机构具有两个自由度，即 $F=2$。因此机构仅有一个主动件 1，故该手指机构是一个欠驱动机构。

现再来分析该手指机构在驱动力 F 作用下抓住物体的过程，主动件 1 通过杆 2 推动指尖杆 3 相对于指杆 4 绕铰链 B 转动，同时也带动指杆 4 绕铰链 A 转动。在两指节均未碰到物体之前，根据最小阻力定律，由于受弹簧拉力作用而铰链 B 暂不会产生相对转动，而会推动指杆 4 优先绕铰链 A 转动，直至碰上物体为止。此时指尖杆 3 受杆 2 继续推动，当其作用力（如 F_s）使弹簧受拉伸长时，挡块分离，指尖绕铰链 B 转动，也靠向物体，直至碰上物体为止，即完成两指杆抓住物体的动作。由此可见，该欠驱动手指机构具有自适应抓取不同形状物体的单驱动特性。

2. 平面机构自由度的计算

由于在平面机构中，各构件只作平面运动，所以每个自由构件具有三个自由度。而每个平面低副（转动副和移动副）各提供两个约束，每个平面高副只提供一个约束。设平面机构中共有 n 个活动构件（机架不是活动构件）[①]，在各构件尚未用运动副连接时，它们共有 $3n$

① 机构包括机架在内的构件数用 N 表示，则 $n=N-1$，故平面机构的自由度计算公式也可表示为 $F=3(N-1)-(2p_1+p_h)$。

个自由度。而当各构件用运动副连接之后，设共有 p_l 个低副和 p_h 个高副，则它们将提供 $(2p_l+p_h)$ 个约束，故机构的自由度为

$$F=3n-(2p_l+p_h) \tag{2-1}$$

利用这一公式不难算得前述四杆和五杆铰链机构的自由度分别为 1 和 2，与前述分析一致。

下面再举一例：

例 2-2　试计算图 1-1 所示内燃机的自由度。

解：由其机构运动简图不难看出，此机构共有 6 个活动构件（即活塞 8，连杆 3，曲轴 4，双凸轮轴 5，进、排气阀门推杆 6 与 7），7 个低副（即转动副 A、B、C、D 和由活塞，进、排气阀门推杆与缸体构成的 3 个移动副），3 个高副（1 个齿轮高副，及由进、排气阀门推杆与凸轮构成的 2 个高副），故机构的自由度为

$$F=3n-(2p_l+p_h)=3\times6-(2\times7+3)=1$$

在计算平面机构的自由度时，还有一些应注意的事项必须正确处理，否则会得不到正确的结果。现将这些应注意的事项简述如下。

（1）正确计算运动副的数目

在计算机构的运动副数时，必须注意如下三种情况：

1）如果两个以上的构件在同一处连接构成了复合铰链，如表 2-1 所示的 3 个构件组成的复合铰链，由表中不难看出它实际上是 2 个转动副。由 m 个构件组成的复合铰链，共有 $(m-1)$ 个转动副。在计算机构的自由度时，应注意机构中是否存在复合铰链。

例 2-3　试计算图 2-14 所示直线机构的自由度。

解：此机构 B、C、D、F 四处都是由 3 个构件组成的复合铰链，各具有 2 个转动副。故其 $n=7$，$p_l=10$，$p_h=0$，由式（2-16）得

$$F=3n-(2p_l+p_h)=3\times7-(2\times10+0)=1$$

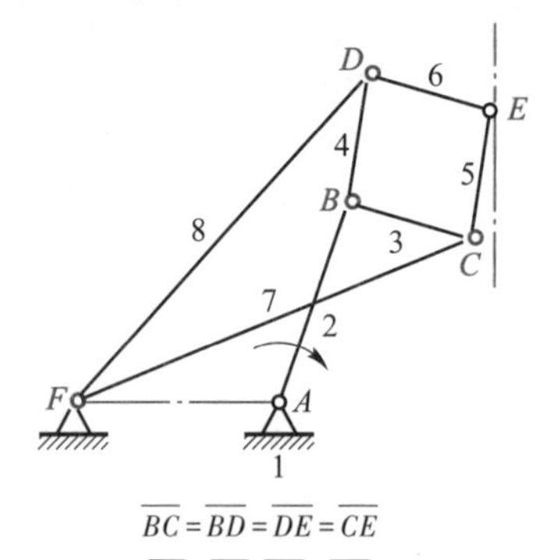

图 2-14　直线机构

2）如果两构件在多处接触而构成转动副，且转动轴线重合（图 2-15a）；或者在多处接触而构成移动副，且移动方向彼此平行（图 2-15b）；或者两构件构成为平面高副，且各接触点处的公法线彼此重合（图 2-15c），则均只能算作一个运动副（即分别算一个转动副、一个移动副与一个平面高副）。

3）如果两构件在多处相接触构成平面高副，而在各接触点处的公法线方向彼此不重合（图 2-16），就构成了复合高副，它相当于一个低副（图 2-16a 为转动副，图 2-16b 为移动副）。

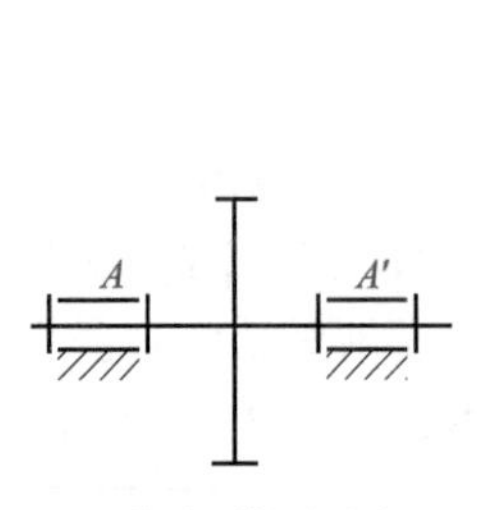

(a) 转动副轴线重合

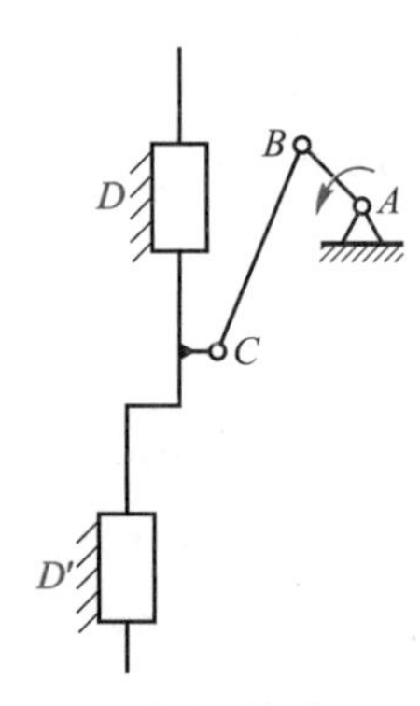

(b) 移动副方向平行

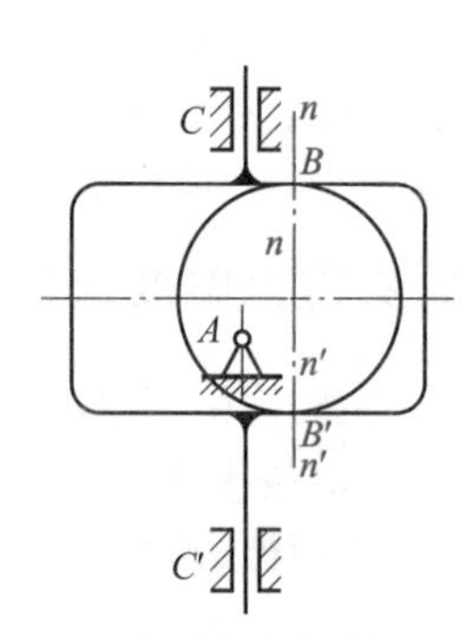

(c) 高副公法线重合

图 2-15　同一运动副

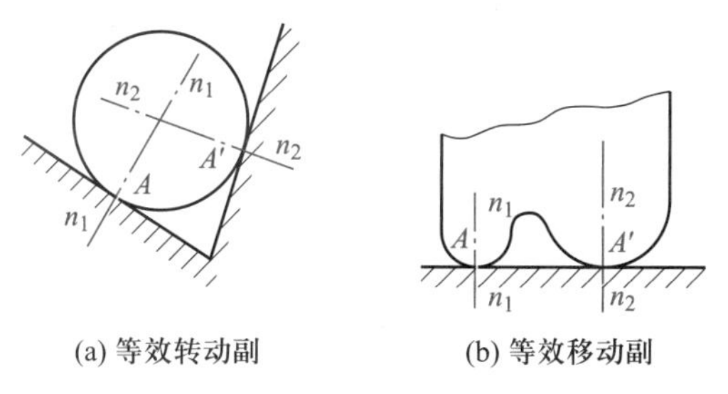

图 2-16 复合高副

(2) 除去局部自由度

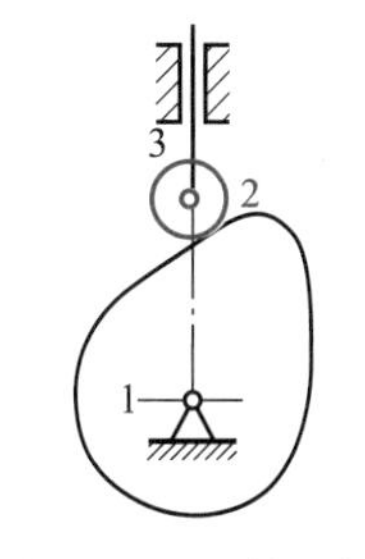

图 2-17 凸轮机构

在有些机构中,某些构件所产生的局部运动并不影响其他构件的运动,则称这种局部运动的自由度为局部自由度(local degree of freedom)。例如,在图 2-17 所示的滚子推杆凸轮机构中,为了减少高副元素的磨损,在推杆 3 和凸轮 1 之间装了一个滚子 2。滚子 2 绕其自身轴线的转动并不影响其他构件的运动,因而它只是一种局部自由度。在计算机构的自由度时,应从机构自由度的计算公式中将局部自由度减去。如设机构的局部自由度数目为 F',则机构的实际自由度应为

$$F=3n-(2p_1+p_h)-F' \tag{2-1a}$$

对于图 2-17 所示凸轮机构,其自由度为

$$F=3\times3-(2\times3+1)-1=1$$

(3) 除去虚约束

在机构中,有些运动副带入的约束对机构的运动只起重复约束作用,故把这类约束称为虚约束(redundant constraint)。例如,在图 2-18a 所示的平行四边形机构中,连杆 3 作平动,BC 线上各点的轨迹均为圆心在 AD 线上而半径等于$\overline{AB}$的圆周。为了保证连杆运动的连续性,如图 2-18b 所示,在机构中增加了一个与构件 AB 平行且等长的构件 5 和两个转动副 E、F,且满足$\overline{BE}=\overline{AF}$,显然这对该机构的运动并不产生任何影响。但此时如按式(2-1a)计算机构的自由度,则变为

$$F=3n-(2p_1+p_h)-F'=3\times4-(2\times6+0)-0=0$$

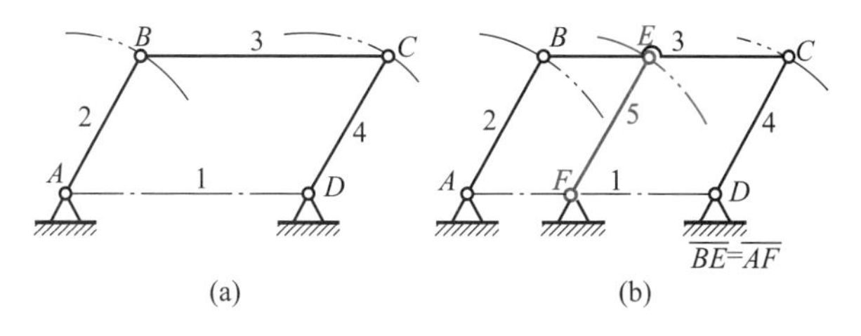

图 2-18 平行四边形机构

这是因为,增加一个活动构件(引入了 3 个自由度)和两个转动副(引入了 4 个约束)等于多引入了一个约束,而这个约束对机构的运动只起重复的约束作用(即转动副 E 连接前后连杆上 E 点的运动轨迹是一样的),因而是一个虚约束。在计算机构的自由度时,应从机构的约束数中减去虚约束数。设机构的虚约束数为 p',则机构的自由度为

$$F=3n-(2p_l+p_h-p')-F' \tag{2-2}$$

故图 2-18b 所示机构的自由度为

$$F=3\times4-(2\times6+0-1)-0=1$$

机构中的虚约束常发生在下列情况：

1）机构中，如果用转动副连接的是两构件上运动轨迹相重合的点，则该连接将带入 1 个虚约束。如上例所述就属这种情况。又如，在图 2-19 所示的椭圆机构中，$\angle CAD=90°$，$\overline{BC}=\overline{BD}$，构件 CD 线上各点的运动轨迹均为椭圆。该机构中转动副 C 所连接的 C_2 与 C_3 两点的轨迹就是重合的，均沿 y 轴作直线运动，故将带入 1 个虚约束。若分析转动副 D，也可得出类似结论。

2）机构中，如果用双转动副杆连接的是两运动构件上某两点之间的距离始终保持不变的两点，也将带入 1 个虚约束。如上例机构中所存在的 1 个虚约束，也可看作是由双转动副的杆 1 将 A、B 两点（该两点之间的距离始终不变）相连而带入的。图 2-18 所示的情况也可以说是属于此种情况。

3）在机构中，不影响机构运动传递的重复部分所带入的约束为虚约束。如设机构重复部分中的构件数为 n'，低副数为 p_l'及高副数为 p_h'，则重复部分所带入的虚约束数 p'为

$$p'=2p_l'+p_h'-3n' \tag{2-3}$$

例如在图 2-20 所示的轮系中，为了改善受力情况，在主动齿轮 1 和内齿轮 3 之间采用了三个完全相同的齿轮 2、2′及 2″，而实际上，从机构运动传递的角度来说，仅有一个齿轮就可以了，其余两个齿轮并不影响机构的运动传递，故它们带入的两个约束均为虚约束，即 $p'=2p_l'+p_h'-3n'=2\times2+4-3\times2=2$。

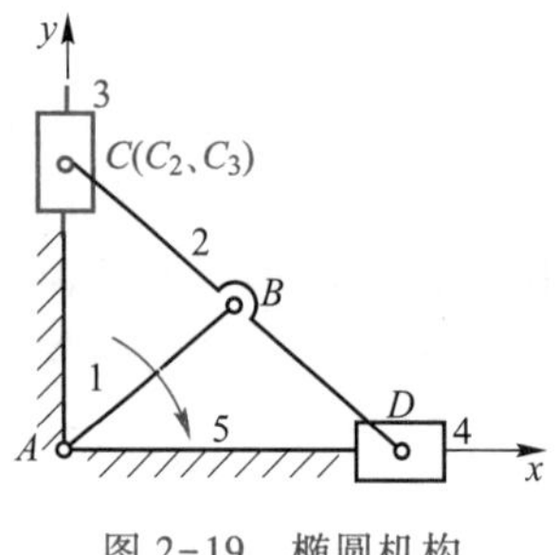

图 2-19　椭圆机构

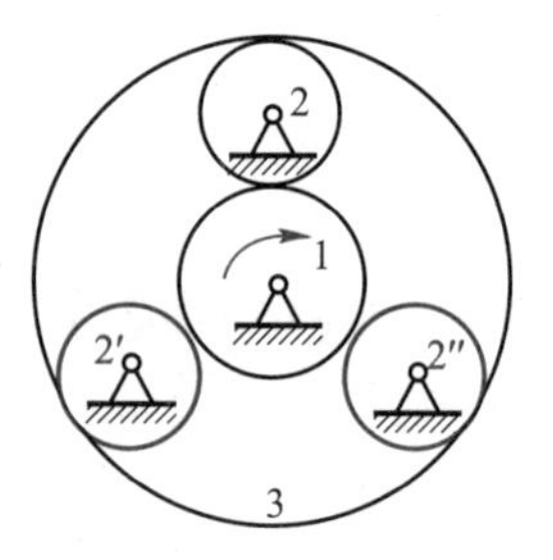

图 2-20　轮系

例 2-4　试计算图 2-21 所示某包装机送纸机构的自由度，并判断该机构是否具有确定的运动。

解：因在此机构中 $n=9$，$p_l=11$（复合铰链 D 包含两个转动副），$p_h=3$。又因 C、H 两处滚子的转动为局部自由度，即 $F'=2$，且不难分析机构在运动过程中 F、I 两点间的距离始终保持不变，因而用双转动副杆 8 连接此两点将引入 1 个虚约束，即 $p'=1$，故由式(2-2)可得

$$F=3n-(2p_l+p_h-p')-F'=3\times9-(2\times11+3-1)-2=1$$

由于此机构的自由度数与主动件数相等，故该机构具有确定的运动。

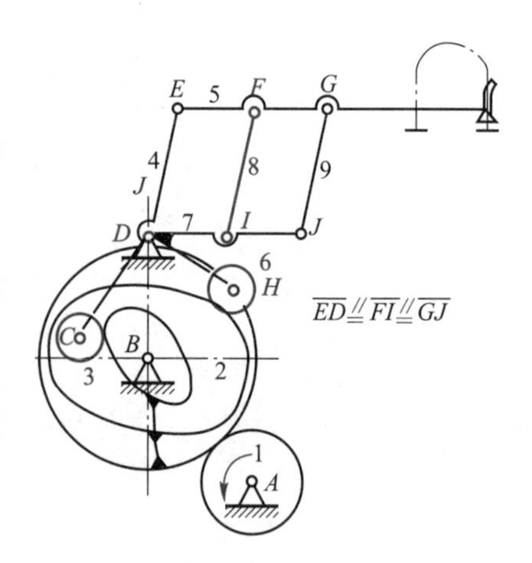

图 2-21　包装机送纸机构

学习探究：

案例 2-3　某一刹车机构的结构特性分析

图 2-22 所示为一刹车机构，刹车时操作杆 1 向右拉，通过构件 2、3、4、6 使两闸瓦 G 及 J 刹住车轮，试通过计算分析该机构在刹车过程中的自由度变化，说明其刹车机构的结构特性。

解： 为了解该刹车机构的结构特性，首先需要从整个刹车过程来分析其机构自由度的变化情况，其刹车过程可分为如下三个阶段：

1）未刹车时，两闸瓦 G、J（即构件 4 与 6）均未与车轮接触而处于松闸状态，这时该刹车机构的自由度为

$$F=3n-(2p_1+p_h-p')-F'=3\times6-(2\times8+0-0)-0=2$$

因该机构的主动件只有一个（构件 1），故它为欠驱动机构。

2）刹车时，操作杆 1 向右拉，两闸瓦 G、J 根据最小阻力定律其中之一首先接触车轮而静止，即变为固定构件，这时该刹车机构的自由度为

$$F=3n-(2p_1+p_h-p')-F'=3\times5-(2\times7+0-0)-0=1$$

3）刹住车轮时，两闸瓦 G、J 均接触并抱紧车轮，均可视为固定构件，此时该刹车机构的自由度为

$$F=3n-(2p_1+p_h-p')-F'=3\times4-(2\times6+0-0)-0=0$$

上述刹车机构是一个两自由度机构，而且该机构在运动过程中其自由度和活动构件数是变化的。由于该刹车机构仅有一个主动件操作杆 1，故该机构是一个欠驱动机构，而其另一个自由度可均衡该刹车机构的两个闸瓦与车轮的作用力，以确保刹车的可靠性和两闸瓦磨损的均匀而延长使用寿命。同时，该机构的结构变换也可满足由操作灵活性向刹车可靠性变换的多工况变构特性的要求。

*** 变胞机构**

一机构若在运动过程中其自由度、活动构件数或机构的结构能发生变化，这样的机构称为变胞机构（metamorphinc mechanism），意指它具有类似于生物学的胚胎演变或细胞重构的特性。图 2-11、图 2-13 及图 2-22 所示机构也都是变胞机构。变胞机构可实现不同工作状态对机构构型的不同要求，具有高度的结构可折叠性和自重构的特性，在折叠家具、卫星可展开天线及月球车等方面具有广泛的应用前景。现有一些学者正在系统地研究开发变胞机构，以期扩大该机构的应用领域。

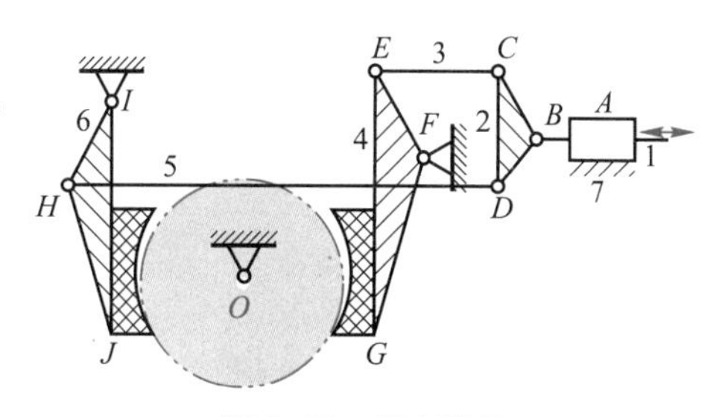

图 2-22　刹车机构

*3. 空间机构自由度的计算

由于空间机构中各自由构件的自由度为 6，所具有的运动副的类型可从 Ⅰ 级副到 Ⅴ 级副，其所提供的约束数目分别为 1 到 5。设一空间机构共有 n 个活动构件，p_1 个 Ⅰ 级副，p_2 个 Ⅱ 级副，p_3 个 Ⅲ 级副，p_4 个 Ⅳ 级副和 p_5 个 Ⅴ 级副，则空间机构的自由度为

$$F=6n-(5p_5+4p_4+3p_3+2p_2+p_1)=6n-\sum_{i=1}^{5}ip_i \qquad (2-4)$$

式中，i 为 i 级运动副的约束数。

例 2-5　如图 2-23 所示为缝纫机脚踏板空间四杆机构，试计算其自由度。

解： 由图可知，在该机构中，$n=3$，$p_5=2$，$p_4=1$，$p_3=1$，故该机构的自由度为

$$F=6n-(5p_5+4p_4+3p_3)=6\times3-(5\times2+4\times1+3\times1)=1$$

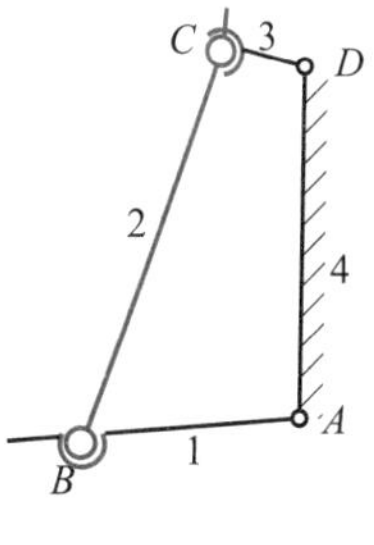

图 2-23　缝纫机脚踏板机构

例 2-6　如图 2-24 所示为一汽车减振悬挂机构，此机构的运动输入是由车轮上下颠动传至悬挂连杆机构的，而其输出为压缸式阻尼器活塞的往复运动，试说明该机

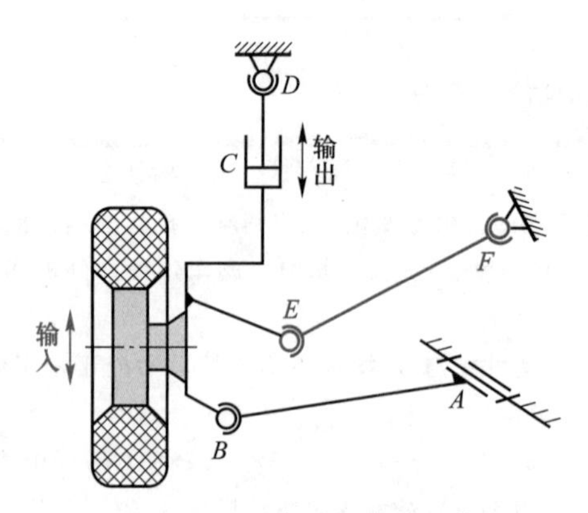

图 2-24　汽车减振悬挂机构

构是否具有确定的运动？

解：由图可知，此机构是一个空间机构，共有 4 个活动构件和 6 个运动副，其中有 4 个球面副（B、D、E 及 F）、1 个转动副（A）及 1 个移动副（即阻尼器 C），即 $n=4$，$p_3=4$，$p_5=2$。此外，因杆 EF 为一个两球面副杆，此杆绕自身轴线转动并不影响整个机构的运动，故为局部自由度为 1，即 $F'=1$。于是该机构的自由度为

$$F=6n-3p_3-5p_5-F'=6\times4-3\times4-5\times2-1=1$$

因此机构的主动件数为 1，与其机构的自由度相等，故该机构具有确定的运动。

（1）含公共约束的空间机构自由度计算

对于平面机构而言，由于其各构件都被限制在平行平面内运动，所以其所有构件都同时受到了 3 个相同的约束，机构中所有构件均受到的这些共同的约束称为机构的公共约束（general constraint）。设公共约束数为 m，则具有公共约束的机构的自由度为

$$F=(6-m)n-\sum_{i=m+1}^{5}(i-m)p_i \tag{2-4a}$$

不难看出，由于平面机构的 $m=3$，故式（2-4a）即变为式（2-1）。

由于机构中运动副及构件几何位置的配置情况不同，机构所受的公共约束的数目也将不同，而机构公共约束数的值可能为 0、1、2、3、4。根据所受公共约束数目的不同，可将机构分为 0 族、1 族、2 族、3 族、4 族等五个类别。

下面再举几个计算空间机构自由度的例子。

例 2-7　图 2-25 所示为一万向铰链机构，试计算其自由度。

解：由于该空间机构所有转动副轴线都汇交于点 O，所以所有运动构件只能绕过 O 点轴线作转动，而均被限制了沿 x、y、z 三个方向的移动，故其公共约束 $m=3$，而该机构的自由度为

$$F=(6-m)n-(5-m)p_5=(6-3)\times3-(5-3)\times4=1$$

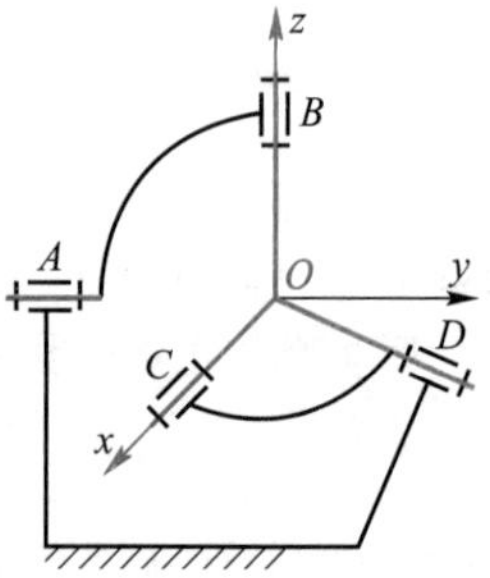

图 2-25　万向铰链机构

例 2-8　图 2-26 所示为一楔形滑块机构，试计算其自由度。

解：由于该机构为一全移动副平面机构，其两活动构件被限制在只能在 xy 平面内移动，故其公共约束 $m=4$，则该机构的自由度为

$$F=(6-m)n-(5-m)p_5=(6-4)\times2-(5-4)\times3=1$$

（2）空间开链机构自由度的计算

对于空间开链机构，因其运动副的总数 $p\left(=\sum_{i=1}^{5}p_i\right)$，与开式链中的活动构件数相等（$n=p$），故由式（2-4）可得其自由度的计算公式为

$$F=6n-\sum_{i=1}^{5} ip_i=6n-\sum_{i=1}^{5}(6-f_i)p_i=\sum_{i=1}^{5} f_ip_i \tag{2-5}$$

式中，f_i 为 i 级运动副的自由度，$f_i=6-i$。

例 2-9　试计算图 2-27 所示仿人机械臂的自由度。

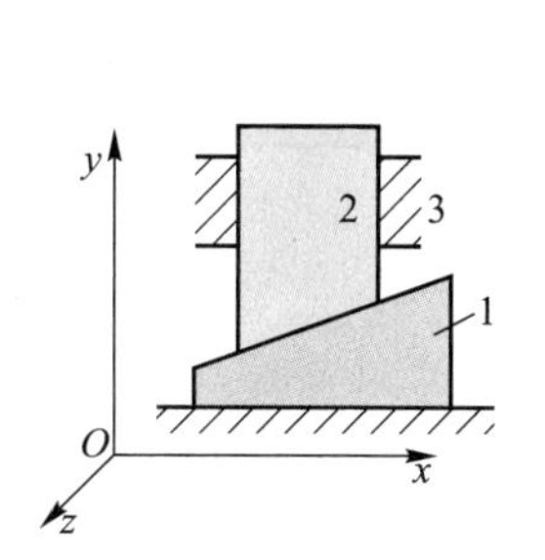

图 2-26　楔形滑块机构

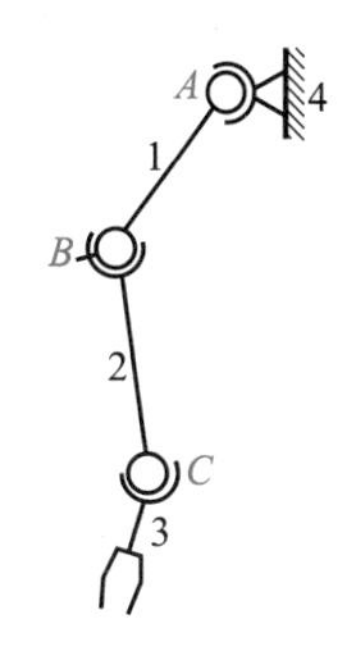

图 2-27　仿人机械臂

解：由人的身体结构可知，肩关节和腕关节可视为球面副，肘关节为球销副。若取人体肩部为机架，可画出其仿生手臂机构运动简图如图 2-27 所示。因 $n=3$，$p_4=1$，$p_3=2$，故由式(2-5)可得其自由度为

$$F=(6-4)p_4+(6-3)p_3=2+3\times2=8$$

仿人机械手臂具有 8(>6)个自由度①，这表明它运动的灵活性较大，具有较好的绕障工作能力。它属于冗余度机器人机构。

＊冗余度机器人机构

冗余度机器人机构(redundant robot mechanism)是指机构的自由度数目(即主动驱动数目)多于完成某一作业任务所需最少自由度数目的一类机器人机构。由此可见，同一自由度的机器人，在完成相对少于自身自由度的作业任务时就是冗余度机器人，但在完成相同或多于自身自由度的作业任务时就是非冗余度机器人，故冗余度机器人是一个相对作业任务的概念。为了完成各种几何和运动学约束下的任务，需要使用冗余度机器人机构，自然界中各种仿生机械更多具有冗余度机械或机器人这一结构和运动特点。我们知道，6 自由度是具有完整空间定位能力的机器人最小自由度数，增加自由度可以改善机器人的运动学和动力学特性，如增加机器人灵活性、提高避障能力和优化操作路径等，但是其运动规划和控制也变得困难。因此，冗余度机器人在智能制造、航天、核工业等领域具有广泛应用前景，冗余度机器人机构和仿生冗余度机器人机构的研究也日益重要。

2.4　平面机构的组成原理、结构分类及分析与综合

1. 平面机构的组成原理

我们知道，机构具有确定运动的条件是其主动件数应等于其所具有的自由度数。因此，如将机构的机架及与机架相连的主动件从机构中拆分开来，则由其余构件构成的构件组必然是一个自由度为零的构件组。而这个自由度为零的构件组，有时还可以再拆成更简单的自由度为零的构件组。把最后不能再拆的最简单的自由度为零的构件组称为基本杆组或阿苏尔杆组(Assur group)，简称杆组。根据上面的分析可知，任何机构都可以看作是由若干个基本杆组依次连接于主动件和机架上而构成的。这就是机构的组成原理。

① 机械手臂的自由度大于 6 时，其大于 6 的自由度称为冗余自由度。

根据上述原理,当对现有机构进行运动分析或动力分析时,可将机构分解为机架和主动件及若干个基本杆组,然后对相同的基本杆组以相同的方法进行分析。例如,对于图 2-28a 所示的破碎机,因其自由度 $F=1$,故只有一个主动件。如将主动件 1 及机架 6 与其余构件拆开,则由构件 2、3、4、5 所构成的杆组的自由度为零。而其还可以再拆分为由构件 4 与 5 和构件 2 与 3 所组成的两个基本杆组(图 2-28b),它们的自由度均为零。反之,当设计一个新机构的机构运动简图时,可先选定一个机架,并将数目等于机构自由度数 F 个的主动件用运动副连于机架上,然后再将一个个基本杆组依次连于机架和主动件上,从而就构成一个新机构。

但应注意,在杆组并接时,不能将同一杆组的各个外接运动副(如杆组 4、5 中的转动副 B、F)接于同一构件上(图 2-29),否则将起不到增加杆组的作用。

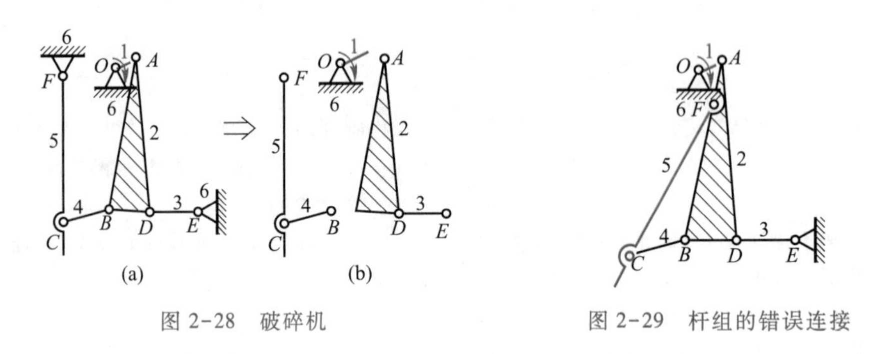

图 2-28　破碎机　　　图 2-29　杆组的错误连接

2. 平面机构的结构分类

机构的结构分类是根据机构中基本杆组的不同组成形态进行的。组成平面机构的基本杆组根据式(2-1)应符合条件

$$3n-2p_l-p_h=0 \tag{2-6}$$

式中,n 为基本杆组中的构件数;p_l 及 p_h 分别为基本杆组中的低副和高副数。又如,在基本杆组中的运动副全部为低副,则式(2-6)变为

$$3n-2p_l=0 \quad 或 \quad n/2=p_l/3 \tag{2-6a}$$

由于构件数和运动副数都必须是整数,故 n 应是 2 的倍数,而 p_l 应是 3 的倍数,它们的组合有 $n=2,p_l=3;n=4,p_l=6;\cdots\cdots$。可见,最简单的基本杆组是由 2 个构件和 3 个低副构成的,我们把这种基本杆组称为Ⅱ级组(binary-group)。Ⅱ级组是应用最多的基本杆组,绝大多数的机构都是由Ⅱ级组构成的。Ⅱ级组有五种不同的类型,如图 2-30 所示(其中,A、C 副为外接运动副)。

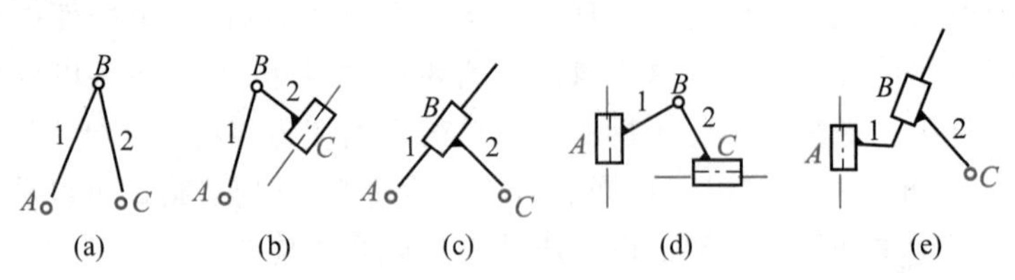

图 2-30　Ⅱ级组的类型

在少数结构比较复杂的机构中，除了Ⅱ级组外，可能还有其他较高级的基本杆组。如图 2-31 所示的三种结构形式均由 4 个构件和 6 个低副所组成，而且都有一个包含 3 个低副的构件，此种基本杆组称为Ⅲ级组（tenary-group），并有三个外接运动副 A、D 及 F。至于较Ⅲ级组更高级的基本杆组，因在实际机构中很少遇到，此处就不再列举了。

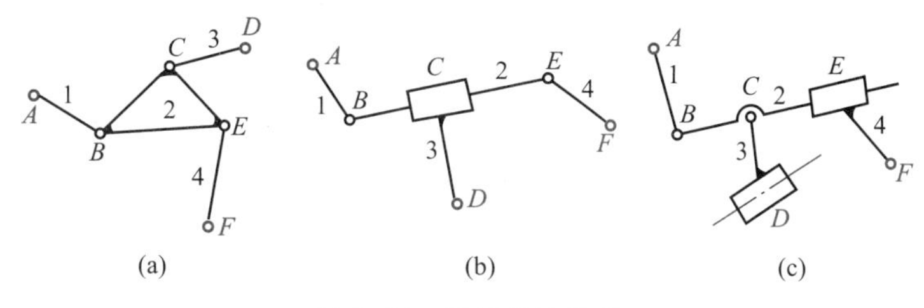

图 2-31　Ⅲ级组的类型

在同一机构中可以包含不同级别的基本杆组。把由最高级别为Ⅱ级组的基本杆组构成的机构称为Ⅱ级机构；把最高级别为Ⅲ级组的基本杆组构成的机构称为Ⅲ级机构；而把只由机架和主动件构成的机构（如杠杆机构、斜面机构等）称为Ⅰ级机构。

3. 平面机构的结构分析

机构结构分析的目的是了解机构的组成，并确定机构的级别。

在对机构进行结构分析时，首先应正确计算机构的自由度（注意除去机构中的虚约束和局部自由度），并确定主动件。然后，从远离主动件的构件开始拆杆组。先试拆Ⅱ级组，若不成，再拆Ⅲ级组。每拆出一个杆组后，留下的部分仍应是一个与原机构有相同自由度的机构，直至全部杆组拆出只剩下主动件和机架为止。最后，确定机构的级别。例如，对上述破碎机进行结构分析时，取构件 1 为主动件，可依次拆出构件 5 与 4 和构件 2 与 3 两个Ⅱ级杆组，最后剩下主动件 1 和机架 6。由于拆出的最高级别的杆组是Ⅱ级杆组，故机构为Ⅱ级机构。如果取主动件为构件 5，则这时只可拆下一个由构件 1、2、3 和 4 组成的Ⅲ级杆组，最后剩下主动件 5 和机架 6，此时机构将成为Ⅲ级机构。由此可见，同一机构因所取的主动件不同，有可能成为不同级别的机构。但当机构的主动件确定后，杆组的拆法和机构的级别即为一定。

上面所介绍的是设机构中的运动副全部为低副的情况。如果机构中尚含有高副，则为了分析研究方便，可用高副低代的方法先将机构中的高副变为低副，然后再按上述方法进行结构分析和分类。

4. 平面机构的结构综合

我们知道，机构的结构方案设计是机械设计的首要设计阶段，其设计结果将直接决定所设计机械的使用效果、结构的繁简程度、效率高低和成本以及可靠性等性能，所以设计机械的优良的机构结构方案具有重要的意义。对于机构结构方案设计，通常是在选定机构的主动件数目或已知机构自由度的情况下，根据设计问题及其运动规律的要求，按照机构的组成原理，选择或确定最适合于设计问题的机构结构形式，这种选择或确定的设计过程称为机构的结构综合（type synthesis of mechanism）。显然，它是定性综合方法，其综合结果往往不止一个解，但必须是适合设计问题的机构结构形式。现举一设计案例说明依据机构的组成原理进行机构结构综合的方法。

学习探究:

案例 2-4　电动摇动筛机构方案的综合

用网式料筛和手摇操作进行散粒物料分选的方法在现实生活和生产中普遍应用,如图 2-32a 所示为一平面铰链四杆机构的手工摇动筛机构,其中一摇杆为主动件,料筛为连杆。试对其改进为电动机驱动的摇动筛进行机构综合。

解:为了用一个电动机连续旋转驱动,并保持原摇动筛机构的自由度 1 不变,根据机构的组成原理,需要采用以曲柄和连杆组成的Ⅱ级杆组去连接该铰链四杆摇筛机构。此时将有连接于驱动摇杆和连接于连杆两种方案,所得机构分别如图 2-32b、c 所示,显然均为六杆机构。图 2-32b 所示为六杆机构 *ABCDEFG* 可以看作是由两个Ⅱ级杆组 *EFG* 和 *BCD* 依次连接于主动件 *AB* 和机架 *GD* 而成的,故此机构为一个Ⅱ级机构,当然也可视为是由两个铰链四杆机构 *ABCD* 和 *DEFG* 串联而成的,此类型的六杆机构称为瓦特(Watt)型六杆机构。而图 2-32c 所示则为一斯蒂芬森(Stephensen)型六杆机构 *ABCDEFG*,该机构设计可看作是由一个Ⅲ级杆组 *BCDEGF* 连接于主动件 *AB* 和机架 *GD* 而成的,故为一个Ⅲ级机构,其实也可视为由一个铰链五杆机构 *ABCED* 和一个铰链四杆机构 *DEFG* 并联而成的。

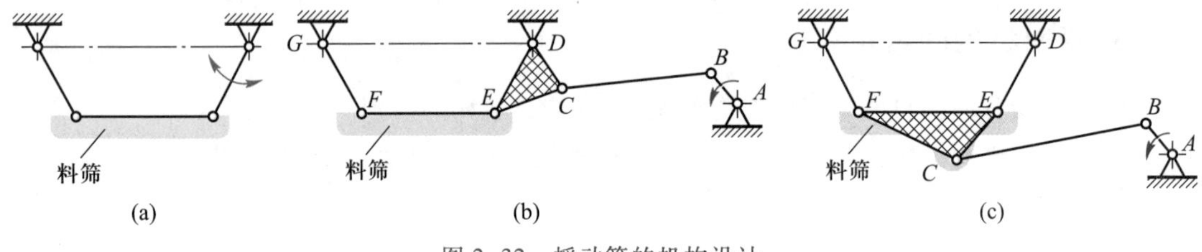

图 2-32　摇动筛的机构设计

上述所设计的两个方案都是可行的,一个是Ⅱ级机构,另一个是Ⅲ级机构。一般来说,复杂机构的结构设计参数较多,可满足的工况设计约束就更多而解更优,但其设计复杂。所以,至于哪个机构方案最优,还需要结合具体的使用和运动要求,并结合运动分析与性能评判加以选择。

由此可见,就机器的机构结构设计而言,机构结构综合的一个基本评价准则:任何机器,在满足给定运动规律时,应力求结构简单。这就意味着应使所设计机构的构件数尽可能少,减少构件与构件间的运动副数,从而可减少机构的累计误差,有利于提高机器的效率。此外,机构结构简单,制造、安装、润滑也比较方便,还能使所设计的机器具有重量轻、效率高、工作可靠及制造成本低等优点。

2.5　机构的变换原理及其结构创新设计

前面仅就平面全转动副机构的结构分类及结构分析与综合进行了讨论,这是因为所有其他类型的平面机构都可以认为是由平面全转动副机构通过构件或运动副等运动及结构变换或变异演化而成的。反之,它们也都可以通过这些逆变换转化为全转动副机构,这样就可以按平面全转动副机构的结构理论及方法来进行机构结构分析与综合了。因此,这也就形成了不同机构类型或机构不同结构形式之间运动或结构变换的一些基本理论,统称之为机构的变换原理(mechanism transformation principles),它是机构结构创新设计的基本原理。

了解机构变换的基本原理,搞清各类型机构结构之间的内在联系和运动等效变换关系,将有助于我们更好地掌握各类机构的认知规律和拓展新机构的方法,也有助于解决复杂机构的分析与综合问题,并建立归一化的机构分析与设计理论,对工程师的工程创造性思维的培养和综合能力的提高也具有重要的意义。

我们知道,构件和运动副是决定不同机构结构形式的两个基本要素。因此,机构的变换原理也主要有机构的构件变换和运动副变换两类基本的变换原理。本节将重点对这两种变换原理及其在机构结构创新设计的应用加以讨论。

1. 构件变换原理

由前可知,一个运动链当取不同的构件为机架或者为主动件时,都将可能改变机构的结构形式或两连架杆的运动形式,从而可形成不同的机构类型或机构不同的结构形式或主动件不同的运动形式。因此机构的构件变换又有机架变换和主动件变换两种变换原理。

(1) 机架变换

由于机构是由运动链将其中的某一构件固定为机架而形成的,所以对于同一运动链,运动链有多少个构件,原则上也就有多少种不同的机架变换形式,因而也就可能形成多少种不同形式的机构。这种运动链中取不同构件为机架以获得不同形式机构的结构变换理论,称为机架变换原理(rack conversion principle)。从相对运动原理看,这种机构的机架变换实质上是取不同参考系的机构演化原理,故又称之为机构倒置(inversion of mechanism)。现举几个例子加以说明如下。

如图2-6b所示的曲柄摇杆机构,此时构件4为机架。对于该机构的同一运动链$ABCD$,当改为取构件1为机架时,不难看出,其机构中两个连架杆2及4均为能作整周转动的曲柄,称之为双曲柄机构(double crank mechanism),如图2-33a所示。当取构件2为机架时,则所得机构是一个曲柄摇杆机构,如图2-33b所示。而当取构件3为机架时,则其机构的两连架杆2和4均为只能作摆动运动的摇杆,称之为双摇杆机构(double rocker mechanism),如图2-33c所示。由此可见,同一个平面铰链四杆运动链,经机构的机架变换之后,形成了上述三种不同运动形式的铰链四杆机构。此外,在上述演化机构中,各运动副虽都是转动副,但不难看出,其中转动副A和B,组成转动副的两构件均能作相对整周转动,称其为周转副(revolute pair of revolving motion),而转动副C及D,均不能作相对整周转动,而只能

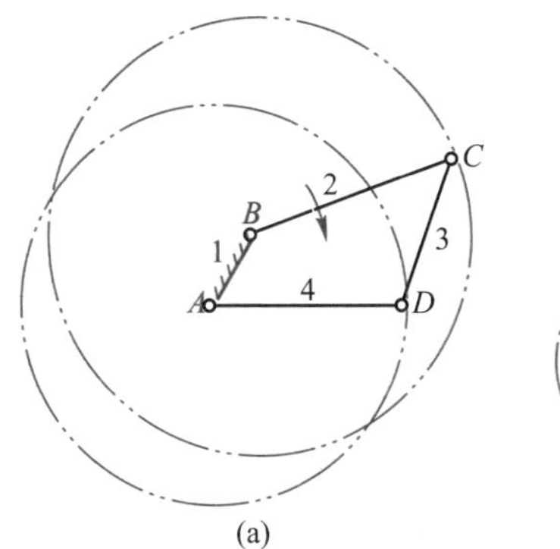

(a)

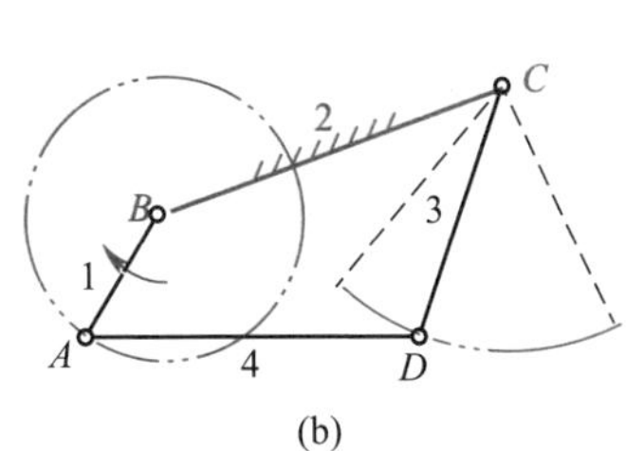

(b)

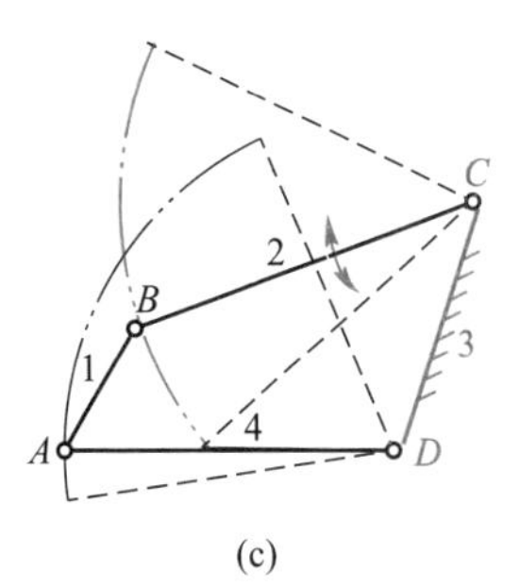

(c)

图2-33　平面铰链四杆机构的倒置

在一定范围作摆动，则称为摆转副（revolute pair of swing motion）。由于机构倒置演化并不会改其转动副的周转或摆转特性，所以图 2-33c 所示机构其实是一个连杆 1 可周转的双摇杆机构。

对于含有一个移动副的平面四杆机构，例如在图 2-34a 所示的偏置曲柄滑块机构 *ABC* 中，构件 4 为机架，而滑块 3 的导路与轴 *A* 保持一偏距 *e*。显然该机构中的转动副 *A* 和 *B* 为周转副，而转动副 *C* 为摆转副。对于此机构同一运动链 *ABC*，当依次以构件 1、2 及 3 为机架时，则可分别演化为偏置回转导杆机构（offset revolving guide-bar mechanism，如图 2-34b 所示）、偏置曲柄摇块机构（offset crank block mechanism，如图 2-34c 所示）和偏置直动导杆机构（offset translating-guide-bar mechanism，如图 2-34d 所示）。若偏距 $e=0$ 时，上述各机构则演化为相应的对心式各机构，图 1-1b 所示内燃机中的连杆机构即为对心曲柄滑块机构（centric crank-rocker mechanism）。

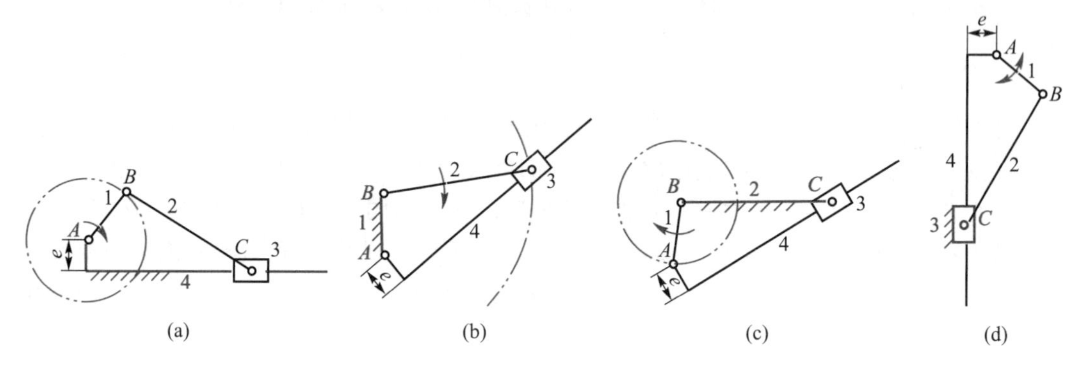

图 2-34　平面含一个移动副四杆机构的倒置

同样，对于高副机构如图 2-7b、c 所示的齿轮高副机构和凸轮高副机构，当分别取构件 2 和 1 为机架时，则分别演化为行星齿轮机构和固定凸轮机构，如图 2-35a、b 所示。

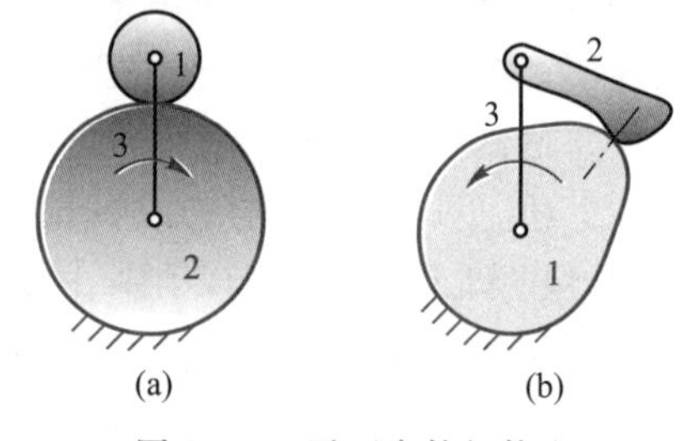

图 2-35　平面齿轮机构和凸轮机构的倒置

（2）主动件变换

如前对图 2-28a 所示破碎机的结构分析可知，当分别取构件 1 和 5 为主动件时，该机构便分别为Ⅱ级机构和Ⅲ级机构。可见，对于单自由度机构，在机构具有确定运动的条件下，通过取不同构件为主动件时，则同一机构所得机构的结构形式可能也有所不同，这种变换称为机构的主动件变换（driving link transformation）。显然，对于同一机构的运动或力分析，可利用其机构的主动件变换，将原复杂的Ⅲ级机构结构转换为相对简单的Ⅱ级机构结构来处理，从而可以化繁为简，达到有效解决问题的目的。此外，对于同一机构，在要求其输出运动特性不变的情况下，通过选择不同运动形式的构件为主动件，可得到最合适的原动机，有效满足驱动装置的运动形式或驱动特性的要求。

根据相对运动原理可知，在对机构实施构件变换原理的演化时，并不会改变演化机构与原机构的各构件之间的相对运动和尺寸关系，因而利用这一原理就可将平面机构的复杂分析与设计问题简单化。具体的处理方法将在后续相关章中作进一步的讨论。

2. 运动副的变换原理

(1) 运动副类型变换

1) 转-移运动副变换　若改变组成转动副其中一构件的形状和相对尺寸,便可将这个转动副变换或演化为一个移动副。利用此运动副变换,可将平面铰链四杆机构演化为含一个移动副的四杆机构或含两个移动副的四杆机构。

图 2-6b 所示的曲柄摇杆机构,如将其中组成转动副 D 的杆状构件 3 变成一个滑块 3,此时其导轨为以 D 为圆心、构件 3 长度为半径的圆弧导轨,则转动副 D 便演化为一个圆弧导轨移动副,该所得机构称为圆弧导轨曲柄滑块机构,如图 2-36a 所示。如再将构件 3 的杆长度取为无穷长时,又演变为一直线导轨移动副,由此可演化为一个偏距为 e 的偏置曲柄滑块机构,如图 2-36b 所示。若偏距 $e=0$,则为对心曲柄滑块机构,如图 2-36c 所示。同样,再对对心曲柄滑块机构中的转动副 C 进一步作转-移运动副变换,即可演化为如图 2-37 所示的双滑块四杆机构(double-slider mechanism),其中图 2-37b 所示机构,从动件 3 的位移与主动件 1 的转角的正弦成正比($s=l_{AB}\sin\varphi_1$),故称为正弦机构(scotch-yoke mechanism)。

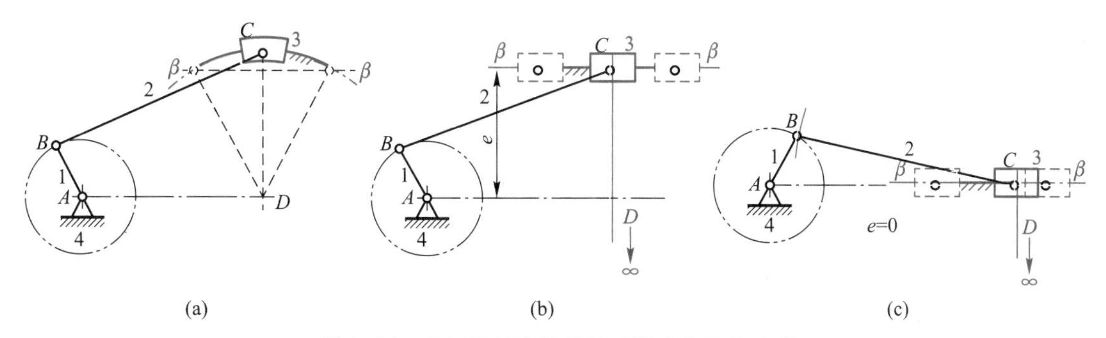

图 2-36　曲柄摇杆机构的转动副变换为移动副

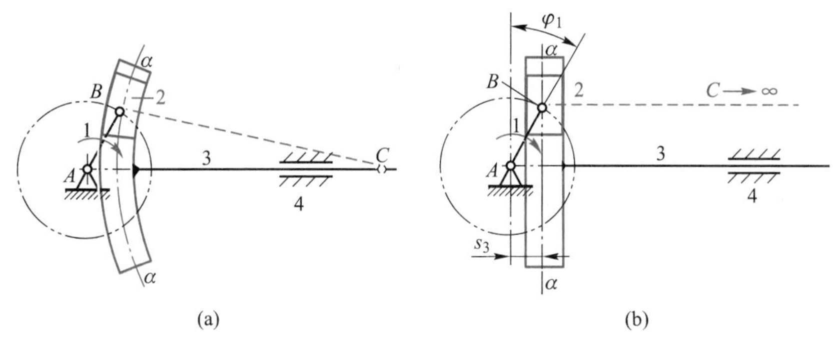

图 2-37　双滑块四杆机构

由此可知,转-移运动副变换的等效关系:移动副也可认为是转动中心位于垂直于导路无穷远处的一个转动副,如上述滑块与导路组成的移动副 C(图 2-36b、c)或 B(图 2-37b)便可视为转动副 D^{∞}(即 $D\to\infty$)或 C^{∞}(即 $C\to\infty$)。因此,对于平面含移动副的四杆机构,都可以认为是由平面全铰链机构通过移-转运动副变换演化而来的。

2）高副低代变换 对于含高副的平面机构，如果将其中的高副根据一定的条件虚拟地以低副加以代替，就能变换成全低副平面机构。这种高副以低副代替的方法称为高副低代(substitute higher pair mechanism by lower pair mechinism)。

为了保持高副低代前后机构的运动完全等效，进行高副低代必须满足的两个条件：①代替前后机构的自由度相同；②代替前后机构的瞬时速度和瞬时加速度完全相同。由于平面机构中的一个高副提供一个约束，而一个低副却提供两个约束，故不能用一个低副直接来代替一个高副。为了高副低代前后保持机构的自由度不变，此时一个高副只能用一个构件和两个低副来加以代替。具体方法现举例加以说明。

图 2-38a 所示为一高副机构，其高副元素均为圆弧。在机构运动时，构件 1、2 分别绕点 A、B 转动，两圆连心线$\overline{K_1K_2}$的长度将保持不变，同时$\overline{AK_1}$及$\overline{BK_2}$的长度也保持不变。因此，如果设想用一个虚拟的构件分别与构件 1、2 在 K_1、K_2 点以转动副相连，以代替由该两圆弧所构成的高副，显然这样的代替对机构的自由度和运动均不发生任何改变，即它能满足高副低代的两个条件。高副低代后的这个平面低副机构称为原平面高副机构的替代机构。

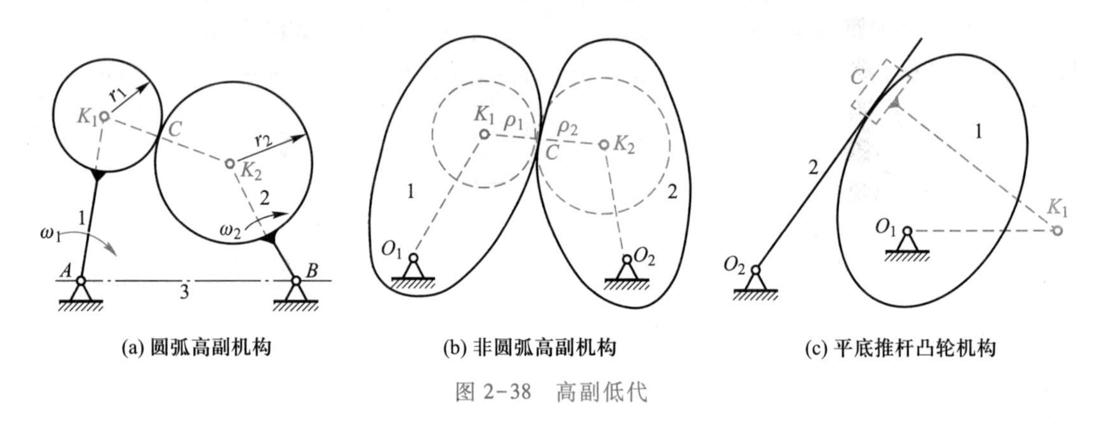

(a) 圆弧高副机构 (b) 非圆弧高副机构 (c) 平底推杆凸轮机构

图 2-38 高副低代

又如图 2-38b 所示的机构，其高副两元素为两个非圆曲线，它们在接触点 C 处的曲率中心分别为 K_1 和 K_2 点。在对此高副进行低代时，同样可以用一个虚拟的构件分别在 K_1、K_2 点与构件 1、2 以转动副相连，也能满足高副低代的两个条件，所不同的只是此两曲线轮廓各处的曲率半径 ρ_1 和 ρ_2 不同，其曲率中心至构件回转轴的距离也随处不同，所以这种代替只是瞬时代替，其替代机构的尺寸将随机构的位置不同而不同。

根据以上分析可以得出结论，在平面机构中进行高副低代时，为了使得在代替前后机构的自由度、瞬时速度和加速度都保持不变，只要用一个虚拟构件分别与两高副构件在过接触点的曲率中心处以转动副相连就行了。

如果高副元素之一为一直线(如图 2-38c 所示的凸轮机构的平底推杆)，则因其曲率中心在无穷远处，所以低代时虚拟构件这一端的转动副将转化为移动副。

由此可知，高副低代后的机构是一个平面铰链四杆机构或含移动副的四杆机构，即为该凸轮高副机构的替代机构。所以凸轮高副机构也可认为是平面四杆低副机构的另一种变换形式。

此外，空间螺旋副可通过改变螺旋升角演化为转动副或移动副(见表 2-1)。若螺旋副的螺旋升角制成 0°，则螺母绕螺杆只作转动而无平移运动，即成为转动副；若螺旋升角制成

90°,则螺母沿螺杆轴线只作平移而无转动运动,即成为移动副。

总之,对于含移动副或含有高副的平面机构,只要经上述运动副类型的变换或代换,都可变换为全转动副的平面低副机构,这样就可以运用建立的平面低副机构进行机构分析与设计的方法进行研究了。在机构的结构综合时,通过高副低代,可为实现同样的运动要求提供多种结构形式的机构方案。

(2) 运动副元素变换

1) 运动副元素尺寸扩大　在图 2-39a 所示的曲柄滑块机构中,若扩大转动副 B 的尺寸(如图 2-39b),即将其轴颈的半径扩大,并超过曲柄的长度而演化为偏心盘,其回转中心 A 至几何中心 B 的偏心距 e 等于曲柄长度,这种机构称为偏心轮机构(eccentric mechanism)。若扩大其移动副 D 的尺寸(如图 2-39c),即将滑块尺寸扩大,使之超过整个偏心轮机构而演化为滑块内置偏心轮机构。显然,上述两种扩大运动副元素尺寸的方法,并没有改变机构的组成特性,其运动特性与曲柄滑块机构也完全相同,却可以带来结构设计上的方便和强度的提高。故该机构常用于压力机、冲床等设备上。

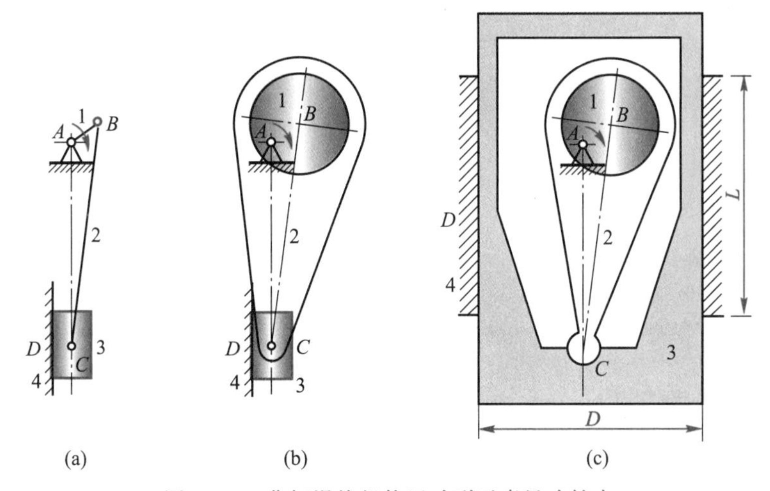

图 2-39　曲柄滑块机构运动副元素尺寸扩大

2) 运动副元素的逆换　对于移动副来说,将运动副两元素的包容关系进行逆换,并不影响两构件之间的相对运动,但却能演化成不同的机构或机构不同的结构形式。例如图 2-40a 所示偏置摆动导杆机构,当将构成移动副的构件 2、3 的包容关系进行逆换,即可演化为空心式偏置导杆机构(图 b),还可演化为具有偏置导杆和偏置摇块的曲柄摇块机构(图 c 和 d)。由于移动副的导路方位线任意平移并不影响其运动特性,属于机构的运动等效变换。此外,若取偏距 $e=0$,则上述机构又相应可演化为对心式导杆机构和曲柄摇块机构。因此,在工程设计时,通过运动副元素的逆换,可为实现同一运动特性提供不同的机构或机构的不同结构形式等多种选择。

(3) 运动副约束度的变换

在运动副中,某些运动副自身结构就具有约束度变换的特点,因而使其具有运动变换特性。例如,槽销副本身具有转动兼移动运动的两个自由度(见表 2-1),若槽销副中的销轴运动到槽两端时,则其销轴受到槽端约束而只能相对槽杆作转动而无移动,故演变为单自由

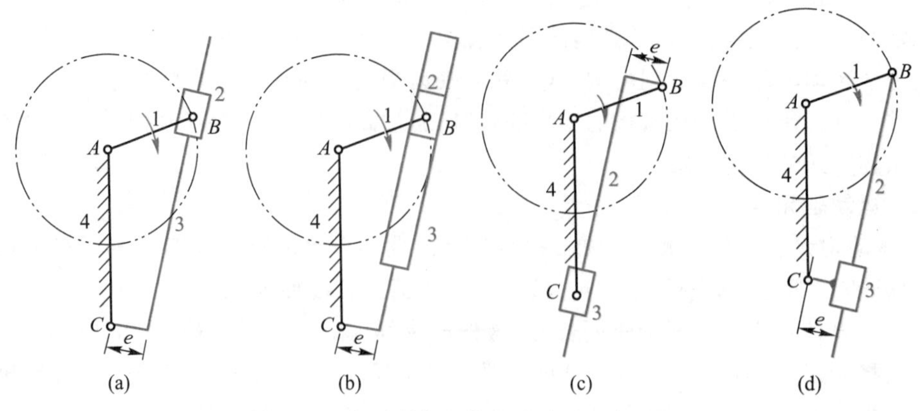

图 2-40　摆动导杆机构的移动副元素逆换

度的转动副。因此,槽销副具有两自由度的转动兼移动变换为单自由度纯转动的运动变换特性。

但对于绝大多数不具有约束度变换功能的运动副,通常利用附加非结构的约束力如摩擦力(如图 2-11 所示送料机构)、弹簧力等,使其具有运动变换的特性。例如案例 2-2 所示的两关节手指机构,其中的两指节间的关节转动副中,实际上就是附加了一个弹簧力约束和限位挡块来实现其约束度变换的:若当外力小于这个弹簧力时,关节不能产生转动;而当外力超过这个弹簧力时,弹簧力便不能阻止转动。因而使其手指机构具有自适应环境变换的运动特性。

利用运动副约束度变换原理,多自由度机构引起约束度变换而产生其机构的自由度变换或构件数目变换,使其机构的结构构型发生变换,故也称为机构的构型变换,也属机构的自由度变换原理。此类变自由度机构,如前文提到的变胞机构,可用于自适应环境的、具有确定运动功能和均载安全保护功能的、可以多工艺动作实现连贯运动变换特点的机械中。对此,这里不再多加讨论。

3. 机构的变换原理在机械产品机构结构创新设计中的应用

为了说明机构的变换原理在机械产品的机构结构设计中的创新应用,这里将列举一个生活实用产品的典型设计案例进行分析。

学习探究:

案例 2-5　电风扇的自动摇头机构的创新设计

图 2-41 所示为一电动机直接驱动扇叶的电风扇,试设计其扇叶左右摇摆的自动摇头机构。

解: 机构功能是实现电风扇在电动机驱动下的摆动摇头动作。一般想到的设计方案为:为了将电动机的高速连续旋转运动变化为电风扇低速往复摆动运动,需要先经减速器变速,然后将电风扇整体视为作定轴摆动的摇杆,用一套电动机驱动曲柄摇杆机构 $A'B'C'D'$(图 2-41)来驱动摇杆,显然这一设计结构复杂、总体尺寸大、效能低、成本高且工作不可靠。

改用后的设计选用一双摇杆机构 $ABCD$(图 2-41),利用其连杆 BC 能作整周回转的特点,在其上装一蜗轮,由装于风扇电动机轴上的蜗杆带动作整周旋转,从而使摇杆 AB 也即扇叶来回摇动。

由此可见,这一设计由初始需双电动机驱动摇头的曲柄摇杆机构方案,经机架变换(相当于同一运动

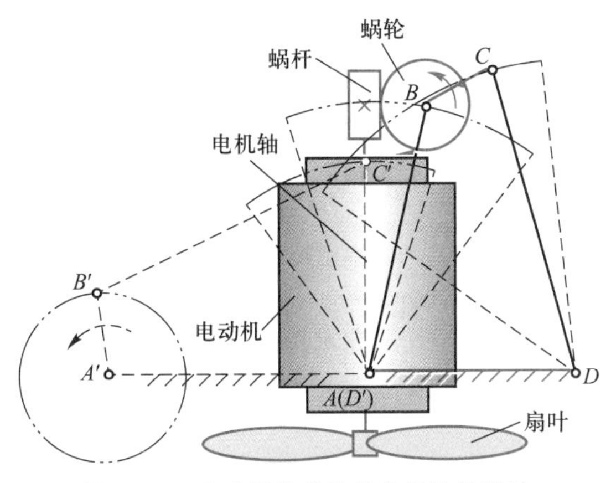

图 2-41　电动摇头扇的摇头机构的设计

链机架 AB 变换为机架 AD)和主动件变换(由连架杆 $A'B'$变为连杆 BC 驱动),变换为最终只需单电动机驱动自动摇头的双摇杆机构方案,从而有效地解决上述设计的复杂性问题。

*2.6　机构结构的型综合及其合理设计

1. 机构结构的型综合

为了在设计新机器时对机构的形式有择优的可能,可按给定的机构自由度要求把一定数量的构件和运动副进行排列搭配,组成多种可能的机构类型,这一过程称为机构的型综合(type synthesis)。如前所述,根据机构组成原理,可按基本杆组进行机构结构的型综合,即按机构自由度要求先确定其主动件个数和机架,然后再按预期实现的运动规律和机构构件数的要求选取基本杆组类型,最后按排列组合的方式将它们依次连接到主动件和机架上,每连接一个杆组就得到一种机构形式,从而获得各种机构形式。显然,这种方法规律性强、易掌握,但较难获得全部的机构类型。由于机构为具有固定构件的运动链,故机构结构的型综合实质上为其运动链结构的型综合,所以可就运动链进行机构结构的型综合,以求得全部的机构类型。由于机构中的高副可以用低副代替,移动副可认为是转动副演化而来,所以机构综合常以全转动副机构为例来加以研究。现重点以单自由度平面全转动副机构的型综合为例来加以说明。

对于平面单自由运动链综合,设一单自由度平面全转动副机构共有 N 个(包含机架)构件及 p 个转动副,若将其机架的约束解除,则该机构就变成为一个具有 4 个自由度的全转动副运动链了。该运动链且应满足下列关系:

$$3N-2p=4 \tag{2-7}$$

如设组成上述运动链的 N 个构件中,有 n_2 个两副构件、n_3 个三副构件、n_4 个四副构件以及 n_i 个 i 副构件,则

$$n_2+n_3+n_4+\cdots+n_i=N \tag{2-7a}$$

$$2n_2+3n_3+4n_4+\cdots+in_i=2p \tag{2-7b}$$

当组成的运动链存在多个封闭环时,由于单闭环运动链的构件数与运动副数相等,故多环运动链可认为是在单环的基础上叠加了 $p-N$ 个运动链组成的。设多环运动链的环数为 L,则

$$L=p-N+1 \tag{2-7c}$$

满足式(2-7)~式(2-7c)的平面单自由度运动链有无穷多。其中,对于单自由度的平面运动链($F=1$),其构件数总是偶数,而常见运动链的构件数、运动副数和闭环数的可能的组合有:$N=4$,$p=4$,$L=1$;$N=$

6，$p=7$，$L=2$；$N=8$，$p=10$，$L=3$；$N=10$，$p=13$，$L=4$。它们分别为四杆、六杆、八杆及十杆运动链。

由此可知，四杆运动链只有一个闭环，故仅有一种基本形式（图 2-5a）。六杆运动链具有两个闭环，并有两种基本结构形式，即瓦特（Watt）型（图 2-42a）和斯蒂芬森（Stephensen）型（图 2-42b）。而八杆与十杆运动链分别有三个和四个闭环，它们的基本形式分别有 16 种和 230 多种。

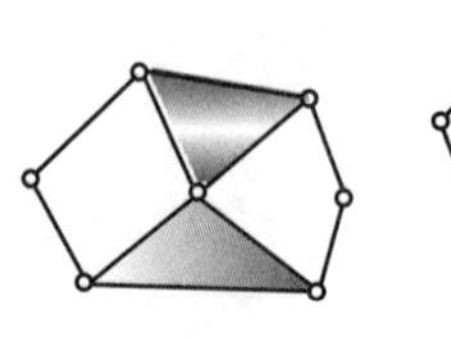
(a) 瓦特型

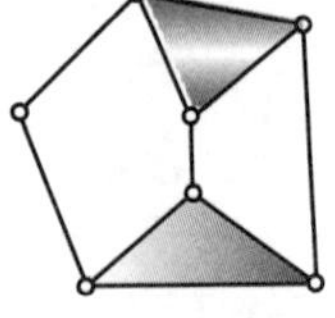
(b) 斯蒂芬森型

图 2-42　六杆运动链的基本结构形式

通常我们把这种由构件和运动副组成的基本运动链的结构形式，称为机构的构型或拓扑结构（topological structure）。显然机构的构型与构件的尺寸及形状无关，而仅决定于其构件及运动副的类型及数目，以及构件与运动副之间的邻接和附随关系。在构件数目和运动副的类型及数目均相同的两个运动链中，如果它们具有相同的拓扑结构，则称它们为同构（isomorphic），否则，则称它们为异构（isomer）。所以四杆运动链只有一种异构构型，而六杆运动链则有两种异构构型，八杆运动链则有十六种异构构型。

学习拓展：

八杆运动链的异构构型

此外，对于四杆运动链的一种异构体，可将其中的转动副用移动副来代替①，则又有三种结构形式，如图 2-43 所示。即平面四杆运动链有全转动副、含一个移动副、含两个移动副且相邻和含有两个移动副且不相邻四种基本结构形式。

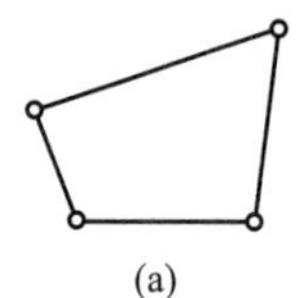
(a)

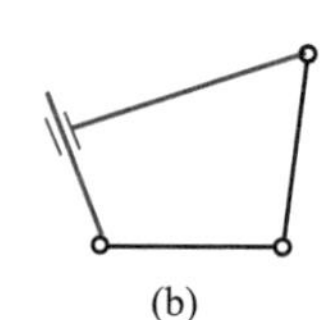
(b)

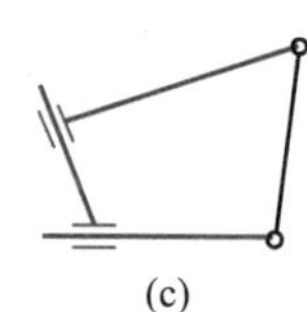
(c)

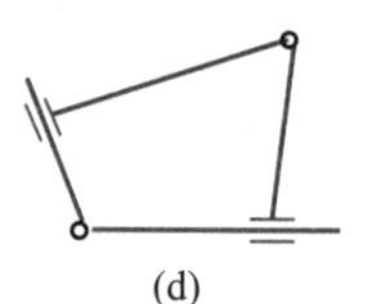
(d)

图 2-43　平面低副四杆运动链的基本结构形式

也可在此基础上，将低副用高副来替代，即将其中的一构件和两个低副用一个高副进行替代变换，则得平面含高副的运动链也有三种基本结构形式，如图 2-44 所示。

至于对于平面两自由度的运动链，其应满足的关系为 $3N-2p=5$，故其构件数总是奇数。于是该运动链的构件数及运动副数的可能组合有：$N=5$，$p=5$，$L=1$，即五杆运动链；$N=7$，$p=8$，$L=2$，即七杆运动链；$N=9$，$p=11$，$L=3$，即九杆运动链；等等。

由此可见，平面全转动副四杆机构只有一种平面铰链四杆机构，其他类型的四杆机构都可认为是它的演化形式。而平面全转动副六杆机构则有如图 2-45 所示五种六杆机构的基本形式。

---

①　当用移动副代替时，要注意：一个构件不能用两个导路相互平行的移动副相连，否则为无效连接（如图 a 所示连接不能起到增加杆组的作用）；只含移动副的双副杆不能直接相连，或一个封闭杆组一般不得少于两个转动副（除图 2-26 所示的楔形滑块机构仅有三个构件和三个移动副的特殊情况之外），否则转动副就不可能产生运动（如图 b 所示就属这种情况）。

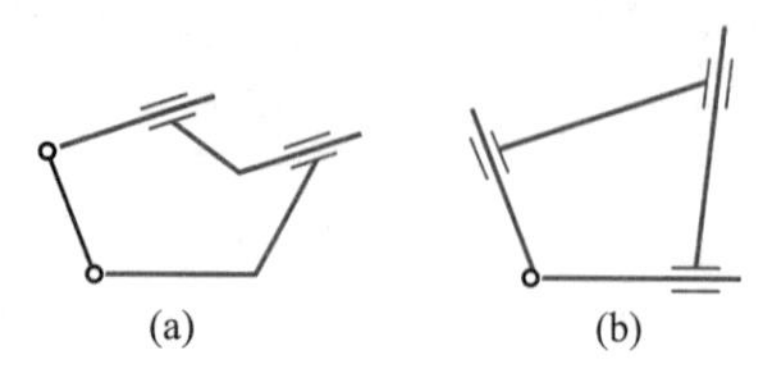

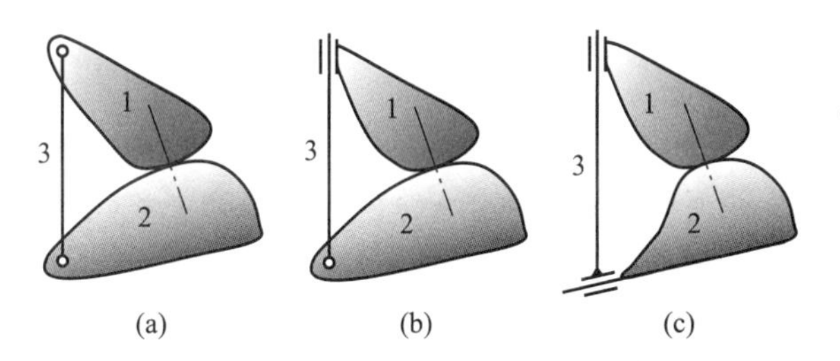

图 2-44　平面含高副的运动链的基本结构形式

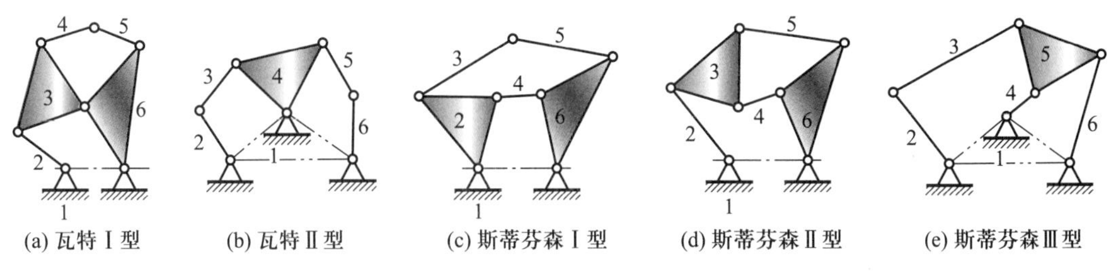

图 2-45　六杆机构的类型

2. 机构结构的合理设计

(1) 虚约束对机构工作性能的影响

通过前面的叙述可知,机构中的某些约束只有在一些特定的几何条件下才会成为虚约束,因而可从机构约束数总数中将其删去。但若这些几何条件得不到满足,则原认为是虚约束的约束就将成为实际有效的约束使机构的自由度减少,从而影响到机构的运动和工作。

例如图 2-18b 所示机构,当满足条件$\overline{AB} \mathrel{\underline{\parallel}} \overline{EF} \mathrel{\underline{\parallel}} \overline{CD}$时,有一个虚约束,机构的自由度为 1。如不能准确满足此条件,则当误差较小时,机构的装配有困难,构件和运动副中的内应力将增大,机构运动不灵活。当误差较大时,机构将无法装配。因此,有虚约束的机构,其相关尺寸的制造精度要求高,从而增大了制造成本。机构中的虚约束数越多,要求精度高的尺寸参数必然也就越多,制造和装配难度也就越大。所以,从保证机构运动灵活和便于加工装配等方面来说,应尽量减少机构中的虚约束①。因此,虚约束数的多少也是机构性能的一个重要指标。

但在各种实际机械中,为了改善构件的受力情况,增加机构的刚度,或保证机械顺利通过某些特殊位置等,虚约束却往往又是广泛存在的。

(2) 机构结构的合理设计

所谓机构结构的合理设计,是指在不影响机构其他性能的前提下,通过运动副类型的合理选择和配置来尽可能减少虚约束的问题。为了说明这一问题,必须注意到除了在 2.3 中谈到的一些虚约束之外,机构中还存在一些其他类型的虚约束。现说明如下:

1) 局部虚约束　如图 2-46a 所示构件 1、2 在两处接触构成了导路平行的移动副。从机构运动的观点来看,两移动副为同一移动副。但从运动副提供约束情况来看,其重复移动副所提供的 5 个约束为不影响构件相对运动的虚约束,即所谓的运动副的局部虚约束。运动副中局部虚约束的存在,虽有利于增大运动副的刚度,减小受力后构件的变形和分布压力与磨损,但同时也提高了运动副的制造与装配精度要求。如

---

① 这里注意:虚约束概念是平面机构约束度分析而提出的,但空间机构约束度分析则属于冗余约束,故虚约束在一些论文中称为冗余约束(redundant constraint)。

果两导轨的平行度、直线度等精度得不到满足，则其运动副元素可能会被卡住或夹紧而不能产生相对运动①。因此，在移动导轨和转动支承结构设计时，要尽量消除或减少运动副中的局部虚约束数目。如工程中常用的导轨有V形-平面导轨（图 2-46b）和燕尾导轨（图 2-46c），它们都是将上述两移动副分别改变为由槽面副和平面副而形成的，因而减少了 2 个局部虚约束。又如在图 2-47a 所示轴的转动支承中，也存在 5 个局部虚约束。若将两转动副分别改为球面副和球面游动式高副，即变为无局部虚约束的转动支承了，如图 2-47b 所示。而图 2-47c 就是其轴的实际转动支承结构（轴两端均采用了球面调心轴承），这种支承结构在工作温度变化和受力 F 作用而产生弯曲变形的情况下仍能很好地工作。

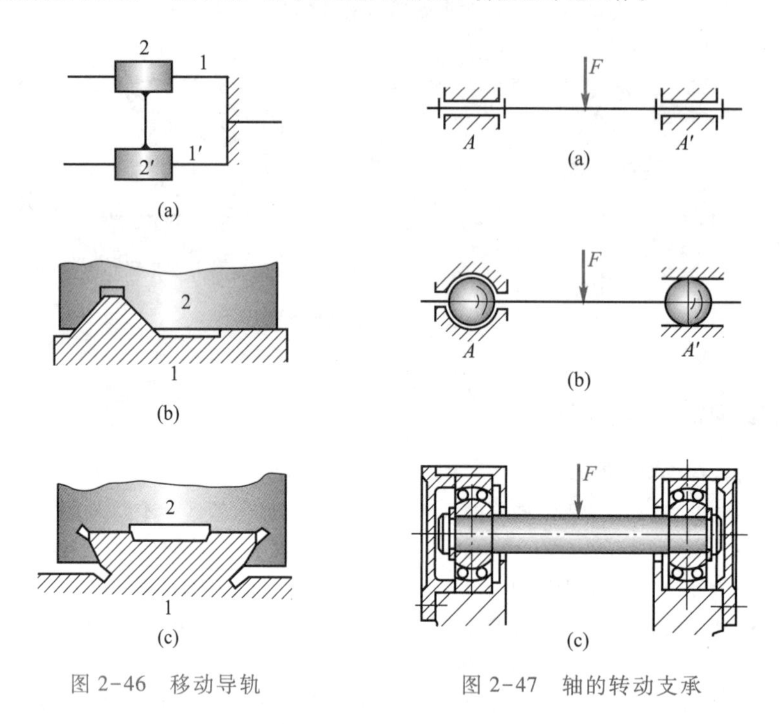

图 2-46　移动导轨　　　图 2-47　轴的转动支承

2）族别虚约束　如图 2-48a 所示为一铰链四杆机构，由于其四个铰链的轴线彼此平行，故为 $m=3$ 的 3 族平面机构。其自由度可由式（2-4）计算：

$$F=(6-m)n-\sum_{i=m+1}^{5}(i-m)p_i=(6-3)\times3-(5-3)\times4=1$$

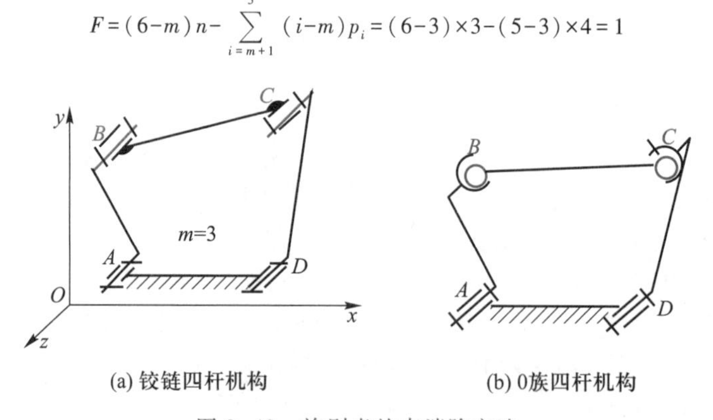

(a) 铰链四杆机构　　(b) 0族四杆机构

图 2-48　族别虚约束消除方法

① 这时，只有构件发生变形或增大实际运动副的间隙才可能运动。

但如将此四杆机构视为 $m=0$ 的 0 族机构，其自由度设以 F_0 表示，则

$$F_0=6n-5p_5=6\times3-5\times4=-2$$

当然，该机构的自由度不应该因将其视为 0 族机构而改变，即该机构的实际自由度 F 仍应为 1。可见，在此机构中存在 $p''=F-F_0=3$ 个虚约束。这些虚约束称为族别虚约束。显然，该四杆机构的这三个族别虚约束存在的条件是所有铰链的轴线要彼此平行。如果不能满足此条件，它们将不再是虚约束，该机构也就成为 $F=-2$ 的结构了。

在进行机构结构的设计时，应合理选择和配置运动副的类型，尽量消除或减少机构中各种虚约束的数目。例如，可将图 2-48a 所示机构改为图 2-48b 所示机构，则将使该机构变为 0 族机构，因而不再存在族别虚约束，而机构的自由度为

$$F=6n-\sum_{i=1}^{5}ip_i=6\times3-5\times2-4\times1-3\times1=1$$

又如，在内燃机的主传动机构曲柄滑块机构中，将活塞和气缸做成圆柱副；在冲床的曲柄滑块机构中将运动副 C 做成球面副（图 2-49a、b 为球面副的结构示意图），都是为了减少族别虚约束数。在仪表机构中，为了增进机构运动的灵活性，应尽可能使机构中的虚约束数为零。如将图 2-50a 所示的正切机构做成图 2-50b 所示形式，其自由度为

$$F=6n-\sum_{i=1}^{5}ip_i=6\times2-5\times2-1=1$$

机构中即无虚约束。

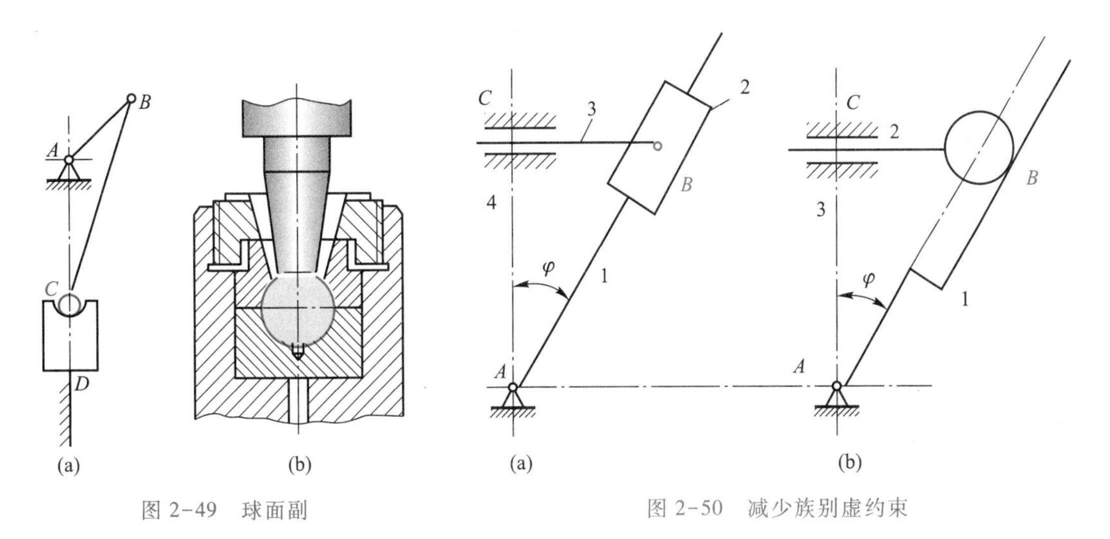

图 2-49 球面副　　　　图 2-50 减少族别虚约束

例如，图 2-23 所示的缝纫机脚踏板机构则是一空间曲柄摇杆机构，该机构实际就是按上述原理设计的一个实例，在其实际机构中的球面副 B 和球销副 C 的结构就分别采用了如图 2-49b 所示的三自由度的球面副结构和如图 2-47c 所示一个两自由度的球面调心轴承的结构，故此机构就无族别虚约束了。此外例题 2-24 所示的汽车减振悬挂机构中，采用了四个球面副结构，实际上也是基于这一原理设计的，其空间机构的自由度为 1，即表明其机构已消除了族别虚约束，故该机构的结构设计是合理的。

下面再来看一个工程改进设计案例。

学习探究：

案例 2-6 光盘驱动的激光头移动导轨的结构设计

光盘驱动器是微型计算机的一个重要的外部数据存取设备，如图 2-51a 所示。光盘由一电动机驱动作定轴匀速转动，同时又通过另一套电动机与齿轮传动使读写激光头沿光盘的径向作微动进给运动，二者

的运动必须精密配合。现来讨论这一激光头移动导轨的设计。

显然,该机械传动属于微型精密机械装置,有很高的运动精密性和运动灵活性要求,还有结构紧凑、尺寸小、易加工和成本低的要求。为此,首先想到的结构最简单的设计方案就是双连平行圆柱副导轨结构,如图 2-51b 所示。这种结构设计共提供了 8 个约束,而作为移动副只要求有 5 个约束,故存在 3 个局部虚约束,从而要求两圆柱导轨加工及安装的平行度非常高,其结构尺寸大。为了消除局部虚约束,可将其中一圆柱副改为点接触的高副,如图 2-51a 所示。此外,用来驱动支架移动的螺旋副中的螺母采用簧片压螺旋瓦块的结构(*A* 向图,图中螺旋瓦块为螺母的一部分,被簧片压在螺杆上,可消去螺纹间的侧向间隙)。这样就获得了轻巧的满足实际需要的光盘驱动器。

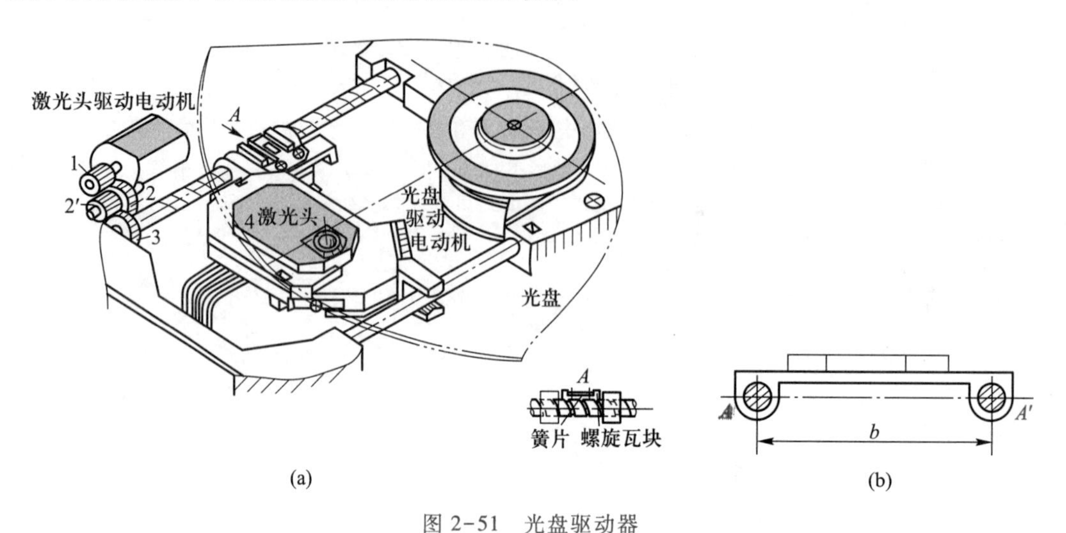

图 2-51　光盘驱动器

思考题及练习题

2-1　何谓构件?何谓运动副及运动副元素?运动副是如何进行分类的?

2-2　机构运动简图有何用处?它能表示出原机构哪些方面的特征?

2-3　机构具有确定运动的条件是什么?当机构的主动件数少于或多于机构的自由度时,机构的运动将发生什么情况?什么是欠驱机构和冗驱机构,它们在机械工程中有何重要意义?

2-4　何谓最小阻力定律?试举出在机械工程中应用最小阻力定律的一两个实例。

2-5　在计算平面机构的自由度时,应注意哪些事项?

2-6　在图 2-19 所示的机构中,在铰链 *C*、*B*、*D* 处,被连接的两构件上连接点的轨迹都是重合的,那么能说该机构有三个虚约束吗?为什么?

2-7　何谓机构的组成原理?何谓基本杆组?它具有什么特性?如何确定基本杆组的级别及机构的级别?

2-8　为何要对平面高副机构进行"高副低代"?"高副低代"应满足的条件是什么?

2-9　任选三个身边已有的或能观察到的下列常用装置(或其他装置),试画出其机构运动简图,并计算其自由度。1)折叠桌或折叠椅;2)酒瓶软木塞开盖器;3)衣柜上的弹簧合页;4)可调臂台灯机构;5)剥线钳;6)磁带式录放音机功能键操纵机构;7)洗衣机定时器机构;8)轿车挡风玻璃雨刷机构;9)公共汽车自动开闭门机构;10)挖掘机机械臂机构;……

2-10　请说出人腿部的髋关节、膝关节和踝关节分别可视为何种运动副?试画出仿腿部机构的机构运动简图,并计算其自由度。

2-11　图 2-52 所示为一简易冲床的初拟设计方案。设计者的思路是:动力由齿轮 1 输入,使轴 A 连续回转;而固装在轴 A 上的凸轮 2 与杠杆 3 组成的凸轮机构,将使冲头 4 上下运动以达到冲压的目的。试绘出其机构运动简图,分析其是否能实现设计意图,并提出修改方案。

2-12　图 2-53 所示为一小型压力机。图中齿轮 1 与偏心轮 1′为同一构件,绕固定轴心 O 连续转动。在齿轮 5 上开有凸轮凹槽,摆杆 4 上的滚子 6 嵌在凹槽中,从而使摆杆 4 绕 C 轴上下摆动;同时,又通过偏心轮 1′、连杆 2、滑杆 3 使 C 轴上下移动;最后,通过在摆杆 4 的叉槽中的滑块 7 和铰链 G 使冲头 8 实现冲压运动。试绘制其机构运动简图,并计算其自由度。

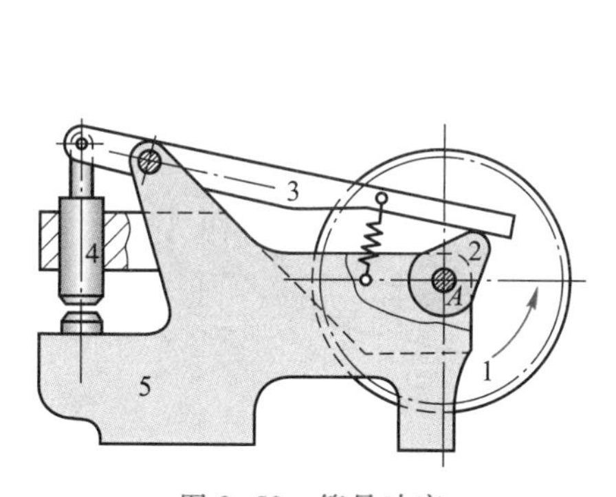

图 2-52　简易冲床

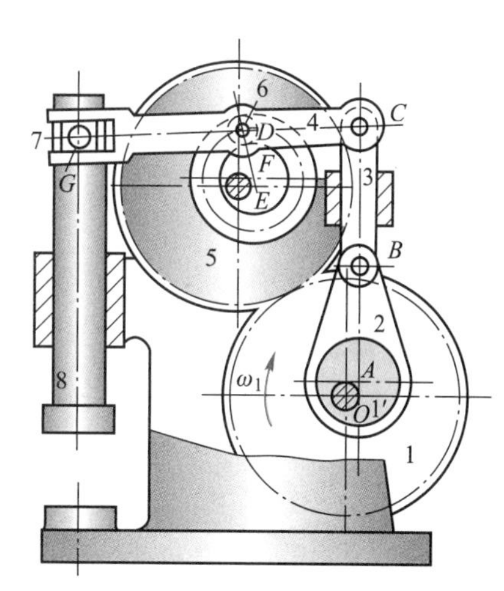

图 2-53　小型压力机

2-13　图 2-54 所示为一新型偏心轮滑阀式真空泵。其偏心轮 1 绕固定轴心 A 转动,与外环 2 固连在一起的滑阀 3 在可绕固定轴心 C 转动的圆柱 4 中滑动。当偏心轮 1 按图示方向连续回转时,可将设备中的空气吸入,并将空气从阀 5 中排出,从而形成真空。试绘制其机构运动简图,并计算其自由度。

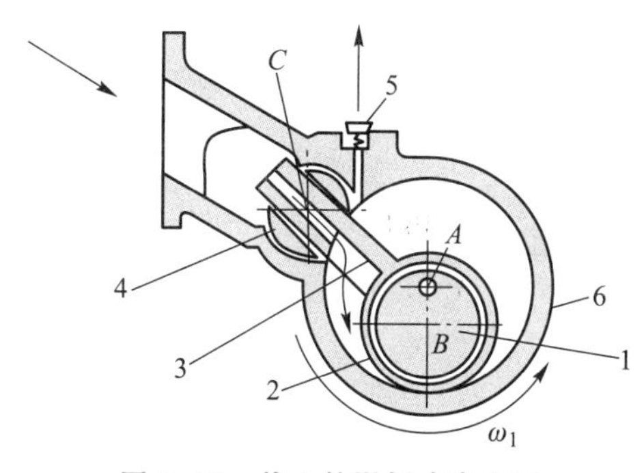

图 2-54　偏心轮滑阀式真空泵

2-14　图 2-55 所示是为高位截肢的人所设计的一种假肢膝关节机构。该机构能保持人行走的稳定性。若以胫骨 1 为机架,试绘制其机构运动简图,计算其自由度,并作出大腿弯曲时的机构运动简图。

2-15　试绘制图 2-56 所示机械手的机构运动简图,并计算其自由度。图 2-56a 为仿食指的机械手机构;图 2-56b 为夹持型机械手。

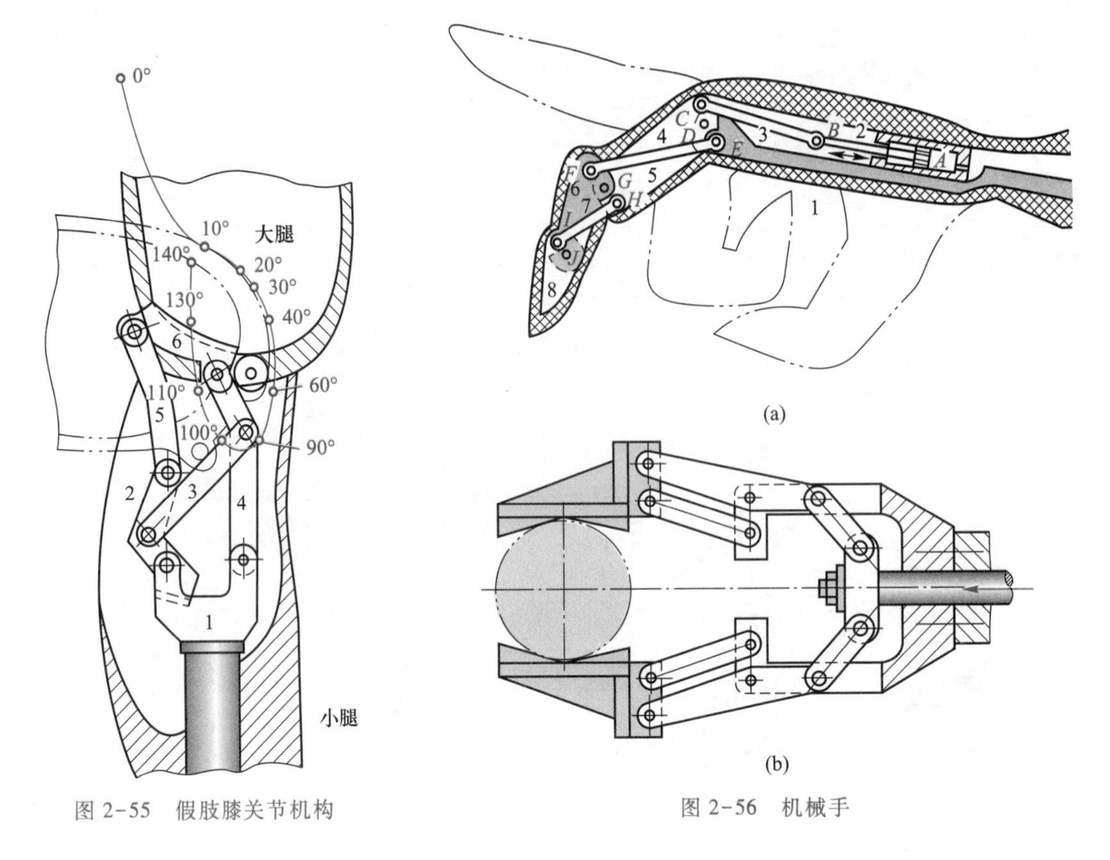

图 2-55 假肢膝关节机构

图 2-56 机械手

2-16 试绘制图 2-57 所示两种直线导引机构的运动简图，并计算其自由度。图 2-57a 为一六杆直线导引机构；图 2-57b 为一八杆直线导引机构。

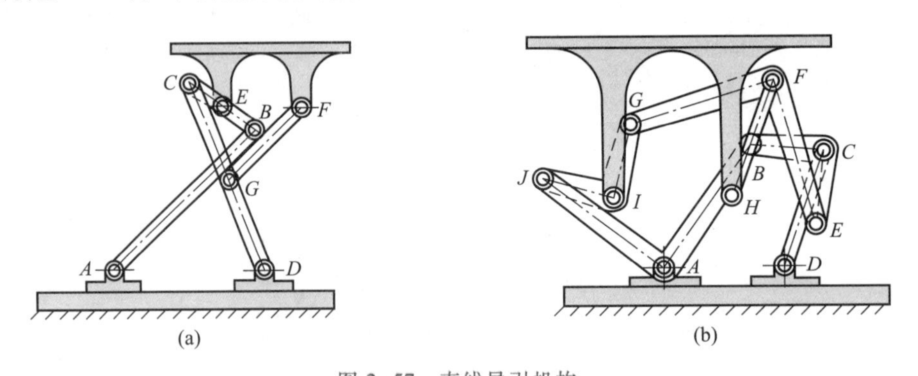

图 2-57 直线导引机构

2-17 图 2-58a、d 为齿轮-连杆组合机构；图 2-58b 为凸轮-连杆组合机构（图中在 D 处为铰接在一起的两个滑块）；图 2-58c 为一精压机构；图 2-58e 为一楔块机构；图 2-58f 为一齿轮系机构。试计算如图所示各机构的自由度，并问在图 2-58d 所示机构中，齿轮 3、5 和齿条 7 与齿轮 5 的啮合高副所提供的约束数目是否相同，为什么？

2-18 图 2-59 所示为某水库升船机的大型安全制动器，其制动轮直径 $D = 5\ 600$ mm，制动力矩 $M_f = 5\ 000$ kN · m。该机构是一个常闭式（在重力 G 的作用下）多自由度机构，在外力 F 的作用下解除制动。为使两制动瓦均能可靠地离开制动轮，设置了四个限位挡块 $T_1 \sim T_4$。试计算该机构的自由度（计算时不考虑制

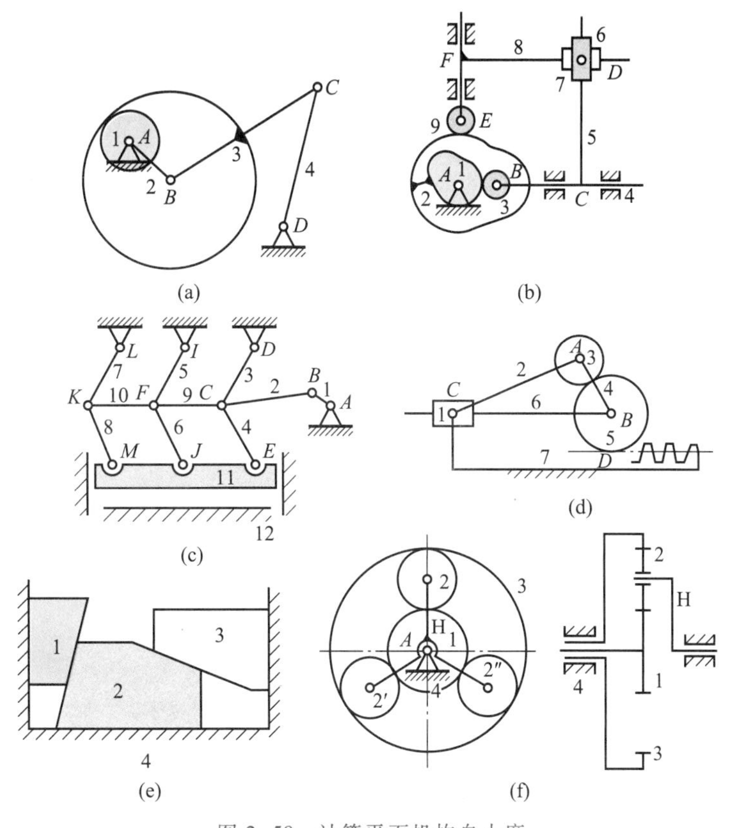

图 2-58　计算平面机构自由度

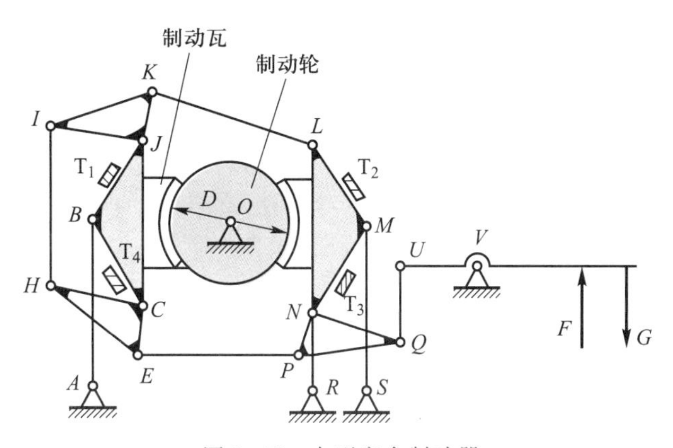

图 2-59　大型安全制动器

动轮)，并说明为什么该装置要用多自由度机构，其目的何在？并说明该制动器是否为欠驱机构或变胞机构。

2-19　试绘制图 2-60 所示凸轮驱动式四缸活塞空气压缩机的机构运动简图，并计算其机构的自由度(图中凸轮 1 为主动件，当其转动时，分别推动装于四个活塞上 A、B、C、D 处的滚子，使活塞在相应的气缸内往复运动。图中四个连杆的长度相等，即$\overline{AB}=\overline{BC}=\overline{CD}=\overline{AD}$)。

2-20　图 2-61a 为偏心轮式容积泵；图 2-61b 为由四个四杆机构组成的转动翼板式容积泵。试绘出两种泵的机构运动简图，并说明它们为何种四杆机构，为什么？

2-21　试画出图 2-62 所示两种机构的机构运动简图，并说明它们各为何种机构？在图 2-62a 中偏心

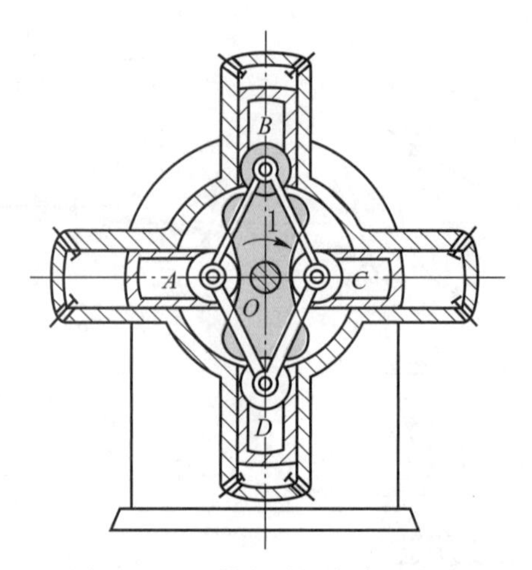

图 2-60　凸轮驱动活塞式压缩机

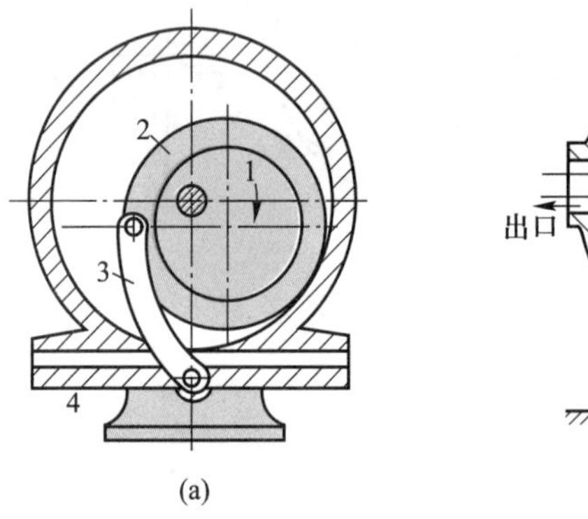

(a)

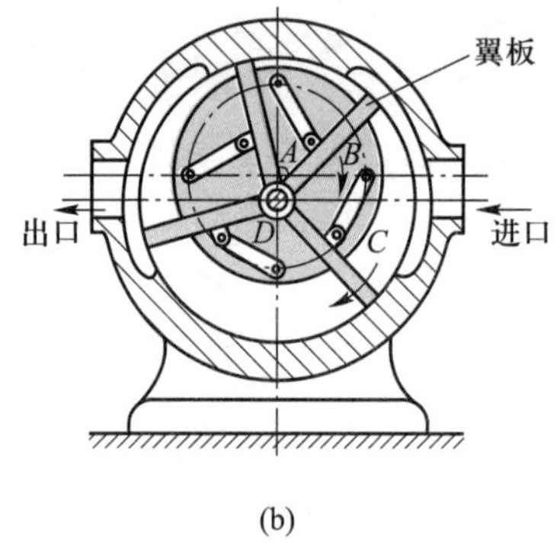

(b)

图 2-61　泵

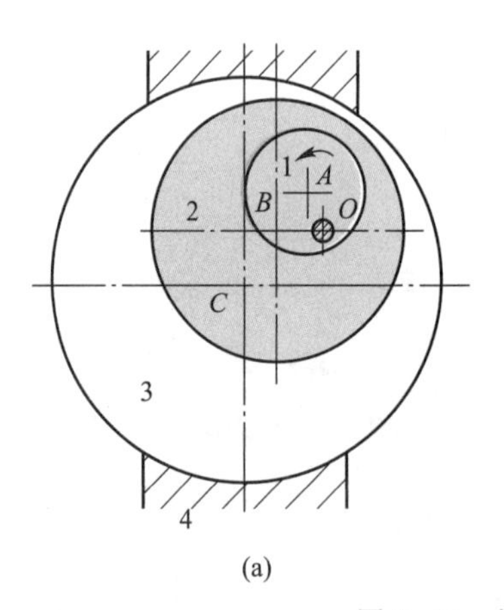

(a)

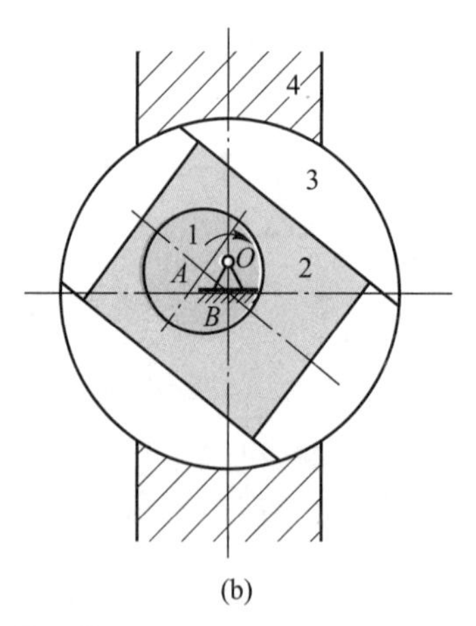

(b)

图 2-62　偏心轮机构

盘 1 绕固定轴 O 转动,迫使偏心盘 2 在圆盘 3 中绕其几何中心 B 相对转动,而圆盘 3 又相对于机架绕其几何中心 C 转动。在图 2-62b 中偏心盘 1 绕固定轴 O 转动,迫使滑块 2 在圆盘 3 的槽中来回滑动,而圆盘 3 又相对于机架转动。

2-22　图 2-63 所示为一收放式折叠支架机构。该支架中的构件 1 和 5 分别用木螺钉连接于固定台板 1′和活动台板 5′上,两者在 D 处铰接,使活动台板能相对于固定台板转动。又通过构件 1、2、3、4 组成的铰链四杆机构及连杆 3 上 E 点处的销子与构件 5 上的连杆曲线槽组成的销槽连接使活动台板实现收放动作。在图示位置时,虽在活动台板上放有较重的重物,但活动台板也不会自动收起,必须沿箭头方向推动构件 2,使铰链 B、D 重合,活动台板才可收起(如图中双点画线所示)。现已知构件尺寸 $l_{AB}=l_{AD}=90\ \mathrm{mm}$,$l_{BC}=l_{CD}=25\ \mathrm{mm}$,其余尺寸见图 2-63。试绘制该机构的运动简图,计算其自由度,并说明该机构是否为变胞机构。

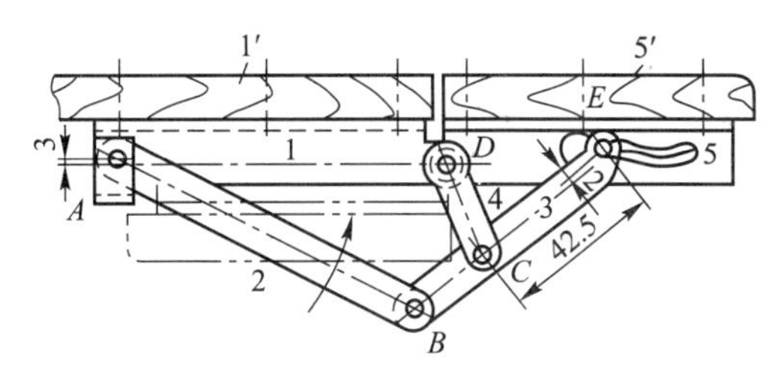

图 2-63　折叠支架机构

2-23　试绘制图 2-64 所示空间斜盘机构的机构运动简图(其尺寸可从图上量取),并计算其自由度。该机构主动件 1 作整周回转,通过斜盘 2 使滑杆 3 作往复直线运动。若在滑杆上装上工具,则可以对工件进行锯、锉和磨削等加工。

2-24　图 2-65 所示为一双缸内燃机的机构运动简图,试计算其自由度,并分析组成此机构的基本杆组。如果在该机构中改选构件 5 为主动件,试问组成此机构的基本杆组是否与前有所不同?

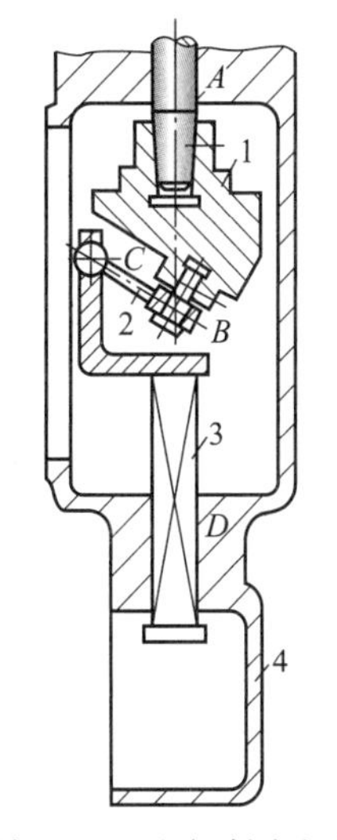

图 2-64　空间斜盘机构

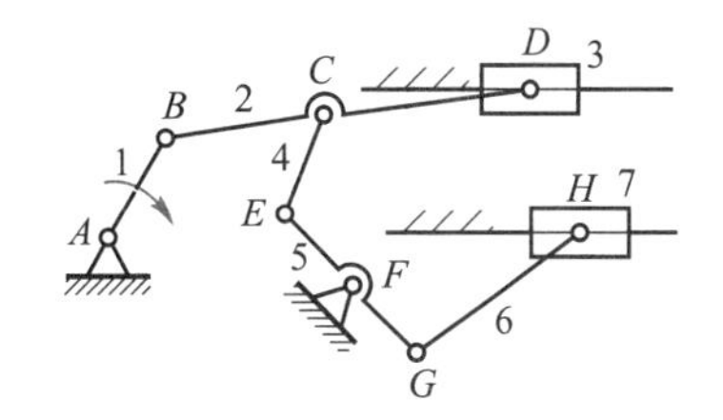

图 2-65　双缸内燃机

*2-25　试计算图 2-66 所示平面高副机构的自由度,并在高副低代后分析组成该机构的基本杆组。

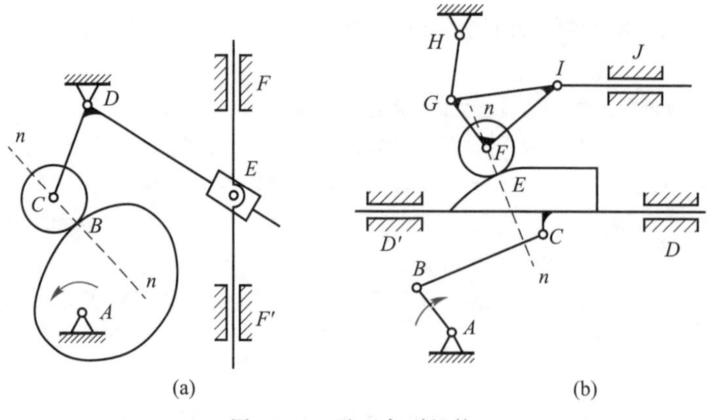

图 2-66　平面高副机构

阅读参考资料

［1］陈作模. 机械原理学习指南［M］. 5 版. 北京:高等教育出版社,2008.
［2］孟宪源. 现代机构手册:上册［M］. 北京:机械工业出版社,1994.
［3］韩建友,等. 连杆机构现代综合理论与方法［M］. 北京:高等教育出版社,2013.
［4］黄真,赵永生,赵铁石. 高等空间机构学［M］. 2 版. 北京:高等教育出版社,2014.
［5］邱丽芳,唐进元,高志. 机械创新设计［M］. 3 版. 北京:高等教育出版社,2020.
［6］颜鸿森. 机械装置的创造性设计［M］. 北京:机械工业出版社,2006.
［7］Neil Sclater. 机械设计实用机构与装置图册［M］. 5 版. 邹平,译.北京:机械工业出版社,2014.

记里鼓车（西晋）

第3章

平面机构的运动分析

3.1 机构运动分析的任务、目的和方法

机构运动分析的任务是在已知机构尺寸及主动件运动规律的情况下，确定机构中其他构件上某些点的轨迹、位移、速度及加速度和构件的角位移、角速度及角加速度。据此，建立机构运动性能评价指标。上述这些内容，无论是设计新的机械，还是为了了解现有机械的运动性能，都是十分必要的，而且它还是研究机械动力性能的必要前提。

机构运动分析的方法很多，主要有图解法和解析法。当需要简捷直观地了解机构的某个或某几个位置的运动特性时，采用图解法比较方便，而且精度也能满足实际问题的要求。而当需要精确地知道或要了解机构在整个运动循环过程中的运动特性时，采用解析法并借助计算机，不仅可获得很高的计算精度及一系列位置的分析结果，并能绘出机构相应的运动线图，同时还可把机构分析和机构综合问题联系起来，以便于机构的优化设计。本章将对上述两种方法分别加以介绍，且仅限于研究平面机构的运动分析。

3.2 用图解法作机构的运动分析

机构运动的图解分析包括对机构的位置、速度及加速度的分析。由于机构的位置图解分析和机构的速度及加速度图解分析所用的作图原理及方法有所不同，所以本节将这两部分内容分别加以介绍。

1. 机构位置分析的图解法

机构的位置图解分析，实际上是按给定的机构各构件尺寸及其主动件的位置，采用手工绘图工具（如直尺、圆规和量角器等）或借助于绘图工具软件，选取适当的长度比例尺 μ_l（图中每单位长度代表的实际长度的大小，单位：m/mm 或 mm/mm）作出该机构在给定位置时的机构运动简图，从中量取各从动件相应的位置角度或位移参数而求解的，故其求解过程并不困难，且上章已作介绍。因它具有直观、简单、快捷和易掌握的特点，所以是直观、有效地检验机构运动分析结果的正确性和评判机构的运动范围、运动特性及传力特性优劣的重要手段。机构位置分析的解析法与之相比，则显得十分复杂，其计算程序和分析结果的正确性

仍需用图解法来检验。另外，机构位置分析的图解法也是平面连杆机构设计解析法获取有效初解的途径，因此该方法显得非常重要。下面对机构位置分析的图解法作进一步的讨论。

对于任何单自由度机构，仅需要给定一个独立运动参数就能完全确定所有构件的位置。如设已知一曲柄滑块机构 ABC 的各构件的尺寸（如曲柄 1 的长度 a、连杆 2 的长度 b 及滑块 3 的导路偏距 e）和主动件曲柄 1 的位置转角参数 θ_1，要求作图求解该机构在曲柄 1 处在位置 θ_1时的从动件连杆 2 和滑块 3 的位置 θ_2和 s_3。

如图 3-1 所示，先选取适当的长度比例尺 μ_l（ = 实际长度 l_{AB}/图示长度$\overline{AB}$），并选取曲柄 1 的铰链中心 A 点位置，按给定的机构尺寸和主动件位置，依次作图确定出滑块的导路位置线 xx 和铰链中心 B 和 C 的位置，便可画出连杆 2 和滑块 3 的位置 BC 及 C 和两处的位置参数 θ_2和 s_3的位置。若要求连杆上任一 E 点的位置，只要根据给定的连杆尺寸按同样比例尺，用弧线相交法作出$\triangle BCE$ 即可。

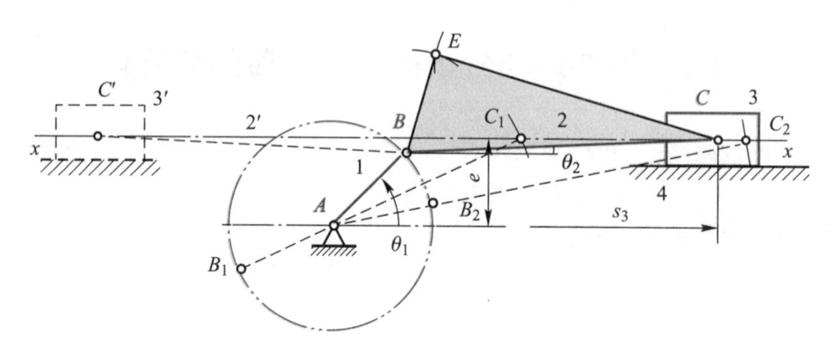

图 3-1 曲柄滑块机构的位置图解分析

这里特别要强调一点，机构的位置图解分析存在两个解。如作图确定铰链中心 C 的位置时就有 C 和 C'两位置解，即如图所示的曲柄滑块机构 ABC 和 ABC'两解，这也说明同一套机构的构件将有两种装配结构，可根据具体要求来选择其中一解。此外，用同样的作图法，还可确定出该机构的极限位置，即从动件滑块 3 的极限位置 C_1和 C_2和连杆 2 的极限位置 B_1C_1 和 B_2C_2。机构所处的这两个极限位置称为机构的极位（limiting position），如该偏置曲柄滑块机构 ABC 的两极位为 AB_1C_1和 AB_2C_2。由此还可确定该机构从动件滑块的运动行程范围和机构运动所占据的空间，为该机构的封闭壳体结构设计提供依据。此外，还可进一步确定该机构有无急回运动及其急回程度和传力性能等评价指标，这些将在后面进一步讨论。

2. 机构速度及加速度分析的一般图解法

机构的速度及加速度分析的一般图解方法为矢量方程图解法（graphical method of vector equation），又称相对运动图解法（relative kinematic graphic method），其所依据的基本原理是理论力学中的运动合成原理。在对机构进行速度和加速度分析时，首先要根据运动合成原理列出机构运动的矢量方程，然后再按方程作图求解①。下面就运动分析中常遇到的两种

① 如果所分析的机构属于Ⅱ级机构，那么直接用矢量方程图解法作其速度及加速度分析不会存在困难，而且总是可解的。但如果机构属于Ⅲ级复杂机构，直接用矢量方程图解法作其速度及加速度分析就会遇到一些困难，这时需借助于三副构件上的某一特殊点来写出辅助速度及加速度矢量方程才可求解（故称此方法为特殊点法）。

不同的情况说明矢量方程图解法的基本原理和作法。

（1）利用同一构件上两点间的速度及加速度矢量方程作图求解

在图 3-2a 所示的平面四杆机构中，设已知各构件尺寸及主动件 1 的运动规律，即已知 B 点的速度 $\boldsymbol{v}_B$ 和加速度 $\boldsymbol{a}_B$。现要求连杆 2 的角速度 ω_2 及角加速度 α_2 和连杆 2 上点 C 的速度 $\boldsymbol{v}_C$ 及加速度 $\boldsymbol{a}_C$。

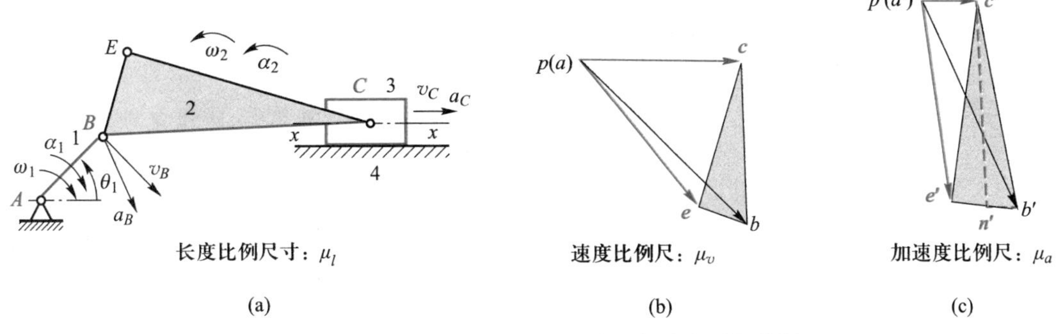

图 3-2　偏置曲柄滑块机构的速度及加速度图解分析

1）列出机构的运动矢量方程

为了求 ω_2 及 α_2，需先求出 C 点的速度 $\boldsymbol{v}_C$ 及加速度 $\boldsymbol{a}_C$。由运动合成原理可知，连杆 2 上 C 点的运动可认为是随基点 B 作平动与绕基点 B 作相对转动的合成。故有

$$\boldsymbol{v}_C=\boldsymbol{v}_B+\boldsymbol{v}_{CB} \tag{3-1}$$

$$\boldsymbol{a}_C=\boldsymbol{a}_B+\boldsymbol{a}_{CB}^{n}+\boldsymbol{a}_{CB}^{t} \tag{3-2}$$

式中，$\boldsymbol{v}_{CB}$、$\boldsymbol{a}_{CB}^{n}$、$\boldsymbol{a}_{CB}^{t}$分别为 C 点相对于 B 点的相对速度、相对法向加速度和相对切向加速度。它们的大小和方向分别为：$v_{CB}=\omega_2 l_{BC}$（l_{BC}为 B、C 两点之间的实际距离），方向与 BC 连线垂直，指向与 ω_2 的转向一致；$a_{CB}^{n}=\omega_2^2 l_{BC}$，方向沿 CB，并由 C 点指向 B 点；$a_{CB}^{t}=\alpha_2 l_{CB}$，方向与 BC 垂直，指向与 α_2 的转向一致。

由于 B 点的速度 $\boldsymbol{v}_B$ 和加速度 $\boldsymbol{a}_B$ 已知，$\boldsymbol{v}_{CB}$、$\boldsymbol{v}_C$ 和 $\boldsymbol{a}_{CB}^{t}$、$\boldsymbol{a}_C$ 的方向为已知，仅大小未知，而 $\boldsymbol{a}_{CB}^{n}$在对机构作过速度分析之后也为已知。故式（3-1）和式（3-2）中各仅有两个未知数，可用作图法求解。

2）选取适当比例尺按方程作图求解

在用图解法作机构的运动分析时，不仅要选取适当的尺寸比例尺 μ_l，按给定的主动件位置准确作出机构的运动简图，而且还必须选取适当的速度比例尺 μ_v［即图中每单位长度所代表的速度大小，单位：(m/s)/mm］和加速度比例尺 μ_a［单位：(m/s^2)/mm］，并依次分别按所列出的矢量方程对机构的速度及加速度作图求解①。具体作图求解过程如下：

速度分析： 如图 3-2b 所示，由任一点 p 作代表 $\boldsymbol{v}_B$ 的矢量$\overrightarrow{pb}$（$/\!/ v_B$，且$\overline{pb}=v_B/\mu_v$）；再分别过 b 点和 p 点作代表 $\boldsymbol{v}_{CB}$的方向线 bc（$\perp BC$）和代表 $\boldsymbol{v}_C$ 的方向线 pc（$/\!/ xx$），两者交于 c 点，则 $\boldsymbol{v}_C=\mu_v\,\overrightarrow{pc}$，$\boldsymbol{v}_{CB}=\mu_v\,\overrightarrow{bc}$。连杆 2 的角速度 $\omega_2=v_{CB}/l_{BC}=\mu_v\,\overline{cb}/(\mu_l\,\overline{BC})$，其方向可如下确

① 在作机构的运动图解分析时，如果机构运动简图不准确，速度及加速度分析不严格按比例尺作图求解，都将严重影响到分析结果的正确性。

定：将代表 $\boldsymbol{v}_{CB}$ 的矢量$\overrightarrow{bc}$平移至机构图上的 C 点，其绕 B 点的转向即为 ω_2 的方向（此时为逆时针）。

加速度分析： 如图 3-2c 所示，从任一点 p' 作代表 $\boldsymbol{a}_B$ 的矢量$\overrightarrow{p'b'}$（$/\!/ \boldsymbol{a}_B$，且$\overline{p'b'}=a_B/\mu_a$）；过 b' 点作代表 $\boldsymbol{a}^{n}_{CB}$ 的矢量$\overrightarrow{b'n'}$（$/\!/ BC$，方向由 C 指向 B，且$\overline{b'n'}=a^{n}_{CB}/\mu_a$）；再过 n' 作代表 $\boldsymbol{a}^{t}_{CB}$ 的方向线 $n'c'$（$\perp BC$）；最后过 p' 作代表 $\boldsymbol{a}_C$ 的方向线（$/\!/ xx$），其与方向线 $n'c'$ 交于 c' 点，则得 $a_C=\mu_a\ \overline{p'c'}$。连杆 2 的角加速度 $\alpha_2=a^{t}_{CB}/l_{BC}=\mu_a\ \overline{n'c'}/(\mu_l\ \overline{BC})$，其方向可如下确定：将代表 $\boldsymbol{a}^{t}_{CB}$ 的矢量$\overrightarrow{n'c'}$平移至机构图上的 C 点，其绕 B 点的转向即为 α_2 的方向（此时为逆时针）。

这里，图 3-2b、c 所示图形分别称为机构的速度多边形（velocity vector polygon of mechanism）或速度图和加速度多边形（acceleration vector polygon）或加速度图，p 和 p' 点分别称为机构的速度多边形的极点和加速度多边形的极点。由图可知，在速度多边形和加速度多边形中，由极点向外放射的矢量，代表构件上相应点的绝对速度或绝对加速度，而连接两绝对速度或两绝对加速度矢端的矢量，则分别代表了构件上相应两点间的相对速度和相对加速度，例如$\overrightarrow{bc}$和$\overrightarrow{b'c'}$分别代表 $\boldsymbol{v}_{CB}$ 和 $\boldsymbol{a}_{CB}$，它们的方向分别是由 b 指向 c 和由 b' 指向 c'。而相对加速度又可分解为法向加速度和切向加速度。

现在再来研究连杆 2 上任一点 E 的速度 $\boldsymbol{v}_E$ 和加速度 $\boldsymbol{a}_E$ 的图解问题。因连杆 2 上 B、C 两点的速度为已知，故 E 点的速度 $\boldsymbol{v}_E$ 可利用 E 与 B、C 之间的速度关系，列出矢量方程 $\boldsymbol{v}_E=\boldsymbol{v}_B+\boldsymbol{v}_{EB}=\boldsymbol{v}_C+\boldsymbol{v}_{EC}$，再进行作图求解。如图 3-2b 所示，分别过点 b、c 作 $\boldsymbol{v}_{EB}$ 的方向线 be（$\perp BE$）和 $\boldsymbol{v}_{EC}$ 的方向线 ce（$\perp CE$），两者相交于 e 点，则$\overrightarrow{pe}$即代表 $\boldsymbol{v}_E$。由图可见，由于 $\triangle bce$ 与 $\triangle BCE$ 的对应边相互垂直，故两者相似，且其角标字母的顺序方向也一致。所以，将同一构件上各点间的相对速度矢量构成的图形 bce 称为该构件图形 BCE 的速度影像（velocity image of link）。

由此可知，当已知一构件上两点的速度时，则该构件上其他任一点的速度便可利用速度影像原理求出。如图 3-2b 所示，当 bc 作出后，以 bc 为边作 $\triangle bce \backsim \triangle BCE$，且两者角标字母的顺序方向一致，即可求得 e 点和 $\boldsymbol{v}_E$，而不需再列矢量方程求解。

在加速度关系中也存在和速度影像原理一致的加速度影像（acceleration image of link）原理。因此，欲求 E 点的加速度 $\boldsymbol{a}_E$，可以 $b'c'$ 为边作 $\triangle b'c'e' \backsim \triangle BCE$（图 3-2c），且其角标字母顺序方向一致，即可求得 e' 点和 $\boldsymbol{a}_E$。

这里需要强调说明的是，速度影像和加速度影像原理只适用于构件（即构件的速度图及加速度图与其几何形状是相似的），而不适用于整个机构。由图中不难看出，图 3-2a、b、c 三图总体上并不相似。

（2）利用两构件重合点间的速度及加速度矢量方程作图求解

与前一种情况不同，此处所研究的是以移动副相连的两转动构件上的重合点间的速度及加速度之间的关系，因而所列出的机构的运动矢量方程也有所不同，但作法却基本相似。下面举例加以说明。

例 3-1　图 3-3a 所示为一平面四杆机构。设已知各构件的尺寸为：$l_{AB}=24\ \text{mm}$，$l_{AD}=78\ \text{mm}$，$l_{CD}=48\ \text{mm}$，$\gamma=100°$；并知主动件 1 以等角速度 $\omega_1=10\ \text{rad/s}$ 沿逆时针方向回转。试用图解法求机构在 $\varphi_1=60°$ 时构件 2、3 的角速度和角加速度。

解： 1）作机构运动简图　选取尺寸比例尺 $\mu_l=0.001\ \text{m/mm}$，按 $\varphi_1=60°$ 准确作出机构运动简图（图 3-3a）。

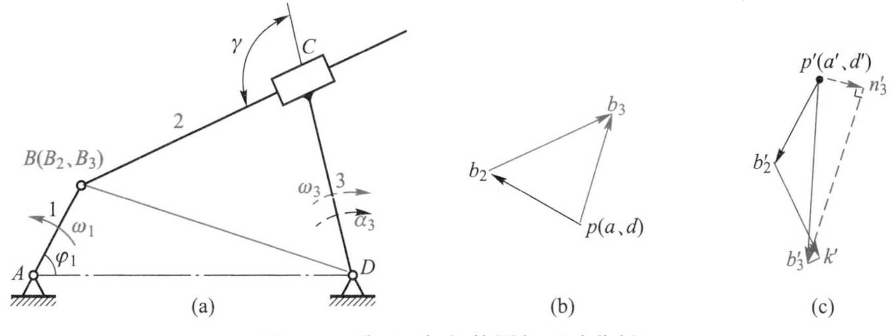

图 3-3　平面四杆机构图解运动分析

2）作速度分析　根据已知条件，速度分析应由 B 点开始，并取重合点 B_3 及 B_2 进行求解①。已知 B_2 点的速度

$$v_{B_2}=v_{B_1}=\omega_1 l_{AB}=10\times 0.024\ \mathrm{m/s}=0.24\ \mathrm{m/s}$$

其方向垂直于 AB，指向与 ω_1 的转向一致。

为求 ω_3，需先求得构件 3 上任一点的速度。因构件 3 与构件 2 组成移动副，故可由两构件上重合点间的速度关系来求解。由运动合成原理可知，重合点 B_3 及 B_2 有

$$\begin{array}{lccccc} & \boldsymbol{v}_{B_3} & = & \boldsymbol{v}_{B_2} & + & \boldsymbol{v}_{B_3B_2} \\ \text{方向：} & \perp BD & & \perp AB & & /\!/ BC \\ \text{大小：} & ? & & \checkmark & & ? \end{array} \tag{3-3}$$

式中仅有两个未知量，故可用作图法求解。取速度比例尺 $\mu_v=0.01\ (\mathrm{m/s})/\mathrm{mm}$，并取点 p 作为速度图极点，作其速度图如图 3-3b 所示，于是得

$$\omega_3=v_{B_3}/l_{BD}=\mu_v\,\overline{pb_3}/(\mu_l\,\overline{BD})=0.01\times 27/(0.001\times 69)\ \mathrm{rad/s}=3.91\ \mathrm{rad/s}\quad（顺时针）$$

而 $\omega_2=\omega_3$。

3）作加速度分析　加速度分析的步骤与速度分析相同，也应从 B 点开始，且已知 B 点仅有法向加速度，即

$$a_{B_2}=a_{B_1}=a_{B_2}^{\mathrm{n}}=\omega_1^2 l_{AB}=10^2\times 0.024\ \mathrm{m/s^2}=2.4\ \mathrm{m/s^2}$$

其方向沿 AB，并由 B 指向 A。

点 B_3 的加速度 $\boldsymbol{a}_{B_3}$ 由两构件上重合点间的加速度关系可知，有

$$\begin{array}{lccccccccccc} & \boldsymbol{a}_{B_3} & = & \boldsymbol{a}_{B_3D}^{\mathrm{n}} & + & \boldsymbol{a}_{B_3D}^{\mathrm{t}} & = & \boldsymbol{a}_{B_2} & + & \boldsymbol{a}_{B_3B_2}^{\mathrm{k}} & + & \boldsymbol{a}_{B_3B_2}^{\mathrm{r}} \\ \text{方向：} & & & B\to D & & \perp BD & & B\to A & & \perp BC & & /\!/ BC \\ \text{大小：} & & & \checkmark & & ? & & \checkmark & & \checkmark & & ? \end{array} \tag{3-4}$$

式中，$\boldsymbol{a}_{B_3B_2}^{\mathrm{k}}$ 为 B_3 点相对于 B_2 点的科氏加速度，其大小为 $a_{B_3B_2}^{\mathrm{k}}=2\omega_2 v_{B_3B_2}=2\omega_2\mu_v\,\overline{b_2b_3}=2\times 3.91\times 0.01\times 32\ \mathrm{m/s^2}=2.5\ \mathrm{m/s^2}$，其方向为将相对速度 $\boldsymbol{v}_{B_3B_2}$ 沿牵连构件 2 的角速度 ω_2 的方向转过 90°之后的方向。而 $\boldsymbol{a}_{B_3D}^{\mathrm{n}}$ 的大小为 $a_{B_3D}^{\mathrm{n}}=\omega_3^2 l_{BD}=\omega_3^2\mu_l\,\overline{BD}=3.91^2\times 0.001\times 69\ \mathrm{m/s^2}=1.05\ \mathrm{m/s^2}$。

式(3-4)仅有两个未知量，故可用作图法求解。选取加速度比例尺 $\mu_a=0.1\ (\mathrm{m/s^2})/\mathrm{mm}$，并取 p' 点为加速度图极点，按式(3-4)依次作其加速度图如图 3-3c 所示，于是得

$$\alpha_3=a_{B_3D}^{\mathrm{t}}/l_{BD}=\mu_a\,\overline{n_3'b_3'}/\mu_l\,\overline{BD}=0.1\times 43/(0.001\times 69)\ \mathrm{rad/s^2}=62.3\ \mathrm{rad/s^2}\quad（逆时针）$$

---

① 选 B_2、B_3 点为重合点来进行运动分析，是因为 B_2 点的速度和加速度很容易求得，求解最简便。读者不妨以 D_2、D_3 或 C_2、C_3 点为重合点，求解对比，便不难验证。

而 $\alpha_2=\alpha_3$。

对于含高副的机构，为了简化其运动分析，常将其高副用低副代替后再作运动分析。如图 2-38c 所示凸轮机构，设已知机构尺寸及凸轮 1 的等角速度 ω_1，并沿逆时针方向转动，需求推杆 2 的角速度 ω_2 及角加速度 α_2，就可用对其低副替代机构作运动分析来代替。但这里必须注意，此替代机构为瞬时替代，故对机构不同位置的运动分析，均需作出相应的瞬时替代机构。

3. 机构速度分析的便捷图解法

通常多数机械的运动分析仅需对其机构作速度分析。这时对于某些结构简单的机构，采用速度瞬心图解法(简称速度瞬心法或瞬心法)对其进行速度分析往往显得十分简便和直观。此外，对于某些结构比较复杂的机构，如果单纯运用矢量方程图解法对其进行速度分析，有时会遇到困难，这时，如果综合地运用这两种方法进行求解(简称综合法)，则往往显得比较简便。下面先介绍速度瞬心法。

(1) 速度瞬心法

1) 速度瞬心及其位置的确定　由理论力学可知，互作平面相对运动的两构件上瞬时速度相等的重合点，即为此两构件的速度瞬心(instantaneous centre of velocity)，简称瞬心。常用符号 P_{ij}表示构件 i、j 间的瞬心，且 $i<j$。若瞬心处的绝对速度为零，则为绝对瞬心(instantaneous center of absolute velocity)；否则，则为相对瞬心(instantaneous center of relative velocity)。

因为机构中每两个构件间就有一个瞬心，故由 N 个构件(含机架)组成的机构的瞬心总数 K，根据排列组合的知识知，应为

$$K=N(N-1)/2 \tag{3-5}$$

各瞬心位置的确定方法如下：

对于通过运动副直接相连的两构件间的瞬心，可由瞬心定义来确定其位置。如图 3-4 所示，以转动副相连接的两构件的瞬心就在转动副的中心处(图 a)；以移动副相连接的两构件间的瞬心位于垂直于导路方向的无穷远处(图 b)；以平面高副相连接的两构件间的瞬心，当高副两元素作纯滚动时就在接触点处(图 c)，当高副两元素间有相对滑动时，则在过接触点高副元素的公法线上(图 d)。

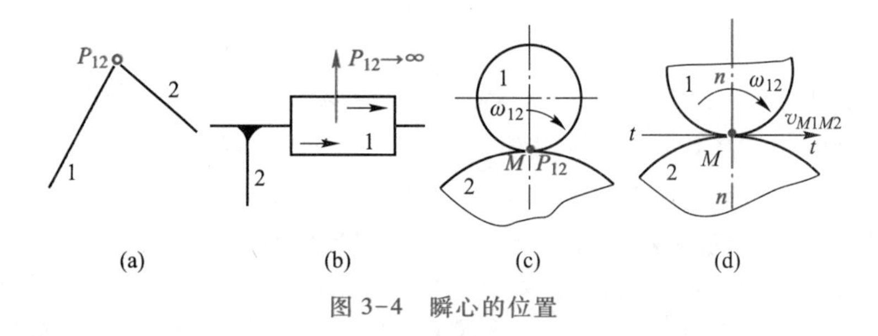

图 3-4　瞬心的位置

对于不通过运动副直接相连的两构件间的瞬心，可借助于“三心定理”来确定其位置。而所谓三心定理(Kennedy-Aronhold theorem)，即三个彼此作平面平行运动的构件的三个瞬心必位于同一直线上。因为只有三个瞬心位于同一直线上，才有可能满足瞬心为等速重合

点的条件[①]。下面举例说明其应用。

在图 3-5 所示的平面铰链四杆机构中，瞬心 P_{12}、P_{23}、P_{34}、P_{14} 的位置可直观地加以确定，而其余两瞬心 P_{13}、P_{24} 则需要根据三心定理来确定。对于构件 1、2、3 来说，P_{13} 必在 P_{12} 及 P_{23} 的连线上，而对于构件 1、4、3 来说，P_{13} 又应在 P_{14} 及 P_{34} 的连线上，故上述两线的交点即为瞬心 P_{13}。同理，可求得瞬心 P_{24}。

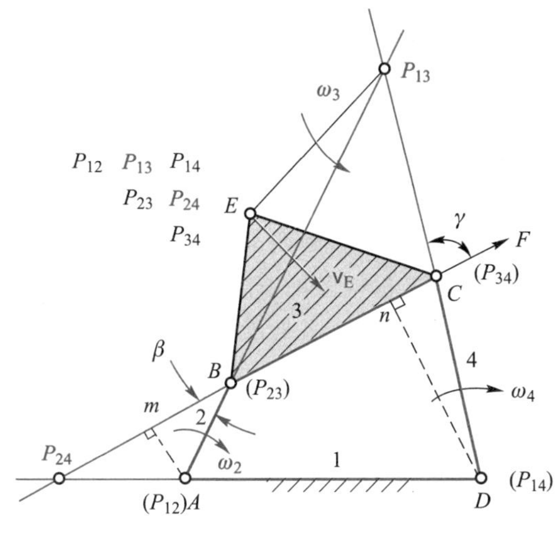

图 3-5　铰链四杆机构的瞬心

2）用瞬心法作机构的速度分析　下面举例说明利用速度瞬心概念对机构进行速度分析的方法。

设已知图 3-5 所示机构各构件的尺寸，主动件 2 的角速度 ω_2，试求在图示位置时从动件 4 的角速度 ω_4 和连杆 3 上点 E 的速度 $\boldsymbol{v}_E$。

因为瞬心 P_{24} 为构件 2、4 的等速重合点，故有

$$\omega_2\ \overline{P_{12}P_{24}}\ \mu_l=\omega_4\ \overline{P_{14}P_{24}}\ \mu_l$$

式中，μ_l 为机构尺寸的比例尺（dimension scale），它是构件的真实长度与图示长度之比，单位为 m/mm 或 mm/mm。

由上式可得

$$\omega_4=\omega_2\ \overline{P_{12}P_{24}}/\overline{P_{14}P_{24}}（顺时针^{②}）\tag{3-6}$$

① 三心定理可通过如图所示的相互作平面平行运动的三构件 1、2 及 3 的三个瞬心中的 P_{23} 必定位于 P_{12} 及 P_{13}（分别处于各转动副中心处）的连线上来加以说明。为简单起见，不妨设构件 1 是固定的。这时在构件 2 及 3 上任取一个不在 P_{12} 及 P_{13} 连线上的重合点 K，显然因重合点 K_2、K_3 的速度方向不同而 K 就不可能成为瞬心 P_{23}，而只有将重合点 K 选在 P_{12} 及 P_{13} 的连线上两速度方向才能一致，故知 P_{23} 与 P_{12}、P_{13} 必在同一直线上。

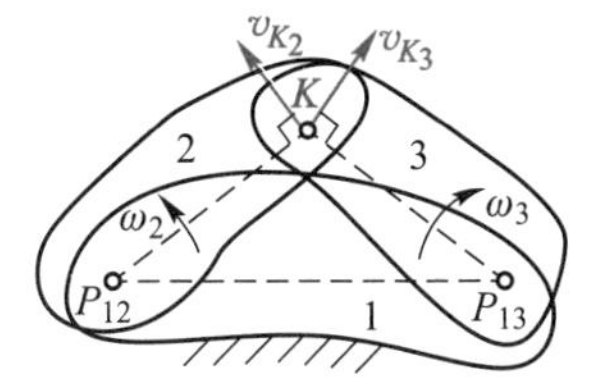

② 相对瞬心 P_{24} 在两绝对瞬心 P_{12}、P_{14} 的延长线上时，ω_4 与 ω_2 同向；P_{24} 在 P_{12}、P_{14} 之间时，ω_4 与 ω_2 反向。

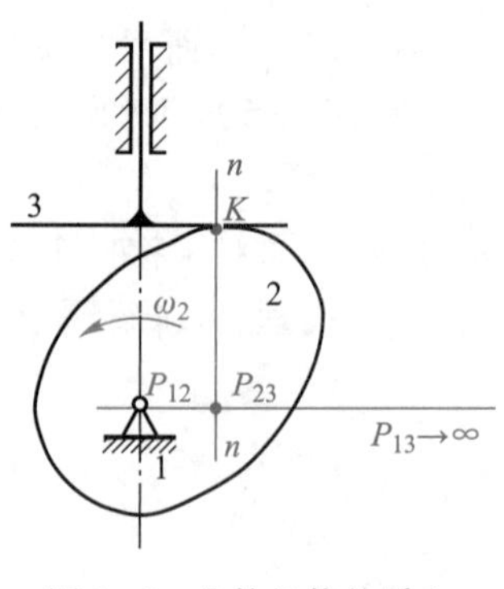

图 3-6　凸轮机构的瞬心

又因瞬心 P_{13} 为连杆 3 在图示位置的瞬时转动中心，故

$$v_B=\omega_3\ \overline{P_{13}B}\ \mu_l=\omega_2\ \overline{P_{12}B}\ \mu_l$$

可得　　$$\omega_3=\omega_2\ \overline{P_{12}B}/\overline{P_{13}B}\quad(逆时针)$$

$$v_E=\omega_3\ \overline{P_{13}E}\mu_l\quad(方向垂直于 P_{13}E，指向与 \omega_3 一致)$$

又如图 3-6 所示的凸轮机构，设已知各构件的尺寸及凸轮的角速度 ω_2，需求从动件 3 的移动速度 $\boldsymbol{v}$。

如图所示，过高副元素的接触点 K 作其公法线 nn，由前述可知，其与瞬心连线 $P_{12}P_{13}$ 的交点即为瞬心 P_{23}，又因其为 2、3 两构件的等速重合点，故可得

$$v=v_{P_{23}}=\omega_2\ \overline{P_{12}P_{23}}\mu_l\quad(方向垂直向上)$$

利用瞬心法对机构进行速度分析虽较简便，但当某些瞬心位于图纸之外时，将给求解带来困难。同时，速度瞬心法不能用于机构的加速度分析。

*3）瞬心线　由上述分析可知，瞬心的位置是随两构件的运动而变动的，它将在各自构件上形成一条轨迹，这个瞬心轨迹称为瞬心线（centrode）。如图 3-7 所示，曲线 $\alpha\alpha$ 和 $\beta\beta$ 就是瞬心 P_{13} 分别在构件 3 与构件 1 上形成的两条瞬心线，因构件 1 为固定机架，该瞬心线 $\beta\beta$ 又称为定瞬心线（fixed centrode），构件 3 为运动连杆，故瞬心线 $\alpha\alpha$ 又称为动瞬心线（moving centrode）。由瞬心的定义可知，机构在运动时，动瞬心线将沿着定瞬心线作无滑动的纯滚动。即定瞬心线和动瞬心线所滚过的对应弧长相等。换一句话说，平面运动连杆在其平面内的任何运动，都可以用动瞬心线沿定瞬心线作无滑动的纯滚动来实现。由此可见，就实现连杆 3 的一般平面运动而言，原铰链四杆机构完全可以用这两瞬心线为高副元素的两构件的高副机构来替代。因此，利用瞬心线可进行高副机构与低副机构之间的运动等效变换。

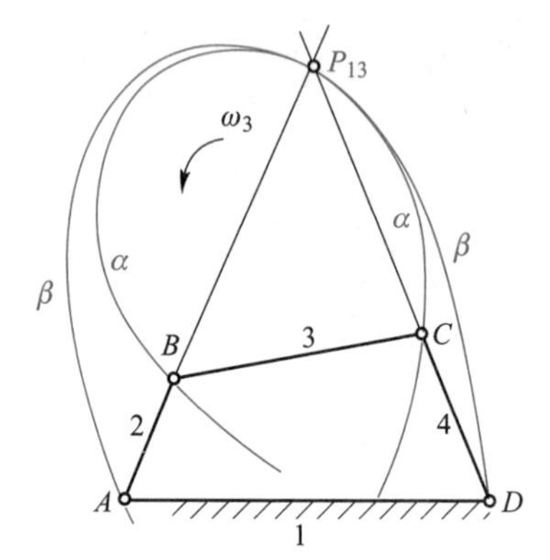

图 3-7　铰链四杆机构的瞬心线

（2）综合法

对于Ⅲ级机构或以连杆为主动件的比较复杂的机构，采用综合法对其进行速度分析往往比较简便，但综合法不能用于机构的加速度分析。下面举例加以说明。

例 3-2　图 3-8a 所示为一摇动筛六杆机构的运动简图（如图 2-32c 所示机构，根据机构的结构分类属Ⅲ级机构）。设已知各构件尺寸及主动件 2 的角速度 ω_2。需作出机构在图示位置时的速度多边形。

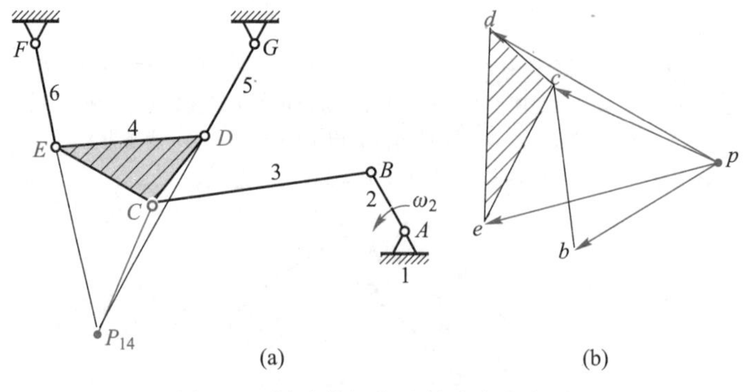

图 3-8　摇动筛机构及其速度多边形

解：根据题设，求解的关键应先求出 $\boldsymbol{v}_C$，而为此可列出下列一系列矢量方程：$\boldsymbol{v}_C=\boldsymbol{v}_B+\boldsymbol{v}_{CB}$，$\boldsymbol{v}_C=\boldsymbol{v}_D+\boldsymbol{v}_{CD}$，$\boldsymbol{v}_C=\boldsymbol{v}_E+\boldsymbol{v}_{CE}$。在这些方程中，无论哪一个或它们的联立式的未知数均超过两个，故无法用图解法求解。为了解决此困难，可利用瞬心 P_{14} 先确定出 $\boldsymbol{v}_C$ 的方向。根据三心定理，构件 4 的绝对瞬心 P_{14} 应位于 GD 和 EF 两延长线的交点处。而 $\boldsymbol{v}_C$ 的方向应垂直于 $P_{14}C$。$\boldsymbol{v}_C$ 的方向确定出后，其余的求解过程就很简单了，作出的速度多边形如图 3-8b 所示。

例 3-3　图 3-9a 所示为一齿轮-连杆组合机构。其中，主动齿轮 2 以角速度 ω_2 绕固定轴线 O 顺时针转动，从而使齿轮 3 在固定不动的内齿轮 1 上滚动，在齿轮 3 上的 B 点铰接着连杆 5。设已知各构件尺寸，求在图示瞬时构件 6 的角速度 ω_6。

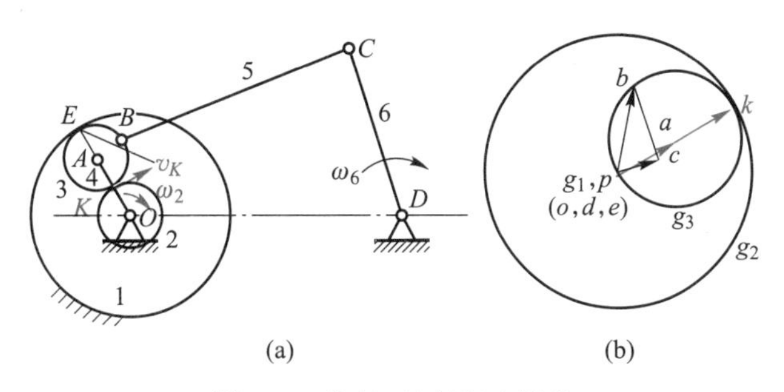

图 3-9　齿轮-连杆组合机构

解：由图可见，欲求 ω_6 需先求出 $\boldsymbol{v}_B$。又由瞬心的定义知，E 点为齿轮 1、3 的绝对瞬心 P_{13}，K 点为齿轮 2、3 的相对瞬心 P_{23}。而 $v_K=\omega_2 l_{OK}$，$\boldsymbol{v}_K$ 垂直于 OK，指向与 ω_2 的转向一致。

因齿轮 3 上 E、K 两点的速度已知，可用速度影像原理求得 $\boldsymbol{v}_B$（图 3-9b），再由矢量方程

$$\boldsymbol{v}_C=\boldsymbol{v}_B+\boldsymbol{v}_{CB}$$

求得 $\boldsymbol{v}_C$，则

$$\omega_6=v_C/l_{CD}=\mu_v\,\overline{pc}/l_{CD}\quad（顺时针）$$

下面来求齿轮 1、2 及 3 的速度影像（图 3-9b）。由于齿轮 1 固定不动，其上各点的速度均为零，故它的速度影像缩为在极点 p 处的一点（即点圆 g_1）；对于齿轮 3 来说，由于 $\overline{KE}$ 为其直径，故作以 $\overline{ek}$ 为直径的圆 g_3 即为其影像；同理，以 p 为圆心，以 $\overline{pk}$ 为半径的圆 g_2 则为齿轮 2 的影像。比较图 3-9a、b，可以明显看出整个机构与速度图无影像关系。

例 3-4　图 3-10a 所示为一风扇摇头机构，电动机 M 固装在构件 1 上，其运动是通过电动机轴上的蜗杆 1′带动固装于构件 2 上的蜗轮 2′，故构件 2 为四杆机构 $ABCD$ 的主动件，但不与机架相连。设已知各构件的尺寸及主动件 2 相对于构件 1 的相对角速度 ω_{21}，试求机构在图示位置时的 ω_1 与 ω_3。

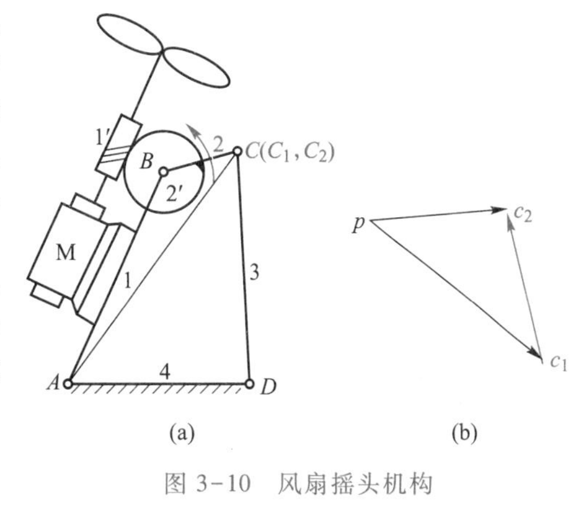

图 3-10　风扇摇头机构

解：由题给条件可知，在矢量方程 $\boldsymbol{v}_C=\boldsymbol{v}_B+\boldsymbol{v}_{CB}$ 中，$\boldsymbol{v}_C$、$\boldsymbol{v}_B$ 及 $\boldsymbol{v}_{CB}$ 大小均未知，故不可解。但如选取 C 点为构件 1、2 的重合点，因 B 点为构件 1、2 的相对瞬心，故利用运动合成原理及瞬心的性质，有

	$\boldsymbol{v}_{C_2}$	=	$\boldsymbol{v}_{C_1}$	+	$\boldsymbol{v}_{C_2C_1}$
方向：	$\perp CD$		$\perp AC$		$\perp BC$
大小：	?		?		$\omega_{21}l_{BC}$

上式可用图解法求解（图 3-10b），在选定比例尺 μ_v 后，先作出 $\overline{c_1c_2}$，再分别过 c_1、c_2 作 $\boldsymbol{v}_{C_1}$、$\boldsymbol{v}_{C_2}$ 的方向线 c_1p 及 c_2p，两方向线的交点 p 就是速度多边形的极点，故

$$\omega_1 = v_{C_1}/l_{AC} = \mu_v\ \overline{pc_1}/l_{AC}\quad（顺时针）$$

$$\omega_3 = v_{C_2}/l_{CD} = \mu_v\ \overline{pc_2}/l_{CD}\quad（顺时针）$$

*(3) 机构的速度图解在工程设计中的应用

利用机构的速度图解不仅能对机构进行直观、快捷地速度特性分析，而且有助于判断分析结果的正确性，还能帮助设计者迅速、清晰地了解机构的整体行为和一般运动情况。假如我们要直接想象机构中的一个运动连杆及其上某一点的运动（如一点的轨迹、速度方向等），即使简单的四杆机构，也是很困难的。但若我们了解了一个机构的速度图形，借助于速度影像概念就不难想象出连杆上任一点速度的情况。尤其是利用速度瞬心的概念，若将连杆的运动视为绕其绝对瞬心作纯转动的运动来想象，就更不难想象连杆的运动情况了。这一点对一个工程师来说在机器工作现场快捷地发现或处理一些相关速度的技术问题是很有实际意义的，这在工程设计中也有重要的应用。例如图 3-11 所示的汽车后悬挂系统的设计，采用了铰链四杆机构 $ABCD$，车轮轴与其连杆 3 固接。为了避免汽车在行驶时由于车轮遇到凸起物使车轮向上运动的同时又侧倾运动（如图右轮轴心 O' 向上运动时其速度 $v_{O'}$ 就偏斜了一角度）以及向前运动而产生转动的扰动（即车轮反操作汽车）等现象，影响其行驶运动的稳定性，导致司机惊慌失措，就需要分析其连杆的运动情况。工程上常用的简单方法就是通过查看连杆的绝对瞬心 P_{13} 的轨迹，以快速地预测出该悬挂机构系统是否会出现不希望的过大的运动。

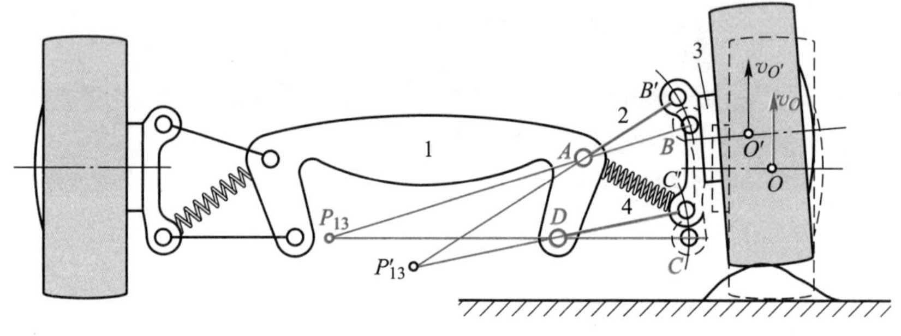

图 3-11　汽车后悬挂系统

学习探究：

案例 3-1　人体假肢仿生膝关节机构的设计

图 3-12 为一模拟人体下肢膝关节运动的仿生假肢膝关节机构设计问题。人体的下肢膝关节，既要支撑人的重量，又要使下肢在站立和行走摆动时保持稳定性和屈伸灵活性，故其大小腿之间的相对瞬时转动中心位置（即瞬心）并不是相对固定不变的，实际上是随屈伸动作不断变动的，并相对于小腿形成的一条瞬心线。试设计人体下假肢的仿生膝关节机构，要求其瞬心线尽可能符合正常人行走过程中的膝关节瞬心线（图示瞬心线是根据大腿相对小腿不同屈伸角度作出的瞬心线）。

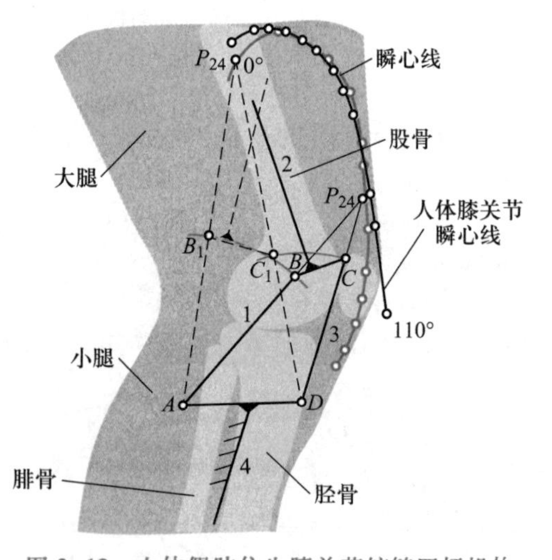

图 3-12　人体假肢仿生膝关节铰链四杆机构

解： 根据题意和设计要求，可知这是一个根据瞬心线来设计机构的问题。若直接采用转动副连接大小腿显然不合适。考虑到下假肢膝关节既要承重，又要灵活，同时满足简单、轻便等实用要求，故选择铰链四杆机构为膝关节机构更为合适。于是，以小腿胫骨为机架 4，而其连杆 2 为大腿股骨，来实现大小腿之间的变轴心转动，并使其相对瞬心 P_{24} 按给定的瞬心线轨迹运动，经优化建模及计算求解，可求得如图所示的铰链四杆机构 *ABCD* 膝关节机构。

学习探究：

***案例 3-2**　一种光学检流计振荡镜调整机构的创新设计

大致工作过程：当流体液面振荡时，此检流计利用可装于被检流体液面之上的反射镜支座转动镜面，从而将照射灯的定向光束反射于屏幕上进行放大和动态显示。设计要求：反射镜支座具有绕枢轴转动微调的功能，且需使用 16 个检流计并列安装，以观测一定宽度范围流体液面的振荡现象及数据；由于其安装空间尺寸受限，故要求其结构厚度尽可能小、重量轻，调节后系统的静刚度大、稳定性好，产品成本低，具有竞争优势。

解：这是一个有一定难度的工程设计问题，经过多次尝试，最终选定的方案如图 3-13 所示。试问你能看懂该方案吗？该方案用到了哪些方面的机械原理知识？有何优点？

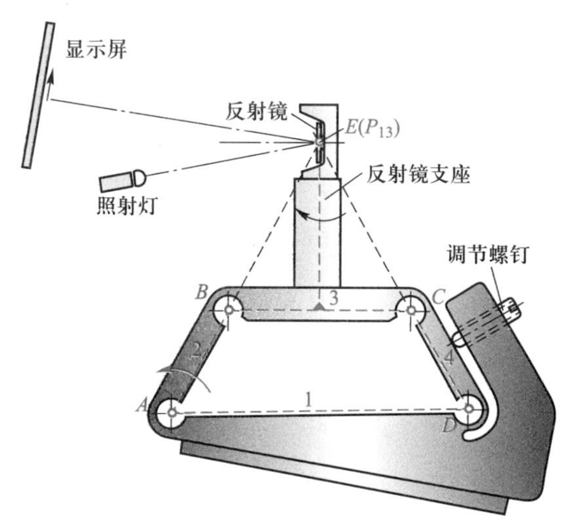

图 3-13　光学检流计调整机构

4. 机构的传动比

对于图 3-5 所示铰链四杆机构，由式(3-6)可得

$$\omega_2/\omega_4=\overline{P_{14}P_{24}}\Big/\overline{P_{12}P_{24}}$$

上式中，ω_2/ω_4 为该铰链四杆机构的主动件 2 与从动件 4 的瞬时角速度之比。于是，将机构的主动件(即输入构件)与从动件(输出构件)的瞬时角速度之比称为机构的传动比(transmission ratio of mechanism)或传递函数(transfer function)，通常用 i_{ij} 表示，如 $i_{24}=\omega_2/\omega_4$。

若设机构的机架为 1 时，则机构中任意两构件 i 与 j 之间的瞬时传动比可表示为

$$i_{ij}=\omega_i/\omega_j=\pm\overline{P_{1j}P_{ij}}/\overline{P_{1i}/P_{ij}} \tag{3-7}$$

由此可见，机构的瞬时传动比等于该两构件的绝对瞬心至相对瞬心距离的反比，当相对瞬心位于两绝对瞬心连线之内，则其传动比取负，即表明两构件的瞬时角速度方向相反；反之，其传动比取正，即表明两构件的瞬时角速度方向相同。它是一个机构位置的函数，通常是用来衡量机构运动传递的速度变换或控制性能的一个无量纲的质量指标。据此可以判断

各种机构运动传递的质量。

对于大多数机构来说,调速是机构的基本功能之一,一般通过改变传动比来实现,齿轮传动、带传动等机构被广泛用于速度调节。此外,在机构的机械效率分析时也要用到传动比。确定机构瞬时传动比的便捷方法是瞬心法。下面再举一例加以说明。

例 3-5　图 3-14a 所示为一齿轮-五杆机构,已知机构的尺寸和主动件 1 的角速度 ω_1,逆时针方向转动,试求该机构在图示位置时全部瞬心位置和主动件 1 与各从动件 2、3 及 4 之间的瞬时传动比 i_{12}、i_{13} 及 i_{14}。

解: 由图 3-14a 可知,该机构是由一对齿轮 1′及 4′组成的齿轮高副机构与铰链五杆机构 $ABCDE$ 并联组成的组合机构,不难计算其机构自由度为 1,因给定一个主动件 1,故该机构运动是确定的。该机构的总瞬心数目 $K=N(N-1)/2=5\times(5-1)/2=10$,用列表法将这 10 个瞬心列出,如图 3-14b 所示。其中瞬心 P_{12}、P_{23}、P_{34}、P_{45}及 P_{15}由瞬心定义直观确定,P_{14}为构件 1 与 4 即两齿轮 1′及 4′高副处的相对瞬心,同时应位于其连心线 $P_{15}P_{45}$上;而 P_{13}、P_{24}、P_{25}及 P_{35}则需要借助三心定理确定,如图 3-14a 所示。

由图 3-14a 可知,根据机构的传动比与相关瞬心的位置关系,瞬时传动比 ω_1/ω_2、ω_1/ω_3 和 ω_1/ω_4 则分别由 P_{12}、P_{25}、P_{15},P_{13}、P_{15}、P_{35}和 P_{14}、P_{15}、P_{45}求得,即

$$i_{12}=\omega_1/\omega_2=-\overline{P_{12}P_{25}}/\overline{P_{12}P_{15}}\quad(\omega_2 \text{ 与 } \omega_1 \text{ 方向相反})$$

$$i_{13}=\omega_1/\omega_3=\overline{P_{13}P_{35}}/\overline{P_{13}P_{15}}\quad(\omega_3 \text{ 与 } \omega_1 \text{ 方向相同})$$

$$i_{14}=\omega_1/\omega_4=-\overline{P_{14}P_{45}}/\overline{P_{14}P_{15}}\quad(\omega_4 \text{ 与 } \omega_1 \text{ 方向相反})$$

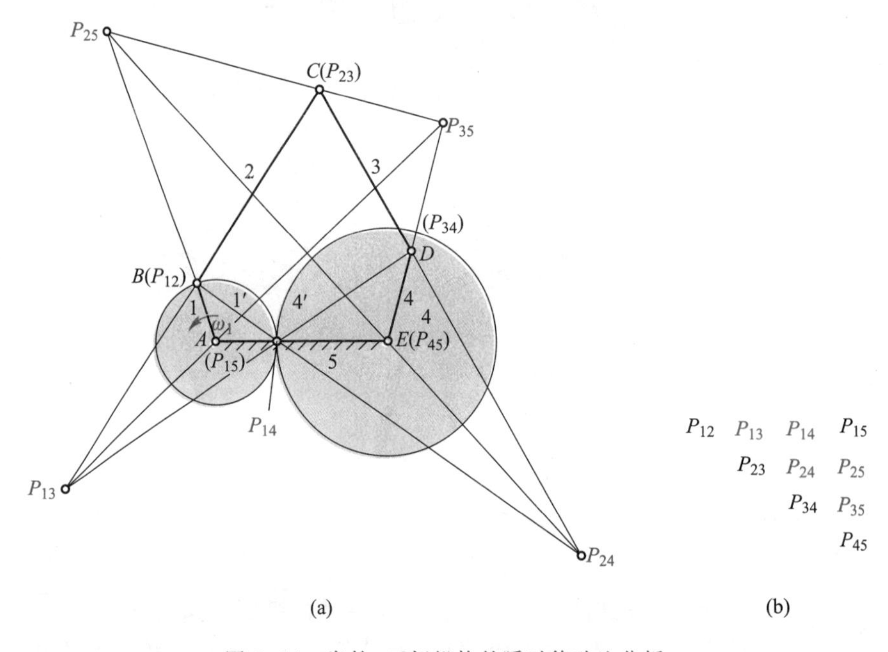

图 3-14　齿轮-五杆机构的瞬时传动比分析

3.3　用解析法作机构的运动分析

用解析法作机构的运动分析,应首先建立机构的位置方程,然后将位置方程对时间求导数,即可求得机构的速度和加速度方程,进而完成机构的运动分析。由于所采用的数学工具不同,所以解析法有很多种。这里介绍两种比较容易掌握且便于应用计算机计算求解的方

法——复数矢量法(method of complex vector)和矩阵法(matrix method)。复数矢量法由于利用了复数运算十分简便的优点①,不仅可对任何机构包括较复杂的连杆机构进行运动分析和动力分析,而且可用来进行机构的综合,并可利用计算器或计算机进行求解。而矩阵法则可方便地运用标准计算程序来求解。由于用这两种方法对机构作运动分析时,均需先列出所谓机构的封闭矢量方程,故对此先加以介绍。

1. 机构的封闭矢量位置方程

在用矢量法建立机构的位置方程时,需将构件用矢量来表示,并作出机构的封闭矢量多边形。如图 3-15 所示,先建立一直角坐标系。设构件 1 的长度为 l_1,其方位角为 θ_1,$\boldsymbol{l}_1$ 为构件 1 的杆矢量(link vector),即 $\boldsymbol{l}_1=\overrightarrow{AB}$。机构中其余构件均可表示为相应的杆矢量,这样就形成由各杆矢量组成的一个封闭矢量多边形,即 $ABCDA$。在这个封闭矢量多边形中,其各矢量之和必等于零。即

$$\boldsymbol{l}_1+\boldsymbol{l}_2-\boldsymbol{l}_4-\boldsymbol{l}_3=0 \qquad (3-8)$$

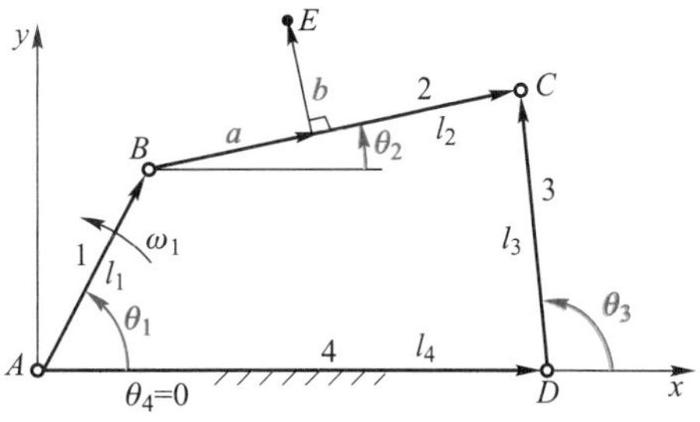

图 3-15　封闭矢量多边形

对一四杆机构作运动分析,设已知各构件的长度和主动件 1 的运动规律,即 θ_1 为已知,而 $\theta_4=0$,故可求得两个未知方位角 θ_2 及 θ_3。各杆矢量的方向可自由确定,但各杆矢量的方位角 θ 均应由 x 轴开始,并以沿逆时针方向计量为正②。

由上述分析可知,对于一个四杆机构,只需作出一个封闭矢量多边形,即可求解。而对四杆以上的多杆机构,则需作出一个以上的封闭矢量多边形才能求解。

2. 复数矢量法

用复数矢量法作平面机构运动分析的关键,是先用复矢量写出机构的封闭矢量位置方程,再将位置复矢量方程对时间求导,即得出其速度及加速度的复矢量方程;然后再应用欧拉公式 $e^{i\theta}=\cos\theta+i\sin\theta$ 分别将这些复矢量方程的实部和虚部先分离再联立求解,即可完成机构的运动分析。下面举例来加以说明:

例 3-6　在如图 3-15 所示的铰链四杆机构中,设已知各构件的尺寸及主动件 1 的方位角 θ_1 和等角速度 ω_1,试用复数矢量法对其位置、速度和加速度进行分析。

解: 如前所述,为了对机构进行运动分析,先要建立坐标系,并将各构件表示为杆矢量。

1) 位置分析　将机构封闭矢量方程式(3-8)改写并表示为复数矢量形式

$$l_1e^{i\theta_1}+l_2e^{i\theta_2}=l_4+l_3e^{i\theta_3} \qquad (3-8a)$$

应用欧拉公式 $e^{i\theta}=\cos\theta+i\sin\theta$ 将上式的实部和虚部分离,得

$$\left.\begin{aligned} l_1\cos\theta_1+l_2\cos\theta_2&=l_4+l_3\cos\theta_3\\ l_1\sin\theta_1+l_2\sin\theta_2&=l_3\sin\theta_3 \end{aligned}\right\} \qquad (3-8b)$$

由此方程组可求得两个未知方位角 θ_2、θ_3。当要求解 θ_3 时,应将 θ_2 消去,为此可先将以上两分式左端含 θ_1

---

① 用复数符号表示平面矢量,如 $R=R\angle\theta$,它既可写成极坐标形式 $Re^{i\theta}$,又可写成直角坐标形式 $R\cos\theta+iR\sin\theta$。可利用欧拉公式 $e^{\pm i\theta}=\cos\theta\pm i\sin\theta$ 方便地在上述两种表示形式之间进行变换。此外,它的导数就是其自身,即 $de^{i\theta}/d\theta=ie^{i\theta}$,故对其微分或积分运算十分便利。

② 坐标系和各杆矢量方向的选取不影响解题结果。

的项移到等式右端，然后分别两端平方并相加，可得

$$l_2^2=l_3^2+l_4^2+l_1^2-2l_3l_4\cos\theta_3-2l_1l_3\cos(\theta_3-\theta_1)-2l_1l_4\cos\theta_1$$

经整理并可简化为

$$A\sin\theta_3+B\cos\theta_3+C=0 \tag{3-8c}$$

式中，$A=2l_1l_3\sin\theta_1$；

$B=2l_3(l_1\cos\theta_1-l_4)$；

$C=l_2^2-l_1^2-l_3^2-l_4^2+2l_1l_4\cos\theta_1$。

解之可得

$$\tan(\theta_3/2)=(A\pm\sqrt{A^2+B^2-C^2})/(B-C) \tag{3-8d}$$

在求得了 θ_3 之后，可利用式(3-8b)求得 θ_2。式(3-8d)有两个解，即开式铰链四杆机构 $ABCD$ 和交叉式铰链四杆机构 $AB'C'D$，可根据机构的初始安装情况和机构运动的连续性来确定式中"±"号的选取。

2）速度分析　将式(3-8a)对时间 t 求导，可得

$$l_1\omega_1e^{i\theta_1}+l_2\omega_2e^{i\theta_2}=l_3\omega_3e^{i\theta_3} \tag{3-9}$$

上式为 $\boldsymbol{v}_B+\boldsymbol{v}_{CB}=\boldsymbol{v}_C$ 的复数矢量表达式。

将上式的实部和虚部分离获得两分式之后，再联解可求得两个未知角速度 ω_2、ω_3，即

$$\omega_3=\omega_1l_1\sin(\theta_1-\theta_2)/[l_3\sin(\theta_3-\theta_2)] \tag{3-9a}$$

$$\omega_2=-\omega_1l_1\sin(\theta_1-\theta_3)/[l_2\sin(\theta_2-\theta_3)] \tag{3-9b}$$

3）加速度分析　将式(3-9)对时间 t 求导，可得

$$il_1\omega_1^2e^{i\theta_1}+l_2\alpha_2e^{i\theta_2}+il_2\omega_2^2e^{i\theta_2}=l_3\alpha_3e^{i\theta_3}+il_3\omega_3^2e^{i\theta_3} \tag{3-10}$$

上式为 $\boldsymbol{a}_B+\boldsymbol{a}_{CB}^t+\boldsymbol{a}_{CB}^n=\boldsymbol{a}_C^t+\boldsymbol{a}_C^n$ 的复数矢量表达式。

将上式的实部和虚部分离，再联解可求得两个未知的角加速度 α_2、α_3，即

$$\alpha_3=\frac{\omega_1^2l_1\cos(\theta_1-\theta_2)+\omega_2^2l_2-\omega_3^2l_3\cos(\theta_3-\theta_2)}{l_3\sin(\theta_3-\theta_2)} \tag{3-10a}$$

$$\alpha_2=\frac{-\omega_1^2l_1\cos(\theta_1-\theta_3)-\omega_2^2l_2\cos(\theta_2-\theta_3)+\omega_3^2l_3}{l_2\sin(\theta_2-\theta_3)} \tag{3-10b}$$

现再来讨论图示四杆机构中连杆 2 上任一点 E 的速度和加速度的求解方法。当机构中所有构件的角位移、角速度和角加速度一旦求出后，则该机构中任何构件上的任意点的速度及加速度就很容易求得。

设连杆上任一点 E 在其上的位置矢量为 $\boldsymbol{a}$ 及 $\boldsymbol{b}$，E 点在坐标系 Axy 中的绝对位置矢量为 $\boldsymbol{l}_E=\overrightarrow{AE}$，则

$$\boldsymbol{l}_E=\boldsymbol{l}_1+\boldsymbol{a}+\boldsymbol{b}$$

即

$$\boldsymbol{l}_E=l_1e^{i\theta_1}+ae^{i\theta_2}+be^{i(\theta_2+90^\circ)} \tag{3-11}$$

将上式对时间 t 分别求一次和二次导数，并经变换整理可得 $\boldsymbol{v}_E$ 和 $\boldsymbol{a}_E$ 的矢量表达式，即

$$\boldsymbol{v}_E=-[\omega_1l_1\sin\theta_1+\omega_2(a\sin\theta_2+b\cos\theta_2)]+i[\omega_1l_1\cos\theta_1+\omega_2(a\cos\theta_2-b\sin\theta_2)] \tag{3-12}$$

$$\begin{aligned}\boldsymbol{a}_E=&-[\omega_1^2l_1\cos\theta_1+\alpha_2(a\sin\theta_2+b\cos\theta_2)]+\omega_2^2(a\cos\theta_2-b\sin\theta_2)]\\&+i[-\omega_1^2l_1\sin\theta_1+\alpha_2(a\cos\theta_2-b\sin\theta_2)-\omega_2^2(a\sin\theta_2+b\cos\theta_2)]\end{aligned} \tag{3-13}$$

例 3-7　试用复数矢量法求例 3-1 所给四杆机构中各从动件的方位角、角速度和角加速度。

解： 先建立一直角坐标系，并标出各杆矢量及方位角，如图 3-16 所示。由机构的结构可知，$\theta_2=\theta_3+\gamma$。故此机构有两个未知量 s_2 及 θ_3。其中，$s_2=\overline{CB}$为一变量。

1）位置分析　由矢量封闭图形 $ABCD$ 可得封闭矢量方程为

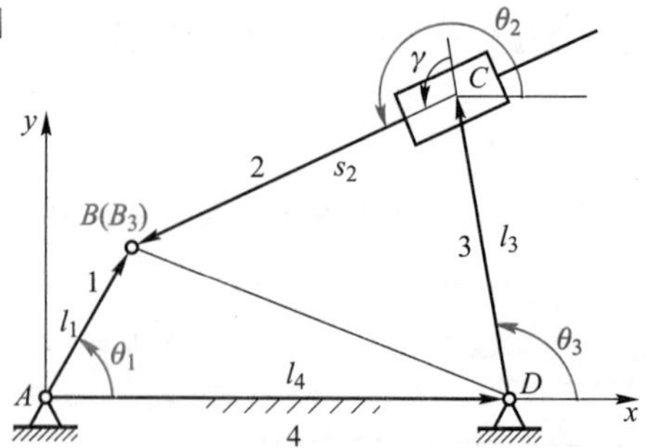

图 3-16　四杆机构的矢量封闭形

$$\boldsymbol{s}_2+\boldsymbol{l}_3+\boldsymbol{l}_4=\boldsymbol{l}_1 \tag{a}$$

即

$$s_2\mathrm{e}^{\mathrm{i}\theta_2}+l_3\mathrm{e}^{\mathrm{i}\theta_3}+l_4=l_1\mathrm{e}^{\mathrm{i}\theta_1} \tag{b}$$

应用欧拉公式 $\mathrm{e}^{\mathrm{i}\theta}=\cos\theta+\mathrm{i}\sin\theta$，将上式的实部和虚部分离，得

$$s_2\cos\theta_2+l_3\cos\theta_3=l_1\cos\theta_1-l_4 \tag{c}$$

$$s_2\sin\theta_2+l_3\sin\theta_3=l_1\sin\theta_1 \tag{d}$$

式中仅有两个未知量，可联立求解。由式(d)可得

$$s_2=(l_1\sin\theta_1-l_3\sin\theta_3)/\sin\theta_2 \tag{e}$$

将式(e)代入式(c)，再将 $\theta_2=\theta_3+\gamma$ 代入，经整理并简化为

$$A\sin\theta_3+B\cos\theta_3+C=0$$

式中，$A=l_1\sin\theta_1\sin\gamma+(l_1\cos\theta_1-l_4)\cos\gamma$

$B=-l_1\sin\theta_1\cos\gamma+(l_1\cos\theta_1-l_4)\sin\gamma$

$C=-l_3\sin\gamma$

解之可得

$$\tan(\theta_3/2)=(A\pm\sqrt{A^2+B^2-C^2})/(B-C) \tag{f}$$

在求得了 θ_3 后，可由 $\theta_2=\theta_3+\gamma$ 求得 θ_2，最后由式(e)可求得 s_2。

2）速度分析　将式(b)对时间 t 求导可得

$$\dot{s}_2\mathrm{e}^{\mathrm{i}\theta_2}+\mathrm{i}s_2\omega_2\mathrm{e}^{\mathrm{i}\theta_2}+\mathrm{i}l_3\omega_3\mathrm{e}^{\mathrm{i}\theta_3}=\mathrm{i}l_1\omega_1\mathrm{e}^{\mathrm{i}\theta_1} \tag{g}$$

因 $\omega_2=\omega_3$，故上式仅有两个未知量 $\dot{s}_2$ 及 ω_3。将上式的实部和虚部分开，并联立求解可得

$$\dot{s}_2=[-l_1\omega_1\sin\theta_1+\omega_3(s_2\sin\theta_2+l_3\sin\theta_3)]/\cos\theta_2$$

$$\omega_2=\omega_3=l_1\omega_1\cos(\theta_1-\theta_2)/[s_2+l_3\cos(\theta_3-\theta_2)]=l_1\omega_1\cos(\theta_1-\theta_2)/(s_2+l_3\cos\gamma)$$

3）加速度分析　将式(g)对时间 t 求导，可得

$$\ddot{s}_2\mathrm{e}^{\mathrm{i}\theta_2}+2\mathrm{i}\dot{s}_2\omega_2\mathrm{e}^{\mathrm{i}\theta_2}+\mathrm{i}s_2\alpha_2\mathrm{e}^{\mathrm{i}\theta_2}-s_2\omega_2^2\mathrm{e}^{\mathrm{i}\theta_2}+\mathrm{i}l_3\alpha_2\mathrm{e}^{\mathrm{i}\theta_3}-l_3\omega_3^2\mathrm{e}^{\mathrm{i}\theta_3}=-l_1\omega_1^2\mathrm{e}^{\mathrm{i}\theta_1}$$

其中有 $\omega_2=\omega_3$，$\alpha_2=\alpha_3$，故上式仅有 $\ddot{s}_2$ 及 α_3 两个未知量。将上式的实部和虚部分开，并联立求解可得

$$\ddot{s}_2=\frac{l_1\omega_1^2[s_2\cos(\theta_2-\theta_1)+l_3\cos(\theta_3-\theta_1)]+2\dot{s}_2l_3\omega_3\sin(\theta_3-\theta_2)-\omega_3^2[s_2^2+l_3^2+2s_2l_3\cos(\theta_3-\theta_2)]}{\dot{s}_2+l_3\cos(\theta_2-\theta_3)}$$

$$\alpha_3=\frac{l_1\omega_1^2\sin(\theta_2-\theta_1)+l_3\omega_3^2\sin(\theta_3-\theta_2)-2\dot{s}_2\omega_2}{s_2+l_3\cos(\theta_2-\theta_3)}$$

学习探究：

案例 3-3　单缸四冲程内燃机的曲柄滑块机构运动解析分析

图 3-17 所示为某单缸四冲程内燃机的活塞-连杆-曲轴结构及其曲柄滑块机构运动简图，其尺寸如图所示，试对其进行运动特性解析分析。

解： 1）建立机构运动方程式　先建立坐标系，并标出各构件杆矢量，如图 3-17a 所示。设曲柄 1 的方位角为 θ_1，角速度为 ω_1，则 $\theta_1=\omega_1t$，连杆 2 的方位角为 θ_2。根据其机构位置封闭矢量三角形，可得其位置矢量方程为

$$\boldsymbol{r}_1=\boldsymbol{s}_3+\boldsymbol{l}_2$$

即

$$r_1\mathrm{e}^{\mathrm{i}\theta_1}=s_3+l_2\mathrm{e}^{\mathrm{i}\theta_2}$$

应用欧拉公式将上式的实部与虚部分离，可得

$$r_1\cos\theta_1=s_3+l_2\cos\theta_2,\ r_1\sin\theta_1=l_2\sin\theta_2 \tag{3-14}$$

上两式联立消去 θ_2，可求得滑块 3 的位置为

$$s_3=r_1\cos\omega_1t+l_2[1-(r_1\sin\omega_1t/l_2)^2]^{1/2} \tag{3-14a}$$

将上式对时间 t 求一次、二次导数，便可得该滑块 3 的速度及加速度为

$$v_3=r_1\omega_1\{\sin\omega_1 t+0.5(r_1/l_2)\sin 2\omega_1 t/[1-(r_1\sin\omega_1 t/l_2)^2]^{1/2}\} \tag{3-14b}$$

$$a_3=-r_1\omega_1^2\{\cos\omega_1 t+r_1[l_2^2(1-2\cos\omega_1 t)-r_1^2\sin^4\omega_1 t]/[l_2^2-(r_1\sin\omega_1 t)^2]^{3/2}\} \tag{3-14c}$$

以上三个方程式即为单缸四冲程内燃机曲柄滑块机构的理论运动学方程式。

2）编程计算绘图　据式(3-14a)～(3-14c)，当 $\omega_1=3\ 400$ r/min 时，按 $\theta_1=\omega_1 t$，其一个工作循环周期为 4π，经编程及计算，不难作出其滑块 3 的位置 s_3、速度 v_3 及加速度 a_3 线图，分别如图 3-17b、c 及 d 所示。

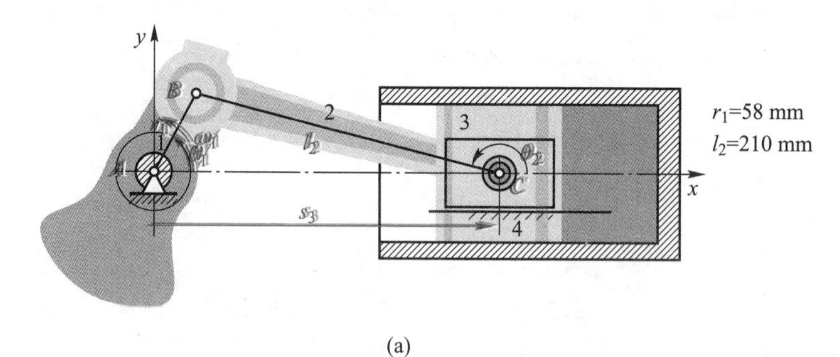

(a)

280 260 240 220 200 180 160 140
0 90 180 270 360 450 540 630 720
滑块位置s_3/mm
曲柄转角θ/(°)
理论位移
实际位置

(b)

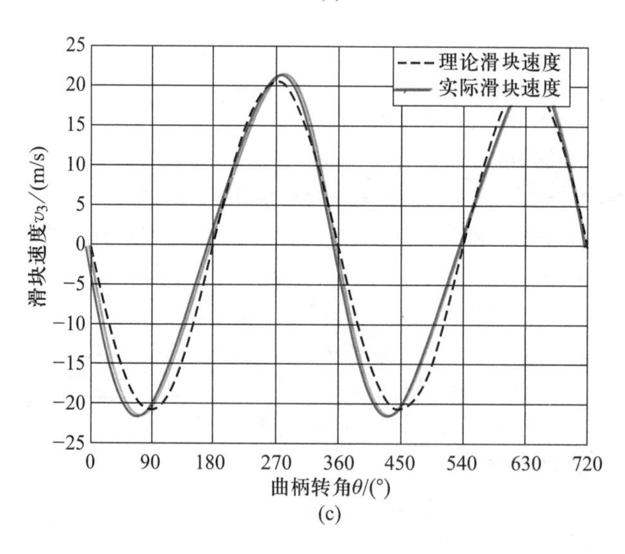

(c)

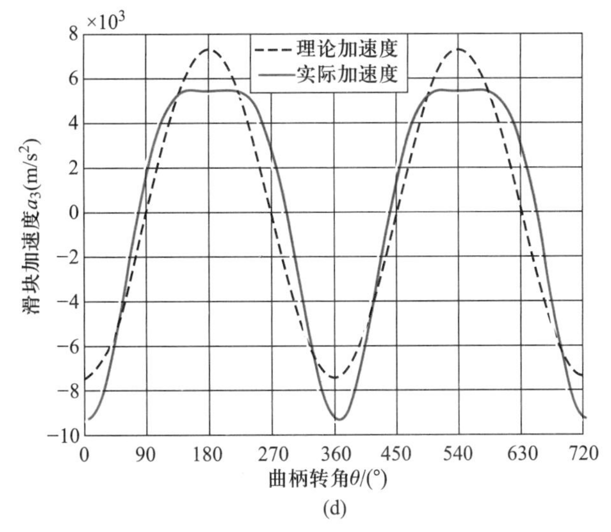

图 3-17　单缸四冲程内燃机的曲柄滑块机构的运动分析

*工程实际分析：在实际工程中，由于连杆曲柄比 l/r 是内燃机的重要设计参数。据上述运动特性分析可知，连杆曲柄比对加速度的影响较大且选取比较困难。为了保证单缸内燃机能够平稳运转，一般连杆曲柄比 l/r 需在 3~5 之间进行选取。于是在工程分析中，往往采用二项式定理①对其位置方程式(3-14a)进行展开，可简化为含 l_2/r_1 的幂次系数和 $\cos\omega_1 t$ 的一、二阶谐波项（常去掉不影响分析精度的高阶幂次项）的近似位置方程式，再将其对时间求一次、二次导数，便可得相应的速度及加速度方程式，即

$$s_3 \approx 1-r_1^2/(4l_2)+r_1\{\cos\omega_1 t+[r_1/(4l_2)]\cos 2\omega_1 t\} \tag{3-14a'}$$

$$v_3 \approx -r_1\omega_1\{\sin\omega_1 t+[r_1/(2l_2)]\sin 2\omega_1 t\} \tag{3-14b'}$$

$$a_3 \approx -r_1\omega_1^2[\cos\omega_1 t+(r_1/l_2)\cos 2\omega_1 t] \tag{3-14c'}$$

同样，据上述方程式，经编程、计算及绘图，给出滑块 3 在 $\omega_1=3\ 400$ r/min 时一个运动循环周期内的位置、速度及加速度线图，如图 3-17 所示。这样处理，既能达到工程分析满意的精度要求，又能够显示机构的动态行为，容易看清函数各阶谐波分量的叠加特性及相对贡献。由图 3-17 不难看出，滑块 3 的加速度曲线是由周期为 2π 的基本谐波函数 $\cos\omega_1 t$ 与二阶谐波分量函数 $\cos 2\omega_1 t$ 叠加而成的曲线，故其二阶分量对其加速度相对影响很小，而对其位置及速度影响更小，几乎可忽略不计。

3. 矩阵法

仍以图 3-15 所示四杆机构为例，已知条件同前，现用矩阵法求解如下：

(1) 位置分析

将机构的封闭矢量方程式(3-8)写成在两坐标轴上的投影式，并改写成方程左边仅含未知量项的形式，即得

$$\left.\begin{aligned} l_2\cos\theta_2-l_3\cos\theta_3&=l_4-l_1\cos\theta_1 \\ l_2\sin\theta_2-l_3\sin\theta_3&=-l_1\sin\theta_1 \end{aligned}\right\} \tag{3-15}$$

解此方程即可得两未知方位角 θ_2、θ_3。

(2) 速度分析

① 二项式定理 $(a+b)^n=a^n+na^nb+[n(n-1)/2!]a^{n-2}b^2+[n(n-1)(n-2)/3!]a^{n-3}b^3+\cdots$。而这里取 $a=1$，$b=-[(r/l)\sin\omega_1 t]^2$，$n=1/2$。

将式(3-15)对时间取一次导数,可得

$$\left.\begin{aligned}-l_2\omega_2\sin\theta_2+l_3\omega_3\sin\theta_3&=\omega_1 l_1\sin\theta_1\\ l_2\omega_2\cos\theta_2-l_3\omega_3\cos\theta_3&=-\omega_1 l_1\cos\theta_1\end{aligned}\right\}\tag{3-16}$$

解之可求得 ω_2、ω_3。式(3-16)可写成矩阵形式

$$\begin{bmatrix}-l_2\sin\theta_2 & l_3\sin\theta_3\\ l_2\cos\theta_2 & -l_3\cos\theta_3\end{bmatrix}\begin{bmatrix}\omega_2\\ \omega_3\end{bmatrix}=\omega_1\begin{bmatrix}l_1\sin\theta_1\\ -l_1\cos\theta_1\end{bmatrix}\tag{3-17}$$

(3) 加速度分析

将式(3-16)对时间取导,可得加速度关系

$$\begin{bmatrix}-l_2\sin\theta_2 & l_3\sin\theta_3\\ l_2\cos\theta_2 & -l_3\cos\theta_3\end{bmatrix}\begin{bmatrix}\alpha_2\\ \alpha_3\end{bmatrix}=-\begin{bmatrix}-\omega_2 l_2\cos\theta_2 & \omega_3 l_3\cos\theta_3\\ -\omega_2 l_2\sin\theta_2 & \omega_3 l_3\sin\theta_3\end{bmatrix}\begin{bmatrix}\omega_2\\ \omega_3\end{bmatrix}+\omega_1\begin{bmatrix}\omega_1 l_1\cos\theta_1\\ \omega_1 l_1\sin\theta_1\end{bmatrix}\tag{3-18}$$

由式(3-18)可解得 α_2、α_3。

若还需求连杆上任一点 E 的位置、速度和加速度时,可由下列各式直接求得:

$$\left.\begin{aligned}x_E&=l_1\cos\theta_1+a\cos\theta_2+b\cos(90°+\theta_2)\\ y_E&=l_1\sin\theta_1+a\sin\theta_2+b\sin(90°+\theta_2)\end{aligned}\right\}\tag{3-19}$$

$$\begin{bmatrix}\boldsymbol{v}_{Ex}\\ \boldsymbol{v}_{Ey}\end{bmatrix}=\begin{bmatrix}\dot{x}_E\\ \dot{y}_E\end{bmatrix}=\begin{bmatrix}-l_1\sin\theta_1 & -a\sin\theta_2-b\sin(90°+\theta_2)\\ l_1\cos\theta_1 & a\cos\theta_2+b\cos(90°+\theta_2)\end{bmatrix}\begin{bmatrix}\omega_1\\ \omega_2\end{bmatrix}\tag{3-20}$$

$$\begin{aligned}\begin{bmatrix}\boldsymbol{a}_{Ex}\\ \boldsymbol{a}_{Ey}\end{bmatrix}=\begin{bmatrix}\ddot{x}_E\\ \ddot{y}_E\end{bmatrix}&=\begin{bmatrix}-l_1\sin\theta_1 & -a\sin\theta_2-b\sin(90°+\theta_2)\\ l_1\cos\theta_1 & a\cos\theta_2+b\cos(90°+\theta_2)\end{bmatrix}\begin{bmatrix}0\\ \alpha_2\end{bmatrix}-\\ &\begin{bmatrix}l_1\cos\theta_1 & a\cos\theta_2+b\cos(90°+\theta_2)\\ l_1\sin\theta_1 & a\sin\theta_2+b\sin(90°+\theta_2)\end{bmatrix}\begin{bmatrix}\omega_1^2\\ \omega_2^2\end{bmatrix}\end{aligned}\tag{3-21}$$

在矩阵法中,为便于书写和记忆,速度分析关系式可表示为

$$\boldsymbol{A\omega}=\omega_1\boldsymbol{B}\tag{3-22}$$

式中:$\boldsymbol{A}$——机构从动件的位置参数矩阵;

$\boldsymbol{\omega}$——机构从动件的速度列阵;

$\boldsymbol{B}$——机构主动件的位置参数列阵;

ω_1——机构主动件的速度。

而加速度分析的关系式则可表示为

$$\boldsymbol{A\alpha}=-\dot{\boldsymbol{A}}\boldsymbol{\omega}+\omega_1\dot{\boldsymbol{B}}\tag{3-23}$$

式中,$\boldsymbol{\alpha}$ 是机构从动件的加速度列阵;$\dot{\boldsymbol{A}}=\mathrm{d}\boldsymbol{A}/\mathrm{d}t$;$\dot{\boldsymbol{B}}=\mathrm{d}\boldsymbol{B}/\mathrm{d}t$。

通过上述对四杆机构进行运动分析的过程可见,用解析法进行机构运动分析的关键是位置方程的建立和求解。至于速度分析和加速度分析只不过是对其位置方程作进一步的数学运算而已。位置方程的求解需解非线性方程组,难度较大;而速度方程和加速度方程的求解,则只需解线性方程组,相对而言较容易。

上述方法对于复杂的机构同样适用,下面举例说明。

例 3-8 图 3-18 所示为一牛头刨床的机构运动简图。设已知各构件的尺寸为:$l_1=125$ mm,$l_3=600$ mm,$l_4=150$ mm,主动件 1 的方位角 $\theta_1=0°\sim360°$ 和等角速度 $\omega_1=1$ rad/s。试用矩阵法求该机构中各

从动件的方位角、角速度和角加速度以及 E 点的位置、速度和加速度的运动线图。

解：如图 3-18 所示，先建立一直角坐标系，并标出各杆矢量及其方位角。其中共有四个未知量 θ_3、θ_4、s_3 及 s_E。为求解需建立两个封闭矢量方程，为此需利用两个封闭图形 $ABCA$ 及 $CDEGC$，由此可得

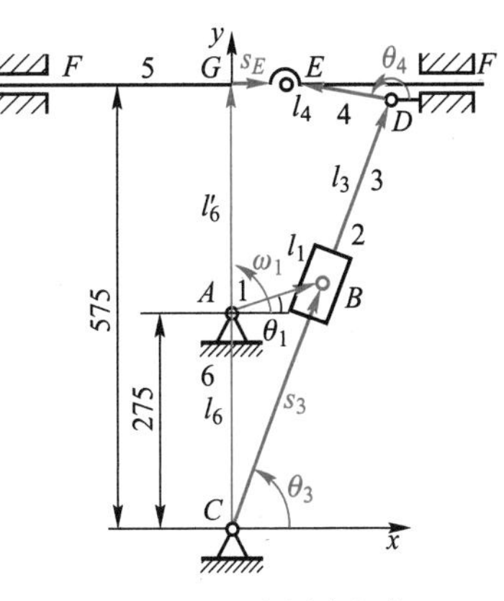

图 3-18 牛头刨床机构

$$\boldsymbol{l}_6+\boldsymbol{l}_1=\boldsymbol{s}_3,\boldsymbol{l}_3+\boldsymbol{l}_4=\boldsymbol{l}_6'+\boldsymbol{s}_E$$

再写成投影方程为

$$s_3\cos\theta_3=l_1\cos\theta_1$$
$$s_3\sin\theta_3=l_6+l_1\sin\theta_1$$
$$l_3\cos\theta_3+l_4\cos\theta_4-s_E=0$$
$$l_3\sin\theta_3+l_4\sin\theta_4=l_6'$$

由以上各式即可求得 s_3、θ_3、θ_4 及 s_E 四个运动变量，而滑块 2 的方位角 $\theta_2=\theta_3$。

然后，分别将上列各式对时间取一次、二次导数，并写成矩阵形式，即得以下速度和加速度方程式：

$$\begin{bmatrix}\cos\theta_3 & -s_3\sin\theta_3 & 0 & 0\\ \sin\theta_3 & s_3\cos\theta_3 & 0 & 0\\ 0 & -l_3\sin\theta_3 & -l_4\sin\theta_4 & -1\\ 0 & l_3\cos\theta_3 & l_4\cos\theta_4 & 0\end{bmatrix}\begin{bmatrix}\dot{s}_3\\ \omega_3\\ \omega_4\\ v_E\end{bmatrix}=\omega_1\begin{bmatrix}-l_1\sin\theta_1\\ l_1\cos\theta_1\\ 0\\ 0\end{bmatrix}$$

$$\begin{bmatrix}\cos\theta_3 & -s_3\sin\theta_3 & 0 & 0\\ \sin\theta_3 & s_3\cos\theta_3 & 0 & 0\\ 0 & -l_3\sin\theta_3 & -l_4\sin\theta_4 & -1\\ 0 & l_3\cos\theta_3 & l_4\cos\theta_4 & 0\end{bmatrix}\begin{bmatrix}\ddot{s}_3\\ \alpha_3\\ \alpha_4\\ a_E\end{bmatrix}$$

$$=-\begin{bmatrix}-\omega_3\sin\theta_3 & -\dot{s}_3\sin\theta_3-s_3\omega_3\cos\theta_3 & 0 & 0\\ \omega_3\cos\theta_3 & \dot{s}_3\cos\theta_3-s_3\omega_3\sin\theta_3 & 0 & 0\\ 0 & -l_3\omega_3\cos\theta_3 & -l_4\omega_4\cos\theta_4 & 0\\ 0 & -l_3\omega_3\sin\theta_3 & -l_4\omega_4\sin\theta_4 & 0\end{bmatrix}\begin{bmatrix}\dot{s}_3\\ \omega_3\\ \omega_4\\ v_E\end{bmatrix}+\omega_1\begin{bmatrix}-l_1\omega_1\cos\theta_1\\ -l_1\omega_1\sin\theta_1\\ 0\\ 0\end{bmatrix}$$

而 $\omega_2=\omega_3$、$\alpha_2=\alpha_3$。

根据以上各式，将已知参数代入，即可应用计算机进行计算，现将求得的数值列于表 3-1 中。并可根据所得数据作出机构的位置线图（图 3-19）、速度线图（图 3-20）和加速度线图（图 3-21）。这些线图称为机构的运动线图（kinematic diagram）。通过这些线图可以一目了然地看出机构在一个运动循环中位置、速度和加速度的变化情况，有利于进一步掌握机构的性能。

表 3-1 各构件的位置、速度和加速度

θ_1	θ_3	θ_4	s_E	ω_3	ω_4	v_E	α_3	α_4	a_E
/(°)			/m	/(rad/s)		/(m/s)	/(rad/s^2)		/(m/s^2)
0	65.556 10	169.938 20	0.101 07	0.171 23	0.288 79	−0.101 84	0.247 70	0.292 66	−0.164 22
10	67.466 88	172.027 30	0.081 38	0.209 27	0.323 91	−0.122 72	0.190 76	0.117 19	−0.134 43
20	69.712 52	175.326 60	0.058 54	0.238 59	0.332 02	−0.138 34	0.147 15	−0.018 53	−0.111 13
⋮	⋮	⋮	⋮	⋮	⋮	⋮	⋮	⋮	⋮
360	65.556 10	169.938 20	0.101 07	0.171 23	0.288 79	−0.101 84	0.247 70	0.292 67	−0.164 22

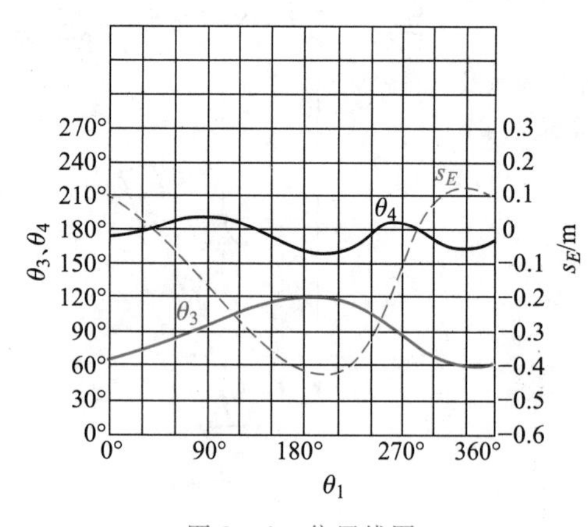

图 3-19 位置线图

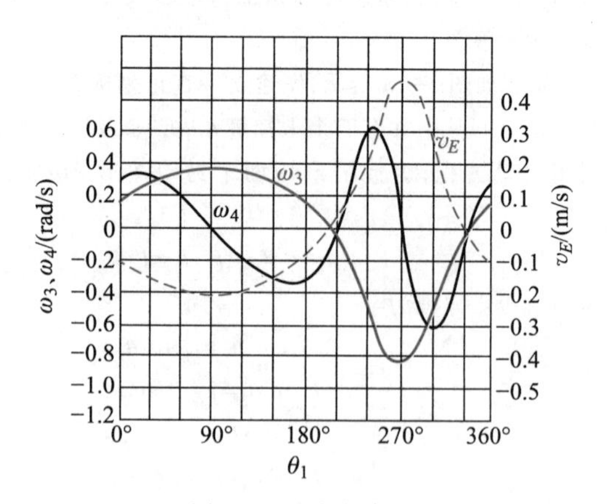

图 3-20 速度线图

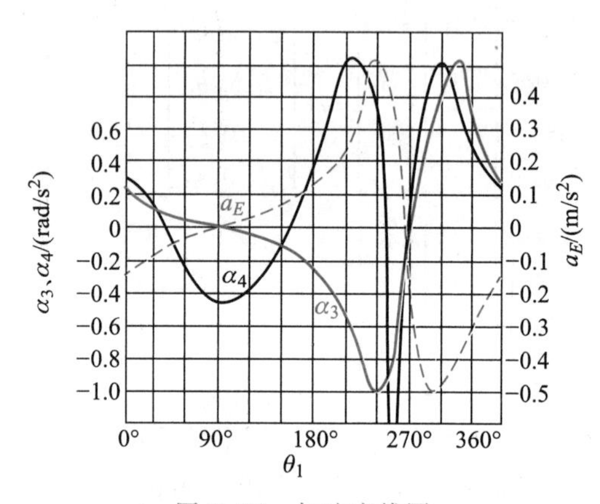

图 3-21 加速度线图

学习拓展：

*案例 3-4 简摆颚式碎矿机六杆机构的运动解析分析

*4. 机器设计中对加速度的限制

机器中所有的构件均具有质量，且在变速运动中产生的加速度会引起惯性力。这些惯性力将在机器内部的运动副中产生附加的动载荷和对零部件产生附加的动态应力。所以对高速机器设计时必须对其加速度有一定的限制，即机器的零部件对加速度的耐力有一定的要求。这一要求在机器设计时，通常可通过采取减小零部件的运动加速度或质量，或采用高强度的材料等办法来加以解决。

对于载人机器的设计，除了机器的零部件对加速度的耐力要求之外，还要考虑人对加速度的耐力要求。人们都有这样的感受：即身体对速度并不敏感，但对加速度却非常敏感。如乘坐飞机时，无论飞机以多大的速度飞行，只要飞行速度稳定，人们并感觉不到它的运动，但人们却能感觉到由于大气紊流、飞机起飞或降落所引起的速度变化。如果加速度过大，人们就感觉不舒服。因为加速度变化在人身体上引起的惯性力的变化，使血液的运动在体内沿加速度相反的方向运动，并滞后于人体的运动，这可导致大脑缺血或充血，从而引起头晕或视网膜变红等症状，若持续足够长的时间，甚至还会导致死亡。因此，在设计用于

载人的装置时，必须知道人体所能忍受最大加速度的大小。

人体所能忍受的最大加速度的大小通常是以重力加速度 g 为单位，以其倍数来表示的。如 $1g$ 的加速度是我们重量的基准，$2g$ 就会感觉重量加倍，$6g$ 的加速度会使人手臂运动非常困难。人体对加速度的耐力不仅与加速度相对于人体的方向、加速度的大小以及加速度持续的时间有关，而且也与人的年龄段和健康状况以及身体素质等条件有关。要获取人体因素有关的加速度数据资料，一方面可查阅有关人体工程学或专门的设计资料如军事专业人员耐外界环境条件等所提供的试验数据。另一方面可通过日常经历的加速度的一些感受或经验来积累一些数据。如以汽车为例，汽车缓慢加速时的加速度为 $0.1g$，汽车猛烈加速时为 $0.3g$，汽车紧急刹车时为 $0.7g$，汽车快速转弯时为 $0.8g$ 等。

思考题及练习题

3-1　何谓速度多边形和加速度多边形？它们有哪些特性？

3-2　何谓速度影像和加速度影像？利用速度影像原理（或加速度影像原理）进行构件上某点的速度（或加速度）图解时应具备哪些条件？还应注意什么问题？

3-3　图 3-22 所示的各机构中，设已知各构件的尺寸及 B 点的速度 $\boldsymbol{v}_B$，试作出其在图示位置时的速度多边形。

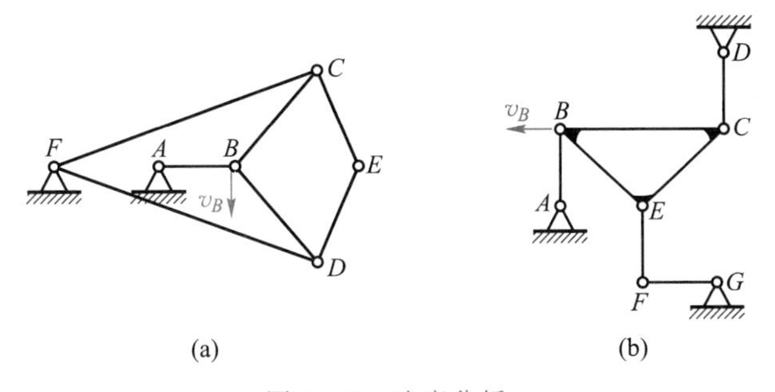

图 3-22　速度分析

3-4　试判断如图 3-23 所示的两机构中，B 点是否都存在科氏加速度？又在何位置时其科氏加速度为零？作出相应的机构位置图。并思考下列问题。

1）在什么条件下存在科氏加速度？

2）根据上一条，请检查一下所有科氏加速度为零的位置是否已全部找出？

3）在图 3-23a 中，$a^{k}_{B_2B_3}=2\omega_2 v_{B_2B_3}$ 对吗？为什么？

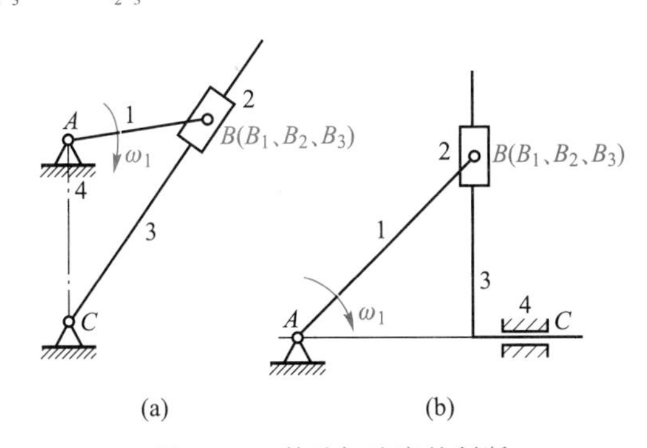

图 3-23　科氏加速度的判断

3-5 在图 3-24 所示的曲柄摇块机构中，已知 $l_{AB}=30$ mm，$l_{AC}=100$ mm，$l_{BD}=50$ mm，$l_{DE}=40$ mm，曲柄以等角速度 $\omega_1=10$ rad/s 回转，试用图解法求机构在 $\varphi_1=45°$位置时，点 D 和 E 的速度和加速度，以及构件 2 的角速度和角加速度。

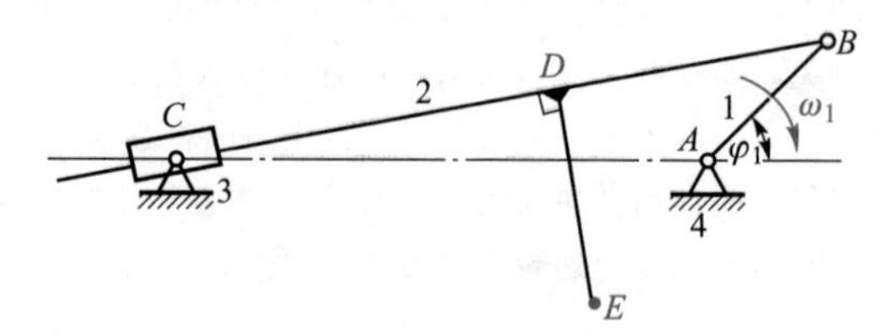

图 3-24 曲柄摇块机构的运动分析

3-6 在图 3-25 所示各机构中，设已知各构件的尺寸，主动件 1 以等角速度 ω_1 顺时针方向转动，试以图解法求机构在图示位置时构件 3 上 C 点的速度及加速度（比例尺任选）。

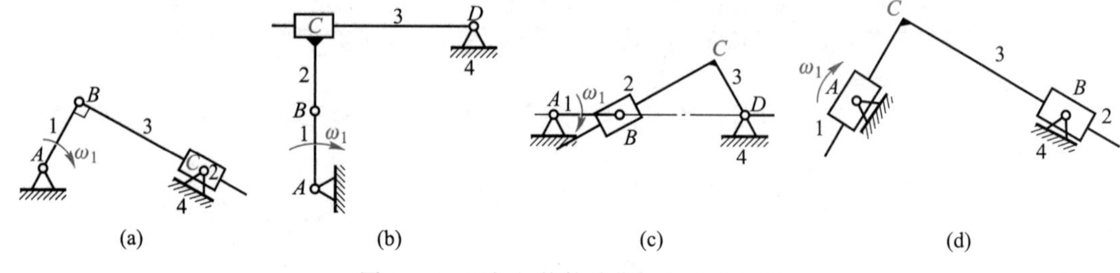

图 3-25 四杆机构特殊位置的运动分析

3-7 在图 3-26 所示机构中，已知 $l_{AE}=70$ mm，$l_{AB}=40$ mm，$l_{EF}=60$ mm，$l_{DE}=35$ mm，$l_{CD}=75$ mm，$l_{BC}=50$ mm，主动件以等角速度 $\omega_1=10$ rad/s 回转。试以图解法求在 $\varphi_1=50°$时 C 点的速度 $\boldsymbol{v}_C$ 和加速度 $\boldsymbol{a}_C$。

3-8 在图 3-27 所示的凸轮机构中，已知凸轮 1 以等角速度 $\omega_1=10$ rad/s 转动，凸轮为一偏心圆，其半径 $R=25$ mm，$l_{AB}=15$ mm，$l_{AD}=50$ mm，$\varphi_1=90°$。试用图解法求构件 2 的角速度 ω_2 与角加速度 α_2。

提示：可先将机构进行高副低代，然后对其替代机构进行运动分析。

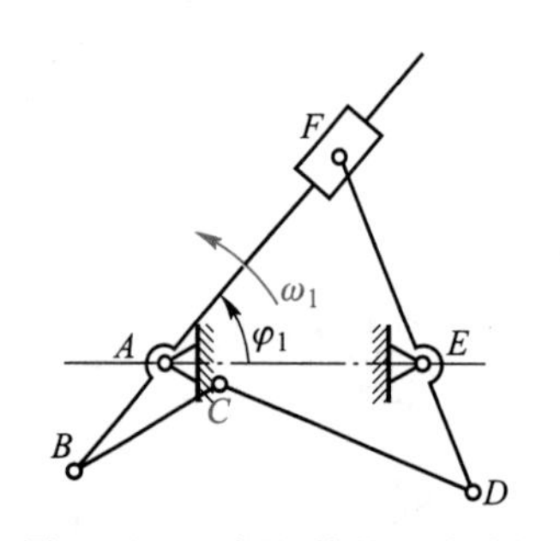

图 3-26 六杆机构的运动分析

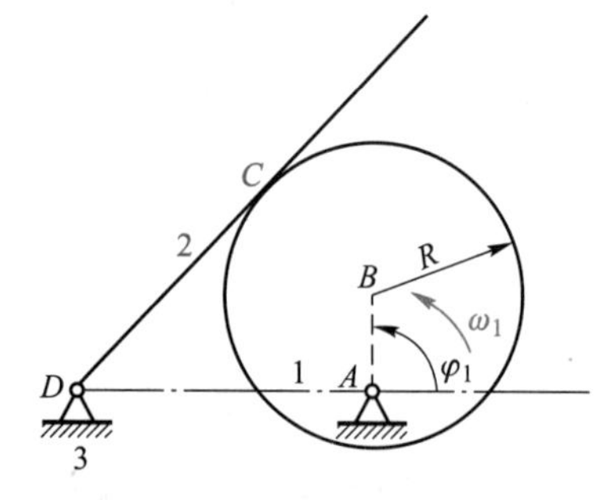

图 3-27 凸轮高副机构的运动分析

3-9 何谓速度瞬心？相对瞬心与绝对瞬心有何异同点？

3-10 何谓三心定理？何种情况下的瞬心需用三心定理来确定？

3-11 试求图 3-28 所示各机构在图示位置时全部瞬心的位置，并给出连杆上 E 点的速度方向。

3-12 在图 3-29 所示的齿轮-连杆组合机构中，试用瞬心法求齿轮 1 与 3 的传动比 ω_1/ω_3。

3-13 在图 3-30 所示的四杆机构中，$l_{AB}=60$ mm，$l_{CD}=90$ mm，$l_{AD}=l_{BC}=120$ mm，$\omega_2=10$ rad/s，试用瞬心法求：

1）当 $\varphi=165°$时，点 C 的速度 $\boldsymbol{v}_C$；

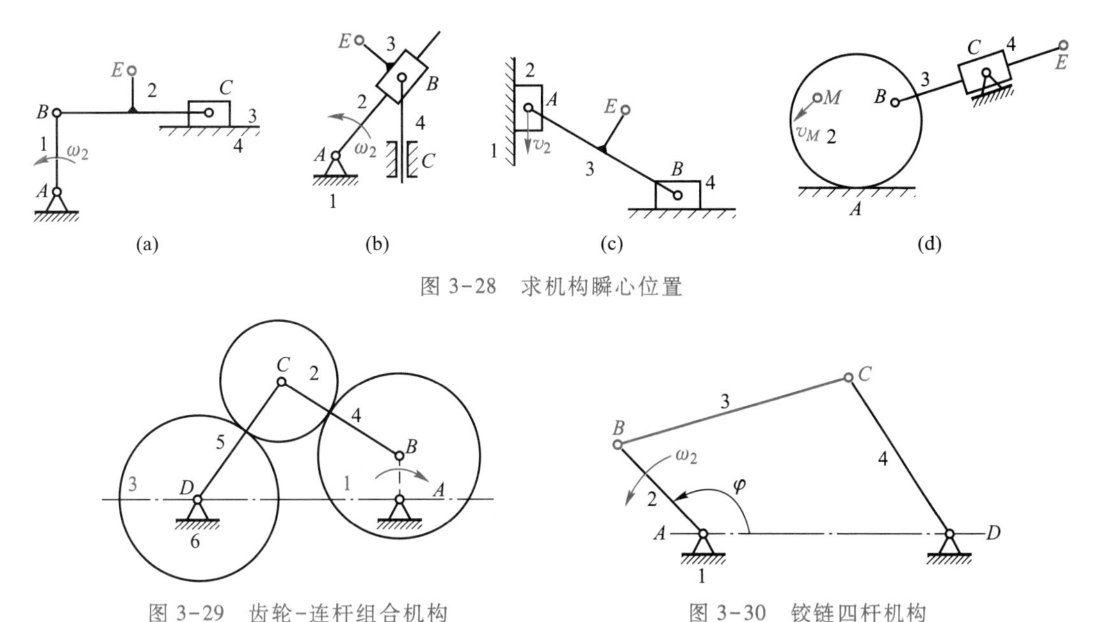

图 3-28　求机构瞬心位置

图 3-29　齿轮-连杆组合机构

图 3-30　铰链四杆机构

2）当 $\varphi=165°$ 时，构件 3 的 BC 线上（或其延长线上）速度最小的一点 E 的位置及其速度的大小；

3）当 $v_C=0$ 时，φ 角之值（有两个解）。

3-14　在图 3-31 所示机构中，已知 $l_{AC}=l_{BC}=l_{CD}=l_{CE}=l_{DF}=l_{EF}=20\ \mathrm{mm}$，滑块 1 及 2 分别以匀速且 $v_1=v_2=0.002\ \mathrm{m/s}$ 作反向移动，试用速度瞬心法求机构在 $\theta_3=45°$ 位置时的速度之比 v_F/v_1 的大小。

3-15　在图 3-32 所示的牛头刨床机构中，已知 $h=800\ \mathrm{mm}$，$h_1=360\ \mathrm{mm}$，$h_2=120\ \mathrm{mm}$，$l_{AB}=200\ \mathrm{mm}$，$l_{CD}=960\ \mathrm{mm}$，$l_{DE}=160\ \mathrm{mm}$。设曲柄以等角速度 $\omega_1=5\ \mathrm{rad/s}$ 逆时针方向回转，试以综合法求机构在 $\varphi_1=135°$ 位置时，刨头上 C 点的速度 $\boldsymbol{v}_C$。

提示：因此刨床机构为Ⅲ级机构，故三副构件 3 的位置作图需借助于其模板 CBD 来确定位置。

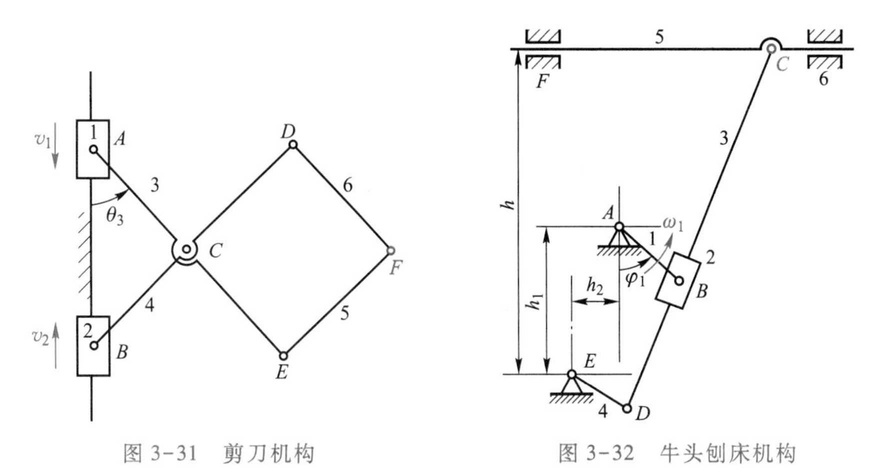

图 3-31　剪刀机构

图 3-32　牛头刨床机构

3-16　在图 3-33 所示的齿轮-连杆组合机构中，MM 为固定齿条，齿轮 3 的直径为齿轮 4 的 2 倍，设已知主动件 1 以等角速度 ω_1 顺时针方向回转，试以综合法求机构在图示位置时，E 点的速度 $\boldsymbol{v}_E$ 以及齿轮 3、4 的速度影像。

3-17　如图 3-34 所示为一自卸货车的翻转机构。已知各构件的尺寸及液压缸活塞的相对移动速度 $v_{21}=$常数，试用综合法求当车厢倾转至 30°时车厢的倾转角速度 ω_5。

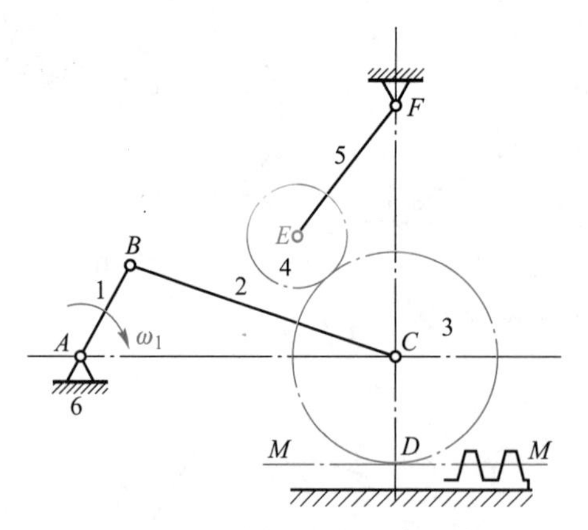

图 3-33 齿轮-连杆组合机构

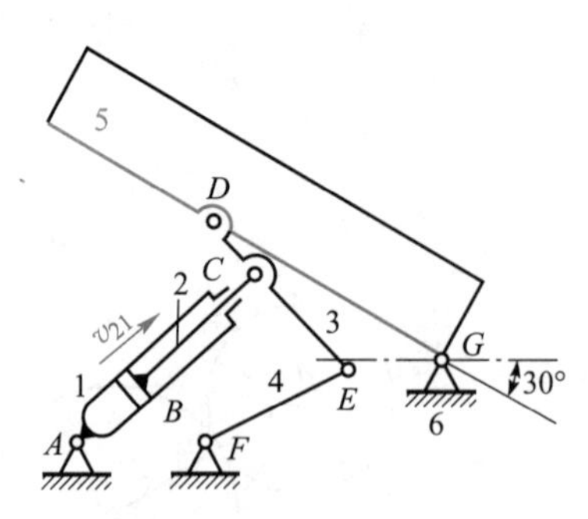

图 3-34 自卸车翻转机构

3-18 如图 3-35 所示的摆动式飞剪机用于剪切连续运动中的钢带。设机构的尺寸 $l_{AB}=130$ mm，$l_{BC}=340$ mm，$l_{CD}=800$ mm。试用图解法和解析法联合确定剪床相对钢带的安装高度 H（两切刀 E 及 E' 应同时开始剪切钢带 5）；若钢带 5 以速度 $v_2=0.5$ m/s 送进时，求曲柄 1 的角速度 ω_1 应为多少才能作到同步剪切？

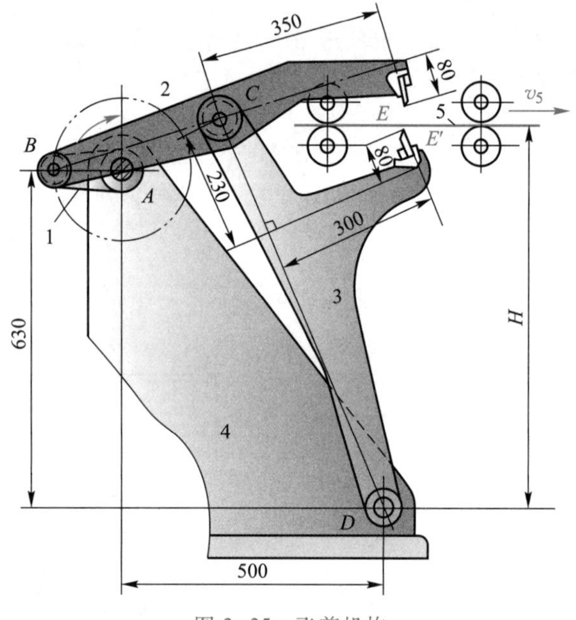

图 3-35 飞剪机构

3-19 图 3-36 所示为一汽车雨刷机构。其构件 1 绕固定轴心 A 转动，齿条 2 与构件 1 在 B 点处铰接，并与绕固定轴心 D 转动的齿轮 3 啮合（滚子 5 用来保证两者始终啮合），固连于轮 3 上的雨刷 3′作往复摆动。其优点是雨刷的摆动角很大。设机构的尺寸为 $l_{AB}=18$ mm，轮 3 的分度圆半径 $r_3=l_{CD}=12$ mm，主动件 1 以等角速度 $\omega=1$ rad/s 顺时针回转，试以图解法确定雨刷的摆程角和图示位置时雨刷的角速度，并以解析法求作雨刷的角速度线图。

3-20 图 3-37 所示为一缝纫机针头及其挑线器机构，设已知机构的尺寸：$l_{AB}=32$ mm，$l_{BC}=100$ mm，$l_{BE}=28$ mm，$l_{FG}=90$ mm，主动件 1 以等角速度 $\omega_1=5$ rad/s 逆时针方向回转，试用图解法求机构在图示位置时缝纫机针头和挑线器摆杆 FG 上点 G 的速度及加速度，并用解析法求作机构在主动件 1 转动一周时针头的速度及加速度线图。

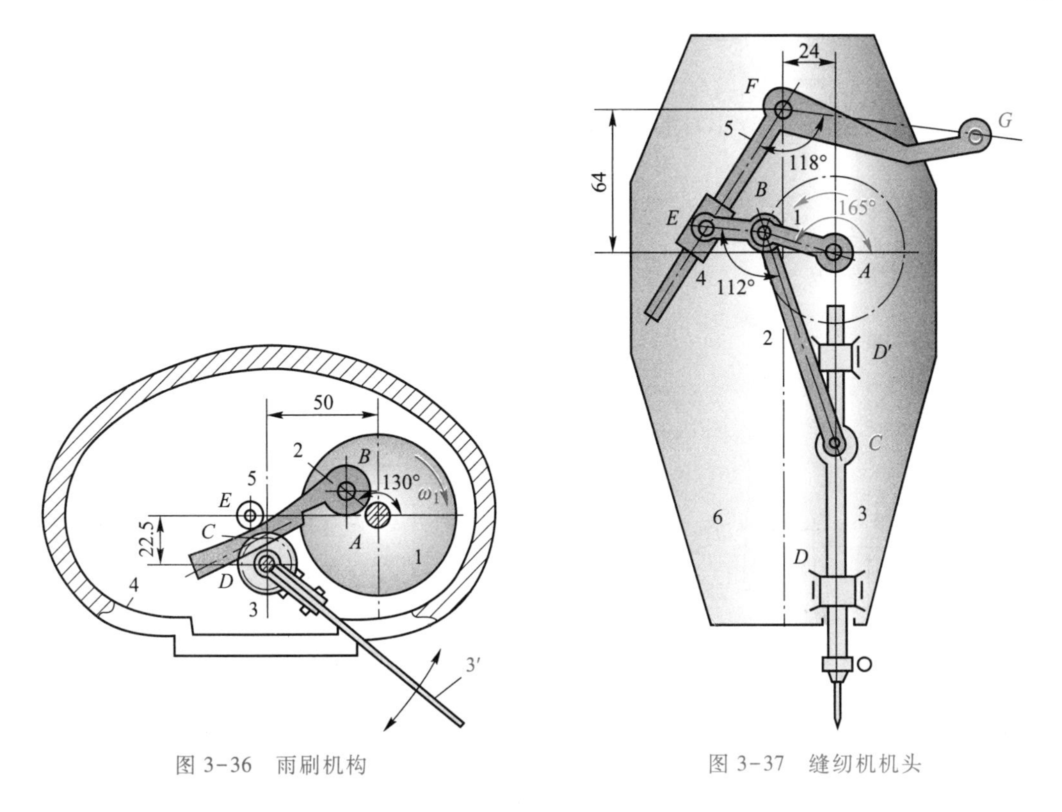

图 3-36　雨刷机构

图 3-37　缝纫机机头

3-21　图 3-38 所示为一行程可调的发动机（它有利于在不同工况下的节能）。在此发动机中，已知各构件的尺寸：$l_{AB}=35\ \text{mm}$，$l_{BC}=l_{BE}=65\ \text{mm}$，$l_{CE}=35\ \text{mm}$，$l_{CD}=l_{DG}=70\ \text{mm}$，$l_{EF}=110\ \text{mm}$，调节螺旋的可调范

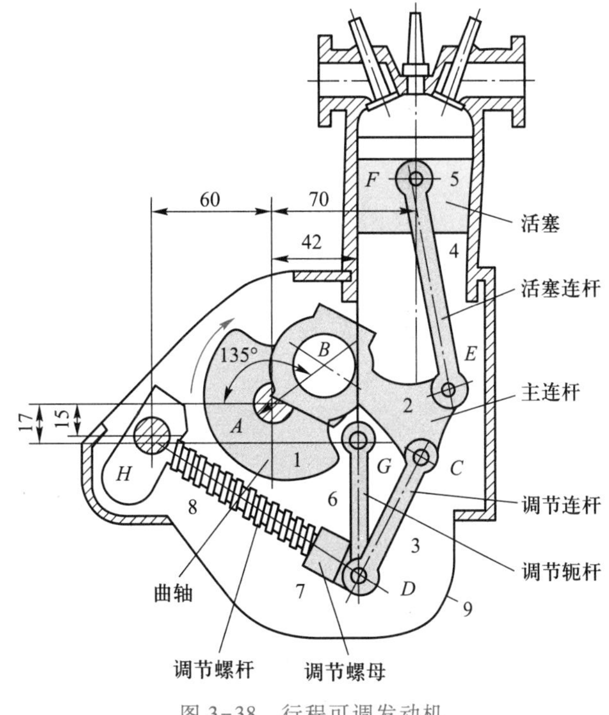

图 3-38　行程可调发动机

围 $l_{DH}=55\sim125$ mm。试用图解法求该发动机的最短行程和最长行程。设机构在图示位置时曲轴的瞬时角速度 $\omega_1=5$ rad/s(顺时针方向)及瞬时角加速度 $\alpha_1=5$ rad/s^2(顺时针方向),求此时活塞 5 的速度及加速度,并用解析法求作活塞 5 在一个运动循环内的速度及加速度线图。

3-22　图 3-39 所示为一可倾斜的升降台机构,此升降机有两个液压缸 1、4,设已知机构的尺寸为:$l_{BC}=l_{CD}=l_{CG}=l_{FH}=l_{EF}=750$ mm,$l_{DE}=2\ 000$ mm,$l_{EI}=500$ mm。若两活塞杆的相对移动速度分别为 $v_{21}=0.05$ m/s=常数和 $v_{54}=0.03$ m/s=常数。试求当两活塞杆的相对位移分别为 $s_{21}=350$ mm,$s_{54}=260$ mm 时(以升降台位于水平且 DE 与 CF 重合时为起始位置),工件重心 S 处的速度及加速度和工件的角速度及角加速度。

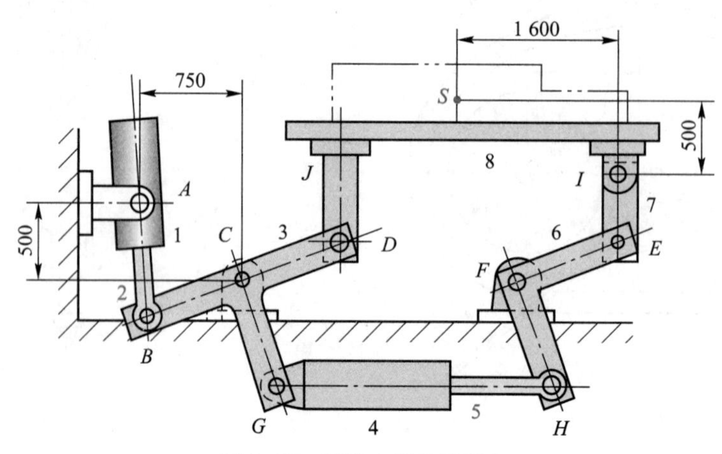

图 3-39　双自由度升降平台

3-23　在图 3-40 所示的机构中,已知主动件 1 以等角速度 $\omega_1=10$ rad/s 逆时针方向转动,$l_{AB}=100$ mm,$l_{BC}=300$ mm,$e=30$ mm。当 $\varphi_1=60°$、$120°$、$220°$时,试用复数矢量法求构件 2 的转角 θ_2、角速度 ω_2 和角加速度 α_2,构件 3 的速度 $\boldsymbol{v}_3$ 和加速度 $\boldsymbol{a}_3$。

3-24　在图 3-41 所示的摆动导杆机构中,已知曲柄 AB 以等角速度 $\omega_1=10$ rad/s 转动,$l_{AB}=100$ mm,$l_{AC}=200$ mm,$l_{CK}=40$ mm。当 $\varphi_1=30°$、$120°$时,试用复数矢量求构件 3 的角速度 ω_3 和角加速度 α_3。

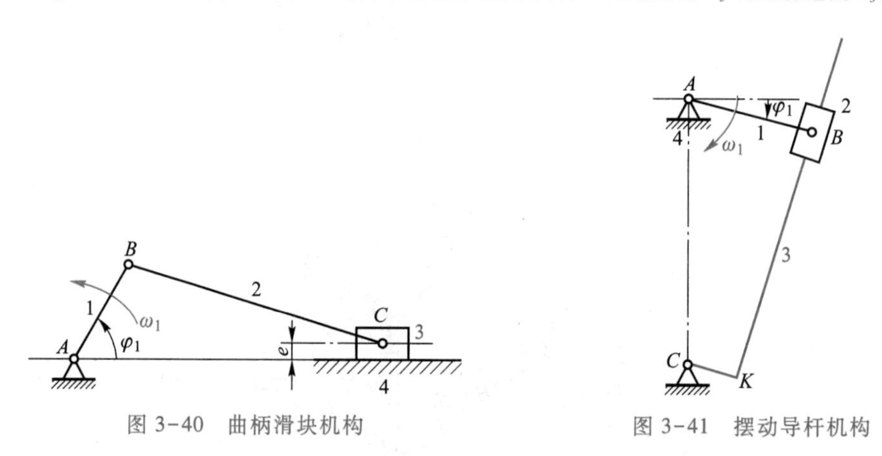

图 3-40　曲柄滑块机构　　　图 3-41　摆动导杆机构

3-25　在用解析法作运动分析时,如何判断各杆的方位角所在象限?如何确定速度、加速度、角速度和角加速度的方向?

3-26　利用矩阵法对机构进行运动分析,在写位置方程、速度方程和加速度方程时,应注意哪些问题,以利于分析工作的进行和保证计算结果的正确性。

阅读参考资料

[1] 陈作模. 机械原理学习指南[M]. 5 版. 北京:高等教育出版社,2008.
[2] 曹惟庆,等. 连杆机构的分析与综合[M]. 2 版. 北京:科学出版社,2002.
[3] 李滨城,徐超. 机械原理 MATLAB 辅助分析[M]. 2 版. 北京:化学工业出版社,2018.

平面机构的静力分析

4.1 机构力分析的任务、目的和方法

由于作用在机械上的力不仅是影响机械的运动和动力性能的重要参数,而且也是决定机械的强度设计和结构形状的重要依据,所以不论是设计新机械,还是为了合理地使用现有机械,都必须对机械的受力情况进行分析。

1. 作用在机械上的力

机械在运动过程中,其各构件上受到的外力有驱动力、工作阻力、构件重力及弹簧力(存储力)和介质阻力等,而受到的内力有摩擦力及运动副中的反力等。此外,在运动中构件质量产生的惯性力兼有内、外力的作用。根据力对机械运动影响的不同,可将其分为两大类。

(1) 驱动力

驱动机械运动的力称为驱动力(driving force)。驱动力与其作用点的速度方向相同或成锐角,其所作的功为正功,称为驱动功或输入功(driving work)。它是原动机施加于机构的力。但在机械多变的运动状态中,有时构件重力、惯性力和弹簧力也充当驱动力,对机械运动作正功。此外,摩擦力在带传动中也常作为驱动力。

(2) 阻抗力

阻止机械运动的力称为阻抗力(resistance)。阻抗力与其作用点的速度方向相反或成钝角,其所作的功为负功,称为阻抗功(work of resistance)。阻抗力又可分为如下两种:

1) 有效阻抗力(effective resistance)　即工作阻力。它是机械在工作过程中为了改变工作物的外形、位置或状态等受到的阻力,克服这些阻力就完成了有效的工作,如机床中工件作用于刀具上的切削阻力、起重机所起重物的重力等都是有效阻力。克服有效阻力所完成的功称为有效功或输出功(effective work)。

2) 有害阻抗力(detrimental resistance)　即机械在运转过程中所受到的非工作阻力。克服这类阻力所作的功是一种纯粹的浪费,故称为损失功(lost work)。例如摩擦力、介质阻力等常称为有害阻力①。

① 摩擦力和介质阻力在某些机械中也可能是有效阻力。

2. 机构力分析的任务和目的

机构力分析的任务和目的主要有如下两方面：

（1）确定运动副中的反力

运动副反力（reaction of kinematic pair）是运动副两元素接触处彼此作用的正压力和摩擦力的合力。它对于整个机械来说是内力，而对一个构件来说则是外力。这些力的大小和性质，对于计算机构构件的强度及刚度、运动副中的摩擦及磨损、确定机械的效率以及研究机械的动力性能等一系列问题，都是极为重要的必需资料。

（2）确定机械上的平衡力或平衡力偶

所谓平衡力（equilibrant force）或平衡力偶（equilibrant moment）是指机械在已知外力作用下，为了使该机构能按给定的运动规律运动，必须加于机械上的未知外力或力偶。机械平衡力的确定，对于设计新机械或为了充分挖掘现有机械的工作潜力都是十分必要的。例如，根据机械的工作负荷确定机械所需原动机的最小功率，或根据原动机的最小功率确定机械所能克服的最大工作阻力等问题，都需要确定机械的平衡力。

3. 机构力分析的方法

在对现有机械进行力分析时，对于低速机械，因其惯性力小故常略去不计，此时只需对机械作静力分析（static force analysis of mechinery）；但对于高速及重型机械，因其惯性力很大（常超过外力），故必须计及惯性力。这时，需对机械作动态静力分析（即将惯性力视为一般外加于相应构件上的力，再按静力分析的方法进行分析），简称为机械的动力分析（dynamic force analysis of machinery）。因此，机械的力分析可分为静力分析和动力分析两部分。

作机械的静力分析时，不考虑机械各构件的惯性力，但通常需要考虑机械运动副中的摩擦力。考虑摩擦力时机械的力分析，能提高机械运动副中反力和平衡力的分析精度和机械效益评估的准确性，因此有利于提高分析结果与工程实际的吻合度及其工程价值。由于实际机械中的摩擦是普遍存在的，尤其是高速、精密及大动力传动等机械，对机械运动能效的要求越来越高，因此对考虑摩擦下机械的力分析、能效分析及其分析预估精度的提高愈显重要。所以，机械的静力分析主要是研究考虑摩擦时机构的受力及其能效的分析与评价（即机械的效率及自锁）以及提高机械能效的措施等问题。至于不考虑摩擦下机械的受力分析，其分析方法与考虑摩擦是相类似的，不过是考虑摩擦下机械受力分析方法中的特例，无需另加讨论。

要作机械的动力分析，需先求出其各构件的惯性力。但在设计新机械时，因各构件的结构尺寸、材料、质量及转动惯量均尚不知，因而无法确定其惯性力。在此情况下，一般先对机构作静力分析及静强度计算，初步确定各构件尺寸，然后再对机构进行动态静力分析及强度计算，并据此对各构件尺寸作必要修正，重复上述分析及计算过程，直到获得可以接受的设计为止。

在作机械的动力分析时一般可不考虑构件的重力及摩擦力，所得结果大都能满足工程问题的需要。但对于高速、精密和大动力传动的机械，因摩擦对机械性能有较大影响，故这时必须计及摩擦力。

此外，由前述机械设计过程可知，机械的静力分析主要是针对已确定的机械的机构方案进行的,并为机械原动机的选择和机械的强度、刚度及零部件结构设计提供必要的设计依据,其分析实质上是机构的静力分析;而机械的动力分析,一般是在机械的零部件结构及其尺寸参数确定之后,甚至是在完成其虚拟样机模型的情况下才开始进行的,故其分析实际上属于机器或机械的动力学分析(如图 1-4 所示)。机械力分析的方法有图解法和解析法两种。

所以,机构的力分析将分为静力分析和动力分析两个方面分别加以介绍。本章将介绍机构静力分析的内容。

4.2 运动副中摩擦力的确定

在机械运动时,其各运动副两元素之间必将产生摩擦力①。机构运动副中的摩擦力,对于机械工作的性能和质量,以及机械的使用寿命等都是重要的影响因素,特别是对高速、精密和大动力传动的机械,在对其进行力分析时,必须计及其各运动副中的摩擦力。此外,在设计某些新机械时,也常需计算其运动副的摩擦力。

下面介绍常用运动副中摩擦力的确定方法:

1. 移动副中摩擦力的确定

图 4-1a 所示,滑块 1 与水平平台 2 构成移动副。设作用在滑块 1 上的铅垂载荷为 $\boldsymbol{G}$,而平台 2 作用在滑块 1 上的法向反力为 $\boldsymbol{F}_{N21}$,当滑块 1 在水平力 $\boldsymbol{F}$ 的作用下等速向右移动时,滑块 1 受到平台 2 作用的摩擦力 $\boldsymbol{F}_{f21}$ 的大小为

$$F_{f21}=fF_{N21}$$

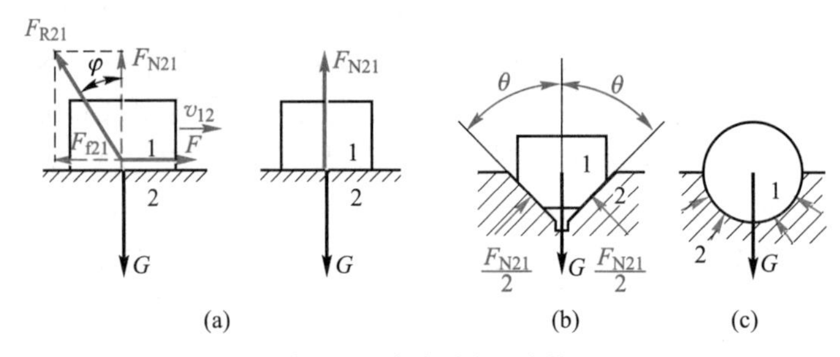

图 4-1 移动副中的摩擦

其方向与滑块 1 相对于平台 2 的相对速度 $\boldsymbol{v}_{12}$ 的方向相反。式中 f 为摩擦因数。

两接触面间摩擦力的大小与接触面的几何形状有关。若两构件沿单一平面接触(图 4-1a),因 $F_{N21}=G$,故 $F_{f21}=fG$;若两构件沿一槽形角为 2θ 的槽面接触(图 4-1b),因 $F_{N21}=G/\sin\theta$,故 $F_{f21}=fG/\sin\theta$;若两构件沿一半圆柱面接触(图 4-1c),因其接触面各点处的法向

① 实际机械运动副中的摩擦在很大程度上取决于其摩擦表面的润滑状态,据此,可分为无润滑剂摩擦(干摩擦)和有润滑剂摩擦两类,后者又分为液体润滑、半液体润滑和边界润滑等几种。其中液体润滑的摩擦力最小,为理想润滑状态;边界润滑的摩擦力较大;而干摩擦的摩擦力最大。本节所研究的运动副中的摩擦力为干摩擦和边界摩擦状态下的摩擦力。

反力均沿径向，故法向反力的数量总和可表示为 kG。这时 $F_{f21}=fkG$。其中 k 为与接触面接触情况有关的系数，取 $k=1\sim\pi/2$①

为了简化计算，统一计算公式，不论移动副元素的几何形状如何，现均将其摩擦力的计算式表达为如下形式

$$F_{f21}=fF_{N21}=f_vG \tag{4-1}$$

式中，f_v 为当量摩擦因数(equivalent coefficient of friction)。当移动副两元素为单一平面接触时，$f_v=f$；为槽面接触时，$f_v=f/\sin\theta$；为半圆柱面接触时，$f_v=kf$，$(k=1\sim\pi/2)$。在计算移动副中的摩擦力时，不管移动副两元素的几何形状如何，只要在公式(4-1)中引入相应的当量摩擦因数即可。

运动副中的法向反力和摩擦力的合力称为运动副中的总反力(total reaction)。设如图 4-1a 所示，平台 2 作用在滑块 1 上的总反力以 $\boldsymbol{F}_{R21}$ 表示，则总反力与法向反力之间的夹角 φ 为摩擦角(angle of friction)。同样对于不同接触面形状的移动副，其当量摩擦角 φ_v，则有

$$\varphi_v=\arctan f_v \tag{4-2}$$

移动副中总反力方向可按如下方法确定②：

1）总反力与法向反力偏斜一摩擦角 φ_v；

2）总反力 $\boldsymbol{F}_{R21}$ 与法向反力偏斜的方向与构件 1 相对于构件 2 的相对速度 $\boldsymbol{v}_{12}$ 的方向相反。

在总反力方向确定之后，即可对机构进行力分析。

上述移动副中总反力方向确定方法也可换一种说法，即移动副中总反力 $\boldsymbol{F}_{R21}$ 方向与构件 1 相对于构件 2 的速度 $\boldsymbol{v}_{12}$ 的方向成 $90°+\varphi_v$ 的钝角。

例 4-1　如图 4-2a 所示为一斜面机构，滑块 1 与升角为 α 的固定斜面 2 组成移动副。设此移动副的当量摩擦角为 φ_v，作用在滑块 1 上的铅垂载荷为 $\boldsymbol{G}$，现需求使滑块 1 沿斜面 2 等速上升(通常称此行程为正行程，travel)时和沿斜面 2 保持等速下滑(即为反行程，return travel)时所需加的水平平衡力 $\boldsymbol{F}$ 及 $\boldsymbol{F}'$。

解：当滑块 1 沿斜面 2 等速上升(正行程)时，滑块 1 上的载荷 $\boldsymbol{G}$ 为阻抗力，而其上所需加的水平平衡力 $\boldsymbol{F}$ 则为驱动力。考虑摩擦时的力分析为：先作出总反力 $\boldsymbol{F}_{R21}$ 的方向(图 4-2a)，再根据滑块的力平衡条件作力三角形(图 b)，便不难求得所需的水平驱动力为

$$F=G\tan(\alpha+\varphi_v) \tag{4-3}$$

当滑块 1 沿斜面 2 等速下滑(反行程图 4-3a)时，滑块 1 的载荷 $\boldsymbol{G}$ 为驱动力，显然其上所需加的水平平衡力与正行程时不同，设以 $\boldsymbol{F}'$ 表示。作出总反力 $\boldsymbol{F}'_{R21}$ 的方向后，根据滑块力平衡条件作力三角形(图 b)，即可求得要保持滑块 1 等速下滑的平衡力为

---

①　当两接触面为点、线接触(有间隙)时，$k\approx1$；当两接触面沿整个半圆周均匀接触时(即比压力 q 为常数，见注图 1a)，$k=\pi/2$；其余情况(注图 1b) k 介于 1 与 $\pi/2$ 之间。

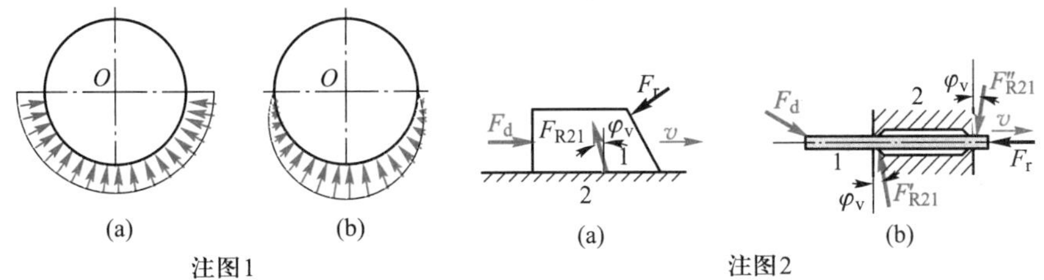

注图1　　注图2

②　总反力 $\boldsymbol{F}_{R21}$ 的大小及作用点的位置常需根据具体机构受力分析来确定。若其作用点在滑块与导轨接触区域内时，则为一个反力(注图 2a)；否则，由于滑块或导杆的倾斜，其总反力将由两个反力组成(注图 2b)。

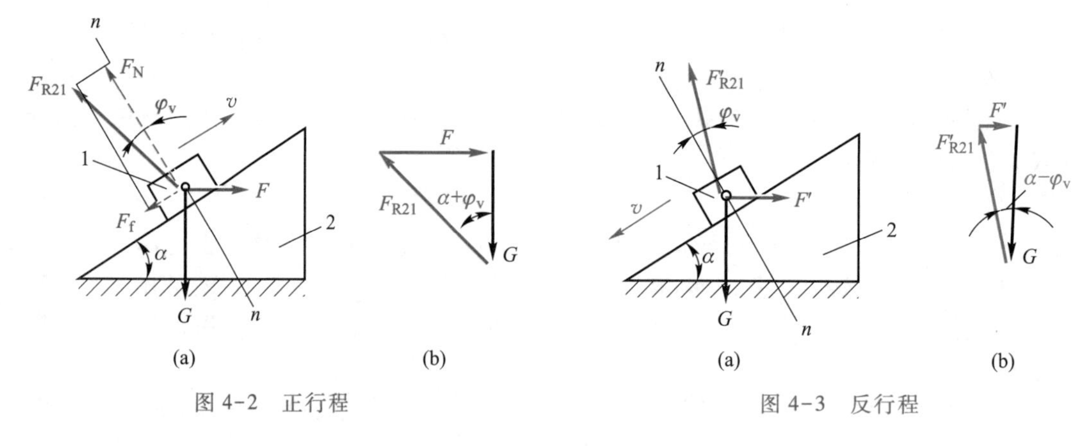

图 4-2 正行程　　　　图 4-3 反行程

$$F' = G\tan(\alpha-\varphi_v) \tag{4-4}$$

这里应当注意的是，在反行程中 **G** 为驱动力，当 $\alpha>\varphi_v$ 时，**F′**为正值，是阻止滑块 1 加速下滑的阻抗力；若 $\alpha<\varphi_v$ 时，**F′**为负值，其方向与图示方向相反，**F′**也为驱动力，其作用是促使滑块 1 沿斜面 2 等速下滑。

此外，由式(4-3)、式(4-4)中不难看出，正反行程平衡力的计算仅摩擦角前的正负号不同，因而当已知正(反)行程的平衡力计算式时，只需改变摩擦角前的正负号，就可求得反(正)行程平衡力的计算式。

例 4-2 图 4-4a、b 所示分别为矩形螺纹和三角形(普通)螺纹螺旋副，均由螺母 1 和螺杆 2 组成，其螺纹升角为 α。设螺旋副的摩擦因数为 f，作用在螺母 1 上的轴向载荷为 **G**，现需求拧紧螺母(螺母旋转并逆着其所受到的轴向力方向等速运动，即正行程)时和松开螺母(即螺母反行程)时其上需加的平衡力矩 M 及 M'。

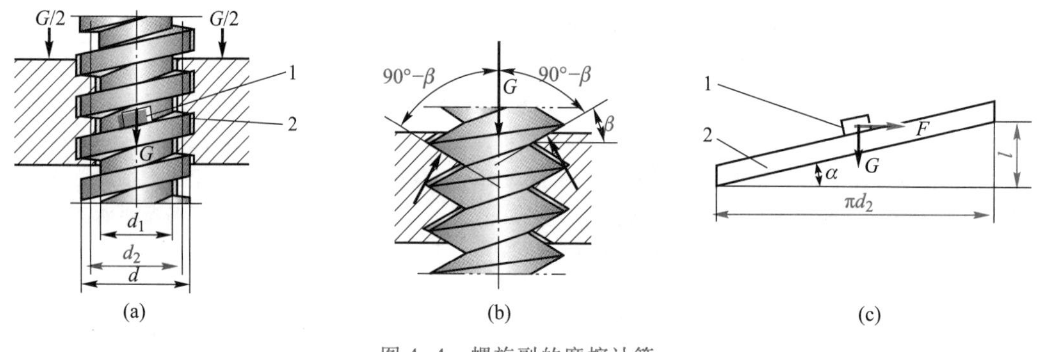

图 4-4 螺旋副的摩擦计算

解： 首先，比较图 4-4a、b 所示的两种螺旋副，不难看出：矩形螺纹、三角形螺纹或半圆形螺纹等螺旋副，只是螺母 1 与螺杆 2 之间工作接触面的形状不同而已，即它们的当量摩擦因数 f_v 和相应的当量摩擦角 φ_v 不同而已。对于矩形螺纹的螺旋副，相当于平面接触情况，则其当量摩擦因数 $f_v=f$，相应的当量摩擦角 $\varphi_v=\varphi=\arctan f$；而对于三角形螺纹的螺旋副，可认为相当于槽面接触(因三角形螺纹工作面的牙侧角为 β，故相当于槽形半角 $\theta=90°-\beta$)，则其当量摩擦因数 $f_v=f/\sin(90°-\beta)=f/\cos\beta$，其相应的当量摩擦角 $\varphi_v=\arctan f_v$。而半圆形等螺纹的螺旋副则相类似。

其次，对于螺旋副，螺杆 2 的螺纹可以设想是由一斜面卷绕在圆柱体上形成的，故螺母 1 和螺杆 2 螺纹之间的相互作用关系可以简化为滑块 1 沿斜面 2 滑动的关系(图 4-4c)，所以加一力矩 M 等速拧紧螺母就相当于在滑块 1 上加一水平力 **F** 使其沿斜面 2 等速向上滑动。故由前可知 $F=G\tan(\alpha+\varphi_v)$，式中 F 力为作用在螺纹中径(以 d_2 表示)上的圆周力，且为驱动力。故拧紧螺母时所需的平衡力矩为驱动力矩，即

$$M=Fd_2/2=Gd_2\tan(\alpha+\varphi_v)/2 \tag{4-5}$$

而等速放松螺母时所需的平衡力矩则为

$$M' = Gd_2 \tan(\alpha - \varphi_v)/2 \tag{4-6}$$

显然，上两式中对于不同螺纹牙型的螺纹应代入不同的当量摩擦角 φ_v①。当 $\alpha > \varphi_v$ 时，M' 为正值，是阻止螺母加速松退的阻力矩；当 $\alpha < \varphi_v$ 时，M' 为负值，即 M' 反向，M' 成为松退螺母所需的驱动力矩。

2. 转动副中摩擦力的确定

(1) 轴颈的摩擦

机器中所有的转动轴都要支承在轴承中。轴放在轴承中的部分称为轴颈（图 4-5a），轴颈与轴承构成转动副。当轴颈在轴承中回转时，必将产生摩擦力来阻止其回转。下面就来讨论如何计算这个摩擦力对轴颈所形成的摩擦力矩，以及在考虑摩擦时转动副中总反力的方位的确定方法。

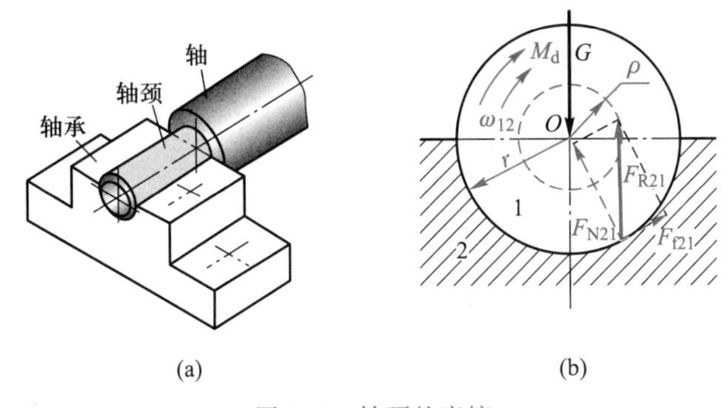

图 4-5　轴颈的摩擦

如图 4-5b 所示，设受有径向载荷 $\boldsymbol{G}$ 作用的轴颈 1，在驱动力偶矩 M_d 的作用下，在轴承 2 中等速转动。此时，转动副两元素间必将产生摩擦力以阻止轴颈相对于轴承的滑动。如前所述，轴承 2 对轴颈 1 的摩擦力 $F_{f21}=f_vG$，式中 $f_v=(1\sim\pi/2)f$（对于配合紧密且未经磨合的转动副，f_v 取较大值；而对于有较大间隙的转动副，f_v 取较小值）。摩擦力 $\boldsymbol{F}_{f21}$ 对轴颈的摩擦力矩为

$$M_f = F_{f21} r = f_v G r$$

又如图所示，如将作用在轴颈 1 上的法向反力 $\boldsymbol{F}_{N21}$ 和摩擦力 $\boldsymbol{F}_{f21}$ 用总反力 $\boldsymbol{F}_{R21}$ 来表示，则根据轴颈 1 的受力平衡条件可得 $\boldsymbol{G}=-\boldsymbol{F}_{R21}$，而 $M_d=-F_{R21}\rho=-M_f$，故

$$M_f = f_v G r = F_{R21}\rho \tag{4-7}$$

式中，

$$\rho = f_v r \tag{4-8}$$

对于一个具体的轴颈，由于 f_v 及 r 均为定值，故 ρ 为一固定长度。以轴颈中心 O 为圆心，以 ρ 为半径作圆（如图中虚线小圆所示），称其为摩擦圆（circle of friction），ρ 称为摩擦圆半径。由图可知，只要轴颈相对于轴承滑动，轴承对轴颈的总反力 $\boldsymbol{F}_{R21}$ 将始终切于摩擦圆。

在对机械进行受力分析时，需要求出转动副中的总反力，而总反力的方位可根据如下三

① 螺旋副通常按其螺纹牙型不同分为矩形螺纹、三角形螺纹、梯形螺纹及锯齿形螺纹等，其中矩形螺纹、三角形螺纹及梯形螺纹的牙型半角 β 分别 0°、30°及 15°，而锯齿形螺纹的工作面牙型角为 3°，非工作面的牙型角为 30°，故它们的当量摩擦因数 f_v 分别为 f、$1.155f$、$1.035f$ 及近似 f 值。不过螺纹牙型都已标准化了。

点来确定：

1）在不考虑摩擦的情况下，根据力的平衡条件，确定不计摩擦力时的总反力的方向；

2）计摩擦时的总反力应与摩擦圆相切；

3）轴承 2 对轴颈 1 的总反力 $\boldsymbol{F}_{R21}$ 对轴颈中心之矩的方向必与轴颈 1 相对于轴承 2 的相对角速度 ω_{12} 的方向相反。

（2）轴端的摩擦

轴用以承受轴向力的部分称为轴端（图 4-6a）。当轴端 1 在止推轴承 2 上旋转时，两者接触面间也将产生摩擦力。摩擦力对轴 1 的回转轴线之矩即为摩擦力矩 M_f。

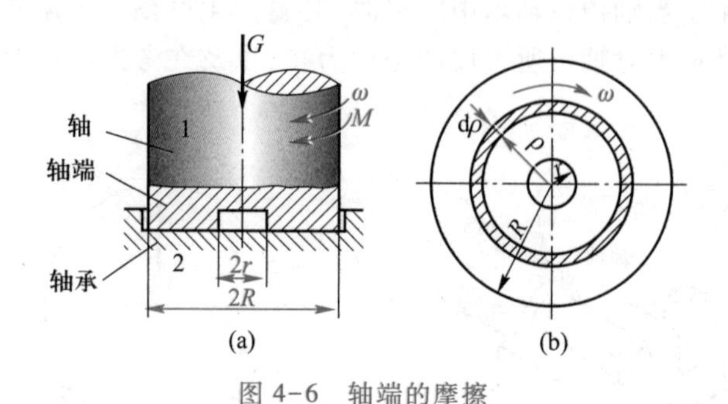

图 4-6 轴端的摩擦

如图 4-6b 所示，从轴端接触面上取出环形微面积 $ds=2\pi\rho d\rho$，设 ds 上的压强 p 为常数，则环形微面积上所受的正压力为 $dF_N=pds$，摩擦力为 $dF_f=fdF_N=fpds$，对回转轴线的摩擦力矩 dM_f 为

$$dM_f=\rho dF_f=\rho fpds$$

轴端所受的总摩擦力矩 M_f 为

$$M_f=\int_r^R \rho fp ds=2\pi f\int_r^R p\rho^2 d\rho \tag{4-9}$$

式（4-9）的解可分下述两种情况来讨论。

1）新轴端　对于新制成的轴端和轴承，或很少相对运动的轴端和轴承，这时可假定 $p=$ 常数，即 $p=G/[\pi(R^2-r^2)]$，则

$$M_f=\frac{2}{3}fG(R^3-r^3)/(R^2-r^2) \tag{4-10}$$

2）磨合轴端　轴端经过一段时间的工作后，称为磨合轴端。由于磨损的关系，这时轴端与轴承接触面各处的压强已不能再假定为处处相等，而较符合实际的假设是轴端和轴承接触面间处处等磨损，即近似符合 $p\rho=$常数的规律。于是，由式（4-9）可得

$$M_f=fG(R+r)/2 \tag{4-11}$$

根据 $p\rho=$常数的关系，可知在轴端中心部分的压强非常大，极易压溃，故对于载荷较大的轴端常做成空心的，如图 4-6 所示。

例 4-3　图 4-7 所示为端面和锥面两种摩擦式离合器，它们都是由主动轴 1、可沿键相对滑移的摩擦盘 1′（上装有摩擦材料 1″）与从动轴 2、用键连接的摩擦盘 2′组成，两盘面在弹簧提供的轴向力 $\boldsymbol{F}$ 作用下相压紧并产生摩擦来传动力矩 M。采用主动操控摇杆 3 控制两摩擦盘的脱离或接合。两种摩擦式离合器均有过载安全保护，具有自动脱离的功能。设已知两锥面尺寸如图 4-7b 所示，其接合面的摩擦因数均为 f，试确定两离合器在力 $\boldsymbol{F}$ 作用下可传递的力矩 M 的大小。

解： 图 4-7a 所示的端面摩擦离合器，显然其两盘接合时的摩擦属轴端摩擦，故该离合器有新轴端和磨合轴端两种情况，其在轴向力 $\boldsymbol{F}$ 作用下所能传递的力矩 M 的大小分别为相应的摩擦力矩 M_f，可分别由式(4-10)和式(4-11)计算。而图 4-7b 所示的锥面摩擦离合器，利用当量摩擦因数的概念，引入其当量摩擦因数 $f_v=f/\sin\alpha$，即将该离合器的两锥面接触摩擦看作两盘端面接触摩擦来计算。于是锥面离合器在新轴端和磨合轴端两种情况下受轴向力 F 作用可传递的力矩 M 的大小计算分别如下：

$$M=M_f=2fF(r_2^3-r_1^3)/[3(r_2^2-r_1^2)\sin\alpha] \tag{4-12}$$

$$M=M_f=fF(r_2+r_1)/(2\sin\alpha) \tag{4-13}$$

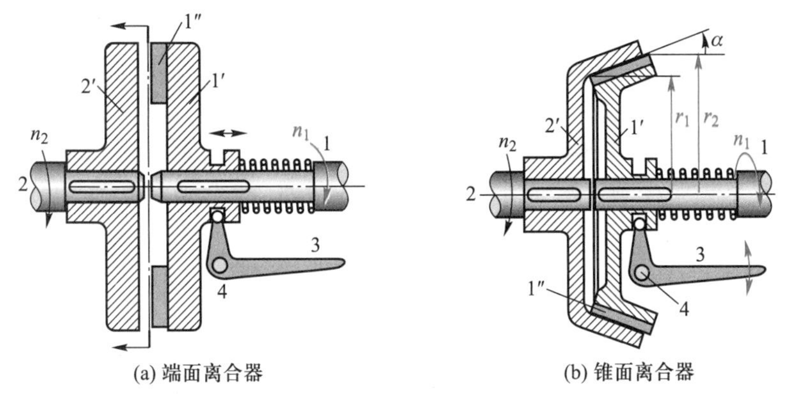

图 4-7　摩擦式离合器

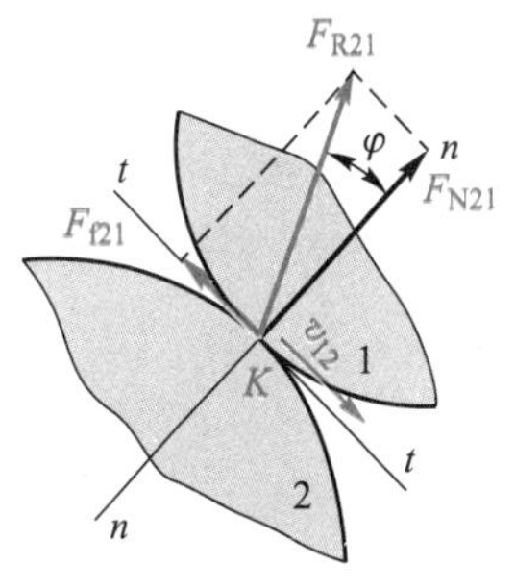

图 4-8　高副中摩擦

由于 α 一般取值范围为 8°～15°，所以采用锥面摩擦可用较小的力 $\boldsymbol{F}$ 使离合器提供足够大的摩擦来实现其力矩 M 的传递。

（3）平面高副的摩擦

平面高副两元素之间的相对运动通常是滚动兼滑动。故有滚动摩擦力和滑动摩擦力①。不过，由于前者一般较后者小得多，所以在对机构进行力分析时，一般只考虑滑动摩擦力。如图 4-8 所示，其总反力 $\boldsymbol{F}_{R21}$ 的方向的确定方法与移动副相同。

4.3　考虑摩擦时机构的静力分析

根据机械工作的不同要求，机构的力分析可有三种不同的情况：即① 考虑运动副中的摩擦而不计构件惯性力时机构的力分析；② 不考虑摩擦但计及构件惯性力时机构的力分

---

① 若要计及高副中的滚动摩擦，当高副为纯滚动时（图 a），会产生滚动摩擦力矩 $M'_{f21}=\rho' F'_{R21}$（ρ' 为滚动摩擦因数，即等于滚动摩擦圆半径），故仍可用总反力 $\boldsymbol{F}_{R21}$ 切于其摩擦圆来表示。若为滚动兼滑动时（图 b），可认为是在滚动的基础上又有滑动，故将 $\boldsymbol{F}'_{R21}$ 的作用线再偏转一个摩擦角 φ 即可。

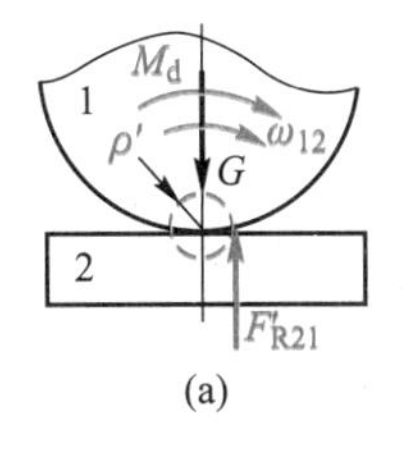

(a)

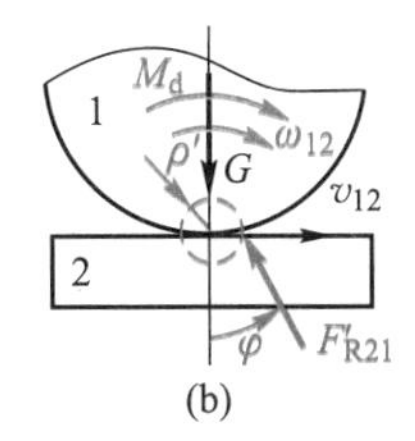

(b)

析;③ 既考虑运动副中的摩擦又需计及构件惯性力时机构的力分析。本章将只介绍第一种情况时机构力分析的方法,第二种情况将在第 5 章中加以介绍。至于第三种情况下机构的力分析,可综合运用前两种情况时机构力分析的方法来处理,最后结合学习拓展案例加以了解。

1. 考虑摩擦时机构的静力图解分析

考虑摩擦时进行机构的静力分析,当然首先要确定机构各运动副中的摩擦力,为了便于进行机构的力分析,一般是先要确定出机构各运动副中总反力的方向;然后再取分离体为研究对象,建立构件或杆组的静力平衡的力矢量方程式;最后选取力比例尺 μ_F[实际力的大小(N)/图示长度(mm)]作图进行求解。下面举例加以介绍。

例 4-4　图 4-9a 所示为一曲柄滑块机构,设已知各构件的尺寸(包括转动副的半径 r)、接触状况系数 k 及各运动副中的摩擦因数 f,曲柄 1 为主动件,在力矩 M_1 的作用下沿 ω_1 方向转动,试用图解法求各运动副中总反力方位线的位置(各构件的重力及惯性力均略而不计)和需加在滑块 3 上的平衡力 $\boldsymbol{F}_r$。

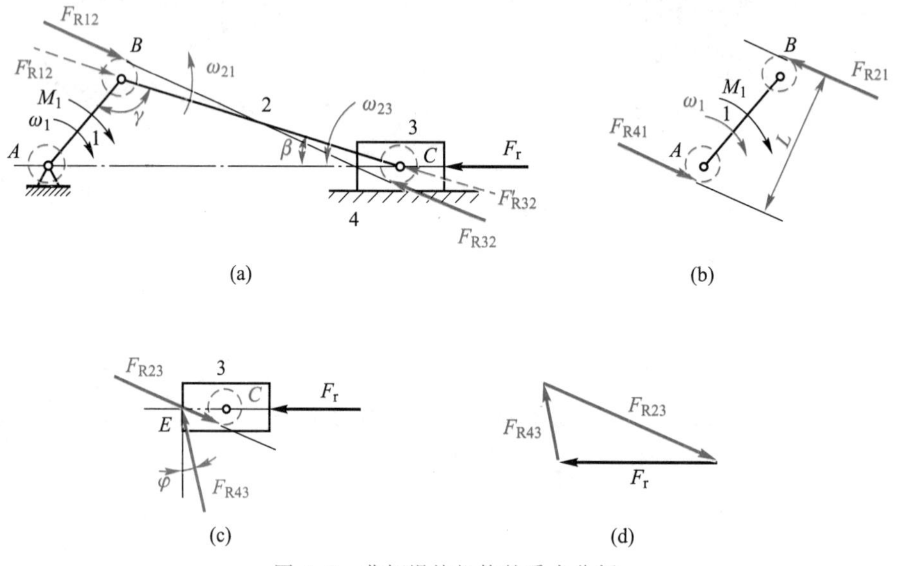

图 4-9　曲柄滑块机构的受力分析

解:先根据已知条件确定转动副的摩擦圆半径 $\rho=kfr$ 和移动副的摩擦角 $\varphi=\arctan f$,并作出各转动副中的摩擦圆(如图中虚线小圆所示),然后再用前述方法确定出各运动副处总反力的方位。

在不计摩擦时,各转动副中的反力应通过轴颈中心。因 M_1 的方向与 ω_1 相同,故力矩 M_1 为驱动力矩。从机构的运动情况知,构件 2 受压力。又因不计其惯性力和重力,故构件 2 为二力杆。即构件 2 在两力 $\boldsymbol{F}'_{R12}$、$\boldsymbol{F}'_{R32}$ 的作用下处于平衡,所以两力应大小相等,方向相反,并作用在同一条直线 BC 上(图中虚线所示)。

在计及摩擦时,各运动副中的总反力应切于摩擦圆。在转动副 B 处,因构件 2、1 之间的夹角 γ 在逐渐增大,它们的相对角速度 ω_{21} 沿逆时针方向,又因总反力 $\boldsymbol{F}_{R12}$ 对转动副 B 点之矩方向应与相对角速度 ω_{21} 方向相反,故 $\boldsymbol{F}_{R12}$ 应切于此处摩擦圆上方;在转动副 C 处,因构件 2、3 之间的夹角 β 在逐渐减小,相对角速度 ω_{23} 也沿逆时针方向,总反力 $\boldsymbol{F}_{R32}$ 对转动副 C 点之矩方向应与相对角速度 ω_{23} 方向相反,故知 $\boldsymbol{F}_{R32}$ 应切于此处摩擦圆下方。此时构件 2 仅受 $\boldsymbol{F}_{R12}$ 和 $\boldsymbol{F}_{R32}$ 的作用仍处于平衡,故此二力应共线,即计及摩擦时其作用线应同时切于 B 处摩擦圆的上方和 C 处摩擦圆的下方(如图 4-9a)。

取曲柄 1 为分离体(图 4-9b),则曲柄 1 应在 $\boldsymbol{F}_{R21}$、$\boldsymbol{F}_{R41}$ 及驱动力矩 M_1 的作用下平衡。根据力平衡条件知,$\boldsymbol{F}_{R41}=-\boldsymbol{F}_{R21}$,故 $\boldsymbol{F}_{R41}$ 应与 $\boldsymbol{F}_{R21}$ 平行。又因 $\omega_{14}=\omega_1$ 为顺时针方向,$\boldsymbol{F}_{R41}$ 对 A 点之矩方向与 ω_1 方向相反,故应切于 A 处摩擦圆的下方。

取滑块 3 为分离体(图 4-9c),其上作用有力 $\boldsymbol{F}_r$、$\boldsymbol{F}_{R23}$ 及 $\boldsymbol{F}_{R43}$ 三个力,且此三力汇于一点。故移动副中的总反力 $\boldsymbol{F}_{R43}$ 的方位线除与 $\boldsymbol{v}_{34}$ 的方向成 $90°+\varphi$ 角外,应汇交于力 $\boldsymbol{F}_r$ 与 $\boldsymbol{F}_{R23}$ 两力的交点 E 处。

最后,取曲柄 1 的力矩平衡,得

$$F_{R21}=M_1/L$$

式中,L 为力 $\boldsymbol{F}_{R21}$ 和 $\boldsymbol{F}_{R41}$ 之间的力臂。

再由滑块 3 的平衡条件,得

$$\boldsymbol{F}_r+\boldsymbol{F}_{R23}+\boldsymbol{F}_{R43}=0$$

作其力三角形(图 4-9d),可求出反力 $\boldsymbol{F}_{R43}$ 及平衡力 $\boldsymbol{F}_r$。因 $\boldsymbol{F}_r$ 的方向与 $\boldsymbol{v}_{34}$ 相反,故该平衡力为阻抗力。

由上可知,在考虑摩擦时进行机构的力分析,关键是确定出运动副中总反力的方位。为此,一般都先从二力构件作起。但在有些情况下无二力构件,运动副中总反力的方向不能直接定出,因而无法求解。在此情况下,可以采用逐次逼近的方法,即首先完全不考虑摩擦确定出运动副中的反力,然后再根据这些反力(因为未考虑摩擦,所以这些反力实为正压力)求出各运动副中的摩擦力,并把这些摩擦力也作为已知外力,重作全部计算。为了求得更为精确的结果,还可重复上述步骤,直至求得满意的结果。

在冲床等设备中,其主传动就采用曲柄滑块机构,而且是在冲头的下极限位置附近从事冲压工作的,这时考虑不考虑摩擦,分析的结果可能相差甚远,故这类设备在作力分析时必须计及摩擦。

*2. 考虑摩擦时机构的静力解析分析简介

用解析法作考虑摩擦时机构的静力分析,与图解法步骤相类似。首先,关键问题仍是机构中各运动副总反力方向的确定,而不同的是要建立考虑摩擦时转动副的总反力解析力学模型,给出它的解析表示式;然后,取构件或杆组的分离体,建立静力平衡方程式;最后,采用解析法进行求解。由于静力方程建立及其求解的方法与后面机构动力分析的解析法完全相同,故下面就考虑摩擦时转动副和移动副的总反力的解析建模分别加以介绍。

1) 转动副　如图 4-10a 所示的构件 i 与 j 组成的转动副,当考虑摩擦时,其摩擦圆半径为 ρ,其转动副的总反力 $\boldsymbol{F}_{Rji}(=-\boldsymbol{F}_{Rij})$ 的方向应切于该摩擦圆如图示方向,且 $F_{Rji}=[(F_{Nji})^2+(F_{fji})^2]^{1/2}$。若将总反力 $\boldsymbol{F}_{Rji}$ 向其转动副中心转化,并用其两分量 $\boldsymbol{F}_{Rjix}$、$\boldsymbol{F}_{Rjiy}$ 和一个摩擦力矩 $M_{fji}(=\rho F_{Rji})$ 表示,且 M_{fji} 方向总是与 ω_{ij} $(=-\omega_{ji}=\omega_i-\omega_j)$ 的方向相反,即得考虑摩擦时转动副的解析力学模型。设转动副总反力 $\boldsymbol{F}_{Rji}$ 的方向在力分析坐标系中的方向角为 θ,由此可得,其解析表达式如下

$$\left.\begin{aligned}&F_{Rjix}=F_{Rji}\cos\theta\\&F_{Rjiy}=F_{Rji}\sin\theta\\&M_{fji}=\rho\ |F_{Rji}|\ \text{sign}\ \omega_{ji}=f_v r[(F_{Rjix})^2+(F_{Rjiy})^2]^{1/2}\ \text{sign}(\omega_j-\omega_i)\end{aligned}\right\}\tag{4-14}$$

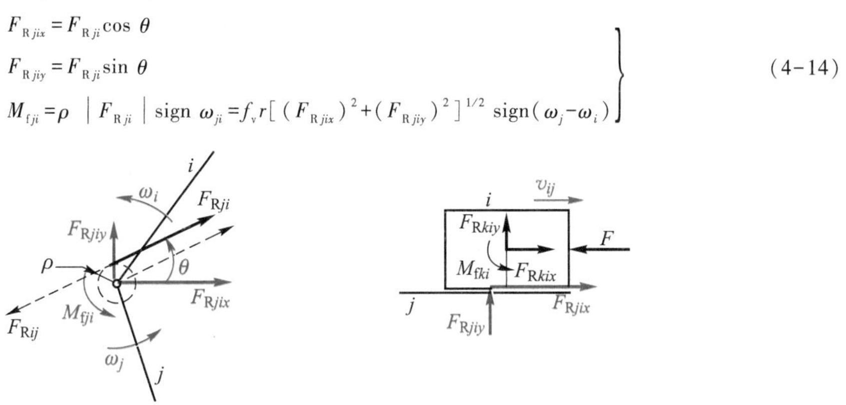

图 4-10　考虑摩擦时运动副总反力的解析力学模型

式中，当 $\omega_{ji}=\omega_j-\omega_i<0$ 时，$\text{sign }\omega_{ji}=-1$；当 $\omega_{ji}=\omega_j-\omega_i=0$ 时，$\text{sign }\omega_{ji}=0$；当 $\omega_{ji}=\omega_j-\omega_i>0$ 时，$\text{sign }\omega_{ji}=1$。

2）移动副　如图 4-10b 所示为滑块 i 与导杆 j 组成的移动副，当考虑摩擦时，其当量摩擦角为 φ_v，其移动副的总反力 $\boldsymbol{F}_{Rji}(=-\boldsymbol{F}_{Rij})$ 的方向与滑块 i 相对于导杆 j 的运动方向成$90°+\varphi_v$，且 $F_{Rji}=[(F_{Nji})^2+(F_{fji})^2]^{1/2}$。若将其总反力用两坐标分量 $\boldsymbol{F}_{Rjix}$ 及 $\boldsymbol{F}_{Rjiy}$ 表示，其中 F_{Rjix} 与 $v_{ij}(=-v_{ji})$ 的方向相反。设导杆 j 的位置转角 θ_j，由此可知，其表达式为

$$\left.\begin{aligned}F_{Rjix}&=-\left|F_{Rji}\right|\sin(\theta_j+\varphi_v)\text{sign }v_{ji}=-f_vF_{Nji}\cos\theta_j\text{sign }v_{ji}\\F_{Rjiy}&=F_{Rji}\cos(\theta_j+\varphi_v)=F_{Nji}\cos\theta_j\end{aligned}\right\}\tag{4-15}$$

式中，当 $v_{ji}<0$ 时，$\text{sign }v_{ji}=-1$；当 $v_{ji}=0$ 时，$\text{sign }v_{ji}=0$；当 $v_{ji}>0$ 时，$\text{sign }v_{ji}=1$。

学习探究：

案例 4-1　单缸内燃机考虑摩擦时曲柄滑块机构的静力解析分析

在图 4-11a 所示的单缸四冲程内燃机的曲柄滑块机构中，已知机构的尺寸和各转动副 A、B 及 C 的轴颈半径（工程中，内燃机曲轴和活塞的销轴轴颈直径取 $d_A=d_B\approx0.737D$，$d_C\approx0.37D$，其中 D 为活塞直径，此处 $D=95$ mm）。为了解内燃机在考虑摩擦时和活塞在一个工作循环（$\theta_T=4\pi$）中所受气动力 $\boldsymbol{F}_g$（$=p_g\pi D^2/4$，其中 p_g为缸内气动压力）变化（参见图 5-6b）时机构的静力特性，设各转动副和移动副的当量摩擦因数均为 $f_v=0.2$，若不计各构件的重力及惯性力，试用解析法求作此机构曲柄 1 在匀速转动时一个工作循环内的各转动总反力和曲柄所需平衡力矩 M_1的变化线图。

解：1）建立机构的静力解析模型　根据此题已知条件，可知转动副 A、B 及 C 的摩擦圆半径为 $\rho_A=\rho_B=f_vr_A=f_vr_B$，$\rho_C=f_vr_C$，移动副 C 的当量摩擦角 $\varphi_V=\arctan f_v$。设考虑摩擦时机构的各运动副总反力及其分量分别为 $\boldsymbol{F}_{R14}(\boldsymbol{F}_{R14x},\boldsymbol{F}_{R14y})$，$\boldsymbol{F}_{R12}(\boldsymbol{F}_{R12x},\boldsymbol{F}_{R12y})$，$\boldsymbol{F}_{R23}(\boldsymbol{F}_{R23x},\boldsymbol{F}_{R23y})$ 及 $\boldsymbol{F}_{R34}(\boldsymbol{F}_{R34x},\boldsymbol{F}_{R34y})$，且有 $\boldsymbol{F}_{R41}=-\boldsymbol{F}_{R14}$，$\boldsymbol{F}_{R21}=-\boldsymbol{F}_{R12}$，$\boldsymbol{F}_{R32}=-\boldsymbol{F}_{R23}$，$\boldsymbol{F}_{R43}=-\boldsymbol{F}_{R34}$；各转动副的摩擦力矩分别为 M_{f14}、M_{f12} 及 M_{f23}，而移动副的摩擦力为 F_{R34x}，并建立考虑摩擦时此机构的静力分析模型及坐标系如图 4-11a 所示，则有

$$M_{f12}=f_v\rho_B[(F_{R12x})^2+(F_{R12y})^2]^{1/2}\text{sign}(\omega_1-\omega_2)$$

$$M_{f23}=f_v\rho_C[(F_{R23x})^2+(F_{R23y})^2]^{1/2}\text{sign}(\omega_2)$$

$$M_{f14}=f_v\rho_A[(F_{R14x})^2+(F_{R14y})^2]^{1/2}\text{sign}(\omega_1)$$

$$F_{R34x}=-F_{R43x}=f_v\left|F_{R34y}\right|\text{sign}(-\dot{s}_3)$$

式中，ω_1及 ω_2分别为曲柄 1 和连杆 2 的角速度，而$\dot{s}_3$为滑块 3 的速度。

2）建立此机构的静力学平衡方程式　由图 4-11a 可知：

取连杆 2 为分离体，其受有力 $\boldsymbol{F}_{R12}$、$\boldsymbol{F}_{R32}$（即$-\boldsymbol{F}_{R23}$）和转动副摩擦力矩 M_{f12}、M_{f32}（即$-M_{f23}$），并由$\sum\boldsymbol{F}=0$，可得 $\boldsymbol{F}_{R12}=-\boldsymbol{F}_{R32}$，故 $\boldsymbol{F}_{R12}=\boldsymbol{F}_{R23}$。再由$\sum M_B=0$，可得

$$F_{R23y}l_2\cos(180°-\theta_2)+F_{R23x}l_2\sin(180°-\theta_2)+M_{f12}+M_{f23}=0$$

取滑块 3 为分离体，其受有力 $\boldsymbol{F}_g$、$\boldsymbol{F}_{R23}$、$\boldsymbol{F}_{R43}$（即$-\boldsymbol{F}_{R34}$）和转动副摩擦力矩 M_{f23}，并由$\sum\boldsymbol{F}_x=0$ 可得

$$-F_g+F_{R23x}+F_{R43x}=-F_g-F_{R23}\cos\theta_2+f_v\left|F_{R23}\sin\theta_2\right|\text{sign}(-\dot{s}_3)=0$$

取曲柄 1 为分离体，其受有力 $\boldsymbol{F}_{R21}$（即$-\boldsymbol{F}_{R12}$）与 $\boldsymbol{F}_{R41}$（即$-\boldsymbol{F}_{R14}$）和平衡力矩 M_1、转动副摩擦力矩 M_{f21}（即$-M_{f12}$）与 M_{f41}（即$-M_{f14}$），由$\sum\boldsymbol{F}=0$，可得 $\boldsymbol{F}_{R41}=-\boldsymbol{F}_{R21}$，故 $\boldsymbol{F}_{R14}=-\boldsymbol{F}_{R12}$。由$\sum M_A=0$，可得

$$-M_1+M_{f41}+M_{f21}+F_{R21y}r_1\cos\theta_1-F_{R21x}r_1\sin\theta_1=0$$

由此可得

$$F_{R14}=F_{R12}=F_{R23}=-F_g/[\cos\theta_2+f_v\left|\sin\theta_2\right|\text{sign}(\dot{s}_3)]\tag{a}$$

$$M_1=M_{f14}+M_{f12}+r_1(F_{R21x}\sin\theta_1-F_{R21y}\cos\theta_1)\tag{b}$$

为了解该机构考虑摩擦与不考虑摩擦对机构静力特性的影响，据式（a）、式（b）和式（3-14a）、式

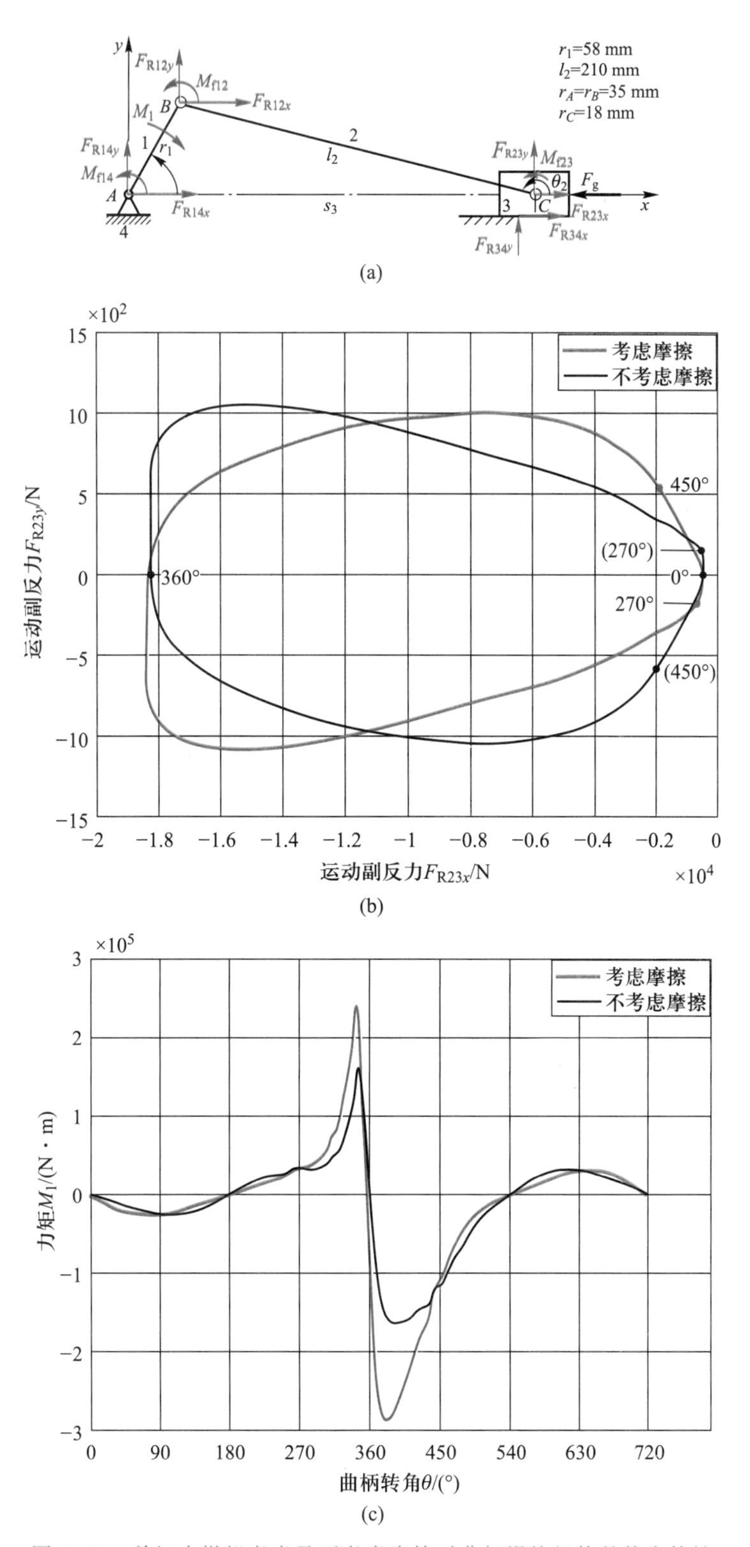

图 4-11　单缸内燃机考虑及不考虑摩擦时曲柄滑块机构的静力特性

(3-14b)，经编程计算，便可求解并绘出此内燃机曲柄滑块机构的曲柄1在匀速转动时一个工作循环内($\theta_T=4\pi$)的转动副总反力$\boldsymbol{F}_{R23}$和曲柄所需平衡力矩M_1的变化线图，分别如图4-11b、c所示。由此可见，在内燃机曲柄在270°～450°期间运动时，其气动力因燃爆力急剧增大，也使摩擦力急剧上升而导致各转动副中的总反力和曲柄平衡力矩急剧增大，故其效率也将最低。

3. 机构的机械效益与传动角

对于现有机构分析或新机构设计时，往往需要对机构的力传递和变换性能、质量作出评判，这在工程上是很有意义的。下面就两个常用的机构传力性能与质量评价指标及其确定方法加以介绍。

（1）机械效益

在设计某些机构时，往往要求所设计的机构具有“省力”或“增力”的性能，即要求该机构有较大的机械效益或增益(mechanical advantage)，机械效益定义为机构的输出力F_o与输入力F_i之比值，常以m_A表示，即

$$m_A=F_o/F_i \tag{4-16}$$

在不考虑摩擦的理想状态下，当选定机构输出构件上某一点的输出力F_o及其力臂半径r_o(对转动构件)，其输出力矩为$M_o=F_o r_o$。设该机构输入构件上所需施加某一点的理想输入力为F_{i0}及其力臂半径为r_i，其理想输入力矩为$M_{i0}=F_{i0}r_i$，其中r_i和r_o也称输入(主动)构件和输出(从动)构件的有效长度。在不考虑摩擦时，该机构的输出力矩M_o与理想输入力矩M_{i0}的瞬时功率应相等，即$M_o\omega_o=M_{i0}\omega_i$，$M_o/M_{i0}=\omega_i/\omega_o$，其中$\omega_i$和$\omega_o$分别为该机构的输入(主动)构件和输出(从动)构件的角速度。由此可得，机构的理想机械效益m_{A0}便有如下计算关系式

$$m_{A0}=F_o/F_{i0}=(M_o/M_{i0})(r_i/r_o)=|\omega_i/\omega_o|(r_i/r_o) \tag{4-16a}$$

由上式可知，机构的理想机械效益与其传动比ω_i/ω_o的大小和输入力F_i与输出力F_o的方位选择有关。

例如要确定平面铰链四杆机构在某一位置的理想机械效益，先用速度瞬心法求作此时机构的传动比，如图3-5所示机构经求解所得的传动比为式(3-7)，再将此式代入式(4-16a)，便可得该机构的理想机械效益为

$$m_{A0}=F_o/F_{i0}=|\overline{P_{14}P_{24}}/\overline{P_{12}P_{24}}|(r_i/r_o) \tag{4-16b}$$

（2）传动角

为了解机构的传动角概念及其对机构传力性能的影响，先结合铰链四杆机构来建立机构理想机械效益的另一种表达式。如图3-5所示机构，分别过铰链A和D作连杆BC的垂线得垂足m及n，则连线Am与Dn平行，且该机构此时曲柄AB和摇杆CD与连杆BC所夹的角度分别用β和γ表示，这里角γ就称为机构的传动角(transmission angle)。由图可见，两直角三角形$\triangle P_{12}mP_{24}\backsim\triangle P_{14}nP_{24}$，故有$|\overline{P_{14}P_{24}}/\overline{P_{12}P_{24}}|=\overline{Dn}/\overline{Am}=l_{CD}\sin\gamma/(l_{AB}\sin\beta)$，代入式(4-16b)，即得用机构的传动角表示的理想机械效益为

$$m_{A0}=[l_{CD}\sin\gamma/(l_{AB}\sin\beta)](r_i/r_o) \tag{4-16c}$$

由图3-5所示铰链四杆机构不难看出，该机构的主动件曲柄AB是通过中间构件连杆BC作用实现与从动件摇杆CD的力传递的。可见，角β是可反映机构主动件位置状态的一个参数，而角γ则是反映与机构的传力特性有关的一重要参数。

由上式可知，在已知机构的尺寸和 r_i/r_o 已选定的情况下，对于任意选定机构的输入点与输出点的位置，当 $\beta \neq 0$ 时，机构的传动角 γ 越大，则其机构的理想机械效益就越大，表明该机构的传力性能或增力效果也越好；当 $\beta \neq 0, \gamma = 0$ 时，机构的传动角为零，则其机构的机械效益为零，表明机构输入力或力矩无论多大，机构总是无力输出（此时，实际上出现了将要在连杆机构一章介绍的机构的顶死现象和"死点"位置）；当 $\gamma \neq 0°, \beta = 0°$ 时，表明机构的主动件曲柄 AB 与连杆 BC 处于共线位置，有两种位置（即 AB 与 BC 重叠的位置和 AB 与 BC 拉成一直线的位置），则机构的理想机械效益将趋向无穷大（实际机械因摩擦、强度等限制不会出现无穷大，但也会非常大）。这也就是碎矿机、冲压机、铆钉机、锁紧钳等机械的基本工作原理。例如碎矿机，当给其机构的主动件施加一个适当的力，而其输出构件上将能产生一个巨大的力而足以粉碎矿石。

由此可知，机构的传动角大小是用来衡量机构传力性能优劣和增力效果品质的评价指标，对上述机构的传动角一般要求不小于 40°。由于机构的传动角也是机构的位置函数，故关于机构的传动角的位置特性将在后面第 8 章中作进一步的讨论。

学习探究：

案例 4-2　简摆颚式碎矿机的机械效益分析

4.4　机械的效率及其计算与提高措施

1. 机械的效率

在机械运转时，设作用在机械上的驱动功（输入功）为 W_d，有效功（输出功）为 W_r，损失功为 W_f。则在机械稳定运转时，有

$$W_d = W_r + W_f \tag{4-17}$$

机械的输出功与输入功之比称为机械效率（mechanical efficiency），它反映输入功在机械中的有效利用程度，以 η 表示，即

$$\eta = W_r/W_d = 1 - W_f/W_d \tag{4-18a}$$

用功率表示时，有

$$\eta = P_r/P_d = 1 - P_f/P_d \text{①} \tag{4-18b}$$

式中，P_d、P_r、P_f 分别为输入功率、输出功率及损失功率。

机械的损失功与输入功之比称为损失率（rate of loss），以 ξ 表示

$$\xi = W_f/W_d = P_f/P_d \tag{4-19}$$

$\eta + \xi = 1$。由于摩擦损失不可避免，故必有 $\xi > 0$ 和 $\eta < 1$。降耗节能是国民经济可持续发展的重要任务之一，所以机械效率是机械的一个重要性能指标。

2. 机构的效率计算

为便于机构效率的计算，下面介绍一种很有用的效率计算公式。图 4-12 所示为一机

① 用式（4-18b）可以确定机械的瞬时效率，而由式（4-18a）一般确定的是机械的平均效率。

械传动装置的示意图，设 $\boldsymbol{F}$ 为驱动力，$\boldsymbol{G}$ 为工作阻力，$\boldsymbol{v}_F$ 和 $\boldsymbol{v}_G$ 分别为 $\boldsymbol{F}$ 和 $\boldsymbol{G}$ 的作用点沿该力作用线方向的分速度，于是根据式(4-18b)可得

$$\eta=P_r/P_d=Gv_G/(Fv_F) \tag{a}$$

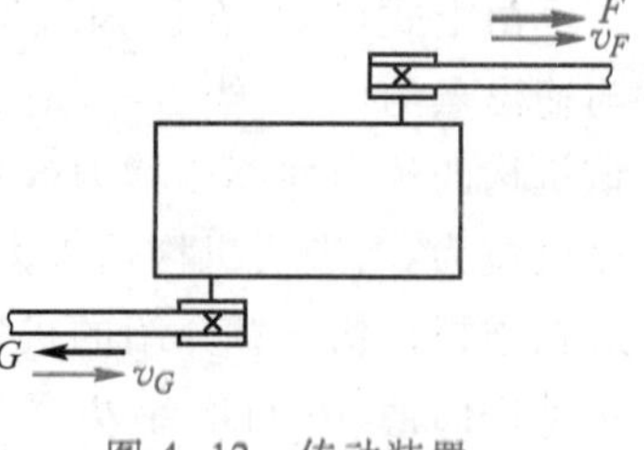

图 4-12 传动装置

为了将式(a)简化，假设在该机械中不存在摩擦[这样的机械称为理想机械(ideal machinery)]。这时，为克服同样的工作阻力 $\boldsymbol{G}$，其所需的驱动力 $\boldsymbol{F}_0$ 称为理想驱动力(ideal driving force)，显然 $F_0<F$。对理想机械来说，其效率 η_0 应等于 1，即

$$\eta_0=Gv_G/(F_0v_F)=1 \tag{b}$$

将其代入式(a)，得

$$\eta=F_0v_F/(Fv_F)=F_0/F \tag{c}$$

式(c)说明，机械效率也等于不计摩擦时克服工作阻力所需的理想驱动力 $\boldsymbol{F}_0$ 与克服同样工作阻力(连同克服摩擦力)时该机械实际所需的驱动力 $\boldsymbol{F}$($\boldsymbol{F}$ 与 $\boldsymbol{F}_0$ 的作用方位线相同)之比。

同理，机械效率也可以用力矩之比的形式来表达，即

$$\eta=M_0/M \tag{d}$$

式中，M_0 和 M 分别表示为了克服同样工作阻力所需的理想驱动力矩和实际驱动力矩。综合式(c)与式(d)可得

$$\eta=\frac{\text{理想驱动力}}{\text{实际驱动力}}=\frac{\text{理想驱动力矩}}{\text{实际驱动力矩}} \tag{4-20}$$

应用式(4-20)来计算机构的效率十分简便，如对于图 4-2 所示的斜面机构，其正行程的机械效率为

$$\eta=F_0/F=\tan\alpha/\tan(\alpha+\varphi_v) \tag{4-21}$$

式中，理想驱动力 $F_0=G\tan\alpha$，可令实际驱动力 F 计算公式(4-3)中的摩擦角 $\varphi_v=0$ 而求得。

斜面机构反行程(图 4-3)的机械效率(此时 $\boldsymbol{G}$ 为驱动力)为

$$\eta'=G_0/G=\tan(\alpha-\varphi_v)/\tan\alpha \tag{4-22}$$

式中，理想驱动力 $\boldsymbol{G}_0$ 可令式(4-4)中的 $\varphi_v=0$ 而求得。

又如图 4-4 所示的螺旋机构，采用上述类似方法，即可求得拧紧和放松螺母时的效率计算式分别为

$$\eta=\tan\alpha/\tan(\alpha+\varphi_v) \tag{4-23}$$

$$\eta'=\tan(\alpha-\varphi_v)/\tan\alpha \tag{4-24}$$

3. 机器的效率计算

对于整台机器或整个机组的机械效率，常用下述方法来估算：因为各种机械都不过是由一些常用机构组合而成的，而这些常用机构的效率已通过实践积累了不少资料(表 4-1)，在已知各机构的机械效率后，就可通过计算来确定整个机器(或机组)的效率。下面分三种常见情况来进行讨论①。

---

① 还有一种不常见的情况——封闭式连接，参见阅读参考资料[1]中的讨论。

表 4-1　简单传动机构和运动副的效率

名称	传动形式	效率值	备注
圆柱齿轮传动	6~7 级精度齿轮传动	0.98~0.99	良好磨合、稀油润滑
	8 级精度齿轮传动	0.97	稀油润滑
	9 级精度齿轮传动	0.96	稀油润滑
	切制齿、开式齿轮传动	0.94~0.96	干油润滑
	铸造齿、开式齿轮传动	0.90~0.93	
锥齿轮传动	6~7 级精度齿轮传动	0.97~0.98	良好磨合、稀油润滑
	8 级精度齿轮传动	0.94~0.97	稀油润滑
	切制齿、开式齿轮传动	0.92~0.95	干油润滑
	铸造齿、开式齿轮传动	0.88~0.92	
蜗杆传动	自锁蜗杆	0.40~0.45	润滑良好
	单头蜗杆	0.70~0.75	
	双头蜗杆	0.75~0.82	
	三头和四头蜗杆	0.80~0.92	
	圆弧面蜗杆	0.85~0.95	
带传动	平带传动	0.90~0.98	
	V 带传动	0.94~0.96	
	同步带传动	0.98~0.99	
链传动	套筒滚子链	0.96	润滑良好
	无声链	0.97	
摩擦轮传动	平摩擦轮传动	0.85~0.92	
	槽摩擦轮传动	0.88~0.90	
滑动轴承		0.94	润滑不良
		0.97	润滑正常
		0.99	液体润滑
滚动轴承	球轴承	0.99	稀油润滑
	滚子轴承	0.98	稀油润滑
螺旋传动	滑动螺旋	0.30~0.80	
	滚动螺旋	0.85~0.95	

（1）串联

如图 4-13 所示为 k 个机器串联组成的机组。设各机器的效率分别为 η_1、η_2、…、η_k，机组的输入功率为 P_d，输出功率为 P_r。这种串联机组功率传递的特点是前一机器的输出功率即为后一机器的输入功率。故串联机组的机械效率为

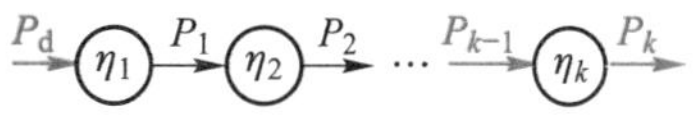

P_d → η_1 → P_1 → η_2 → P_2 … P_{k-1} → η_k → P_k

图 4-13　串联机组

$$\eta=\frac{P_r}{P_d}=\frac{P_1}{P_d}\frac{P_2}{P_1}\cdots\frac{P_k}{P_{k-1}}=\eta_1\eta_2\cdots\eta_k \tag{4-25}$$

即串联机组的总效率等于组成该机组的各个机器效率的连乘积。由此可见，只要串联机组中任一机器的效率很低，就会使整个机组的效率极低；且串联机器的数目越多，机械效率也越低。

（2）并联

如图 4-14 所示为由 k 个机器并联组成的机组。设各机器的效率分别为 η_1、η_2、…、η_k，输入功率分别为 P_1、P_2、…、P_k，则各机器的输出功率分别为 $P_1\eta_1$、$P_2\eta_2$、…、$P_k\eta_k$。这种并联机组的特点是机组的输入功率为各机器的输入功率之和，而其输出功率为各机器的输出功率之和。于是，并联机组的机械效率应为

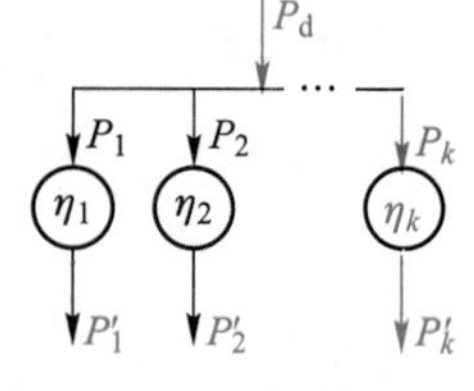

图 4-14　并联机组

$$\eta=\frac{\sum P_{ri}}{\sum P_{di}}=\frac{P_1\eta_1+P_2\eta_2+\cdots+P_k\eta_k}{P_1+P_2+\cdots+P_k} \tag{4-26}$$

式(4-26)表明，并联机组的总效率 η 不仅与各机器的效率有关，而且也与各机器所传递的功率大小有关。设在各机器中效率最高者及最低者的效率分别为 η_{max} 及 η_{min}，则 $\eta_{min}<\eta<\eta_{max}$，并且机组的总效率 η 主要取决于传递功率最大的机器的效率。由此可得出结论，要提高并联机组的效率，应着重提高传递功率大的传动路线的效率。

（3）混联

如图 4-15 所示为兼有串联和并联的混联机组。为了计算其总效率，可先将输入功率至输出功率的路线弄清，然后分别计算出总的输入功率 $\sum P_d$ 和总的输出功率 $\sum P_r$，则其总机械效率为

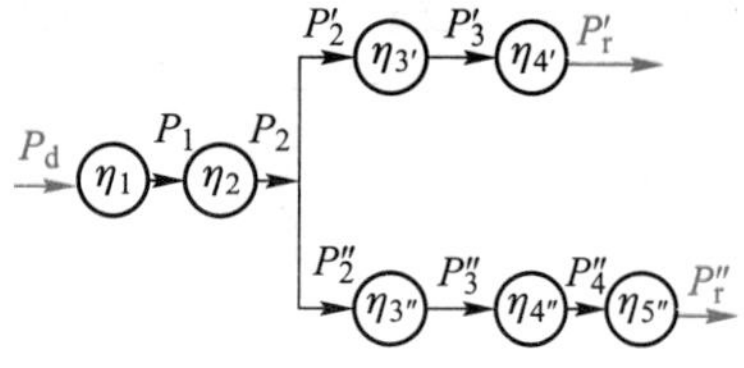

图 4-15　混联机组

$$\eta=\sum P_r/\sum P_d \tag{4-27}$$

4. 提高机械效率的措施

由于机械效率是衡量机械产品或系统的性能优劣的一个重要指标。提高机械的效率，通常需要从机械的设计、制造、使用及维护等多方面来加以考虑，主要考虑方向是减小机械的损失。机械的损失主要有克服机构构件自身重力（动态惯性力，当这些力的方向与机械的运动方向相反时）和运动副中摩擦及介质阻力（如空气等流体阻力）引起的消耗损失。因此，提高机械效率可采取如下措施：

1）尽量简化机械传动系统　在满足机械传递运动及动力的工作要求前提下，机构的结构越简单越好。因机构结构简单，意味着构件数和运动副数更少，机械的质量更轻而消耗输入功和运动副摩擦损失就越小，机械效率也就越高。此外，机构的复杂性越低，它的生产成本可能更低，维护更方便，而其工作也更可靠。

2）选择合适的运动副形式　机构的运动副在机构传递运动和动力中起着关键作用。如从转动副与移动副比较来看，转动副的结构简单，运动副元素易制造，配合精度易保证，故其传动效率较高，标准化程度高，维护也方便；而移动副则因制造和润滑较困难，易发生楔紧或自锁现象，故在设计或运动副选型时，宜尽可能选择转动副或采用全转动副机构，而移动

副在必要时采用。再从低副与高副比较来看,低副承载高,而高副承载低,在低速轻载场合,选用高副有利于减少机构的构件数,可提高机械的效率。

3) 设计合理的运动副尺寸　对于转动副,由于转动副摩擦力矩的大小与其轴颈半径的大小有关,故轴颈在满足强度和刚度条件下,其尺寸不宜过大,尤其是采用偏心盘结构,其半径更不宜过大,否则会增大转动副的摩擦而降低效率;而移动副设计应尽量增大其导轨支承比(L/D,即滑块导轨的有效支承长度 L 与其有效横截面的宽度 D 之比,如图 2-39c 所示),通常其移动副导轨的支承比,原则上越大越有利于受力和运动,一般工程设计要求大于等于 1,甚至大于 1.5 以上,机械效率较高,而不易发生自锁。

4) 尽量减小运动副中的摩擦　为了减小运动副中的摩擦,运动副设计尽量有利于润滑,最好形成流体动压润滑状态,而避免运动副干摩擦或边界摩擦;采用滚动摩擦代替滑动摩擦,如用滚动轴承代替滑动轴承,用滚动导轨代替滑动导轨,用滚珠丝杠代替滑动丝杠等。对于高速轴承,可采用空气轴承(如牙医钻头)、磁悬浮轴承等摩擦更小新型轴承;对于高副,在可能情况下采用瞬心线纯滚动高副代替有滚动兼滑动的高副,有利于减小高副摩擦和磨损。

为了减小介质阻力(尤其是高速运输机械),应注意其外形的流线型设计。对高速旋转零件应注意零件的结构设计,减小零件的风阻。

此外,通过机构或机构的运动设计,若能使构件的重力或动态惯性力的方向与机构的运动方向一致而作正功,将有利于减少机械对输入能量的消耗而减少损失。或利用某些弹性构件的短暂形变吸收并储存机械外部的被动能量,以补充机械克服工作阻力消耗的能量而作有用功,这也意味着提高了机械的效率。因为未来的机械设计,尤其是刚柔耦合的机构和机器人结构设计将成为提高机械效率的有效途径。

4.5　机械的自锁及其自锁条件的确定与应用

1. 机械的自锁现象及条件

有些机械,就其结构情况分析,只要加上足够大的驱动力,按常理就应该能够沿着有效驱动力作用的方向运动,而实际上由于摩擦的存在,却会出现无论这个驱动力如何增大,也无法使它运动的现象,这种现象称为机械的自锁(self locking)。

自锁现象在机械工程中具有十分重要的意义。一方面,当设计机械时,为使机械能够实现预期的运动,当然必须避免该机械在所需的运动方向发生自锁;另一方面,有些机械的工作又需要具有自锁的特性。例如,图 4-16a 所示的手摇螺旋千斤顶,当转动手把 6 将物体 4 举起后,应保证不论物体 4 的重量多大,都不能驱动螺母 5 反转,致使物体 4 自行降落下来。也就是要求该千斤顶在物体 4 的重力作用下,必须具有自锁性。这种利用自锁性的例子,在机械工程中是很多的,螺纹连接就靠的是自锁性。如图 4-16b 所示火炮炮弹入膛后的闭锁装置,为使炮弹在发射时,弹体不致从弹膛中脱出,也利用了炮闩的自锁性。下面就来讨论自锁问题。

如图 4-17 所示,滑块 1 与平台 2 组成移动副。设 $\boldsymbol{F}$ 为作用于滑块 1 上的驱动力,它与接触面的法线 nn 间的夹角为 β(称为传动角),而摩擦角为 φ。将力 $\boldsymbol{F}$ 分解为沿接触面切向和法向的两个分力 $\boldsymbol{F}_t$、$\boldsymbol{F}_n$。$F_t = F\sin\beta = F_n\tan\beta$ 是推动滑块 1 运动的有效分力;而 $\boldsymbol{F}_n$

只能使滑块 1 压向平台 2,其所能引起的最大摩擦力为 $F_{fmax}=F_n\tan\varphi$,因此,当 $\beta\leqslant\varphi$ 时,有

$$F_t\leqslant F_{fmax} \tag{4-28}$$

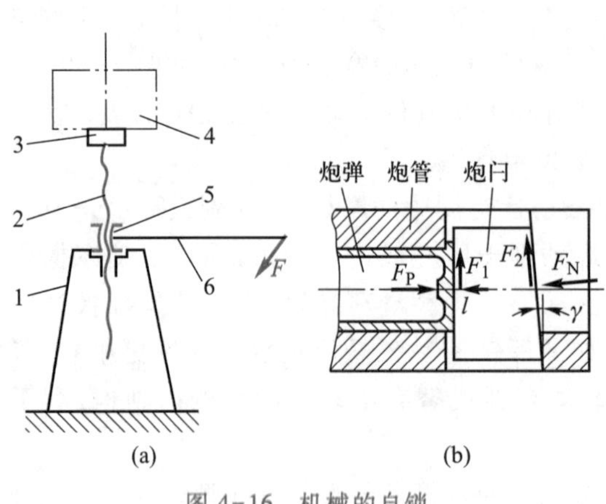

图 4-16 机械的自锁

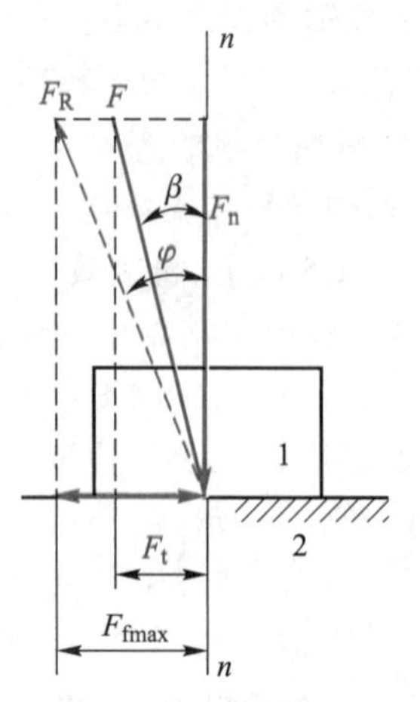

图 4-17 移动副的自锁

即在 $\beta\leqslant\varphi$ 的情况下,不管驱动力 $\boldsymbol{F}$ 如何增大(方向维持不变),驱动力的有效分力 $\boldsymbol{F}_t$ 总小于驱动力 $\boldsymbol{F}$ 本身所可能引起的最大摩擦力,因而总不能推动滑块 1 运动,这就是自锁现象。

因此,在移动副中,如果作用于滑块上的驱动力作用在其摩擦角之内(即 $\beta\leqslant\varphi$)则发生自锁,这就是移动副发生自锁的条件。

在图 4-18 所示的转动副中,设作用在轴颈上的外载荷为一单力 $\boldsymbol{F}$,则当力 $\boldsymbol{F}$ 的作用线在摩擦圆之内时(即 $a\leqslant\rho$),因它对轴颈中心的力矩 M_a 始终小于它本身所引起的最大摩擦力矩 $M_f=F_R\rho=F\rho$,所以力 $\boldsymbol{F}$ 任意增大(力臂 a 保持不变),也不能驱使轴颈转动,亦即出现了自锁现象。因此,转动副发生自锁的条件为:作用在轴颈上的驱动力为单力 $\boldsymbol{F}$,且作用于摩擦圆之内,即$a\leqslant\rho$。

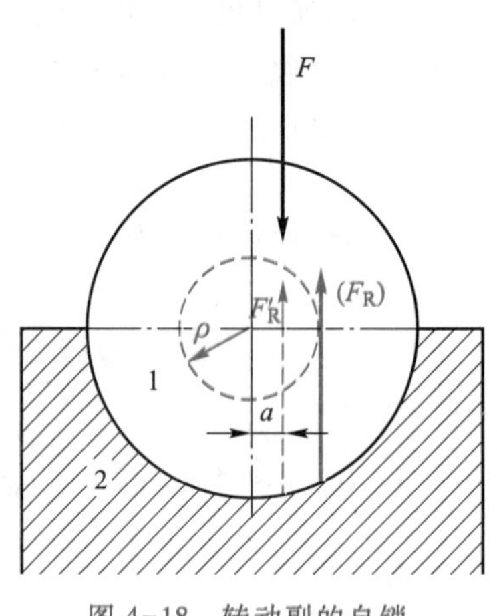

图 4-18 转动副的自锁

2. 机械自锁条件的确定

上面讨论了单个运动副发生自锁的条件。对于一个机械来说,还可根据如下条件之一来判断机械是否会发生自锁:

1) 工作阻抗力 $G\leqslant0$ 由于当机械自锁时,机械已不能运动,所以这时它所能克服的工作阻抗力 $G\leqslant0$。故可利用当驱动力任意增大时 $G\leqslant0$ 是否成立来判断机械是否自锁。

2) 机械效率 $\eta\leqslant0$ 由于当机械发生自锁时,驱动力所能作的功 W_d 总不足以克服其所能引起的最大损失功 W_f,而根据式(4-18a)知,这时 $\eta\leqslant0$。所以,当驱动力任意增大恒有

$\eta \leqslant 0$时，机械将发生自锁[①]。

3）某一运动副发生自锁的条件 由于机械自锁的实质是其中的运动副发生自锁，故对于单自由度机械，若当其中某一个运动副发生了自锁，该机械也就发生自锁。故可通过机械中的某一运动副的自锁条件来确定该机械的自锁条件。

4）机械自锁的条件 由根据自锁的定义可知，若机械的工作阻抗力 G 一定，而当机械的驱动力 F 无论多大，甚至为无穷大，机械也不能运动即发生自锁。故通过对机械的 G/F 取 $F \to \infty$ 时的极限，可确定该机械自锁临界条件或机械的驱动力的有效分力 F_t 不足以克服其最大摩擦力 F_{fmax}，即 $F_t \leqslant F_{fmax}$ 的条件，进行机械自锁条件的确定。

下面举例说明如何确定机械的自锁条件。

（1）螺旋千斤顶

如前所述，图4-16所示螺旋千斤顶在物体4的重力作用下，应具有自锁性，其自锁条件可如下求得。

螺旋千斤顶在物体4的重力作用下运动时的阻抗力矩 M' 可按式(4-6)计算，即

$$M' = d_2 G\tan(\alpha - \varphi_v)/2$$

令 $M' \leqslant 0$（驱动力 $\boldsymbol{G}$ 为任意值），则得

$$\tan(\alpha - \varphi_v) \leqslant 0，即\ \alpha \leqslant \varphi_v$$

此即螺旋千斤顶在物体4的重力作用下的自锁条件。

由此可知，螺旋副的自锁条件：螺旋副的螺纹升角（导程角）小于等于其当量摩擦角，即

$$\alpha \leqslant \varphi_v \tag{4-29}$$

（2）斜面压榨机

在图4-19a所示的斜面压榨机中，如在滑块2上施加一定的力 $\boldsymbol{F}$，即可产生一压紧力将物体4压紧。图中，$\boldsymbol{G}$ 为被压紧的物体对滑块3的反作用力。显然，当力 $\boldsymbol{F}$ 撤去后，该机构在力 $\boldsymbol{G}$ 的作用下，应该具有自锁性，现在来分析其自锁条件。可先求出当 $\boldsymbol{G}$ 为驱动力时，该

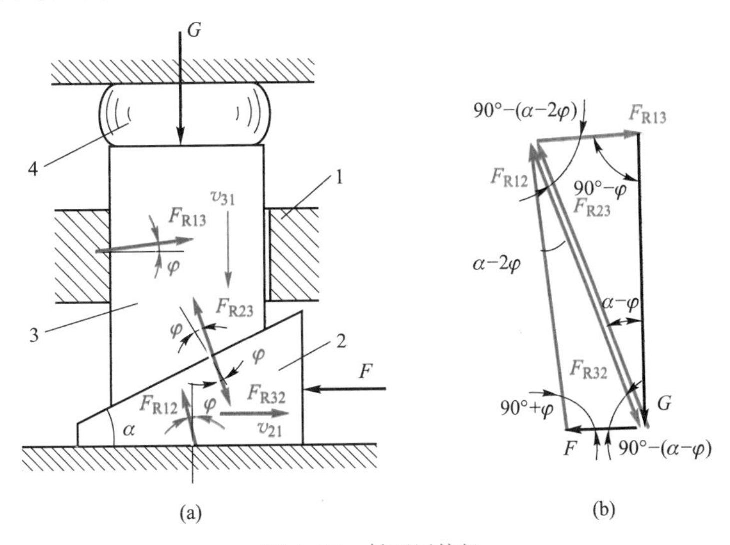

图4-19 斜面压榨机

① 在第11章中判断行星轮系是否发生自锁，就常根据此条件。

机械的阻抗力 $\boldsymbol{F}$。设各接触面的摩擦因数均为 $f(\varphi=\arctan f)$，再根据各接触面间的相对运动，将两滑块所受的总反力作出，如图 4-19a 所示。然后，分别取滑块 2 和 3 为分离体，列出力平衡方程式 $\boldsymbol{F}+\boldsymbol{F}_{R12}+\boldsymbol{F}_{R32}=0$ 及 $\boldsymbol{G}+\boldsymbol{F}_{R13}+\boldsymbol{F}_{R23}=0$，并作出力多边形如图 4-19b 所示，于是由正弦定律可得

$$F=F_{R32}\sin(\alpha-2\varphi)/\cos\varphi \tag{a}$$

$$G=F_{R23}\cos(\alpha-2\varphi)/\cos\varphi \tag{b}$$

又因 $F_{R32}=F_{R23}$，故可得 $F=G\tan(\alpha-2\varphi)$，令 $F\leqslant 0$，得

$$\tan(\alpha-2\varphi)\leqslant 0$$

即

$$\alpha\leqslant 2\varphi$$

此即压榨机反行程（$\boldsymbol{G}$ 为驱动力时）的自锁条件。

（3）偏心夹具

在图 4-20 所示的偏心夹具中，1 为夹具体，2 为工件，3 为偏心圆盘。偏心圆盘 3 可绕偏心固定轴转动，其轴心高度为 H。当用力 $\boldsymbol{F}$ 压下手柄时，即能将工件夹紧，以便对工件加工。为了当作用在手柄上的力 $\boldsymbol{F}$ 去掉后，夹具不至于自动松开，则需要该夹具具有自锁性。图中，A 为偏心盘的几何中心，偏心盘的外径为 D，偏心距为 e，偏心盘轴颈的摩擦圆半径为 ρ。

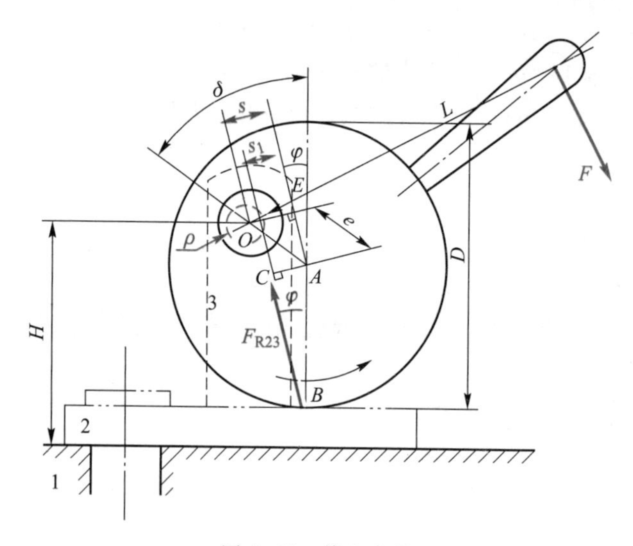

图 4-20 偏心夹具

当作用在手柄上的力 $\boldsymbol{F}$ 去掉后，偏心盘有沿逆时针方向转动放松的趋势，由此可确定出总反力 $\boldsymbol{F}_{R23}$ 的方位如图所示。分别过点 O、A 作 $\boldsymbol{F}_{R23}$ 的平行线。要偏心夹具反行程自锁，总反力 $\boldsymbol{F}_{R23}$ 应穿过摩擦圆，即应满足条件

$$s-s_1\leqslant\rho \tag{a}$$

由 RT$\triangle ABC$ 及 $\triangle OAE$ 有

$$s_1=\overline{AC}=(D\sin\varphi)/2 \tag{b}$$

$$s=\overline{OE}=e\sin(\delta-\varphi) \tag{c}$$

式中，δ 称为楔紧角，将式（b）、式（c）代入式（a），可得

$$e\sin(\delta-\varphi)-(D\sin\varphi)/2\leqslant\rho \tag{4-30}$$

这就是偏心夹具的自锁条件。

（4）凸轮机构的推杆

图 4-21 中，1 为凸轮机构的推杆，在凸轮推动力 $\boldsymbol{F}$ 的作用下，沿着导轨 2 向上运动，摩擦面间的摩擦因数为 f。为了避免发生自锁，下面求解导轨的长度 l 应满足的条件（不计推杆 1 的自重）。

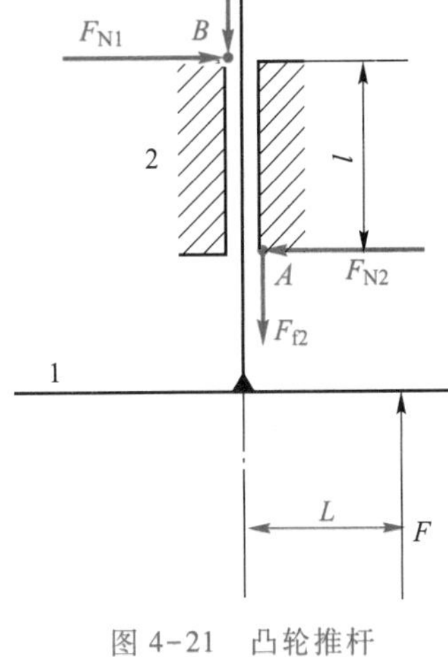

图 4-21　凸轮推杆

因推杆在 $\boldsymbol{F}$ 的推动下将发生倾斜，而与导轨在 B、A 两点接触，在该两点处将产生正压力 $\boldsymbol{F}_{N1}$、$\boldsymbol{F}_{N2}$ 和摩擦力 $\boldsymbol{F}_{f1}$、$\boldsymbol{F}_{f2}$。根据所有的力在水平方向上的投影和应为零的条件，有

$$F_{N1}=F_{N2}$$

根据所有的力对 A 点取矩之和应为零的条件，有

$$F_{N1}l=FL$$

要推杆 1 不发生自锁，必须满足

$$F>(F_{f1}+F_{f2})=2fF_{N1}=2fFL/l$$

故为避免推杆自锁，导轨的长度 l 应满足

$$l>2fL$$

必须指出的是，机械的自锁只是在一定的受力条件和受力方向下发生的，而在另外的情况下却是可动的。如图 4-19 所示的斜面压榨机，要求在力 $\boldsymbol{G}$ 的作用下自锁，滑块 2 不能松退，但在 $\boldsymbol{F}$ 力反向时可使滑块 2 松退出来，即在 $\boldsymbol{F}$ 力的作用下该压榨机是不自锁的。这就是机械自锁的方向性。

3. 机械自锁在工程安全设计中的应用

在设计机械时，由于未能很好地考虑到机械的自锁问题而导致失败的事例时有发生。下面举几个在机械工程中应用自锁来增进安全的实例。

1）矿山安全规程规定，提升人员的单绳吊笼必须装设可靠的防坠器。图 4-22 所示就是一种安装在吊笼下部的防坠器。当提升钢丝绳断裂时，中心拉杆 1 在弹簧 2 的作用下迅速下移，通过连杆、杠杆 3 把楔块 4 向上拨起，楔块迅即将绳 5 夹紧，以防止吊笼继续下落。

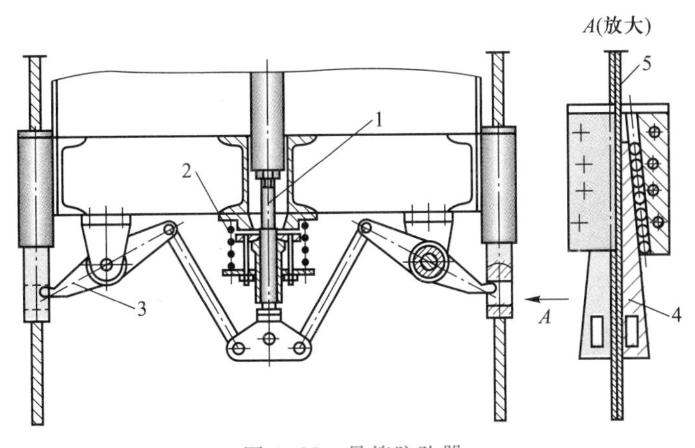

图 4-22　吊笼防坠器

该机构具有的自锁性，只有当提升设备修复后，把吊笼往上吊才能解除自锁。楔块外侧采用滚动摩擦是为了机构自锁的可靠性和解除自锁动作的灵活性。

2）GB 7588—2003 中规定，电梯轿厢下部都应设置一套超速下降时即起保护作用的安全钳，如图 4-23 所示即为其中一种。当因提升钢丝绳断裂或电器失控等原因引起轿厢超速下落时，装于电梯间顶层的限速器将把限速钢丝绳制动住，与该钢丝绳相连的安全钳拉条 2 及楔块 4 停止下降，而轿厢 1 继续下降并迫使两楔块向中间靠拢夹紧导轨 3，从而防止轿厢的高速坠落。

3）现代物流和仓储是一个新兴产业，堆垛机是其重要的起重设备，为防止钢丝绳断裂时载货台的坠落，设计了如图 4-24 所示的保护装置。一旦钢丝绳 1 断裂，在压簧 4 的作用下，通过连杆机构 3 使两凸轮 2 向上偏转并夹紧导轨 5，因该凸轮夹紧导轨有自锁作用，故可防止载货台的坠落。

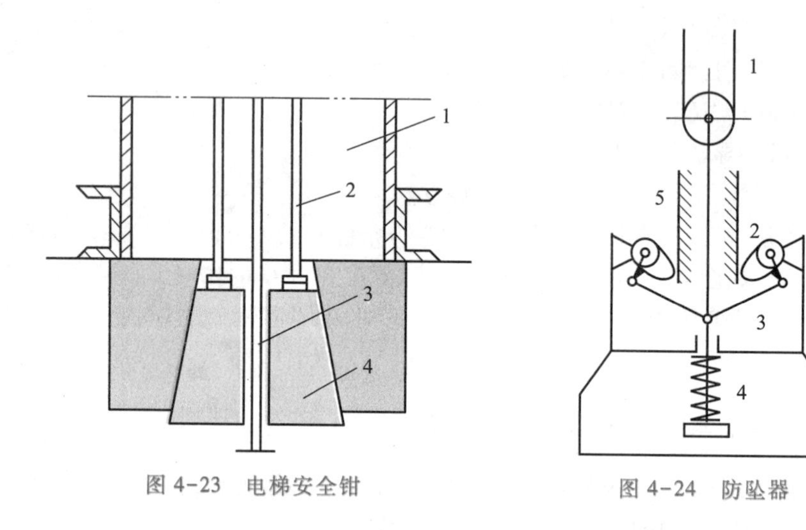

图 4-23　电梯安全钳　　　图 4-24　防坠器

4. 螺旋机构

螺旋机构（screw mechanism）由螺杆 1、螺母 2 及机架 3 组成，如图 4-25 所示。一般情况下，它是将螺杆 1 的旋转运动转换为螺母 2 的轴向直线运动。螺旋机构的主要优点是能获得很大的减速比和力的增益，还可具有自锁性。它的主要缺点是机械效率一般较低，特别是具有自锁性时效率将低于 50%。螺旋机构除了如前按螺旋的螺纹牙型分为矩形、三角形、梯形及锯齿形螺纹等螺旋机构之外，常按其功用分为测微或调整螺旋机构（如千分尺和功率不大的进给系统等）、起重螺旋机构（如千斤顶、起重机、压力机等）和传动螺旋机构（如丝杠传动）等。

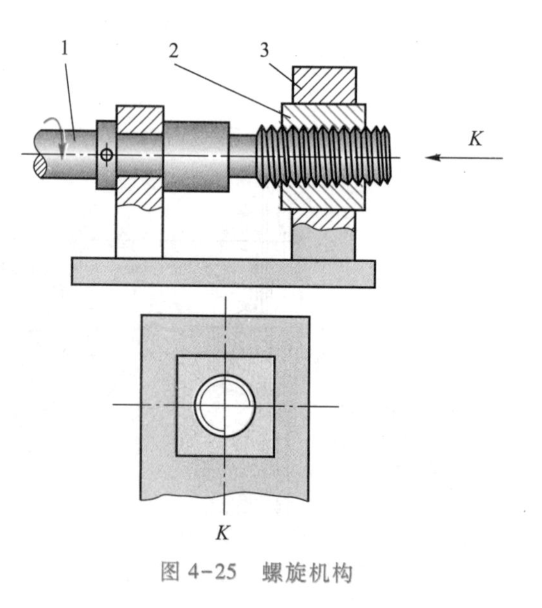

图 4-25　螺旋机构

首先，根据机构运动变换情况，考虑机构的自锁性或传动效率要求，选择合适的螺旋螺纹牙型。大多数螺旋机构实现旋转变换为移动的应用时，常要求具有自锁性，即要求螺纹的导程角 α 小于当量摩擦角 φ_v，甚至要有一定自锁的可靠性（即 α 比 φ_v 小得多）。如前分析可知，矩形螺纹的当量摩擦因数较小，效率较其他牙型螺纹稍高，但加工精度要求高，磨损后不易补偿，适合于传递较大动力。三角形螺纹的当量摩擦因数大，自锁性好，但功率损失大，效率低，一般不宜用于传递动力，常用于传动功率、精度要求不高的机械上；梯形螺纹当量摩擦因数的大小、磨损及效率介于矩形和三角形螺纹之间，故较三角形螺纹的磨损小、效率高，而梯形螺纹容易加工、磨损后易补偿，牙根强度较高，对中性好，所以广泛用于传递功率较大的机械中。锯齿形螺纹也较易于加工，有较高牙根强度，主要应用于单向受力螺旋机构中，如螺旋压力机和轧钢机。

螺旋机构导程角大于当量摩擦角时，它也可以将直线运动转换为旋转运动。在某些操纵机构，工具、玩具及武器等机构中，就利用了螺旋机构的这一特性。图 4-26 所示的简易手动钻就是一例，图中 2 为具有大导程角的螺杆，1 为螺母，用手上、下推动螺母，就可使钻头 3 左、右旋转，从而在工件上钻出小孔。

图 4-27 所示为照相机中的卷片装置，其中螺杆 2 为用金属带扭成的双线螺纹，在螺母 3 上有与之配合的长方孔。当用手指压下套筒 1 时，螺母 3 向下运动迫使螺杆 2 回转，通过齿轮 6 使卷片盒 4 卷片。弹簧 5 使机构复位。

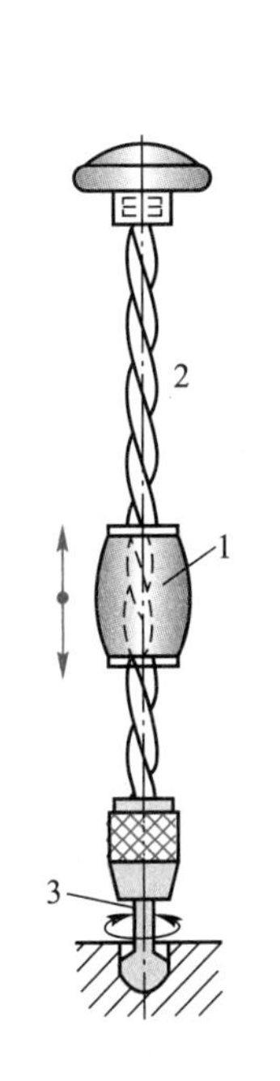

图 4-26　简易手动钻

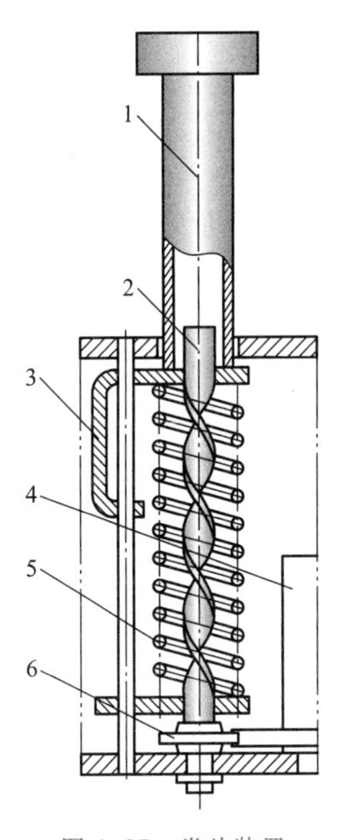

图 4-27　卷片装置

其次，进行螺旋机构的运动设计，需选择合适的螺纹导程角和螺纹线数。

在图 4-25 所示的简单螺旋机构中，当螺杆 1 转过角度 φ 时，螺母 2 将沿螺杆的轴向移动一段距离 s（单位：mm），其值为

$$s=P_{h}\varphi/(2\pi) \tag{4-31}$$

式中，P_h 为螺纹的导程，mm。

在图 4-28 所示的螺旋机构中，螺杆 1 的 A 段螺纹在固定的螺母中转动，而 B 段螺纹在移动的螺母 2 中转动。设其螺纹导程分别为 P_{hA}、P_{hB}，如两段螺纹的旋向相同（即同为左旋或右旋），则当螺杆 1 转过角度 φ 时，螺母 2 移动的距离 s 为

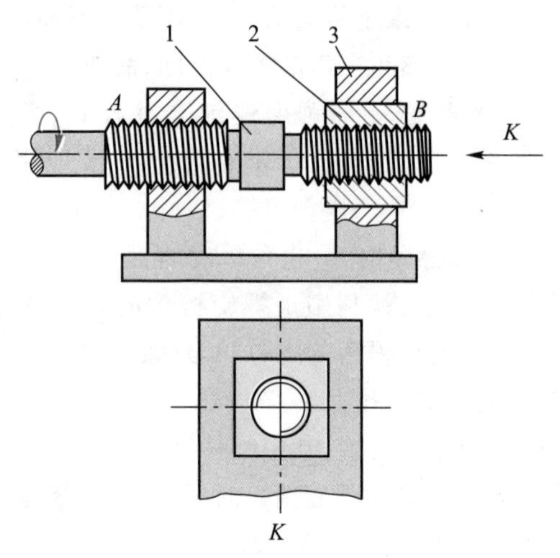

图 4-28　微动或复式螺旋

$$s=(P_{hA}-P_{hB})\varphi/(2\pi) \tag{4-32}$$

由式(4-32)可知，当 P_{hA} 和 P_{hB} 相差很小时，位移 s 可以很小。这种螺旋机构称为微动螺旋机构（differential screw mechanism），常用于测微计、分度机构及调节机构中。如图 4-29 所示为用于调节镗刀进刀量的微动螺旋机构。

若图 4-28 中两段螺纹的旋向相反，则螺母 2 的位移为

$$s=(P_{hA}+P_{hB})\varphi/(2\pi) \tag{4-33}$$

这种螺旋机构称为复式螺旋机构（compound screw mechanism）。图 4-30 所示为复式螺旋机构用于自动定心夹紧机构的例子，其中 1 为左、右螺旋螺杆，通过螺母使两卡爪 2 和 2′同步张合，以便工件能自动定心并夹紧。

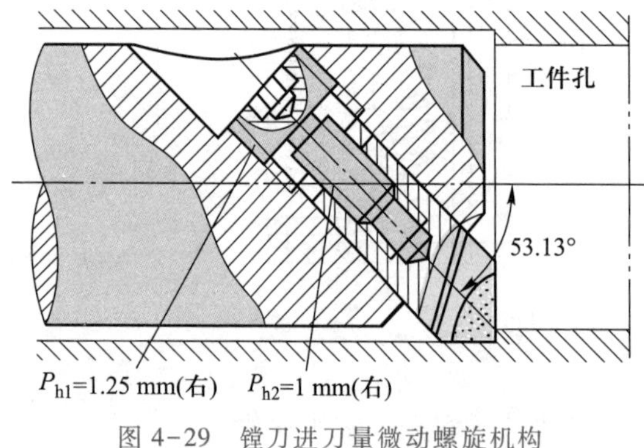

图 4-29　镗刀进刀量微动螺旋机构

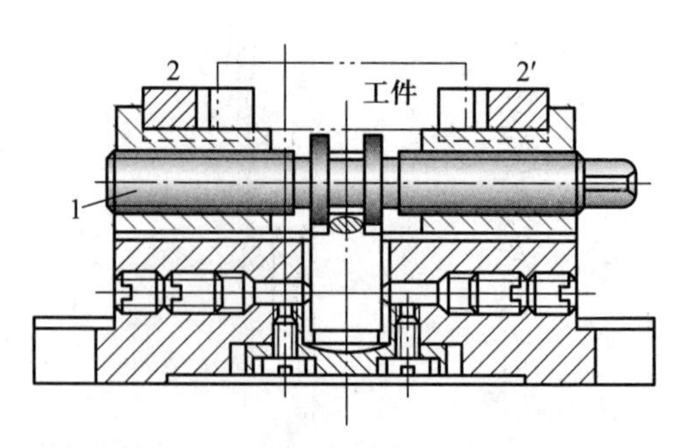

图 4-30　自动定心夹紧机构

5. 螺纹导程角和线数的选用

对螺旋机构的要求是各式各样的，有的要求其具有自锁性（如起重螺旋），有的则要求其具有大的减速比（如机床的进给丝杠），这时宜选用小导程角的单线螺纹，前者可用普通滑动丝杠，后者若希望有高的机械效率，则可用滚珠丝杠或静压丝杠。滚珠丝杠副（如图 4-31 所示）由丝杠、螺母和滚珠组成。滚珠位于丝杠和螺母的螺旋槽之间，变一般丝杠和螺母之间的滑动摩擦为滚动摩擦，因而工作中摩擦阻力小、灵敏度高、起动时无颤动及低速时无爬行现象。目前在数控机床及各种机械设备中已获得广泛应用。静压丝杠副（如图 4-32）在螺母 2 上设置有进油孔 4、回油孔 5 及油腔 3，通过润滑油供油系统供给的压力油，在丝杠 1 和螺母 2 之间形成油膜，丝杠与螺母被油膜隔开，其副间不直接接触，几乎无磨损，再加上油膜能吸振、消除间隙及补偿加工误差，故静压丝杠副寿命长、效率高、传动精度高，但加工复杂和成本高，所以目前主要用于精密螺旋传动中。

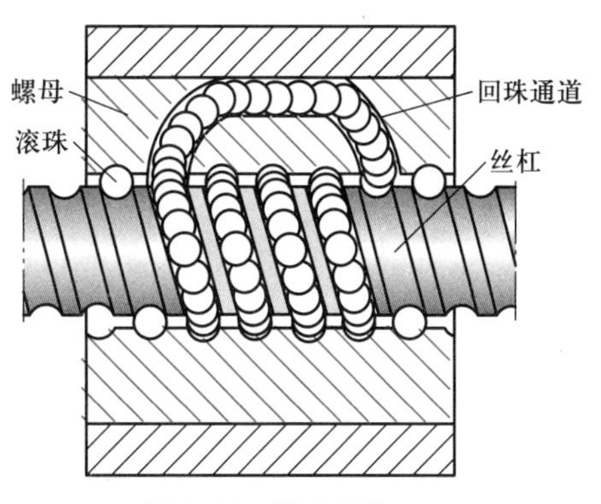

图 4-31　滚珠丝杠

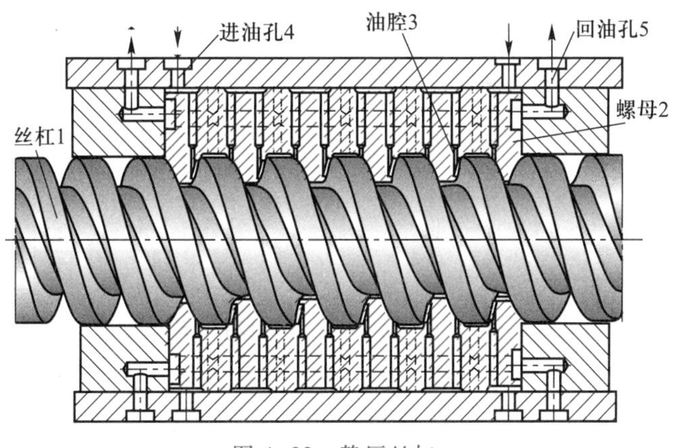

图 4-32　静压丝杠

当要求螺旋机构传递大的功率（如螺旋压力机）或快速运动时，则宜选用大导程角的多线螺纹，但要注意，多线螺纹一般较难保证高的制造精度。

关于螺旋机构的承载能力设计和具体参数计算将在机械设计课程中详细论述，这里就不再讨论了。

思考题及练习题

4-1　何谓平衡力与平衡力矩？平衡力是否总是驱动力？

4-2　采用当量摩擦因数 f_v 及当量摩擦角 φ_v 的意义何在？当量摩擦因数 f_v 与实际摩擦因数 f 不同，

是由两物体接触面几何形状的改变而引起的，这种说法对吗？

4-3 在转动副中，无论什么情况，总反力始终应与摩擦圆相切的论断正确否？为什么？

4-4 眼镜用小螺钉（M1×0.25）与其他尺寸螺钉（例如 M8×1.25）相比，为什么更易发生自动松脱现象（螺纹中径＝螺纹大径－0.65×螺距）？

4-5 当作用在转动副中轴颈上的外力为一单力，并分别作用在其摩擦圆之内、之外或相切时，轴颈将作何种运动？当作用在转动副中轴颈上的外力为一力偶矩时，也会发生自锁吗？

4-6 自锁机械根本不能运动，对吗？试举 2～3 个利用自锁的实例。

4-7 通过对串联机组及并联机组的效率计算，说明其对设计机械传动系统的重要启示意义。

4-8 试求图 4-33 所示各机构的机械效益，其中图 4-33a 所示为一铆钉机，图 4-33b 为一小型压力机，图 4-33c 为一剪刀（计算中所需各尺寸从图中量取）。

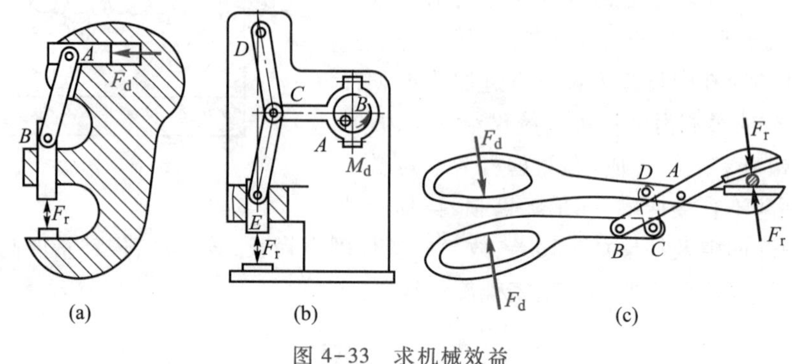

图 4-33 求机械效益

4-9 图 4-34a 所示导轨副为由拖板 1 与导轨 2 组成的复合移动副，拖板的运动方向垂直于纸面；图 4-34b 所示为由转轴 1 与轴承 2 组成的复合转动副，绕轴线 *OO* 转动。现已知各运动副的尺寸如图所示，并设 $\boldsymbol{G}$ 为外加总载荷，各接触面间的摩擦因数均为 f。试分别求导轨副的当量摩擦因数 f_v 和转动副的摩擦圆半径 ρ。

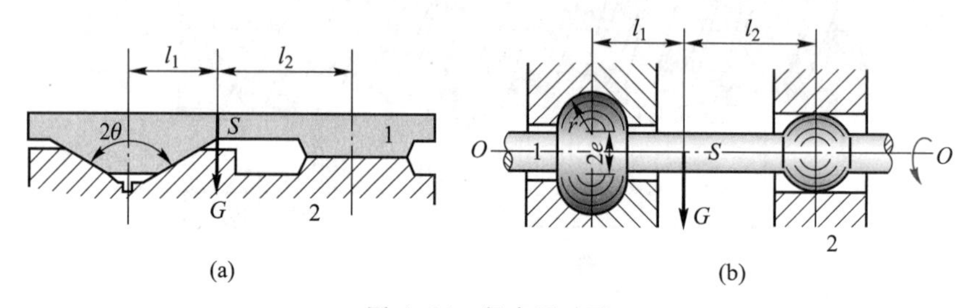

图 4-34 复合运动副

4-10 图 4-35 所示为一锥面径向推力轴承，已知其几何尺寸如图所示，设轴 1 上受有铅垂总载荷 $\boldsymbol{G}$，轴承中的滑动摩擦因数为 f，试求轴 1 上所受的摩擦力矩 M_f（分别以新轴端和磨合轴端来加以分析）。

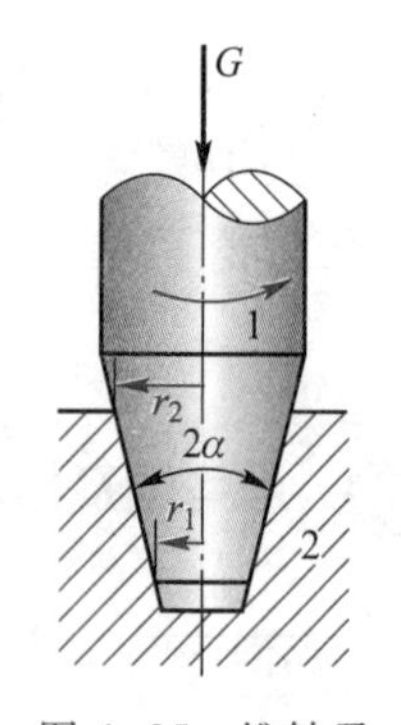

图 4-35 锥轴承

4-11 图 4-36 所示为一曲柄滑块机构的三个位置，$\boldsymbol{F}$ 为作用在活塞上的力，转动副 *A* 及 *B* 上所画的虚线小圆为摩擦圆，试确定在此三个位置时作用在连杆 *AB* 上的作用力的真实方向（构件重量及惯性力略去不计）。

4-12 图 4-37 所示为一摆动推杆盘形凸轮机构，凸轮 1 沿逆时针方向回转，$\boldsymbol{F}$ 为作用在推杆 2 上的外载荷，试确定凸轮 1 及机架 3 作用给推杆 2 的总反力 $\boldsymbol{F}_{R12}$ 及 $\boldsymbol{F}_{R32}$ 的方位（不考虑构件的重量及惯性力，图中虚线小圆为摩擦圆）。

4-13 图 4-38 所示为一偏心轮曲柄摇杆机构，已知机构的各杆尺寸 l_{AB}、l_{BC}、l_{CD}

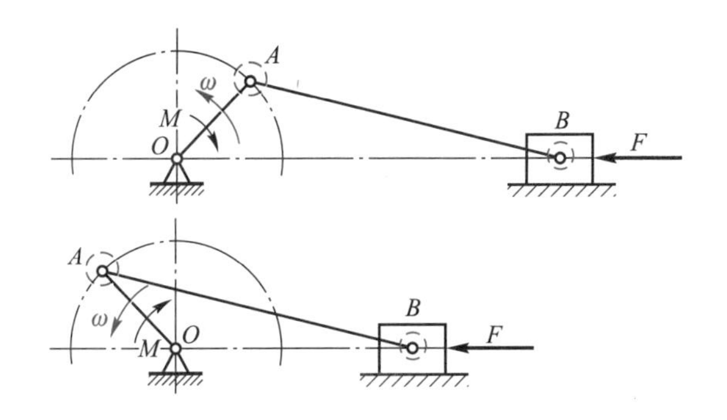

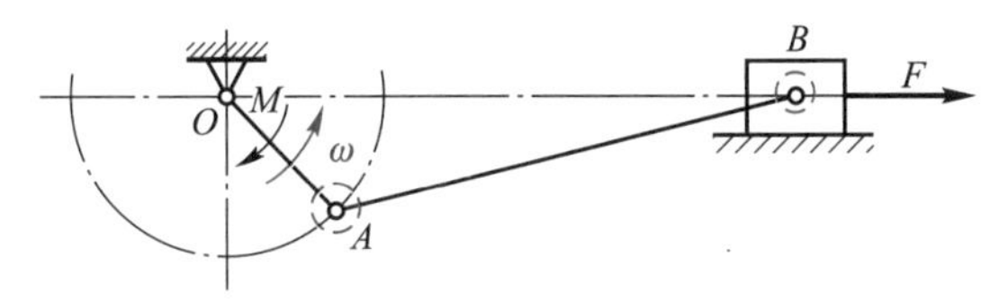

图 4-36　曲柄滑块机构

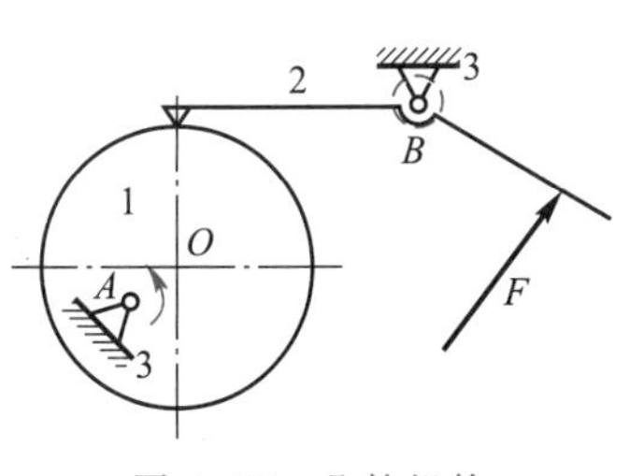

图 4-37　凸轮机构

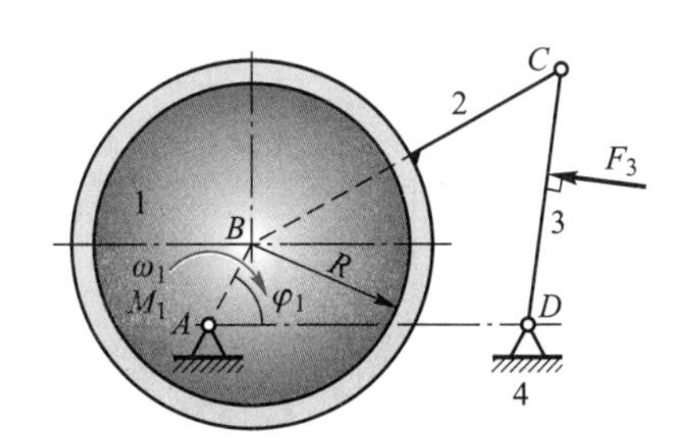

图 4-38　偏心轮机构

及 l_{AD}，偏心轮 1 的半径为 R，且与连杆 2 的环面的接触状况系数为 k_1，滑动摩擦因数为 f_1；其他各转动副处的轴颈半径均为 r，接触状况系数为 k，摩擦因数为 f。当以偏心轮 1 为主动件，且以等角速度顺时针方向转动，从动件 3 上作用一工作阻力 $\boldsymbol{F}_3$，其方向垂直于 CD 时，试用解析法确定考虑摩擦时该机构的各运动副总反力的大小和方向以及需作用在偏心轮 1 上的驱动力矩 M_1（各构件重力及惯性力略去不计）。

4-14　图 4-39 所示为一楔面夹紧机构，该夹紧机构通过拧紧螺母 1 使工件 5 被夹紧。设各接触面间的摩擦因数均为 f，$l_{AB}=l_{BC}$，螺纹工作面的牙侧角 $\beta=30°$。要求在夹紧后，工件在力 $\boldsymbol{F}$ 作用下不会滑脱，问必须在螺母 1 上施加多大的拧紧力矩（所需尺寸可从图中量取）？

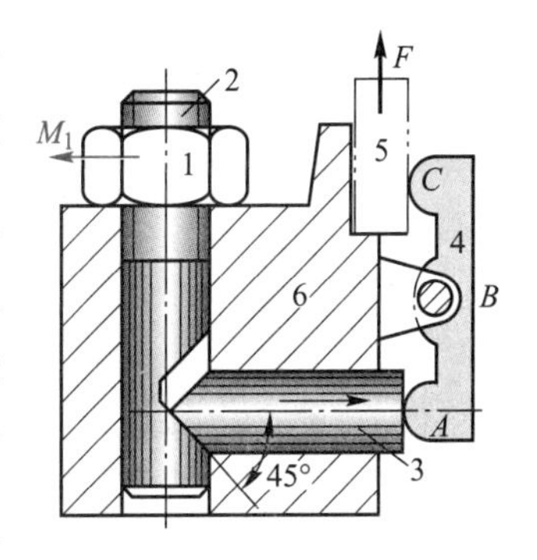

图 4-39　夹紧机构

4-15　图 4-40 所示的曲柄滑块机构中，曲柄 1 在驱动力矩 M_1 作用下等速转动。设已知各转动副的轴颈半径 $r=10$ mm，当量摩擦因数 $f_v=0.1$，移动副中的滑动摩擦因数 $f=0.15$，$l_{AB}=100$ mm，$l_{BC}=350$ mm。各构件的质量和转动惯量略而不计。当 $M_1=20$ N · m 时，试求机构在图示位置所能克服的有效阻力 $\boldsymbol{F}_3$ 及机械效率。

4-16　图 4-41 所示为一带式运输机，由电动机 1 经平带传动及一个两级齿轮减速器带动运输带 8。设已知运输带 8 所需的曳引力 $F=5\ 500$ N，运送速度 $v=1.2$ m/s。平带传动（包括轴承）的效率 $\eta_1=0.95$，每对齿轮（包括其轴承）的效率 $\eta_2=0.97$，运输带 8 的机械效率 $\eta_3=0.92$（包括其支承和联轴器）。试求该系统的总效率 η 及电动机所需的功率。

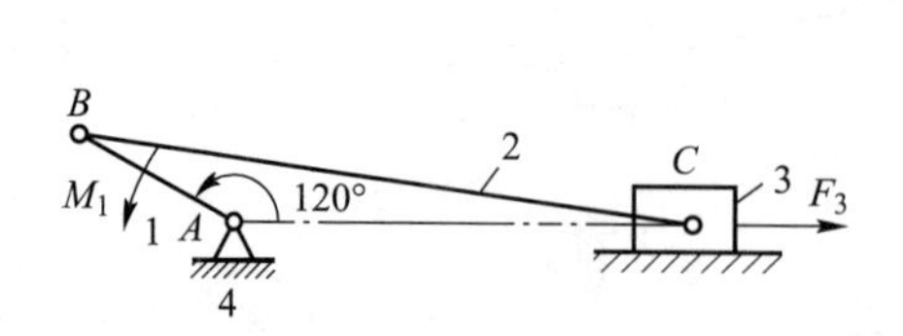

图 4-40　曲柄滑块机构

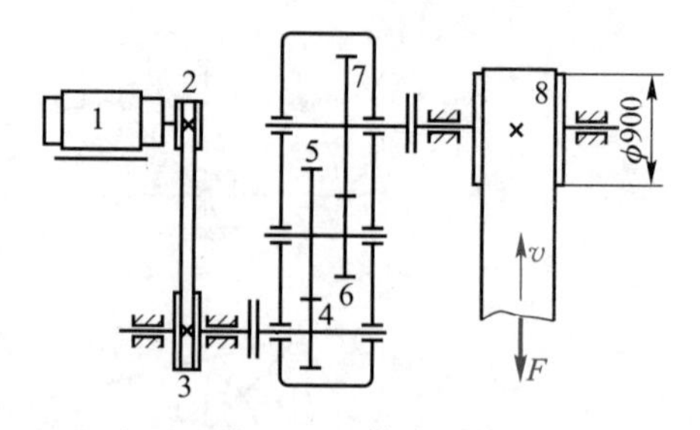

图 4-41　带式运输机

4-17　如图 4-42 所示，电动机通过 V 带传动及锥齿轮、圆柱齿轮传动带动工作机 A 及 B。设每对齿轮的效率 $\eta_1=0.97$（包括轴承的效率在内），带传动的效率 $\eta_2=0.92$，工作机 A、B 的功率分别为 $P_A=5$ kW、$P_B=1$ kW，效率分别为 $\eta_A=0.8$、$\eta_B=0.5$，试求电动机所需的功率。

4-18　图 4-43a 所示为一焊接用的楔形夹具。利用这个夹具把两块要焊接的工件 1 及 1′预先夹妥，以便焊接。图中 2 为夹具体，3 为楔块。试确定其自锁条件（即当夹紧后，楔块 3 不会自动松脱出来的条件）。

图 4-43b 为一颚式破碎机，在破碎矿石时要求矿石不致被向上挤出，试问 α 角应满足什么条件？经分析可得出什么结论？

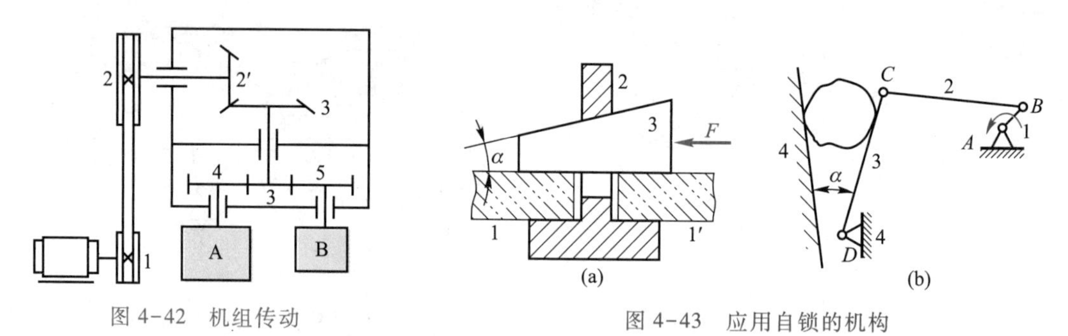

图 4-42　机组传动

图 4-43　应用自锁的机构

4-19　图 4-44 所示为一超越离合器，当星轮 1 沿顺时针方向转动时，滚柱 2 将被楔紧在楔形间隙中，从而带动外圈 3 也沿顺时针方向转动。设已知摩擦因数 $f=0.08$，$R=50$ mm，$h=40$ mm。为保证机构能正常工作，试确定滚柱直径 d 的合适范围。

提示：在解此题时，要用到上题的结论。（**答案**：9.424 mm$<d<$10 mm）

4-20　对于图 4-2 所示斜面机构以及图 4-4 所示的螺旋机构，当其反行程自锁时，其正行程的效率一定为 $\eta\leqslant0.5$，试问这是不是一个普遍规律？试分析图 4-45 所示斜面机构当其处于临界自锁时的情况，由此可得出什么重要的结论（设 $f=0.2$）？

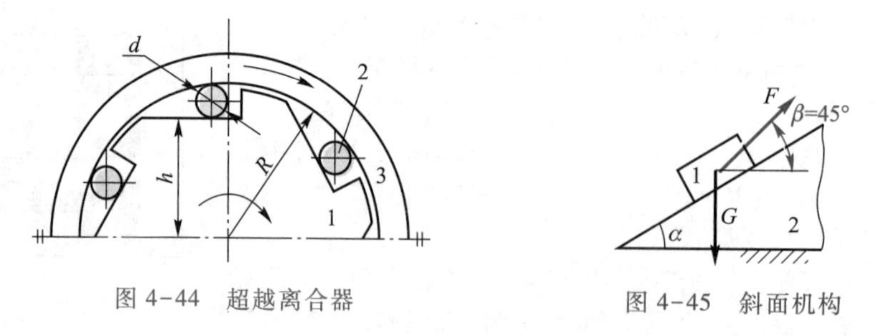

图 4-44　超越离合器

图 4-45　斜面机构

4-21　在图 4-20 所示的偏心夹具中，设已知夹具中心高 $H=100$ mm，偏心盘外径 $D=120$ mm，偏心距 $e=15$ mm，轴颈摩擦圆半径 $\rho=5$ mm，摩擦因数 $f=0.15$。求所能夹持的工件的最大、最小厚度 h_{max} 和 h_{min}。

（**答案**：$h_{min}=25\ mm$，$h_{max}=36.49\ mm$）

4-22　图 4-46 所示为一提升装置，6 为被提升的重物，设各接触面间的摩擦因数为 f（不计铰链中的摩擦），为了能可靠提起重物，试确定连杆 2（3、4）杆长的取值范围。

4-23　图 4-47 所示为直流伺服电动机的特性曲线，图中 M 为输出转矩，P_1 为输入功率，P_2 为输出功率，I_a 为电枢电流，n 为转速，η 为效率。由于印刷错误，误将 η 也印为了 n，试判断哪一条曲线才是真正的效率曲线，并说明理由。

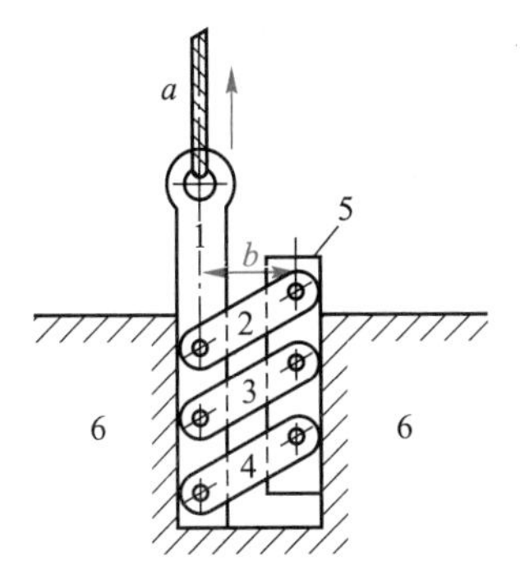

图 4-46　提升装置

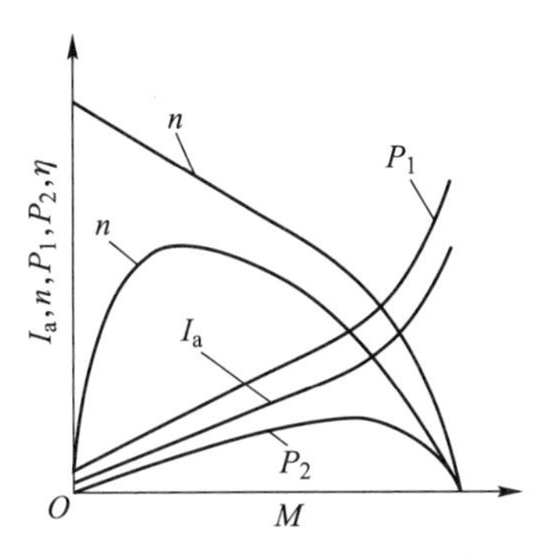

图 4-47　伺服电动机特性曲线

4-24　图 4-48 所示为自动弧焊机的送丝装置，送丝头在装卸工件及焊接时需作上下运动。由于设计中存在一些问题，发现在工作中送丝头上下不顺畅，以致电动机发热甚至烧毁。试分析发生故障的可能原因，并提出改进方法。

4-25　图 4-49 所示为某自动步枪枪机的缓冲装置。当枪机后坐时，摩擦缓冲头要吸收其后坐的剩余能量，并使枪机产生恢复前进的初速。显然，该装置的正反行程均不得自锁。试求其正反行程均不自锁的条件。

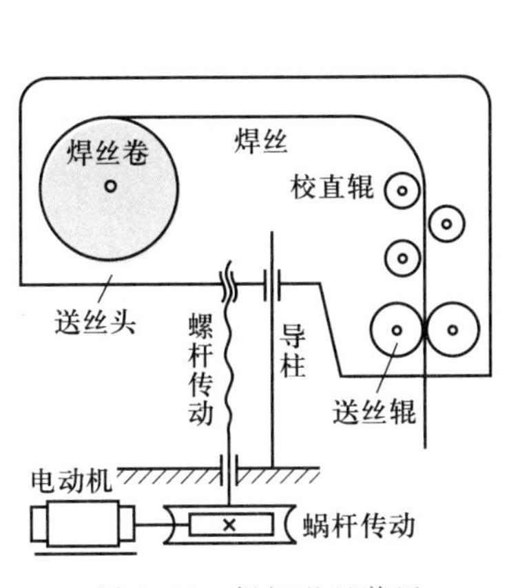

图 4-48　焊机送丝装置

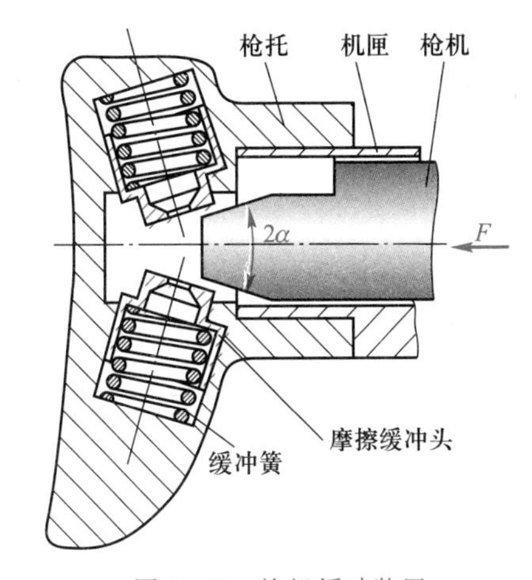

图 4-49　枪机缓冲装置

4-26　图 4-50 所示为一机床上带动溜板 2 在导轨 3 上移动的微动螺旋传动机构。螺杆 1 上有两段旋向均为右旋的螺纹，A 段的导程 $P_{hA}=1\ mm$，B 段的导程 $P_{hB}=0.75\ mm$。试求当手轮按 K 向顺时针转动一周时，溜板 2 相对于导轨 3 移动的方向及距离大小。又若将 A 段螺纹的旋向改为左旋，而 B 段的旋向及其他参数不变，试问结果又将如何？

4-27　图 4-30 所示的自动定心夹紧机构中，你知道其下半部的结构有什么重要作用吗？

4-28　图 4-51a 所示是一个光缆或电缆的收卷装置，为加快收卷辊的装卸，图中采用了快卸螺母，快卸螺母的内部结构如图 4-51b 所示。你知道此螺母是如何快速装卸的吗？

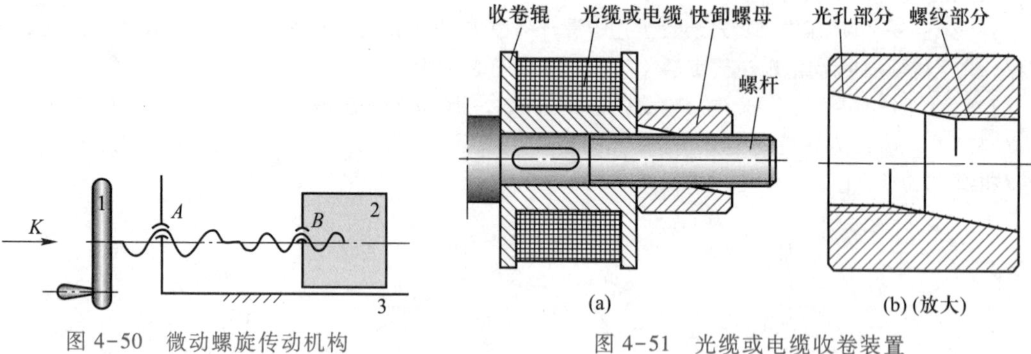

图 4-50 微动螺旋传动机构

图 4-51 光缆或电缆收卷装置

4-29 图 4-52a 所示为显微外科手术中用以夹持缝针或血管的操作手指。由步进电动机带动螺母正反旋转，通过螺杆及弹簧 1、2 使驱动套及固定在驱动套上的传动销前进或后退，从而使指尖开合与夹持（指尖的铰链固定在支承体上）。图 4-52b 为指尖张开的情况，图 4-52c 为夹住缝针的情况。指尖夹持力的大小取决于两弹簧的弹性力差及传动销的位置。设作用在传动销上的弹簧力差为 0.2 N（力向左），传动销与指尖上斜长槽间的摩擦因数为 0.1（其余各处的摩擦略去不计），求指尖夹缝针的夹持力，所需尺寸及角度可从图中量取。

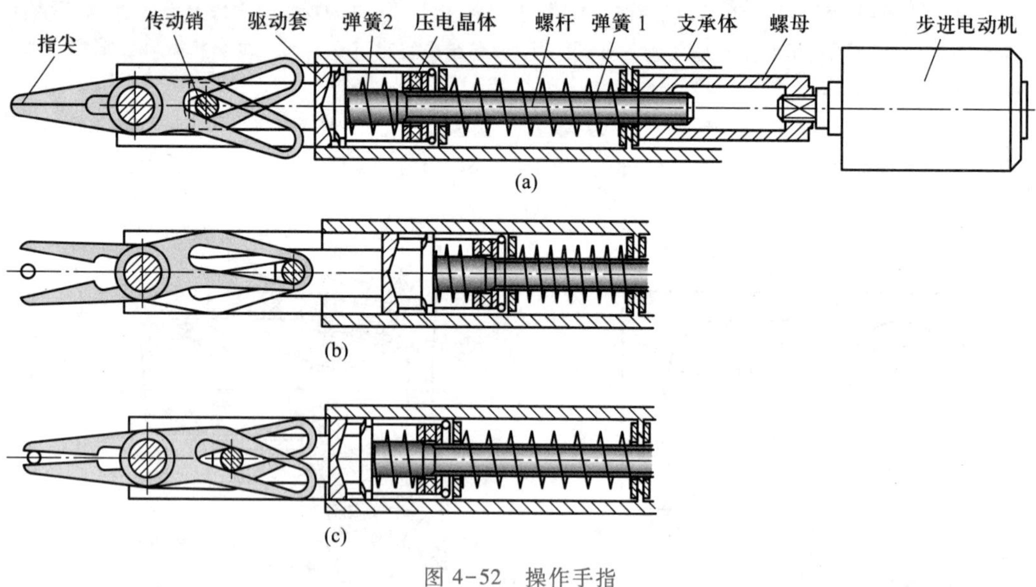

图 4-52 操作手指

阅读参考资料

[1] 陈作模. 机械原理学习指南[M]. 5 版. 北京：高等教育出版社，2008.
[2] 张相炎. 火炮设计理论[M]. 北京：北京理工大学出版社，2005.

水车（东汉）

第5章

机械的动力分析

5.1 机械动力分析的任务、目的及方法

对于现有机械的分析或新的机械设计任务，在经过机构的运动学和静力学分析后，已了解了其机械的运动及力传递和变换特性，并在此基础上经过对各构件的静强度、刚度分析及结构设计，从而获得了机械各构件的尺寸、材料、质量及转动惯量等参数，便可对机械作进一步的动力分析和动态性能的评判，即进行机械的动态静力分析和动态特性评判。这是机械动力学的逆向动力学问题，即已知机械系统的加速度、速度及位移，求解要达到这个运动所必须提供的全部力和力矩的大小及方向。机械的动态静力分析又有两种情况：考虑摩擦时机构的动态静力分析和不考虑摩擦时机构的动态静力分析。对于考虑摩擦同时又考虑惯性力的机构动态静力分析，无论是建模还是求解都十分复杂和困难，所以在工程实际中先按不考虑摩擦作机构的动态静力分析，依据力分析结果再把摩擦力考虑进去，作机构的动态静力分析，如此反复循环多次直至获得满意的分析精度为止。因此，本章主要研究不考虑摩擦时机构的动态静力分析问题。

不考虑摩擦时机构的动态静力分析的任务，与前述机构的静力分析基本相类似，但也不完全相同，其主要任务有：一是确定机构运动副中的反力；二是确定机械上的平衡力或平衡力偶。此外，有时要求确定作用于机架上的振动力 F_s(shaking force)或倾覆力 F_c(capsizing force)或振动力矩 M_s(shaking moment)或倾覆力矩 M_c(capsizing moment)，即机械的动态力引起其机座振动或倾覆的力或力矩。因为机械的机构通过与机架相连的运动副，受构件惯性力的影响，会对支承机器的机座引起动态作用力而会产生倾覆或振动，甚至破坏，所以工程中也需要作必要的分析。

机构的动态静力分析的目的就是为现有机械的分析或新机械的设计提供更接近工程实际、更精确的受力和力矩的大小、方向及其变化规律。机械的这些动力分析，对高速、高精密、重载和大动力机械的分析与设计尤为重要，是重要的性能和质量评价指标。

机械的动态静力分析的依据是达朗贝尔原理。分析的一般步骤：先确定机构各个构件的惯性力，然后再将各惯性力虚拟加在机构各相应的构件上，按静力平衡的受力分析方法建立平衡方程并求解。机械的动态静力分析的方法有图解法和解析法两种。本章将对这两种方法分别加以介绍。

5.2　构件惯性力的确定

如上所述,在对高速及重型机械进行力分析时必须计及其各构件的惯性力。此外,在设计某些新机械时,也常需计算其某些构件的惯性力。所以,构件惯性力的确定是机械力分析的一项重要任务。

构件惯性力的确定有如下两种方法:

1. 一般力学方法

在机械运动过程中,其各构件产生的惯性力不仅与各构件的质量 m_i、绕过质心轴的转动惯量 J_{S_i}、质心 S_i 的加速度 $\boldsymbol{a}_{S_i}$ 及构件的角加速度 α_i 等有关,还与构件的运动形式有关。现以图 5-1a 所示的曲柄滑块机构为例,说明各构件惯性力的确定方法。

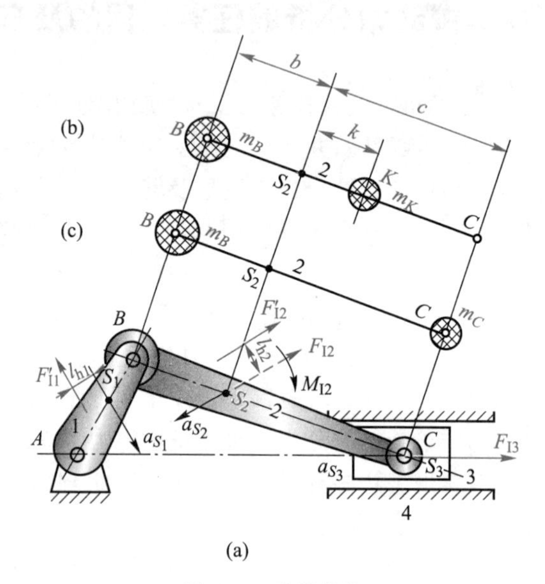

图 5-1　质量代换

(1) 作平面复合运动的构件

对于作平面复合运动且具有平行于运动平面的对称面的构件(如连杆 2),其惯性力系可简化为一个加在质心 S_2 上的惯性力 $\boldsymbol{F}_{I2}$和一个惯性力偶矩 M_{I2},即

$$\boldsymbol{F}_{I2}=-m_2\boldsymbol{a}_{S_2},M_{I2}=-J_{S_2}\alpha_2 \tag{5-1}$$

也可将其再简化为一个大小等于 $\boldsymbol{F}_{I2}$,而作用线偏离质心 S_2 一距离 l_{h2}的总惯性力 $\boldsymbol{F}'_{I2}$,而

$$l_{h2}=M_{I2}/F'_{I2} \tag{5-2}$$

$\boldsymbol{F}'_{I2}$对质心 S_2 之矩的方向应与 α_2 的方向相反。

(2) 作平面移动的构件

如滑块 3,当其作变速移动时,仅有一个加在质心 S_3 上的惯性力 $\boldsymbol{F}_{I3}=-m_3\boldsymbol{a}_{S_3}$。

(3) 绕定轴转动的构件

如曲柄 1,若其轴线不通过质心,当构件为变速转动时,其上作用有惯性力 $\boldsymbol{F}_{I1}=-m_1\boldsymbol{a}_{S_1}$

及惯性力偶矩 $M_{I1}=-J_{S_1}\alpha_1$，或简化为一个对质心 S_1 之矩为$F_{I1}l_{h1}$的总惯性力 $\boldsymbol{F}'_{I1}$；如果回转轴线通过构件质心，则只有惯性力偶矩 $M_{I1}=-J_{S_1}\alpha_1$。

2. 质量代换法

用上一种方法确定构件的惯性力，需求出构件的质心加速度 $\boldsymbol{a}_{S_i}$ 及角加速度 α_i，这在对机构一系列位置进行力分析时相当繁琐。为了简化构件惯性力的确定，可以设想把构件的质量[①]按一定条件用集中于构件上某几个选定点的假想集中质量来代替，这样便只需求各集中质量的惯性力，而无需求惯性力偶矩，从而简化构件惯性力的确定，这种方法称为质量代换法（substitution method of mass）。假想的集中质量称为代换质量（substitutional mass），代换质量所在的位置称为代换点（substitutional point）。为使构件在质量代换前后，构件的惯性力和惯性力偶矩保持不变，应满足下列三个条件：

1）代换前后构件的质量不变；

2）代换前后构件的质心位置不变；

3）代换前后构件对质心轴的转动惯量不变。

根据上述三个代换条件，若对图5-1中连杆 BC 的分布质量用集中在 B、K 两点的集中质量 m_B、m_K 来代换（图5-1b 中 B、S_2、K 三点位于同一直线上），则可列出下列三个方程式[②]：

$$\left.\begin{aligned} m_B+m_K&=m_2\\ m_Bb&=m_Kk\\ m_Bb^2+m_Kk^2&=J_{S_2}\end{aligned}\right\}\tag{5-3}$$

在此方程组中有四个未知量（b、k、m_B、m_K）、三个方程，故有一个未知量可任选。在工程上，一般先选定代换点 B 的位置（即选定 b），其余三个未知量为

$$\left.\begin{aligned} k&=J_{S_2}/(m_2b)\\ m_B&=m_2k/(b+k)\\ m_K&=m_2b/(b+k)\end{aligned}\right\}\tag{5-4}$$

这种同时满足上述三个代换条件的质量代换称为动代换（dynamic substitution），而由式（5-4）所建立的构件质量模型称为质量动态等效模型（dynamically equivalent model of mass）。其优点是在代换后，构件的惯性力和惯性力偶都不会发生改变。但其代换点 K 的位置不能随意选择，这会给工程计算带来不便。

为了便于计算，工程上常采用只满足前两个条件的静代换（static substitution），即建立构件的质量静态等效模型（statically equivalent model of mass）。这时，两个代换点的位置均可任选（图5-1c），即可同时选定 b、c，则有

---

① 构件的质量是构件刚体的不变特性，而不是重量。重量随构件所处的重力系统不同而不同。对于大多数固定于地面的机器来说，通常认为构件的质量为常数是合理的，而对于如飞机等移动机器来说，因燃料消耗较慢，其质量变化可以忽略；但对于航天飞机等飞行器而言，这样的假设是不安全的，通常不可忽略。

② 此处讨论的是用两个代换质量的代换法。在机械工程中，为了应用上的需要，有时也要用到三个代换质量以上的代换法，如右图所示的V型发动机中的主连杆 BCD，在对其进行质量代换时，就需用到三个代换质量的代换法，代换点分别选在 B、C、D 三点。

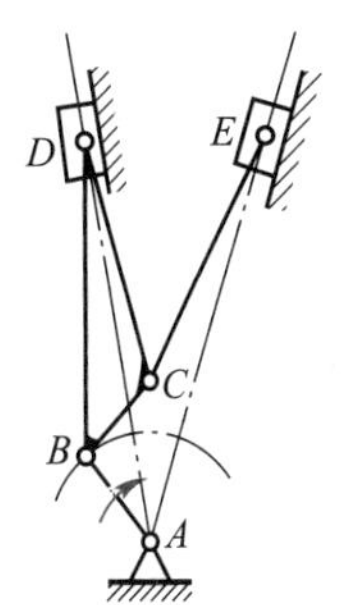

$$\left.\begin{aligned} m_B &= m_2 c/(b+c) \\ m_C &= m_2 b/(b+c) \end{aligned}\right\} \tag{5-5}$$

因静代换不满足代换的第三个条件，故在代换后，构件的惯性力偶会产生一些误差，但此误差能为一般工程设计所接受。因其使用上的简便性，故常为工程上所采纳。

5.3 不考虑摩擦时机构的动态静力分析

如前所述，机构力分析的任务是确定运动副中的反力和需加于机构上的平衡力。然而由于运动副反力对整个机构来说是内力，故不能就整个机构进行力分析，而必须将机构分解为若干个构件组，然后逐个进行分析。对于机构进行动态静力分析的方法是将惯性力视为一般外力加于相应的构件上，再按静力分析的方法进行分析。为了能以静力学方法将构件组中所有力的未知数确定出来，则构件组必须满足静定条件，即对构件组所能列出的独立的力平衡方程数应等于构件组中所有力的未知要素的数目。下面先介绍构件组的静定条件，然后再介绍力分析的步骤和方法。

1. 构件组的静定条件

在不考虑摩擦时，转动副中的反力 $\boldsymbol{F}_{\mathrm{R}}$，通过转动副中心 O（图 5-2），其大小和方向未知；移动副中的反力 $\boldsymbol{F}_{\mathrm{R}}$沿导路法线方向，其作用点位置和大小未知；平面高副中的反力 $\boldsymbol{F}_{\mathrm{R}}$作用于高副两元素接触点处的公法线上，仅大小未知。所以，如在构件组中共有 p_1 个低副和 p_{h} 个高副，则共有 $2p_1+p_{\mathrm{h}}$ 个力的未知数。如该构件组中共有 n 个构件，因对每个构件都可列出 3 个独立的力平衡方程式，故共有 $3n$ 个独立的力平衡方程式。因此构件组的静定条件为

$$3n = 2p_1+p_{\mathrm{h}} \tag{5-6}$$

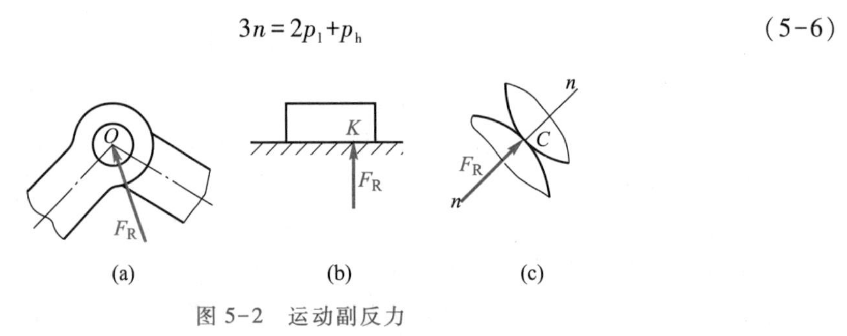

图 5-2 运动副反力

如将上式与式（2-6）加以比较，可知基本杆组都满足静定条件。

2. 用图解法作机构的动态静力分析

在对机构作动态静力分析时，需先对机构作运动分析以确定在所要求位置时各构件的角加速度和质心加速度，再求出各构件的惯性力，并把惯性力视为加于构件上的外力，然后再根据各基本杆组列出一系列力平衡矢量方程；最后选取力比例尺 μ_F（即图中每单位长度所代表的力的大小，单位为 N/mm）作图求解。分析的顺序一般是由外力全部已知的构件组开始，逐步推算到未知平衡力作用的构件。下面举例具体说明。

例 5-1　在如图 5-3a 所示的曲柄滑块机构中，设已知各构件的尺寸，曲柄 1 绕其转动中心 A 的转动惯量 J_A（质心 S_1 与 A 点重合），连杆 2 的重量 $\boldsymbol{G}_2$，转动惯量 J_{S_2}（质心 S_2 在杆 BC 的 1/3 处），滑块 3 的重量 $\boldsymbol{G}_3$（质心 S_3 在 C 处）。主动件 1 以角速度 ω_1 和角加速度 α_1 顺时针方向回转，作用于滑块 3 上 C 点的工作阻力为 $\boldsymbol{F}_r$，各运动副的摩擦忽略不计。求机构在图示位置时各运动副中的反力以及需加在构件 1 上的平衡力矩 M_b。

解： 1）对机构进行运动分析　选定长度比例尺 μ_l、速度比例尺 μ_v 及加速度比例尺 μ_a，作出机构的运动简图、速度图及加速度图，分别如图 5-3a、b、c 所示。

2）确定各构件的惯性力及惯性力偶矩　作用在曲柄 1 上的惯性力偶矩为 $M_{I1}=J_A\alpha_1$（逆时针）；作用在连杆 2 上的惯性力及惯性力偶矩分别为 $F_{I2}=m_2a_{S_2}=(G_2/g)\mu_a\,\overline{p's_2'}$ 和 $M_{I2}=J_{S_2}\alpha_2=J_{S_2}a_{CB}^t/l_2=J_{S_2}\mu_a\,\overline{n_2'c'}/l_2$，总惯性力 $\boldsymbol{F}'_{I2}(=\boldsymbol{F}_{I2})$ 偏离质心 S_2 的距离为 $h_2=M_{I2}/F_{I2}$，其对 S_2 之矩的方向与 α_2 的方向（逆时针）相反（顺时针）；而作用在滑块 3 上的惯性力为 $F_{I3}=m_3a_C=(G_3/g)\mu_a\,\overline{p'c'}$（方向与 $\boldsymbol{a}_C$ 反向）。上述各惯性力及各构件重力如图 5-3a 所示。

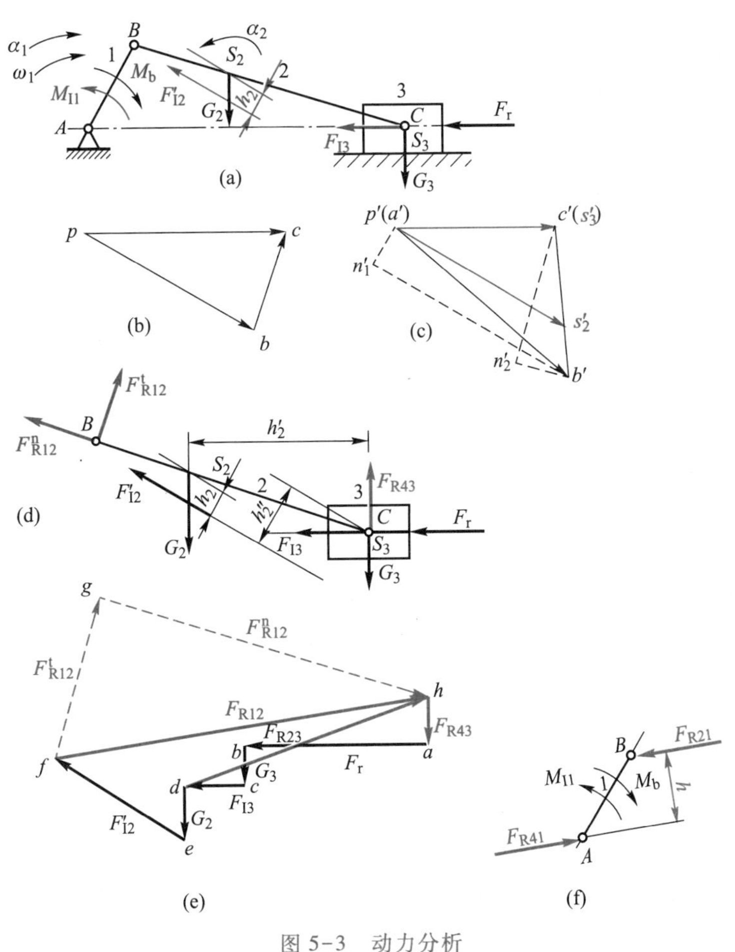

图 5-3　动力分析

3）作动态静力分析 按静定条件将机构分解为一个基本杆组 2、3 和作用有未知平衡力的构件 1，并由杆组 2、3 开始进行分析。

先取杆组 2、3 为分离体，如图 5-3d 所示。其上受有重力 $\boldsymbol{G}_2$ 及 $\boldsymbol{G}_3$、惯性力 $\boldsymbol{F}'_{I2}$ 及 $\boldsymbol{F}_{I3}$、工作阻力 $\boldsymbol{F}_r$ 以及待求的运动副反力 $\boldsymbol{F}_{R12}$ 和 $\boldsymbol{F}_{R43}$。因不计及摩擦力，$\boldsymbol{F}_{R12}$ 过转动副 B 的中心。并将 $\boldsymbol{F}_{R12}$ 分解为沿杆 BC 的

法向分力 $\boldsymbol{F}^{n}_{R12}$ 和垂直于 BC 的切向分力 $\boldsymbol{F}^{t}_{R12}$，而 $\boldsymbol{F}_{R43}$ 则垂直于移动副的导路方向。将构件 2 对 C 点取矩，由 $\sum M_C=0$，可得 $F^{t}_{R12}=(G_2h_2'-F'_{I2}h''_2)/l_2$，再根据整个构件组的力平衡条件得

$$\boldsymbol{F}_{R43}+\boldsymbol{F}_{r}+\boldsymbol{G}_3+\boldsymbol{F}_{I3}+\boldsymbol{G}_2+\boldsymbol{F}'_{I2}+\boldsymbol{F}^{t}_{R12}+\boldsymbol{F}^{n}_{R12}=0$$

上式中仅 $\boldsymbol{F}_{R43}$ 及 $\boldsymbol{F}^{n}_{R12}$ 的大小未知，故可用图解法求解（图 5-3e）。选定比例尺 μ_F，从点 a 依次作矢量 $\overrightarrow{ab}$、$\overrightarrow{bc}$、$\overrightarrow{cd}$、$\overrightarrow{de}$、$\overrightarrow{ef}$ 和 $\overrightarrow{fg}$ 分别代表力 $\boldsymbol{F}_{r}$、$\boldsymbol{G}_3$、$\boldsymbol{F}_{I3}$、$\boldsymbol{G}_2$、$\boldsymbol{F}'_{I2}$ 和 $\boldsymbol{F}^{t}_{R12}$，然后再分别由点 a 和点 g 作直线 ah 和 gh 分别平行于力 $\boldsymbol{F}_{R43}$ 和 $\boldsymbol{F}^{n}_{R12}$，其相交于点 h，则矢量 $\overrightarrow{ha}$ 和 $\overrightarrow{fh}$ 分别代表 $\boldsymbol{F}_{R43}$ 和 $\boldsymbol{F}_{R12}$，即

$$\boldsymbol{F}_{R43}=\mu_F\,\overrightarrow{ha},\boldsymbol{F}_{R12}=\mu_F\,\overrightarrow{fh}$$

为了求得 $\boldsymbol{F}_{R23}$，可根据构件 3 的力平衡条件，即 $\boldsymbol{F}_{R43}+\boldsymbol{F}_{r}+\boldsymbol{G}_3+\boldsymbol{F}_{I3}+\boldsymbol{F}_{R23}=0$，并由图 5-3e 可知，矢量 $\overrightarrow{dh}$ 代表 $\boldsymbol{F}_{R23}$，即

$$\boldsymbol{F}_{R23}=\mu_F\,\overrightarrow{dh}$$

再取构件 1 为分离体（图 5-3f）。其上作用有运动副反力 $\boldsymbol{F}_{R21}$ 和待求的运动副反力 $\boldsymbol{F}_{R41}$，惯性力偶矩 M_{I1} 及平衡力矩 M_b。将杆 1 对 A 点取矩，有

$$M_b=M_{I1}+F_{R21}h\text{（顺时针）}$$

再由杆 1 的力的平衡条件，有

$$\boldsymbol{F}_{R41}=-\boldsymbol{F}_{R21}$$

3. 用解析法作机构的动态静力分析

机构力分析的解析法与机构运动分析的解析法极为相似，从数学的观点来说两者没有什么实质性的区别，所不同者，一个是从运动学观点来建立矢量方程式，一个是根据力的平衡条件来建立矢量方程式。这里也主要介绍复数矢量法和矩阵法这两种解析法。在介绍求解方法之前，先要介绍一下解析法所要用到的构件上力对点之矩和运动副反力的表示方法。

1）构件上力对点之矩的表示法　如图 5-4 所示，设作用于构件上的任一点 $A(x_A、y_A)$ 上的力为 $\boldsymbol{F}_A$，当该力对构件上另一任意点 $B(x_B、y_B)$ 取矩时，$\boldsymbol{r}=\overrightarrow{BA}$，其方位角为 θ，则该力矩的矢量表示形式为

$$\boldsymbol{M}_B=\boldsymbol{r}\times\boldsymbol{F}_A$$

因 $M_B=rF_A\sin\alpha$，而 $\boldsymbol{r}^{t}\cdot\boldsymbol{F}_A=rF_A\cos(90°-\alpha)=rF_A\sin\alpha$，故力矩 M_B 的大小可写成矢量表示形式或复数矢量表示形式为

$$M_B=\boldsymbol{r}^{t}\cdot\boldsymbol{F}_A=r\mathrm{e}^{\mathrm{i}(90°+\theta)}(F_{Ay}+\mathrm{i}F_{Ay}) \tag{5-7}$$

其直角坐标表示形式为

$$M_B=-(y_A-y_B)F_{Ax}+(x_A-x_B)F_{Ay} \tag{5-8}$$

2）机构中各运动副反力的表示法　如图 5-5 所示的铰链四杆机构，为便于列出力的方程和求解，现规定将各运动副中的反力统一表示为 $\boldsymbol{F}_{Rij}$ 的形式，即构件 i 作用于构件 j 上的反力，且规定 $i<j$，而构件 j 作用于构件 i 上的反力 $\boldsymbol{F}_{Rji}$ 则用 $-\boldsymbol{F}_{Rij}$ 表示。然后再将各运动副中的反力分解为沿两坐标轴的两个分力，即

$$\boldsymbol{F}_{RA}=\boldsymbol{F}_{R14}=-\boldsymbol{F}_{R41}=F_{R14x}+\mathrm{i}F_{R14y}$$
$$\boldsymbol{F}_{RB}=\boldsymbol{F}_{R12}=-\boldsymbol{F}_{R21}=F_{R12x}+\mathrm{i}F_{R12y}$$
$$\boldsymbol{F}_{RC}=\boldsymbol{F}_{R23}=-\boldsymbol{F}_{R32}=F_{R23x}+\mathrm{i}F_{R23y}$$
$$\boldsymbol{F}_{RD}=\boldsymbol{F}_{R34}=-\boldsymbol{F}_{R43}=F_{R34x}+\mathrm{i}F_{R34y}$$

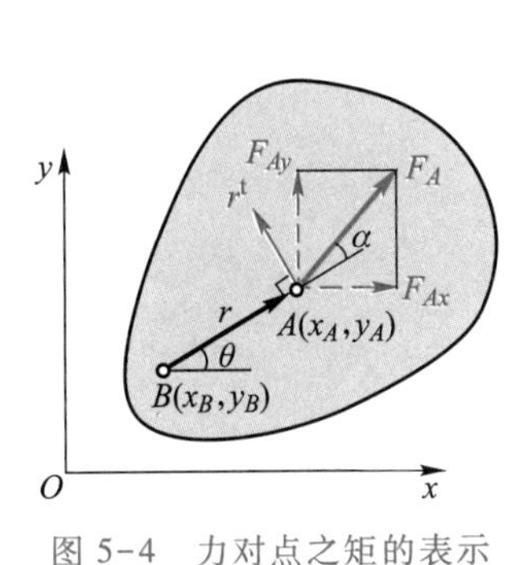

图5-4　力对点之矩的表示

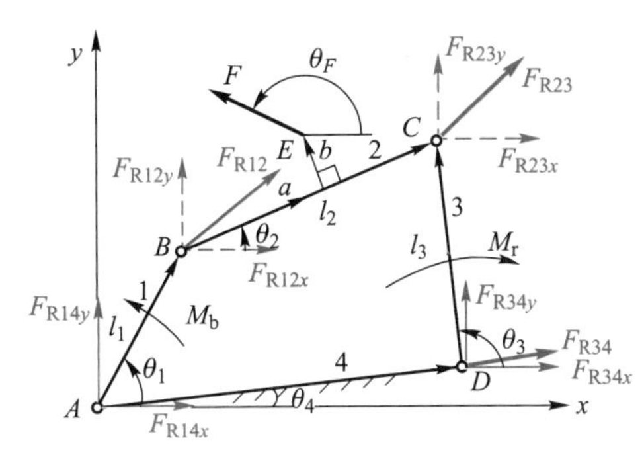

图5-5　铰链四杆机构的力分析及运动副中反力的表示方法

下面就来分别介绍用复数矢量法和矩阵法作机构力分析的方法。

(1) 复数矢量法

在用复数矢量法进行力分析时,一般是先求出运动副反力,然后求平衡力或平衡力矩,最后求作用于机架上的振动力和振动力矩。在求运动副反力时,应当正确地拟定求解步骤,其关键是判断出首解运动副,也就是先求出首解副中的反力。首解副中的反力一旦求出,其他运动副中的反力也就不难求出了。而机构中,确定首解运动副的条件应当是:组成该运动副的两个构件上所作用的外力和外力矩均为已知。下面通过一例来对用复数矢量法作机构的受力分析方法加以说明。

例5-2　在如图5-5所示的铰链四杆机构中,已知作用于构件2上E点处的外力(包括惯性力)为$\boldsymbol{F}$,作用于从动件3上的工作阻力矩为M_r。现试求机构的各运动副中的反力,需要加于主动件1上的平衡力矩M_b,以及作用在机架4上的振动力$\boldsymbol{F}_s$和振动力矩M_s。

解:现用复数矢量对该机构进行受力分析。首先建立一直角坐标系,画出各构件的杆矢量及方位角,将各运动副反力也按前述的统一表示法示出,如图5-5所示。在此四杆机构中,由于构件2及3上所作用的外力$\boldsymbol{F}$和外力矩M_r均为已知,故该运动副C应为首解副。其具体求解步骤及方法如下:

1) 求$\boldsymbol{F}_{RC}$(即$\boldsymbol{F}_{R23}$)　取构件3为分离体,并将该构件上的诸力对D点取矩(规定力矩的方向逆时针者为正,顺时针者为负),则根据$\sum M_D=0$,并应用欧拉公式$e^{i\theta}=\cos\theta+i\sin\theta$,可得

$$\begin{aligned}\boldsymbol{l}_3^t\cdot\boldsymbol{F}_{R23}-M_r&=l_3e^{i(90^\circ+\theta_3)}\cdot(F_{R23x}+iF_{R23y})-M_r\\&=-l_3F_{R23x}\sin\theta_3-l_3F_{R23y}\cos\theta_3-M_r+i(l_3F_{R23x}\cos\theta_3-l_3F_{R23y}\sin\theta_3)\\&=0\end{aligned}$$

由上式的实部等于零,可得

$$-l_3F_{R23x}\sin\theta_3-l_3F_{R23y}\cos\theta_3-M_r=0\tag{a}$$

同理,取构件2为分离体,并将诸力对B点取矩,则根据$\sum M_B=0$,可得

$$\begin{aligned}\boldsymbol{l}_2^t\cdot(-\boldsymbol{F}_{R23})+(\overrightarrow{a^t}+\overrightarrow{b^t})\cdot\boldsymbol{F}&=-l_2e^{i(90^\circ+\theta_2)}\cdot(F_{R23x}+iF_{R23y})+[ae^{i(90^\circ+\theta_2)}+be^{i(180^\circ+\theta_2)}]\cdot Fe^{i\theta_F}\\&=0\end{aligned}$$

由上式的实部等于零,可得

$$l_2F_{R23x}\sin\theta_2+l_2F_{R23y}\cos\theta_2-aF\sin(\theta_2-\theta_F)-bF\cos(\theta_2-\theta_F)=0\tag{b}$$

由式(a)、(b)联立求解可得

$$F_{R23x}=\frac{1}{\sin(\theta_2-\theta_3)}\left\{\frac{M_r\cos\theta_2}{l_3}+\frac{F\cos\theta_3}{l_2}[a\sin(\theta_2-\theta_F)+b\cos(\theta_2-\theta_F)]\right\}$$

$$F_{R23y}=\frac{1}{\sin(\theta_2-\theta_3)}\left\{\frac{M_r\sin\theta_2}{l_3}+\frac{F\sin\theta_3}{l_2}[a\sin(\theta_2-\theta_F)+b\cos(\theta_2-\theta_F)]\right\}$$

2）求 $\boldsymbol{F}_{RD}$(即 $\boldsymbol{F}_{R34}$)　根据构件 3 上的诸力平衡条件，$\sum\boldsymbol{F}=0$，得

$$\boldsymbol{F}_{R34}=-\boldsymbol{F}_{R43}=-\boldsymbol{F}_{R23}=\boldsymbol{F}_{R32}$$

3）求 $\boldsymbol{F}_{RB}$(即 $\boldsymbol{F}_{R12}$)　根据构件 2 上的诸力平衡条件 $\sum\boldsymbol{F}=0$，得

$$\begin{aligned}\boldsymbol{F}_{R12}+(-\boldsymbol{F}_{R23})+\boldsymbol{F}&=F_{R12x}+\mathrm{i}F_{R12y}-F_{R23x}-\mathrm{i}F_{R23y}+F\mathrm{e}^{\mathrm{i}\theta_F}\\&=(F_{R12x}-F_{R23x}+F\cos\theta_F)+\mathrm{i}(F_{R12y}-F_{R23y}+F\sin\theta_F)\\&=0\end{aligned}$$

由上式的实部和虚部分别等于零，可得

$$F_{R12x}=F_{R23x}-F\cos\theta_F,F_{R12y}=F_{R23y}-F\sin\theta_F$$

而 $\boldsymbol{F}_{R12}=F_{R12x}+\mathrm{i}F_{R12y}$，根据构件 1 的力平衡条件，得

$$\boldsymbol{F}_{R14}=-\boldsymbol{F}_{R12}$$

4）求 M_b　根据构件 1 的力矩平衡条件 $\sum M_A=0$，得

$$\begin{aligned}M_b&=\boldsymbol{l}_1^t(-\boldsymbol{F}_{R12})\\&=l_1\mathrm{e}^{\mathrm{i}(90^\circ+\theta_1)}(-F_{R12x}+\mathrm{i}F_{R12y})\\&=-l_1[(F_{R12x}\sin\theta_1+F_{R12y}\cos\theta_1)+\mathrm{i}(F_{R12x}\cos\theta_1-F_{R12y}\sin\theta_1)]\end{aligned}$$

由上等式两端的实部相等，可得

$$M_b=-l_1(F_{R12x}\sin\theta_1+F_{R12y}\cos\theta_1)$$

5）求振动力 $\boldsymbol{F}_s$和振动力矩 M_s　因机械通过运动副 A 和 D 作用于其机架 4 上所有作用力之和为振动力 $\boldsymbol{F}_s$，即

$$\boldsymbol{F}_s=\boldsymbol{F}_{R14}+\boldsymbol{F}_{R34}=\boldsymbol{F}_{R12}+\boldsymbol{F}_{R23}=F_{R12x}-F_{R23x}+\mathrm{i}(F_{R12y}-F_{R23y})$$

而机架 4 反作用于机构上力矩为振动力矩 M_s，根据平衡条件 $\sum M_A=0$，得

$$M_s=l_{AD}F_{R43}=l_{AD}(-F_{R34})=F_{R23x}\,l_{AD}\sin\theta_4+F_{R23y}\,l_{AD}\cos\theta_4$$

至此机构的受力分析完毕，上述方法不难推广应用于多杆机构。

学习探究：

案例 5-1　单缸四冲程内燃机的动力解析分析

图 5-6 所示为单缸四冲程内燃机机构模型，并给出了各构件的质量、质心位置及转动惯量等动力参数(图 5-6a)，已知活塞在一个工作循环中($\theta_T=4\pi$)所受气动力 $\boldsymbol{F}_g(=p_g\pi D^2/4)$(其中 p_g为缸内气动压力，D 为活塞直径)的变化线图(图 5-6b)。试：绘出该内燃机曲柄 1 在等角速度转动时，一个工作循环内的各运动副总反力和曲柄所需平衡力矩的变化线图，并用解析法分析其振动力和振动力矩等动力学行为。

解： 1）确定机构各构件的惯性力　为方便求解，由于质量静代换一般可以较好地满足工程动力分析的精度要求，故选取连杆上点 B 和 C 为静代换点，对其质量 m_2进行质量静代换，则有 $m_{2B}=2m_2/3=1.67$ kg，$m_{2C}=m_2/3=0.83$ kg；并选取曲柄上 A 和 B 为其质量 m_1的两静代换点，则 $m_{1A}=m_{1B}=m_1/2=0.9$ kg。于是该机构各构件的质量重新分布于三个铰链中心 A、B、C 处，即 $m_A=m_{1A}$，$m_B=m_{1B}+m_{2B}$，$m_C=m_3+m_{2C}$。因 A 点无加速度，B 点仅有法向加速度 $\boldsymbol{a}_B=-\boldsymbol{r}\omega_1^2$，而滑块 C 的加速度 $a_C(=a_3)$可由式(3-14c)或式(3-14c′)确定。故采用运动学简化计算，利用式(3-14c′)，可得该机构仅在 B、C 两点处有惯性力，即

$$\boldsymbol{F}_{IB}=-\boldsymbol{a}_B^n m_B=-a_{Bx}^n m_B-\mathrm{i}a_{By}^n m_B=r_1\omega_1^2 m_B\cos\theta_1+\mathrm{i}r_1\omega_1^2 m_B\sin\theta_1$$

$$\boldsymbol{F}_{IC}=-\boldsymbol{a}_C m_C=-a_3 m_C=r_1\omega_1^2 m_C[\cos\theta_1+(r_1/l_2)\cos 2\theta_1]$$

2）确定各运动副总反力　因不考虑摩擦力和重力，故该机构的连杆 2 为二力杆，则 $\boldsymbol{F}_{R32}=-\boldsymbol{F}_{R12}$，而其他运动副总反力：$\boldsymbol{F}_{R34}=-\boldsymbol{F}_{R43}$，$\boldsymbol{F}_{R23}=-\boldsymbol{F}_{R32}=F_{R23x}+\mathrm{i}F_{R23y}$，$\boldsymbol{F}_{R12}=-\boldsymbol{F}_{R21}=F_{R12x}+\mathrm{i}F_{R12y}$，$\boldsymbol{F}_{R14}=-\boldsymbol{F}_{R41}=F_{R14x}+\mathrm{i}F_{R14y}$，建立其动力学模型，并标出其气动力、各惯性力及各运动副总反力的方向及其分量，如图 5-6c

所示。

取连杆 2 与滑块 3 的杆组为分离体，受有力 $\boldsymbol{F}_{R12}$、$\boldsymbol{F}_{IC}$、$\boldsymbol{F}_{g}$ 及 $-\boldsymbol{F}_{R34}$，故根据 $\sum M_B=0$，即其外力 $\boldsymbol{F}_{g}$、$\boldsymbol{F}_{IC}$ 及 $-\boldsymbol{F}_{R34}$ 对 B 点取矩，可得

$$(F_{IC}-F_g)l_2\sin(180-\theta_2)+F_{R34}l_2\cos(180-\theta_2)=0$$

由此可得

$$\boldsymbol{F}_{R34}=-\boldsymbol{F}_{R43}=\mathrm{i}(F_{IC}-F_g)\tan\theta_2=-\mathrm{i}(a_3m_C+F_g)\tan\theta_2$$

其中 $\tan\theta_2=-\tan(180°-\theta_2)=-(r_1/l_2)\sin\theta_1/\{1-[(r_1/l_2)\sin\theta_1]^2\}^{1/2}$。

取滑块 3 为分离体，其受有力 $\boldsymbol{F}_{R23}$、$\boldsymbol{F}_{g}$、$\boldsymbol{F}_{IC}$ 和 $-\boldsymbol{F}_{R34}$，故由 $\sum\boldsymbol{F}=0$，即 $\boldsymbol{F}_{R23}-\boldsymbol{F}_g+\boldsymbol{F}_{IC}-\boldsymbol{F}_{R34}=0$，由此可得

$$\boldsymbol{F}_{R23}=-\boldsymbol{F}_{R32}=\boldsymbol{F}_g-\boldsymbol{F}_{IC}+\boldsymbol{F}_{R34}$$

即

$$F_{R23x}+\mathrm{i}F_{R23y}=F_g+a_3m_C-\mathrm{i}(F_g+a_3m_C)\tan\theta_2$$

因 $\boldsymbol{F}_{R12}=-\boldsymbol{F}_{R32}=\boldsymbol{F}_{R23}$，故有 $\boldsymbol{F}_{R12}=-\boldsymbol{F}_{R21}=F_{R12x}+\mathrm{i}F_{R12y}=F_{R23x}+\mathrm{i}F_{R23y}$。

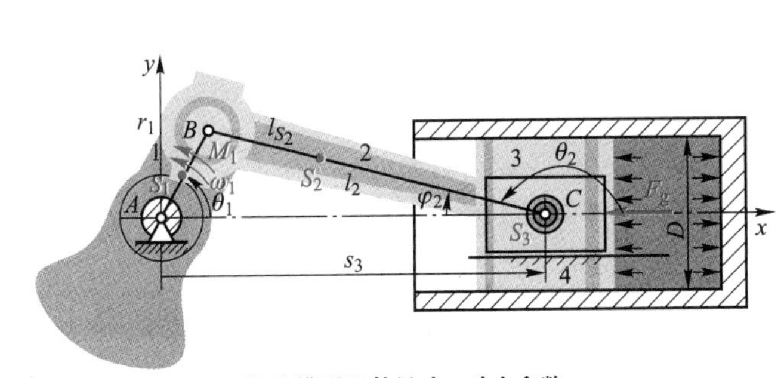

(a) 机构模型及其尺寸、动力参数

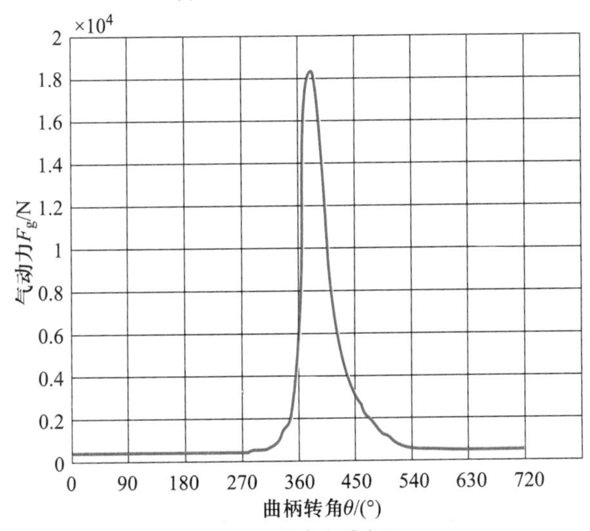

(b) 活塞气动力F_g

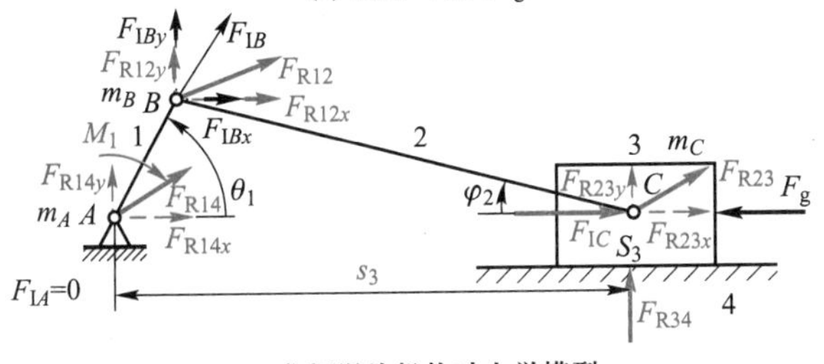

(c) 曲柄滑块机构动力学模型

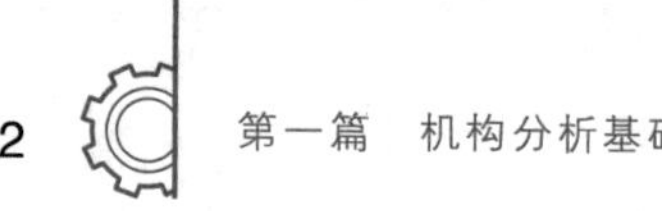

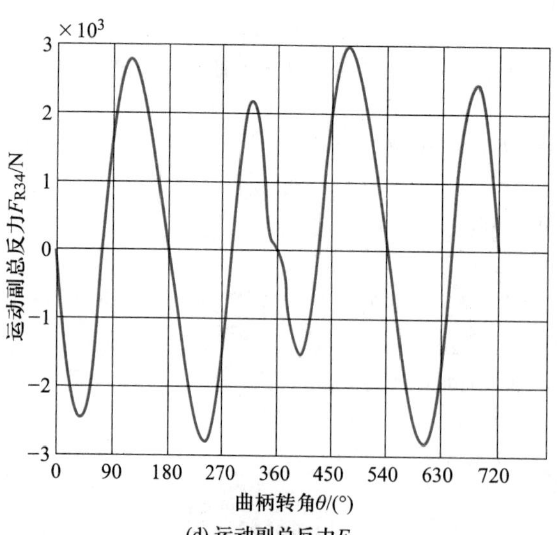

(d) 运动副总反力F_{R34}

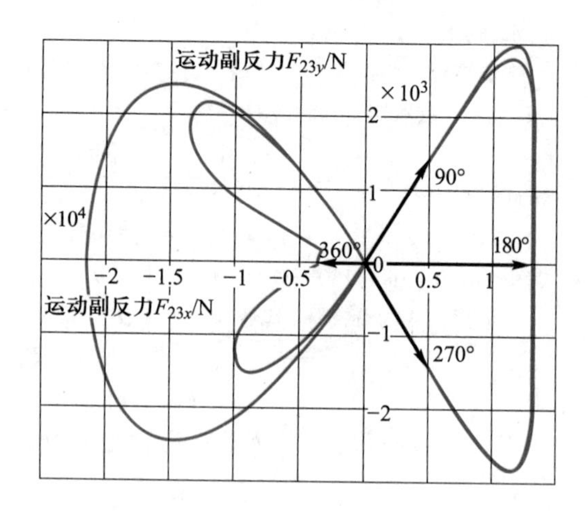

(e) 运动副总反力F_{R23}

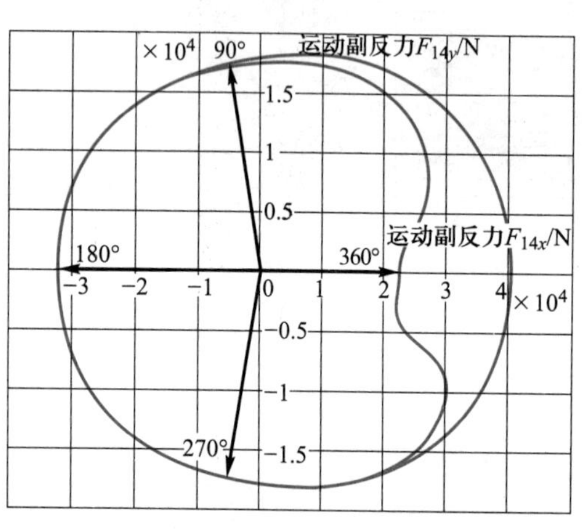

(f) 运动副总反力F_{R14}

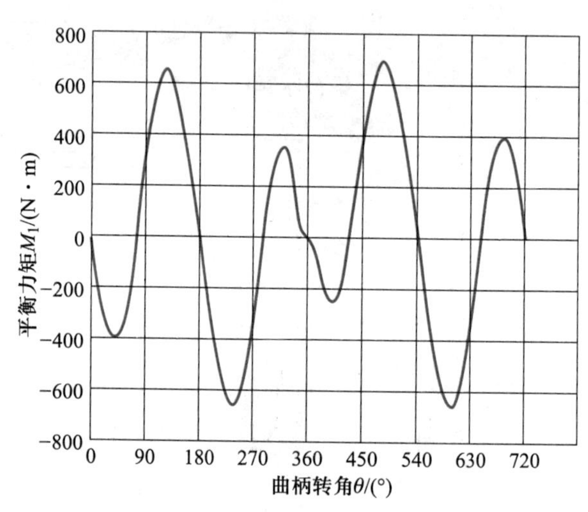

(g) 平衡力矩M_1

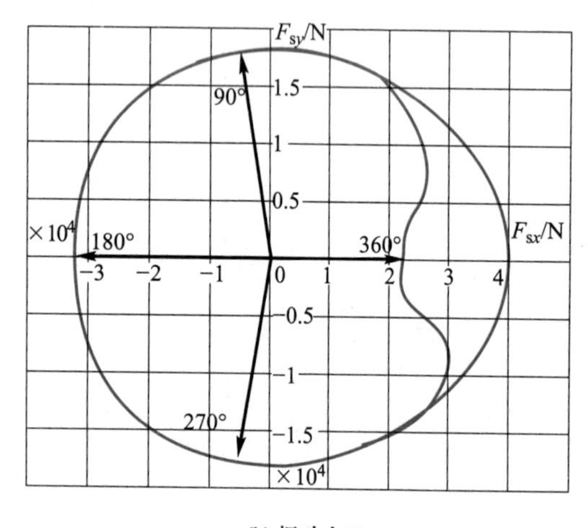

(h) 振动力F_s

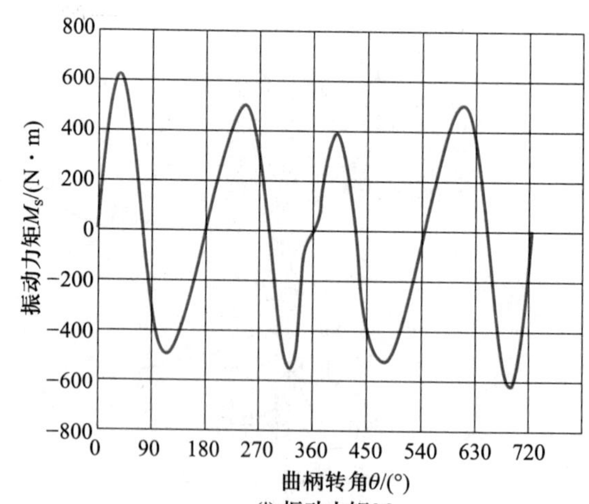

(i) 振动力矩M_s

图 5-6 单缸内燃机曲柄滑块机构的动力学分析

取曲柄 1 为分离体，受有力$-\boldsymbol{F}_{R12}$、$\boldsymbol{F}_{1B}$及$-\boldsymbol{F}_{R14}$和平衡力矩 M_1，由$\sum \boldsymbol{F}=0$，即$-\boldsymbol{F}_{R12}+\boldsymbol{F}_{1B}-\boldsymbol{F}_{R14}=0$，可求得

$$\boldsymbol{F}_{R14}=-\boldsymbol{F}_{R41}=-\boldsymbol{F}_{R12}+\boldsymbol{F}_{1B}$$

即

$$\begin{aligned}\boldsymbol{F}_{R14}=-\boldsymbol{F}_{R41}&=F_{R14x}+\mathrm{i}F_{R14y}=(-F_{R12x}+F_{1Bx})+\mathrm{i}(-F_{R12y}+F_{1By})\\&=-F_g-a_3m_C+r_1\omega_1^2m_B\cos\theta_1+\mathrm{i}\left[r_1\omega_1^2m_B\sin\theta_1+(F_g+a_3m_C)\tan\theta_2\right]\end{aligned}$$

3）确定曲柄的平衡力矩 M_1　对曲柄 1 取$\sum M_A=0$，即外力$-\boldsymbol{F}_{R12}$及$\boldsymbol{F}_{1B}$对 A 点取矩，可求得

$$\begin{aligned}M_1&=-(-F_{R12x}+F_{1Bx})r_1\sin\theta_1+(-F_{R12y}+F_{1By})r_1\cos\theta_1\\&=(F_g+a_3m_C-r_1\omega_1^2m_B\cos\theta_1)r_1\sin\theta_1+[(F_g+a_3m_C)\tan\theta_2+r_1\omega_1^2m_B\sin\theta_1]r_1\cos\theta_1\end{aligned}$$

4）确定振动力 $\boldsymbol{F}_s$和振动力矩 M_s　对于该单缸内燃机来说，只有通过铰链 A 和滑块 3 导路会产生振动力和振动力矩，则

$$\boldsymbol{F}_s=\boldsymbol{F}_{R14}+\boldsymbol{F}_{R34}=-(F_g+a_3m_C)+r_1\omega_1^2m_B\cos\theta_1+\mathrm{i}r_1\omega_1^2m_B\sin\theta_1$$

$$M_s=-M_A=s_3\boldsymbol{F}_{R43}=-s_3\boldsymbol{F}_{R34}=s_C(F_g+a_3m_C)\tan\theta_2$$

由此可见，内燃机的振动力和振动力矩仅与气动力和惯性力矩有关，其中惯性力矩是 ω_1^2的函数，故该振动力 $\boldsymbol{F}_s$对内燃机的速度变化十分敏感。

据上述关系式，进行编程计算，并绘出当 $\omega_1=3\ 400$ r/min 时，该内燃机在一个循环周期内的各运动副总反力 F_{R34}、F_{R23}及 F_{R14}的变化线图（分别如图 5-6d、e 及 f 所示）、曲柄 1 所需的平衡力矩 M_1的变化线图（图 5-6g）以及作用于机架上振动力 $\boldsymbol{F}_s$（图 5-6h）和振动力矩 M_s的变化线图（图 5-6i）。

由此可见，即使曲柄作匀速转动，但各构件变化的惯性力和活塞变化的气动力将引起机构各运动副总反力和曲柄平衡力矩以及振动力和振动力矩的复杂的动态变化行为，将极大影响内燃机的工作性能及疲劳寿命，故对此必须加以平衡、调速等设计处理。

学习拓展：

案例 5-2　考虑摩擦时单缸内燃机的动力解析分析

（2）矩阵法

如图 5-7 所示为一四杆机构，图中 $\boldsymbol{F}_1$、$\boldsymbol{F}_2$及 $\boldsymbol{F}_3$ 分别为作用于各构件质心 S_1、S_2 及 S_3 处的已知外力（包括惯性力），M_1、M_2 及 M_3 分别为作用于各构件上的已知外力偶矩（包括惯性力偶矩）。另外，在从动件上还受有一个已知的工作阻力偶矩 M_r。现需确定各运动副中的反力及需加于构件 1 上的平衡力偶矩 M_b。

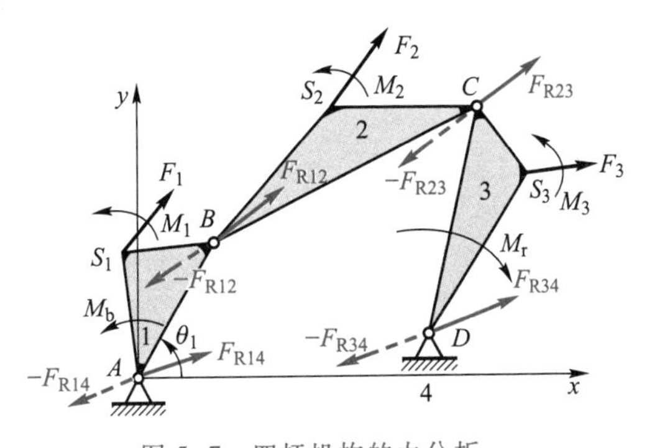

图 5-7　四杆机构的力分析

在用矩阵法对机构进行力分析时，需先建立一直角坐标系，将各力都分解为沿两坐标轴的两个分力，并将各力之力矩都表示为式（5-8）的形式，再分别就各构件列出它们的力平衡方程式，其具体方法如下：

对于构件 1，可分别根据$\sum M_A=0$、$\sum \boldsymbol{F}_x=0$ 及$\sum \boldsymbol{F}_y=0$，列出三个力平衡方程式，并将含待求的未知要素的项写在等号左边，故有

$$-(y_A-y_B)F_{R12x}-(x_B-x_A)F_{R12y}+M_b=-(y_A-y_{S_1})F_{1x}-(x_{S_1}-x_A)F_{1y}-M_1$$

$$-F_{R14x}-F_{R12x}=-F_{1x}$$

$$-F_{R14y}-F_{R12y}=-F_{1y}$$

同理，对于构件 2、3 也可以列出类似的力平衡方程式

$$-(y_B-y_C)F_{R23x}-(x_C-x_B)F_{R23y}=-(y_B-y_{S_2})F_{2x}-(x_{S_2}-x_B)F_{2y}-M_2$$

$$F_{R12x}-F_{R23x}=-F_{2x}$$

$$F_{R12y}-F_{R23y}=-F_{2y}$$

$$-(y_C-y_D)F_{R34x}-(x_D-x_C)F_{R34y}=-(y_C-y_{S_3})F_{3x}-(x_{S_3}-x_C)F_{3y}-M_3+M_r$$

$$F_{R23x}-F_{R34x}=-F_{3x}$$

$$F_{R23y}-F_{R34y}=-F_{3y}$$

以上共列出九个方程式，故可解出上述各运动副反力和平衡力的九个力的未知要素。又因为以上九式为一线性方程组，因此可按构件 1、2、3 上待定的未知力的次序整理成式(5-9)的矩阵形式。

$$\begin{matrix}\\ \text{构件}1\\ \\ \\ \text{构件}2\\ \\ \text{构件}3\\ \\ \\ \end{matrix}\begin{bmatrix}1 & 0 & 0 & y_B-y_A & x_A-x_B & & & & \\ 0 & -1 & 0 & -1 & 0 & & & 0 & \\ 0 & 0 & -1 & 0 & -1 & & & & \\ & & & 0 & 0 & y_C-y_B & x_B-x_C & & \\ & & & 1 & 0 & -1 & 0 & & \\ & & & 0 & 1 & 0 & -1 & & \\ & & & & & 0 & 0 & y_D-y_C & x_C-x_D \\ & & 0 & & & 1 & 0 & -1 & 0 \\ & & & & & 0 & 1 & 0 & -1\end{bmatrix}\begin{bmatrix}M_b\\ F_{R14x}\\ F_{R14y}\\ F_{R12x}\\ F_{R12y}\\ F_{R23x}\\ F_{R23y}\\ F_{R34x}\\ F_{R34y}\end{bmatrix}$$

$$=\begin{bmatrix}-1 & y_{S_1}-y_A & x_A-x_{S_1} & & & & & & \\ 0 & -1 & 0 & & & & & 0 & \\ 0 & 0 & -1 & & & & & & \\ & & & -1 & y_{S_2}-y_B & x_B-x_{S_2} & & & \\ & & & 0 & -1 & 0 & & & \\ & & & 0 & 0 & -1 & & & \\ & & & & & & -1 & y_{S_3}-y_C & x_C-x_{S_3} \\ & 0 & & & & & 0 & -1 & 0 \\ & & & & & & 0 & 0 & -1\end{bmatrix}\begin{bmatrix}M_1\\ F_{1x}\\ F_{1y}\\ M_2\\ F_{2x}\\ F_{2y}\\ M_3-M_r\\ F_{3x}\\ F_{3y}\end{bmatrix} \tag{5-9}$$

式(5-9)即为图 4-17 所示四杆机构的动态静力分析的矩阵方程。

式(5-9)的矩阵形式还可以简化为下列形式：

$$\boldsymbol{C}\boldsymbol{F}_R=\boldsymbol{D}\boldsymbol{F} \tag{5-10}$$

式中，$\boldsymbol{F}$ 和 $\boldsymbol{F}_R$ 分别为已知力和未知力的列阵；而 $\boldsymbol{D}$ 和 $\boldsymbol{C}$ 分别为已知力和未知力的系数矩阵。

对于各种具体结构，都不难按顺序对机构的每一活动构件写出其力的平衡方程式，然后整理成一个线性方程组，并写成矩阵形式。利用上述的矩阵可同时求出各运动副中的反力和所需的平衡力，而不必按静定杆组逐一推算，而矩阵方程的求解，现已有标准程序可以利用。

学习拓展：

案例 5-3　简摆颚式碎矿机的动力解析分析

思考题及练习题

5-1　何谓机构的动态静力分析？对机构进行动态静力分析的步骤如何？

5-2　何谓质量代换法？进行质量代换的目的何在？动代换和静代换各应满足什么条件？各有何优缺点？静代换两代换点与构件质心不在一直线上可以吗？

5-3　构件组的静定条件是什么？基本杆组都是静定杆组吗？

5-4　在图 5-8 所示的曲柄滑块机构中，设已知 $l_{AB}=0.1\ \mathrm{m}$，$l_{BC}=0.33\ \mathrm{m}$，$n_1=1\ 500\ \mathrm{r/min}$（为常数），活塞及其附件的重量 $G_3=21\ \mathrm{N}$，连杆重量 $G_2=25\ \mathrm{N}$，$J_{S_2}=0.042\ 5\ \mathrm{kg\cdot m^2}$，连杆质心 S_2 至曲柄销 B 的距离 $l_{BS_2}=l_{BC}/3$。试确定在图示位置时活塞的惯性力以及连杆的总惯性力。

5-5　试用质量代换法求题 5-4 中连杆 2 的惯性力。

5-6　在图 5-9 所示的正切机构中，已知 $h=500\ \mathrm{mm}$，$l=100\ \mathrm{mm}$，$\omega_1=10\ \mathrm{rad/s}$（为常数），构件 3 的重量 $G_3=10\ \mathrm{N}$，质心在其轴线上，工作阻力 $F_r=100\ \mathrm{N}$，其余构件的重力和惯性力以及摩擦力均略去不计。试求当 $\varphi_1=60°$时，需加在构件 1 上的平衡力矩 M_b。

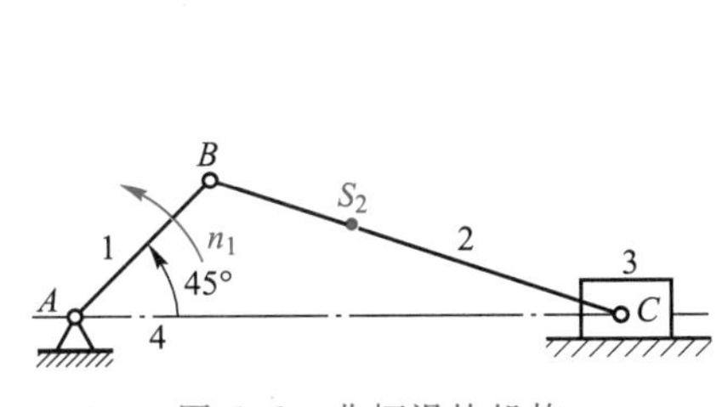

图 5-8　曲柄滑块机构

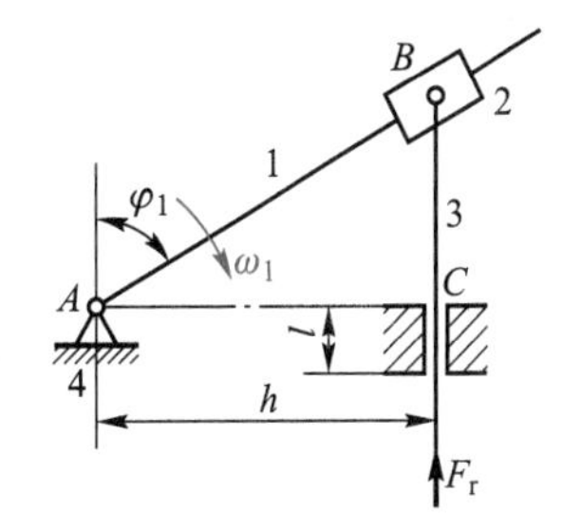

图 5-9　正切机构

5-7　在图 5-10 所示的凸轮机构中，已知各构件的尺寸、工作阻力 $\boldsymbol{F}_r$ 的大小及方向，以及凸轮和推杆上的总惯性力 $\boldsymbol{F}'_{I1}$ 及 $\boldsymbol{F}'_{I2}$，试以图解法求各运动副中的反力和需加于凸轮轴上的平衡力偶矩 M_b（不考虑摩擦力）。

5-8　如图 5-11 所示为消防梯升降机构的示意图。已知 $l_{AB'}=500\ \mathrm{mm}$，$l_{B'B}=200\ \mathrm{mm}$，$l_{AD}=1\ 500\ \mathrm{mm}$（$D$ 为消防员站立的位置），$x_C=y_A=1\ 000\ \mathrm{mm}$，设消防员的重量 $G=1\ 000\ \mathrm{N}$，构件 1 的质心位于 A 点，其余构件的重量及全部惯性力以及摩擦力忽略不计，$\varphi=0°\sim80°$，试求应加于油缸活塞上的最大平衡力 $\boldsymbol{F}_b$。

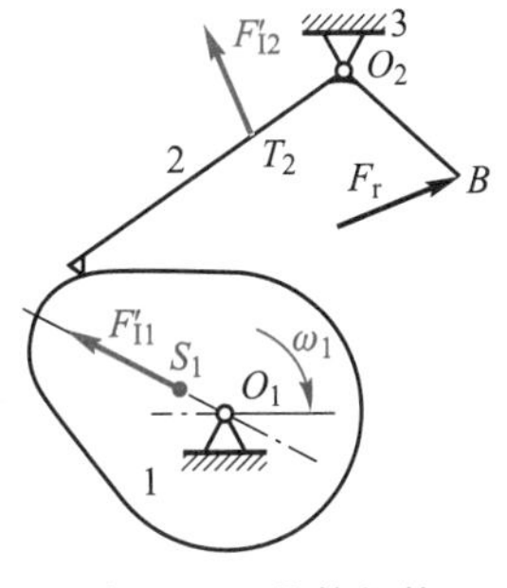

图 5-10　凸轮机构

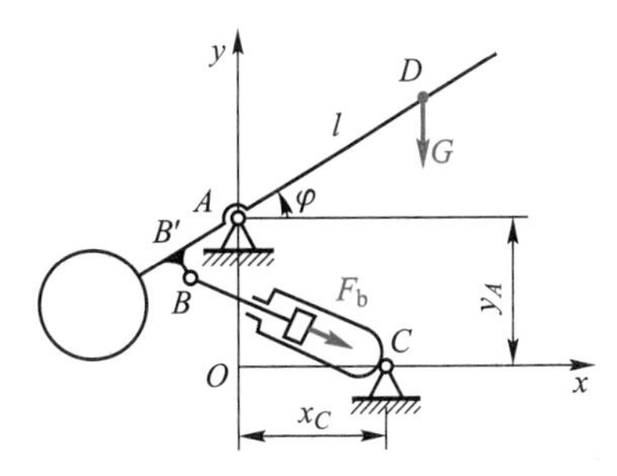

图 5-11　消防升降梯

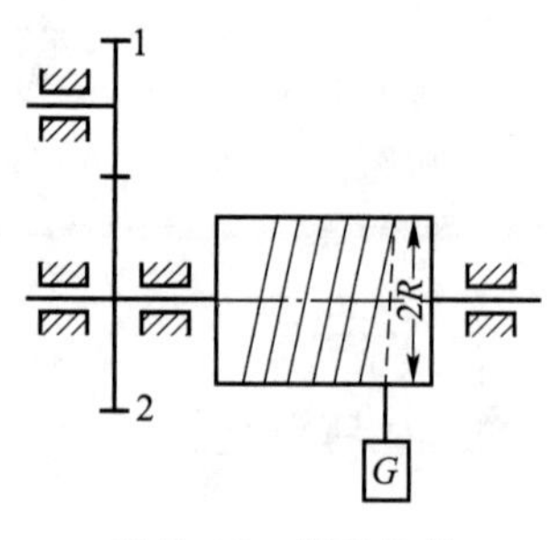

图 5-12 起重机构

5-9 在图 5-12 所示的起重机构中，已知重物的重量为 $\boldsymbol{G}$(N)，重物以加速度 $\boldsymbol{a}$(m/s^2)升起，卷筒直径为 $2R$(mm)，构件 1、2 的转动惯量分别为 J_1、J_2($kg \cdot m^2$)，两齿轮的传动比为 $i_{12}=\omega_1/\omega_2$。试确定驱动力矩 M_1 及当驱动力矩 M_1 取消后，重物落下 h(mm)高度所需的时间 t。

5-10 在图 5-13 所示的双缸 V 型发动机中，已知各构件的尺寸如图（图按比例尺 $\mu_l=0.01$ m/mm 准确作出），各作用力如下：$F_3=200$ N，$F_5=300$ N，$F'_{12}=50$ N，$F'_{14}=80$ N，方向如图所示；又曲柄以等角速度 ω_1 转动，试求需加于曲柄 1 上的平衡力偶矩 M_b。

提示：由于求解时，不需解出运动副中的反力，故可应用虚位移原理进行求解，即利用当机构处于平衡状态时，其上作用的所有外力（包括惯性力）的瞬时功率和应等于零的原理来求解。

5-11 在图 5-14 所示的正弦机构中，已知 $l_{AB}=100$ mm，$h_1=120$ mm，$h_2=80$ mm，$\omega_1=10$ rad/s（为常数），滑块 2 和构件 3 的重量分别为 $G_2=40$ N 和 $G_3=100$ N，质心 S_2 和 S_3 的位置如图所示，加于构件 3 上的工作阻力 $F_r=400$ N，构件 1 的重力和惯性力以及摩擦力略去不计。试用解析法求机构在 $\varphi_1=60°$、150°、220°位置时各运动副反力和需加于构件 1 上的平衡力偶矩 M_b。

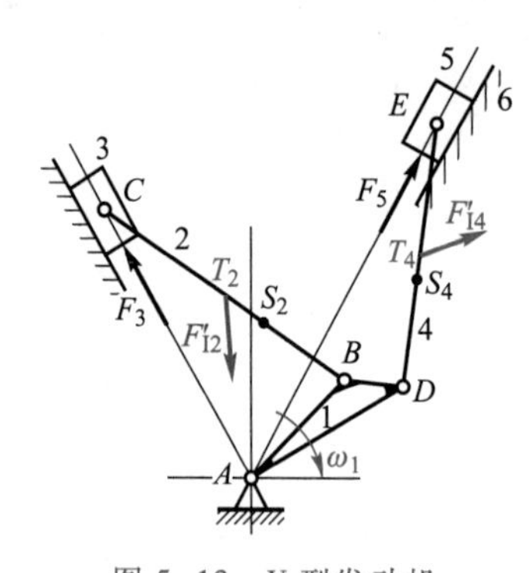

图 5-13 V 型发动机

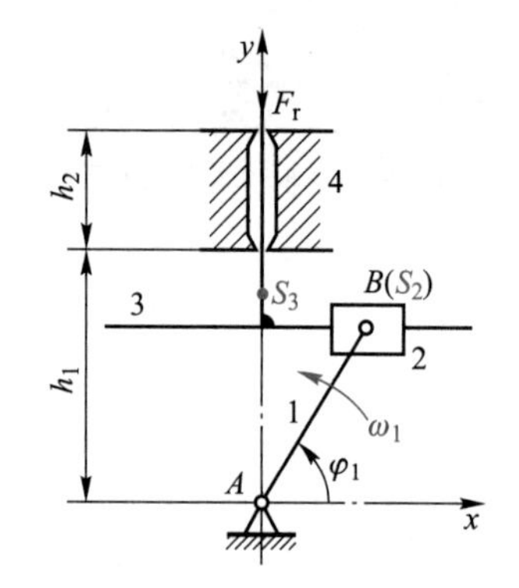

图 5-14 正弦机构

阅读参考资料

[1] 陈作模. 机械原理学习指南[M]. 5 版. 北京：高等教育出版社，2008.
[2] 杨义勇. 机械系统动力学[M]. 北京：清华大学出版社，2009.
[3] 李滨城，徐超. 机械原理 MATLAB 辅助分析[M]. 2 版. 北京：化学工业出版社，2018.

地动仪（东汉）

第6章 机械的平衡

6.1 机械平衡的目的及内容

1. 机械平衡的目的

机械在运转时，其各构件所产生的不平衡惯性力，一方面，将在运动副中引起附加的动压力，因而增大运动副中的摩擦和构件中的内应力，从而降低其机械效率和使用寿命；另一方面，由于这些惯性力一般都是周期性变化的，所以还必将引起机械及其基础产生强迫振动。如其频率接近于机械的固有频率，则不仅会影响到机械本身还会使附近的工作机械及厂房建筑受到影响甚至破坏。

机械平衡的目的就是设法将构件的不平衡惯性力加以平衡以消除或减小其不良影响。机械的平衡是现代机械尤其是高速机械及精密机械中的一个重要问题。

但也应指出，有一些机械却是利用这种振动来工作的，如振动筛、振动干燥机、振动破碎机、振动运输机、振动压路机、振动整形机、振动按摩器、心脏起搏器等。对于这类振动机械，则是如何合理利用不平衡惯性力的问题。

2. 机械平衡的内容

在机械中，由于各构件的结构及运动形式的不同，其所产生的惯性力和平衡方法也不同。机械的平衡问题可分为下述两类：

（1）绕固定轴回转的构件的惯性力平衡

绕固定轴回转的构件统称为转子（rotor）。如汽轮机、发电机、电动机以及离心机等机器，都以转子作为工作的主体。这类构件的不平衡惯性力可利用在该构件上增加或除去一部分质量的方法予以平衡。这类转子又分为刚性转子和挠性转子两种。

1）刚性转子的平衡　在一般机械中，转子的刚性都比较好，其共振转速较高，转子的工作转速一般低于$(0.6\sim0.75)n_{c1}$（n_{c1}为转子的第一阶临界转速①）。在此情况下，转子产生的

---

① 转子的临界转速n_c（r/min）与转子固有频率有关，不考虑阻尼时，$\omega_n=\sqrt{\dfrac{k}{m}}$，$\omega_n$为固有频率，$\omega_n=\dfrac{2\pi n_c}{60}$（rad/s），$k$为刚度，$m$为质量。

弹性变形甚小，故称之为刚性转子（rigid rotor）。其平衡按理论力学中的力系平衡来进行。如果只要求其惯性力平衡，则称为转子的静平衡（static balance of rotor）；如果同时要求其惯性力和惯性力矩平衡，则称为转子的动平衡（dynamic balance of rotor）。刚性转子的平衡是本章介绍的主要内容。

2）挠性转子的平衡　有些机械的转子，如航空涡轮发动机、汽轮机、发电机等中的大型转子，其质量和跨度很大，而径向尺寸却较小，其共振转速较低，而工作转速 n 又往往很高 [$n \geqslant (0.6 \sim 0.75) n_{c1}$]，故在工作过程中将会产生较大的弯曲变形，从而使其惯性力显著增大。这类转子称为挠性转子（flexible rotor），其平衡原理是基于弹性梁的横向振动理论。由于这个问题比较复杂，需作专门研究，故本章不作介绍。

（2）机构的平衡（balance of mechanism）

作往复移动或平面复合运动的构件，如图 1-1 中内燃机活塞 8、连杆 3 等，其所产生的惯性力无法在该构件本身上平衡，而必须就整个机构加以研究，设法使各运动构件惯性力的合力和合力偶得到完全或部分平衡，以消除或降低最终传到机械基础上的不平衡惯性力，故又称这类平衡为机械在机座上的平衡。

6.2 刚性转子的平衡

6.2.1 平衡计算

为了使转子得到平衡，在设计时就应通过计算使转子达到静、动平衡。下面分别加以讨论。

1. 刚性转子的静平衡计算

对于轴向尺寸较小的盘状转子（转子轴向宽度 b 与其直径 D 之比 $b/D<0.2$），如轴上的单个齿轮、盘形凸轮、带轮、叶轮、螺旋桨等，它们的质量可以近似认为分布在垂直于其回转轴线的同一平面内。若其质心不在回转轴线上，当其转动时，偏心质量就会产生离心惯性力。因这种不平衡现象在转子静态时即可表现出来，故称其为静不平衡（static unbalance）。对这类转子进行静平衡时，可在转子上增加或除去一部分质量，使其质心与回转轴心重合，即可得以平衡。

图 6-1a 所示为一盘状转子，设由于种种原因（如有凸台等）质量分布不平衡，已知其具有偏心质量 m_1、m_2、m_3，各自的回转半径为 r_1、r_2、r_3，方向如图所示，转子角速度为 ω，则各偏心质量所产生的离心惯性力为

$$\boldsymbol{F}_{\mathrm{I}i} = m_i \omega^2 \boldsymbol{r}_i, \quad i=1,2,3 \tag{6-1}$$

式中，$\boldsymbol{r}_i$ 表示第 i 个偏心质量的矢径。

为了平衡这些离心惯性力，可在转子上加一平衡质量（balancing mass）m_b，使其产生的离心惯性力 $\boldsymbol{F}_b$ 与各偏心质量的离心惯性力 $\boldsymbol{F}_{\mathrm{I}i}$ 的合力相平衡。故静平衡的条件为

$$\sum \boldsymbol{F} = \sum \boldsymbol{F}_{\mathrm{I}i} + \boldsymbol{F}_b = 0, i=1,2,\cdots,n, n \text{ 为不平衡质量数目} \tag{6-2}$$

设平衡质量 m_b 的矢径为 $\boldsymbol{r}_b$，则式（6-2）可化为

$$\sum m_i \boldsymbol{r}_i + m_b \boldsymbol{r}_b = 0 \tag{6-3}$$

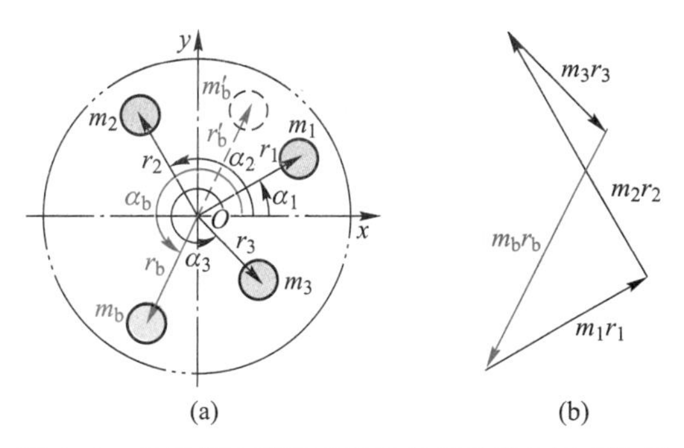

图 6-1　静平衡计算模型及质径积平衡矢量多边形

式中，$m_i\boldsymbol{r}_i$ 称为质径积(mass-radius product)，为矢量。

为了确定平衡质径积 $m_b\boldsymbol{r}_b$ 的大小和方位，建立坐标系 Oxy 和计算模型，由 $\sum \boldsymbol{F}_x=0$ 及 $\sum \boldsymbol{F}_y=0$ 有

$$(m_br_b)_x=-\sum m_ir_i\cos\alpha_i \tag{6-3a}$$

$$(m_br_b)_y=-\sum m_ir_i\sin\alpha_i \tag{6-3b}$$

其中，α_i 为第 i 个偏心质量 m_i 的矢径 $\boldsymbol{r}_i$ 与 x 轴间的夹角(从 x 轴正向沿逆时针方向计量)。则平衡质径积的大小为

$$m_br_b=[(m_br_b)_x^2+(m_br_b)_y^2]^{1/2} \tag{6-3c}$$

根据转子结构选定 $\boldsymbol{r}_b$(一般适当选大一些)后，即可确定出平衡质量 m_b，而其相位角 α_b 为

$$\alpha_b=\arctan[(m_br_b)_y/(m_br_b)_x]\text{①} \tag{6-4}$$

显然，也可以在 $\boldsymbol{r}_b$ 的反方向 $\boldsymbol{r}_b'$ 处除去一部分质量 m_b' 来使转子得到平衡，只要保证 $m_br_b=m_b'r_b'$ 即可。

对于转子的静平衡计算，也可采用矢量方程图解法进行求解，即根据静平衡计算模型，列出其质径积矢量方程式如式(6-3)，然后选取其比例尺 μ_{mr} 作矢量多边形进行求解，如图 6-1b 所示。同样可满足工程中一般转子的平衡设计要求。

根据以上分析可见，对于静不平衡的转子，在不平衡质量分布平面内，无论有多少个不平衡质量，只需要在同一个平衡面内增加或除去一个平衡质量即可获得平衡，故又称为单面平衡(single-plane balance)。此外，静平衡质径积矢量方程(6-3)中不含 ω^2，表明转子速度的快慢与平衡无关。因此，刚性转子的静平衡条件和计算实际上是按其质径积式(6-3)来计算的。

例 6-1　如图 6-1 所示的静不平衡转子，其三个偏心质量的参数分别为 $m_1=2$ kg，$r_1=60$ mm，$\alpha_1=30°$；$m_2=3$ kg，$r_2=60$ mm，$\alpha_2=120°$；$m_3=2$ kg，$r_3=45$ mm，$\alpha_3=315°$。试求该转子静平衡需加的平衡质量 m_b、回转半径 r_b 及方位角 α_b。

解：根据图 6-1 所示的静平衡计算模型，建立其静平衡方程式如式(6-3)，由 $\sum m_ir_i\cos\alpha_i+(m_br_b)_x=0$，可得

$$\begin{aligned}(m_br_b)_x&=-\sum m_ir_i\cos\alpha_i=-(m_1r_1\cos\alpha_1+m_2r_2\cos\alpha_2+m_3r_3\cos\alpha_3)\\&=-(2\times60\times\cos30°+3\times60\times\cos120°+2\times45\times\cos315°)\text{ kg}\cdot\text{mm}=-77.5627\text{ kg}\cdot\text{mm}\end{aligned}$$

① α_b 所在象限要根据式中分子、分母的正负号来确定。

由 $\sum m_i r_i \sin\alpha_i+(m_\mathrm{b}r_\mathrm{b})_y=0$ 可得

$$(m_\mathrm{b}r_\mathrm{b})_y=-\sum m_i r_i\sin\alpha_i=-(m_1r_1\sin\alpha_1+m_2r_2\sin\alpha_2+m_3r_3\sin\alpha_3)$$

$$=-(2\times60\times\sin 30^\circ+3\times60\times\sin 120^\circ+2\times45\times\sin 315^\circ)\ \mathrm{kg\cdot mm}=-152.245\ \mathrm{kg\cdot mm}$$

由此可得
$$m_\mathrm{b}r_\mathrm{b}=\sqrt{(m_\mathrm{b}r_\mathrm{b})_x^2+(m_\mathrm{b}r_\mathrm{b})_y^2}=170.864\ \mathrm{kg\cdot mm}$$

若 $r_\mathrm{b}=60$ mm，则 $m_\mathrm{b}=2.847\ 7$ kg，$\alpha_\mathrm{b}=\arctan[(m_\mathrm{b}r_\mathrm{b})_y/(m_\mathrm{b}r_\mathrm{b})_x]=243.003^\circ$。

同样，该题也可采用矢量方程图解法作图求解，其作图结果如图 6-1b 所示。

2. 刚性转子的动平衡计算

对于轴向尺寸较大的转子（$b/D\geqslant0.2$），如多个齿轮轴、凸轮轴、传动轴、内燃机曲轴、电机转子、机床主轴和航空发动机转子等，这时偏心质量往往是分布在若干个不同的回转平面内，如图 6-2 所示的曲轴即为一例。在这种情况下，即使转子的质心在回转轴线上，如图 6-3 所示，由于各偏心质量所产生的离心惯性力不在同一回转平面内，因而将形成惯性力偶，所以仍然是不平衡的。而且该力偶的作用方位是随转子的回转而变化的，故也会引起机械设备的振动。这种不平衡现象只有在转子运转时才能显示出来，故称其为动不平衡（dynamic unbalance）。对转子进行动平衡，要求其各偏心质量产生的惯性力和惯性力偶矩同时得以平衡。

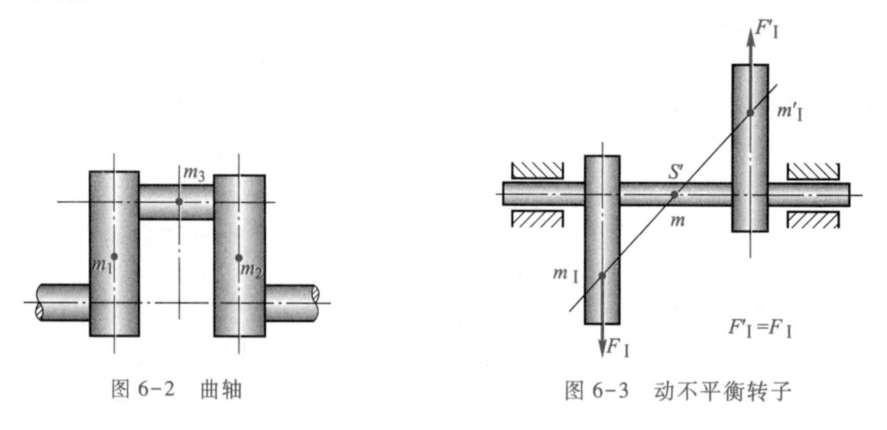

图 6-2 曲轴　　　　图 6-3 动不平衡转子

图 6-4 所示为一动不平衡的长转子，为了建立其计算模型，先建立坐标系 $Oxyz$，并根据

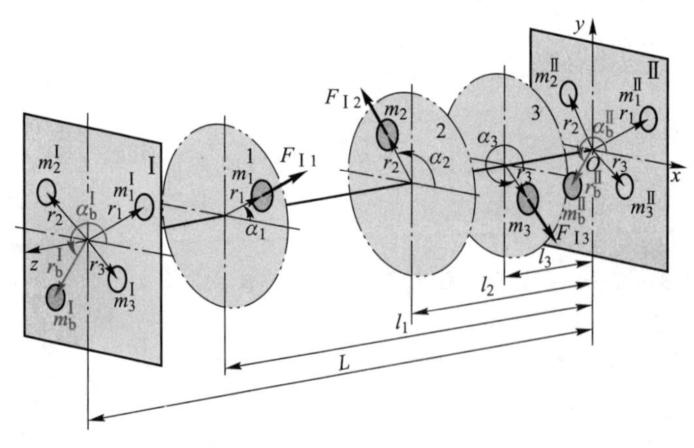

图 6-4 动平衡的等效计算模型

其结构，设已知其偏心质量 m_1、m_2 及 m_3，分别位于回转平面 1、2 及 3 内，它们的回转半径分别为 r_1、r_2 及 r_3 和方位角分别为 α_1、α_2 及 α_3。当此转子以角速度 ω 回转时，它们产生的惯性力 $\boldsymbol{F}_{I1}$、$\boldsymbol{F}_{I2}$及 $\boldsymbol{F}_{I3}$将形成一空间力系，故转子动平衡的条件是：各偏心质量（包含平衡质量）产生的惯性力的矢量和为零，这些惯性力所构成的力矩矢量和也为零，即

$$\sum \boldsymbol{F}_I = 0, \quad \sum \boldsymbol{M}_I = 0 \tag{6-5}$$

为了使转子获得动平衡，至少需要两个平衡质量，故首先选定两个回转平面 Ⅰ 及 Ⅱ 作为平衡基面（balancing plane）（分别用于增加或除去两平衡质量）；再利用质量静代换法①（因转子的动平衡与转速的快慢同样无关），将各偏心质量 m_i 按其所在转子轴平面，确定平衡基面 Ⅰ 及 Ⅱ 内的两代换质量 m_i^{I} 和 m_i^{II} 的大小，即

$$m_i^{\mathrm{I}} = m_i l_i / L, m_i^{\mathrm{II}} = m_i (L - l_i) / L, \tag{6-6}$$

它们的回转半径 $\boldsymbol{r}_i$ 的大小和方向（即方位角 α_i）均保持不变。这样，就可将一个转子的动不平衡问题转换为两个平衡基面内的静不平衡问题了。此时转子动平衡的条件是：两平衡基面 Ⅰ 及 Ⅱ 内的各偏心代换质量与平衡质量的质径积矢量之和分别为零，即

$$\sum m_i^{\mathrm{I}} \boldsymbol{r}_i + m_b^{\mathrm{I}} \boldsymbol{r}_b^{\mathrm{I}} = 0, \qquad \sum m_i^{\mathrm{II}} \boldsymbol{r}_i + m_b^{\mathrm{II}} \boldsymbol{r}_b^{\mathrm{II}} = 0 \tag{6-7}$$

由此可知，只要在平衡基面 Ⅰ 及 Ⅱ 内适当地各加一平衡质量 m_b^{I} 和 m_b^{II}，使平衡基面 Ⅰ 及 Ⅱ 内的质径积的矢量之和分别为零，这个转子便可得以动平衡。

至于两个平衡基面 Ⅰ 及 Ⅱ 内的平衡质量的大小和方位的确定，则与前述静平衡计算的方法完全相同，这里就不再赘述了。此外，转子动平衡计算，与静平衡计算相似，可采用矢量方程图解法进行求解。

由以上分析可知，对于任何动不平衡的刚性转子，只要在两个平衡基面内分别各加上或除去一个适当的平衡质量，即可得到完全平衡。故动平衡又称为双面平衡（two-plane balance）。但对于某些平衡质量和平衡位置的选取受限制的转子，如某些发电机转子，选择双面平衡有困难时，可选择多平衡基面进行平衡，以获得满意的结果。

平衡基面的选取需要考虑转子的结构和安装空间，考虑到力矩平衡的效果，两平衡基面间的距离应适当大一些。

例 6-2　如图 6-4 所示的动不平衡转子，其三个偏心质量的参数与例 6-1 相同，但它们所在平面不同。设选取平衡基面 Ⅰ 及 Ⅱ，两平衡基面的距离 $L = 600$ mm，各偏心质量所在回转面距平衡基面 Ⅱ 的距离 $l_1 = 400$ mm，$l_2 = 200$ mm，$l_3 = 100$ mm。试求该转子动平衡需加在两平衡基面上的质量 m_b^{I}、m_b^{II}，回转半径 r_b^{I}、r_b^{II}，方位角 α_b^{I}、α_b^{II}。

解：根据图 6-4 所示的动平衡计算模型，先按质量静代换法将三个偏心质量分别向两个平衡基面上分解，可分别求得平面基面 Ⅰ 和平衡基面 Ⅱ 的各偏心质量的替代分质量 m_{Ii}^{I} 和 m_{Ii}^{II}，即由式（6-6）可得

$$m_1^{\mathrm{I}} = m_1 l_1 / L = 2 \times 400/600\ \mathrm{kg} = 4/3\ \mathrm{kg}, \quad m_1^{\mathrm{II}} = m_1 - m_1^{\mathrm{I}} = 2/3\ \mathrm{kg}$$

$$m_2^{\mathrm{I}} = m_2 l_2 / L = 3 \times 200/600\ \mathrm{kg} = 1\ \mathrm{kg}, \quad m_2^{\mathrm{II}} = m_2 - m_2^{\mathrm{I}} = 2\ \mathrm{kg}$$

---

①　由理论力学可知，一个力可以分解为与其相平行的两个分力，故可将各偏心质量 m_i 的惯性力 $\boldsymbol{F}_{Ii}$分解为在平衡基面 Ⅰ 和 Ⅱ 的两个惯性力 $F_{Ii}^{\mathrm{I}} = F_{Ii} l_i / L$ 和 $F_{Ii}^{\mathrm{II}} = F_{Ii}(L - l_i)/L$（如图）。这样，就可把空间力系的平衡问题转化为两个平面交汇力系的平衡问题，可获得同样的结果。

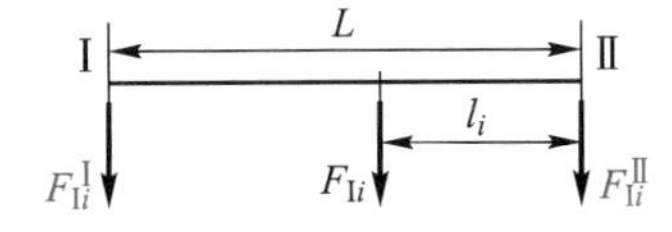

$$m_3^{\mathrm{I}}=m_3 l_3/L=2\times100/600\ \mathrm{kg}=1/3\ \mathrm{kg},\quad m_3^{\mathrm{II}}=m_3-m_3^{\mathrm{I}}=5/3\ \mathrm{kg}$$

然后分别对两平衡基面进行静平衡计算，即由式(6-7)分别列出两平衡基面的质径积平衡矢量方程。

在平衡基面Ⅰ上，需加一平衡质量 m_b^{I} 与三个不平衡质量 m_1^{I}，m_2^{I} 及 m_3^{I} 达到静平衡，则

$$\begin{aligned}(m_b r_b)_x^{\mathrm{I}}&=-\sum m_i^{\mathrm{I}} r_i\cos\alpha_i=-(m_1^{\mathrm{I}} r_1\cos\alpha_1+m_2^{\mathrm{I}} r_2\cos\alpha_2+m_3^{\mathrm{I}} r_3\cos\alpha_3)\\&=-(4/3\times60\times\cos30^\circ+1\times60\times\cos120^\circ+1/3\times45\times\cos315^\circ)\ \mathrm{kg\cdot mm}\\&=-49.888\ 6\ \mathrm{kg\cdot mm}\end{aligned}$$

$$\begin{aligned}(m_b r_b)_y^{\mathrm{I}}&=-\sum m_i^{\mathrm{I}} r_i\sin\alpha_i=-(m_1^{\mathrm{I}} r_1\sin\alpha_1+m_2^{\mathrm{I}} r_2\sin\alpha_2+m_3^{\mathrm{I}} r_3\sin\alpha_3)\\&=-(4/3\times60\times\sin30^\circ+1\times60\times\sin120^\circ+1/3\times45\times\sin315^\circ)\ \mathrm{kg\cdot mm}\\&=-81.354\ 9\ \mathrm{kg\cdot mm}\end{aligned}$$

由上式可得 $(m_b r_b)^{\mathrm{I}}=95.433\ 2\ \mathrm{kg\cdot mm}$，若当 $r_b^{\mathrm{I}}=60\ \mathrm{mm}$ 时，则 $m_b^{\mathrm{I}}=1.590\ 6\ \mathrm{kg}$，$\alpha_b^{\mathrm{I}}=\arctan[(m_b r_b)_y^{\mathrm{I}}/(m_b r_b)_x^{\mathrm{I}}]=238.482\ 5^\circ$。

同理，在平衡基面Ⅱ上，需加一平衡质量 m_b^{II} 与三个不平衡质量 m_1^{II}，m_2^{II}，m_3^{II} 达到静平衡，则

$$\begin{aligned}(m_b r_b)_x^{\mathrm{II}}&=-\sum m_i^{\mathrm{II}} r_i\cos\alpha_i=-(m_1^{\mathrm{II}} r_1\cos\alpha_1+m_2^{\mathrm{II}} r_2\cos\alpha_2+m_3^{\mathrm{II}} r_3\cos\alpha_3)\\&=-(2/3\times60\times\cos30^\circ+2\times60\times\cos120^\circ+5/3\times45\times\cos315^\circ)\ \mathrm{kg\cdot mm}\\&=-27.674\ \mathrm{kg\cdot mm}\end{aligned}$$

$$\begin{aligned}(m_b r_b)_y^{\mathrm{II}}&=-\sum m_i^{\mathrm{II}} r_i\sin\alpha_i=-(m_1^{\mathrm{II}} r_1\sin\alpha_1+m_2^{\mathrm{II}} r_2\sin\alpha_2+m_3^{\mathrm{II}} r_3\sin\alpha_3)\\&=-(2/3\times60\times\sin30^\circ+2\times60\times\sin120^\circ+5/3\times45\times\sin315^\circ)\ \mathrm{kg\cdot mm}\\&=-70.89\ \mathrm{kg\cdot mm}\end{aligned}$$

由此可求得 $(m_b r_b)^{\mathrm{II}}=76.1\ \mathrm{kg\cdot mm}$，若当 $r_b^{\mathrm{II}}=60\ \mathrm{mm}$ 时，则 $m_b^{\mathrm{II}}=1.268\ 3\ \mathrm{kg}$，$\alpha_b^{\mathrm{II}}=\arctan[(m_b r_b)_y^{\mathrm{II}}/(m_b r_b)_x^{\mathrm{II}}]=248.675\ 3^\circ$。

同样，该题也可用矢量图方程图解法进行求解，根据图 6-4 所示的转子动平衡计算模型，按式(6-7)分别作出平衡基面Ⅰ和Ⅱ的质径积平衡矢量多边形便得以求解，如图 6-5 所示。

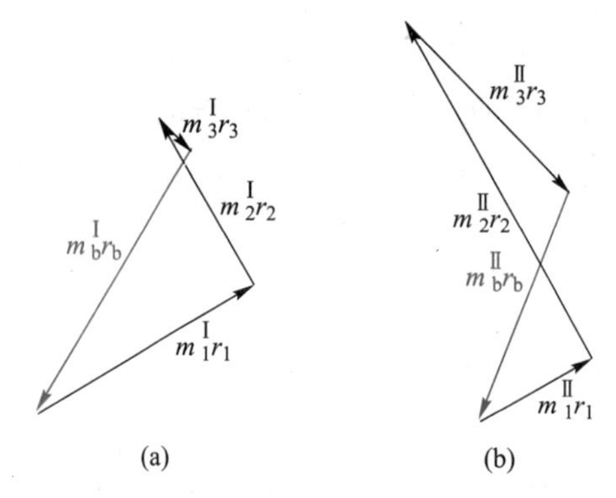

图 6-5　动平衡转子的平衡基面Ⅰ和Ⅱ的质径积平衡矢量多边形

6.2.2　平衡实验

在设计时已经考虑过平衡的转子，由于制造和装配的不精确、材质的不均匀等原因，又会产生新的不平衡。这时，由于不平衡量的大小和方位未知，故只能用实验的方法来平衡。下面就静、动平衡实验分别加以介绍。

1. 静平衡实验

除了对于要求达到良好静平衡的转子应进行静平衡实验外，对于某些要求动平衡的转

子，为了避免由于其初始不平衡量大，旋转时会发生过大的振动，从而引发意外事故或使动平衡设备受到损害，故在进行动平衡前，也需先进行静平衡实验。

对转子进行静平衡实验的目的是使转子的质心落在其回转轴线上，为此可采用图 6-6 所示的装置。把转子支承在两水平放置的摩擦很小的导轨（图 6-6a）或滚轮（图 6-6b）上。当转子存在偏心质量时就会在支承上转动直至质心处于最低位置时为止，这时可在质心相反的方向上加上校正平衡质量，再重新使转子转动，反复增减平衡质量，直至转子在支承上呈随遇平衡状态，即说明转子已达到静平衡。

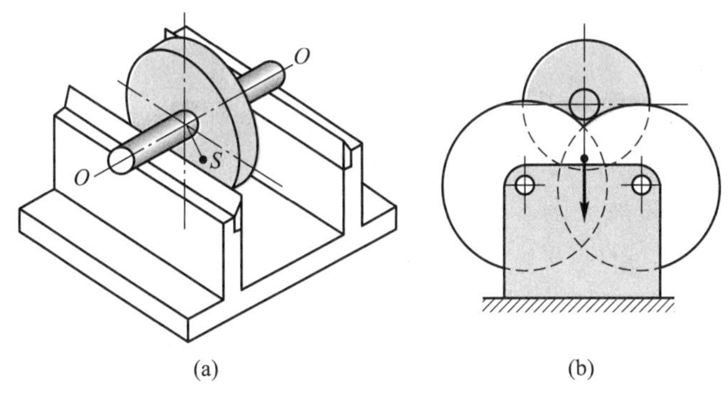

图 6-6　静平衡实验装置

上述静平衡实验设备，结构简单，操作容易，当转子与导轨摩擦力足够小时，也能达到一定的平衡精度。但需经过多次反复实验，故工作效率较低。因此，对于批量转子的平衡，需要能迅速地测出转子不平衡质径积大小和方位的平衡设备。图 6-7 所示即为一种满足此要求的平衡机的示意图。它类似于一个可朝任何方向倾斜的单摆，当将不平衡的转子安装到该平衡机的台架上后，该台架将产生倾斜（如图 6-7b）。而其倾斜方向即示出了不平衡质径积的方位，倾斜的摆角 θ 则给出了不平衡质径积的大小。

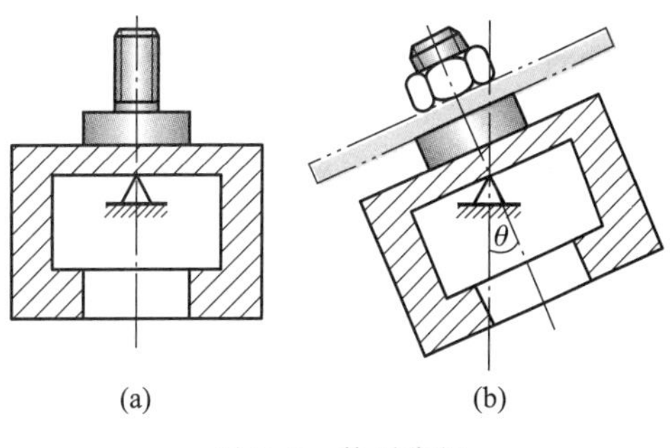

图 6-7　静平衡机

对于某些大中型的低速回转构件（如大型水轮机的转轮），往往也需要作静平衡实验。但由于这类构件往往重达数十吨，甚至上百吨，因而难于找到相应的巨型静平衡机。目前一般采用的办法是利用液压支承装置将其支撑起来，通过压力传感器测出各支撑点的压力，再根据各压力传感器所受的压力，借助于计算机辅助系统计算出该构件的不平衡量的大小和方位。

2. 动平衡实验

转子的动平衡实验一般需在专用的动平衡机（dynamic balancing machine）上进行。动平衡机有各种不同的形式，各种动平衡机的构造及工作原理也不尽相同，有通用平衡机、专用平衡机（如陀螺平衡机、曲轴平衡机、涡轮转子平衡机、传动轴平衡机等），但其作用都是用来测定需加于两个平衡基面中的平衡质量的大小及方位，并进行校正。动平衡机主要由驱动系统、支承系统、测量指示系统和校正系统等部分组成。当前工业上使用

较多的动平衡机是根据振动原理设计的，测振传感器将因转子转动所引起的振动转换成电信号，通过电子线路加以处理和放大，最后用电子仪器显示出被试转子的不平衡质径积的大小和方位。

图6-8所示是一种动平衡机的工作原理示意图。

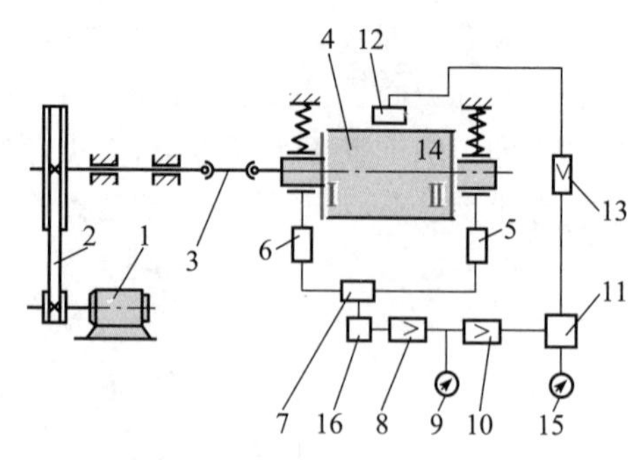

图6-8 动平衡机工作原理图

工作原理：被实验转子4放在两弹性支承上，由电动机1通过带传动2和双万向联轴器3驱动。实验时，转子上的偏心质量使弹性支承产生振动。此振动通过传感器5与6转变为电信号，两电信号同时传到解算电路7，它对信号进行处理，以消除两平衡基面之间的相互影响。用选择开关16选择平衡基面Ⅰ或Ⅱ，再经选频放大器8将信号放大，并由仪表9显示出该基面上的不平衡质径积的大小。而放大后的信号又经过整形放大器10转变为脉冲信号，并将此信号送到鉴相器11的一端。鉴相器的另一端接收来自光电头12和整形放大器13的基准信号，它的相位与转子上的标记14相对应。鉴相器两端信号的相位差由相位表15读出。可以标记14为基准，确定出偏心质量的相位。用选择开关可对另一平衡基面进行平衡。目前很多动平衡机多以单片机或计算机作为控制和信号处理的核心。

随着汽车行驶速度和对乘坐舒适性要求的日益提高，对车轮动平衡的要求已列入工艺规范。图6-9所示为对车轮作动平衡的专用动平衡机示意图。将需要平衡的车轮3整体(包括轮胎和轮毂)安装在心轴5上，支承心轴的两个轴承6装于有力传感器2的悬架4上。推动杠杆使驱动电动机1靠在轮胎上并拖动轮胎旋转，到达预定转速后脱离电动机，轮胎自由旋转，这时力传感器输出信号给计算机，计算机即可计算出两平衡基面(校正面7)上所需加的平衡质径积的大小和方位。在轮毂两侧的边缘处，加上适当的平衡块，即可使车轮获得令人满意的动平衡。类似的车轮动平衡机目前已是许多修车行的必备设备。

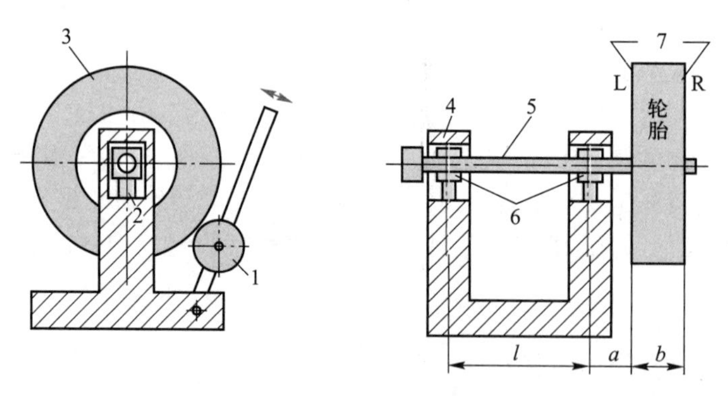

图6-9 车轮动平衡机

随着动平衡机向自动化、智能化方向发展，如火车车轮、曲轴等类转子的平衡也向自动平衡生产线、自适应补偿和智能化去重平衡等技术方向发展，将极大提高平衡机的精度和效率。

3. 现场平衡

对于一些大型和高速转子,虽然在制造期间已经过平衡,但由于装运、蠕变和工作温度或电磁场的影响等原因,又会发生微小变形而造成不平衡。在这些情况下,一般可进行现场平衡(field balancing)。即在现场通过直接测量机器中转子支架的振动,来确定不平衡量的大小及方位,进而进行平衡。

现场动平衡技术可在多工况及实际负载条件下进行平衡,能有效提高整个转子的实际平衡精度,而无需专用平衡设备,具有可减少装配拆卸、缩短检修时间、降低修理费及减少停机损失等优点。随着现场动平衡仪向便携性、灵活性及智能化方向发展和平衡精度不断提升,旋转机械设备也加快向大型化,高速、高精度的方向发展。

6.2.3　不平衡量和精度

转子的平衡精度通常用转子的许用不平衡量和许用不平衡度的限制来保证。经过平衡实验的转子,不可避免地还会有一些残存的不平衡。欲减小残存的不平衡量,势必要提高平衡成本。因此,根据工作要求,对转子规定适当的许用不平衡量和许用不平衡度是很必要的。

转子的许用不平衡有两种表示方法:一种是用质径积表示的许用不平衡量$[mr]$(g · mm);另一种是用偏心距表示的许用不平衡度$[e]$(μm)。两者的关系为

$$[e]=[mr]/m \tag{6-8}$$

式中,m——转子质量,kg;

　　r——偏心质量回转半径,mm。

许用不平衡度是一个与转子质量无关的绝对量,而许用不平衡量是与转子质量有关的一个相对量。通常,对于具体给定的转子,用许用不平衡量较好,因为它比较直观,便于平衡操作。而在衡量转子平衡的优劣或衡量平衡的检测精度时,则用许用不平衡度为好,因为便于比较。

对于不同机械转子的平衡精度要求是不同的,转子的平衡精度用转子平衡品质等级来表示。表 6-1 是 GB/T 9239.1—2006 所推荐的一些常用机械的平衡品质等级,由表中可查得转子的平衡品质量级($e\omega$)(mm/s),再用下两式可分别求得许用不平衡度和许用不平衡量

$$[e]=1\,000(e\omega)/\omega,\quad \mu\text{m} \tag{6-8a}$$

$$[mr]=(e)m,\quad \text{g}\cdot\text{mm} \tag{6-8b}$$

式中,ω——转子角速度,rad/s;

　　m——转子质量,kg。

表 6-1　刚性转子平衡品质等级指南[①]

机械类型:一般示例	平衡品质级别 G	平衡品质量级 $(e\omega)$/(mm/s)
固有不平衡的大型低速船用柴油机(活塞速度小于 9 m/s)的曲轴驱动装置[②]	G 4000	4000

续表

机械类型:一般示例	平衡品质级别 G	平衡品质量级 $(e\omega)/(\mathrm{mm/s})$
固有平衡的大型低速船用柴油机(活塞速度小于 9 m/s)的曲轴驱动装置[③]	G 1600	1600
弹性安装的固有不平衡的曲轴驱动装置	G 630	630
刚性安装的固有不平衡的曲轴驱动装置	G 250	250
汽车、卡车和机车用的往复式发动机整机	G 100	100
汽车车轮、轮箍、车轮总成、传动轴,弹性安装的固有平衡的曲轴驱动装置	G 40	40
农业机械、刚性安装的固有平衡的曲轴驱动装置、粉碎机、驱动轴(万向传动轴、螺旋桨轴)	G 16	16
航空燃气轮机,离心机(分离机、倾注洗涤器),最高额定转速达 950 r/min 的电动机和发电机(轴中心高不低于 80 mm),轴中心高小于 80 mm 的电动机,风机,齿轮,通用机械,机床,造纸机,流程工业机器,泵,透平增压机,水轮机	G 6.3	6.3
压缩机,计算机驱动装置,最高额定转速大于 950 r/min 的电动机和发电机(轴中心高不低于 80 mm),燃气轮机和蒸汽轮机,机床驱动装置,纺织机械	G 2.5	2.5
声音、图像设备,磨床驱动装置	G 1	1
陀螺仪,高精密系统的主轴和驱动件	G 0.4	0.4

注:① 本表参考 GB/T 9239.1—2006;
② 固有不平衡的曲轴驱动装置理论上是不能被平衡的;
③ 固有平衡的曲轴驱动装置理论上是能被平衡的。

对于静不平衡的转子,在图纸上直接标出许用不平衡量即可。而对于动不平衡的转子,还要先将许用不平衡量分解到转子的两个支承面Ⅰ、Ⅱ上,如图 6-10 所示,两个支承面上的许用不平衡分量分别为

$$[mr]^{\mathrm{I}}=[mr]b/(a+b) \tag{6-9a}$$

$$[mr]^{\mathrm{II}}=[mr]a/(a+b) \tag{6-9b}$$

式中,a 和 b 为两支承平面到转子质心的距离。

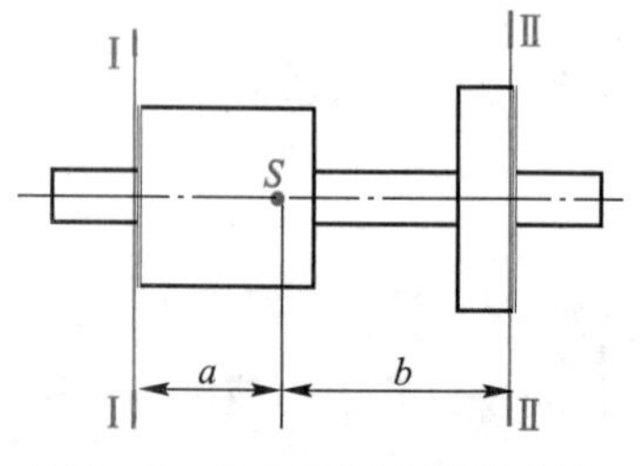

图 6-10 许用不平衡量的分配

应在图纸上分别标出两支承平面上各自的许用不平衡量。

6.3 平面机构的平衡

如前所述,机构中作往复运动或平面复合运动的构件,其在运动中产生的惯性力不可能在构件本身上予以平衡,而必须就整个机构设法加以研究。具有往复运动构件的机械是很多的,如汽车发动机、高速柱塞泵、活塞式压缩机、振动剪床等。这些机械的速度又较高,所以平衡问题常成为产品质量和性能提升的关键问题之一。

当机构运动时,其各运动构件所产生的惯性力可以合成为一个通过机构质心的总惯性力和一个总惯性力偶矩,此总惯性力和总惯性力偶矩全部由基座承受。为了消除机构在基座上引起的动压力,就必须设法平衡此总惯性力和总惯性力偶矩。机构平衡的条件是机构的总惯性力 $\boldsymbol{F}_{\mathrm{I}}$ 和总惯性力偶矩 $\boldsymbol{M}_{\mathrm{I}}$ 分别为零,即

$$\boldsymbol{F}_{\mathrm{I}}=0, \boldsymbol{M}_{\mathrm{I}}=0 \tag{6-10}$$

不过,在平衡计算中,总惯性力偶矩对基座的影响应当与外加的驱动力矩和阻抗力矩一并研究(因这三者都将作用到基座上),但是由于驱动力矩和阻抗力矩与机械的工况有关,单独平衡惯性力偶矩往往没有意义,故这里只讨论总惯性力的平衡问题。

设机构的总质量为 m,其质心 S' 的加速度为 $\boldsymbol{a}_{S'}$,则机构的总惯性力 $\boldsymbol{F}_{\mathrm{I}}=-m\boldsymbol{a}_{S'}$。由于质量 m 不可能为零,所以欲使总惯性力 $\boldsymbol{F}_{\mathrm{I}}=0$,必须使 $\boldsymbol{a}_{S'}=0$,即应使机构的质心静止不动。平面机构惯性力的平衡可分为惯性力的完全平衡和部分平衡。

1. 完全平衡

为了总惯性力的完全平衡,可采取下述措施。

(1) 利用平衡机构平衡

如图 6-11 所示的机构,由于其左、右两部分对 A 点完全对称,故可使惯性力在点 A 处所引起的动压力得到完全平衡,如某些型号摩托车的发动机就采用了这种布置方式。在图 6-12 所示的 ZG12-6 型高速冷镦机中,就利用了与此类似的方法获得了较好的平衡效果,使机器的生产率提高到 350 件/分,而振动仍较小。它的主传动机构为曲柄滑块机构 ABC,平衡装置为四杆机构 $AB'C'D'$,由于杆 $C'D'$ 较长,C' 点的运动近似于直线,加在 C' 点处的平衡质量 m' 即相当于滑块 C 的质量 m。

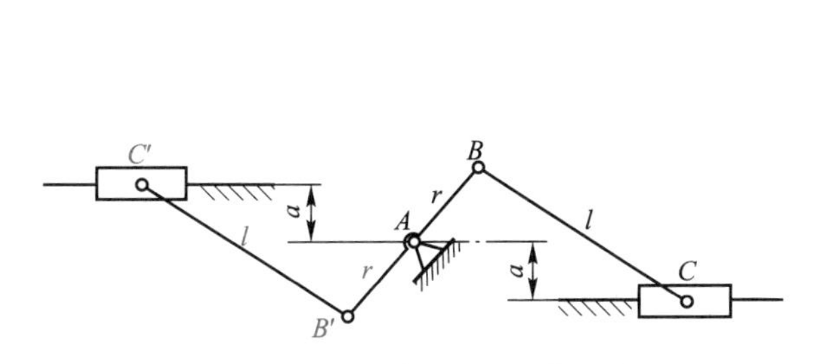

图 6-11　对称曲柄滑块机构平衡

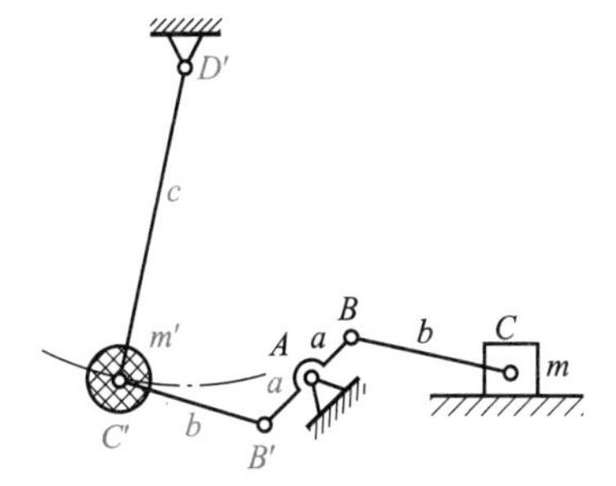

图 6-12　ZG12-6 高速冷镦机机构简图

利用平衡机构可得到很好的平衡效果,但将使机构的结构复杂,体积大为增加。

(2) 利用平衡质量平衡

在图 6-13 所示的铰链四杆机构中，设构件 1、2、3 的质量分别为 m_1、m_2、m_3，其质心分别位于 S_1'、S_2'、S_3' 处。为了进行平衡，先将构件 2 的质量 m_2 用分别集中于 B、C 两点的两个集中质量 m_{2B} 及 m_{2C} 所代换，由式(5-5)得

$$m_{2B}=m_2 l_{CS_2'}/l_{BC}$$

$$m_{2C}=m_2 l_{BS_2'}/l_{BC}$$

然后，可在构件 1 的延长线上加一平衡质量 m' 来平衡构件 1 的质量 m_1 和 m_{2B}，使构件 1 的质心移到固定轴 A 处。

$$m'=(m_{2B}l_{AB}+m_1 l_{AS_1'})/r' \tag{6-11}$$

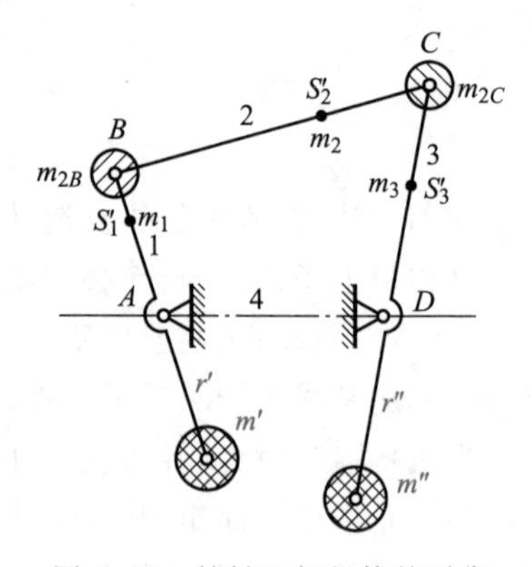

图 6-13　铰链四杆机构的平衡

同理，可在构件 3 的延长线上加一平衡质量 m''，使其质心移至固定轴 D 处，m'' 为

$$m''=(m_{2C}l_{DC}+m_3 l_{DS_3'})/r'' \tag{6-12}$$

在加上平衡质量 m' 及 m'' 以后，机构的总质心 S' 应位于 AD 线上一固定点，即 $a_{S'}=0$，所以机构的惯性力已得到平衡。

运用同样的方法，可以对图 6-14 所示的曲柄滑块机构进行平衡。为使机构的总质心固定在轴 A 处，m' 及 m'' 为

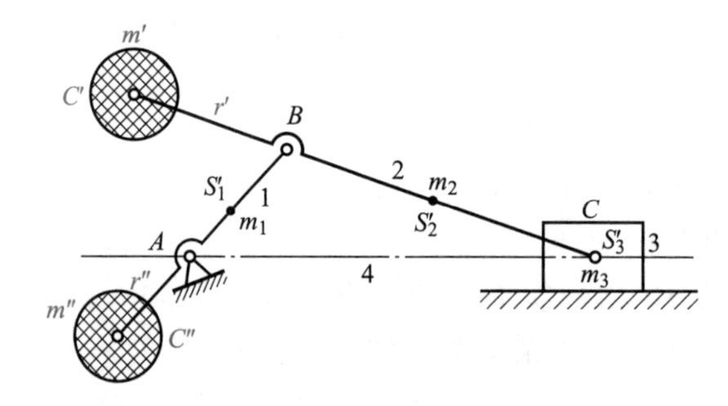

图 6-14　曲柄滑块机构的平衡

$$m'=(m_2 l_{BS_2'}+m_3 l_{BC})/r' \tag{6-13}$$

$$m''=[(m'+m_2+m_3)l_{AB}+m_1 l_{AS_1'}]/r'' \tag{6-14}$$

据研究，要完全平衡 n 个构件的单自由度机构的惯性力，应至少加 $n/2$ 个平衡质量，这将使机构的质量大大增加，而且还会带来一些其他问题(如单缸活塞发动机会使活塞的侧向力和连杆轴承负荷明显增大)，其对驱动力矩、支承反力、铰接点作用力的影响需进行检验。故在工程实际上往往宁肯采用下述的部分平衡法。

2. 部分平衡

部分平衡是只平衡掉机构总惯性力的一部分。

(1) 利用平衡机构平衡

在图 6-15 所示机构中，当曲柄 AB 转动时，滑块 C 和 C' 的加速度方向相反，它们的惯性力方向也相反，故可以相互抵消。但由于两滑块运动规律不完全一致，所以只是部分平衡。

在图 6-16 所示的机构中，当曲柄 AB 转动时，两连杆 BC、$B'C'$ 和摇杆 CD、$C'D$ 的惯性力也可以部分抵消。

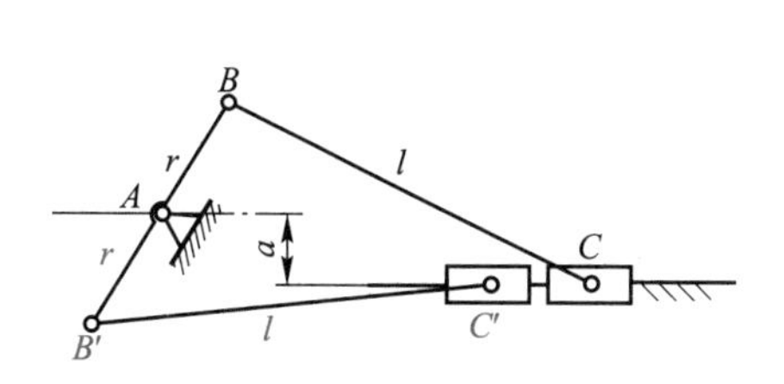

图 6-15　曲柄滑块机构的部分平衡

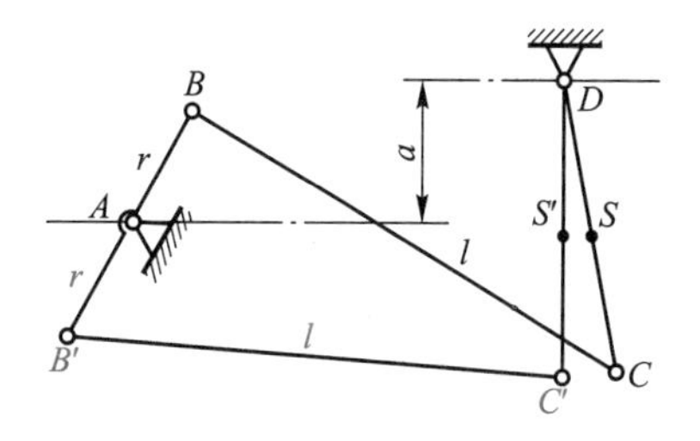

图 6-16　曲柄摇杆机构的部分平衡

（2）利用平衡质量平衡

对图 6-17 所示的曲柄滑块机构进行平衡时，先用质量代换将连杆 2 的质量 m_2 用集中于 B、C 两点的质量 m_{2B}、m_{2C} 来代换；将曲柄 1 的质量 m_1 用集中于 B、A 两点的质量 m_{1B}、m_{1A} 来代换。此时，机构产生的惯性力只有两部分，即集中在 B 点的质量 $m_B=m_{2B}+m_{1B}$ 所产生的离心惯性力 $F_{\mathrm{I}B}$ 和集中于 C 点的质量 $m_C=m_{2C}+m_3$ 所产生的往复惯性力 $F_{\mathrm{I}C}$。为了平衡离心惯性力 $F_{\mathrm{I}B}$，只要在曲柄的延长线上加一平衡质量 m'，使之满足

$$m'=m_B l_{AB}/r \tag{6-15}$$

即可。而往复惯性力 $F_{\mathrm{I}C}$ 因其大小随曲柄转角 φ 的不同而不同，所以其平衡问题就不像平衡离心惯性力 $F_{\mathrm{I}B}$ 那样简单。下面介绍往复惯性力的平衡方法。

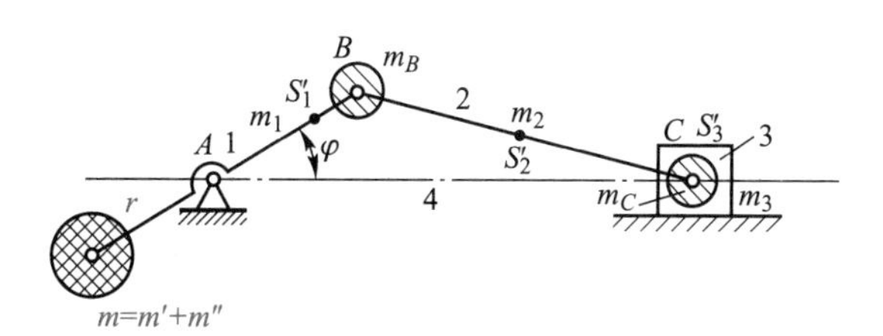

图 6-17　曲柄滑块机构的部分平衡

由运动分析可得滑块 C 的加速度方程为

$$a_C\approx-\omega^2 l_{AB}\cos\varphi \tag{6-16}$$

因而集中质量 m_C 所产生的往复惯性力为

$$F_{\mathrm{I}C}\approx m_C\omega^2 l_{AB}\cos\varphi \tag{6-16a}$$

为了平衡惯性力 $F_{\mathrm{I}C}$，可在曲柄的延长线上距 A 为 r 的地方再加上一个平衡质量 m''，并使

$$m''=m_C l_{AB}/r \tag{6-16b}$$

将平衡质量 m'' 产生的离心惯性力 F_{I}'' 分解为一水平分力 F_{Ih}'' 和一竖直分力 F_{Iv}''，则有

$$F_{\mathrm{Ih}}''=m''\omega^2 r\cos(180°+\varphi)=-m_C\omega^2 l_{AB}\cos\varphi$$

$$F_{\mathrm{Iv}}''=m''\omega^2 r\sin(180°+\varphi)=-m_C\omega^2 l_{AB}\sin\varphi$$

由于 $F_{\mathrm{Ih}}''=-F_{\mathrm{I}C}$，故 F_{Ih}'' 已与往复惯性力 $F_{\mathrm{I}C}$ 平衡。不过，此时又多了一个新的不平衡惯性力 F_{Iv}''，此竖直方向的惯性力对机械的工作也很不利。为了减小此不利因素，可取

$$m''=\left(\frac{1}{3}\sim\frac{1}{2}\right)m_C l_{AB}/r \tag{6-17}$$

即只平衡往复惯性力的一部分。这样，既可减小往复惯性力 $F_{\mathrm{I}C}$ 的不良影响，又可使在竖直方向产生的新的不平衡惯性力 F''_{Iv} 不致太大，同时所需加的配重也较小，这对机械的工作较为有利。

学习探究：

案例 6-1 单缸四冲程内燃机的平衡设计

图 6-18a 所示为单缸四冲程内燃机曲柄滑块机构结构与经质量静代换后的等效质量模型。试用质量平衡法对该单缸四冲程内燃机机构进行平衡设计，并分析其平衡前后对振动力的影响。

解：1）单缸内燃机的平衡设计 由本例之前机构动力学行为分析可知，单缸内燃机机构主要受各构件的不平衡惯性力、变化的气动力和机座的振动力（或倾覆力）。因其惯性力的平衡对其气动力并不产生影响，故主要是平衡其惯性力和振动力。单缸内燃机的平衡设计不适合采用平衡机构平衡或平衡质量的完全平衡方法，因它们既不适于工程实现，也无实际案例，通常只能采用平衡质量进行部分平衡。为此，对于曲柄 1 上 B 处的惯性力 $\boldsymbol{F}_{\mathrm{I}B}$ 和滑块 C 处惯性力 $\boldsymbol{F}_{\mathrm{I}C}$ 的平衡，可在曲柄 AB 的延长线 r' 上 B' 处添加适当的平衡质量 m' 和 m''，分别使惯性力 $\boldsymbol{F}_{\mathrm{I}B}$ 获得完全平衡，$\boldsymbol{F}_{\mathrm{I}C}$ 获得 1/3～1/2 部分平衡，而不至于产生新的不平衡的振动力，从而获得折中平衡的满意工程效果。

由案例 3-3 运动分析可知，滑块运动的加速度函数中的二阶谐波项 $\cos 2\omega_1 t$ 对其加速度影响很小，其产生的惯性力可以忽略。由式（6-16a）可知，惯性力 $\boldsymbol{F}_{\mathrm{I}C}$ 和 $\boldsymbol{F}_{\mathrm{I}B}$ 分别为

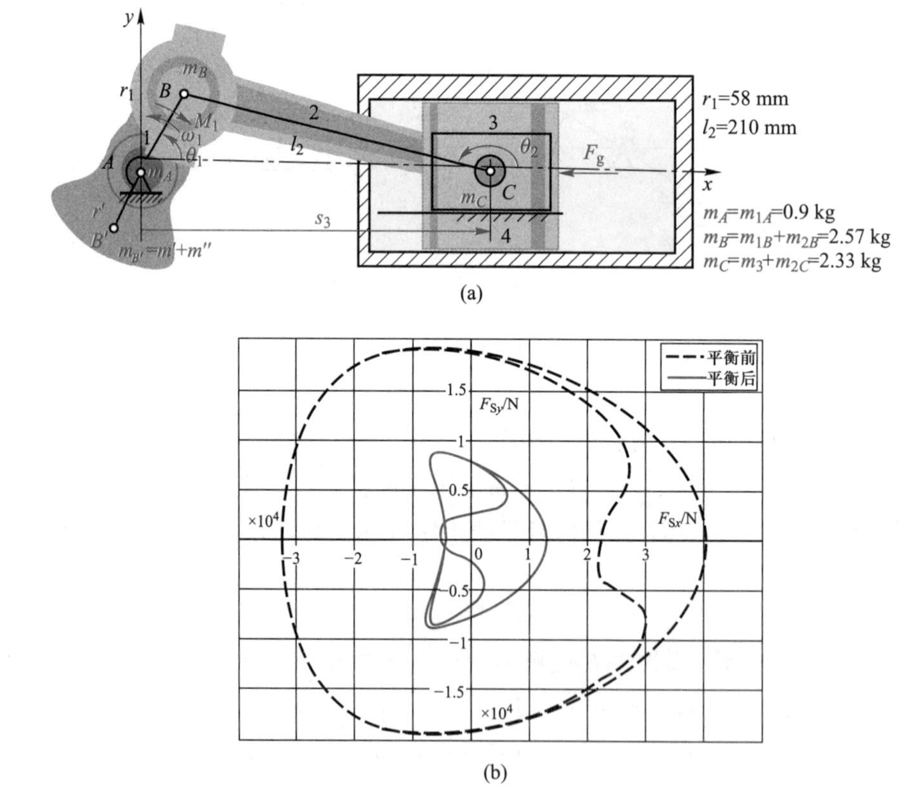

图 6-18 单缸内燃机结构模型及其平衡设计前后振动力的变化

$$F_{1C} \approx r_1 \omega_1^2 (m_3 + m_{2C}) \cos \theta_1$$

$$F_{1B} = r_1 \omega_1^2 (m_{1B} + m_{2B}) \cos \theta_1 + \mathrm{i} r_1 \omega_1^2 (m_{1B} + m_{2B}) \sin \theta_1$$

当取 $r' = r_1/2$ 时，则平衡 $\boldsymbol{F}_{1B}$ 的平衡质量 $m' = r_1 m_B / r' = 5.14$ kg，而平衡 $\boldsymbol{F}_{1C}$ 的平衡质量 m''，若平衡其中 1/2 的惯性力，由式(6-16b)可得 $m'' = m_C r_1 / (2r') = 2.33$ kg，于是得 $m_{B'} = m' + m'' = 7.47$ kg。

经上述计算，由 $r' = r_1/2 = 29$ mm，曲轴材料的密度 γ，便可设计出该曲轴上的两平衡质量的扇形块结构和尺寸(图 6-18a)。

2) 单缸内燃机的振动力分析　内燃机经平衡后，其系统增加了平衡质量 $m_{B'} = m' + m''$，其惯性力为

$$\boldsymbol{F}_{1B'} = F_{1B'x} + \mathrm{i} F_{1B'y} = -r' \omega_1^2 (m' + m'') \cos \theta_1 - \mathrm{i} r' \omega_1^2 (m' + m'') \sin \theta_1$$

由于此离心惯性力经过曲柄 1 的转动轴心，只影响经平衡后的机座振动力 F_s 而并不影响其振动力矩 M_s，故其振动力矩平衡前后并不改，与案例 5-1 中的 M_s 相同。其振动力则为

$$\begin{aligned} \boldsymbol{F}_s &= \boldsymbol{F}_{R14} + \boldsymbol{F}_{R34} + \boldsymbol{F}''_{1B} \\ &= -(F_g + a_3 m_C) + \omega_1^2 [m_B r_1 - (m' + m'') r'] \cos \theta_1 + \mathrm{i} \omega_1^2 [m_B r_1 - (m' + m'') r'] \sin \theta_1 \end{aligned}$$

据此进行编程计算，当 $\omega_1 = 3\ 400$ r/min 时，可求得该内燃机平衡前后，在一个循环周期内，作用于机架上的振动力变化曲线如图 6-18b 所示。由此表明，该单缸内燃机的平衡(即在曲柄的延长线上需添加一平衡质量 $m_{B'} = 7.47$ kg)对其振动力具有明显的平衡效果，但对其振动力矩不产生影响，故要结合下一章机械的运转及其速度波动调节的方法来加以解决。

对于四缸、六缸、八缸发动机来说，若各活塞和连杆的质量取得一致，在各缸适当排列下，往复质量之间即可自动达到力与力矩的完全平衡。为此，对同一台发动机，应选用相同质量的活塞，各连杆的质量、质心位置也应保持一致。故在一些高质量发动机的生产中，采用了全自动连杆质量调整机、全自动活塞质量分选机等先进设备。

学习拓展：

案例 6-2　多缸发动机的平衡分析与设计

(3) 利用弹簧平衡

在机构中设置附加弹簧可改善机构的某些动力学特性问题，与加平衡质量的方法相比，具有结构简化，减少整机重量，安装调试方便等优点。

如图 6-19 所示，通过合理选择弹簧的刚度系数 k 和弹簧的安装位置，可使连杆 BC 的惯性力得到部分平衡。

如图 6-20 所示为某型喷气织机的四杆打纬机构，通过在摇杆上加装扭簧的方法进行平衡，取得了良好的效果。

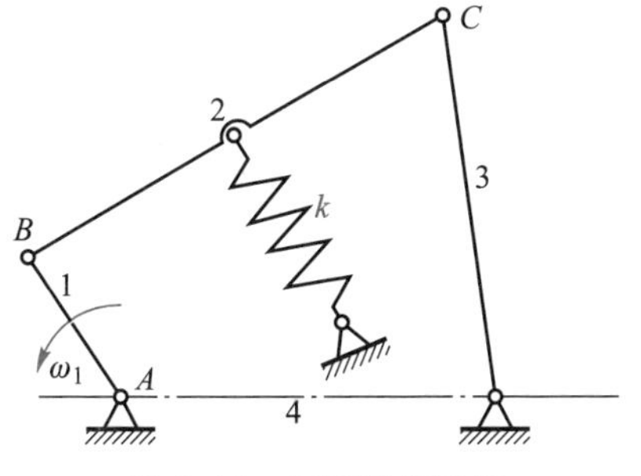

图 6-19　利用弹簧平衡

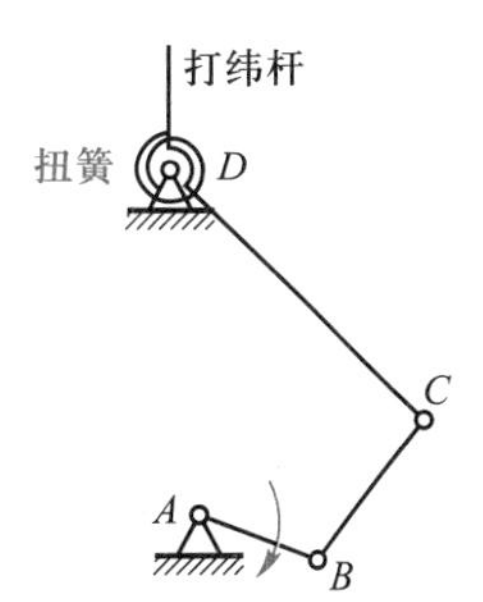

图 6-20　四杆打纬机构

机械的平衡往往既存在转子不平衡，又有机构的不平衡，设计中应统一考虑，通过优化

获得最优设计。还需指出，要获得高品质的平衡效果，只在最后作机械平衡的检测与校正是不够的，在机械的设计、生产工艺的全过程中(即原材料的制备、加工和装配等各个环节)都应关注到平衡问题才行。

思考题及练习题

6-1 什么是静平衡？什么是动平衡？各至少需要几个平衡平面？静平衡、动平衡的力学条件各是什么？

6-2 动平衡的构件一定是静平衡的，反之亦然，对吗？为什么？在图 6-21 所示两根曲轴中，设各曲拐的偏心质径积均相等，且各曲拐均在同一轴平面上。试说明两者各处于何种平衡状态？

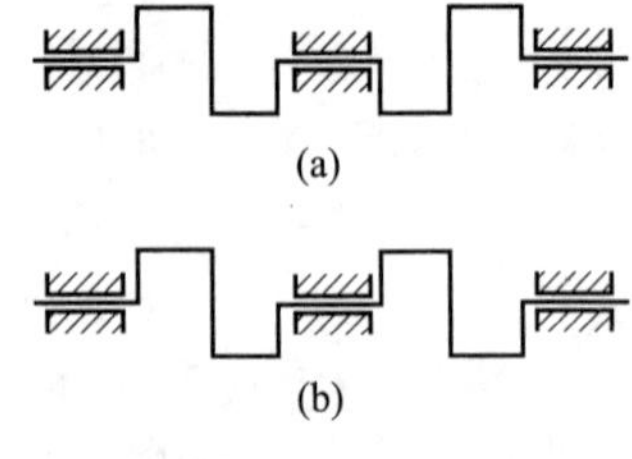

图 6-21 两种曲轴

6-3 既然动平衡的构件一定是静平衡的，为什么一些制造精度不高的构件在作动平衡之前需先作静平衡？

6-4 为什么作往复运动的构件和作平面复合运动的构件不能在构件本身内获得平衡，而必须在基座上平衡？机构在基座上平衡的实质是什么？

6-5 图 6-22 所示为一钢制圆盘，盘厚 $b=50$ mm。位置Ⅰ处有一直径 $\phi=50$ mm 的通孔，位置Ⅱ处有一质量 $m_2=0.5$ kg 的重块。为了使圆盘平衡，拟在圆盘上 $r=200$ mm 处制一通孔，试求此孔的直径与位置。(钢的密度 $\rho=7.8$ g/cm^3。)

6-6 图 6-23 所示为一风扇叶轮。已知其各偏心质量为 $m_1=2m_2=600$ g，其矢径大小为 $r_1=r_2=200$ mm，方位如图。今欲对此叶轮进行静平衡，试求所需的平衡质量的大小及方位(取 $r_b=200$ mm)。

(注：平衡质量只能加在叶片上，必要时可将平衡质量分解到相邻的两个叶片上。)

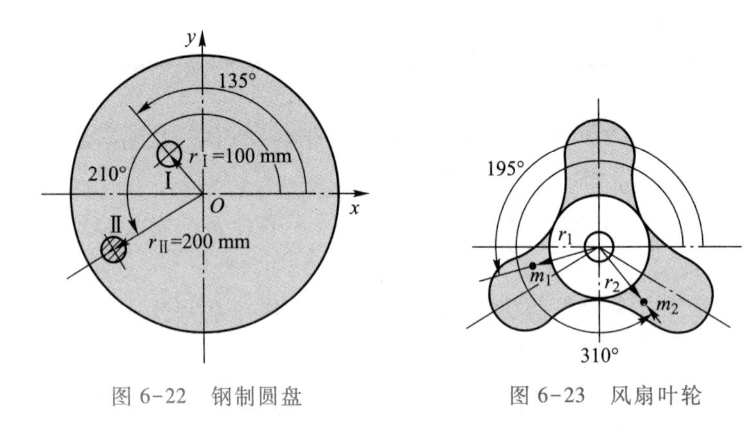

图 6-22 钢制圆盘　　图 6-23 风扇叶轮

6-7 在图 6-24 所示的转子中，已知各偏心质量 $m_1=10$ kg，$m_2=15$ kg，$m_3=20$ kg，$m_4=10$ kg，它们的回转半径大小分别为 $r_1=40$ cm，$r_2=r_4=30$ cm，$r_3=20$ cm，方位如图所示。若置于平衡基面Ⅰ及Ⅱ中的平衡质量 m_b^{I} 及 m_b^{II} 的回转半径均为 50 cm，试求 m_b^{I} 及 m_b^{II} 的大小和方位($l_{12}=l_{23}=l_{34}$)。

6-8 图 6-25 所示为一滚筒，在轴上装有带轮。现已测知带轮有一偏心质量 $m_1=1$ kg。另外，根据该滚筒的结构，知其具有两个偏心质量 $m_2=3$ kg，$m_3=4$ kg，各偏心质量的方位如图所示(长度单位为 mm)。若将平衡基面选在滚筒的两端面上，两平衡基面中平衡质量的回转半径均取为 400 mm，试求两平衡质量的大小及方位。若将平衡基面Ⅱ改选在带轮宽度的中截面上，其他条件不变，两平衡质量的大小及方位作何改变？

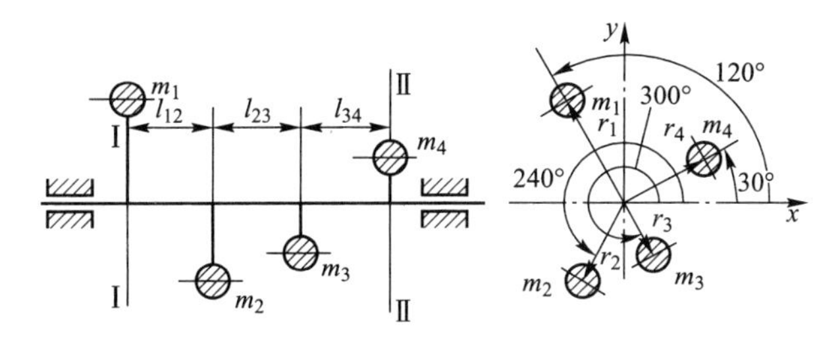

图 6-24　转子平衡计算模型

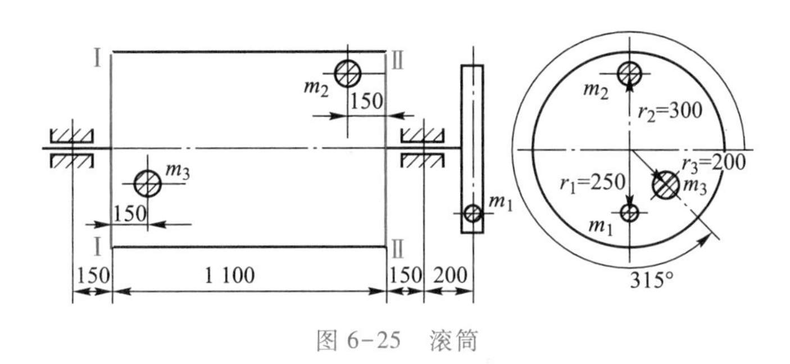

图 6-25　滚筒

6-9　图 6-26 所示为某型控制力矩陀螺仪转子，由对称布置于两端的磁悬浮轴承支承，陀螺仪转子质量为 15 kg，最高转速为 24 000 r/min。试确定陀螺仪转子的许用不平衡量及两端轴承处的许用不平衡量。

6-10　图 6-27 所示为一个一般机器转子，已知转子的质量为 15 kg，其质心至两支承平面 Ⅰ 及 Ⅱ 的距离分别为 $l_1=100$ mm，$l_2=200$ mm，转子的转速 $n=3\ 000$ r/min，试确定在两个支承平面 Ⅰ 及 Ⅱ 内的许用不平衡量。当转子转速提高到 6 000 r/min 时，其许用不平衡量又各为多少？

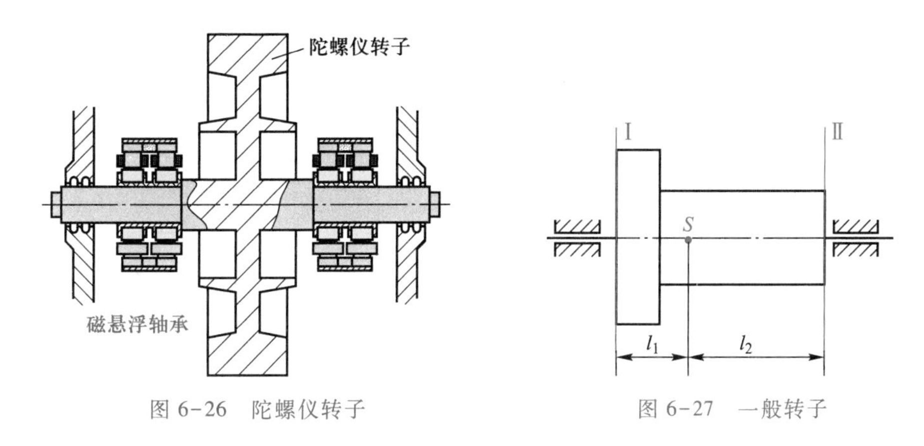

图 6-26　陀螺仪转子　　图 6-27　一般转子

6-11　有一中型电机转子其质量为 $m=50$ kg，转速 $n=3\ 000$ r/min，已测得其不平衡质径积 $mr=300$ g · mm，试问其是否满足平衡精度要求？

6-12　在图 6-28 所示的曲柄滑块机构中，已知各构件的尺寸为 $l_{AB}=100$ mm，$l_{BC}=400$ mm；连杆 2 的质量 $m_2=12$ kg，质心在 S_2 处，$l_{BS_2}=400/3$ mm；滑块 3 的质量 $m_3=20$ kg，质心在 C 点处；曲柄 1 的质心与 A 点重合。今欲利用平衡质量法对该机构进行平衡，试问若对机构进行完全平衡和只平衡掉滑块 3 处往复惯性力的 50%的部分平衡，各需加多大的平衡质量 $m_{C'}$ 和 $m_{C''}$（取 $l_{BC'}=l_{AC''}=50$ mm）？

6-13　在图 6-29 所示连杆-齿轮组合机构中，齿轮 a 与曲柄 1 固连，齿轮 b 和 c 分别活套在轴 C 和 D 上，设各齿轮的质量分别为 $m_a=10$ kg，$m_b=12$ kg，$m_c=8$ kg，其质心分别与轴心 B、C、D 重合，而杆 1、2、3 本身的质量略去不计，试设法平衡此机构在运动中的惯性力。

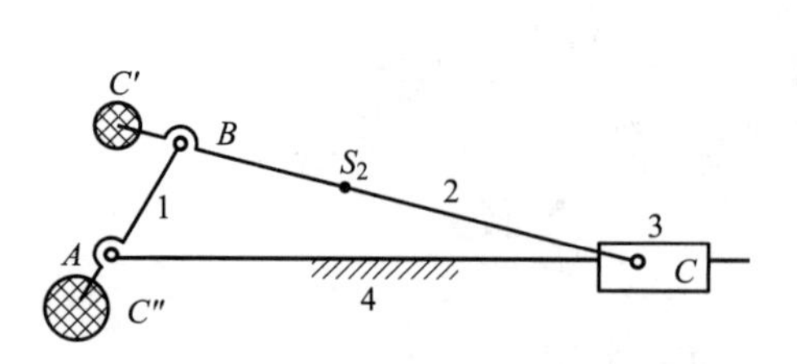

图 6-28 曲柄滑块机构

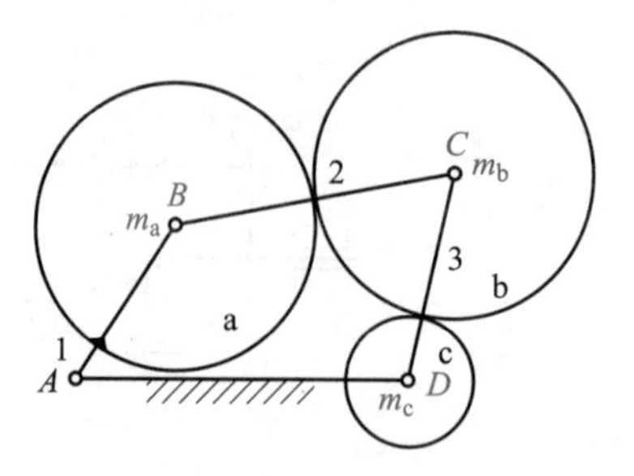

图 6-29 连杆-齿轮组合机构

6-14 图 6-30a 所示为建筑结构抗震试验的震动发生器。该装置装在被试建筑的屋顶。由一电动机通过齿轮拖动两偏心重异向旋转(偏心重的轴在铅垂方向),设其转速为 150 r/min,偏心重的质径积为 500 kg · m。求两偏心重同相位时和相位差为 180°时,总不平衡惯性力和惯性力矩的大小及变化情况。

图 6-30b 为大地重力测量计(重力计)的标定装置,设 $r=150$ mm,为使标定平台的向心加速度近似于重力加速度(9.81 m/s^2),同步带轮的角速度应为多大? 为使标定平台上升和下降均能保持相同的匀速回转,在设计中应注意什么事项?

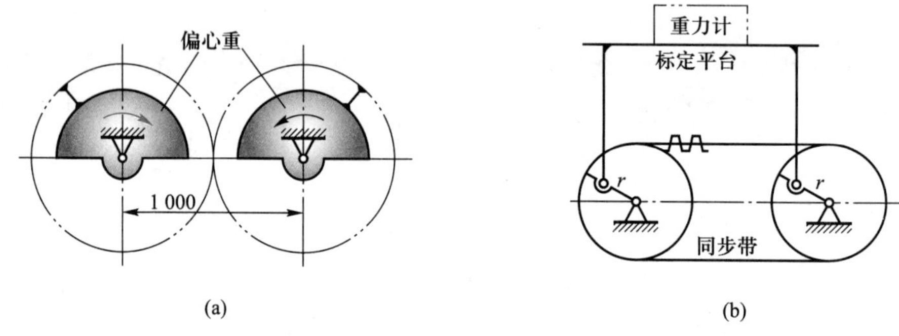

图 6-30 震动发生器及重力计标定装置

6-15 一高速回转轴有动平衡要求,但由于轴的结构特殊不便于作动平衡实验。该轴的材料为电渣重熔的(能保证轴材料的均匀性),轴的几何尺寸公差和形状位置公差均控制得很严,该轴在设计时已作了动平衡计算,欲不作动平衡实验,问是否可行? 并说明原因。

6-16 某小型电动机转子欲采用钻削去重的方法平衡。在满足钻深和加工直径的要求的情况下,部分初始不平衡量较大的转子常需要进行第二次校正,为避免第二次加工相位和第一次重合而导致无法加工的情况出现,第一次采用过量校正的方法,即第一次去重按照正常去重的 110%进行。这样进行第二次去重时便不会发生重叠相位的现象。如图 6-31 所示转子,经测试,在转子的一个校正基面上需要正常去重的质量 $m_b=200$ g,校正半径 $r=60$ mm,方位如图。由于转子的结构限制,去重位置只能在相邻两个齿的中心线处。试计算经过两次校正后钻削的位置和深度(已知钻头直径为 4 mm,转子材料密度为 7.8 g/cm^2)。

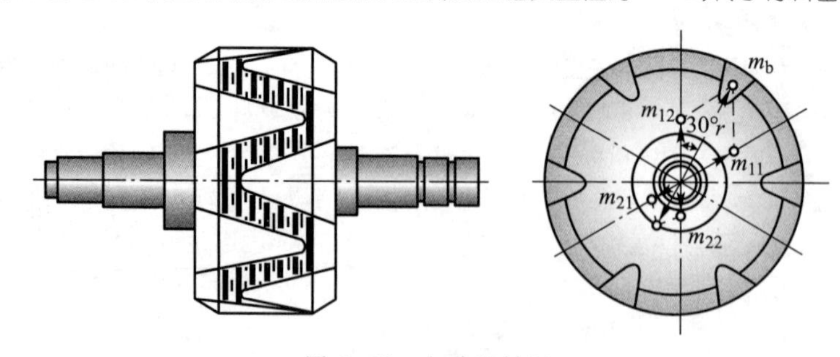

图 6-31 电动机转子

6-17　在如图 6-9 所示的车轮动平衡机中，欲在平衡基面 7 上(两侧面)轮毂半径为 r 处施加平衡质量，已知待测轮胎两轮缘之间的距离为 b，两轴承之间的距离为 l，右轴承距轮胎轮缘端面距离为 a，通过两个轴承处安装的力传感器测出的压力为 F_1、F_2，车轮转速为 ω，求在两平衡基面上所需施加的配重质量 m_L 和 m_R。

阅读参考资料

[1] 陈作模. 机械原理学习指南[M]. 5 版. 北京:高等教育出版社,2008.
[2] 张策. 机械动力学[M]. 2 版. 北京:高等教育出版社,2015.
[3] 张义民. 机械振动基础[M]. 2 版. 北京:高等教育出版社,2019.

第 7 章

瓦特蒸汽机（英国，1765）

机械的运转及其速度波动的调节

7.1 概述

1. 本章研究的内容及目的

前面在研究机构的运动分析及力分析时，一般都假设主动件作等速运动，而实际上机构主动件的运动规律是由其各构件的质量、转动惯量和作用于其上的驱动力与阻抗力等因素而决定的。在一般情况下，主动件的速度和加速度是随时间而变化的，因此为了对机构进行精确的运动分析和力分析，就需要首先确定机构主动件的真实运动规律，这对于高速、高精度和高自动化程度的机械设计是十分重要的。而在已知作用于机械系统上的所有外力（即驱动力和工作阻力或力矩），求该系统在这些力和力矩作用下的真实运动，即加速度、速度及位移的变化规律，属机器动力学第一类基本问题，即正问题。所以，本章研究的主要问题之一，就是研究在外力作用下机械的真实运动规律。

由于在一般情况下，机械主动件并非作等速运动，即机械运动有速度波动，这将导致运动副中动压力的增加，引起机械振动，降低机械的寿命、效率和工作质量，故应设法将机械运转速度波动的程度限制在许可的范围之内。所以，研究机械运转速度的波动及其调节的方法，乃是本章另一个主要的研究内容。

上面提出的两方面问题概括了本章研究的主要内容及目的。

2. 机械运转的三个阶段

下面将首先介绍机械在其运转过程中各阶段的运动状态，以及作用在机械上的驱动力和阻抗力的情况。

（1）起动阶段

图 7-1 所示为机械主动件的角速度 ω 随时间 t 变化的曲线。在起动阶段（starting period of machinery），机械主动件的角速度 ω 由零逐渐上升，直至达到正常运转速度为止。在此阶段，由于驱动功 W_d 大于阻抗功 $W'_r(=W_r+W_f)$，W_r 为有益（生产）功，W_f 为有害功。所以机械积蓄了动能 E。其功能关系可以表示为

$$W_d = W'_r + E \tag{7-1}$$

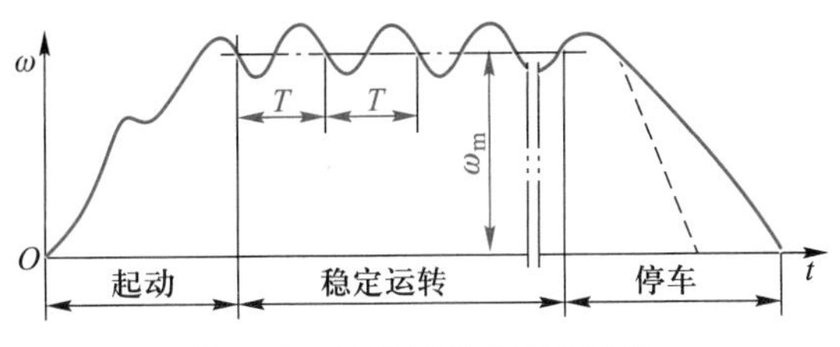

图 7-1　机械运转的三个阶段

（2）稳定运转阶段

继起动阶段之后，机械进入稳定运转阶段（steady motion period of machinery）。在这一阶段中主动件的平均角速度 ω_m 保持为一常数，而主动件的角速度 ω 通常还会出现周期性波动。就一个周期［机械主动件角速度变化的一个周期又称为机械的一个运动循环（period of cycle of steady motion）］而言，机械的总驱动功与总阻抗功是相等的，即

$$W_d = W_r' \tag{7-2}$$

上述这种稳定运转称为周期变速稳定运转（如活塞式压缩机等机械的运转情况即属此类）。而另外一些机械（如鼓风机、风扇等），其主动件的角速度 ω 在稳定运转过程中恒定不变，即 ω = 常数，则称之为等速稳定运转。

（3）停车阶段

在机械的停车阶段（stopping period of machinery）驱动功 $W_d=0$。当阻抗功将机械具有的动能消耗完时，机械便停止运转。其功能关系为

$$E = -W_r' \tag{7-3}$$

一般在停车阶段机械上的工作阻力也不再作用，为了缩短停车所需的时间，在许多机械上都安装了制动装置。安装制动器后的停车阶段如图 7-1 中的虚线所示。

起动阶段与停车阶段统称为机械运转的过渡阶段。多数机械是在稳定运转阶段进行工作的，但也有一些机械（如电梯、起重机、挖掘机、汽车、调整和运输设备等），起动和制动过程频繁交替，其工作过程有相当一部分是在过渡阶段进行的。工程实际中，人们对过渡阶段感兴趣的主要是起动和制动的时间、行程及力矩随时间的变化规律。设计人员利用这些参数对驱动系统进行比较或设计，并可计算用于传动机构设计的动载荷。如一些机器对其过渡阶段的工作有特殊要求，如空间飞行器姿态调整要求小推力推进系统响应迅速，发动机的起动、关机等过程要在几十毫秒内完成，这主要取决于控制系统反应的快慢程度（一般在几毫秒内完成）。另外，一些机器在起动和停车时为避免产生过大的动应力和振动而影响工作质量或寿命，在控制上采用软起动方式和自然/紧急等多种停车方式①。

3. 作用在机械上的驱动力和工作阻力

在研究上述问题时，必须知道作用在机械上的力及其变化规律。当构件的重力以及运动副中的摩擦力等可以忽略不计时，则作用在机械上的力将只有原动机发出的驱动力、各构件的惯性力和执行构件上所承受的工作阻力。它们随机械工况的不同及所使用的原动机的不同而不同。

各种原动机的作用力（或力矩）与其运动参数（位移、速度）之间的关系称为原动机的机

---

① 如大型带式运输机（长数千米甚至数十千米），在起动时就要控制起动速度、加速度和时间。

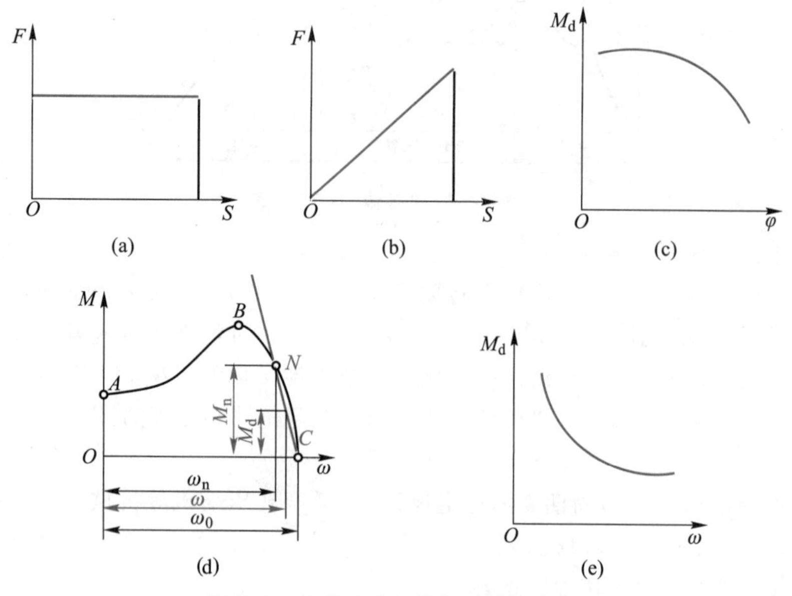

图 7-2 几种原动机的机械特性曲线

械特性(mechanical behavior)。如用重锤作为驱动件时其机械特性为常数(图 7-2a),用弹簧作为驱动件时其机械特性是位移的线性函数(图 7-2b),而内燃机的机械特性是位置的函数(图 7-2c),三相交流异步电动机(图 7-2d)、直流串励电动机(图 7-2e)的机械特性则是速度的函数。

当用解析法研究机械的运动时,原动机的驱动力必须以解析式表达。为了简化计算,常将原动机的机械特性曲线用简单的代数式来近似地表示。如交流异步电动机的机械特性曲线(图 7-2d)的 BC 部分是工作段,就常近似地以通过 N 点和 C 点的直线代替。N 点的转矩 M_n 为电动机的额定转矩,角速度 ω_n 为电动机的额定角速度。C 点的角速度 ω_0 为同步角速度,转矩为零。该直线上任意一点的驱动力矩 M_d 为

$$M_d = M_n(\omega_0 - \omega)/(\omega_0 - \omega_n) \tag{7-4}$$

式中,M_n、ω_n、ω_0 可由电动机产品目录中查出。

至于机械执行构件所承受的工作阻力的变化规律,则取决于机械工艺过程的特点,工作阻力可以是常数(起重机、车床等),可以是执行构件位置的函数(如曲柄压力机、活塞式压缩机等),可以是执行构件速度的函数(如鼓风机、离心泵等),也可以是时间的函数(如揉面机、球磨机等)。

驱动力和工作阻力的确定涉及许多专业知识,已不属于本课程的范围。在本章讨论中认为外力是已知的。

7.2 机械的运动方程式

1. 机械运动方程的一般表达式

研究机械的运转问题时,需要建立作用在机械上的力、构件的质量、转动惯量和其运动

参数之间的函数关系，亦即建立机械的运动方程。

若机械系统用某一组独立的坐标（参数）就能完全确定系统的运动，则这组坐标称为广义坐标。而完全确定系统运动所需的独立坐标的数目称为系统的自由度数目。

对于只有一个自由度的机械，描述它的运动规律只需要一个广义坐标。因此，只需要确定出该坐标随时间变化的规律即可。

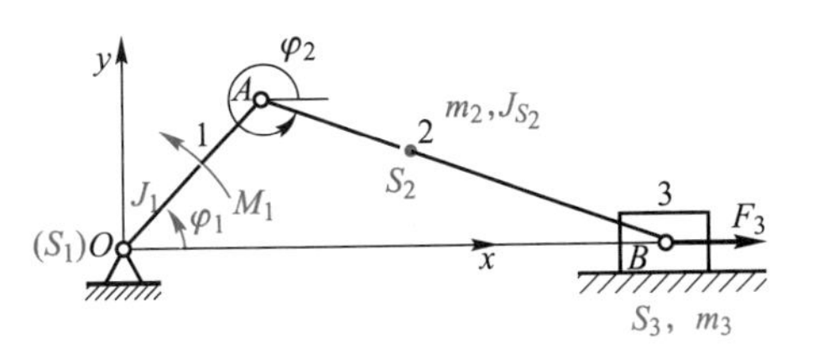

图 7-3　曲柄滑块机构

下面以图 7-3 所示曲柄滑块机构为例说明单自由度机械系统的运动方程的建立方法。

该机构由三个活动构件组成。设已知曲柄 1 为主动件，其角速度为 ω_1。曲柄 1 的质心 S_1 在 O 点，其转动惯量为 J_1；连杆 2 的角速度为 ω_2，质量为 m_2，其对质心 S_2 的转动惯量为 J_{S_2}，质心 S_2 的速度为 v_{S_2}；滑块 3 的质量为 m_3，其质心 S_3 在 B 点，速度为 $\boldsymbol{v}_3$。则该机构在 $\mathrm{d}t$ 瞬间的动能增量为

$$\mathrm{d}E=\mathrm{d}(J_1\omega_1^2/2+m_2v_{S_2}^2/2+J_{S_2}\omega_2^2/2+m_3v_3^2/2)$$

又如图 7-3 所示，设在此机构上作用有驱动力矩 M_1 与工作阻力 F_3，在瞬间 $\mathrm{d}t$ 所作的功为

$$\mathrm{d}W=(M_1\omega_1-F_3v_3)\,\mathrm{d}t=P\mathrm{d}t$$

根据动能定理，机械系统在某一瞬间其总动能的增量应等于在该瞬间内作用于该机械系统的各外力所作的元功之和，于是可得出此曲柄滑块机构的运动方程式为

$$\mathrm{d}(J_1\omega_1^2/2+m_2v_{S_2}^2/2+J_{S_2}\omega_2^2/2+m_3v_3^2/2)=(M_1\omega_1-F_3v_3)\,\mathrm{d}t \tag{7-5}$$

同理，如果机械系统由 n 个活动构件组成，作用在构件 i 上的作用力为 $\boldsymbol{F}_i$，力矩为 M_i，力 $\boldsymbol{F}_i$ 的作用点的速度为 $\boldsymbol{v}_i$，构件的角速度为 $\boldsymbol{\omega}_i$，则可得出机械运动方程式的一般表达式为

$$\mathrm{d}\left[\sum_{i=1}^{n}(m_iv_{S_i}^2/2+J_{S_i}\omega_i^2/2)\right]=\left[\sum_{i=1}^{n}(F_iv_i\cos\alpha_i\pm M_i\omega_i)\right]\mathrm{d}t \tag{7-6}$$

式中，α_i 为作用在构件 i 上的外力 $\boldsymbol{F}_i$ 与该力作用点的速度 $\boldsymbol{v}_i$ 间的夹角；而“±”号的选取决定于作用在构件 i 上的力偶矩 M_i 与该构件的角速度 $\boldsymbol{\omega}_i$ 的方向是否相同，相同时取“+”号，反之取“-”号。

在应用式(7-6)时，由于各构件的运动参量均为未知量，不便求解。为了求得简单易解的机械运动方程式，对于单自由度机械系统可以先将其简化为一等效动力学模型，然后再据此列出其运动方程式。现将这种方法介绍如下。

2. 机械系统的等效动力学模型

现仍以图 7-3 所示的曲柄滑块机构为例来说明。该机构为一单自由度机械系统，现选曲柄 1 的转角 φ_1 为独立的广义坐标，并将式(7-5)改写为

$$\mathrm{d}\left\{\frac{\omega_1^2}{2}\left[J_1+J_{S_2}\left(\frac{\omega_2}{\omega_1}\right)^2+m_2\left(\frac{v_{S_2}}{\omega_1}\right)^2+m_3\left(\frac{v_3}{\omega_1}\right)^2\right]\right\}=\omega_1\left(M_1-F_3\frac{v_3}{\omega_1}\right)\mathrm{d}t \tag{7-7}$$

又令

$$J_\mathrm{e}=J_1+J_{S_2}(\omega_2/\omega_1)^2+m_2(v_{S_2}/\omega_1)^2+m_3(v_3/\omega_1)^2 \tag{7-8}$$

$$M_\mathrm{e}=M_1-F_3(v_3/\omega_1) \tag{7-9}$$

由式(7-8)可以看出,J_e 具有转动惯量的量纲,故称为等效转动惯量(equivalent moment of inertia)。式中,各速比 ω_2/ω_1、v_{S_2}/ω_1 以及 v_3/ω_1 都是广义坐标 φ_1 的函数。因此,等效转动惯量的一般表达式可以写成函数式

$$J_e = J_e(\varphi_1) \tag{7-10}$$

又由式(7-9)可知,M_e 具有力矩的量纲,故称为等效力矩(equivalent moment)。同理,式中的速比 v_3/ω_1 也是广义坐标 φ_1 的函数。又因为外力矩 M_1 与 F_3 在机械系统中可能是运动参数 φ_1、ω_1 及 t 的函数,所以等效力矩的一般函数表达式为

$$M_e = M_e(\varphi_1, \omega_1, t) \tag{7-11}$$

根据 J_e 与 M_e 的表达式(7-8)~式(7-11),则式(7-7)可以写成如下形式的运动方程式:

$$\mathrm{d}[J_e(\varphi_1)\omega_1^2/2] = M_e(\varphi_1, \omega_1, t)\omega_1 \mathrm{d}t \tag{7-12}$$

由上述推导可知,对一个单自由度机械系统运动的研究可以简化为对该系统中某一个构件(如图 7-3 中的曲柄)运动的研究。但该构件上的转动惯量应等于整个机械系统的等效转动惯量 $J_e(\varphi)$,作用于该构件上的力矩应等于整个机械系统的等效力矩 $M_e(\varphi, \omega, t)$。这样的假想构件称为等效构件(equivalent link),如图 7-4a 所示,由之所建立的动力学模型称为原机械系统的等效动力学模型(equivalent dynamic model)。

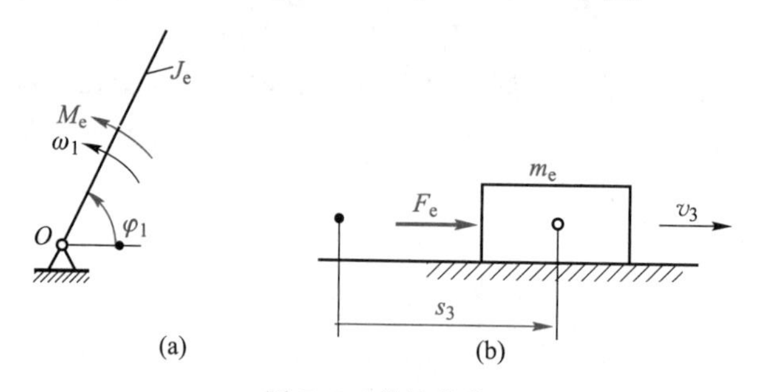

图 7-4 等效构件

不难看出,利用等效动力学模型建立的机械运动方程式,不仅形式简单,而且方程式的求解也将大为简化。

等效构件也可选用移动构件。如在图 7-3 中,可选滑块 3 为等效构件(其广义坐标为滑块的位移 s_3,图 7-4b),则式(7-5)可改写为

$$\mathrm{d}\left\{\frac{v_3^2}{2}\left[J_1\left(\frac{\omega_1}{v_3}\right)^2 + m_2\left(\frac{v_{S_2}}{v_3}\right)^2 + J_{S_2}\left(\frac{\omega_2}{v_3}\right)^2 + m_3\right]\right\} = v_3\left(M_1\frac{\omega_1}{v_3} - F_3\right)\mathrm{d}t \tag{7-13}$$

式(7-13)左端方括号内的量,具有质量的量纲,设以 m_e 表示,即令

$$m_e = J_1(\omega_1/v_3)^2 + m_2(v_{S_2}/v_3)^2 + J_{S_2}(\omega_2/v_3)^2 + m_3 \tag{7-14}$$

而式(7-13)右端括号内的量,具有力的量纲,设以 F_e 表示,即令

$$F_e = M(\omega_1/v_3) - F_3 \tag{7-15}$$

于是,可得以滑块 3 为等效构件时所建立的运动方程式为

$$\mathrm{d}[m_e(s_3)v_3^2/2] = F_e(s_3, v_3, t)v_3 \mathrm{d}t \tag{7-16}$$

式中,m_e 称为等效质量(equivalent mass);F_e 称为等效力(equivalent force)。

综上所述,如果取转动构件(其速度为 ω)为等效构件,则其等效转动惯量的一般计算

公式为

$$J_e=\sum_{i=1}^{n}\left[m_i\left(\frac{v_{S_i}}{\omega}\right)^2+J_{S_i}\left(\frac{\omega_i}{\omega}\right)^2\right] \tag{7-17}$$

等效力矩的一般计算公式为

$$M_e=\sum_{i=1}^{n}\left[F_i(v_i/\omega)\cos\alpha_i \pm M_i(\omega_i/\omega)\right] \tag{7-18}$$

同理,当取移动构件(其速度为 v)为等效构件时,其等效质量和等效力的一般计算公式可分别表示为

$$m_e=\sum_{i=1}^{n}\left[m_i(v_{S_i}/v)^2+J_{S_i}(\omega_i/v)^2\right] \tag{7-19}$$

$$F_e=\sum_{i=1}^{n}\left[F_i(v_i/v)\cos\alpha_i \pm M_i(\omega_i/v)\right] \tag{7-20}$$

从以上公式可以看出,各等效量仅与构件间的速比有关,而与构件的真实速度无关,故可在不知道构件真实运动的情况下求解。

例 7-1 图 7-5 所示为齿轮-连杆组合机构。设已知轮 1 的齿数 $z_1=20$,转动惯量为 J_1;轮 2 的齿数为 $z_2=60$,它与曲柄 2′的质心在 B 点,其对 B 轴的转动惯量为 J_2,曲柄长为 l;滑块 3 和构件 4 的质量分别为 m_3、m_4,其质心分别在 C 及 D 点。在轮 1 上作用有驱动力矩 M_1,在构件 4 上作用有阻抗力 F_4,现取曲柄为等效构件,试求在图示位置时的 J_e 及 M_e。

解:根据式(7-17)有

$$J_e=J_1(\omega_1/\omega_2)^2+J_2+m_3(v_3/\omega_2)^2+m_4(v_4/\omega_2)^2 \tag{a}$$

而由速度分析(图 7-5b)可知

$$v_3=v_C=\omega_2 l \tag{b}$$

$$v_4=v_C\sin\varphi_2=\omega_2 l\sin\varphi_2 \tag{c}$$

故

$$\begin{aligned}J_e&=J_1(z_2/z_1)^2+J_2+m_3(\omega_2 l/\omega_2)^2+m_4(\omega_2 l\sin\varphi_2/\omega_2)^2\\&=9J_1+J_2+m_3l^2+m_4l^2\sin^2\varphi_2\end{aligned} \tag{d}$$

根据式(7-18)有

$$\begin{aligned}M_e&=M_1(\omega_1/\omega_2)+F_4(v_4/\omega_2)\cos 180°\\&=M_1(z_2/z_1)-F_4(\omega_2 l\sin\varphi_2)/\omega_2=3M_1-F_4l\sin\varphi_2\end{aligned} \tag{e}$$

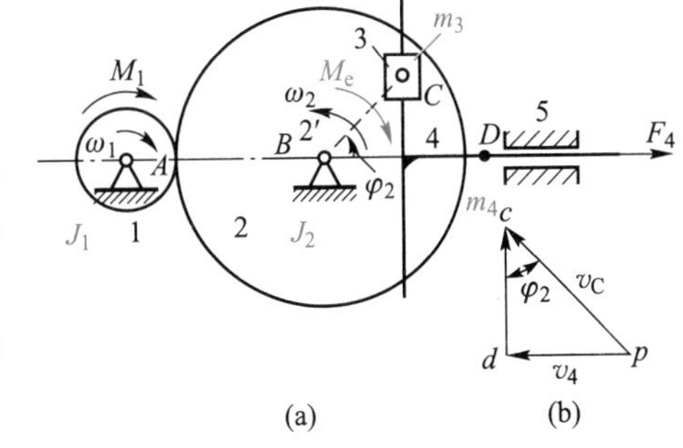

图 7-5 齿轮-连杆组合机构

由式(d)可见,等效转动惯量是由常量和变量两部分组成的。由于在一般机械中速比为变量的活动构件在其构件的总数中占比例较小,又由于这类构件通常出现在机械系统的低速端,因而其等效转动惯量较小。故为了简化计算,常将等效转动惯量中的变量部分以其平均值近似代替,或将其忽略不计。

3. 运动方程式的推演

前面推导的机械运动方程式(7-12)和式(7-16)为能量微分形式的运动方程式。为了便于对某些问题的求解,尚需求出用其他形式表达的运动方程式,为此将式(7-12)简写为

$$d(J_e\omega^2/2)=M_e\omega dt=M_e d\varphi \tag{7-21}$$

再将式(7-21)改写为

$$\frac{d(J_e\omega^2/2)}{d\varphi}=M_e$$

即

$$J_e \frac{d(\omega^2/2)}{d\varphi}+\frac{\omega^2}{2}\frac{dJ_e}{d\varphi}=M_e \tag{7-22}$$

式中：
$$\frac{d(\omega^2/2)}{d\varphi}=\frac{d(\omega^2/2)}{dt}\frac{dt}{d\varphi}=\omega\frac{d\omega}{dt}\frac{1}{\omega}=\frac{d\omega}{dt}$$

将其代入式(7-22)中，即可得力矩形式的机械运动方程式：

$$J_e \frac{d\omega}{dt}+\frac{\omega^2}{2}\frac{dJ_e}{d\varphi}=M_e \tag{7-23}$$

此外，将式(7-21)对 φ 进行积分，还可得到动能形式的机械运动方程式：

$$\frac{1}{2}J_e\omega^2-\frac{1}{2}J_{e0}\omega_0^2=\int_{\varphi_0}^{\varphi}M_e d\varphi \tag{7-24}$$

式中，φ_0 为 φ 的初始值，而 $J_{e0}=J_e(\varphi_0)$，$\omega_0=\omega(\varphi_0)$。当选用移动构件为等效构件时，其运动方程式为

$$m_e \frac{dv}{dt}+\frac{v^2}{2}\frac{dm_e}{ds}=F_e \tag{7-25}$$

$$\frac{1}{2}m_e v^2-\frac{1}{2}m_{e0}v_0^2=\int_{s_0}^{s}F_e ds \tag{7-26}$$

由于选回转构件为等效构件时，计算各等效参量比较方便，并且求得其真实运动规律后，也便于计算机械中其他构件的运动规律，所以常选用回转构件为等效构件。但当在机构中作用有随速度变化的一个力或力偶时，最好选这个力或力偶所作用的构件为等效构件，以利于方程的求解。

4. 等效转动惯量及其导数的计算方法

等效转动惯量是影响机械系统动态性能的一个重要因素，为了获得机械真实的运动规律，就需准确计算系统的等效转动惯量。由式(7-17)可知，等效转动惯量与构件自身的转动惯量以及各构件与等效构件的速比有关。

对于形状规则的构件可以用理论方法计算其转动惯量，而对于形状复杂或不规则的构件，其转动惯量可借助试验方法测定。对于具有变速比的机构，其速比往往是机构位置的函数，因此要写出等效转动惯量的表达式可能是极为繁琐的工作。同时，若采用力矩形式的运动方程式(7-23)，还需求出等效转动惯量的导数。

但在用数值法求解运动方程时，不一定需要知道等效转动惯量 J_e 和等效转动惯量的导数 $dJ_e/d\varphi$ 的表达式，而只需确定在一个循环内若干离散位置上的 J_e 和 $dJ_e/d\varphi$ 的数值即可。这对于运用计算机进行机构运动分析是容易实现的。在运动分析中，机构任意点的速度、加速度矢量常常是用其 x、y 方向上的两个分量表示的。因此，等效转动惯量表达式可写为

$$J_e=\sum_{j=1}^{n}\left[m_j\frac{v_{S_jx}^2+v_{S_jy}^2}{\omega^2}+J_j\left(\frac{\omega_j}{\omega}\right)^2\right] \tag{7-27}$$

将式(7-27)对 φ 求导可得

$$\frac{dJ_e}{d\varphi}=\frac{2}{\omega^3}\sum_{j=1}^{n}\left[m_j(v_{S_jx}a_{S_jx}+v_{S_jy}a_{S_jy})+J_j\omega_j\alpha_j\right] \tag{7-28}$$

式中，m_j、ω_j 和 α_j 分别为构件 j 的质量、角速度和角加速度，v_{S_jx}、v_{S_jy} 分别为构件 j 的质心在 x、y 方向上的速度分量，a_{S_jx}、a_{S_jy} 分别为构件 j 质心在 x、y 方向上的加速度分量。对机构各位置进行运动分析，可求得各位置的等效转动惯量及其导数。

*5. 多自由度机械系统的动力学建模简介

前面讨论的单自由度机械系统的动力学建模，适合于绝大多数的一般机械系统。但现代自动化控制的机械系统，尤其是机器人机械系统，往往都是多自由度的机械系统，它需要多个电动机驱动和协调控制来完成各种工作。因此，对于多自由度机械系统，描述其运动（即完全确定系统的运动）需给定一组独立运动参数，即机械系统的独立广义坐标数目应等于其机构的自由度 F。而在多自由度机械系统的运动方程建模中，同样一般不考虑系统中各构件的重力和各运动副中摩擦力，但为了方便求解，避免求解运动副反力，故系统的运动方程建模方法通常仍需采用能量法。目前较普遍使用的动力学建模能量法为拉格朗日方程法。由于拉格朗日方程法是理想约束下的机械系统的动力学普遍方程，故下面对该方法作简要介绍。

设某一自由度为 F 的机械系统，其运动构件数为 n，取此机械系统的各主动件的位移（角位移为 θ，线位移为 s）为该系统的独立广义坐标 $q_j, j=1,2,\cdots,m$，其中 m 为系统的广义坐标数，且 $m=F$。此时机械系统的广义速度则为 $\dot{q}_j$。由理论力学可知，该多自由度机械系统的运动方程可用拉格朗日方程法表达为

$$\frac{\mathrm{d}}{\mathrm{d}t}\left(\frac{\partial L}{\partial \dot{q}_j}\right)-\frac{\partial L}{\partial q_j}=Q_j \qquad (j=1,2,\cdots,m) \tag{7-29}$$

式中，L 为 Lagrange 函数，其等于该机械系统的动能 E 与势能 U 之差，即 $L=E-U$；而 Q_j 为对应于该系统广义坐标 q_j 的广义力。

采用拉格朗日方程法建立多自由度机械系统的运动方程式的一般步骤：首先应确定该系统的广义坐标 $q_j(j=1,2,\cdots,m)$，并分析系统各运动构件的角位移 θ_i（第 i 个构件的角位移，$i=1,2,3,\cdots,m$）及角速度 $\dot{\theta}_i$、质心 S_i 的坐标 x_{S_i} 及 y_{S_i} 及其速度 v_{S_i} 的分量 $\dot{x}_{S_i}$ 及 $\dot{y}_{S_i}$，给出它们关于独立广义坐标 q_j 的表达式；然后按机械系统已知的各构件的质量 m_i、转动惯量 J_i 和所求得的质心速度 v_{S_i}、角速度 $\dot{\theta}_i$，列出该系统的动能 E、势能 U 以及广义力 Q_j 的表达式；最后再代入式（7-29），即可得该多自由度机械系统的运动方程式，不过这是一组关于独立广义坐标 q_j 的 m 阶非线性微分方程组。因此类方程难以利用解析法得到显式解，一般常需采用数值法近似求解，故这里仅以一个二自由度的机械系统为例说明多自由度机械系统的运动方程式建立的方法。

学习拓展：

案例 7-1　二自由度机械系统的动力学解析建模

7.3　机械运动方程式的求解

由于等效力矩（或等效力）可能是位置、速度或时间的函数，而且它可以用函数、数值表格或曲线等形式给出，因此求解运动方程式的方法也不尽相同。下面就几种常见的情况，对解析法和数值计算法加以简要介绍。

1. 等效转动惯量和等效力矩均为位置的函数

用内燃机驱动活塞式压缩机的机械系统即属这种情况。此时，内燃机给出的驱动力矩

M_d 和压缩机所受到的阻抗力矩 M_r 都可视为位置的函数，故等效力矩 M_e 也是位置的函数，即 $M_e=M_e(\varphi)$。在此情况下，如果等效力矩的函数形式 $M_e=M_e(\varphi)$ 可以积分，且其边界条件已知，即当 $t=t_0$ 时，$\varphi=\varphi_0$、$\omega=\omega_0$、$J_e=J_{e0}$，于是由式(7-24)可得

$$\frac{1}{2}J_e(\varphi)\omega^2(\varphi)=\frac{1}{2}J_{e0}\omega_0^2+\int_{\varphi_0}^{\varphi}M_e(\varphi)\mathrm{d}\varphi$$

从而可求得

$$\omega=\sqrt{\frac{J_{e0}}{J_e(\varphi)}\omega_0^2+\frac{2}{J_e(\varphi)}\int_{\varphi_0}^{\varphi}M_e(\varphi)\mathrm{d}\varphi} \tag{7-30}$$

等效构件的角加速度 α 为

$$\alpha=\frac{\mathrm{d}\omega}{\mathrm{d}t}=\frac{\mathrm{d}\omega}{\mathrm{d}\varphi}\frac{\mathrm{d}\varphi}{\mathrm{d}t}=\frac{\mathrm{d}\omega}{\mathrm{d}\varphi}\omega \tag{7-31}$$

有时为了进行初步估算，可以近似假设等效力矩 M_e = 常数，等效转动惯量 J_e = 常数。在这种情况下，式(7-23)可简化为

$$J_e\mathrm{d}\omega/\mathrm{d}t=M_e$$

即

$$\alpha=\mathrm{d}\omega/\mathrm{d}t=M_e/J_e \tag{7-32}$$

由式(7-32)积分可得

$$\omega=\omega_0+\alpha t \tag{7-33}$$

若 $M_e(\varphi)$ 是以线图或表格形式给出的，则只能用数值积分法求解。

2. 等效转动惯量是常数，等效力矩是速度的函数

由电动机驱动的鼓风机、搅拌机等的机械系统就属这种情况。对于这类机械，应用式(7-23)来求解是比较方便的。由于

$$M_e(\omega)=M_{ed}(\omega)-M_{er}(\omega)=J_e\mathrm{d}\omega/\mathrm{d}t$$

将式中的变量分离后，得

$$\mathrm{d}t=J_e\mathrm{d}\omega/M_e(\omega)$$

积分得

$$t=t_0+J_e\int_{\omega_0}^{\omega}\frac{\mathrm{d}\omega}{M_e(\omega)} \tag{7-34}$$

式中，ω_0 是计算开始时的初始角速度。

由式(7-34)解出 $\omega=\omega(t)$ 以后，即可求得角加速度 $\alpha=\mathrm{d}\omega/\mathrm{d}t$。欲求 $\varphi=\varphi(t)$ 时，可利用以下关系式：

$$\varphi=\varphi_0+\int_{t_0}^{t}\omega(t)\mathrm{d}t \tag{7-35}$$

例 7-2　设某机械的原动机为直流并励电动机，其机械特性曲线可以近似用直线表示，如图 7-6a 所示。当取电动机轴为等效构件时，等效驱动力矩为

$$M_{ed}=M_0-b\omega$$

式中，M_0 为起动转矩；b 为一常数。又设该机械的等效阻抗力矩 M_{er} 和等效转动惯量 J_e 均为常数。试求该机械的运动规律。

解：该机械工作时作等速稳定运转，此时电动机轴的角速度 ω_s（图 7-6a）是容易求得的。因为此时

$$M_{ed}=M_0-b\omega_s=M_{er}$$

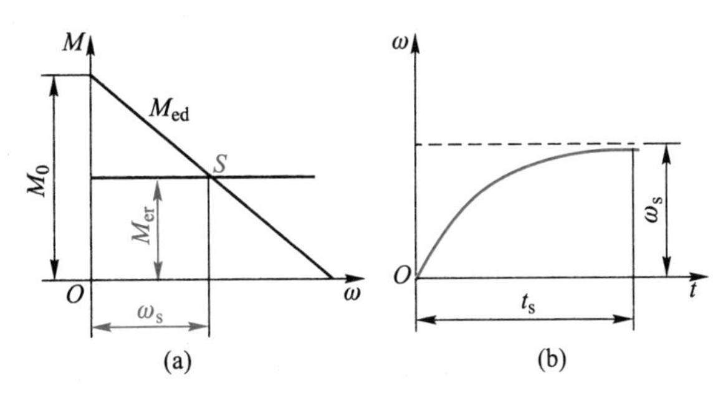

图 7-6　某机组的起动过程

于是得

$$\omega_s=(M_0-M_{er})/b \tag{a}$$

对于这类机械,确定运动规律的主要目的是探讨它的起动过程。由式(a)可知

$$b=(M_0-M_{er})/\omega_s$$

于是,等效力矩 M_e 可写为

$$\begin{aligned}M_e&=M_{ed}-M_{er}=M_0-(M_0-M_{er})\omega/\omega_s-M_{er}\\&=(M_0-M_{er})(1-\omega/\omega_s)\end{aligned}$$

代入式(7-34)得

$$\begin{aligned}t&=\frac{J_e}{M_0-M_{er}}\int_0^{\omega}\frac{d\omega}{1-\omega/\omega_s}=\frac{-J_e\omega_s}{M_0-M_{er}}\int_0^{\omega}\frac{d(1-\omega/\omega_s)}{1-\omega/\omega_s}\\&=\frac{-J_e\omega_s}{M_0-M_{er}}\ln\left(1-\frac{\omega}{\omega_s}\right)\end{aligned} \tag{b}$$

将式(b)改写为

$$\ln(1-\omega/\omega_s)=-(M_0-M_{er})t/(J_e\omega_s)$$

可解得

$$\omega=\omega_s\{1-\exp[-(M_0-M_{er})t/(J_e\omega_s)]\} \tag{c}$$

由式(c)可知,当 $t\to\infty$ 时,$\omega=\omega_s$,即机械由起动到稳定运转($\omega=\omega_s$)是一个无限趋近的过程,如图 7-6b 所示。为了估算这类机械起动时间的长短,通常给定比值 $\omega/\omega_s=0.95$,当 ω/ω_s 达到该数值时,就认为机械已进入稳定运转阶段,并据此计算机械的起动时间 t_s。由式(b)得

$$t_s\approx 3J_e\omega_s/(M_0-M_{er}) \tag{d}$$

起动过程电动机轴的角加速度由式(c)求得

$$\alpha=\frac{d\omega}{dt}=\frac{M_0-M_{er}}{J_e}\exp\left[-\frac{(M_0-M_{er})t}{J_e\omega_s}\right] \tag{e}$$

3. 等效转动惯量是位置的函数,等效力矩是位置和速度的函数

用电动机驱动的刨床、冲床等的机械系统属于这种情况。其中包含有速比不等于常数的机构,故其等效转动惯量是变量。

这类机械的运动方程式根据式(7-12)可列为

$$d[J_e(\varphi)\omega^2/2]=M_e(\varphi,\omega)d\varphi$$

这是一个非线性微分方程,若 ω、φ 变量无法分离,则不能用解析法求解,而只能采用数值法求解。下面介绍一种简单的数值解法——差分法。为此,将上式改写为

$$dJ_e(\varphi)\omega^2/2+J_e(\varphi)\omega d\omega=M_e(\varphi,\omega)d\varphi \tag{7-36}$$

又如图 7-7 所示，将转角 φ 等分为 n 个微小的转角 $\Delta\varphi=\varphi_{i+1}-\varphi_i(i=0,1,2,\cdots,n)$。而当 $\varphi=\varphi_i$ 时，等效转动惯量 $J_e(\varphi)$ 的微分 dJ_{ei} 可以用增量 $\Delta J_{ei}=J_{e\varphi(i+1)}-J_{e\varphi i}$ 来近似地代替，并简写成 $\Delta J_i=J_{i+1}-J_i$。同样，当 $\varphi=\varphi_i$ 时，角速度 $\omega(\varphi)$ 的微分 $d\omega_i$ 可以用增量 $\Delta\omega_i=\omega_{\varphi(i+1)}-\omega_{\varphi i}$ 来近似地代替，并简写为 $\Delta\omega_i=\omega_{i+1}-\omega_i$。于是，当 $\varphi=\varphi_i$ 时，式(7-36)可写为

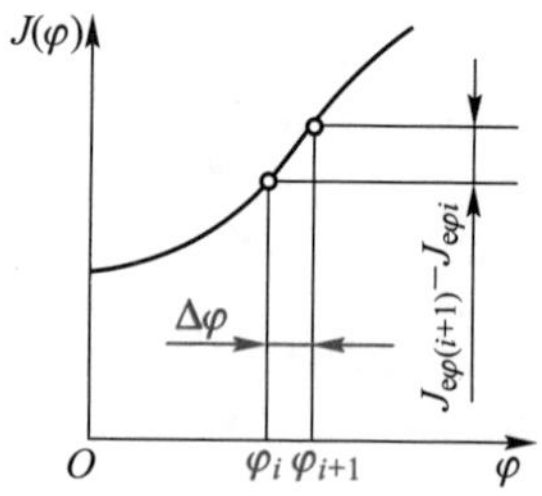

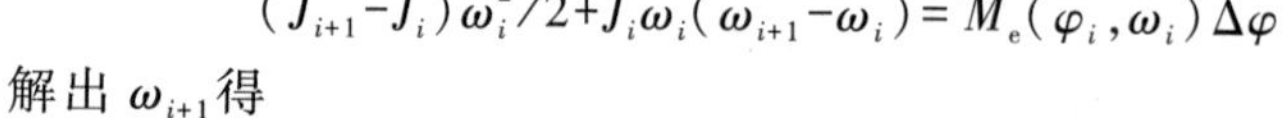

$$(J_{i+1}-J_i)\omega_i^2/2+J_i\omega_i(\omega_{i+1}-\omega_i)=M_e(\varphi_i,\omega_i)\Delta\varphi$$

图 7-7　差分法

解出 ω_{i+1} 得

$$\omega_{i+1}=\frac{M_e(\varphi_i,\omega_i)\Delta\varphi}{J_i\omega_i}+\frac{3J_i-J_{i+1}}{2J_i}\omega_i \tag{7-37}$$

式(7-37)可用计算机方便地求解。

例 7-3　设有一台由电动机驱动的牛头刨床，当取主轴为等效构件时，其等效力矩 $M_e=(5\ 500-1\ 000\omega-M_{er})$ N·m，其等效转动惯量 J_e 与等效阻抗力矩 M_{er} 的值列于表 7-1 中，试分析该机械在稳定运转时的运动情况。

解：由所给数据可知，该机械的周期角 $\varphi_T=360°$。现自序号 $i=0$ 开始，按式(7-37)进行迭代计算。

由于对应于 φ_0 的 ω_0 为未知量，通常可按照机械的平均角速度来试选初始角速度。今设：当 $i_0=0$ 时，$t_0=0,\varphi=\varphi_0=0,\omega=\omega'=5$ rad/s。又取步长 $\Delta\varphi=15°=0.261\ 8$ rad。则当 $i_1=1$ 时，由式(7-37)及表 7-1 可知：

$$\omega_1'=\frac{(5\ 500-1\ 000\times5-789)\times0.261\ 8}{34.0\times5}\text{rad/s}+\frac{3\times34.0-33.9}{2\times34.0}\times5\ \text{rad/s}=4.56\ \text{rad/s}$$

而当 $i_2=2$ 时，由 ω_1' 的计算结果可求出

$$\omega_2'=\frac{(5\ 500-1\ 000\times4.56-812)\times0.261\ 8}{33.9\times4.56}\text{rad/s}+\frac{3\times33.9-33.6}{2\times33.9}\times4.56\ \text{rad/s}=4.80\ \text{rad/s}$$

同理，可求得当 $i=3,4,5,\cdots$ 时的 $\omega_3',\omega_4',\omega_5',\cdots$。其结果列于表 7-1 中。

表 7-1　牛头刨床的运转数据

i	φ /(°)	$J_e(\varphi)$ /(kg·m²)	$M_{er}(\varphi)$ /(N·m)	ω' /(rad/s)	ω'' /(rad/s)
0	0	34.0	789	5.00	4.81
1	15	33.9	812	4.56	4.66
2	30	33.6	825	4.80	4.73
3	45	33.1	797	4.64	4.67
⋮	⋮	⋮	⋮	⋮	⋮
21	315	33.1	803	4.39	4.39
22	330	33.6	818	4.91	4.91
23	345	33.9	802	4.52	4.52
24	360	34.0	789	4.81	4.81

由表 7-1 中数据可以看出，根据试取的角速度初始值 ω_0 进行计算，主轴回转一周后，ω'_{24}并不等于 ω_0，这说明机械尚未进入周期性稳定运转。只要以 ω'_{24}作为 ω_0 的新的初始值再继续计算下去，数周后机械即可进入稳定运转。在本例中，在第二周时，因 $\omega''_0=\omega''_{24}=4.81$ rad/s，即已进入稳定运转阶段。这时，等效构件角速度的变化规律如图 7-8 所示。

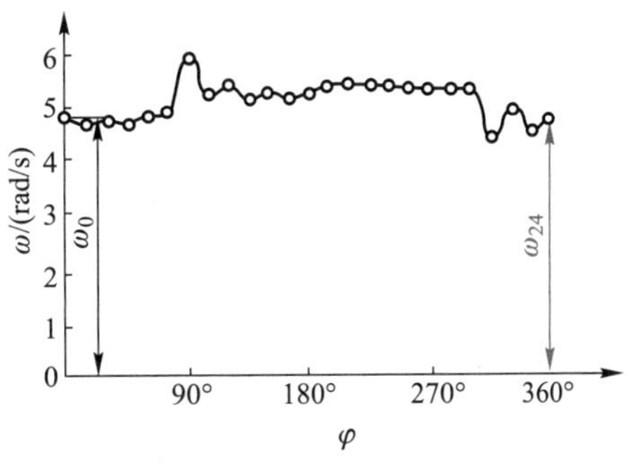

图 7-8　牛头刨床的稳定运转

7.4　稳定运转状态下机械的周期性速度波动及其调节

1. 产生周期性速度波动的原因

作用在机械上的等效驱动力矩和等效阻抗力矩即使在稳定运转状态下往往也是等效构件转角 φ 的周期性函数，如图 7-9a 所示。设在某一时段内其所作的驱动功和阻抗功为

$$W_d(\varphi)=\int_{\varphi_a}^{\varphi} M_{ed}(\varphi)\,d\varphi \qquad (7-38)$$

$$W_r(\varphi)=\int_{\varphi_a}^{\varphi} M_{er}(\varphi)\,d\varphi \qquad (7-39)$$

则机械动能的增量为

$$\Delta E=W_d(\varphi)-W_r(\varphi)=\int_{\varphi_a}^{\varphi}\left[M_{ed}(\varphi)-M_{er}(\varphi)\right]d\varphi$$

$$=J_e(\varphi)\omega^2(\varphi)/2-J_{ea}\omega_a^2/2 \qquad (7-40)$$

其机械动能 $E(\varphi)$ 的变化曲线如图 7-9b 所示。

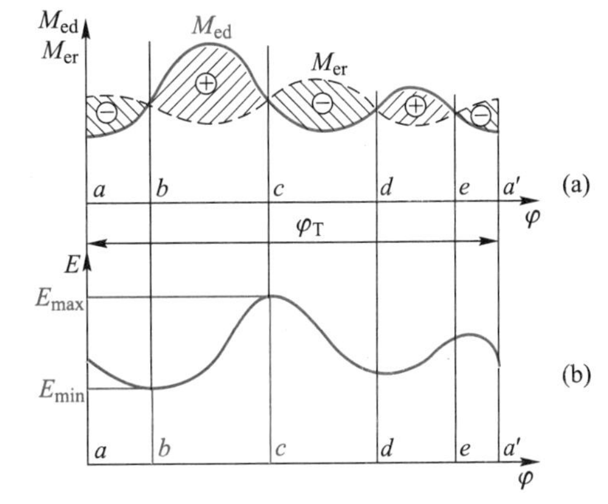

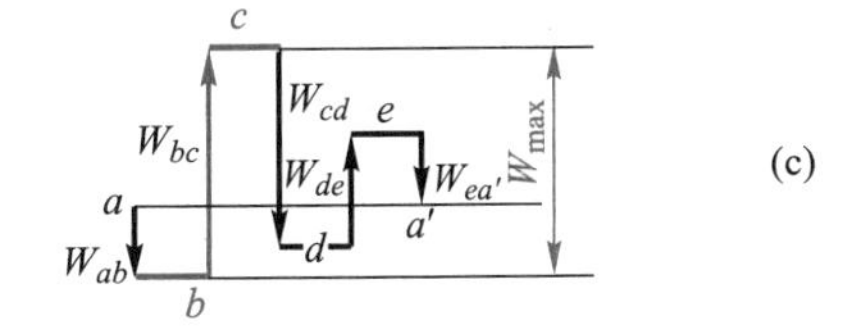

图 7-9　一个运动周期

分析图 7-9a 中 bc 段曲线的变化可以看出，由于力矩 $M_{ed}>M_{er}$，因而机械的驱动功大于阻抗功，多余出来的功在图中以“+”号标识，称之为盈功（increment of work）。在这一阶段，等效构件的角速度由于动能的增加而上升。反之，在图中 cd 段，由于 $M_{ed}<M_{er}$，因而驱动功小于阻抗功，不足的功在图中以“-”号标识，称之为亏功（decrement of work）。在这一阶段，等效构件的角速度由于动能减少而下降。如果在等效力矩 M_e 和等效转动惯量 J_e 变化的公共周期内，即图中对应于等效构件转角由 φ_a 到 φ'_a 的一段，驱动功等于阻抗功，机械动能的增量等于零，即

$$\int_{\varphi_a}^{\varphi'_a}(M_{ed}-M_{er})\,d\varphi=J_{ea'}\omega_{a'}^2/2-J_{ea}\omega_a^2/2=0 \qquad (7-41)$$

于是，经过等效力矩与等效转动惯量变化的一个公共周期，机械的动能、等效构件的角速度都将恢复到原来的数值。可见，等效构件的角速度在稳定运转过程中将呈现周期性的波动。

2. 周期性速度波动的调节

如前所述,机械运转的速度波动对机械的工作是不利的,它不仅会影响机械的工作质量,也会影响到机械的效率和寿命,所以必须设法加以控制和调节,将其限制在许可的范围之内。

(1) 平均角速度 ω_m 和运动不均匀系数 δ

为了对机械稳定运转过程中出现的周期性速度波动进行分析,下面先介绍衡量速度波动程度的几个参数。

图 7-10 所示为在一个周期内等效构件角速度的变化曲线,其平均角速度 ω_m 在工程实际中常用其算术平均值来表示,即

$$\omega_m=(\omega_{max}+\omega_{min})/2 \qquad (7-42)$$

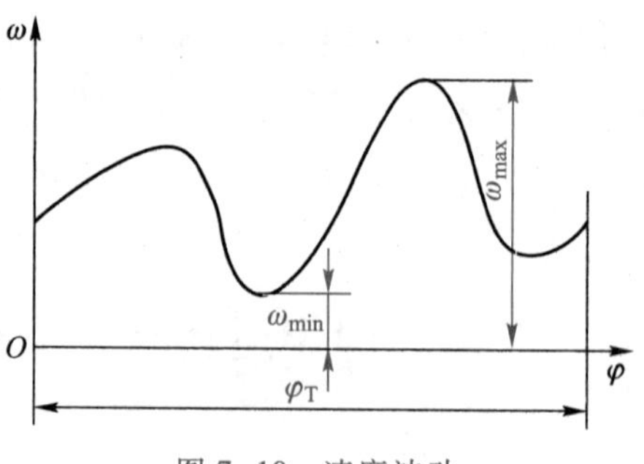

图 7-10　速度波动

机械速度波动的程度不仅与速度变化的幅度 $\omega_{max}-\omega_{min}$ 有关,也与平均角速度 ω_m 的大小有关。综合考虑这两方面的因素,用运动不均匀系数(coefficient of fluctuation)δ 来表示机械速度波动的程度,其定义为角速度波动的幅度 $\omega_{max}-\omega_{min}$ 与平均角速度 ω_m 之比,即

$$\delta=(\omega_{max}-\omega_{min})/\omega_m \qquad (7-43)$$

不同类型的机械,对运动不均匀系数 δ 大小的要求是不同的。表 7-2 中列出了一些常用机械运动不均匀系数的许用值[δ],供设计时参考。

表 7-2　常用机械运动不均匀系数的许用值[δ]

机械的名称	[δ]	机械的名称	[δ]
碎石机	1/5～1/20	水泵、鼓风机	1/30～1/50
冲床、剪床	1/7～1/10	造纸机、织布机	1/40～1/50
轧压机	1/10～1/25	纺纱机	1/60～1/100
汽车、拖拉机	1/20～1/60	直流发电机	1/100～1/200
金属切削机床	1/30～1/40	交流发电机	1/200～1/300

设计时,机械的运动不均匀系数不得超过允许值,即

$$\delta \leqslant [\delta] \qquad (7-44)$$

必要时,可在机械中安装一个具有很大转动惯量的回转构件——飞轮(flywheel),以调节机械的周期性速度波动。

(2) 飞轮的简易设计方法

1) 飞轮调速的基本原理　由图 7-9b 可见,在 b 点处机械出现能量最小值 E_{min},而在 c 点处出现能量最大值 E_{max}。故在 φ_b 与 φ_c 之间将出现最大盈亏功(maximum increment or decrement of work)ΔW_{max},即驱动功与阻抗功之差的最大值:

$$\Delta W_{max}=E_{max}-E_{min}=\int_{\varphi_b}^{\varphi_c}[M_{ed}(\varphi)-M_{er}(\varphi)]\mathrm{d}\varphi \qquad (7-45)$$

如果忽略等效转动惯量中的变量部分，即设 J_e = 常数，则当 $\varphi=\varphi_b$ 时，$\omega=\omega_{min}$，当 $\varphi=\varphi_c$ 时，$\omega=\omega_{max}$。由式(7-45)可得

$$\Delta W_{max}=E_{max}-E_{min}=J_e(\omega_{max}^2-\omega_{min}^2)/2=J_e\omega_m^2\delta$$

对于机械系统原来所具有的等效转动惯量 J_e 来说，等效构件的运动不均匀系数将为

$$\delta=\Delta W_{max}/(J_e\omega_m^2)$$

当 δ 不满足条件式(7-44)时，可在机械上添加一个飞轮。设在等效构件上添加的飞轮的转动惯量为 J_F，则有

$$\delta=\frac{\Delta W_{max}}{(J_e+J_F)\omega_m^2} \tag{7-46}$$

可见，只要 J_F 足够大，就可达到调节机械周期性速度波动的目的。

2) 飞轮转动惯量的近似计算　由式(7-44)和式(7-46)可导出飞轮的等效转动惯量 J_F 的计算公式为

$$J_F\geqslant\Delta W_{max}/(\omega_m^2[\delta])-J_e \tag{7-47}$$

如果 $J_e<<J_F$，则 J_e 可以忽略不计，于是式(7-47)可近似写为①

$$J_F\geqslant\Delta W_{max}/(\omega_m^2[\delta]) \tag{7-48}$$

又如果式(7-48)中的平均角速度 ω_m 用平均转速 n(单位：r/min)代换，则有

$$J_F\geqslant900\Delta W_{max}/(\pi^2n^2[\delta]) \tag{7-49}$$

上述飞轮转动惯量是按飞轮安装在等效构件上计算的，若飞轮没有安装在等效构件上，则还需作等效换算。

为计算飞轮的转动惯量，关键是要求出最大盈亏功 ΔW_{max}。对一些较简单的情况，最大盈亏功可直接由 $M_e-\varphi$ 图看出。对于较复杂的情况，则可借助于能量指示图来确定。现以图 7-9 为例加以说明。如图 7-9c 所示，取点 a 作起点，按比例用铅垂向量线段依次表示相应位置 M_{ed} 与 M_{er} 之间所包围的面积 W_{ab}、W_{bc}、W_{cd}、W_{de} 和 $W_{ea'}$，盈功向上画，亏功向下画。由于在一个循环的起止位置处的动能相等，所以能量指示图的首尾应在同一水平线上，即形成封闭的台阶形折线。由图可以明显看出，点 b 处动能最小，点 c 处动能最大，而图中折线的最高点和最低点的距离 W_{max} 就代表了最大盈亏功 ΔW_{max} 的大小。

分析式(7-48)可知：

① 当 ΔW_{max} 与 ω_m 一定时，若$[\delta]$下降，则 J_F 增加。所以，过分追求机械运转速度的均匀性，将会使飞轮过于笨重；

② 由于 J_F 不可能为无穷大，若 $\Delta W_{max}\neq0$，则$[\delta]$不可能为零，即安装飞轮后机械的速度仍有波动，只是幅度有所减小而已；

③ 当 ΔW_{max} 与$[\delta]$一定时，J_F 与 ω_m 的平方值成反比，故为减小 J_F，最好将飞轮安装在机械的高速轴上。当然，在实际设计中还必须考虑安装飞轮轴的刚性和结构上的可能性等因素。

应当指出，飞轮之所以能调速是利用了它的储能作用。由于飞轮具有很大的转动惯量，

---

①　对于某些机械，例如现有的空气压缩机，如果由于将 J_e 忽略不计，而设计安装了过大的飞轮，则不仅将加大该机械的重量和成本，而且由于安装了过大的飞轮还会影响到其工作质量和寿命。在这种情况下，就需要准确地计算出 J_e 值，以精确地确定飞轮的大小。

故其转速只要略有变化，就可储存或释放较大的能量。当机械出现盈功时，飞轮可将多余的能量吸收储存起来；而当机械出现亏功时，飞轮又可将能量释放出来，以弥补能量之不足，从而使机械速度波动的幅度下降。

因此可以说，飞轮实质上是一个能量储存器，它可以用动能的形式把能量储存或释放出来。惯性玩具小汽车就利用了飞轮的这种功能。一些机械(如锻压机械、冷剪机)在一个工作周期中，工作时间很短，而峰值载荷很大，在这类机械上安装飞轮，不但可以调速，还利用了飞轮在机械非工作时间所储存的能量来帮助克服其尖峰载荷，从而可以选用较小功率的原动机来拖动，进而达到减少投资及降低能耗的目的。随着高强度纤维材料(用以制造飞轮)[①]、低损耗磁悬浮轴承和电力电子学(控制飞轮运动)三方面技术的发展，飞轮储能技术(飞轮电池)正以其能量转换效率高、充放能快捷、不受地理环境限制、不污染环境、储能密度大等优点而备受关注。[②] 因而在航天、新能源汽车、电力调峰，风力、太阳能、潮汐等发电系统的不间断供电，及其他一些现代化机电设备中都有广泛的应用前景。[③]

3) 飞轮尺寸的确定　求得飞轮的转动惯量以后，就可以确定其尺寸。最佳设计是以最少的材料来获得最大的转动惯量 J_F，即应把质量集中在轮缘上，故飞轮常做成图 7-11 所示的形状。与轮缘相比，轮辐及轮毂的转动惯量较小可略去不计。设 G_A 为轮缘的重量，D_1、D_2 和 D 分别为轮缘的外径、内径与平均直径，则轮缘的转动惯量近似为

$$J_F \approx J_A = G_A(D_1^2+D_2^2)/(8g) \approx G_A D^2/(4g)$$

或

$$G_A D^2 = 4gJ_F \tag{7-50}$$

式中，$G_A D^2$ 称为飞轮矩(moment of flywheel)，其单位为 $N \cdot m^2$。由式(7-50)可知，当选定飞轮的平均直径 D 后，即可求出飞轮轮缘的重量 G_A。至于平均直径 D 的选择，应适当选大一些，但又不宜过大，以免轮缘因离心力过大而破裂。

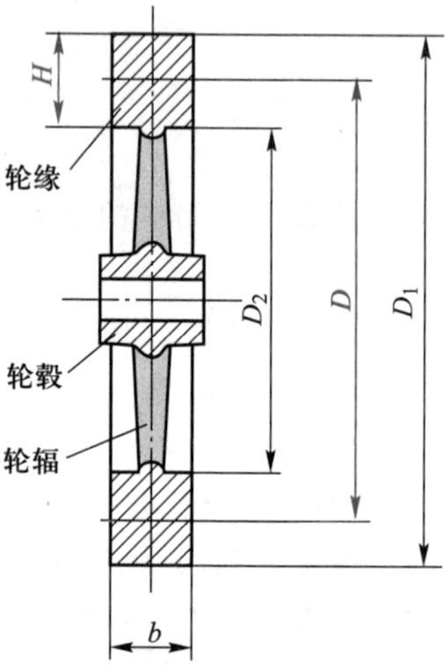

图 7-11　飞轮

设轮缘的宽度为 b，材料单位体积的重量为 γ(单位为 N/m^3)，则

$$G_A = \pi DHb\gamma$$

于是

$$Hb = G_A/(\pi D\gamma) \tag{7-51}$$

式中，D、H 及 b 的单位为 m。当飞轮的材料及比值 H/b 选定后，即可求得轮缘的横截面尺寸 H 和 b。

飞轮转子的转动惯量与转子的形状和质量有密切的关系，而飞轮的最高转速受到飞轮

---

① 由于飞轮的质量绝大部分都集于轮缘部分，所以在高速、大尺寸的飞轮运转时，将会产生很大的离心惯性力，而为了避免飞轮轮缘发生破裂，所以飞轮必须以高强度材料制作。

② 飞轮储能系统还正向着高速、大功率方向发展(飞轮转速可达 6×10^4 r/min 以上)。因此，超高速飞轮系统的运行稳定性问题变得越来越突出。因而对于飞轮转子轴承系统的动力学问题、飞轮的动平衡问题及飞轮形状的优化设计等方面的问题，都提出了更高的要求。

③ 例如在核电站的冷却系统中，为防止冷却泵的意外停机而引发严重事故，在冷却泵电动轴上装有一个大的飞轮(中等容量核电站机组飞轮的转动惯量超过 1 400 $kg \cdot m^2$)，平时飞轮保证冷却剂供应的平稳性，一旦冷却电动机出现故障，飞轮将释放能量驱动冷却泵继续运转，为泵的抢修或反应堆的有序关机赢得必要的时间。

转子材料强度的限制。对于高速储能飞轮,可以通过对飞轮的形状及材料(复合材料)进行优化设计,最大限度地发挥材料的使用效能。还应指出,在机械中起飞轮作用的,不一定是专为其设计安装的飞轮,而也可能是具有较大转动惯量的齿轮、皮带轮或其他形状的回转构件。

下面举一个计算飞轮转动惯量的例题:

例 7-4　在图 7-12a 所示的齿轮传动中,已知 $z_1=20$,$z_2=40$,轮 1 为主动轮,在轮 1 上施加力矩 $M_1=$常数,作用在轮 2 上的阻抗力矩 M_2 的变化曲线如图 7-12b 所示;两齿轮对其回转轴线的转动惯量分别为$J_1=0.01\ \text{kg}\cdot\text{m}^2$,$J_2=0.08\ \text{kg}\cdot\text{m}^2$。轮 1 的平均角速度为 $\omega_1=\omega_m=100\ \text{rad/s}$。若已知运动不均匀系数 $\delta=1/50$,试:

(1) 画出以轮 1 为等效构件时的等效力矩 $M_{er}-\varphi_1$ 图;

(2) 求 M_1 的值;

(3) 求飞轮装在轴 Ⅰ 上的转动惯量 J_F,飞轮若装在轴 Ⅱ 上,其转动惯量 J'_F 又为多少?

(4) 求 ω_{max}、ω_{min}及其出现的位置。

解:(1) 求以轮 1 为等效构件时的等效阻抗力矩

$$M_{er}=M_2\left(\frac{\omega_2}{\omega_1}\right)=M_2\left(\frac{z_1}{z_2}\right)=\frac{M_2}{2}$$

因 $\varphi_1=2\varphi_2$,故 $M_{er}-\varphi_1$ 图如图 7-12c 所示。

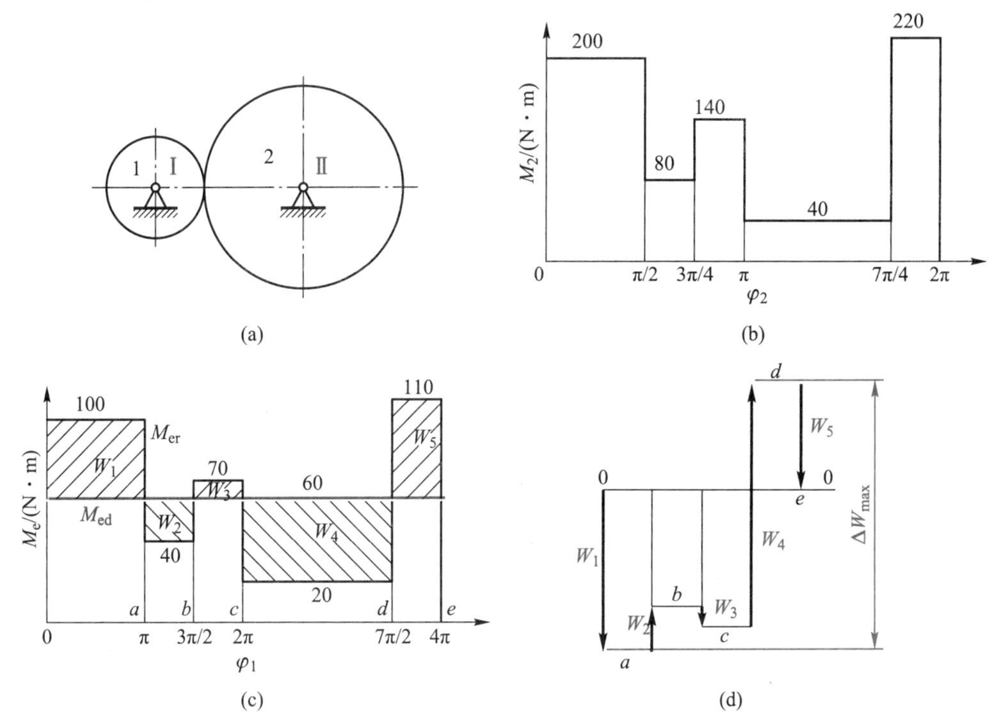

图 7-12　飞轮转动惯量的计算

(2) 求驱动力矩 M_1

因轮 1 转 2 转为一个周期,故

$$\begin{aligned}M_{ed}\times4\pi&=[100\pi+40\times(1.5\pi-\pi)+70\times(2\pi-1.5\pi)+20\times(3.5\pi-2\pi)+110\times(4\pi-3.5\pi)]\ \text{N}\cdot\text{m}\\&=240\pi\ \text{N}\cdot\text{m}\end{aligned}$$

可得

$$M_1=M_{ed}=\frac{240\pi}{4\pi}\ \text{N}\cdot\text{m}=60\ \text{N}\cdot\text{m}$$

(3) 求 J_F

因 J_F 与 ω_m^2 成反比，为减小飞轮的尺寸和重量，飞轮一般装在高速轴（即装在轴Ⅰ）上较好。

以轮 1 为等效构件时的等效转动惯量为

$$J_e=J_1+J_2\left(\frac{\omega_2}{\omega_1}\right)^2=J_1+J_2\left(\frac{z_1}{z_2}\right)^2=0.03\ \mathrm{kg\cdot m^2}$$

为了确定最大盈亏功，先要算出图 7-12c 中各块盈、亏功的大小：$W_1=-40\pi\ \mathrm{N\cdot m}$，$W_2=10\pi\ \mathrm{N\cdot m}$，$W_3=-5\pi\ \mathrm{N\cdot m}$，$W_4=60\pi\ \mathrm{N\cdot m}$，$W_5=-25\pi\ \mathrm{N\cdot m}$；并作出能量指示图如图 7-12d 所示。由该图不难看出，在 a、d 点之间有最大能量变化，即

$$\Delta W_{\max}=|W_2+W_3+W_4|=|10\pi-5\pi+60\pi|\ \mathrm{N\cdot m}=65\pi\ \mathrm{N\cdot m}$$

飞轮的转动惯量为

$$J_F=\frac{\Delta W_{\max}}{\omega_1^2\delta}-J_e=\left(\frac{65\pi}{100^2/50}-0.03\right)\ \mathrm{kg\cdot m^2}=0.991\ \mathrm{kg\cdot m^2}$$

根据$\frac{1}{2}J_F\omega_1^2=\frac{1}{2}J'_F\omega_2^2$，则

$$J'_F=J_F\frac{\omega_1^2}{\omega_2^2}=J_F\frac{z_2^2}{z_1^2}=0.991\times\left(\frac{40}{20}\right)^2\ \mathrm{kg\cdot m^2}=3.964\ \mathrm{kg\cdot m^2}$$

由此可以看出，J'_F 是 J_F 的 4 倍，所以在结构允许的条件下，飞轮装在轴Ⅰ上较好。

(4) 求 $\omega_{\max}$、$\omega_{\min}$

因 $\omega_m=(\omega_{\max}+\omega_{\min})/2$，$\delta=(\omega_{\max}-\omega_{\min})/\omega_m$，故

$$\omega_{\max}=\omega_m(1+\delta/2)=101\ \mathrm{rad/s}$$

$$\omega_{\min}=\omega_m(1-\delta/2)=99\ \mathrm{rad/s}$$

由能量指示图（图 7-12d）不难看出，在 a 点（$\varphi_1=\pi$）时，系统的能量最低，故此时出现 $\omega_{\min}$；而在 d 点（$\varphi_1=7\pi/2$）时，系统的能量最高，故此时出现 $\omega_{\max}$。

学习探究：

案例 7-2　单缸四冲程内燃机的真实运动求解与速度波动特性分析

在图 6-18 所示经平衡后的单缸四冲程内燃机动力学模型中，已知此系统的等效质量为 $m_B=m_{1B}+m_{2B}$，$m_C=m_3+m_{2C}$，平衡质量为 $m_{B'}=m=m'+m''$，滑块 3 上作用的驱动力 $\boldsymbol{F}_{d3}$，即活塞气动力 $\boldsymbol{F}_g$ 如图 5-6b 所示。为了使此内燃机的曲轴输出尽可能接近于定常力矩机械特性的要求，即设曲柄 1 上受到的工作阻力矩 $M_{r1}\approx$ 常数，试对该内燃机机构在稳定变速周期运转下的真实运动进行建模及计算求解，并研究其调速特性，确定其曲柄运动不均匀系数 $\delta\leqslant0.05$ 时所需加的飞轮转动惯量 J_F 和对应曲柄的平均角速度 ω_{1m}。

解： 1）系统的运动方程式及真实运动求解　为了求解内燃机在活塞变化时的真实气动力 $\boldsymbol{F}_g$ 和定常输出力矩 M_{r1} 作用下曲轴的真实运动，首先，需确定此内燃机在稳定变速运转下的曲柄 1 所能克服的工作阻力矩 M_{r1}，故根据其一个周期（即 4π）内驱动功等于阻抗功的稳定变速运转条件，基于图 5-6g 所示曲柄 1 的平衡力矩 M_1 曲线或方程，利用数值积分计算方法，经编程计算可得 $M_{r1}=18\ \mathrm{N\cdot m}$。其次，以此内燃机曲柄滑块机构的滑块 3 为主动件，取从动件曲柄 1 为等效构件，其转角 θ_1 为广义坐标，建立其等效动力学模型。为确定其等效转动惯量 J_e 和等效力矩 M_e，需利用其滑块的速度方程式（3-14b）先来确定出其速比 v_3/ω_1。由于此式中存在二阶谐波项 $(r_1/2l_2)\sin 2\omega_1$，它将为该动力学建模及求解带来极大困难，但实际上它对其机构的速度或速比变化影响却很小，故可忽略而并不影响其真实运动求解精度。于是有 $v_C=v_3\approx-r_1\omega_1\sin\theta_1$，即 $v_3/\omega_1\approx-r_1\sin\theta_1$，且 F_gv_3 应为瞬时驱动功率（即为正），故根据等效构件的动能相等的等效条件，可得其等效构件曲柄 1 的等效转动惯量为

$$J_{e1}=m_Br_1^2+m_{B'}r'^2+m_C(v_3/\omega_1)^2=m_Br_1^2+m_{B'}r'^2+m_Cr_1^2\sin^2\theta_1$$

再根据等效构件的瞬时功率相等的等效条件，可得等效构件曲柄 1 的等效力矩为

$$M_{e1}=M_{ed}-M_{er}=-F_g(v_3/\omega_1)-M_{r1}=F_g r_1\sin\theta_1-18\ \text{N}\cdot\text{m}$$

由此计算可得,该曲柄 1 为等效构件的等效转动惯量 J_{e1}(平衡前后对比)和等效力矩 M_{e1}(M_{ed}与 M_{er}对比)一个周期的变化特性曲线分别如图 7-13a 及 b 所示。由此表明,该模型中以滑块为主动件,且其所受的气动力始终压向活塞,其驱动力的方向始终保持不变,而滑块的运动方向改变使其等效驱动力矩发生变化,呈现出时而为驱动力矩、时而为阻抗力矩的周期性运动特性。

由此可知,该机械系统的等效转动惯量和等效力矩均为机构位置和速度的函数,故其动力学运动方程需采用微分形式,有

$$\text{d}[(m_B r_1^2+m_{B'}r'^2+m_C r_1^2\sin^2\theta_1)\omega_1^2/2]=(F_g r_1\sin\theta_1-M_{r1})\text{d}\theta_1$$

即

$$[(\omega_1^2 r_1^2 m_C\sin 2\theta_1/2)+\omega_1(m_B r_1^2+m_{B'}r'^2+m_C r_1^2\sin^2\theta_1)]\ \text{d}\omega_1/\text{d}\theta_1=(F_g r_1\sin\theta_1-M_{r1})$$

接下来,对该单缸内燃机曲轴的真实运动进行求解。由于上式方程是一个非线性微分方程,故需采用差分法进行数值求解。故当 $\theta_1=\theta_{1i}$时,则 $\omega_1=\omega_{1i}$,上式中 $\text{d}\theta_1$ 用 $\Delta\theta_1$ 近似代替,即 $\Delta\theta_1=\theta_{1i+1}-\theta_{1i}$;$\text{d}\omega_1$ 用 $\Delta\omega_1$ 代替,即 $\Delta\omega_1=\omega_{1i+1}-\omega_{1i}$。由此可得

$$(\omega_{1i}^2 m_C r_1^2\sin 2\theta_1/2)\Delta\theta_1+\omega_{1i}(m_B r_1^2+m_{B'}r'^2+m_C r_1^2\sin^2\theta_1)(\omega_{1i+1}-\omega_{1i})=(F_g r_1\sin\theta_1-M_{r1})\Delta\theta_1$$

$$\omega_{1i+1}=\omega_{1i}+(F_g r_1\sin\theta_1-M_{r1}-\omega_{1i}^2 m_C r_1^2\sin 2\theta_1/2)\Delta\theta_1/[\omega_{1i}(m_B r_1^2+m_{B'}r'^2+m_C r_1^2\sin^2\theta_1)]$$

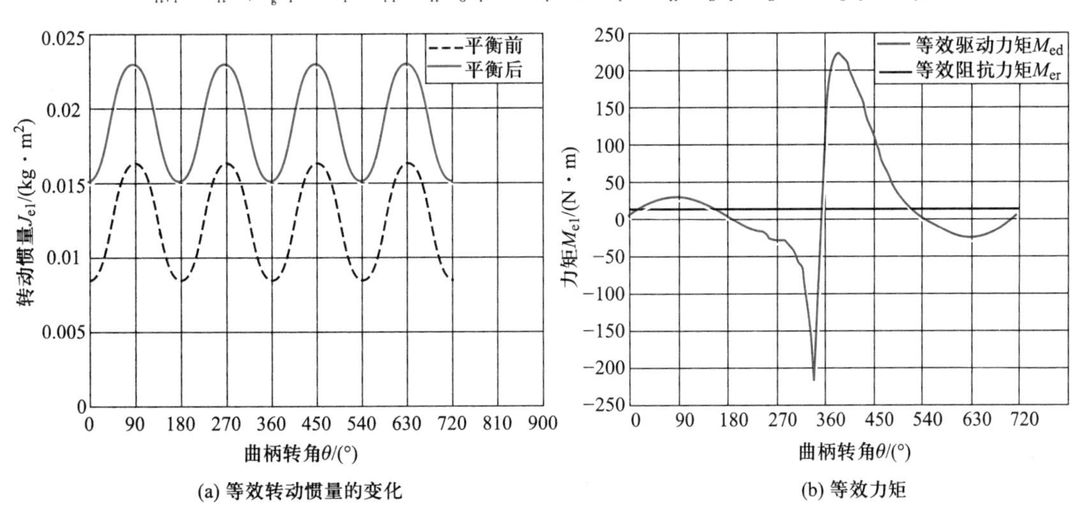

(a) 等效转动惯量的变化　　(b) 等效力矩

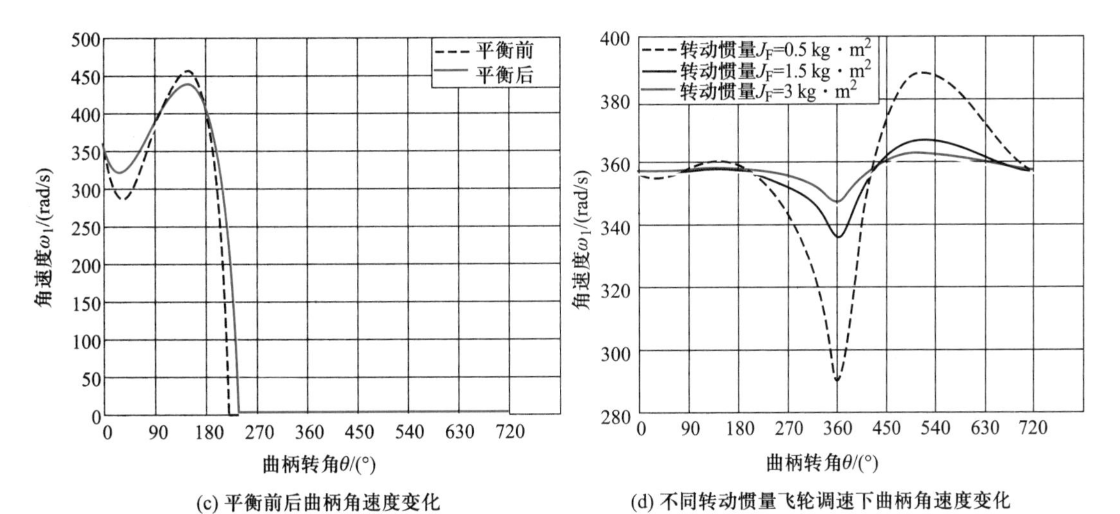

(c) 平衡前后曲柄角速度变化　　(d) 不同转动惯量飞轮调速下曲柄角速度变化

图 7-13　单缸内燃机的真实运动求解与速度波动调节特性分析

据此进行编程计算，基于 $\boldsymbol{F}_g$ 的特性曲线，可得曲柄 1 在一个循环周期 4π 内的真实外力作用下平衡前后的真实运动角速度 ω_1 变化曲线如图 7-13c 所示。由图 7-13c 所示曲线对比分析，不难看出平衡前后曲柄（曲轴）1 在一个运动周期内均存在其角速度骤减，并直至变为 0 的情况。由此表明，虽内燃机的部分平衡已在曲轴上添加了平衡质量 $m_{B'}=m'+m''$，增加了等效构件的转动惯量和其速度波动调节能力，但曲柄 1 的速度波动仍出现了急剧恶化的情况。因此，必需增加安装一飞轮来调节其速度波动。

2）系统的速度波动调节特性研究与飞轮设计　为了解该系统平衡后曲轴的转动速度波动程度，可由上述计算和图 7-13c 确定平衡后曲柄 1 在一个运动周期内的最大角速度 $\omega_{1\max}$、最小角速度 $\omega_{1\min}$ 与平均角速度 ω_{1m}，便可求得相应的运动不均匀系数 δ 为

$$\delta=(\omega_{1\max}-\omega_{1\min})/\omega_{1m}=(433.38-0)/216.69=2$$

显然，该内燃机平衡后 $\delta>[\delta]=0.05$，即不满足速度波动程度的要求，故需再添加飞轮来加以调速。为此，可以采用预装不同转动惯量飞轮的方法，如 $J_F=0.5\ \text{kg}\cdot\text{m}^2$、$1.5\ \text{kg}\cdot\text{m}^2$ 或 $3\ \text{kg}\cdot\text{m}^2$ 的飞轮，再借助上述曲柄的运动方程计算分析，便可得不同转动惯量飞轮调速下曲柄角速度变化情况（图 7-13d）。由此可见，飞轮转动惯量越大，曲柄的速度波动越小，通过对其运动不均匀系数分析，便可确定出满足 $\delta<[\delta]=0.05$ 时的飞轮转动惯量 J_F 及平均角速度 ω_{1m}，即应选取 $J_F=3\ \text{kg}\cdot\text{m}^2$，$\omega_{1m}=354\ \text{r/min}$，此时 $\delta=0.044<0.05$。

也可利用式（7-45）和差分算法先求得最大盈亏功 $\Delta W_{\max}$，即

$$\Delta W_{\max}=E_{\max}-E_{\min}=\int_{\varphi_b}^{\varphi_c}(M_{ed}-M_{er})\,d\varphi=\sum_{i=1}^{n}M_{ed}(\varphi_i)\Delta\varphi-M_{er}(\varphi_c-\varphi_b)$$

通过编程计算，便可求出 $\Delta W=E_{\max}-E_{\min}=16\ 641\ \text{J}$，当 $[\delta]=0.05$ 时，再由公式 $J_F\geqslant\Delta W/(\omega_m^2[\delta])$ 计算得 $J_F\geqslant 2.895\ \text{kg}\cdot\text{m}^2$，即可选取 $J_F=3\ \text{kg}\cdot\text{m}^2$。

由图 7-13d 可知，单缸内燃机的曲轴增加平衡质量或额外安装飞轮，一方面可平衡其系统的惯性力，降低运动副动态反力和构件动应力，尤其是可减小机架的振动力和机械系统倾覆力矩；另一方面减小其速度波动，改善其动力输出特性。此外，内燃机动力冲程的间歇特性也需要用平衡质量或飞轮储存足够的能量以强制性地带动活塞通过四冲程循环的排气、进气和压缩冲程。

学习拓展：

案例 7-3　简摆颚式碎矿机的飞轮设计及效益分析

7.5　机械的非周期性速度波动及其调节

如果机械在运转过程中，等效力矩 $M_e=M_{ed}-M_{er}$ 的变化是非周期性的，机械运转的速度将出现非周期性的波动，从而破坏机械的稳定运转。若长时间内 $M_{ed}>M_{er}$，则机械将越转越快，甚至可能会出现“飞车”现象，从而使机械遭到破坏；反之，若 $M_{er}>M_{ed}$，则机械又会越转越慢，最后导致停车。为了避免上述情况的发生，必须对非周期性的速度波动进行调节，使机械重新恢复稳定运转。为此，就需要设法使等效驱动力矩与等效阻抗力矩彼此相互适应。

对选用电动机作为原动机的机械，电动机本身就可使其等效驱动力矩和等效阻抗力矩自动协调一致。如图 7-2d 所示，当由于 $M_{ed}<M_{er}$ 而使电动机速度下降时，电动机所产生的驱动力矩将自动增大；反之，当因 $M_{ed}>M_{er}$ 导致电动机转速上升时，其所产生的驱动力矩将自动减小，以使 M_{ed} 与 M_{er} 自动地重新达到平衡，电动机的这种性能称为自调性。

但是，若机械的原动机为蒸汽机、汽轮机或内燃机等时，就必须安装一种专门的调节装置——调速器（speed regulator）来调节机械出现的非周期性速度波动。调速器的种类很多，

按执行机构分类，主要有机械的、气动液压的、电液和电子的等。

图 7-14 所示为燃气涡轮发动机中采用的离心式调速器的工作原理图。图中，支架 1 与发动机轴相连，离心球 2 铰接在支架 1 上，并通过连杆 3 与活塞 4 相连。在稳定运转状态下，由油箱供给的燃油一部分通过增压泵 7 增压后输送到发动机，另一部分多余的油则经过油路 a、调节油缸 6、油路 b 回到油泵进口处。当外界条件变化引起阻力矩减小时，发动机的转速 ω 将增高，离心球 2 将因离心力的增大而向外摆动，通过连杆 3 推动活塞 4 向右移动，使被活塞 4 部分封闭的回油孔间隙增大，因此回油量增大，输送给发动机的油量减小，故发动机的驱动力矩相应地有所下降，机械又重新归于稳定运转。反之，如果工作阻力增加，则作相反运动，供给发动机的油量增加，从而使发动机又恢复稳定运转。

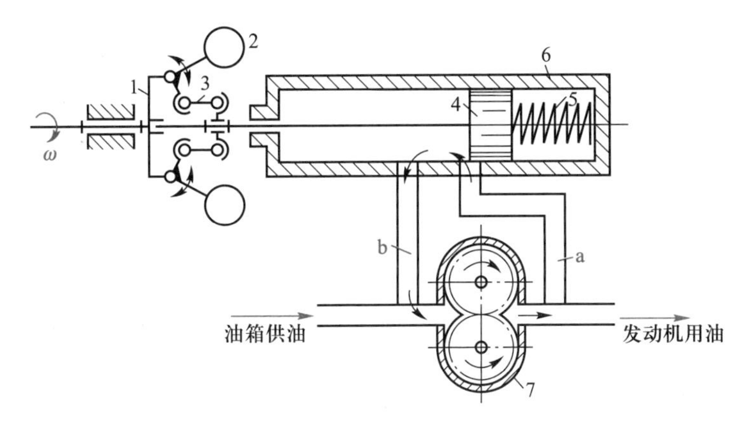

图 7-14　离心式调速器工作原理图

调速器或调速系统有多种不同的形式和调速工作原理，而且各有其不同的优缺点和适用场合。例如，液压调速器具有良好的稳定性和高的静态调节精度，但结构工艺复杂，成本高。如大功率柴油机多用液压调速器。

电子调速器具有很高的静态和动态调节精度，易实现多功能、远距离和自动化控制及多机组同步并联运行。电子调节系统由各类传感器把采集到的各种信号转换成电信号输入计算机，经计算机处理后发出指令，由执行机构完成控制任务。如在航空电源车、自动化电站、低噪声电站、高精度的柴油发电机组和大功率船用柴油机等中就采用了电子调速器。如图 7-15 所示为应用在柴油发电机组上某电子调速系统结构框图，与机械调速器相比，电子调速系统的转速波动率、瞬时调速率和稳定时间均有较大的改善。

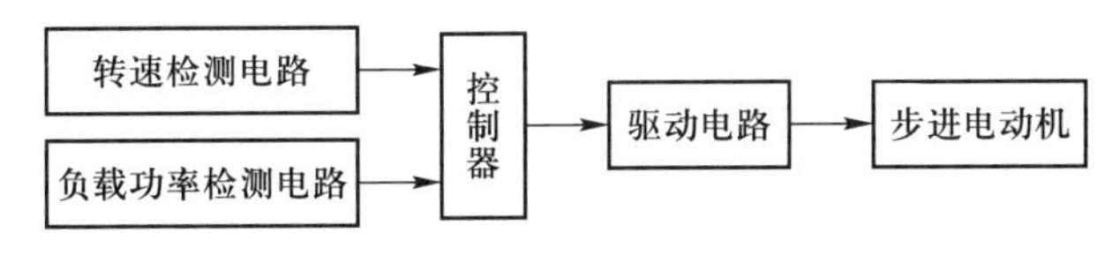

图 7-15　电子调速器结构框图

近年来，不少小型水电站的水轮机调速器所采用的机械或电气液压调速器，逐步被计算机或可编程控制调速器所取代，提高了水电站供电的安全可靠性和经济效益。

* 7.6　考虑构件弹性时的机械运转简介

前面在对机械的受力分析、机械的运转等机械动力学问题进行研究时，认为机械中各构件均是不会变形的刚体。对于中低速机械来说，这种假定一般与实际情况较为吻合。但现代机械日益向速度高、尺寸小、重量轻、承载能力大、精密化的方向发展。在这种情况下，机械在运动过程中，其各构件除受外载荷外，还将受很大的惯性力，再加上构件的截面尺寸减小，刚度减弱，因而构件可能会产生过大的变形，并易发生振动。尤其是在接近共振时，将会使机械的实际运动情况和理想运动情况有相当大的差别。这不但将降低机械工作的准确性，甚至会引起各执行构件间运动配合的失调，使机械不能正常工作。例如某高速印刷机，由于设计不良，在进入高速后，整个机械因运动失调而无法成印。在这种情况下，在研究机械的动力学时必须考虑构件的弹性。

考虑构件的弹性，主要是研究其对机械的运动精度、振动和动载荷等三方面的影响。如由于受条件的限制，宇宙飞船用以回收或释放人造卫星的机械手臂是由一些细长杆组成的。因宇宙空间的微重力，故就其强度方面而言似不成问题，但若抓放卫星的速度较快，就会引起较大的加速度和惯性力，这却不是该机械手臂的细长杆所能承受的。若再引起杆的强烈振动，后果就更不堪设想了。因而，宇宙飞船的机械手在抓放人造卫星时的动作都是极其缓慢的。

考虑构件弹性时的机械动力学分析，一般要先把实际机械简化为相应的动力学模型，然后列出其运动方程式求解。在建立动力学模型时，根据求解问题精度的需要，一般都要作一些假定，可省略一些次要因素。例如，在进行动力学分析时，一般只考虑变形大的构件的弹性变形，而把变形小的构件当作刚体来处理。下面以机械中考虑轴的扭转变形时传动系统的动力学为例来加以说明。

图 7-16a 所示为一齿轮传动系统，在建立其动力学模型时作了如下简化处理：忽略了轴的横向振动、支承及齿轮传动的弹性以及传动系统的阻尼，而只考虑轴的扭转变形。于是，可以将该传动系统简化为由无质量的弹簧和具有集中质量的圆盘所组成的动力学模型，如图 7-16b 所示。

图中，各圆盘所具有的等效转动惯量可利用前述的等效转动惯量的概念（等效前后动能不变）来获得。现将整个系统等效到轴 Ⅰ 上，那么 $J_{e1}=J_1$，$J_{e2}=J_2+J_2'/i_{\text{Ⅰ Ⅱ}}^2$，$J_{e3}=J_3/i_{\text{Ⅰ Ⅱ}}^2$。

作用在动力学模型（图 7-16b）上的各等效力矩可按前述等效前后功率不变的等效原则来确定，故 $M_{e1}=M_1$，$M_{e3}=M_3/i_{\text{Ⅰ Ⅱ}}$。

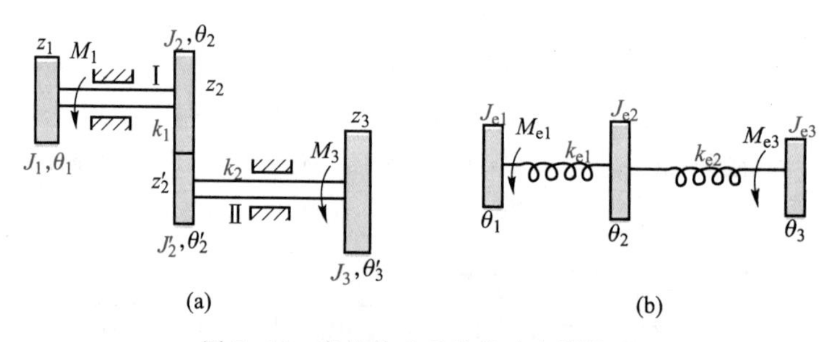

图 7-16　齿轮传动系统的动力学模型

各弹簧的等效刚度系数可利用等效前后各弹性件的势能不变原理来等效。故在图 7-16b 中 $k_{e1}=k_1$，$k_{e2}=k_2/i_{\text{Ⅰ Ⅱ}}^2$（因轴 Ⅱ 等效前后的势能为 $k_2(\theta_3'-\theta_2')^2/2=k_{e2}(\theta_3-\theta_2)^2/2=k_{e2}(\theta_3'-\theta_2')^2 i_{\text{Ⅰ Ⅱ}}^2/2$。

图 7-16b 所示动力学模型有三个运动的圆盘，具有 3 个自由度，其中一个自由度为整体运动自由度，其余两个为弹性自由度（或相对自由度）。

动力学模型建立后，其运动方程的建立方法有许多种，下面采用动态静力学方法，根据力的平衡条件对图 7-16b 就每一个圆盘各建立一个方程：

$$J_{e1}\ddot{\theta}_1 = M_{e1} - k_{e1}(\theta_1 - \theta_2)$$
$$J_{e2}\ddot{\theta}_2 = k_{e1}(\theta_1 - \theta_2) - k_{e2}(\theta_2 - \theta_3)$$
$$J_{e3}\ddot{\theta}_3 = M_{e3} + k_{e2}(\theta_2 - \theta_3)$$

这就是该系统的运动方程，它给出了如下三方面因素之间的关系。

1）系统特性参数：即系统的自由度、等效转动惯量、等效刚度系数等。

2）外加激励因素：如等效力矩的大小和性质等。

3）系统响应因素：如系统的各阶自振频率，各圆盘的位移、振幅、振型等。

运动方程式的求解就是已知其中两者求第三者。有如下三种情况：

1）已知系统特性参数和激励因素求响应因素。这是最常遇到的振动分析。如分析的结果发现有过大的振动或接近共振时，就应改进设计，或采用减振、隔振、吸振等措施，以控制振动。求得了系统的振幅和振型，就可进一步计算系统中的动载荷和动应力。

2）已知系统特性参数和响应因素反求激励因素。此为系统振动环境的预测问题。要使系统的响应不超过预先限定的值，就必须为系统的工作创造一个良好的环境条件。如一些精密的机器和仪器，必须在与外界激振隔绝的条件下才能很好地工作。

3）已知激励因素和响应因素求系统特性参数。此为系统识别问题。实际的振动问题是综合的复杂问题，要将实际问题抽象成为动力学模型，就涉及系统识别问题。例如，在系统设计中常会遇到振动设计问题，而所谓振动设计，就是在一定的激励条件下，如何设计系统特性参数（即如何恰当地选择系统的结构参数），使系统的响应满足指定的条件，例如能避开共振或不发生振动等。有时也相反，希望系统产生较大的指定的响应，如振动上料机、振动运输机、振动筛分机、振动压实机等就是如此。

机械的振动是机械或构件在其平衡位置附近的一种往复运动现象。造成机械振动的原因是多方面的，主要有：

1）机械运转的不平衡力形成扰动力，造成机械运转的振动，这种振动有明显的规律性，其频率通常等于机械的转速或其倍数。

2）作用在机械上的外载荷的不稳定引起机械的振动。

3）高副机械中的高副形状误差（如齿廓误差、凸轮轮廓误差）引起的振动，通常为高频振动。

4）其他。如锻压设备引起的冲击振动、运输工具的颠簸摇摆等。

当设备有强烈振动时，将会影响到设备的工作精度、寿命和强度，并会产生影响到工人身心健康的噪声。这时，需采取相应措施，以控制、减小设备的振动和噪声。常用的方法有：

1）减小扰动。即提高机械的制造质量，改善机械内部的平衡性和作用在机械上的外载荷的波动幅度。

2）防止共振。通过改变机械设备的固有频率、扰动频率，改变机械设备的阻尼等，以减小机械设备对振动的响应。

3）采用隔振、吸振、减振装置。

隔振的作用是隔离并减小振动的传递，有两种形式：一是主动隔振，即当设备本身有强烈的冲击振动时（如锻压设备），为防止其冲击振动通过地基传出，影响周围其他设备的正常工作，需用隔离器把设备与地基隔离开来，此即为主动隔振（或动力隔振）；另一种是被动隔振，即当基础或仪器设备等的支承结构是振动源，如装于车、船、飞行器等上的电子设备或精密仪表等，为防止支承振动对仪表设备等工作的干扰，所采取的隔振措施就是被动隔振（或防护隔振）。一般工程上所指的隔振多指被动隔振，如图 7-17 所示。隔振后可使设备上响应振动的振幅减小，隔振的效果可用绝对振动传递率 T 来表示：

$$T = X/U \tag{7-52}$$

式中，X 为设备的谐振振幅；U 为振源的谐振振幅。

动态振动吸振，其基本工作原理是在一个振动设备上附加上一个谐振系统去抵消原振动（图 7-18）。

调节吸振系统的谐振频率 f_a 与设备隔振系统谐振频率 f_n 满足如下关系时，可收到良好的吸振效果。

$$f_a/f_n=\sqrt{M/(m+M)} \tag{7-53}$$

式中，m 为吸振器质量；M 为设备的质量。

动态振动吸振一般只有在激励振动只包含一个主要频率分量或由很窄的频率组成的情况下才能收到良好的效果。对于宽频带随机激励的多自由度系统，用动态振动吸振来控制其振动将是十分困难和复杂的。这时，采用下述的结构阻尼减振则是有效的控制手段。

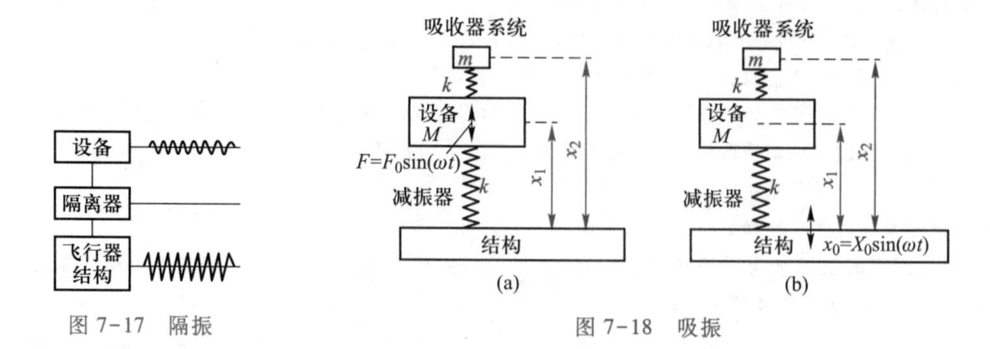

图 7-17 隔振

图 7-18 吸振

结构阻尼减振是用大阻尼黏弹材料和设备上的零部件材料共同组成的高能耗散结构来减小设备的谐振振幅，结构阻尼有自由阻尼层结构（图 7-19a）、约束阻尼层结构（图 7-19b）、多层阻尼结构（图 7-19c）等。图 7-20 是经约束阻尼层处理的齿轮，图 7-21 是经约束阻尼层处理的锯片。经约束阻尼层结构处理后的设备有良好的减振降噪效果（图 7-22），在现代车辆、舰艇、各种飞行器和人造卫星中结构阻尼减振的应用十分普遍。如图 7-23 所示的流体阻尼孔式隔振器也是隔振中的重要元件。

考虑构件弹性的机械动力学是当前机械原理学术界普遍重视的研究课题之一，随着机械向速度高、重量轻、承载能力大的方向的发展，这个问题的研究就越来越显得重要，本章只是对这个问题作一简单介绍，更深入的研究可参考有关的专题资料和文献。

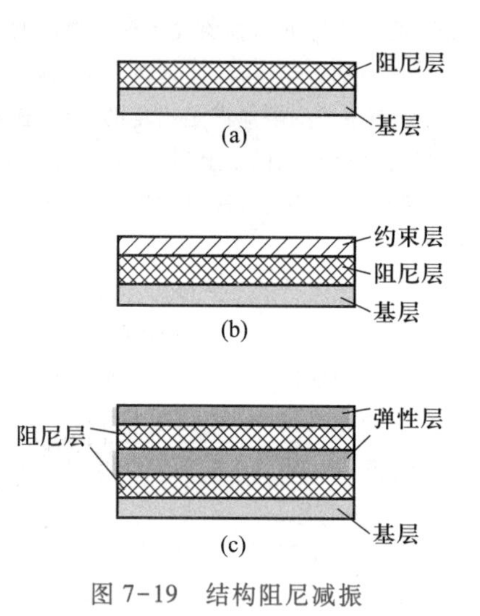

图 7-19 结构阻尼减振

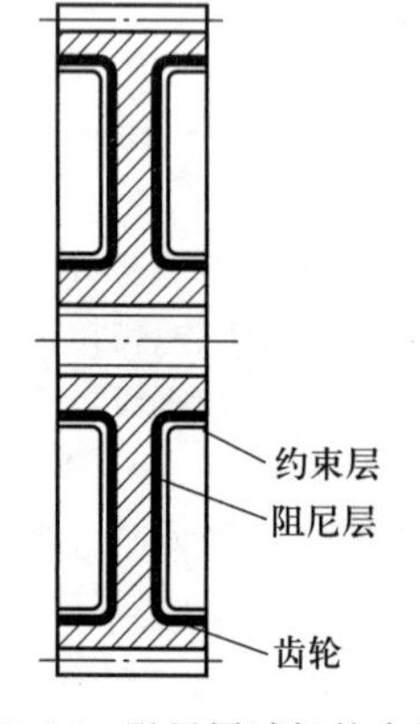

图 7-20 阻尼层减振的齿轮

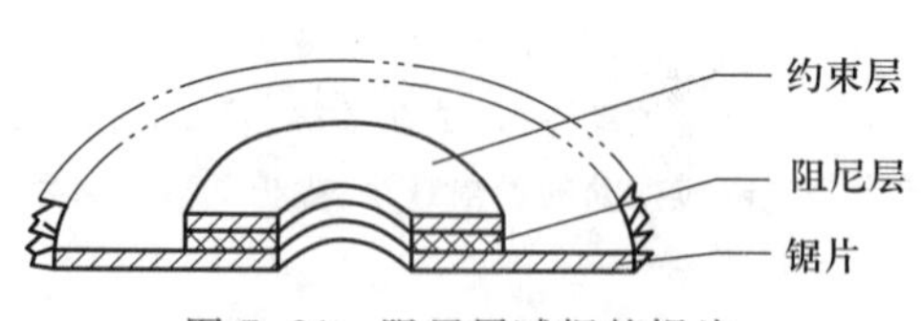

图 7-21 阻尼层减振的锯片

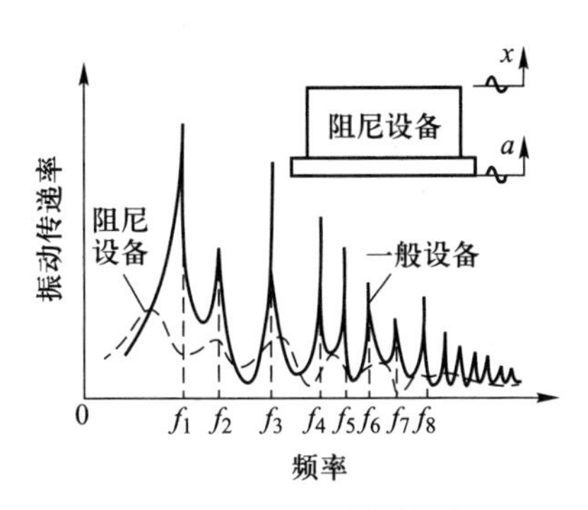

图 7-22　阻尼减振效果

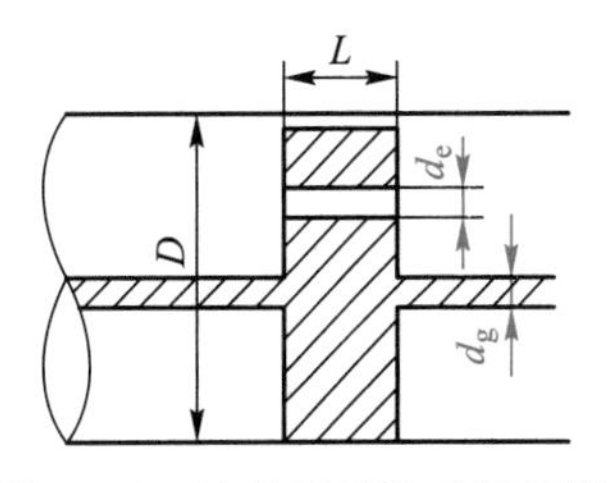

图 7-23　流体阻尼孔式隔振器

思考题及练习题

7-1　等效转动惯量和等效力矩各自的等效条件是什么?

7-2　在什么情况下机械才会作周期性速度波动? 速度波动有何危害? 如何调节?

7-3　飞轮为什么可以调速? 能否利用飞轮来调节非周期性速度波动,为什么?

7-4　图 7-24a 所示为一种交流电动机驱动的磁带录音机,其杯状飞轮直径是图 7-24b 中一般便携录音机中飞轮的两倍。请问设计如此大的飞轮的目的是什么?

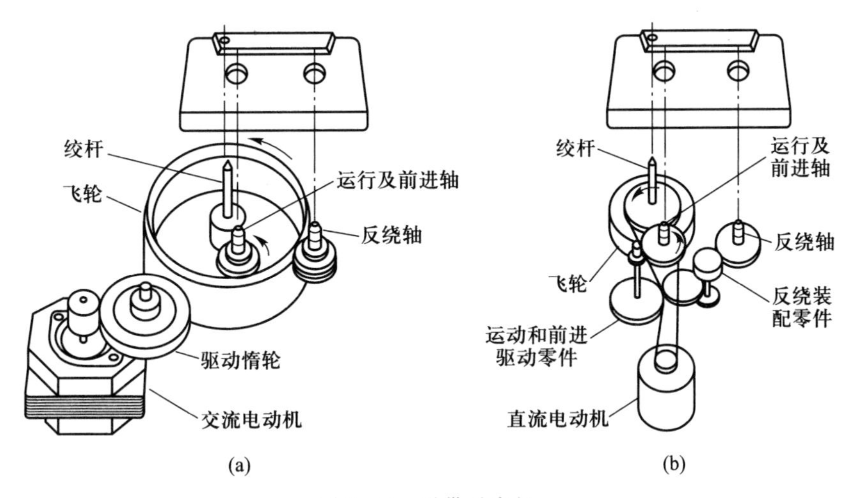

图 7-24　磁带录音机

7-5　由式 $J_F=\Delta W_{max}/(\omega_m^2[\delta])$,你能总结出哪些重要结论(希望能作较全面的分析)?

7-6　造成机械振动的原因主要有哪些? 常采用什么措施加以控制?

7-7　图 7-25 所示为一机床工作台的传动系统。设已知各齿轮的齿数,齿轮 3 的分度圆半径 r_3,各齿轮的转动惯量 J_1、J_2、$J_{2'}$、J_3,齿轮 1 直接装在电动机轴上,故 J_1 中包含了电动机转子的转动惯量;工作台和被加工零件的重量之和为 G。当取齿轮 1 为等效构件时,试求该机械系统的等效转动惯量 J_e(注:$\omega_1/\omega_2=z_2/z_1$)。

7-8　图 7-26 所示为 DC 伺服电动机驱动的立铣数控工作台,已知工作台及工件的质量 $m_4=355$ kg,滚珠丝杠的导程 $P_h=6$ mm,转动惯量 $J_3=1.2\times10^{-3}$ kg · m^2,齿轮 1、2 的转动惯量分别为 $J_1=732\times10^{-6}$ kg · m^2,

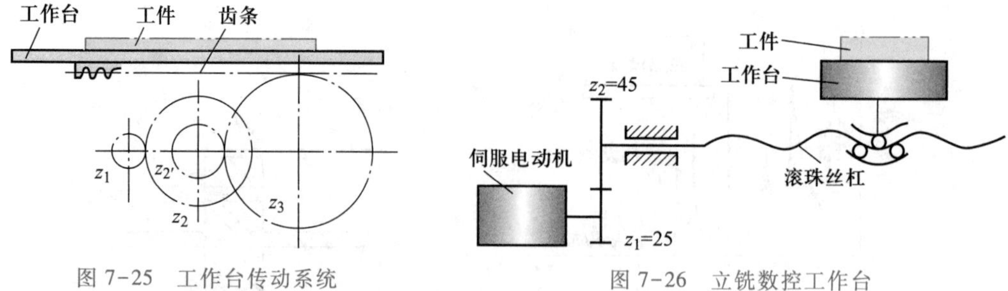

图 7-25　工作台传动系统　　　图 7-26　立铣数控工作台

$J_2=768\times10^{-6}\ \mathrm{kg\cdot m^2}$。在选择伺服电动机时，伺服电动机允许的负载转动惯量必须大于折算到电动机轴上的负载等效转动惯量，试求图示系统折算到电动机轴上的等效转动惯量。

7-9　已知某机械稳定运转时主轴的角速度 $\omega_s=100\ \mathrm{rad/s}$，机械的等效转动惯量 $J_e=0.5\ \mathrm{kg\cdot m^2}$，制动器的最大制动力矩 $M_r=20\ \mathrm{N\cdot m}$（制动器与机械主轴直接相连，并取主轴为等效构件）。要求制动时间不超过 3 s，试检验该制动器是否能满足工作要求。

7-10　设有一由电动机驱动的机械系统，以主轴为等效构件时，作用于其上的等效驱动力矩 $M_{ed}=10\ 000-100\omega\ \mathrm{N\cdot m}$，等效阻抗力矩 $M_{er}=8\ 000\ \mathrm{N\cdot m}$，等效转动惯量 $J_e=8\ \mathrm{kg\cdot m^2}$，主轴的初始角速度 $\omega_0=100\ \mathrm{rad/s}$。试确定运转过程中角速度 ω 与角加速度 α 随时间的变化关系。

7-11　在图 7-27 所示的牛头刨床机构中，已知空程和工作行程中消耗于克服阻抗力的恒功率分别为 $P_1=367.7\ \mathrm{W}$ 和 $P_2=3\ 677\ \mathrm{W}$，曲柄的平均转速 $n=100\ \mathrm{r/min}$，空程曲柄的转角为 $\varphi=120°$。当机构的运动不均匀系数 $\delta=0.05$ 时，试确定电动机所需的平均功率，并分别计算在以下两种情况中的飞轮转动惯量 J_F（略去各构件的重量和转动惯量）：

1）飞轮装在曲柄轴上；

2）飞轮装在电动机轴上，电动机的额定转速 $n_n=1\ 440\ \mathrm{r/min}$。电动机通过减速器驱动曲柄，为简化计算，减速器的转动惯量忽略不计。

7-12　某内燃机的曲柄输出力矩 M_d 随曲柄转角 φ 的变化曲线如图 7-28 所示，其运动周期 $\varphi_T=\pi$，曲柄的平均转速 $n_m=620\ \mathrm{r/min}$。当用该内燃机驱动一阻抗力为常数的机械时，如果要求其运动不均匀系数 $\delta=0.01$。试求：

1）曲轴最大转速 n_{max} 和相应的曲柄转角位置 φ_{max}；

2）装在曲轴上的飞轮转动惯量 J_F（不计其余构件的转动惯量）。

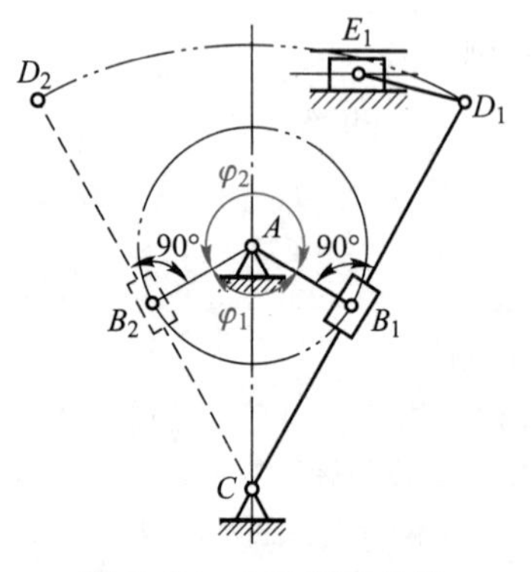

图 7-27　牛头刨床机构

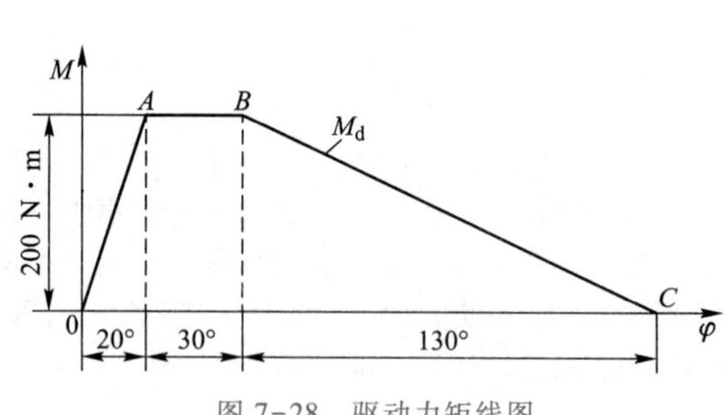

图 7-28　驱动力矩线图

7-13　某冲压设备用于克服阻抗力的近似功率图如图 7-29 所示。克服尖峰载荷所需功率 $P_{r1}=$

200 kW,运行时间为 0.4 s。在机械中安装飞轮后用 37 kW 的电动机就可以满足工作要求。已知该机械所允许的运动不均匀系数为 0.14,飞轮的平均转速为 300 r/min,忽略其他构件的转动惯量,那么此机械所加的飞轮的转动惯量是多少?

7-14　图 7-30 所示为两同轴线的轴 1 和 2 以摩擦离合器相连。轴 1 和飞轮的总质量为 100 kg,回转半径 $\rho_1=450$ mm;轴 2 和转子的总质量为 250 kg,回转半径 $\rho_2=625$ mm。在离合器接合前,轴 1 的转速为 $n_1=100$ r/min,而轴 2 以 $n_2=20$ r/min 的转速与轴 1 同向转动。在离合器接合后 3 s,两轴即达到相同的速度。设在离合器接合过程中,无外加驱动力矩和阻抗力矩。试求:

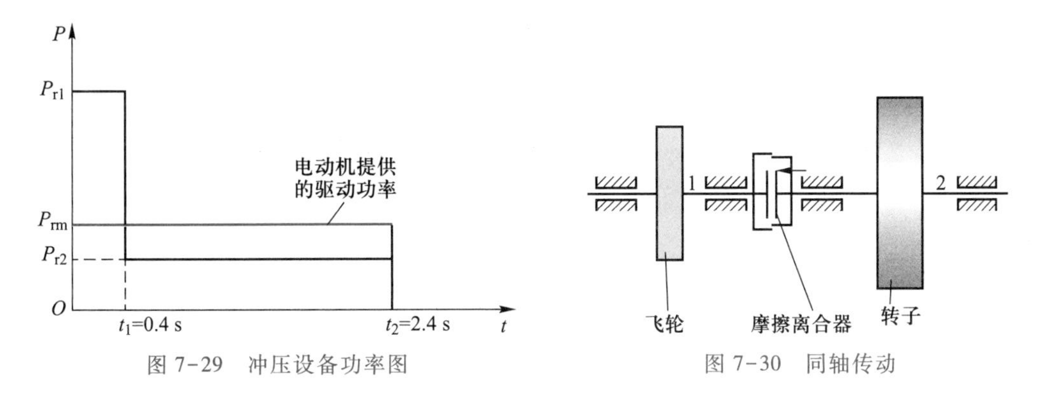

图 7-29　冲压设备功率图　　图 7-30　同轴传动

1）两轴接合后的公共角速度。

2）在离合器接合过程中,离合器所传递的转矩的大小。

7-15　图 7-31 所示为一转盘驱动装置。1 为电动机,额定功率 $P_n=0.55$ kW,额定转速 $n_n=1\ 390$ r/min,转动惯量 $J_1=0.018\ \text{kg}\cdot\text{m}^2$;2 为减速器,其减速比 $i_2=35$;3、4 为齿轮传动,$z_3=20$,$z_4=52$;减速器和齿轮传动折算到电动机轴上的等效转动惯量 $J_{2e}=0.015\ \text{kg}\cdot\text{m}^2$;转盘 5 的转动惯量 $J_5=144\ \text{kg}\cdot\text{m}^2$,作用在转盘上的阻力矩 $M_{r5}=80\ \text{N}\cdot\text{m}$;传动装置及电动机折算到电动机轴上的阻力矩 $M_{r1}=0.3\ \text{N}\cdot\text{m}$。该装置欲采用点动(每次通电时间约 0.15 s)作步进调整,问每次点动转盘 5 约转过多少度?

提示: 电动机额定转矩 $M_n=9\ 550P_n/n_n$,电动机的起动转矩 $M_d\approx 2M_n$,并近似当作常数。

7-16　图 7-32 所示为小型移动式空气压缩机。它由电动机通过带传动带动活塞式空气压缩机将空气压缩泵入贮气罐中备用。该设备若中途停机,当贮气罐中有较高气压时,若重新起动压缩机,一般会出现跳闸或烧保险丝的情况,压缩机难以重新起动,这时需把贮气罐中的压缩空气放掉一部分才能起动。试分析出现上述现象的原因。

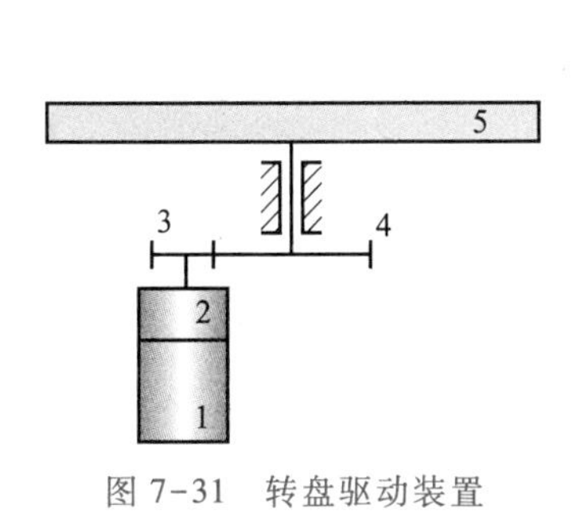

图 7-31　转盘驱动装置

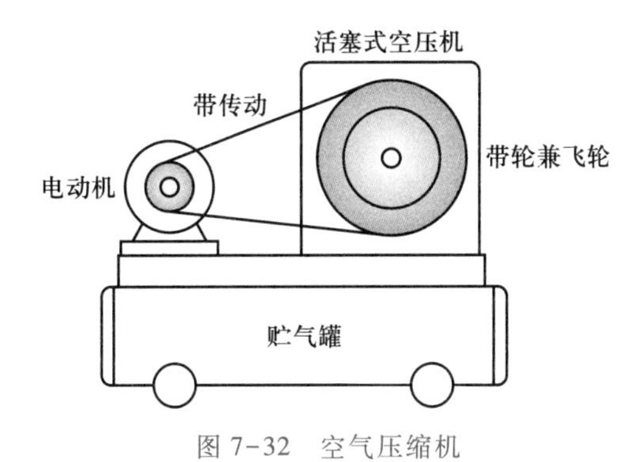

图 7-32　空气压缩机

阅读参考资料

[1] 陈作模．机械原理学习指南[M]. 5 版．北京:高等教育出版社,2008.
[2] 张策．机械动力学[M]. 2 版．北京:高等教育出版社,2015.
[3] 羊拯民．机械振动与噪声[M]. 北京:高等教育出版社,2011.

第二篇　常用机构设计

大多数机械产品的设计都是基于常用机构或在其基础上创新得到的,要在机械产品设计中得心应手,就必须熟悉各种常用机构的设计(即综合)。常用机构有连杆机构、凸轮机构、齿轮机构及其系统以及间歇运动机构、摩擦轮传动等其他常用机构,其中机构"综合-评价-创造"这一主线所贯穿的基本理论及方法是机械产品创新设计和工程创造力培养之道,更需要重点学习、实践和掌握。

水排（东汉）

第 8 章 连杆机构及其设计

8.1 连杆机构及其传动特点

连杆机构的应用十分广泛，它不仅在众多工农业机械和工程机械中得到广泛应用，而且在诸如人造卫星太阳能板的展开机构、机械手的传动机构（图 2-13，图 2-56）、折叠伞的收放机构（图 13-21）及人体假肢关节（图 2-55、图 3-12）等中也都用有连杆机构。例如图 8-1 所示即为连杆机构在六足机器人中的应用。

图 8-2 所示为三种常见的连杆机构。连杆机构的共同特点是其主动件的运动都要经过一个不与机架直接相连的称之为连杆（coupler）的中间构件，才能传动至从动件，故而称其为连杆机构（linkage mechanism）。

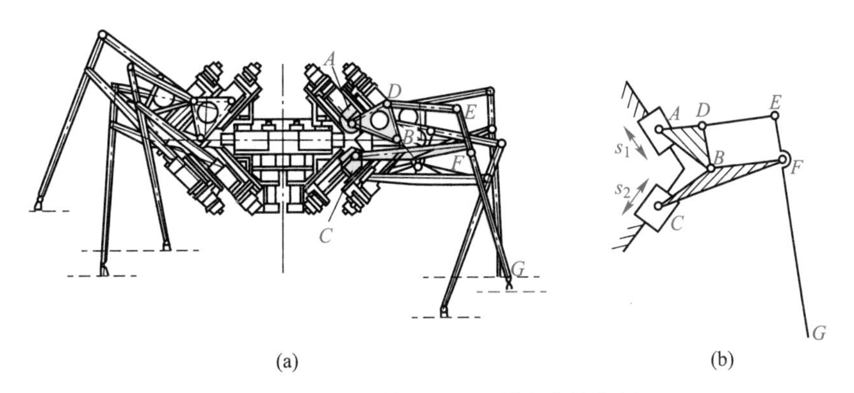

图 8-1　连杆机构在六足机器人中的应用

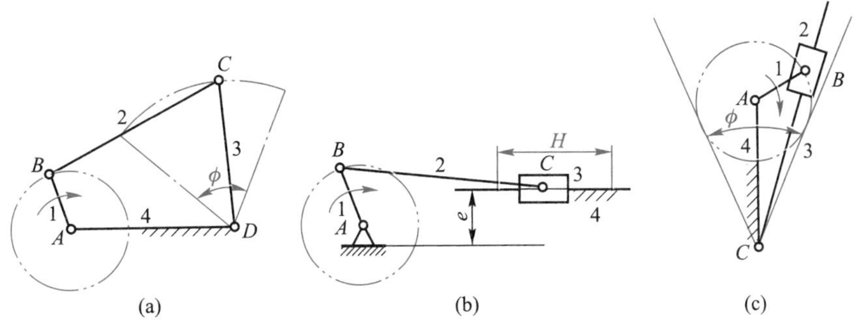

图 8-2　常见连杆机构

连杆机构具有以下一些传动特点：

1）连杆机构中的运动副一般均为低副（故又称其为低副机构，lower pair mechanism）。其运动副元素为面接触，压强较小，承载能力较大，润滑好，磨损小，加工制造容易，且连杆机构中的低副一般是几何封闭，对保证工作的可靠性较为有利。

2）在连杆机构中，在主动件的运动规律不变的条件下，可用改变各构件的相对长度来使从动件得到不同的运动规律。

3）在连杆机构中，连杆上各点的轨迹是各种不同形状的曲线（称为连杆曲线，coupler-point curve），其形状随着各构件相对长度的改变而改变，故连杆曲线的形式多样，可用来满足一些特定工作的需要。

利用连杆机构还可很方便地达到改变运动的传递方向、扩大行程、实现增力和远距离传动等目的。

连杆机构也存在如下一些缺点：

1）由于连杆机构的运动必须经过中间构件进行传递，因而传动路线较长，易产生较大的误差累积，同时也使机械效率降低。

2）在连杆机构运动中，连杆及滑块所产生的惯性力难以用一般平衡方法加以消除，因而连杆机构不宜用于高速运动。

此外，虽然可以利用连杆机构来满足一些运动规律和运动轨迹的设计要求，但其设计十分繁琐、困难，且一般只能近似地得以满足。正因如此，如何根据最优化方法来设计连杆机构，使其能最佳地满足设计要求，一直是连杆机构研究的一个重要课题。

根据连杆机构中各构件间的相对运动为平面运动还是空间运动，连杆机构可分为平面连杆机构和空间连杆机构两大类，在一般机械中应用最多的是平面连杆机构。连杆机构中，其构件多呈杆状，故常简称其构件为杆（bar or link）。连杆机构常根据其所含杆数而命名，如四杆机构、六杆机构等。其中，平面四杆机构不仅应用特别广泛，而且常是多杆机构的基础，如图 8-3 所示的六杆机构就可看作是由 *ABCD* 和 *DEF* 两个四杆机构构成的。所以，本章将着重讨论平面四杆机构的有关基本知识和设计问题，而对平面多杆机构和空间连杆机构只作简要的介绍。

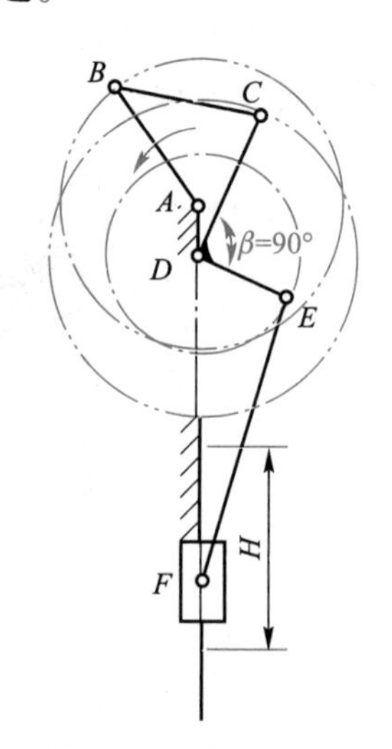

图 8-3　插床六杆机构

近年来，对平面连杆机构的研究，不论从研究范围上还是方法上都有了很大进展。对多杆多自由度平面连杆机构的研究，也提出了一些有关的分析及综合的方法。在设计要求上也已不再局限于运动学要求，而是要求同时兼顾机构的动力学特性。特别是对于高速机械，考虑构件弹性变形的运动弹性动力学（KED）已得到很快的发展。在研究方法上，优化方法和计算机辅助设计的应用已成为研究连杆机构的重要方法，并已相应地编制出大量的适用范围广、使用方便的通用软件。随着计算机的发展和现代数学工具的日益完善，以前不易解决的复杂平面连杆机构的设计问题正在逐步获得解决。

8.2　平面四杆机构的基本类型及应用

由第 2 章的机构变换原理可知,平面铰链四杆机构是平面四杆机构的基本形式,而其他类型和结构形式的四杆机构都可认为是铰链四杆机构的演化形式。因此,本节将从这些机构形成的条件分别对平面铰链四杆机构的基本类型及其演化形式和应用加以介绍。

1. 铰链四杆机构的类型及应用

平面铰链四杆机构的基本类型,其实质决定于其运动链中构件的周转特性和机架选取情况。下面就从铰链四杆运动链中周转副存在的条件和取不同构件为机架的机构形成情况来讨论铰链四杆机构的基本类型和应用。

(1) 铰链四杆运动链周转副存在的条件

平面铰链四杆机构中曲柄存在的前提是其运动副中必有周转副存在,故下面先来确定转动副为周转副的条件。

如图 8-4 所示,设四杆运动链各杆的长度分别为 a、b、c、d。若转动副 A 成为周转副,则 AB 杆应能处于绕传动轴的任何位置。而当 AB 杆与 AD 杆两次共线时可分别得到 $\triangle DB'C'$ 和 $\triangle DB''C''$。而由三角形的边长关系可得

$$a+d \leqslant b+c \tag{8-1}$$

$$b \leqslant (d-a)+c \quad 即 \quad a+b \leqslant c+d \tag{8-1a}$$

$$c \leqslant (d-a)+b \quad 即 \quad a+c \leqslant b+d \tag{8-1b}$$

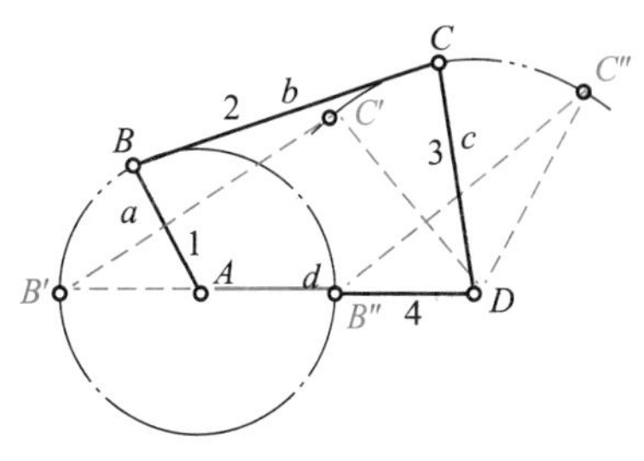

图 8-4　四杆运动链有曲柄的条件

将上述三式分别两两相加,则得

$$a \leqslant b, a \leqslant c, a \leqslant d \tag{8-1c}$$

即杆 AB 应为最短杆之一。

分析上述各式,可得出转动副 A 为周转副的条件是:

1) 最短杆长度+最长杆长度≤其余两杆长度之和。此条件称为杆长条件,即可表示为

$$l_{min}+l_{max} \leqslant l_i+l_j \tag{8-2}$$

2) 组成该周转副的两杆中必有一杆为最短杆。

上述条件表明,当四杆运动链各杆的长度满足杆长条件时,有最短杆参与构成的转动副都是周转副,而其余的转动副则是摆转副。

此外,为了使四个杆能够装配成封闭的运动链,最长杆长度必须小于其他三个杆长度之和,即

$$l_{max} < l_{min}+l_i+l_j \tag{8-3}$$

(2) 铰链四杆机构的基本类型

根据铰链四杆运动链的杆长条件,将分为如下三类情况来讨论铰链四杆机构的基本类型。

1) 第 Ⅰ 类情况:$l_{min}+l_{max}<l_i+l_j$　即铰链四杆运动链满足杆长条件中不等式的情况。此

时该运动链中有两个周转副和两个摆转副。如在图 8-4 所示的运动链 $ABCD$ 中，$a=l_{min}$，则转动副 A、B 为周转副，而 C、D 则为摆转副。由此可见，当最短杆 AB 为连架杆时，则所得机构为曲柄摇杆机构；当最短杆 AB 为机架时，则得双曲柄机构；当最短杆 AB 为连杆时，则得双摇杆机构，如图 2-33 所示。若当该双摇杆机构中的两连架长度相等时，机构则为等腰梯形机构，如图 8-5 所示。

由此可得，铰链四杆机构中曲柄存在的条件：① 各杆长度应满足杆长条件；② 其最短杆为连架杆或机架。

2）第Ⅱ类情况：$l_{min}+l_{max}>l_i+l_j$ 即铰链四杆运动链不满足杆长条件的情况。此时该运动链无周转副，全为摆转副。在此种情况下，铰链四杆运动链 $ABCD$ 无论取其中的哪个构件为机架时，机构都为双摇杆机构，且其两连架杆和连杆都作摆转运动，如图 8-6 所示，图示机构具有两摇杆半角或倍角运动变换的特性。

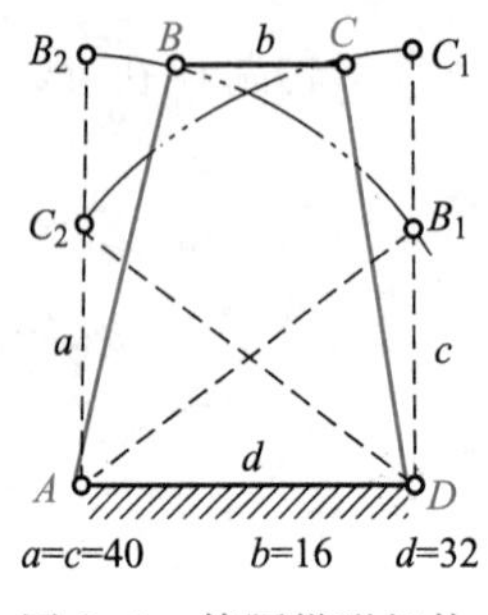

图 8-5 等腰梯形机构

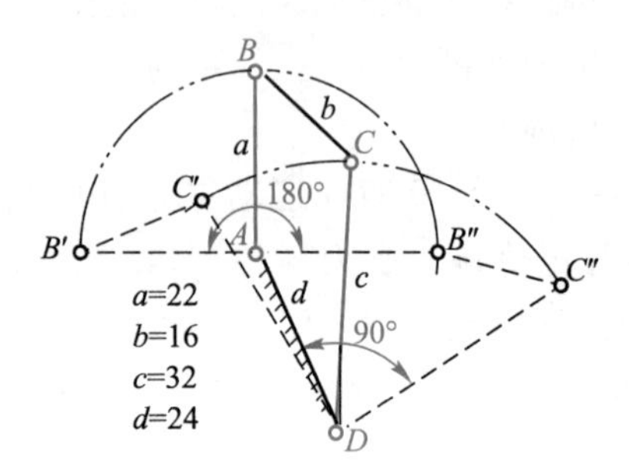

图 8-6 三杆摆转式双摇杆机构

3）第Ⅲ类情况：$l_{min}+l_{max}=l_i+l_j$ 即铰链四杆运动链满足杆长条件等式的情况。此时又将有如下三种特殊情况：

① 当铰链四杆运动链的两两相邻杆长度相等时，如图 8-7a 中，$a=b=l_{min}$，$c=d=l_{max}$，其运动链 $ABCD$ 有三个周转副 A、B 及 C 和一个摆转副 D，此时机构为泛菱形机构。若以长杆为机架时（图 8-7a），机构为曲柄摇杆机构。若以短杆为机架时（图 8-7b），为双曲柄机构。这种机构，当两相邻杆重叠到一起时将退化为一二杆机构（图 8-7c）。在此位置，机构的运动不确定，需要借助其他方法来保证运动的确定性。

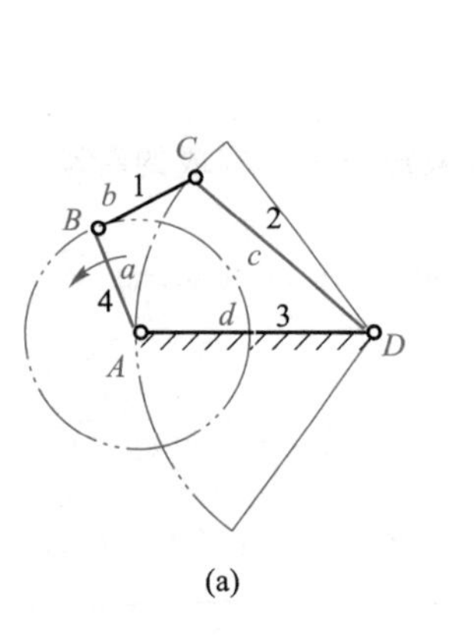

(a)

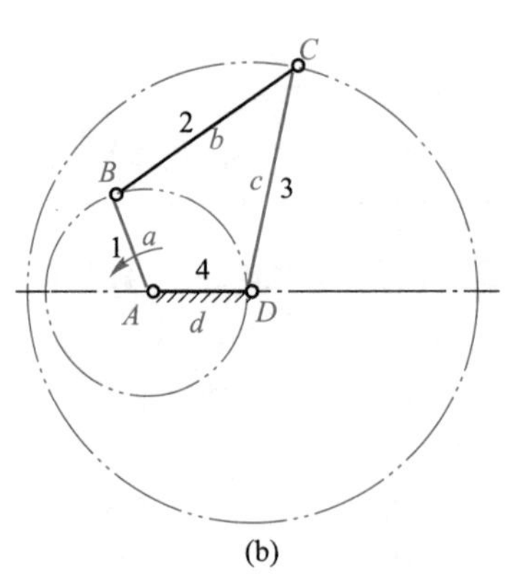

(b)

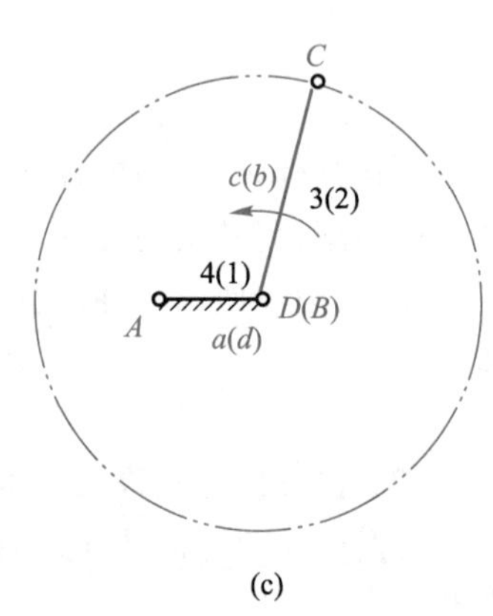

(c)

图 8-7 泛菱形铰链四杆机构

② 当铰链四杆运动的两两相对杆长度相等时,如在图 8-8 中,$a=c,b=d$,则四个转动副全为周转副,而无摆转副。此时无论取哪个构件为机架,机构都是一个双曲柄机构。当四杆运动链的两两相对杆平行时,无论长杆或短杆为机架时,所得机构均为平行四边形机构(如图 8-8a、b)。它有三个显著特点:一是两曲柄以相同角速度同向转动;二是连杆作平动;三是连杆上的任一点的轨迹均是以曲柄长度为半径的圆。而当运动链的四个杆两两相对杆不平行时,所得机构则为逆平行(或反平行)四边形机构(antiparallel-crank mechanism)。若以短杆为机架时(图 8-8c),两曲柄沿相同的方向转动,其性能和一般双曲柄机构相似。若以长杆为机架时(图 8-8d),两曲柄沿相反的方向转动,转速也不相等,即主动曲柄 AB 匀速转动时从动曲柄 CD 作反向非匀速转动。

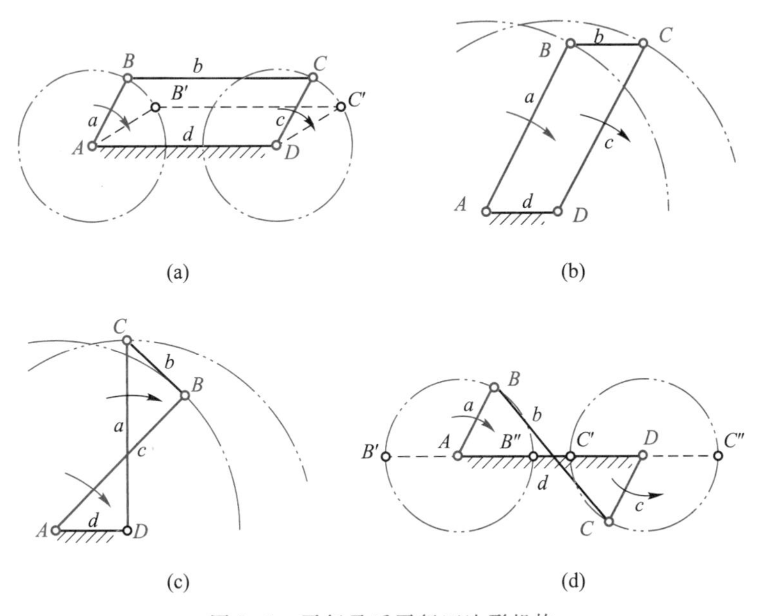

图 8-8　平行及反平行四边形机构

③ 当两曲柄运动到与机架共线两位置时,如图 8-8d 中 $AB'C'D$ 或 $AB''C''D$ 所示,机构由平行四边形机构变换为反平行四边形机构,即出现相反变化的可能,称此位置为机构的转折点或机构运动的变换点(change points)位置,在此两位置机构的运动是不确定的,这在工程上不允许的①,应配以其他的辅助装置,使机构的运动得以确定。

如图 8-9 所示反平行四边形机构 $ABCD$ 中,在其两连架两端的延长线上各设置一个圆销 E'、F 和凹槽 E、F'。当四杆共线时,圆销 F(或 E')刚进入凹槽 E(或 F')中,使两连架杆只能反向旋转,即反平行四边形机构不能转变为平行四边形机构。此外,反平行四边形机构也是椭圆瞬心线高副机构(或椭圆齿轮机构)的完全等效机构(这些圆销和凹槽点的位置都应在这两椭圆瞬心线上)。

当铰链四杆运动链的四个杆长度相等时,如运动链 $ABCD$ 中,$a=c=b=d$,则该运动链全为周转副,所形成的机构为等边四边形机构,同样此机构有类似于平行四边形机构的开式

---

① 某游乐场利用平行四边形机构开发了一新娱乐项目“飞舟”。机构的连杆即飞船的船体作平行运动,可载人在空中升降,甚受欢迎。可因设计不周,平行四边形机构在通过转折点时突变为反平行四边形机构,造成船翻人伤,教训深刻。

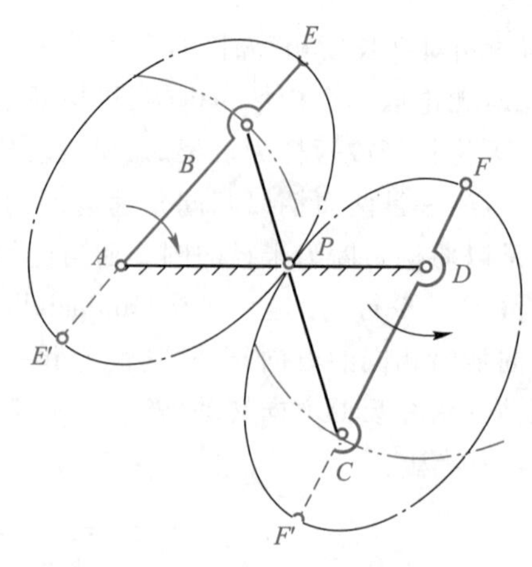

图 8-9　反平行四边形的等效机构

(图 8-8a、b)与交叉式(图 8-8c、d)两种结构形式,但它有三个运动变换点位置。

(3) 铰链四杆机构的应用

由前分析可知,铰链四杆机构的基本类型主要有曲柄摇杆机构、双曲柄机构及双摇杆机构和特殊形式的铰链四杆机构,下面介绍这些机构的应用。

1) 曲柄摇杆机构　在曲柄摇杆机构中,若以曲柄为主动件时,可将曲柄的连续运动转变为摇杆的往复摆动;若以摇杆为主动件时,可将摇杆的摆动转变为曲柄的整周转动。前者应用甚广,图 8-10a 所示雷达天线俯仰机构及图 8-10b 所示的利用连杆端部 E 及 E' 把矿石

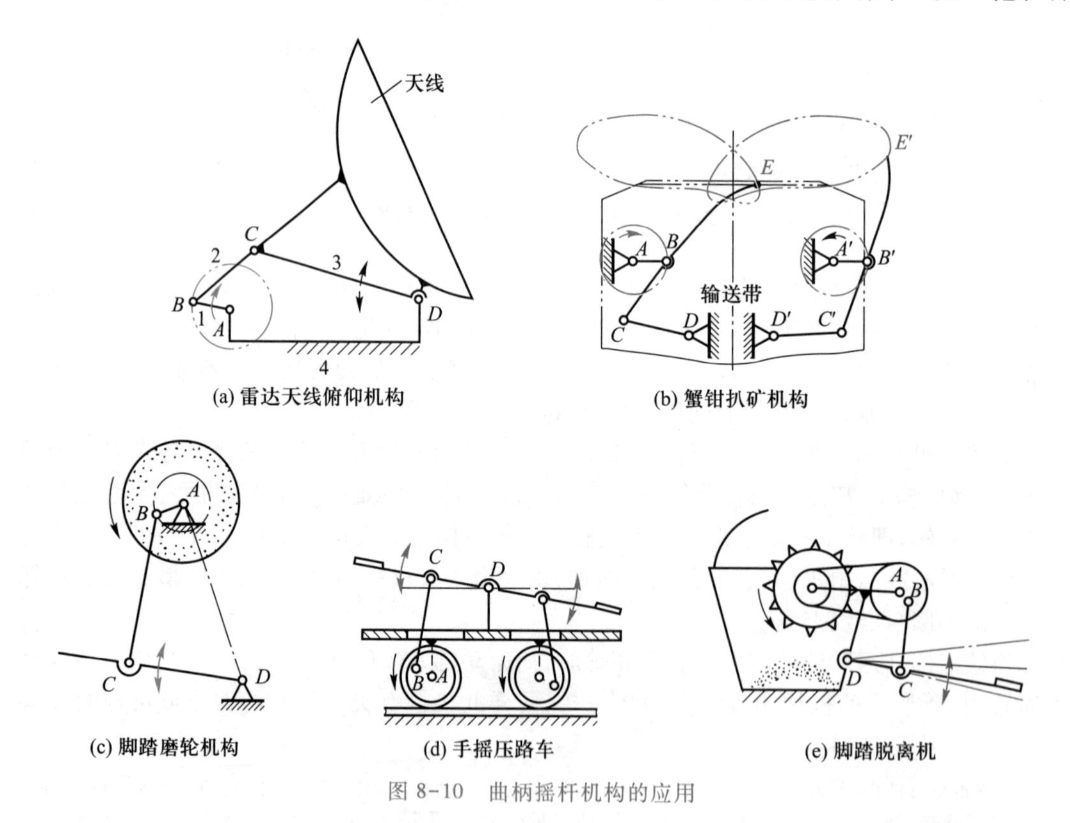

图 8-10　曲柄摇杆机构的应用

扒到输送带上去的蟹钳扒矿机构就都是其应用实例。而后者则在以人力为动力的机械中应用较多,图 8-10c 为古代用来打磨剑刃与箭头的脚踏磨轮机,图 8-10d 为手摇压路车,图 8-10e 为脚踏脱粒机。

2）双曲柄机构　一般双曲柄机构其主动曲柄作匀速转动而从动曲柄作变速转动。如插床主体机构(图 8-3)用它可改善插床切削性能,而惯性筛机构(图 8-63)用它可提高机器的分筛效果。平行四边形机构的三个特性在机械工程上的应用很多。例如机车车轮联动机构(图 2-12b)和图 8-11a 所示的多头钻床联动机构就利用了平行四边形机构的第一个特性,在多头钻中当主动曲柄回转时,通过偏心盘带动各个从动曲柄及钻头同时回转;可调臂长台灯的位置调节机构(图 8-11b)、播种机料斗的地面跟随机构(图 8-11c)和可调夹紧力的调节机构(8-11d)就利用了其第二个特性;砂轮圆弧打磨机(图 8-11e)和工件步进输送机构(图 8-11f)就利用了其第三个特性。车门开闭机构(图 8-12a)和四轮拖车转向机构(图 8-12b)则均利用了反平行四边形机构两曲柄反向转动的特性,而物料翻转传递的输送机构(图 8-12c)则利用了反平行四边形机构两曲柄同向转动的特性。

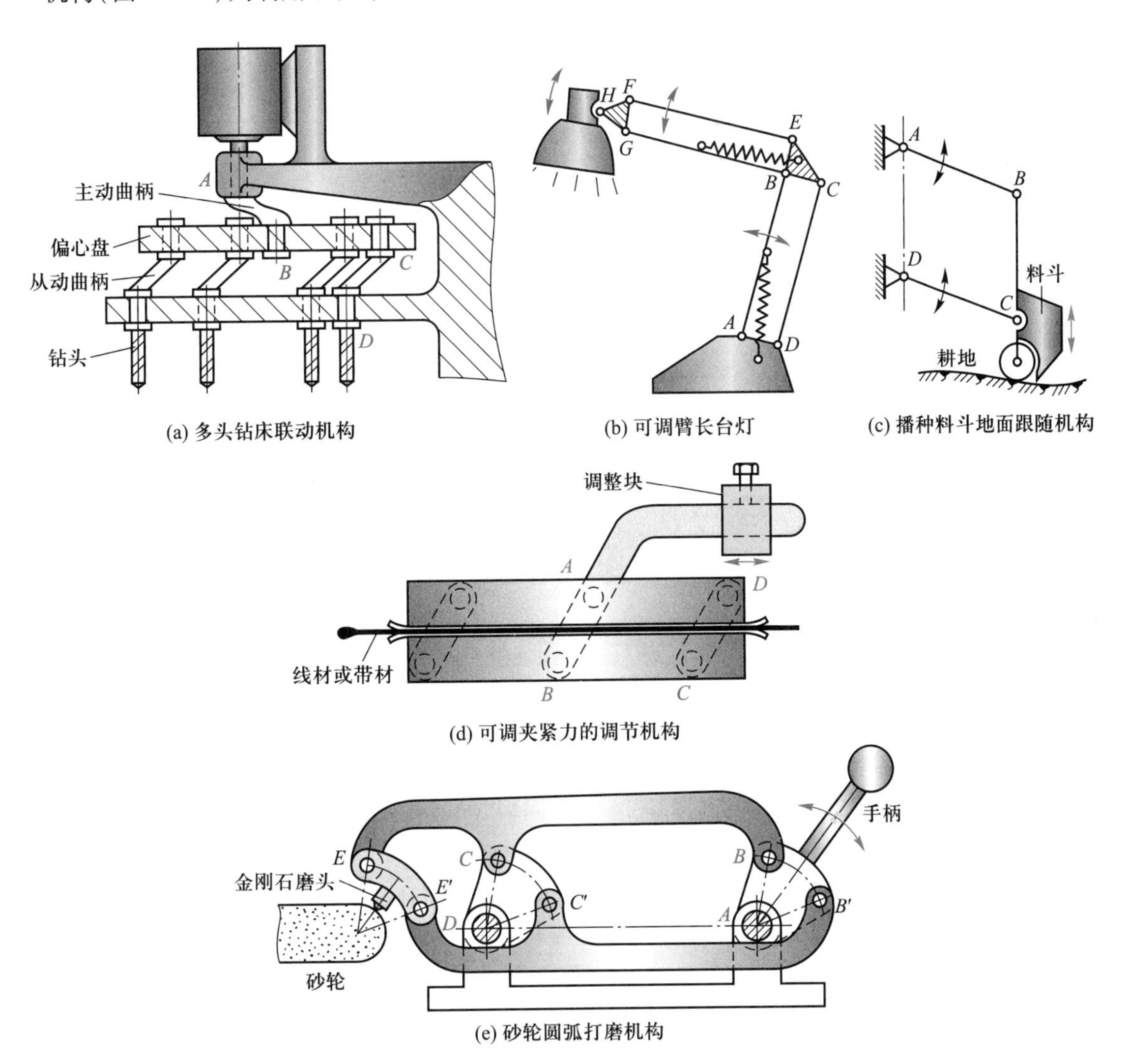

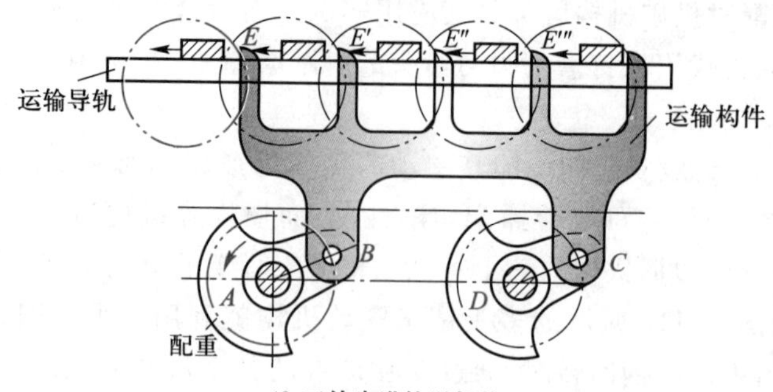

(f) 工件步进输送机构

图 8-11 平行四边形机构的应用

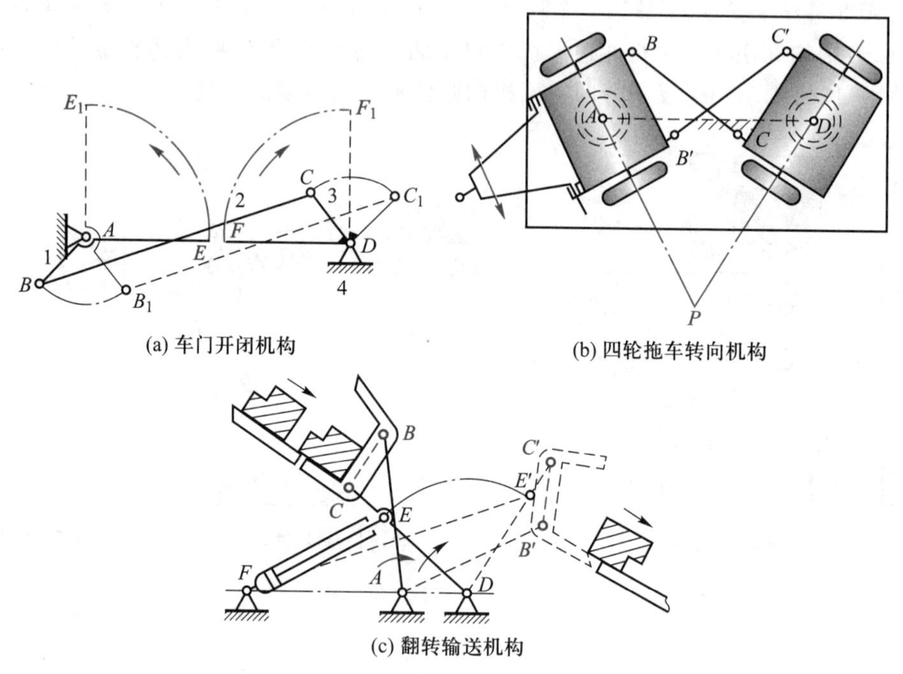

(a) 车门开闭机构

(b) 四轮拖车转向机构

(c) 翻转输送机构

图 8-12 反平行四边形机构的应用

可伸缩移动式灯支架(图 8-13)、闸门、叉车、垂直升降机以及卫星太阳板收放装置等,就广泛利用了多个等边四边形运动链具有的伸展、收缩、折叠和同步牵引的运动特性,可实现更大变化范围内的移动。

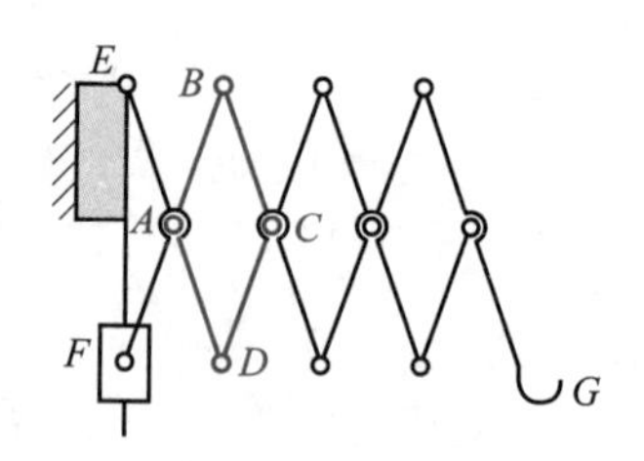

图 8-13 可伸缩移动式灯支架

3) 双摇杆机构 鹤式起重机(图 8-14a)的主体机构就是一双摇杆机构,可实现重物被起吊后水平移动(平行于 EE')以便操控。汽车、拖拉机等四轮机动车中前轮转向机构(图 8-14b)都利用了等腰梯形机构,可实现两前轮轴线与后两轮轴线在转弯时近似会汇交于一点以减小轮胎与地面的磨损。而案例 2-5 的电风扇自动摇头机构(图 2-41)就是利用连杆可周转式双摇杆机构的一例,可变换靠背方向的座席机构(图 8-14c)是利用了连杆可周转式等腰梯形机构的另一例子。

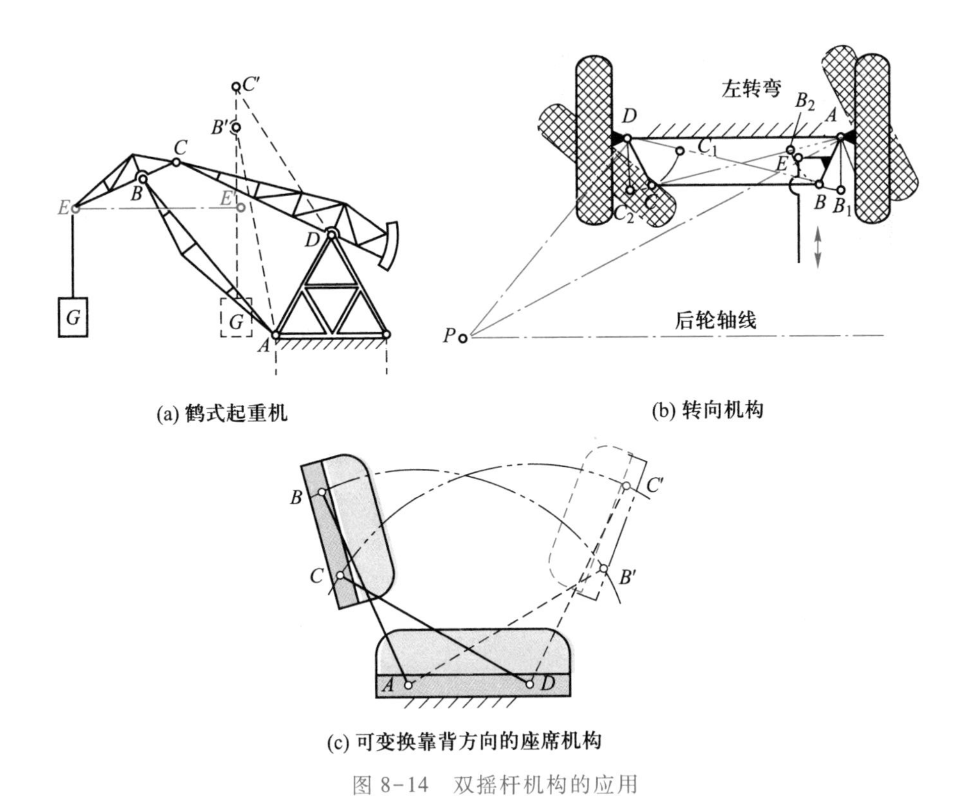

(a) 鹤式起重机

(b) 转向机构

(c) 可变换靠背方向的座席机构

图 8-14　双摇杆机构的应用

2. 其他演化形式的四杆机构基本类型及应用

含移动副的平面四杆机构有三种基本形式的运动链(如图 2-43 所示),即含一个移动副(图 2-43b)、含两相邻移动副(图 2-43c)和含两相对移动副(图 2-43d)。这三种基本形式的运动链可形成如下三种演化形式的四杆机构。

1) 单滑块(或导杆)四杆机构　对于含一个移动副的四杆运动链,已由图 2-34 所示机构倒置演化可知,其有偏置(或对心)式的曲柄滑块机构、曲柄导杆机构、曲柄摇块机构和直动导杆机构等几种形式。

2) 十字导杆(或滑块)四杆机构　对于含两相邻移动副的四杆运动链,其中含有一个十字导杆或滑块,对其运动链进行倒置演化所形成的四杆机构如图 8-15 所示。不难看出,这些机构分别称为双滑块机构(图 8-15a)、正弦机构(图 8-15b、d)、双转块机构(图 8-15c)。

3) 双导杆四杆机构　对于含两相对移动副的四杆运动链,如图 8-16 所示,其中有一个对心式导杆 2 和一个偏置式导杆 4。当分别依次取构件 4、1、2 及 3 为机架时,所形成的机构如图 8-16 所示。不难看出,这些四杆机构分别为滑块摇块机构(图 8-16a)、双导杆机构(图 8-16b、d)、摇块滑块机构(图 8-16c)。

在上述含移动副的演化形式四杆机构中,曲柄滑块机构应用最为广泛,其他两种四杆机构应用较少。如图 8-17 所示,其中图 8-17a 所示的小型刨床中的曲柄导杆机构 *ABC* 是导杆能够作整周转动的曲柄回转导杆机构(crank and rotating guide-bar mechanism),而图 8-17b

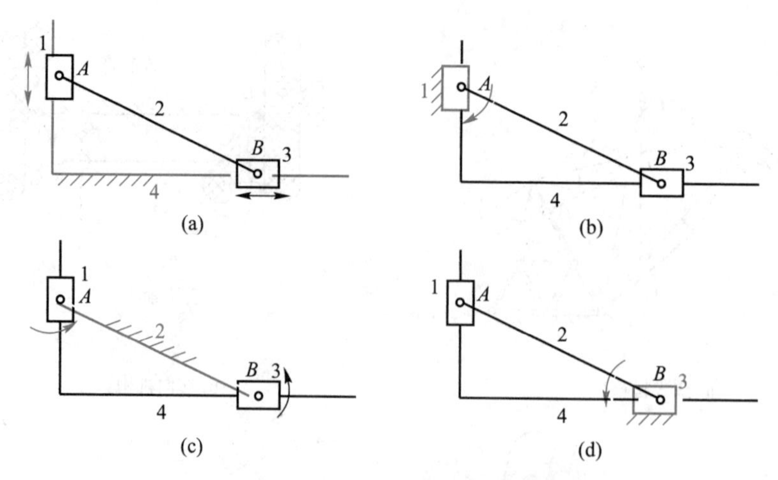

图 8-15 十字导杆四杆机构的演化形式

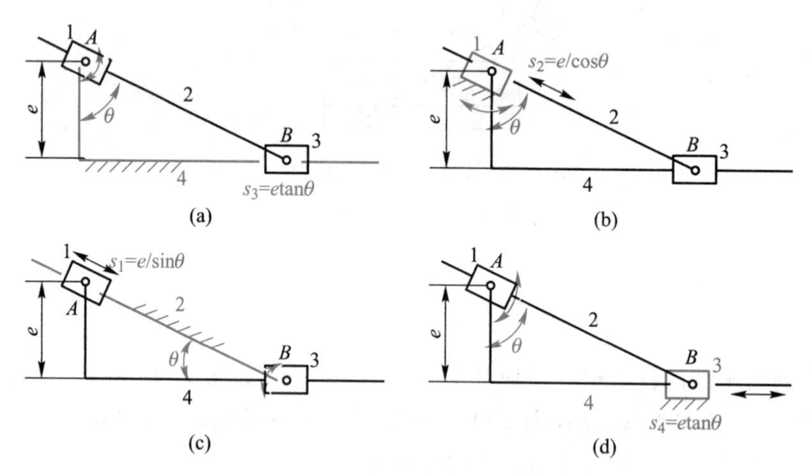

图 8-16 双导杆四杆机构的演化形式

所示牛头刨床中的曲柄导杆机构 *ABC* 则是导杆仅作摆动的曲柄摆动导杆机构(crank and swinging guide-bar mechanism)。图 8-17c 所示自卸卡车车厢的举升机构 *ABC* 即为曲柄摇块机构应用一例,而图 8-17d 所示的手摇抽水唧筒机构则是直动滑杆机构应用一例。

对于十字导杆和双导杆的四杆机构,机构中均含有两个移动副,由于移动副较转动副的实际结构复杂、效率低和易发生卡死等原因,所以在工程应用中较少。一般在设计时,往往优先选择全转动副铰链四杆机构和含一个移动副的四杆机构,而这两类机构多用于机械辅助运动机构、仪表及解算装置等中,如常用于椭圆仪机构(图 8-15a)、正弦机构(图 8-15b、d)、正切机构(图 8-16a、d)和正割、余割机构(图 8-16b、c)。

至于前面介绍的偏心轮机构等演化形式四杆机构,它们的机构基本类型并没有改变,只是运动副尺寸及结构形状进行了演变,以满足其强度、制造等要求而已。

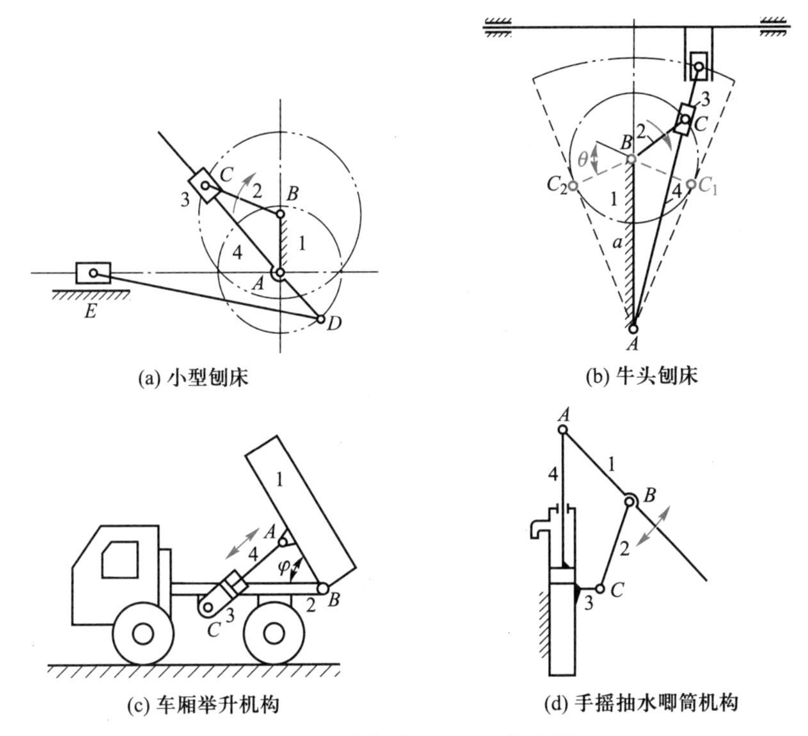

图 8-17　演化形式四杆机构应用

8.3　平面四杆机构的基本特性

前面研究了平面四杆机构中构件的周转特性和机构的基本类型,本节将研究有关平面四杆机构的急回运动、传力和连杆曲线等基本特性。在此只重点研究平面铰链四杆机构的一些基本特性,其结论可很方便地应用到其他演化形式的四杆机构上。

1. 铰链四杆机构的急回运动

(1) 急回运动

图 8-18 所示为一曲柄摇杆机构,设曲柄 AB 为主动件,在其转动一周的过程中,有两次与连杆共线,这时摇杆 CD 分别处于两极限位置 C_1D 和 C_2D。机构所处的这两个位置称为极位。机构在两个极位时,主动件 AB 所在两个位置之间的夹角 θ 称为极位夹角(crank angle between two limit positions)。

如图 8-18 所示,当曲柄以等角速度 ω_1 顺时针转过 $\alpha_1=180°+\theta$ 时,摇杆将由位置 C_1D 摆到 C_2D,其摆角为 φ,设所需时间为 t_1,C 点的平均速度为 v_1;当曲柄继续转过 $\alpha_2=180°-\theta$① 时,摇杆又从位置 C_2D 回到 C_1D,摆角仍然是 φ,设所需时间为 t_2,C 点的平均速度为 v_2。由于曲柄为等角速度转动,而 $\alpha_1>\alpha_2$,所以有 $t_1>t_2$,$v_2>v_1$。摇杆这种性质的运动称为急回运动(quick-return motion)。

---

① 由式可见,极位夹角 $\theta=\left|180°-\alpha_i\right|$。式中,$\alpha_i$ 为主动件的正、反行程角。

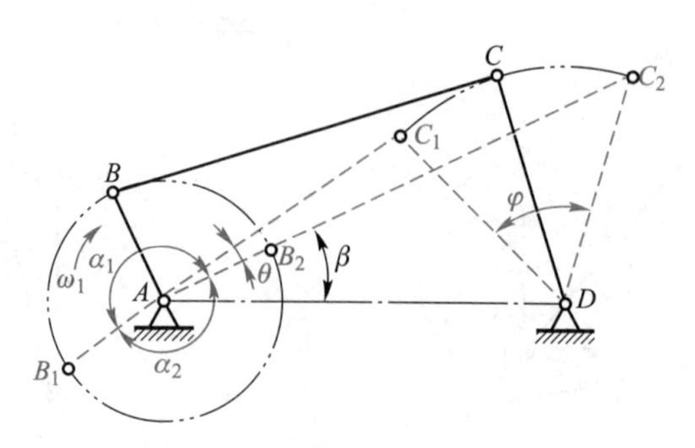

图 8-18 四杆机构的极位夹角

(2) 行程速度变化系数

为了表明急回运动的急回程度，可用行程速度变化系数或称行程速比系数(coefficient of travel speed variation)K 来衡量，即

$$K=v_2/v_1=(\widehat{C_1C_2}/t_2)/(\widehat{C_1C_2}/t_1)=t_1/t_2=\alpha_1/\alpha_2=(180^\circ+\theta)/(180^\circ-\theta) \quad (8-4)$$

式(8-4)表明，当机构存在极位夹角 θ 时，机构便具有急回运动特性，θ 角愈大，K 值愈大，机构的急回运动性质也愈显著。一般双曲柄机构的行程速度变化系数 K 可如下求得：

如图 8-19a 所示，设曲柄 AB 为主动件，作匀速转动，在连杆 BC 与机架 AD 平行的两位置，两曲柄的角速度相等，即 $\omega_3/\omega_1=1$。当主动曲柄由 AB_1 位置逆时针转至 AB_2 位置时，主动曲柄转过 α_1，从动曲柄转过 φ_1。在此区间，$\omega_3/\omega_1<1$，设其平均值 $\omega_o=\varphi_1/\alpha_1$；而在其余区间，$\omega_3/\omega_1>1$，设其平均值 $\omega_m=(360^\circ-\varphi_1)/(360^\circ-\alpha_1)$，故双曲柄机构的行程速度变化系数 K 为

$$K=\frac{\omega_m}{\omega_o}=\frac{(360^\circ-\varphi_1)\alpha_1}{(360^\circ-\alpha_1)\varphi_1} \quad (8-5)$$

由式(8-5)可知，比值 α_1/φ_1 越大，K 值也就越大，故一般双曲柄机构可有很大的行程速度变化系数 K，并可用改变机架长度等办法来改变行程速度变化系数，故常用作可调变速转动机构(图 8-19b)。

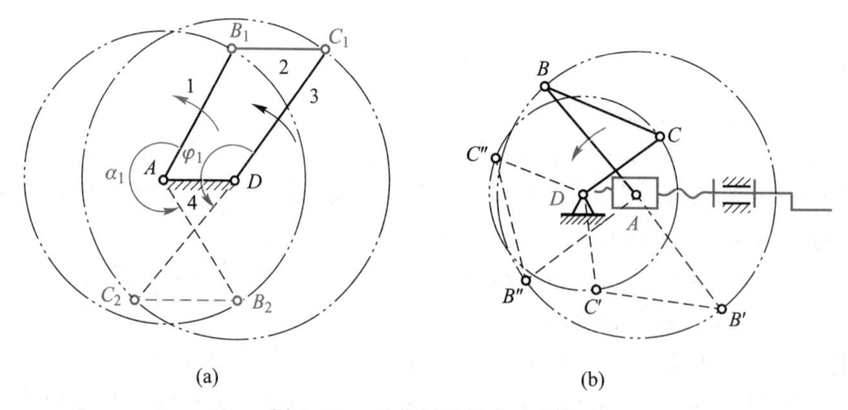

图 8-19 双曲柄机构变速特性

(3) 急回特性的应用

机构急回特性在工程上的应用有三种情况：第一种情况是工作行程要求慢速前进，以利于

切削、冲压等工作的进行，而回程时为节省空回时间，则要求快速返回，如牛头刨床、插床等就是如此，这是常见的情况。第二种情况是对某些颚式破碎机，要求其动颚快进慢退，使已被破碎的矿石能及时退出颚板，避免矿石的过粉碎（因破碎后的矿石有一定的粒度要求）。第三种情况是一些设备在正、反行程中均在工作，故无急回要求，如图 8-20 所示的收割机中的割刀片的运动。某些机载搜索雷达的摇头机构也是如此。

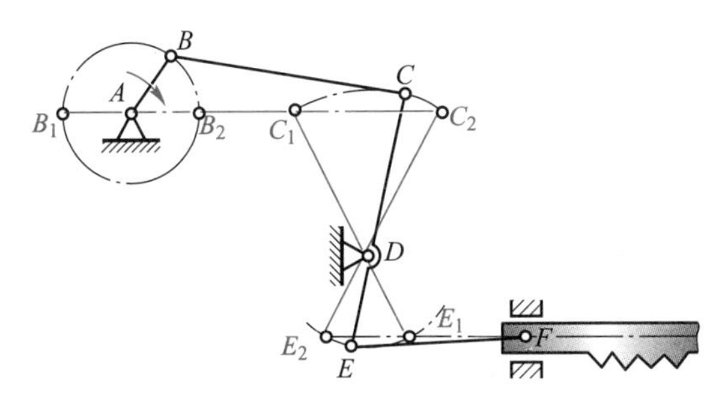

图 8-20　收割机刀片机构

急回机构的急回方向与主动件的回转方向有关，为避免把急回方向弄错，在有急回要求的设备上应明确标识出主动件的正确回转方向。

对于有急回运动要求的机械，在设计时，应先确定行程速度变化系数 K，求出 θ 角后，再设计各杆的尺寸。由式（8-4）可得

$$\theta=180°(K-1)/(K+1) \tag{8-6}$$

2. 铰链四杆机构的传动角和死点

（1）压力角和传动角

在图 8-21 所示的四杆机构中，若不考虑各运动副中的摩擦力、构件重力和惯性力的影响，则由主动件 AB 经连杆 BC 传递到从动件 CD 上 C 点的力 F 将沿 BC 方向，而力 F 与 C 点速度正向之间的夹角 α 称为机构在此位置时的压力角（pressure angle）。而连杆 BC 和从动件 CD 之间所夹的锐角 $\angle BCD=\gamma$ 称为连杆机构在此位置时的传动角（transmission angle）。γ 和 α 互为余角。传动角 γ 愈大，对机构的传力愈有利。所以，在连杆机构中常用传动角的大小及变化情况来衡量机构传力性能的好坏[①]。

在机构运动过程中，传动角 γ 的大小是变化的，它是机构主动件曲柄转角位置的函数。为了保证机构传力性能良好，应使 $\gamma_{\min}\geqslant 40°\sim 50°$；对于一些受力很小或不常使用的操纵机构，则可允许传动角小些，只要不发生自锁即可。

对于曲柄摇杆机构，$\gamma_{\min}$ 出现在主动曲柄与机架共线的两位置之一处，这时有

$$\gamma_1=\angle B_1C_1D=\arccos\frac{b^2+c^2-(d+a)^2}{2bc} \tag{8-7a}$$

或

$$\gamma_1=180°-\arccos\frac{b^2+c^2-(d+a)^2}{2bc}\quad(\angle B_1C_1D>90°) \tag{8-7b}$$

---

① 这里所说传力性能的好坏是就静力学而言，对于高速机械还必须考虑动力学性能。

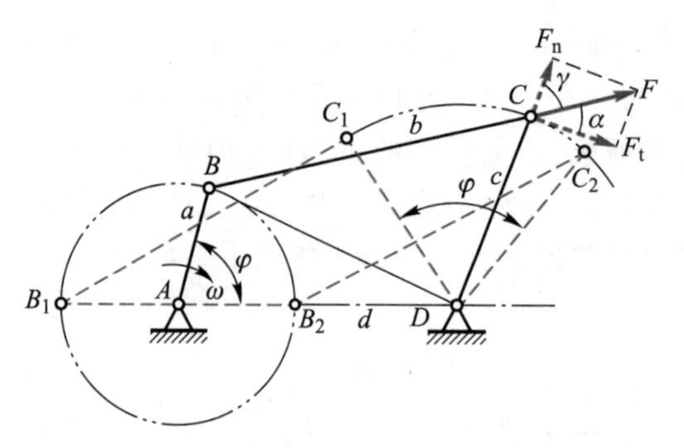

图 8-21　四杆机构的压力角及传动角

$$\gamma_2 = \angle B_2C_2D = \arccos\frac{b^2+c^2-(d-a)^2}{2bc} \tag{8-7c}$$

γ_1 和 γ_2 中的小者即为 $\gamma_{\min}$。

由以上各式可见，传动角的大小与机构中各杆的长度有关，故可按给定的许用传动角来设计四杆机构。

在设计受力较大的四杆机构时，应使机构的最小传动角具有最大值（用 $\max\gamma_{\min}$ 表示），但最小传动角与四杆机构的其他性能参数（如摇杆摆角和行程速度变化系数等）是彼此制约的。如图 8-22 所示，如摇杆摆角大或行程速度变化系数大，最小传动角的值就必然小。所以在设计时，必须了解该种机构的内在性能关系，统筹兼顾各种性能指标，才能获得良好的设计。

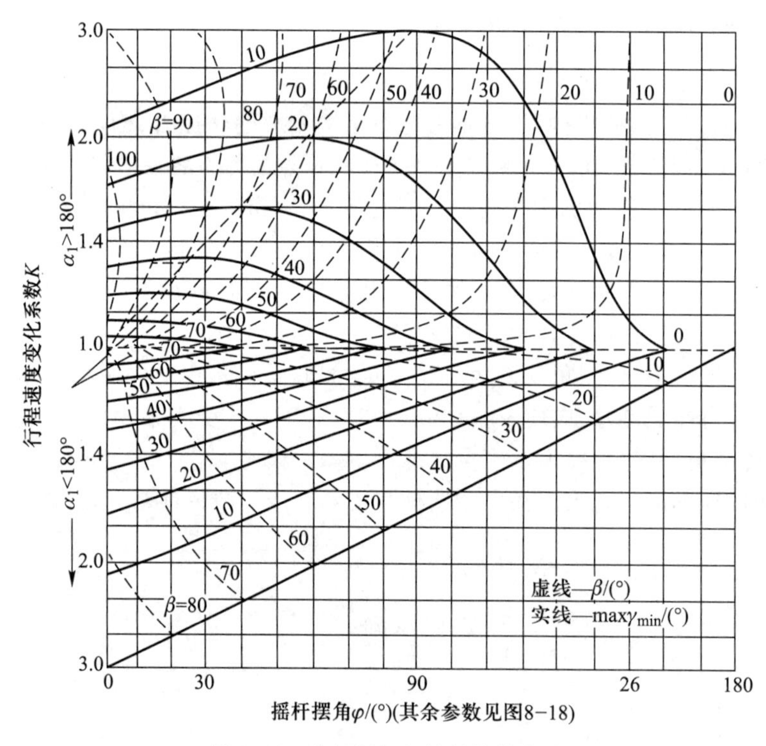

图 8-22　曲柄摇杆机构的性能曲线

（2）死点

在图 8-23 所示的曲柄摇杆机构中，设以摇杆 CD 为主动件，则当连杆与从动曲柄共线时（虚线位置），机构的传动角 $\gamma=0°$，这时主动件 CD 通过连杆作用于从动件 AB 上的力恰好通过其回转中心，所以出现了不能使构件 AB 转动的“顶死”现象，机构的这种位置称为死点（dead point）。

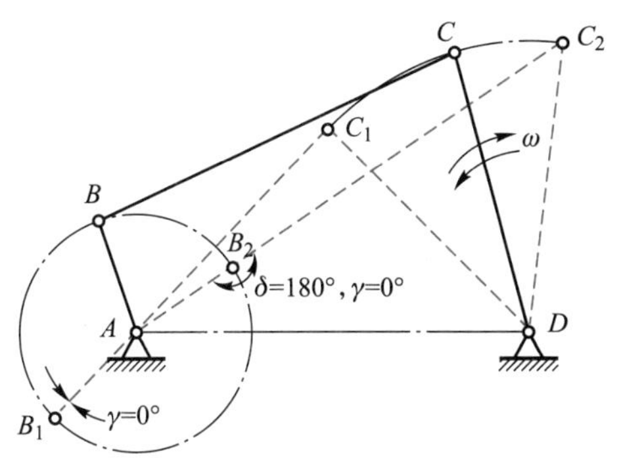

图 8-23　四杆机构的死点

为了使机构能顺利地通过死点而正常运转，必须采取适当的措施，如可采用将两组以上的相同机构组合使用，而使各组机构的死点相互错开排列的方法（如图 2-12b 所示的机车车轮联动机构，其两侧的曲柄滑块机构的曲柄位置相互错开了 90°），也可采用安装飞轮加大惯性的方法，借惯性作用闯过死点（如图 8-10c 中的脚踏磨轮机构利用磨轮的惯性），等等。

在另一方面，在工程实践中也常利用机构的死点来实现特定的工作要求。例如图 8-24 所示的飞机起落架机构，在机轮放下时，杆 BC 与 CD 成一直线，此时机轮上虽然受到很大的力，但由于机构处于死点位置，起落架不会反转（折回），这可使飞机起落和停放更加可靠。图 8-25 所示的折叠桌桌腿的收放机构也属这一原理的应用。

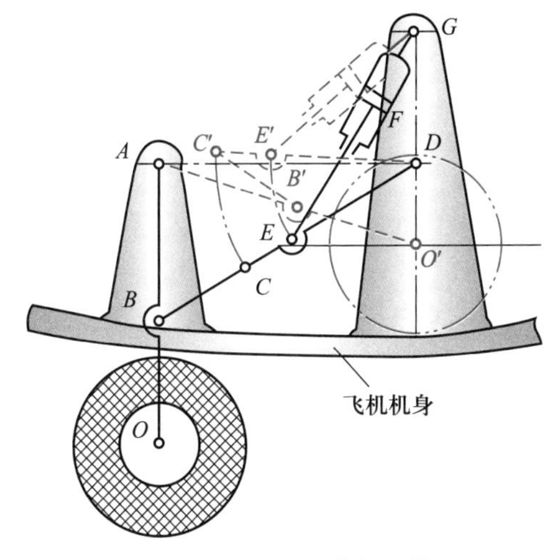

图 8-24　飞机起落架机构

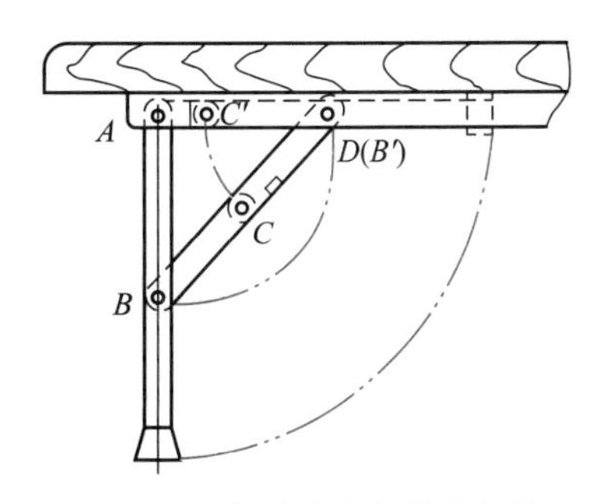

图 8-25　折叠桌桌腿收放机构

比较图 8-18 和图 8-23 不难看出，机构的极位和死点实际上是机构的同一位置，所不同的仅是机构的主动件不同。当主动件与连杆共线时为极位。在极位附近，由于从动件的速度接近于零,故可获得很大的增力效果(机械效益)。如图 8-26 所示的拉铆机(用以铆接空心铆钉),当把两手柄向内靠拢,使 ABC(和 $A'B'C'$)接近于直线时,可使芯杆 1 产生很大的向上的拉铆力。当从动件与连杆共线时为死点。机构在死点时本不能运动,但如因冲击振动等原因使机构离开死点而继续运动时,这时从动件的运动方向是不确定的,既可能正转也可能反转,故机构的死点位置也是机构运动的转折点。

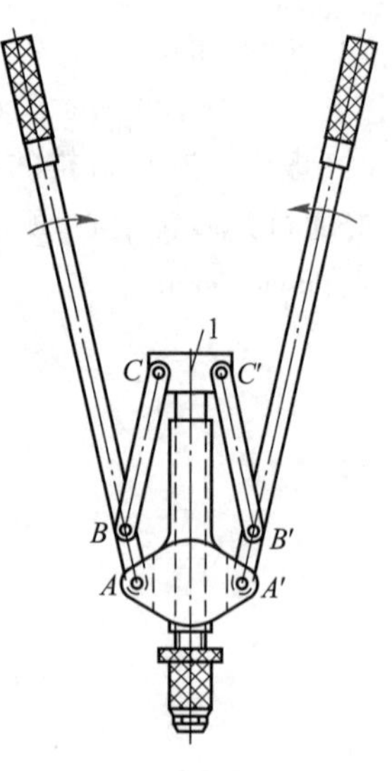

图 8-26 拉铆机

3. 铰链四杆机构的连杆曲线

(1) 连杆曲线

在四杆机构运动时,其连杆平面上的每一点均描绘出一条曲线,称为连杆曲线(coupler curves)。图 8-27 是曲柄摇杆机构的连杆上的不同点所描绘的一些连杆曲线。可利用连杆曲线来完成一些特殊的工作,如图 8-28 所示的物料搬运机就是利用了曲柄摇杆机构的不同的连杆曲线来实现将物料由Ⅰ的位置依次最终搬运到Ⅳ的位置的。而图 8-10b 所示的蟹钳扒矿机构的连杆上的 E 及 E'点,则是要求其按选定的连杆曲线运动,以完成

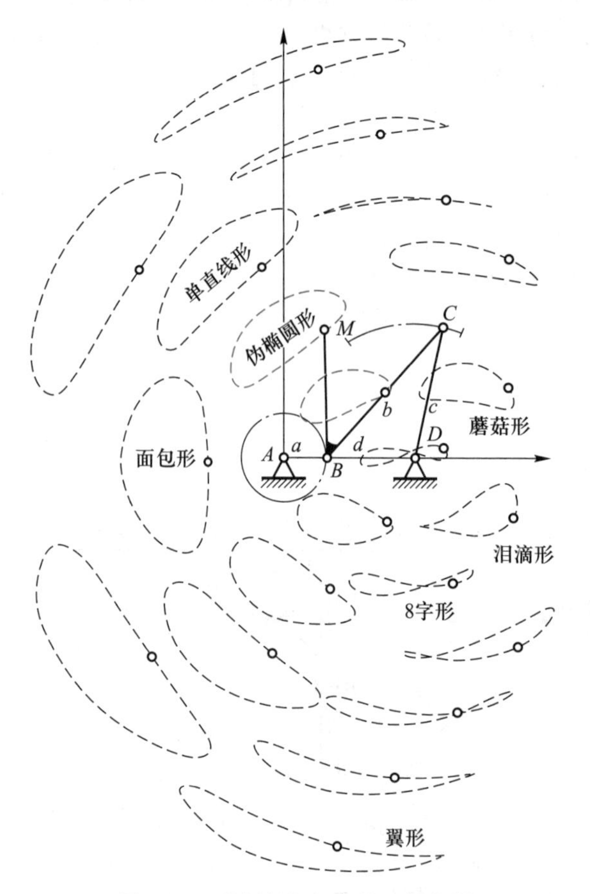

图 8-27 曲柄摇杆机构的连杆曲线

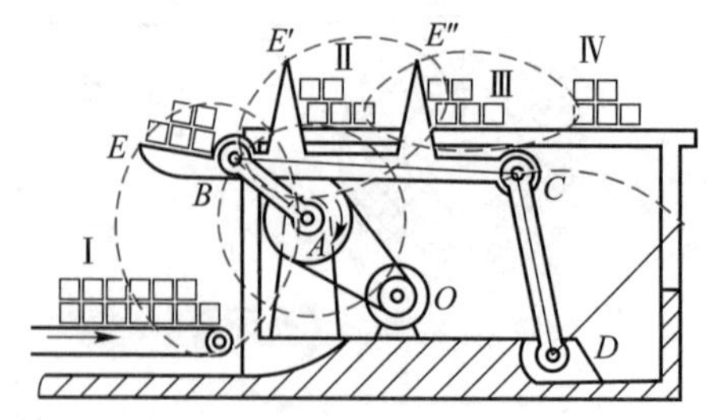

图 8-28 物料搬运机

扒动矿石的动作。

（2）连杆曲线的特性

四杆机构的连杆曲线最高为六阶曲线①。不同的连杆曲线有不同的特性，如有的连杆曲线有尖点（图 8-29a），有的有交叉点（图 8-29b），有的则既有尖点也有交叉点（图 8-29c）。在尖点处，描绘该连杆曲线的点的瞬时速度为零（但其加速度不为零），尖点的这一特性在传送、冲压及进给工艺过程中获得了应用。如电影摄影机的胶片抓片机构就利用了具有尖点的连杆曲线（图 8-30），这可使抓片机构的钩子在抓胶片时平稳减速为零，然后再平稳退出片孔，使胶片能准确地停在拍摄位置。

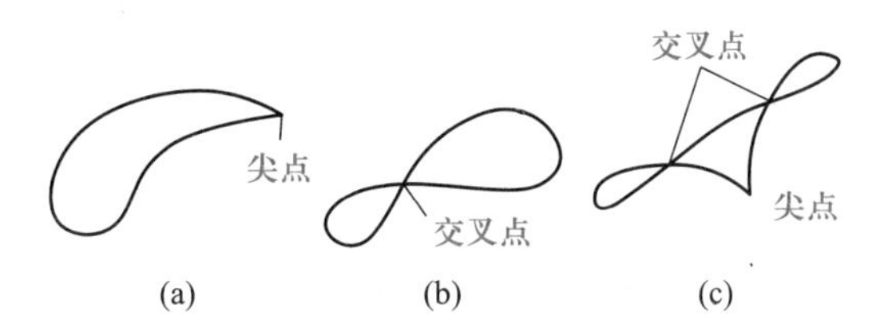

图 8-29　有特殊点的连杆曲线

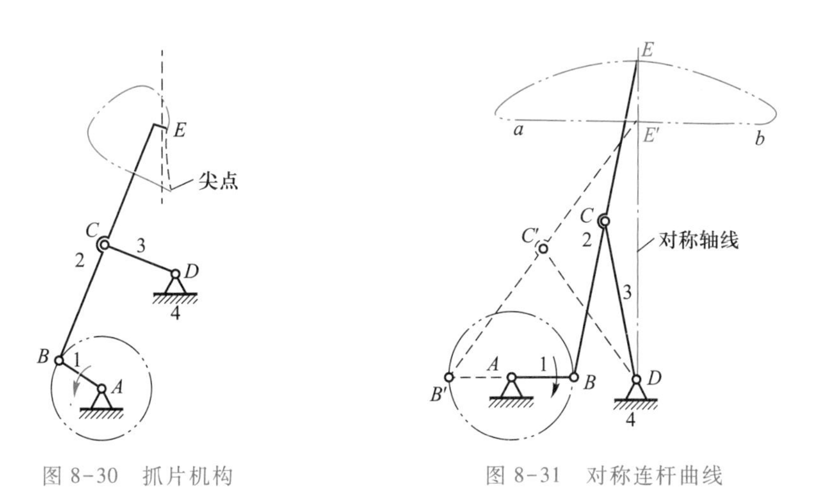

图 8-30　抓片机构　　　　图 8-31　对称连杆曲线

有的连杆曲线具有对称性。如图 8-31 所示的曲柄摇杆机构，当满足$\overline{BC}=\overline{CD}=\overline{CE}$时，其连杆上 E 点所生成的连杆曲线即为对称连杆曲线，该连杆曲线的对称轴垂直于机架 AD。对称连杆曲线具有一段非常近似于圆弧或直线的线段，故常用作近似圆弧或直线的机构。图示机构在 ab 段能作非常近似等速的精确直线运动，常用作步行机器人的腿部机构。

对于双曲柄机构，其连杆曲线较单调，故实际应用较少。

对于双摇杆机构，如果连杆能相对于两连架杆作整周转动，则可生成封闭的连杆曲线，如果连杆不能作整周转动，则只能生成非封闭连杆曲线。

（3）直线机构

曲柄摇杆机构具有近似直线线段的连杆曲线，如图 8-30 和图 8-31 所示机构，常用作

① 一般地讲，机构的构件愈多，其连杆曲线的阶数就愈高。这里的阶是指其方程中的最高次幂。仅由转动副组成的 n 杆机构的连杆曲线可能的最高幂数 m 为 $m=2\times3^{(n/2-1)}$。

近似直线机构。而双摇杆机构的连杆曲线最常见的一种应用是生成近似直线。如图 8-32 所示的三个双摇杆机构均为直线机构，它们分别为瓦特（Watt）直线机构（图 8-32a）、罗伯特（Robert）直线机构（图 8-32b）和切比雪夫（Chebyschev）直线机构（图 8-32c）。

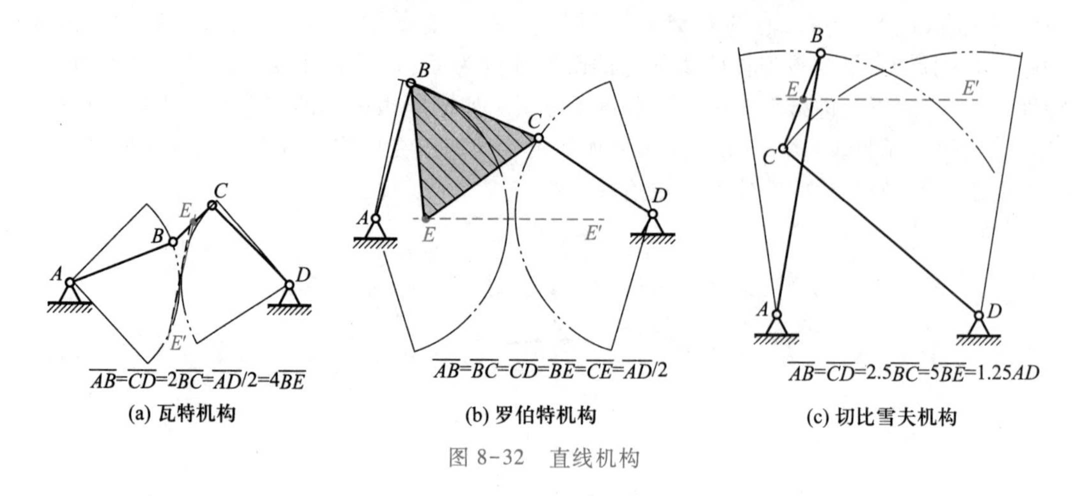

图 8-32　直线机构

*（4）同源机构

当设计一个平面四杆机构来生成连杆曲线运动时，往往因其固定铰链的位置不合适而无法应用。但实际上，对于一个生成连杆曲线的平面四杆机构，至少还存在其他两个四杆机构可生成同样的连杆曲线，而其中的一个四杆机构或许更适于应用①，故此类四杆机构称为该连杆曲线的同源机构（cognate mechanism）。

如图 8-33a 所示为一四杆机构 *ABCD* 及其连杆上 *M* 点产生的连杆曲线，该四杆机构有同样连杆曲线的其他同源机构可用如图 8-33 所示的渐进法来确定如下：首先，将该机构各杆长及连杆用图 8-33b 所示的直线 *ABCD* 各段和图形 *MBC* 来表示，即定出 *M* 点；然后，分别作直线 *BM* 及 *CM* 的平行线 *AD'* 及 *DD'*，并延长 *BM* 交 *DD'* 于点 *C''*，*CM* 交 *AD'* 于点 *C'*，再过 *M* 点作平行于直线 *AD* 的线段 *B'B''*，即可得 *B'*、*C'*、*D'*、*B''* 及 *C''* 各点。并据此尺寸，在图 8-33a 上便可作出另两个可供选择的产生同样连杆曲线的同源机构，即连杆 *MB'C'* 及其四杆机构 *AB'C'D'* 和连杆 *MB''C''* 及其四杆机构 *DB''C''D'*。

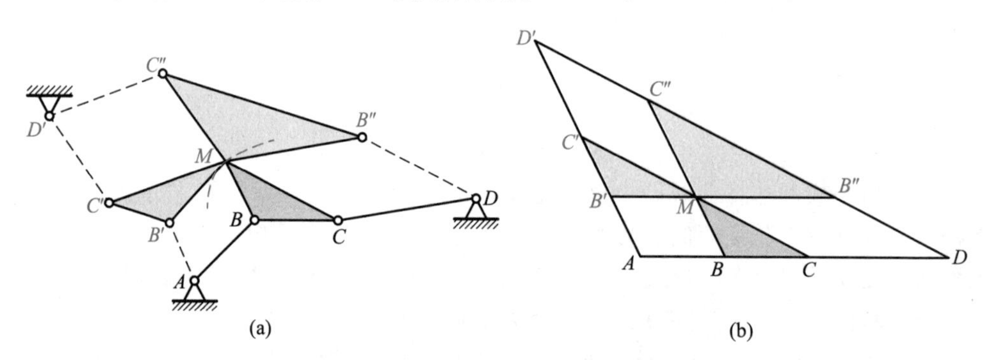

图 8-33　确定连杆曲线同源机构的渐进法

4. 铰链四杆机构的运动连续性

所谓连杆机构的运动连续性，是指连杆机构在运动过程中，能否连续实现给定的各个位

① 这一法则称为罗伯特法则。

置。如在图 8-34 所示的曲柄摇杆机构中,当曲柄 AB 连续回转时,摇杆 CD 可以在 φ_3 范围内往复摆动;或者由于初始安装位置的不同,也可在 φ_3'范围内往复摆动。由 $\varphi_3(\varphi_3')$ 所确定的范围称为机构的可行域,而由 δ_3 和 δ_3'所确定的范围为不可行域。在连杆设计时,不能要求其从动件在两个不连通的可行域内连续运动。例如,要求从动件从位置 CD 连续运动到位置 $C'D$,这是不可能的。连杆机构的这种运动不连续称为错位不连续。

另外,在连杆机构的运动过程中,其连杆所经过的给定位置一般是有顺序的。当主动件按同一方向连续转动时,若其连杆不能按顺序通过给定的各个位置,这也是一种运动不连续,称为错序不连续。如在图 8-35 所示的四杆机构中,若要求其连杆依次占据 B_1C_1、B_2C_2、B_3C_3、B_4C_4 位置,则此四杆机构 $ABCD$ 便不能满足此要求,因为无论主动件运动方向如何,其连杆都不能按上述顺序完成要求,故知此机构存在错序不连续问题。

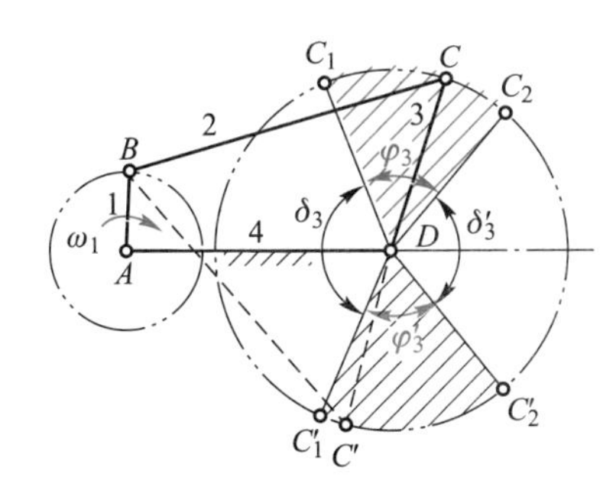

图 8-34　曲柄摇杆机构的可行域

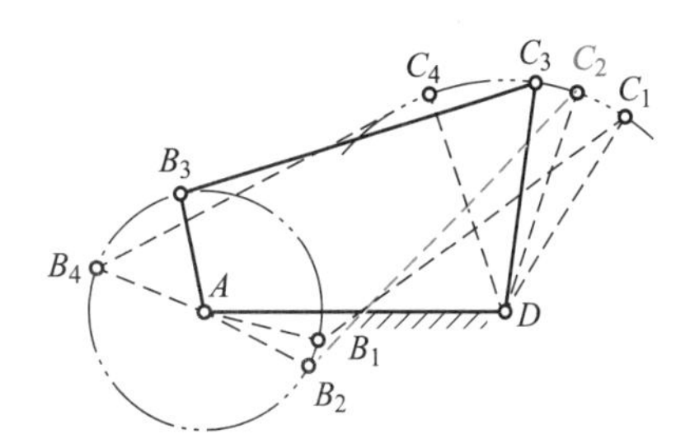

图 8-35　四杆机构的错序不连续

在设计四杆机构时,必须检查所设计的机构是否满足运动连续性要求,即检查其是否有错位、错序问题,并考虑能否补救,若不能则必须考虑其他方案。

5. 演化形式四杆机构的特性分析

前面讨论了铰链四杆机构的基本特性及其分析方法,而当对含移动副等演化形式四杆机构的基本特性分析时,只要将其移动副视为转动中心位于垂直于导路无穷远处的转动副,便可将上述结论及方法直接应用于这类四杆机构的基本特性分析了。下面举例分析加以说明。

例 8-1　在图 8-36a 所示的偏置曲柄滑块机构中,设曲柄 AB 的长度为 r,连杆 BC 的长度为 l,滑块 C 的行程为 H,偏距为 e。现需求:

1) 确定杆 AB 为曲柄的条件;

2) 分析此机构是否存在急回运动?若有,其行程速度变化系数为多少?

3) 若以杆 AB 为主动件,试确定该机构的最小传动角及其位置;

4) 试问该机构在何种情况下有死点位置?

5) 若机构为对心曲柄滑块机构,上述情况又如何?

解: 根据机构的演化原理。滑块与导路组成的移动副可以视为转动中心在其导路垂线方向的无穷远处的转动副,即为转动副 D^∞,故此曲柄滑块机构 ABC 可视为铰链四杆机构 $ABCD^\infty$,于是,由铰链四杆机构的特性可推知此偏置曲柄滑块机构的特性。

1) 由铰链四杆机构的杆长条件知

$$\overline{AB}+\overline{CD}^\infty \leqslant \overline{BC}+\overline{AD}^\infty\text{①}$$

① 此处,D^∞ 应理解为离导路非常远,但非数学上的无穷远。注意,两固定铰链之间的连线才代表机架方位,即 AD^∞。

其中$\overline{CD^{\infty}}-\overline{AD^{\infty}}=e$，故

$$r+e\leqslant l$$

当杆 AB 为最短杆时，AB 杆为曲柄。

2）用作图法先作出该机构的两个极位 AB_1C_1 及 AB_2C_2，如图所示。因其极位夹角 $\theta=\angle C_1AC_2\neq0°$，故机构有急回作用，此时其行程速度变化系数为 $K=(180°+\theta)/(180°-\theta)$。

3）当机构以曲柄 AB 为主动件时，从动件（滑块）CD^{∞} 与连杆 BC 所夹的锐角 γ 即为传动角。其最小传动角将出现在曲柄 AB 与机架AD^{∞} 共线的两位置之一。故最小传动角 $\gamma_{\min}=\gamma'=\angle B'C'D^{\infty}$ 。

4）当以曲柄 AB 为主动件时，因机构的最小传动角 $\gamma_{\min}=\gamma\neq0$，故机构无死点位置。但当以滑块为主动件时，因机构从动件曲柄 AB 与连杆 BC 存在两共线位置，故有两个死点位置，即为 AB_1C_1 及 AB_2C_2。

5）对于对心曲柄滑块机构（图 8-36b），因其 $e=0$，故 $\theta=0°$。有关它的其他性能，读者可自行分析。

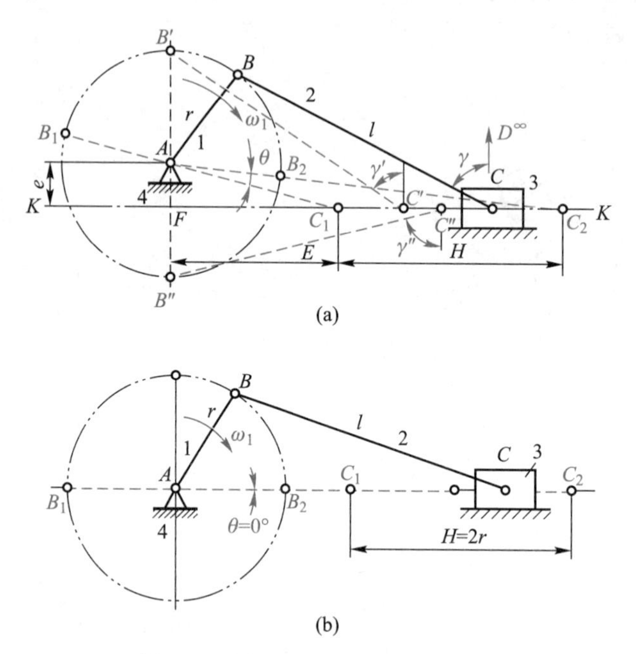

图 8-36　曲柄滑块机构的特性分析

8.4　平面四杆机构的设计

1. 连杆机构设计的基本问题

连杆机构设计的基本问题是根据给定的要求选定机构的形式，确定各构件的尺寸，同时还要满足结构条件（如要求存在曲柄、杆长比恰当等）、动力条件（如适当的传动角等）和运动连续条件等。

根据机械的用途和性能要求的不同，对连杆机构设计的要求是多种多样的，但这些设计要求可归纳为以下三类问题：

1）满足预定的连杆位置要求　即要求连杆能占据一有序系列的预定位置。故这类设计问题要求机构能引导连杆按一定方位通过预定位置，因而又称为刚体引导问题（rigid body guidance）。

2）满足预定的运动规律要求　如要求两连架杆的转角能够满足预定的对应位移关系；或要求在主动件运动规律一定的条件下，从动件能准确或近似地满足预定的运动规律要求（又称函数生成问题，function generation）。

3）满足预定的轨迹要求　即要求在机构运动过程中，连杆上的某些点的轨迹能符合预定的轨迹要求（简称为轨迹生成问题，path generation）。如图 8-14a 所示的鹤式起重机构，为避免货物作不必要的上下起伏运动，连杆上吊钩滑轮的中心点 E 应沿水平直线 EE' 移动；而如图 8-37 所示的搅拌机机构，应保证连杆上的 E 点能按预定的轨迹运动，以完成搅拌动作。

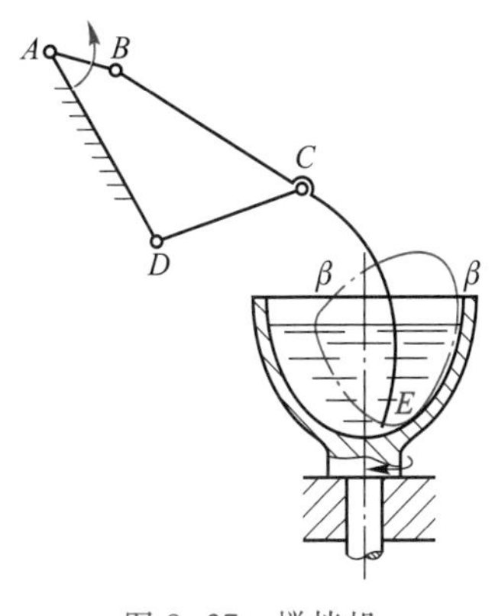

图 8-37　搅拌机

连杆机构的设计方法有作图法和解析法，现分别介绍如下。

2. 用图解法设计四杆机构

对于平面四杆机构的设计，着重研究平面铰链四杆机构的设计，而这些设计方法按机构演化的原理，可很方便在其他演化形式的四杆机构上应用。

对于铰链四杆机构来说，当其铰链中心位置确定后，各杆的长度也就确定了。用作图法进行设计，就是利用各铰链之间相对运动的几何关系，通过作图确定各铰链的位置，从而定出各杆的长度。因此，平面铰链四杆机构图解设计的实质是其各铰链位置的作图确定。

图解法的优点是直观、简单、快捷，对于要求机构满足的位置数目不多于三个时，设计也是十分方便的，其设计精度也能满足工作要求，并能为解析法精确求解和优化设计提供初始值，故具有很大的工程实用性。下面根据设计要求的不同分四种情况加以介绍。

（1）按连杆预定的位置设计四杆机构

这时又有两种不同的情况。

1）已知活动铰链中心的位置　如图 8-38 所示，设连杆上两活动铰链中心 B、C 的位置（即可分别以 B_i、C_i 表示）已经确定，要求在机构运动过程中连杆能依次占据 B_1C_1、B_2C_2、B_3C_3 三个位置。设计的任务是要确定两固定铰链中心 A、D 的位置。由于在铰链四杆机构中，活动铰链 B、C 的轨迹为圆弧，故 A、D 应分别为其圆心。因此，可分别作 $\overline{B_1B_2}$ 和 $\overline{B_2B_3}$ 的垂直平分线 b_{12}、b_{23}，其交点即为固定铰链 A 的位置；同理，可求得固定铰链 D 的位置，连接 AB_1、C_1D，即得所求四杆机构 AB_1C_1D。

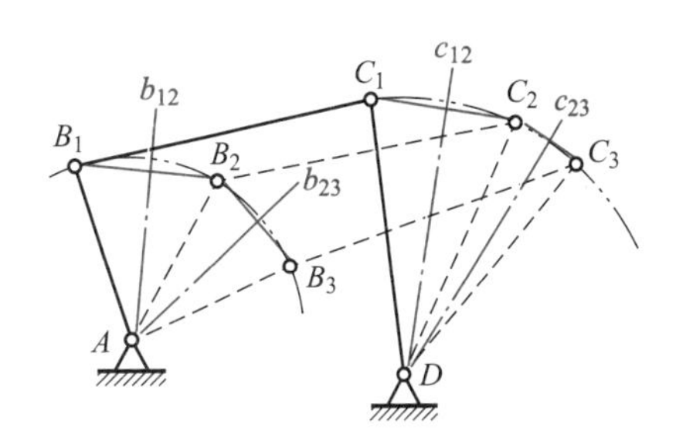

图 8-38　求固定铰链位置

2）已知固定铰链中心的位置　根据前面介绍的机构倒置的概念，若改取四杆机构的连杆为机架，则原机构（图 8-39a）中的固定铰链 A、D 将变为活动铰链，而活动铰链 B、C 将变为固定铰链（图 8-39b）。这样，就将已知固定铰链中心的位置设计四杆机构的问题转化成了前述问题。而为了求出新连杆 AD 相对于新机架 BC 运动时活动铰链 A、D 的第二个位置，可如图 8-39b 所示，将原机构的第二个位置的构型 AB_2C_2D 视为刚体进行移动，使 B_2C_2

与 B_1C_1 相重合，从而即可求得活动铰链 A、D 中心在倒置机构中的第二个位置 A'、D'。下面举例说明上述原理的应用。

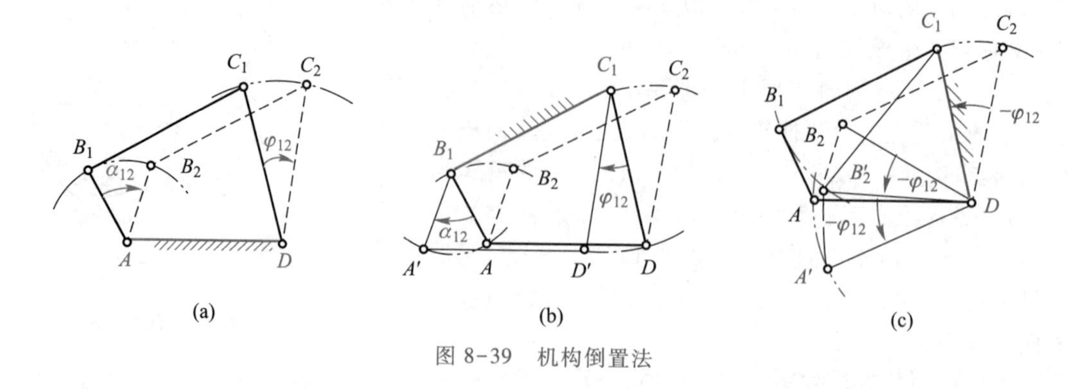

图 8-39 机构倒置法

如图 8-40 所示，设已知固定铰链中心 A、D 的位置，及机构在运动过程中其连杆上的标线① EF 分别占据的三个位置 E_1F_1、E_2F_2、E_3F_3。现要求确定两活动铰链中心 B、C 的位置。

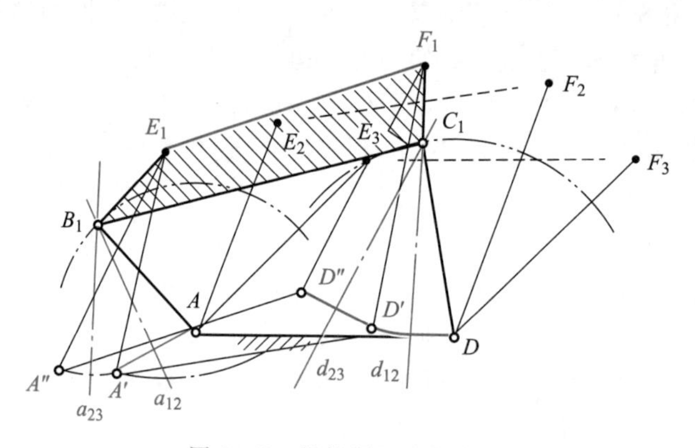

图 8-40 机构倒置法的应用

设计时，以 E_1F_1（或 E_2F_2、E_3F_3）为倒置机构中新机架的位置，将四边形 AE_2F_2D、四边形 AE_3F_3D 分别视为刚体（这是为了保持在机构倒置前后，连杆和机架在各位置时的相对位置

① 表示实际连杆 S 的位置 S_i 通常有图示这样两种方法：一是在连杆 S 上作出的标志连杆位置 S_i 的线段 E_iF_i 称为位置标线(guide line of position)，常用于图解法设计，如图 a 所示；二是在连杆 S 上选一表示连杆位置的基点 $E_i(x_{E_i},y_{E_i})$ 和方位角 γ_i，多用于解析法设计，如图 b 所示。

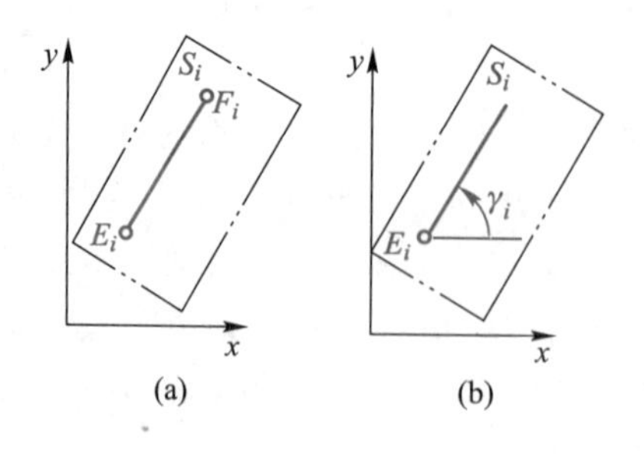

不变）进行移动，使 E_2F_2 和 E_3F_3 均与 E_1F_1 重合。即作四边形 $A'E_1F_1D' \cong$ 四边形 AE_2F_2D，四边形 $A''E_1F_1D'' \cong$ 四边形 AE_3F_3D，由此即可求得 A、D 点的第二、第三位置 A'、D' 及 A''、D''。由 A、A'、A'' 三点所确定的圆弧的圆心即为活动铰链 B 的中心位置 B_1；同样，D、D'、D'' 三点可确定活动铰链 C 的中心位置 C_1。AB_1C_1D 即为所求的四杆机构。

上面研究了给定连杆三个位置时四杆机构的设计问题。如果只给定连杆的两个位置，将有无穷多解，此时可根据其他条件来选定一个解。而若要求连杆占据四个位置，此时若在连杆平面上任选一点作为活动铰链中心（图 8-41），则因四个点位并不总在同一圆周上，因而可能导致无解。不过，根据德国学者布尔梅斯特尔（Burmester）研究的结果表明，这时总可以在连杆上找到一些点，使其对应的四个点位于同一圆周上，这样的点称为圆点。圆点就可选作为活动铰链中心。圆点所对应的圆心称为圆心点，它就是固定铰链中心所在位置，可有无穷多解。

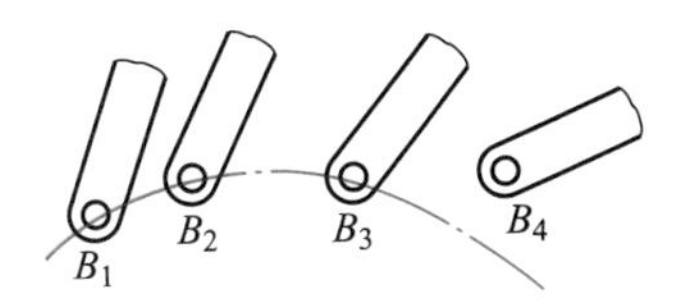

图 8-41　四点不在同一圆周上

如要连杆占据预定的五个位置，则根据布尔梅斯特尔的研究证明，可能有解，但只有两组或四组解，也可能无解（无实解）。在此情况下，即使有解也往往很难令人满意，故一般不按五个预定位置设计。

例 8-2　现欲设计一车库门启闭四杆机构。如图 8-42 所示，要求车库门在关闭时为位置 N_1，在开启后为位置 N_2（S 为库门的重心位置）；库门在启闭过程中不得与车库顶部或库内汽车相碰，并尽量节省启闭所占的空间。

解： 此设计可将车库门视作连杆，而库房为机架，按给定连杆的两个位置进行设计。有如下两种设计方案。

1）在车库门上先选定两活动铰链 B、C 的位置。为使车库门能正确关闭，启闭时省力，两活动铰链中心 B、C 可选在车库门的内面重心 S 的上下两侧，如图 8-42a 所示。现已知连杆 B_1C_1 及 B_2C_2 两位置，需在库房上确定两固定铰链 A、D 的位置。为此，作 $\overline{B_1B_2}$ 和 $\overline{C_1C_2}$ 的垂直平分线 b_{12} 和 c_{12}，固定铰链 A、D 应分别在 b_{12} 及 c_{12} 上选定，如图 8-42a 所示。AB_1C_1D 即为所设计的四杆机构，实际上要采用两套相同的四杆机构（分别布置在门的两侧，以改善受力状态）。最后，还须作图检验机构的传动角以及车库门在启闭过程中与库顶和汽车是否发生干涉等。若不满足要求，则需重新选定铰链 A、D 或 B、C 的位置后再设计，直至满意为止。

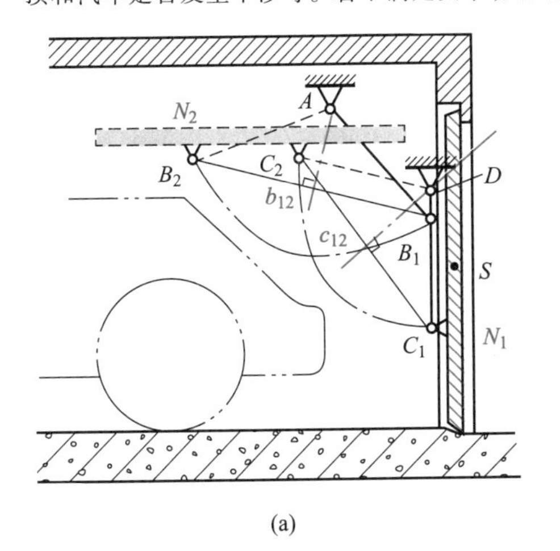

(a)

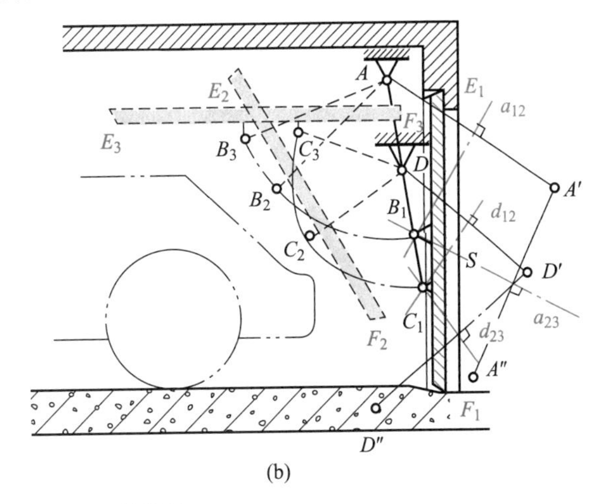

(b)

图 8-42　车库门机构设计

2）在库房上先选定两固定铰链 A、D 的位置，再在车库门上确定两活动铰链中心 B、C 的位置。为了能直接设计出较满意的四杆机构，可再给出车库门的一个中间位置，使车库门在启闭过程中不与库顶和汽车相碰，并占据较小的空间，这时按给定连杆三位置进行设计，如图 8-42b 所示。为了设计作图方便，在车库门上作一个标线 EF，即已知其三个位置 E_1F_1、E_2F_2 及 E_3F_3，并取 E_1F_1 为新机架的固定位置，然后利用已知固定铰链中心位置的设计方法可得新连杆（原机架）AD 相对于新机架 E_1F_1 的另两个位置 $A'D'$ 和 $A''D''$。由 A、A' 及 A'' 所确定的圆弧的圆心即活动铰链 B 的位置 B_1 点；同理，由 D、D' 及 D'' 可确定活动铰链 C 的位置 C_1 点。AB_1C_1D 即为所设计的四杆机构。

学习探究：

案例 8-1 纱窗开闭铰链四杆机构的设计

如图 8-43a 所示为一高层住宅楼玻璃-窗纱内外双层窗，其关闭位置Ⅰ及打开位置Ⅱ的设计要求如图所示。为了防风、安全和清洁方便，现要求玻璃窗和纱窗均由各自的关闭位置Ⅰ先后向室内可打开 100°到相应的位置Ⅱ，其中玻璃窗的开闭用固定铰链 F 方案便可实现（图 8-43a），而纱窗的打开则需作平面运动，以避免与玻璃窗打开位置发生干涉。故需将活动纱窗及其固定窗框分别视为连杆 2 和机架 4′，欲用一铰链四杆机构来实现其操控，并满足其专用器件化的结构要求（即需用如图 8-43a 所示连接板件 2、4，分别与纱窗和窗框用销 a 定位，用螺钉固定连接，并要求在纱窗关闭位置时其所有器件须限制在连接板件 4 的尺寸范围之内以避免影响玻璃窗关闭，故各铰链中心位置须限定在 $\alpha\alpha$ 和 $\beta\beta$ 两线上选定）。试用图解法设计该铰链四杆机构 $ABCD$，并给出其他演化形式四杆机构的可能设计方案。

解： 根据上述机构及安装设计要求，在纱窗关闭位置Ⅰ的 $\beta\beta$ 线上，先选定连杆 2 上一活动铰链 B 的位置 B_1 及其标线 BE 的位置 B_1E_1 和连接板件 4（即机架）上一固定铰链 D 的位置，如图 8-43a 所示。由此可知纱窗连杆 2 关闭及打开时的两预定位置 B_1E_1、B_2E_2 和固定铰链 D 的位置，故此铰链四杆机构设计就转化为作图求解另一固定铰链 A 和活动铰链 C 的位置，其具体图解设计如下。

如图 8-43a 所示，先确定固定铰链 A 的位置，作活动铰链 B 的位置 B_1、B_2 连线的中垂线 b_{12}，与位置线 $\alpha\alpha$ 的交点即为固定铰链 A 的位置；再确定活动铰链 C 的位置，需采用机构倒置法，即以 B_1E_1 为新机架，作 $\triangle B_1E_1D' \backsim \triangle B_2E_2D$，可得点 D' 位置，然后再作 D 和 D' 连线的中垂线 d_{12}，与位置线 $\beta\beta$ 的交点便为所求活动铰链 C 的位置 C_1，即得所设计的铰链四杆机构 AB_1C_1D。不难用作图法检验，该机构不仅能实现关闭和打开两位置 AB_1C_1D 和 AB_2C_2D 的要求，而且各铰链位置也均满足结构和安装尺寸的限制要求。否则，需重新选择活动铰链 B 或固定铰链 D 的位置进行再设计，直至满足要求为止。之后根据其结构及安装要求，完成其器件化构件 2 及 3 的结构设计（构件 3 上的孔 O_2 为固定连接板件 4 所需的安装孔）。

根据运动副演化原理，若将铰链四杆机构 $ABCD$ 中的杆 AB（即摇杆 1）设计成为滑块 1（图 8-43b），以 B_1B_2 连线为导路，此移动副 B 可视为位于导路 B_1B_2 垂直平分线上无穷远处的转动副 A^{∞}（即 $A^{\infty}\to\infty$），则由此可设计出一个摇杆滑块机构 DC_2B_2（即等效于铰链四杆机构 $DC_2B_2A^{\infty}$）。同理，若将杆 CD（即摇杆 3）设计成滑块 3（图 8-43c），则以 C_1C_2 连线为导路，此移动副 C 也相当于转动副 D^{∞}（即 $D^{\infty}\to\infty$），则可设计得另一个摇杆滑块机构 AB_2C_2（即等效于铰链四杆机构 $DC_2B_2A^{\infty}$）。若再将杆 AB（摇杆 1）和杆 CD（摇杆 3）同时设计成滑块 1 及 3（图 8-43d），分别以 B_1B_2 连线和 C_1C_2 连线为导路，则可设计得一个双滑块机构 C_2B_2（即等效于铰链四杆机构 $A^{\infty}B_2C_2D^{\infty}$）。

此外，如上述移动副 B 及其导路 B_1B_2 或移动副 C 及其导路 C_1C_2 实际应用上又都可采用结构简单和效率较高的滚子销槽副的结构形式（图 8-43e），故由此又可设计为一个双滚子销槽式四杆机构 C_2B_2，（图 8-43b、c 也均可设计成单滚子销槽副四杆机构），显然此机构结构十分简单，只要在活动纱窗安装两个滚子和固定窗框上开两导槽即可（由于此机构两导槽交叉易误导滚子的运动方向，需要采用梭形等有导向功能的滚子销）。

由此可见，就实现纱窗的开、闭位置及其运动要求而言，该设计将有多种四杆机构的设计方案。对此，可利用硬纸板和图钉等材料制作模型来逐个设计方案加以演示验证，同学们不妨试一试。

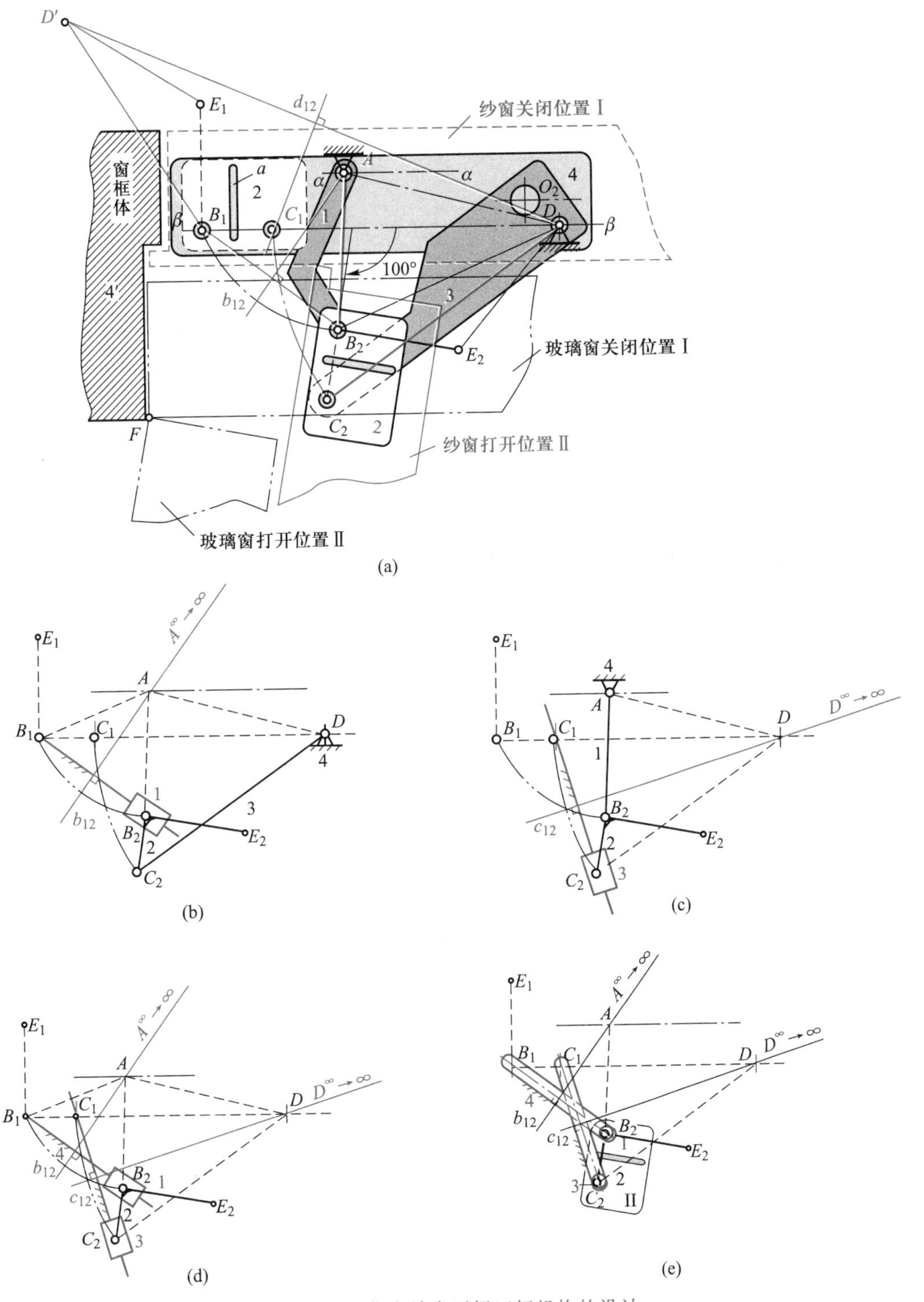

图 8-43　住宅纱窗开闭四杆机构的设计

(2) 按两连架杆预定的对应角位移设计四杆机构

1) 按两对对应角位移设计　如图 8-44a 所示,设已知四杆机构机架长度为 d,要求主动件和从动件顺时针依次相应转过对应角度 α_{12}、φ_{12},α_{13}、φ_{13}。试设计此四杆机构。

在解决这类问题时可用机构倒置的方法。如图 8-39c 所示,若改取连架杆 CD 为机架,则连架杆 AB 变为连杆,而为了求出倒置机构中活动铰链 A、B 的位置,可将原机构第二位置的构型 AB_2C_2D 视为刚体,绕点 D 转 $-\varphi_{12}$ 使 C_2D 与 C_1D 重合而求得。所以,这种方法又称为反转法或反转机构法。

根据上述理论,如图 8-44b 所示,先根据给定的机架长度 d 定出铰链 A、D 的位置,再适当选取主动件 AB 的长度,并任取其第一位置 AB_1,然后再根据其转角 α_{12}、α_{13} 定出其第二、第三位置 AB_2、AB_3。为了求得活动铰链 C 的位置,连接 B_2D、B_3D,并根据反转法原理,将其分别绕 D 点转 $-\varphi_{12}$ 及 $-\varphi_{13}$,从而得到点 B'_2、B'_3。则 B_1、B'_2、B'_3 三点确定的圆弧的圆心即为所求的铰链 C 的位置 C_1。而 AB_1C_1D 即为所求的四杆机构。由于 AB 杆的长度和初始位置可以任选,故有无穷多解。

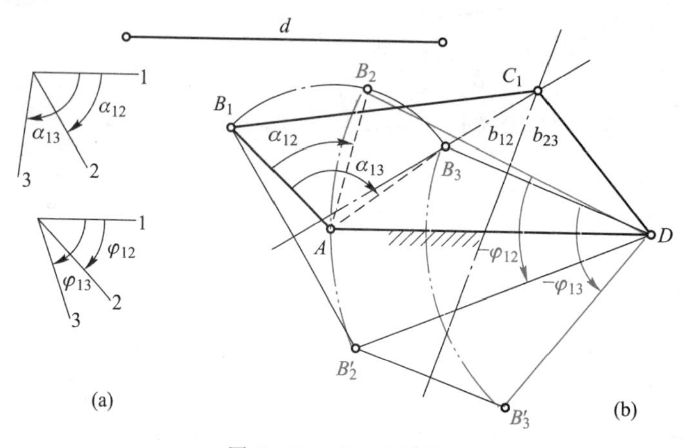

图 8-44　反转法设计

2) 按三对对应角位移设计　当已知两连架杆三对对应角位移时,采用上述反转法可能因铰链 B 的四个点位 B_1、B'_2、B'_3、B'_4 不在同一圆周上而无解。但利用下面介绍的方法——点位归并(缩减)法(method of point position reduction)可使此问题获得解决。

如图 8-45a 所示为已知条件,设计时当选定固定铰链中心 A、D 之后,分别以 A、D 为顶点(图 8-45b),按逆时针方向分别作 $\angle xAB_4=(\alpha_{14}-\alpha_{13})/2$ 和 $\angle xDB_4=(\varphi_{14}-\varphi_{13})/2$,$AB_4$ 与 DB_4 的交点为 B_4。再以 AB_4 为主动件的长度,根据设计条件定出 AB 的其他三个位置 AB_1、AB_2、AB_3。参照上述反转法作图,求得点位 B'_2、B'_3、B'_4。不难证明,B'_3 点 B'_4 点将重合,亦即将 B_1、B'_2、B'_3、B'_4 四个点位缩减为 B_1、B'_2、$B'_3(B'_4)$ 三个点位,其所确定的圆弧的圆心即为待求的活动铰链 C_1 的位置,AB_1C_1D 即为所求的四杆机构。

3) 按多对对应角位移设计　当给定的两连架杆对应的角位移多于三对时,运用上述图解法已无法求解。这时可借助于样板,利用图解法与试凑法结合起来进行设计。下面举例加以说明:

现要求设计一四杆机构,其主动件的角位移 α_i(顺时针方向)和从动件的角位移 φ_i(逆时针方向)的对应关系如表 8-1 所示。

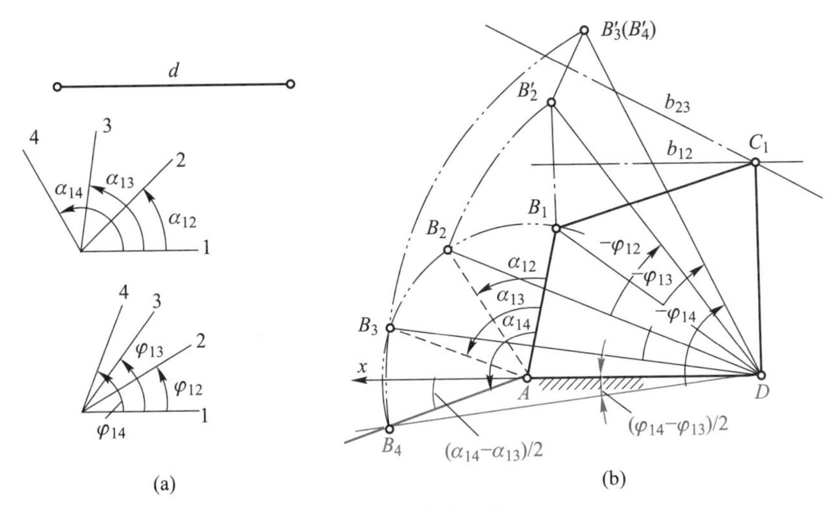

图 8-45　点位归并法

表 8-1　α_i 与 φ_i 对应关系

位置	1→2	2→3	3→4	4→5	5→6	6→7
α_i	15°	15°	15°	15°	15°	15°
φ_i	10.8°	12.5°	14.2°	15.8°	17.5°	19.2°

设计时,可先在一张纸上取一点为固定铰链 A,并选取适当长度$\overline{AB}$,按角位移 α_i 作出主动件 AB 的一系列位置 AB_1、AB_2、…、AB_7(图 8-46a);再选择一适当的连杆长度$\overline{BC}$为半径,分别以点 B_1、B_2、…、B_7 为圆心画弧 k_1、k_2、…、k_7。

然后在一透明纸上选一点作为固定铰链 D,并按已知的角位移 φ_i 作出一系列相应的从动件位置线 DD_1、DD_2、…,再以点 D 为圆心,以不同长度为半径作一系列同心圆,即得透明纸样板,如图 8-46b 所示。

把透明纸样板覆盖在第一张纸上,并移动样板,力求找到从动件位置线 DD_1、DD_2、…与相应的圆弧线 k_1、k_2、…的交点,该交点应位于(或近似位于)以 D 为圆心的某一个同心圆上(图 8-46c)。此时把样板固定下来,其上 D 点即为所求固定铰链 D 所在的位置,$\overline{AD}$为机架长,$\overline{DC}$为从动件的长度。四杆机构各杆的长度已完全确定。

但必须指出,上述各交点一般只能近似地落在某一同心圆周上,因而会产生误差,若此误差较大,不能满足设计要求时,则应重新选择主动件 AB 和连杆 BC 的长度,重复以上设计步骤,直至满足要求为止。

*(3) 按预定的轨迹设计四杆机构

1) 按预定轨迹上的五个点位设计　当用作图法按预定的轨迹设计四杆机构时,一般只能按给定轨迹上的一些选定点 M_i 来进行设计,即所设计的四杆机构的某一连杆曲线将通过这些点位。在设计中要用到点位归并和反转法原理。具体设计作图方法举例说明如下。

如图 8-47a 所示,设要求实现的轨迹为 k_M,现在其上选取 5 个点 M_1、M_2、M_3、M_4 及 M_5,试设计此四杆机构。

设计时,为了能进行点位归并,先在 5 个点 M_i 中取两对点(如 M_1 与 M_5 和 M_2 与 M_4)分别作其连线的

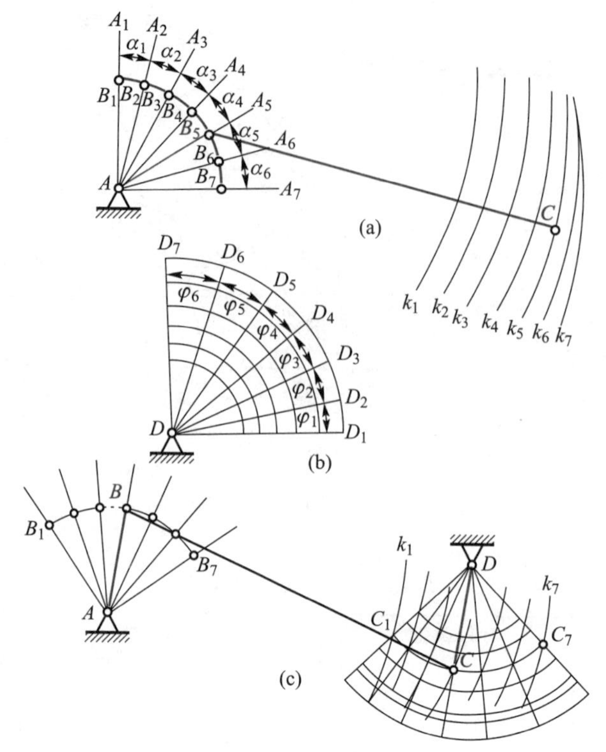

图 8-46　样板作图法

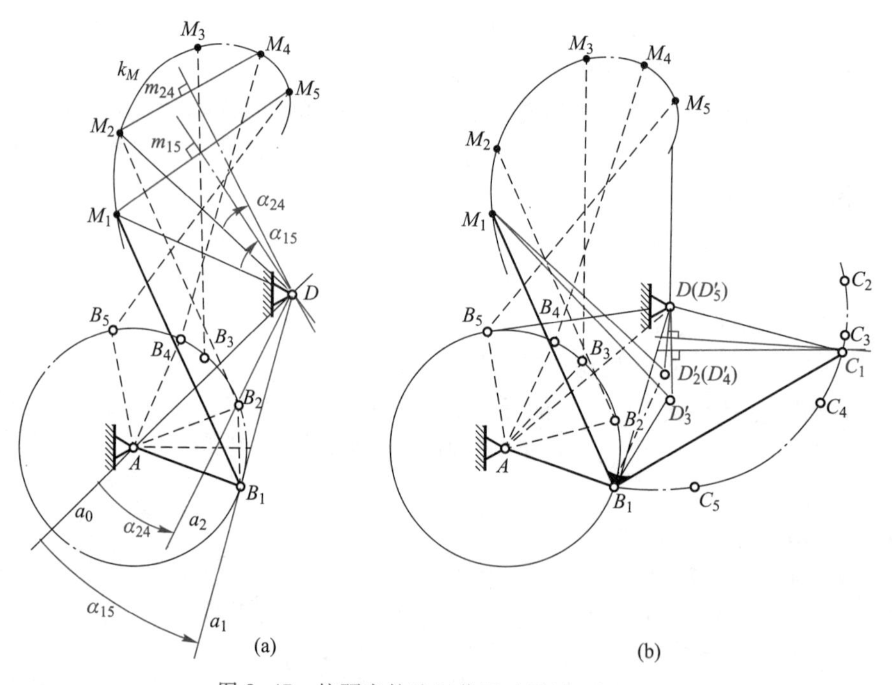

图 8-47　按预定轨迹以作图法设计四杆机构

垂直平分线 m_{15}、m_{24}，并取两线的交点作为固定铰链 D。为了确定另一固定铰链 A，过点 D 作任一射线 a_0，并作方向角 $\alpha_{15}=\frac{1}{2}\angle M_1DM_5$ 和 $\alpha_{24}=\frac{1}{2}\angle M_2DM_4$，得射线 a_1、a_2；再在射线 a_1 上选取活动铰链 B_1，B_1M_1 为连杆上的一个标线；根据 M_2 点及 $\overline{BM}$ 长可在射线 a_2 上找出对应的 B_2 点，作 $\overline{B_1B_2}$ 的垂直平分线，其与射线 a_0 的交点即为固定铰链 A。再根据 M_3、M_4、M_5 点，可在 B 点圆上定出 B_3、B_4、B_5 点的位置（不难证明，B_5 与 B_1 和 B_4 与 B_2 对 AD 线是对称的），这时仅活动铰链 C_1 的位置未知，可用反转法求得。如图 8-47b 所示，求得原固定铰链中心 D 的另外四个对应位置 D_2'、D_3'、D_4'、D_5'，其中 D_2' 与 D_4'、D_5' 与 D 重合，由点 $D(D_5')$、$D_2'(D_4')$、D_3' 所确定的圆弧的圆心即为待求的活动铰链 C_1。而 AB_1C_1D 即为所求的四杆机构。

由于射线 a_0 的位置及 B_1 点在 a_1 上的位置可任选，故有无穷多解。因此，可通过调整这两个因素来改进设计。另外，按轨迹点位设计四杆机构时，常会出现运动错序现象，设计时必须加以检查。

2）按预定轨迹上的多个点位设计　当选定的点位多于五个时，这时可借助于实验方法进行图解设计。现介绍如下：

如图 8-48 所示，设已知主动件 AB 的长度及其回转中心 A 和连杆上描点 M 的位置。现要求设计一四杆机构，使连杆上的 M 点能沿着预定的轨迹 k_M 运动。

现该四杆机构中仅活动铰链 C 和固定铰链 D 的位置未知。为解决此设计问题，可在连杆上取若干点 C、C'、C''、…，再让连杆上的描点 M 沿着给定的轨迹运动，活动铰链 B 在其轨迹圆上运动，此时连杆上各 C 点将描出各自的连杆曲线（如图所示）。在这些曲线中，找出圆弧或近似圆弧（或近似直线），描绘该曲线的点 C 即可作为活动铰链点 C，而此曲线的曲率中心即为固定铰链 D，四杆机构设计完成。

3）按预定的轨迹形状设计　按轨迹设计四杆机构的一种简便有效的方法是利用连杆曲线图谱。如前所述，在四杆机构中连杆曲线的形状取决于各杆的相对长度和描点在连杆上的位置。为了分析和设计上的方便，已有学者将连杆曲线汇编整理成册，做成连杆曲线图谱，图 8-49 所示即为《四杆机构分析图谱》中的一张。

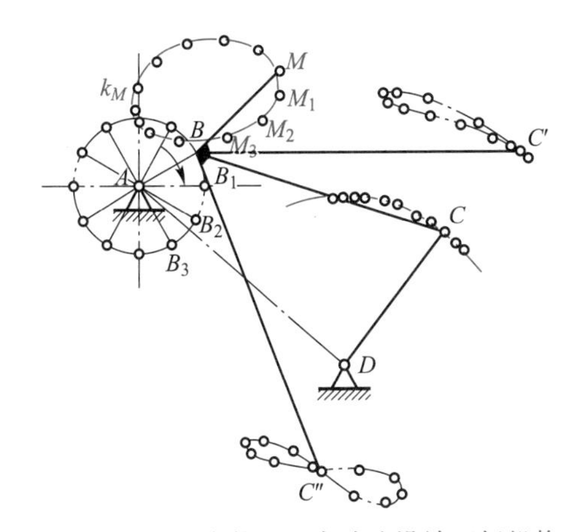

图 8-48　按预定轨迹以实验法设计四杆机构

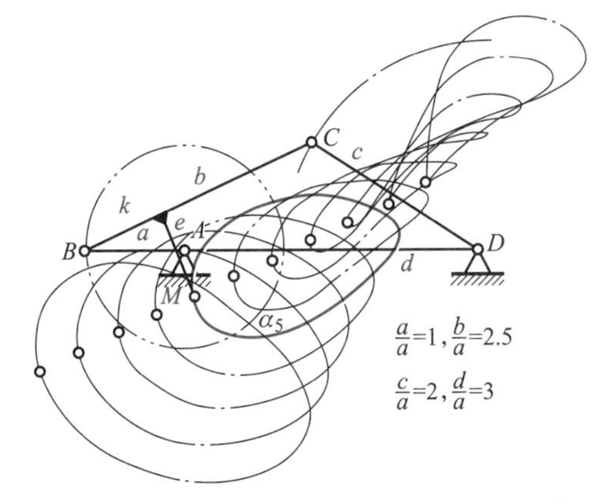

图 8-49　按预定轨迹以图谱法设计四杆机构

根据预定的轨迹设计四杆机构时，可以从图谱中查找与要求实现的轨迹相似的连杆曲线。设图 8-49 中的连杆曲线 α_5 与所要求实现的轨迹相似，则描绘该连杆曲线的四杆机构各杆的相对长度可从图中右下角查得，而描点 M 在连杆上的位置 (k,e) 也可从图中量得。最后，用缩放尺求出图谱中的连杆曲线与所要求的轨迹之间大小相差的倍数，就可求得机构的各尺寸参数。

（4）按给定的急回要求设计四杆机构

根据急回运动要求设计四杆机构，主要利用机构在极位时的几何关系。下面以曲柄摇杆机构为例来介绍其设计方法。

设已知摇杆的长度$\overline{CD}$、摆角 φ 及行程速度变化系数 K，试设计此曲柄摇杆机构。

设计时，先利用式 $\theta=180°(K-1)/(K+1)$ 算出极位夹角 θ，并根据摇杆长度$\overline{CD}$及摆角 φ 作出摇杆的两极位 C_1D 及 C_2D，如图 8-50 所示。下面来求固定铰链 A。为此，分别作 $C_2M\perp C_1C_2$ 和 $\angle C_2C_1N=90°-\theta$，$C_2M$ 与 C_1N 交于 P；再作$\triangle PC_1C_2$ 的外接圆，则圆弧$\widehat{C_1PC_2}$上任一点 A 都满足$\angle C_1AC_2=\theta$，所以固定铰链 A 应选在此弧段上。

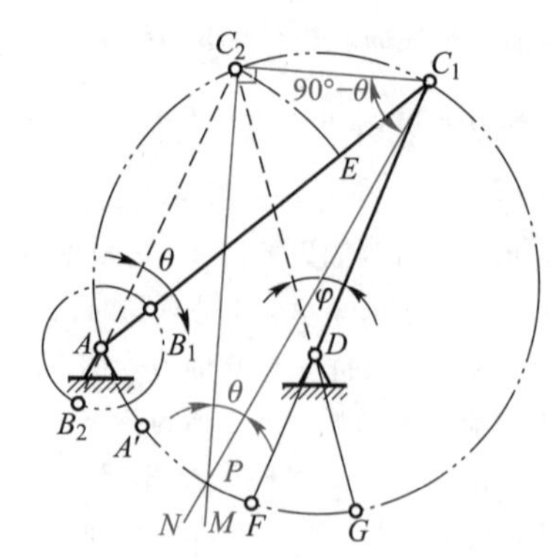

图 8-50 按急回要求以作图法设计四杆机构

而铰链 A 具体位置的确定尚需给出其他的附加条件。如给定机架长度 d(或曲柄长度 a 或连杆长度 b 或杆长比 b/a 或机构的最小传动角 γ_{min}要求等)，这时 A 点的位置已确定，曲柄和连杆的长度 a 及 b 也随之确定。因$\overline{AC_1}=b+a$，$\overline{AC_2}=b-a$，故 $a=(\overline{AC_1}-\overline{AC_2})/2$，$b=(\overline{AC_1}+\overline{AC_2})/2$。

设计时，应注意铰链 A 不能选在劣弧段$\widehat{FG}$上，否则机构将不满足运动连续性要求。因为这时机构的两极位 DC_1、DC_2 将分别在两个不连通的可行域内。若铰链 A 选在$\widehat{C_1G}$、$\widehat{C_2F}$两弧段上，则当 A 向 $G(F)$靠近时，机构的最小传动角将随之减小趋向于零，故铰链 A 适当远离 $G(F)$点较为有利。

3. 用解析法设计四杆机构

在用解析法设计四杆机构时，首先需建立包含机构各尺度参数和运动变量在内的解析式，然后根据已知的运动变量求机构的尺度参数。解析法的特点是可借助于计算器或计算机求解，计算精度高，适应于对三个或三个以上位置设计的求解，尤其是对机构进行优化设计和精度分析十分有利。现按三种不同的设计要求分别讨论如下。

(1) 按预定的连杆位置设计四杆机构

由于连杆作平面运动，可以用在连杆上任选一个基点 M 的坐标(x_M，y_M)和连杆的方位角 θ_2 来表示连杆位置(图 8-51a)。因而，按预定的连杆位置设计可表示为按连杆上的 M 点能占据一系列预定的位置 $M_i(x_{M_i},y_{M_i})$及连杆具有相应转角 θ_{2i}的设计。

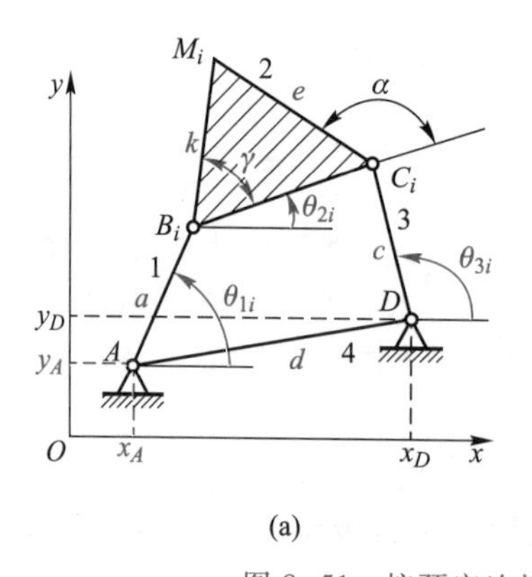

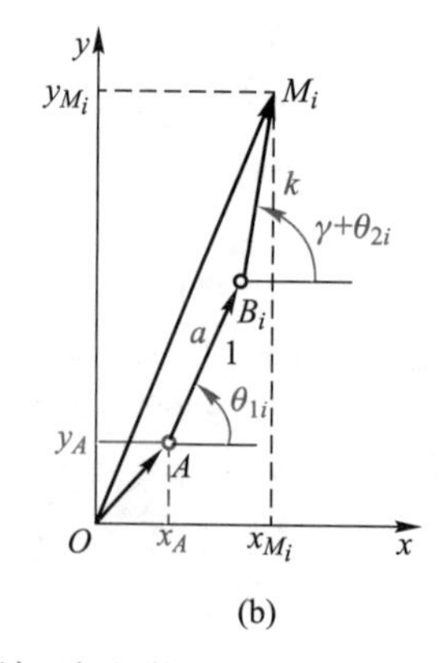

图 8-51 按预定连杆位置设计四杆机构

如图所示建立坐标系 Oxy，将四杆机构分为左、右侧两个双杆组来加以讨论。建立左侧双杆组的矢量封闭图（图 8-51b），可得

$$\overrightarrow{OA}+\overrightarrow{AB_i}+\overrightarrow{B_iM_i}-\overrightarrow{OM_i}=0$$

其在 x、y 轴上投影，得

$$\begin{aligned} &x_A+a\cos\theta_{1i}+k\cos(\gamma+\theta_{2i})-x_{M_i}=0 \\ &y_A+a\sin\theta_{1i}+k\sin(\gamma+\theta_{2i})-y_{M_i}=0 \end{aligned} \tag{8-8a}$$

将式（8-8a）中的 θ_{1i} 消去，并经整理可得

$$\begin{aligned} &(x_{M_i}-x_A)^2+(y_{M_i}-y_A)^2+k^2-a^2-2[(x_{M_i}-x_A)k\cos\gamma+(y_{M_i}-y_A)k\sin\gamma]\cos\theta_{2i} \\ &\quad+2[(x_{M_i}-x_A)k\sin\gamma-(y_{M_i}-y_A)k\cos\gamma]\sin\theta_{2i}=0 \end{aligned} \tag{8-8b}$$

同理，由其右侧双杆组可得

$$\begin{aligned} &(x_{M_i}-x_D)^2+(y_{M_i}-y_D)^2+e^2-c^2-2[(y_{M_i}-y_D)e\sin\alpha-(x_{M_i}-x_D)e\cos\alpha]\cos\theta_{2i} \\ &\quad+2[(x_{M_i}-x_D)e\sin\alpha+(y_{M_i}-y_D)e\cos\alpha]\sin\theta_{2i}=0 \end{aligned} \tag{8-8c}$$

式（8-8b）和式（8-8c）为非线性方程，各含有 5 个待定参数，分别为 x_A、y_A、a、k、γ 和 x_D、y_D、c、e、α，故最多也只能按 5 个连杆预定位置精确求解。当预定位置 $N<5$ 时，可预选 $N_0=5-N$ 个参数。当 $N=3$，并预选 x_A、y_A 后，式（8-8b）可转化为线性方程

$$X_0+A_{1i}X_1+A_{2i}X_2+A_{3i}=0 \tag{8-8d}$$

式中，$X_0=k^2-a^2$，$X_1=k\cos\gamma$，$X_2=k\sin\gamma$ 为新变量；$A_{1i}=2[(x_A-x_{M_i})\cos\theta_{2i}+(y_A-y_{M_i})\cdot\sin\theta_{2i}]$，$A_{2i}=2[(y_A-y_{M_i})\cos\theta_{2i}+(x_A-x_{M_i})\sin\theta_{2i}]$，$A_{3i}=(x_{M_i}-x_A)^2+(y_{M_i}-y_A)^2$ 为已知系数。

由式（8-8d）解得 X_0、X_1、X_2 后，即可求得待定参数

$$k=\sqrt{X_1^2+X_2^2},\ a=\sqrt{k^2-2X_0},\ \tan\gamma=X_2/X_1 \tag{8-8e}$$

γ 所在象限要由 X_1、X_2 的正负号来判断。B 点的坐标为

$$\left.\begin{aligned} x_{B_i}&=x_{M_i}-k\cos(\gamma+\theta_{2i}) \\ y_{B_i}&=y_{M_i}-k\sin(\gamma+\theta_{2i}) \end{aligned}\right\} \tag{8-8f}$$

同理，当预选 x_D、y_D 后，由式（8-8c）可求得 e、c、α 及 x_{C_i}、y_{C_i}。而四杆机构的连杆长 b 和机架长 d 为

$$\left.\begin{aligned} b&=\sqrt{(x_{B_i}-x_{C_i})^2+(y_{B_i}-y_{C_i})^2} \\ d&=\sqrt{(x_A-x_D)^2+(y_A-y_D)^2} \end{aligned}\right\} \tag{8-8g}$$

*（2）按预定的运动轨迹设计四杆机构

用解析法按预定的运动轨迹设计四杆机构，其设计任务就是要建立机构的各尺度参数与连杆上的描点 M 的坐标（x_M，y_M）之间的关系式，再根据给定轨迹上各选定点 M_i 的坐标（x_{M_i}，y_{M_i}）求解机构的各尺度参数。与前面（1）所述的设计问题比较，不难知道两者的设计模型（图 8-51）和设计方程相类似，前者的基点 M 就是后者连杆上的描点 M。所不同的是连杆的转角 θ_{2i} 对后者为未知量，故这里必须将式（8-8b）和式（8-8c）联立求解，另外由图 8-55 可知 $k\sin\gamma=e\sin(180°-\alpha)$，故联立式中有 x_A、y_A、x_D、y_D、a、c、e、k、γ 九个独立的待定参数，所以最多可按九个预定点位进行精确设计。

因式（8-8b）、式（8-8c）为二阶非线性方程组，其求解较困难，需用数值解法。且随给定点位的增加，方程个数成倍增加，求解越加困难，而且还往往没有实解，或即使有解，也可能因杆长比、传动角等指标不能满足要求而无实用价值。所以，一般常按 4~6 个精确点设计，这时有 $N_0=9-N$ 个参数可预选，因而有无限多个解，有利于机构的多目标优化设计，从而达到综合优化的目的。当需要获得多精确点的轨迹时，最

好采用多杆机构或后面将要讲到的组合机构。

（3）按预定的连架杆运动规律设计四杆机构

1）按预定的两连架杆对应位置设计 如图 8-52 所示，设要求从动件 3 与主动件 1 的转角之间满足一系列的对应位置关系，即 $\theta_{3i}=f(\theta_{1i})$，$i=1,2,\cdots,n$，试设计此四杆机构。

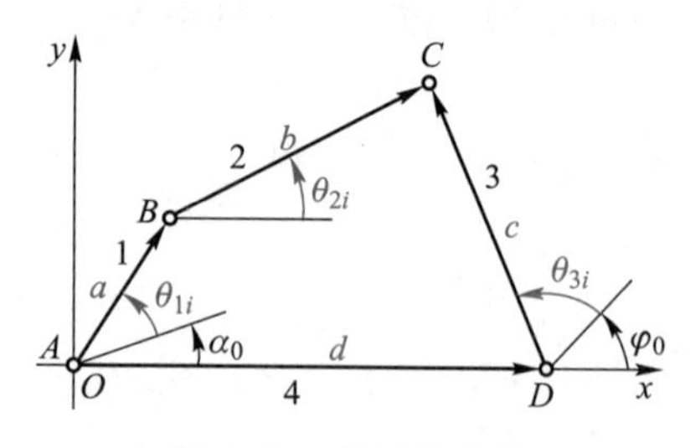

图 8-52 按两连架杆对应位置设计四杆机构

在图示机构中，运动变量为机构的转角 θ_i，由设计要求知 θ_1、θ_3 为已知条件，仅 θ_2 为未知。又因机构按比例放大或缩小，不会改变各构件的相对转角关系，故设计变量应为各构件的相对长度，如取 $a/a=1$，$b/a=l$，$c/a=m$，$d/a=n$。故设计变量为 l、m、n 以及 θ_1、θ_3 的计量起始角 α_0、φ_0 共 5 个。

如图 8-52 所示建立坐标系 Oxy，并把各杆矢量向坐标轴投影，可得

$$\left.\begin{aligned}l\cos\theta_{2i}&=n+m\cos(\theta_{3i}+\varphi_0)-\cos(\theta_{1i}+\alpha_0)\\l\sin\theta_{2i}&=m\sin(\theta_{3i}+\varphi_0)-\sin(\theta_{1i}+\alpha_0)\end{aligned}\right\}\tag{8-9a}$$

为消去未知角 θ_{2i}，将式(8-9a)两端各自平方后相加，经整理可得

$$\cos(\theta_{1i}+\alpha_0)=m\cos(\theta_{3i}+\varphi_0)-(m/n)\cos(\theta_{3i}+\varphi_0-\theta_{1i}-\alpha_0)+(m^2+n^2+1-l^2)/(2n)$$

令 $P_0=m$，$P_1=-m/n$，$P_2=(m^2+n^2+1-l^2)/(2n)$，则上式可简化为

$$\cos(\theta_{1i}+\alpha_0)=P_0\cos(\theta_{3i}+\varphi_0)+P_1\cos(\theta_{3i}+\varphi_0-\theta_{1i}-\alpha_0)+P_2\tag{8-9b}$$

式(8-9b)中包含 5 个待定参数 P_0、P_1、P_2、α_0 及 φ_0，故四杆机构最多可按两连架杆的 5 个对应位置精确求解。

当两连架杆的对应位置数 $N>5$ 时，一般不能求得精确解，此时可用最小二乘法等进行近似设计。当要求的两连架杆对应位置数 $N<5$ 时，可预选 $N_0=5-N$ 个尺度参数，此时有无穷多解。

当 $N=4$ 或 5 时，因式(8-9b)为非线性方程组，可借助牛顿-拉弗森数值法或其他方法求解。

例 8-3 如图 8-53 所示为用于某操纵装置中的铰链四杆机构，要求其两连架杆满足如下三组对应位置关系：$\theta_{11}=45°$，$\theta_{31}=50°$；$\theta_{12}=90°$，$\theta_{32}=80°$；$\theta_{13}=135°$，$\theta_{33}=110°$。试设计此四杆机构。

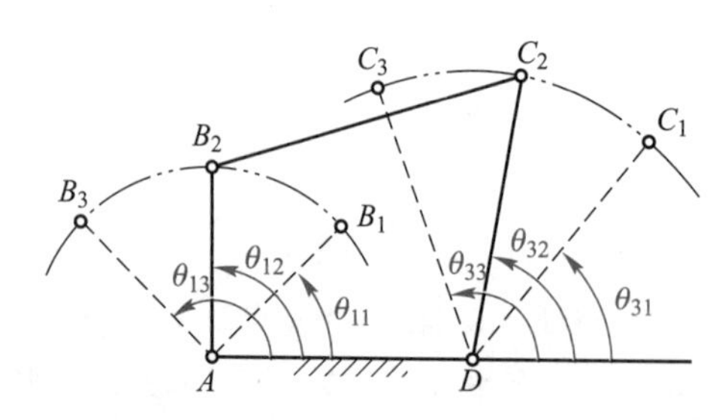

图 8-53 按连架杆三组对应位置设计四杆机构

解：因此时 $N=3$，则 $N_0=5-N=2$，即可预选两个参数。通常，预选 α_0、φ_0，如取 $\alpha_0=\varphi_0=0°$并将 θ_{1i}、θ_{3i}三组对应值分别带入式(8-9b)后，可得如下线性方程组：

$$\cos 45°=P_0\cos 50°+P_1\cos(50°-45°)+P_2$$

$$\cos 90°=P_0\cos 80°+P_1\cos(80°-90°)+P_2$$

$$\cos 135°=P_0\cos 110°+P_1\cos(110°-135°)+P_2$$

解此方程组,可得 $P_0=1.533\ 0$,$P_1=-1.062\ 8$,$P_2=0.780\ 5$。从而可求得各杆的相对长度为 $m=1.533$,$n=1.442$,$l=1.783$。再根据结构条件,选定曲柄长度后,即可求得各杆的绝对长度。最后,还需要检验所求得的机构是否有曲柄、杆长比是否合适、运动是否连续以及机构的传动角等项目。当所求得的解不满意时,可重选 α_0、φ_0 的值后再计算,直至较为满意为止。

2）按期望函数设计　如图 8-54 所示,设要求设计四杆机构两连架杆转角之间实现的函数关系为 $y=f(x)$(称为期望函数,expectative function),由于连杆机构的待定参数较少,故一般不能准确实现该期望函数。设实际实现的函数为 $y=F(x)$(称为再现函数,generating function),再现函数与期望函数一般是不一致的。设计时,应使机构的再现函数尽可能逼近所要求的期望函数。具体作法是:在给定的自变量 x 的变化区间 $x_0\sim x_m$ 内的某些点上,使再现函数与期望函数的函数值相等。从几何意义看,即使 $y=F(x)$ 与 $y=f(x)$ 两函数曲线在某些点相交。这些交点称为插值节点(interpolation knot)。显然,在节点处有

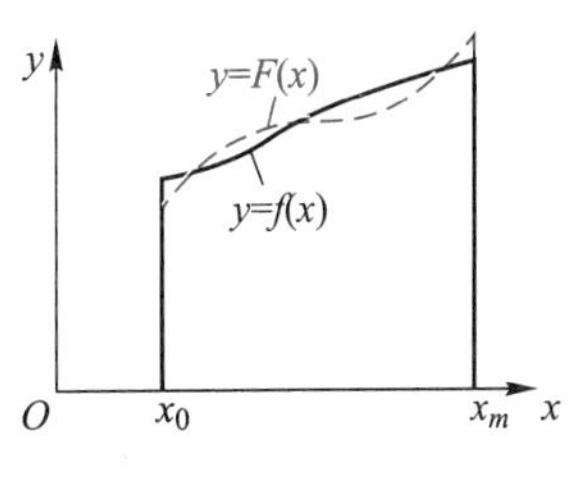

图 8-54　期望函数与再现函数

$$f(x)-F(x)=0 \tag{8-10a}$$

故在插值节点上,再现函数的函数值为已知。这样,就可按上述方法来设计四杆机构。这种设计方法称为插值逼近法(interpolating method of linkage mechanism synthesis)。

由图 8-54 可见,在节点以外的其他位置,$y=F(x)$ 与 $y=f(x)$ 是不相等的,其偏差为

$$\Delta y=f(x)-F(x) \tag{8-10b}$$

偏差的大小与节点的数目及其分布情况有关。增加插值节点的数目,有利于逼近精度的提高。但由前述可知,节点数最多可为 5 个。至于节点位置的分布,根据函数逼近理论有

$$x_i=\frac{1}{2}(x_m+x_0)-\frac{1}{2}(x_m-x_0)\cos\frac{(2i-1)\pi}{2m} \tag{8-10c}$$

式中,$i=1,2,\cdots,m$,m 为插值节点总数。

下面结合一个实例来介绍其设计的具体步骤。

例 8-4　如图 8-55 所示,设要求铰链四杆机构近似地实现期望函数 $y=\log x$,$1\leqslant x\leqslant 2$。试设计此四杆机构。

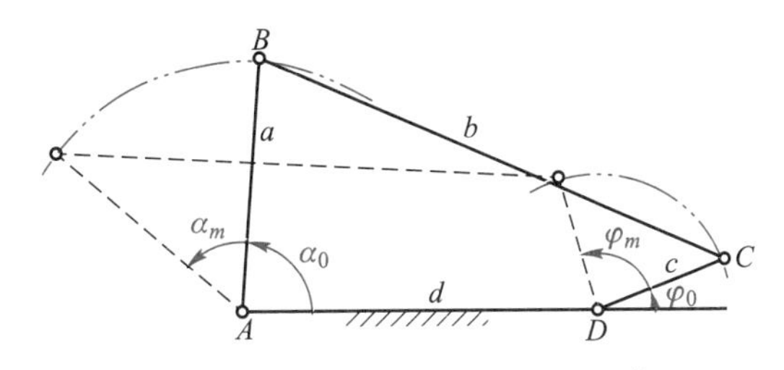

图 8-55　按期望函数设计四杆机构

解: 1）根据已知条件 $x_0=1$,$x_m=2$,可求得 $y_0=0$,$y_m=0.301$。

2）根据经验或通过试算,试取主、从动件的转角范围分别为 $\alpha_m=60°$,$\varphi_m=90°$(一般 α_m、φ_m 应小于 120°),则自变量和函数与转角之间的比例尺分别为

$$\mu_\alpha=(x_m-x_0)/\alpha_m=1/60°$$

$$\mu_\varphi=(y_m-y_0)/\varphi_m=0.301/90°$$

3）设取节点总数 $m=3$，由式(8-10c)可得各节点处的有关各值如表 8-2 所示。

表 8-2 各节点处的有关各值

i	x_i	$y_i=\log x_i$	$a_i=(x_i-x_0)/\mu_\alpha$	$\varphi_i=(y_i-y_0)/\mu_\varphi$
1	1.067	0.028 2	4.02°	8.43°
2	1.500	0.176 1	30.0°	52.65°
3	1.933	0.286 2	55.98°	85.57°

4）试取初始角 $\alpha_0=86°$、$\varphi_0=23.5°$（通过试算确定）。

5）将以上各参数代入式(8-9b)中，可得一方程组。解之可求得各杆的相对长度为

$$l=2.089, m=0.568\ 72, n=1.486\ 5$$

6）检查偏差值 $\Delta\varphi$。对于所设计的四杆机构，其再现的函数值可由式(8-9a)求得

$$\varphi=\theta_3=2\arctan[(A\pm\sqrt{A^2+B^2-C^2})/(B+C)]-\varphi_0$$

式中：$A=\sin(\alpha+\alpha_0)$；

$B=\cos(\alpha+\alpha_0)-n$；

$C=(1+m^2+n^2-l^2)/(2m)-n\cos(\alpha+\alpha_0)/m$。

按期望函数所求得的从动件转角为

$$\varphi'=[\log(x_0+\mu_\alpha\alpha)-y_0]/\mu_\varphi$$

则偏差为

$$\Delta\varphi=\varphi-\varphi'$$

若偏差过大不能满足设计要求时，则应重选计量起始角 α_0、φ_0 以及主、从动件的转角变化范围 α_m、φ_m 等，重新进行设计。

如果在设计四杆机构时，还有传动角、曲柄存在条件和其他一些结构上的要求时，最好运用优化设计方法，方可得到比较满意的结果。

3）按给定的急回运动要求设计　用解析法求解此类问题时，主要利用机构在极位时的特性（图 8-56）。而在两极位时有 $\triangle C_1AC_2$ 存在，利用余弦定理经整理有

$$(1+\cos\theta)a^2+(1-\cos\theta)b^2=g^2/2 \tag{8-11a}$$

式中：$g=\overline{C_1C_2}=2c\sin(\varphi/2)$。

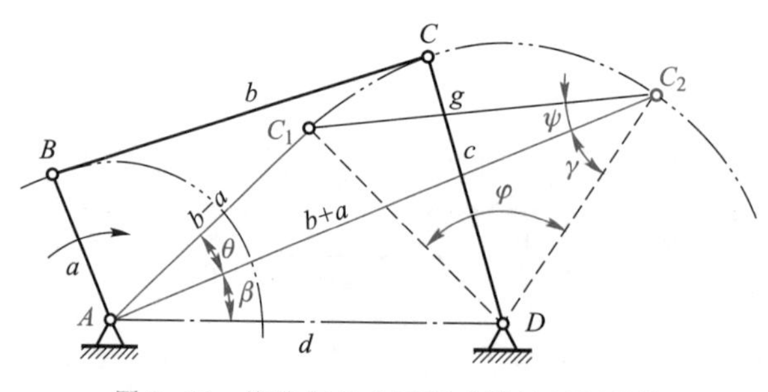

图 8-56 按给定的急回要求设计四杆机构

设已知行程速度变化系数 K（或极位夹角 θ）、摇杆长 c、摆角 φ 以及曲柄长 a（或连杆长 b），由式(8-11a)即可解得 b（或 a）。再求机架长。由

$$\cos\psi=(g^2+4ab)/[2g(b+a)] \tag{8-11b}$$

$$\gamma=90°-\psi-\varphi/2 \tag{8-11c}$$

得

$$d=\sqrt{(b+a)^2+c^2-2(b+a)c\cos\gamma} \tag{8-11d}$$

在设计受力较大的有急回运动的曲柄摇杆机构时，一般希望其最小传动角具有最大值，这时可利用图 8-22 来进行设计。设计时，设已知行程速度变化系数 K 和摇杆摆角 φ，可由图 8-22 查得可能获得的最小传动角的最大值 $\max\gamma_{\min}$ 及 β 的大小，再计算各杆的相对长度：

$$\begin{aligned}
a/d&=\sin(\varphi/2)\sin(\theta/2+\beta)/\cos(\varphi/2-\theta/2)\\
b/d&=\sin(\varphi/2)\cos(\theta/2+\beta)/\sin(\varphi/2-\theta/2)\\
(c/d)^2&=(a/d+b/d)^2+1-2(a/d+b/d)\cos\beta
\end{aligned} \tag{8-11e}$$

选定机架长度 d，即可算得各杆的绝对长度。下面举例加以说明。

例 8-5　要求设计一行程速度变化系数 $K=1.4$，摇杆摆角 $\varphi=60°$，最小传动角尽可能大的曲柄摇杆机构。

解：设取 $\alpha_1>180°$ 的曲柄摇杆机构形式，由图 8-22 可查得 $\max\gamma_{\min}\approx33°$，$\beta\approx46°$，则

$$\theta=180°(K-1)/(K+1)=30°$$

$$a/d=\sin 30°\sin(15°+46°)/\cos(30°-15°)=0.452\ 7$$

$$b/d=\sin 30°\cos(15°+46°)/\sin(30°-15°)=0.936\ 6$$

$$c/d=1$$

若取 $d=50$，则 $a=22.64$，$b=46.83$，$c=50$。设计完成。

若所获得的 $\max\gamma_{\min}$ 不够理想，则应参照图 8-22 所示的规律，改变原始设计参数 K 和（或 φ）后，再重新设计。

*4. 四杆机构的优化设计

机构优化设计是随着计算机的普及而迅速发展起来的一种现代设计方法。它采用数学规划理论，借助于计算机进行求解，在考虑诸多影响因素的机构设计中，可获得一个各方面均较令人满意的机构的优化设计方案。如前述四杆机构（图 8-51）的设计问题（无论按运动规律设计或按轨迹设计），用一般设计方法只能按少数精确点进行设计，更难以同时兼顾其他性能指标。而用优化设计方法解决工程问题时，涉及的因素愈多，问题愈复杂，愈能凸显其优越性。

机构优化设计主要包括两方面的内容：一是建立机构优化数学模型；二是数学模型的求解。由于数学模型是优化设计的关键，所以下面就着重介绍机构优化设计数学模型的建立问题。

（1）建立优化设计数学模型

现以铰链四杆机构按预定轨迹设计为例加以说明。

如图 8-57 所示，设已知连杆上描点 M 所要实现的预定轨迹点坐标为 (x_i,y_i) $(i=1,2,\cdots,n)$，试用优化法设计该四杆机构。

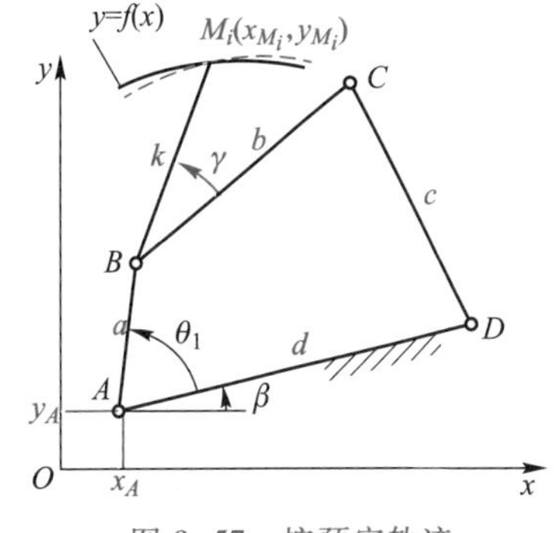

图 8-57　按预定轨迹设计四杆机构

1）确定设计变量　根据设计要求，一些参数可预先选定：如 (x_A,y_A) 和 β，并将其称为设计常量，而其余的机构尺寸参数 a、b、c、d、k、γ 为待求参数，是设计变量；常表示为 x_1、x_2、x_3、x_4、x_5、x_6，可用一个矢量 x 来表示，即 $x=[x_1,x_2,x_3,x_4,x_5,x_6]^{\mathrm T}$。

当机构优化设计有 n 个设计变量（即 n 维）时，则该设计变量可表示为

$$\boldsymbol{x}=[x_1,x_2,x_3,x_4,x_5,x_6]^{\mathrm T}\quad \boldsymbol{x}\in\boldsymbol{R}^n \tag{8-12a}$$

在优化设计中，设计变量愈多，设计愈灵活，设计精度越容易满足，但求解运算愈复杂。因此，在确定设计变量时，应根据具体设计问题和要求，适当减少设计变量的数目。

2）建立目标函数 优化设计的任务就是要按所要追求的设计目标，寻求最优的设计方案，故又称之为最优化设计。而设计目标一般表达为设计变量的函数，称为目标函数，用来评价设计方案的优劣，故又称为评价函数，一般表示为

$$f(x)=f(x_1,x_2,x_3,\cdots,x_n) \tag{8-12b}$$

设计目标的最优化一般可表示为目标函数的最小化（或最大化），如涉及设备的重量最轻、尺寸最小、成本最低、误差最小等。反之，如要求目标函数取最大值时，如要求其承载能力最大、工作寿命最长等，只要将其目标函数取为倒数，也就变成了最小化问题。

如图 8-57 所示四杆机构，按轨迹的优化设计可以其连杆上 M 点(x_{M_i},y_{M_i})与预期轨迹点坐标偏差最小为寻优目标，其偏差分别为 $\Delta x_i=x_{M_i}-x_i$ 和 $\Delta y_i=y_{M_i}-y_i(i=1,2,\cdots,n)$。根据均方根误差可建立其目标函数，即

$$f(x)=\sum[(x_{M_i}-x_i)^2+(y_{M_i}-y_i)^2]^{1/2} \tag{a}$$

式中，x_{M_i}、y_{M_i}由式(8-8b)来确定。

上述优化设计仅有一个目标函数，称为单目标优化设计。对于有多个目标函数的优化设计，当各目标函数$f_i(x)(i=1,2,\cdots,m)$确定之后，可利用线性加权法将其变为一个总目标函数再进行优化设计。该总目标函数为

$$f(x)=\sum w_i f_i(x) \tag{8-12c}$$

式中，w_i 为权因子，它反映了分目标的重要程度，其值视具体分目标的重要程度而定。当各分目标的重要程度等同时，可取 $w_i=1$。

3）确定约束条件 在机构优化设计中，设计变量（如各构件的几何尺寸）取值的限制范围以及应满足的运动性能或动力性能要求等限制条件称为约束条件。其中，设计变量变动范围的约束称为边界约束，而根据机构的某些性能要求推导出的约束关系称为性能约束。约束条件有如下两种表达形式：

① 不等式约束 设有 m 个不等式约束，一般表达式为

$$g_i(x)\leqslant 0(i=1,2,\cdots,m) \tag{8-12d}$$

如曲柄摇杆机构各构件的长度应大于零，曲柄 a 为最短杆，故设计变量的边界约束为

$$g_i(x)=-x_i<0 \tag{b}$$

曲柄长条件有

$$g_2(x)=a+d-b-c=x_1+x_4-x_2-x_3\leqslant 0 \tag{c}$$

$$g_3(x)=a+b-c-d=x_1+x_2-x_3-x_4\leqslant 0 \tag{d}$$

$$g_4(x)=a+c-b-d=x_1+x_3-x_2-x_4\leqslant 0 \tag{e}$$

由式(8-8)可得 $\gamma_{\min}\geqslant 30°$时应满足的性能约束条件为

$$g_5(x)=30°-\arccos\{[x_2^2+x_3^2-(x_4-x_1)^2]/(2x_2x_3)\}\leqslant 0° \tag{f}$$

$$g_6(x)=\arccos\{[x_2^2+x_3^2-(x_4+x_1)^2]/(2x_2x_3)\}-150°\leqslant 0° \tag{g}$$

② 等式约束 设有 p 个等式约束，其一般表达式为

$$h_j(x)=0\quad(j=1,2,\cdots,p) \tag{8-12e}$$

由于每增加一个等式约束条件，就多一个约束方程，实际上就相当于减少一个设计变量，所以等式约束的数目应少于设计变量的数目 n。而每一个不等式约束条件都是以 $g_i(x)=0$ 为分界线把设计空间分为可行域和不可行域两个部分。由此可见，有约束的优化设计实质上就是在可行域内寻求目标函数值最优的一组设计变量 x，即寻求最优的设计方案，故其解称为最优点或最优解。对于有 n 个设计变量 $x=[x_1,x_2,x_3,\cdots,x_n]^{\mathrm{T}}(x\in R^n)$的有约束优化设计，其数学模型可写成如下统一形式：

$$f(x^*)=\min f(x)$$

且满足

$$g_i(x)\leqslant 0(i=1,2,\cdots,m) \tag{8-12f}$$

$$h_j(x)=0(j=1,2,\cdots,p)$$

当 $m=p=0$ 时，则为无约束优化问题。

（2）优化方法

如上所述，优化的实质就是要求目标函数的最小值。由于机构优化设计的目标函数、约束条件都为设计变量的非线性函数，故一般需采用数值迭代的方法近似求解。

如图 8-57 所示，设已知轨迹曲线 $y=f(x)$ 上的 10 个选定点的坐标 (x_i,y_i)，分别为 (9.50,8.26)；(9.00,8.87)；(7.97,9.51)；(5.65,9.94)；(4.36,9.70)；(3.24,9.00)；(3.26,8.36)；(4.79,8.11)；(6.58,8.00)；(9.12,7.89)。如上建立目标函数(a)和六个不等约束方程(b)～(g)的非线性优化设计问题。选用惩罚函数法进行优化，可求得最优解为 $a^*=1.678$，$b^*=5.819$，$c^*=5.407$，$d^*=7.03$，$k^*=7.973$，$x_A^*=2.066$，$y_A^*=2.249$，$\gamma^*=79.016°$，$\beta^*=-70.29°$。

8.5　平面多杆机构

1. 平面多杆机构的功用

四杆机构结构简单，设计制造比较方便，但其性能有着较大的局限性。例如，对于曲柄摇杆机构，由图 8-22 可看出，当要求保证机构的最小传动角 $\gamma_{\min}\geqslant 40°$ 时，其行程速度变化系数 K 最大不超过 1.34；无急回运动要求时，摇杆摆角 φ 最大也只能达到 100°。由此可见，采用四杆机构常常难以满足各方面的要求，这时就不得不借助于多杆机构。相对于四杆机构而言，使用多杆机构可以达到以下一些目的。

1）可获得较小的运动所占空间　如汽车车库门启闭机构当采用四杆机构时（图 8-42），库门运动要占据较大的空间位置，且机构的传动性能不理想。若采用六杆机构（图 8-58），上述情况就会获得很大改善。

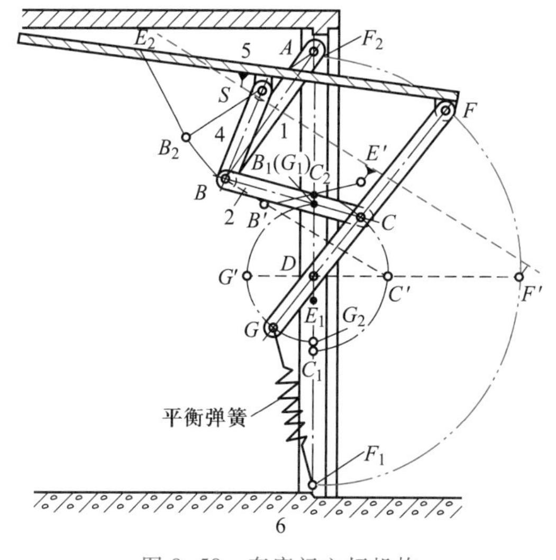

图 8-58　车库门六杆机构

2）可取得有利的传动角　当从动件的摆角较大，或机构的外廓尺寸，或铰链布置的位置受到限制时，采用四杆机构往往不能获得有利的传动角。如图 8-59a 所示窗户启闭机

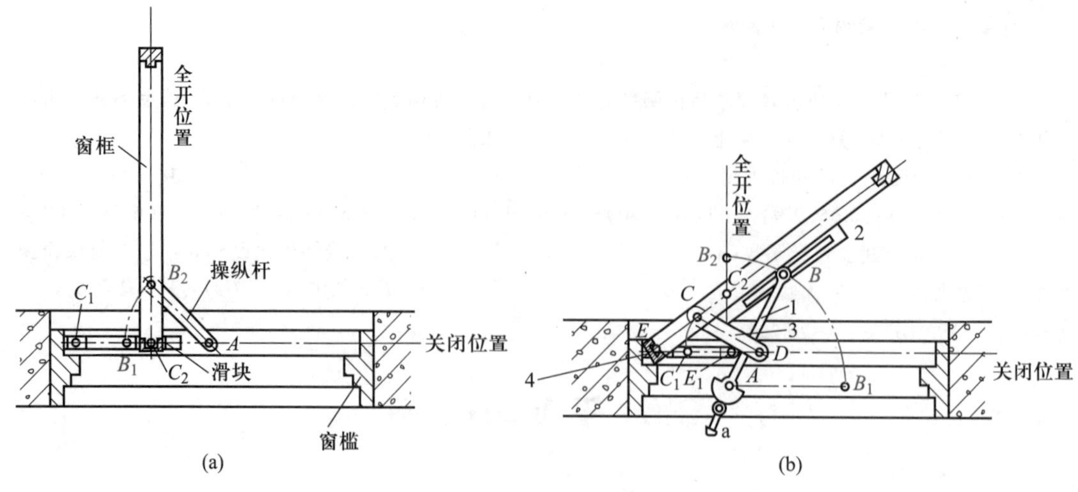

图 8-59 窗户启闭机构

构，若用曲柄滑块机构，虽能满足窗户启闭的其他要求①，但在窗户全开位置，机构的传动角为 0°，窗户的启闭均不方便。若改用六杆机构（图 8-59b），则问题可获得较好解决，只要扳动小手柄 a，就可使窗户顺利启闭。又如，图 8-60a 所示的摆动型洗衣机的搅拌机构，图 8-60b 为其机构运动简图，由于输出摇杆 FG（搅拌轮）的摆角很大（≈212°），用曲柄摇杆四杆机构时其最小传动角将很小，采用图示六杆机构即可使这一问题获得圆满解决②。

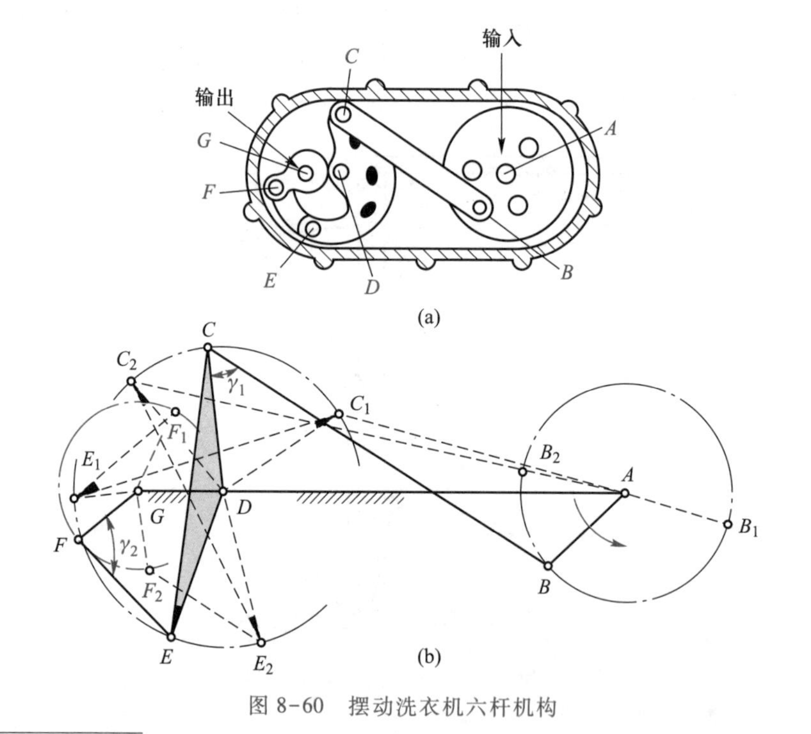

图 8-60 摆动洗衣机六杆机构

① 窗户全开，可从室内擦拭窗玻璃两面；窗户全关，可完全挡住风雨侵袭。操作机构占据空间位置小。

② 六杆机构的传动角一般有两个，即为它的两个四杆机构的传动角 γ_1 及 γ_2，故六杆机构的最小传动角 γ_{min} 应为它的两个四杆机构的最小传动角 γ_{1min} 及 γ_{2min} 中的小者。

3）可获得较大的机械效益　图 8-61 所示为广泛应用于锻压设备中的肘杆六杆机构，其在接近机构下死点时，具有很大的机械效益，以满足锻压工作的需要。图 2-9a 所示破碎机就采用了这种六杆机构来获得巨大的破碎力。

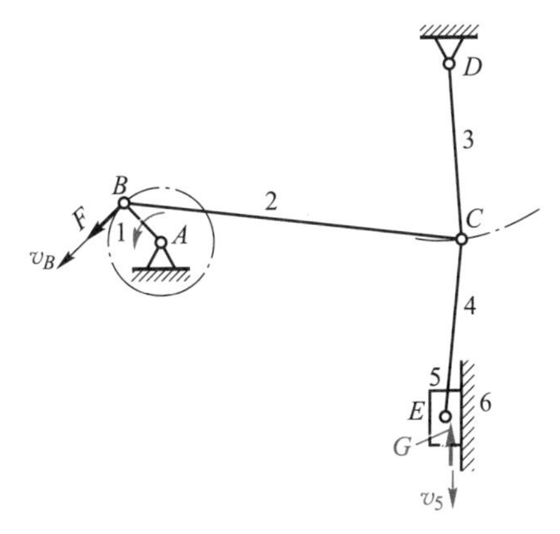

图 8-61　肘杆六杆机构

4）改变从动件的运动特性　图 8-62 所示的 Y52 型插齿机的主传动机构采用的六杆机构，不仅可满足插齿的急回运动要求，且可使插齿在工作行程中得到近似等速运动，以满足切削质量及刀具耐磨性的需要。图 8-63 所示的惯性筛六杆机构，不仅有较大的行程速度变化系数，且在运转中加速度变化幅度大，可提高筛分效果。图 8-64 所示的揉面机六杆机构较图 8-37 所示搅拌机四杆机构能更好地满足揉面工艺的需要。图 8-65 所示的双导杆八杆机构用来增强其从动件滑块的急回运动效果，使其行程速度变化系数显著增大；$K'=\varphi'/(\pi-\varphi')>K=\varphi/(\pi-\varphi)$[①]。

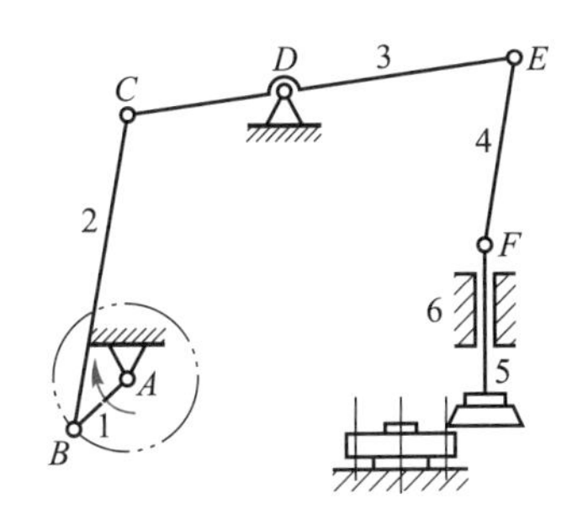

图 8-62　Y52 型插齿机六杆机构

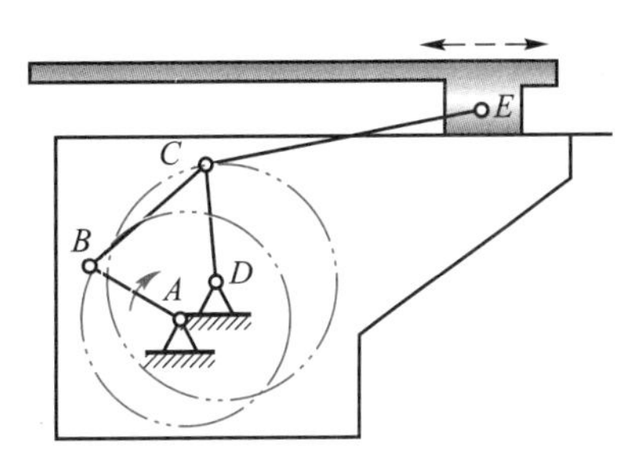

图 8-63　惯性筛六杆机构

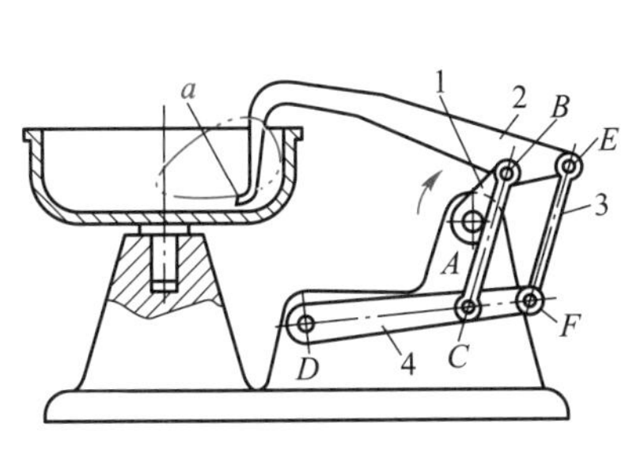

图 8-64　揉面机六杆机构

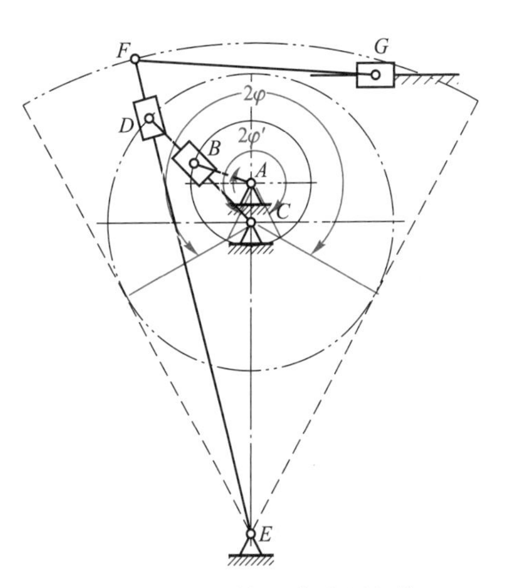

图 8-65　双导杆八杆急回机构

① 这时要求$\overline{AB}>\overline{AC}$。随着其比值$\overline{AB}/\overline{AC}$的减小，机构的动力性能变坏，一般推荐$\overline{AB}/\overline{AC}>2$。

5）可实现机构从动件带停歇的运动　在主动件连续运转的过程中，其从动件能作一段较长时间的停歇，且整个运动是连续平滑的，这可利用多杆机构的如下两种方法来实现。

① 利用连杆曲线上的近似圆弧或直线部分实现运动停歇，其又有单停歇和双停歇之分。如图 8-66a 所示为具有单停歇运动的六杆机构，E 点连杆曲线$\widehat{\alpha\alpha}$段为近似圆弧，圆心在 F 点。杆 4 的长度与圆弧的半径相等，当 E 点在$\widehat{\alpha\alpha}$曲线上运动时，从动件 5 将处于近似的停歇状态。图 8-66b 所示为利用具有一段近似直线$\alpha\alpha$的连杆曲线来实现单停歇的六杆机构。图 8-67 所示为一个具有双停歇的六杆机构，它是利用一个具有两段近似圆弧$\widehat{\alpha\alpha}$及$\widehat{\beta\beta}$（两者半径相等）的连杆曲线来实现的。图 8-67a 中两段圆弧$\widehat{\alpha\alpha}$及$\widehat{\beta\beta}$的圆心分别在 F、F' 点，设计时铰链 G 应在 FF'的中垂线上选定。图 8-67b 所示则为利用具有两段近似直线 $\alpha\alpha$ 及 $\beta\beta$ 的连杆曲线来实现双停歇的。设计时，应取这两直线的交点为铰链 F 的位置。

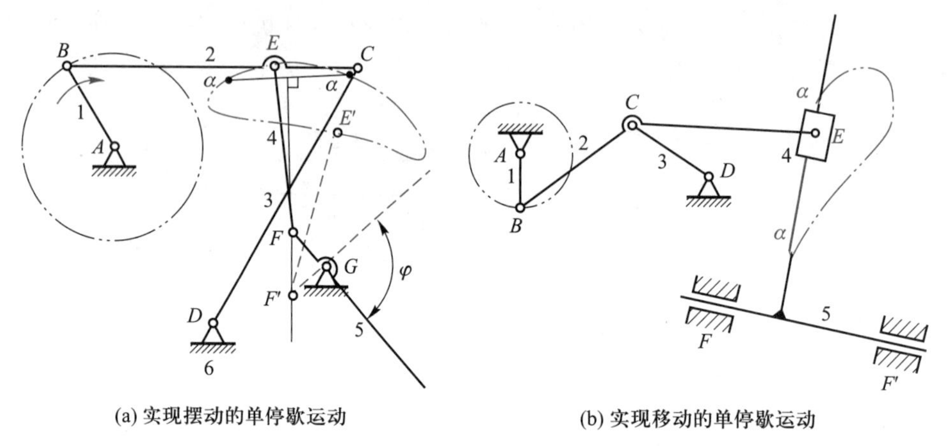

(a) 实现摆动的单停歇运动　　(b) 实现移动的单停歇运动

图 8-66　单停歇六杆机构

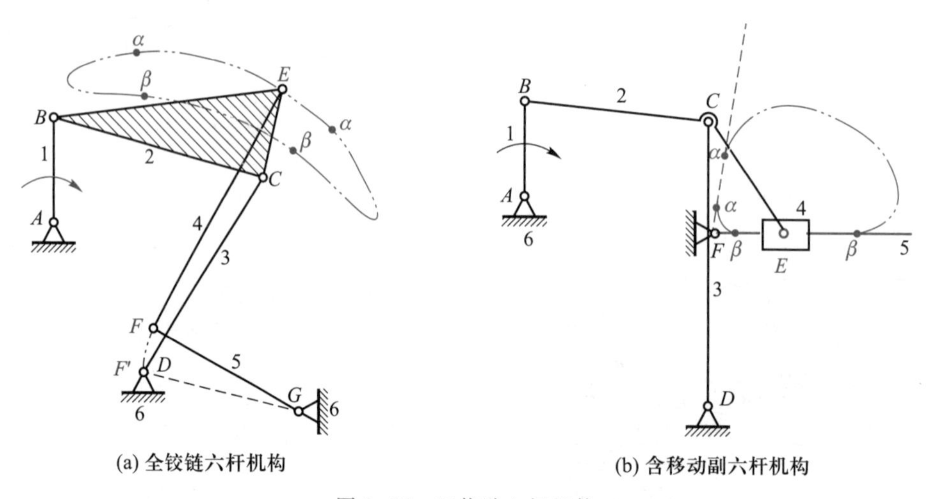

(a) 全铰链六杆机构　　(b) 含移动副六杆机构

图 8-67　双停歇六杆机构

② 利用两个四杆机构在极位附近串接来实现近似的运动停歇。如图 8-68a 所示，其前一级为双曲柄机构，当主动曲柄 1 匀速转动时，从动曲柄 2 的转速 ω_3 按图 8-68b 所示规律

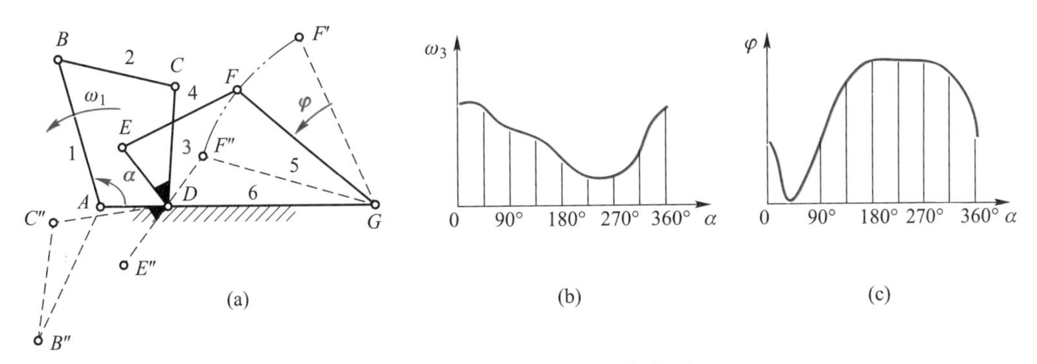

图 8-68　两四杆机构在极位串联

变化，在 $\alpha=210°\sim280°$ 范围内 ω_3 较小。后一级为曲柄摇杆机构，当其处于极位附近时，从动摇杆 5 的速度接近于零。若让曲柄摇杆机构在某一极位时与前一级机构在 ω_3 的低速区串接（图 8-68a 为与下极位 F'' 串接），就可使从动摇杆 5 获得较长时间的近似停歇（图 8-68c）。

6）可扩大机构从动件的行程　图 8-69 所示为一钢料推送装置的机构运动简图，采用多杆机构可使从动件 5 的行程扩大。

7）可使机构从动件的行程可调　某些机械根据工作的需要，要求其从动件的行程（或摆角）可调。例如，在图 8-70 所示的机械式无级变速器主传动所用的多杆机构中，当将构件 6 调到不同位置时（调整后，用锁紧装置使之固定不动），可使从动件 5 得到不同大小的摆角。又如，题 3-21 图所示的行程可调的发动机就采用了多杆机构，当调节螺母 7 时，可改变活塞的行程，从而改变气缸的排量，以适应不同工况，达到节能的目的。

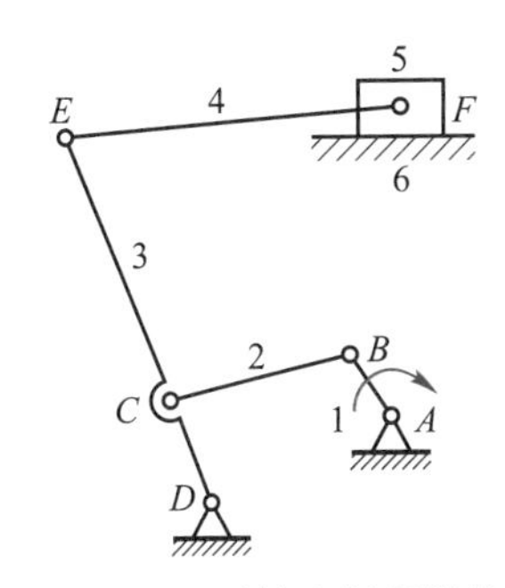

图 8-69　可扩大行程机构

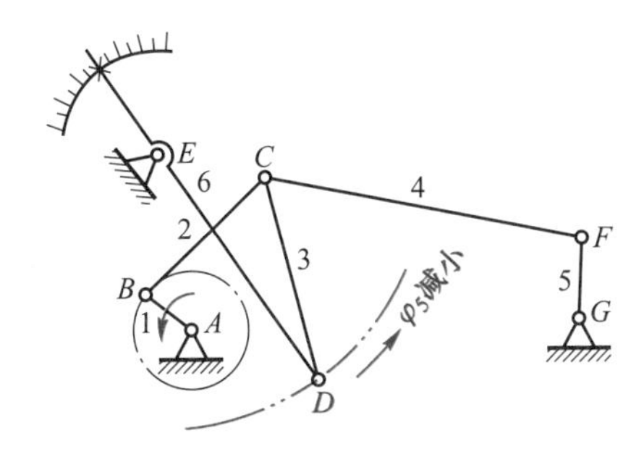

图 8-70　可调节行程机构

8）可实现特定要求下的平面导引　图 8-71 所示为六杆车轮悬挂系统，由于其上的 E、E' 两点同时作相同的近似直线运动，故可实现垂直于地面的平面导引，以保证车轮平面不致因路面高低而倾斜。图 8-72 所示为石料锯切机中的平面十杆机构，当主动曲柄 AB 回转时，通过该机构可使锯条作近似直线运动，解决了锯条在锯石时受力大且不便安装导轨的困难。图 2-57 所示为常见的六杆和八杆导引机构，常用于农业机械收割机驱动装置中。

2. 平面多杆机构的类型及应用

多杆机构按杆数可分为五杆、六杆、八杆机构等；按机构自由度可分为单自由度（如六杆、八杆、十杆机构等）和多自由度机构（如五杆、七杆两自由度机构以及八杆三自由度机构等）。

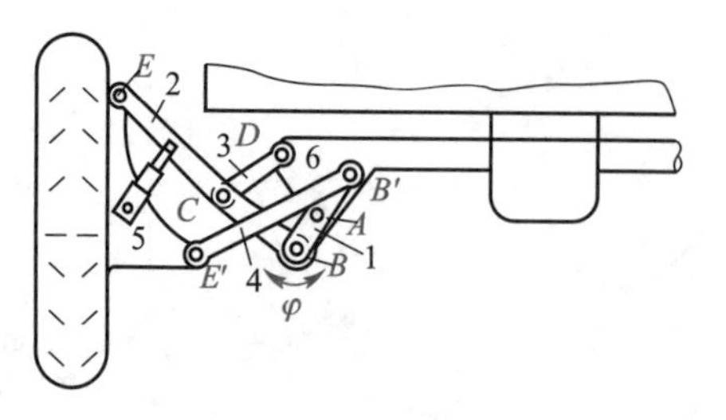

图 8-71　六杆车轮悬挂系统

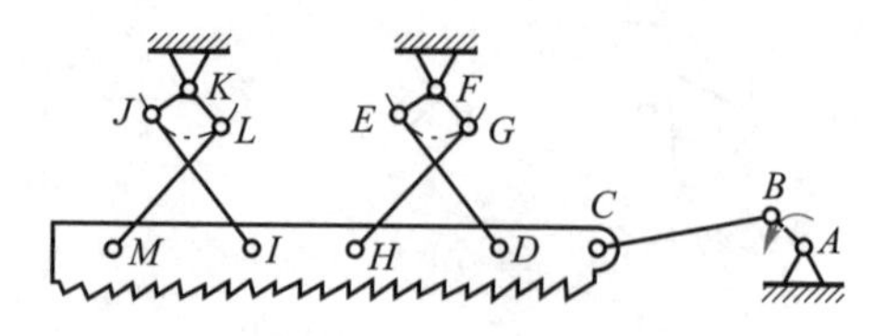

图 8-72　石料锯切机

如图 8-73 所示的缩放仪机构就是一种两自由度五杆机构。当 E 点在 yz 平面沿一给定曲线运动时，则构件 4 上的 P 点将画出一相似的曲线图形，将图形放大，放大的倍数为$K=\overline{AC}/\overline{AB}$。这种机构也可用作步行机构，其足尖 P 的 yz 平面内点的运动由 E 点控制，而 x 轴方向的运动则由 A 点控制①，使 P 点可在给定的空间运动，以适应不同地面的行走要求。但在多杆机构中，六杆机构应用最为广泛。

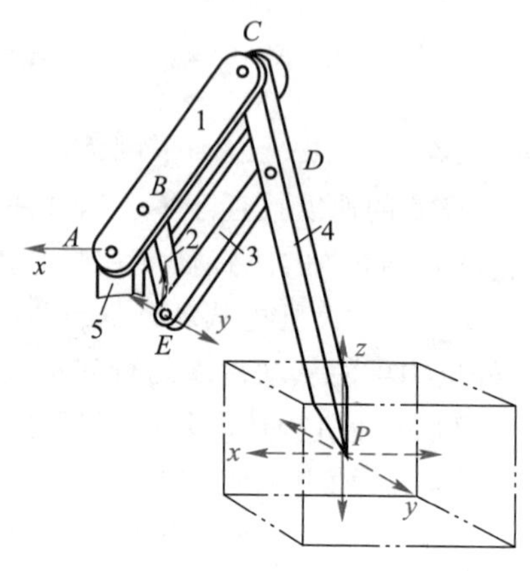

图 8-73　缩放仪机构

六杆机构可分两大类，即如图 2-45 所示的瓦特Ⅰ型及Ⅱ型和斯蒂芬森Ⅰ型、Ⅱ型及Ⅲ型②。这些形式的六杆机构在机械工程都获得了很多应用。例如，图 8-74 所示的编织机构中所用的缝针导引机构即为瓦特Ⅰ型机构。瓦特Ⅱ型机构的两个四杆机构一般串联，常用于扩大输出摆角运动，如图 8-61 所示摆动洗衣机机构。图 2-55 中假肢机构就采用了斯蒂芬森Ⅰ型机构，较案例 3-1 所示四杆机构更能得接近人体下肢瞬心线的特性；而图 8-75 所示的汽车雨刷机构 $ABCDEFG$ 则为斯蒂芬森Ⅱ型机构；图 8-68a 所示的可实现近似停歇的六杆机构则为斯蒂芬森Ⅲ型机构。

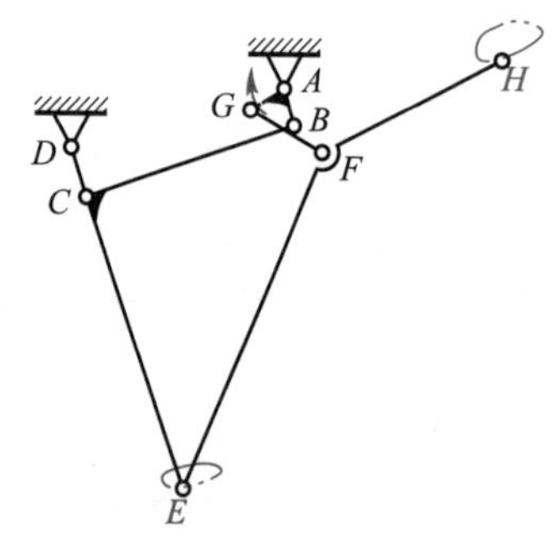

图 8-74　编织机构的缝针导引机构

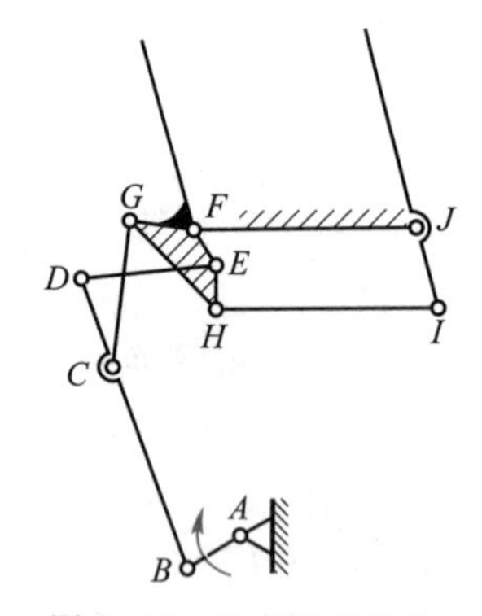

图 8-75　汽车雨刷机构

① 这时，构件 5 不是机架，要沿 x 轴移动。

② 瓦特型的两三副杆直接相连，而斯蒂芬森型的两三副杆不直接相连。

此外，六杆机构在仿生机器人前沿研究方面具有潜在的应用前景，如图8-76所示的仿海鸥扑翼飞行机器人机构就是瓦特Ⅰ型六杆机构应用一例，再如图8-77所示的仿婴猴跳跃机器人机构就是基于斯蒂芬森Ⅱ型六杆机构 *ABCDEFG* 和平行四边形机构 *FHIJ* 组合（八杆机构）设计的例子。

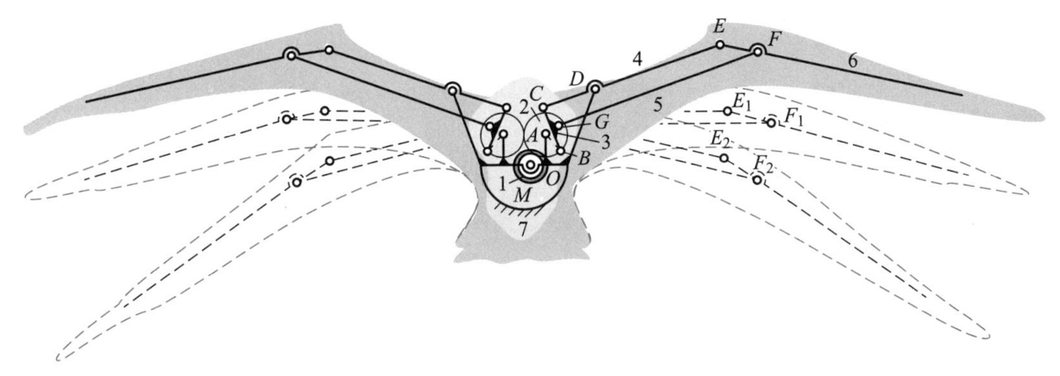

图8-76　仿海鸥扑翼飞行机器人机构

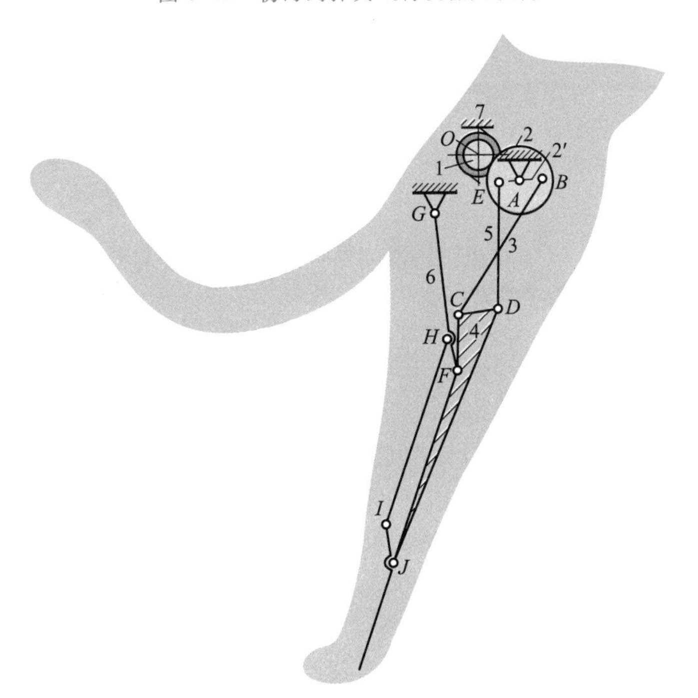

图8-77　仿婴猴跳跃机器人机构

对于多杆机构，由于其尺寸参数多，运动要求复杂，因而其设计也较困难。具体设计方法可参阅有关专著。

8.6　空间连杆机构简介

空间连杆机构以其结构的紧凑性，运动的多样性和灵活性，尤其是随着机器人和无导轨机床等的发展，在工程实践中的应用越来越多，缝纫机脚踏板机构（图2-23）、汽车减振悬挂机构(图 2-24)、仿人机械臂(图 2-27)、空间斜盘机构(图 2-64)都用到了空间连杆机构。

空间连杆机构和平面连杆机构一样也是构件通过低副连接而成,所不同的是用到的运动副类型更多,除转动副 R 和移动副 P 外,还用到球面副 S、球销副 S′、圆柱副 C、螺旋副 H 和胡克铰链 U 等(其运动副模型及符号见表 2-1)。空间连杆机构除用杆数命名外,也常用机构中所用到的运动副来命名,如图 8-78 所示的飞机起落架中所用到的空间杆机构也叫 RSSP 四杆机构。其名称中的处于首尾运动副为两固定运动副,而中间的运动副则为活动运动副。目前,空间四杆机构已经发现有 139 种,但仍属于一个远未被探索的机构研究领域,其中有九种空间四杆机构有潜在特殊实用价值。

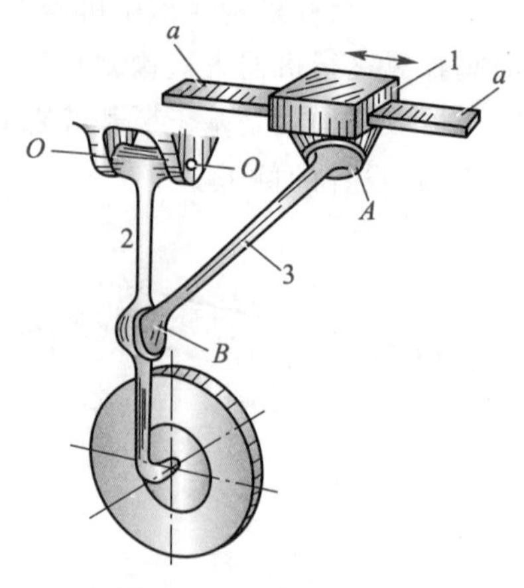

图 8-78 飞机起落架

学习拓展:
九种潜在应用的空间杆机构

由于空间连杆机构的分析与综合均较复杂,这里不作更深入的讨论。下面仅举数例说明空间连杆机构在工程实践中的应用情况。

1. 万向铰链机构

万向铰链机构(universal joint mechanism)又称万向联轴器。它可用于传递两相交轴间的运动,在传动过程中,两轴之间的夹角可以变动,是一种常用的变角传动机构。它广泛应用于汽车、机床等机械传动系统中。

(1) 单万向铰链机构

图 8-79 所示为单万向铰链机构。轴 Ⅰ 及轴 Ⅱ 的末端各有一叉,用铰链与中间十字形构件相连,此十字形构件的中心 O 与两轴轴线的交点重合。两轴间的夹角为 α。

由图可见,当轴 Ⅰ 转一转时,轴 Ⅱ 也必然转一转,但是两轴的瞬时角速度比却并不恒等于 1,而是随时变化的。为简单起见,现仅就其两个特殊位置加以说明。

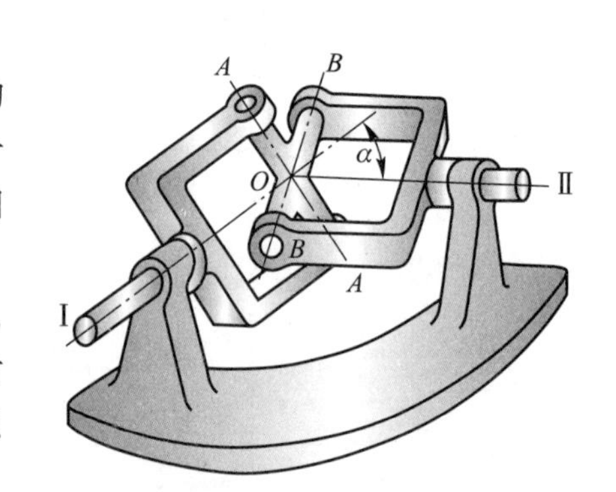

图 8-79 单万向铰链机构

如图 8-79a 所示,当主动轴 Ⅰ 的叉面在图纸平面内时,从动轴 Ⅱ 的叉面则垂直图面。设此时主动轴 Ⅰ 及从动轴 Ⅱ 的角速度分别为 $\boldsymbol{\omega}_1$ 及 $\boldsymbol{\omega}_2'$。根据角速度矢量关系有

$$\boldsymbol{\omega}_2'=\boldsymbol{\omega}_1+\boldsymbol{\omega}_{21}$$

式中,$\boldsymbol{\omega}_1$、$\boldsymbol{\omega}_2'$分别为轴 Ⅰ 、Ⅱ 的角速度矢量,方向沿各自轴线;$\boldsymbol{\omega}_{21}$为轴 Ⅱ 对轴 Ⅰ 的相对角速度矢量。

由于轴 Ⅱ 对轴 Ⅰ 只能绕 AA 轴及 BB 轴相对转动,故 $\boldsymbol{\omega}_{21}$可分解成沿 AA 轴线及 BB 轴

线的两个分量 $\boldsymbol{\omega}_{21A}$ 与 $\boldsymbol{\omega}_{21B}$。但在图 8-80a 位置时，由于 $\boldsymbol{\omega}_1$、$\boldsymbol{\omega}_2'$、$\boldsymbol{\omega}_{21A}$ 均在图纸平面上，仅 $\boldsymbol{\omega}_{21B}$ 垂直图纸平面，故知 $\boldsymbol{\omega}_{21B}=0$，$\boldsymbol{\omega}_{21}=\boldsymbol{\omega}_{21A}$。作出其角速度矢量图，如图 8-80c 所示。由图可得

$$\omega_2'=\omega_1/\cos\alpha \tag{8-13a}$$

当两轴由图 8-80a 位置转过 90°到达图 8-80b 所示位置时，设这时从动轴的角速度为 $\boldsymbol{\omega}_2''$。这时角速度矢量关系为

$$\boldsymbol{\omega}_2''=\boldsymbol{\omega}_1+\boldsymbol{\omega}_{21}$$

经类似分析可知 $\boldsymbol{\omega}_{21}=\boldsymbol{\omega}_{21B}$。作角速度矢量图，如图 8-80d 所示，可得

$$\omega_2''=\omega_1\cos\alpha \tag{8-13b}$$

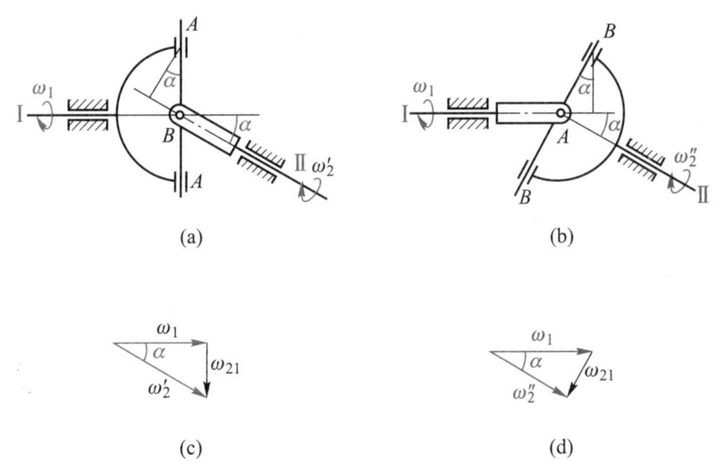

图 8-80　万向铰链的两个特殊位置

当两轴再转过 90°时，又恢复到图 8-80a 所示情况。由此可知，当主动轴 I 以角速度 ω_1 等速回转时，从动轴 II 的角速度 ω_2 将在下式范围内变化：

$$\omega_1\cos\alpha\leqslant\omega_2\leqslant\omega_1/\cos\alpha \text{①} \tag{8-13c}$$

变化的幅度与两轴间夹角 α 的大小有关。正因为如此，两轴夹角不能过大，一般 $\alpha\leqslant30°$。

（2）双万向铰链机构

为了消除上述从动轴变速转动的缺点，常将单万向铰链机构成对使用，如图 8-81 所示，这便是双万向铰链机构。在双万向铰链机构中，为使主、从动轴的角速度恒相等，除要求主、从动轴 1、3 和中间轴 2 应位于同一平面内之外，还必须使主、从动轴 1、3 的轴线与中间轴 2 的轴线之间的夹角相等；而且中间轴两端的叉面应位于同一平面内。

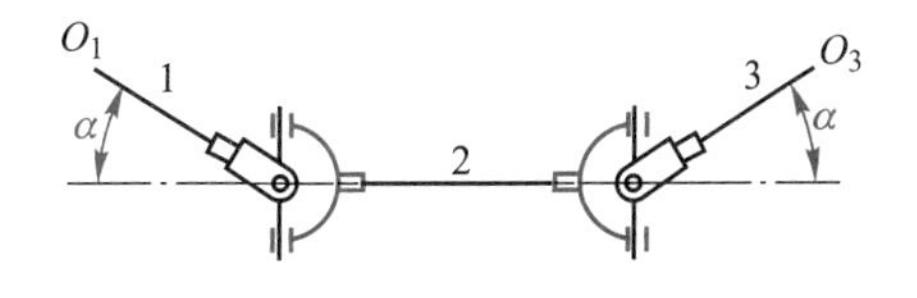

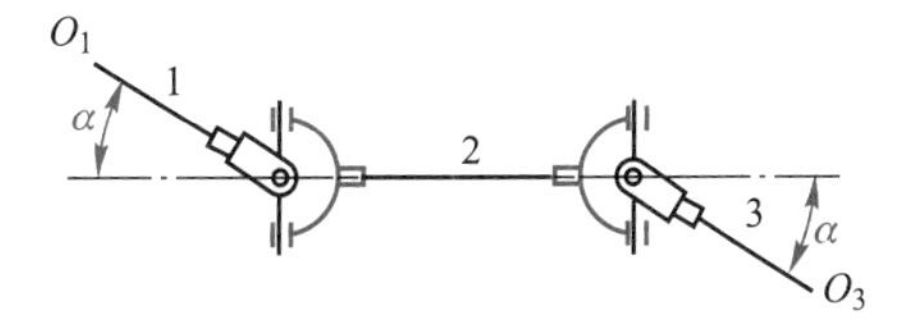

图 8-81　双万向铰链机构

---

① ω_2 的计算式为 $\omega_2=[\cos\alpha/(1-\sin^2\alpha\cos^2\varphi_1)]\omega_1$，其中 φ_1 为轴 I 的转角，以图 8-80a 所示为计量起始位置。

*2. 微创外科手术机械手

随着医疗技术的进步，微创腹腔外科技术的应用日益普及。所谓微创，是仅在病人腹部切出约 1 cm^2 的小孔，从此小孔插入外科手术工具，并在外科手术中各工具不得伤害到切口。为此，设计了一套如图 8-82 所示的空间多杆机构的机械手。该机构由多个平行四边形机构组成，有四个主动运动（三个转动，一个工具的往复移动）。该机构的最突出特点是不管机械手如何运动，手术工具都只能以切口为结点作各向转动或往复运动，而不会伤及切口。

*3. Stewart 平台

图 8-83 所示空间连杆机构为 20 世纪 70 年代由美国学者 Stewart 提出的有名的 Stewart 平台。它由动平台、静平台和 6 个空间支腿组成，每个支腿和动平台用球铰相连，和静平台则用胡克铰相连。在支腿的中间，可以是由液压缸组成的移动副或由滚珠丝杠组成的螺旋副，是每个支腿的主动件，故该机构共有 6 个主动件，即动平台相对于静平台有 6 个自由度。由式（2-5）得

$$F=6n-(5p_5+4p_4+3p_3+2p_2+p_1)=6\times13-(5\times6+4\times6+3\times6)=6$$

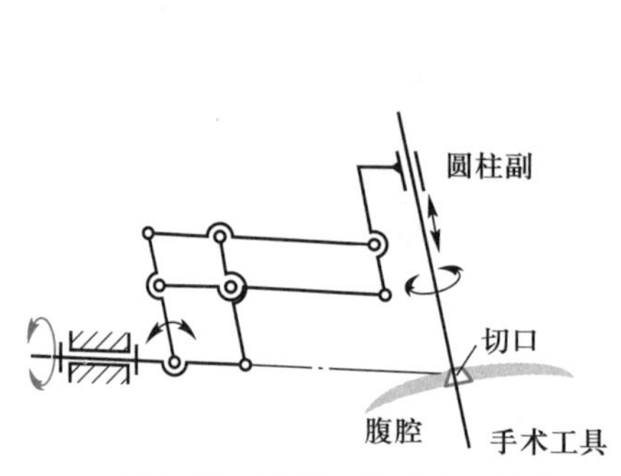

图 8-82　微创外科手术机械手

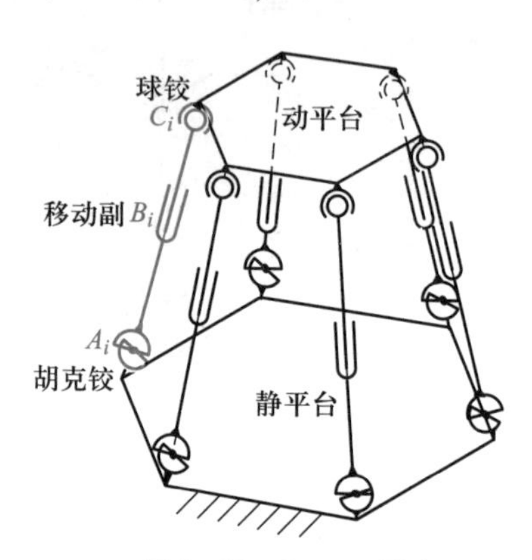

图 8-83　Stewart 平台

Stewart 平台由于是由若干个并联运动链组成，故属并联机构。它具有结构稳定性好，承载能力强，精度高，惯性小，刚度自重比大等一系列的优点，故 Stewart 平台及其变型形式在许多领域获得广泛应用，如机器人、医疗设备、机械加工、天文仪器、飞行模拟器等。

如在 Stewart 动平台上装上动力头和刀具，在静平台上装夹工件，就可作各种形状的零件的机械加工，由于该机床无普通机床的导轨，故又称无导轨机床。如图 8-84 为 Stewart 平台用于普通立铣机床的无导轨工作台，它可以对各种形状的零件进行加工。

图 8-85 为 Stewart 并联机器人在要求动作频率和定位精度很高的键盘组装作业线上的应用。

图 8-84　Stewart 平台在无导轨工作台中的应用

图 8-85　Stewart 并联机器人在键盘组装作业线上的应用

Stewart 平台的缺点是工作空间受限较大。

思考题及练习题

8-1　在铰链四杆机构中,转动副成为周转副的条件是什么?

8-2　在曲柄摇杆机构中,当以曲柄为主动件时,机构是否一定存在急回运动,且一定无死点?为什么?

8-3　在四杆机构中极位和死点有何异同?

8-4　图 8-86 所示为一双滑块导杆运动链,试问用机构的倒置方法,取不同构件为机架,可演化出几种不同的四杆机构?试画出各机构简图,并给出它们的名称。

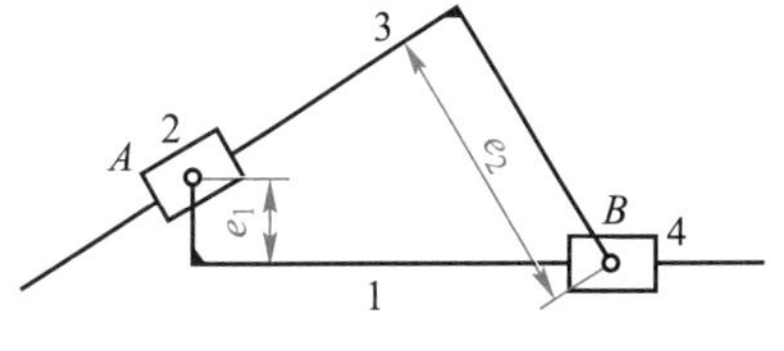

图 8-86　双滑块导杆运动链

8-5　图 8-87 所示均为双平行四边机构在工程应用的典型实例,图 8-87a 为一摆动传动机构,图 8-87b 为一通用绘图机构,图 87c 为一汽车发动机罩的铰链机构。试分析各实例应用了四杆机构哪些运动特点,它们的优点是什么?

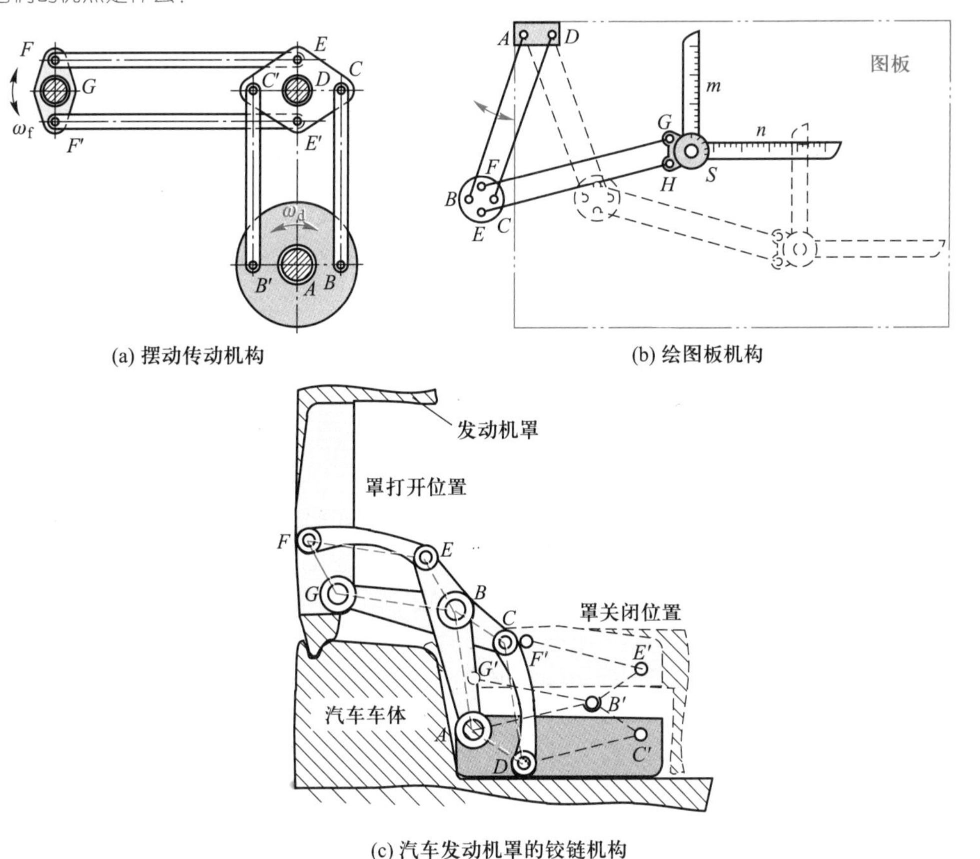

(a) 摆动传动机构　(b) 绘图板机构

(c) 汽车发动机罩的铰链机构

图 8-87　双平行四边形机构的应用

8-6　图 8-88 所示为多个相同四杆机构相互错位并均布排列结构的连杆机构,试分析这两种机构与单四杆机构的特性比较,它们的运动及传力特性有哪些特点?

8-7　图 8-89 所示为一铰链四杆机构及其尺寸(单位均为 mm),且 AB 为主动件,试确定:1) 该机构

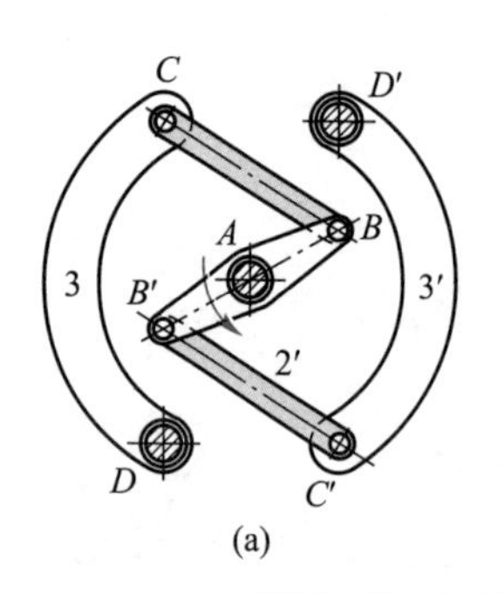

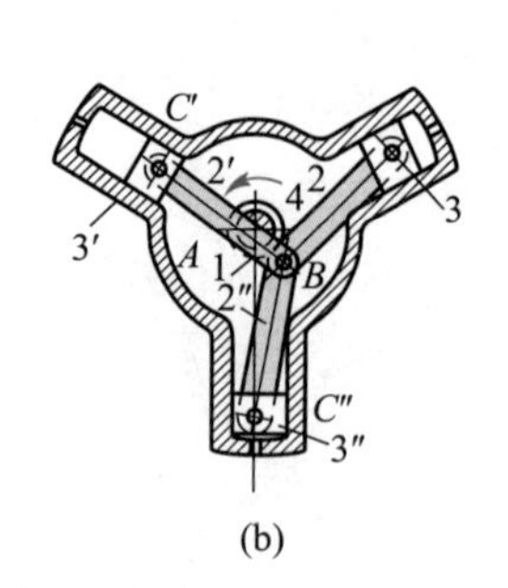

图 8-88　四杆机构的组合结构

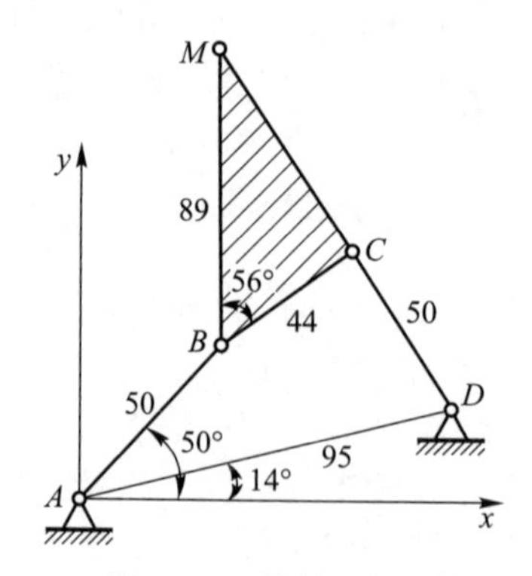

图 8-89　铰链四杆机构

的类型，并说明理由。2）四杆机构的极限位置及行程速度变化系数；3）机构图示位置的传动角和最小传动角，并判断其传力性能；4）机构在何种情况出现死点？5）画出机构运动范围 M 点的连杆曲线。

8-8　如图 8-2a 所示，设已知四杆机构各构件的长度为 $l_{AB}=240$ mm，$l_{BC}=600$ mm，$l_{CD}=400$ mm，$l_{AD}=500$ mm。试问：

1）当取杆 4 为机架时，是否有曲柄存在？

2）若各杆长度不变，能否采用选不同杆为机架的办法获得双曲柄机构和双摇杆机构？如何获得？

3）若 AB、BC、CD 三杆的长度不变，取杆 4 为机架，要获得曲柄摇杆机构，d 的取值范围应为何值？

8-9　如图 8-90 所示为一偏置曲柄滑块机构，试求杆 AB 为曲柄的条件。若偏距 $e=0$，则杆 AB 为曲柄的条件是什么？

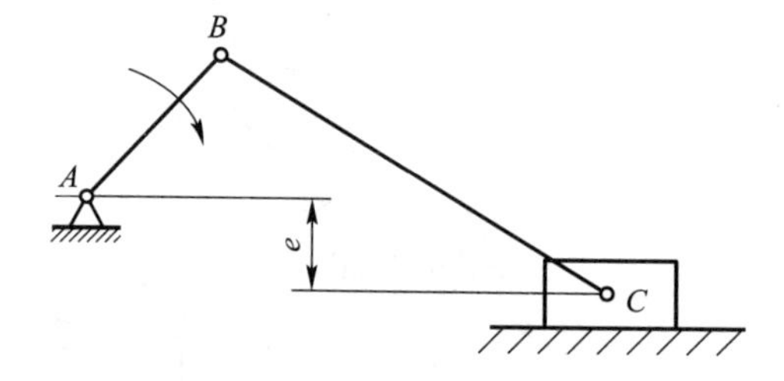

图 8-90　偏置曲柄滑块机构

8-10　在图 8-2a 所示铰链四杆机构中，若各杆的长度为 $l_{AB}=28$ mm，$l_{BC}=52$ mm，$l_{CD}=50$ mm，$l_{AD}=72$ mm，试求：

1）当取杆 4 为机架时，该机构的极位夹角 θ、杆 3 的最大摆角 φ、最小传动角 $\gamma_{\min}$ 和行程速度变化系数 K；

2）当取杆 1 为机架时，将演化成何种类型的机构？为什么？并说明这时 C、D 两个转动副是周转副还是摆转副；

3）当取杆 3 为机架时，又将演化成何种机构？这时 A、B 两个转动副是否仍为周转副？

8-11　图 8-3 所示插床六杆机构中，已知各构件的尺寸为 $l_{AB}=160$ mm，$l_{BC}=260$ mm，$l_{CD}=200$ mm，$l_{AD}=80$ mm；构件 AB 为主动件，沿顺时针方向匀速回转，试确定：

1）四杆机构 $ABCD$ 的类型；

2）该四杆机构的最小传动角 $\gamma_{\min}$；

3）滑块 F 的行程速度变化系数 K。

8-12　图 8-91 所示为一利用铰链四杆机构 $ABCD$ 的连杆点 E 的连杆曲线而设计的直线步进式输送机构，试计算分析该四杆机构的连杆曲线及其特性，并与图 8-11g 所示工件步进输送机的运动特性比较，指出图 8-91 所示机构的特点？

8-13　在正弦机构（图 8-15b）和图 8-2c 所示的导杆机构中，当以曲柄为主动件时，最小传动角 $\gamma_{\min}$ 为多少？传动角按什么规律变化？

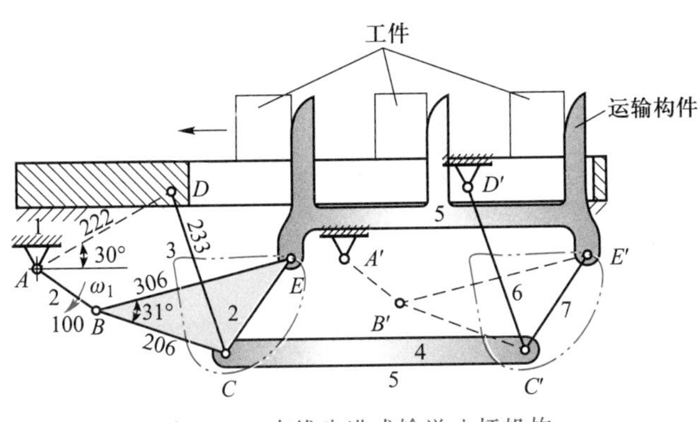

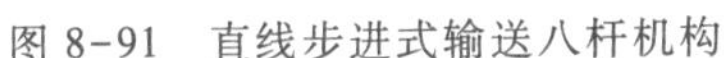

图 8-91　直线步进式输送八杆机构

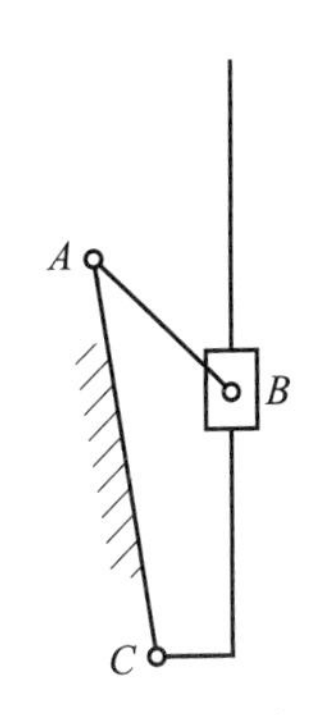

图 8-92　偏置导杆机构

8-14　图 8-92 所示为偏置导杆机构，试作出其在图示位置时的传动角以及机构的最小传动角及其出现的位置，并确定机构为回转导杆机构的条件。

8-15　如图 8-50 所示，当按给定的行程速度变化系数 K 设计曲柄摇杆机构时，试证明若将固定铰链 A 的中心取在 FG 弧段上将不满足运动连续性要求。

8-16　图 8-93 所示为一实验用小电炉的炉门装置，关闭时为位置 E_1，开启时为位置 E_2。试设计一个四杆机构来操作炉门的启闭（各有关尺寸见图）。（开启时，炉门应向外开启，炉门与炉体不得发生干涉。而关闭时，炉门应有一个自动压向炉体的趋势（图中 S 为炉门质心位置）。B、C 为两活动铰链所在位置。

8-17　图 8-94 所示为公共汽车车门启闭机构。已知车门上铰链 C 沿水平直线移动，铰链 B 绕固定铰链 A 转动，车门关闭位置与开启位置夹角 $\alpha = 115°$，$AB_1 /\!/ C_1C_2$，$l_{BC} = 400$ mm，$l_{C_1C_2} = 550$ mm。试求构件 AB 的长度，验算最小传动角，并绘出在运动中车门所占据的空间（作为公共汽车的车门，要求其在启闭中所占据的空间越小越好。）

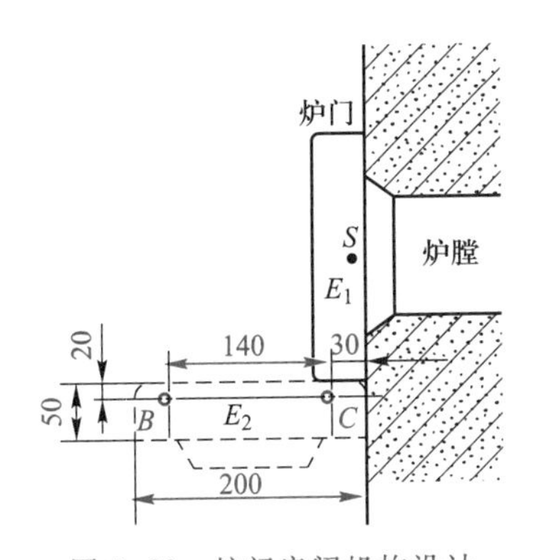

图 8-93　炉门启闭机构设计

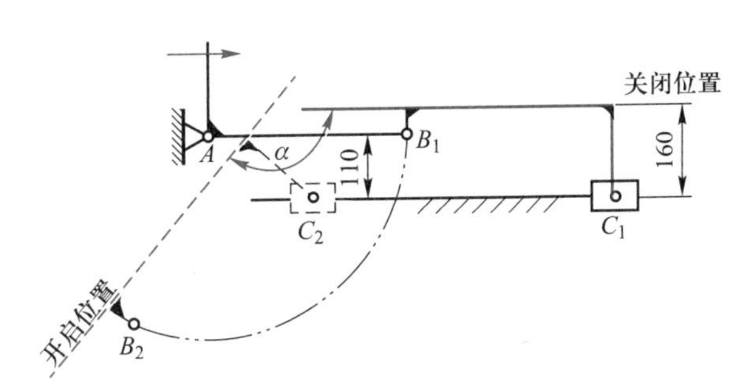

图 8-94　公共汽车车门启闭机构设计

8-18　图 8-95 所示为一已知的曲柄摇杆机构，现要求用一连杆将摇杆 CD 和滑块 F 连接起来，使摇杆的三个已知位置 C_1D、C_2D、C_3D 和滑块的三个位置 F_1、F_2、F_3 相对应（图示尺寸系按比例绘出）。试确定此连杆的长度及其与摇杆 CD 铰接点的位置。

8-19　图 8-96 所示为某仪表中采用的摇杆滑块机构，若已知滑块和摇杆的对应位置为：$S_1 = 36$ mm，$S_{12} = 8$ mm，$S_{23} = 9$ mm，$\varphi_{12} = 25°$，$\varphi_{23} = 35°$，摇杆的第Ⅱ位置在铅垂方向上。滑块上铰链点取在 B 点，偏距 $e = 28$ mm。试确定摇杆和连杆长度。

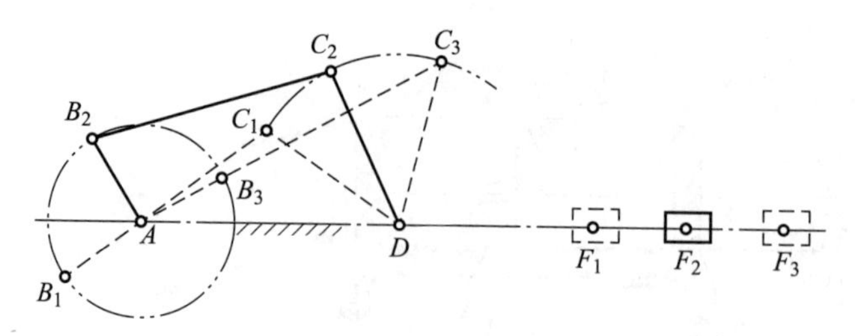

图 8-95 按摇杆滑块三对应位置设计

8-20 试设计图 8-97 所示的六杆机构。该机构当主动件 1 自 y 轴顺时针转过 $\varphi_{12}=60°$时，构件 3 顺时针转过 $\psi_{12}=45°$恰与 x 轴重合。此时，滑块 6 自 E_1 点移动到 E_2 点，位移 $S_{12}=20$ mm。试确定铰链 B 及 C 的位置。

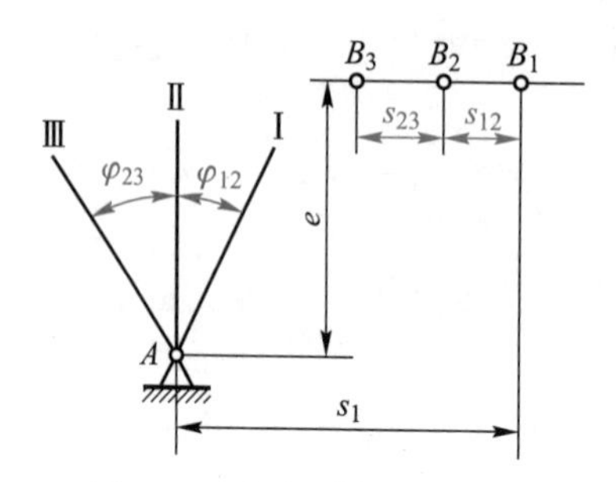

图 8-96 摇杆滑块机构设计

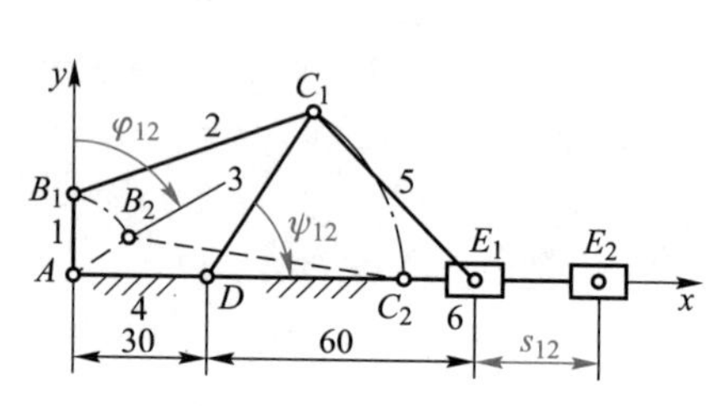

图 8-97 六杆机构设计

8-21 现欲设计一四杆机构翻书器。如图 8-98 所示，当踩动脚踏板时，连杆上的 M 点自 M_1 移至 M_2 就可翻过一页书。现已知固定铰链 A、D 的位置，连架杆 AB 的长度及三个位置以及点 M 的三个位置。试设计该四杆机构（压重用以保证每次翻书时只翻过一页）。

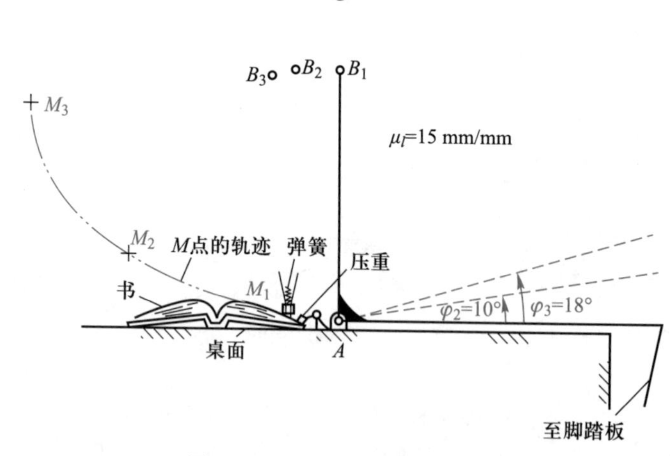

图 8-98 翻书器四杆机构设计

8-22 现需设计一铰链四杆机构，用以启闭汽车前灯的遮蔽窗门。图 8-99 所示为该门（即连杆上的标线）在运动过程中的五个位置，其参数如表 8-3 所示。试用解析法设计该四杆机构（其位置必须限定在图示长方形的有效空间内）。

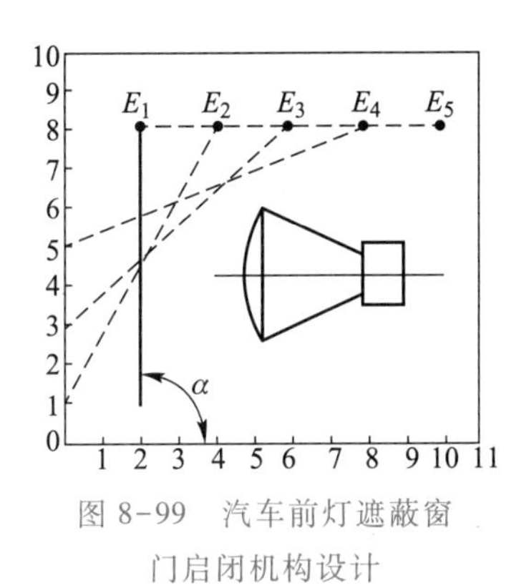

图 8-99　汽车前灯遮蔽窗门启闭机构设计

表 8-3　遮蔽窗门五个位置的参数

序号	E 点坐标		连杆转角 α
	x	y	
1	2	8	90°
2	4	8	60°
3	6	8	40°
4	8	8	20°
5	10	8	0°

8-23　图 8-100 所示为一用推拉缆操作的长杆夹持器，用一四杆机构 $ABCD$ 来实现夹持动作。设已知两连架杆上标线的对应角度如图所示，试确定该四杆机构各杆的长度（l_1 长度设为已知）。

8-24　图 8-101 所示为一汽车引擎油门控制装置。此装置由四杆机构 $ABCD$、平行四边形机构 $DEFG$ 及油门装置所组成，由绕 O 轴转动的油门踏板 OI 驱动可实现油门踏板与油门的协调配合动作。当油门踏板的转角分别为 0°、5°、15°及 20°时，杆 MAB 相对应的转角分别为 0°、32°、52°及 63°（逆时针方向），与之相应油门开启程度为 0°（关闭）、14°、44°及 60°（全开）四个状态。现设 $l_{AD}=120$ mm，试以作图法设计此四杆机构 $ABCD$，并确定杆 AB 及 CD 的安装角度 β_1 及 β_2 的大小（当踏板转 20°时，AM 与 OA 重合，DE 与 AD 重合）。

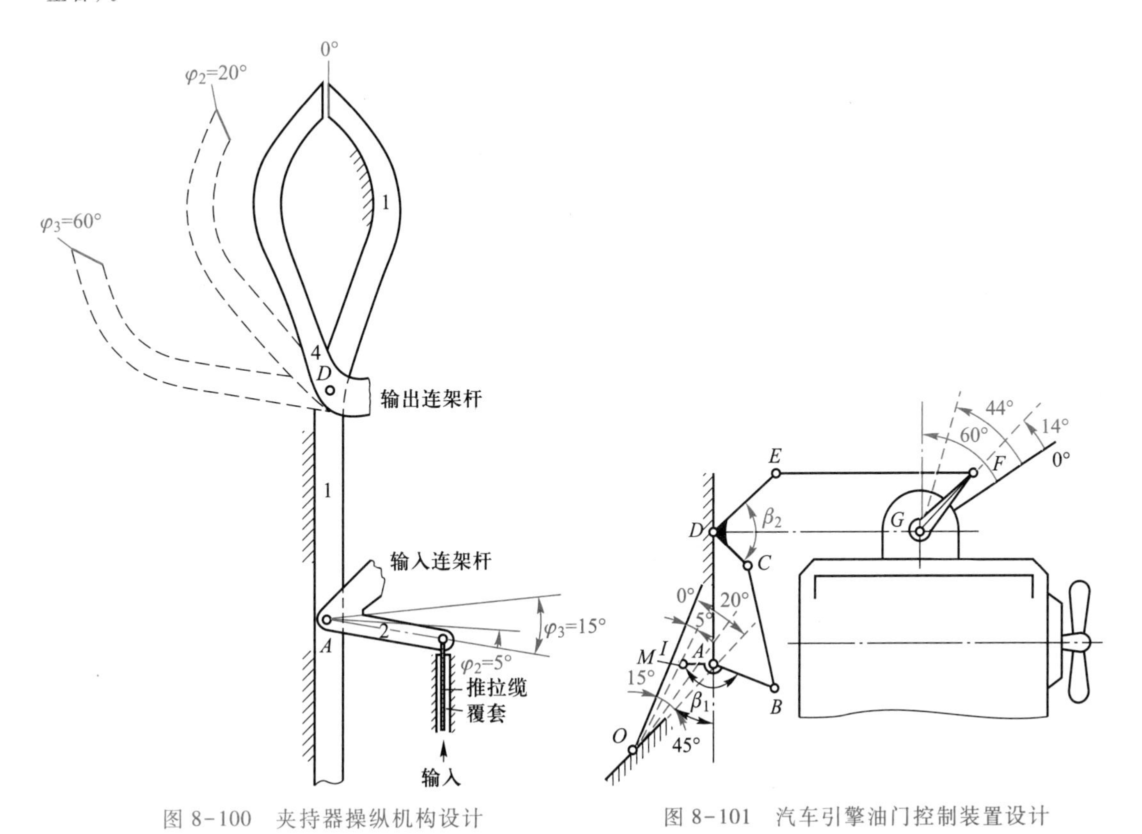

图 8-100　夹持器操纵机构设计

图 8-101　汽车引擎油门控制装置设计

8-25 如图 8-102 所示,现欲设计一铰链四杆机构,设已知摇杆 CD 的长度 $l_{CD}=75$ mm,行程速度变化系数 $K=1.5$,机架 AD 的长度 $l_{AD}=100$ mm,摇杆的一个极限位置与机架间的夹角 $\psi=45°$。试求曲柄的长度 l_{AB} 和连杆的长度 l_{BC}(有两组解)。

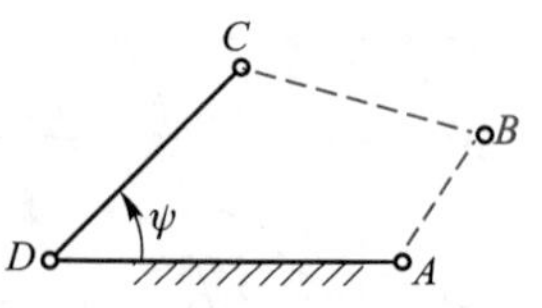

图 8-102 按急回要求设计四杆机构

8-26 如图 8-103 所示,设已知破碎机的行程速度变化系数 $K=1.2$,颚板长度 $l_{CD}=300$ mm,颚板摆角 $\varphi=35°$,曲柄长度 $l_{AB}=80$ mm。求连杆的长度,并验算最小传动角 γ_{min} 是否在允许的范围内。

8-27 图 8-104 所示为一牛头刨床的主传动机构,已知 $l_{AB}=75$ mm,$l_{ED}=100$ mm,行程速度变化系数 $K=2$,刨头 5 的行程 $H=300$ mm。要求在整个行程中,推动刨头 5 有较小的压力角,试设计此机构。

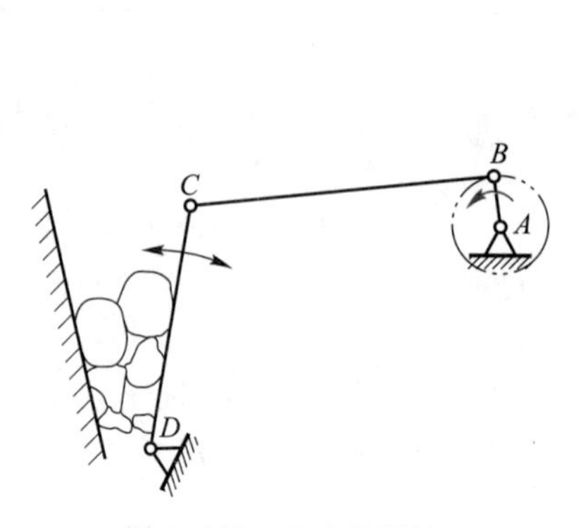

图 8-103 破碎机设计

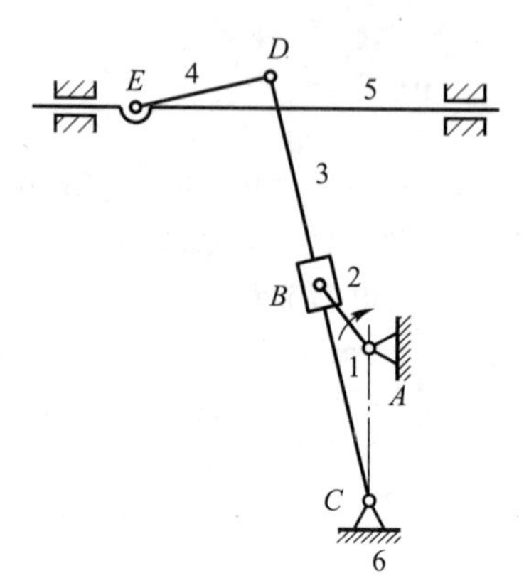

图 8-104 牛头刨床机构设计

8-28 某装配线需设计一输送工件的四杆机构,要求将工件从传递带 C_1 经图 8-105 所示中间位置输送到传送带 C_2 上。给定工件的三个方位为:$M_1(204,-30)$,$\theta_{21}=0°$;$M_2(144,80)$,$\theta_{22}=22°$;$M_3(34,100)$,$\theta_{23}=68°$。初步预选两个固定铰链的位置为 $A(0,0)$、$D(34,-83)$。试用解析法设计此四杆机构。

8-29 如图 8-106 所示,设要求四杆机构两连架杆的三组对应位置分别为:$\alpha_1=35°$,$\varphi_1=50°$;$\alpha_2=80°$,$\varphi_2=75°$;$\alpha_3=125°$,$\varphi_3=105°$。试以解析法设计此四杆机构。

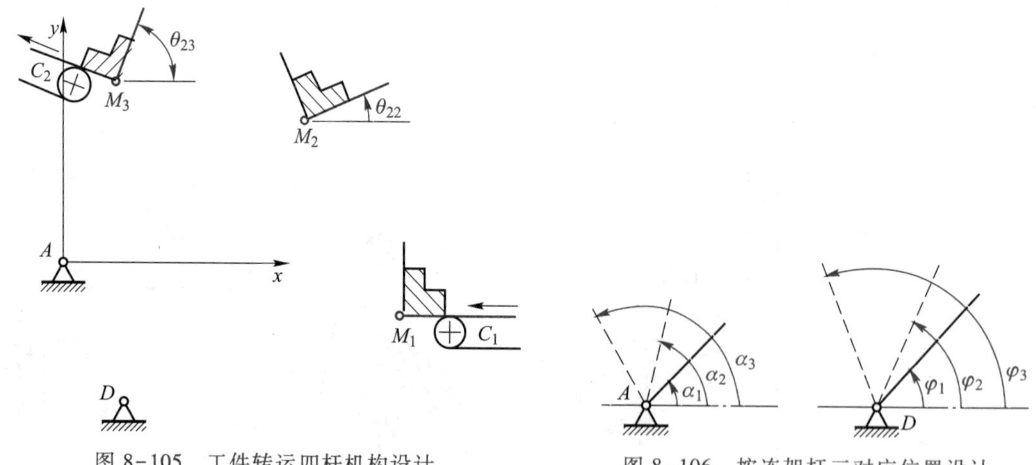

图 8-105 工件转运四杆机构设计

图 8-106 按连架杆三对应位置设计

8-30 试用解析法设计一曲柄滑块机构,设已知滑块的行程速度变化系数 $K=1.5$,滑块的冲程 $H=50$ mm,偏距 $e=20$ mm。并求其最大压力角 α_{max}。

8-31　试用解析法设计一四杆机构，使其两连架杆的转角关系能实现期望函数 $y=\sqrt{x}$，$1\leqslant x\leqslant 10$。

8-32　如图 8-107 所示，已知四杆机构 $ABCD$ 的尺寸比例及其连杆上 E 点的轨迹曲线，试按下列两种情况设计一具有双停歇运动的六杆机构：

1）从动件摇杆输出角为 45°；

2）从动件滑块输出行程为 5 倍曲柄长度。

8-33　某机床分度机构中的双万向联轴器，在设备检修时，被误装成如图 8-108 所示的形式。试求其从动轴 3 的角速度变化范围，并说明应如何改正。

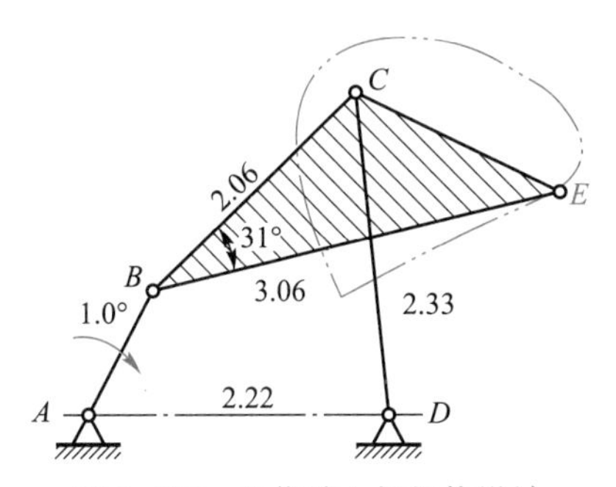

图 8-107　双停歇六杆机构设计

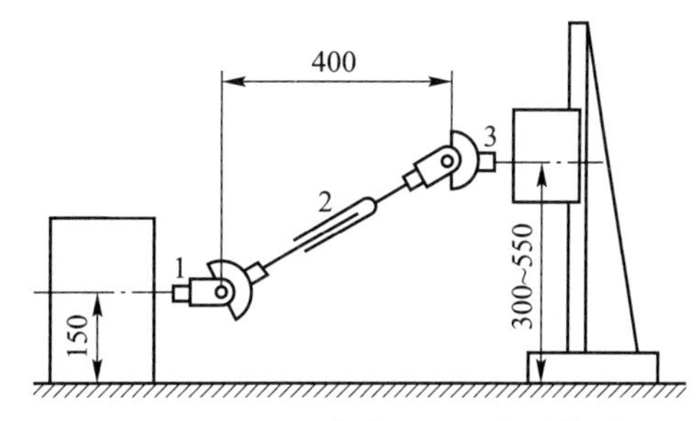

图 8-108　错误安装的双万向联轴器

8-34　双万向铰链机构为保证其主、从动轴间的传动比为常数，应满足哪些条件？满足这些条件后，当主动轴作匀速转动时，中间轴和从动轴均作匀速转动吗？

8-35　请结合下列实际设计问题，选择自己感兴趣的题目，并通过需求背景调查进一步明确设计目标和技术要求，应用本章或后几章所学知识完成相应设计并编写设计报告。

1）结合自己身边学习和生活的需要，设计一折叠式床头小桌或晾衣架，或一收藏式床头书架或脸盆架或电脑架等；

2）设计一能帮助截瘫病人独自从轮椅转入床上或四肢瘫痪已失去活动能力的病人能自理用餐或自动翻书进行阅读的机械；

3）设计适合老、中、青不同年龄段使用并针对不同职业活动性质（如坐办公室人员运动少的特点）的健身机械；

4）设计帮助运动员网球或乒乓球训练的标准发球机或步兵步行耐力训练机械，或空军飞行员体验混战演习训练（即给飞行员各方位加一个重力）、宇航员失重训练（即能运载一人并提供一个重力加速度）的模拟训练机械；

5）设计放置在超市外投币式的，安全、有趣或运动方式奇特的儿童“坐椅”或能乘坐两位、四位游客，并能使游客产生毛骨悚然的颤动感觉的轻便“急动”坐车。

阅读参考资料

[1] 陈作模．机械原理学习指南[M]．5 版．北京：高等教育出版社，2008.

[2] 罗伯特　诺顿．机械原理[M]．5 版．北京：机械工业出版社，2017.

[3] K 洛克，K H 莫德勒．机械原理：分析·综合·优化[M]．孔建益，译．北京：机械工业出版社，2003.

[4] Neil Sclater. 机械设计实用机构与装置图册[M]．5 版．邹平，译．北京：机械工业出版社，2014.

[5] 华大年，华志宏．连杆机构设计与创新应用[M]．北京：机械工业出版社，2008.

[6] 大卫 G 乌尔曼．机械设计过程[M]．3 版．黄靖远，刘莹，等，译．北京：机械工业出版社，2006.

[7] 森田钧．机构学[M]．东京：実教出版株式会社，2004.

诸葛连弩（三国时期）

凸轮机构及其设计

9.1 凸轮机构的应用、分类和选型

1. 凸轮机构的应用

在各种机械,特别是自动机和自动控制装置中,广泛采用着各种形式的凸轮机构。

图 9-1 为一内燃机的配气机构。当凸轮 1 回转时,其轮廓将迫使推杆 2 作往复摆动,从而使气阀 3 开启或关闭(关闭是弹簧 4 的作用),以控制可燃物质在适当的时间进入气缸或排出废气。至于气阀开启和关闭时间的长短及其速度和加速度的变化规律,则取决于凸轮轮廓曲线的形状。

图 9-2 为一自动机床的进刀机构。当具有凹槽的圆柱凸轮 1 回转时,其凹槽的侧面通过嵌于凹槽中的滚子 3 迫使推杆 2 绕轴 O 作往复摆动,从而控制刀架的进刀和退刀运动。至于进刀和退刀的运动规律如何,则决定于凹槽曲线的形状。

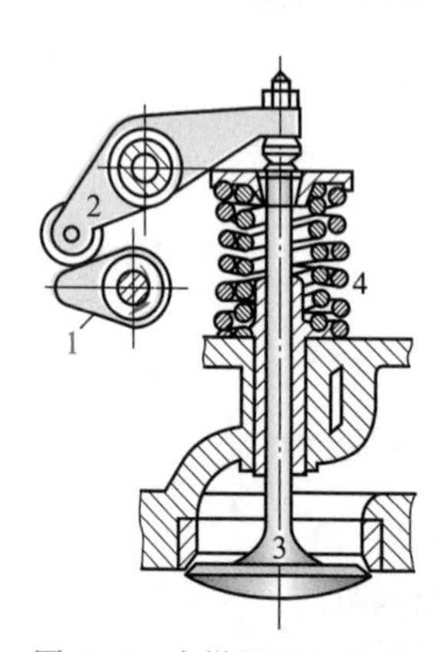

图 9-1　内燃机配气机构

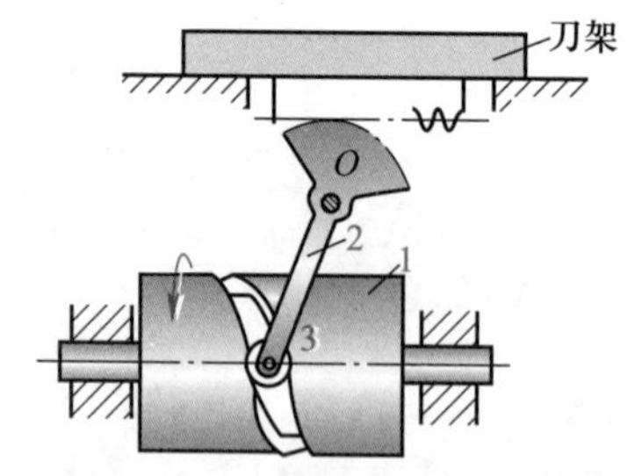

图 9-2　自动机床进刀机构

由以上两例可见,凸轮(cam)是一个具有曲线轮廓或凹槽的构件。凸轮通常为主动件作等速转动,但也有作往复摆动或移动的;被凸轮直接推动的构件称为推杆(又常称其为从动件,follower)。若凸轮为从动件,则称之为反凸轮机构(inverse cam mechanism),图 9-3 所示的勃朗宁重机枪就用到了反凸轮机构,它在节套后坐时,使枪机加速后坐,以利弹壳及时退出。

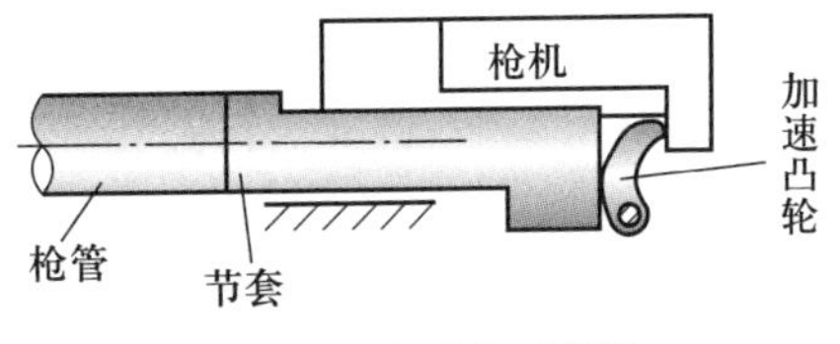

图 9-3　机枪加速机构

图 9-4a 所示为用于鱼雷中的凸轮式活塞发动机。其中,5 为活塞;4 为活塞杆(推杆);3 为凸轮,其外形如图 9-4b 所示,为凸棱式圆柱凸轮。推杆上有两个滚子卡在凸棱上构成几何封闭。此处也利用了反凸轮机构,将活塞的直线运动变为凸轮的旋转运动,推杆通过滚子作用在凸轮上的力使凸轮回转,而凸轮作用在滚子上的反作用力则使推杆、活塞以及活塞缸 6 沿相反方向转动。再通过内、外轴 2、1 带动鱼雷的两螺旋桨作不同方向的转动,推动鱼雷迅速前进。

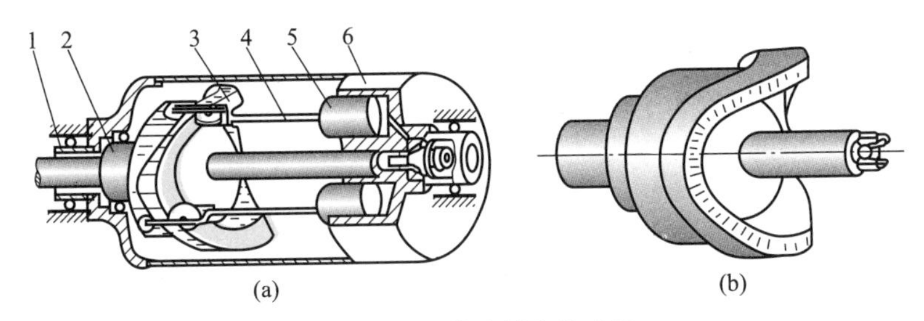

图 9-4　凸轮式活塞发动机

由此可见,凸轮机构是一种由凸轮、推杆与机架组成的含高副的三构件机构。因此,该机构有如下传动特点:

1) 凸轮机构的最大优点是只要适当地设计出凸轮的轮廓曲线,就可以使推杆得到各种预期的运动规律,而且响应快速,机构简单紧凑。正因如此,凸轮机构在机械系统中不可能被数控、电控等装置完全代替。

2) 凸轮机构的缺点是凸轮廓线与推杆之间为点、线接触,易磨损,凸轮制造较困难。

现代机械日益向高速发展,凸轮机构的运动速度也愈来愈高。因此,高速凸轮的设计及其动力学问题的研究已引起普遍重视,并已提出了许多适于在高速条件下采用的推杆运动规律以及一些新型的凸轮机构。另一方面,随着计算机的发展,凸轮机构的计算机辅助设计和制造、反求设计已获得普遍地应用,从而提高了设计和加工的速度及质量,这也为凸轮机构的更广泛应用创造了条件。

2. 凸轮机构的分类

凸轮机构的类型很多,常按凸轮和推杆的形状及其运动形式的不同来分类。

(1) 按凸轮的形状分

1) 盘形凸轮(plate cam)。这种凸轮是一个具有变化向径的盘形构件(图 9-5a)绕固定轴线回转。如图9-5b所示的凸轮可看作是转轴在无穷远处的盘形凸轮的一部分,它作往复直线移动,故称其为移动凸轮(translating cam)。

2) 圆柱凸轮(cylindrical cam)。这种凸轮是一个在圆柱面上开有曲线凹槽(图 9-2),或是在圆柱端面上做出曲线轮廓(图 9-5c)的构件。

由于盘形凸轮机构与推杆的运动在同一平面内,所以它属于平面凸轮机构。而圆柱凸轮与推杆的运动不在同一平面内,故它是一种空间凸轮机构。空间凸轮机构除圆柱凸轮机构之外,还有如图 9-6 所示的圆锥凸轮机构(图 9-6a)、球面凸轮机构(图 9-6b)和圆弧回

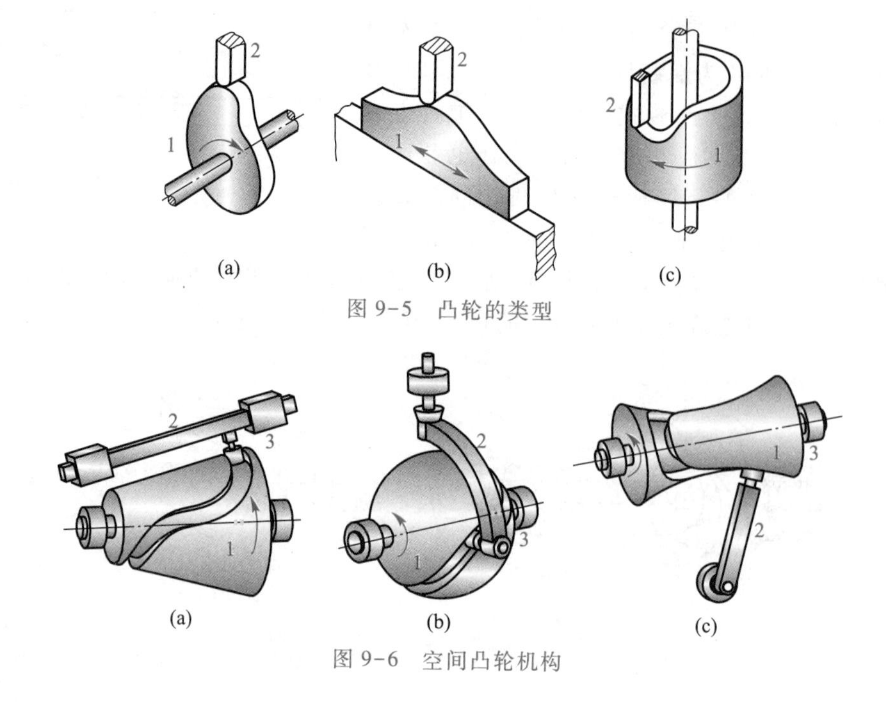

图 9-5 凸轮的类型

图 9-6 空间凸轮机构

转面凸轮机构(图 9-6c)等空间凸轮机构形式。而圆柱凸轮可看作是将移动凸轮卷于圆柱体上形成的。

(2) 按推杆形状和运动形式分

首先,根据推杆的形状不同,凸轮机构可分为如下形式:

1) 尖顶推杆(knife-edge follower)。如图 9-7a、b 所示,这种推杆的构造最简单,但易磨损,所以只适用于作用力不大和速度较低的场合,如用于仪表等机构中。

2) 滚子推杆(roller follower)。如图 9-7c、d 所示,这种推杆由于滚子与凸轮轮廓之间为滚动摩擦,所以磨损较小,故可用来传递较大的动力,滚子常采用特制结构的球轴承或滚子轴承(图 9-8)。

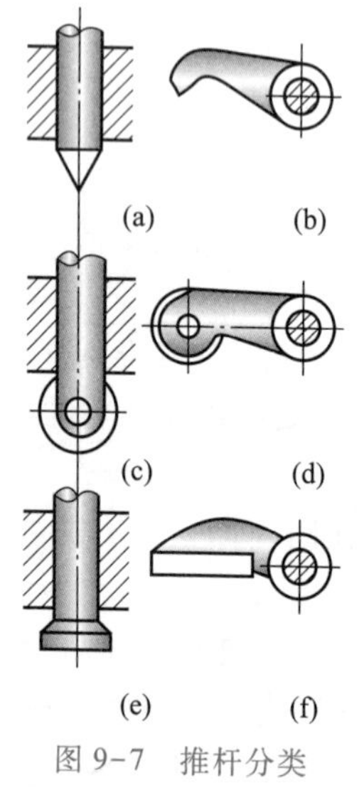

图 9-7 推杆分类

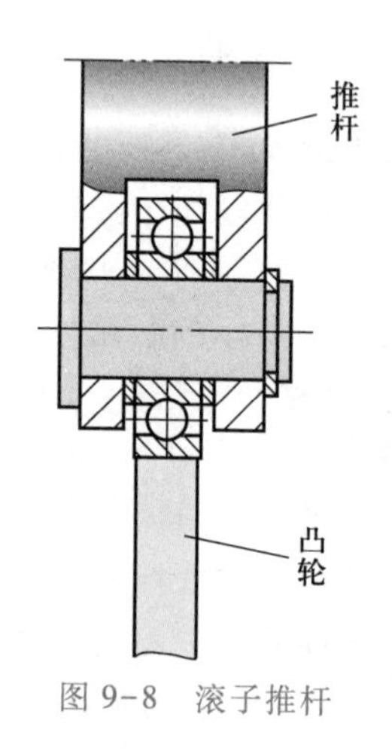

图 9-8 滚子推杆

3）平底推杆（flat-faced follower）。如图 9-7e、f 所示，这种推杆的优点是凸轮与平底的接触面间易形成油膜，润滑较好，所以常用于高速传动中。

其次，根据推杆的运动形式的不同，有作往复直线运动的直动推杆（translating follower）和作往复摆动的摆动推杆（oscillating follower）。在直动推杆中，若其轴线通过凸轮的回转轴心，则称其为对心直动推杆，否则称为偏置直动推杆。

综合上述分类方法，就可得到各种不同类型的凸轮机构。例如，图 9-1 所示为摆动滚子推杆盘形凸轮机构。

（3）按凸轮与推杆保持接触的方法分

根据凸轮与推杆保持接触的方法不同，凸轮机构又可分为：

1）力封闭凸轮机构（force-closed cam mechanism）。它利用推杆的重力、弹簧力（图 9-1）来使推杆与凸轮保持接触。

2）几何封闭的凸轮机构（form-closed cam mechanism）。它利用凸轮或推杆的特殊几何结构使凸轮与推杆保持接触。如在图 9-9a 所示的沟槽凸轮（groove cam）机构中，利用凸轮上的凹槽与置于槽中的推杆上的滚子使凸轮与推杆保持接触。在图 9-9b 所示的等宽凸轮机构（yoke radial cam with flat-faced follower）中，因与凸轮廓线相切的任意两平行线间的宽度 B 处处相等，且等于推杆内框上、下壁间的距离，所以凸轮和推杆可始终保持接触。而在图 9-9c 所示的等径凸轮机构（yoke radial cam with roller follower）中，因凸轮理论廓线在径向线上两点之间的距离 D 处处相等，故可使凸轮与推杆始终保持接触。在图 9-9d 所示的共轭凸轮（又称主回凸轮，conjugate cam）机构中则是用两个固接在一起的凸轮控制同一推杆，从而使凸轮与推杆始终保持接触。

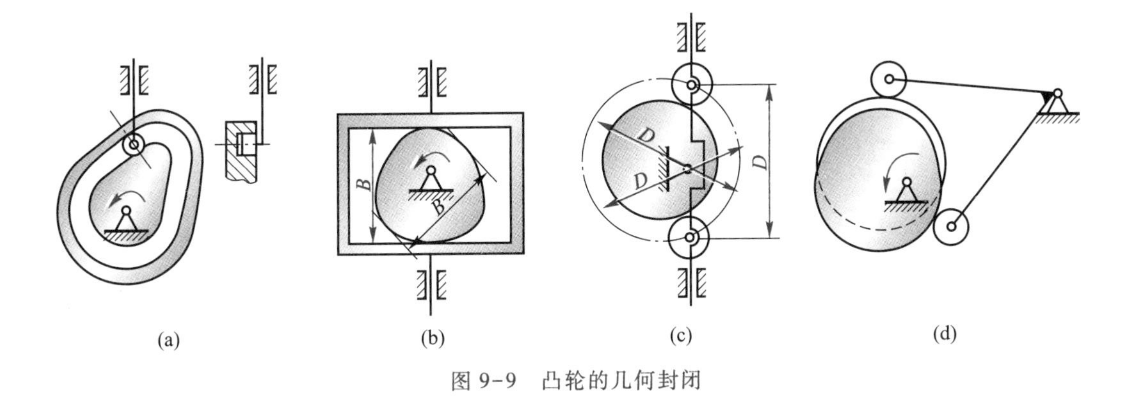

图 9-9　凸轮的几何封闭

3. 凸轮机构的设计任务及选型

凸轮机构设计的基本任务：根据工作要求选定合适的凸轮机构的形式、推杆的运动规律和有关的基本尺寸，然后根据选定的推杆运动规律设计凸轮的轮廓曲线，最后需检验所设计的凸轮机构是否满足传力性能要求以及考虑制造、装配的方便等因素。

根据机械的用途和传力性能要求不同，对凸轮机构选型的一般原则作简要说明。

1）根据所要设计的凸轮输入和推杆输出的运动形式及空间位置关系，选择合适的凸轮机构的形式。在满足运动要求前提下，应优先选择转动凸轮、摆动推杆和盘形凸轮的机构，因为转动副和盘形凸轮具有结构简单、效率高、不易自锁和价格低廉等优点。

2）根据机构要求实现的动力大小和速度高低，选择凸轮机构合适的推杆形式和封闭形式。对传递动力较大的凸轮机构，应优先选择滚子推杆和弹簧力封闭的形式，因其效率高、结构简单、工作可靠、易制造和维护；设计高速凸轮机构时，优先选用易形成动压流体润滑条件的平底推杆。

本章将重点介绍凸轮机构的推杆运动规律及其选择、凸轮轮廓曲线的设计和有关的基本尺寸的确定等内容。

9.2　推杆的运动规律

在凸轮机构的设计中，推杆运动规律的选择或设计，关系到凸轮机构的工作质量。本节将介绍推杆常用的几种运动规律，并对推杆运动规律的选择问题作一简要的讨论。

1. 推杆常用的运动规律

图 9-10a 所示为一对心直动尖顶推杆盘形凸轮机构。图中，以凸轮的回转轴心 O 为圆心，以凸轮的最小半径 r_0 为半径所作的圆称为凸轮的基圆（base circle），r_0 称为基圆半径。图示凸轮的轮廓由 AB、BC、CD 及 DA 四段曲线组成。凸轮与推杆在 A 点接触时，推杆处于最低位置。当凸轮沿逆时针转动时，推杆在凸轮廓线 AB 段的推动下，将由最低位置 A 被推到最高位置 B'，推杆运动的这一过程称为推程，而相应的凸轮转角 δ_0 称为推程运动角（motion angle for rise travel）。当推杆与凸轮廓线的 BC 段接触时，由于 BC 段为以凸轮轴心 O 为圆心的圆弧，所以推杆将处于最高位置而静止不动，这一过程称为远休止，与之相应的凸轮转角 δ_{01} 称为远休止角（farthest dwell angle）。当推杆与凸轮廓线的 CD 段接触时，它又由最高位置回到最低位置，这一过程称为回程，相应的凸轮转角 δ_0' 称为回程运动角（motion angle for return travel）。最后，当推杆与凸轮廓线 DA 段接触时，由于 DA 段为以凸轮轴心 O

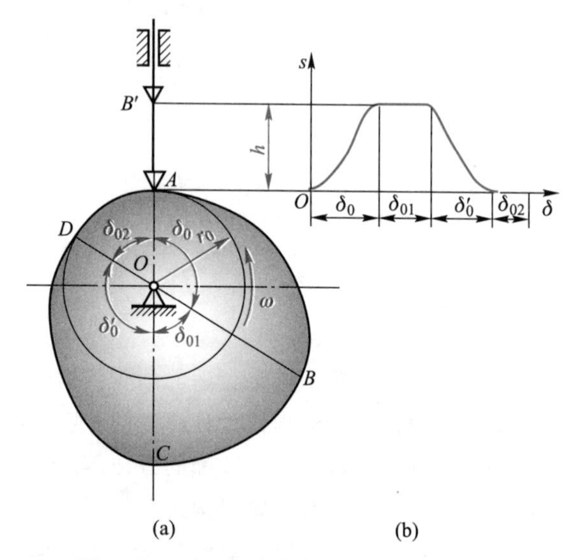

图 9-10　对心直动尖顶推杆盘形凸轮机构

为圆心的圆弧，所以推杆将在最低位置静止不动，这一过程称为近休止，相应的凸轮转角 δ_{02} 称为近休止角(nearest dwell angle)。而推杆在推程或回程中移动的距离 h 称为推杆的行程。凸轮再继续转动时，推杆又重复上述的过程。

显然，主动件凸轮转动一个周期中，从动件推杆的运动则具有"升-停-回-停"型的运动特征。由此可知，推杆运动类型常有"升-停-回-停"型、"升-停-回"型、"升-回-停"型和"升-回"型四种基本运动循环类型。简言之，推杆运动规律常有"双停""单停"和"无停"特性的运动形式。

所谓推杆的运动规律，是指推杆的位移 s、速度 v 和加速度 a 随凸轮转角 δ 变化的规律。图9-10b所示就是其推杆的位移变化规律。

根据所用数学表达式的不同，常用的推杆运动规律主要有多项式运动规律和三角函数运动规律两大类。下面分别加以介绍。

(1) 多项式运动规律

推杆的多项式运动规律的一般表达式为

$$s=C_0+C_1\delta^1+C_2\delta^2+\cdots+C_n\delta^n \tag{9-1}$$

式中，δ 为凸轮转角；s 为推杆位移；C_0、C_1、C_2、…、C_n 为待定系数，可利用边界条件等来确定。常用的有以下几种多项式运动规律。

1) 一次多项式运动规律　设凸轮以等角速度 ω 转动，在推程时，凸轮的运动角为 δ_0，推杆完成行程 h，当采用一次多项式运动规律时，则有

$$\left.\begin{aligned}&s=C_0+C_1\delta\\&v=\mathrm{d}s/\mathrm{d}t=C_1\omega\\&a=\mathrm{d}v/\mathrm{d}t=0\end{aligned}\right\} \tag{9-2}$$

设取边界条件为①

在始点处　$\delta=0, s=0$。

在终点处　$\delta=\delta_0, s=h$。

则由式(9-2)可得 $C_0=0, C_1=h/\delta_0$，故推杆推程的运动方程为

$$\left.\begin{aligned}&s=h\delta/\delta_0\\&v=h\omega/\delta_0\\&a=0\end{aligned}\right\} \tag{9-3a}$$

在回程时，因规定推杆的位移总是由其最低位置算起，故推杆的位移 s 是逐渐减小的，而其运动方程为

$$\left.\begin{aligned}&s=h(1-\delta/\delta_0')\\&v=-h\omega/\delta_0'\\&a=0\end{aligned}\right\} \tag{9-3b}$$

式中，δ_0'为凸轮回程运动角，注意凸轮的转角 δ 总是从该段运动规律的起始位置计量起。

由上述可知，推杆此时作等速运动，故又称其为等速运动规律(constant velocity motion curve)。图9-11所示为其推程段的运动线图。由图可见，其推杆在运动开始和终止的瞬

---

① 由于待定系数只有两个，故边界条件也只能设定两个。

时，因速度有突变，所以这时推杆在理论上将出现无穷大的加速度和惯性力，因而会使凸轮机构受到极大的冲击，这种冲击称为刚性冲击(rigid impact)。

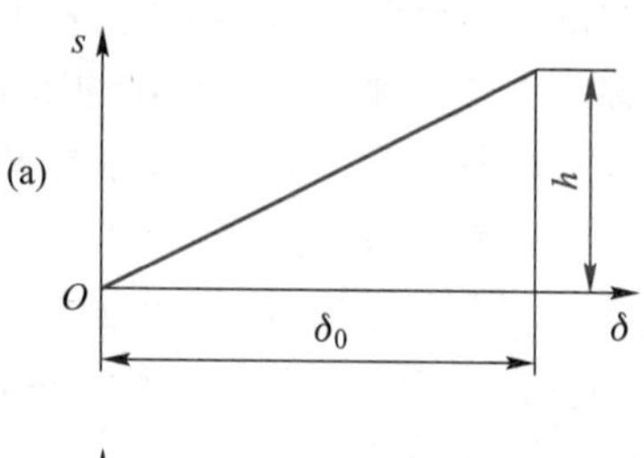

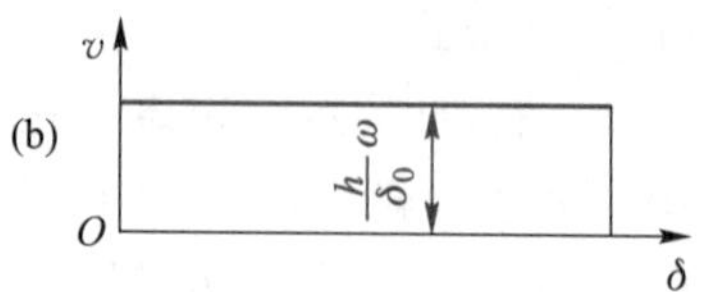

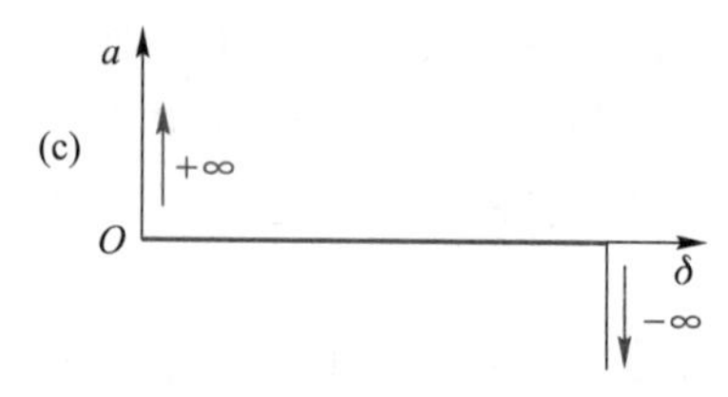

图 9-11 等速推程运动规律

2）二次多项式运动规律，其表达式为

$$\left.\begin{aligned} s &= C_0+C_1\delta+C_2\delta^2 \\ v &= \mathrm{d}s/\mathrm{d}t = C_1\omega+2C_2\omega\delta \\ a &= \mathrm{d}v/\mathrm{d}t = 2C_2\omega^2 \end{aligned}\right\} \tag{9-4}$$

由式(9-4)可见，这时推杆的加速度为常数。为了保证凸轮机构运动的平稳性，通常应使推杆先作加速运动，后作减速运动。设在加速段和减速段凸轮的运动角及推杆的行程各占一半(即各为 $\delta_0/2$ 及 $h/2$)①。这时，推程加速段的边界条件为

在始点处 $\delta=0, s=0, v=0$。

在终点处 $\delta=\delta_0/2, s=h/2$。

将其代入式(9-4)，可求得 $C_0=0, C_1=0, C_2=2h/\delta_0^2$，故推杆等加速推程段的运动方程为

$$\left.\begin{aligned} s &= 2h\delta^2/\delta_0^2 \\ v &= 4h\omega\delta/\delta_0^2 \\ a &= 4h\omega^2/\delta_0^2 \end{aligned}\right\} \tag{9-5a}$$

式中，δ 的变化范围为 $0\sim\delta_0/2$。

由式(9-5a)可见，在此阶段，推杆的位移 s 与凸轮转角 δ 的平方成正比，故其位移曲线为一段向上弯的抛物线，如图 9-12a 所示。

推程减速段的边界条件为

在始点处 $\delta=\delta_0/2, s=h/2$。

在终点处 $\delta=\delta_0, s=h, v=0$。

将其代入式(9-4)，可得 $C_0=-h, C_1=4h/\delta_0, C_2=-2h/\delta_0^2$，故推杆等减速推程段的运动方程为

$$\left.\begin{aligned} s &= h-2h(\delta_0-\delta)^2/\delta_0^2 \\ v &= 4h\omega(\delta_0-\delta)/\delta_0^2 \\ a &= -4h\omega^2/\delta_0^2 \end{aligned}\right\} \tag{9-5b}$$

式中，δ 的变化范围为 $\delta_0/2\sim\delta_0$。这时，推杆的位移曲线如图 9-12a 所示为一段向下弯曲的抛物线。

上述两种运动规律的结合，构成推杆的等加速等减速运动规律(constant acceleration and deceleration motion curve)。由图 9-12c 可见，其在 A、B、C 三点的加速度有突变，不过这一突变为有限值，因而引起的冲击较小，故称这种冲击为柔性冲击(soft impact)。

回程时的等加速等减速运动规律的运动方程为

等加速回程：

---

① 根据工作需要，也可不作等分。

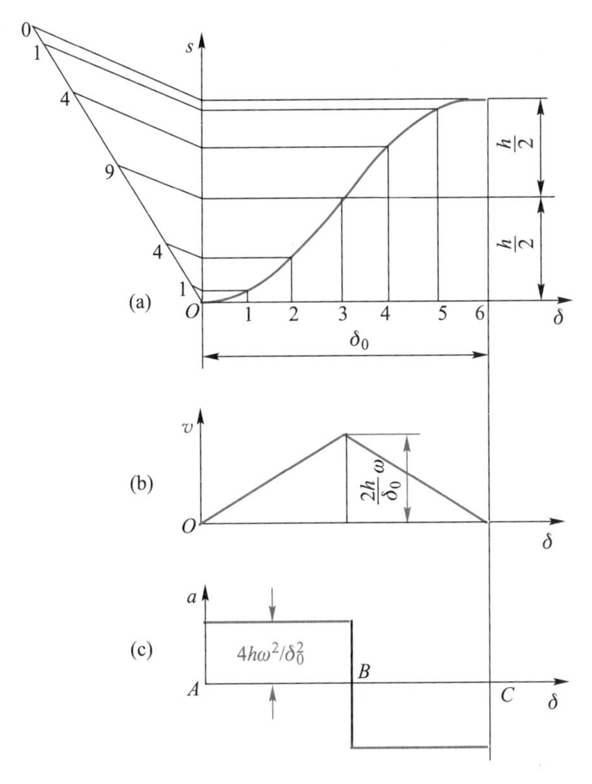

图 9-12　等加速等减速推程运动规律

$$\left.\begin{aligned}s&=h-2h\delta^2/\delta_0'^2\\v&=-4h\omega\delta/\delta_0'^2\\a&=-4h\omega^2/\delta_0'^2\end{aligned}\right\}\quad(\delta=0\sim\delta_0'/2)\tag{9-6a}$$

等减速回程：

$$\left.\begin{aligned}s&=2h(\delta_0'-\delta)^2/\delta_0'^2\\v&=-4h\omega(\delta_0'-\delta)/\delta_0'^2\\a&=4h\omega^2/\delta_0'^2\end{aligned}\right\}\quad(\delta=\delta_0'/2\sim\delta_0')\tag{9-6b}$$

由此可知，等加速、等减速运动规律用于推程或回程时，其运动规律的始、中、末均存在柔性冲击。

3）五次多项式运动规律　当采用五次多项式时，其表达式为

$$\left.\begin{aligned}s&=C_0+C_1\delta+C_2\delta^2+C_3\delta^3+C_4\delta^4+C_5\delta^5\\v&=\mathrm{d}s/\mathrm{d}t=C_1\omega+2C_2\omega\delta+3C_3\omega\delta^2+4C_4\omega\delta^3+5C_5\omega\delta^4\\a&=\mathrm{d}v/\mathrm{d}t=2C_2\omega^2+6C_3\omega^2\delta+12C_4\omega^2\delta^2+20C_5\omega^2\delta^3\end{aligned}\right\}\tag{9-7}$$

因待定系数有 6 个，故可设定 6 个边界条件为

在始点处　$\delta=0, s=0, v=0, a=0$。

在终点处　$\delta=\delta_0, s=h, v=0, a=0$。

代入式(9-7)可解得 $C_0=C_1=C_2=0$，$C_3=10h/\delta_0^3$，$C_4=-15h/\delta_0^4$，$C_5=6h/\delta_0^5$，故其位移方

程式为

$$s=10h\delta^3/\delta_0^3-15h\delta^4/\delta_0^4+6h\delta^5/\delta_0^5 \tag{9-8}$$

式(9-8)称为五次多项式(或3-4-5多项式,polynomial motion curve)。图9-13为其运动线图。由图可见,此运动规律既无刚性冲击也无柔性冲击。

如果工作中有多种要求,只需把这些要求列成相应的边界条件,并增加多项式中的方次,即可求得推杆相应的运动方程式。但当边界条件增多时,会使设计计算复杂,加工精度也难以达到,故通常不宜采用太高次数的多项式。

(2) 三角函数运动规律

1) 余弦加速度运动规律(又称简谐运动规律,simple harmonic motion)其推程时的运动方程为

$$\left.\begin{aligned} s&=h[1-\cos(\pi\delta/\delta_0)]/2\\ v&=\pi h\omega\sin(\pi\delta/\delta_0)/(2\delta_0)\\ a&=\pi^2h\omega^2\cos(\pi\delta/\delta_0)/(2\delta_0^2)\end{aligned}\right\} \tag{9-9a}$$

回程时的运动方程为

$$\left.\begin{aligned} s&=h[1+\cos(\pi\delta/\delta_0')]/2\\ v&=-\pi h\omega\sin(\pi\delta/\delta_0')/(2\delta_0')\\ a&=-\pi^2h\omega^2\cos(\pi\delta/\delta_0')/(2\delta_0'^2)\end{aligned}\right\} \tag{9-9b}$$

其推程时的运动线图如图9-14所示。由图可见,在首、末两点推杆的加速度有突变,故有柔性冲击而无刚性冲击。

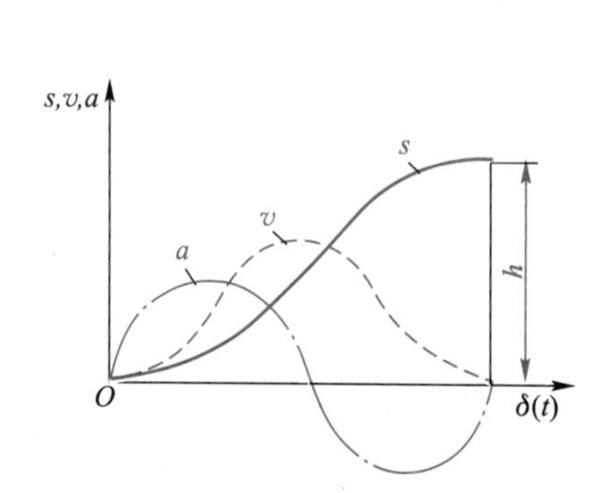

图9-13　五次多项式推程运动规律

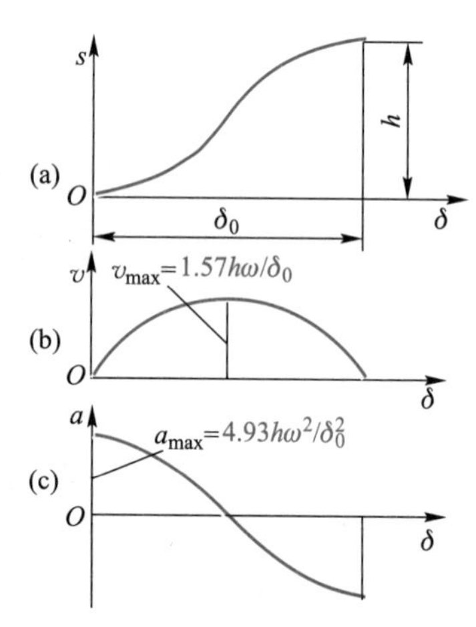

图9-14　余弦加速度推程运动规律

由此可见,与等加速等减速运动规律相同,若将简谐运动规律同时用于"升-回"型推杆运动的推程和回程时,才可避免其柔性冲击。

2) 正弦加速度运动规律(又称摆线运动规律,sine acceleration motion curve),其推程时的运动方程为

$$\left.\begin{aligned} s&=h[(\delta/\delta_0)-\sin(2\pi\delta/\delta_0)/(2\pi)]\\ v&=h\omega[1-\cos(2\pi\delta/\delta_0)]/\delta_0\\ a&=2\pi h\omega^2\sin(2\pi\delta/\delta_0)/\delta_0^2\end{aligned}\right\} \tag{9-10a}$$

回程时的运动方程为

$$
\left.\begin{aligned}
s&=h[1-(\delta/\delta_0')+\sin(2\pi\delta/\delta_0')/(2\pi)]\\
v&=h\omega[\cos(2\pi\delta/\delta_0')-1]/\delta_0'\\
a&=-2\pi h\omega^2\sin(2\pi\delta/\delta_0')/\delta_0'^2
\end{aligned}\right\}\qquad(9\text{-}10\text{b})
$$

其推程时的运动线图如图 9-15 所示。由图可见，其既无刚性冲击也无柔性冲击。

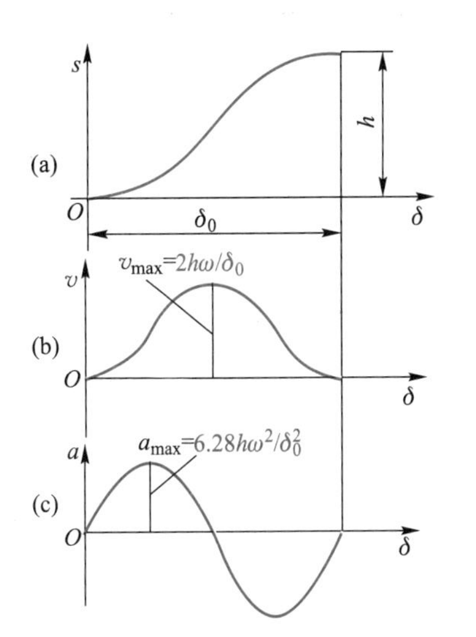

图 9-15　正弦加速度推程运动规律

2. 推杆常用运动规律的评价

推杆运动的速度 v 与推杆运动的动量（mv，m 为推杆的质量）、动能（$mv^2/2$）有关，若推杆的 v_{max} 很大，对推杆的停止运动或反向运动影响很大，会造成推杆与凸轮的碰撞或脱离。而推杆的加速度与推杆的惯性力（$-ma$）有关，若推杆的 a_{max} 很大，会使凸轮和推杆之间的动负荷较大。推杆的跃度最大值 j_{max} 大，则易激发机器的振动与噪声。

为了选择运动规律时便于比较，现将一些常用运动规律的速度、加速度和跃度（加速度对时间的导数）的最大值及适用场合列于表 9-1。由表中可知，等加速等减速运动规律和正弦加速度运动规律的速度峰值 v_{max} 较大，而除等速运动规律之外，正弦加速度运动规律的加速度最大值 a_{max} 最大。

表 9-1　常用运动规律的速度、加速度和跃度的最大值及适用场合

运动规律	最大速度 v_{max} $(h\omega/\delta_0)\times$	最大加速度 a_{max} $(h\omega^2/\delta_0^2)\times$	最大跃度 j_{max} $(h\omega^3/\delta_0^3)\times$	适用场合
等速运动	1.00	∞		低速轻载
等加速等减速	2.00	4.00	∞	中速轻载
余弦加速度	1.57	4.93	∞	中低速重载
正弦加速度	2.00	6.28	39.5	中高速轻载
五次多项式	1.88	5.77	60.0	高速中载

3. 组合运动规律

除上面介绍的推杆常用的几种运动规律外，根据工作需要，还可以选择其他类型的运动规律，或者将几种运动规律组合使用，以改善推杆的运动和动力特性。例如，在凸轮机构中，为了避免冲击，推杆不宜采用加速度有突变的运动规律。可是，如果工作过程又要求推杆必须采用等速运动规律，此时为了同时满足推杆等速运动及加速度不产生突变的要求，可将等速运动规律适当地加以修正。如把推杆的等速运动规律在其行程两端与正弦加速度运动规律组合起来（图 9-16），以获得性能较好的组合运动规律。

构造组合运动规律应根据工作的需要，首先考虑用哪些运动规律来参与组合，其次要保证各段运动规律在衔接点上的运动参数（位移、速度、加速度等）的连续性，并在运动的起始和终止处满足边界条件。现以图 9-16 所示的组合运动规律为例，加以简要说明。

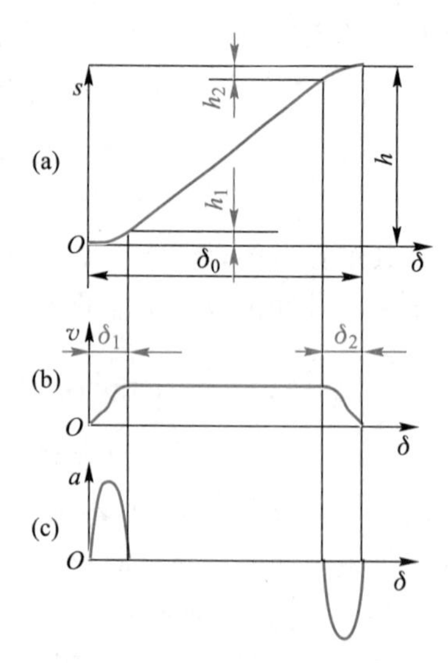

图 9-16　组合运动规律

在图 9-16 中，设两修正区段凸轮的转角分别为 δ_1 和 δ_2，推杆相应的位移分别为 h_1 和 h_2，由图可见，其运动曲线由三段组成，第一段为正弦加速度区段，其运动方程可将 $h=2h_1$，$\delta_0=2\delta_1$ 代入式(9-10a)得

$$\left.\begin{aligned}s&=h_1[(\delta/\delta_1)-\sin(\pi\delta/\delta_1)/\pi]\\v&=h_1\omega[1-\cos(\pi\delta/\delta_1)]/\delta_1\\a&=\pi h_1\omega^2\sin(\pi\delta/\delta_1)/\delta_1^2\end{aligned}\right\}\qquad(9\text{-}11\text{a})$$

式中，$\delta=0\sim\delta_1$。

第二段为等速运动区段，其运动方程为

$$\left.\begin{aligned}s&=h_1+(h-h_1-h_2)(\delta-\delta_1)/(\delta_0-\delta_1-\delta_2)\\v&=(h-h_1-h_2)\omega/(\delta_0-\delta_1-\delta_2)\\a&=0\end{aligned}\right\}\qquad(9\text{-}11\text{b})$$

式中，$\delta=\delta_1\sim(\delta_0-\delta_2)$。

第三段为正弦加速度减速区段，其运动方程为

$$\left.\begin{aligned}s&=h-h_2[(\delta_0-\delta)/\delta_2+h_2\sin[\pi(\delta_0-\delta)/\delta_2]/\pi]\\v&=h_2\omega/\delta_2-h_2\omega\cos[\pi(\delta_0-\delta)/\delta_2]/\delta_2\\a&=-h_2\omega^2\pi\sin[\pi(\delta_0-\delta)/\delta_2]/\delta_2^2\end{aligned}\right\}\qquad(9\text{-}11\text{c})$$

式中，$\delta=(\delta_0-\delta_2)\sim\delta_0$。

根据运动组合原则，要保证两段运动规律在衔接点上的运动参数的连续，令在 $\delta=\delta_1$ 时，式(9-11a)和式(9-11b)中的 v 相等，可得

$$2h_1/\delta_1=(h-h_1-h_2)/(\delta_0-\delta_1-\delta_2)$$

再令 $\delta=\delta_0-\delta_2$ 时，式(9-11b)和式(9-11c)中的 v 相等，可得

$$2h_2/\delta_2=(h-h_1-h_2)/(\delta_0-\delta_1-\delta_2)$$

联解上两式可得

$$\left.\begin{aligned}h_1&=\delta_1h/(2\delta_0-\delta_1-\delta_2)\\h_2&=\delta_2h/(2\delta_0-\delta_1-\delta_2)\end{aligned}\right\}\qquad(9\text{-}12)$$

在求解时，可先选定两修正段的凸轮转角 δ_1 和 δ_2。

又如，为了消除等加速等减速运动规律中的柔性冲击，可用由等加速等减速运动规律和正弦加速度运动规律组合而成的修正梯形运动规律，图 9-17 为其加速度线图。

图 9-18 中给出了正弦加速度运动规律、等加速等减速运动规律和改进梯形运动规律的速度线图和加速度线图。

4. 推杆运动规律的选择

选择推杆运动规律，首先需满足机器的工作要求，同时还应使凸轮机构具有良好的动力

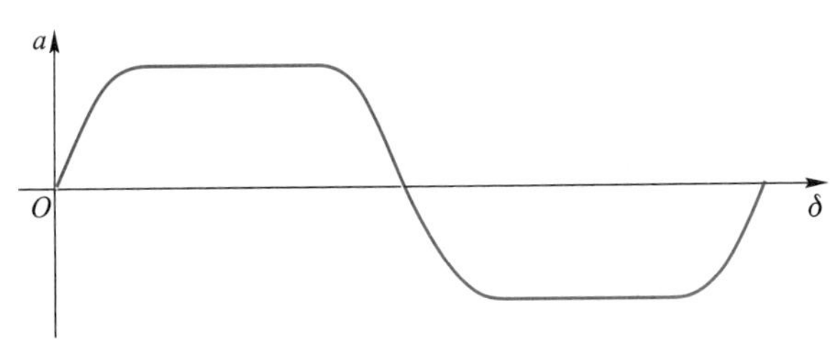

图 9-17　修正梯形运动规律

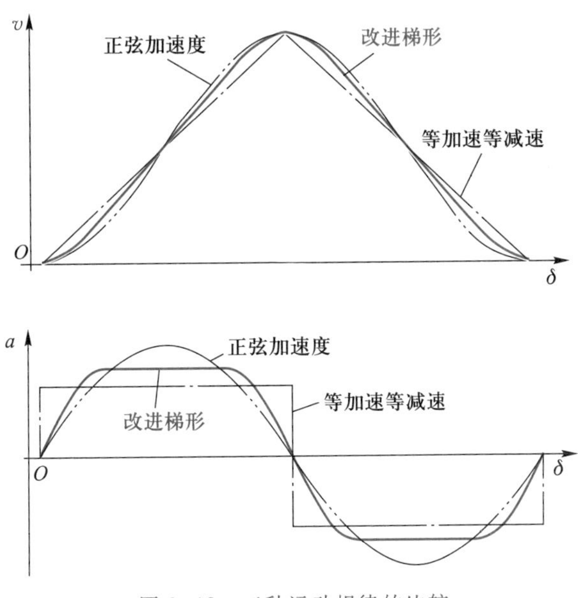

图 9-18　三种运动规律的比较

特性和使所设计的凸轮便于加工等。下面仅就凸轮机构的工作条件与推杆运动规律的选择分几种情况作一简要的说明。

1）机器的工作过程只要求凸轮转过某一角度 δ_0 时，推杆完成一行程 h，对推杆的运动规律无严格要求。在此情况下，可考虑采用圆弧、直线等简单的几何曲线作为凸轮的轮廓曲线，甚至直接采用如偏心圆盘、斜盘等简单构件做成凸轮，不仅能很好满足“升-回”型推杆的运动循环要求，而且可大为简化结构和降低成本。如图 9-19 所示的电话开关即为一例。当通话完毕，将电话听筒挂在钩子上时，杠杆 1 作逆时针旋转，其上的凸轮 a 将通话触点 3 断开，将振铃触点 4 闭合，做好接收新来电话的准备。如图 9-20 所示为直接用斜盘构成的凸轮机构，可用于排线机等一些特殊的场合，其优点是制造特别简便。

2）机器的工作过程对推杆的运动规律有完全确定的要求。如某些模拟计算机中用以实现一些特定函数关系的凸轮机构就是如此，此时推杆的运动规律已无选择余地。

3）对于速度较高的凸轮机构，即使机器工作过程对推杆的运动规律并无具体要求，但应考虑到机构的运动速度较高，如推杆的运动规律选择不当，则会产生很大的惯性力、冲击和振动，从而影响到机器的强度、寿命和正常工作。所以，为了改善其动力性能，在选择推杆的运动规律时，应考虑该种运动规律的一些特性值，如速度最大值 $v_{\max}$、加速度最大值 $a_{\max}$ 和

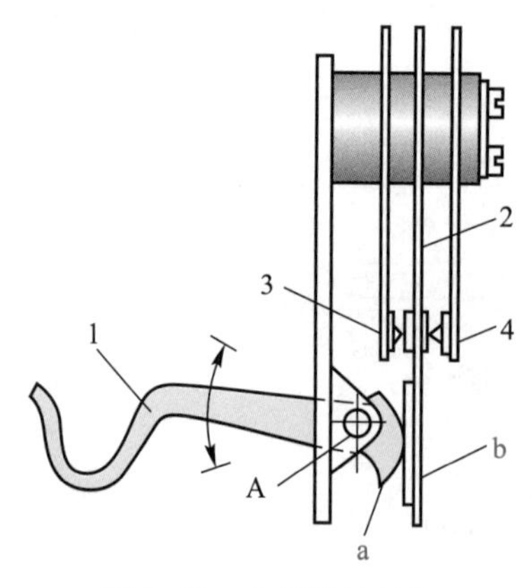

图 9-19 电话开关机构

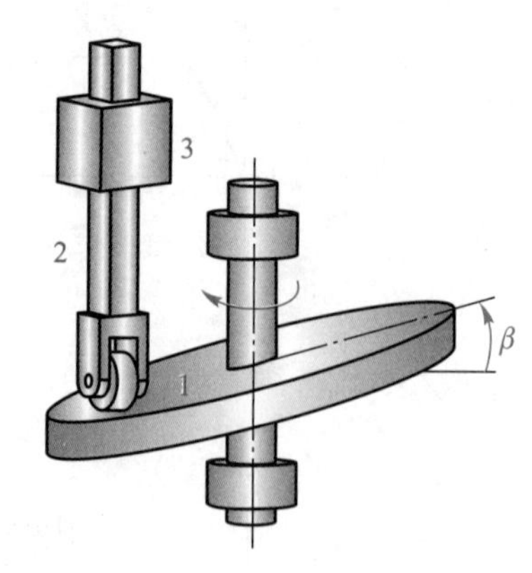

图 9-20 斜盘凸轮机构

跃度的最大值 j_{max} 等。如用于高速分度的凸轮机构，若分度工作台的惯量较大，就不宜选用 v_{max} 较大的运动规律，因要其迅速起动和停止都较困难。

9.3 凸轮轮廓曲线的设计

在根据工作要求和结构条件选定了凸轮结构的形式、基本尺寸、推杆的运动规律和凸轮的转向后，就可进行凸轮轮廓曲线的设计了。凸轮轮廓曲线的设计有作图法和解析法，由于用作图法设计难以满足对凸轮机构精度的要求，故现在主要是用解析法。但图解法有助于对凸轮廓线设计的基本原理和方法的理解，故下面对此作简要介绍。

1. 凸轮廓线设计方法的基本原理

凸轮轮廓曲线设计所依据的基本原理是反转法原理。下面就对此原理加以介绍。

图 9-21 所示为一偏置直动尖顶推杆盘形凸轮机构。其推杆的轴线与凸轮回转轴心 O 之间有一偏距 e。当凸轮以角速度 ω 绕轴 O 转动时，推杆在凸轮的推动下实现预期的运动。现设想给整个凸轮机构加上一个公共角速度 $-\omega$，使其绕轴心 O 转动。这时凸轮与推杆之间的相对运动并未改变，但此时凸轮将静止不动，而推杆则一方面随其导轨以角速度 $-\omega$ 绕轴心 O 转动，一方面又在导轨内作预期的往复移动。这样，推杆在这种复合运动中，其尖顶的运动轨迹即为凸轮轮廓曲线。

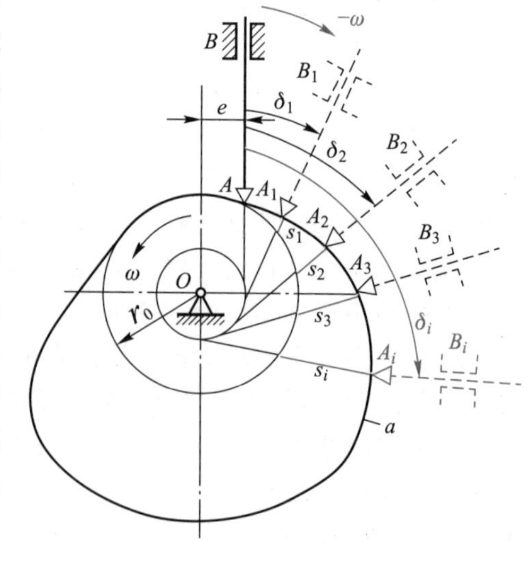

图 9-21 反转法原理

根据上述分析，如在设计满足给定的推杆位移规律 $s=s(\delta)$ 的一尖顶推杆凸轮的轮廓曲线时（图 9-21），可假定凸轮静止不动，而使推杆相对于凸轮沿 $-\omega$ 方向运动，其反转位置可用角 δ_i（$=i\delta_0/n$，其中 n 为 δ_0 的等分角数）表示，同时又在其导轨

A_iB_i 上作预期位移,即 $s_i=s(\delta_i)$,将其尖顶 A 所占据的一系列位置 $A_i(i=1,2,3,\cdots,n)$ 连成平滑曲线 a,这就是所要求的直动尖顶推杆所对应的凸轮廓线,此方法就是凸轮廓线设计的反转法原理。

至于设计滚子推杆或平底推杆凸轮机构的凸轮廓线,则是在上述尖顶推杆凸轮廓线的设计基础上,再利用包络法来完成的。

2. 用图解法设计凸轮的轮廓曲线

如何用图解法来设计凸轮的轮廓曲线,下面将结合两种凸轮机构来加以说明。

对于滚子推杆凸轮机构的凸轮廓线设计(如图 9-22 所示),可首先将滚子中心 A 视为尖顶,按前述方法确定滚子中心 A 在推杆复合运动中的轨迹,称此轨迹为凸轮的理论廓线(cam pitch curve);然后以理论廓线上一系列点为圆心,以滚子半径 r_r 为半径,作一系列的圆,再作此圆族的包络线,即为凸轮的工作廓线,又称实际廓线(cam contour),这就是所谓的包络法。需注意的是,若凸轮的基圆半径未指明,通常系指理论廓线的最小半径,如图 9-22 中的 r_0。

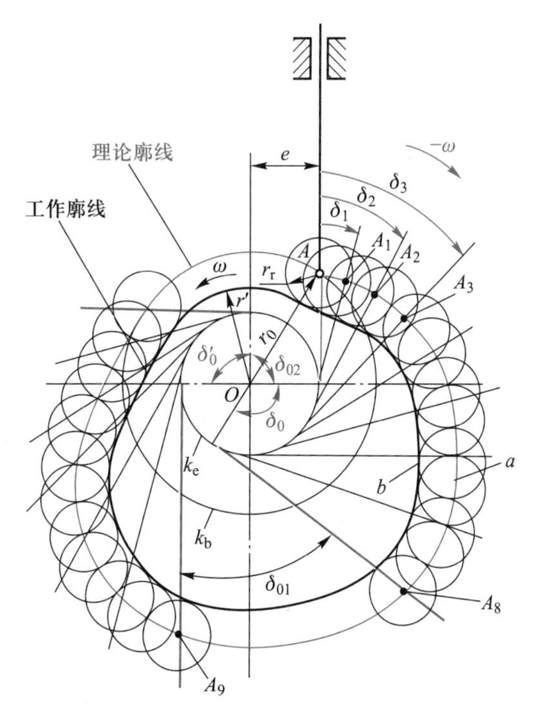

图 9-22 滚子推杆凸轮廓线设计

该凸轮廓线图解设计的具体步骤如下:

首先,选择适当的比例尺 μ_l,根据给定的机构基本尺寸,如凸轮的基圆半径 r_0、推杆偏距 e 及滚子半径 r_r 和凸轮等角速度 ω 方向,先作出该凸轮的基圆 k_b 和推杆的偏距圆 k_e 及推杆的起始位置 A 等。

其次,按反转法原理,求作该凸轮的理论廓线。推程段:先将已知推程运动角 δ_0 等分为若干等分角(图中为 8 等分),作出一系列各反转角位移 $\delta_i(=i\delta_0/n)$ 所占据的各位置;再根据选定的推杆位移规律 $s=s(\delta)$(推程段 $0\leqslant\delta\leqslant\delta_0$),计算出推杆在反转运动中的预期各位移 $s_i=s(\delta_i)$,然后从基圆 k_b 起始,确定出推杆在复合运动中依次占据的位置 A_i,并连成平滑曲线 b,即得所要求的推程段凸轮理论廓线。接下来求作远休止段,这段廓线是推杆继续反转 δ_{01}时,以 O 为圆心和以$\overline{OA_8}$ 为半径的圆弧段 A_8A_9;至于回程段和最后的近休止段的作法分别与上述类似。由此即可完成全部理论廓线的设计。

最后,以理论廓线上一系列点为圆心,以滚子半径 r_r 为半径,作一系列的滚子圆,再作此圆族的包络线(图 9-22 中的实线 a),即得所求的凸轮的工作廓线。

对于平底推杆凸轮机构凸轮廓线的设计,如图 9-23 所示,则可将推杆导路的中心线与推杆平底的交点 A 视为平底推杆的尖顶,类似于上述滚子推杆盘形凸轮理论廓线作图法的步骤,确定出尖顶 A 在推杆复合运动中依次占据的各位置 A_i。再分别依次过各点 A_i 作一系列代表推杆平底的直线，最后作出平底直线族的包络线，即得凸轮的工作廓线。

3. 用解析法设计凸轮的轮廓曲线

下面将以盘形凸轮机构的设计为例加以介绍。

（1）偏置直动滚子推杆盘形凸轮机构

如图 9-24 所示建立 Oxy 坐标系，B_0 点为凸轮推程段廓线的起始点。开始时推杆滚子中心处于 B_0 点处，当凸轮转过 δ 角时，推杆产生相应的位移 s。为了建立凸轮廓线方程式，根据反转法，可假定凸轮固定不动，而推杆沿 $-\omega$ 方向转动角 δ，由图 9-24 可看出，此时滚子中心处于 B 点，其直角坐标为

$$\left.\begin{aligned} x &= (s_0+s)\sin\delta + e\cos\delta \\ y &= (s_0+s)\cos\delta - e\sin\delta \end{aligned}\right\} \tag{9-13}$$

式中，e 为偏距；$s_0=\sqrt{r_0^2-e^2}$。式(9-13)即为凸轮的理论廓线方程式。

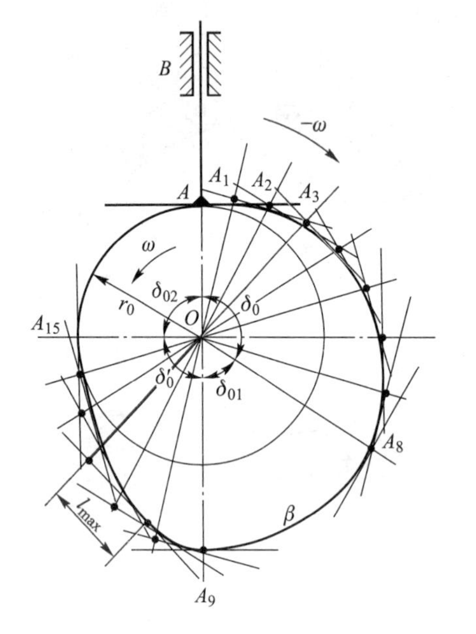

图 9-23　平底推杆凸轮廓线设计

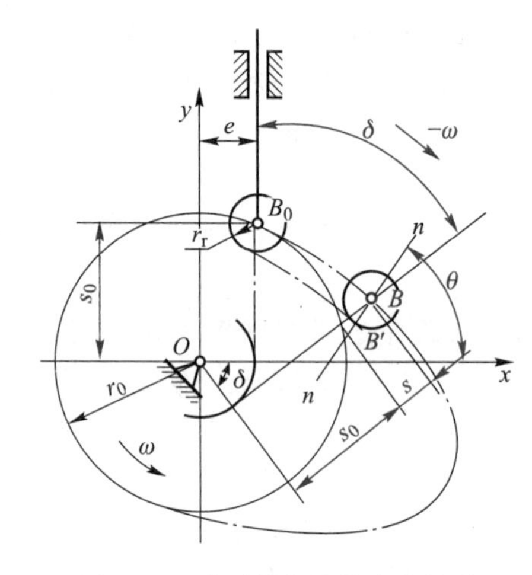

图 9-24　直动推杆凸轮廓线设计

由图 9-22 可知，滚子推杆凸轮的工作廓线 a，是其理论廓线 b 的等距曲线，即二者在法线方向的距离应等于滚子半径 r_r，故当已知理论廓线上任意一点 $B(x,y)$ 时，只要沿理论廓线在该点的法线方向取距离为 r_r，即得工作廓线上的相应点 $B'(x',y')$。由高等数学可知，理论廓线 B 点处法线 $n-n$ 的斜率（与切线斜率互为负倒数）应为

$$\tan\theta = \mathrm{d}x/\mathrm{d}y = (\mathrm{d}x/\mathrm{d}\delta)/(-\mathrm{d}y/\mathrm{d}\delta) = \sin\theta/\cos\theta \tag{9-14}$$

根据式(9-13)有

$$\left.\begin{aligned} \mathrm{d}x/\mathrm{d}\delta &= (\mathrm{d}s/\mathrm{d}\delta - e)\sin\delta + (s_0+s)\cos\delta \\ \mathrm{d}y/\mathrm{d}\delta &= (\mathrm{d}s/\mathrm{d}\delta - e)\cos\delta - (s_0+s)\sin\delta \end{aligned}\right\} \tag{9-15}$$

可得

$$\left.\begin{aligned}\sin\theta&=(\mathrm{d}x/\mathrm{d}\delta)/\sqrt{(\mathrm{d}x/\mathrm{d}\delta)^2+(\mathrm{d}y/\mathrm{d}\delta)^2}\\ \cos\theta&=-(\mathrm{d}y/\mathrm{d}\delta)/\sqrt{(\mathrm{d}x/\mathrm{d}\delta)^2+(\mathrm{d}y/\mathrm{d}\delta)^2}\end{aligned}\right\}\tag{9-16}$$

工作廓线上对应点 $B'(x',y')$ 的坐标为

$$\left.\begin{aligned}x'&=x\mp r_r\cos\theta\\ y'&=y\mp r_r\sin\theta\end{aligned}\right\}\tag{9-17}$$

此即为凸轮的工作廓线方程式。式中“-”号用于内等距曲线,“+”号用于外等距曲线。当需设计外凸轮结构时,则其工作廓线用内等距曲线;当需设计内凸轮时,则其工作廓线用外等距曲线;而当设计沟槽式凸轮时,则其工作廓线用内外等距曲线。

另外,式(9-15)中,e 为代数值,其正负规定如下:如图 9-24 所示,当凸轮沿逆时针方向回转时,若推杆处于凸轮回转中心的右侧,e 为正,反之为负;若凸轮沿顺时针方向回转,则相反。

(2) 对心平底推杆(平底与推杆轴线垂直)盘形凸轮机构

如图 9-25 所示,设取坐标系的 y 轴与推杆轴线重合,当凸轮转角为 δ 时,推杆的位移为 s,根据反转法可知,推杆反转 δ 角时其平底与凸轮应在 B 点相切,也就是凸轮廓线上的一点 $B(x,y)$。又由瞬心知识可知,此时凸轮与推杆的相对瞬心在 P 点,故推杆的速度为

$$v=v_P=\overline{OP}\omega$$

或

$$\overline{OP}=v/\omega=\mathrm{d}s/\mathrm{d}\delta$$

而由图可知,B 点的坐标为

$$\left.\begin{aligned}x&=(r_0+s)\sin\delta+(\mathrm{d}s/\mathrm{d}\delta)\cos\delta\\ y&=(r_0+s)\cos\delta-(\mathrm{d}s/\mathrm{d}\delta)\sin\delta\end{aligned}\right\}\tag{9-18}$$

此即为凸轮工作廓线的方程式。

(3) 摆动滚子推杆盘形凸轮机构

如图 9-26 所示,取摆动推杆的轴心 A_0 与凸轮轴心 O 之连线为坐标系的 y 轴,在反转运动中,当推杆相对于凸轮转过 δ 角时,摆动推杆处于图示 AB 位置,其角位移为 φ,则 B 点的坐标为

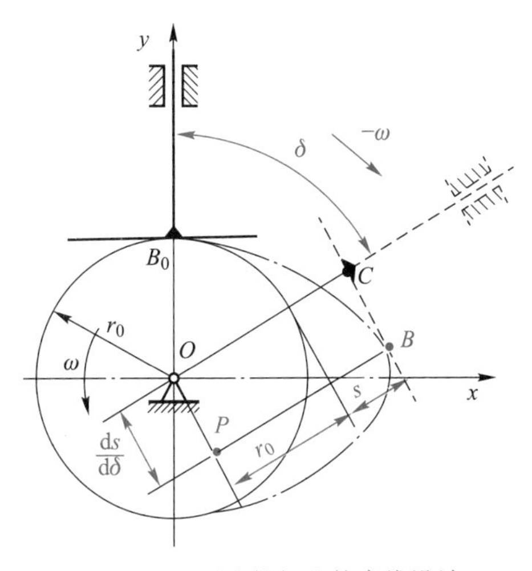

图 9-25　平底推杆凸轮廓线设计

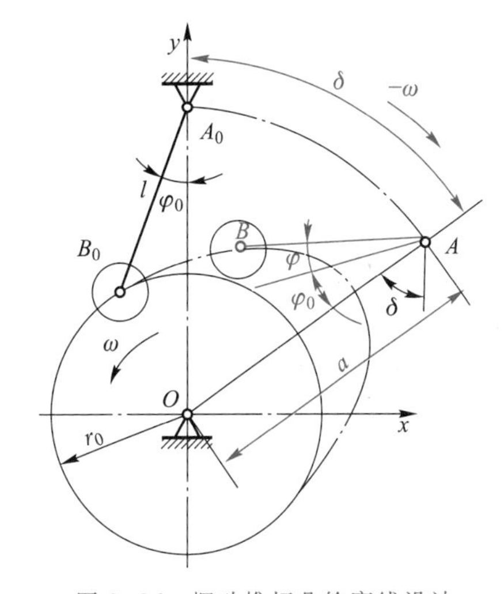

图 9-26　摆动推杆凸轮廓线设计

$$\left.\begin{aligned} x&=a\sin\delta-l\sin(\delta+\varphi+\varphi_0)\\ y&=a\cos\delta-l\cos(\delta+\varphi+\varphi_0)\end{aligned}\right\}\tag{9-19}$$

式中，φ_0 为推杆的初始位置角，其值为

$$\varphi_0=\arccos[(a^2+l^2-r_0^2)/(2al)]\tag{9-20}$$

式(9-19)为凸轮理论廓线方程，而其工作廓线则仍按式(9-17)计算。

*4. 圆柱凸轮廓线设计

(1) 直动推杆圆柱凸轮廓线设计

图 9-27a 所示为一直动推杆圆柱凸轮机构，若设想将此圆柱凸轮的外表面展开在平面上，则得到一个长度为 $2\pi R$ 的移动凸轮(图 9-27b)，其移动速度 $v=\omega R$。然后，若将此整个移动凸轮机构加上一公共线速度 $-v$，使之反向移动。显然，这并不影响凸轮与推杆间的相对运动，但此时凸轮将静止不动，而推杆则一方面随其导轨沿 $-v$ 方向移动，同时又在导轨中按预期的运动规律往复移动。显然，推杆在作复合运动时，其滚子中心 B 描出的轨迹(图中的点画线 b)即为凸轮的理论廓线。而图中切于推杆滚子圆族的两条包络线 a 即凸轮的工作廓线。其具体作法与盘形凸轮轮廓曲线的作法相似。最后，将这样作出的移动凸轮图卷于以 R 为半径的圆柱体上，并将所作出的曲线描在圆柱体的表面上，此即为所求的圆柱凸轮的轮廓曲线。

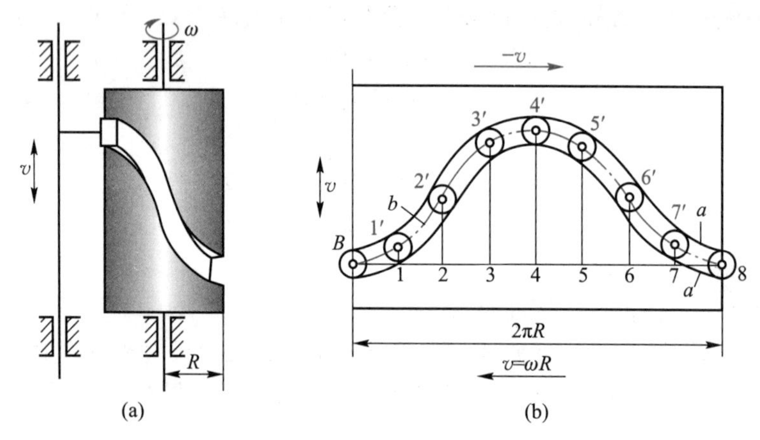

图 9-27　直动推杆圆柱凸轮廓线设计

(2) 摆动推杆圆柱凸轮廓线设计

图 9-28a 所示为一摆动推杆圆柱凸轮机构。此圆柱凸轮轮廓曲线的设计步骤与上述直动推杆的基本

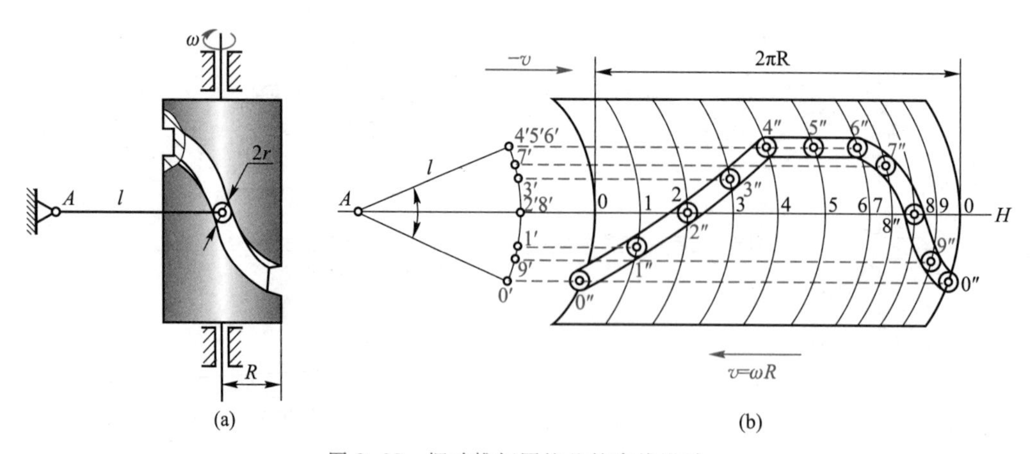

图 9-28　摆动推杆圆柱凸轮廓线设计

相同,即亦应先在图纸上按移动凸轮进行设计,所不同的只是在反转运动中,摆动推杆是一方面随轴心 A 沿线 AH(图 9-28b)以速度 $-v$ 移动,一方面绕其轴心 A 按预期的运动规律摆动,至于凸轮的曲线,则不难如图所示按前述步骤作出。只是应当指出,在这种凸轮机构中,其摆动推杆的摆角不可太大,否则滚子可能会脱出凹槽而使该机构不能正常工作。

9.4　凸轮机构基本尺寸的确定

前面在讨论凸轮轮廓曲线的设计时,凸轮的基圆半径、推杆的滚子半径和平底尺寸等都假设是给定的,而实际上凸轮机构的基本尺寸是要考虑到机构的受力情况是否良好、动作是否灵活、尺寸是否紧凑等许多因素由设计者确定的。下面将就这些尺寸的确定问题加以讨论。

1. 凸轮机构的压力角

(1) 凸轮机构中的作用力

图 9-29 所示为一尖顶直动推杆盘形凸轮机构在推程中任一位置的受力情况。图中,$\boldsymbol{F}$ 为凸轮对推杆的作用力;$\boldsymbol{G}$ 为推杆所受的载荷(包括推杆的自重和弹簧压力等);$\boldsymbol{F}_{R1}$、$\boldsymbol{F}_{R2}$ 分别为导轨两侧作用于推杆上的总反力;φ_1、φ_2 为摩擦角。根据力的平衡条件,分别由 $\sum \boldsymbol{F}_x=0$、$\sum \boldsymbol{F}_y=0$ 和 $\sum M_B=0$ 可得

$$-F\sin(\alpha+\varphi_1)+(F_{R1}-F_{R2})\cos\varphi_2=0$$

$$-G+F\cos(\alpha+\varphi_1)-(F_{R1}+F_{R2})\sin\varphi_2=0$$

$$F_{R2}(l+b)\cos\varphi_2-F_{R1}b\cos\varphi_2=0$$

由以上三式消去 F_{R1} 和 F_{R2},经过整理后得

$$F=G/[\cos(\alpha+\varphi_1)-(1+2b/l)\sin(\alpha+\varphi_1)\tan\varphi_2] \tag{9-21}$$

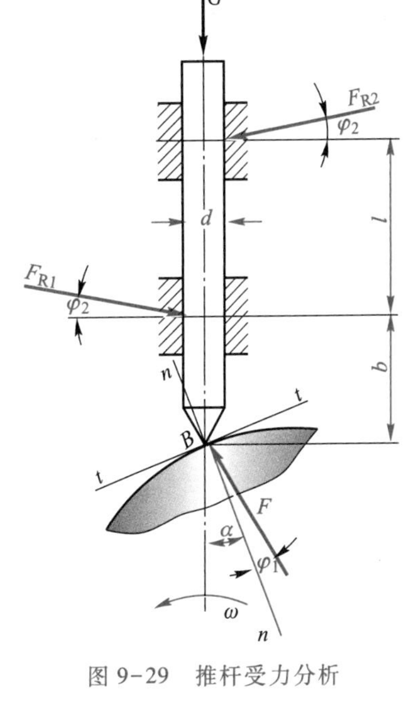

图 9-29　推杆受力分析

式中,α 为推杆所受正压力的方向(沿凸轮廓线在接触点的法线方向)与推杆上 B 点的速度方向之间所夹之锐角,称为凸轮机构在图示位置的压力角。

(2) 凸轮机构的压力角

在凸轮机构中压力角 α 是一个重要参数,也是影响凸轮机构尺寸的一个主要因素。由式(9-21)可以看出,在其他条件相同的情况下,压力角 α 愈大,则分母愈小,作用力 F 将愈大;如果 α 大到使式中的分母为零,则 F 将增至无穷大,此时机构将发生自锁,此压力角称为临界压力角 α_c,其值为

$$\alpha_c=\arctan\frac{1}{(1+2b/l)\tan\varphi_2}-\varphi_1 \tag{9-22}$$

一般说来,凸轮廓线上不同点处的压力角是不同的,为保证凸轮机构能正常运转,应使其最大压力角 α_{max} 小于临界压力角 α_c。又由式(9-22)可以看出,增大导轨长度 l 或减小悬臂尺寸 b 可以使临界压力角 α_c 的数值得以提高。

在生产实际中,为了提高机构的效率、改善其受力情况,通常规定凸轮机构的最大压力

角 α_{max}应小于某一许用压力角$[\alpha]$,即 $\alpha_{max}<[\alpha]$,而$[\alpha]$之值远小于临界压力角 α_c。根据实践经验,在推程时,许用压力角$[\alpha]$的值一般是:对直动推杆取$[\alpha]=30°$,对摆动推杆取$[\alpha]=35°\sim45°$。在回程时,对于力封闭的凸轮机构,由于这时使推杆运动的是封闭力,不存在自锁的问题,故可采用较大的压力角,通常取$[\alpha]'=70°\sim80°$。

2. 凸轮基圆半径的确定

对于一定形式的凸轮机构,在推杆的运动规律选定后,该凸轮机构的压力角与凸轮基圆半径的大小直接相关,现说明如下。

在图 9-30 所示的凸轮机构中,由瞬心知识可知,P 点为推杆与凸轮的相对速度瞬心。故 $v_P=v=\omega\overline{OP}$,从而有

$$\overline{OP}=v/\omega=\mathrm{d}s/\mathrm{d}\delta \tag{9-23}$$

又由图中$\triangle BCP$ 可得

$$\begin{aligned}\tan\alpha &=(\overline{OP}-e)/(s_0+s)\\ &=[(\mathrm{d}s/\mathrm{d}\delta)-e]/[(r_0^2-e^2)^{1/2}+s]\end{aligned} \tag{9-24}$$

由此可知,在偏距一定、推杆的运动规律已知的条件下,加大基圆半径 r_0,可减小压力角 α,从而改善机构的传力特性,但此时机构的尺寸将会增大。故应在满足 $\alpha_{max}<[\alpha]$的条件下,合理地确定凸轮的基圆半径,使凸轮机构的尺寸不至过大。

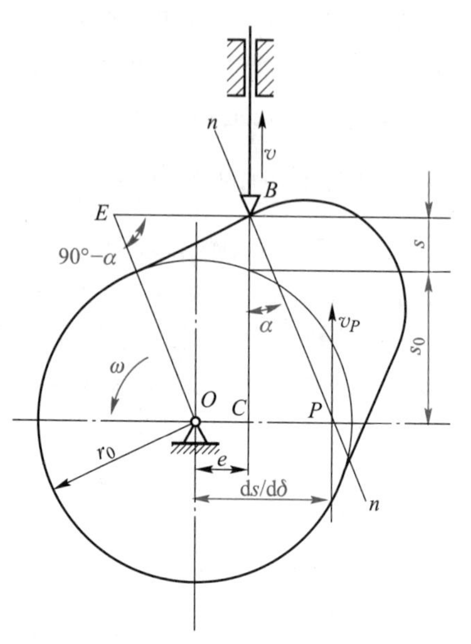

图 9-30　凸轮基圆半径的确定

对于直动推杆盘形凸轮机构,如果限定推程的压力角$\alpha\leqslant[\alpha]$,则可由式(9-24)导出基圆半径的计算公式:

$$r_0\geqslant\sqrt{\{(\mathrm{d}s/\mathrm{d}\delta-e)/\tan[\alpha]-s\}^2+e^2} \tag{9-25}$$

用式(9-25)计算得到的基圆半径随凸轮廓线上各点的 $\mathrm{d}s/\mathrm{d}\delta$、$s$ 值的不同而不同,故需确定基圆半径的极值,这就给应用带来不便。

在实际设计工作中,凸轮的基圆半径 r_0 的确定不仅要受到 $\alpha_{max}\leqslant[\alpha]$的限制,还要考虑到凸轮的结构及强度要求等。根据 $\alpha_{max}\leqslant[\alpha]$的条件所确定的凸轮基圆半径 r_0 一般较小,所以在设计工作中,凸轮的基圆半径常根据具体结构条件来选择,必要时再检查所设计的凸轮是否满足 $\alpha_{max}\leqslant[\alpha]$的要求。例如,当凸轮与轴做成一体时,凸轮工作廓线的基圆半径应略大于轴的半径。当凸轮与轴分开制作时,凸轮上要做出轮毂,此时凸轮工作廓线的基圆半径应略大于轮毂的半径。此外,对于直动偏置推杆力封闭凸轮机构,当其基圆半径不允许增大而其压力角 α 又不能满足 $\alpha_{max}\leqslant[\alpha]$时,可由式(9-24)选择合适的偏置方向和大小,使其回程压力角适当增大而减小推程压力角,以获得基圆半径和压力角可接受的结果。

3. 滚子推杆滚子半径的选择和平底推杆平底尺寸的确定

(1) 滚子推杆滚子半径的选择

采用滚子推杆时，滚子半径的选择要考虑滚子的结构、强度及凸轮轮廓曲线的形状等多方面的因素。由于凸轮廓线的曲率半径是影响凸轮机构尺寸的另一个主要因素，故下面主要分析凸轮轮廓曲线的曲率半径与滚子半径的关系。

如图 9-31a 所示为内凹的凸轮轮廓曲线，a 为工作廓线，b 为理论廓线。工作廓线的曲率半径 ρ_a 等于理论廓线的曲率半径 ρ 与滚子半径 r_r 之和，即 $\rho_a=\rho+r_r$。这样，不论滚子半径大小如何，凸轮的工作廓线总是可以平滑地作出来。但如图 9-31b 所示，对于外凸的凸轮轮廓曲线，其工作廓线的曲率半径等于理论廓线的曲率半径与滚子半径之差，即 $\rho_a=\rho-r_r$。所以，如果 $\rho=r_r$，则工作廓线的曲率半径为零，于是工作廓线将出现尖点，如图 9-31c 所示，这种现象称为变尖现象。凸轮轮廓在尖点处很容易磨损。又如图 9-31d 所示，当 $\rho<r_r$ 时，则工作廓线的曲率半径 ρ_a 为负值，这时工作廓线出现交叉，图中阴影部分在制造中将被切去，致使推杆不能按预期的运动规律运动，这种现象称为失真现象。

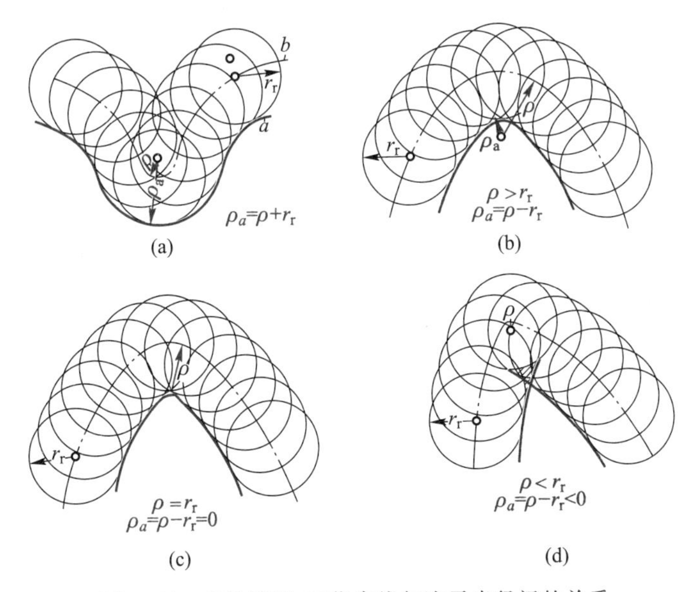

图 9-31　理论廓线、工作廓线与滚子半径间的关系

通过上述分析可知，对于外凸的凸轮轮廓曲线，应使滚子半径 r_r 小于理论廓线的最小曲率半径 ρ_{min}。在用解析法求凸轮轮廓曲线时，可同时求得理论廓线上任一点的曲率半径 ρ①，从而确定 ρ_{min} 的值，再恰当地确定滚子半径。

凸轮工作廓线的最小曲率半径 ρ_{min} 一般不应小于 1~5 mm。如果不能满足此要求，就应增大基圆半径或适当减小滚子半径；有时则必须修改推杆的运动规律，使凸轮工作廓线上出现尖点的地方代以合适的曲线。

另一方面，滚子的尺寸还受其强度、结构的限制，不能做得太小，通常取滚子半径 $r_r=(0.1\sim0.5)r_0$。

(2) 平底推杆平底尺寸的确定

如图 9-25 所示，推杆平底中心至推杆平底与凸轮廓线的接触点间的距离 $\overline{BC}$ 为

---

① $\rho=(\dot{x}^2+\dot{y}^2)^{3/2}/(\dot{x}\ddot{y}-\dot{y}\ddot{x})$。式中，$\dot{x}=dx/d\delta$；$\ddot{x}=d^2x/d\delta^2$；$\dot{y}=dy/d\delta$；$\ddot{y}=d^2y/d\delta^2$。

$$\overline{OP}=\overline{BC}=\mathrm{d}s/\mathrm{d}\delta$$

其最大距离 $l_{\max}=\overline{BC}_{\max}=|\mathrm{d}s/\mathrm{d}\delta|_{\max}$，$|\mathrm{d}s/\mathrm{d}\delta|_{\max}$应根据推程和回程推杆的运动规律分别进行计算，取其最大值。设平底两侧取同样长度，则推杆平底长度 l 为

$$l=2|\mathrm{d}s/\mathrm{d}\delta|_{\max}+(5\sim7)\ \mathrm{mm} \tag{9-26}$$

对于平底推杆凸轮机构，有时也会产生失真现象。如图 9-32 所示，当取凸轮的基圆半径为 r_0 时，由于推杆的平底的 B_1E_1 和 B_3E_3 位置相交于 B_2E_2 之内，因而使凸轮的工作廓线不能与 B_2E_2 位置相切，故推杆不能按预期的运动规律运动，即出现失真现象。为了解决这个问题，可适当增大凸轮的基圆半径。图中将基圆半径由 r_0 增大到 r'_0，即避免了失真现象。

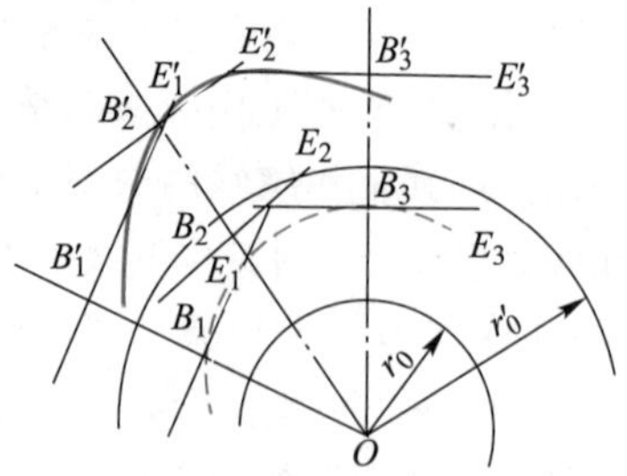

图 9-32 平底推杆凸轮机构的失真

综上所述，在设计凸轮廓线之前需先选定凸轮的基圆半径，而凸轮基圆半径的选择需考虑到实际的结构条件、压力角以及凸轮工作廓线是否会出现变尖和失真等。除此之外，当为直动推杆时，应在结构许可的条件下，取较大的导轨长度和较小的悬臂尺寸，并恰当地选取滚子半径或平底尺寸等。合理选择这些尺寸是保证凸轮机构具有良好的工作性能的重要因素。

例 9-1 设有一对心直动滚子推杆盘形凸轮机构，其工作条件为高速轻载。对推杆的运动要求为：当凸轮转过 90°时，推杆上升 15 mm，凸轮继续转过 90°时，推杆停止不动；凸轮再继续转过 60°时，推杆下降 15 mm，凸轮转过其余角度时，推杆又停止不动。试设计该凸轮机构并校核该凸轮机构的最大压力角。

解：（1）在设计时先要确定凸轮机构的基本尺寸

设初步确定凸轮的基圆半径为 $r_0=50$ mm，推杆滚子半径为 $r_r=10$ mm。其次要选定推杆的运动规律，因其工作条件为高速轻载，应选用 $a_{\max}$和 $j_{\max}$较小的运动规律，以保证推杆运动的平稳性和工作精度。由表 9-1 可知，对本题推程运动规律可选用正弦加速度运动规律，回程运动规律可选用五次多项式运动规律。

（2）求理轮廓线

对于对心直动滚子推杆盘形凸轮机构，凸轮的理论廓线的坐标可令式（9-13）中的 $e=0,s_0=r_0$，求得

$$x=(r_0+s)\sin\delta,\qquad y=(r_0+s)\cos\delta \tag{a}$$

式中，位移 s 应分段计算。

1）推程阶段 $\delta_{01}=90°=\pi/2$

$$s_1=h[\delta_1/\delta_{01}-\sin(2\pi\delta_1/\delta_{01})/(2\pi)]$$
$$=h[2\delta_1/\pi-\sin(4\delta_1)/(2\pi)]\qquad \delta_1=[0,\pi/2]$$

2）远休止阶段 $\delta_{02}=90°=\pi/2$

$$s_2=15\qquad \delta_2=[0,\pi/2]$$

3）回程阶段 $\delta_{03}=60°=\pi/3$

$$s_3=10h\delta_3^3/\delta_{03}^3-15h\delta_3^4/\delta_{03}^4+6h\delta_3^5/\delta_{03}^5$$
$$=270h\delta_3^3/\pi^3-1\,215h\delta_3^4/\pi^4+1\,458h\delta_3^5/\pi^5\qquad \delta_3=[0,\pi/3]$$

4）近休止阶段 $\delta_{04}=120°=2\pi/3$

$$s_4=0\qquad \delta_4=[0,2\pi/3]$$

5）推程段的压力角和回程段的压力角

$$\alpha=\arctan\left|\frac{\mathrm{d}s/\mathrm{d}\delta}{r_0+s}\right|$$

取计算间隔为 5°①,将以上各相应值代入式(a)计算理论轮廓线上各点的坐标值。在计算时应注意:在推程阶段取 $\delta=\delta_1$,在远休止阶段取 $\delta=\delta_{01}+\delta_2$,在回程阶段取 $\delta=\delta_{01}+\delta_{02}+\delta_3$,在近休止阶段 $\delta=\delta_{01}+\delta_{02}+\delta_{03}+\delta_4$。计算结果见表 9-2。

(3) 求工作廓线

由式(9-17)得

$$x'=x-r_r\cos\theta \qquad y'=y-r_r\sin\theta \tag{b}$$

其中:

$$\sin\theta=(dx/d\delta)/\sqrt{(dx/d\delta)^2+(dy/d\delta)^2}$$

$$\cos\theta=-(dy/d\delta)/\sqrt{(dx/d\delta)^2+(dy/d\delta)^2}$$

1) 推程段　$\delta_1=[0,\pi/2]$

$$\begin{aligned} dx/d\delta &= (ds/d\delta)\sin\delta_1+(r_0+s)\cos\delta_1 \\ &= \left\{\frac{2h}{\pi}[1-\cos(4\delta_1)]\right\}\sin\delta_1+(r_0+s)\cos\delta_1 \\ dy/d\delta &= (ds/d\delta)\cos\delta_1-(r_0+s)\sin\delta_1 \\ &= \left\{\frac{2h}{\pi}[1-\cos(4\delta_1)]\right\}\cos\delta_1-(r_0+s)\sin\delta_1 \end{aligned}$$

2) 远休止段　$\delta_2=[0,\pi/2]$

$$dx/d\delta=(r_0+s)\cos(\pi/2+\delta_2)$$

$$dy/d\delta=-(r_0+s)\sin(\pi/2+\delta_2)$$

3) 回程阶段　$\delta_3=[0,\pi/3]$

$$\begin{aligned} dx/d\delta &= (ds/d\delta)\sin(\delta_3+\pi)+(r_0+s)\cos(\delta_3+\pi) \\ &= (810h\delta_3^2/\pi^3-4\ 860h\delta_3^3/\pi^4+7\ 290h\delta_3^4/\pi^5)\sin(\delta_3+\pi)+ \\ &\quad (r_0+s)\cos(\delta_3+\pi) \end{aligned}$$

$$dy/d\delta=(810h\delta_3^2/\pi^3-4\ 860h\delta_3^3/\pi^4+7\ 290h\delta_3^4/\pi^5)\cos(\delta_3+\pi)-(r_0+s)\sin(\delta_3+\pi)$$

4) 近休止段　$\delta_4=[0,2\pi/3]$

$$dx/d\delta=(r_0+s)\cos(4\pi/3+\delta_4)$$

$$dy/d\delta=-(r_0+s)\sin(4\pi/3+\delta_4)$$

计算可得凸轮工作廓线各点的坐标,见表 9-2。

表 9-2　凸轮工作廓线各点坐标

δ	x	y	x'	y'
0°	0.000	50.000	0.000	40.000
5°	4.359	49.826	3.602	39.855
10°	8.705	49.370	7.409	39.455
⋮	⋮	⋮	⋮	⋮
350°	-8.682	49.240	-6.946	39.392
355°	-4.358	49.810	-3.486	39.847
360°	0.000	50.000	0.000	40.000

推程段的最大压力角为 18.374°,相应的凸轮转角为 45°;回程的最大压力角为 25.037°,相应的凸轮转角为 210°。由于凸轮的最大压力角远小于许用压力角,故如有必要,凸轮基圆半径可适当减小。凸轮的轮廓曲线如图 9-33 所示。

① 计算间隔通常取 0.5°~5°,当凸轮精度要求高时取小值。

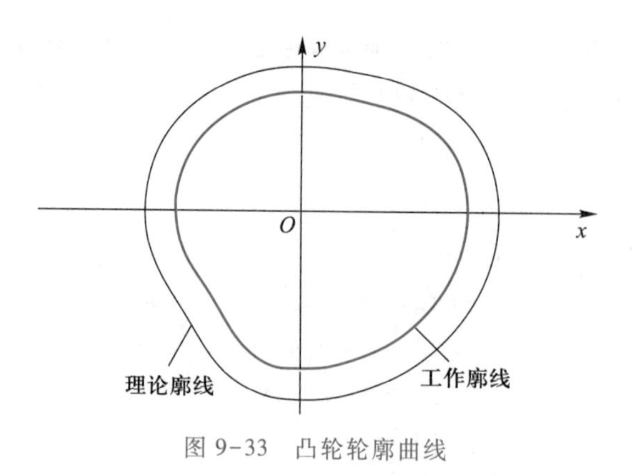

图 9-33 凸轮轮廓曲线

9.5 凸轮机构的分析与反求设计

对于已有的凸轮机构(图纸或实物),应充分了解它的各种性能,以便最大程度地发挥其潜力,或发现其存在的某些不足,并加以克服改进。尤其是在研究先进机械设备或改进与提升旧机械设备的性能时,为了充分了解原设计意图,从而掌握先进技术,找出改进空间,达到再创新的目的,对现有凸轮机构的分析和反求设计都是很有必要的。

若已有凸轮机构的图纸,对凸轮机构的分析是比较容易的,下面举例加以说明。

例 9-2 图 9-34 所示凸轮的廓线由三段圆弧(圆心分别在 O、O'、O''点)及一段直线组成,推杆为圆心在 B 点的一段圆弧构成的曲底摆动推杆。试求该凸轮机构的推程运动角 δ_{01},回程运动角 δ_{02},推杆的最大摆角(行程)Φ,推杆在图示位置时的角位移 φ 及压力角 α,以及凸轮从图示位置再转过 70°后,推杆的角位移 φ'及压力角 α'。

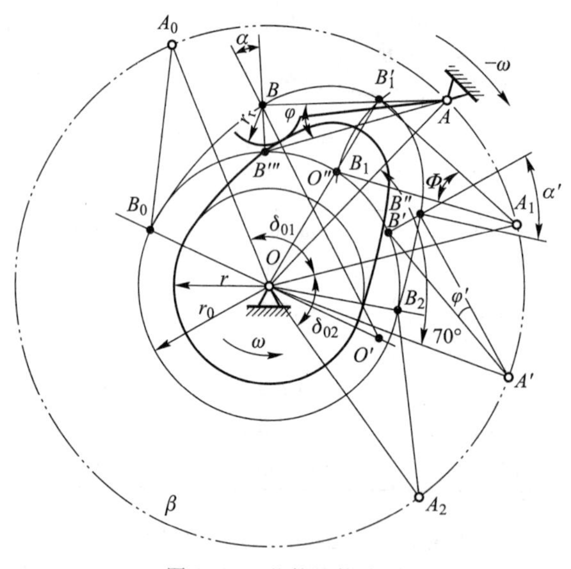

图 9-34 凸轮机构分析

解:题中的曲底推杆等效于一滚子推杆,滚子半径为 r_r,滚子中心在 B 点。因此在解题时应先求出凸轮的理论廓线(如图 9-34 中细线轮廓所示)。再根据反转原理,以凸轮回转中心 O 为圆心,以$\overline{OA}$为半径画圆，此圆即摆动推杆的摆动中心在反转运动中的轨迹圆 β。

$O'O$ 的延长线与理论轮廓的交点 B_0 为推程廓线的最低点，以 B_0 为圆心，以$\overline{AB}$为半径画弧，与轨迹圆 β 的交点 A_0 为推程起始点摆动推杆摆动中心的位置。OO''的延长线与理论廓线的交点 B_1'，为理论廓线的最高点，以 B_1'为圆心，以$\overline{AB}$为半径画弧与轨迹圆 β 的交点 A_1，为推程终止点摆动推杆摆动中心的位置。故 $\angle A_0OA_1=\delta_{01}$即为推程运动角。

过 O 点作凸轮轮廓线直线部分的垂线，其与理论廓线的交点 B_2 为回程的最低点，以 B_2 为圆心，以$\overline{AB}$为半径画弧与轨迹圆 β 的交点 A_2，为回程终止时摆动推杆摆动中心的位置。故 $\angle A_1OA_2=\delta_{02}$即为回程运动角。

以 A_1 为圆心，以$\overline{AB}$为半径画弧与基圆交于 B_1 点，$\angle B_1A_1B_1'=\Phi$ 即为推杆推程的角行程。

以 A 为圆心，以$\overline{AB}$为半径画弧与基圆交于 B'''点，$\angle B'''AB=\varphi$ 为推杆在图示位置时的角位移。

连线 $O'B$ 为凸轮廓线在 B 点的法线（即正压力的方向线），过 B 点所作的 AB 的垂线即为推杆在 B 点的速度方向线，两者之间的夹角 α 即为凸轮机构在图示位置时的压力角。

由于凸轮沿逆时针方向回转，故从 OA 开始沿顺时针方向量给定的凸轮转角 70°，得机架在反转运动中所占有的位置 A'。以 A'为圆心，以$\overline{AB}$为半径画弧，分别与基圆和理论廓线交于 B'点和 B''点，$\angle B'A'B''=\varphi'$为推杆在指定位置的角位移，过 B''点作凸轮理论廓线的法线和推杆 $A'B''$的垂线，两线间的夹角 α'即为此位置时凸轮机构的压力角。

例 9-3　图 9-35 所示的滚子推杆盘形凸轮机构中，凸轮廓线由四部分组成，其中包括以凸轮轴 O 为圆心的圆弧$\widehat{PE}$，以点 K 为圆心的圆弧$\widehat{GQ}$，直线 EG 和直线 QP，两段直线分别与两段圆弧相切于点 E、G、Q、P，且凸轮廓线关于 OK 直线对称。设凸轮以等角速度 ω 沿顺时针方向回转，求该凸轮机构中推杆推程段直线部分 EG 的位移、速度、加速度表达式，以及速度、加速度的最大值。

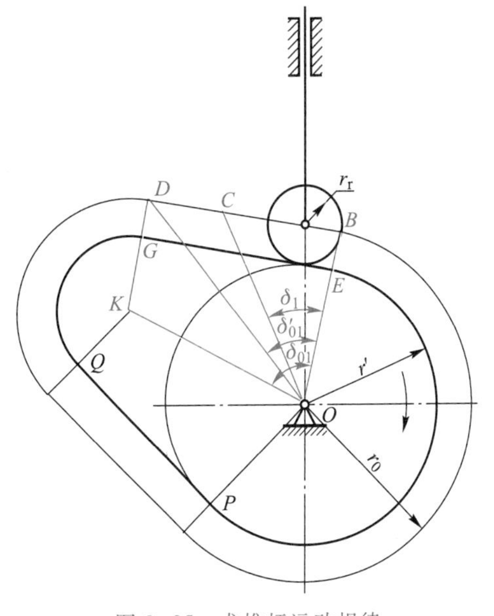

图 9-35　求推杆运动规律

解：(1) 作出凸轮机构的理论廓线，如图 9-35 中细线轮廓所示。

(2) 当滚子与凸轮直线段（EG）相接触时，推杆位移表达式求解如下

$$
\begin{aligned}
s&=\overline{OC}-\overline{OB}=\overline{OB}/\cos\delta_1-\overline{OB}\\
&=\overline{OB}(1-\cos\delta_1)/\cos\delta_1\\
&=(r'+r_r)(1-\cos\delta_1)/\cos\delta_1
\end{aligned}\tag{a}
$$

式（a）对时间求导，得推杆速度表达式为

$$v=\frac{\mathrm{d}s}{\mathrm{d}t}=\frac{\mathrm{d}s}{\mathrm{d}\delta}\times\frac{\mathrm{d}\delta}{\mathrm{d}t}=(r'+r_r)\omega\frac{\sin\delta_1}{\cos^2\delta_1}\tag{b}$$

式（b）对时间求导，得推杆加速度表达式为

$$a=\frac{\mathrm{d}v}{\mathrm{d}t}=\frac{\mathrm{d}v}{\mathrm{d}\delta}\times\frac{\mathrm{d}\delta}{\mathrm{d}t}=(r_r+r')\omega^2\frac{2-\cos^2\delta_1}{\cos^3\delta_1}\tag{c}$$

滚子与凸轮直线段（EG）相接触区间，由式（b）、（c）可知，当凸轮转角 $\delta_1=\delta'_{01}$时，推杆速度、加速度出现最大值，分别为

$$v_{\max}=(r'+r_r)\omega\frac{\sin\delta_{01}'}{\cos^2\delta_{01}'}$$

$$a_{\max}=(r_r+r')\omega^2\frac{2-\cos^2\delta_{01}'}{\cos^3\delta_{01}'}$$

当只有凸轮机构的实物时(通常引进的设备大多如此),这时必须对凸轮机构进行测绘,尤其是凸轮的轮廓曲线,一般需在三坐标测量机等上作精确测量,通过测量可获得凸轮轮廓上一系列离散点的坐标值。但在测量时由于种种原因(人为的、仪器设备的、原有的制造误差和各种偶然因素的影响)所测得的值一般并非原凸轮设计时的设计理论值,而是都带有一定误差,个别测量点甚至有较大误差,故应对所测得的凸轮各点坐标值的数据进行光顺处理,将误差太大的数据舍去,对一些点的数据进行适当调整。并用差分等算法反求凸轮推杆的运动规律(速度、加速度等),找出原设计的目的和用意,发现原设计中的优缺点,启发我们的设计思路,以便在原有基础上进行改进、提高和创新,设计出比原设备具有更高性能的创新产品,这才是反求设计的真正目的。

*9.6　高速凸轮机构简介

对于转速低的凸轮机构,当其转速远低于凸轮机构的一阶临界转速时,各构件运动时的惯性力较小,因而激发的振动很小,设计时可近似认为各构件为绝对刚体。此时,推杆输出端的运动完全取决于凸轮廓线,可完全从运动学角度对凸轮机构进行分析和设计。

但当凸轮机构的刚度小或速度很高,并与其临界转速接近时,构件的弹性变形不可忽视。机构运动时,将出现下列一些现象:

1) 推杆输出端的运动与输入端的运动(预期运动)有较大的误差,即存在所谓动态误差。

2) 由于冲击与振动,使推杆与凸轮产生瞬时脱离,导致输出运动产生畸变,推杆停歇(休止)位置不准确。

3) 由于构件的振动,产生大的动负荷,使磨损及噪声加剧,降低使用寿命。

上述现象不仅取决于所选用的推杆运动规律,而且与凸轮机构的动力参数如构件的质量和刚度等密切相关。这种凸轮机构的设计和分析涉及弹性动力学研究的内容,这是高速凸轮机构设计中所必须考虑的问题。

因影响凸轮机构动力学性能的因素很多,故是否属于高速凸轮机构的范畴不能简单地用凸轮机构转速的高低来衡量。下面简要介绍两种判断是否属于高速凸轮机构的评定准则。

1) 根据推杆系统激振角频率和自振角频率之比来进行评定　凸轮机构的振动主要取决于推杆系统的激振角频率 ω 和自振角频率 ω_n 的比。令 $\omega/\omega_n=10^{-d}$,当 $d=3$ 时为低速,$d=2$ 时为中速,$d=1$ 时为高速。此准则反映了机构运转速度偏离机构固有频率的程度,但忽略了推杆运动规律对系统振动的影响,是其不足之处。

2) 根据实际最大加速度 a_{max} 和最大速度 v_{max} 来评定　当 $a_{max}\leqslant 1g$(或 $v_{max}\leqslant 1$ m/s)为低速;$1g<a_{max}\leqslant 3g$(或 1 m/s$<v_{max}\leqslant 2$ m/s)为中速;$3g<a_{max}\leqslant 8g$(或 2 m/s$<v_{max}\leqslant 3$ m/s)为高速。其中,g 为重力加速度;v_{max} 和 a_{max} 为推杆的最大速度和加速度。

下面对高速凸轮机构的设计问题加以简要介绍。

1. 凸轮机构的动力学模型

如图 9-36a 所示为一直动推杆盘形凸轮机构及其简化的弹性动力学模型。由于凸轮及机架等的刚度一般远较推杆系统的刚度大,故为了计算方便,除推杆系统外,其他构件均可视为绝对刚体。此时,可将凸轮机构推杆简化成一单自由度的弹性动力学模型(图 9-36b),即把推杆看成一个质量为 m 的质点和刚度为 k 而无质量的弹簧的组合体。在此情况下,推杆上端(工作端)的位移 y 一般不等于其下端(凸轮端)的位移 s。此弹性动力学模型的运动微分方程为

$$m\ddot{y}=k(s-y)-k_1y-c_1\dot{y}-F \qquad (9-27)$$

式中，k_1 为封闭弹簧的刚度系数；c_1 为系统的阻尼；F 为外载荷、摩擦力、弹簧预紧力等阻力。

一般情况下，代入激振运动参数 $s(t)$ 和 $\dot{s}(t)$ 即可求得工作端动态响应[即 $y(t)$、$\dot{y}(t)$、$\ddot{y}(t)$]，故考虑推杆的弹性后，实际输出位移为 y 而不是 s。因此，如果要求推杆实现某一预期运动，则应当考虑到推杆弹性引起的动态误差，应令输出运动 y 为预期运动，再由式(9-27)解出位移 s，最后按 s 来设计凸轮廓线。

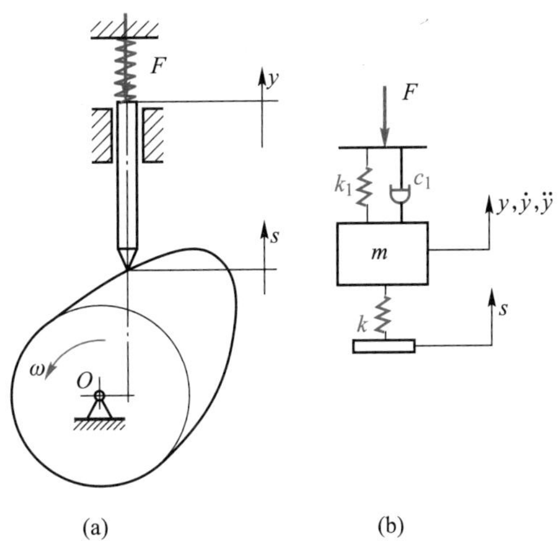

图 9-36　凸轮机构的弹性动力学模型

2. 动力系数

评价推杆运动规律动力特性优劣的指标之一是其动力系数的大小，而动力系数是指考虑推杆弹性后得到的加速度响应的最大值 $|\ddot{y}_{max}|$ 与不考虑推杆弹性时加速度的最大值 $|\ddot{s}_{max}|$ 之比。设以 k_g 表示，即

$$k_g=|\ddot{y}_{max}|/|\ddot{s}_{max}| \qquad (9-28)$$

根据推杆各种运动规律的方程式求得 $|\ddot{s}_{max}|$，再根据式(9-27)求出相应的 $\ddot{y}_{max}$ 后，即可求得 k_g。对于等加速等减速运动，$k_g\geqslant 3$；余弦加速度运动，$k_g\geqslant 2$；正弦加速度运动，$k_g\geqslant 1$；而对于等速运动，$k_g\to\infty$。由于此系数的大小实质上也表明了推杆惯性力增加的程度，故对前面所讲述过的等速运动有刚性冲击、等加速等减速运动有柔性冲击就可以有一个更深入的理解了。

为了说明推杆运动规律的动力特性对凸轮工作的影响，现举一例如下。

如图 9-37 所示，虚线所示为推杆理论上按停-升-停型等加速等减速运动时的加速度曲线。由于它在始点、中点和终点加速度不连续，因而将造成推杆系统振动，这时推杆输出端加速度的响应曲线如图中实线所示。由图可见，推杆在开始远休止时，其加速度并不为零，即推杆并未立即停歇，而是处于衰减振动中，因而影响推杆的定位精度。由此可知，推杆运动规律的动力特性的优劣将直接关系到高速凸轮机构工作质量的高低。

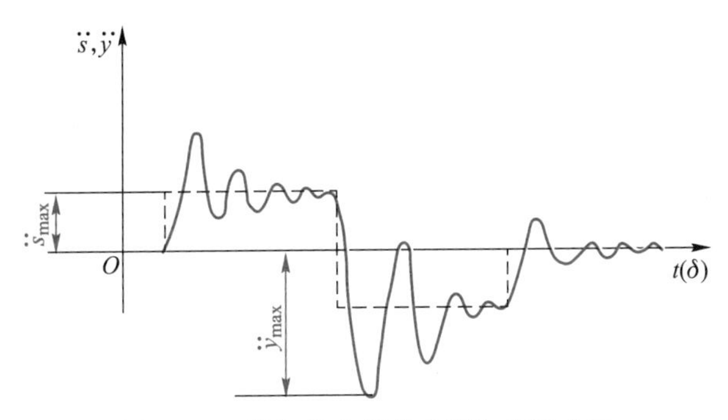

图 9-37　推杆输出端的实际加速度曲线

由上面的例子可见，为了保证高速凸轮机构的工作质量，应选择具有良好动力特性的推杆运动规律。为此，应选择加速度曲线连续且无突变的运动规律(如正弦加速度、改进梯形加速度和五次以上多项式运动规律等)，同时应尽可能提高推杆系统的刚度并减轻其质量。

3. 保证凸轮与推杆不脱离的条件

在高速凸轮工作时，若推杆的负加速度过大，由其引起的惯性力超过了封闭弹簧的弹力和外载荷及推杆自重的合力，推杆就会跳离凸轮轮廓，引起所谓的“跳动”冲击和振动。如图 9-38 所示，虚线 a 为推杆的加速度曲线，其惯性力 $F_{\mathrm{Ic}}=ma$。这时如果采用力封闭，则弹簧力 F_{np} 为

$$F_{\mathrm{np}}=k_1(s_0+s) \tag{9-29}$$

式中，k_1 为弹簧刚度；s_0 为弹簧预紧安装位移；s 为弹簧工作位移。

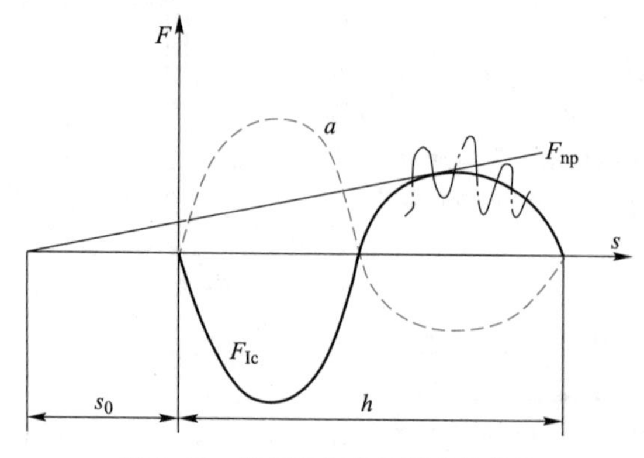

图 9-38 推杆不与凸轮脱离的条件

为了保证不因惯性力过大而导致推杆与凸轮脱离接触，在任何位置均应满足条件

$$F_{\mathrm{np}}\geqslant F_{\mathrm{Ic}} \tag{9-30}$$

如图 9-38 所示，当弹簧力 F_{np} 与惯性力 F_{Ic} 曲线相切时，即为推杆与凸轮不脱离的最小弹簧力。如考虑到推杆的弹性振动，则由于推杆振动引起的加速度波动和惯性力的增加，此时惯性力 F_{Ic} 如图 9-38 中点画线所示。为了满足式(9-30)，则必须相应地增加弹簧力才能保证推杆不与凸轮发生脱离。

对于几何封闭的凸轮机构，如图 9-9a 所示的沟槽凸轮机构，因其推杆似乎完全被凸轮所约束，因而似乎不可能跳离凸轮轮廓。其实不然，若滚子和沟槽间无间隙，则当滚子与一侧凸轮轮廓作纯滚动时，滚子与另一侧凸轮轮廓之间必将产生很大的相对滑动，对凸轮机构的工作不利，故推杆和凸轮沟槽之间应留有间隙。但这样又带来一个新问题，即当推杆上的作用力（外力和惯性力等的合力）变号时，滚子与凸轮轮廓接触点将由凸轮轮廓的一侧突变到另一侧，从而引起跨越冲击（crossover impact），间隙越大引起的跨越冲击也越大。为了改善这一现象，可采用图 9-39a 所示的双滚子偏心销结构的推杆，它可克服上述缺点，但

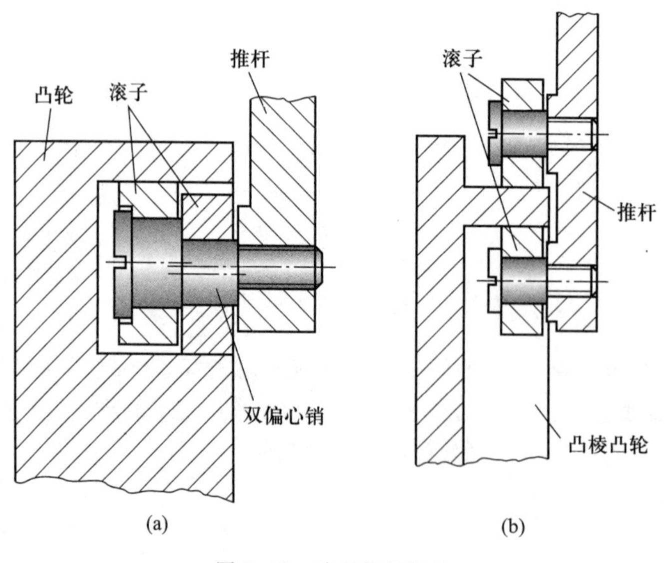

图 9-39 滚子推杆结构

它的销轴较长，刚性较差。采用图 9-39b 所示的双滚子凸棱凸轮结构可较好解决上述问题，但凸棱凸轮的加工稍困难。

思考题及练习题

9-1　何谓凸轮机构传动中的刚性冲击和柔性冲击？试补全图 9-40 所示各段的 $s-\delta$、$v-\delta$、$a-\delta$ 曲线，并指出哪些地方有刚性冲击，哪些地方有柔性冲击。

9-2　何谓凸轮工作廓线的变尖现象和推杆运动的失真现象？它对凸轮机构的工作有何影响？如何加以避免？

9-3　力封闭与几何封闭凸轮机构的许用压力角的确定是否一样？为什么？

9-4　一滚子推杆盘形凸轮机构，在使用中发现推杆滚子的直径偏小，欲改用较大的滚子，问是否可行？为什么？

9-5　一对心直动推杆盘形凸轮机构，在使用中发现推程压力角稍偏大，拟采用推杆偏置的办法来改善，问是否可行？为什么？

9-6　在图 9-25 所示机构是正偏置还是负偏置？根据式（9-24）说明偏置方向对凸轮机构压力角有何影响？

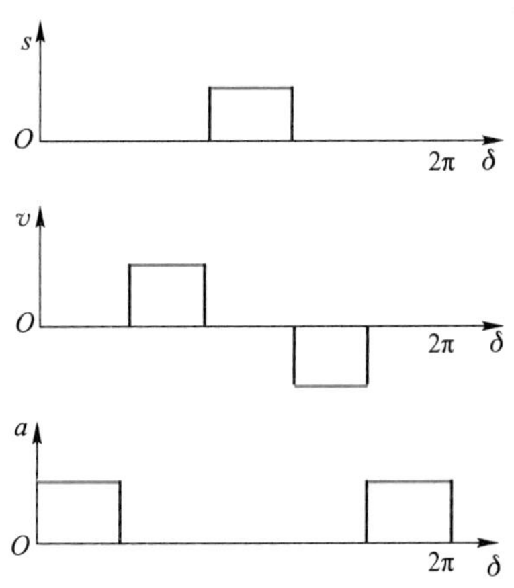

图 9-40　推杆运动规律

9-7　在图 9-41 所示凸轮机构中，圆弧底摆动推杆与凸轮在 B 点接触。当凸轮从图示位置逆时针转过 90° 时，试用图解法标出：

1）推杆在凸轮上的接触点；

2）摆杆位移角的大小；

3）凸轮机构的压力角。

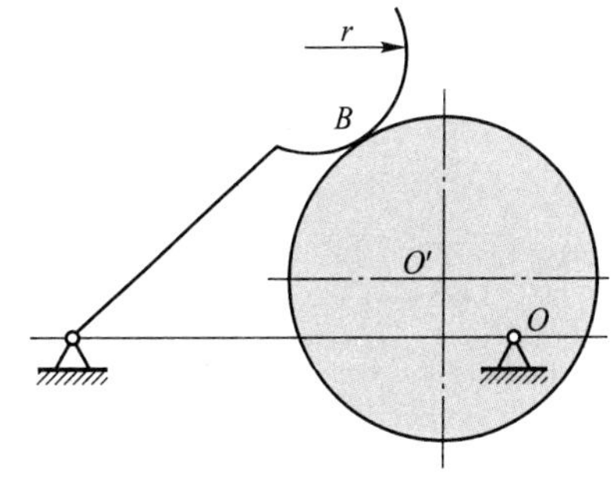

图 9-41　摆动推杆凸轮机构

9-8　已知凸轮角速度为 1.5 rad/s，凸轮转角 $\delta=0°\sim150°$ 时，推杆上升 16 mm；$\delta=150°\sim180°$ 时，推杆远休止；$\delta=180°\sim300°$ 时，推杆下降16 mm；$\delta=300°\sim360°$ 时，推杆近休止。试选择合适的推杆推程运动规律，以实现其最大加速度值最小，并画出其运动线图。

9-9　设计一凸轮机构，凸轮转动一周时间为 2 s。凸轮的推程运动角为 60°，回程运动角为 150°，近休止运动角为 150°。推杆的行程为 15 mm。试选择合适的推杆升程和回程的运动规律，使得其最大速度值最小，并画出运动线图。

9-10　试设计一对心直动滚子推杆盘形凸轮机构，滚子半径 $r_r=10$ mm，凸轮以等角速度逆时针回转。凸轮转角 $\delta=0°\sim120°$ 时，推杆等速上升 20 mm；$\delta=120°\sim180°$ 时，推杆远休止；$\delta=180°\sim270°$ 时，推杆等加速等减速下降 20 mm；$\delta=270°\sim360°$ 时，推杆近休止。要求推程的最大压力角 $\alpha_{max}\leqslant30°$，试选取合适的基圆半径，并绘制凸轮的廓线。问此凸轮机构是否有缺陷，应如何补救。

9-11　试设计一个对心平底直动推杆盘形凸轮机构凸轮的轮廓曲线。设已知凸轮基圆半径 $r_0=30$ mm，推杆平底与导轨的中心线垂直，凸轮顺时针方向等速转动。当凸轮转过 120° 时推杆以余弦加速度运动上升20 mm，再转过 150° 时，推杆又以余弦加速度运动回到原位，凸轮转过其余 90° 时，推杆静止不动。问这种凸轮机构压力角的变化规律如何？是否也存在自锁问题？若有，应如何避免？

9-12　一摆动滚子推杆盘形凸轮机构（参看图 9-26），已知 $l_{OA}=60$ mm，$r_0=25$ mm，$l_{AB}=50$ mm，$r_r=8$ mm。凸轮顺时针方向等速转动，要求当凸轮转过 180° 时，推杆以余弦加速度运动向上摆动 25°；转过一周中的其余角度时，推杆以正弦加速度运动摆回到原位置。试以作图法设计凸轮的工作廓线。

9-13　试设计偏置直动滚子推杆盘形凸轮机构凸轮的理论轮廓曲线和工作廓线。已知凸轮轴置于推杆轴线右侧，偏距 $e=20$ mm，基圆半径 $r_0=50$ mm，滚子半径 $r_r=10$ mm。凸轮以等角速度沿顺时针方向回转，在凸轮转过角 $\delta_1=120°$ 的过程中，推杆按正弦加速度运动规律上升 $h=50$ mm；凸轮继续转过 $\delta_2=30°$ 时，推杆保持不动；其后，凸轮再回转角度 $\delta_3=60°$ 时，推杆又按余弦加速度运动规律下降至起始位置；凸轮转过一周的其余角度时，推杆又静止不动。

9-14　图 9-42 所示为一旅行用轻便剃须刀，图 9-42a 为工作位置，图 9-42b 为正在收起的位置（整个刀夹可以收入外壳中）。在刀夹上有两个推杆 A、B，各有一个销 A′、B′，分别插入外壳里面的两个内凸轮槽中。按图 9-42a 所示箭头方向旋转旋钮套时（在旋钮套中部有两个长槽，推杆上的销从中穿过，使两推杆只能在旋钮套中移动，而不能相对于旋钮套转动），刀夹一方面跟着旋钮套旋转，并同时从外壳中逐渐伸出，再旋转至水平位置（工作位置）。按图 9-42b 所示箭头方向旋转旋钮套时，刀夹也一方面跟着旋钮套旋转，并先沿逆时针方向转过 90°成垂直位置，再逐渐全部缩回外壳中。要求设计外壳中的两凸轮槽（展开图），使该剃须刀能完成上述动作，设计中所需各尺寸可从图中量取，全部动作在旋钮套转过 2π 角的过程中完成。

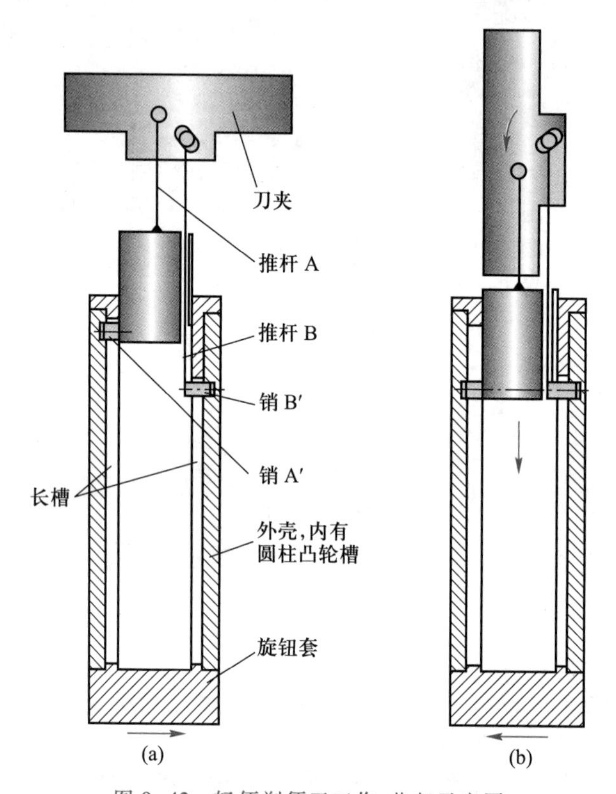

图 9-42　轻便剃须刀工作、收起示意图

9-15　流量的测量可通过测量差压来实现，但流量的大小与和差压之间为平方关系，为使流量计的指示线性化，今欲设计一凸轮机构来达到此目的（如图 9-43），凸轮与差压计的轴固连，凸轮的转角 δ 代表差压，摆动推杆与指针固连，指针的摆角 φ 代表流量，两者有如下关系：

$$\varphi=K\sqrt{\delta}$$

设取 $r_0=12$ mm，$\overline{OA}=30$ mm，$\overline{AB}=28$ mm，$r_r=4$ mm，$\delta_{01}=120°$，$K=1$，试设计此段凸轮轮廓曲线。

9-16　在图 9-44 所示的直动滚子推杆盘形凸轮机构中，凸轮为一偏心圆，已知 $\overline{OA}=12$ mm，$e=10$ mm，$R=30$ mm，$r_r=8$ mm，凸轮转速为 $n=180$ r/min。求：（1）推程段推杆的位移、速度和加速度方程；（2）推程时推杆的最大速度和最大加速度;(3)该凸轮机构的最大压力角。

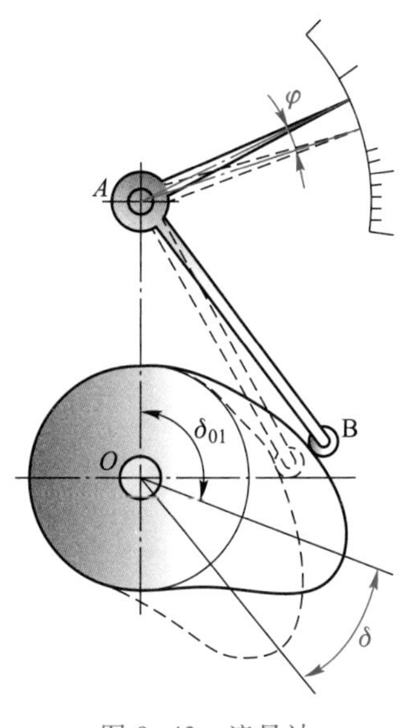

图 9-43　流量计

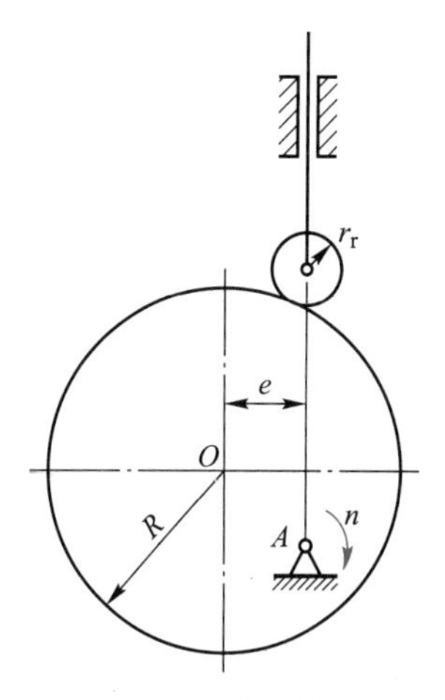

图 9-44　凸轮机构分析

阅读参考资料

[1] 陈作模. 机械原理学习指南[M]. 5 版. 北京:高等教育出版社,2008.
[2] 刘昌祺,刘庆立,蔡昌蔚. 自动机械凸轮机构实用设计手册[M]. 北京:科学出版社,2020.
[3] 刘昌祺,牧野洋,曹西京. 凸轮机构设计[M]. 北京:机械工业出版社,2005.

第 10 章

连磨（西晋）

齿轮机构及其设计

10.1 齿轮机构的类型及传动特点

齿轮机构是各种机械中应用最为广泛的一种传动机构，它也是应用很早的一种传动形式。我国早在公元前 400 年左右就开始使用齿轮，作为反映古代科学技术成就的指南车就是以齿轮机构为核心的机械装置。但从 17 世纪末，人们才开始研究能准确传递运动的轮齿形状。18 世纪，欧洲工业革命以后，齿轮机构应用日益广泛，先是采用摆线齿形，而后是渐开线齿形。目前，仍有许多学者在继续研究新的齿形。

齿轮机构是一种靠主、从动轮轮齿齿廓间接触传动的高副机构，可用来实现空间任意位置两轴间的传动和传力。齿轮传动机构的平均传动比总等于其齿数的反比，即

$$i_{12}=n_1/n_2=z_2/z_1 \tag{10-1}$$

由前文可知，齿轮传动机构的机械效益等于它的输出与输入的力矩比，且等于其机构瞬时传动比的大小，即

$$m_A=M_o/M_i=|i_{io}|=|\omega_i/\omega_o| \tag{10-2}$$

由此可知，齿轮传动机构是主要用来改变转速和变换力矩大小的，通常用来降低速度和增大力矩。其传动比一般多为常数，如实现定传动比的圆柱齿轮传动机构。此外，当要求实现变传动比的传动时，则常采用非圆齿轮传动机构。本节主要介绍定传动比齿轮传动机构的类型及其传动特点。

1. 齿轮机构的类型

齿轮机构的类型很多。对于由一对齿轮组成的齿轮机构，依据两齿轮轴线相对位置的不同，齿轮机构可分为如下几类。

（1）用于平行轴间传动的齿轮机构

图 10-1 所示为用于平行轴传动的圆柱齿轮机构。其中，图 10-1a 为外啮合齿轮机构（external meshing gear mechanism），两轮转向相反；图 10-1b 为内啮合齿轮机构（internal meshing gear mechanism），两轮转向相同。图 10-1c 为齿轮与齿条机构（pinion and rack mechanism），齿条可视为轴心在无穷远处的圆形齿轮，工作时作直线移动。

图 10-1a、b、c 中各轮齿的齿向与齿轮轴线的方向一致，称为直齿轮（spur gear）。

图 10-1d中的轮齿的齿向相对于齿轮的轴线倾斜了一个角度，称为斜齿轮(helical gear)；图 10-1e为人字齿轮(double-helical gear)，它可视为由螺旋角方向相反的两个斜齿轮所组成。

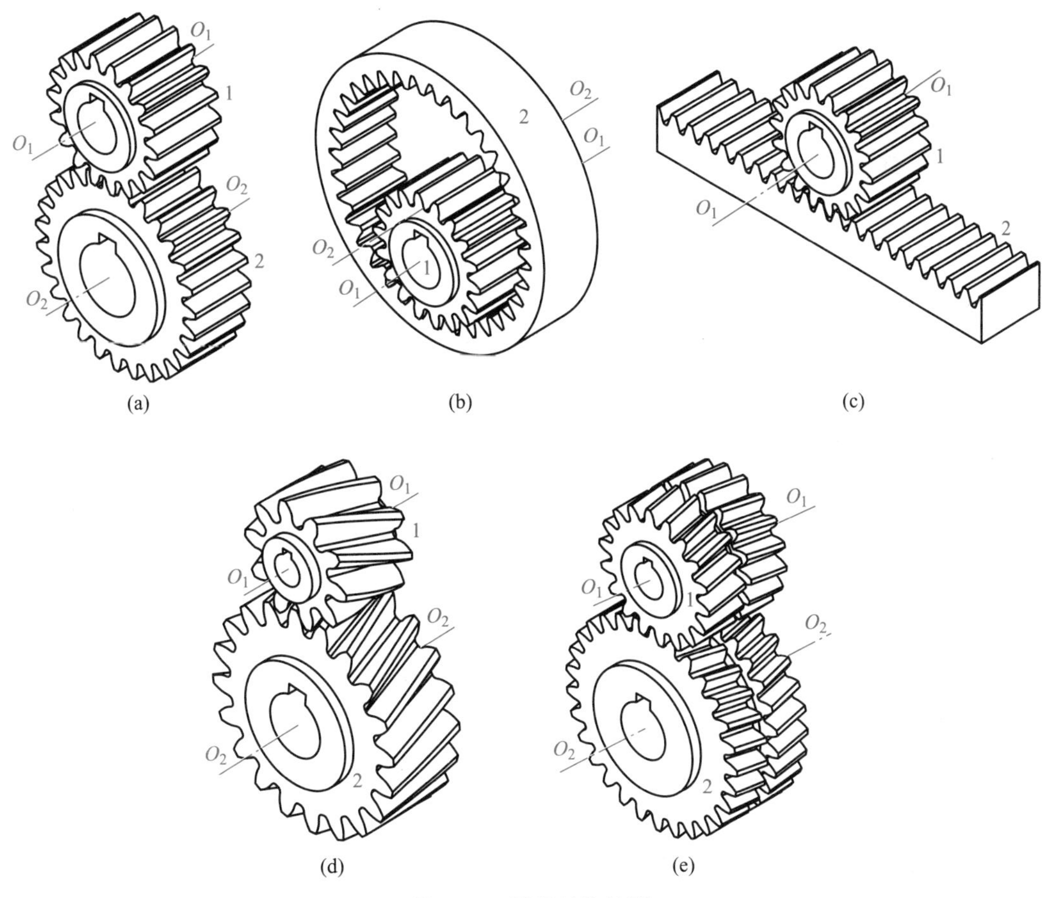

图 10-1　平行轴齿轮副

(2) 用于相交轴间传动的齿轮机构

图 10-2 所示为用于相交轴间传动的锥齿轮机构(bevel gear mechanism)。它有直齿(图10-2a)和曲线齿(图 10-2b)之分。直齿应用最广，而曲线齿锥齿轮(spiral bevel gear)由于其传动平稳，承载能力高，常用于高速重载的传动中，如汽车、拖拉机、飞机等的传动中。

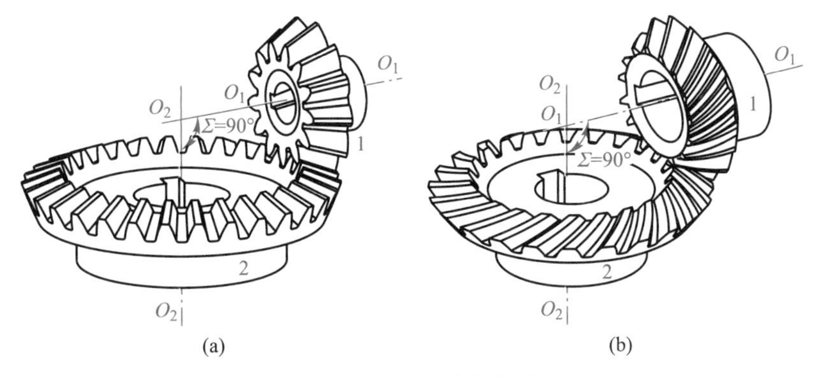

图 10-2　相交轴齿轮副

（3）用于交错轴间传动的齿轮机构

图 10-3 所示为用于交错轴间传动的齿轮机构。图 10-3a 为交错轴斜齿轮机构（crossed helical gear mechanism），图 10-3b 为蜗轮蜗杆传动机构（worm and worm wheel mechanism），图 10-3c 为准双曲面齿轮机构（hypoid gear mechanism）。

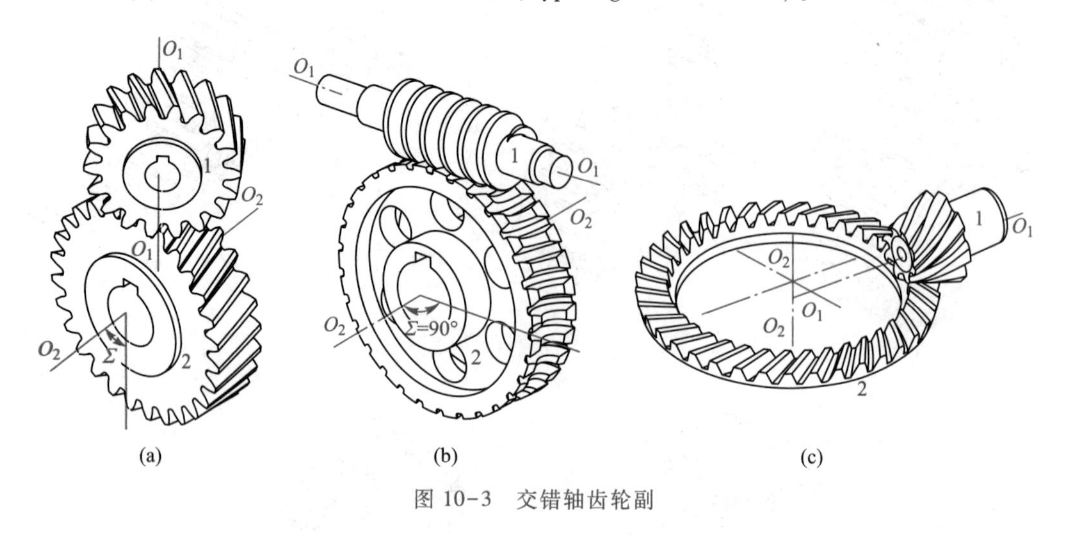

图 10-3 交错轴齿轮副

下面将以直齿圆柱齿轮传动机构为重点作详细的分析，然后再以其为基础对其他类型齿轮传动的特点进行介绍。

2. 齿轮机构的传动特点

齿轮机构一般有如下传动优点：

1）传动比准确 齿轮传动机构由于靠轮齿间啮合传动克服摩擦轮打滑等问题，不仅保持平均传动比为常数，而且其轮齿齿廓也能保证瞬时传动比恒定不变，尤其是渐开线齿轮传动在中心距略有变动（即有制造、装配误差及受力变形等）的情况下仍能保持恒定和准确的传动比。

2）传递功率范围大 其功率传递范围在某种程度可用其尺度和速度范围来反映。从齿轮传动的尺度范围来看，有矿山等重型机械中数米级直径的齿轮，也有机械手表中毫米级直径的齿轮，再到微机械中出现的微米级和甚至纳米级的齿轮机构；从传动速度范围来看，有些齿轮传动的线速度可达 300 m/s，而在一些仪表中齿轮速度小到几天才转一周。由此可见，齿轮机构的应用是极其广泛的。

3）传动效率高 由表 4-1 可知齿轮传动效率很高。圆柱齿轮的传动效率可达 0.98~0.99。

此外，齿轮传动还具有使用寿命长、工作可靠和结构紧凑等优点。但齿轮传动也存在对制造和安装精度要求高以及成本较高等缺点。

对于齿轮传动机构的设计选型，通常依据两轴传动的空间位置关系，再结合上述传动机构的类型和传动特点来进行的。

由此可见，对于齿轮传动机构的研究，首先要研究齿轮的齿廓曲线。

10.2 齿轮的齿廓曲线

圆柱齿轮的齿面与垂直于其轴线的平面的交线称为齿廓(tooth profile)。两齿轮的瞬时传动比(ω_1/ω_2)与其齿廓的形状有关,下面就来分析这个问题。

1. 齿廓啮合基本定律

图 10-4 所示为一对相互啮合传动的轮齿。两轮齿的齿廓 C_1、C_2 在某一点 K 接触,设两齿廓上 K 点处的线速度分别为 v_{K1}、v_{K2}。要使这一对齿廓能够通过接触而传动,它们沿接触点的公法线方向的分速度应相等,否则两齿廓将不是彼此分离就是相互嵌入,而不能达到正常传动的目的。也就是说两齿廓接触点间的相对速度 v_{K2K1} 只能沿两齿廓接触点处的公切线方向。

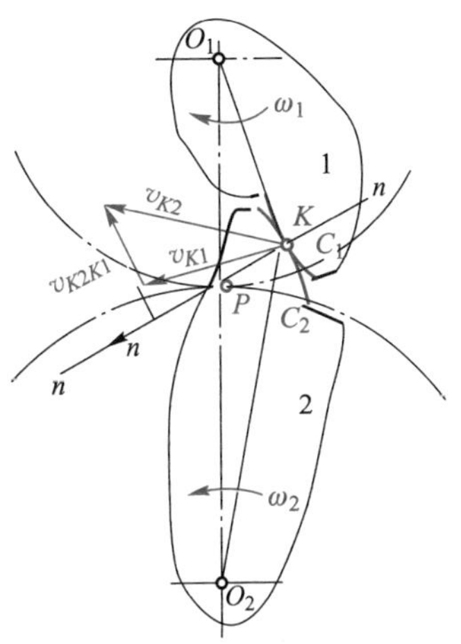

图 10-4　齿廓啮合基本定律

由第 3 章所述的瞬心概念可知,两啮合齿廓在接触点 K 处的公法线 nn 与两齿轮连心线 O_1O_2 的交点 P 即为两齿轮的相对瞬心,故两轮此时的瞬时传动比为

$$i_{12}=\omega_1/\omega_2=\overline{O_2P}/\overline{O_1P} \tag{10-3}$$

该式表明,相互啮合传动的一对齿轮,在任一位置时的传动比,都与其连心线 O_1O_2 被其啮合齿廓在接触点处的公法线所分成的两线段长成反比。这一规律称为齿廓啮合基本定律。根据这一定律可知,齿轮的瞬时传动比与齿廓形状有关,可根据齿廓曲线来确定齿轮的传动比;反之,也可以根据给定的传动比来确定齿廓曲线。

齿廓公法线 nn 与两轮连心线 O_1O_2 的交点 P 称为节点(pitch point)。由式(10-3)可知,若要求两齿轮的传动比为常数,则应使$\overline{O_2P}/\overline{O_1P}$为常数。若齿轮轴心 O_1、O_2 为定点,则 P 点在连心线上也为一定点。故两齿轮作定传动比传动的条件是:不论两轮齿廓在何位置接触,过接触点所作的两齿廓公法线应与两齿轮的连心线交于一定点。

由于两轮作定传动比传动时,节点 P 为连心线上的一个定点,故 P 点在轮 1 的运动平面(与轮 1 相固连的平面)上的轨迹是一个以 O_1 为圆心、$\overline{O_1P}$为半径的圆。同理,P 点在轮 2 运动平面上的轨迹是一个以 O_2 为圆心、$\overline{O_2P}$为半径的圆。这两个圆分别称为轮 1 与轮 2 的节圆(pitch circle)。而由上述可知,两轮的节圆相切于 P 点,且在 P 点速度相等($\omega_1\ \overline{O_1P}=\omega_2\ \overline{O_2P}$),即在传动过程中,两齿轮的节圆作纯滚动。

当要求两齿轮作变传动比传动时,节点 P 就不再是连心线上的一个定点,而是按传动比的变化规律在连心线上移动。这时,P 点在轮 1、轮 2 运动平面上的轨迹也就不再是圆,而是一非圆曲线,称为节线(pitch curve),如图 10-5 所示。这种齿轮传动称为非圆齿轮机构,如图 10-5 所示的椭圆齿轮机构,它们的节线均为椭圆曲线,常用来实现周期性变传动比传动。

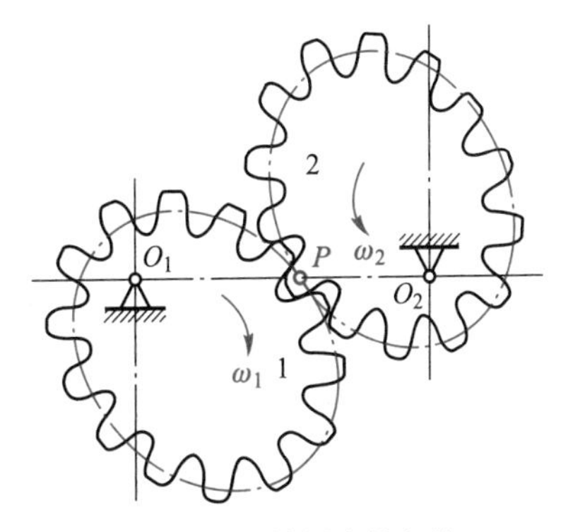

图 10-5　椭圆齿轮机构

2. 共轭齿廓

凡能按预定传动比规律相互啮合传动的一对齿廓称为共轭齿廓(conjugate tooth profile)。理论上,对于预定的传动比,只要给定任一齿轮的齿廓曲线和中心距,就可根据齿廓啮合基本定律求出与其啮合传动的另一齿轮上的共轭齿廓曲线。求共轭齿廓的方法很多,下面只对用作图法求共轭齿廓的一种方法作简略介绍。

在图 10-6 中,已知传动比 i_{12}(设为常数)、中心距 O_1O_2 和齿轮 1 的齿廓曲线 K_1,用图解包络线法求与齿廓 K_1 共轭的齿廓 K_2 过程如下:依据传动比 i_{12} 和中心距 O_1O_2 可画出两齿轮的节圆 S_1 和 S_2,其相切点 P 即为节点。在齿廓 K_1 上取一系列点 A_1、B_1、C_1、…,过这些点分别作齿廓 K_1 的法线,与节圆 S_1 交于点 a_1、b_1、c_1、…;依据两节圆作纯滚动的原则,按弧长相等在节圆 S_2 求得相应点 a_2、b_2、c_2、…,再分别以点 a_2、b_2、c_2、…为圆心,以 $\overline{A_1a_1}$、$\overline{B_1b_1}$、$\overline{C_1c_1}$、…为半径作圆弧,这些圆弧族的包络线 $A_2B_2C_2$ 即为齿轮 2 的齿廓曲线 K_2。

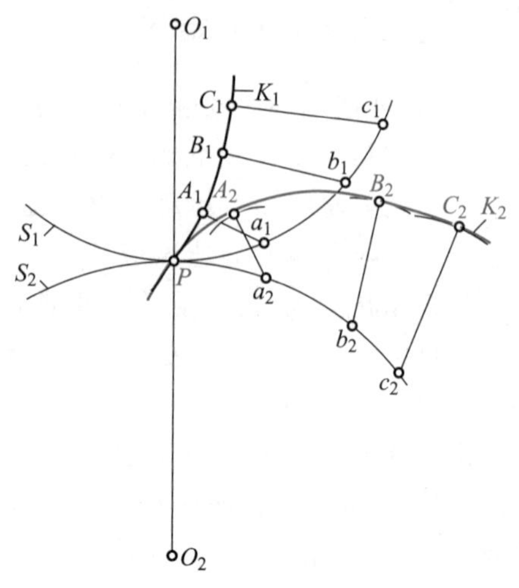

图 10-6 共轭曲线求法

学习拓展:

确定共轭齿廓的方法

3. 共轭齿廓的选择

虽然能满足定传动比规律的共轭齿廓曲线很多,但在生产实践中,选择齿廓曲线时,不仅要满足传动比的要求,还必须从设计、制造、安装和使用等多方面予以综合考虑。对于定传动比传动的齿轮来说,目前最常用的齿廓曲线是渐开线,其次是摆线(图 10-35、图 10-36)和变态摆线,近年来还有圆弧齿廓(图 10-33、图 10-34)、抛物线齿廓和余弦齿廓等。

由于渐开线齿廓具有良好的传动性能,且便于制造、安装、测量和互换使用,因此它的应用最为广泛,故本章着重介绍渐开线齿廓的齿轮。

10.3 渐开线直齿圆柱齿轮传动

10.3.1 渐开线齿廓及其啮合特点

1. 渐开线的形成及其特性

如图 10-7 所示,当一直线 BK 沿一圆周作纯滚动时,直线上任意点 K 的轨迹 AK 就是该圆的渐开线(involute)。该圆称为渐开线的基圆(base circle),其半径用 r_b 表示;直线 BK 称为渐开线的发生线(generating line);角 θ_K 称为渐开线上 K 点的展角(evolving angle)。

根据渐开线的形成过程,可知渐开线具有下列特性:

1)发生线上$\overline{BK}$线段长度等于基圆上被滚过的弧长$\widehat{AB}$,即$\overline{BK}=\widehat{AB}$。

2)渐开线上任一点 K 处的法线必与其基圆相切,且切点 B 为渐开线 K 点的曲率中心,线段$\overline{BK}$为曲率半径。渐开线上各点的曲率半径不同,离基圆越近,曲率半径愈小,在基圆上其曲率半径为零。

3)渐开线的形状取决于基圆的大小。在展角相同处,基圆半径愈大,其渐开线的曲率半径也愈大。当基圆半径为无穷大时,其渐开线就变成一条直线,故齿条的齿廓曲线为直线。

4)基圆以内无渐开线。

渐开线的上述诸特性是研究渐开线齿轮啮合传动的基础。

2. 渐开线压力角及渐开线函数

(1)渐开线压力角

在图 10-7 中,建立以 OA 为极轴的坐标系。当此渐开线与其共轭齿廓在 K 点啮合时,此齿廓在该点所受正压力的方向(即法线 KB 方向)与该点的速度方向(垂直 OK 方向)之间所夹的锐角 α_K,称为渐开线在该点的压力角(pressure angle)。设 r_K 为渐开线任意点 K 的向径。由△BOK 可见

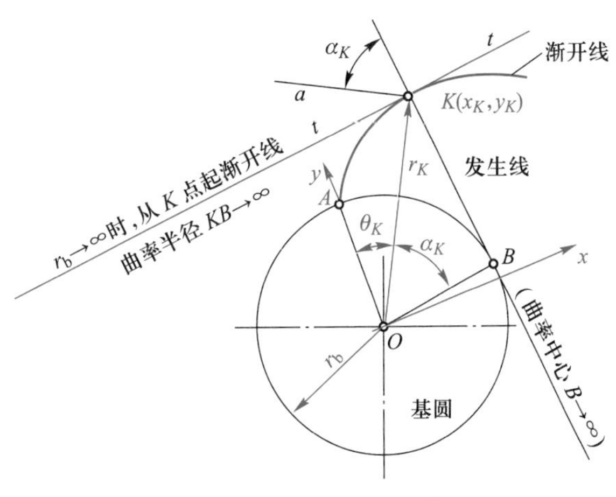

图 10-7 渐开线的形成

$$\alpha_K=\arccos(r_b/r_K) \tag{10-4}$$

由上式可知,渐开线上各点压力角不同,其压力角的大小随 r_K 的增大而增大,而基圆上的压力角为零。

(2)渐开线函数及方程

因

$$\tan\alpha_K=\frac{\overline{BK}}{r_b}=\frac{\widehat{AB}}{r_b}=\frac{r_b(\alpha_K+\theta_K)}{r_b}=\alpha_K+\theta_K$$

故得

$$\theta_K=\tan\alpha_K-\alpha_K$$

由上式可知,展角 θ_K 是压力角 α_K 的函数,称其为渐开线函数(involute function)。用 $\text{inv}\ \alpha_K$ 来表示,即

$$\text{inv}\ \alpha_K=\theta_K=\tan\alpha_K-\alpha_K \text{①} \tag{10-5}$$

由式(10-4)及式(10-5)可得渐开线的极坐标方程式为

$$\left.\begin{aligned} r_K&=r_b/\cos\alpha_K \\ \theta_K&=\text{inv}\ \alpha_K=\tan\alpha_K-\alpha_K \end{aligned}\right\} \tag{10-6}$$

---

① 渐开线函数 $\text{inv}\ \alpha_K=\theta_K=\tan\alpha_K-\alpha_K$ 可查《机械设计手册》。

当采用直角坐标表示渐开线时，在图 10-7 中，建立以 OA 为 y 轴的直角坐标系，渐开线上点 K 的坐标为 $K(x_K, y_K)$，可得其方程式为

$$\left.\begin{aligned} x_K &= r_b \sin u_K - r_b u_K \cos u_K \\ y_K &= r_b \cos u_K + r_b u_K \sin u_K \end{aligned}\right\} \tag{10-7}$$

式中，$u_K = \theta_K + \alpha_K$。

3. 渐开线齿廓的啮合特点

渐开线齿廓啮合传动具有如下特点：

（1）能保证定传动比传动且具有可分性

设 C_1、C_2 为相互啮合的一对渐开线齿廓（图 10-8），它们的基圆半径分别为 r_{b1}、r_{b2}。当 C_1、C_2 在任意点 K 啮合时，过 K 点所作这对齿廓的公法线为 N_1N_2。根据渐开线的特性可知，此公法线必同时与两轮的基圆相切。

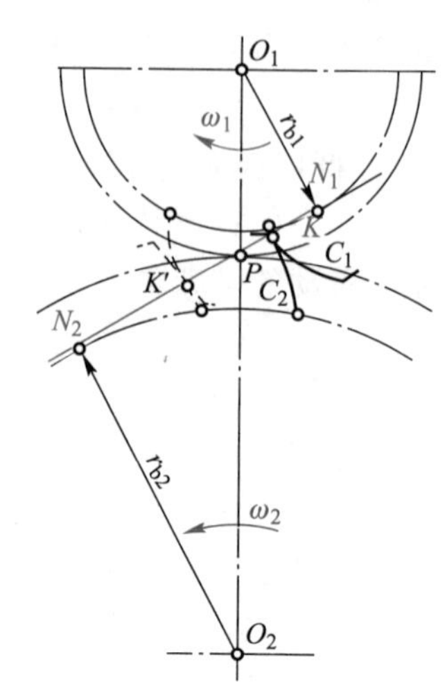

图 10-8　渐开线齿廓的啮合

由图可知，因 $\triangle O_1N_1P \backsim \triangle O_2N_2P$，故两轮的传动比可写成

$$i_{12} = \omega_1/\omega_2 = \overline{O_2P}/\overline{O_1P} = r_{b2}/r_{b1} \tag{10-8}$$

对于每一个具体齿轮来说，其基圆半径为常数，两轮基圆半径的比值为定值，故渐开线齿轮能保证定传动比传动。

又因渐开线齿轮的基圆半径不会因齿轮位置的移动而改变，而当两轮实际安装中心距与设计中心距略有变动时，图 10-8 和式（10-8）仍成立，故不会影响两轮的传动比。渐开线齿廓传动的这一特性称为传动的可分性。这一特性对于渐开线齿轮的装配和使用都是十分有利的。

（2）渐开线齿廓之间的正压力方向不变

既然一对渐开线齿廓在任何位置啮合时，过接触点的公法线都是同一条直线 N_1N_2，这就说明一对渐开线齿廓从开始啮合到脱离接触，所有的啮合点均在该直线上，故直线 N_1N_2 是齿廓接触点在固定平面中的轨迹，称其为啮合线（line of action）。

在齿轮传动过程中，两啮合齿廓间的正压力始终沿啮合线方向，故其传力方向不变，这对于齿轮传动的平稳性是有利的。

由于渐开线齿廓还有加工刀具简单、工艺成熟等优点，故其应用特别广泛。

10.3.2　标准齿轮的基本参数和几何尺寸

1. 齿轮各部分的名称和符号

为了能使齿轮实现正、反方向连续旋转的啮合传动，对于一个渐开线直齿外圆柱齿轮的轮齿，不难想象，它是由同一圆柱上生成的两个反向渐开线曲面作为轮齿的两侧齿廓曲面，并将其按齿轮的齿数 z 等间距地分布于同轴心两圆柱面之间而形成的，于是也就形成了齿轮的齿顶圆柱面及齿根圆柱面，而其齿宽以 B 表示，如图 10-9 所示。齿轮的齿顶圆（tip circle）和齿根圆（root circle）的半径和直径分别以 r_a、d_a 和 r_f、d_f 表示，而形成其渐开线齿廓的基

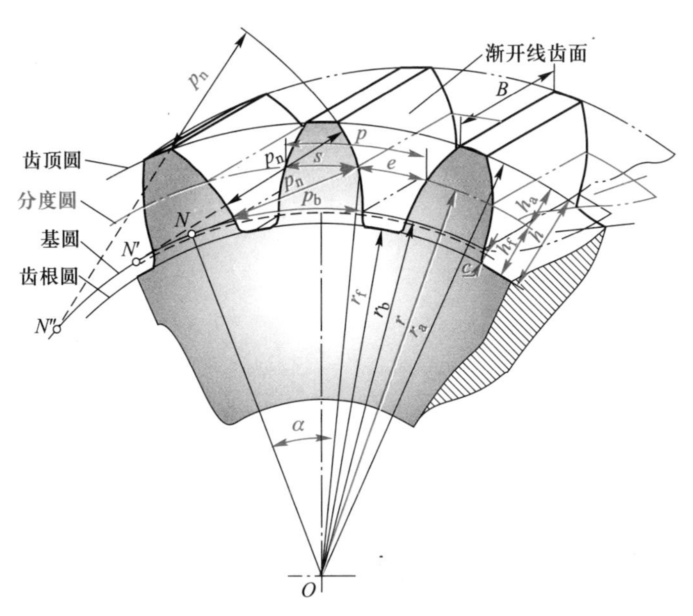

图 10-9 外齿轮各部分的名称和符号

圆半径和直径分别以 r_b、d_b表示。

在实际工程中,为了便于齿轮的设计和制造,在齿顶圆与齿根圆之间选择一个尺寸参考圆称其为分度圆(reference circle),其半径和直径以 r 和 d 表示,并以此来定义齿轮轮齿的各部分的名称和尺寸。

1) 齿厚、齿槽宽及齿距

在分度圆上,一个轮齿两侧齿廓间、一个齿槽两侧齿廓间和相邻两齿同侧齿廓间的弧线长度,分别称为齿轮的齿厚(tooth thickness)、齿槽宽(space width)及齿距(pitch),并分别以 s、e 及 p 表示。显然,齿距等于齿厚与齿槽宽之和,即

$$p=s+e \tag{10-9}$$

而对于半径为 r_i的任意圆,则该圆上的齿厚 s_i、齿槽宽 e_i和齿距 p_i,同样有 $p_i=s_i+e_i$①。

此外,齿轮啮合常用到法向齿距和基圆齿距,即分别为相邻两齿同侧齿廓在啮合线上所夹的线段长度和在基圆上的弧线长度,分别以 p_n和 p_b表示。如图 10-9 所示,由渐开线性质可知,法向齿距总等于基圆齿距,即

$$p_n=p_b=p\cos\alpha \tag{10-10}$$

2) 齿顶高、齿根高及齿全高

轮齿介于分度圆与齿顶圆之间的部分和介于分度圆与齿根圆之间的部分,分别称为齿顶(top land)和齿根(bottom land),相应的径向高度分别称为齿顶高(addendum)和齿根高(dedendum),分别以 h_a和 h_f表示。由图 10-9 可见,齿顶高与齿根高之和称为齿全高(tooh depth),以 h 表示,即

$$h=h_a+h_f \tag{10-11}$$

---

① 标准齿轮任意半径 r_i的圆周上齿厚 s_i计算公式:据式(10-4),由其齿厚 s_i所对圆心角 φ_i及其压力角 α_i可推导得 $s_i=r_i\varphi=sr_i/r-2r_i(\mathrm{inv}\ \alpha_i-\mathrm{inv}\ \alpha)$。

此外，为了避免两齿轮啮合转动时一轮齿顶与另一轮齿根过渡曲线发生抵触，并能储存一定润滑油，在两轮轮齿的齿顶与齿根之间应留有一定的径向间隙，称为顶隙（bottom clearance），以 c 表示，如图 10-9 所示。它通常由齿根高来保证，即

$$h_f = h_a + c \tag{10-12}$$

由此可知，对于直齿圆柱齿轮及其传动的研究，完全可以按其端面齿轮（即平面齿轮）及其传动来加以研究。

2. 渐开线齿轮的基本参数

（1）齿数

齿数（number of teeth）是指齿轮在整个圆周上轮齿的总数，用 z 表示。

（2）模数

模数（module）是齿轮的一个重要参数，用 m 表示，模数的定义为齿距 p 与 π 的比值，即

$$m = p/\pi \tag{10-13}$$

故齿轮的分度圆直径 d 可表示为

$$d = mz \tag{10-14}$$

为了减少齿轮加工刀具数量，模数 m 已标准化了，表 10-1 为国家标准 GB/T 1357—2008 所规定的标准模数系列。在设计齿轮时，若无特殊需要，应选用标准模数。

表 10-1　齿轮标准模数系列（GB/T 1357—2008）

第一系列	1	1.25	1.5	2	2.5	3	4	5	6	8	10
	12	16	20	25	32	40	50				
第二系列	1.125	1.375	1.75	2.25	2.75	3.5	4.5	5.5	(6.5)	7	9
	11	14	18	22	28	35	45				

注：① 本表适用于渐开线圆柱齿轮，对斜齿轮是指法面模数。

② 选用模数时，应优先选用第一系列，其次是第二系列，括号内的模数尽可能不用。

（3）分度圆压力角

由式（10-4）可知，同一渐开线齿廓上各点的压力角不同。通常所说的齿轮压力角是指在其分度圆上的压力角（简称压力角），以 α 表示。根据式（10-4）有

$$\alpha = \arccos(r_b/r) \tag{10-15a}$$

或

$$r_b = r\cos\alpha = \frac{zm}{2}\cos\alpha \tag{10-15b}$$

压力角是决定齿廓形状的主要参数；国家标准（GB/T 1356—2001）中规定，分度圆上的压力角为标准值，$\alpha = 20°$。在一些特殊场合（如工程机械、航空工业等），α 也允许采用其他的值。

（4）齿顶高系数和顶隙系数

齿轮的齿顶高与其模数比值称齿顶高系数（addendum coefficient），用 h_a^* 表示；顶隙与模数的比值称为顶隙系数（clearance coefficient），用 c^* 表示。国家标准 GB/T 1356—2001 中规定：$h_a^* = 1, c^* = 0.25$。

3. 渐开线标准齿轮各部分的几何尺寸

渐开线标准齿轮是指 m、α、h_a^*、c^* 均为标准值，而且分度圆齿厚等于齿槽宽的渐开线齿轮。为了便于计算和设计，现将渐开线标准直齿圆柱齿轮外啮合传动几何尺寸的计算公式列于表 10-2 中。

表 10-2　渐开线标准直齿圆柱齿轮外啮合传动几何尺寸的计算公式

名称	代号	计算公式	
		小齿轮	大齿轮
分度圆直径	d	$d_1=mz_1$	$d_2=mz_2$
齿顶高	h_a	$h_{a1}=h_{a2}=h_a^*m$	
齿根高	h_f	$h_{f1}=h_{f2}=(h_a^*+c^*)m$	
齿全高	h	$h_1=h_2=(2h_a^*+c^*)m$	
齿顶圆直径	d_a	$d_{a1}=(z_1+2h_a^*)m$	$d_{a2}=(z_2+2h_a^*)m$
齿根圆直径	d_f	$d_{f1}=(z_1-2h_a^*-2c^*)m$	$d_{f2}=(z_2-2h_a^*-2c^*)m$
基圆直径	d_b	$d_{b1}=d_1\cos\alpha$	$d_{b2}=d_2\cos\alpha$
齿距	p	$p=\pi m$	
基圆齿距（法向齿距）	p_b	$p_b=p\cos\alpha$	
齿厚	s	$s=\pi m/2$	
齿槽宽	e	$e=\pi m/2$	
任意圆（半径为 r_i）齿厚	s_i	$s_i=sr_i/r-2r_i(\mathrm{inv}\,\alpha_i-\mathrm{inv}\,\alpha)$	
顶隙	c	$c=c^*m$	
标准中心距	a	$a=m(z_1+z_2)/2$	
节圆直径	d'	（当中心距为标准中心距 a 时）$d'=d$	

10.3.3　一对直齿圆柱齿轮的啮合传动

1. 正确啮合条件

渐开线齿廓能够满足定传动比传动，但这不等于说任意两个渐开线齿轮都能搭配起来正确地啮合传动。要正确啮合，还必须满足一定的条件。现就图 10-10a 加以说明：

如前所述，一对渐开线齿轮在传动时，它们的齿廓啮合点都应位于啮合线 N_1N_2 上，因此要使齿轮能正确啮合传动，应使处于啮合线上的各对轮齿都能同时进入啮合，为此两齿轮的法向齿距应相等，即

$$p_{b1}=\pi m_1\cos\alpha_1=p_{b2}=\pi m_2\cos\alpha_2$$

$$m_1\cos\alpha_1=m_2\cos\alpha_2 \text{①} \tag{10-16a}$$

式中，m_1、m_2 及 α_1、α_2 分别为两轮的模数和压力角。由于模数和压力角均已标准化，为满足上式应使

$$m_1=m_2=m,\ \alpha_1=\alpha_2=\alpha \tag{10-16b}$$

故一对渐开线齿轮正确啮合的条件是两轮的模数和压力角应分别相等。

2. 中心距及啮合角

（1）中心距

齿轮传动中心距的变化虽然不影响传动比，但会改变顶隙和齿侧间隙等的大小。在确定其中心距时，应满足以下两点要求：

1）保证两轮的顶隙为标准值　在一对齿轮传动时，为了避免两轮轮齿的顶-根相抵触，并能储存一定润滑油，故在两轮轮齿顶根之间应留有顶隙，且必须为标准值，即 $c=c^*m$。对于图 10-10a 所示的标准齿轮外啮合传动，当顶隙为标准值时，两轮的中心距应为

$$\begin{aligned}a&=r_{a1}+c+r_{f2}=(r_1+h_a^*m)+c^*m+(r_2-h_a^*m-c^*m)\\&=r_1+r_2=m(z_1+z_2)/2\end{aligned} \tag{10-17}$$

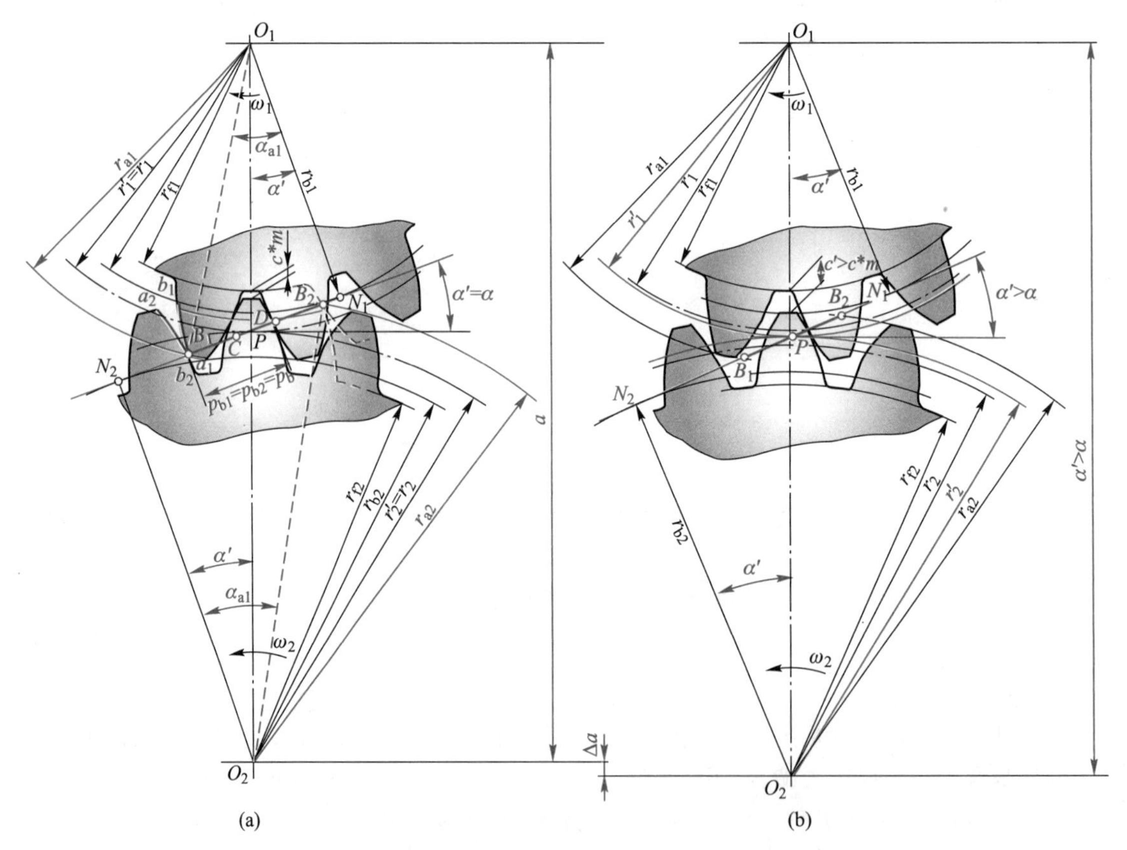

图 10-10　一对外齿轮正确啮合及连续传动的条件

① 此式是渐开线齿廓正确啮合的一般条件式。

即两轮的中心距应等于两轮分度圆半径之和，此中心距称为标准中心距。

2）保证两轮的理论齿侧间隙为零　虽然在实际齿轮传动中，在两轮的非工作齿侧间总要留有一定的齿侧间隙，简称侧隙（backlash）。但齿侧间隙一般都很小，由制造公差来保证。故在计算齿轮的名义尺寸和中心距时，都是按齿侧间隙为零来考虑的。欲使一对齿轮在传动时其齿侧间隙为零，需使一个齿轮在节圆上的齿厚等于另一个齿轮在节圆上的齿槽宽。

由于一对齿轮啮合时两轮的节圆总是相切的，而当两轮按标准中心距安装时，两轮的分度圆也是相切的，即 $r'_1+r'_2=r_1+r_2$。又因 $i_{12}=r'_2/r'_1=r_2/r_1$，故此时两轮的节圆分别与其分度圆相重合。由于分度圆上的齿厚与齿槽宽相等，因此有 $s'_1=e'_1=s'_2=e'_2=\pi m/2$，故标准齿轮在按标准中心距安装时无齿侧间隙。

（2）啮合角

两齿轮在啮合传动时，其节点 P 的圆周速度方向与啮合线 N_1N_2 之间所夹的锐角，称为啮合角（working pressure angle），通常用 α' 表示。由此定义可知，啮合角等于节圆压力角。当两轮按标准中心距安装时，啮合角也等于分度圆压力角 α（图 10-10a）。

当两轮的实际中心距 a' 与标准中心距 a 不相同时，如将中心距增大（图 10-10b），这时两轮的分度圆不再相切，而是相互分离。两轮的节圆半径将大于各自的分度圆半径，其啮合角 α' 也将大于分度圆的压力角 α。因 $r_b=r\cos\alpha=r'\cos\alpha'$，故有 $r_{b1}+r_{b2}=(r_1+r_2)\cos\alpha=(r'_1+r'_2)\cos\alpha'$，可得齿轮的中心距与啮合角的关系式为

$$a'\cos\alpha'=a\cos\alpha \tag{10-18}$$

当实际中心距小于标准中心距时，两轮分度圆将相交，啮合角将小于分度圆压力角。

3. 连续传动条件与重合度

齿轮传动是通过轮齿交替啮合来实现的，为了保证传动的连续性，要求在前一对齿脱开啮合之前，后一对齿已进入啮合，此条件称为连续传动条件。

在图 10-10a 中，设轮 1 为主动轮，沿顺时针方向回转；轮 2 为从动轮。直线 N_1N_2 为啮合线。一对轮齿在 B_2 点（从动轮 2 的齿顶圆与啮合线 N_1N_2 的交点）开始进入啮合。在 B_1 点（主动轮 1 的齿顶圆与啮合线 N_1N_2 的交点）脱开啮合。故一对轮齿的啮合点实际所走过的轨迹只是啮合线 N_1N_2 上的 B_1B_2 一段，称其为实际啮合线段。两齿廓上实际参与啮合的部分（图中两轮齿齿廓 $\overset{\frown}{a_1b_1}$ 和 $\overset{\frown}{a_2b_2}$）称为齿廓工作段。因基圆以内没有渐开线，故啮合线 N_1N_2 是理论上可能达到的最长啮合线段，称其为理论啮合线段，而 N_1、N_2 点称为啮合极限点。

为满足齿轮连续传动的要求，实际啮合线段 $\overline{B_1B_2}$ 应大于齿轮的法向齿距 p_b（图 10-10a）。$\overline{B_1B_2}$ 与 p_b 的比值 ε_α 称为齿轮传动的重合度（contact ratio），为了确保齿轮传动的连续，并考虑到实际工程中齿轮传动的平稳性和安全性，应使 ε_α 值大于或等于许用值 $[\varepsilon_\alpha]$，即

$$\varepsilon_\alpha=\overline{B_1B_2}/p_b\geqslant[\varepsilon_\alpha] \tag{10-19}$$

许用 $[\varepsilon_\alpha]$ 的推荐值见表 10-3。

表 10-3　$[\varepsilon_\alpha]$ 的推荐值

使用场合	一般机械制造业	汽车拖拉机	金属切削机床
$[\varepsilon_\alpha]$	1.4	1.1～1.2	1.3

重合度 ε_α 的计算,由图 10-10a 不难推得

$$\varepsilon_\alpha=(\overline{B_1P}+\overline{PB_2})/(\pi m\cos\alpha)=[z_1(\tan\alpha_{a1}-\tan\alpha')+z_2(\tan\alpha_{a2}-\tan\alpha')]/(2\pi) \tag{10-20}$$

式中,α'为啮合角;z_1、z_2 及 α_{a1}、α_{a2}分别为齿轮 1、2 的齿数及齿顶圆压力角。

重合度的大小表示同时参与啮合的轮齿对数的平均值。重合度大,意味着同时参与啮合的轮齿对数多,对提高齿轮传动的平稳性和承载能力都有重要意义。

由式(10-20)可见,重合度 ε_α 与模数 m 无关,而随齿数 z 的增多而加大,对于按标准中心距安装的标准齿轮传动,当两轮的齿数趋于无穷大时的极限重合度 $\varepsilon_{\alpha\max}=4h_a^*/(\pi\sin 2\alpha)=1.981$(此时,两轮便演化成齿条,由图 10-11 可知,$\overline{B_1P}=\overline{PB_2}=h_a^*m/\sin\alpha$)。重合度 ε_α 还随啮合角 α'的减小和齿顶高系数 h_a^* 的增大而增大,随中心距的增大而减小。

例 10-1 有一对外啮合渐开线标准直齿圆柱齿轮,已知 $z_1=19$、$z_2=52$、$\alpha=20°$、$m=5$ mm、$h_a^*=1$,试求:

1) 按标准中心距安装时,这对齿轮传动的重合度 ε_α。

2) 保证这对齿轮能连续传动,其容许的最大中心距 a'。

解:1) 两轮的分度圆半径、齿顶圆半径、齿顶圆压力角分别为

$$r_1=mz_1/2=5\text{ mm}\times19/2=47.5\text{ mm}$$

$$r_2=mz_2/2=5\text{ mm}\times52/2=130\text{ mm}$$

$$r_{a1}=r_1+h_a^*m=(47.5+1\times5)\text{ mm}=52.5\text{ mm}$$

$$r_{a2}=r_2+h_a^*m=(130+1\times5)\text{ mm}=135\text{ mm}$$

$$\alpha_{a1}=\arccos(r_1\cos\alpha/r_{a1})=\arccos(47.5\times\cos20°/52.5)=31.77°$$

$$\alpha_{a2}=\arccos(r_2\cos\alpha/r_{a2})=\arccos(130\times\cos20°/135)=25.19°$$

又因两齿轮按标准中心距安装,故 $\alpha'=\alpha$。于是,由式(10-20)可得

$$\begin{aligned}\varepsilon_\alpha&=[z_1(\tan\alpha_{a1}-\tan\alpha)+z_2(\tan\alpha_{a2}-\tan\alpha)]/(2\pi)\\&=[19\times(\tan31.77°-\tan20°)+52\times(\tan25.19°-\tan20°)]/(2\pi)\\&=1.65\end{aligned}$$

2) 保证这对齿轮能连续传动,必须要求其重合度 $\varepsilon_\alpha\geqslant1$,即

$$\varepsilon_\alpha=[z_1(\tan\alpha_{a1}-\tan\alpha')+z_2(\tan\alpha_{a2}-\tan\alpha')]/(2\pi)\geqslant1$$

故得啮合角为

$$\begin{aligned}\alpha'&\leqslant\arctan[(z_1\tan\alpha_{a1}+z_2\tan\alpha_{a2}-2\pi)/(z_1+z_2)]\\&=\arctan[(19\times\tan31.77°+52\times\tan25.19°-2\pi)/(19+52)]\\&=22.865\ 9°\end{aligned}$$

于是,由式(10-18)可得这对齿轮传动的中心距为

$$\begin{aligned}a'&=a\cos\alpha/\cos\alpha'=(r_1+r_2)\cos\alpha/\cos\alpha'\\&\leqslant(47.5+130)\text{ mm}\times\cos20°/\cos22.865\ 9°=181.02\text{ mm}\end{aligned}$$

即为保证这对齿轮能连续传动,其最大中心距为 181.02 mm。

4. 齿轮齿条和内齿轮的啮合传动

(1) 齿轮齿条啮合传动

1) 齿条的齿廓及尺寸特点 从机构变异演化的观点来看,齿条相当于齿数无穷多的齿轮。这就意味着齿轮演变为齿条的基本参数如模数 m、压力角 α、齿顶高系数 h_a^* 及顶隙系数 c^* 保持不变,而只是齿数 z 变为无穷多。此时,其分度圆和基圆均将无穷大而变为直线,渐开线亦为直线。标准齿条的齿廓及各部分名称与符号如图 10-11 所示。齿条具有如下特点:

① 齿条齿廓为直线,且其齿廓上各点的压力角都相同,并等于齿廓直线的齿形角 α;

② 齿条对应于齿轮中的各圆都变成了直线,即齿顶线、分度线及齿根线等;

③ 齿条上各同侧齿廓是平行的,且与分度线平行的各直线上的齿距相等,即 $p_i=p=\pi m$。

因此,齿条的尺寸计算可参照表 10-2 中外齿轮的计算公式进行计算。

2）齿轮齿条啮合传动　由上述可知,齿条与外齿轮组成的一对啮合传动,与两外齿轮啮合传动基本相似,即基本标准参数不变,只是齿轮的各圆变为齿条的各直线,如图 10-11 所示。齿轮齿条啮合传动的条件具有如下特点:

① 正确啮合条件。与外啮合齿轮传动相同,即分度圆上的模数和压力角分别相等;

② 传动的安装。齿轮与齿条不论是否标准安装,齿条的直线齿廓总是保持其齿形角 α 方向不变,因此啮合线 N_1N_2 及节点 P 的位置始终保持不变,即齿轮的节圆恒与其分度圆重合,其啮合角 α' 恒等于分度圆压力角 α。当标准安装时,齿条的分度线与节线重合,与齿轮分度圆相切;而在非标准安装时,齿条的分度线与其节线不再重合,也与齿轮分度圆不再相切。因齿条分度线的曲率中心位于分度线垂直方向的无穷远处,故齿轮齿条传动的安装位置应按齿轮的中心与齿条分度线的距离 L 来确定,标准安装时为其齿轮分度圆半径 r_1,即 $L=r_1$。

③ 重合度。齿轮齿条啮合传动的重合度计算,仍可参照外啮合重合度式(10-20)来进行计算,不过式中 $\overline{PB_2}$ 则不同,此时由图 10-11 可知,$\overline{PB_2}=h_a^* m/\sin\alpha$。

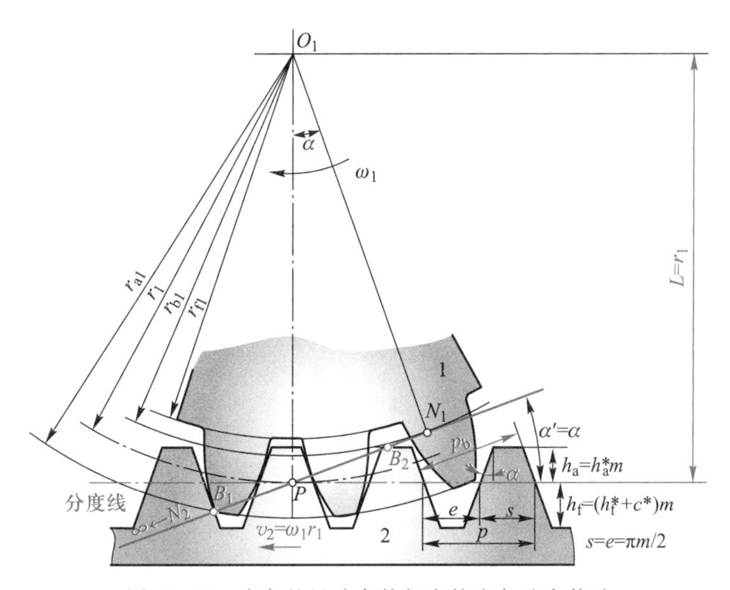

图 10-11　齿条的尺寸参数与齿轮齿条啮合传动

(2）内啮合齿轮传动

1）内齿轮的齿廓及尺寸特点　从机构变异演化的观点来看,内齿轮可视为由外轮齿的外凸型齿体演变为相同基本参数和相同齿面形状的内凹型齿体的齿轮。这样,可认为外齿轮演变为内齿轮时,其基本参数如模数 m、压力角 α、齿顶高系数 h_a^* 及顶隙系数 c^* 保持不变,即分度圆和基圆及渐开线齿廓完全相同。内齿轮的各部分尺寸如图 10-12 所示,根据上述分析,并参照外齿轮可知,标准内齿轮的齿廓及尺寸具有如下特点:

① 内齿轮的齿廓为内凹的,且其齿廓上的压力角越靠近齿顶越小,越靠近齿根越大,与

外齿轮恰好相反；

② 内齿轮的齿根圆大于齿顶圆；

③ 齿顶圆必须大于基圆，因为其基圆内无渐开线。

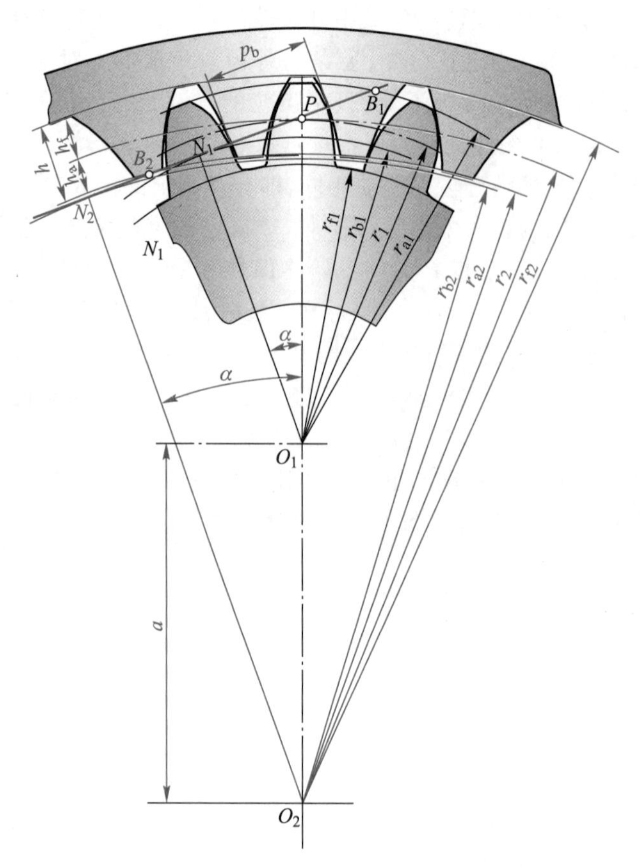

图 10-12　内齿轮的尺寸参数与内齿轮啮合传动

据上述特点，渐开线直齿标准内齿轮的尺寸同样也可参照表 10-2 的外啮合齿轮的尺寸计算公式来进行计算。

2）内啮合齿轮传动　由上文可知，标准外齿轮与内齿轮组成一对内啮合传动，与外啮合传动同样相似，其啮合传动的条件具有如下特点：

① 正确啮合条件与外啮合相同，即两轮的模数和压力角分别相等；

② 内啮合传动的安装，其标准中心距为

$$a=r_2-r_1=m(z_2-z_1)/2 \tag{10-21}$$

当两齿轮分度圆分离即实际中心距小于标准中心距时，啮合角将小于分度圆压力角；

③ 内啮合的重合度与外啮合传动相同，仍按式(10-20)进行计算。

10.3.4　渐开线齿廓的切制与根切

1. 齿廓切制的方法

齿轮加工的方法很多，如铸造、模锻、冲压、冷轧、热轧、粉末冶金和切削加工等，其中最常用的为切削加工法。就其原理来说,切削法又可分为仿形法和展成法两种。

仿形法是在铣床上采用刀刃形状与被切齿轮的齿槽两侧齿廓形状相同的铣刀逐个齿槽进行切制,加工出齿廓的方法。例如,常用盘形铣刀(如图 10-13a)在卧式铣床上加工小批量齿轮,而用指状铣刀(图 10-13b)在立式铣床上加工大模数齿轮。但这种方法生产效率低,被切齿轮精度差,因此适合于单件精度要求不高或大模数的齿轮加工。

展成法亦称范成法,是目前齿轮加工中最常用的一种方法,如插齿、滚齿、磨齿等都属于这种方法。展成法是利用齿廓啮合基本定律来切制齿廓的。假想将一对相啮合的齿轮(或齿轮与齿条)之一作为刀具,而另一个作为轮坯,并使两者仍按原传动比传动,同时刀具作切削运动,则在轮坯上便可加工出与刀具齿廓共轭的齿轮齿廓。例如,常用齿轮插刀(如图 10-13c)和齿轮滚刀(图 10-13d)分别在专用的插齿机和滚齿机上加工齿轮。这种方法生产效率高,被切齿轮精度高,适合于大批量和专业生产,已在工业中广泛应用。

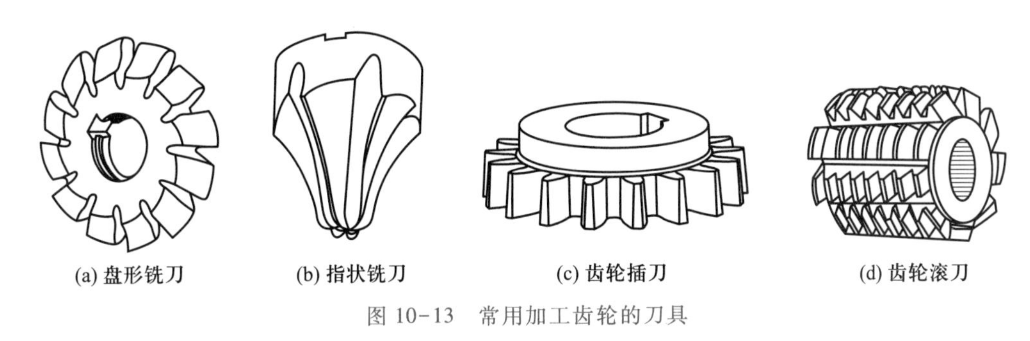

图 10-13　常用加工齿轮的刀具

2. 展成法切制齿廓的原理及根切

(1) 齿廓切制的基本原理

图 10-14a 所示为用齿轮插刀加工齿轮的情形。齿轮插刀可视为一个具有刀刃的外齿轮,其模数和压力角均与被加工齿轮相同。加工时,插刀沿轮坯轴线方向作往复切削运动,同时,插刀与轮坯按恒定的传动比 $i=\omega_{刀}/\omega_{坯}=z_{坯}/z_{刀}$ 作展成运动。在切削之初,插刀还需向轮坯中心作径向进给运动,以便切出轮齿的高度。此外,为防止插刀向上退刀时擦伤已切好的齿面,轮坯还需作小距离地让刀运动。这样,刀具的渐开线齿廓就在轮坯上切出与其共轭的渐开线齿廓(图 10-14b)。此外,也常用齿条插刀加工齿轮,其加工基本原理与齿轮插刀相似(图 10-14c),不同的是齿条插刀在展成运动中作直线运动,速度 $v_{刀}=r\omega_{坯}$(r 为被加工齿轮的分度圆半径)。

不论用齿轮插刀还是齿条插刀加工齿轮,其切削都是不连续的,这就影响了生产率的提高。因此,在生产中更广泛地采用齿轮滚刀来加工齿轮(图 10-15)。

滚刀的形状为一开有刀口的螺旋(图 10-13d)。在用滚刀来加工直齿轮时,滚刀的轴线与轮坯端面之间的夹角应等于滚刀的导程角 γ(图 10-15b)。这样,在切削啮合处滚刀螺纹的切线方向恰与轮坯的齿向相同。而滚刀在轮坯端面上的投影相当于一个齿条(图 10-15c)。滚刀转动时,一方面产生切削运动,另一方面相当于齿条在移动,从而与轮坯转动一起构成展成运动。故滚刀切制齿轮的原理与齿条插刀相似,只不过用滚刀的螺旋运动代替了插刀的切削运动和展成运动。此外,为了切制具有一定轴向宽度的齿轮,滚刀还需沿轮坯轴线方

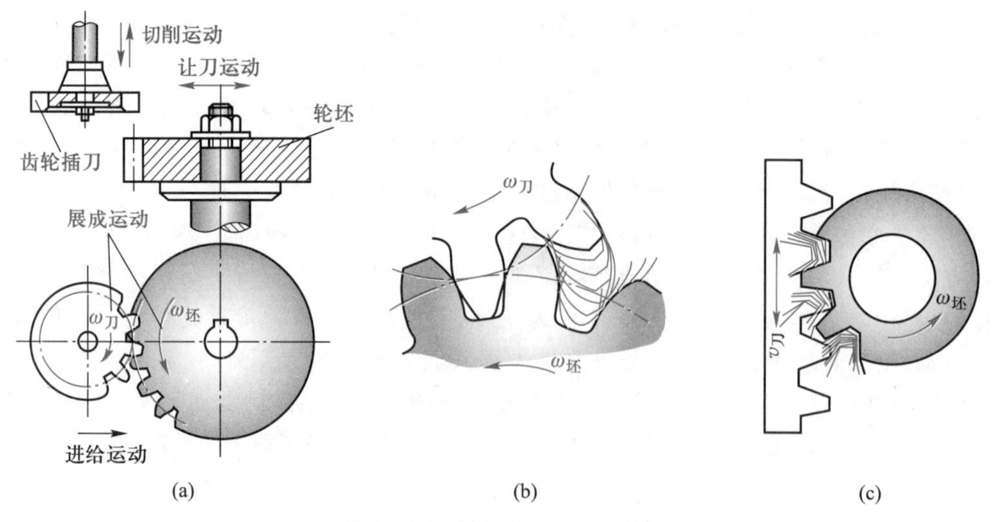

图 10-14 齿轮插刀加工齿轮

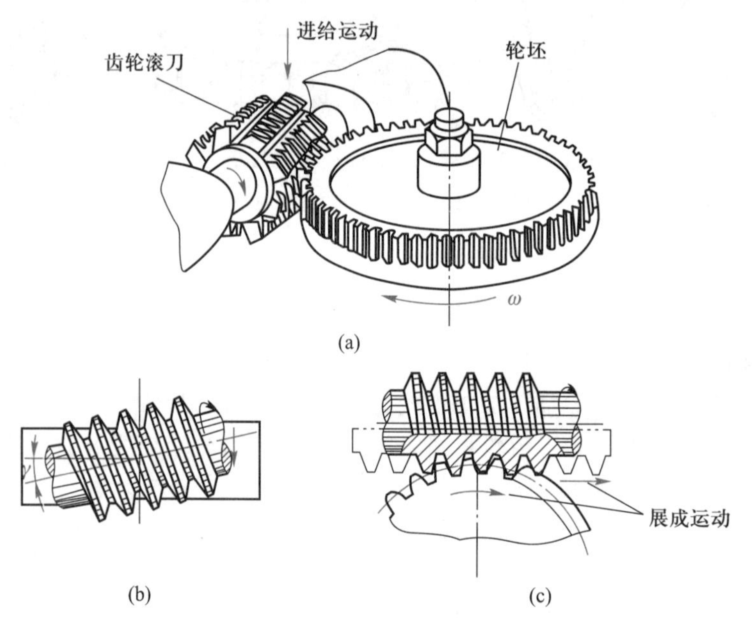

图 10-15 齿轮滚刀加工齿轮

向作缓慢的进给运动。

由此可知,用展成法加工齿轮时,只要刀具的模数、压力角与被切齿轮的模数、压力角分别相等,则无论被加工齿轮的齿数多少,都可用同一把刀具来加工。

(2) 加工标准齿轮时齿条刀具的位置与切齿过程

用展成法切制标准齿轮的过程如图 10-16 所示,其齿条刀具的分度线与被切齿轮的分度圆相切并作纯滚动,B_1B_2为其实际啮合线,使被切齿轮以角速度 ω 逆时针转动,而齿条则按移动速度 $v=\omega r$ 向右移动。此时齿条刀具的刀刃将由啮合线上点 B_1(即位置Ⅰ)开始切制被切齿轮的渐开线齿廓,切至啮合线上 B_2处(即位置Ⅱ)时,被切齿轮齿廓的渐开线部分已全部形成,即被切齿轮齿廓 ab 段为渐开线齿廓。当刀具继续移动切至被切齿轮齿根,并切

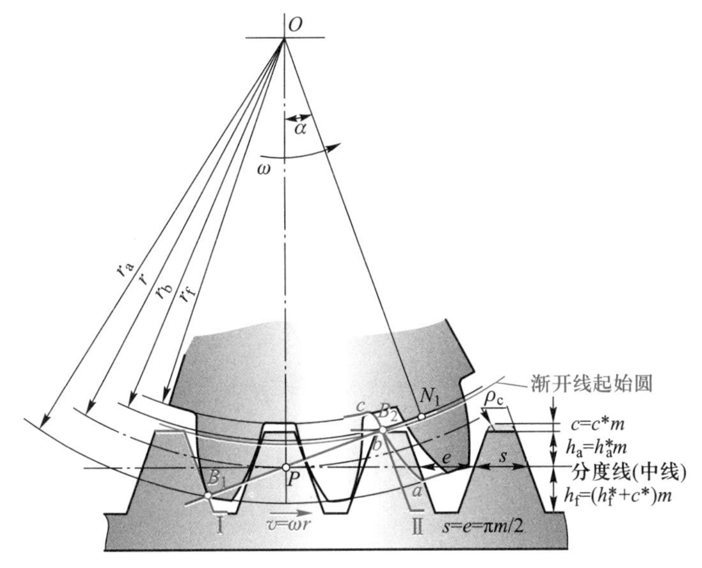

图 10-16　渐开线标准齿轮的齿廓切制(齿条刀具去掉了齿顶圆角部分)

出其余部分的齿廓 bc 段,则此段为非渐开线的齿根过渡曲线(fillet),即由刀具齿顶圆角部分(图中未画出)切出的齿根过渡部分。

由此可见,用展成法加工的标准齿轮,其齿廓渐开线起始位置实际上是取决于刀具的齿顶线与啮合线的交点 B_2的位置。因此,以被切齿轮的中心为圆心,以$\overline{OB_2}$为半径的圆则称为被切齿轮齿廓渐开线的起始圆,即位于该圆之外的齿廓则为渐开线,而位于该圆之内的齿廓则为齿根过渡曲线。显然,渐开线起始圆的极限为基圆,此时 B_2点与 N_1点将重合。

(3) 根切现象及其原因

当用展成法加工齿数较少的标准齿轮时,如图 10-17a 所示,由于标准齿条刀具的齿顶线的位置将超过被切齿轮的理论啮合极限 N_1的位置(即 N_1点位于 B_2点之下),刀具将从位置Ⅱ继续切削到位置Ⅲ时,由于$\overline{N_1K}$等于弧长$\widehat{N_1N_1'}$,因而 N_1'点附近的一部分已切出的渐开线齿廓又被切去,造成轮齿的所谓根切现象(图 10-17b 中阴影部分)。由此可见,切制标准齿轮发生根切的原因是被切齿轮的齿数过少,而使标准刀具的齿顶线(去掉齿顶圆角部分)超过了其理论啮合极限点的位置所致。

不难看出,若产生严重根切的齿轮(图 10-17b),不仅轮齿的抗弯强度明显降低,而且其啮合传动的重合度也会降低,甚至还会破坏其满足定传动比的齿廓条件。因此,在标准齿轮传动设计时,为避免根切,必须限制被切齿轮的最少齿数。

(4) 标准齿轮不发生根切的最少齿数

为了避免产生根切现象,则啮合极限点 N_1 必须位于刀具齿顶线之上(图 10-17a)。即应使$\overline{PN_1}\sin\alpha \geqslant h_a^* m$,由此可求得被切齿轮不产生根切的最少齿数为

$$z_{\min} = 2h_a^* / \sin^2\alpha \tag{10-22}$$

当 $h_a^* = 1$、$\alpha = 20°$时,$z_{\min} = 17$①。

---

① 当轮齿有轻微根切时,增大了齿根圆角半径,对轮齿抗弯强度有利,故工程上也常允许轮齿产生轻微根切,这时可取 $z_{\min} = 14$。

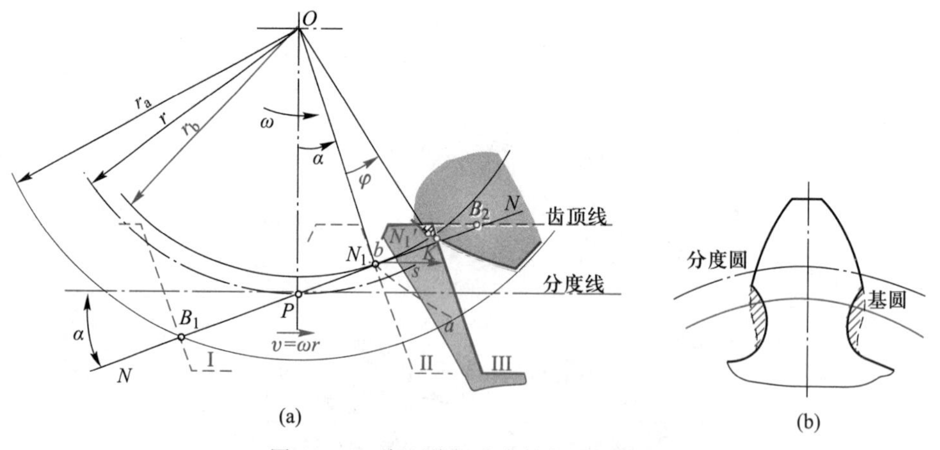

图 10-17 渐开线标准齿轮的根切现象

10.4 渐开线变位齿轮简介

1. 变位齿轮的概念

标准齿轮传动虽具有设计简单、互换性好等一系列优点。但其也有一些不足之处。例如,要求齿轮齿数 $z \geqslant z_{\min}$,否则将产生根切现象;标准齿轮不适用于中心距 $a' \neq a = m(z_1+z_2)/2$ 的场合。因为当 $a'<a$ 时,无法安装;而当 $a'>a$ 时,又会产生过大的齿侧间隙,影响传动的平稳性,且重合度也随之降低;另外,在一对相互啮合的标准齿轮中,由于小齿轮齿廓渐开线的曲率半径较小,齿根厚度也较薄,参与啮合的次数又较多,故强度较低,这将影响到整个齿轮传动的承载能力。

为了改善标准齿轮的上述不足之处,就必须突破标准齿轮的限制,对齿轮进行必要的修正。现在最为广泛采用的是变位修正法(modifying method)。

如果需要制造齿数少于 17,而又不产生根切现象的齿轮,由式(10-22)可见,可采用减小齿顶高系数 h_a^* 及加大压力角 α 的方法。但减小 h_a^* 将使重合度减小,而增大 α 要采用非标准刀具①。除这两种方法外,解决上述问题的最好方法是在加工齿轮时,将齿条刀具由标准位置相对于轮坯中心向外移出一段距离 xm(由图 10-18 中的虚线位置移至实线位置),从而使刀具的齿顶线不超过 N_1 点,这样就不会再发生根切现象了。这种用改变

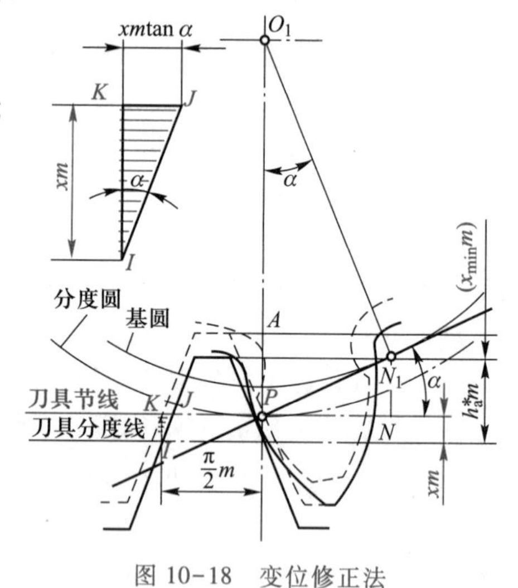

图 10-18 变位修正法

① 由于适当增大 α 有利于轮齿强度的提高,故在工程机械等重型机械中 $\alpha=22.5°$ 和 $25°$ 的轮齿的应用已逐渐增多。

刀具与轮坯的相对位置来切制齿轮的方法，即所谓变位修正法。这时，刀具的分度线与齿轮轮坯的分度圆不再相切，这样加工出来的齿轮由于 $s \neq e$ 已不再是标准齿轮，故称其为变位齿轮（modified gear）。齿条刀具移动的距离 xm 称为径向变位量，其中 m 为模数，x 称为径向变位系数（简称变位系数，modification coefficient）。当把刀具由齿轮轮坯中心移远时，称为正变位，x 为正值，这样加工出来的齿轮称为正变位齿轮；如果被切齿轮的齿数比较多，为了满足齿轮传动的某些要求，有时刀具也可以由标准位置移近被切齿轮的中心，此时称为负变位，x 为负值，这样加工出来的齿轮称为负变位齿轮。

2. 避免发生根切的最小变位系数

用标准齿条形刀具加工齿轮时，为了避免被加工齿轮发生根切现象，应保证齿条刀具的齿顶线不超过极限啮合点 N_1。由图 10-18 可得

$$xm \geqslant h_a^* m - r\sin^2\alpha = \left(h_a^* - \frac{z}{2}\sin^2\alpha\right) m$$

结合式（10-22）可得避免被加工齿轮发生根切现象的最小变位系数为

$$x_{\min} = h_a^* (z_{\min} - z) / z_{\min} \tag{10-23}$$

3. 变位齿轮的几何尺寸

如图 10-18 所示，对于正变位齿轮，由于与被切齿轮分度圆相切的已不再是刀具的中线（即分度线），而是刀具节线。刀具节线上的齿槽宽较分度线上的齿槽宽增大了 $2\,\overline{KJ}$，由于轮坯分度圆与刀具节线作纯滚动，故知其齿厚也增大了 $2\,\overline{KJ}$。而由 $\triangle IJK$ 可知，$\overline{KJ} = xm\tan\alpha$。因此，正变位齿轮的齿厚为

$$s = \pi m/2 + 2\,\overline{KJ} = (\pi/2 + 2x\tan\alpha) m \tag{10-24}$$

又由于齿条型刀具的齿距恒等于 πm，故知正变位齿轮的齿槽宽为

$$e = (\pi/2 - 2x\tan\alpha) m \tag{10-25}$$

又由图可见，当刀具采取正变位 xm 后，这样切出的正变位齿轮，其齿根高较标准齿轮减小了 xm，即

$$h_f = h_a^* m + c^* m - xm = (h_a^* + c^* - x) m \tag{10-26}$$

而其齿顶高，若暂不计它对顶隙的影响，为了保持齿全高不变，应较标准齿轮增大 xm，这时其齿顶高为

$$h_a = h_a^* m + xm = (h_a^* + x) m \tag{10-27}$$

其齿顶圆半径为

$$r_a = r + (h_a^* + x) m \tag{10-28}$$

对于负变位齿轮，上述公式同样适用，只需注意到其变位系数 x 为负即可。

将相同模数、压力角及齿数的变位齿轮与标准齿轮的尺寸相比较，由图 10-19 不难看出它们之间的明显差别。

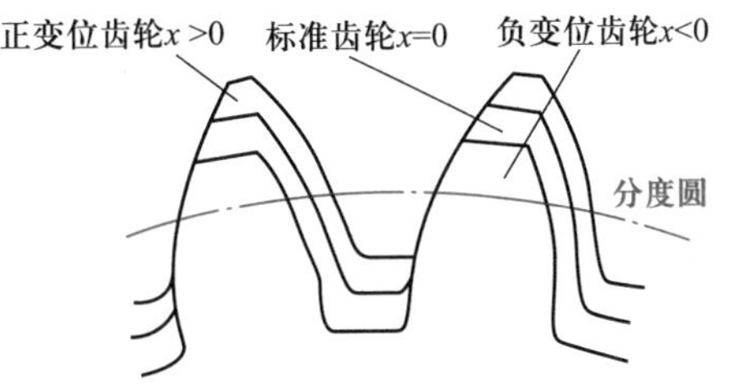

图 10-19　变位齿轮与标准齿轮的比较

4. 变位齿轮传动

(1) 变位齿轮正确啮合及连续传动的条件

变位齿轮传动的正确啮合条件及连续传动条件与标准齿轮传动相同。

(2) 变位齿轮传动的中心距

变位齿轮传动中心距的确定也应满足无侧隙啮合和顶隙为标准值这两方面的要求。要满足无侧隙啮合,须要求其一齿轮在节圆上的齿厚应等于另一齿轮在节圆上的齿槽宽,即 $s_1'=e_2'$、$s_2'=e_1'$,而由此得节圆上的齿距

$$p'=s_1'+e_1'=s_1'+s_2' \tag{a}$$

又因

$$\frac{p'}{p}=\frac{r'}{r}=\frac{\cos\alpha}{\cos\alpha'};p=\pi m \tag{b}$$

而

$$s_i'=s_i\frac{r_i'}{r_i}-2r_i'(\mathrm{inv}\ \alpha'-\mathrm{inv}\ \alpha),(i=1、2) \tag{c}$$

式中,s_i 由式(10-24)求得,而 $r_i=\frac{mz_i}{2}$。

于是,由以上各式可求得两齿轮无侧隙啮合时其各参数的关系式为

$$\mathrm{inv}\ \alpha'=2\tan\alpha(x_1+x_2)/(z_1+z_2)+\mathrm{inv}\ \alpha \tag{10-29}$$

式(10-29)称为无侧隙啮合方程(equation of engagement with zero backlash)。式中,z_1、z_2 分别为两轮的齿数;α 为分度圆压力角;α' 为啮合角;$\mathrm{inv}\alpha$、$\mathrm{inv}\alpha'$ 分别为 α、α' 的渐开线函数,其值可由已有的渐开线函数表查取;而 x_1、x_2 分别为两轮的变位系数。

式(10-29)表明,若两轮变位系数之和(x_1+x_2)不等于零,则其啮合角 α' 将不等于分度圆压力角。此时,两轮的实际中心距将不等于其标准中心距。

设两轮作无侧隙啮合时的中心距为 a',它与标准中心距之差为 ym,其中 m 为模数,y 称为中心距变动系数(centre distance modifying coefficient),则

$$a'=a+ym \tag{10-30}$$

故

$$y=(z_1+z_2)(\cos\alpha/\cos\alpha'-1)/2 \tag{10-31}$$

要保证两轮之间具有标准顶隙 $c=c^*m$,两轮的中心距 a'' 应等于

$$\begin{aligned}a''&=r_{a1}+c+r_{f2}=r_1+(h_a^*+x_1)m+c^*m+r_2-(h_a^*+c^*-x_2)m\\&=a+(x_1+x_2)m\end{aligned} \tag{10-32}$$

由式(10-30)与式(10-32)可知,如果 $y=x_1+x_2$,就可同时满足上述两个条件。但经证明,只要 $x_1+x_2\neq 0$,总是 $x_1+x_2>y$,即 $a''>a'$。工程上为了解决这一矛盾,采用如下办法:两轮按无侧隙中心距 $a'=a+ym$ 安装,而将两轮的齿顶高各减短 Δym,以满足标准顶隙要求。Δy 称为齿顶高降低系数,其值为

$$\Delta y=(x_1+x_2)-y \tag{10-33}$$

这时,齿轮的齿顶高为

$$h_a=h_a^*m+xm-\Delta ym=(h_a^*+x-\Delta y)m \tag{10-34}$$

(3) 变位齿轮传动的类型及其特点

按照相互啮合的两齿轮的变位系数和(x_1+x_2)之值的不同,可将变位齿轮传动分为三种

基本类型。

1）$x_1+x_2=0$，且 $x_1=x_2=0$。此为标准齿轮传动。

2）$x_1+x_2=0$，且 $x_1=-x_2\neq0$。此类齿轮传动称为等变位齿轮传动（又称高度变位齿轮传动）。根据式（10-29）、式（10-18）、式（10-31）和式（10-33），由于 $x_1+x_2=0$，故

$$\alpha'=\alpha,\ a'=a,\ y=0,\Delta y=0$$

即其啮合角等于分度圆压力角，中心距等于标准中心距，节圆与分度圆重合，齿顶高不需要降低。

对于等变位齿轮传动，为有利于强度的提高，小齿轮应采用正变位，大齿轮采用负变位，使大、小齿轮的强度趋于接近，从而使齿轮的承载能力提高。

3）$x_1+x_2\neq0$。此类齿轮传动称为不等变位齿轮传动（又称为角度变位齿轮传动）。当 $x_1+x_2>0$ 时称为正传动；$x_1+x_2<0$ 时称为负传动。

① 正传动。由于此时 $x_1+x_2>0$，根据式（10-29）、式（10-18）、式（10-31）、式（10-33）可知：

$$\alpha'>\alpha,\ a'>a,\ y>0,\Delta y>0$$

即在正传动中，其啮合角 α' 大于分度圆压力角 α，中心距 a' 大于标准中心距 a，两轮的分度圆分离，齿顶高需缩减。

正传动的优点是可以减小齿轮机构的尺寸，能使齿轮机构的承载能力有较大提高。

正传动的缺点是重合度减小较多。

② 负传动。由于 $x_1+x_2<0$，故其

$$\alpha'<\alpha,\ a'<a,\ y<0,\Delta y>0$$

负传动的优缺点正好与正传动的优缺点相反，即其重合度略有增加，但轮齿的强度有所下降，所以负传动只用于配凑中心距这种特殊需要的场合中。

综上所述，采用变位修正法来制造渐开线齿轮，不仅可以避免根切，还可以运用这种方法来提高齿轮机构的承载能力、配凑中心距和减小机构的几何尺寸等，并且仍可采用标准刀具加工，并不增加制造的困难。正因为如此，其在各重要传动中被广泛地采用。

（4）变位齿轮传动的设计步骤

从机械原理角度来看，遇到的变位齿轮传动设计问题可以分为如下两类。

1）已知中心距的设计。这时的已知条件是 z_1、z_2、m、α、a'，其设计步骤如下：

① 由式（10-18）确定啮合角

$$\alpha'=\arccos[(a\cos\alpha)/a']$$

② 由式（10-29）确定变位系数和

$$x_1+x_2=(\mathrm{inv}\ \alpha'-\mathrm{inv}\ \alpha)(z_1+z_2)/(2\tan\alpha)$$

③ 由式（10-30）确定中心距变动系数

$$y=(a'-a)/m$$

④ 由式（10-33）确定齿顶高降低系数

$$\Delta y=(x_1+x_2)-y$$

⑤ 分配变位系数 x_1、x_2[①]，并按表 10-4 计算齿轮的几何尺寸。

2）已知变位系数的设计。这时的已知条件是 z_1、z_2、m、α、x_1、x_2，其设计步骤如下：

① 参见《齿轮手册》（第 2 版）上册（机械工业出版社，2004 年）

① 由式(10-29)确定啮合角

$$\text{inv }\alpha'=2\tan\alpha(x_1+x_2)/(z_1+z_2)+\text{inv }\alpha$$

② 由式(10-18)确定中心距

$$a'=a\cos\alpha/\cos\alpha'$$

③ 由式(10-30)及式(10-33)确定中心距变动系数 y 及齿顶高降低系数 Δy。

④ 按表 10-4 计算变位齿轮的几何尺寸。

表 10-4 外啮合直齿圆柱齿轮传动的计算公式

名称	符号	标准齿轮传动	等变位齿轮传动	不等变位齿轮传动
变位系数	x	$x_1=x_2=0$	$x_1=-x_2$ $x_1+x_2=0$	$x_1+x_2\neq0$
节圆直径	d'	$d_i'=d_i=z_im\quad(i=1,2)$		$d_i'=d_i\cos\alpha/\cos\alpha'$
啮合角	α'	$\alpha'=\alpha$		$\cos\alpha'=(a\cos\alpha)/a'$
齿顶高	h_a	$h_a=h_a^*m$	$h_{ai}=(h_a^*+x_i)m$	$h_{ai}=(h_a^*+x_i-\Delta y)m$
齿根高	h_f	$h_f=(h_a^*+c^*)m$	$h_{fi}=(h_a^*+c^*-x_i)m$	
齿顶圆直径	d_a	$d_{ai}=d_i+2h_{ai}$		
齿根圆直径	d_f	$d_{fi}=d_i-2h_{fi}$		
中心距	a	$a=(d_1+d_2)/2$		$a'=(d_1'+d_2')/2$
中心距变动系数	y	$y=0$		$y=(a'-a)/m$
齿顶高降低系数	Δy	$\Delta y=0$		$\Delta y=x_1+x_2-y$

10.5 斜齿圆柱齿轮传动

1. 斜齿轮的齿廓曲面与啮合特点

图 10-20 所示为斜齿圆柱齿轮(简称斜齿轮)的一部分。从机构变异演化来看,斜齿轮轮齿可视为由直齿轮轮齿(图中双点画线表示)绕其轴线扭转一个螺旋角而形成的,即斜齿轮轮齿齿面为渐开线螺旋面。斜齿轮的齿廓曲面与其分度圆柱面相交的螺旋线的切线与齿轮轴线之间所夹的锐角(以 β 表示)称为斜齿轮分度圆柱上的螺旋角(简称为斜齿轮的螺旋角,helix angle),齿轮螺旋线的旋向有左、右之分,故螺旋角 β 有正、负之别,如图 10-21 所示。

由于斜齿轮存在着螺旋角 β,故当一对斜齿轮啮合传动时,其轮齿在啮合面内的接触线为长度变化的斜直线,即其轮齿是先由一端进入啮合逐渐过渡到轮齿的另一端而最终退出啮合,其齿面上的接触线先是由短变长,再由长变短。因此,斜齿轮的轮齿在交替啮合时所受的载荷是逐渐加上,再逐渐卸掉的,所以传动比较平稳,冲击、振动和噪声较小,故适宜于高速、重载传动。

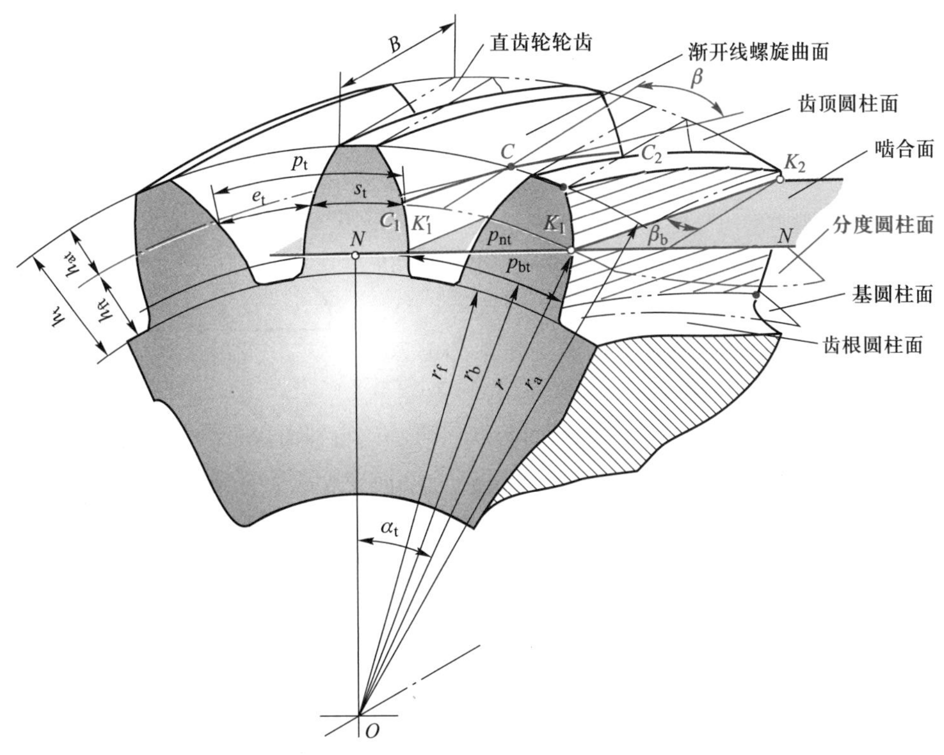

图 10-20　斜齿轮的渐开线齿面及接触线

2. 斜齿轮的基本参数与几何尺寸计算

由图 10-20 可知，斜齿轮垂直于其轴线的端面（transverse plane）齿形及参数尺寸与直齿轮基本相似，在计算时还需要知道垂直于螺旋线方向的法面（normal plane）齿形及参数。因为在切制斜齿轮的轮齿时，刀具进刀的方向一般是垂直于其法面的，故其法面参数（m_n、α_n、h_{an}^*、c_n^* 等）与刀具的参数相同（即与直齿轮相同），所以取为标准值。但在计算斜齿轮的几何尺寸时却需按端面参数进行，因此就需要建立法面参数与端面参数的换算关系。

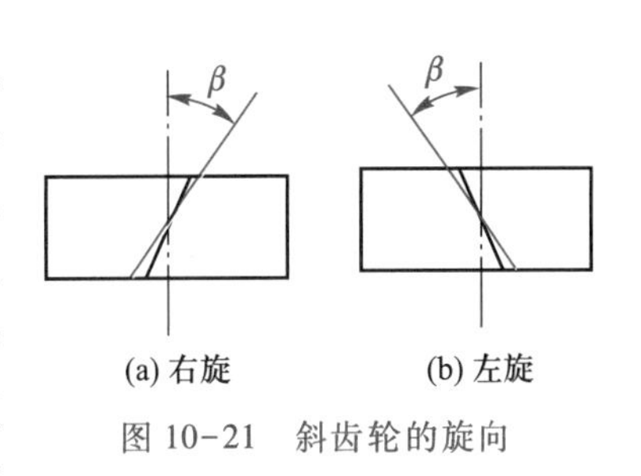

图 10-21　斜齿轮的旋向

1）法面模数 m_n 与端面模数 m_t　将图 10-20 所示斜齿轮轮齿沿其分度圆柱进行剖展，如图 10-22 所示。由图可知

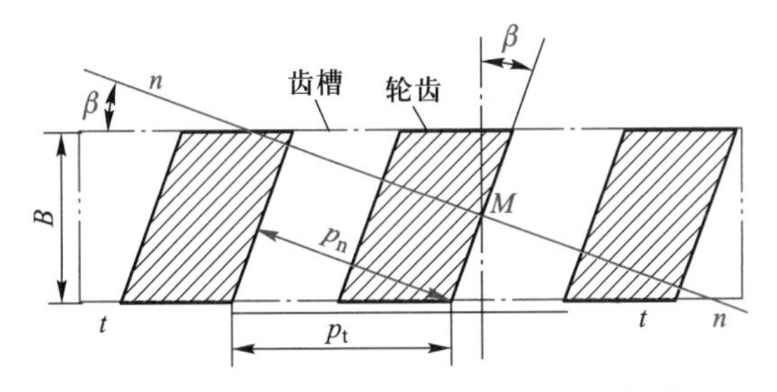

图 10-22　斜齿轮沿分度圆展开面的部分

$$p_n=\pi m_n=p_t\cos\beta=\pi m_t\cos\beta$$

故得

$$m_n=m_t\cos\beta \tag{10-35}$$

2）法面压力角 α_n 与端面压力角 α_t　为了方便起见，可考查斜齿条的一个轮齿，如图10-23 所示，$\triangle a'b'c$ 在法面上，$\triangle abc$ 在端面上。由图可见：

$\tan\alpha_n=\tan\angle a'b'c=\overline{a'c}/\overline{a'b'}$，$\tan\alpha_t=\tan\angle abc=\overline{ac}/\overline{ab}$

由于 $\overline{ab}=\overline{a'b'}$，$\overline{a'c}=\overline{ac}\cos\beta$，故得

$$\tan\alpha_n=\tan\alpha_t\cos\beta \tag{10-36}$$

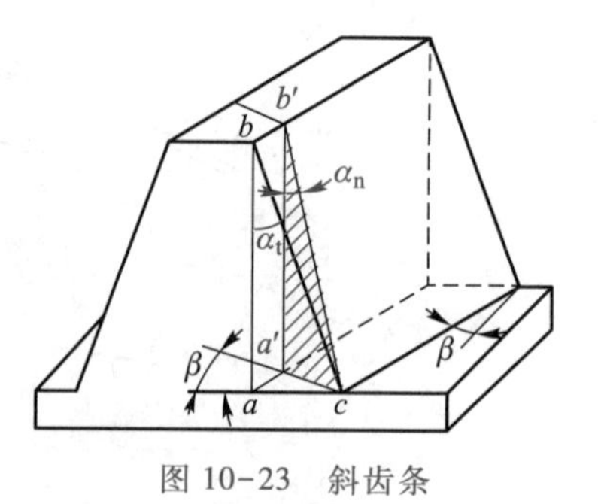

图 10-23　斜齿条

由于斜齿轮的法面与端面的齿顶高、顶隙以及变位修正移距分别相等，故可得斜齿轮的法面齿顶高系数 h_{an}^* 与端面齿顶高系数 h_{at}^*，法面顶隙系数 c_n^* 与端面顶隙系数 c_t^* 以及法面变位系数 x_n 与端面变位系数 x_t 有如下关系

$$h_{at}^*=h_{an}^*\cos\beta,c_t^*=c_n^*\cos\beta,x_t=x_n\cos\beta \tag{10-37}$$

斜齿轮的几何尺寸计算按其端面参数参照直齿轮来进行计算，其计算公式列于表 10-5。

3. 一对斜齿轮的啮合传动

（1）正确啮合的条件

斜齿轮的正确啮合的条件，除了两齿轮的模数及压力角应分别相等（$m_{n1}=m_{n2}$，$\alpha_{n1}=\alpha_{n2}$）外，它们的螺旋角还必须满足如下条件

外啮合：$\beta_1=-\beta_2$；　内啮合：$\beta_1=\beta_2$

（2）中心距

斜齿轮传动的标准中心距为

$$a=(d_1+d_2)/2=m_n(z_1+z_2)/(2\cos\beta) \tag{10-38}$$

由式（10-38）可知，可以用改变螺旋角 β 的方法来调整其中心距的大小。故斜齿轮传动的中心距常作圆整，以利加工。

（3）重合度

图 10-24a 所示为直齿轮传动的啮合面，L 为其啮合区长度，故直齿轮传动的重合度为

$$\varepsilon_\alpha=L/p_{bt}$$

式中，p_{bt} 为端面上的法向齿距。

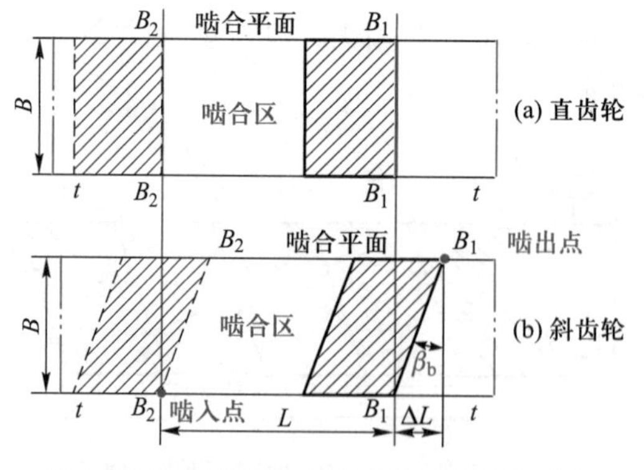

图 10-24　斜齿轮与直齿轮的啮合区的对比

图 10-24b 所示为端面参数与直齿轮一致的斜齿轮的啮合情况，由于其轮齿是倾斜的，故其啮合区长度为 $L+\Delta L$，其总的重合度 ε_γ 为

$$\varepsilon_\gamma=(L+\Delta L)/p_{bt}=\varepsilon_\alpha+\varepsilon_\beta \tag{10-39}$$

式中，$\varepsilon_\alpha=L/p_{bt}$ 为斜齿轮传动的端面重合度。类似于直齿轮传动，可得其计算公式为

$$\varepsilon_\alpha=[z_1(\tan\alpha_{at1}-\tan\alpha_t')+z_2(\tan\alpha_{at2}-\tan\alpha_t')]/(2\pi) \tag{10-40}$$

$\varepsilon_\beta=\Delta L/p_{bt}$ 为轴面重合度（纵向重合度），其计算公式为

$$\varepsilon_\beta=B\sin\beta/(\pi m_n) \tag{10-41}$$

4. 斜齿轮的当量齿轮与当量齿数

为了切制斜齿轮和计算齿轮强度的需要，下面介绍斜齿轮法面齿形的近似计算。

如图 10-25 所示，设经过斜齿轮分度圆柱面上的一点 C，作轮齿的法面，将斜齿轮的分度圆柱剖开，其剖面为一椭圆。现以椭圆上 C 点的曲率半径 ρ 为半径作一圆，作为一假想直齿轮的分度圆，以该斜齿轮的法面模数为模数、法面压力角为压力角，作一直齿轮，其齿形就是斜齿轮的法面近似齿形，称此直齿轮为斜齿轮的当量齿轮（virtual gear），而其齿数即为当量齿数（以 z_v 表示）。

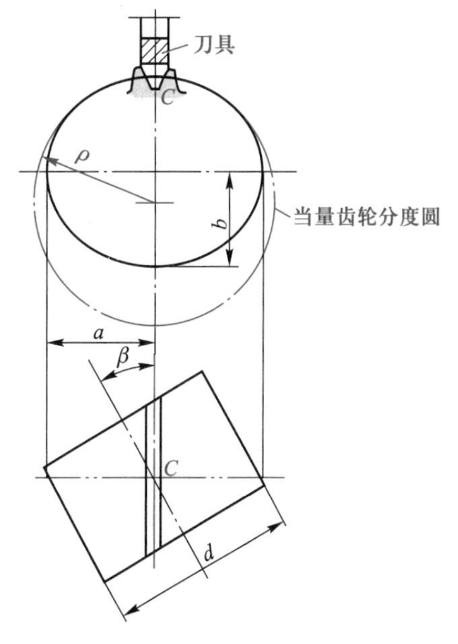

图 10-25　斜齿轮的当量齿轮

由图可知，椭圆的长半轴 $a=d/(2\cos\beta)$，短半轴 $b=d/2$，而

$$\rho=a^2/b=d/(2\cos^2\beta)$$

故得

$$z_v=2\rho/m_n=d/(m_n\cos^2\beta)=zm_t/(m_n\cos^2\beta)=z/\cos^3\beta \tag{10-42}$$

渐开线标准斜齿圆柱齿轮不发生根切的最少齿数可由式（10-42）求得

$$z_{min}=z_{vmin}\cos^3\beta \tag{10-43}$$

式中，z_{vmin} 为当量直齿标准齿轮不发生根切的最少齿数。

斜齿轮的几何尺寸计算公式列于表 10-5 中。

表 10-5　斜齿轮的几何尺寸计算公式

名　称	符号	计算公式
螺旋角	β	（一般取 8°～20°）
基圆柱螺旋角	β_b	$\tan\beta_b=\tan\beta\cos\alpha_t$
分度圆直径	d	$d=zm_t=zm_n/\cos\beta$
基圆直径	d_b	$d_b=d\cos\alpha_t$
最少齿数	z_{min}	$z_{min}=z_{vmin}\cos^3\beta$
端面变位系数	x_t	$x_t=x_n\cos\beta$

续表

名　　称	符号	计 算 公 式
齿顶高	h_a	$h_a=m_n(h_{an}^*+x_n)$
齿根高	h_f	$h_f=m_n(h_{an}^*+c_n^*-x_n)$
齿顶圆直径	d_a	$d_a=d+2h_a$
齿根圆直径	d_f	$d_f=d-2h_f$
法面齿厚	s_n	$s_n=(\pi/2+2x_n\tan\alpha_n)m_n$
端面齿厚	s_t	$s_t=(\pi/2+2x_t\tan\alpha_t)m_t$
当量齿数	z_v	$z_v=z/\cos^3\beta$

注：1. m_t应计算到小数后第四位，其余长度尺寸应计算到小数后三位；

2. 螺旋角β的计算应精确到××°××′××″。

5. 斜齿轮传动的主要优缺点

与直齿轮传动比较，斜齿轮传动具有下列主要的优点：

1）啮合性能好，传动平稳、噪声小。

2）重合度大，降低了每对轮齿的载荷，提高了齿轮的承载能力。

3）不产生根切的最少齿数少。

斜齿轮传动的主要缺点是在运转时会产生轴向推力，如图 10-26a 所示。其轴向推力为

$$F_a=F_t\tan\beta$$

当圆周力 F_t 一定时，轴向推力 F_a 随螺旋角 β 的增大而增大。为控制过大的轴向推力，一般取 $\beta=8°\sim20°$。若采用人字齿轮（图 10-26b），其所产生的轴向推力可相互抵消，故其螺旋角 β 可取为25°~40°。但人字齿轮制造比较麻烦，这是其缺点，故一般只用于高速重载传动中。

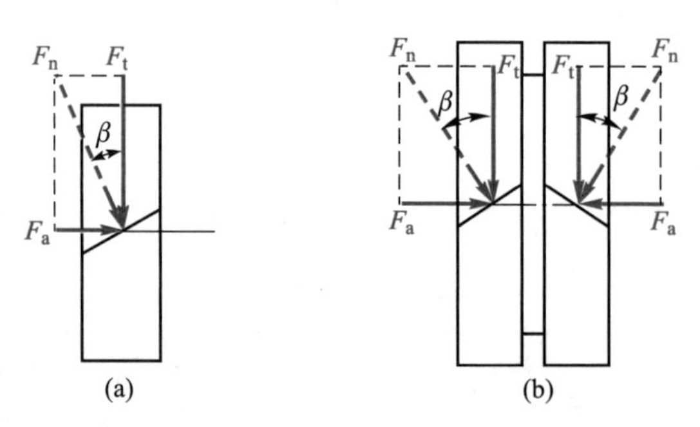

图 10-26　斜齿轮和人字齿轮的轴向推力

*6. 交错轴斜齿轮传动简介

交错轴斜齿轮传动是用来传递两交错轴之间的运动。就单个齿轮而言，它仍然是斜齿圆柱齿轮，只是两轴线不平行而已。

（1）正确啮合条件

图 10-27 所示为一对交错轴斜齿轮传动，两轮的分度圆柱相切于 P 点。两轮轴线在两轮分度圆柱公切面上的投影的夹角 Σ 为两轮的交错角(shaft angle)。设两斜齿轮的螺旋角分别为 β_1 和 β_2，交错轴斜齿轮传动的正确啮合条件为

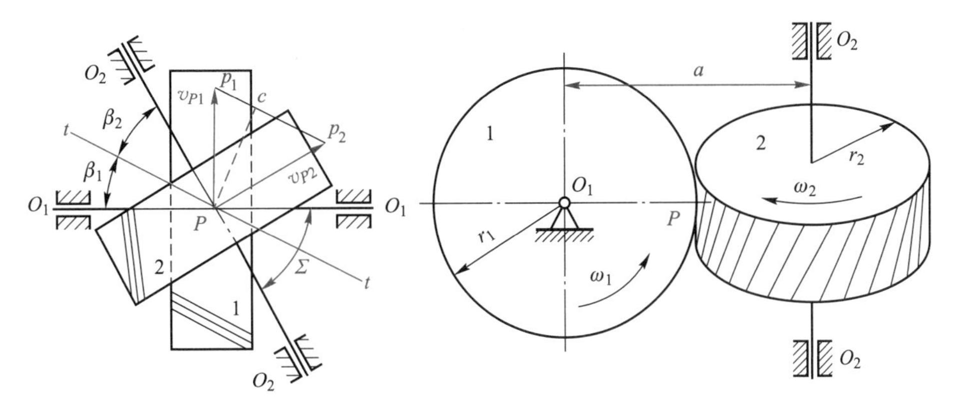

图 10-27　交错轴斜齿轮传动

$$\left.\begin{array}{l} m_{n1}=m_{n2} \quad \alpha_{n1}=\alpha_{n2} \\ \Sigma=|\beta_1+\beta_2| \end{array}\right\} \tag{10-44}$$

(2) 中心距

如图 10-27 所示，两交错轴斜齿轮轴线间最短距离 a 即为其中心距

$$a=r_1+r_2=m_n(z_1/\cos\beta_1+z_2/\cos\beta_2)/2 \tag{10-45}$$

(3) 传动比及从动轮的转向

因 $z=d/m_t=d\cos\beta/m_n$，故两轮的传动比为

$$i_{12}=\omega_1/\omega_2=z_2/z_1=d_2\cos\beta_2/(d_1\cos\beta_1) \tag{10-46}$$

即交错轴斜齿轮传动的传动比不仅与分度圆的大小有关，还与螺旋角的大小有关。

在图 10-27 所示的传动中，主动轮 1 及从动轮 2 在节点 P 处的速度分别为 $\boldsymbol{v}_{P1}$ 及 $\boldsymbol{v}_{P2}$。由两构件重合点之间的速度关系可得

$$\boldsymbol{v}_{P2}=\boldsymbol{v}_{P1}+\boldsymbol{v}_{P2P1}$$

式中，$\boldsymbol{v}_{P2P1}$ 为两齿廓啮合点沿公切线 tt 方向的相对速度。而由 $\boldsymbol{v}_{P2}$ 方向即可确定从动轮的转向。

在图 10-28 所示的传动中，其布置与图 10-27 所示相同，但两轮螺旋角的旋向与图 10-27 所示不同。经如上相同的分析可知，在主动轮转向相同的条件下，从动轮的转向与图 10-27 相反，即从动轮的转向还与两轮螺旋角的方向有关。

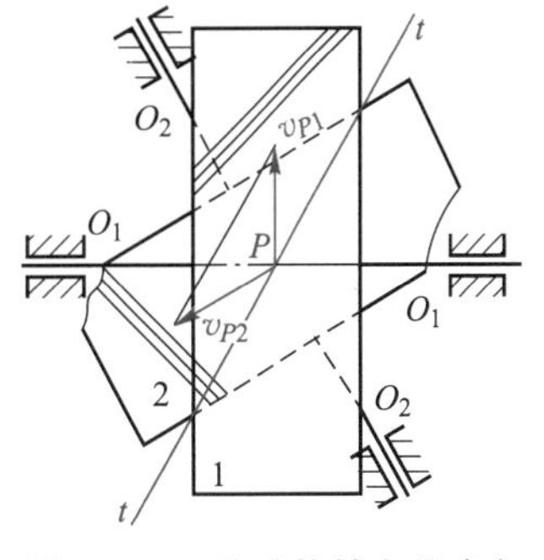

图 10-28　从动轮转向的确定

交错轴斜齿轮传动由于沿齿长方向有较大的相对滑动，齿面间为点接触，轮齿的磨损较快，效率较低，故一般只用于仪表及载荷不大的辅助传动中。

例 10-2　在某设备中有一对直齿圆柱齿轮，已知 $z_1=26$，$i_{12}=5$，$m=3$ mm，$\alpha=20^\circ$，$h_a^*=1$，齿宽 $B=50$ mm。在技术改造中，为了改善齿轮传动的平稳性，降低噪声，要求在不改变中心距和传动比的条件下，将直齿轮改为斜齿轮，试确定斜齿轮的 z_1'、z_2'、m_n、β，并计算其重合度。

解：原直齿圆柱齿轮传动的中心距为

$$a=mz_1(1+i_{12})/2=3\ \text{mm}\times26\times(1+5)/2=234\ \text{mm}$$

改为斜齿轮传动后，为了不增加齿轮的几何尺寸，取斜齿轮的法面模数 $m_n=m=3$ mm，在不改变中心距和

传动比的条件下，则有

$$a=m_n z_1'(1+i_{12})/(2\cos\beta)=3\ \text{mm}\times z_1'(1+5)/(2\cos\beta)=234\ \text{mm}$$

据推荐 $\beta=8°\sim20°$ 时，由上式可求得 $z_1'=24.43\sim25.75$。为了限制 $\beta<20°$，可取 $z_1'=25$，$z_2'=i_{12}z_1'=5\times25=125$。为维持中心距不变，故重新精确计算螺旋角为

$$\begin{aligned}\beta&=\arccos[m_n(z_1'+z_2')/(2a)]\\&=\arccos[3\ \text{mm}\times(25+125)/(2\times234\ \text{mm})]=15°56'33''\end{aligned}$$

为了计算斜齿轮传动的总重合度 ε_γ，先分别计算端面重合度 ε_α 和轴面重合度 ε_β。其中

$$\varepsilon_\alpha=[z_1'(\tan\alpha_{at1}-\tan\alpha_t)+z_2'(\tan\alpha_{at2}-\tan\alpha_t)]/(2\pi)$$

由于

$$\begin{aligned}\alpha_t&=\arctan(\tan\alpha_n/\cos\beta)=\arctan(\tan20°/\cos15.942\,5°)\\&=20.733°\end{aligned}$$

$$\begin{aligned}\alpha_{at1}&=\arccos(d_{b1}/d_{a1})=\arccos[z_1'\cos\alpha_t/(z_1'+2\cos\beta)]\\&=\arccos[25\times\cos20.733°/(25+2\times\cos15.942\,5°)]\\&=29.722°\end{aligned}$$

$$\begin{aligned}\alpha_{at2}&=\arccos[z_2'\cos\alpha_t/(z_2'+2\cos\beta)]\\&=\arccos[125\times\cos20.733°/(125+2\times\cos15.942\,5°)]\\&=22.917°\end{aligned}$$

所以

$$\begin{aligned}\varepsilon_\alpha&=[25\times(\tan29.722°-\tan20.733°)+125\times(\tan22.917°-\tan20.733°)]/(2\pi)\\&=1.646\end{aligned}$$

设齿宽仍为 $B=50$ mm，则

$$\varepsilon_\beta=B\sin\beta/(\pi m_n)=50\ \text{mm}\times\sin15.942\,5°/(\pi\times3\ \text{mm})=1.457$$

于是得

$$\varepsilon_\gamma=\varepsilon_\alpha+\varepsilon_\beta=1.646+1.457=3.103$$

10.6　直齿锥齿轮传动

1. 锥齿轮传动概述

锥齿轮传动用来传递两相交轴之间的运动和动力（图 10-29），在一般机械中，锥齿轮两轴之间的交角 $\Sigma=90°$（但也可以 $\Sigma\neq90°$）。锥齿轮的轮齿分布在一个圆锥面上，故在锥齿轮上有齿顶圆锥、分度圆锥和齿根圆锥等。又因锥齿轮是一个锥体，从而有大端和小端之分。为了计算和测量的方便，通常取锥齿轮大端的参数为标准值，即大端的模数按表 10-6 选取，其压力角一般为 20°，齿顶高系数 $h_a^*=1.0$，顶隙系数 $c^*=0.2$。

表 10-6　锥齿轮标准模数系列（摘自 GB/T 12368—1990）　mm

…	1	1.125	1.25	1.375	1.5	1.75	2	2.25	2.5	2.75	3	3.25	3.5	3.75	4	4.5	5	5.5
6	6.5	7	8	9	10	…												

由前文可知，锥齿轮有直齿和曲齿之分，下面只讨论直齿锥齿轮传动。

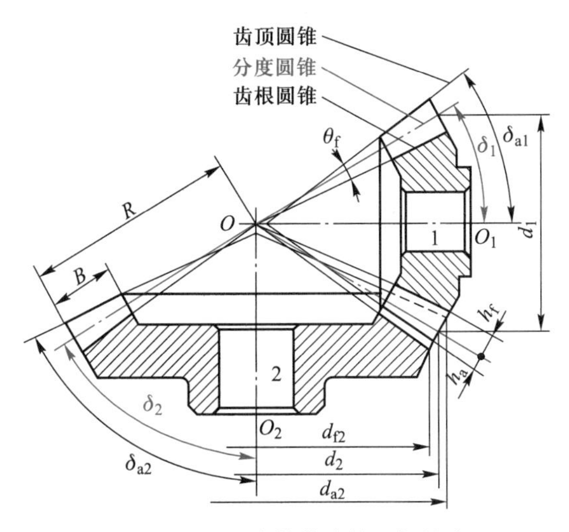

图 10-29　锥齿轮传动的几何尺寸

2. 直齿锥齿轮的背锥及当量齿轮

图 10-30 所示为一对特殊的锥齿轮传动。其中轮 1 的齿数为 z_1，分度圆半径为 r_1，分度圆锥角(reference cone angle)为 δ_1；轮 2 的齿数为 z_2，分度圆半径为 r_2，分度圆锥角 $\delta_2=90°$，其分度圆锥表面为一平面，这种齿轮称为冠轮(crown gear)。

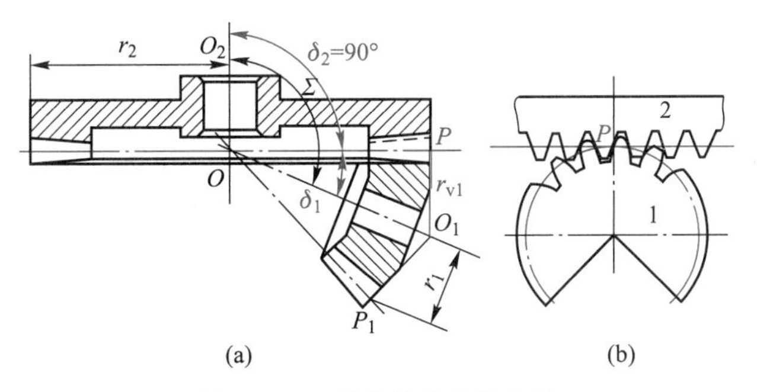

图 10-30　锥齿轮的当量齿轮

为了确定轮 1 的大端齿形，过轮 1 大端节点 P，作其分度圆锥母线 OP 的垂线，交其轴线于 O_1 点，再以 O_1 点为锥顶，以 O_1P 为母线，作一圆锥与轮 1 的大端相切，称该圆锥为轮 1 的背锥(back cone)。同理，可作轮 2 的背锥，由于轮 2 为一冠轮，故其背锥成为一圆柱面。若将两轮的背锥(大端面齿形投影于背锥)展开，则轮 1 的背锥将展成为一个扇形齿轮，而轮 2 的背锥则展成为一个齿条(图 10-30b)，即在其背锥展开后，两者相当于齿轮与齿条啮合传动。根据前面所述的展成原理可知，当齿条(即冠轮的背锥)的齿廓为直线时，轮 2 在背锥上的齿廓为渐开线。

现设想把展成的扇形齿轮的缺口补满，则将获得一个圆柱齿轮。这个假想的圆柱齿轮称为锥齿轮的当量齿轮，其齿数 z_v 称为锥齿轮的当量齿数。当量齿轮的齿形和锥齿轮在背锥上的齿形(即大端齿形)是一致的，故当量齿轮的模数和压力角与锥齿轮大端的模数和压

力角是一致的。至于当量齿数,则可如下求得:

由图 10-30 可见,轮 1 的当量齿轮的分度圆半径为

$$r_{v1}=\overline{O_1P}=r_1/\cos\delta_1=z_1m/(2\cos\delta_1)$$

又知

$$r_{v1}=z_{v1}m/2$$

故得

$$z_{v1}=z_1/\cos\delta_1$$

对于任一锥齿轮有

$$z_v=z/\cos\delta \tag{10-47}$$

借助锥齿轮当量齿轮的概念,可以把前面对于圆柱齿轮传动所研究的一些结论直接应用于锥齿轮传动。例如,根据一对圆柱齿轮的正确啮合条件可知,一对锥齿轮的正确啮合条件应为两轮大端的模数和压力角分别相等①;一对锥齿轮传动的重合度可以近似地按其当量齿轮传动的重合度来计算;为了避免轮齿的根切,锥齿轮不产生根切的最少齿数 $z_{min}=z_{vmin}\cos\delta$;等等。

3. 直齿锥齿轮传动几何尺寸计算

前已指出,锥齿轮以大端参数为标准值,故在计算其几何尺寸时,也应以大端为准。如图10-29所示,两锥齿轮的分度圆直径分别为

$$d_1=2R\sin\delta_1=mz_1,d_2=2R\sin\delta_2=mz_2 \tag{10-48}$$

式中,R 为分度圆锥锥顶到大端的距离,称为锥距(cone distance);δ_1、δ_2 分别为两锥齿轮的分度圆锥角(简称分锥角)。

两轮的传动比为

$$i_{12}=\omega_1/\omega_2=z_2/z_1=d_2/d_1=\sin\delta_2/\sin\delta_1 \tag{10-49}$$

当两锥齿轮之间的轴交角 $\Sigma=90°$时,则因 $\delta_1+\delta_2=90°$,式(10-49)变为

$$i_{12}=\omega_1/\omega_2=z_2/z_1=d_2/d_1=\cot\delta_1=\tan\delta_2 \tag{10-50}$$

在设计锥齿轮传动时,可根据给定的传动比 i_{12},按式(10-50)确定两轮分锥角的值。

至于锥齿轮齿顶圆锥角和齿根圆锥角的大小,则与两圆锥齿轮啮合传动时对其顶隙的要求有关。根据国家标准(GB/T 12369—1990,GB/T 12370—1990)规定,现多采用等顶隙锥齿轮传动,如图 10-29 所示。其两轮的顶隙从齿轮大端到小端是相等的,两轮的分度圆锥及齿根圆锥的锥顶重合于一点。但两轮的齿顶圆锥,因其母线各自平行于与之啮合传动的另一锥齿轮的齿根圆锥的母线,故其锥顶就不再与分度圆锥锥顶相重合了。这种圆锥齿轮相当于降低了轮齿小端的齿顶高,从而减小了齿顶过尖的可能性;且齿根圆角半径较大,有利于提高轮齿的承载能力、刀具寿命和储油润滑。

标准直齿锥齿轮传动的主要几何尺寸计算公式列于表 10-7。

---

① 对于标准直齿锥齿轮传动,还应保证两轮的分度圆锥共顶。

表 10-7　标准直齿锥齿轮传动的主要几何尺寸计算公式($\Sigma=90°$)

名　称	代　号	计算公式	
		小齿轮	大齿轮
分锥角	δ	$\delta_1=\arctan(z_1/z_2)$	$\delta_2=90°-\delta_1$
齿顶高	h_a	$h_a=h_a^* m=m$	
齿根高	h_f	$h_f=(h_a^*+c^*)m=1.2m$	
分度圆直径	d	$d_1=mz_1$	$d_2=mz_2$
齿顶圆直径	d_a	$d_{a1}=d_1+2h_a\cos\delta_1$	$d_{a2}=d_2+2h_a\cos\delta_2$
齿根圆直径	d_f	$d_{f1}=d_1-2h_f\cos\delta_1$	$d_{f2}=d_2-2h_f\cos\delta_2$
锥距	R	$R=m\sqrt{z_1^2+z_2^2}/2$	
齿根角	θ_f	$\tan\theta_f=h_f/R$	
顶锥角	δ_a	$\delta_{a1}=\delta_1+\theta_f$	$\delta_{a2}=\delta_2+\theta_f$
根锥角	δ_f	$\delta_{f1}=\delta_1-\theta_f$	$\delta_{f2}=\delta_2-\theta_f$
顶隙	c	$c=c^* m$(一般取 $c^*=0.2$)	
分度圆齿厚	s	$s=\pi m/2$	
当量齿数	z_v	$z_{v1}=z_1/\cos\delta_1$	$z_{v2}=z_2/\cos\delta_2$
齿宽	B	$B\leqslant R/3$(取整)	

注:1.当 $m\leqslant 1$ mm 时,$c^*=0.25$,$h_f=1.25m$。

2.各角度计算应准确到××°××′。

10.7　蜗轮蜗杆传动

1. 蜗轮蜗杆传动及其特点

蜗轮蜗杆传动是用来传递空间交错轴之间的运动和动力的。最常用的是两轴交错角 $\Sigma=90°$的减速传动(图 10-3b)。

如图 10-31 所示,在分度圆柱上具有完整螺旋齿的构件 1 称为蜗杆(worm)。而与蜗杆相啮合的构件 2 则称为蜗轮(worm wheel)。通常,以蜗杆为主动件作减速运动。当其反行程不自锁时,也可以蜗轮为主动件作增速运动。①

蜗杆与螺旋相似,也有右旋与左旋之分,但通常取右旋居多。

① 右图所示即为以蜗轮为主动件的增速蜗轮蜗杆传动。

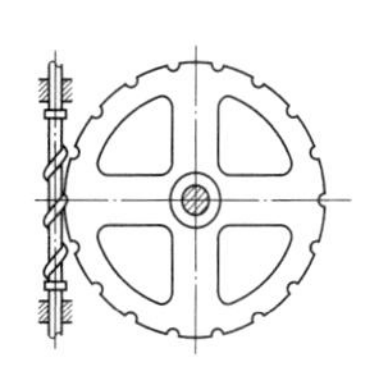

蜗轮蜗杆传动的主要特点是：

1）由于蜗杆的齿数（头数）少，故单级传动可获得较大的传动比（可达 1 000），且结构紧凑。在作减速动力传动时，传动比的范围为 $5 \leqslant i_{12} \leqslant 70$。增速时，传动比 $i_{21} = 1/5 \sim 1/15$。

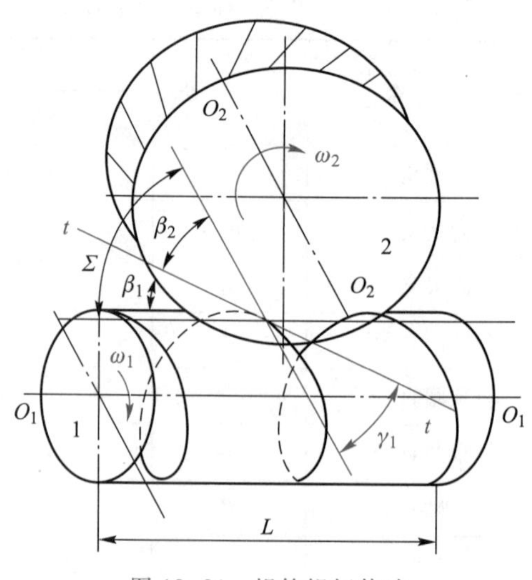

图 10-31 蜗轮蜗杆传动

2）由于蜗杆的轮齿是连续不断的螺旋齿，故传动特别平稳，啮合冲击及噪声都小。所以在现代一些减速比不需很大的超静传动中也常采用蜗轮蜗杆传动。

3）由于蜗轮蜗杆啮合轮齿间的相对滑动速度较大，摩擦磨损大，传动效率较低，易出现发热现象，故常需用较贵的减摩耐磨材料来制造蜗轮，成本较高。

4）当蜗杆的导程角 γ_1 小于啮合轮齿间的当量摩擦角 φ_v 时，机构反行程具有自锁性。在此情况下，只能由蜗杆带动蜗轮（此时效率小于 50%），而不能由蜗轮带动蜗杆。

蜗轮蜗杆传动的类型很多，其中阿基米德蜗轮蜗杆传动是最基本的，下面仅就这种蜗轮蜗杆传动作一简略介绍。

2. 蜗轮蜗杆正确啮合的条件

图 10-32 所示为蜗轮与阿基米德蜗杆啮合的情况。过蜗杆的轴线作一平面垂直于蜗轮的轴线，该平面对于蜗杆是轴面，对于蜗轮是端面，这个平面称为蜗轮蜗杆传动的中间平面。在此平面内蜗杆的齿廓相当于齿条，蜗轮的齿廓相当于一个齿轮，即在中间平面上两者相当于齿条与齿轮啮合。因此，蜗轮蜗杆的正确啮合条件为蜗杆的轴面模数 m_{x1} 和压力角 α_{x1} 分别等于蜗轮的端面模数 m_{t2} 和压力角 α_{t2}，且均取为标准值 m 和 α，即

$$m_{x1} = m_{t2} = m, \alpha_{x1} = \alpha_{t2} = \alpha$$

当蜗杆与蜗轮的轴线交错角 $\Sigma = 90°$ 时，还需保证蜗杆的导程角等于蜗轮的螺旋角，即 $\gamma_1 = \beta_2$，且两者螺旋线的旋向相同。

3. 蜗轮蜗杆传动的主要参数及几何尺寸

（1）齿数

蜗杆的齿数亦称为蜗杆的头数，用 z_1 表示。一般可取 $z_1 = 1 \sim 10$，推荐取 $z_1 = 1$、2、4、6。当要求传动比大或反行程具有自锁性时，常取 $z_1 = 1$，即单头蜗杆；当要求具有较高传动效率时，则 z_1 应取大值。蜗轮的齿数 z_2 则可根据传动比计算而得。对于动力传动，一般推荐 $z_2 = 29 \sim 70$。

（2）模数

蜗杆模数系列与齿轮模数系列有所不同。蜗杆模数系列见表 10-8。

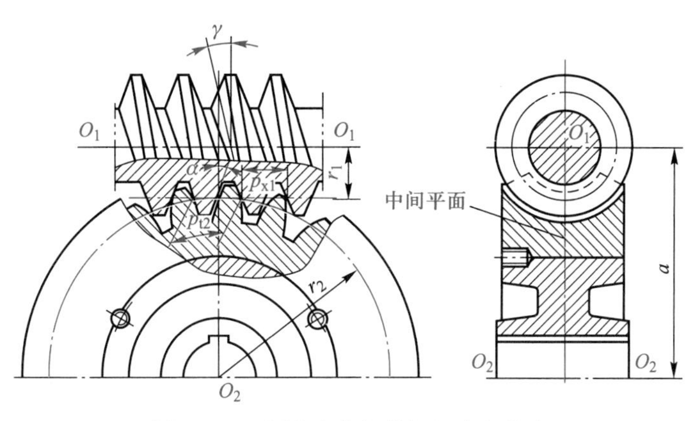

图 10-32　阿基米德蜗轮蜗杆啮合传动

表 10-8　蜗杆模数 m 值　　mm

第一系列	1,1.25,1.6,2,2.5,3.15,4,5,6.3,8,10,12.5,16,20,25,31.5,40
第二系列	1.5,3,3.5,4.5,5.5,6,7,12,14

注:摘自 GB/T 10088—2018,优先采用第一系列。

(3) 压力角

国家标准 GB/T 10087—2018 规定,阿基米德蜗杆的压力角 $\alpha=20°$。在动力传动中,允许增大压力角,推荐用 25°;在分度传动中,允许减小压力角,推荐用 15°或 12°。

(4) 蜗杆的分度圆直径

因为在用蜗轮滚刀切制蜗轮时,滚刀的分度圆直径必须与工作蜗杆的分度圆直径相同,为了限制蜗轮滚刀的数目,国家标准中规定将蜗杆的分度圆直径标准化,且与其模数相匹配。d_1 与 m 匹配的标准系列见表 10-9。

表 10-9　蜗杆分度圆直径与其模数的匹配标准系列　　mm

m	d_1
1	18
1.25	20 22.4
1.6	20 28
2	(18) 22.4 (28) 35.5

m	d_1
2.5	(22.4) 28 (35.5) 45
3.15	(28) 35.5 (45) 56
4	(31.5)

m	d_1
4	40 (50) 71
5	(40) 50 (63) 90
6.3	(50) 63

m	d_1
6.3	(80) 112
8	(63) 80 (100) 140
10	(71) 90 ⋮

注:摘自 GB/T 10085—2018,括号中的数字尽可能不采用。

（5）蜗轮蜗杆传动的中心距

$$a=r_1+r_2 \tag{10-51}$$

*10.8 其他齿轮传动简介

10.8.1 其他齿廓曲面的齿轮传动

1. 圆弧齿轮传动简介

以上研究的都是渐开线齿轮传动。用渐开线作为齿廓曲线虽有许多优点，但也存在一些固有的缺陷，主要有以下几点：

1）由于受渐开线齿廓的限制，齿廓曲线的曲率半径相对较小，在尺寸一定的条件下，齿轮的承载能力难以再大幅度提高。

2）渐开线齿轮传动由于制造、安装误差以及变形等原因，易产生载荷向齿轮一端集中的现象，降低了齿轮的承载能力。

3）渐开线齿轮传动由于两轮齿廓在不同位置啮合时，齿面间的相对滑动速度不同，因而使齿廓各部分的磨损不均匀。

由于渐开线齿轮的上述不足，人们一直在研究新型的齿廓曲线，下面对其中应用日趋广泛的圆弧齿轮（circular-arc gear）机构加以简要介绍。

圆弧齿轮传动如图 10-33 所示，它的端面齿廓或法面齿廓为圆弧。其中，小齿轮的齿廓为凸圆弧，而大齿轮的齿廓为凹圆弧（图 10-33b）。这种齿轮的轮齿必须是斜齿。

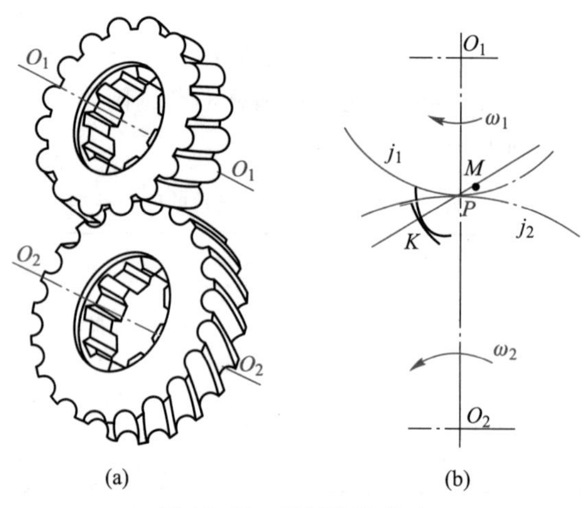

图 10-33 圆弧齿轮传动

圆弧齿轮传动具有如下优点：

1）综合曲率半径大，且齿廓为凸凹啮合，故在齿轮尺寸和材料相同的情况下，圆弧齿轮的承载能力一般为渐开线齿轮的 1.5~2 倍。

2）因圆弧齿轮经磨合后才变为沿齿高方向的线接触，故对制造误差及变形不敏感。

3）由于圆弧齿轮没有根切问题，所以其最少齿数不受根切的限制，故径向尺寸可以更小。

圆弧齿轮也有下列一些缺点：

1）圆弧齿轮传动若有中心距误差，将使其承载能力显著降低，故对中心距的精度要求较高。

2）轴向尺寸较大。这是因为圆弧齿轮传动的端面重合度 $\varepsilon_\alpha=0$，要保证两轮传动的重合度，必须要有足够大的齿宽。

3）凸齿面的齿轮及凹齿面的齿轮要用两把刀具来加工。

为了克服上述的缺点，近年来采用了一种双圆弧齿轮（double-circular-arc gear），如图 10-34 所示。在这种齿轮传动中，相互啮合的一对齿轮其齿顶均为凸圆弧，而齿根均为凹圆弧。大、小齿轮只需一把刀具加工。

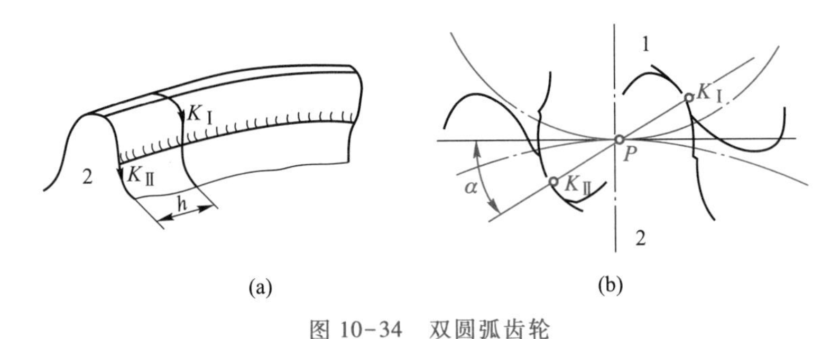

图 10-34　双圆弧齿轮

双圆弧齿轮传动目前已在高速大动力的齿轮传动中获得了广泛的应用。

2. 摆线齿轮及钟表齿轮传动简介

在仪表和钟表传动中，尤其在增速传动时，也常采用摆线齿轮（cycloid gear）传动，其齿廓由内、外摆线组成（图 10-35）。摆线齿轮传动的优点是不产生根切的最少齿数小（只有 6 齿），传动效率高（尤其在增速传动时）；缺点是对中心距误差敏感，传动精度不及渐开线齿轮传动。

由于摆线加工较困难，故在要求不高的齿轮传动中，为便于制造，常用圆弧代替摆线。图 10-36 为三种圆弧齿廓的小齿轮齿形，这种齿轮主要用于钟表传动中，故称之为钟表齿轮（horological gear）。

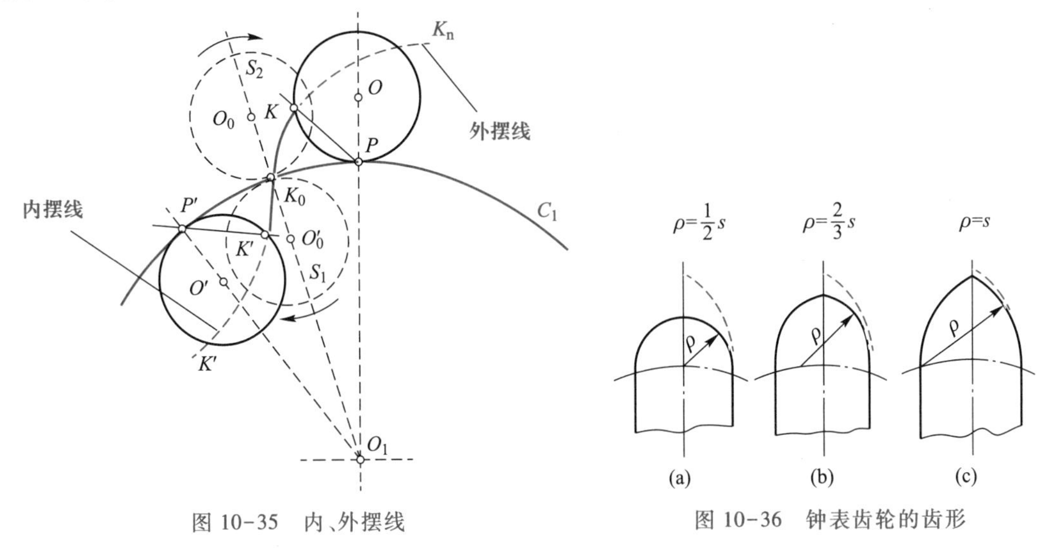

图 10-35　内、外摆线　　图 10-36　钟表齿轮的齿形

3. 简易啮合齿轮传动

图 10-37 所示为一些简易啮合齿轮传动，由于其可用薄金属板冲压或塑料注塑成形，故制造方便，适

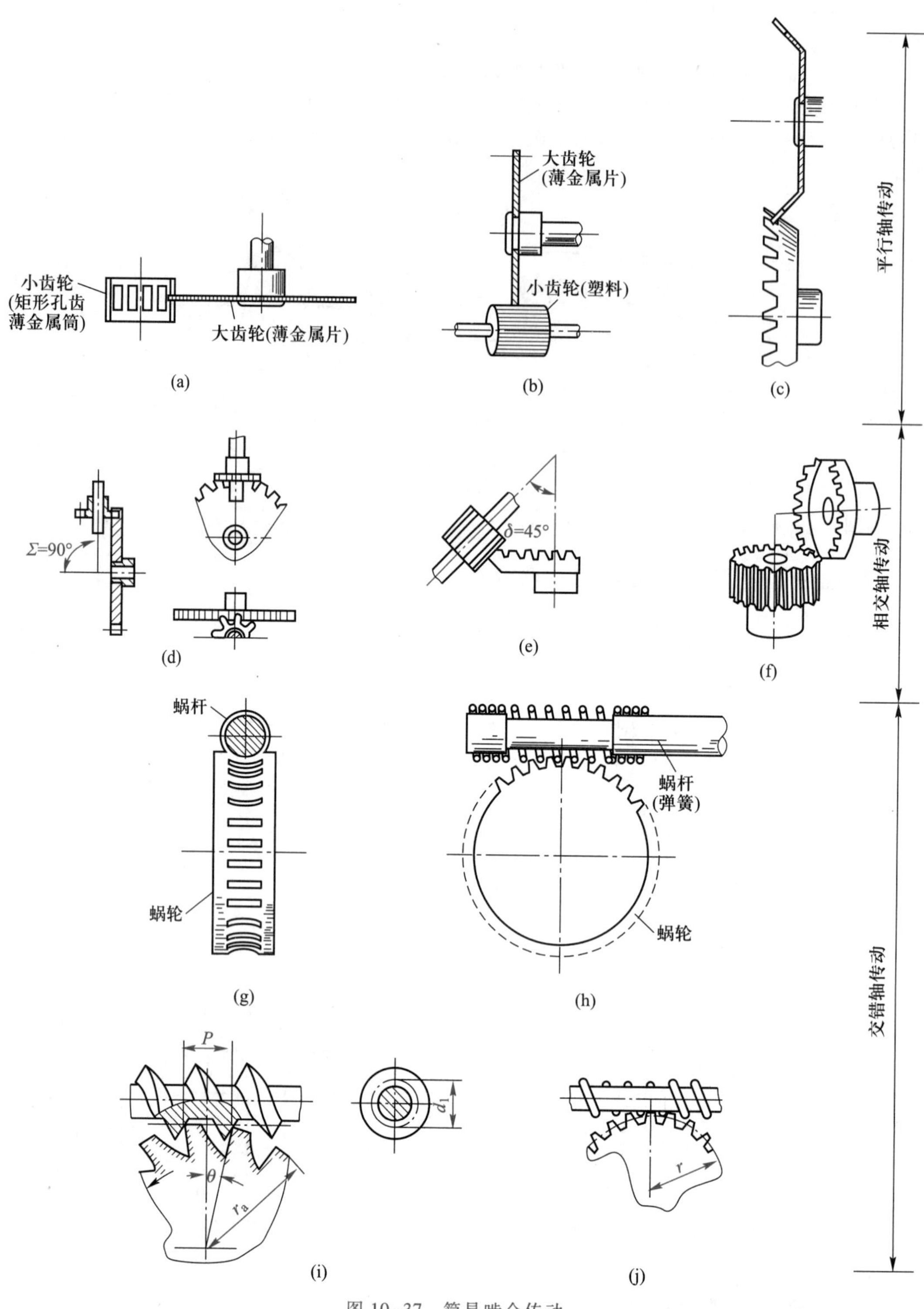

图 10-37　简易啮合传动

合于大批量生产，成本低廉；但其承载能力小，传动精度低，所以常用于受力不大，传动精度要求不高的场合，如玩具、廉价钟表等，尤其在玩具中应用很广。

4. 面齿轮传动

面齿轮传动（face gear drive）是一种圆柱齿轮与锥齿轮（面齿轮）相啮合的齿轮传动，其传动的原理如图 10-38 所示。其中，齿轮 1 为渐开线直齿圆柱齿轮，齿轮 2 为锥齿轮，两轮轴线相交，其夹角为 Σ。因此，面齿轮传动实际上是圆柱齿轮与锥齿轮的啮合传动。当 $\Sigma=90°$时，锥齿轮的轮齿将分布在一个圆平面上，锥齿轮即为面齿轮，从而泛称为面齿轮传动。

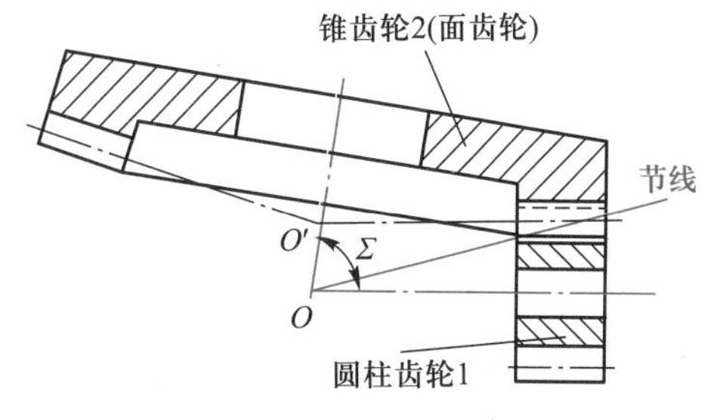

图 10-38　面齿轮传动

面齿轮传动是一种新型的齿轮传动，具有以下几方面的优点：

1）当面齿轮传动中的圆柱齿轮为渐开线齿轮时，其轴向位移所产生的误差对面齿轮传动性能几乎没有影响，无需进行防错位设计。因此，面齿轮传动机构的设计、安装、调整方便，可以大大减小面齿轮装配所花费的时间。

2）当面齿轮传动中的圆柱齿轮为直齿圆柱齿轮时，直齿圆柱齿轮上无轴向力作用。因此在面齿轮传动机构的设计中，可以简化支承结构，减轻面齿轮传动的总体重量，这对于传动空间受到限制和结构重量要求轻的场合是非常有利的。

3）面齿轮传动与普通锥齿轮传动相比，具有较大的重合度。据有关文献报道，面齿轮传动在空载情况下的重合度一般可以达到 1.6~1.8，在负载情况下重合度会更高。

4）面齿轮用于传动装置时产生的振动小、噪声低。

图 10-39 是新型直升机主减速器上所用的冗余驱动的面齿轮传动。

面齿轮传动存在如下缺点：

1）面齿轮用直齿渐开线齿轮刀具展成加工，齿轮刀具的齿数应比啮合传动圆柱齿轮齿数多 1~3 个齿，因而所需的刀具数量多，且啮合传动理论上为点啮合。

2）由于受根切和齿顶变尖的限制，面齿轮的齿宽不能设计得太宽，从而使面齿轮的承载能力受到了影响。

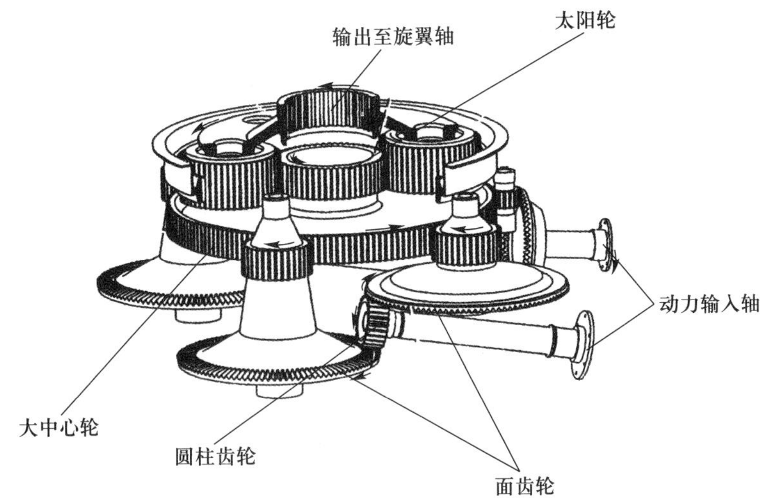

图 10-39　面齿轮的应用

10.8.2　非圆齿轮机构

非圆齿轮机构(non-circular gear mechanism)是一种用于变传动比传动的齿轮机构。其节线不再是一个圆,而是非圆曲线。理论上讲,节线的形状是无限多的,但在生产实际中,常见的非圆齿轮的节线主要有椭圆形(图 10-5)、卵形和螺旋线形(图 10-40)等几种。其中椭圆形节线最为常见。

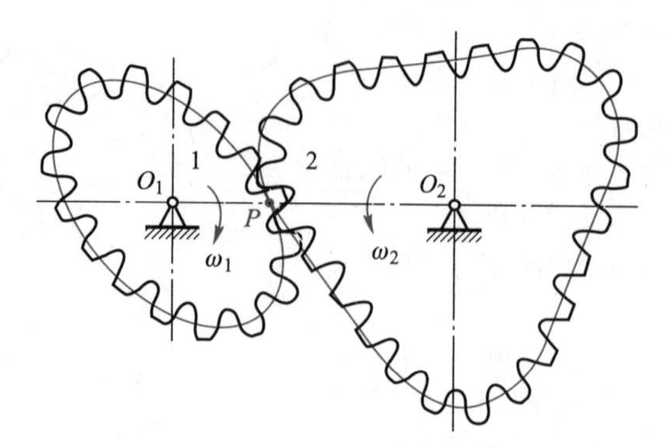

图 10-40　椭圆-卵形齿轮传动

1. 椭圆齿轮机构的传动比及特点

椭圆齿轮机构的示意图如图 10-41 所示。设 a、b、c 分别为椭圆的长半轴、短半轴和半焦距,则椭圆的离心率 $\varepsilon_e=c/a$。椭圆上任意一点到两焦点距离之和为常数,且等于其长轴 $2a$,故

$$\overline{O_1P_1}+\overline{P_1F_1}=r_1+r_2'=2a$$

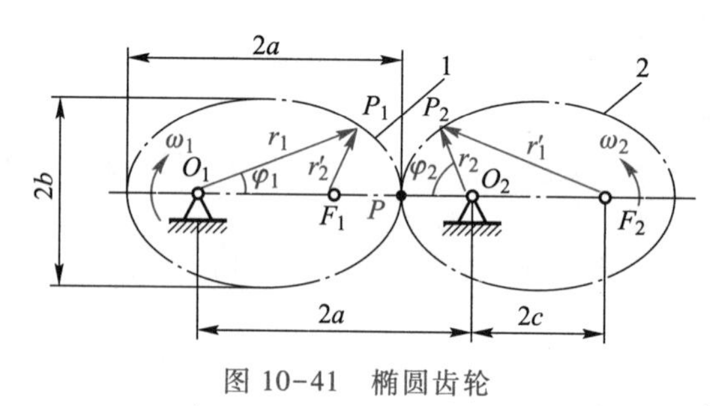

图 10-41　椭圆齿轮

设 P 点为图示位置时两轮的节点,若自 P 点在两椭圆节线上取 $\widehat{PP_1}=\widehat{PP_2}$,则当轮 1 转过 φ_1 时,轮 1 上 P_1 点将与轮 2 上 P_2 点在中心线 O_1O_2 上啮合。由于两椭圆完全相同,故 $r_1=r_1'$,$r_2=r_2'$,因此

$$r_1+r_2'=r_1+r_2=2a=\overline{O_1O_2} \tag{10-52}$$

即当传动中心距确定后,椭圆的长轴也随之而定。

在 $\triangle O_1P_1F_1$ 中,由余弦定律有

$$r_2'^2=r_1^2+(2c)^2-2r_1(2c)\cos\varphi_1$$

将 $r_1=2a-r_2'$,$r_2'=r_2$,$c=\varepsilon_e a$ 代入上式,经整理得

$$r_2=a(1+\varepsilon_e^2-2\varepsilon_e\cos\varphi_1)/(1-\varepsilon_e\cos\varphi_1) \tag{10-52a}$$

$$r_1=a(1-\varepsilon_e^2)/(1-\varepsilon_e\cos\varphi_1) \tag{10-52b}$$

从而可得椭圆齿轮机构的传动比为

$$i_{21}=\frac{\omega_2}{\omega_1}=\frac{r_1}{r_2}=\frac{1-\varepsilon_e^2}{1+\varepsilon_e^2-2\varepsilon_e\cos\varphi_1} \tag{10-53}$$

式(10-53)表明,椭圆齿轮机构的传动比 i_{21} 是主动轮 1 转角 φ_1 的函数,且与椭圆齿轮的离心率 ε_e 有关。

2. 非圆齿轮机构的应用

非圆齿轮机构在机床、自动机、仪器、解算装置等中均有应用。现举例说明如下。

在图 10-42 所示的压力机中,利用椭圆齿轮带动曲柄滑块机构。这样,使压力机的空回行程(滑块从左到右)时间缩短,而工作行程时间增长,同时可使工作行程时的速度比较均匀,以改善机器的受力情况。

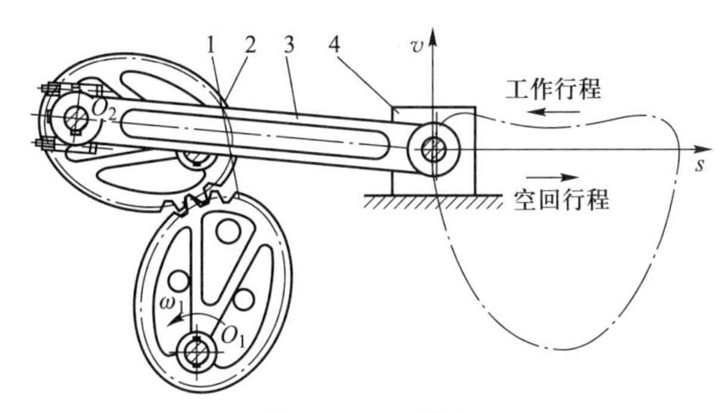

图 10-42　压力机

图 10-43 所示为卵形非圆齿轮在水表中的应用。它利用进、出口端水的微小压差,推动非圆齿轮和计数器转动。

图 10-44 所示为用于收音机调谐的非圆齿轮,由于其节曲线不封闭,故它不能作整周转动。

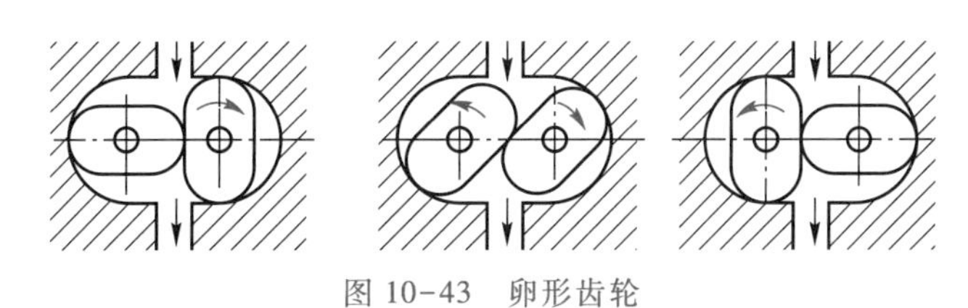

图 10-43　卵形齿轮

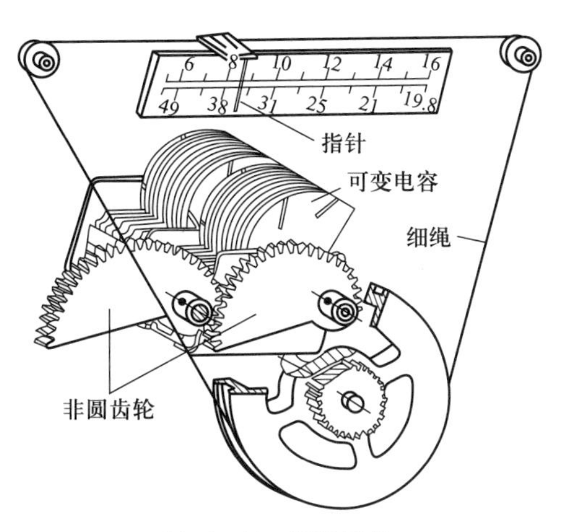

图 10-44　调谐机构

*10.9　齿轮机构动力学简介

1. 概述

随着科技的进步,人们对齿轮传动系统提出了越来越高的要求。齿轮系统的静态分析和设计方法已难以满足现代设备对齿轮传动所提出的高要求,因此齿轮机构动力学问题一直受到人们的广泛关注。

齿轮机构动力学是研究齿轮系统在传递动力和运动过程中的动力学行为的一门科学。它从动态激励、响应特性、系统设计等方面全面研究齿轮系统产生振动和噪声的机理、性质、特点和影响因素,探索降低齿轮系统的振动和噪声,以及提高传动可靠性的措施,为高质量齿轮系统设计提供理论基础。

20 世纪 50 年代以前,用冲击作用下的单自由度系统的动态响应来表达齿轮系统的动力学行为;20 世纪 50 年代以后,人们将齿轮系统作为弹性系统,以振动理论为基础,分析在啮合刚度、传递误差和啮合冲击作用下系统的动力学行为,从而奠定了现代齿轮机构动力学的基础。齿轮机构动力学经历了由线性振动理论向非线性振动理论的发展;由一对齿轮副组成的单自由度系统向同时包含齿轮、传动轴、轴承和箱体结构的多自由度系统的过渡。

2. 齿轮机构动力学模型与分析方法

齿轮机构动力学模型主要有以下几种:

(1) 动载系数模型

动载系数模型是在齿轮动力学研究的早期使用的单自由度模型,主要用来确定轮齿啮合的动载系数。

(2) 齿轮副扭转振动模型

这种模型以一对齿轮副为分析对象,不考虑齿轮的横向振动,只考虑齿轮副的扭转振动,如图 10-45 所示。图中 k_m、c_m 为啮合刚度和啮合阻尼,$e(t)$ 为传递误差,R_p、R_g 为两轮基圆,I_p、I_g 为两轮转动惯量,T_p、T_g 为两轮转矩。这种模型主要用来研究齿轮副的动态啮合问题。

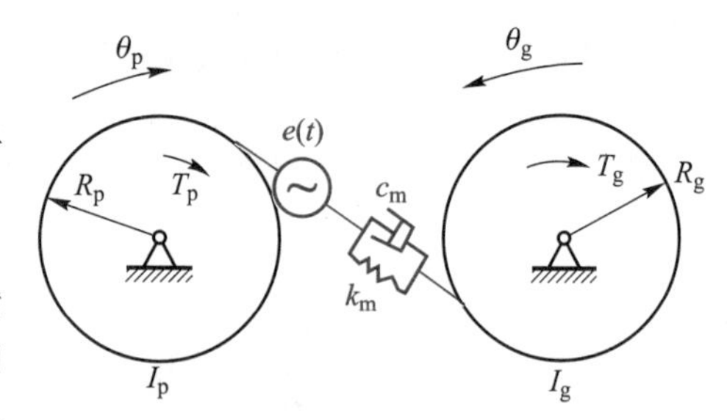

图 10-45　齿轮副扭转振动模型

(3) 齿轮机构耦合模型

以齿轮系统中的齿轮副、传动轴、原动机和负载为建模对象,形成扭转、横向、轴向等振动自由度相互耦合的动力学模型,该模型不但可以分析啮合轮齿的动载荷,而且可以确定系统中参数间的耦合作用。

(4) 齿轮系统模型

这种模型同时以齿轮系统中的齿轮副、传动轴、原动机和负载以及支承结构作为建模对象,因此这种模型是综合型模型,可以用于全面确定齿轮系统的动态特性,尤其适用于分析齿轮系统振动噪声的产生与传递。

齿轮动力学数学模型的求解方法主要有解析法和数值法两类。按求解方法的性质,又可分为时域法和频域法。由时域法可得到系统响应在时域的描述,用以研究系统动态特性随时间的变化规律;而频域法则研究系统响应在频域中的描述,用以阐明系统动态性能与各频率成分间的关系。此外,实验方法研究齿轮系统的动态特性也是极为重要的手段。

3. 齿轮系统的激励描述

齿轮系统的激励分为外部激励和内部激励两大类,外部激励主要是指原动机的主动力矩、负载引起的激励。内部激励是在齿轮副啮合过程中在系统内部产生的,激励是齿轮机构动力学研究的重要内容之一。

内部激励包括刚度激励、误差激励和啮合冲击激励。刚度激励是因同时啮合轮齿对数的变化导致啮合综合刚度周期变化，从而引起齿轮啮合力周期变化。刚度激励是一种参数激励，即使外载为零或为常量时，系统也会因刚度激励而产生振动。刚度激励主要与齿轮的设计参数有关，研究刚度激励，有助于改进齿轮传动系统的设计。

由齿轮加工、安装误差引起的误差激励，是啮合轮齿间的一种周期性位移激励。研究误差激励，可以为齿轮设计中精度等级的确定和加工方法的选择提供指导。

由于轮齿在进入和退出啮合时，啮入、啮出点的位置会偏离理论啮合点，产生非正确啮合，使啮合齿面间产生冲击，引起啮合冲击激励，这种激励与前两种激励的区别在于它是一种周期性的载荷激励。

4. 齿轮机构动力学研究的内容

齿轮机构动力学研究的基本问题也是激励、系统和响应三者间的关系问题，从性质上说，有正问题和反问题两类。齿轮系统动力学的正问题，是研究在已知系统及其工作环境的条件下，分析、求解系统的动态响应，其中包括激励描述、系统模型建立，以及响应的求解问题，正问题是目前齿轮动力学的主要研究方面。齿轮系统动力学的反问题则是已知动态响应时进行载荷识别（确定轮齿动载荷）、故障诊断、模型的修正与精化等，涉及的范围较宽，但目前研究得较少，且主要集中在故障诊断方面。

齿轮机构动力学研究的最主要内容是齿轮机构的动态特性，包括如下几个方面：

（1）固有特性

固有特性指系统固有频率和振型，是齿轮系统的基本动态特性之一。

（2）动态响应

动态响应主要包括轮齿动态啮合力，轮齿激励在系统中的传递，以及传动系统中各零件和箱体结构的振动频率与位移等。研究动态响应的目的在于通过系统的修改设计，降低系统各零件的振动，减小齿轮啮合冲击，提高寿命，降低振动和噪声。

（3）动力稳定性

通过齿轮系统动力稳定性的分析，评价影响稳定性的因素，确定稳定区与非稳定区，为齿轮系统的设计提供指导。

（4）系统参数对齿轮系统动态特性的影响

在研究系统的各种动态性能时，重要的任务是研究齿轮系统的结构形式、几何参数等对这些性能的影响，可以通过系统动力学模型灵敏度分析，定量了解各类参数对系统特性影响的灵敏程度，在此基础上进行齿轮系统的动态优化设计。

5. 齿轮系统动力学的应用

（1）动载系数的计算方法

动载系数是齿轮强度计算中用于考虑轮齿啮合力因系统振动而增大的指标，随着齿轮系统动力学理论的发展，使动载系数的计算方法更简洁、更可靠。

（2）振动和噪声的控制

齿轮系统动力学的研究，从动态激励、系统设计、响应特性三方面全面研究齿轮系统产生振动和噪声的机理、性质、特点和影响因素，采取相应的措施降低齿轮系统的振动和噪声。

（3）状态监控和故障诊断

齿轮系统对整个机器设备的运行有重要影响，齿轮系统故障可能产生严重后果。系统振动信号和噪声信号的测试和分析是一种主要的监测和诊断手段。

思考题及练习题

10-1 齿轮传动要匀速、连续、平稳地进行必须满足哪些条件?

10-2 渐开线具有哪些重要的性质?渐开线齿轮传动具有哪些优点?

10-3 具有标准中心距的标准齿轮传动具有哪些特点?

10-4 何谓齿轮传动的重合度?重合度的大小与齿数 z、模数 m、压力角 α、齿顶高系数 h_a^*、顶隙系数 c^* 及中心距 a 之间有何关系?

10-5 齿轮齿条啮合传动有何特点?为什么说无论齿条与齿轮是否为标准安装,啮合线的位置都不会改变?

10-6 节圆与分度圆、啮合角与压力角有什么区别?

10-7 何谓根切?它有何危害,如何避免?

10-8 齿轮为什么要进行变位修正?齿轮正变位后和变位前比较,参数 z、m、α、h_a、h_f、d、d_a、d_f、d_b、s、e 作何变化?

10-9 变位齿轮传动的设计步骤如何?

10-10 为什么斜齿轮的标准参数要规定在法面上,而其几何尺寸却要按端面来计算?

10-11 什么是斜齿轮的当量齿轮?为什么要提出当量齿轮的概念?

10-12 斜齿轮传动具有哪些优点?可用哪些方法来调整斜齿轮传动的中心距?

10-13 平行轴和交错轴斜齿轮传动有哪些异同点?

10-14 何谓蜗轮蜗杆传动的中间平面?蜗轮蜗杆传动的正确啮合条件是什么?

10-15 蜗轮蜗杆传动可用作增速传动吗?增速传动时啮合效率如何计算?

10-16 以前蜗轮蜗杆传动的蜗杆头数为 1~4 头,而现在发展为 1~10 头,试说明为什么有这种发展变化?

10-17 试确定图 10-46a 所示传动中蜗轮的转向,及图 10-46b 所示传动中蜗杆和蜗轮的螺旋线的旋向。

10-18 什么是直齿锥齿轮的背锥和当量齿轮?一对锥齿轮大端的模数和压力角分别相等是否是其能正确啮合的充要条件?

10-19 为什么要计算锥齿轮的分锥角、顶锥角和根锥角?如何计算直齿锥齿轮的顶锥角?

10-20 图 10-47 所示的 C、C'、C''为由同一基圆上所生成的几条渐开线。试证明其任意两条渐开线(不论是同向的还是反向的)沿公法线方向对应两点之间的距离处处相等。

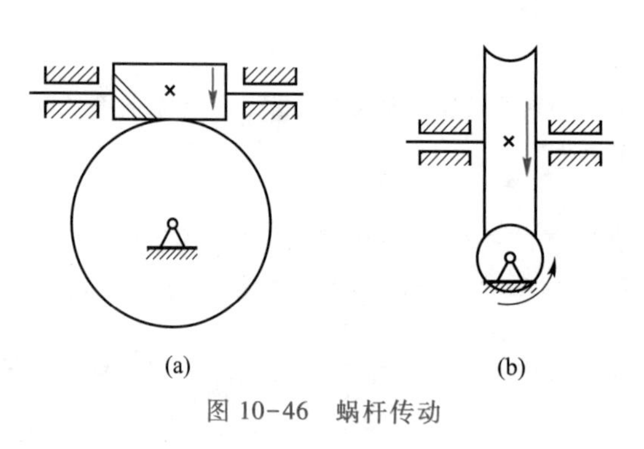

图 10-46 蜗杆传动

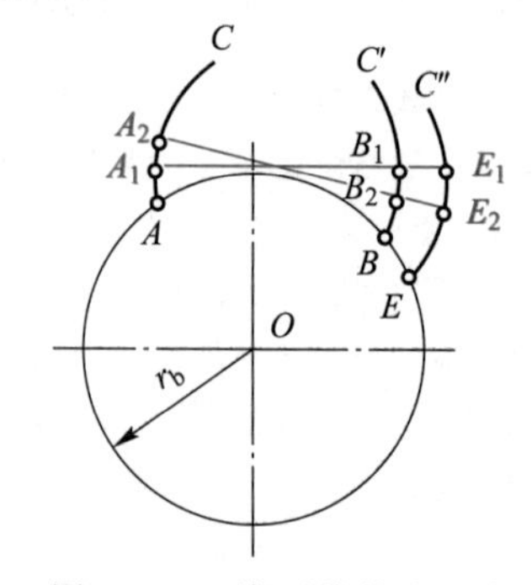

图 10-47 渐开线的公法线

10-21 在图 10-7 中,已知基圆半径 $r_b = 50$ mm,现需求:

1）当 $r_K=65$ mm 时，渐开线的展角 θ_K、渐开线的压力角 α_K 和曲率半径 ρ_K。

2）当 $\theta_K=5°$时，渐开线的压力角 α_K 及向径 r_K 的值。

注：下为渐开线函数 $\theta_K=\text{inv}\ \alpha_K$ 表（摘录）

α°	次	…	30′	35′	40′	45′	50′	55′
34	0.0	…	85142	85832	86525	87223	87925	88631

10-22　图 10-48 所示为一渐开线齿廓齿轮的一个轮齿，试证明其在任意的圆周上的齿厚的表达式如下：

$$s_i=sr_i/r-2r_i(\text{inv}\ \alpha_i-\text{inv}\ \alpha)$$

式中，s 为分度圆齿厚。

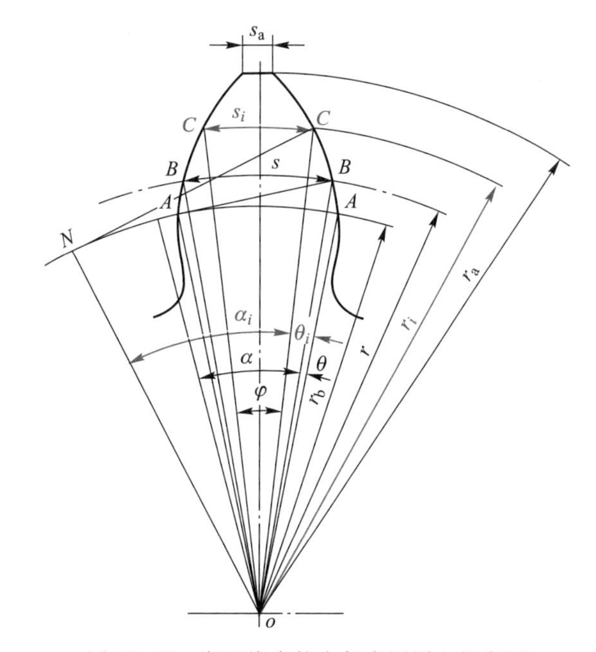

图 10-48　渐开线齿轮在任意圆周上的齿厚

10-23　设有一渐开线标准齿轮，$z=26$，$m=3$ mm，$h_a^*=1$，$\alpha=20°$，求其齿廓曲线在分度圆和齿顶圆上的曲率半径及齿顶圆压力角。

10-24　测量齿轮的公法线长度是检验齿轮精度的常用方法之一（图 10-49）。试推导渐开线标准齿轮公法线长度的计算公式

$$L=m\cos\ \alpha[(k-0.5)\pi+z\ \text{inv}\ \alpha]$$

式中，k 为跨齿数，其计算公式为

$$k=z\ \alpha/180°+0.5$$

并分析：测量齿轮的公法线长度时利用了渐开线的哪些特点？跨测齿数 k 需要圆整为整数，跨测齿数圆整后对公法线长度测量会带来哪些影响？

提示：假设卡尺的卡脚与齿廓的切点 a、b 恰好在分度圆上，如图 10-49 所示。

10-25　在一机床的主轴箱中有一直齿圆柱渐开线标准齿轮，发现该齿轮已经损坏，需要重做一个齿轮更换，试确定这个齿轮的模数。经测量，其压力角 $\alpha=20°$，齿数 $z=40$，齿顶圆直径 $d_a=83.82$ mm①，跨 5

① 齿轮的齿顶圆直径 d_a 通常都有较大的负偏差。

齿的公法线长度 $L_5 = 27.512$ mm，跨 6 齿的公法线长度 $L_6 = 33.426$ mm。

10-26 图 10-50 所示的两级同轴式齿轮减速器机构中，已知各齿轮模数皆为 $m = 4$ mm，$z_1 = 15$，$z_2 = 33$，$z_3 = 20$，$z_4 = 30$，要求齿轮 1 与齿轮 4 同轴线，试分析：

1）齿轮 1、2 和齿轮 3、4 分别采用何种传动较好，并说明理由；

2）为了提高齿轮 3、4 的强度决定改用斜齿轮，法面模数 $m_n = 4$ mm，保持传动比不变，确定其齿数 z_3、z_4 和螺旋角 β。

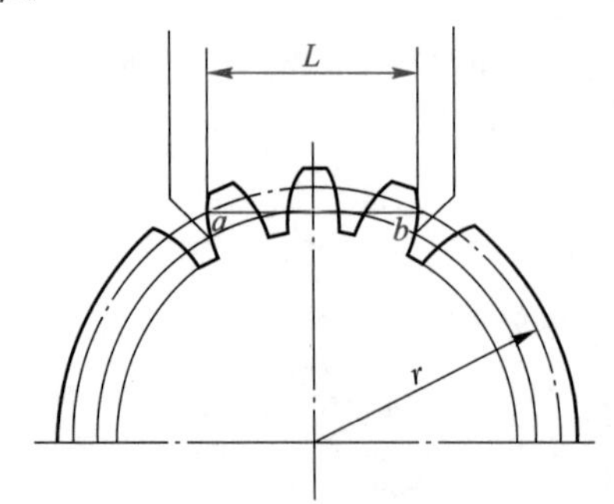

图 10-49 渐开线齿轮的公法线长

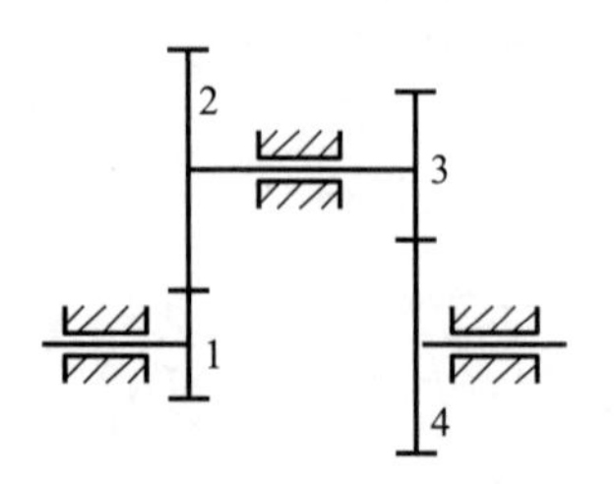

图 10-50 同轴式齿轮减速器机构

10-27 设有一对外啮合齿轮，$z_1 = 30$，$z_2 = 40$，$m = 20$ mm，$\alpha = 20°$，$h_a^* = 1$。试求当 $a' = 725$ mm 时，两轮的啮合角 α'。又当啮合角 $\alpha' = 22°30'$时，试求其中心距 a'。

10-28 一对齿数皆为 30 的外啮合标准直齿圆柱齿轮传动，压力角为 20°，模数为 8 mm，采用非标准中心距安装，其重合度为 1.3，求其实际中心距与啮合角。

10-29 已知一对外啮合变位齿轮传动的 $z_1 = z_2 = 12$，$m = 10$ mm，$\alpha = 20°$，$h_a^* = 1$，$a' = 130$ mm，试设计这对齿轮（取 $x_1 = x_2$）。

10-30 在某牛头刨床中，有一对外啮合渐开线直齿圆柱齿轮传动。已知 $z_1 = 17$，$z_2 = 118$，$m = 5$ mm，$\alpha = 20°$，$h_a^* = 1$，$a' = 337.5$ mm。现发现小齿轮已严重磨损，拟将其报废。大齿轮磨损较轻（沿分度圆齿厚两侧的磨损量为 0.75 mm），拟修复使用，并要求所设计的小齿轮的齿顶厚尽可能大些，问应如何设计这一对齿轮？

10-31 图 10-51 所示为一渐开线变位齿轮，其 $m = 5$ mm，$\alpha = 20°$，$z = 24$，变位系数 $x = 0.05$。当对跨棒距进行测量时，要求测量棒 2 正好在分度圆处与齿廓相切。试求所需的测量棒半径 r_p，以及两测量棒外侧之间的跨棒距 L。

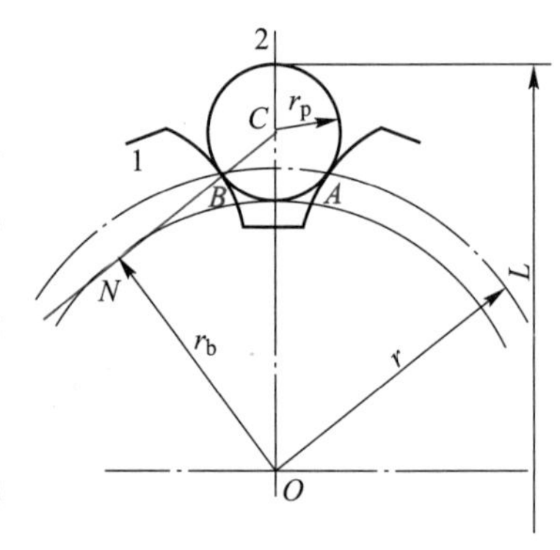

图 10-51 跨棒测量

提示：$r_p = \overline{NC} - \overline{NB}$，$L = 2(\overline{OC} + r_p)$。

10-32 为了测量内齿轮轮齿的厚度，常采用如图 10-52 所示的测量跨棒距 L 的方法来实现。用这种方法来测量齿厚，不需用齿顶圆作为定位基准，测量结果较准确，方法也较简单。试证明跨棒距

$$L_{偶} = 2R_L - d_p \qquad （用于偶齿数）$$

$$L_{奇} = 2R_L \cos \frac{\pi}{2z} - d_p \qquad （用于奇齿数）$$

式中，d_p 为跨棒的直径，对内齿轮常用 $d_p = 1.68m$；

$$R_L = d \cos \alpha / (2 \cos\alpha_L)$$

$$\text{inv}\alpha_L = \text{inv } \alpha - \frac{d_p}{d_b} + \frac{2x \tan \alpha}{z} + \frac{\pi}{2z}$$

x 为变位系数。

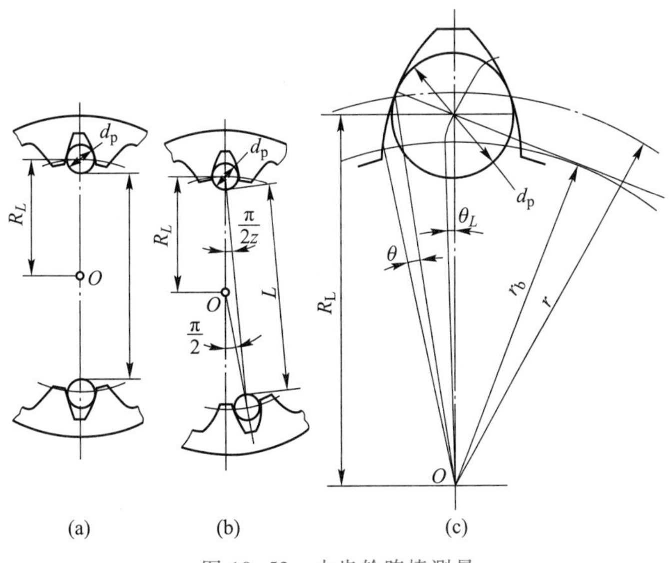

图 10-52　内齿轮跨棒测量

10-33　设已知一对斜齿轮传动的 $z_1=20, z_2=40, m_n=8$ mm, $\beta=15°$（初选值）, $B=30$ mm, $h_{an}^*=1$。试求 a（应圆整，并精确重算 β）、ε_γ 及 z_{v1}、z_{v2}。

10-34　为减小齿轮传动的尺寸和重量，近年来提出一种渐开线少齿数传动，其小齿轮的齿数可少到 2~3 个齿。试问要设计这种传动应注意哪些问题，如何解决？

10-35　已知一交错轴斜齿轮传动的交错角 $\Sigma=90°$, $i_{12}=4$, $z_1=18$, $p_n=9.424\ 8$ mm。若分别取 $\beta_1=60°$ 和 30°，试计算在这两种情况下两轮的分度圆直径和中心距，并比较其优劣。

10-36　已知一对直齿锥齿轮的 $z_1=15, z_2=30, m=5$ mm, $h_a^*=1, \Sigma=90°$。试确定这对锥齿轮的几何尺寸（按表 10-7）。

10-37　有一对标准直齿锥齿轮传动，试问：

1）当 $z_1=14, z_2=30, \Sigma=90°$ 时，小齿轮是否会发生根切？

2）当 $z_1=14, z_2=20, \Sigma=90°$ 时，小齿轮是否会发生根切？

10-38　试比较表 10-1（圆柱齿轮标准模数系列）和表 10-6（锥齿轮标准模数系列）有何不同？为什么锥齿轮的标准模数取值较多，且无第一系列和第二系列之分？

10-39　一蜗轮的齿数 $z_2=40, d_2=200$ mm，与一单头右旋蜗杆啮合，试求：

1）蜗轮端面模数 m_{t2} 及蜗杆轴面模数 m_{x1}；

2）蜗杆的轴面齿距 p_{x1} 及导程 P_h；

3）两轮的中心距 a；

4）蜗杆的导程角 γ_1、蜗轮的螺旋角 β_2 及两者轮齿的旋向。

阅读参考资料

[1] 陈作模．机械原理学习指南[M]. 5 版．北京：高等教育出版社，2008.

[2] 齿轮手册编委会编．齿轮手册：上册[M]. 2 版．北京：机械工业出版社，2004.

第11章

指南车（西汉）

齿轮系及其设计

11.1 齿轮系及其分类

在前一章对一对齿轮的传动和几何设计问题进行了研究，但在实际机械中，为了满足不同的工作需要，仅用一对齿轮组成的齿轮机构往往是不够的，需用由一系列齿轮所组成的齿轮机构来传动。这种由一系列的齿轮所组成的齿轮传动系统称为齿轮系，简称轮系（gear train）。

图 11-1 所示就是一个轮系，它是为发射红宝石导弹而设计的快速反应装置①。其中，电动机两端分别装有齿轮 1 及 5，它们分别带动齿轮 2、3、4 和 6、7、8、9 不停地旋转。A、B 为两个电磁离合器，当 A 接通时，齿轮 10 与 4 成为一体而转动，扇形蜗轮 15 将沿实线箭头方向回转；当 A 断开而 B 接通时，齿轮 12 与 9 成为一体而转动，这时扇形蜗轮 15 将沿虚线箭头方向回转；当 A、B 均不接通时，扇形蜗轮 15 则停止不动。

本章将介绍轮系的分类，着重介绍计算各种轮系传动比的方法以及轮系的功用，然后将对轮系的效率和几何设计问题进行讨论，最后还将介绍几种特殊形式的新型齿轮传动机构。

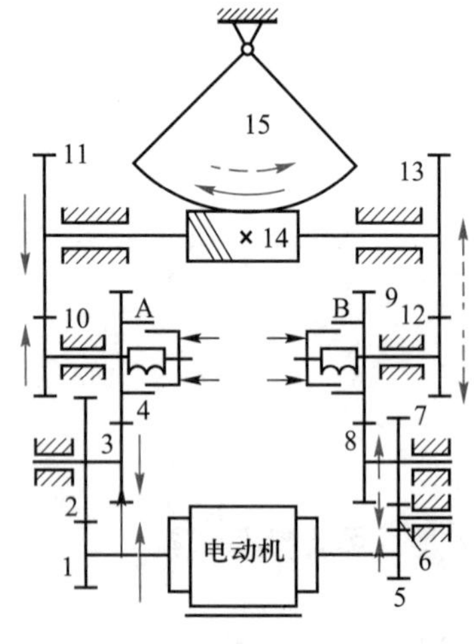

图 11-1 快速反向装置

根据轮系运转时各个齿轮的轴线相对于机架的位置是否固定，而将轮系分为三大类。

（1）定轴轮系

如果在轮系运转时，其各个齿轮的轴线相对于机架的位置都是固定的，这种轮系就称为定轴轮系（fixed axis gear train），图 11-1 所示轮系即其一例。

（2）周转轮系

如果在轮系运转时，其中至少有一个齿轮轴线的位置并不固定，而是绕着其他齿轮的固定轴线回转，则这种轮系称为周转轮系（epicyclic gear train），如图 11-2 所示。其中，齿轮 1 和内齿轮 3 都围绕着固定轴线 OO 回转，称为太阳轮

① 因其只有轮系中的低速部分才反向，惯性小，故可在数毫秒内完成反向动作。

(sun gear)。齿轮 2 用回转副与构件 H 相连,它一方面绕着自己的轴线 O_1O_1 作自转,另一方面又随着 H 一起绕着固定轴线 OO 作公转,就像行星的运动一样,故称之为行星轮(planetary gear)。构件 H 称为行星架、转臂或系杆(planet carrier)。在周转轮系中,一般都以太阳轮和行星架作为输入和输出构件,故又称它们为周转轮系的基本构件(basic link)。基本构件都围绕着同一固定轴线回转。

周转轮系还可根据其自由度的数目,作进一步的划分。若自由度为 2(图 11-2a),则称其为差动轮系(differential gear train);若自由度为 1(图 11-2b,其中轮 3 为固定轮),则称其为行星轮系(planetary gear train)。

此外,周转轮系还常根据其基本构件的不同来加以分类。若轮系中的太阳轮以 K 表示,行星架以 H 表示,则图 11-2 所示轮系称为 2K-H 型周转轮系;图 11-3 所示轮系称为 3K 型周转轮系,因其基本构件是三个太阳轮 1、3、4,而行星架 H 不作输入、输出构件用。

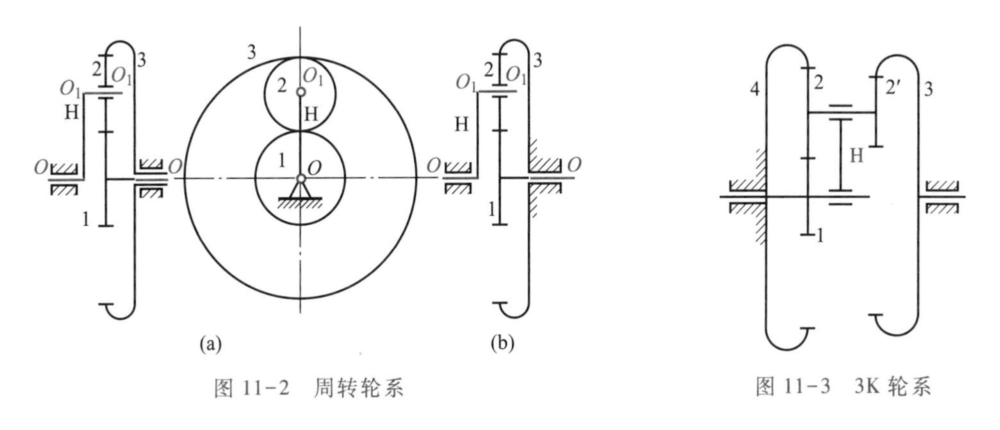

图 11-2　周转轮系　　　　图 11-3　3K 轮系

(3) 复合轮系

在实际机械中所用的轮系,往往既包含定轴轮系部分,又包含周转轮系部分(图 11-4),或者是由几部分周转轮系组成的(图 11-5),这种轮系称为复合轮系(compound planetary train)。

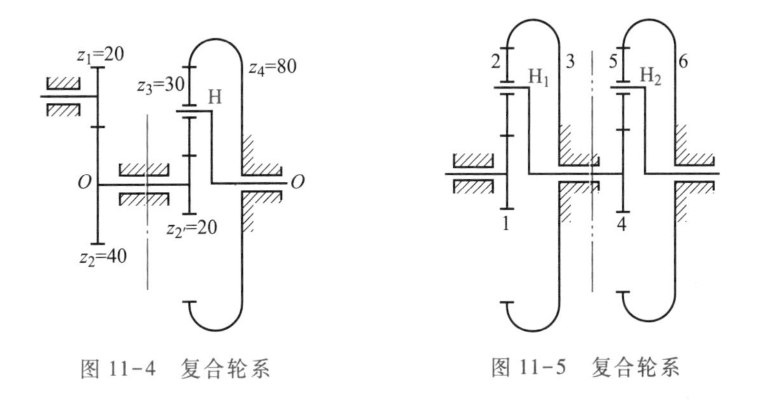

图 11-4　复合轮系　　　　图 11-5　复合轮系

11.2　轮系的传动比

1. 定轴轮系的传动比

我们知道，一对齿轮的传动比是指该两齿轮的角速度之比，而轮系的传动比，则是指轮系中首、末两构件的角速度之比。轮系的传动比包括传动比的大小和首、末端构件的转向关系两方面内容。

(1) 传动比大小的计算

现以图 11-6 所示定轴轮系为例来介绍定轴轮系传动比大小的计算方法。该轮系由齿轮对 1、2，2、3，3′、4 和 4′、5 组成，若轮 1 为首轮，轮 5 为末轮，则此轮系的传动比为 $i_{15}=\omega_1/\omega_5$。轮系中各对啮合齿轮的传动比的大小为

$$i_{j,j+1}=\omega_j/\omega_{j+1}=z_{j+1}/z_j$$

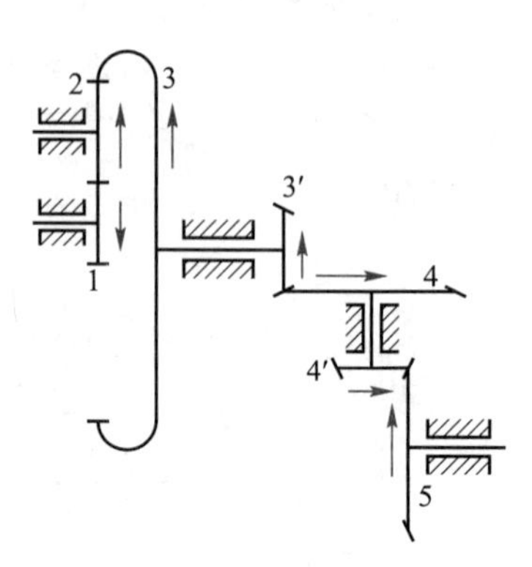

图 11-6　定轴轮系

由图可见，主动轮 1 到从动轮 5 之间的传动，是通过上述各对齿轮的依次传动来实现的。因此，为了求得轮系的传动比 i_{15}，可将上列各对齿轮的传动比连乘起来，可得

$$i_{12}i_{23}i_{3'4}i_{4'5}=\frac{\omega_1\omega_2}{\omega_2\omega_3}\frac{\omega_3}{\omega_4}\frac{\omega_4}{\omega_5}=\frac{\omega_1}{\omega_5}$$

即

$$i_{15}=\frac{\omega_1}{\omega_5}=i_{12}i_{23}i_{3'4}i_{4'5}=\frac{z_2z_3z_4z_5}{z_1z_2z_{3'}z_{4'}} \tag{11-1}$$

式(11-1)说明，定轴轮系的传动比等于组成该轮系的各对啮合齿轮传动比的连乘积；也等于各对啮合齿轮中所有从动轮齿数的连乘积与所有主动轮齿数的连乘积之比，即

$$\text{定轴轮系的传动比}=\frac{\text{所有从动轮齿数的连乘积}}{\text{所有主动轮齿数的连乘积}} \tag{11-2}$$

(2) 首、末轮转向关系的确定

在上述轮系中，设首轮 1 的转向已知，并如图中箭头所示(箭头方向表示齿轮可见侧的圆周速度的方向)，则首、末两轮的转向关系可用标注箭头的方法来确定，如图 11-6 所示。因为一对啮合传动的圆柱齿轮或锥齿轮在其啮合节点处的圆周速度是相同的，所以标志两者转向的箭头不是同时指向节点，就是同时背离节点。根据此法则，在用箭头标出轮 1 的转向后，其余各轮的转向便可依次用箭头标出。由图可见，该轮系首、末两轮的转向相反。

当首、末两轮的轴线彼此平行时，两轮的转向不是相同就是相反；当两者的转向相同时，规定其传动比为“+”，反之为“-”。故图示轮系的传动比为

$$i_{15}=\frac{\omega_1}{\omega_5}=-\frac{z_3z_4z_5}{z_1z_{3'}z_{4'}}$$

但必须指出，若首、末两轮的轴线不平行，其间的转向关系则只能在图上用箭头来表示。

又在图 11-6 所示轮系中，轮 2 对轮 1 为从动轮，但对轮 3 又为主动轮，故其齿数的多少并不影响传动比的大小，而仅起着中间过渡和改变从动轮转向的作用，故称之为过轮或中介

轮(idler)。

2. 周转轮系的传动比

周转轮系和定轴轮系之间的根本差别在于前者中有转动的行星架,故其传动比不能直接用定轴轮系传动比的求法来计算。但是,根据相对运动原理,若给整个周转轮系加上一个公共角速度“$-\omega_H$”,使之绕行星架的固定轴线回转,这时各构件之间的相对运动仍将保持不变,而行星架的角速度变为 $\omega_H-\omega_H=0$,即行星架“静止不动”了。于是,周转轮系转化成了定轴轮系。这种转化所得的假想的定轴轮系,称为原周转轮系的转化轮系(inverted gear train)或转化机构。

因转化轮系为一定轴轮系,其传动比当然就可按定轴轮系来计算了。通过它可得出周转轮系中各构件之间角速度的关系,进而求得周转轮系的传动比。现以图 11-7 为例具体说明如下。

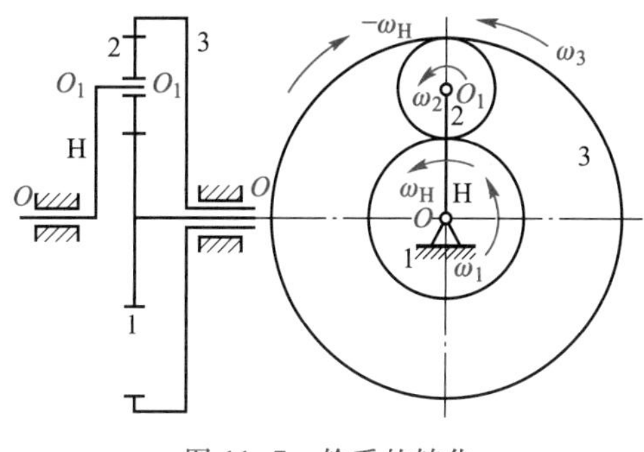

图 11-7　轮系的转化

由图可见,当如上述对整个周转轮系加上一个公共角速度“$-\omega_H$”以后,其各构件的角速度的变化如表 11-1 所示。

表 11-1　各构件角速度的变化

构　　件	原有角速度	在转化轮系中的角速度 (即相对于行星架的角速度)
齿轮 1	ω_1	$\omega_1^H=\omega_1-\omega_H$
齿轮 2	ω_2	$\omega_2^H=\omega_2-\omega_H$
齿轮 3	ω_3	$\omega_3^H=\omega_3-\omega_H$
机架 4	$\omega_4=0$	$\omega_4^H=\omega_4-\omega_H=-\omega_H$
行星架 H	ω_H	$\omega_H^H=\omega_H-\omega_H=0$

由表 11-1 可见,由于 $\omega_H^H=0$,所以该周转轮系已转化为图 11-8 所示的定轴轮系(即该周转轮系的转化轮系)。三个齿轮相对于行星架 H 的角速度 ω_1^H、ω_2^H、ω_3^H,即为它们在转化轮系中的角速度。于是转化轮系的传动比 i_{13}^H 为

$$i_{13}^H=\frac{\omega_1^H}{\omega_3^H}=\frac{\omega_1-\omega_H}{\omega_3-\omega_H}=-\frac{z_2z_3}{z_1z_2}=-\frac{z_3}{z_1}$$

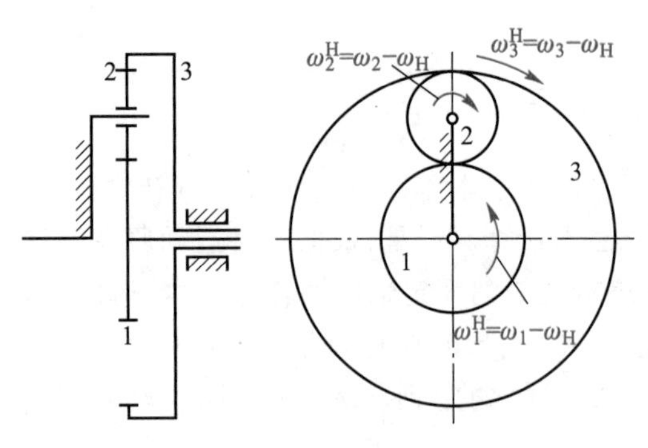

图 11-8 转化轮系

式中,齿数比前的“-”号表示在转化轮系中轮 1 与轮 3 的转向相反(即 ω_1^{H} 与 ω_3^{H} 的方向相反)。

在上式中包含了周转轮系中各基本构件的角速度和各轮齿数之间的关系,在齿轮齿数已知时,若 ω_1、ω_3 及 ω_H 中有两者已知(包括大小和方向),就可求得第三者(包括大小和方向)。

根据上述原理,不难得出计算周转轮系传动比的一般关系式。设周转轮系中的两个太阳轮分别为 m 和 n,行星架为 H,则其转化轮系的传动比 i_{mn}^{H} 可表示为

$$i_{mn}^{H}=\frac{\omega_m^{H}}{\omega_n^{H}}=\frac{\omega_m-\omega_H}{\omega_n-\omega_H}=\pm\frac{\text{在转化轮系中由 } m \text{ 至 } n \text{ 各从动轮齿数的乘积}}{\text{在转化轮系中由 } m \text{ 至 } n \text{ 各主动轮齿数的乘积}} \tag{11-3a}$$

对于已知周转轮系来说,其转化轮系的传动比 i_{mn}^{H} 的大小和“±”号均可定出。在这里要特别注意式中的“±”号的确定及其含意。

如果所研究的轮系为具有固定轮的行星轮系,设固定轮为 n,即 $\omega_n=0$,则式(11-3a)可改写为

$$i_{mn}^{H}=\frac{\omega_m-\omega_H}{0-\omega_H}=-i_{mH}+1$$

即

$$i_{mH}=1-i_{mn}^{H} \tag{11-3b}$$

为加深理解,现举例说明如下。

例 11-1 在图 11-9 所示的周转轮系中,设已知 $z_1=100$,$z_2=101$,$z_{2'}=100$,$z_3=99$,试求传动比 i_{H1}。

解:在图示的轮系中,由于轮 3 为固定轮(即 $n_3=0$),故该轮系为一行星轮系,其传动比的计算可根据式(11-3b)求得

$$i_{1H}=1-i_{13}^{H}=1-\frac{z_2z_3}{z_1z_{2'}}=1-\frac{101\times99}{100\times100}=\frac{1}{10\ 000}$$

故

$$i_{H1}=\frac{1}{i_{1H}}=10\ 000$$

即当行星架转 10 000 转时,轮 1 才转一转,其转向相同。

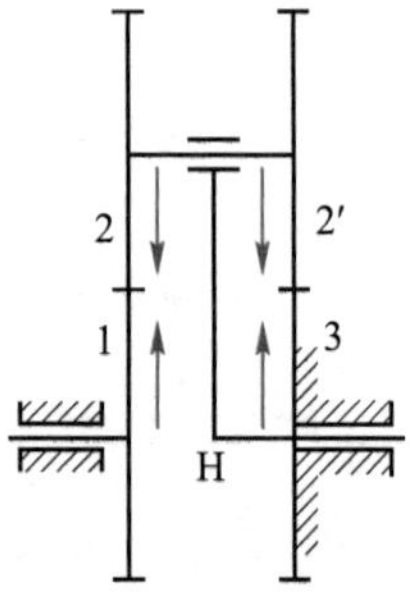

图 11-9 行星轮系

最后尚需说明,上述计算传动比的方法适用于由圆柱齿轮所组成的周转轮系中的一切活动构件(包括行星轮)。例如在图 11-10 所示的马铃薯挖掘机的行星轮系中,设已知 $z_1=z_3$ 及行星架的转速 n_H,求行星轮的转速 n_3。由于轮 1 为固定轮($n_1=$

0)，故由式(11-3b)得

$$i_{3\mathrm{H}}=1-i_{31}^{\mathrm{H}}=1-z_1/z_3=1-1=0$$

即

$$n_3=0$$

这说明固定于行星轮上的铁锹只作平动，以减少挖掘时对马铃薯的损伤。

但是，对于由锥齿轮组成的周转轮系(图 11-11)，上述计算方法只适用于该轮系中的基本构件(1、3、H)，而不适用于行星轮 2。当需要知道 ω_2 时，可应用角速度向量来求解。

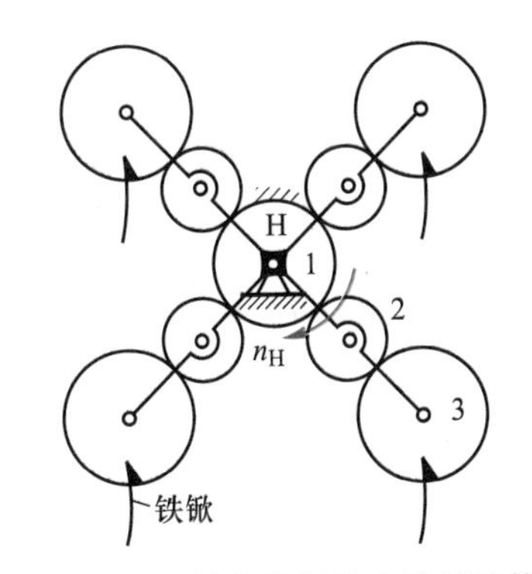

图 11-10 马铃薯挖掘机中的行星轮系

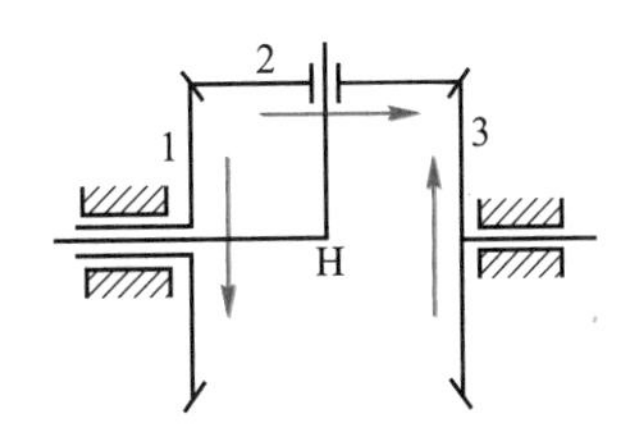

图 11-11 锥齿轮组成的周转轮系

3. 复合轮系的传动比

如前所述，在复合轮系中或者既包含定轴轮系部分，又包含周转轮系部分，或者包含几部分周转轮系。对这样的复合轮系，其传动比的正确计算方法是将其所包含的各部分周转轮系和定轴轮系一一加以分开，并分别列出其传动比计算式，再联立求解。

在计算复合轮系的传动比时，首要的问题是正确地将轮系中的各组成部分加以划分，正确划分的关键是要把其中的周转轮系部分找出来。周转轮系的特点是具有行星轮和行星架，故先要找到轮系中的行星轮和行星架(注意，行星架往往可能是由轮系中具有其他功用的构件所兼任)。每一行星架，连同行星架上的行星轮和与行星轮相啮合的太阳轮就组成一个基本周转轮系。在一个复合轮系中可能包含有几个基本周转轮系(一般每一个行星架就对应一个基本周转轮系)，当将这些周转轮系一一找出之后，剩下的便是定轴轮系部分了。

例 11-2 图 11-12a 所示为一电动卷扬机的减速器运动简图，设已知各轮齿数，试求其传动比 i_{15}。

解：首先将该轮系中的周转轮系分出来，它由双联行星轮 2-2′、行星架 5(它同时又是鼓轮和内齿轮)及两个太阳轮 1、3 组成(图 11-12b)，这是一个差动轮系，由式(11-3a)得

$$i_{13}^{5}=(\omega_1-\omega_5)/(\omega_3-\omega_5)=-z_2z_3/(z_1z_{2'})$$

或

$$\omega_1=(\omega_5-\omega_3)z_2z_3/(z_1z_{2'})+\omega_5 \tag{a}$$

然后，将定轴轮系部分分出来，它由齿轮 3′、4、5 组成(图 11-12c)，故得

$$i_{3'5}=\omega_{3'}/\omega_5=\omega_3/\omega_5=-z_5/z_{3'}$$

或

$$\omega_3=-\omega_5z_5/z_{3'} \tag{b}$$

联立求解式(a)、式(b)得

$$i_{15}=\frac{z_2z_3}{z_1z_{2'}}\left(1+\frac{z_5}{z_{3'}}\right)+1=\frac{33\times78}{24\times21}\times\left(1+\frac{78}{18}\right)+1=28.24$$

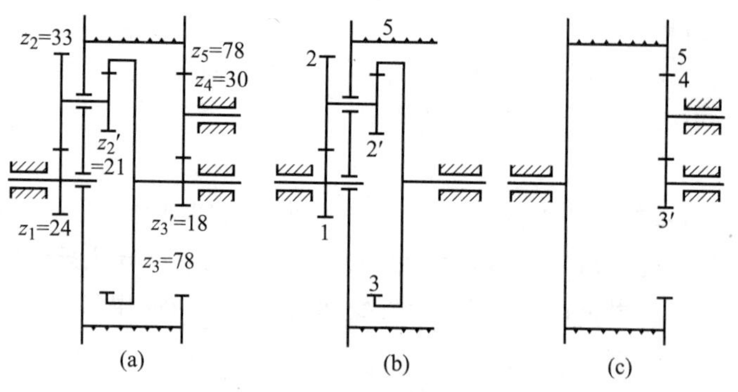

图 11-12 卷扬机减速器

在图 11-12a 所示的轮系中,其差动轮系部分(图 11-12b)的两个基本构件 3 及 5,被定轴轮系部分(图 11-12c)封闭起来了,从而使差动轮系部分的两个基本构件 3 及 5 之间保持一定的速比关系,而整个轮系变成了自由度为 1 的一种特殊的行星轮系,称之为封闭式行星轮系(closed planetary gear train)。

11.3 轮系的功用及创新应用

1. 轮系的功用

在各种机械中,轮系的应用十分广泛,其功用大致可以归纳为以下几个方面:

(1) 实现分路传动

利用轮系可以使一个主动轴带动若干个从动轴同时旋转,以带动各个部件或附件同时工作。

(2) 获得较大的传动比

一对齿轮的传动比是有限的,当需要大的传动比时应采用轮系来实现,特别是采用周转轮系,可用很少的齿轮、紧凑的结构,得到很大的传动比,例 11-1 即为一例。

(3) 实现变速传动

在主动轴转速不变的条件下,利用轮系可使从动轴得到若干种转速,这种传动称为变速传动。在图 11-13a 所示的轮系中,齿轮 1、2 为一整体,用导向键与轴Ⅱ相连,可在轴Ⅱ上滑动,当分别使齿轮 1 与 1′或 2 与 2′啮合时,可得两种速比。

图 11-13b 所示为一简单的二级行星轮系变速器,分别固定太阳轮 3 或 6 可得到两种传动比。这种变速器虽较复杂,但可在运动中变速,且便于自动变速,有过载保护作用。在小

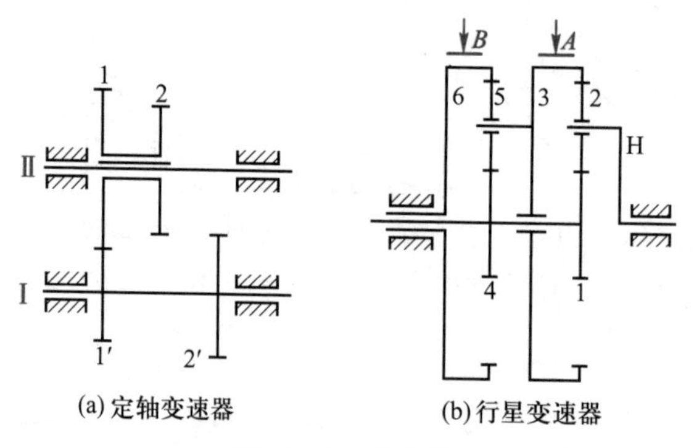

图 11-13 变速器

轿车、工程机械等中应用较多。

(4) 实现换向传动

在主动轴转向不变的条件下，利用轮系可改变从动轴的转向。

图 11-14 所示为车床上走刀丝杠的三星轮换向机构，其中构件 a 可绕轮 4 的轴线回转。在图 11-14a 所示位置时，从动轮 4 与主动轮 1 的转向相反；如转动构件 a 使其处于图 11-14b 所示位置时，因轮 2 不参与传动，这时轮 4 与轮 1 的转向相同。前述导弹发射器的轮系(图 11-1)也是一种换向装置。

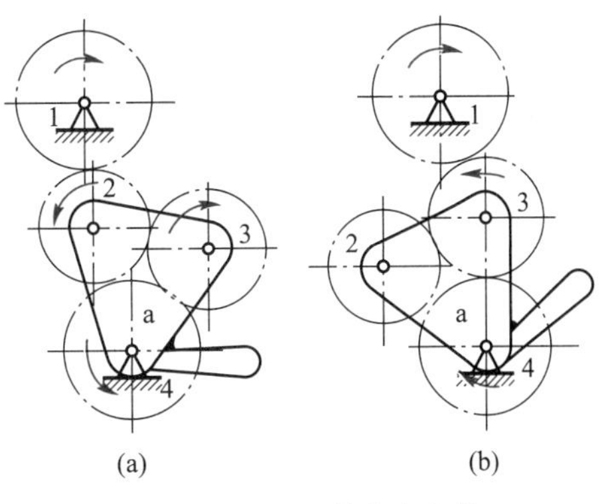

图 11-14　三星轮换向机构

(5) 用作运动的合成

因差动轮系有两个自由度，故可独立输入两个主动运动，输出运动即为此两运动的合成。如图 11-11 所示的差动轮系，因 $z_1=z_3$，故

$$i_{13}^{H}=(n_1-n_H)/(n_3-n_H)=-z_3/z_1=-1$$

或

$$n_H=(n_1+n_3)/2$$

上式说明，行星架的转速是轮 1、3 转速的合成，故此种轮系可用作和差运算。差动轮系可作运动合成的这种性能，在机床、模拟计算机、补偿调节装置等中得到了广泛的应用。

(6) 用作运动的分解

差动轮系也可作运动的分解，即将一个主动运动按可变的比例分解为两个从动运动。现以汽车后桥上的差速器(图 11-15)为例来说明。

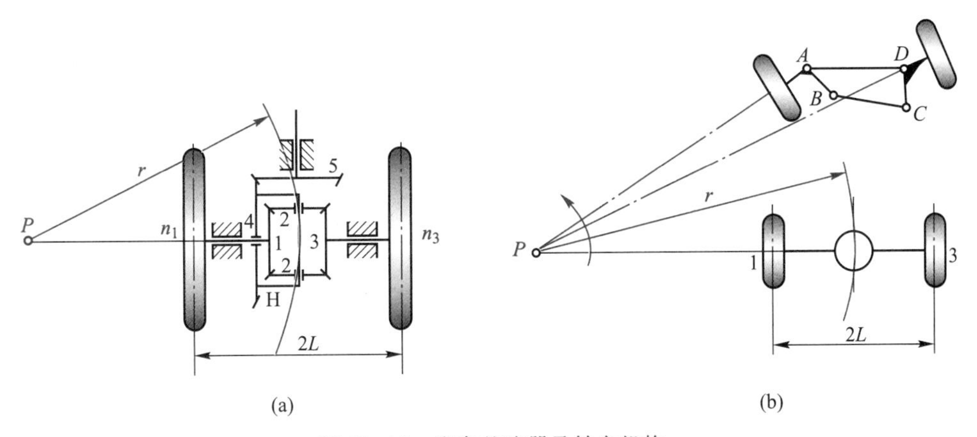

图 11-15　汽车差速器及转向机构

其中，齿轮 5 由发动机驱动，齿轮 4 上固连着行星架 H，其上装有行星轮 2。齿轮 1、2、3 及行星架 H 组成一差动轮系。

在该差动轮系中，$z_1=z_3$，$n_H=n_4$，根据式(11-3a)有

$$(n_1-n_4)/(n_3-n_4)=-1 \tag{a}$$

因该轮系有两个自由度，若仅由发动机输入一个运动时，将无确定解。

当汽车以不同的状态行驶(直行、左右转弯)时，两后轮应以不同的传动比转动。如设

汽车要左转弯，汽车的两前轮在转向机构（图 11-15b）的作用下，其轴线与汽车两后轮的轴线汇交于 P 点，这时整个汽车可看作是绕着 P 点回转。在车轮与地面不打滑的条件下，两后轮的转速应与弯道半径成正比，由图 11-15a 可得

$$n_1/n_3=(r-L)/(r+L) \tag{b}$$

式中，r 为弯道平均半径；L 为后轮距之半。

联立求解式（a）、式（b）就可求得两后轮的转速①。

*2. 轮系的创新应用

* 下面再举几个在工程实践中利用轮系以达到某些特殊目的的巧妙设计，以启迪读者的创新思维。

1）在机械制造业中，特别是在飞行器等中，日益期望在尺寸小、重量轻的条件下实现大功率传动，而采用周转轮系可以较好地得到满足。

首先，用作动力传动的周转轮系都采用具有多个均布的行星轮（图 11-16），这样既可用多个行星轮来共同分担载荷，又可使各啮合处的径向分力和行星轮公转所产生的离心惯性力各自得以平衡。

此外，在动力传动用的行星减速器中，几乎都有内啮合；兼之其输入轴和输出轴在同一轴线上，径向尺寸非常紧凑。

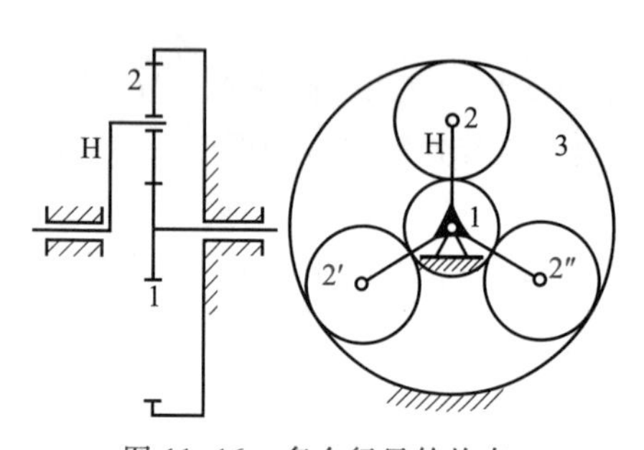

图 11-16　多个行星轮均布

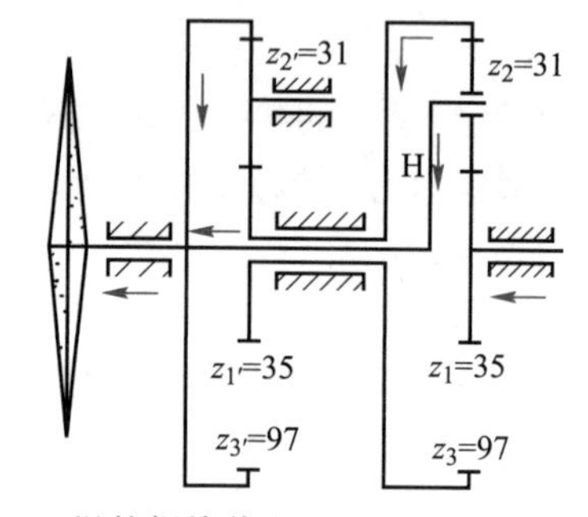

图 11-17　涡轮螺旋桨发动机主减速器的传动简图

图 11-17 为某涡轮螺旋桨发动机主减速器的传动简图。其右部是差动轮系，左部是定轴轮系。动力自太阳轮 1 输入后，分两路从行星架 H 和内齿轮 3 输往左部，最后汇合到一起输往螺旋桨。该装置的外廓尺寸仅 ϕ430 mm，传递功率达 2 850 kW，整个轮系的减速比 $i_{1H}=11.45$。

2）图 11-18 所示为一建筑工地常用的卷扬机，用以提升重物。电动机通过带传动使齿轮 1 不停地回转。当制动器 A 制动而 B 放松时，齿轮 3 为固定轮，鼓轮 4 为行星架，这时轮系为行星轮系，减速比 $i_{14}=8$，卷扬机处于慢速提升重物状态；当制动器 A 放松而 B 制动时，鼓轮停转，轮系成为定轴轮系，内齿轮 3 空转。由于除鼓轮之外，其余构件（包括电动机）均不需停转，故可很方便地将升

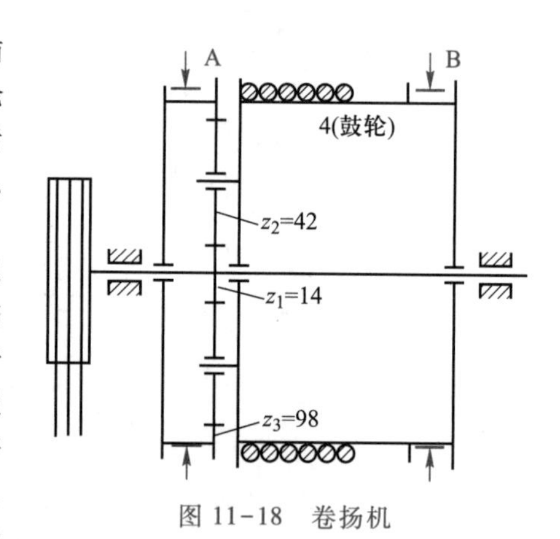

图 11-18　卷扬机

① 我们常见到当汽车一侧后轮不幸陷入烂泥坑后，因为此时式（b）不成立，根据最小阻力定律，陷入烂泥坑中的后轮快速空转，汽车不能自行脱出困境。为了避免此弊端，在一些越野车和军用车上常采用全轮驱动。在一些大型工程机械上也常采用辅助装置，可将差动轮系暂时锁住使之成为一个整体（一个构件）来运转，待车辆越出陷坑后再解锁恢复差动轮系的功用。

降平台迅即停在所需楼层处；若将 A、B 两个制动器同时放松，轮系成为差动轮系，尽管这时电动机仍在原方向回转，但鼓轮 4 却可在升降平台的重力作用下快速反转，使升降平台快速下降，以提高工效。

卷扬机在建筑工地上还常用来将成卷的钢筋拉直，在钢筋被拉直后，阻力将猛增，由于制动器 A 可打滑，可避免电动机和设备的损坏。

3）图 11-19 所示轮系为玩具车遇障后能自动调向行驶的装置。其中，轮 1 由原动机（电动机、发条等）驱动，轮 2 为端面齿轮（图 11-19b 为其在圆柱面上的齿形），轮 3 为圆柱齿轮，其与轮 2 的啮合相当于锥齿轮传动，件 4 为行星架，轮 5 为驱使玩具车运动的驱动轮。本装置放在玩具车的前部，玩具车的前轮实际上是悬空的，并不着地，而后轮虽着地，却是随动的。由于该轮系为具有两个自由度的差动轮系，故玩具车的运动将受最小阻力定律的支配，当玩具车的前进方向受阻时，两驱动轮 5 将与地面打滑，使行星架 4 回转，即改变了玩具车的前进方向，若该方向没有障碍物，玩具车即沿该方向前进。这种装置已广泛应用在众多能行走的玩具上。

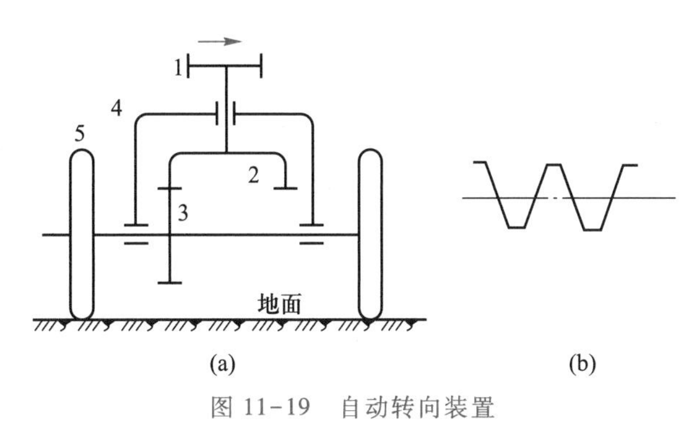

图 11-19　自动转向装置

4）近年来，工程机械企业在大中型履带式推土机中采用了许多新技术，如图 11-20 所示的利用复合轮系的差速转向机构就是其中之一。该转向机构有两个动力输入，一是来自变速箱的主动力，另一是来自转向液压马达。当只有来自变速箱的运动时，推土机作进退直行；当只有来自转向液压马达的运动时，推土机原地左右转向；当同时有来自两者的运动时，推土机在进退中同时左右转向，转弯半径的大小可随意改变。该机构转向机动灵活性能好，操纵方便省力，大大提高了机械部件的使用寿命和效率。

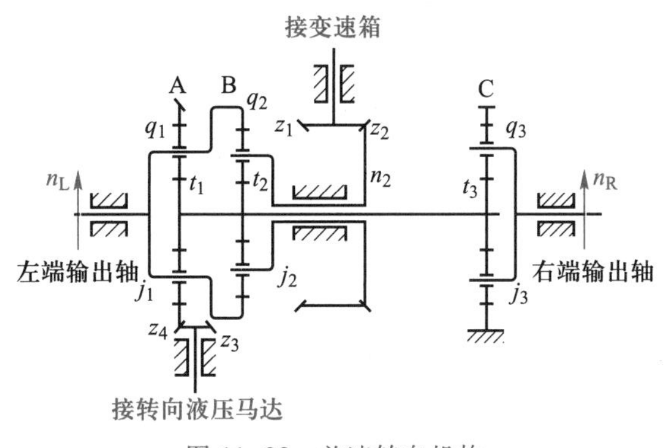

图 11-20　差速转向机构

5）针式打印机在许多场合（如打印票据）是不可或缺的重要打印设备，为了充分利用打印机中整条色带，避免色带局部过早磨损或脱色，色带应均匀循环使用。但色带是一个柔韧体，只能承受单向拉力，为此设计了一套专门收带的轮系（如图 11-21 所示）。尽管在打印机中打印头在同步带的带动下是往复运动的，但色带只能单向收入色带盒中。其工作原理如下：当打印头向右运动时，轮 1 顺时针转动，轮 1 作用于轮 2 上的圆周力向左，带动转臂顺时针转动，使轮 2 和轮 3 啮合，并带动色带收带轮逆时针转动；当打印头向左运动时，轮 1 逆时针转动，轮 1 作用于轮 2 上的圆周力向右，带动转臂逆时针转动，使轮 2 和轮 4 啮合，再通过轮 5 也带动色带收带轮逆时针转动。所以不管打印头向哪个方向运动，色带收带轮总沿逆时针方向转动收带（你知道打印头导轨设计成偏心轴式有何作用吗?）。

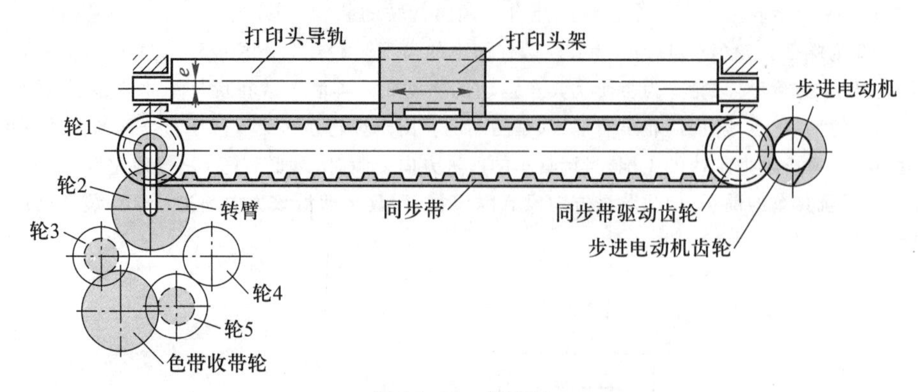

图 11-21 打印机

6）许多升降机、起重机的操作人员都担心由于意外原因导致电动机失速而产生灾难性事故。解决此问题的一个办法就是利用两自由度差动轮系实现双驱动，以提高其安全性。图 11-22 所示为轧钢起重机的双电动机驱动-传动装置，其钢丝绳滚筒 6′采用两个电动机驱动一个两自由度的复合轮系来实现，当一个电动机出现故障停转时（此时该电动机被相应的制动器 1′或 4′刹住），另一电动机可单独驱动滚筒继续工作，不过工作速度有所降低。两个电动机同时出现故障的概率是很低的，故可增加起重机工作的可靠性。

7）在许多自动加工机床中需要采用间歇式运动机构，同时要求具有高速、平滑地停止和运转的间歇运动特性。尤其在输出与输入同轴和高速转动情况下，采用如槽轮机构、不完全齿轮机构等常用间歇运动机构都难以解决，而采用如图 11-23 所示的圆柱齿轮与非圆齿轮组成的行星轮系即可有效解决这一问题。在此行星轮系中，以圆柱齿轮 1 即太阳轮固定为机架，行星架 H 为输入，而非圆齿轮 3 为输出，若设各轮的节圆半径分别 r_1、r_2、r_2'及 r_3，由其传动比 $i_{H3}=\omega_H/\omega_3=1-i_{13}^H=1-r_2r_3/(r_1r_2')$可知，当两非圆齿轮 2′及 3 转到 $r_2'=r_2$，$r_3=r_1$时，齿轮 3 就处于暂停状态；当两轮转到 $r_2'\neq r_2$，$r_3\neq r_1$时，齿轮 3 就会转动，即可实现变差速传动。非圆齿轮部分节线轮廓通过运动学及动力学设计，可获得超高速间歇运动性能。

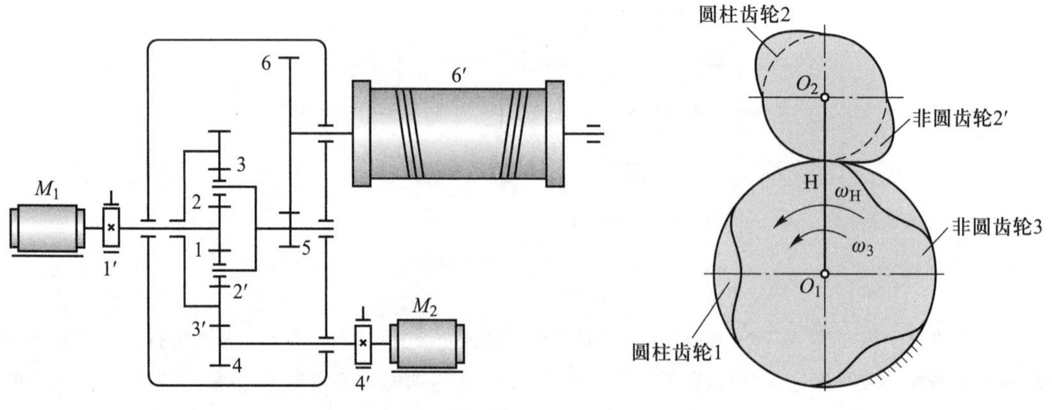

图 11-22 轧钢起重机双电动机驱动-传动装置

图 11-23 圆形-非圆齿轮组合行星轮系

11.4　行星轮系的效率

在各种机械中由于广泛地采用着各种轮系，所以其效率对于这些机械的总效率就具有决定意义。在各种轮系中，定轴轮系效率的计算比较简单，按第 4 章所介绍的方法计算即可，下面只讨论行星轮系效率的计算问题，所用的方法为转化轮系法（inverted gear train method）。

根据机械效率的定义，对于任何机械来说，如果其输入功率、输出功率和摩擦损失功率分别以 P_d、P_r 和 P_f 表示，则其效率为

$$\eta = P_r/(P_r+P_f) = 1/(1+P_f/P_r) \tag{a}$$

或

$$\eta = (P_d-P_f)/P_d = 1-P_f/P_d \tag{b}$$

对于一个需要计算其效率的机械来说，P_d 和 P_r 中总有一个是已知的，所以只要能求出 P_f 的值，就可计算出机械的效率 η。

机械中的摩擦损失功率主要取决于各运动副中的作用力、运动副元素间的摩擦因数和相对运动速度的大小。而行星轮系的转化轮系和原行星轮系的上述三个参量除因构件回转的离心惯性力有所不同外，其余均不会改变。因而，行星轮系与其转化轮系中的摩擦损失功率 P_f^H（主要指轮齿啮合损失功率）应相等（即 $P_f = P_f^H$）。下面以图 11-24 所示的 2K-H 型行星轮系为例来加以说明。

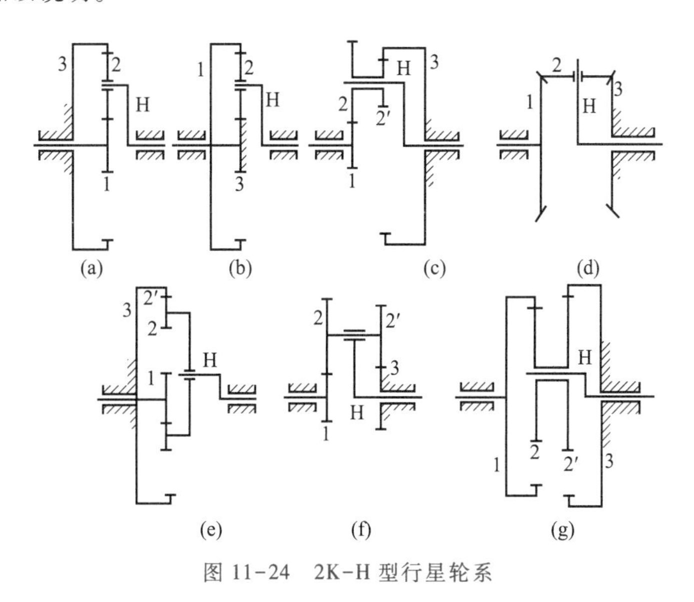

图 11-24　2K-H 型行星轮系

在图 11-24 所示的轮系中，设齿轮 1 为主动，作用于其上的转矩为 M_1，齿轮 1 所传递的功率为

$$P_1 = M_1\omega_1 \tag{c}$$

而在转化轮系中轮 1 所传递的功率为

$$P_1^H = M_1(\omega_1-\omega_H) = P_1(1-i_{H1}) \tag{d}$$

因齿轮 1 在转化轮系中可能为主动或从动，故 P_1^H 可能为正或为负，由于按这两种情况

计算所得的转化轮系的损失功率 P_f^H 的值相差不大,为简化计算,取 P_1^H 为绝对值,即

$$P_f^H = \left|P_1^H\right|(1-\eta_{1n}^H) = \left|P_1(1-i_{H1})\right|(1-\eta_{1n}^H) \tag{e}$$

式中,η_{1n}^H 为转化轮系的效率,即把行星轮系视作定轴轮系时由轮 1 到轮 n 的传动总效率。它等于由轮 1 到轮 n 之间各对啮合齿轮传动效率的连乘积。而各对齿轮的传动效率可在表 4-1 中查出。

若在原行星轮系中轮 1 为主动(或从动),则 P_1 为输入(输出)功率,由式(b)或式(a)可得行星轮系的效率分别为

$$\eta_{1H} = (P_1-P_f)/P_1 = 1-\left|1-1/i_{1H}\right|(1-\eta_{1n}^H) \tag{11-4}$$

$$\eta_{H1} = \left|P_1\right|/(\left|P_1\right|+P_f) = 1/[1+\left|1-i_{H1}\right|(1-\eta_{1n}^H)] \tag{11-5}$$

由式(11-4)和式(11-5)可见,行星轮系的效率是其传动比的函数,其变化曲线如图 11-25 所示,图中设 $\eta_{1n}^H=0.95$。图中实线为 $\eta_{1H}-i_{1H}$ 线图,这时轮 1 为主动。由图中可以看出,当 $i_{1H}\to 0$ 时(即增速比 $|1/i_{1H}|$ 足够大时),效率 $\eta_{1H}\leqslant 0$,轮系将发生自锁。图中虚线为 $\eta_{H1}-i_{H1}$ 线图,这时行星架 H 为主动。

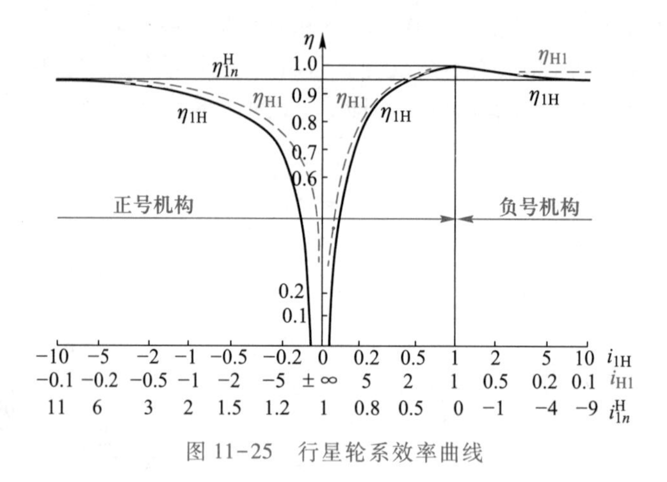

图 11-25 行星轮系效率曲线

图中所注的正号机构(positive sign mechanism)和负号机构(negative sign mechanism)分别指其转化轮系的传动比 i_{1n}^H 为正号或负号的周转轮系。由图中可以看出,2K-H 型行星轮系负号机构的啮合效率总是比较高的,且高于其转化轮系的效率 η_{1n}^H,故在动力传动中多采用负号机构。图 11-24a、b、c 所示的轮系,$\eta\approx 0.97\sim 0.99$;而图 11-22d 所示轮系 $\eta\approx 0.95\sim 0.96$。

11.5 行星轮系的选型及设计的基本知识

下面将就行星轮系设计中的几个问题简要地加以讨论。

1. 行星轮系的类型选择

行星轮系的类型很多,在相同的传动比和载荷的条件下,采用不同的类型可以使轮系的外廓尺寸、重量和效率相差很多,因此在设计行星轮系时,应重视轮系类型的选择。

选择轮系的类型时，首先是考虑能否满足传动比的要求。对于图 11-24 所示的行星轮系来说，图 11-24a、b、c、d 所示为四种形式的负号机构。它们实用的传动比范围分别为：图 11-24a，$i_{1H}=2.8\sim13$；图 11-24b，$i_{1H}=1.14\sim1.56$；图 11-24c，$i_{1H}=8\sim16$；图 11-24d，$i_{1H}=2$。而图11-24e、f、g 所示是三种正号机构，其传动比 i_{H1} 理论上可趋向无穷大。

由于负号机构的传动效率较高，当单级负号机构的传动比不能满足要求时，可将负号机构串联起来使用，或与定轴轮系串联（图 11-26），必要时也可采用 3K 型轮系（图 11-3）[①]。正号机构一般只用在对效率要求不高的辅助传动中，如磨床的进给机构、轧钢机的指示器等。

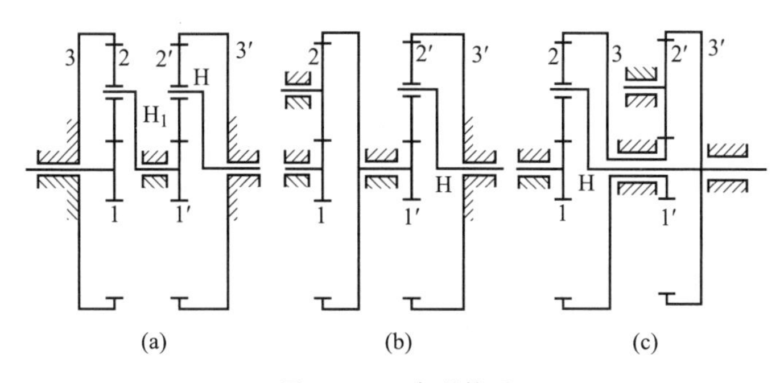

图 11-26　串联轮系

在选用封闭式行星轮系时，要特别注意轮系中的功率流动问题。如其形式及有关参数选择不当，可能会形成一股只在轮系内部循环流动的功率流，即所谓的封闭功率流（close power），其将增大摩擦损失功率，降低轮系强度，对传动不利[②]。现说明如下：

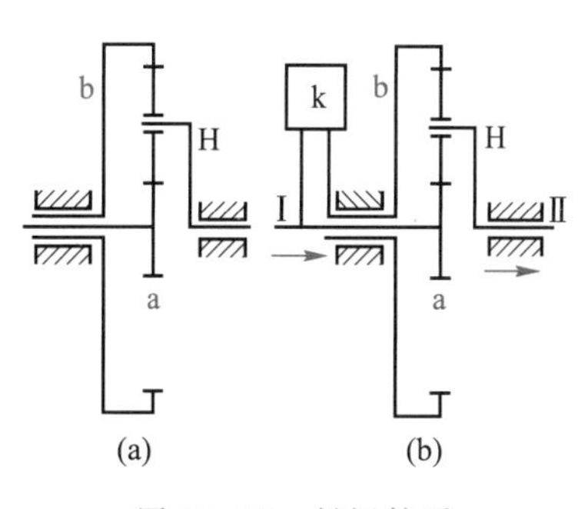

图 11-27　封闭轮系

图 11-27a 所示为一差动轮系，现用一轮系 k 将此差动轮系的三个基本构件 a、b、H 中的任两个联系起来，就成为一封闭式行星轮系，如图 11-27b 所示。在此封闭式行星轮系中，设 Ⅰ 为输入轴，Ⅱ 为输出轴，在不考虑摩擦时，力矩与传动比之间的关系为

$$M_{\mathrm{I}}\omega_{\mathrm{I}}+M_{\mathrm{II}}\omega_{\mathrm{II}}=0$$

即

$$M_{\mathrm{II}}=-M_{\mathrm{I}}i_{\mathrm{I\,II}} \qquad (a)$$

式中，M_{I}、M_{II} 分别为作用于轴 Ⅰ、Ⅱ 上的外力矩；$i_{\mathrm{I\,II}}=\omega_{\mathrm{I}}/\omega_{\mathrm{II}}$ 为轮系的传动比。

根据叠加原理，类似地可以写出：

$$M_{\mathrm{I}}^{a}=-M_{\mathrm{II}}/i_{\mathrm{I\,II}}^{a},\ M_{\mathrm{I}}^{b}=-M_{\mathrm{II}}/i_{\mathrm{I\,II}}^{b} \qquad (b)$$

式中，$i_{\mathrm{I\,II}}^{a}$ 为假定构件 a 不作用（即假设将构件 a 和封闭轮系 k 的联系断开，并将 a 固定起来），运动由轴 Ⅰ 经轮系 k 及周转轮系至轴 Ⅱ 的传动比，简称 b 路传动比；$i_{\mathrm{I\,II}}^{b}$ 为假定构件 b

① 3K 传动对中小功率在传动比较大的情况下，仍可获得较高的效率，且结构紧凑。

② 在机械工程中也有利用封闭功率流的情况。在齿轮、带等传动元件的疲劳实验中，为了减小实验台所需的驱动功率，常有意识地使实验装置产生很大的封闭功率（这是齿轮、带等实验件所承受的实验载荷），而所需的驱动功率却很小，以降低实验成本。此即所谓的功率封闭式实验台。

不作用，运动由轴Ⅰ经周转轮系至轴Ⅱ的传动比，简称 a 路传动比；M_{I}^{a}、M_{I}^{b} 为假定构件 a 或 b 不作用时，作用于轴Ⅰ上的外力矩。

将式(a)代入式(b)可得

$$M_{\mathrm{I}}^{a}=M_{\mathrm{I}}i_{\mathrm{I\,II}}/i_{\mathrm{I\,II}}^{a},M_{\mathrm{I}}^{b}=M_{\mathrm{I}}i_{\mathrm{I\,II}}/i_{\mathrm{I\,II}}^{b} \tag{c}$$

所以两分支的功率分别为

$$P_{\mathrm{I}}^{a}=M_{\mathrm{I}}^{a}\omega_{\mathrm{I}}=M_{\mathrm{I}}\omega_{\mathrm{I}}i_{\mathrm{I\,II}}/i_{\mathrm{I\,II}}^{a}=P_{\mathrm{I}}i_{\mathrm{I\,II}}/i_{\mathrm{I\,II}}^{a} \tag{d}$$

$$P_{\mathrm{I}}^{b}=M_{\mathrm{I}}^{b}\omega_{\mathrm{I}}=M_{\mathrm{I}}\omega_{\mathrm{I}}i_{\mathrm{I\,II}}/i_{\mathrm{I\,II}}^{b}=P_{\mathrm{I}}i_{\mathrm{I\,II}}/i_{\mathrm{I\,II}}^{b} \tag{e}$$

而

$$P_{\mathrm{I}}=P_{\mathrm{I}}^{a}+P_{\mathrm{I}}^{b} \tag{f}$$

联立求解以上三式得

$$i_{\mathrm{I\,II}}=i_{\mathrm{I\,II}}^{a}i_{\mathrm{I\,II}}^{b}/(i_{\mathrm{I\,II}}^{a}+i_{\mathrm{I\,II}}^{b}) \tag{g}$$

由式(d)、(e)、(g)可知：

1) 当 $i_{\mathrm{I\,II}}^{a}$ 和 $i_{\mathrm{I\,II}}^{b}$ 同号时，则 $i_{\mathrm{I\,II}}$、$i_{\mathrm{I\,II}}^{a}$、$i_{\mathrm{I\,II}}^{b}$ 三者必同号，故 P_{I}、P_{I}^{a}、P_{I}^{b} 也同号，此时功率 P_{I} 由轴Ⅰ输入，分为两支传至轴Ⅱ，如图 11-28a 所示，轮系中没有封闭功率流。

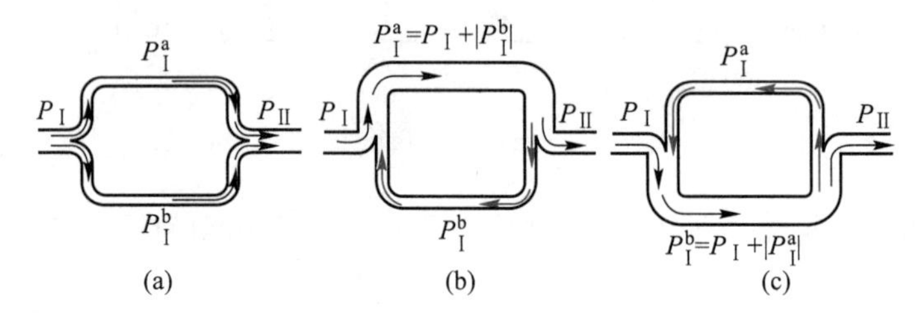

图 11-28　功率流

2) 当 $i_{\mathrm{I\,II}}^{a}$ 和 $i_{\mathrm{I\,II}}^{b}$ 异号，且 $\left|i_{\mathrm{I\,II}}^{a}\right|<\left|i_{\mathrm{I\,II}}^{b}\right|$ 时，由式(g)可知，$i_{\mathrm{I\,II}}$ 与 $i_{\mathrm{I\,II}}^{a}$ 同号而与 $i_{\mathrm{I\,II}}^{b}$ 异号，此时 P_{I} 与 P_{I}^{a} 同号，而与 P_{I}^{b} 异号。由式(f)得

$$P_{\mathrm{I}}=P_{\mathrm{I}}^{a}-|P_{\mathrm{I}}^{b}|$$

即

$$P_{\mathrm{I}}^{a}=P_{\mathrm{I}}+|P_{\mathrm{I}}^{b}|$$

其功率流如图 11-28b 所示。由图可见，P_{I}^{b} 为封闭功率流。

3) 当 $i_{\mathrm{I\,II}}^{a}$ 和 $i_{\mathrm{I\,II}}^{b}$ 异号，且 $\left|i_{\mathrm{I\,II}}^{a}\right|>\left|i_{\mathrm{I\,II}}^{b}\right|$ 时，根据上述分析，可知 P_{I}^{a} 为封闭功率流，如图 11-28c 所示。

2. 行星轮系中各轮齿数的确定

在行星轮系中，各轮齿数的选配需满足下述四个条件。现以图 11-24a 所示的行星轮系为例加以说明。

(1) 尽可能近似地实现给定的传动比

因

$$i_{1H}=1+z_3/z_1$$

故

$$z_3/z_1=i_{1H}-1 \tag{11-6}$$

(2) 满足同心条件

要行星轮系能正常运转，其基本构件的回转轴线必须在同一直线上，此即同心条件(concentric condition)。为此，对图 11-24a 所示的轮系来说，必须满足：

$$r_3' = r_1' + 2r_2' \tag{11-7a}$$

当采用标准齿轮传动或等变位齿轮传动时,式(11-7a)变为

$$z_3 = z_1 + 2z_2 \tag{11-7b}$$

(3) 满足均布条件

为使各行星轮能均布地装配,行星轮的个数与各轮齿数之间必须满足一定的关系,否则将会因行星轮与太阳轮轮齿的干涉而不能装配(图 11-29a),此即均布条件(homogeneity distribution condition)。下面就来分析这个问题。

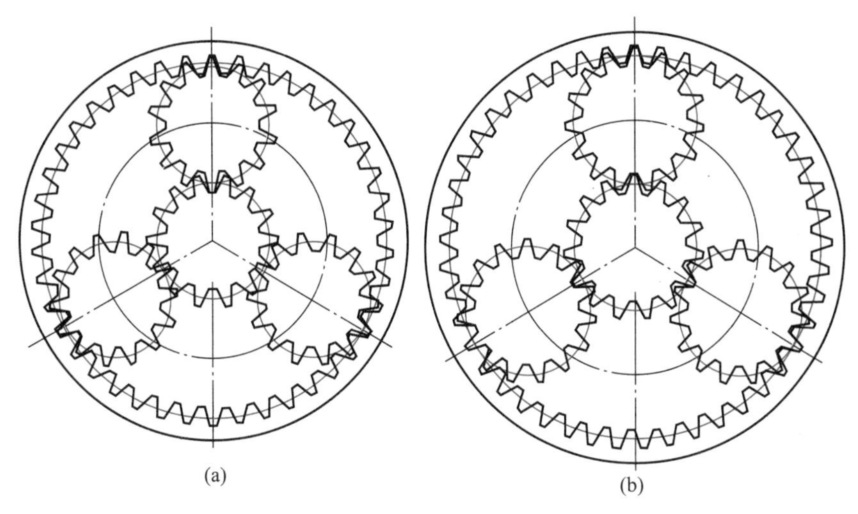

图 11-29　均布条件

如图 11-30 所示,设需均布 k 个行星轮,相邻两行星轮之间相隔 $\varphi = 360°/k$。设先装入第一个行星轮于 O_2,为了在相隔 φ 角处装入第二个行星轮,可以设想把太阳轮 3 固定起来,而转动太阳轮 1,使第一个行星轮的位置由 O_2 转到 O_2',并使 $\angle O_2OO_2' = \varphi$。这时,太阳轮 1 上的 A 点转到 A' 位置,转过的角度为 θ。根据其传动比公式,角度 φ 与 θ 的关系为

$$\theta/\varphi = \omega_1/\omega_H = i_{1H} = 1 + z_3/z_1$$

故得

$$\theta = (1 + z_3/z_1)\varphi = (1 + z_3/z_1)360°/k \tag{a}$$

如这时太阳轮 1 恰好转过整数个齿 N,即

$$\theta = N360°/z_1 \tag{b}$$

式中,N 为整数;$360°/z_1$ 为太阳轮 1 的齿距角。这时,轮 1 与轮 3 的齿的相对位置又回复到与装第一个行星轮时一模一样,故在原来装第一个行星轮的位置 O_2 处,一定能装入第二个行星轮。同样的过程,可以装入第三个、第四个、……直至第 k 个行星轮。

将式(b)代入式(a),得

$$(z_1 + z_3)/k = N \tag{11-8}$$

由式(11-8)可知,要满足均布安装条件,两个太阳轮的齿数和$(z_1 + z_3)$应能被行星轮个数 k 整除。

在图 11-29a 中,因 $z_1 = 14$、$z_3 = 42$、$k = 3$,$(z_1 + z_3)/k = 18.67$,不满足均布装配条件,故轮齿干涉而不能装配。在图 11-29b 中,$z_1 = 15$、$z_3 = 45$、$k = 3$,$(z_1 + z_3)/k = 20$,故能顺利装配。

(4) 满足邻接条件

在图 11-30 中，O_2、O_2' 为相邻两行星轮的中心位置，为了保证相邻两行星轮不致互相碰撞，需使中心距 $\overline{O_2O_2'}$ 大于两轮齿顶圆半径之和，即 $\overline{O_2O_2'}>d_{a2}$（行星轮齿顶圆直径），此即邻接条件（neighbor condition）。

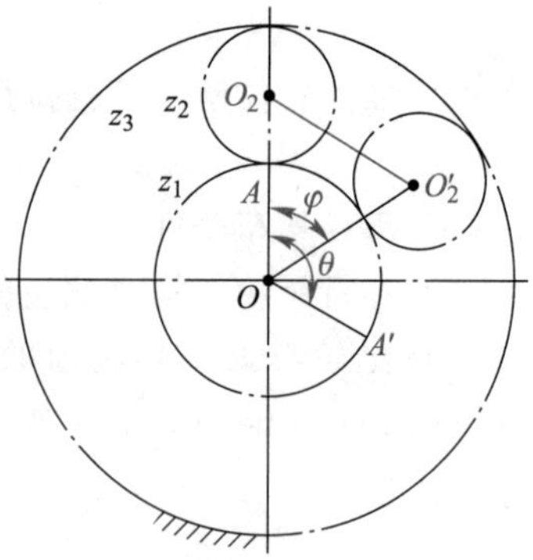

对于标准齿轮传动有

$$(z_1+z_2)\sin(180°/k)>z_2+2h_a^* \tag{11-9}$$

对于图 11-24c 所示的双排行星轮系，经过类似推导，可得相应的关系式（对标准齿轮传动）如下：

图 11-30 邻接条件

1）传动比条件

$$z_2z_3/(z_1z_{2'})=i_{1H}-1 \tag{11-10}$$

2）同心条件（设各齿轮的模数相同）

$$z_3=z_1+z_2+z_{2'} \tag{11-11}$$

3）均布条件。设 N 为整数，则

$$(z_1z_{2'}+z_2z_3)/z_{2'}k=N \tag{11-12}$$

4）邻接条件。假设 $z_2>z_{2'}$，则

$$(z_1+z_2)\sin(180°/k)>z_2+2h_a^* \tag{11-13}$$

3. 行星轮系的均载装置

行星轮系的特点之一是可采用多个行星轮来分担载荷。但实际上，由于制造和装配误差，往往会出现各行星轮受力极不均匀的现象。为了降低载荷分配不均现象，常把行星轮系中的某些构件做成可以浮动的，如各行星轮受力不均匀，由于这些构件的浮动，可减轻载荷分配不均现象，此即均载装置（load balancing mechanism）。

均载装置的类型很多，有使太阳轮浮动的，有使行星轮浮动的，有使行星架浮动的，也有使几个构件同时浮动的。图 11-31 所示为采用弹性元件而使太阳轮或行星轮浮动的均载装置。

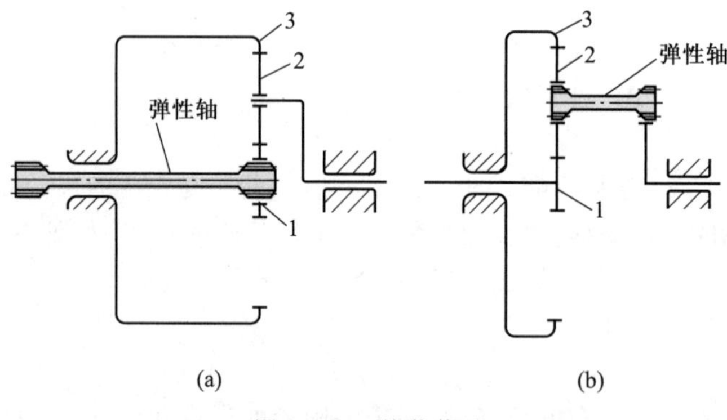

图 11-31 均载装置

*11.6　其他新型行星齿轮传动简介

1. 渐开线少齿差行星齿轮传动

图 11-32 所示的行星轮系，当行星轮 1 与内齿轮 2 的齿数差 $\Delta z=z_2-z_1=1\sim4$ 时，就称为少齿差行星齿轮传动（planetary involute gear drive with small teeth difference）。这种轮系用于减速时，行星架 H 为主动，行星轮 1 为从动。但要输出行星轮的转动，因行星轮有公转，需采用特殊输出装置。目前用得最广泛的是孔销式输出机构。如图 11-33 所示，在行星轮的辐板上沿圆周均布有若干个销孔（图中为 6 个），而在输出轴的圆盘的半径相同的圆周上则均布有同样数量的圆柱销，这些圆柱销对应地插入行星轮的上述销孔中。设齿轮 1、2 的中心距（即行星架的偏心距）为 a，行星轮上销孔的直径为 d_h，输出轴上销套的外径为 d_s，当这三个尺寸满足关系

$$d_h=d_s+2a \tag{11-14}$$

时，就可以保证销轴和销孔在轮系运转过程中始终保持接触，如图 11-33 所示。这时内齿轮的中心 O_2、行星轮的中心 O_1、销孔中心 O_h 和销轴中心 O_s 刚好构成一个平行四边形，因此输出轴将随着行星轮而同步同向转动。

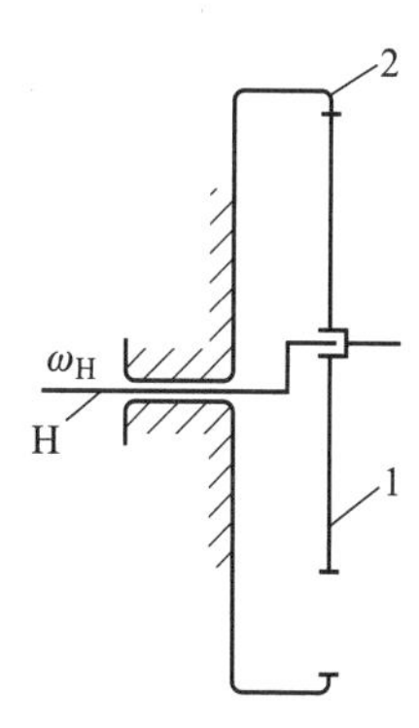

图 11-32　少齿差行星轮系

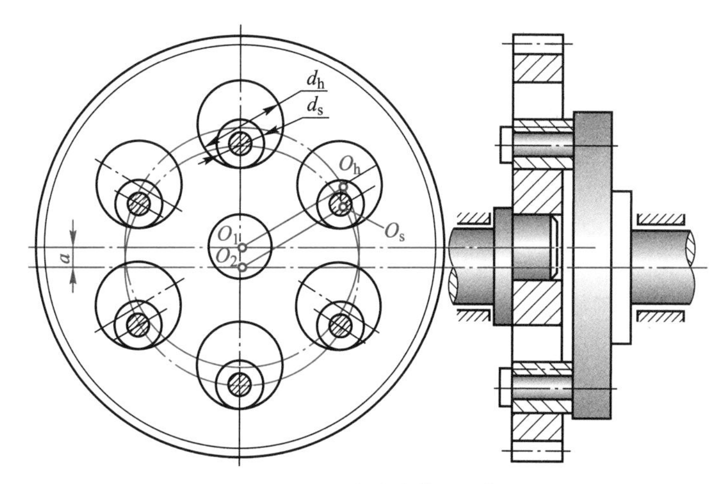

图 11-33　孔销式输出机构

在这种少齿差行星齿轮传动中，只有一个太阳轮（用 K 表示），一个行星架（用 H 表示）和一根带输出机构的输出轴（用 V 表示），故称这种轮系为 K-H-V 型行星轮系。其传动比可按式（11-3b）计算：

$$i_{1H}=1-i_{12}^{H}=1-z_2/z_1$$

故

$$i_{H1}=-z_1/(z_2-z_1) \tag{11-15}$$

由式（11-15）可见，如齿数差（z_2-z_1）很少，就可以获得较大的单级减速比，当 $z_2-z_1=1$（即一齿差）时，则 $i_{H1}=-z_1$。

渐开线少齿差行星传动适用于中小型的动力传动（一般≤45 kW），其传动效率为 0.8～0.94。

图 11-34 所示为带电动机的渐开线二齿差行星传动减速器。其传递功率 $P=18.5$ kW，传动比 $i=30.5$，采用了两个互成 180°的行星轮，以改善它的平衡性能和受力状态。输出机构为孔销式。又为了减小摩擦磨损及使磨损均匀，在销轴上装有活动的销套。

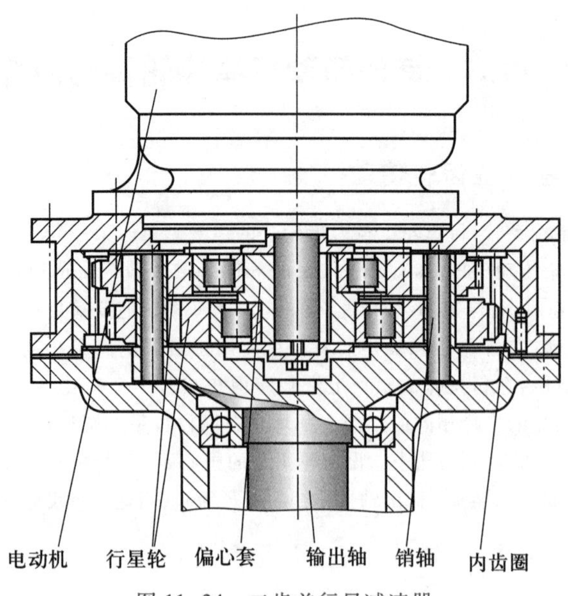

图 11-34　二齿差行星减速器

2. 摆线针轮传动

如图 11-35 所示的摆线针轮传动(cycloidal drive)也为一齿差行星齿轮传动,它和渐开线一齿差行星齿轮传动的主要区别,在于其轮齿的齿廓不是渐开线而是摆线。摆线针轮传动由于同时工作的齿数多,传动平稳,承载能力大,传动效率一般在 0.9 以上,传递的功率已达 100 kW。摆线针轮传动已有系列商品规格生产,是目前世界各国产量最大的一种减速器,其应用十分广泛。

3. 谐波齿轮传动

谐波齿轮传动(harmonic gear drive)也是利用行星传动原理发展起来的一种新型传动。如图 11-36 所示,它由三个基本构件组成,即波发生器 H、刚轮 r 和柔轮 s。

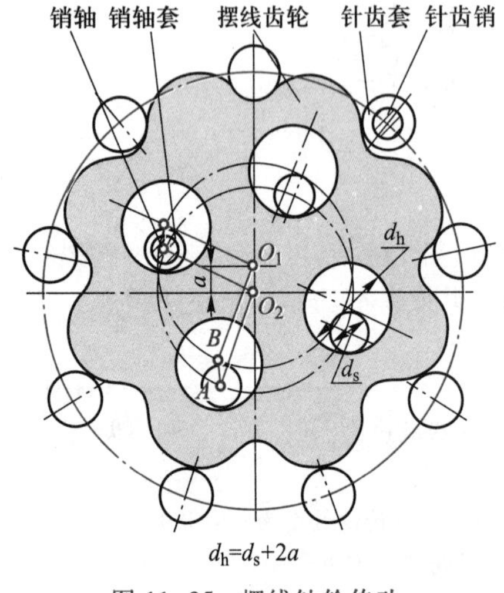

图 11-35　摆线针轮传动

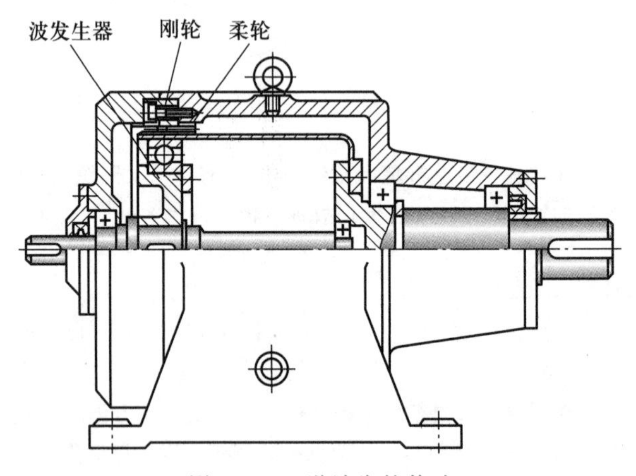

图 11-36　谐波齿轮传动

谐波齿轮传动的工作原理如图 11-37 所示。图中，用薄壁滚动轴承凸轮式波发生器为主动件，柔轮为从动件，刚轮固定。当波发生器装入柔轮后，迫使柔轮由原来的圆形变为椭圆形，其长轴两端附近的齿与刚轮的齿完全啮合，短轴两端附近的齿则与刚轮的齿完全脱开。当波发生器转动时，柔轮的变形部位也随之转动，使柔轮的齿依次进入啮合再退出啮合，以实现啮合传动。

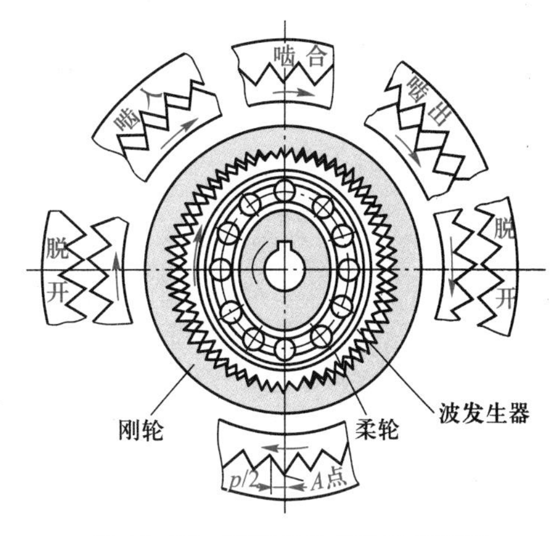

图 11-37　谐波齿轮传动工作原理

由于在传动过程中，柔轮的弹性变形波近似于谐波，故称之为谐波齿轮传动。波发生器上的凸起部位数称为波数，用 n 来表示。图 11-37 所示为双波传动。刚轮与柔轮的齿数差通常等于波数，即 $z_r-z_s=n$。谐波齿轮传动的传动比可按周转轮系来计算。当刚轮 r 固定时，有

$$i_{sH}=1-i_{sr}^{H}=1-z_r/z_s$$

即

$$i_{Hs}=-z_s/(z_r-z_s) \tag{11-16}$$

谐波齿轮传动的优点是：单级传动比大且范围宽；同时啮合的齿数多，承载能力高；传动平稳，传动精度高，磨损小；在大的传动比下，仍有较高的传动效率；零件数少，重量轻，结构紧凑；具有通过密封壁传递运动的能力等。其缺点是：起动力矩较大，且传动比越小越严重；柔轮易发生疲劳破坏；啮合刚度较差；装置发热较大等。

谐波齿轮传动发展迅速，应用广泛，其传递功率可达数十千瓦，负载转矩可大到数万牛米，传动精度已达几秒量级。

4. 活齿传动

图 11-38 所示为柱销式活齿传动(oscillating tooth gear drive)。其中偏心盘 1 为主动件，当其沿顺时针方向转动时，迫使柱销 2 沿径向移动，若保持架 3 为固定的，则在柱销齿齿廓和内齿圈齿廓的相互作用下，将迫使内齿圈 4 沿逆时针方向回转。相反，若内齿圈 4 为固定的，则将迫使保持架 3 也沿顺时针方向回转。

图 11-39 为滚珠(或滚柱)式活齿传动，又称波齿传动。可认为它是柱销式传动的一种改进，柱销式传动中的柱销，在此用标准滚珠或短圆柱滚子所代替。

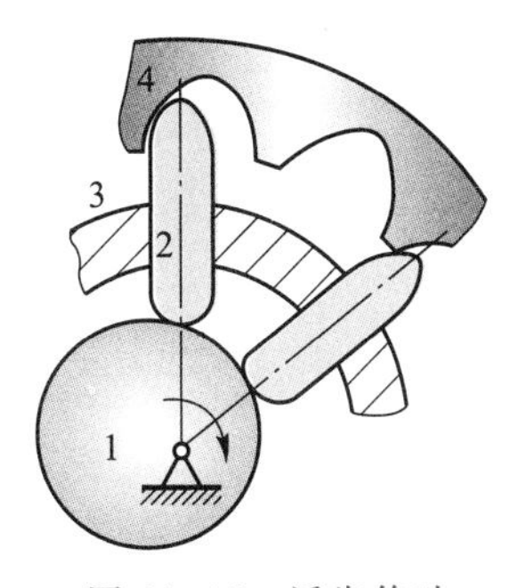

图 11-38　活齿传动

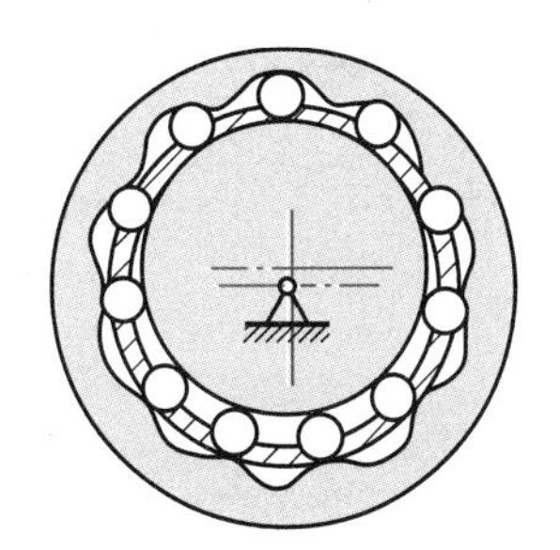
图 11-39　滚珠活齿传动

活齿传动与谐波齿轮传动一样，都不需专门的输出机构。活齿传动的传动比范围广，单级传动比为8~60，双级传动比为 64~3 600；同时工作的轮齿对数多，有近 1/2 的活齿参加传递载荷，承载能力高，承受冲击负荷的能力强；尺寸小，重量轻；传动平稳，噪声低。缺点是要求的制造精度较高。活齿传动在各个工业

部门中的应用日趋广泛。

思考题及练习题

11-1　在给定轮系主动轮的转向后,可用什么方法来确定定轴轮系从动轮的转向?周转轮系中主、从动件的转向关系又用什么方法来确定?

11-2　如何划分一个复合轮系的定轴轮系部分和各基本周转轮系部分?在图 11-12 所示的轮系中,既然构件 5 作为行星架被划归在周转轮系部分中,在计算周转轮系部分的传动比时,是否应把齿轮 5 的齿数 z_5 计入?

11-3　在计算行星轮系的传动比时,式 $i_{mH}=1-i_{mn}^{H}$ 只有在什么情况下才是正确的?

11-4　在计算周转轮系的传动比时,式 $i_{mn}^{H}=(n_m-n_H)/(n_n-n_H)$ 中的 i_{mn}^{H} 是什么传动比,如何确定其大小和"±"号?

11-5　用转化轮系法计算行星轮系效率的理论基础是什么?为什么说当行星轮系为高速时,用它来计算行星轮系的效率会带来较大的误差?

11-6　何谓正号机构、负号机构?各有何特点?各适用于什么场合?

11-7　何谓封闭功率流?在什么情况下才会出现?有何危害?

11-8　在确定行星轮系各轮齿数时,必须满足哪些条件,为什么?

11-9　在行星轮系中采用均载装置的目的何在?采用均载装置后会不会影响该轮系的传动比?

11-10　何谓少齿差行星传动?摆线针轮传动的齿数差是多少?在谐波传动中柔轮与刚轮的齿数差如何确定?

11-11　图 11-40 所示为一手摇提升装置,其中各轮齿数均为已知,试求传动比 i_{15},并指出当提升重物时手柄的转向。

11-12　图 11-41 所示为一千分表的示意图,已知各轮齿数如图,模数 $m=0.11$ mm(为非标准模数)。若要测量杆 1 每移动 0.001 mm 时,指针尖端刚好移动一个刻度($s=1.5$ mm)。问指针的长度 R 等于多少?(图中齿轮 5 和游丝的作用是使各工作齿轮始终保持单侧接触,以消除齿侧间隙对测量精度的影响。)

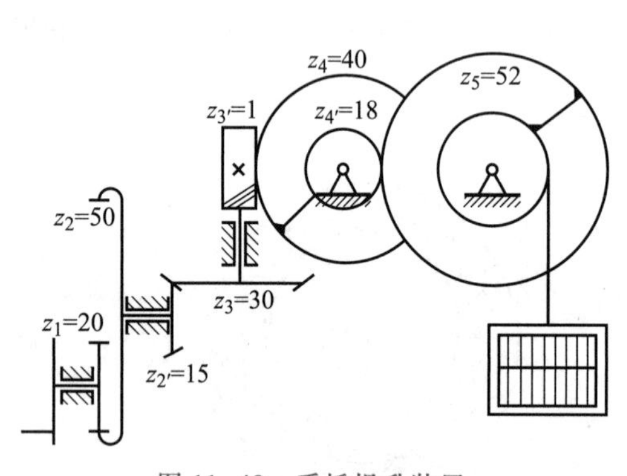

图 11-40　手摇提升装置

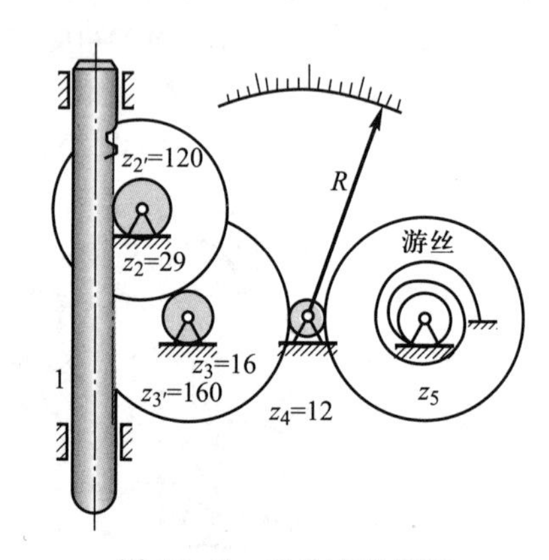

图 11-41　千分表示意图

11-13　图 11-42 所示为绕线机的计数器。图中 1 为单头蜗杆,其一端装手把,另一端装绕制线圈。2、3 为两个窄蜗轮,$z_2=99$,$z_3=100$。在计数器中有两个刻度盘,在固定刻度盘的一周上有 100 个刻度,在与蜗轮 2 固连的活动刻度盘的一周上有 99 个刻度,指针与蜗轮 3 固连。问指针在固定刻度盘上和活动刻度盘上的每一格读数各代表绕制线圈的匝数是多少?又在图示情况下,线圈已绕制了多少匝?

11-14　图 11-43 所示为一装配用电动螺丝刀的传动简图。已知各轮齿数为 $z_1=z_4=7$，$z_3=z_6=39$。若 $n_1=3\ 000$ r/min，试求螺丝刀的转速。

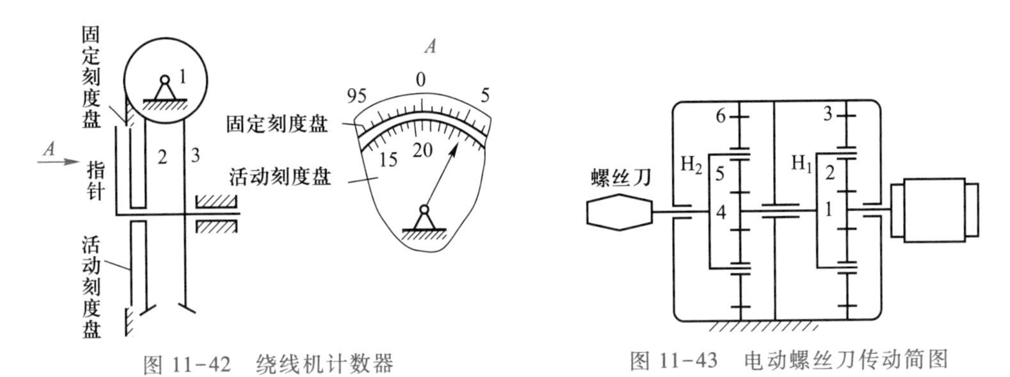

图 11-42　绕线机计数器　　　图 11-43　电动螺丝刀传动简图

11-15　图 11-44 所示为收音机短波调谐微动机构。已知齿数 $z_1=99$，$z_2=100$。试问当旋钮转动一圈时，齿轮 2 转过多大角度（齿轮 3 为宽齿，同时与轮 1、2 相啮合）？

11-16　如图 11-45a、b 所示为两个不同结构的锥齿轮周转轮系，已知 $z_1=20$，$z_2=24$，$z_{2'}=30$，$z_3=40$，$n_1=200$ r/min，$n_3=-100$ r/min。求两轮系的 n_H 等于多少？

通过对本题的计算，请进一步思考下列问题：转化轮系传动比的"±"号确定错误会带来什么恶果？在周转轮系中用画箭头的方法确定的是构件的什么转向？试计算 $n_1^H=n_1-n_H$，$n_3^H=n_3-n_H$ 的值，并进而说明题中 n_1 与 n_3 以及 n_1^H 与 n_3^H 之间的转向关系。

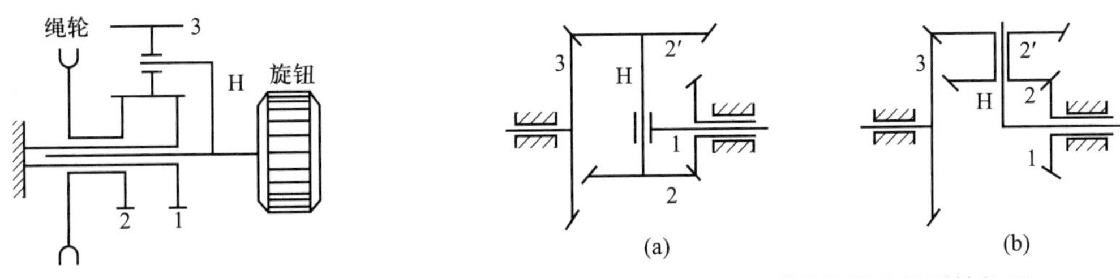

图 11-44　收音机短波调谐微动机构　　　图 11-45　两种结构锥齿轮周转轮系

11-17　在图 11-46 所示的电动三爪卡盘传动轮系中，设已知各轮齿数为 $z_1=6$，$z_2=z_{2'}=25$，$z_3=57$，$z_4=56$。试求传动比 i_{14}。

在解题前应先思考下列问题：图示轮系为何种轮系，其自由度 F 等于多少？要求这种轮系的传动比 i_{14}，至少必须列出几个计算式？

11-18　图 11-47 所示为手动起重葫芦，已知 $z_1=z_{2'}=10$，$z_2=20$，$z_3=40$。设各级齿轮的传动效率（包括轴承损失）$\eta_1=0.98$，曳引链的传动效率 $\eta_2=0.97$。为提升重 $G=10$ kN 的重物，求必须施加于链轮 A 上的圆周力 F。

11-19　图 11-48 所示为纺织机中的差动轮系，设 $z_1=30$，$z_2=25$，$z_3=z_4=24$，$z_5=18$，$z_6=121$，$n_1=48\sim200$ r/min，$n_H=316$ r/min，求 n_6 等于多少？

11-20　图 11-49 所示为建筑用绞车的行星齿轮减速器。已知 $z_1=z_3=17$，$z_2=z_4=39$，$z_5=18$，$z_7=152$，$n_1=1\ 450$ r/min。当制动器 B 制动、A 放松时，鼓轮 H 回转（当制动器 B 放松、A 制动时，鼓轮 H 静止，齿轮 7 空转），求 n_H 等于多少？

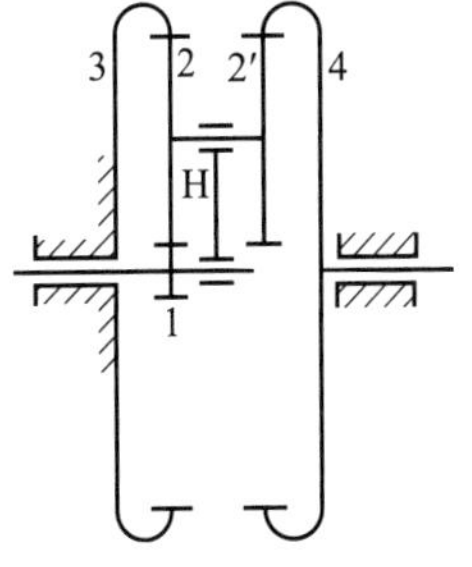

图 11-46　3K 传动轮系

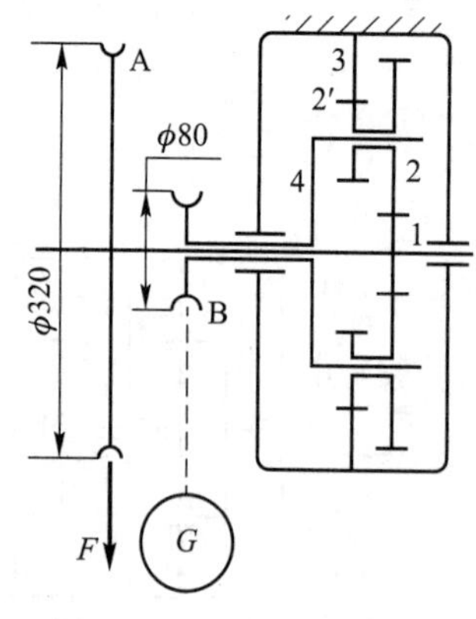

图 11-47 手动起重葫芦

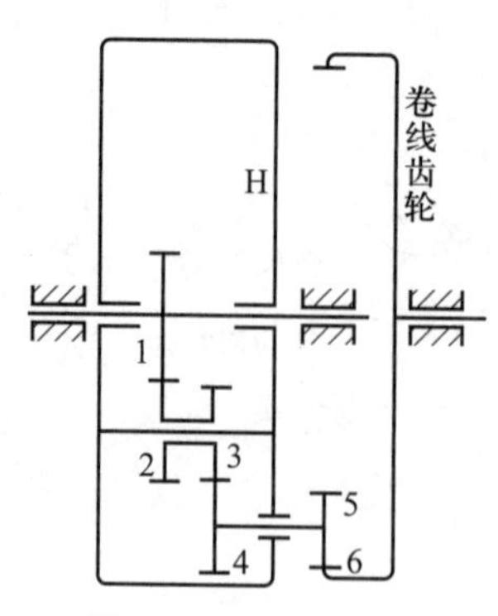

图 11-48 差动轮系

11-21 在图 11-50 所示轮系中，设各轮的模数均相同，且为标准传动，若已知 $z_1=z_{2'}=z_{3'}=z_{6'}=20$，$z_2=z_4=z_6=z_7=40$。试问：

1）当把齿轮 1 作为主动件时，该机构是否具有确定的运动？

2）齿轮 3、5 的齿数应如何确定？

3）当 $n_1=980$ r/min 时，n_3 及 n_5 各为多少？

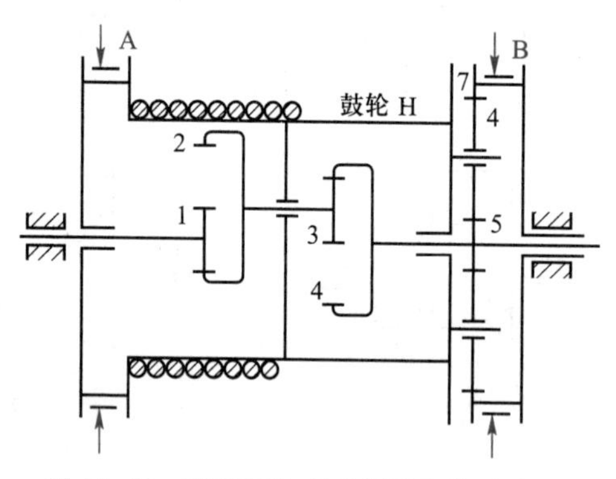

图 11-49 建筑用绞车的行星齿轮减速器

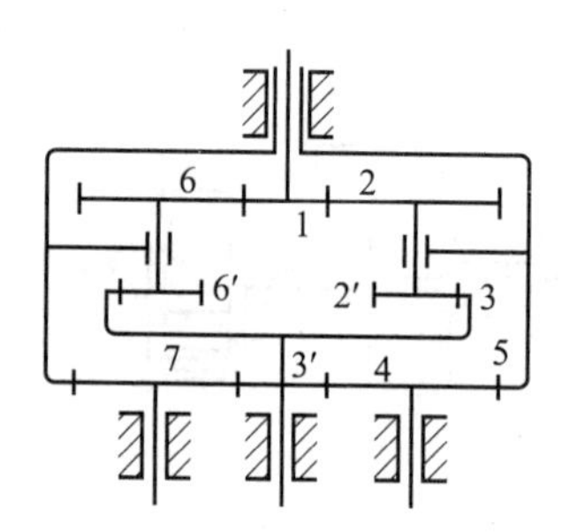

图 11-50 封闭轮系

11-22 图 11-51 所示为隧道掘进机的齿轮传动，已知 $z_1=30$，$z_2=85$，$z_3=32$，$z_4=21$，$z_5=38$，$z_6=97$，$z_7=147$，模数均为 10 mm，且均为标准齿轮传动。现设已知 $n_1=1\ 000$ r/min，求在图示位置时，刀盘最外一点 A 的线速度。

提示：在解题时，先给整个轮系以 $-\omega_H$ 角速度绕 OO 轴线回转，注意观察此时的轮系变为何种轮系，从而即可找出解题的途径。

（**答案：**$v_A=1.612$ m/s。）

11-23 现需设计一个 2K-H 型行星减速器，要求减速比 $i\approx5.33$，设行星轮数 $k=4$，并采用标准齿轮传动，试确定各齿轮的齿数。

11-24 某大功率行星减速器，采用图 11-24a 所示形式，其两个太阳轮的齿数和 $z_1+z_3=165$，行星轮的个数 $k=6$，因（z_1+

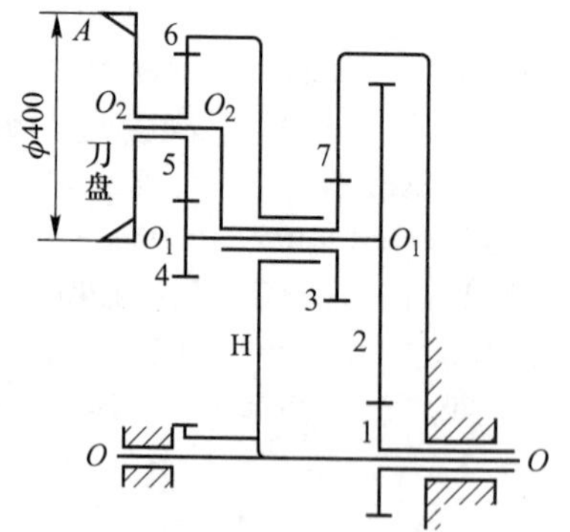

图 11-51 隧道掘进机的齿轮传动

$z_3)/k=27.5$ 不为整数，故其不满足均布装配条件。问：

1）能否在不改动所给数据的条件下，较圆满地解决此装配问题？

2）将行星轮均布在太阳轮四周的目的何在？

3）能否找到既能实现“均布行星轮”所要达到的目的，同时又能装入 6 个行星轮的方案，此亦即对第 1 个问题的回答。

11-25　图 11-52 所示为一个 3K 型行星轮传动，已知 $z_1=14, z_2=14, z_3=40, z_4=42, m=2$ mm。轮 1、2、4 为标准齿轮。求 i_{14}、轮 3 的变位系数、各齿轮分度圆和节圆的大小。并问该轮系要满足均布条件和邻接条件，行星轮的个数应取为多少？并问轮 2 有几个节圆？

11-26　图 11-53 所示是一种结构新颖、颇具发展前途的 RV(rot-vector)传动中的一种，其轮 1 为主动件，两个从动轮 2 各固连着一个曲拐，两曲拐的偏心距及偏移方向相同。曲拐偏心端插入内齿轮 3 的孔中，在该传动运转时，轮 3 作平动。求该传动的自由度及传动比 i_{14}(设各轮齿数已知)。

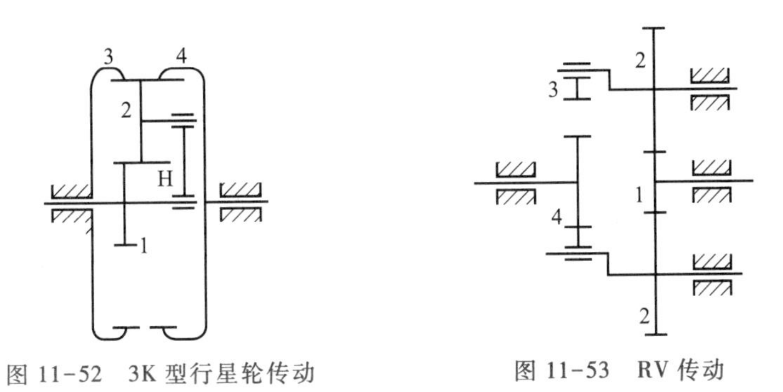

图 11-52　3K 型行星轮传动　　图 11-53　RV 传动

11-27　一设计师为一药瓶拌匀机设计了一定轴轮系传动(如图 11-54 所示)，其中两个大齿轮的齿数均为 45，各小齿轮的齿数均为 28。设计加工完成后在装配时才发现因轮齿干涉而无法装配。请找出发生问题的原因，并寻求解决问题的方法。

11-28　对于大转动惯量或大功率负载起动的设备，在起动时，电动机会因长时间处于大的起动电流的作用下而发热甚至烧毁，同时对电网的冲击也很大。为了降低起动电流，人们设想了许多软起动方法。图 11-55 所示就是一种软起动方案。在起动时先给辅助电动机通电，主电动机不通电，在辅助电动机的带动下($n_{辅}=2\ 100$ r/min)，通过锥齿轮减速($i_{锥}=1.2$)、蜗杆减速($i_{蜗}=20$)，再经内齿圈 b 和太阳轮 a 带动主电动机转子空转(负载不动)，求此时轮 a 的转速。然后再给主电动机通电($n_{主}=720$ r/min，转向与空转时

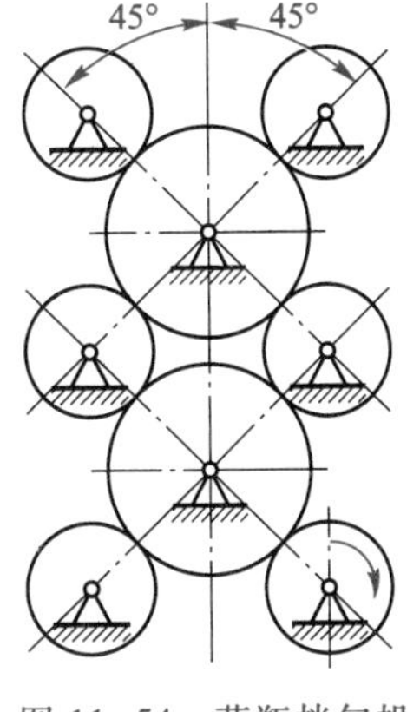

图 11-54　药瓶拌匀机

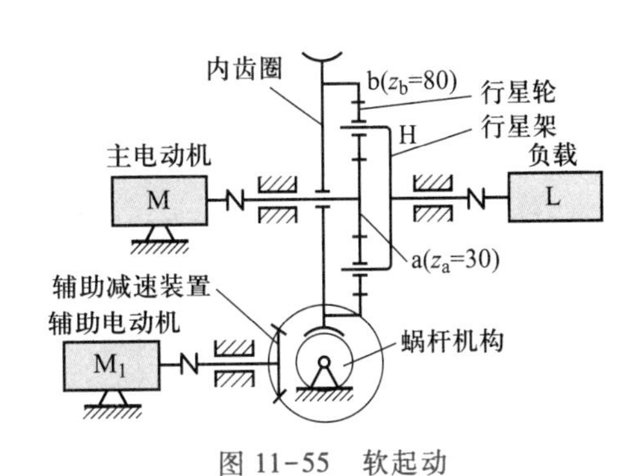

图 11-55　软起动

相同),求此时的负载转速。最后通过变频技术缓缓降低辅助电动机的转速直至停机,此时负载已正常工作,再求此时负载的转速。

阅读参考资料

[1] 陈作模. 机械原理学习指南[M]. 5版. 北京:高等教育出版社,2008.
[2] 邱丽芳,唐进元,高志. 机械创新设计[M]. 3版. 北京:高等教育出版社,2020.
[3] 张琳,李乃坤,王树明. 工程机械构造[M]. 北京:人民交通出版社,2020.

水运浑象仪（北宋）

第12章

其他常用机构

在各种机器中，除广泛采用着前面各章所介绍的常用机构外，还经常用到一些其他类型的机构，如各类间歇运动机构、摩擦轮传动机构、含挠性元件传动机构、组合机构及含有某些特殊元器件的广义机构等。本章将对这些机构的工作原理、运动特点、应用情况及设计要点分别予以简要介绍。

12.1 间歇运动机构

12.1.1 棘轮机构

1. 棘轮机构的组成及其工作特点

棘轮机构（ratchet mechanism）的典型结构形式如图 12-1 所示，它是由摇杆 1、棘爪（pawl）2、棘轮（ratchet）3 和止动爪 4 等组成的。弹簧 5 用来使止动爪 4 和棘轮 3 保持接触。同样，可在摇杆 1 与棘爪 2 之间设置弹簧。棘轮 3 固装在传动轴上，而摇杆 1 则空套在传动轴上。当摇杆 1 逆时针摆动时，棘爪 2 推动棘轮 3 转过某一角度。当摇杆 1 顺时针转动时，

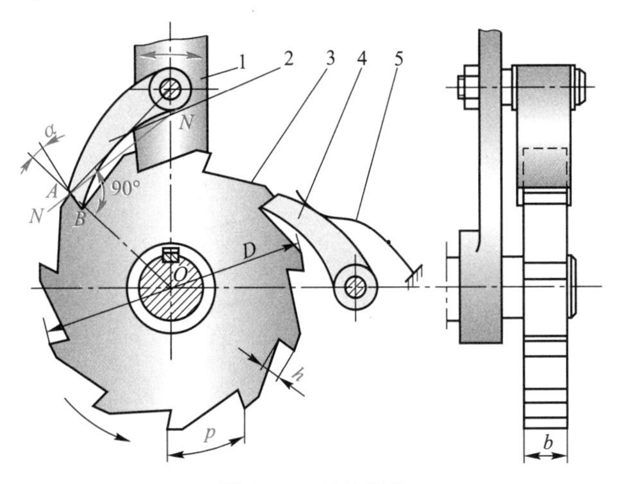

图 12-1　棘轮机构

止动爪 4 阻止棘轮 3 顺时针转动，棘爪 2 在棘轮 3 的齿背上滑过，棘轮静止不动。故当摇杆连续往复摆动时，棘轮便得到单向的间歇运动。

棘轮机构的优点是结构简单、制造方便、运动可靠，而且棘轮轴每次转过角度的大小可以在较大的范围内调节。其缺点是工作时有较大的冲击和噪声，而且运动精度较差。所以，棘轮机构常用于速度较低和载荷不大的场合。

2. 棘轮机构的类型及应用

(1) 棘齿式棘轮机构

棘轮上的齿大多做在棘轮的外缘上，构成外接棘轮机构(图 12-1)；若做在内缘上，则构成内接棘轮机构(图 12-2a)；若当外接棘轮机构的棘轮齿数为无穷多时，棘轮机构将可演化为棘条机构(图 12-2b)。

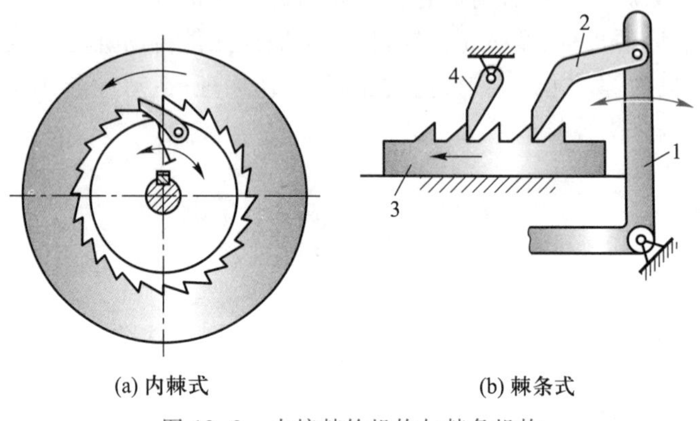

图 12-2　内接棘轮机构与棘条机构

上述三种棘轮机构均用于单向间歇传动。如需要棘轮作不同转向的间歇运动时，则可如图 12-3 所示，把棘轮的齿制成矩形，而棘爪制成可翻转的。如此，当棘爪处在图示位置 B 时，棘轮可获得逆时针单向间歇运动；而当把棘爪绕其轴销 A 翻转到虚线所示位置 B'时，棘轮即可获得顺时针单向间歇运动。

若要使摇杆来回摆动时都能使棘轮向同一方向转动，则可采用图 12-4 所示的双动式棘轮机构，此种机构的棘爪可制成钩头的(图 12-4a)或直推的(图 12-4b)。

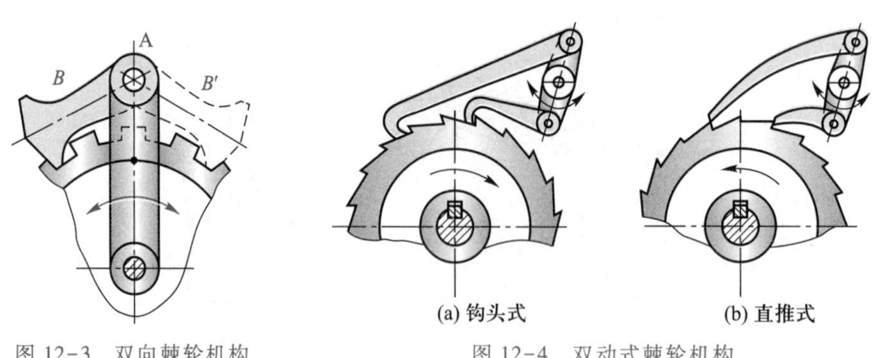

图 12-3　双向棘轮机构

图 12-4　双动式棘轮机构

棘轮机构常用于制动器等类的各种机械中，如常利用棘轮与止动爪来防止机械逆转运动，即棘轮工作时只可正向转动，而逆转时会受到止动爪的止动作用而产生制动。这种制动器广泛应用卷扬机、提升机、绞盘及运输和牵引设备以及具有调节功能的工具中。再如常用棘轮机构来实现机床的进给、转位或分度的功能，这时通常要求改变棘轮每次转过角度的大小，故可采用改变摇杆 1（图 12-1）的摆角大小的方法；还可采用图 12-5 所示的方法，在棘轮外加装一个棘轮罩 4，用以遮盖摇杆摆角范围内的一部分棘齿。这样，当摇杆逆时针摆动时，棘爪先在罩上滑动，然后才嵌入棘轮的齿间来推动棘轮转动。被罩遮住的齿越多，棘轮每次转过的角度就越小。

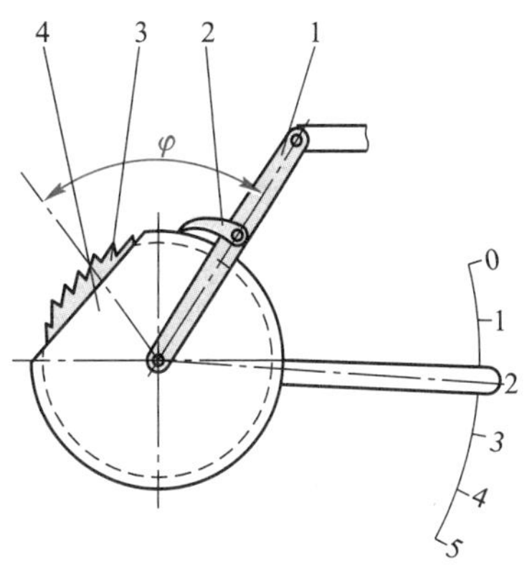

图 12-5　棘轮转角的调节

棘轮转动需要采用棘爪通过摇杆的摆动方式来驱动，故通常可采用曲柄摇杆机构、凸轮和电磁铁等方式来驱动。如图 12-6 所示的牛头刨床工作台的横向进给，就是通过齿轮 1、2，曲柄摇杆机构 2、3、4，棘轮机构 4、5、7 来使与棘轮固连的丝杠 6 作间歇转动，从而使牛头刨床工作台实现横向间歇进给的。若要改变工作台横向进给的大小，可通过改变曲柄长度$\overline{O_2A}$的大小来实现。当棘爪 7 处在图示状态时，棘轮 5 沿逆时针方向作间歇进给。若将棘爪 7 拔出绕本身轴线转 180°后再放下，由于棘轮工作面的改变，棘轮将改为沿顺时针方向间歇进给。

图 12-6b 所示为出租车计费指示器上的凸轮驱动棘轮机构。

图 12-6c 所示为用于电钟的电磁驱动棘轮机构，电子线路每秒钟准时地给电磁铁一个电脉冲，摇杆在电磁铁的吸引下向右摆动，其上棘爪推动棘轮转过一齿，固定在棘轮上的秒针走过 1 s。当电磁铁断电后，在弹簧的作用下，摇杆向左摆回碰到挡铁为止，棘爪空回。该棘轮再通过轮系带动分针和时针。

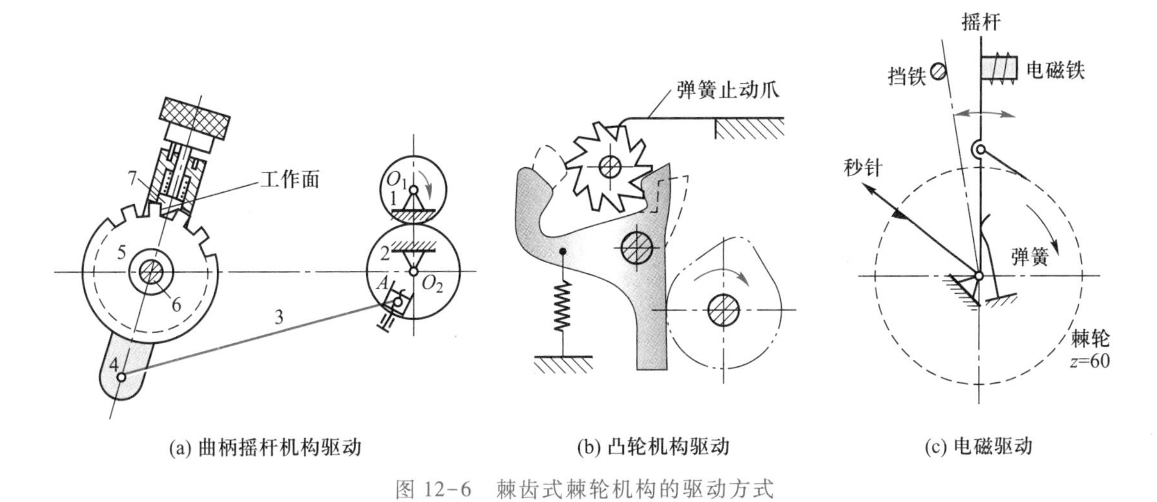

图 12-6　棘齿式棘轮机构的驱动方式

(2) 摩擦式棘轮机构

除了上述棘齿式棘轮机构外，还有摩擦式棘轮机构，如图 12-7 和图 12-8 分别所示的楔块摩擦式和滚子摩擦式棘轮机构，它们又有外接式和内接式两种。通过楔块2与从动轮3间的摩擦力（图12-7）或滚子2在棘轮1与从动件3间的摩擦力（图12-8）推动从动轮间歇转动，它克服了齿啮式棘轮机构冲击噪声大、棘轮每次转过角度的大小不能无级调节的缺点，但其运动准确性较差。图12-9所示的单向离合器，就可看作是内接摩擦式棘轮机构。它由星轮1、套筒2、弹簧顶杆3及滚柱4等组成。若星轮1为主动件，当其逆时针回转时，滚柱借摩擦力而滚向楔形空隙的小端，并将套筒楔紧①，使其随星轮一同回转；而当星轮顺时针回转时，滚柱被滚到空隙的大端，将套筒松开，这时套筒静止不动。此种机构可用作单向离合器和超越离合器。所谓单向离合器，是说当主动件向某一方向转动时，主、从动件接合；而当主动件向另一方向转动时，主、从动件分离。而所谓超越离合器，是说当主动星轮1逆时针转动时，如果套筒2逆时针转动的速度更高，两者便自动分离，套筒2可以较高的速度自由转动。自行车中的所谓“飞轮”也是一种超越离合器（图12-2a）。

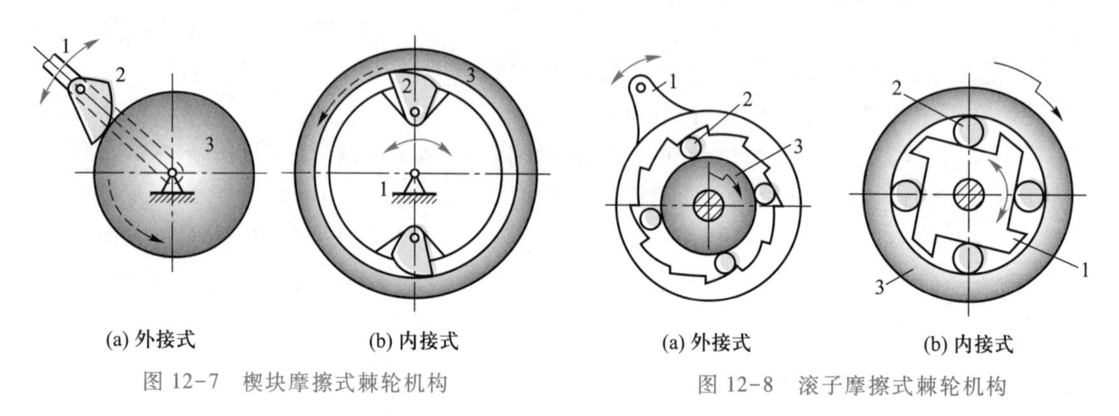

图12-7　楔块摩擦式棘轮机构　　图12-8　滚子摩擦式棘轮机构

3. 棘轮机构的设计要点

在设计棘轮机构时，为了保证棘轮机构工作的可靠性，在工作行程，棘爪应能顺利地滑入棘轮齿底。下面就来讨论这个问题。

设棘轮齿的工作齿面与向径 OA 倾斜 α 角（图12-10）；棘爪轴心 O' 和棘轮轴心 O 与棘轮齿顶 A 点的连线之间的夹角为 Σ；若不计棘爪的重力和转动副中的摩擦，则当棘爪由棘轮齿顶沿工作齿面 AB 滑向齿底时，棘爪将受到棘轮轮齿对其作用的法向压力 F_n 和摩擦力 F_f。为了使棘爪能顺利进入棘轮的齿底，则要求 F_n 和 F_f 的合力 F_R 的作用线应位于 $\overline{OO'}$ 之间，即应使

$$\beta<\Sigma \tag{12-1a}$$

式中，β 是合力 F_R 与 OA 方向之间的夹角。

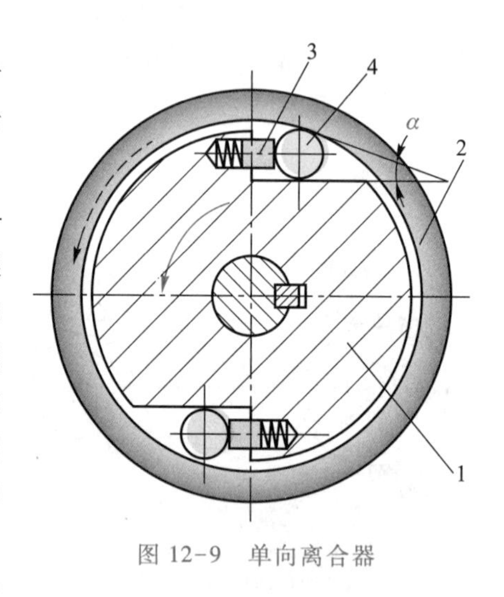

图12-9　单向离合器

① 为使滚柱能将星轮和套筒可靠楔紧，在滚柱楔紧处的楔角 α 应小于2倍摩擦角。

又由图 12-9 可知，$\beta=90^\circ-\alpha+\varphi$（其中 φ 为摩擦角）。代入式(12-1a)后得

$$\alpha>90^\circ+\varphi-\Sigma \tag{12-1b}$$

为了在传递相同的转矩时棘爪受力最小，一般取 $\Sigma=90^\circ$，此时有

$$\alpha>\varphi \tag{12-1c}$$

即棘齿的倾斜角 α 应大于摩擦角 φ，当 $f=0.2$ 时，$\varphi=11^\circ30'$，故常取 $\alpha=20^\circ$。

关于棘轮机构的其他参数和几何尺寸计算可参阅有关技术资料。

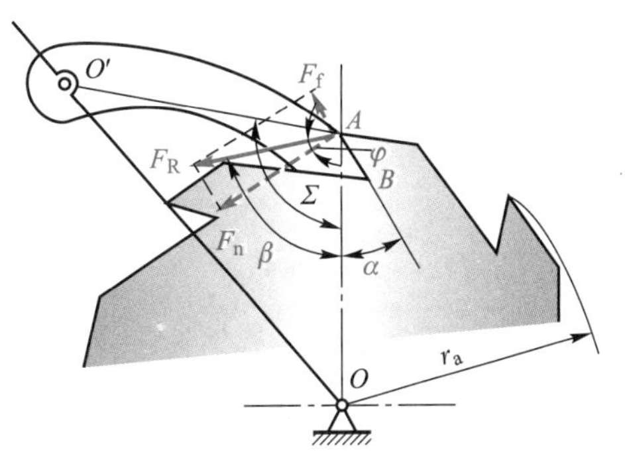

图 12-10　棘轮齿工作面倾角

12.1.2　槽轮机构

1. 槽轮机构的组成及工作特点

槽轮机构(geneva mechanism)的典型结构如图 12-11 所示，它由主动拨盘 1、从动槽轮 2 和机架组成。拨盘 1 以等角速度 ω_1 作连续回转，当拨盘上的圆销 A 未进入槽轮的径向槽时，由于槽轮的内凹锁止弧 $\overset{\frown}{nn}$ 被拨盘 1 的外凸锁止弧 $\overset{\frown}{mm'm}$ 卡住，故槽轮不动。图示为圆销 A 刚进入槽轮径向槽时的位置，此时锁止弧 $\overset{\frown}{nn}$ 也刚被松开。此后，槽轮受圆销 A 的驱使而转动。当圆销 A 在另一边离开径向槽时，锁止弧 $\overset{\frown}{nn}$ 又被卡住，槽轮又静止不动。直至圆销 A 再次进入槽轮的另一个径向槽时，又重复上述运动。所以，槽轮作时动时停的间歇运动。

槽轮机构的结构简单，外形尺寸小，机械效率高，并能较平稳地、间歇地进行转位。但因传动时尚存在柔性冲击，故常用于速度不太高的场合。

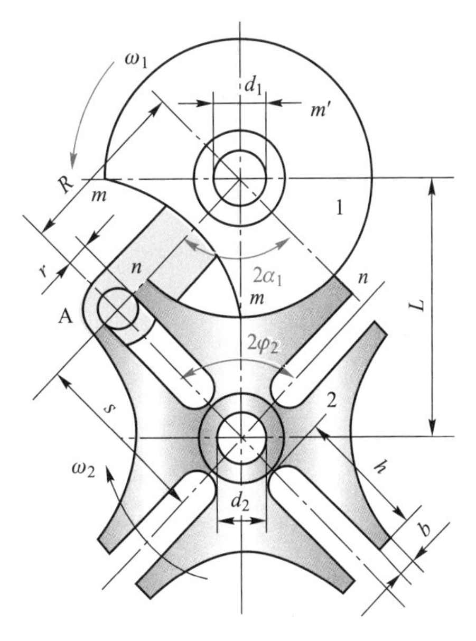

图 12-11　槽轮机构

2. 槽轮机构的类型及应用

槽轮机构有外槽轮机构(external geneva mechanism)(图 12-11)和内槽轮机构(internal geneva mechanism)(图 12-12a)之分。它们均用于平行轴间的间歇传动，但前者槽轮与拨盘转向相反，而后者则转向相同。

通常，槽轮上的各槽是均匀分布的，并且是用于传递平行轴之间的运动，这样的槽轮机构称为普通槽轮机构。在某些机械中也还用到一些特殊形式的槽轮机构。如图 12-12b 所示的不等臂长的多销槽轮机构，其径向槽的径向尺寸不同，拨盘上圆销的分布也不均匀。这样，在槽轮转一周中，可以实现几个运动时间和停歇时间均不相同的运动要求。

当需要在两相交轴之间进行间歇传动时，可采用球面槽轮机构(spherical geneva mechanism)。图 12-12c 所示为两相交轴间夹角为 90°的球面槽轮机构。其从动槽轮 2 呈半球

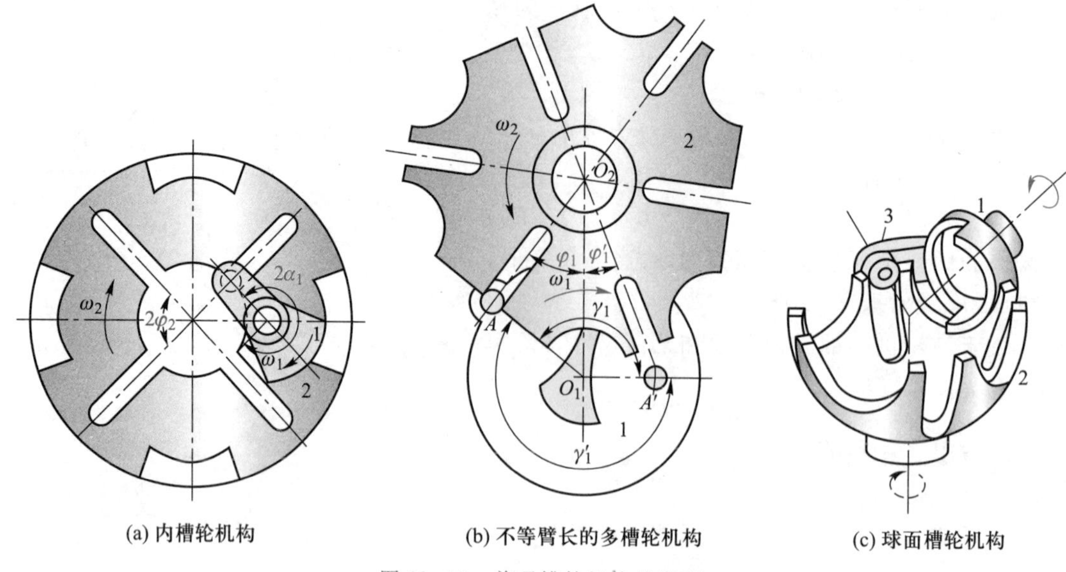

(a) 内槽轮机构　　(b) 不等臂长的多槽轮机构　　(c) 球面槽轮机构

图 12-12　普通槽轮机构的类型

形,主动拨轮 1 的轴线及拨销 3 的轴线均通过球心。该机构的工作过程与平面槽轮机构相似。主动拨轮上的拨销通常只有一个,槽轮的动、停时间相等。如果在主动拨轮上对称地安装两个拨销,则当一侧的拨销由槽轮的槽中脱出时,另一拨销进入槽轮的另一相邻的槽中,故槽轮连续转动。

槽轮机构中,外槽轮机构应用比较广泛。图 12-13 所示为外槽轮机构在电影放映机中的应用情况。而图 12-14 所示则为在单轴六角自动车床转塔刀架的转位机构中的应用情况。

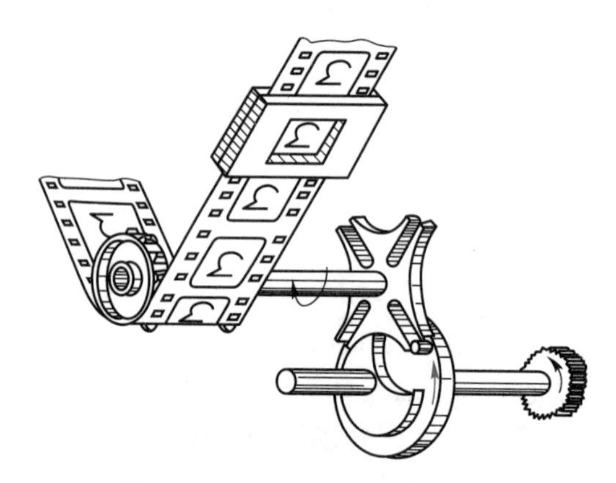

图 12-13　电影放映机的拨片机构

3. 普通槽轮机构的运动系数及运动特性

(1) 普通槽轮机构的运动系数

在图 12-11 所示的外槽轮机构中,当主动拨盘 1 回转一周时,槽轮 2 的运动时间 t_d 与主动拨盘转一周的总时间 t 之比,称为槽轮机构的运动系数,并以 k 表示,即

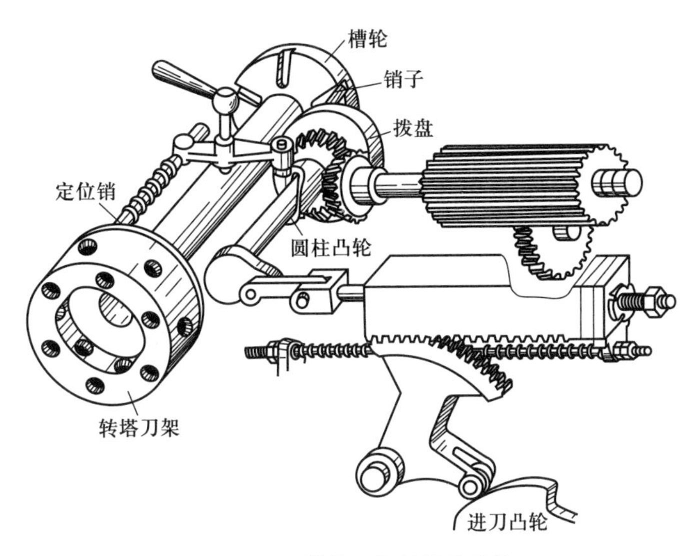

图 12-14　转塔刀架的转位机构

$$k=t_d/t \tag{12-2a}$$

因为拨盘 1 一般为等速回转，所以时间之比可以用拨盘转角之比来表示。对于图 12-11 所示的单圆销外槽轮机构，时间 t_d 与 t 所对应的拨盘转角分别为 $2\alpha_1$ 与 2π。又为了避免圆销 A 和径向槽发生刚性冲击，圆销开始进入或脱出径向槽的瞬时，其线速度方向应沿着径向槽的中心线。由图可知，$2\alpha_1=\pi-2\varphi_2$。其中，$2\varphi_2$ 为槽轮槽间角。设槽轮有 z 个均布槽，则 $2\varphi_2=2\pi/z$，将上述关系代入式（12-2a）得外槽轮机构的运动系数为

$$k=\frac{t_d}{t}=\frac{2\alpha_1}{2\pi}=\frac{\pi-2\varphi_2}{2\pi}=\frac{\pi-(2\pi/z)}{2\pi}=\frac{1}{2}-\frac{1}{z} \tag{12-2b}$$

因为运动系数 k 应大于零，所以外槽轮的槽数 z 应大于或等于 3。又由式（12-2b）可知，其运动系数 k 总小于 0.5，故这种单销外槽轮机构槽轮的运动时间总小于其静止时间。

如果在拨盘 1 上均匀地分布 n 个圆销，则当拨盘转动一周时，槽轮将被拨动 n 次，故运动系数是单销的 n 倍，即

$$k=n(1/2-1/z) \tag{12-2c}$$

又因 k 值应小于或等于 1，即

$$n(1/2-1/z)\leqslant 1$$

由此得

$$n\leqslant 2z/(z-2) \tag{12-3}$$

而由式（12-3）可得槽数与圆销数的关系如表 12-1。

表 12-1　槽数与圆销数的关系

槽数 z	3	4	5、6	≥7
圆销数 n	1～6	1～4	1～3	1～2

对于图 12-12a 所示的单销内槽轮机构，其运动系数为

$$k=\frac{2\alpha_1}{2\pi}=\frac{\pi+2\varphi_2}{2\pi}=\frac{\pi+2\pi/z}{2\pi}=1/2+1/z \quad (12-2d)$$

显然 $k>0.5$。

(2) 普通槽轮机构的运动特性

图 12-15 所示为外槽轮机构的任一位置。设拨盘和槽轮的位置分别用 α 和 φ 来表示,并规定 α 和 φ 在圆销进入区为负,在圆销离开区为正。

设圆销至槽轮回转轴心的距离为 r_x,在图示位置时,有

$$R\sin\alpha=r_x\sin\varphi$$

$$R\cos\alpha+r_x\cos\varphi=L$$

从上两式中消去 r_x,并令 $R/L=\lambda$,可得

$$\tan\varphi=\lambda\sin\alpha/(1-\lambda\cos\alpha) \quad (12-4a)$$

将式(12-4a)对时间 t 求导,并令 $\mathrm{d}\varphi/\mathrm{d}t=\omega_2$,$\mathrm{d}^2\varphi/\mathrm{d}t^2=\alpha_2$,则得

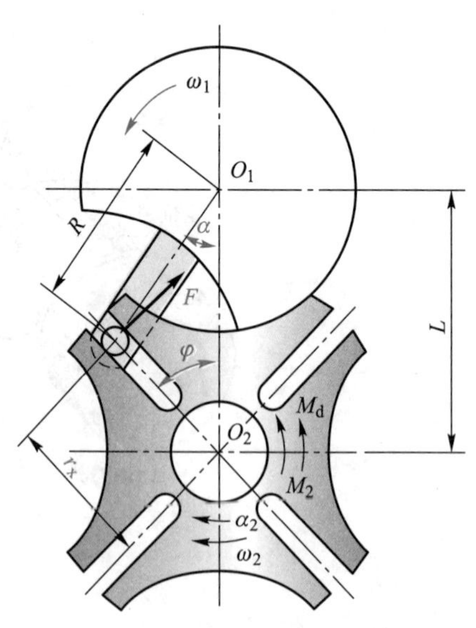

图 12-15 槽轮机构运动特性

$$\omega_2/\omega_1=\lambda(\cos\alpha-\lambda)/(1-2\lambda\cos\alpha+\lambda^2) \quad (12-4b)$$

$$\alpha_2/\omega_1^2=\lambda(\lambda^2-1)\sin\alpha/(1-2\lambda\cos\alpha+\lambda^2)^2 \quad (12-4c)$$

由式(12-4b)和式(12-4c)可知,当拨盘的角速度 ω_1 一定时,槽轮的角速度及角加速度的变化取决于槽轮的槽数 z。图 12-16 给出了槽数 $z=3,4,6$ 时外槽轮机构的角速度和角加速度变化曲线。由图可看出,槽轮运动的角速度和角加速度的最大值随槽数 z 的减小而

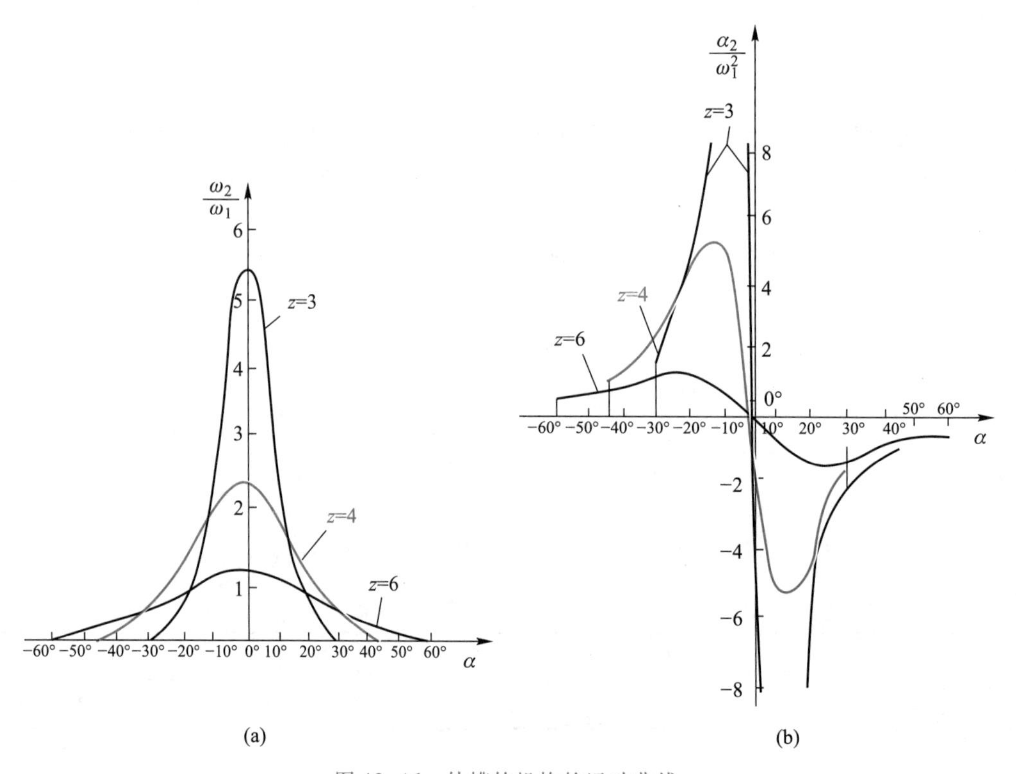

图 12-16 外槽轮机构的运动曲线

增大。此外,当圆销开始进入和退出径向槽时,由于角加速度有突变,故在此两瞬时有柔性冲击。而且槽轮的槽数 z 愈少,柔性冲击愈大。

四槽内槽轮机构的角速度和角加速度的变化曲线如图 12-17 所示。由图可见,当圆销开始进入和退出径向槽时,和外槽轮机构一样,也有角加速度突变,但当 $|\alpha|\to0$ 时,角加速度数值迅速下降并趋于零。可见,内槽轮机构的动力性能比外槽轮机构好得多。

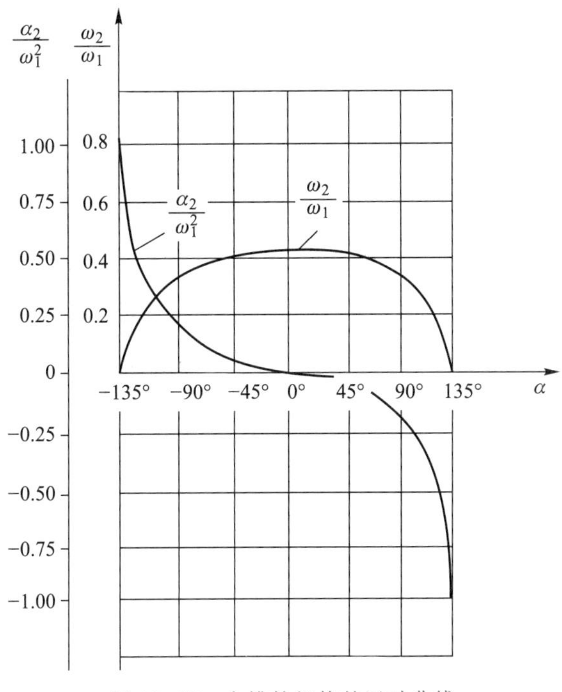

图 12-17　内槽轮机构的运动曲线

(3) 改进运动特性的组合槽轮机构

为了改善普通外槽轮机构运动的动力特性(即其运动始末的角加速度突变和柔性冲击特性),或改变运动或停歇时间,以更好地满足实际机械工作转位的运动性能要求,通常采用外槽轮机构与其他变速传动机构的组合设计即采用组合槽轮机构,如图 12-18 所示。图 12-18a 所示为某自动机床上的转位机构,该机构是椭圆齿轮机构与外槽轮机构的组合,工作时由椭圆齿轮 1 驱动主动拨盘 2′带动槽轮 3 转位。椭圆齿轮机构可将匀速转动变换为拨盘 2′由较低的转速连续变换为高转速转位,又由高转速平滑变换为较低转速转位。因为槽轮的高转速转位可缩短运动时间,增加停歇时间,从而延长机床的工作时间。而较低速转位则可降低转位时的加速度和振动。类似于椭圆机构的变换非匀速转动特性的机构还有凸轮机构和双曲柄机构,故可采用凸轮驱动组合槽轮机构(即弹簧伸缩式拨盘与凸轮曲线导槽组合设计,如图 12-18b 所示)和双曲柄机构驱动组合槽轮机构(即双曲柄机构的从动曲柄带动拨盘转动,如图 12-18c 所示)。

此外,还可利用平面四杆机构的连杆曲线特性,设计具有双停歇特性的槽轮机构,以改善其槽轮机构的动力特性,如图 12-19 所示。

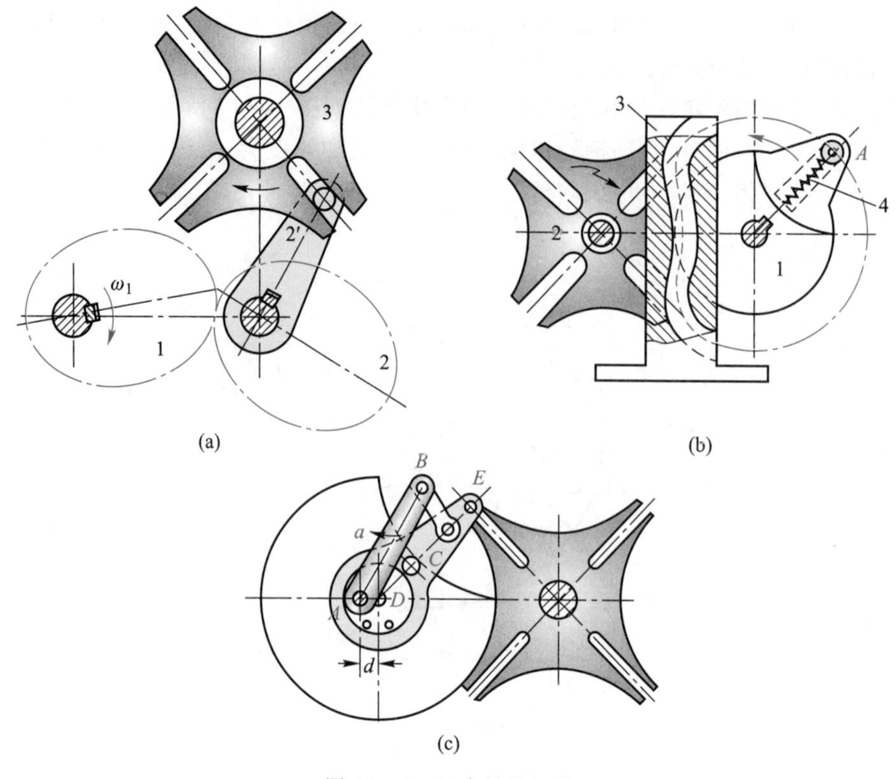

图 12-18　组合槽轮机构

4. 槽轮机构的几何尺寸计算

在机械中最常用的是径向槽均匀分布的外槽轮机构。对于这种机构，在设计计算时，首先应根据工作要求确定槽轮的槽数 z 和主动拨盘的圆销数 n；再按受力情况和实际机械所允许的安装空间尺寸，确定中心距 L 和圆销半径 r；最后可按图 12-11 所示的几何关系求出其他尺寸：

$$R=L\sin\varphi_2=L\sin(\pi/z) \tag{12-5a}$$

$$s=L\cos\varphi_2=L\cos(\pi/z) \tag{12-5b}$$

$$h\geqslant s-(L-R-r) \tag{12-5c}$$

图 12-19　具有双停歇四杆机构式槽轮机构

拨盘轴的直径 d_1 及槽轮轴的直径 d_2 受以下条件限制：

$$d_1\leqslant 2(L-s) \tag{12-5d}$$

$$d_2<2(L-R-r) \tag{12-5e}$$

锁止弧的半径大小根据槽轮轮叶齿顶厚度 b 来确定，通常取 $b=3\sim10$ mm。

* 12.1.3　擒纵机构

1. 擒纵机构的组成及工作原理

擒纵机构(escapement)是一种间歇运动机构，主要用于计时器、定时器等中。图 12-20 所示为机械手表中的擒纵机构，它主要由擒纵轮 5、擒纵叉 2 及游丝摆轮 6 组成。

擒纵轮 5 受发条力矩的驱动，具有顺时针转动的趋势，但因受到擒纵叉 2 的左卡瓦 1 的阻挡而停止。游丝摆轮 6 以一定的频率绕轴 9 往复摆动，图示为摆轮 6 逆时针摆动。当摆轮上的圆销 4 撞到叉头钉 7 时，使擒纵叉顺时针摆动，直至碰到右限位钉 3 才停止；这时，左卡瓦 1 抬起，释放擒纵轮 5 使之顺时针转动。而右卡瓦 1′落下，并与擒纵轮另一轮齿接触时，擒纵轮又被挡住而停止。当游丝摆轮 6 沿顺时针方向摆回时，圆销 4 又从右边推动叉头钉 7，使擒纵叉逆时针摆动，右卡瓦 1′抬起，擒纵轮 5 被释放并转过一个角度，直到再次被左卡瓦 1 挡住为止。这样就完成了一个工作周期。这就是钟表产生嘀嗒声响的原因。

摆轮的往复摆动是因为游丝摆轮系统是一个振动系统。为了补充其在运动过程中的能量损失，擒纵轮轮齿齿顶和卡瓦呈斜面形状，故可通过擒纵叉传递给摆轮少许能量，以维持其振幅不衰减。

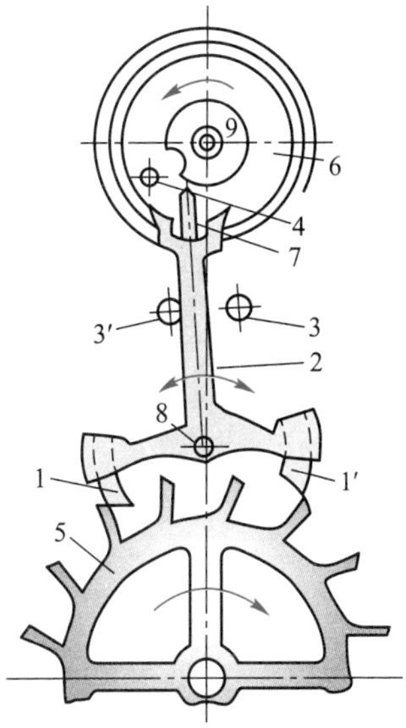

图 12-20　擒纵机构

2. 擒纵机构的类型及应用

擒纵机构可分为有固有振动系统型擒纵机构和无固有振动系统型擒纵机构两类。

图 12-20 所示为有固有振动系统型擒纵机构，常用于机械手表、钟表中。

图 12-21 所示为无固有振动系统型擒纵机构，仅由擒纵轮 3 和擒纵叉 4 组成。擒纵轮在驱动力矩作用下保持顺时针方向转动趋势。擒纵轮倾斜的轮齿交替地与卡瓦 1 和 2 接触，使擒纵叉往复振动。擒纵叉往复振动的周期与擒纵叉转动惯量的平方根成正比，与擒纵轮给擒纵叉的转矩大小的平方根成反比，因擒纵叉的转动惯量为常数，故只要擒纵轮给擒纵叉的力矩大小基本稳定，就能使擒纵轮作平均转速基本恒定的间歇运动。

这种机构结构简单，便于制造，价格低，但振动周期不稳定，主要用于计时精度要求不高、工作时间较短的场合，如自动记录仪、时间继电器、计数器、定时器、测速器及照相机快门和自拍器等。

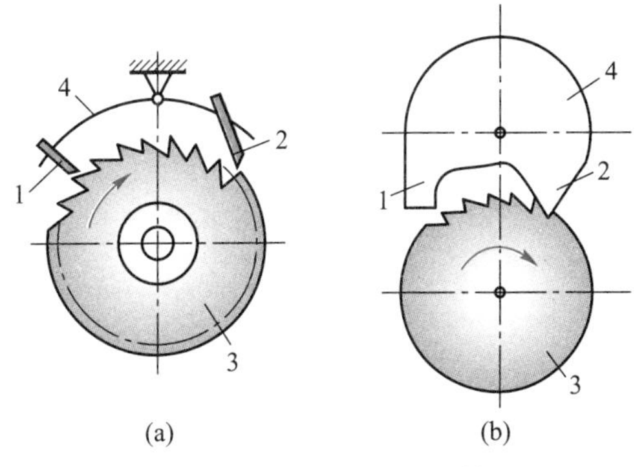

图 12-21　简单擒纵机构

12.1.4　凸轮式间歇运动机构

1. 凸轮式间歇运动机构的组成和特点

凸轮式间歇运动机构由主动凸轮 1 和从动盘 2 组成(图 12-22、图 12-23)，主动凸轮作连续转动，从动盘作间歇分度运动。只要适当设计出主动凸轮的轮廓，就可使从动盘的动载荷小，无刚性冲击和柔性冲击，能适应高速运转的要求。同时，它本身具有高的定位精度，机构结构紧凑，是当前被公认的一种较理想的高速高精度的分度机构，目前已有专业厂家从事系列化生产。其缺点是加工精度要求高，对装配、调整要求严格。

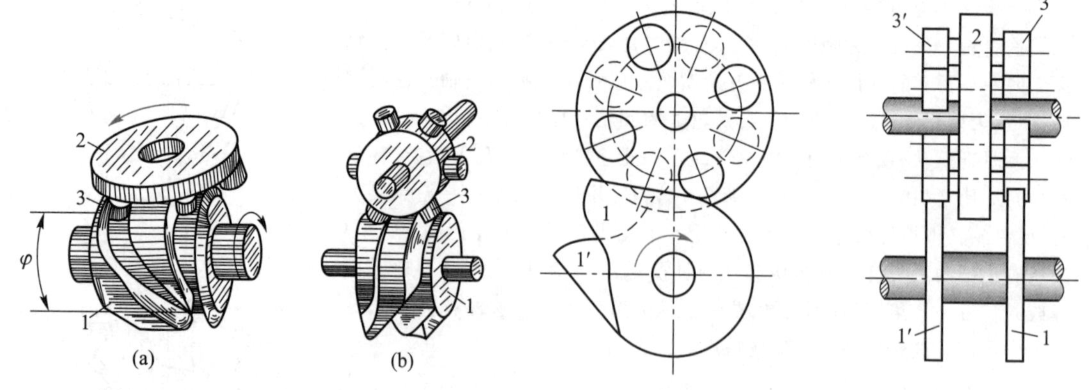

图 12-22 凸轮间歇运动机构

图 12-23 共轭凸轮间歇运动机构

2. 凸轮式间歇运动机构的类型及应用

(1) 圆柱凸轮间歇运动机构

图 12-22a 所示即为圆柱凸轮间歇运动机构(cylindrical cam intermittent motion mechanism)。这种机构用于两交错轴间的分度传动。图 12-24a 为其仰视图,图 12-24b 为其展开图。如图所示,为了实现可靠定位,在停歇阶段从动盘上相邻两个柱销必须同时贴在凸轮直线轮廓的两侧。为此,凸轮轮廓上直线段的宽度应等于相邻两柱销表面内侧之间的最短距离,即

$$b=2R_2\sin\ \alpha-d \tag{12-6}$$

式中,R_2 为从动盘上柱销中心圆半径;α 为销距半角,即 $\alpha=\pi/z_2$;z_2 为从动盘的柱销数;d 为柱销直径。

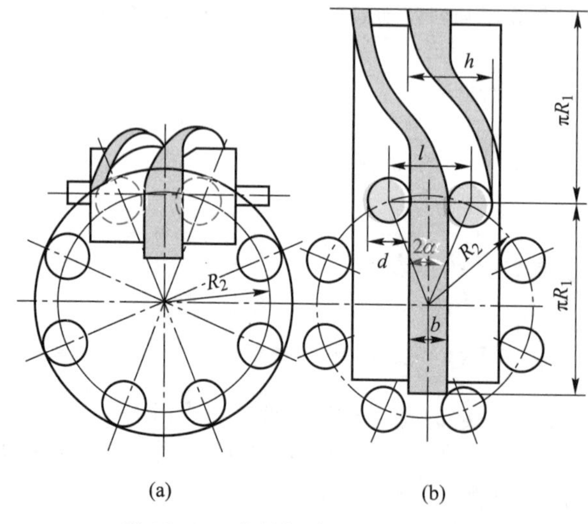

图 12-24 凸轮间歇运动机构展开

凸轮曲线的升程 h 等于从动盘上相邻两柱销间的弦距 l,即

$$h=l=2R_2\sin\ \alpha \tag{12-7}$$

凸轮曲线的设计可按摆动推杆圆柱凸轮的设计方法进行。设计时，通常取凸轮的槽数为 1，从动盘的柱销数一般取 $z_2 \geqslant 6$。

这种机构在轻载的情况下（如在纸烟、火柴包装，拉链嵌齿等机械中）间歇运动的频率每分钟可高达 1 500 次左右。

（2）蜗杆凸轮间歇运动机构

图 12-22b 所示为一蜗杆凸轮间歇运动机构（worm-type cam intermittent motion mechanism），其主动件 1 为圆弧面蜗杆式的凸轮，从动盘 2 为具有周向均布柱销的圆盘。当主动件 1 转动时，推动从动盘作间歇转动。设计时，蜗杆凸轮通常也采用单头，从动盘上的柱销数一般也取为 $z_2 \geqslant 6$。

从动盘上的柱销可采用窄系列的球轴承，并用调整中心距的办法，来消除滚子表面和凸轮轮廓之间的间隙，以提高传动精度。

这种机构可在高速下承受较大的载荷，在要求高速、高精度的分度转位机械（如高速冲床、多色印刷机、包装机等）中，其应用日益广泛。它能实现每分钟 1 200 次左右的间歇动作，而分度精度可达 30″。

（3）共轭凸轮式间歇运动机构

如图 12-23 所示，共轭凸轮式间歇运动机构（conjugate cam mechanism）由装在主动轴上的一对共轭平面凸轮 1 及 1′和装在从动轴上的从动盘 2 组成，在从动盘的两端面上各均匀分布有滚子 3 和 3′。

两个共轭凸轮分别与从动盘两侧的滚子接触，在一个运动周期中，两凸轮相继推动从动盘转动，并保持机构的几何封闭。

这种机构具有较好的动力特性，较高的分度精度（15″~30″）及较低的加工成本，因而在自动分度机构、机床的换刀机构、机械手的工作机构、X 光医疗诊断台等中得到了广泛应用。

12.1.5　不完全齿轮机构

1. 不完全齿轮机构的工作原理和特点

不完全齿轮机构（incomplete gear mechanism）是由齿轮机构演变而得的一种间歇运动机构。即在主动轮上只做出一部分齿，并根据运动时间与停歇时间的要求，在从动轮上做出与主动轮轮齿相啮合的轮齿。当主动轮作连续回转运动时，从动轮作间歇回转运动。在从动轮停歇期内，两轮轮缘各有锁止弧起定位作用，以防止从动轮的游动。在图 12-25a 所示的不完全齿轮机构中，主动轮 1 上只有 1 个轮齿，从动轮 2 上有 8 个齿，故主动轮转一转时，从动轮只转 1/8 转。在图 12-25b 所示的不完全齿轮机构中，主动轮 1 上有 4 个齿，从动轮 2 的圆周上具有四个运动段（各有 4 个齿）和四个停歇段。主动轮转一转，从动轮转 1/4 转。

不完全齿轮机构的结构简单，制造容易，工作可靠，设计时从动轮的运动时间和静止时间的比例可在较大范围内变化。其缺点是有较大冲击，故只宜用于低速、轻载场合。

2. 不完全齿轮机构的类型及应用

不完全齿轮机构也有外啮合（图 12-25）、内啮合（图 12-26），圆柱、圆锥不完全齿轮机构之分。

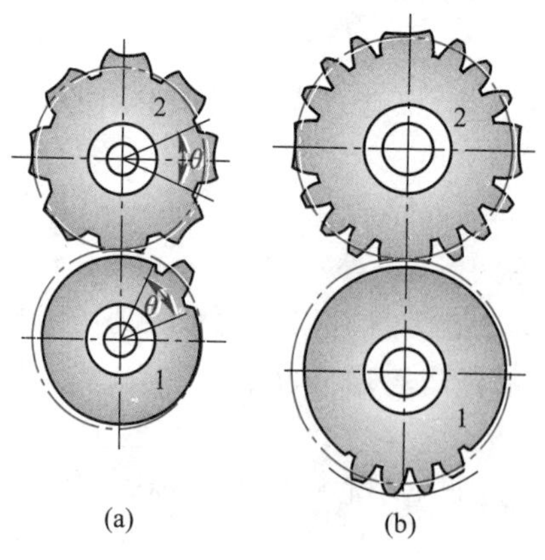

图 12-25　不完全齿轮机构

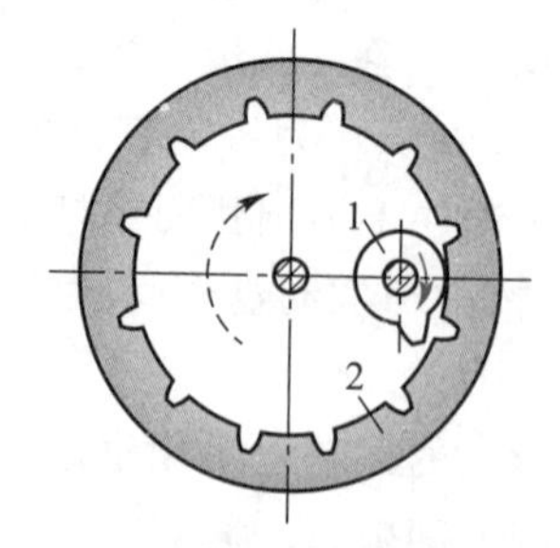

图 12-26　内啮合不完全齿轮机构

不完全齿轮机构多用于一些具有特殊运动要求的专用机械中。在图 12-27 所示的用于铣削乒乓球拍周缘的专用靠模铣床中就有不完全齿轮机构。加工时，主动轴 1 带动铣刀轴 2 转动。而另一个主动轴 3 上的不完全齿轮 4 和 5 分别使工件轴得到正、反两个方向的回转。当工件轴转动时，在靠模凸轮 7 和弹簧的作用下，使铣刀轴上的滚轮 8 紧靠在靠模凸轮 7 上，以保证加工出工件（乒乓球拍）的周缘。

不完全齿轮机构在电表、煤气表等的计数器中应用很广。如图 12-28 所示为 6 位计数器，其轮 1 为输入轮，它的左端只有 2 个齿，各中间轮 2 和轮 4 的右端均有 20 个齿，左端也只有 2 个齿（轮 4 左端无齿），各轮之间通过过轮 3 联系。故当轮 1 转一转时，其相邻右侧轮 2 只转过 1/10 转，以此类推，故由右到左从读数窗口看到的读数分别代表了个、十、百、千、万、十万。

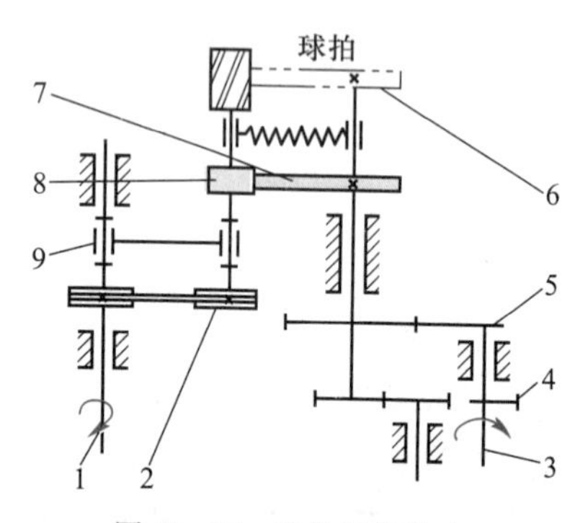

图 12-27　球拍周缘铣床

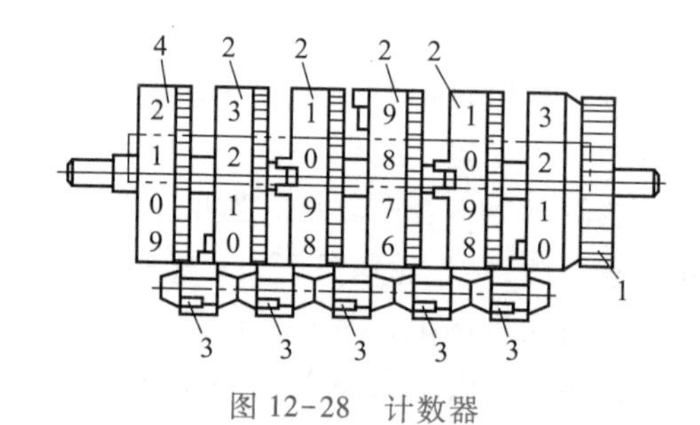

图 12-28　计数器

不完全齿轮机构在传动过程中，从动轮开始运动和终止运动的瞬时都存在刚性冲击，故不适用于高速传动。为了改善此缺点，可在两轮上加装瞬心线附加杆（图 12-29）。此附加杆的作用是使从动轮在开始运动阶段，由静止状态按某种预定的运动规律（取决于附加杆上瞬心线的形状）逐渐加速到正常的运动速度；而终止运动阶段，又借助于另一对附加杆的作用，使从动轮由正常运动速度逐渐减速到静止。由于不完全齿轮机构在从动轮开始运动阶段的冲击，一般都比终止运动阶段的冲击严重，故有时仅在开始运动处加装一对附加杆，

图 12-29 所示的不完全齿轮机构即是如此。

图 12-30 所示为蜂窝煤饼压制机工作台的传动图。工作台用五个工位来完成煤粉的填装、压制、退煤等动作,因此工作台需间歇转动,每次转动 1/5 转。为此,在工作台上装有一大齿圈 7,用中间齿轮 6 来传动,而主动轮 3 为不完全齿轮,它与齿轮 6 组成不完全齿轮机构。为了减轻工作台间歇起动时的冲击,在不完全齿轮 3 和齿轮 6 上加装了一对瞬心线附加杆 4 和 5,同时还分别装设了凸形和凹形圆弧板,以起锁止弧的作用。

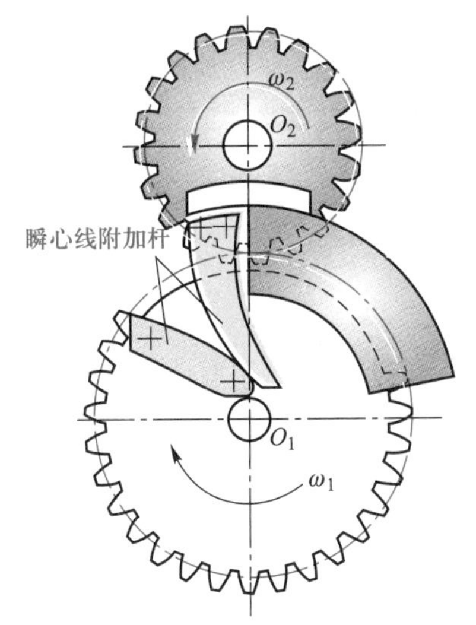

图 12-29　不完全齿轮的瞬心线附加杆

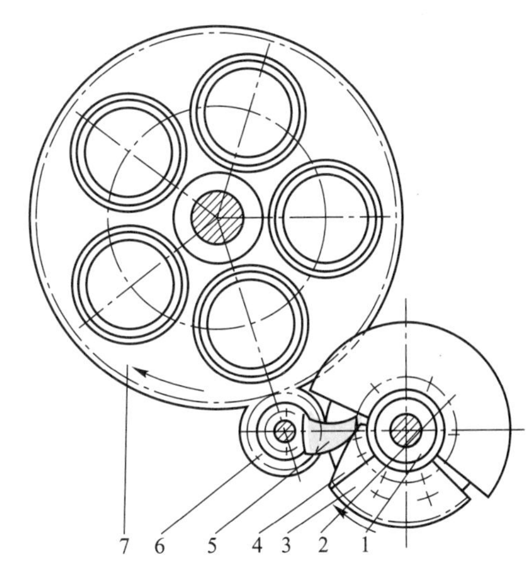

图 12-30　蜂窝煤压制机工作台转位机构

值得注意的是,在不完全齿轮机构中,为了保证主动轮的首齿能顺利地进入啮合状态而不与从动轮的齿顶相碰,需将首齿齿顶高作适当地削减。同时,为了保证从动轮停歇在预定位置,主动轮的末齿齿顶高也需要适当的修正(参看图 12-25b)。

* 12.1.6　星轮机构

1. 星轮机构的组成和啮合特点

图 12-31 所示为星轮机构,由主动针轮 1 与摆线轮 3 组成。主动针轮上有若干个针齿 2(图示为 5 个)和一个外凸的锁止弧 5,从动摆线轮上有四段由摆线齿和内凹锁止弧 4 组成的轮廓,从动摆线轮又称星轮。

2. 星轮机构的传动特点

主动针轮连续转动,当其上的针齿未进入星轮的齿槽时,其上的外凸锁止弧与星轮的内凹锁止弧相互锁死,星轮静止不动;当主动针轮的针齿进入星轮的齿槽时,两锁止弧恰好松开,星轮开始转动。

为了避免星轮运动起始和终止时的刚性冲击,在设计星轮首、末两齿槽的廓线时,首先必须让首、末两针齿能沿切向进入或退出星轮的齿槽;其次,针轮的首齿与其相啮合的第一个齿槽的啮合过程应使星轮逐渐加速直至正常速度为止,而针轮的末齿与星轮的最后一个齿槽的啮合过程,应使星轮逐渐减速直到停歇为止。

图 12-32 所示的针轮齿条机构是星轮机构的一种变异形式。作为间歇运动机构,星轮机构适应性较广,同时具有槽轮机构的起动性能,又兼有齿轮机构等速转位的优点,但星轮制造比较困难。

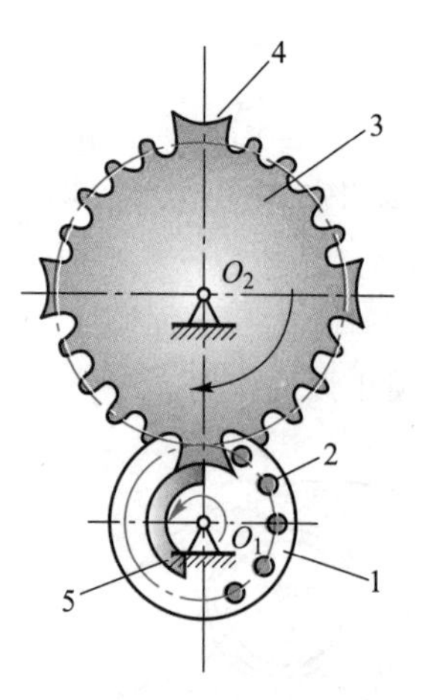

图 12-31 星轮机构

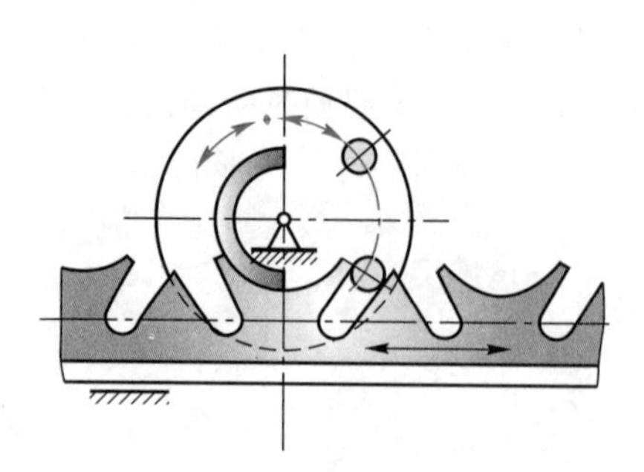

图 12-32 针轮齿条

12.2 摩擦轮传动机构

1. 摩擦轮传动机构

由瞬心线机构和齿轮啮合基本定律可知，对于实现两平行轴间的定传动比传动，当以两瞬心线（或两节圆）为两摩擦轮轮缘，利用其摩擦来保证两轮接触处无滑动而只有纯滚动时，便形成一对摩擦轮传动机构或摩擦轮机构（mechanisms of friction wheel）。由此可知，两平行轴摩擦轮传动常用来实现定传动比传动，其传动比为输入摩擦轮的转速 n_i 与输出摩擦轮的转速 n_o 之比，且等于其主、从动摩擦轮直径或半径之反比，即

$$i_{io}=\omega_i/\omega_o=n_i/n_o=\pm d_o/d_i=\pm r_o/r_i \tag{12-8}$$

其中内接式取"+"，表示两轮的转向相同，而外接式取"-"，表示两轮的转向相反。

由于摩擦轮机构是利用两摩擦轮间的摩擦力 F 来实现转矩传递的（如图 12-33a 所示），可在工业机械中用来传送大转矩，也可在仪器仪表中用来传送小转矩。通常用于减速或增速运动，但用于减速运动会表现出较好的传动性能。由图 12-33a 可知，摩擦轮传动的能力取决于其最大摩擦力 F_{max}，它是由施加于两轮轴间的压轴力 F_Q 和两轮接触面的当量摩擦因数 f_v 来确定的，即

$$F_{max}=f_v F_Q \tag{12-9}$$

式中，圆柱形摩擦轮传动（图 12-33a）：$f_v=f$；V 形摩擦轮传动（图 12-33b）：$f_v=f/\sin(\alpha/2)$，其中，α 为 V 形槽角。

由于实际传动中摩擦轮往往为非理想的纯滚动，所以摩擦轮传动都有一定滑移运动，但通常通过有效的设计，可将这一滑移量控制在一个正常范围内，即可保持其定传动比传动。如常将两摩擦轮中的一个轮子加装摩擦材料，如氯丁橡胶或橡胶之类的材料，而另一个采用金属轮，以增大传动接触处的摩擦因数。再如，通过加装弹簧或类似弹性元件向一摩擦轮施加压力以产生并维持摩擦传动所需的稳定的摩擦力。此外，还可在从动端增加惯性质量以实现对载荷变化的补偿，从而实现稳定的传动比传动。

摩擦轮传动机构具有定力矩传动和结构紧凑、运动平稳、噪声小、成本低等优点。同样类似于齿轮传动机构,也可以实现两相交轴间(如图 12-33c 所示的圆锥摩擦轮传动)和两交错轴间(如图 12-33d 所示的单叶双曲线回转面交错轴摩擦轮传动)等的定传动比传动。此外,摩擦轮传动还具有可实现各种无级连续变速传动的独特优点。

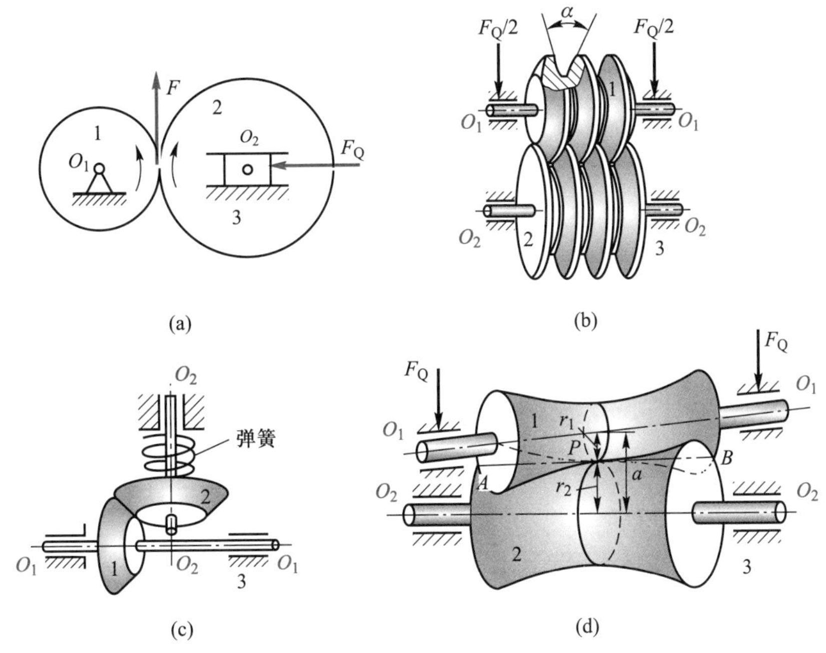

图 12-33 定传动比的摩擦轮传动

2. 变速摩擦轮传动机构类型

变速摩擦轮传动机构有圆盘轮式、圆锥轮式及球面轮式等类型。

1) 滚子-圆盘轮式变速摩擦轮机构 如图 12-34a 所示的滚子-单圆盘轮式变速摩擦轮机构,由绕 O_1O_1 轴转动的主动圆盘 1 与绕轴 O_2O_2 转动并可沿其滑移的从动滚子 2 组成,它是通过改变滚子 2 与圆盘 1 间的接触半径 r_1 来实现变速传动的。故其传动比为

$$i_{12}=n_1/n_2=r_2/r_1 \tag{12-10a}$$

其传动的变速范围,通常以主动轮转速一定时,其从动摩擦轮的最大转速 $n_{2\max}$ 与最小转速 $n_{2\min}$ 的比值来表示,即

$$K=n_{2\max}/n_{2\min}=r_{1\max}/r_{1\min}\leqslant 4 \tag{12-10a}$$

其传动的变速特性如图 12-34b 所示。当滚子 2 在圆盘 1 的不同侧时,滚子 2 的转向相反。

此外,圆盘轮式摩擦传动机构还有双圆盘轮中间滚子的结构形式和双圆盘与带螺纹轴滚子的结构形式两种类型。它们均属于滚子-圆盘式的无级变速机构(如图 12-35a、b 所示),均可用于升、降速,后者亦可反向转动,一般机械效率为 $\eta=0.8$。这种传动常用于冲床等变速传动的场合。

2) 滚子-圆锥轮式变速摩擦轮机构 如图 12-36a 所示为一种滚子-单圆锥轮式无级变速摩擦轮机构。不难推导,它的传动比和变速范围分别为

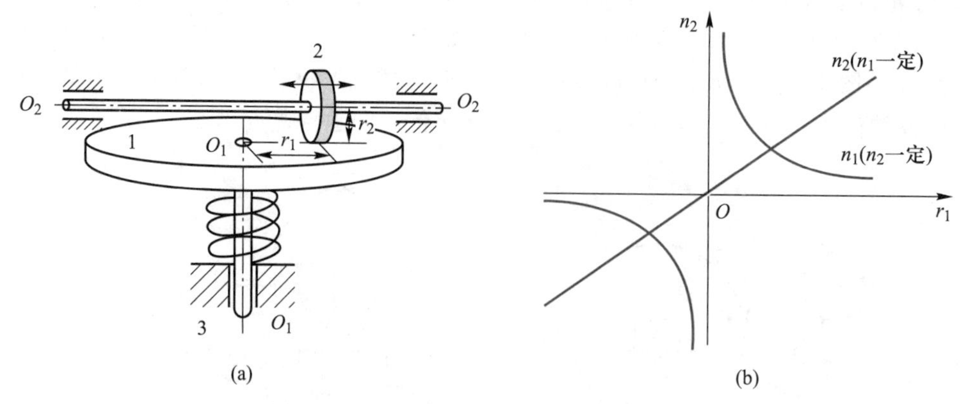

图 12-34 滚子-单圆盘式变速摩擦轮机构

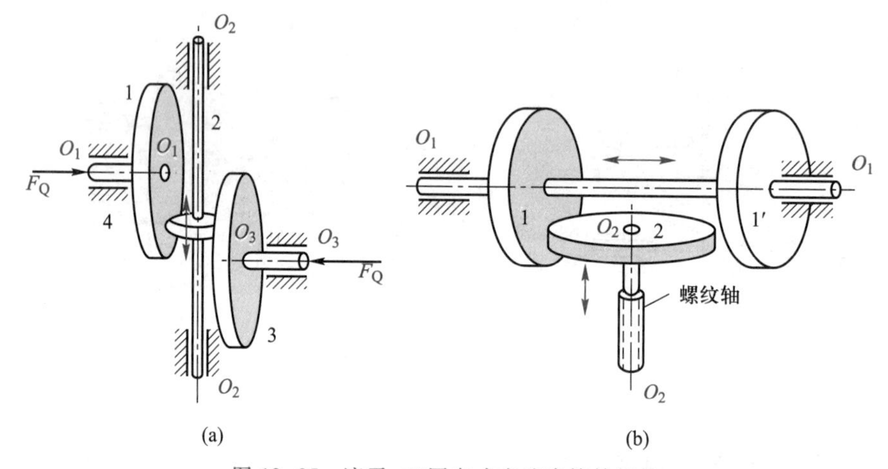

图 12-35 滚子-双圆盘式变速摩擦轮机构

$$i_{12}=n_1/n_2=r_2/(R-x\sin\delta) \tag{12-11a}$$

$$K=n_{2\max}/n_{2\min}=(R-x_{\min}\sin\delta)/(R-x_{\max}\sin\delta) \tag{12-11b}$$

式中,R 为圆锥摩擦轮的底端圆半径,δ 为圆锥摩擦轮的圆锥角,其变速特性曲线如图 12-36b 所示。

而图 12-36c、d 所示分别为滚子-双圆锥轮式和圆环-双圆锥轮式的无级变速摩擦轮机构,它们的传动比分别为

$$i_{13}=n_1/n_3=r_3/r_1=[R-(L-x)\sin\delta]/(R-x\sin\delta) \tag{12-11c}$$

$$i_{13}=n_1/n_3=r''_2r_3/(r_1r'_2)=[R-(L-x)\sin\delta]r''_2/[(R-x\sin\delta)r'_2] \tag{12-11d}$$

图 12-36e 所示为内接圆锥式的无级变速摩擦轮传动,其传动比不再推导,读者可参考有关文献自学。

3）滚子-球面和滚子-环面变速摩擦轮传动 如图 12-37a 及 b 所示分别为双滚子-半球面变速摩擦轮传动机构和双滚子-环面变速摩擦轮传动机构。关于此类摩擦传动机构,这里不再多作介绍。

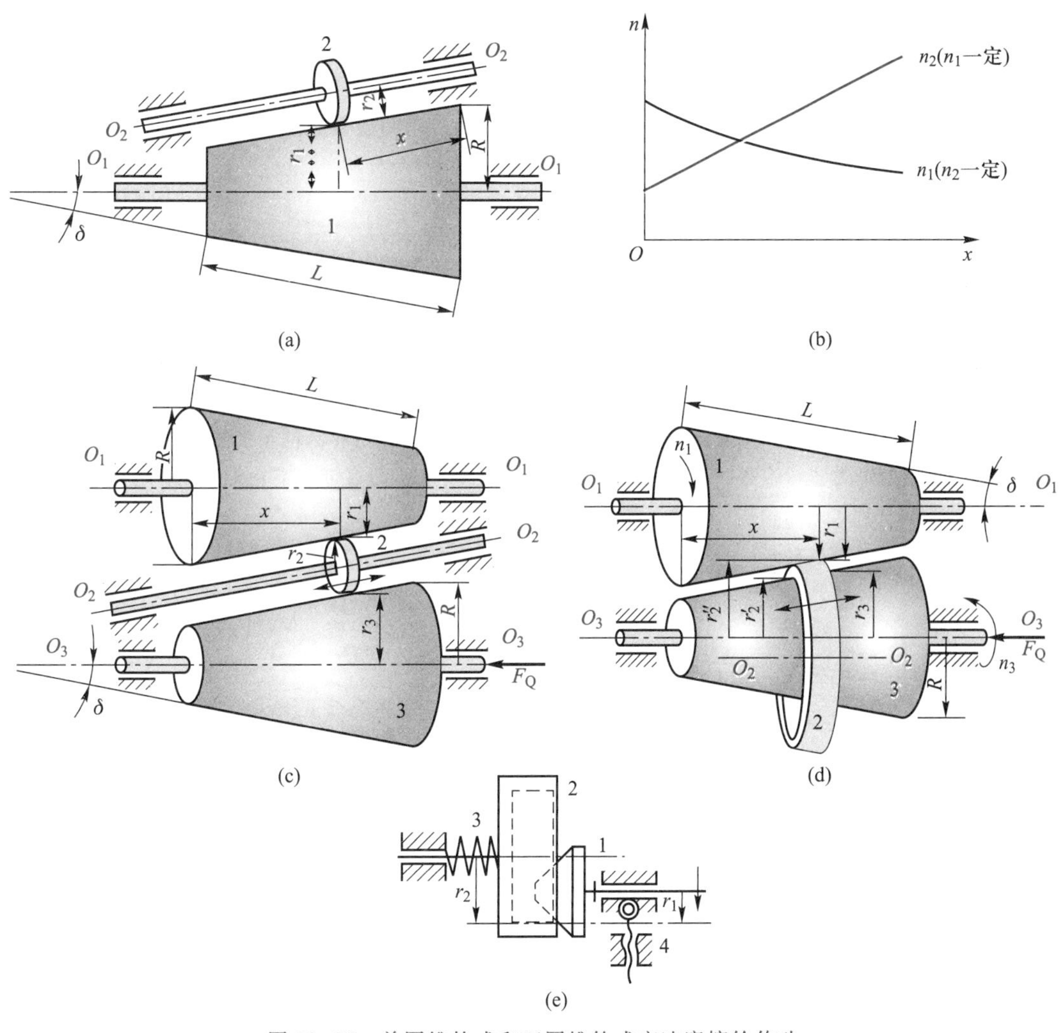

图 12-36　单圆锥轮式和双圆锥轮式变速摩擦轮传动

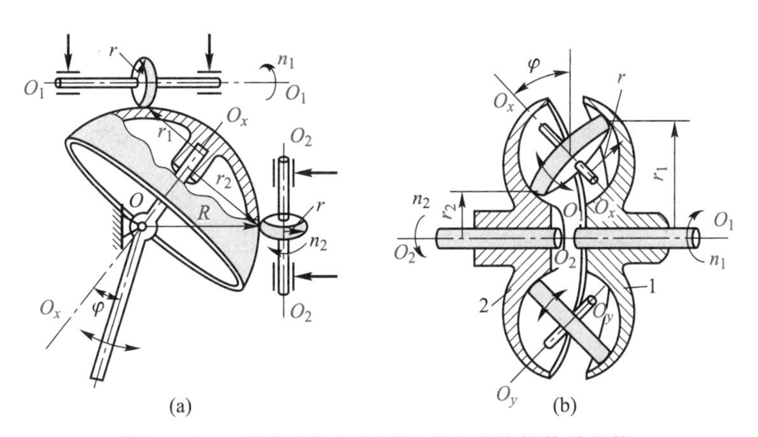

图 12-37　半球面和环面无级变速摩擦轮传动机构

*12.3　带有挠性元件的传动机构

工程实际中依靠中间挠性元件(带、链条、绳索等)来传递运动和动力的机构应用也非常普遍,它们分别称为带传动机构、链传动机构和绳索传动机构,下面分别予以简要介绍。

1. 带传动机构

(1) 带传动的组成及类型

带传动机构(图 12-38)由主动带轮 1、从动带轮 3、张紧在两轮上的传动带 2 和机架组成。当主动轮转动时,由于带和带轮间的摩擦(或啮合),便拖动从动轮一起转动,并传递一定动力。带传动具有结构简单、传动平稳、造价低廉以及缓冲吸振等特点,在机械中被广泛应用。

带传动按工作原理不同分为摩擦型带传动(图 12-38)和啮合型带(称为同步带)传动(图 12-39)。摩擦型带传动靠带与带轮之间的摩擦来传递运动和动力;啮合型带传动靠带与带轮轮齿之间的啮合来传递运动和动力。

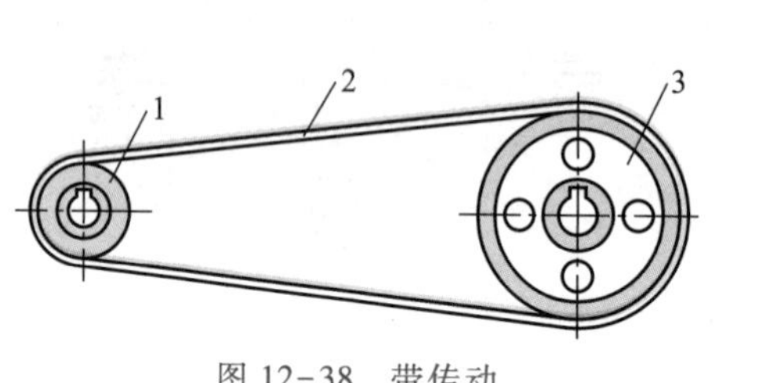

图 12-38　带传动

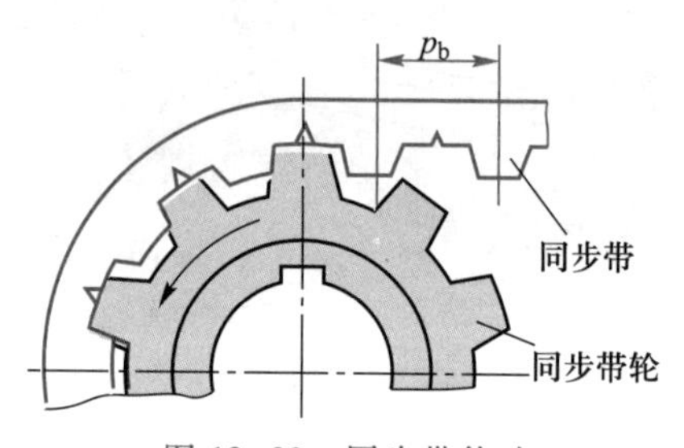

图 12-39　同步带传动

摩擦型带传动常用的有平带传动、V 带传动、多楔带传动等(图 12-40)。平带传动结构最简单,带轮也容易制造,在传动中心距较大的情况下应用较多。V 带的横截面呈等腰梯形,带轮上也做出相应的轮槽。传动时,V 带只和轮槽的两侧面接触,即两侧面为工作面。根据槽面摩擦的原理,在同样的张紧力下,V 带传动较平带传动能产生更大的摩擦力。这是 V 带传动性能上的最主要优点。再加上 V 带传动允许的传动比较大,结构较紧凑,以及 V 带多已标准化并大量生产等优点,因而 V 带传动的应用比平带传动广泛得多。多楔带兼有平带和 V 带的优点,柔性好,摩擦力大,能传递的功率大,并解决了多根 V 带同时传动长短不一而使各带受力不均的问题,主要用于传递功率较大而结构要求紧凑的场合。

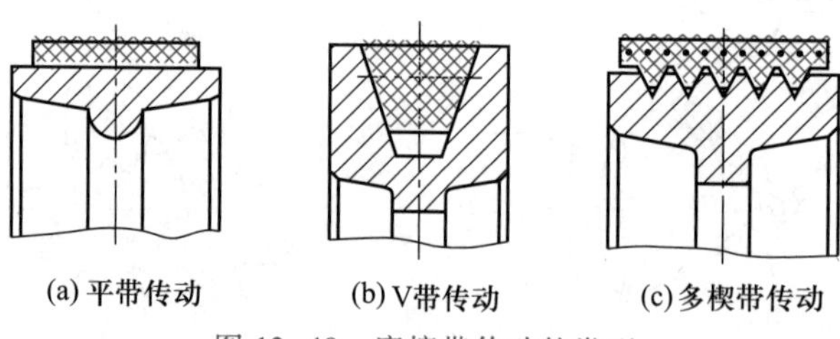

图 12-40　摩擦带传动的类型

同步带传动靠齿啮合来传递运动和动力,所需张紧力小,轴和轴承上所受的载荷小,带和带轮间没有滑动,传动比准确且单级传动可获得较大传动比,带的厚度薄,质量轻,允许高的线速度,传动效率也较高。

(2) 摩擦型带的传动特性

摩擦型带传动由于是靠摩擦来传递运动和动力的，因而带必须以一定的预紧力张紧在两个带轮上，如图 12-41 所示。设在工作时主动轮 1 沿顺时针方向回转，为克服作用在从动轮 2 上的阻力矩 M_r，作用在下边带上的拉力必将增大，设为 F_1（称为紧边拉力），而作用在上边带上的拉力则将减小，设为 F_2（称为松边拉力）。带所能传递的圆周力不能超过带和带轮之间所能产生的最大摩擦力 F_{fmax}，根据柔韧体摩擦的欧拉公式，带所能产生的最大紧边拉力为

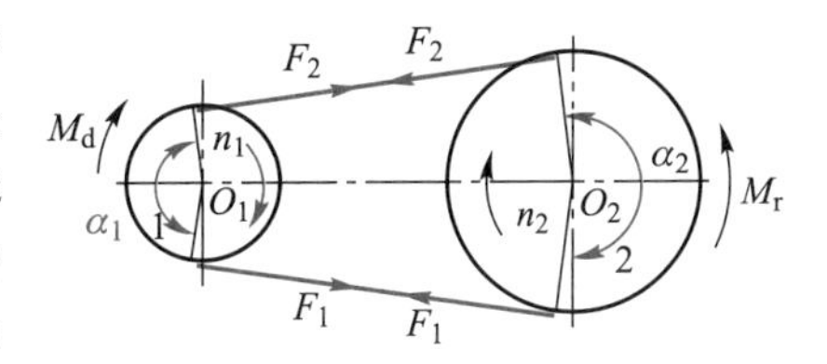

图 12-41　摩擦带传动

$$F_{1max}=F_2 e^{f_v\alpha}① \tag{12-12}$$

式中　e——自然对数的底；

f_v——带和带轮之间的当量摩擦因数；

α——带和带轮接触弧所对的圆心角，称为包角，此处为小轮包角 α_1，rad。

由上式可见，增大 f_v、α 都能非常显著地提高带的传动能力。

由于带是一个弹性体，随所受拉力大小的不同而有不同的弹性伸长变形，这就使得带在绕过带轮时出现弹性滑动，即带和带轮之间的运动不是完全同步的，而是有速度差。尽管此弹性滑动不是很大，一般小于 1%，但它的值是随受力大小而变化的，且有误差累积作用，故在要求有准确传动比的场合或各部分之间有严格协调关系的地方都不宜用摩擦型带传动，因而使其应用受到很大限制。

对于摩擦型带传动，当其所传递的圆周力 $F>F_{fmax}$ 时，带就会在带轮上滑动（称之为打滑现象），从而导致正常传动终止。不过，打滑虽是一种使传动失效的现象，但对机器却起着保护作用，可以避免机器进一步受到更大的损伤。兼之摩擦型带传动对安装精度要求不高，故在许多机器中，由电动机驱动的第一级传动常选用此类带传动。

（3）同步带传动的特性

同步带传动因系齿和齿的啮合传动，无弹性滑动与打滑，传动比准确，故可用在要求有准确传动比或有严格运动协调关系的地方，例如，在图 11-21 所示的针式打印机中。

同步带传动对安装精度有较高要求，没有过载保护作用，过载时带齿可能被剪断。

（4）带传动的应用举例

下面举一些在工程实践中应用较巧妙的带传动，以扩大读者对带传动应用的思路。

1）一条带同时传动多个从动轮，如图 12-42 所示，用一条带同时传动了 B、C、D、E 四个从动轮。图中 a、b 为张紧轮，用以保证各带轮有足够大的包角并使带能适当张紧。

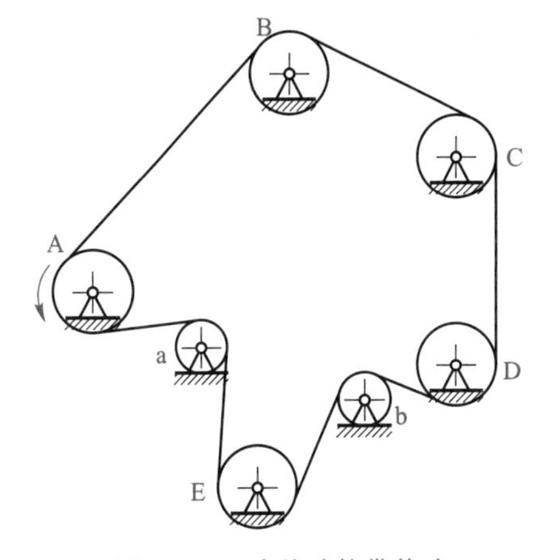

图 12-42　多从动轮带传动

2）图 12-43 所示为用以自动检票的带传动。

3）同时兼作离合器用的带传动。如图 12-44 所示为农机中广泛使用的带式离合器。当张紧轮将带压紧在带轮上时（图 a），主动轮通过带传动带动从动轮运动。当张紧轮将带放松后（图 b），带因弹力向外张开脱离了主、从动轮，这时主动轮尽管继续回转，从动轮将静止不动。

4）图 12-45 所示为室内滑雪场的高速缆车，用以将滑雪运动员送到坡顶。滑雪运动员坐在缆车支承部件的下端，缆车支承部件由各缆车驱动轮驱动沿着缆车导轨前行，缆车驱动轮由一系列 V 带传动。为了乘坐的舒适性，刚开始时缆车的速度应较低，然后逐步加速。为此，前一段的各级带传动均

---

①　参看阅读参考资料［5］。

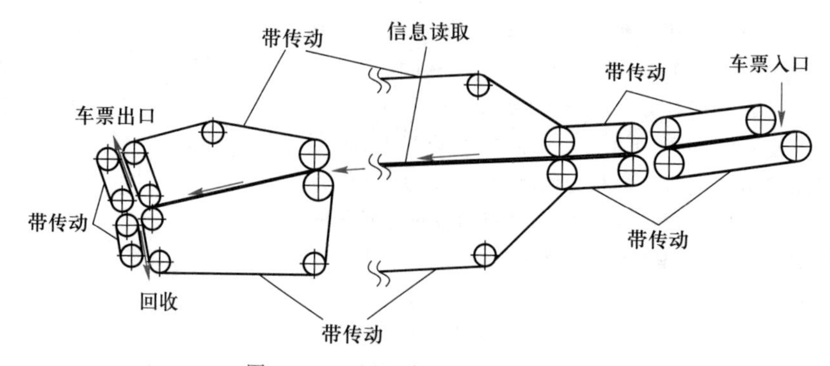

图 12-43 用于自动检票的带传动

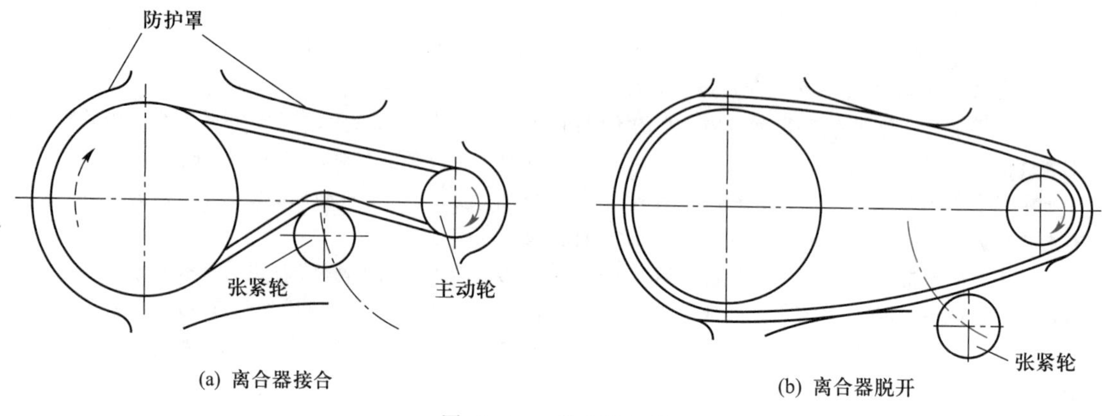

图 12-44 带式离合器

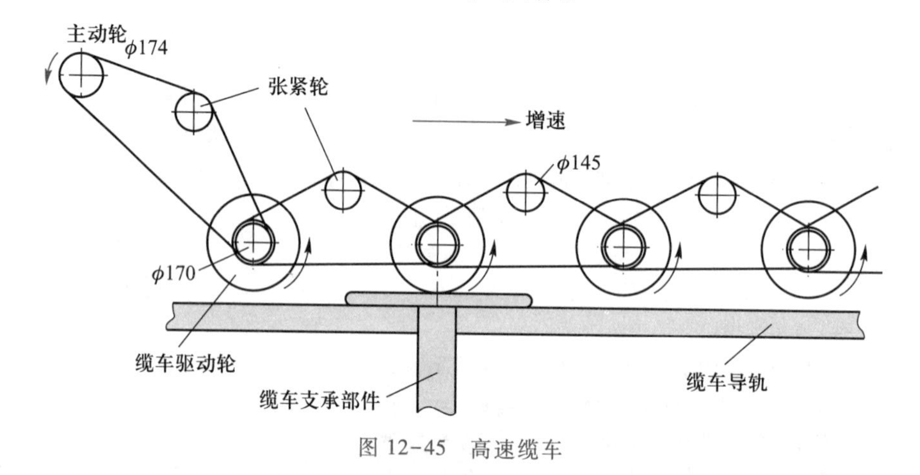

图 12-45 高速缆车

为增速传动(主动轮直径 $\phi 174$,从动轮直径 $\phi 170$),中间一段为匀速运动(主、从动轮直径相同),快到坡顶时又变为减速运动(主动轮直径 $\phi 170$,从动轮直径 $\phi 174$)。

2. 链传动机构

(1) 链传动的组成及类型

链传动是属于带有中间挠性件的啮合传动。它由中间挠性件(链条)和主、从动链轮及机架所组成。依靠链轮轮齿与链节的啮合来传递运动和动力(图 12-46)。

按用途不同,链可分为传动链、输送链和起重链。输送链和起重链主要用在运输和起重机械中,而在

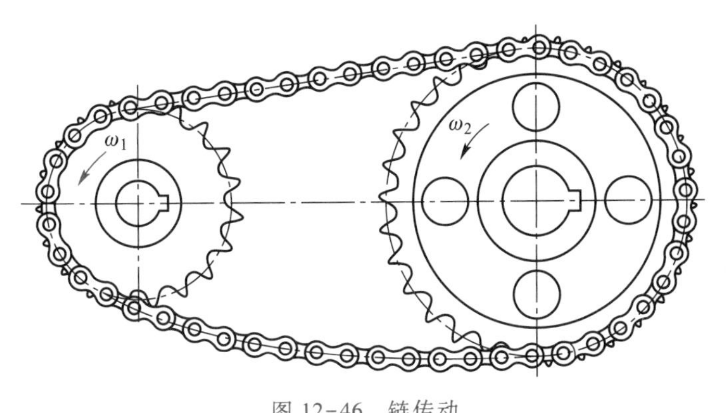

图 12-46　链传动

一般机械传动中，常用的是传动链。

与摩擦型带传动相比，链传动无弹性滑动和打滑现象，因而能保持准确的平均传动比，传动效率较高；又因链条不需要像带那样张得很紧，所以作用于轴上的径向压力较小；在同样使用条件下，链传动结构较为紧凑。同时链传动能在高温、速度较低、条件恶劣的环境下工作。与齿轮传动相比，链传动的制造与安装精度要求较低，成本低廉；在远距离传动时，其结构比齿轮传动轻便得多。链传动的主要缺点是：只能用于平行轴间同向回转的传动；运转时不能保持恒定的瞬时传动比；磨损后易发生跳齿；工作时有噪声；不宜在载荷变化很大和急速反向的传动中应用。

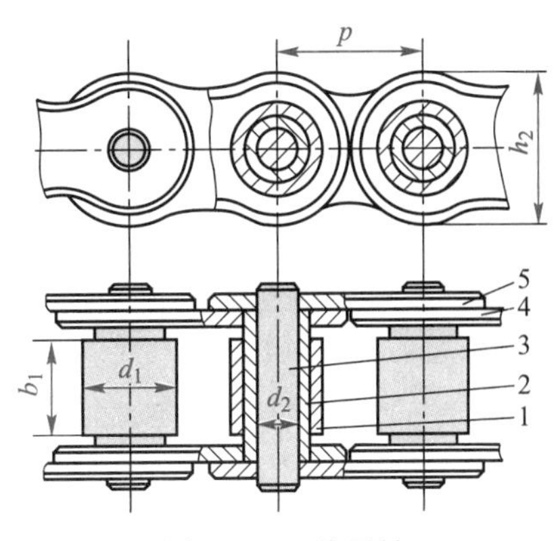

图 12-47　滚子链

传动链又有滚子链（图 12-47）和齿形链（图 12-48）两种，其中滚子链使用最广。

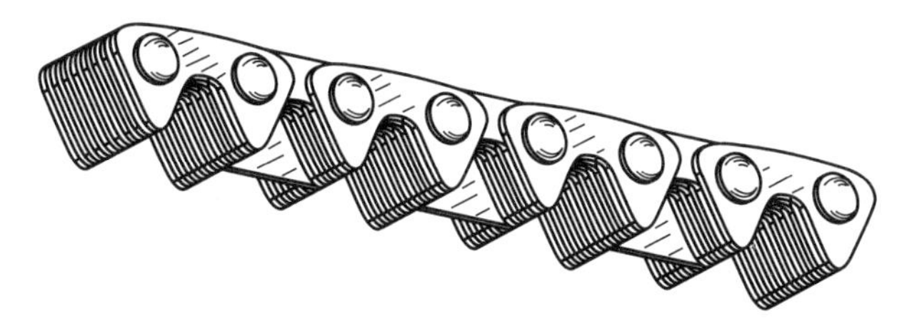

图 12-48　齿形链

（2）链传动的多边形效应

由于链并非真正的柔韧体，只是各链节能绕相邻链节的铰链转动而已，故当链绕上主、从动轮后，就形成了两个正多边形（图 12-49）。这表明它们的节曲线不是圆，因而不能保证瞬时传动比为常数，这个特性称为链传动的多边形效应。链轮的齿数越少，所用链的节距越大，多边形效应也越显著，瞬时传动比的变化幅度也越大。故对速度较高的链传动，小链轮的齿数不宜过少，而链的节距则宜小一些。

（3）链传动的应用举例

1）链传动可以按常规的方法用于一般传动，如自行车、摩托车等的链传动，也可以将其变异后再加以利用。如图 12-50 所示就将链传动变成了齿轮齿条传动。

2）由于很大的齿轮（如直径数米到数十米）加工困难，而链条节数的增多几乎不受限制，因而在一些传动精度要求不高的场合，如参观游览用的摩天轮的传动就常用链条围成的齿圈来代替齿轮，如图 12-51 所示。

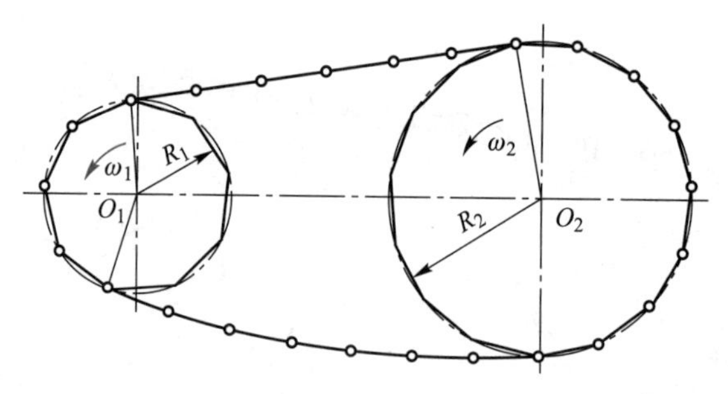

图 12-49 多边形效应

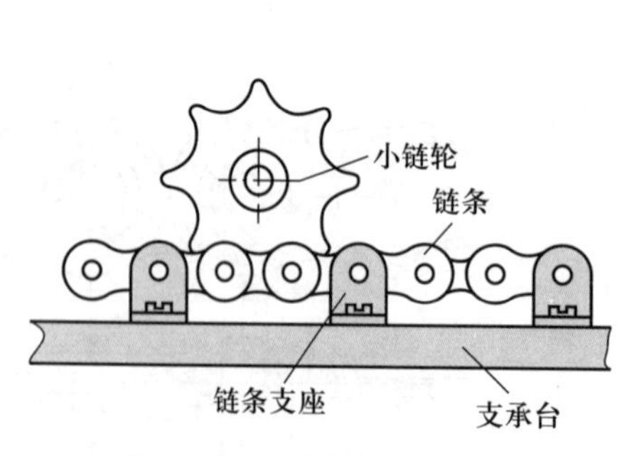

图 12-50 链条型齿条传动

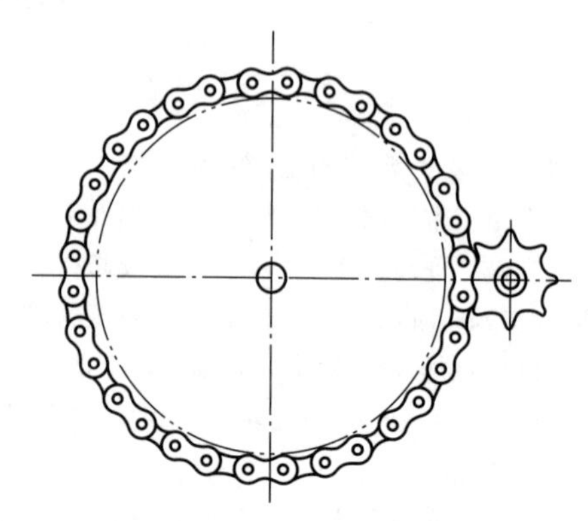

图 12-51 链条齿圈传动

3）一般说链条只能承受拉力而不能承受推力，但将链条适当改造，并加上引导装置，则链条也可承受推力。如图 12-52 所示的推送链由于有链盒、挡板等的引导，即可承受推力。由于它的行程大，所需空间尺寸小，而且动作灵活，所以在火炮炮弹的推送过程中得到广泛应用。推送链由链轮驱动，用头部推送炮弹，回程时链可收回链盒中。

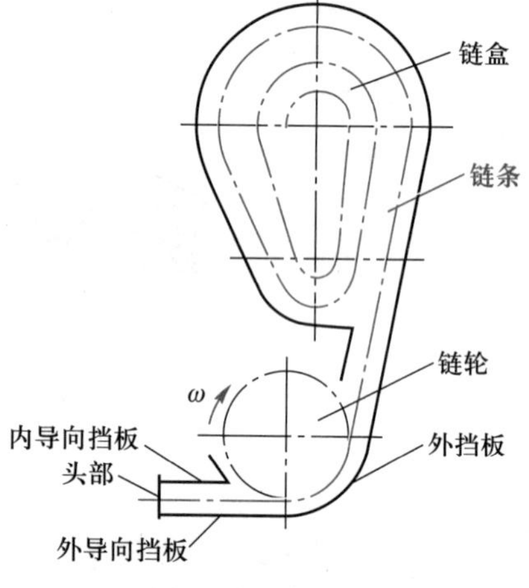

图 12-52 推送链

3. 绳索传动机构

（1）绳索传动的组成及类型

绳索传动是依靠中间挠性元件绳索来进行运动和动力传输的传动机构。传动用的绳索常用涤纶绳索和钢丝绳索等。为了固定及导向绳索，轮上一般开有绳槽。

绳索传动常见的有两类：一类是只能在一定的范围内往复运动的绳索传动，如图 12-53a 所示的带动电梯轿厢升降的绳索传动就是一例。轿厢的升降由驱动轮的正反转来实现，对重不仅提供了钢丝绳中的初张力，还使电梯在升降时省力省电。图 10-44 中的调谐机构的绳传动也是一例，在该传动中为了避免绳在驱动轮上的滑动，绳的两端皆固定在驱动轮上。另一类是可连续单向传动的绳索传动机构，如图 12-53b 所示的货运索道或缆车就是其例，为保持传动钢丝绳的张紧，其从动轮是可移动的，用重锤等使之张紧。当传动的距离较大时，应在驱动轮和从动轮之间设置多个钢丝绳支托滑轮。绳索传动还可利用引导滑轮使之改变传动方向。

（2）绳索传动的特点和应用

绳索传动类似于带传动，但又不同于带传动。绳可以绕鼓轮很多圈，或者绳的端部固接在鼓轮上，从而避免打滑现象。绳索传动可以通过复杂路径长距离传递运动和动力。绳索传动最突出的缺点是运动响

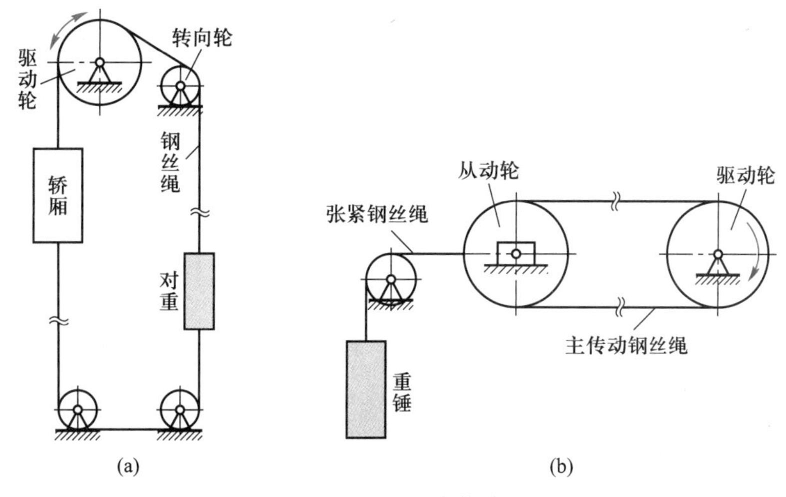

图 12-53　绳索传动

应的滞后性,这是由于长的绳索拉伸刚度较小易产生拉伸变形所致,同时绳与轮间也不可避免地存在弹性滑动,这都会影响它传递运动的灵敏性和准确性。

绳索传动在矿山机械、建筑机械、起重设备、索道、电梯等领域得到广泛应用。近年来,钢丝绳传动在一些精密传动系统中也有应用,例如某星载精密定向机构中的绳索传动(图 12-54)由驱动轴(主动轮)和从动轮以及连接两轮的钢丝绳组成,两轮上分别开有钢丝绳导向绳槽。为了提高钢丝绳的承载能力、避免打滑,钢丝绳先在主动轮上缠绕数周后再以“8”字形交叉缠绕在从动轮上。钢丝绳一端直接固连在从动轮上,另一端通过弹簧连接在从动轮上,弹簧的作用是使钢丝绳张紧。由于钢丝绳短,载荷小,又是几根钢丝绳平行传动,这就大大提高了运动传递的灵敏性和准确性,运动精度甚至优于精密的齿轮传动,而结构却比齿轮系统简单,成本也低。

绳索牵引传动由于其结构简单、重量轻、惯性小、负载能力和工作空间大、运动速度高等优点,在大型并联机构中的应用受到越来越多的重视。如我国建造的大型射电望远镜,30 t 重的馈源舱由绳牵引来跟踪天体的运动,运动的范围达数十米,最小定位精度小于 10 mm。绳牵引精度不足的问题可由精调装置和软件来弥补。

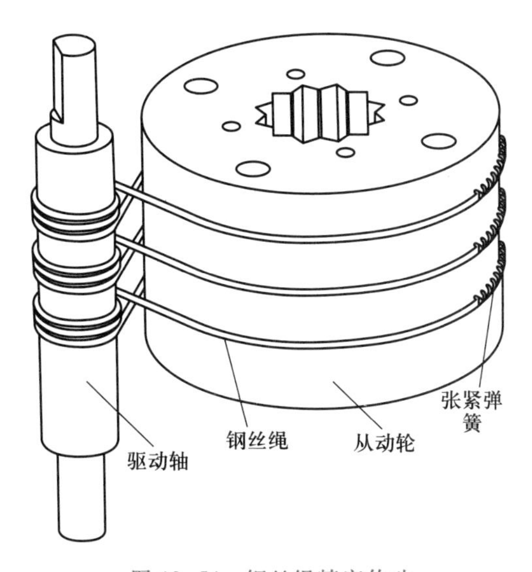

图 12-54　钢丝绳精密传动

12.4 组合机构

由于现代机械工程对机械运动形式、运动规律和动力性能等要求的多样性和复杂性，以及各种基本机构性能的局限性，使得仅采用某种基本机构往往不能很好地满足设计要求。因而常把几个基本机构组合起来应用，这就构成了组合机构(combined mechanism)。利用组合机构不仅能满足多种设计要求，而且能综合发挥各种基本机构的特点，所以其应用越来越广泛。

本节所介绍的组合机构并不是几个基本机构的一般串联，而往往是一种封闭式的传动机构，或特殊的串联或并联机构。而所谓封闭式传动机构，则是利用一个机构去约束或封闭另一个多自由度机构，使其不仅具有确定的运动，而且可使从动件具有更为多样化的运动形式或运动规律。在图 12-55 所示的齿轮-连杆组合机构中，如果两齿轮不相啮合，则为一个具有两个自由度的五杆机构。现因两齿轮啮合，将构件 1、2 的运动封闭起来(即增加了一个约束)，使机构不仅具有确定的运动，而且其连杆 4 上描点 M 能描绘出非常复杂的连杆曲线。

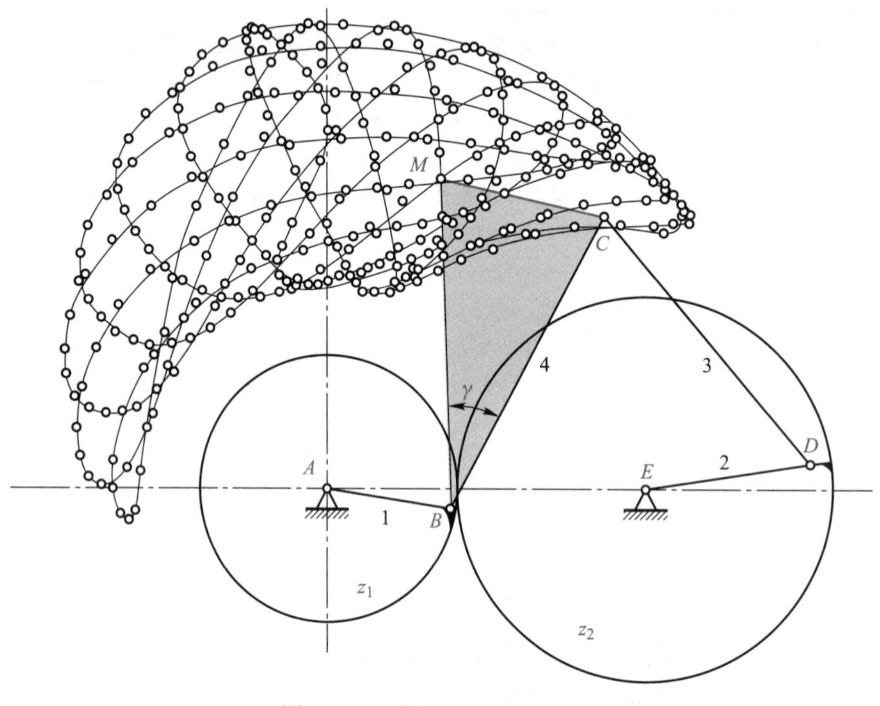

图 12-55 齿轮-连杆组合机构

组合机构可以是各种基本机构的组合，下面分别作简略介绍。

1. 联动凸轮组合机构

在许多设备中，为了实现预定的运动轨迹，常采用由两个凸轮机构组成的联动凸轮组合机构。图 12-56a 所示即为一个联动凸轮组合机构(实际机构中凸轮将同轴安装，视为同一构件，如图 2-58b 所示)。在此机构中，利用凸轮 A 及 B 的协调配合，控制 E 点的 x 及 y 方

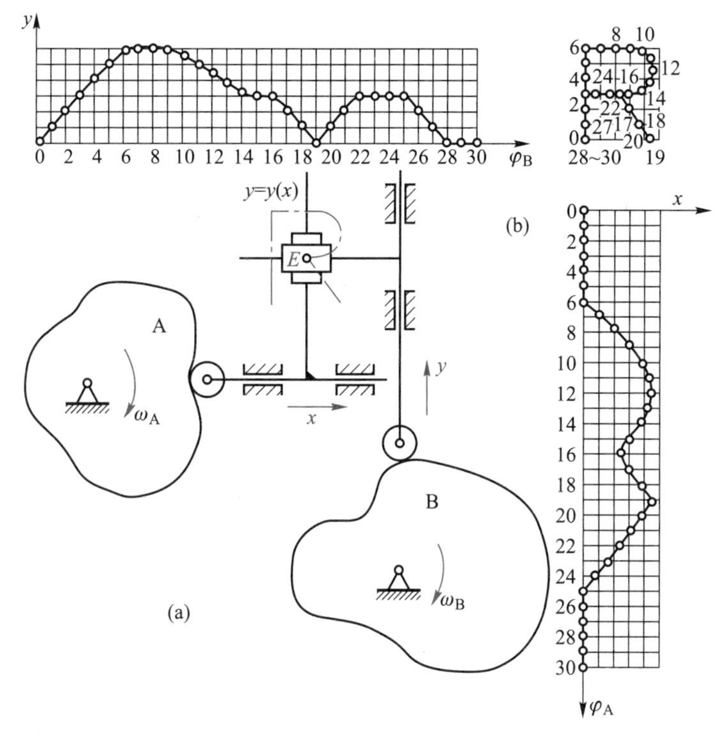

图 12-56　联动凸轮机构的设计

向的运动,使其准确地实现预定轨迹 $y=y(x)$。

设计这种机构时,应首先根据所要求的轨迹 $y=y(x)$算出两个凸轮的推杆运动规律 $x=x(\varphi_A)$及 $y=y(\varphi_B)$,如图 12-56b 所示,然后就可按一般凸轮的设计方法分别设计出两凸轮的轮廓曲线。

图 12-57 所示为在圆珠笔芯装配线上的自动送进机构,为了实现笔芯的步进式送进,该机构中采用了联动凸轮机构。主动轴上的盘形凸轮 1 控制托架 3 上下运动,从而将圆珠笔芯 5 抬起和放下;端面凸轮 2 及推杆 6 控制托架 3 左右往复运动。上述两运动的合成,使托架 3 沿轨迹 K 运动,从而达到使圆珠笔芯步进式地向前送进的目的。

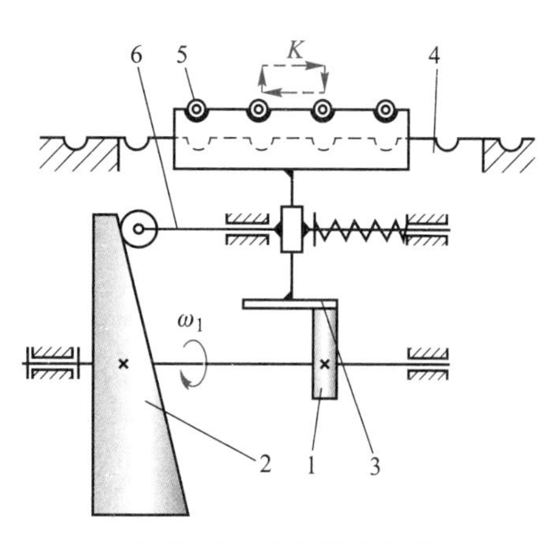

图 12-57　自动送进机构

2. 凸轮-齿轮组合机构

应用凸轮-齿轮组合机构可使从动件实现多种预定的运动规律,如具有复杂运动规律的间歇运动、校正装置中的补偿运动等。

图 12-58 所示为凸轮-齿轮组成的校正机构,这类校正机构在齿轮加工机床中应用较多。其中,蜗杆 1 为主动件,如果由于制造误差等原因,使蜗轮 2 的运动输出精度达不到要求时,则可根据输出的误差,设计出与蜗轮 2 固装在一起的凸轮 2′的轮廓曲线。当此凸轮 2′

与蜗轮 2 一起转动时，将推动推杆 3 移动，推杆 3 上齿条又推动齿轮 4 转动，最后通过差动机构 K 使蜗杆 1 得到一附加转动，从而使蜗轮 2 的输出运动得到校正。

图 12-59 所示是凸轮-齿轮组合机构的另一个应用实例。主动蜗杆 1 在等速转动的同时，又受凸轮 2 的控制作轴向移动，适当选择凸轮的轮廓曲线，可使蜗轮 3 得到预期的运动规律。

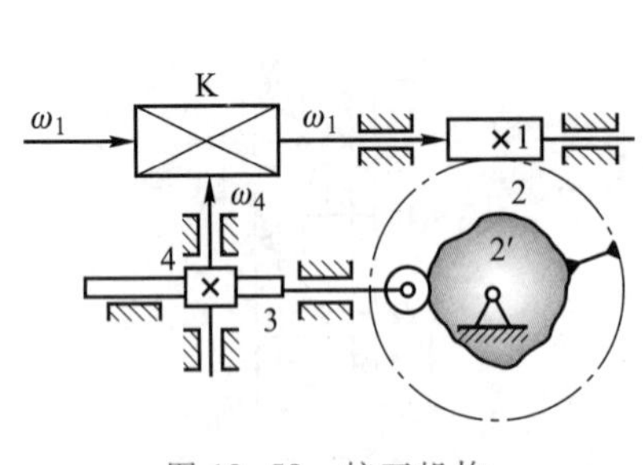

图 12-58 校正机构

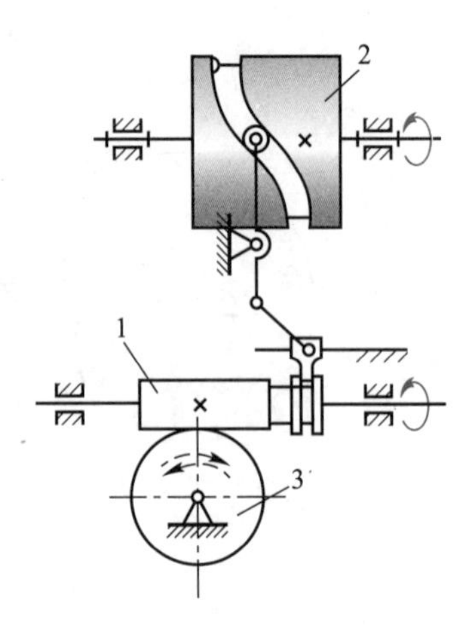

图 12-59 凸轮-齿轮组合机构

3. 凸轮-连杆组合机构

应用凸轮-连杆组合机构可以实现多种预定的运动规律和运动轨迹。

图 12-60 所示为能实现预定运动规律的几种简单的凸轮-连杆组合机构。图 12-60a、b 所示的组合机构，实际相当于连架杆长度可变的四杆机构；而图 12-60c 所示机构，则相当于连杆长度（即$\overline{BD}$）可变的曲柄滑块机构。这些机构，实质上是利用凸轮机构来封闭具有两个自由度的五杆机构。所以，这种组合机构的设计，关键在于根据输出的运动要求设计凸轮的轮廓。

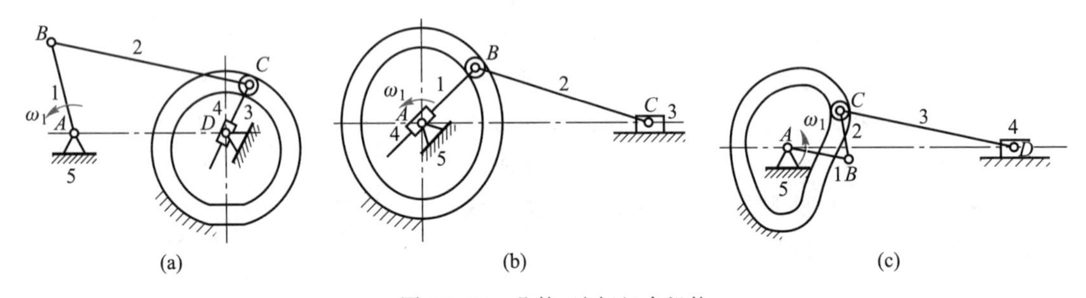

图 12-60 凸轮-连杆组合机构

图 12-61a 所示为能实现预定轨迹的凸轮-连杆组合机构。在设计此机构时，先根据结构条件选定构件 1、2 及 3 的尺寸，并设在构件 1 等速回转的同时，连杆上的 C 点沿预定的轨迹曲线 S 运动，这时构件 4 的运动即完全确定，于是可求得构件 4 与构件 1 之间的运动关系$s_D(\varphi_1)$；然后按此关系即可设计出与构件 1 固连的凸轮轮廓曲线。设计步骤参看图 12-61b。

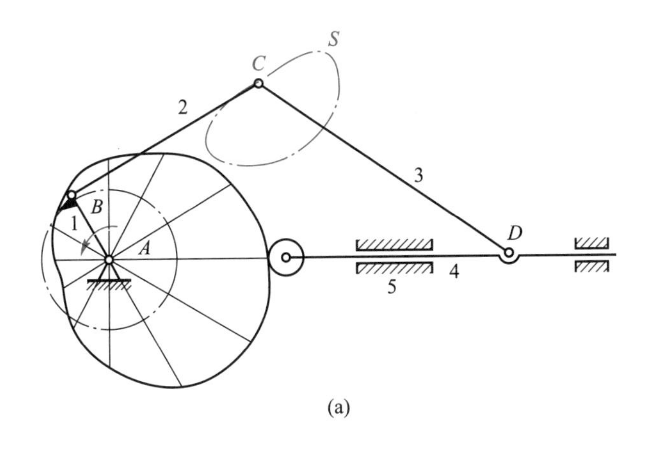

(a)

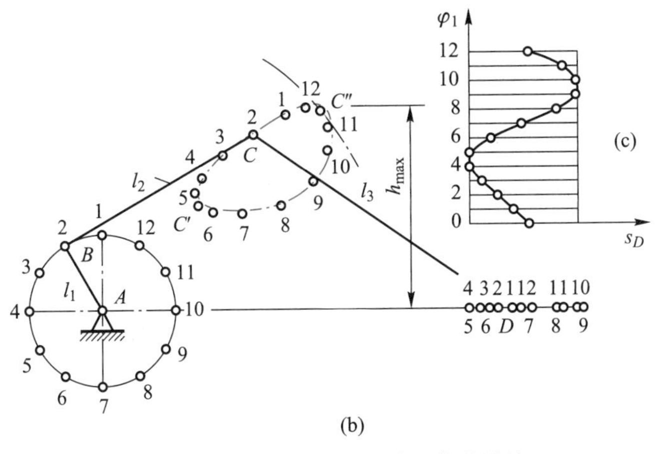

(b)

图 12-61　凸轮-连杆组合机构的设计

图 12-62 所示为用于封罐机上的凸轮-连杆组合机构。当主动件 1 转动时,固定凸轮控制从动件 2 的端点 C 沿接合缝 5 运动,从而达到将罐头筒封口的工作要求。改换凸轮轮廓曲线,可以达到对不同筒形罐头封口的目的。

图 12-63 所示为饼干、香烟等包装机的推包机构中所采用的凸轮-连杆组合机构。其推包头 T 可按点画线所示轨迹运动,从而达到推包目的。

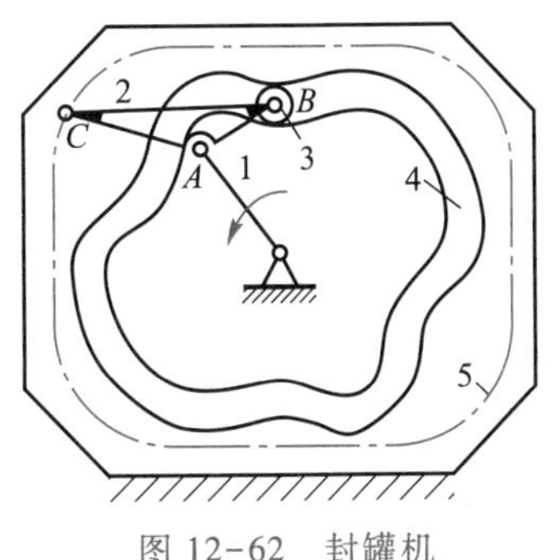

图 12-62　封罐机

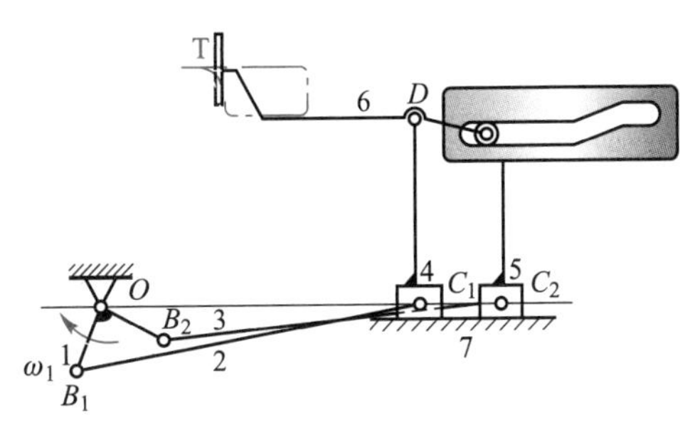

图 12-63　推包机构

4. 齿轮-连杆组合机构

应用齿轮-连杆组合机构可以实现多种运动规律和不同运动轨迹的要求。

图 12-64 所示为一典型的齿轮-连杆组合机构。四杆机构 *ABCD* 的曲柄 *AB* 上装有一对齿轮 2′和 5。行星轮 2′与连杆 2 固连,而太阳轮 5 空套在曲柄 1 的轴上。当主动曲柄 1 以 ω_1 等速回转时,从动轮 5 作非匀速转动。由于

$$i^{1}_{52'}=(\omega_5-\omega_1)/(\omega_{2'}-\omega_1)=-z_{2'}/z_5$$

且 $\omega_{2'}=\omega_2$,故有

$$\omega_5=\omega_1(1-i^{1}_{52'})+\omega_2 i^{1}_{52'}$$

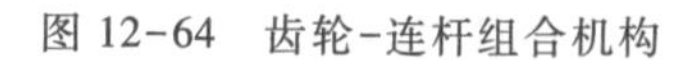

图 12-64　齿轮-连杆组合机构

式中,ω_2 为连杆 2 的角速度,其值作周期性变化。

由上式可知,从动轮 5 的角速度 ω_5 由两部分组成:一为等角速度部分 $\omega_1(z_5+z_{2'})/z_5$;二为作周期性变化的角速度部分 $-\omega_2 z_{2'}/z_5$。改变各杆的尺寸或齿轮齿数,可使从动轮获得不同的运动规律。在设计这种组合机构时,可先根据实际情况初步选定机构中各参数的值,然后进行运动分析,当不满足预期运动规律时,可对机构的某些参数进行适当调整。

图 12-65 所示为齿轮-连杆组合机构。其中,内齿轮 1 固定,当行星架 2 转动时,行星齿轮 3($z_3=z_1/5$)上 *A* 点的轨迹为内摆线,其每一支近似为圆弧。若取连杆 4 的长度等于该圆弧的半径,则当 *A* 点在 $\widehat{ab}$ 段上运动时,滑块 5 将作较长时间的近似停歇。

图 12-66 所示为钢板传送机构中采用的齿轮-连杆组合机构。齿轮 1 与曲柄固连,齿轮 2、3、4 及构件 *DE* 组成差动轮系。该轮系的轮 2 由轮 1 带动,而行星架 *DE* 由四杆机构带动。因此,从动轮 4 作变速运动,以满足钢板传送的需要。

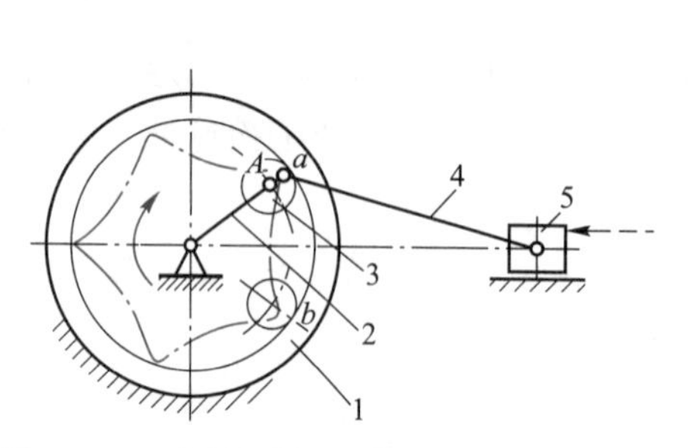

图 12-65　齿轮-连杆组合的长时间停歇机构

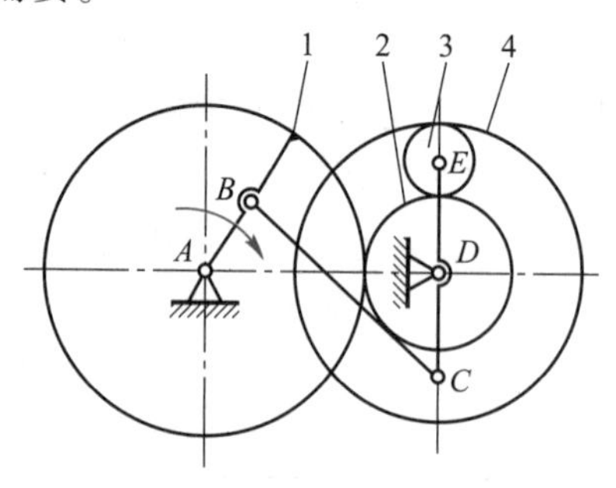

图 12-66　钢板传送机构

应用齿轮-连杆组合机构的连杆曲线来实现预定的轨迹,多采用图 12-55 所示的齿轮-五杆机构。改变 1 和 2 的相对相位角、传动比以及各杆的相对尺寸等,就可以得到不同的连杆曲线,其连杆曲线的丰富程度远非普通四杆机构的连杆曲线所能达到。

图 12-67 所示为振摆式轧钢机送料机构上采用的齿轮-连杆组合机构。主动轮 1 同时带动齿轮 2 和 3 转动,连杆上的 *F* 点描绘出图示的轨迹,对此轨迹的要求是:轧辊与钢坯开始接触点的咬入角 α 宜小,以减轻送料辊的载荷;直线段 *L* 宜长,以提高轧钢的质量。

组合机构还可以有其他许多形式,这里不再介绍。

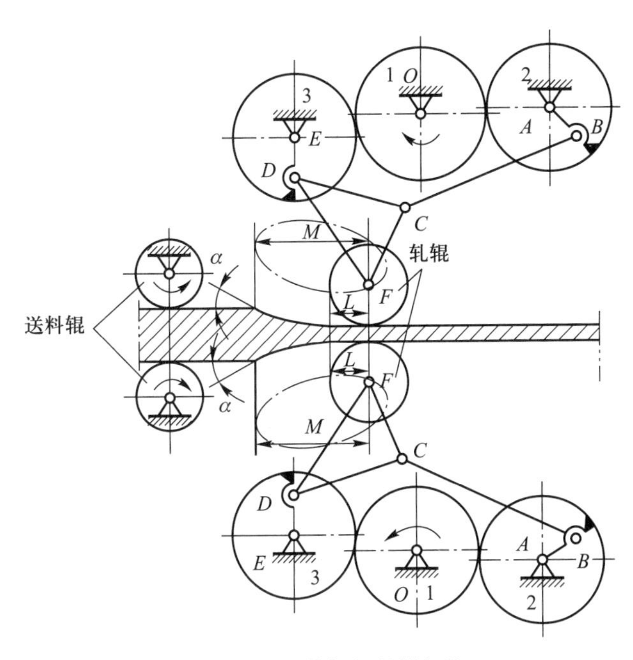

图 12-67　轧钢机送料机构

12.5　含有某些特殊元器件的广义机构

随着科技和国民经济的高速发展,各行各业对现代机械提出了各式各样的特殊要求,要满足这些特殊要求,仅仅依赖一般的机械传动往往显得力不从心,甚至是无能为力。因此,现代机械发展的一个趋势是研究机、电、气、液、光、磁、热等的综合运用。实际上,在各种机械中,现在已经广泛地采用着不少含有电磁元件、气动液压元件、光敏元件、热敏元件等某些特殊元器件的机构。将含有某些特殊元器件的机构称为广义机构。广义机构的引入,大大地扩大了机械的功能。下面举例加以说明。

图 12-68 所示为计算机输出设备之一的针式打印机打印头的示意图。图中仅示出了打印头的一部分。每根打印针对应一个电磁铁。每接到一个电脉冲信号,电磁铁吸合一次,其衔铁打击打印针的尾部,打印针头就在打印纸上打出一个点,而字符由一系列点阵组成。在开具票据的多联打印中针式打印几乎是不可缺少的。

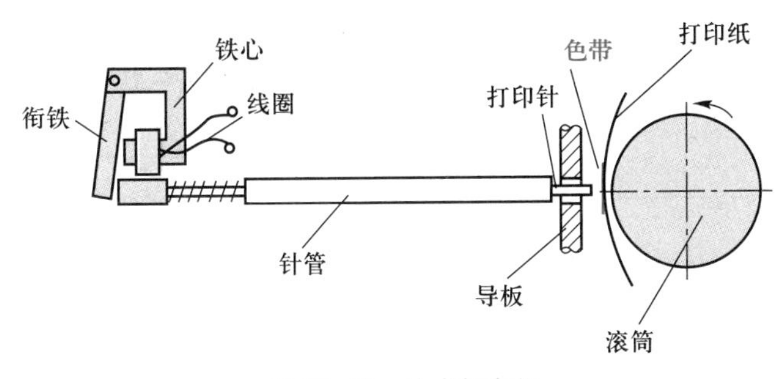

图 12-68　针式打印机

图 12-69 所示为一用于操纵机械手夹持器的气动装置。当电磁三通阀 2 通电时，阀芯右移，压缩空气由气泵 1 经三通阀 2 进入气缸 4 的左端，使活塞 5 右移，借活塞杆前端的锥体，使机械手夹持器将物体 10 夹紧。当需将物体 10 松开时，电磁三通阀 2 断电，阀芯左移，气源关断，气缸 4 左端的气体经三通阀 2 排空，活塞 5 靠弹簧 6 的回复力向左退回，使机械手夹持器松开。

图 12-70 所示为一压力机上的自动安全装置。由图可见，若工人的肢体进入机器的危险地区，光源即被遮断，于是包括光电管的电路成为断路，继电器失电，推杆受弹簧的作用摆向虚线位置，离合器脱开，机器停止运转，从而避免工人肢体受伤。

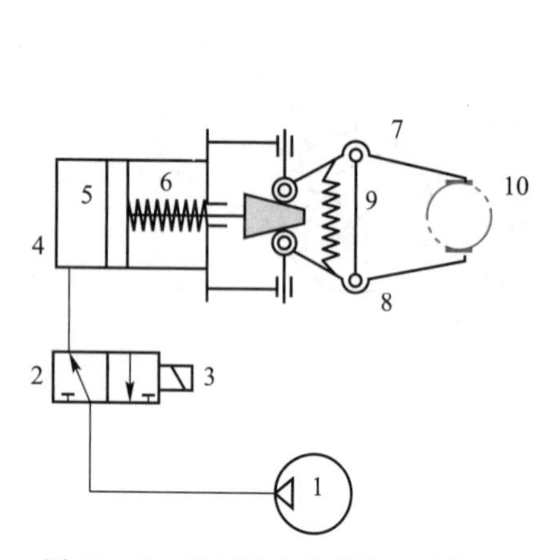

图 12-69　机械手夹持器的气动装置

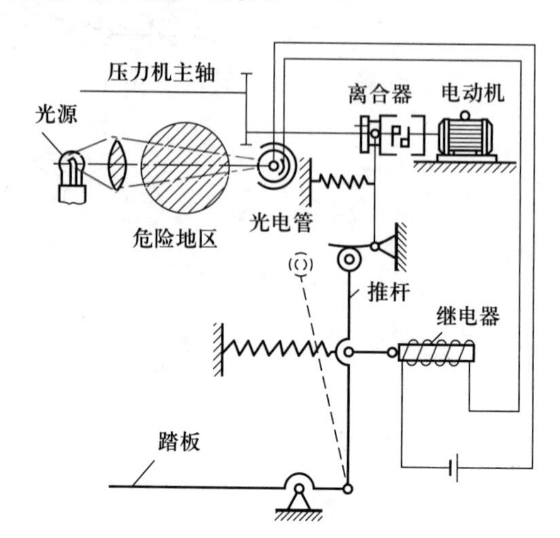

图 12-70　自动安全装置

图 12-71 所示为一镗刀径向自动补偿的微调装置。当压电陶瓷元件 8 上施加一正向电压时，压电陶瓷元件向左伸长，推动装在刀体 1 中的滑柱 7、方形楔块 6 和圆柱楔块 2，借助斜面将固定镗刀 4 的刀套 3 顶起，实现镗刀 4 的一次微量进给（进给量约为 0.1 μm）。而当压电陶瓷元件 8 上通上反向电压时，它则向右收缩，楔块 6 在弹簧力的作用下向下移动，自

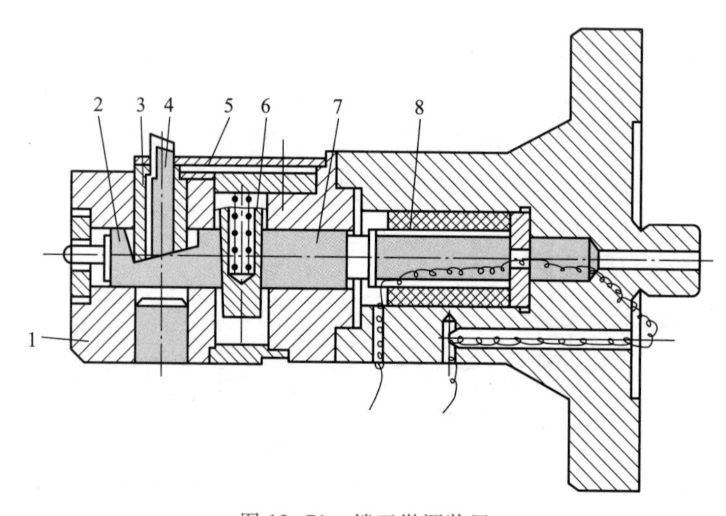

图 12-71　镗刀微调装置

动填补压电陶瓷元件收缩时所产生的空隙。当再次在压电陶瓷元件上通上正向电压时，镗刀又会产生一次微量进给。因此，在压电陶瓷件上通上一定次数的正向脉冲电压，就可获得所需要的微量补偿量。镗刀总的位移量约 0.1 mm。这种装置的缺点是镗刀头不能自动缩回。

上述镗刀的微调装置是一种微位移机构。各种不同形式的微位移机构广泛地应用在精密机械、仪表及加工设备中。

微位移机构和以极低速度运行的机构，如果设计不良，常会出现所谓“爬行现象”，即机构的执行构件不能紧随其主动件的运动而运动，而是时动时停，一步步地爬行。产生这种现象的主要原因是由于运动副元素间的摩擦力不稳定和传动构件的弹性变形所造成。

在设计微位移机构和以极低速度运动的机构时，为避免或减轻爬行现象的影响，应设法提高系统的刚度（如采用尽可能短的运动链等），降低运动副中的摩擦阻力（如采用滚动摩擦等），减小动、静摩擦因数的差（如用特殊的润滑剂等），或者采用柔性铰链。图 12-71 所示的镗刀调整装置中既有短的传动链，又有大的传动刚度，故可实现亚微米的微量调整。

思考题及练习题

12-1　棘轮机构除常用来实现间歇运动的功能外，还常用来实现什么功能？

12-2　某牛头刨床送进丝杠的导程为 6 mm，要求设计一棘轮机构，使每次送进量可在 0.2～1.2 mm 之间作有级调整（共 6 级）。设棘轮机构的棘爪由一曲柄摇杆机构的摇杆来推动，试绘出机构运动简图，并作必要的计算和说明。

12-3　试设计一棘轮机构，要求每次送进量为 1/3 棘轮齿距。

12-4　当电子钟表电压不足时，为什么步进式电子钟表的秒针只在原地振荡，而不能作整周回转？（参见图 12-6c）

12-5　图 12-72 所示为一双向超越离合器，当其外套筒 1 正、反转时，均可带动星轮 2 随之正、反转。试问，当拨爪 4 以更高的速度正、反转时，星轮 2 将作何运动？

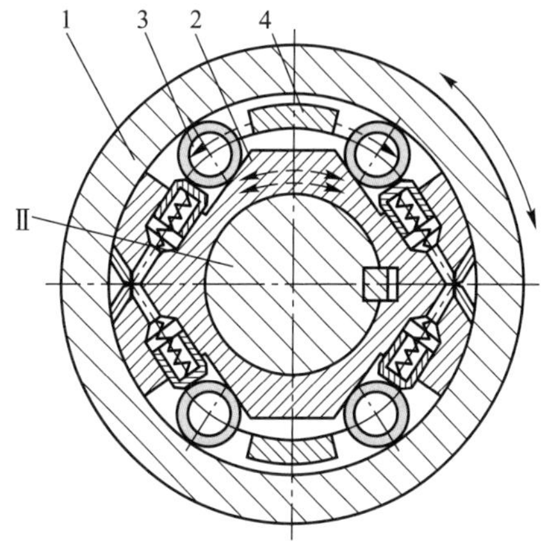

图 12-72　双向超越离合器

12-6　为什么槽轮机构的运动系数 k 不能大于 1？

12-7　为避免槽轮机构工作时的刚性冲击和非工作时的游动，在设计时必须注意什么？应如何确定缺口弧 $\widehat{mm}$ 的尺寸（参见图 12-11）？

12-8　某自动机的工作台要求有六个工位，转台停歇时进行工艺动作，其中最长的一个工序为 30 s。现拟采用一槽轮机构来完成间歇转位工作，试确定槽轮机构主动轮的转速。

12-9　为什么不完全齿轮机构主动轮首、末两轮齿的齿高一般需要削减？加上瞬心线附加杆后，是否仍需削减？为什么？

12-10　棘轮机构、槽轮机构、不完全齿轮机构及凸轮式间歇运动机构均能使执行构件获得间歇运动，试从各自的工作特点、运动及动力性能分析它们各自的适用场合。

12-11　擒纵机构也是一种间歇运动机构，应用这种机构的主要目的是什么？你能利用擒纵机构设计一种高楼失火自救器吗?

12-12　在如图 12-14 所示的单轴六角自动车床转塔刀架中,已知其六槽轮机构的槽轮静止时间 $t_j=5/6\ \mathrm{s/r}$,运动时间是静止时间的两倍。试求:

1)槽轮机构的运动系数 k;

2)所需的圆销数 n。

12-13　在如图 12-33b 所示 V 形摩擦轮传动机构中,设摩擦轮的槽形角为 α,其接触面的摩擦角为 φ,两轮的压轴力为 F_Q。当两轮在其接触面中点的半径分别为 r_1 和 r_2,试分析并给出该摩擦轮传动的传动比 i_{12}、传动接触面最大摩擦力 F_{max} 以及可传递的力矩 M_1 和 M_2 的计算公式。

12-14　结合如图 12-37 所示的双滚子-球面变速摩擦轮传动和双滚子-环面变速摩擦轮传动,试分析并给出它们的传动比 i_{12} 公式和传递力矩 M_1 和 M_2 的计算公式。

12-15　在图示的凸轮-连杆组合机构中(尺寸和位置如图 12-73 所示),拟使 C 点的运动轨迹为图示的 $abca$ 曲线。试说明该机构中的凸轮 1 和凸轮 2 的轮廓线设计的方法和步骤。

12-16　在图 12-74 所示的齿轮-连杆组合机构中,齿轮 a 与曲柄 1 固连,齿轮 b 和 c 分别活套在轴 C 和 D 上,试证明齿轮 c 的角速度 ω_c 与曲柄 1、连杆 2、摇杆 3 的角速度 ω_1、ω_2、ω_3 之间的关系为

$$\omega_c=(r_b+r_c)\omega_3/r_c-(r_a+r_b)\omega_2/r_c+r_a\omega_1/r_c$$

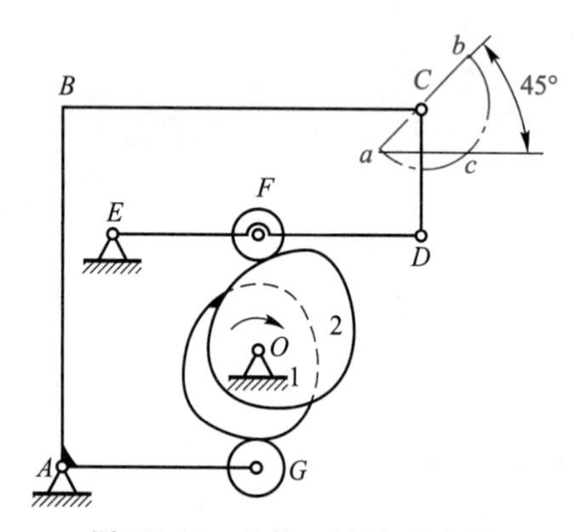

图 12-73　凸轮-连杆组合机构

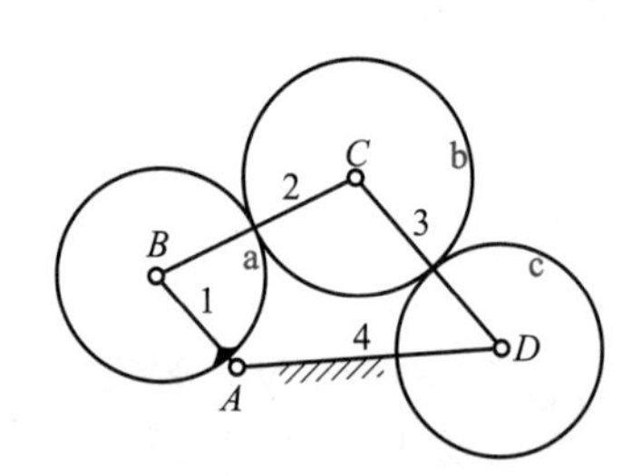

图 12-74　齿轮-连杆组合机构

12-17　在精密机械中,要获得准确的微位移或匀速的极低速运动,为什么不能简单地依靠增大机械传动系统的传动比来实现?什么是"爬行现象"?消除或减小爬行现象的主要措施有哪些?

12-18　其他机构的类型还很多,再试列出一两种来。

阅读参考资料

[1] 陈作模. 机械原理学习指南[M]. 5 版. 北京:高等教育出版社,2008.

[2] 邹慧君,殷鸿梁. 间歇运动机构设计与应用创新[M]. 北京:机械工业出版社,2008.

[3] 吕庸厚. 组合机构设计与应用创新[M]. 北京:机械工业出版社,2008.

[4] 刘昌祺,刘庆立,蔡昌蔚. 自动机械凸轮机构实用设计手册[M]. 北京:科学出版社,2013.

[5] 濮良贵,陈国定,吴立言. 机械设计[M]. 10 版. 北京:高等教育出版社,2019.

第三篇　机械方案设计

机械设计的关键是方案设计，即机械的工作原理及其机构方案（简图）设计、运动及动力性能评价。机构方案设计不仅直接决定机械系统或产品的功能，还关系到技术的原创性、先进性以及产品的市场竞争力和社会经济价值。

机械方案设计也是卓越工程师培养和创造潜能激发最具挑战度的重要学习内容与实践训练环节。它包括机械系统（即机器）的方案设计和机器人机构的设计。而机器人机构设计是现代机械设计的一个典型，也是现代机械重要发展方向之一。

本篇内容的教学将与机械原理课程设计相配合，需要以兴趣为驱动，以问题为导向。鼓励学生自主组队和选题，以项目式教学实践强化机械创新思维、团队协作精神和工程创造力，并将本篇内容与创新创业教育结合起来。

织布机（南宋）

第13章

机械系统的方案设计

13.1 概　　述

机械是人类完成各种设想的执行者，没有机械的帮助，人类的种种美好设想都只能停留在脑海中。因此，人类创造了各种各样的机械。为此，需要再进一步了解机械系统及其设计要求和设计过程。

1. 机械系统及其设计问题

（1）机械系统

机械系统（机械装置、机械产品）是指实现某特定目的或完成某特定功能（用途、作业）的执行系统或执行装置。从运动观点来看，机械系统或装置是由许多构件与运动副或若干机构组成的。从用途或功能来看，机械系统具有某特定用途或实现某特定的功能要求，即实现能量、物料和信息的变换或传递的功能。故机器即机械系统或机械装置，应具有能量、物料及信息输入和输出的界面，其系统的设计内容，就是借助于某种物理的技术手段来完成能量流、物料流及信息流状态的变换。因此，机械系统是一个物理系统，应具有物理性质，其功能可表示为如图 13-1 所示的模型。

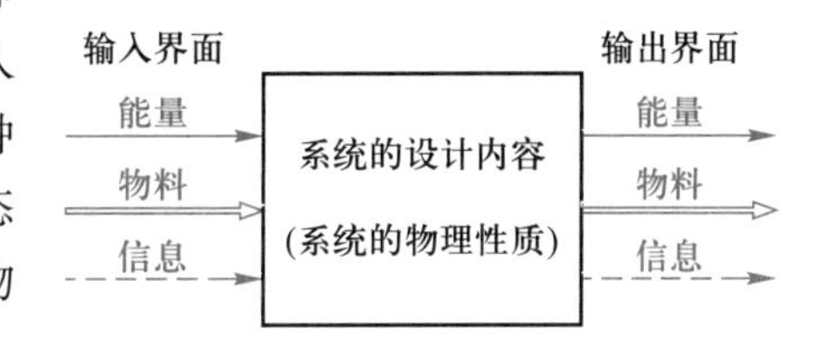

图 13-1　机械系统的功能模型表示

未来的机械系统（装置或产品）将由机械、电子及软件三部分组成，不论机械系统（装置或产品）如何电子化，甚至智能化，但几乎所有机械系统都需要通过机械界面来面对使用者，且都需要机械设备来进行加工、装配，并由机械零部件来支撑和包容。因此，机械系统（装置或产品）设计首先要解决的是满足某特定用途或功能的系统机械结构设计的问题。

（2）功能及性能

所谓功能，是指机械系统期望的工作能力或性能输出，即表明系统需要做什么，系统本身是什么，设计开始时却是未知的，故功能只能是系统设计的一种期望。性能是指对功能或行为的度量，表示机械系统所完成的预定工作状况或程度，是系统的物理性质对输入能量、物料和控制所产生的反应。通常可以采用分析、模拟、测量的方法找到其实际的性能，并与其期望的性能相对比，以判断其是否达到预设功能和性能要求。

至于满足机械系统设计功能及性能要求的过程已在本书绪论一章中作了介绍，可参见图 1-4，其主要包含产品规划、方案设计、详细设计及试制试验四个阶段。一般在产品规划完成之后，其方案设计则是整个机械设计中极其重要的一环，设计得正确、合理与否，将影响机械的功能，机械的性能、质量，制造成本与维护费用以及产品竞争力。因此，这也是本章所要研究的主要内容。

因为机械设计工作是一项创造性劳动，在设计之初许多问题和矛盾尚未暴露，因而上述的设计过程并不是一帆风顺的，也不会一次就能按部就班进行到底，而是不断出现反复和交叉，这是在设计中经常会遇到的正常现象。

另外，对于从事机械设计工作的工程技术人员，就要不断地深刻理解设计问题和设计原理，并跟踪掌握不断发展的高新技术，了解市场变化的趋势，具有创造和系统的观点，只有如此，才能进一步提升机械方案设计的水准和产品先进性与竞争力。

2. 机械系统的方案设计

机械系统的方案设计是一项极富创造性的活动，要求设计者善于运用已有知识和实践经验，认真总结过去的有关工作，广泛收集、了解国内外的有关信息（如查阅文献、专利、标准，同有关人员交谈等），充分发挥创造性思维和想象能力，灵活应用各种设计方法和技巧，以设计出新颖、灵巧、高效的机械系统。

机械系统的方案设计一般按下述步骤进行。

1）拟定机械的工作原理。根据生产或市场需要，制定机械的总功能，拟定实现总功能的工作原理和技术手段，确定机械所要实现的工艺动作。

2）执行构件的运动设计和原动机的选择。根据机械要实现的功能和工艺动作，确定执行构件的数目、运动形式、运动参数及运动协调配合关系，并选定原动机的类型和运动参数。

3）机构的选型、变异与组合。根据机械的运动及动力等功能的要求，选择能实现这些功能的机构类型，必要时应对已有机构进行变异，创造出新型的机构，并对所选机构进行组合，形成满足运动和动力要求的机械系统方案，绘制系统的示意图。

4）机构的尺寸综合。根据执行构件和原动机的运动参数，以及各执行构件运动的协调配合要求，确定各构件的运动尺寸，绘制机械系统的机构运动简图。

5）方案分析。对机械系统进行运动和动力分析，考察其能否全面满足机械的运动和动力功能要求，必要时还应进行适当调整。运动和动力分析结果也将为机械的工作能力和结构设计提供必要的数据。

6）方案评审。通过对众多方案的评比，从中选出最佳方案。

13.2　机械工作原理的拟定

设计机械产品时，首先应根据使用要求、技术条件及工作环境等情况，明确提出机械所要达到的总功能；然后拟定实现这些功能的工作原理及技术手段；最后设计出机械系统方案。

所谓机械产品的功能，即其用途、性能、使用价值等，它是根据人们生产或生活需要提出来的。在确定机械产品的功能指标时应进行科学分析，以保证产品的先进性、可行性和经济性。实现机械功能的工作原理，决定着机械产品的技术水平、工作质量、系统方案、结构形式和成本等，特别是当前面对激烈的市场竞争和技术竞争，设计时必须发挥创造力，充分发挥各种“创造技法”（如类比法、推理法、仿生法、原点法①等），进行创造、创新，并借鉴同类产品成功的经验和最新科技成果，以便拟定出合理的工作原理。

实现同一种功能要求，可以采用不同的工作原理。例如，螺栓的螺纹可以车削、套螺纹，也可以搓螺纹。又如，加工螺旋弹簧，可采用图 13-2a 的绕制原理，也可采用图 13-2b 的直接成形原理②。不同工作原理的机械，其运动方案也就不同，而且即使采用同一种工作原理，也可以拟定出几种不同的机械运动方案。例如，在滚齿机上用滚刀切制齿轮和在插齿机上用插刀切制齿轮，虽同属展成加工原理，但由于所用的刀具不同，两者的机械运动方案也就不一样。

既然完成机械的功能要求可以根据不同的工作原理，拟定出许多不同的运动方案，那么其中必有好坏优劣之分，故在设计机械时，要对其工作原理和运动方案进行综合评价，以便从中选出最佳的工作原理和运动方案。

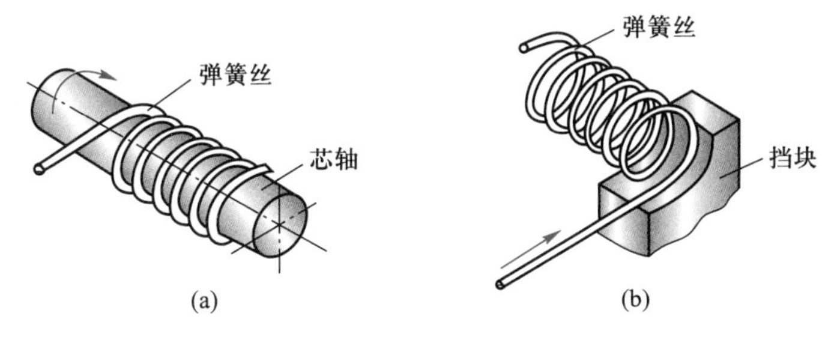

图 13-2 螺旋弹簧的绕制

机械的工作原理确定之后，为了便于设计，应将机械的总功能分解为许多分功能，并形成机械的工艺动作过程。例如，欲设计一台制作彩色电视机阴极盘中用的金属片（其直径为 ϕ10 mm，厚度为 0.8 mm）的机器，若决定采用冲制的工作原理，则其总功能可分解为送料、冲制、退回等分功能，其工艺动作过程如图 13-3 所示。

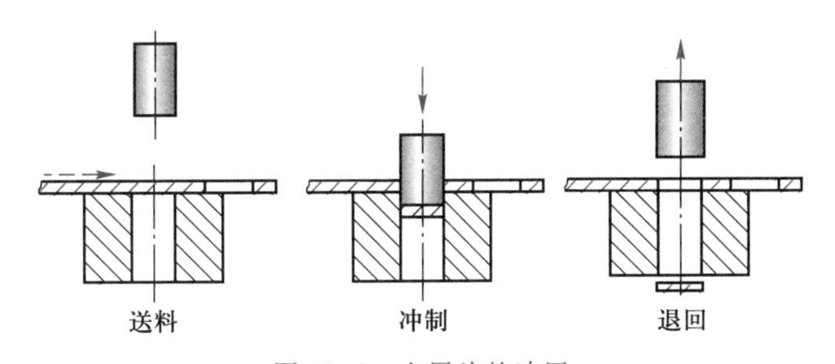

图 13-3 金属片的冲压

机械工艺动作的分解过程也是一个创造性的设计过程。工艺动作应力求简单、合理、可靠。进行机械工艺动作的分解，就可以确定执行构件的数目、各执行构件的运动形式、运动

① 原点法是指从设计问题的原点出发，从而找到问题答案的思维方式或创新技法。当按某一设计思路拟定设计方案难以进行时，只要回到设计问题的原点再换一个角度去思考，答案就可能会显现了。

② 弹簧丝用滚轮夹持并强制强力向前送进，弹簧丝遇到挡块后，就可自动弯曲成螺旋状（弹簧的直径由挡块的圆弧半径来确定，弹簧的节距由挡块的倾斜角度来确定）。

协调关系和基本运动参数，然后根据各执行构件的运动形式和基本运动参数合理选择各执行机构的形式，做出恰当的布置和组合，即可得到机械运动示意图。

在拟定机械的工作原理方案时，思路要开阔，要利用发散思维，考虑各种完成机械功能的可能性，能用最简单的方法实现同一功能的方案一般才是最佳方案。如某按摩椅为实现按摩动作，采用了如图 13-4 所示的原理方案，在一回转轴上倾斜地安装了两个偏心轮就完成了按摩的主要动作，其构思是非常巧妙的。因其质量中心和回转中心不重合，有振动按摩作用；因为采用两倾斜安装的偏心轮，故有向人体推压、向下推拉及横向扩展的按摩作用。至于按摩部位和按摩轻重则由被按摩人自行控制。如此设计，结构简单合理，造价低廉，也才能为一般消费者所接受。

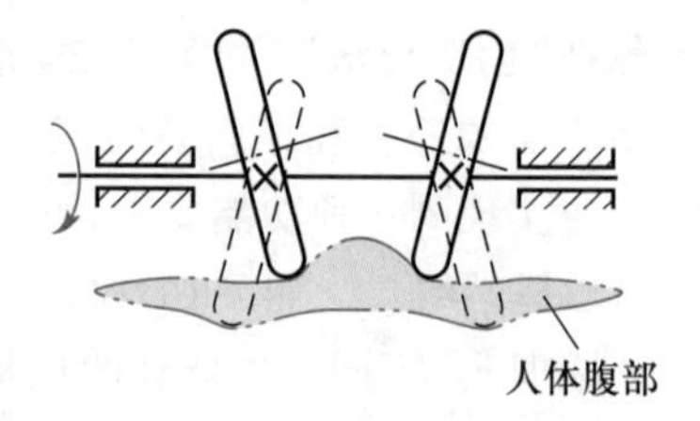

图 13-4　按摩轮

在拟定原理方案时，不要把思路局限在某一领域内，要拓宽到光、机、电、液各相关领域。如图 13-5 所示的分析天平，其测量精度要求为 0.01 mg。要达到如此高的精度，靠目力来读指针的微小偏转角是不可能的，故在该天平中最后增加了一级光学杠杆，把指针上的活动游标的位移放大后，投影到读数玻璃窗上，再通过游标读数，即可读出指针的微小偏移，从而提高测量的分辨率。这时若仍采用机械放大（如用齿轮杠杆等），则会因驱动力的极其微小，无法驱动齿轮杠杆等的偏转到位，反而降低了测量精度。

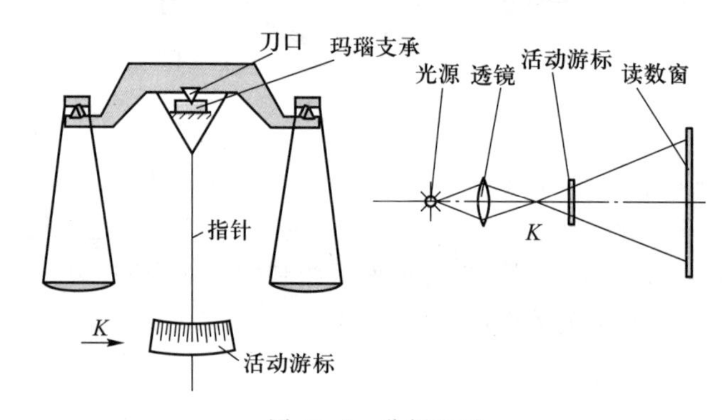

图 13-5　分析天平

13.3　执行构件的运动设计和原动机的选择

根据拟定的工作原理和工艺动作过程，确定执行构件的数目、运动形式、运动参数及运动协调关系，并选择恰当的原动机的类型和运动参数与之匹配。这是机械系统方案设计的重要一环。

1. 执行构件的运动设计

（1）执行构件的数目

执行构件的数目取决于机械分功能或分动作的数目的多少，但两者不一定相等，要针对机械的工艺过程及结构复杂性等进行具体分析。例如在立式钻床中，可采用两个执行构件（钻头和工作台）分别实现钻削和进给功能；也可采用一个执行构件（钻头）同时实现钻削和进给功能。

（2）执行构件的运动形式和运动参数

执行构件的运动形式取决于要实现的分功能的运动要求。常见的运动形式有回转（或摆动）运动、直线运动、曲线运动及复合运动等四种。前两种运动形式是最基本的，后两种则是简单运动的复合。

当执行构件的运动形式确定后，还要确定其运动参数，如回转运动的转速、往复摆动的摆角大小及行程速度变化系数等。执行构件运动形式和参数的选择，一般牵涉到专业知识问题，故不再作更深入的讨论。

2. 原动机的类型及其运动参数的选择

原动机的运动形式主要是回转运动、往复摆动和往复直线运动等。当采用电动机、液压马达、气动马达和内燃机等原动机时，主动件作连续回转运动；液压马达和气动马达也可作往复摆动；当采用油缸、气缸或直线电动机等原动机时，主动件作往复直线运动。有时也用重锤、发条、电磁铁等作原动机。

原动机选择得是否恰当，对整个机械的性能及成本、对机械传动系统的组成及其繁简程度将有直接影响。例如设计金属片冲制机时，冲头的运动既可采用电动机及机械传动来实现，也可采用液压缸及液压系统来得到，两者性能及成本明显不同。

电动机是机械中使用最广的一种原动机，为了满足不同工作场合的需要，电动机又有许多种类。一般用得最多的是交流异步电动机。它价格低廉，功率范围宽，具有自调性，其机械特性能满足大多数机械设备的需要。它的同步转速有 3 000 r/min、1 500 r/min、1 000 r/min、750 r/min、600 r/min 等五种规格。在输出同样的功率时，电动机的转速越高，其尺寸和重量也就越小，价格也越低。但当执行构件的速度很低时，若选用高速电动机，势必要增大减速装置，反而可能会造成机械系统总体成本的增加。

当执行构件需无级变速时，可考虑用直流电动机或交流变频电动机。当需精确控制执行构件的位置或运动规律时，可选用伺服电动机或步进电动机。当执行构件需低速大扭矩时，可考虑用力矩电动机。力矩电动机可产生恒力矩，并可堵转，或由外力拖着反转，故其也常用在收放卷绕装置中用作恒阻力装置。

在采用气动原动机时，需要气压源（许多工厂有总的气压源）。气压驱动动作快速，废气排放方便，无污染（但有噪声）。气动难获得大的驱动力，且运动精度较差。

采用液压原动机时，一般一台设备就需要一台液压源，成本较高。液压驱动可获得大的驱动力，运动精度高，调节控制方便。液压液力传动在工程机械、机床、重载汽车、高级小轿车等中的应用很普遍。

由普通交、直流电动机与可实时控制的伺服（或步进）电动机联合驱动一个多自由度（一般为 2 自由度）的机构的驱动方式称为混合驱动。混合驱动增大了机器工作的柔性，使其工作范围和性质能在一定范围内变化，以改善机器的工作性能，提高机器工作精度和适应性。如图 13-6 所示为一个混合驱动的冲床，由交流电动机带动主曲柄 1 回转，由伺服电动机通过螺杆带动辅助滑块 6 往复移动，从而

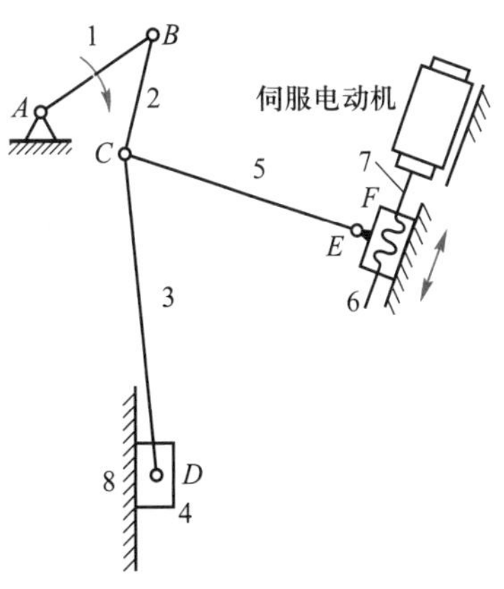

图 13-6　混合驱动冲床

使主滑块 4 的行程和运动速度规律按需要而变化，以满足不同工艺过程（冲裁、冲压、拉伸）和冲制不同板材厚度的需要。在设计混合驱动时，应使主运动和主功率由普通电动机获得，辅助运动和功率才由伺服电动机产生（因功率较大的伺服电动机及其控制线路的造价昂贵）。近年来混合驱动已逐步获得发展。

3. 各执行构件间运动的协调配合和机械的工作循环图

（1）各执行构件运动的协调配合关系

在某些机械中，其各执行构件间的运动是彼此独立的，不需要协调配合。例如在图 13-7 所示的外圆磨床中，砂轮和工件都作连续回转运动，同时工件还作纵向往复移动，砂轮架带着砂轮作横向进给运动，这几个运动是相互独立的，无严格的协调配合要求。在这种情况下，可分别为每一种运动设计一个独立的运动链，并由单独的原动机驱动。

而在另外一些机械中则要求其各执行构件的运动必须准确协调配合才能保证其工作的完成。它又可分为如下两种情况。

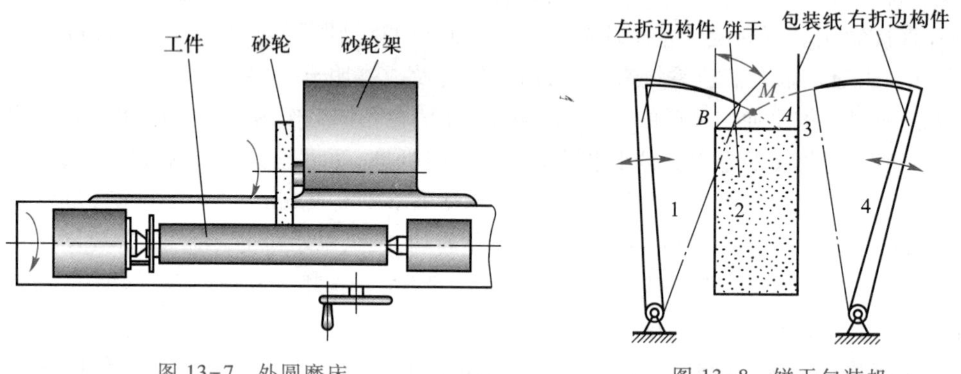

图 13-7　外圆磨床

图 13-8　饼干包装机

1）各执行构件动作的协调配合　有些机械要求其执行构件在时间及运动位置的安排上必须准确协调配合。例如对于图 13-3 所示的金属片冲制机的两个执行构件，当送料构件将原料送入模孔上方后，冲头才可进入模孔进行冲压，当冲头上移一段距离后，送料构件才能进行下次送料运动。又如在图 13-8 所示的饼干包装机的包装纸折边机构中，构件 1 和 4 是用以折叠包装纸两侧边的执行构件，为避免两构件在工作时发生干涉，则必须保证两构件不能同时位于区域 *MAB* 中。

2）各执行构件运动速度的协调配合　有些机械要求其各执行构件的运动速度必须保持协调。例如按展成法加工齿轮时，刀具和工件的展成运动必须保持某一恒定的速比；又如在平板印刷机中，在压印时，卷有纸张的滚筒表面线速度与嵌有铅版的台版移动速度必须相等；等等。

对于有运动协调配合要求的执行构件，往往采用一个原动机，通过运动链将运动分配到各执行构件上去，借助机械传动系统实现运动的协调配合。但在一些现代机械（如数控机床）中，则常用多个原动机分别驱动，而借助数控系统实现运动的协调配合。

（2）机械的工作循环图

为了保证机械在工作时其各执行构件间动作的协调配合关系，在设计机械时应编制出用以表明机械在一个工作循环中各执行构件运动配合关系的工作循环图（也称为运动循环图,cyclogram of machine)。在编制工作循环图时,要从机械中选择一个构件作为定标件,用它的运动位置(转角或位移)作为确定其他执行构件运动先后次序的基准。工作循环图通常有如下三种形式。

1) 直线式工作循环图　图 13-9 所示为前述金属片冲制机的工作循环图。它以主轴作为定标件。为提高生产率,各执行构件的工作行程有时允许有局部重叠。

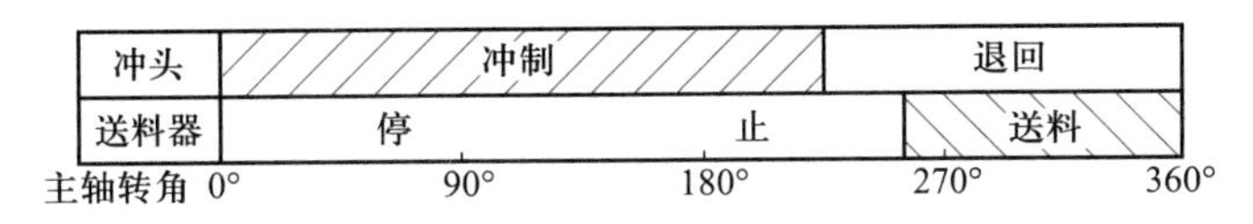

图 13-9　直线式工作循环图

2) 圆周式工作循环图　图 13-10 所示为单缸四冲程内燃机的工作循环图。它以曲轴作为定标件,曲轴每转两周为一个工作循环。

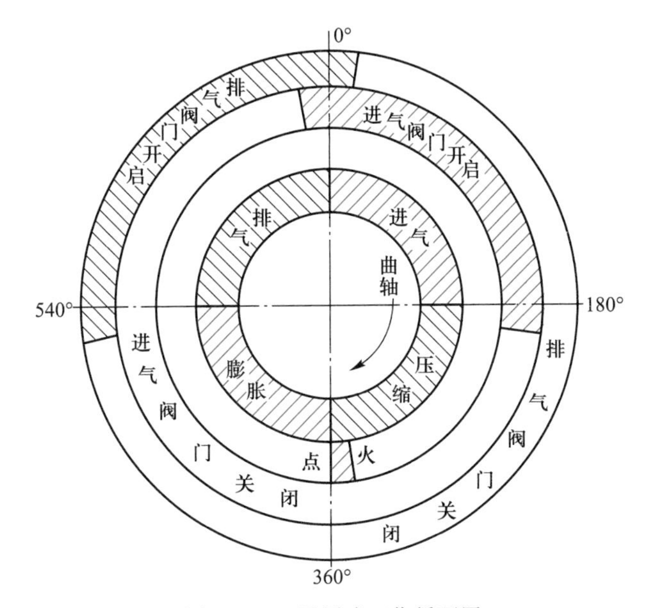

图 13-10　圆周式工作循环图

3) 直角坐标式工作循环图　图 13-11 所示是前述饼干包装机包装纸折边机的工作循环图。图中,横坐标表示机械分配轴(定标件)运动的转角,纵坐标表示执行构件的转角。此图不仅能表示出两执行构件动作的顺序,而且能表示出两构件的运动规律及配合关系。

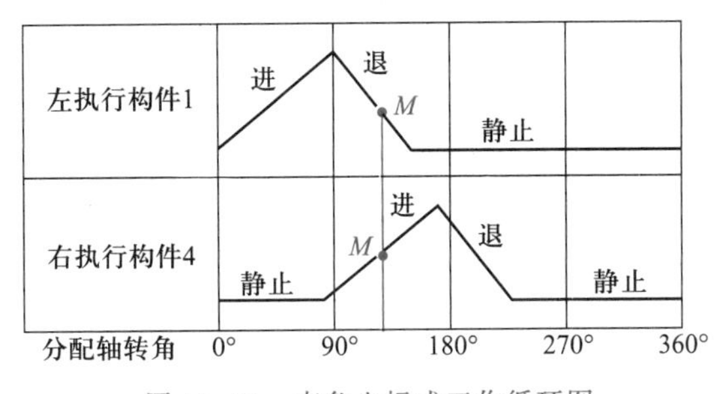

图 13-11　直角坐标式工作循环图

工作循环图是进一步设计机械系统的重要依据。

13.4 机构的选型和变异

1. 机构的选型

机构选型就是选择或创造出满足执行构件运动和动力要求的机构。它是机械系统方案设计中很重要的一环。为了便于机构的选型，下面对各种常用机构的工作特点、性能和适用场合作一简略的归纳和比较，以供选型时参考。

(1) 传递连续回转运动的机构

传递连续回转运动的机构常用的有以下三大类：

1) 摩擦传动机构 包括带传动、摩擦轮传动（见 12.2 节）等。其优点是结构简单、传动平稳、易于实现无级变速、有过载保护作用。缺点是传动比不准确、传递功率小、传动效率较低等。

2) 啮合传动机构 包括齿轮传动、蜗杆传动、链传动及同步带传动等。链传动通常用在传递距离较远、传动精度要求不高而工作条件恶劣的地方。同步带传动兼有带传动能缓冲减振和齿轮传动比准确的优点，且传动轻巧，故其在中小功率装置中的应用日益增多。

3) 连杆机构 如双曲柄机构和平行四边形机构等，多用于有特殊需要的地方。此外，还有万向铰链机构等。

(2) 实现单向间歇回转运动的机构

实现单向间歇回转运动的机构常用的有槽轮机构、棘轮机构、不完全齿轮机构、凸轮式间歇机构及齿轮-连杆组合机构等。

槽轮机构的槽轮每次转过的角度与槽轮的槽数有关，要改变其转角的大小必须更换槽轮，所以槽轮机构多用于转角为固定值的转位运动。

棘轮机构主要用于要求每次的转角较小或转角大小需要调节的低速场合。

不完全齿轮机构的转角在设计时可在较大范围内选择，且可大于 360°，故常用于大转角而速度不高的场合。

凸轮式间歇机构运动平稳，分度、定位准确，但制造困难，故多用于速度较高或定位精度要求较高的转位装置中。

连杆-齿轮组合机构主要用于有特殊需要的输送机中。

(3) 实现往复移动和往复摆动的机构

将回转运动变为往复移动或往复摆动的机构常见的有连杆机构、凸轮机构、螺旋机构、齿轮齿条机构及组合机构等。此外，往复移动或往复摆动也常用液压缸或气缸来实现。

连杆机构中用来实现往复移动的主要是曲柄滑块机构、正弦机构、正切机构、六连杆机构等。连杆机构为低副机构，其制造容易，承载力大，但连杆机构难以准确地实现任意指定的运动规律，故多用于无严格的运动规律要求的场合。

凸轮机构可以实现复杂的运动规律，也便于实现各执行构件间的运动协调配合。但因其为高副机构，因此多用在受力不很大的场合。

螺旋机构可获得大的减速比和较高的运动精度，常用作低速进给和精密微调机构。

齿轮齿条机构适用于移动速度较高的场合，但是由于精密齿条制造困难，传动精度及平稳性不及螺旋机构,所以不宜用于精确传动及平稳性要求高的场合。

就上述几种机构的行程大小来说,凸轮机构推杆的行程一般较小,否则会使凸轮机构的压力角过大或尺寸庞大;连杆机构可以得到较大的行程,但也不能太大,否则连杆机构的尺寸会过于庞大;齿轮齿条机构或螺旋机构则可以满足较大行程的要求。

(4) 再现轨迹的机构

再现轨迹的机构有连杆机构、齿轮-连杆组合机构、凸轮-连杆组合机构和联动凸轮机构等。用四杆机构来再现所预期的轨迹,虽然机构的结构简单、制造方便,但只能近似地实现所预期的轨迹。用多杆机构或齿轮-连杆机构来实现所预期的轨迹时,因待定的尺寸参数较多,故精度可较四杆机构高,但设计和制造较难。用凸轮-连杆组合机构或联动凸轮机构可准确地实现预期轨迹,且设计较方便,但凸轮制造较难,故成本较高。

2. 机构的变异

当所选机构不能全面满足对机械提出的运动和动力要求时,或为了改善所选机构的性能或结构时,可以通过改变机构中某些构件的结构形状、运动尺寸、更换机架或主动件、增加辅助构件等方法以获得新的机构或特性,此称为机构的变异。机构变异的方法很多,下面介绍几种较常用的方法。

(1) 改变构件的结构形状

例如在摆动导杆机构中,若在原直线导槽上设置一段圆弧槽(图 13-12),其圆弧半径与曲柄长度相等,则导杆在左极位时将作较长时间的停歇,即变为单侧停歇的导杆机构。当然,这时导杆正、反行程的运动规律均将有所改变。

巧妙的设计构件的结构,可使一个构件能起到多方面的功用,从而简化机器的结构,改善机器的性能。如图 11-18 所示卷扬机中的构件 4 既是卷扬机的鼓轮,又是其左边轮系的行星架。又如图 13-13 所示的热钢锭转运机,为了承接由加热炉送出的热钢锭 8 并将其转运到轧钢机的升降台 7 上,连杆 3 的结构就做了特别的设计,以保证在承接、转运、倾倒热钢锭过程中的安全可靠性。

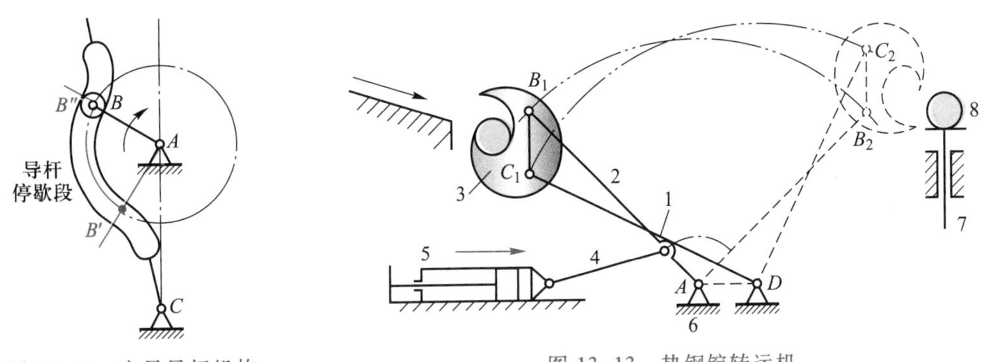

图 13-12　变异导杆机构　　图 13-13　热钢锭转运机

(2) 改变构件的运动尺寸

如在棘轮机构中,若棘轮的直径变为无穷大,就变为作直线运动的棘条机构了。

(3) 选不同的构件为机架

这种变异方法又称为机构的倒置,在连杆机构一章中已作过介绍。此外,如图 13-14a

所示为一普通的摆动推杆盘形凸轮机构，今若将凸轮作为机架，而将原来的机架2变为主动件（图13-14b），然后再将各构件的运动尺寸作适当调整，就将变异为图12-69所示的用于异型罐头封口的机构了。

（4）选不同的构件为主动件

在一般的机械中，常取连架杆作为主动件，但如前所述，在摇头风扇的摇摆机构中（参看图2-41），却取连杆为主动件。这样做可巧妙地将风扇转子的回转运动转化为连架杆的摆动，从而使传动链大为简化①。

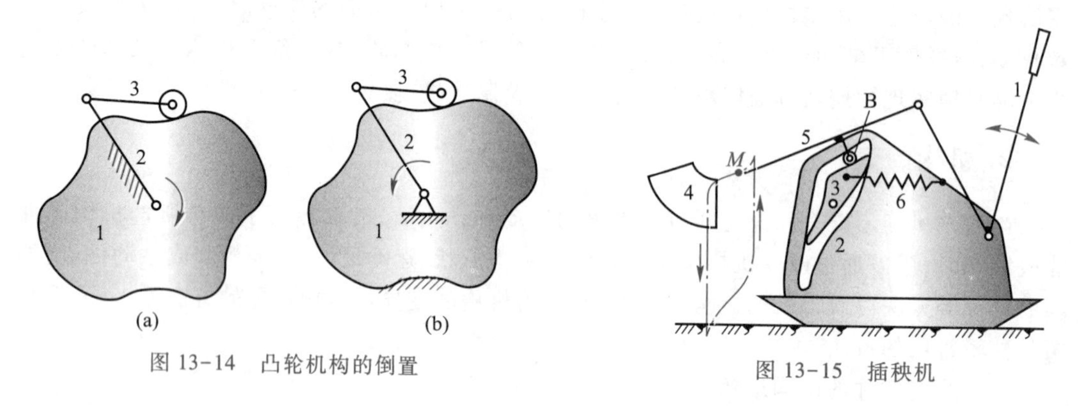

图13-14　凸轮机构的倒置

图13-15　插秧机

（5）增加辅助构件

图13-15所示为手动插秧机的分秧、插秧机构。当用手来回摇动摇杆1时，连杆5上的滚子B将沿着机架上的凸轮槽2运动，迫使连杆5上*M*点沿着图示点画线轨迹运动。装于*M*点处的插秧爪，先在秧箱4中取出一小撮秧苗，并带着秧苗沿着铅垂路线向下运动，将秧苗插于泥土中，然后沿另一条路线返回（以免将已插好的秧苗带出）。为保证秧爪运行的正反路线不同，在凸轮机构中附加一个辅助构件——活动舌3。当滚子B沿左侧凸轮廓线向下运动时，滚子压开活动舌左端而向下运动，当滚子离开活动舌后，活动舌在弹簧6的作用下恢复原位，使滚子向上运动时只能沿右侧凸轮廓线返回。在通过活动舌的右端时，又将其压开而向上运动，待其通过以后，活动舌在弹簧6的作用下又恢复原位，使滚子只能继续向左下方运动，从而实现所预期的运动。

在图13-15所示机构中还采用了以不同构件作为机架的机构变异法，即将摆动推杆盘形凸轮机构中的凸轮变成机架的机构倒置。

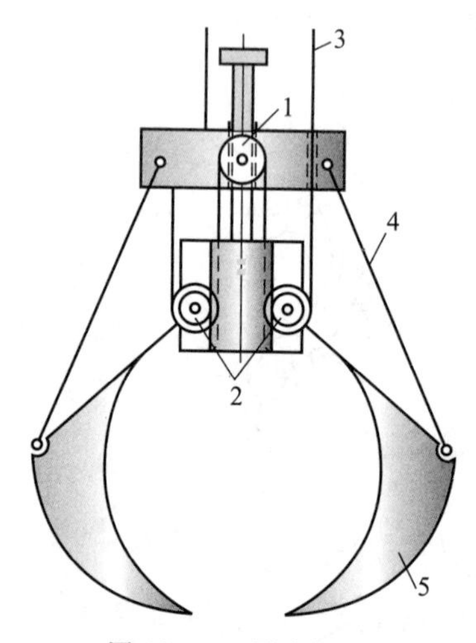

图13-16　异步抓斗

（6）利用最小阻力定律

采用欠驱动传动，利用最小阻力定律，使机构具有自适应性，以便能更好地满足工作需要。如图13-16所示的异步抓斗，当向上提升钢丝绳3时，使两动滑

① 采用此方案的前提是连杆要能相对于两连架杆作整周回转。

轮 2 沿导槽向上移动，两个颚瓣 5 就会向中收拢抓取物体，这时若仅有一颚瓣碰到了物体，该颚瓣就停止前进，直到两颚瓣都抓住物体为止。该机构可以设计成空间的多瓣式抓斗，能更高效安全地抓取物块。

图 2-13 所示为机械手手指机构，该手指机构在工作过程中机构的结构、运动构件和机构的自由度要发生变化，利用最小阻力定律，完成抓住物体的动作，它属于变胞机构，变胞机构是近年来一些机械原理学者研究的新兴课题之一。

13.5　机构的组合

为了实现执行构件的运动形式、运动参数及运动协调关系，或者为了改善机械的动力特性，常常需要将选定的机构以适当的方式组合起来，才能满足机械的设计要求。常见的机构组合方式有如下几种。

1. 机构的串联组合

前后几种机构依次连接的组合方式称为机构的串联组合。根据被串接构件的不同，其又可分为如下两种情况：

（1）一般串联组合

后一级机构的主动件固接在前一级机构的一个连架杆上的组合方式称为一般串联组合。例如图 13-17 所示的连杆机构与凸轮机构的组合和图 11-6 所示的定轴轮系等，就都属于一般串联组合。

这种组合方式应用极广，且设计也较简单。

（2）特殊串联组合

后一级机构串接在前一级机构不与机架相连的浮动件上的组合方式称为特殊串联组合。在图 13-18 所示的六杆机构中，其后一级杆机构 *MEF* 铰接在前一级四杆机构 *ABCD* 的连杆 *BC* 上的 *M* 点处。*M* 点的运动轨迹如图中点画线所示，其中$\widehat{\alpha\alpha}$段近似为圆弧。若在设计时取杆 4 的长度等于此段圆弧的曲率半径，并使当 *M* 点沿此段圆弧运动时，*E* 点刚好位于该圆弧的圆心处，则这时从动件 5 的运动将作较长时间的近似停歇。

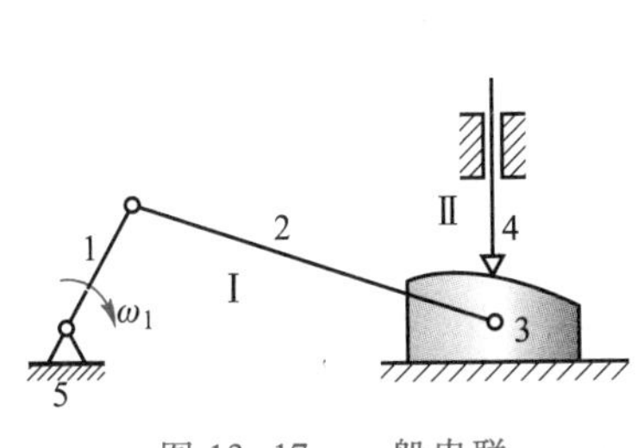

图 13-17　一般串联

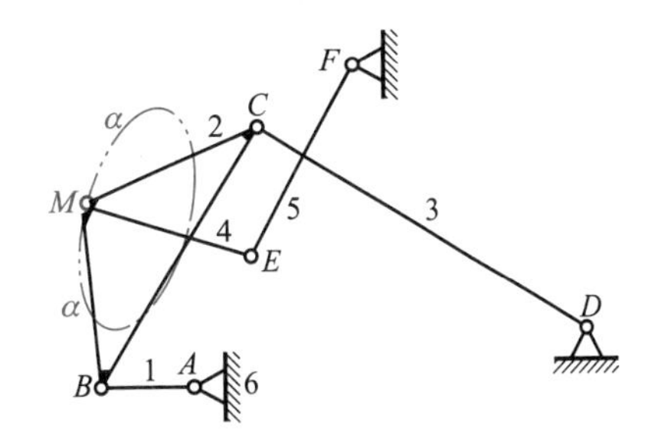

图 13-18　特殊串联

图 13-19 所示为织布机上所用的开口机构，其前一级曲柄滑块机构 *ABC* 的连杆上 *M* 点的轨迹如图中点画线所示，其中 $\alpha\alpha$ 段为直线。后一级导杆机构的滑块 4 铰接于 *M* 点，则当 *M* 点通过直线部分时，从动导杆 5 将作较长时间的停歇，这时经线保持开口状态，以便于纬

线从中穿过。

图 13-20 所示为齿轮机构与连杆机构的串联组合,其后一级连杆机构铰接在前一级行星机构的行星轮上。由于行星轮上各不同点的轨迹是各种内摆线,故选不同的铰接点 C 可使从动杆 4 获得多种不同的运动规律。某型歼击机的操纵机构就采用了类似的装置。

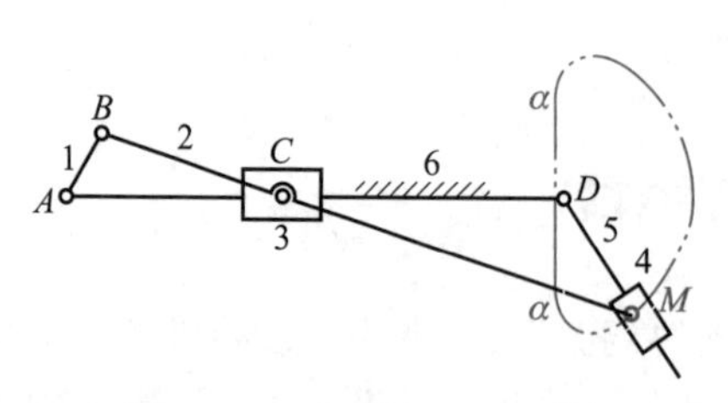

图 13-19　织布机开口机构

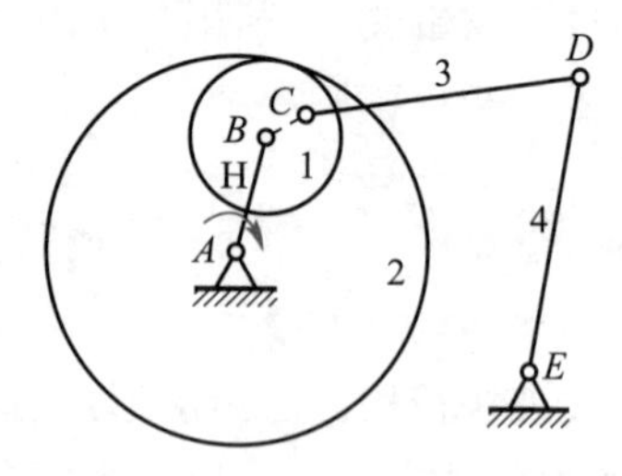

图 13-20　齿轮连杆串联组合机构

图 13-21 所示的是目前在市场上十分流行的自张伞。当把伞柄上的按钮(图中未示出)按下伞就会自动张开,给我们生活上带来很大的方便。为了能实现伞的自动张开,它在普通雨伞的摇杆滑块机构上又串接了一个辅助摇杆滑块机构。在主、副滑块之间装了一个压缩弹簧,当伞收起时,主、副滑块之间的距离缩小,弹簧受到进一步的压缩而储存势能,伞的自动张开就靠的是这个弹簧的势能。该雨伞的设计好就好在它巧妙地利用了主、副滑块之间距离的变化和压缩弹簧的储能作用。

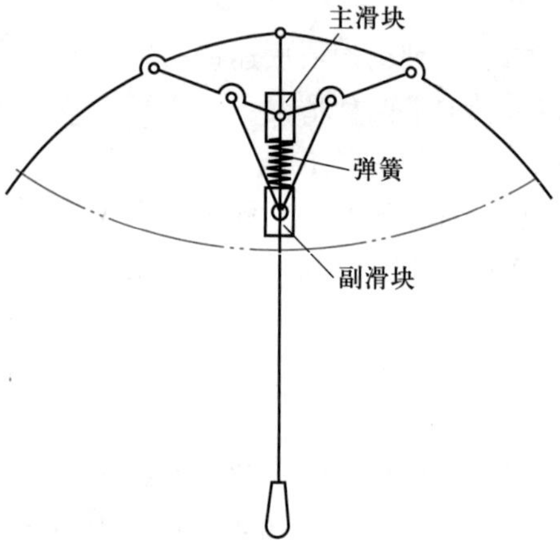

主滑块
弹簧
副滑块

图 13-21　自动张伞机构

2. 机构的并联组合

一个机构产生若干个分支后续机构,或若干个分支机构汇合于一个后续机构的组合方式称为机构的并联组合。前者又可进一步区分为一般并联组合和特殊并联组合。

(1) 一般并联组合

各分支机构间无任何严格的运动协调配合关系的并联组合方式称为一般并联组合。在这种组合方式中各分支机构可根据各自的工作需要独立进行设计。

(2) 特殊并联组合

各分支机构间有运动协调要求的并联组合方式称为特殊并联组合。它又可细分为如下三种:

1) 有速比要求者　当各分支机构间有严格的速比要求时,各分支机构常用一台原动机驱动(或采用集中数控)。这种组合方式在设计时,除应注意各分支机构间的速比关系外,其余和一般并联组合设计差不多,也较简单。

2) 有轨迹配合要求者　在图 12-56 所示的联动凸轮机构中,两个分支凸轮机构共同驱动一个从动件(托架 3),使其沿着矩形轨迹 K 运动,以完成圆珠笔芯的向前间歇送进。由图可见,每一分支凸轮机构只使从动件完成一个方向的运动,因此其设计和单个凸轮机构的设

计方法相同,但要注意两个凸轮机构工作上的协调配合问题。

3）有时序要求者　各分支机构在动作的先后次序上有严格要求。

在设计有时序要求的并联组合时,一般应先设计机械的工作循环图,然后再利用凸轮机构或电气装置等来实现时序要求。

（3）汇集式并联组合

若干分支机构汇集一道共同驱动一后续机构的组合方式称为汇集式并联组合。例如在重型机械中,为了克服其传动装置庞大笨重的缺点,近年来发展了一种多点啮合传动。如图 2-12a 所示用若干个小电动机和小齿轮来驱动中间的大齿轮,以带动整个机器运转的方式就属汇集式并联组合。在一些大型船舶的主传动中就常采用这种并联组合的驱动方式。

图 13-22 所示为某型飞机上所采用的襟翼操纵机构,它用两个直线电动机共同驱动襟翼,若一个电动机发生故障,另一个电动机可单独驱动(这时襟翼运动的速度减半),这样就增大了操纵系统的安全裕度。

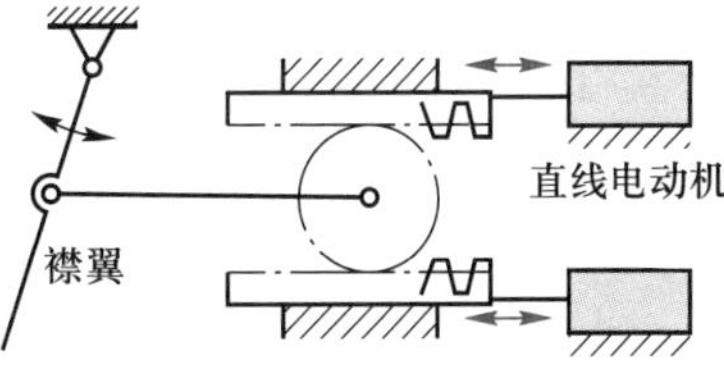

图 13-22　襟翼操作机构

3. 机构的封闭式组合

将一个多自由度(通常为二自由度)的机构(称为基础机构)中的某两个构件的运动用另一机构(称为约束机构)将其联系起来,使整个机构成为一个单自由度机构的组合方式称为封闭式组合。前面介绍的组合机构多为通过封闭式组合而获得的机构。

机构的封闭式组合,根据被封闭构件的不同,又可分为如下两种。

（1）一般封闭式组合

将基础机构的两个主动件或两个从动件用约束机构封闭起来的组合方式,称为机构的一般式封闭组合,图 12-55 即为其中一种。

（2）反馈封闭式组合

通过约束机构使从动件的运动反馈回基础机构的组合方式,称为反馈封闭式组合。例如图 12-58 所示的滚齿机上所用的校正机构,即为反馈封闭式组合的例子。与蜗轮同轴的凸轮将推杆的运动反馈回基础机构中,以校正蜗轮实际转角与理论转角之间的误差,从而可以大幅度提高滚齿机的加工精度。这种组合方式常用在闭环控制、校正装置等中。

4. 机构的装载式组合

将一机构装载在另一机构的某一活动构件上的组合方式称为机构的装载式组合。这种组合方式在工程机械(如挖掘机等)中应用很多。图 13-23 所示的电动木马机构也采用装载式组合,其中装载机构本身作回转运动,被装载机构(摇块机构)的曲柄也作主动运动,两个运动的组合使木马产生飞跃向前的雄姿。

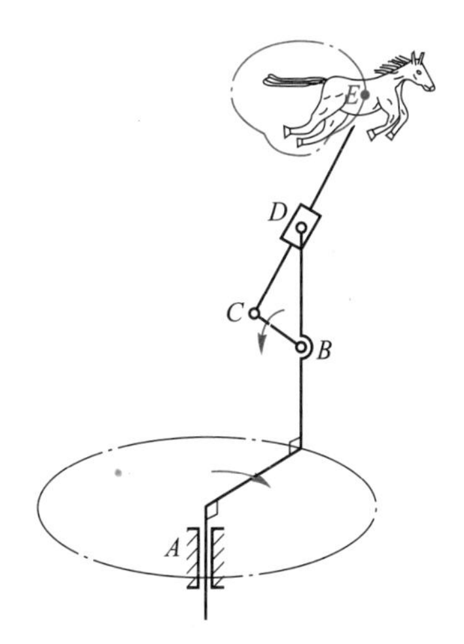

图 13-23　电动木马机构

机构的变异和机构的组合是机械在创新设计中最具潜力和空间的两大领域,是机构在应用上的创新。只要细心留意,就不难发现所有成功的机械设计都常包含有机构在这些方面的创新性应用的成分。

13.6 机械系统方案的拟定

机械系统方案的拟定是在已确定了机械所要完成的总功能之后需要进行的工作,包括下列内容:确定机械的工作原理及工艺动作,选定机械执行构件的数量及其运动参数,选择与之匹配的原动机类型及运动参数,设计机械传动系统把前两者联系起来,使各执行构件能在原动机的驱动下实现预期的工艺动作,完成总功能。完成同样的总功能可以有多种方法,即可拟定出许多机械系统方案,必须通过分析评比,从中选出最佳方案,加以实施。

1. 拟定机械系统方案的方法

机械系统方案的拟定是一个从无到有的创造性设计过程,涉及设计方法学的问题。掌握一定的设计方法,可以加快设计进程,并有利于获得最佳的设计方案。目前,各国学者都在从事设计方法学的研究,提出了一百多种创新设计方法。下面介绍其中两种常用的方法。

(1) 模仿创造法

模仿创造法也称类比法,这种方法的基本思路是:经过对设计任务的认真分析,先找出完成任务的核心技术(关键技术),然后寻找具有类似技术的设备装置,分析利用原装置来完成现设计任务时有哪些有利条件、哪些不利条件,缺少哪些条件。保留原装置的有利条件,消除其不利条件,增设缺少的条件,将原装置加以改造,从而使之能满足现设计的需要。为了更好地完成设计,一般应多选几种原型机,吸收它们各自的优点,加以综合利用。这样,既可缩短设计周期,又可切实提高设计质量。这种设计方法,在有资料或实物可参考的情况下是常采用的。

日本本田摩托车就是在解剖分析了世界许多国家的一百多种优良摩托车的基础上,吸收各摩托车的优点,加以综合利用和改进创新提高,终于创出了自己的名牌车,同时也避免了专利侵权纠纷。

(2) 功能分解组合法

功能分解组合的基本思路是:首先对设计任务进行深入分析,将机械要实现的总功能分解为若干个分功能,再将各分功能细分为若干个元功能,然后为每一元功能选择几种合适的功能载体(机构)来完成该功能,最后将各元功能的功能载体加以适当的组合和变异,就可构成机械系统的一个运动方案。由于一个元功能往往存在多个可用的功能载体,所以用这个方法经过适当排列组合可获得很多的机械系统方案。

2. 机械传动系统方案拟定的一般原则

机械的执行构件和原动机的选择问题前面已作过介绍,现来介绍机械传动系统方案的拟定问题。

由于机械功能、工作原理和使用场合等的不同,对传动系统的要求也就不同。但在拟定机械传动系统方案时均应遵循下列一般原则。

（1）采用尽可能简短的运动链

采用简短的运动链，有利于降低机械的重量和制造成本，也有利于提高机械效率和减小积累误差。为了使运动链简短，在机械的几个运动链之间没有严格速比要求的情况下，可考虑每一个运动链各选一个原动机来驱动，并注意原动机类型和运动参数的选择，以简化传动链。

（2）优先选用基本机构

由于基本机构结构简单，设计方便，技术成熟，故在满足功能要求的条件下，应优先选用基本机构。若基本机构不能满足或不能很好地满足机械的运动或动力要求时，可适当地对其进行变异或组合。

（3）应使机械有较高的机械效率

机械的效率取决于组成机械的各个机构的效率。因此，当机械中包含有效率较低的机构时，就会使机械的总效率随之降低。但要注意，机械中各运动链所传递的功率往往相差很大，在设计时应着重考虑使传递功率最大的主运动链具有较高的机械效率，而对于传递功率很小的辅助运动链，其机械效率的高低则可放在次要地位，而着眼于其他方面的要求（如简化机构、减小外廓尺寸等）。

（4）合理安排不同类型传动机构的顺序

一般说来，在机构的排列顺序上有如下一些规律：首先，在可能的条件下，转变运动形式的机构（如凸轮机构、连杆机构、螺旋机构等）通常总是安排在运动链的末端，与执行构件靠近。其次，带传动等摩擦传动，一般都安排在转速较高的运动链的起始端，以减小其传递的转矩，从而减小其外廓尺寸。这样安排，也有利于起动平稳和过载保护，而且原动机的布置也较方便。

（5）合理分配传动比

运动链的总传动比应合理地分配给各级传动机构，具体分配时应注意以下几点：

1）每一级传动的传动比应在常用的范围内选取。如一级传动的传动比过大，对机构的性能和尺寸都是不利的。例如，当齿轮传动的传动比大于 8～10 时，一般应设计成两级传动；当传动比在 30 以上时，常设计成两级以上的齿轮传动。但是，对于带传动来说，一般不采用多级传动。几种传动装置常用的圆周速度、单级减速比和传递的最大功率的概值见表 13-1。

表 13-1　几种传动机构常用的圆周速度、单级减速比和传递的最大功率的概值

传动机构种类	平带	V 带	同步带	摩擦轮	齿轮	蜗杆	链
圆周速度/(m/s)	5～25(30)	5～30	≤50	≤15～25	≤15～120	≤15～35	≤15～40
减速比	≤5	≤8～15	≤10	≤7～10	≤4～8(20)	≤80	≤6～10
最大功率/kW	2 000	750～1 200	500	150～250	50 000	550	3 750

上表所列数据仅是在普通正常情况下所推荐的一般常用值，并非一个不可逾越的刚性界线。只要设计者有充足的理由，而在技术上既可行又经济，是完全可以打破的。如图 13-24 所示的烘干机其一级同步带传动的传动比就达到 40；又如某作飞机吹风试验的风洞中用以改

变飞机俯仰姿态的一级蜗杆传动的传动比竟达到 1 000。在必要时敢于突破常规情况下所设定的框框也是一种创新。

2）当运动链为减速传动时（因电动机的速度一般较执行构件的速度为高，故通常都是减速传动），一般情况下，按照“前小后大”的原则分配传动比，这样有利于减小机械的尺寸。

在精密传动的工作母机中，为了提高工作母机的工作精度，常在其传动链的最后一级传动中采用大传动比的传动（如蜗杆传动、螺旋传动等）。因为传动链中前面各级传动的传动误差反映到机器的最终工作精度上时都要除以最后一级传动的传动比，因而这些误差就被大大降低了。

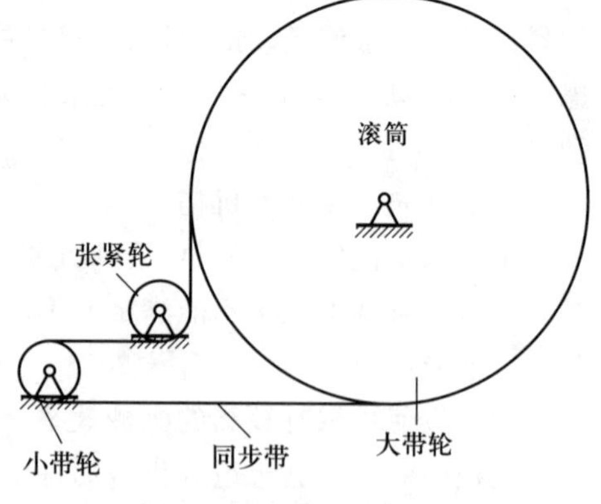

图 13-24 烘干机带传动

（6）保证机械的安全运转

设计机械传动系统时，必须十分注意机械的安全运转问题，防止发生损坏机械或伤害人身的可能性。例如起重机械的起吊部分，必须防止在荷重的作用下自动倒转，为此在传动链中应设置具有自锁能力的机构或装设制动器。又如，为防止机械因过载而损坏，可采用具有过载打滑现象的摩擦传动或装置安全联轴器等。

3. 机械系统方案的评价

由于实现机械功能可采取不同的工作原理，而且同一工作原理又可有许多不同的实施方案，因此需要对所拟定的机械系统方案进行评价，以便从中选出最佳的方案。

（1）评价指标

机械系统方案评价的指标应由所设计的机械的具体要求加以确定。一般说来，评价指标应包括下列六个方面：

1）机械功能的实现质量　因为在拟定方案时，所有方案都能基本上满足机械的功能要求，然而各方案在实现功能的质量上还是有差别的，如工作的精确性、稳定性、适应性和扩展性等。

2）机械的工作性能　机械在满足功能要求的条件下，还应具有良好的工作性能，如运转的平稳性、传力性能及承载能力等。

3）机械的动力性能　如冲击、振动、噪声及耐磨性等。

4）机械的经济性　经济性包含设计工作量的大小、制造成本、维修难易及能耗大小等，即应考虑包含设计、制造、使用及维护在内的全周期的经济性。

5）机械结构的合理性　结构的合理性包括结构的复杂程度、尺寸及重量大小等。

6）社会性　诸如宜人性、是否合乎国家环保规定的合法性等。

（2）评价方法

方案的评价方法很多，下面仅介绍其中一种使用较为简便的专家记分评价法：

在进行记分评价时，首先应建立评价质量指标体系，即应根据被评价对象的特点，确定用哪些指标来衡量各方案的优劣。例如对前述的彩色电视机阴极金属片冲制机来说，可用增力性能、急回性能、传力性能、承载能力等来作为评价指标。其次，为每个指标确定评分的分值，各分值是根据所设计机械的具体要求和各指标的重要程度来确定的，各指标分值的和应为 100。第三，专家评分一般采用五级相对评分制，即用 0、0.25、0.5、0.75、1 分别表示方案在某指标方面为很差、差、一般、较好、很好。最后，计算各方案得分，将各专家对某方案某指标的评分进行平均，再乘以该指标的分值，即为该方案在该指标上的得分，将各指标的得分相加，即得该方案的总分。根据各方案总分的高低，即可排出各方案的优劣次序，从中选出最佳方案。

*13.7　机械系统方案拟定举例

机械系统方案的拟定是一个复杂的较难掌握的过程。虽然关于机械系统方案设计的一般步骤、拟定机械系统方案的方法以及机械系统方案拟定的一般原则，我们前面都分别作了介绍，但是机械系统方案的拟定，不仅需要设计者具有深厚的理论知识，更需要设计者具有丰富的实践经验。有时设计者所面临的设计任务可能是一个陌生的课题，这时设计者还必须学习新的知识，掌握新的理论和方法。所以，每一次新的机械系统方案的拟定都可能是一次重新学的过程。要真正掌握机械系统方案拟定的方法，只有通过若干次的设计实践活动才能做到。为了使同学们初步掌握拟定机械系统方案的能力，在机械原理课程中安排有一个重要的学习环节——机械原理课程设计，届时同学们将有机会具体讨论并练习如何拟定机械系统的方案，希能充分发挥各自的聪明才智和创新精神，以求拟定出优秀的机械系统方案。而在此地将不再对其具体的进行步骤作过多阐述。

机械系统方案拟定的优劣好坏，将在很大程度上决定所设计的机械的品质的先进性、实用性和成本的高低等。故在拟定机械系统时一定要百倍重视，思路要开阔，要有敢为人先的创新精神，因为创新是现代机械产品的核心竞争力。

为了增进同学们对机械系统方案拟定的感性认识，下面举了两个在应用上已获成功的实例，从中我们可以看出要拟定出一个好的机械系统方案，思想要活跃，视野要开阔，要灵活运用机械原理各方面的知识，考虑问题要细致周全，更重要的是要匠心独具、富有创新性。这些实例中定会对同学们的思路有所启迪。

1. 鱼雷推进系统方案的拟定

鱼雷是一种水中兵器，它的外形是一个细长的圆柱形，因此其推进系统受到严格的径向尺寸的限制。其所携带的动力源也很有限，而希望鱼雷速度更快，射程更远，噪声更小。即要求鱼雷推进系统的功率体积比(或功率质量比)要尽可能大，机械效率要高，起动要容易可靠并能迅速达到额定功率，而且结构要简单，维护要方便，具有足够的强度和刚度等。显然这是一个要求十分严苛的设计课题。首先，由于鱼雷内部仅有一个狭小的径向尺寸受到严格限制的筒形空间，而鱼雷的推进又需要能产生强大推动力的发动机，显然这不是任何类型的常见的发动机所能实现的。面对这样严苛的问题，只有突破常规，另辟蹊径，从创新的角度考虑问题。为实现上述目标，世界各国已经创造成功了多种鱼雷推进系统的机械系统方案，下面我们列举数例予以说明。

(1) 采用卧式活塞发动机的方案

图 13-25 所示是鱼雷用卧式活塞发动机，其中 1 为活塞。为满足鱼雷工作的需要，燃料不是在气缸中燃烧，而是在一个专门燃烧室中燃烧，然后将所形成的高压气体用分配滑阀控制分别引入活塞的左腔或右腔，推动活塞往复运动，因此活塞的每一个往复行程都是工作行程，从而有效地增大发动机的功率体积比。活塞通过十字头和连杆 2 带动主曲轴 3 回转。锥齿轮 4 与曲轴 3 固连，再通过锥齿轮定轴轮系改变运动传递方向并分别同时带动内、外轴 6、5 作相反方向回转，最后把运动传给两个螺旋桨 7，推动鱼雷迅速前进。在该发动机中采用了两个气缸。由于活塞的左、右行程均是作功行程，虽为两缸实际相当于四缸发动机，

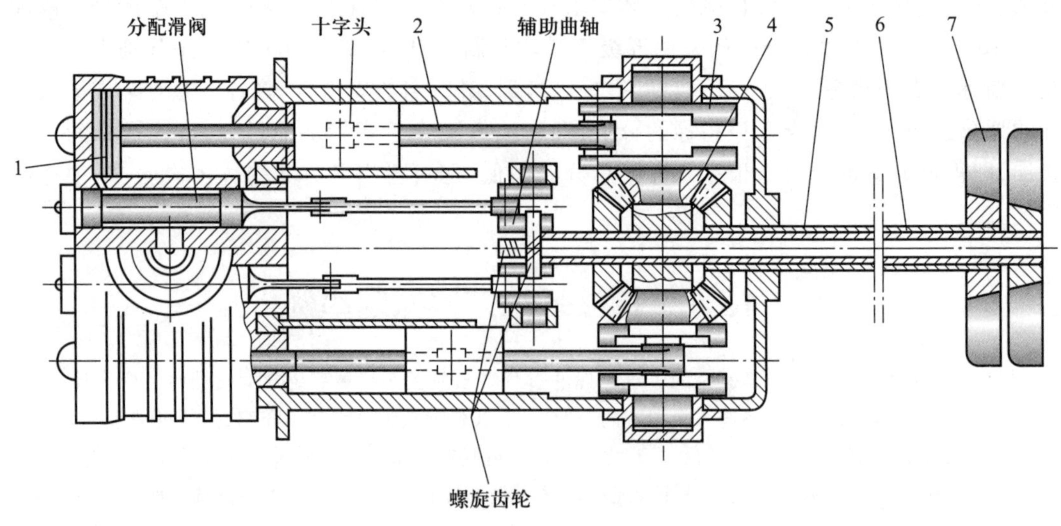

图 13-25　卧式活塞发动机

大大增加了发动机的输出功率,满足了鱼雷要大功率快速行进的需要。

(2) 采用凸轮式活塞发动机的方案

图 9-4 所示是凸轮式活塞发动机,其中 6 为气缸体,缸体上沿圆周均布有五个气缸,5 为活塞,4 为活塞杆。在此地要把活塞的往复运动变为螺旋桨所需的旋转运动,利用一般的曲柄滑块机构已无法实现。所以,设计者才独出心裁地采用了圆柱式反凸轮机构,当活塞上的推力通过活塞杆,滚子作用在反凸轮 3 的斜面上时,该推力的圆周分力就会使凸轮旋转,而凸轮作用给滚子的圆周反作用力,又会使气缸体沿相反方向旋转,再通过内、外轴 2、1 带动两螺旋桨沿相反方向回转,从而推动鱼雷前进。对比图 13-25 和图 9-4 可明显看出,后者机构大为简化,尺寸有所减小,重量有所减轻,改进了鱼雷的机械性能。

(3) 采用周转斜盘式活塞发动机的方案

图 13-26 所示是周转斜盘式活塞发动机,它的工作原理与凸轮式活塞发动机相类似,所不同的它用周转斜盘(锥齿轮周转轮系)代替了前者的反凸轮机构,从而使机构的尺寸更紧凑,重量更轻,机械效率和工作可靠性得到进一步提高。

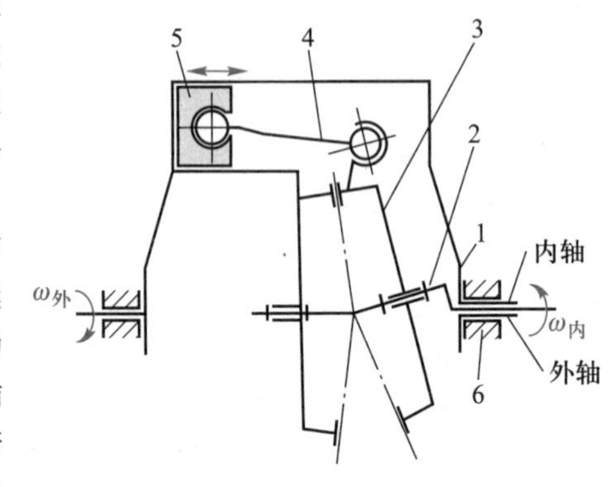

图 13-26　周转斜盘活塞发动机

通过这些实例不难看出,为了完成同样的设计任务可以拟定出许多都可付之实用的成功的方案来。但这些方案并非同一时期的产物,而是经历了数十年,所以随着科技的发展,一个更比一个先进。关键是我们要与时俱进,开动脑筋,扩大探索范围,不落窠臼,勇于创新,才能设计出独特新颖的、具有时代特色的机械产品来。这也正是我们在这里向同学们介绍这些实例的目的。希望同学们将来不论面对何种设计课题,都要敢于突破常规、勇创新路。

2. 卧式锻压机机械系统方案的拟定

在机械制造中常会遇到需把一个细长棒料(有的棒料可长达 2 m)的端部或中间部分局部镦粗的工艺过程(图 13-27),这样的工件由于其长径比大,在轴向施力镦粗时会失稳,不能在一般的锻压机上镦锻。同时,由于工件镦粗部分的增大量较大,需分 3、4 个工步逐步增大镦粗量。若想一次镦粗到位,不仅所需

镦锻力很大，同时工件易开裂，达不到预期目的。因此，需设计专门的锻压设备。

由设计任务可知，本设备需 2 个执行构件，一个用以夹持棒料，另一个用以施力镦锻棒料，两执行构件之间需要很好地协调配合。除此以外，不难想到镦锻过程肯定是低速间歇工作的，在镦锻的瞬间需要用很大的力，而在其余时间设备又几乎没有外载荷，因此设备需要有减速、离合、制动作用，需要用飞轮来储能。另外锻压装置一般都是吨位较大的贵重设备，应有安全保护以防止设备的意外损坏。这些都是我们在拟定该机械系统的方案时应该考虑的问题。

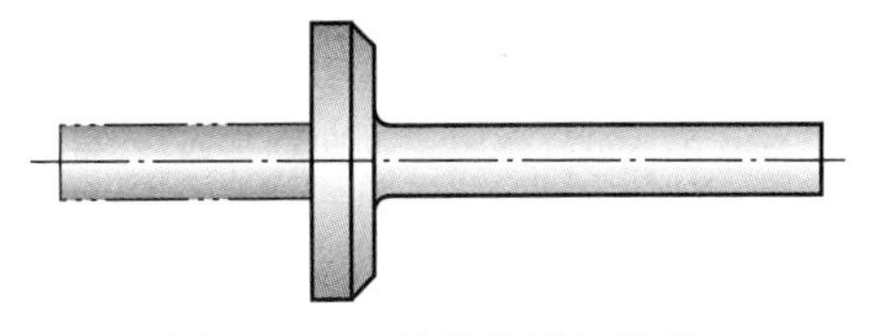
图 13-27　局部镦粗的锻件

图 13-28 所示是一种用于上述目的所设计的 630(t) 卧式锻压机机械系统的俯视图，其中构件 19 是用于夹棒料的夹紧滑块，它可在水平面上左、右移动。剖分为两半的凹模 17、18 之一固定于其上可作开合运

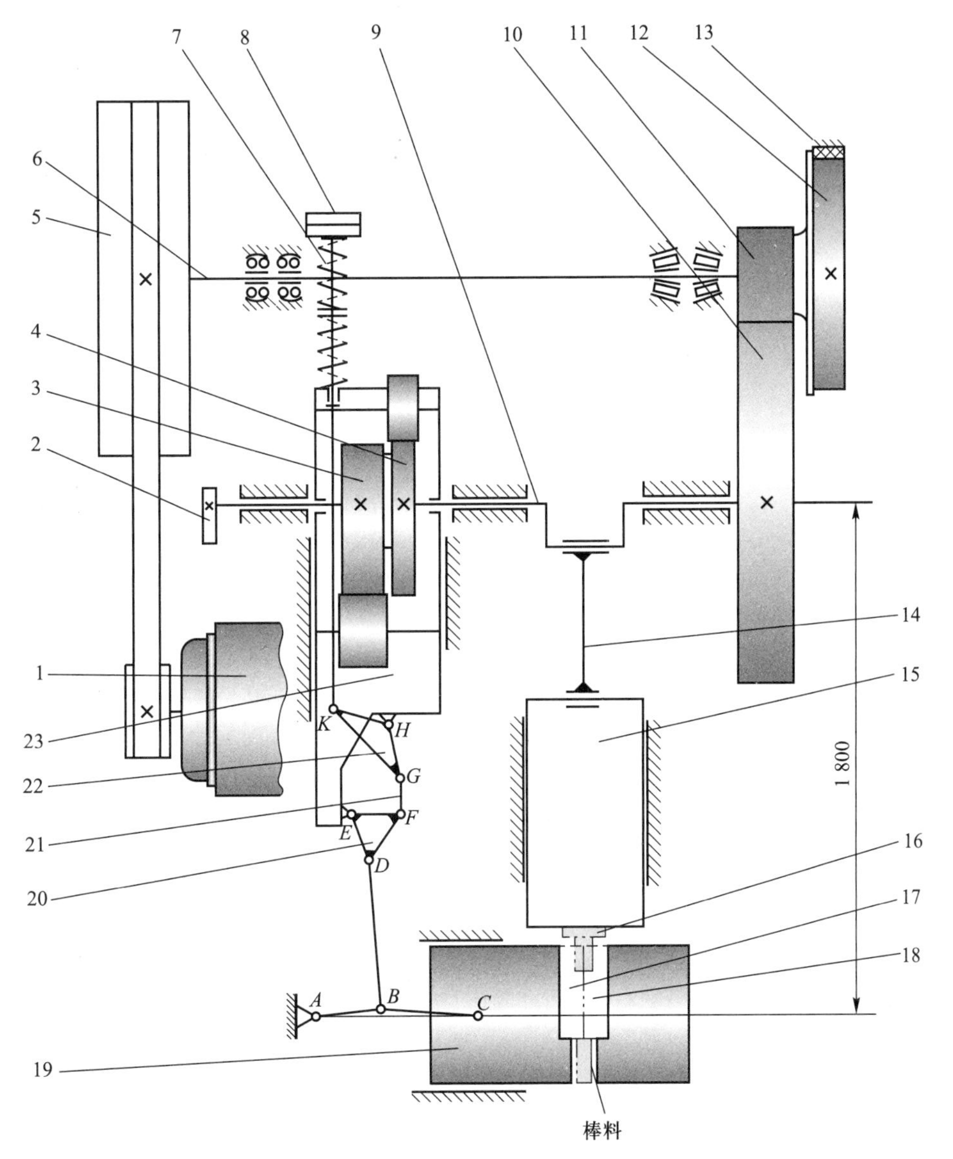

图 13-28　卧式锻压机

动，闭合时夹紧棒料，敞开时取放锻件。主滑块 15 为另一执行构件，它在水平面上前后运动，其上固定有凸模 16，用以镦锻工件成形。

本设备由交流异步电动机 1 拖动，通过带传动带动飞轮 5，飞轮内装有离合器，当离合器接合时，通过传动轴 6、齿轮 11、10 带动曲轴 9 回转，再通过连杆 14 使主滑块 15 运动。在曲轴的左端固定有共轭凸轮的主、副凸轮 3、4，它通过滚子推动侧滑块（即凸轮的推杆）23 前后运动，再通过连杆机构驱动夹紧滑块 19 作左右开合运动。

此处采用了尺寸较大的共轭凸轮，一是因为夹紧滑块的开、合力均较大。二是因为该凸轮机构为几何封闭，推杆（侧滑块）正反行程的运动规律均能准确控制。因为工艺过程要求工件要先夹紧才能进行镦锻，即主滑块向前运动到其行程 H 的 1/3 之前，工件应已完全夹紧；而主滑块向后退到行程的 1/3 以后，夹紧滑块才允许松开，即在镦锻过程中夹紧滑块应完全处于夹紧状态。其工作循环图如图 13-29 所示，以曲轴 9 为定标件。应根据此图来设计调整此凸轮机构。

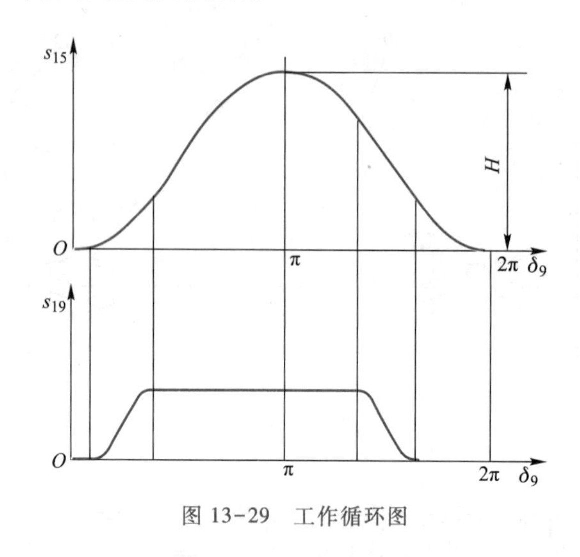

图 13-29　工作循环图

在共轭凸轮之后又串接一套连杆机构是要达到三方面的目的：一是改变运动传递方向，将凸轮推杆的前后运动变为夹紧滑块的左右运动；二是增力；三是过载保护。

由于夹紧滑块所需的夹紧力很大，故在连杆机构中采用了增力很大的肘杆机构 $ABCD$。夹紧时，A、B、C 三铰链接近于一直线，故有很大的增力效果。但 A、B、C 三点又不能完全在一条直线上，否则侧滑块无论向前或向后调整，均只能使夹紧力放松，而不能增大夹紧力。

如前所述，工件一般需分三四个工步才能完成整个镦锻工作，故在主滑块和夹紧滑块上一般布置有三四个凸、凹模（如图 13-30 所示，其中 1 为主滑块，3 为调整斜楔，2 为模具座，其上固定了四个凸模），在镦锻过程中，工件需由人工由最上面一个模具依次转移到下一个模具中。若在转移过程中（或在夹紧模具间落入异物时），设备已开始运转，这时设备若无保险装置，必将造成设备的严重损坏。设备中的连杆机构（件 20、21、22）、拉杆 8 和弹簧 7 就是其保险装置（图 13-31）。在发生上述异常情况时，夹紧滑块 19 不能继续前进，停留在虚线所示位置。而侧滑块 23 仍要继续前进，这时连杆机构将变成虚线所示情况，拉杆 8 向前运动，压缩弹簧 7，从而使整个机构的作用力只不过略为增大，而不致使机构损坏。故该连杆机构在设计时需作计及摩擦的受力分析。

本设备用脚踏按钮控制，每踏一次按钮使电接通后，带式制动器 12、13 松开，同时飞轮 5 中的离合器接合，设备开始工作，曲轴 9 转一周（即完成一个工作循环）后，就自动停下来。在每一个工作循环的后一个阶段，离合器松开，制动器制动。为使设备能准确停止在每个工作循环的起始位置，以便下一个工作循环能正常工作。在设计此机械系统时，应对其作运动分析、动力分析和能量分析，既要保证有足够的能量来

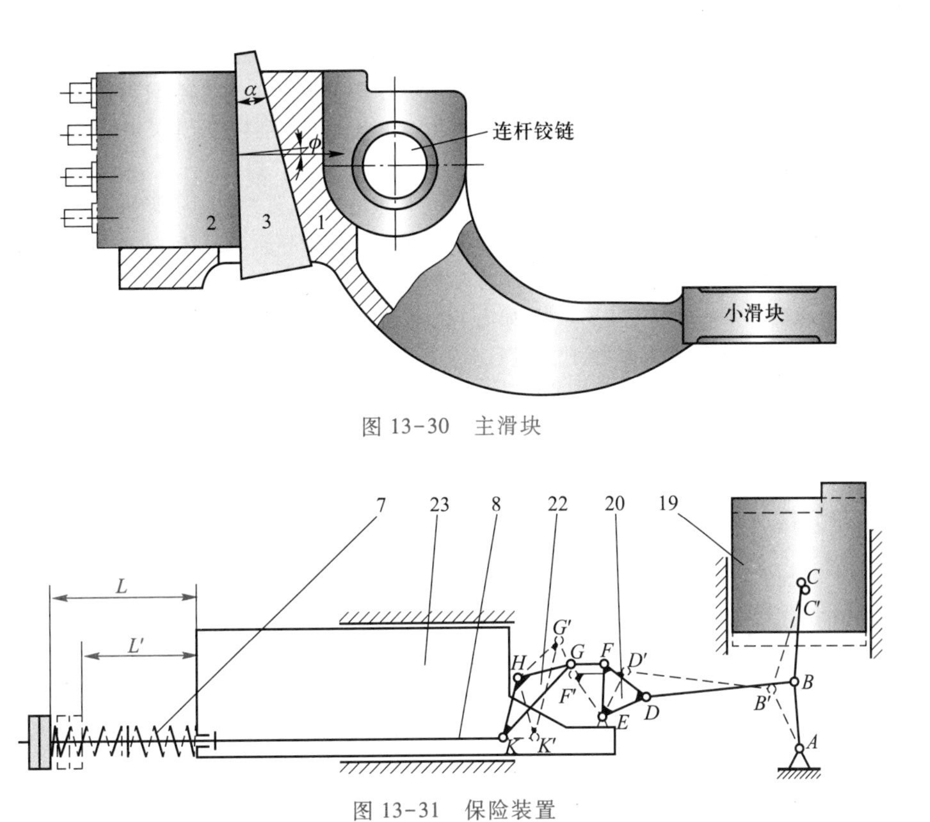

图 13-30　主滑块

图 13-31　保险装置

完成工作,又要在停车时制动器能将除电动机和飞轮以外各运动构件的动能及时吸收掉,使设备能停止在所需的位置上。

图 13-30 所示为主滑块的结构形状,主滑块之所以要做成图示的象鼻形,是为了增大主滑块的引导长度(其头部和尾部小滑块均有导轨引导),以防止主滑块在受到大的镦锻力时的倾斜和卡死。其上的调整斜楔 3 用以调整模具座 2 的前后位置,使工件能获得合格的尺寸。斜楔调整好后,为防止其位置在镦锻力的作用下变动,斜楔的楔角 α 应小于 2φ,同时还要加固定装置。

此处,飞轮 5 的主要作用是用来储能,协助克服镦锻瞬间的尖峰载荷,使其能够按平均功率来选择电动机,从而减小电动机功率。

由此例可以看出,要拟定出一个好的机械系统方案,需要用到“机械原理”中多方面的基础知识,一个不具备“机械原理”基础知识的人,是不可能设计出类似的完善的机械系统来。另外,在拟定机械系统方案时,必须方方面面考虑周全,否则就有可能导致设计的失败。例如在卧锻机中棒料的夹紧问题,因为棒料的直径有一定的公差,即有大有小,为了使大小棒料都能可靠夹紧,两个夹紧凹模在夹紧时并未完全闭合,而是留有少许间隙。前述的保险装置在此地同时起到了使夹紧滑块产生弹性夹紧的作用。由此可见,设计者构思的细致巧妙。机械系统设计创新的天地是广阔的,“机械原理”创新性应用的前景是无限的,关键在于设计者是否足够用心而已。

* 13.8　现代机械系统发展情况简介

随着科学技术的飞速发展,尤其是微电子技术、信息技术和传感技术等的发展,及其向机械技术的渗透和相互融合,使机械产品也上升了一个新台阶,获得了新的活力,创造了众多的机电一体化产品,如自动照相机、电子绣花机、复印机、自动售货机、机械手、无人驾驶飞机等。

机电结合可使机械系统简化，性能更完善。如微机控制的精密插齿机，其传动零部件数减少了30%，而性能更好，工作适应性（柔性）更强，如数控机床、加工中心等，被加工件改变时，只需更换程序即可，而不像传统自动机那样需更换凸轮，重新调整机床。机电结合可获得更高的精度，如采用闭环控制，可获得亚微米甚至纳米级精度的零件。

但机电结合对机械系统的要求也更高。如为了适应伺服电动机、步进电动机等的需要，要求机械系统的质量更轻、摩擦阻力更小、没有侧隙等。因此，需用滚珠丝杠、滚动导轨、柔性铰链等，否则机械系统的响应就会跟不上伺服系统的变化或失步，或出现爬行现象等。

电气的发展虽然在一些地方代替了机械，如汽车的电子点火代替了原来的凸轮机构，但电气永远不能完全代替机械，它只能给机械增光添色，使机械系统如虎添翼，因为最后执行工作任务还得靠机械，生产电气设备也得靠机械。另外，在许多方面机械有其自身的优势，如机械系统在减速的同时能增大扭矩，这是多数机械的工况所要求的，而一般的电气难以满足这方面的要求。机械还有结实、能适应各种环境、经久耐用、可靠性高等优点。电梯等重要场合，虽然在电气上已考虑了安全性问题，但总还要设置机械安全装置作为最后一道保险措施。

思考题及练习题

13-1　设计机械系统方案要考虑哪些基本要求？设计的大致步骤如何？

13-2　为什么要对机械进行功能分析？这对机械系统设计有何指导意义？

13-3　什么是机械的工作循环图？可有哪些形式？工作循环图在机械系统设计中有什么作用？是否对各种机械系统设计时都需要首先作出其工作循环图？

13-4　机构选型有哪几种途径？在选型时应考虑哪些问题？

13-5　机构的变异与组合各有哪几种方式？

13-6　拟定机械传动方案的基本原则有哪些？

13-7　评价机械系统方案优劣的指标包括哪些方面？

13-8　某执行构件作往复移动，行程为100 mm，工作行程为近似等速运动，并有急回要求，行程速度变化系数$K=1.4$。在回程结束后，有2 s停歇，工作行程所需时间为5 s。设原动机为电动机，其额定转速为960 r/min。试设计该执行构件的传动系统。

13-9　设计一台盒装食品的日期打印机，食品盒为硬纸板制作，尺寸为长×宽×高＝100 mm×30 mm×60 mm，生产率为60件/min。试设计该机械的传动系统方案。

13-10　有一四工位料架，供应四种不同的原材料，为节省时间，料架可以正、反转，每次步进（前进或后退）90°，该料架的转动惯量较大，每次停歇的位置应较为准确，每次转位的时间≤1 s。试设计此传动系统的方案。

阅读参考资料

[1] 陈作模．机械原理课程设计[M]．5版．北京：高等教育出版社，2008.

[2] 邹慧君，张青．机械原理课程设计手册[M]．2版．北京：高等教育出版社，2010.

[3] 大卫G　乌尔曼．机械设计过程[M]．黄靖远，刘莹，等，译．北京：机械工业出版社，2006.

木牛流马（三国时期）

第 14 章

机器人机构及其设计

14.1 概　　述

机器人是近 60 年来发展起来的一种高科技自动化设备。它的特点是可通过编程完成各种预期的作业任务，在构造和性能上兼有人和机器各自的优点，尤其是体现了人的智能和适应性，机器作业的准确性和快速性，以及在各种环境中完成作业的能力。因而在国民经济各个领域中具有广阔的应用前景。

机器人技术涉及生物学、力学、机械学、电气、液压技术、自控技术、传感技术、计算机技术和人工智能技术等学科领域，是一门跨学科综合技术，已成为一门高度交叉的前沿学科。而机器人机构学乃是机器人的主要基础理论和关键技术，也是现代机械原理研究的重要内容。

为了适应现代技术和工业生产自动化发展的需要，学习掌握有关机器人机构学的基本知识和理论是十分必要的。为此，本章将着重介绍有关机器人的基本知识及机器人机构的分析与设计的基本理论。

14.2 机器人的分类及主要技术指标

机器人的类型很多。机器人常按其用途可分为工业（或产业）机器人、探索机器人、服务机器人和军事机器人。其中工业机器人目前应用最为普遍。如图 14-1 所示为用于焊接和搬运的工业机器人。机器人也常按其移动性可分为固定式机器人和移动式机器人两大类。工业机器人多为固定式机器人，而移动机器人又可分为轮式、履带式和足行式机器人。其中足行机器人又有单足跳跃式、双足、四足、六足和八足机器人。如图 14-2a 所示为轮式移动星球探测机器人，图 14-2b 所示为履带式移动排爆机器人，图 14-2c 所示为两足行走机器人，图 8-1a 所示为六足机器人。此外，还有陆地爬行、天空飞行与水里游动的各种仿生机器人，如图 8-76 所示的仿海鸥扑翼飞行机器人。由于工业机器人技术是机器人技术的基础，所以这里主要介绍工业机器人及其分类和主要技术指标。

1. 工业机器人的组成及其工作原理

工业机器人（industrial robot）是一种能自动定位控制并可重新编程予以变动的多功能

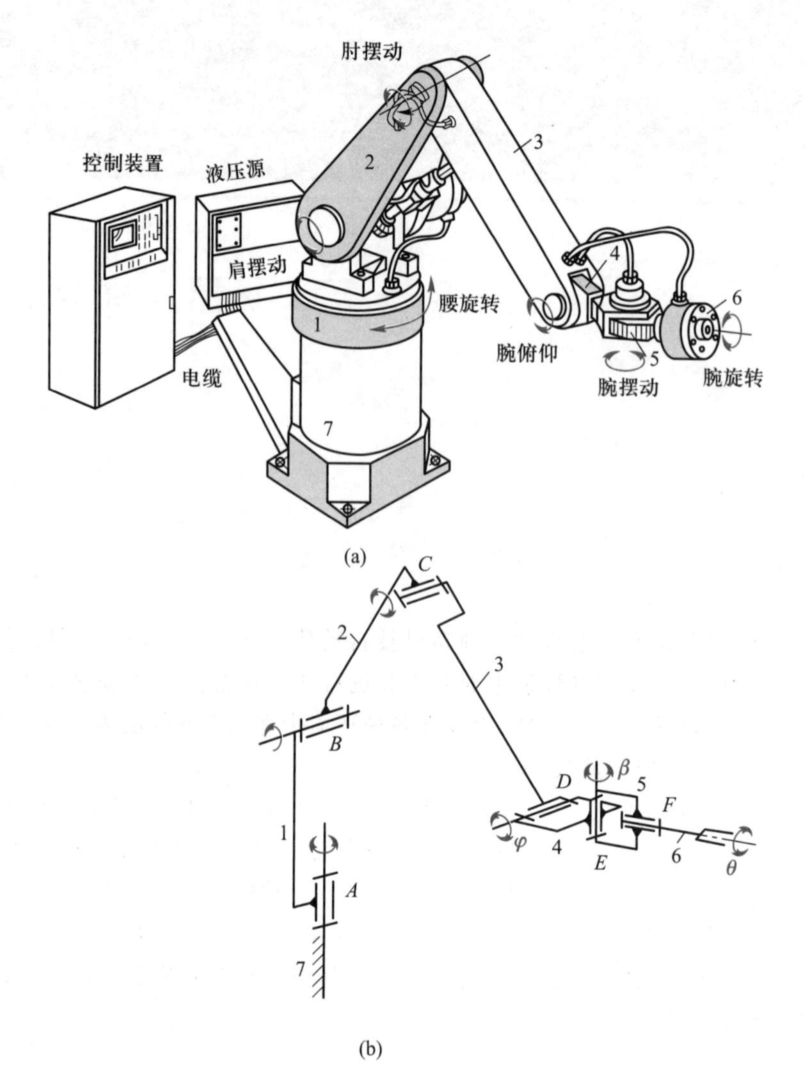

图 14-1　工业机器人

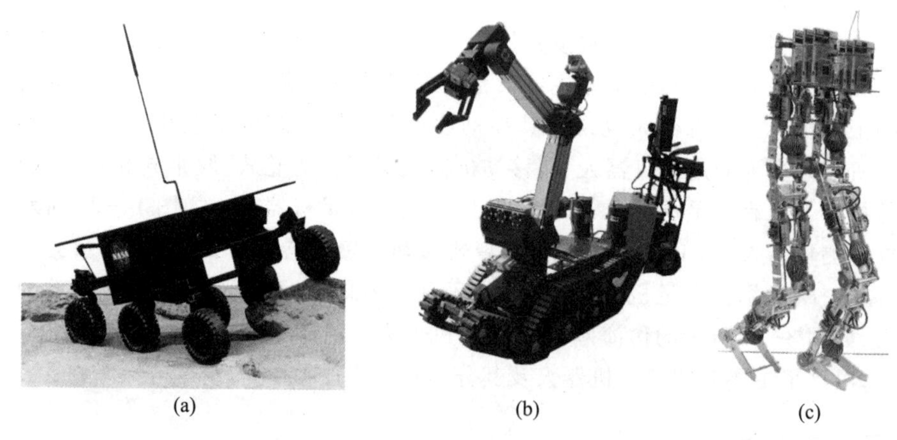

图 14-2　移动式机器人

机器。它有多个自由度,可用来搬运材料、零件和握持工具,以完成各种不同的作业。如图 14-1 所示为一具有 6 个自由度可用于点焊、弧焊和搬运的工业机器人。

工业机器人通常由执行机构、驱动-传动装置、控制系统和智能系统四部分组成。各部分的相互关系如图 14-3 所示。执行机构①(execute mechanism)是机器人赖以完成各种作业的主体部分,通常为空间连杆机构(图 14-1)。机器人的驱动-传动装置由驱动器和传动机构组成,它们通常与执行机构连成一体。驱动-传动装置有机械式、电气式、液压式、气动式和复合式等,其中液压式操作力最大。常用的驱动器(actuator)有伺服或步进电动机、液压马达、气缸及液压缸和记忆合金等新型驱动器。控制系统(control system)一般由控制计算机和伺服控制器组成。前者发出指令协调各有关驱动器之间的运动,同时还要完成编程、示教/再现以及和其他环境状况(传感器信息)、工艺要求、外部相关设备之间的信息传递和协调工作;后者控制各关节驱动器,使之能按预定运动规律运动。智能系统(intelligent system)则由视觉、听觉、触觉等感知系统和分析决策系统组成,其功能分别由传感器及软件来实现。

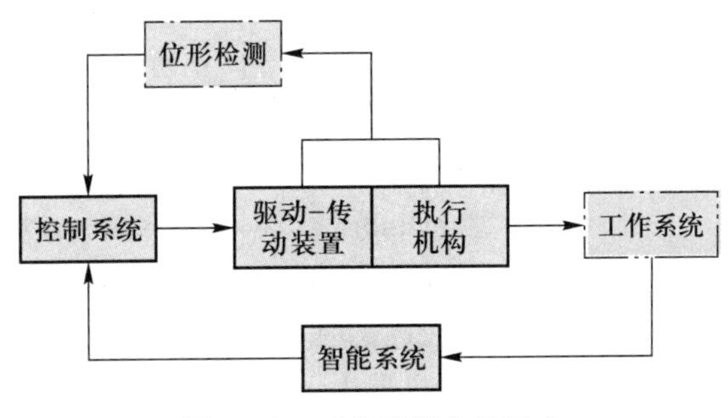

图 14-3 工业机器人的组成

工业机器人的机械结构部分称为操作机或机械手(manipulator),其由如下部分组成:在图 14-1 中构件 7 为机座;连接手臂和机座的部分 1 为腰部(waist),通常作回转运动;而位于操作机最末端,并直接执行工作要求的装置为手部(又称末端执行器,end effector),常见的末端执行器有夹持式、吸盘式、电磁式等;构件 2、3 分别为大臂和小臂(arms),其与腰部一起确定末端执行器在空间的位置,故称之为位置机构(position mechanism)或手臂机构(arm mechanism);构件 4、5 组成手腕机构(wrist mechanism),用以确定末端执行器在空间的姿态,故又称为姿态机构(pose mechanism)。手臂机构和手腕机构是机器人机构学要研究的主要内容。

工业机器人的发展过程可分为三代。第一代为示教再现型机器人(playback robot),它主要由机械手控制器和示教盒(teach pendant)组成,可按预先引导动作记录下的信息重复再现执行,当前工业中应用最多。第二代为感觉型机器人(perceptual robot),如有力觉、触觉和视觉等,它具有对某些外界信息进行反馈调整的能力,目前已进入应用阶段。第三代为智能型机器人(intelligent robot),它具有感知和理解外部环境的能力,并能在工作环境发生改变的情况下,自主完成各项拟人任务,其已部分进入应用阶段,但多数尚处于实验研究阶段。

2. 机器人的主要类型

机器人有串联机器人和并联机器人两大类。串联机器人一般采用空间开链连杆机构作为其操作机构,它由若干构件用运动副又称关节(joint)串接而成。由于结构和便于驱动的原因,串联机器人常用转动关节和移动关节,通常其驱动关节数目应等于操作机的自由度。图 14-1 所示操作机的自由度为 6,其手臂机构和手腕机构各有 3 个自由度。由于手臂机构基本上决定了机器人的工作空间范围,所以手臂运动通常称为机器人机构的主运动。串联

① 此处的执行机构包括了机器人的大、小手臂和手腕等部分。

机器人也常按手臂运动的坐标形式不同可分以下四种类型：

（1）直角坐标型

直角坐标型(cartesian coordinate robot)具有三个移动关节(PPP)，可使手部产生三个相互独立的位移(x,y,z)，如图14-4所示。其优点是定位精度高，轨迹求解容易，控制简单等，而缺点是所占的空间尺寸较大，工作范围较小，操作灵活性较差，运动速度较低。

（2）圆柱坐标型

圆柱坐标型(cylindrical coordinate robot)具有两个移动关节和一个转动关节(PPR)，手部的坐标为(z,r,θ)，如图14-5所示。其优点是所占的空间尺寸较小，工作范围较大，结构简单，手部可获得较高的速度。缺点是手部外伸离中心轴愈远，其切向线位移分辨精度愈低。通常用于搬运机器人。

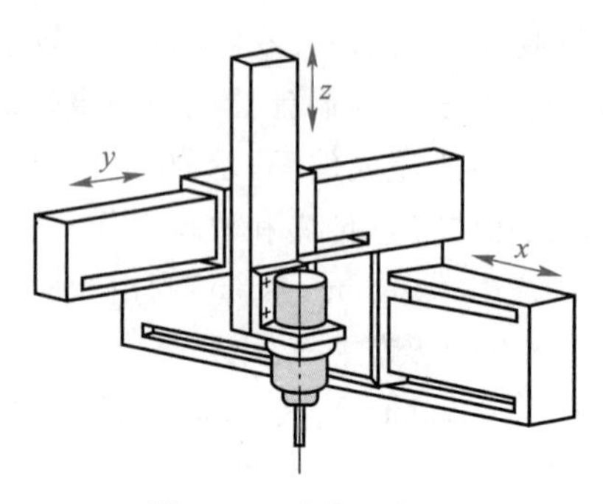

图14-4 直角坐标型

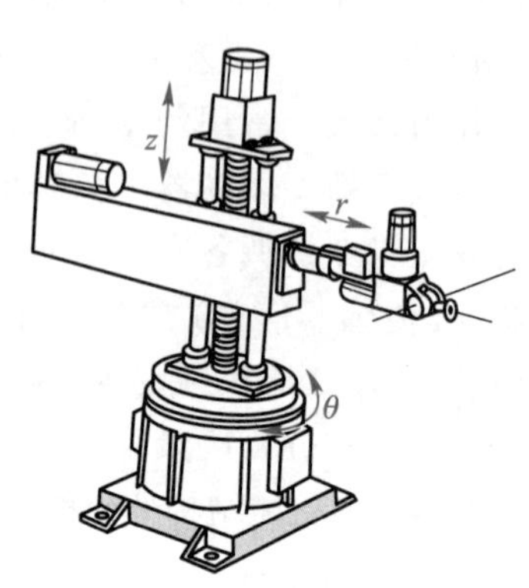

图14-5 圆柱坐标型

（3）球坐标型

球坐标型(polar coordinate robot)具有两个转动关节和一个移动关节(RRP)，手部的坐标为(r,φ,γ)(图14-6)。此种操作机的优点是结构紧凑，所占空间尺寸小。但目前应用较少。

（4）关节型

关节型(articutated robot)操作机是模拟人的上肢而构成的。它有三个转动关节(RRR)，又有垂直关节(图14-1)和水平关节(图14-7)两种布置形式。关节型操作机具有

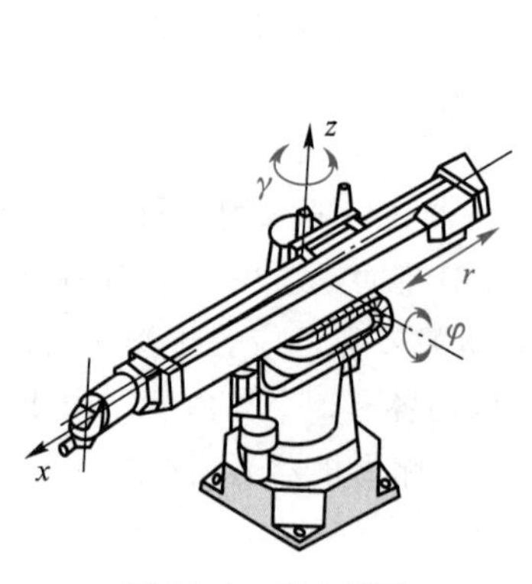

图14-6 球坐标型

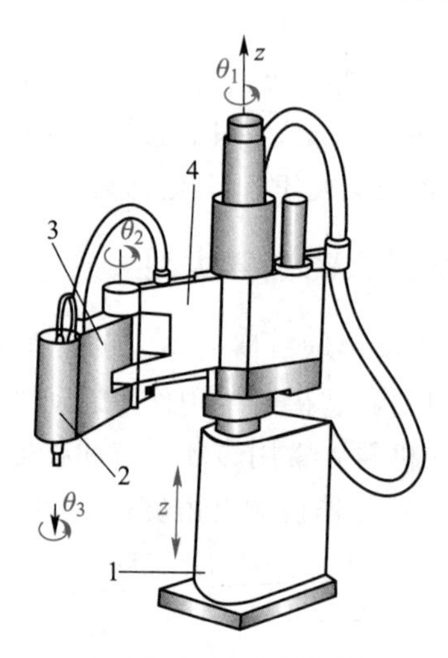

图14-7 水平关节型

结构紧凑，所占空间体积小、工作空间大等特点。其中垂直关节型操作机能绕过机座周围的一些障碍物，而水平关节型操作机在水平面上具有较大的柔性，而在沿垂直面上具有很大的刚性，对装配工作有利。关节型操作机是目前应用最多的一种结构形式。

而并联机器人则为采用空间并联机构（parallel mechanism）作为其操作机构的机器人。如图 8-85 所示的 Stewart 并联机器人就是一例。

3. 机器人的主要技术指标

机器人的技术指标较多，与机器人机构有关的技术指标有：

（1）自由度

即用来确定手部相对机座的位置和姿态的独立参变数的数目，由式（2-4）来计算。自由度是反映机器人操作机性能的一项重要指标。自由度较多，就更能接近人手的动作机能，通用性更好，但结构也更复杂。目前，一般的通用工业机器人大多为 5 个自由度左右，已能满足多种作业的要求。

（2）工作空间

即操作机的工作范围，通常以手腕中心点在操作机运动时所占有的体积来表示，如图 14-8 所示。

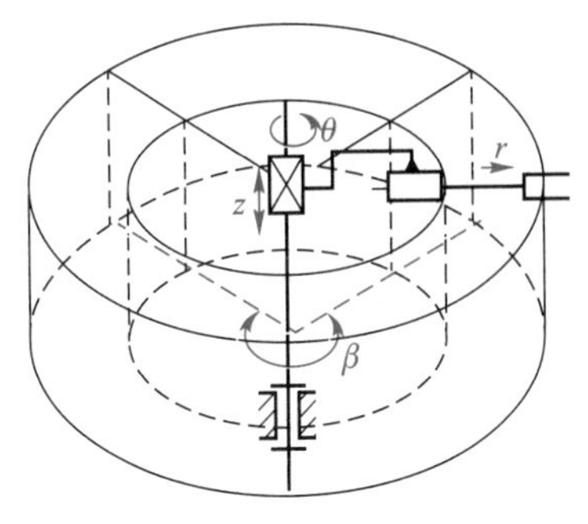

图 14-8　工作空间

（3）灵活度

灵活度（mobility）是指操作机末端执行器在工作（如抓取物体）时所能采取的姿态的多少。若能从各个方位抓取物体，则其灵活度最大；若只能从一个方位抓取物体，则其灵活度最小。

此外，用来表征机器人操作机性能的技术指标还有负荷能力、快速动作特性、重复定位精度及能量消耗等。

14.3　机器人机构的运动分析

机器人操作机一般为具有多个自由度的开链空间连杆机构，它的一端固接在机座上，而另一端则是末端执行器。机器人机构的各运动构件与末端执行器在空间的位置、姿态之间的关系以及它们的速度及加速度的确定是机器人运动学研究的主要内容，也是机器人的动力学、机构设计和运动控制的基础。所以，本节将着重对机器人机构的运动分析进行介绍。

1. 机器人位置与姿态的确定

（1）构件的位置和姿态的描述

我们知道，构件的空间位置和姿态（即方位）可用其上任一点（称为基点，通常选构件的质心或形心为基点）在空间的位置和与构件固接的坐标系相对于参考坐标系的方位来描述。

设有一构件 j（图 14-9），取其上任一点 O_j 为基点，以该点为原点在该构件上设置动坐标系 $O_jx_jy_jz_j$，并取参考坐标系 $O_ix_iy_iz_i$。于是，构件 j 的空间位置和姿态就可用 O_j 点的位置

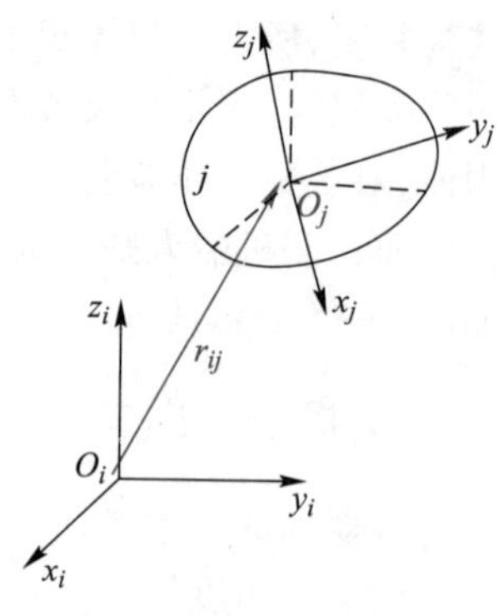

图 14-9 构件在空间的位姿

矢量 $\boldsymbol{r}_{ij}$和坐标系 $x_jy_jz_j$ 相对于参考坐标系 $x_iy_iz_i$ 的方向余弦矩阵 $\boldsymbol{R}_{ij}$来确定，即

$$\boldsymbol{r}_{ij}=\boldsymbol{O}_i\boldsymbol{O}_j=[x_{iOj},y_{iOj},z_{iOj}]^{\mathrm{T}} \tag{14-1}$$

$$\boldsymbol{R}_{ij}=\begin{bmatrix}\cos(x_i,x_j) & \cos(x_i,y_j) & \cos(x_i,z_j)\\ \cos(y_i,x_j) & \cos(y_i,y_j) & \cos(y_i,z_j)\\ \cos(z_i,x_j) & \cos(z_i,y_j) & \cos(z_i,z_j)\end{bmatrix} \tag{14-2}$$

式中，$\boldsymbol{r}_{ij}$称为构件位置列阵；$\boldsymbol{R}_{ij}$称为构件姿态矩阵（orientation matrix）。

为了方便起见，构件的空间位置和姿态通常又可用一个 4×4 的坐标平移旋转变换矩阵 $\boldsymbol{M}_{ij}$来表示，即

$$\boldsymbol{M}_{ij}=\begin{bmatrix}\boldsymbol{R}_{ij} & \boldsymbol{r}_{ij}\\ 0 & 1\end{bmatrix} \tag{14-3}$$

矩阵 $\boldsymbol{M}_{ij}$又称为构件的位姿矩阵（pose matrix）。

此外，构件的位姿分析还用到构件的姿态矩阵的逆阵 $\boldsymbol{R}_{ij}^{-1}$和位姿矩阵的逆阵 $\boldsymbol{M}_{ij}^{-1}$。由于姿态矩阵 $\boldsymbol{R}_{ij}$是正交的，所以

$$\boldsymbol{R}_{ij}^{-1}=\boldsymbol{R}_{ij}^{\mathrm{T}}=\boldsymbol{R}_{ji} \tag{14-4}$$

即姿态矩阵的逆矩阵等于它的转置矩阵。

由于位姿矩阵 $\boldsymbol{M}_{ij}$与 $\boldsymbol{M}_{ji}$互为逆阵，故

$$\boldsymbol{M}_{ij}^{-1}=\boldsymbol{M}_{ji}=\begin{bmatrix}\boldsymbol{R}_{ij}^{\mathrm{T}} & -\boldsymbol{R}_{ij}^{\mathrm{T}}\boldsymbol{r}_{ij}\\ 0 & 1\end{bmatrix} \tag{14-5}$$

但 $\boldsymbol{M}_{ij}^{-1}\neq\boldsymbol{M}_{ij}^{\mathrm{T}}$。

（2）机器人两杆间的位姿矩阵

机器人两杆间的位姿矩阵是确定其末端执行器位姿矩阵的基础，它取决于两杆之间的相对运动形式、结构参数和运动参数以及两杆的坐标变换顺序。为了确定两杆之间的位姿矩阵，需先建立各杆的坐标系，并确定出两杆间的结构参数和关节运动参数。

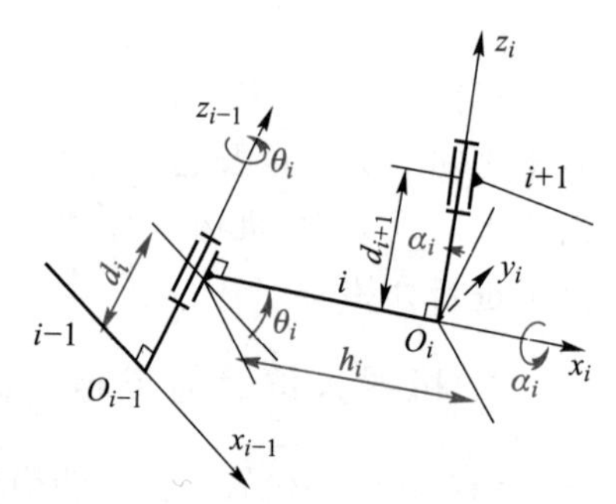

图 14-10 构件间的位姿关系

如图 14-10 所示，设机器人机构中任一杆 i 与其相邻杆 $i-1$ 和 $i+1$ 以转动关节相连。在建立与杆 i 相固接的坐标系 $O_ix_iy_iz_i$ 时，取杆 i 与杆 $i+1$ 的关节轴线为 z_i 轴，取杆 i 两关节轴线 z_{i-1}与 z_i 之间的公垂线为 x_i 轴，正向为由关节轴线 z_{i-1}指向 z_i，以 x_i 与 z_i 轴线的交点 O_i 为坐标原点，而 y_i 轴可按右手坐标系确定，但常略去不画。同样可建立 $i-1$ 的坐标系$O_{i-1}x_{i-1}y_{i-1}z_{i-1}$，如图 14-10 所示。

当两杆坐标系选定后，两坐标系之间的关系便可用图中的 h_i、d_i、α_i、θ_i 等四个参数确定。其中，h_i 为杆 i 的两关节轴线 z_{i-1} 与 z_i 之间的公垂线长度，称为杆长（link length），以沿 x_i 方向为正；d_i 为两相邻杆 i 与 $i-1$ 沿关节轴线 z_{i-1}从 x_{i-1}轴至 x_i 轴的距离，以沿 z_{i-1}方向为正；α_i 为杆 i 的关节轴线 z_i 相对于 z_{i-1}绕 x_i 轴扭转过的角度，称为扭角（twist angle），以绕 x_i 轴右旋为正；θ_i 为杆 i 相对于杆 $i-1$ 绕 z_{i-1}轴转过的角度，以绕 z_{i-1}轴右旋为

正。在通常情况下，杆长 h_i 和扭角 α_i 为常量。

对于转动关节而言，d_i 为常量，称为偏距，θ_i 为变量，称为关节转角；对于移动关节而言，θ_i 为常量，称为偏角（yaw angle），而 d_i 为变量，称为关节位移（joint movement），也常用 s_i 表示。故上述两类关节各有三个结构参数，一个运动参数。

由上述可知，坐标系 $O_ix_iy_iz_i$ 相对于坐标系面 $O_{i-1}x_{i-1}y_{i-1}z_{i-1}$ 的位置与姿态可以看成是先由 i-1 坐标系随原点 O_{i-1} 沿 $O_{i-1}O_i$ 平移到原点 O_i，再依次绕 z_{i-1} 轴及 x_i 轴分别旋转 θ_i 和 α_i 角得到的。于是杆 i 相对于杆 i-1 的位姿矩阵为

$$\boldsymbol{M}_{i-1,i}=\begin{bmatrix}\boldsymbol{R}_{i-1,i}^{\theta_i,\alpha_i} & \boldsymbol{r}_{i-1,i}\\ 0 & 1\end{bmatrix}$$

$$=\begin{bmatrix}\cos\theta_i & -\sin\theta_i\cos\alpha_i & \sin\theta_i\sin\alpha_i & h_i\cos\theta_i\\ \sin\theta_i & \cos\theta_i\cos\alpha_i & -\cos\theta_i\sin\alpha_i & h_i\sin\theta_i\\ 0 & \sin\alpha_i & \cos\alpha_i & d_i\\ 0 & 0 & 0 & 1\end{bmatrix} \tag{14-6}$$

此即坐标系 i 相对于坐标系 i-1 的变换矩阵，这种确定两杆相对运动的方法，称为 Denarit-Hartenberg 方法，简称 D-H 法[①]。

2. 机器人位姿方程的建立及求解

（1）机器人位姿方程的建立

描述机器人机构中每一构件在空间相对于机座坐标系的位置和姿态的方程称为机器人的位姿方程。

图 14-11 所示为一具有 n 个活动构件的开链空间连杆机构的机器人机构。为了描述每一构件的位置和姿态，应先从机座到末端构件（末端执行器）的顺序以数字 0、1、2、…、n 依次标出各构件的编号，并建立各构件的坐标系如图所示。

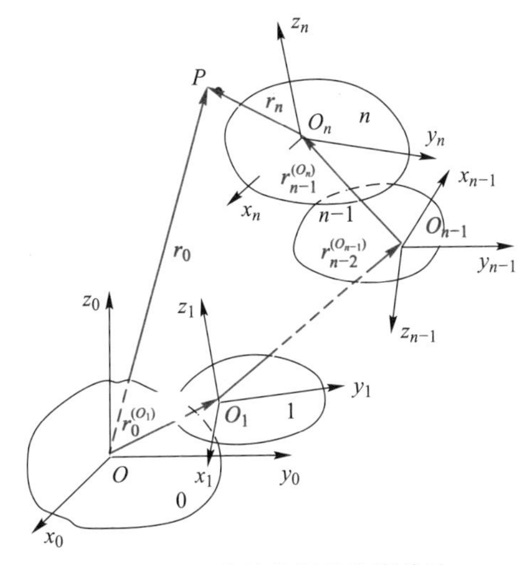

图 14-11　各构件间的位姿关系

设各坐标系原点在前一相邻坐标系中的位置矢量为 $\boldsymbol{r}_0^{(O_1)}$、$\boldsymbol{r}_1^{(O_2)}$、…、$\boldsymbol{r}_{n-1}^{(O_n)}$，最末构件 n 上任一点 P 在各坐标系中的位置矢量为 r_0、r_1、…、r_n，而每两个相邻坐标系之间的位姿矩阵依次为 M_{01}、M_{12}、…、$M_{n-1,n}$。对各坐标系逐次变换递推，就可得到 P 点由最末杆 n 的坐标系到机座坐标系的坐标变换公式为

$$\begin{bmatrix}\boldsymbol{r}_0\\1\end{bmatrix}=\boldsymbol{M}_{01}\begin{bmatrix}\boldsymbol{r}_1\\1\end{bmatrix}=\boldsymbol{M}_{01}\boldsymbol{M}_{12}\begin{bmatrix}\boldsymbol{r}_2\\1\end{bmatrix}=\boldsymbol{M}_{01}\boldsymbol{M}_{12}\cdots\boldsymbol{M}_{n-1,n}\begin{bmatrix}\boldsymbol{r}_n\\1\end{bmatrix}=\boldsymbol{M}_{0n}\begin{bmatrix}\boldsymbol{r}_n\\1\end{bmatrix} \tag{14-7}$$

由此可知，操作机中任一杆相对于机座坐标系的位姿可表示为

$$\boldsymbol{M}_{0i}=\boldsymbol{M}_{01}\boldsymbol{M}_{12}\cdots\boldsymbol{M}_{i-1,i} \tag{14-8}$$

---

① D-H 法虽是广泛用于机器人的运动分析标准方法。但这种方法所有的运动都是关于 x 和 z 轴的，因此只要有任何关于 y 轴的运动，此方法就不适用了。

由于方程中包含了各杆的运动参数 θ_i 及 s_i，故其即为操作机的运动方程。

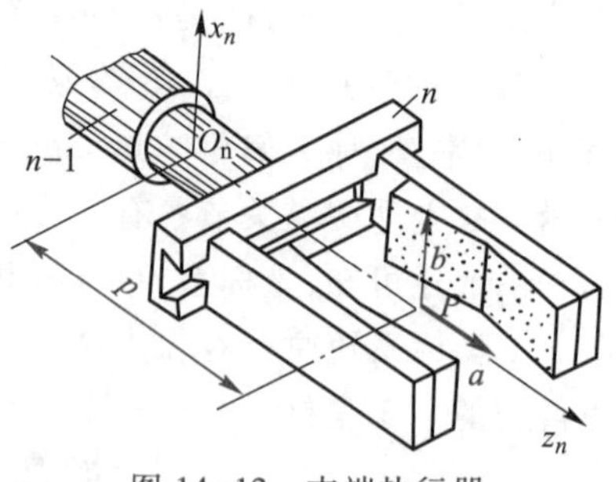

图 14-12 末端执行器

由于末端执行器上常装有夹持器等工具，所以其位姿又常用夹持器中心点 P(图 14-12)的空间位置矢量$(x_P,y_P,z_P)^{\mathrm{T}}$ 和过 P 点与夹持器固结的单位矢量 $\boldsymbol{a}$ 及 $\boldsymbol{b}$ 的方向余弦$(l,m,n)^{\mathrm{T}}$ 和$(u,v,w)^{\mathrm{T}}$ 来描述。此时，在坐标系 $O_nx_ny_nz_n$ 中 P 点的坐标为$(0,0,p)^{\mathrm{T}}$，$\boldsymbol{a}$ 及 $\boldsymbol{b}$ 的方向余弦为$(0,0,1)^{\mathrm{T}}$ 和$(1,0,0)^{\mathrm{T}}$，于是末端夹持器的位姿矩阵为

$$\begin{bmatrix} x_P & l & u \\ y_P & m & v \\ z_P & n & w \\ 1 & 0 & 0 \end{bmatrix} = \boldsymbol{M}_{01}\boldsymbol{M}_{12}\cdots\boldsymbol{M}_{n-1,n}\begin{bmatrix} 0 & 0 & 1 \\ 0 & 0 & 0 \\ P & 1 & 0 \\ 1 & 0 & 0 \end{bmatrix} \tag{14-9}$$

(2) 机器人位姿运动方程的求解

机器人机构末端执行器的位姿分析有两类基本问题：一类为位姿方程的正解，即已知各关节的运动参数，求末端执行器相对参考坐标系的位姿；另一类为位姿方程的逆解，即根据已给定的满足工作要求的末端执行器相对于参考坐标系的位置和姿态，求各关节的运动参数。这是对机器人进行控制的关键。现对这两类问题的求解分别加以介绍。

1) 位姿正解

当机器人机构的结构参数已确定，并给出了各主动关节中的运动参数时，就可根据式(14-8)或式(14-9)来求末端执行器在机座坐标系中的位姿。下面举例加以说明。

例 14-1 图 14-13 所示为一 RRPR 型机器人机构。设各杆的结构参数和关节运动参数均已知，试求该机器人末端执行器的位置和姿态。

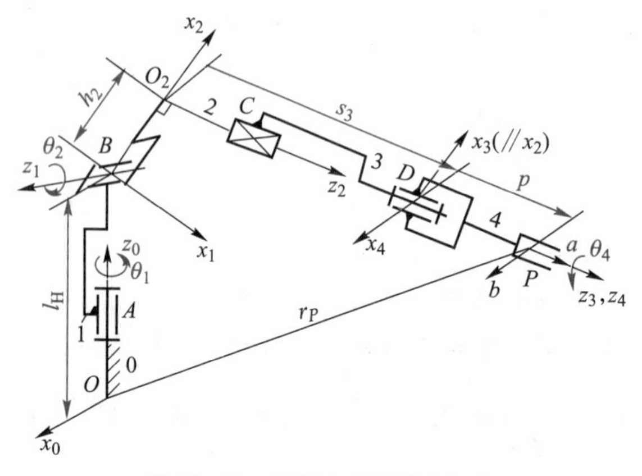

图 14-13 RRPR 型机器人机构

解： ① 建立坐标系，并标出各杆的结构参数和关节运动参数(如图 14-13)。各杆结构参数有 h_2，$h_1=h_3=h_4=0$；$\alpha_1=\alpha_2=90°(z_1\perp z_0,z_2\perp z_1)$，$\alpha_3=\alpha_4=0$($z_2$、$z_3$ 及 z_4 重合)；$d_1=l_1$，$d_2=d_4=0$。而各关节运动参数为 θ_1、θ_2、s_3(即 d_3)及 θ_4。

② 求两杆间的位姿矩阵。根据式(14-9)有

$$
\boldsymbol{M}_{01}=\begin{bmatrix}\cos\theta_1 & 0 & \sin\theta_1 & 0\\ \sin\theta_1 & 0 & -\cos\theta_1 & 0\\ 0 & 1 & 0 & l_1\\ 0 & 0 & 0 & 1\end{bmatrix} \tag{a}
$$

$$
\boldsymbol{M}_{12}=\begin{bmatrix}\cos\theta_2 & 0 & \sin\theta_2 & h_2\cos\theta_2\\ \sin\theta_2 & 0 & -\cos\theta_2 & h_2\sin\theta_2\\ 0 & 1 & 0 & 0\\ 0 & 0 & 0 & 1\end{bmatrix} \tag{b}
$$

$$
\boldsymbol{M}_{23}=\begin{bmatrix}1 & 0 & 0 & 0\\ 0 & 1 & 0 & 0\\ 0 & 0 & 1 & s_3\\ 0 & 0 & 0 & 1\end{bmatrix} \tag{c}
$$

$$
\boldsymbol{M}_{34}=\begin{bmatrix}\cos\theta_4 & -\sin\theta_4 & 0 & 0\\ \sin\theta_4 & \cos\theta_4 & 0 & 0\\ 0 & 0 & 1 & 0\\ 0 & 0 & 0 & 1\end{bmatrix} \tag{d}
$$

③ 求末端执行器的位姿。将式(a)~式(d)代入式(14-9),经矩阵连乘运算可得夹持器中心点 P 的坐标为

$$
\left.\begin{aligned}
x_P&=[(s_3+p)\sin\theta_2+h_2\cos\theta_2]\cos\theta_1\\
y_P&=[(s_3+p)\sin\theta_2+h_2\cos\theta_2]\sin\theta_1\\
z_P&=-(s_3+p)\cos\theta_2+h_2\sin\theta_2+l_1
\end{aligned}\right\} \tag{14-10}
$$

描述末端夹持器姿态的两正交单位矢量 $\boldsymbol{a}$、$\boldsymbol{b}$ 的方向余弦为

$$
l=\cos\theta_1\sin\theta_2,m=\sin\theta_1\sin\theta_2,n=-\cos\theta_2 \tag{14-11a}
$$

$$
\left.\begin{aligned}
u&=\cos\theta_1\cos\theta_2\cos\theta_4+\sin\theta_1\sin\theta_4\\
v&=\sin\theta_1\cos\theta_2\cos\theta_4-\cos\theta_1\sin\theta_4\\
w&=\sin\theta_2\cos\theta_4
\end{aligned}\right\} \tag{14-11b}
$$

如要研究夹持器的工作空间,可求从参考坐标系原点 O 到夹持器中心点 P 间的距离 ρ(即图 14-13 中矢量 $\boldsymbol{r}_P$ 的模),由式(14-10)可得

$$
\begin{aligned}
\rho^2&=x_P^2+y_P^2+z_P^2\\
&=l_1^2+(s_3+p)^2+2l_1[h_2\cos\theta_2-(s_3+p)\cos\theta_2]
\end{aligned} \tag{14-12}
$$

由于机器人机构的距离 ρ 为一多变量函数,故对工作空间的研究,应按多变量函数求极值的方法进行。

2) 位姿逆解

当机器人末端执行器的位置和姿态给定时,式(14-8)左端的矩阵 $\boldsymbol{M}_{0i}$ 为已知,而等式右端则包含有多个待求的关节运动参数。根据等式两端矩阵对应元素应相等的条件,可得一组多未知变量的三角函数方程,解之可求得未知运动参数。机器人运动学的逆解需解一组非线性超越方程,故一般求解难度较大。位姿逆解的方法有代数法、几何法和数值解法,前两种解法的具体步骤和公式因操作机的形式不同而异,后一种解法则是寻求位姿逆解的通解的方法,由于其计算工作量大,计算时间长而不能满足实时控制的需要,所以目前尚难实用。下面举例说明用代数法进行机器人位姿逆解的具体方法及步骤。

例 14-2　在图 14-13 所示的机器人中,设已知末端夹持器在固定坐标系 $Ox_0y_0z_0$ 中的位姿,即已知 P

点的坐标 x_P、y_P、z_P 和单位矢量 $\boldsymbol{a}$、$\boldsymbol{b}$ 的方向余弦 l、m、n 和 u、v、w。试求该机器人的位姿逆解(即求运动参数 θ_1、θ_2、s_3、θ_4)。

解: 根据式(14-9)可得该机器人机构夹持器的位姿矩阵为

$$\begin{bmatrix} x_P & l & u \\ y_P & m & v \\ z_P & n & w \\ 1 & 0 & 0 \end{bmatrix} = \boldsymbol{M}_{01}\boldsymbol{M}_{12}\boldsymbol{M}_{23}\boldsymbol{M}_{34}\begin{bmatrix} 0 & 0 & 1 \\ 0 & 0 & 0 \\ p & 1 & 0 \\ 1 & 0 & 0 \end{bmatrix} \tag{14-13}$$

为了求解各关节参数,可将一组逆矩阵 $\boldsymbol{M}_{01}^{-1}$、$\boldsymbol{M}_{12}^{-1}$ 及 $\boldsymbol{M}_{23}^{-1}$ 连续左乘式(14-13)两端,再利用两端矩阵中对应元素相等的关系,求出各待求运动参数。

① 求 θ_1。用 $\boldsymbol{M}_{01}$ 的逆矩阵

$$\boldsymbol{M}_{01}^{-1} = \begin{bmatrix} \cos\theta_1 & 0 & \sin\theta_1 & 0 \\ \sin\theta_1 & 0 & -\cos\theta_1 & 0 \\ 0 & 1 & 0 & l_1 \\ 0 & 0 & 0 & 1 \end{bmatrix}^{-1} = \begin{bmatrix} \cos\theta_1 & \sin\theta_1 & 0 & 0 \\ 0 & 0 & 1 & -l_1 \\ \sin\theta_1 & -\cos\theta_1 & 0 & 0 \\ 0 & 0 & 0 & 1 \end{bmatrix}$$

左乘式(14-13)两端,并仅写出夹持器的位置矩阵方程为

$$\boldsymbol{M}_{01}^{-1}\begin{bmatrix} x_P \\ y_P \\ z_P \\ 1 \end{bmatrix} = \boldsymbol{M}_{14}\begin{bmatrix} 0 \\ 0 \\ p \\ 1 \end{bmatrix} \tag{14-14}$$

即

$$\begin{bmatrix} \cos\theta_1 & \sin\theta_1 & 0 & 0 \\ 0 & 0 & 1 & -l_1 \\ \sin\theta_1 & -\cos\theta_1 & 0 & 0 \\ 0 & 0 & 0 & 1 \end{bmatrix}\begin{bmatrix} x_P \\ y_P \\ z_P \\ 1 \end{bmatrix} = \begin{bmatrix} \cos\theta_2 & 0 & \sin\theta_2 & h_2\cos\theta_2 \\ \sin\theta_2 & 0 & -\cos\theta_2 & h_2\sin\theta_2 \\ 0 & 1 & 0 & 0 \\ 0 & 0 & 0 & 1 \end{bmatrix}\cdot$$

$$\begin{bmatrix} 1 & 0 & 0 & 0 \\ 0 & 1 & 0 & 0 \\ 0 & 0 & 1 & s_3 \\ 0 & 0 & 0 & 1 \end{bmatrix}\begin{bmatrix} \cos\theta_4 & -\sin\theta_4 & 0 & 0 \\ \sin\theta_4 & \cos\theta_4 & 0 & 0 \\ 0 & 0 & 1 & 0 \\ 0 & 0 & 0 & 1 \end{bmatrix}\begin{bmatrix} 0 \\ 0 \\ p \\ 1 \end{bmatrix}$$

由上式经矩阵运算,可得三个位置方程

$$x_P\cos\theta_1 + y_P\sin\theta_1 = (p+s_3)\sin\theta_2 + h_2\cos\theta_2 \tag{a}$$

$$z_P - l_1 = -(p+s_3)\cos\theta_2 + h_2\sin\theta_2 \tag{b}$$

$$x_P\sin\theta_1 - y_P\cos\theta_1 = 0 \tag{c}$$

由式(c)可求得

$$\theta_1 = \arctan(y_P/x_P) \tag{14-15}$$

θ_1 有两个解,即机器人手臂相对于机座可有在其左侧或其右侧两种形位。

② 求 s_3。将式(a)和式(b)分别平方后相加,解之可得

$$s_3 = -p \pm \sqrt{(x_P\cos\theta_1 + y_P\sin\theta_1)^2 + (z_P - l_1)^2 - h_2^2} \tag{14-16}$$

s_3 也有两个解。

③ 求 θ_2。在 θ_1 及 s_3 求得后,令 $A = h_2$,$B = -(p+s_3)$,$C = -(z_P - l_1)$,由式(b)则有

$$A\sin\theta_2 + B\cos\theta_2 + C = 0$$

解之得

$$\theta_2 = 2\arctan\frac{A \pm \sqrt{A^2+B^2-C^2}}{B-C} \tag{14-17}$$

θ_2 有两个解，分别对应于肘向上和肘向下的姿态。

④ 求 θ_4。用逆矩阵

$$M_{23}^{-1}M_{12}^{-1}M_{01}^{-1}=M_{03}^{-1}=\begin{bmatrix}\cos\theta_1\cos\theta_2 & \cos\theta_2\sin\theta_1 & \sin\theta_2 & -l_1\sin\theta_2-h_2\\ \sin\theta_1 & -\cos\theta_1 & 0 & 0\\ \cos\theta_1\sin\theta_2 & \sin\theta_1\sin\theta_2 & -\cos\theta_2 & l_1\cos\theta_2\\ 0 & 0 & 0 & 1\end{bmatrix}$$

左乘式(14-13)两端，并仅写出夹持器姿态矩阵方程为

$$M_{03}^{-1}\begin{bmatrix}l & u\\ m & v\\ n & w\\ 0 & 0\end{bmatrix}=M_{34}\begin{bmatrix}0 & 1\\ 0 & 0\\ 1 & 0\\ 0 & 0\end{bmatrix}\tag{14-18}$$

由式(14-18)两端第一行第二列元素相等的条件得

$$\theta_4=\arccos[(u\cos\theta_1+v\sin\theta_1)\cos\theta_2+w\sin\theta_2]\tag{14-19}$$

θ_4 只有一个解。

从上例可见，机器人机构运动学逆解一般具有多解性，在上例中共有八组解(图 14-14)。这说明该机器人机构末端执行器达到同一位姿有八种形位。

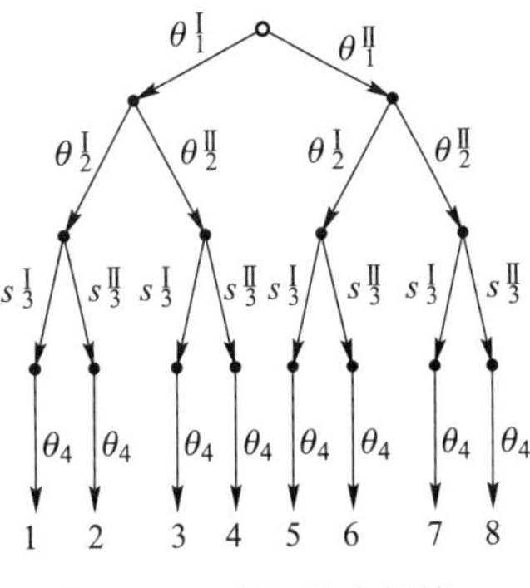

图 14-14　逆解的多解性

3. 机器人机构的速度和加速度分析

(1) 速度分析

在串联式机器人机构中，设各杆的关节运动参数对时间的导数已知。现需求该机器人机构末端执行器 n 上一点 P 在机座坐标系中的速度 $\boldsymbol{v}_0$ 和杆 n 的角速度 $\omega_n^{(0)}$。

由式(14-7)对时间求导直接求得速度 $\boldsymbol{v}_0$，即

$$\begin{bmatrix}\boldsymbol{v}_0\\ 0\end{bmatrix}=\begin{bmatrix}\dot{\boldsymbol{r}}_0\\ 0\end{bmatrix}=\sum_{i=1}^{n}\boldsymbol{M}_{01}\boldsymbol{M}_{12}\cdots\dot{\boldsymbol{M}}_{i-1,i}\cdots\boldsymbol{M}_{n-1,n}\begin{bmatrix}\boldsymbol{r}_n\\ 1\end{bmatrix}\tag{14-20}$$

式中，$\dot{\boldsymbol{M}}_{i-1,i}$ 可由式(14-6)对时间求导求得。如 $\dot{\boldsymbol{M}}_{i-1,i}$ 为

$$\dot{\boldsymbol{M}}_{i-1,i}=\begin{bmatrix}\dot{\boldsymbol{R}}_{i-1,i} & \dot{\boldsymbol{r}}_{i-1,i}\\ 0 & 0\end{bmatrix}=\begin{bmatrix}-\dot\theta_i\sin\theta_i & -\dot\theta_i\cos\theta_i\cos\alpha_i & \dot\theta_i\cos\theta_i\sin\alpha_i & -h_i\dot\theta_i\sin\theta_i\\ \dot\theta_i\cos\theta_i & -\dot\theta_i\sin\theta_i\cos\alpha_i & \dot\theta_i\sin\theta_i\sin\alpha_i & h_i\dot\theta_i\cos\theta_i\\ 0 & 0 & 0 & \dot d_i\\ 0 & 0 & 0 & 1\end{bmatrix}$$

在上式中，对于转动关节，$\dot d_i=0$，而 $\dot\theta_i$ 为两相邻杆 i 与 $i-1$ 间的相对角速度 $\omega_{i,i-1}$；对于移动关节，则 $\dot\theta_i=0$，$\dot d_i=\dot s_i$ 为杆 i 与 $i-1$ 间的相对速度 $\boldsymbol{v}_{i,i-1}$。

根据速度合成原理可知，对于串联机器人机构，其末端执行器的绝对角速度等于操作机中所有回转关节的角速度 $\dot\theta_i$ 的矢量和。由于前面已规定各回转轴线沿 z_i 轴，所以角速度矢量 $\dot{\boldsymbol{\theta}}_i$ 在坐标系 $x_iy_iz_i$ 中可表示为 $\dot{\boldsymbol{\theta}}_i^{(i)}=[0,0,\dot\theta_i]^{\mathrm{T}}$，而在机座坐标系 $x_0y_0z_0$ 中表示为 $\dot{\boldsymbol{\theta}}_i^{(0)}$，则

$$\dot{\boldsymbol{\theta}}_i^{(0)}=\boldsymbol{R}_{01}\boldsymbol{R}_{12}\cdots\boldsymbol{R}_{i-1,i}\dot{\boldsymbol{\theta}}_i^{(i)}\tag{14-21}$$

故机器人机构末端执行器 n 在机座坐标系中的角速度为

$$\boldsymbol{\omega}_n^{(0)} = \sum_{i=1}^{n} \boldsymbol{\theta}_i^{(0)} = \sum_{i=1}^{n} \boldsymbol{R}_{01}\boldsymbol{R}_{12}\cdots\boldsymbol{R}_{i-1,i}\dot{\boldsymbol{\theta}}_i^{(i)} \tag{14-22}$$

式中，$\dot{\boldsymbol{R}}_{j-1,j} = \dfrac{\mathrm{d}\boldsymbol{R}_{j-1,j}}{\mathrm{d}\boldsymbol{\theta}_j}\dot{\boldsymbol{\theta}}_j$，而 $\boldsymbol{R}_{j-1,j}$ 可根据式(14-2)来确定。

(2) 加速度分析

分别将式(14-20)和式(14-22)再对时间求导即得末端执行器 n 相对于机座上点 P 的加速度和杆 n 的角加速度。

此外，与位姿分析一样，机器人机构的速度及加速度分析也有逆解问题。

14.4 机器人机构的静力和动力分析

对机器人机构进行静力分析和动力分析是机器人机构设计以及其驱动装置和控制系统设计的基础。

1. 静力分析

机器人机构静力分析的目的是确定机器人在静力平衡状态下，各关节力(力矩)与末端执行器上外力、外力矩间的关系，为机器人机构的设计提供初步依据。

在机器人机构中，任取两杆 i 与 $i+1$(图 14-15)，设作用在杆 $i+1$ 上的力 $\boldsymbol{F}_{i+1}$ 和力矩 $\boldsymbol{M}_{i+1}$ 在坐标系 $i+1$ 中表示为 $\boldsymbol{F}_{i+1}^{(i+1)}$ 和 $\boldsymbol{M}_{i+1}^{(i+1)}$；杆 i 上的重力 $\boldsymbol{G}_i$(其质心在 S_i 处)在机座坐标系 $O_0x_0y_0z_0$ 中表示为 $\boldsymbol{G}_i^{(0)}$。再设杆 i 上 S_i 点和 O_{i+1} 点在坐标系 $O_ix_iy_iz_i$ 中的位置矢量为 $\boldsymbol{r}_{Si}$ 和 $\boldsymbol{r}_{i+1}$。当不考虑摩擦时，将这些力和力矩简化到坐标系 $O_ix_iy_iz_i$ 中，可得

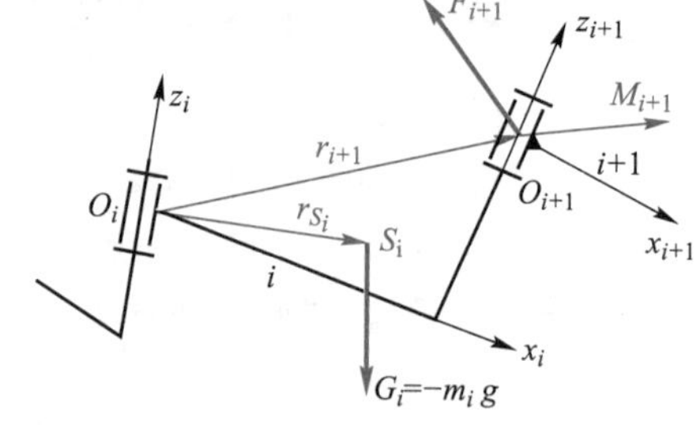

图 14-15 静力分析

$$\boldsymbol{F}_i^{(i)} = \boldsymbol{F}_{i+1}^{(i)} + \boldsymbol{G}_i^{(i)} = \boldsymbol{R}_{i+1,i}\boldsymbol{F}_{i+1}^{(i+1)} + \boldsymbol{R}_{i0}\boldsymbol{G}_i^{(0)} \tag{14-23}$$

$$\begin{aligned}\boldsymbol{M}_i^{(i)} &= \boldsymbol{M}_{i+1}^{(i)} + \boldsymbol{r}_{i+1}\times\boldsymbol{F}_{i+1}^{(i)} + \boldsymbol{r}_{Si}\times\boldsymbol{G}_i^{(i)} \\ &= \boldsymbol{R}_{i+1,i}\boldsymbol{M}_{i+1}^{(i+1)} + \boldsymbol{r}_{i+1}\times\boldsymbol{R}_{i+1,i}\boldsymbol{F}_{i+1}^{(i+1)} + \boldsymbol{r}_{Si}\times\boldsymbol{R}_{i0}\boldsymbol{G}_i^{(0)}\end{aligned} \tag{14-24}$$

式中，$\boldsymbol{R}_{i+1,i}$ 和 $\boldsymbol{R}_{i0}$ 为坐标旋转变换矩阵，恰与运动分析为逆变换。式(14-23)和式(14-24)为两相邻杆间力的传递关系。

如设作用在机器人机构末端执行器上 P 点的外力和外力矩为 $\boldsymbol{F}_{\mathrm{w}}^{(0)}$ 和 $\boldsymbol{M}_{\mathrm{w}}^{(0)}$，同时考虑各杆自重的影响，则由式(14-23)和式(14-24)经逆推可求得关节点 O_i 上的力和力矩分别为

$$\boldsymbol{F}_{0i}^{(i)} = \boldsymbol{R}_{i0}\boldsymbol{F}_{\mathrm{w}}^{(0)} + \sum_{j=i}^{n} \boldsymbol{R}_{j0}\boldsymbol{G}_j^{(0)} \tag{14-25}$$

$$\boldsymbol{M}_{0i}^{(i)} = \boldsymbol{R}_{i0}\boldsymbol{M}_{\mathrm{w}}^{(0)} + \sum_{j=i}^{n} \boldsymbol{r}_{Sj}\times\boldsymbol{R}_{j0}\boldsymbol{G}_j^{(0)} \tag{14-26}$$

求出力 $\boldsymbol{F}_{0i}^{(i)}$ 和力矩 $\boldsymbol{M}_{0i}^{(i)}$ 在 x_i 和 z_i 轴上的分量，即得到关节力和关节力矩。其反号值即应由驱动机提供的关节驱动力或驱动力矩。

2. 动力分析

当考虑惯性力的影响时,对机器人进行的力分析即为动力分析。同样,机器人的动力学分析也分为正动力学分析和逆动力学分析两类问题。其逆动力学分析与前文所介绍的机械动力分析相似,可采用动态静力分析法(见第 5 章);其正动力学分析属多自由度机械系统的动力学建模与求解问题,其理论建模方法参见第 7 章相关内容和学习拓展案例 7-1。至于其求解方法可查阅相关研究文献,这里不再赘述。

14.5　机器人机构的设计

如前所述,对于要以空间任意位姿进行作业的机器人机构需要具有 6 个自由度,而对于要回避障碍进行作业的机器人机构其自由度数则需超过 6 个。所以,机器人机构的结构方案及其运动设计是机器人设计的关键,本节将主要介绍机器人机构的结构设计及运动设计的要点。

1. 工业机器人机构设计

工业机器人机构设计包含手臂机构、手腕机构及末端执行器机构设计。

(1) 手臂机构设计

手臂机构一般具有 2~3 个自由度(当需要回避障碍时,其自由度可多于 3 个),可实现回转、俯仰、升降或伸缩三种运动形式。

设计机器人手臂机构时,首先要确定机器人手臂机构的结构形式。通常,应根据其将完成的作业任务所需要的自由度数、运动形式、承受的载荷和运动精度要求等因素来确定。机器人的结构类型及其特点见 14.2。其次是确定手臂机构的尺寸,手臂长度及手臂关节的转角范围应根据机器人完成作业任务提出的工作空间尺寸要求来确定。在确定机器人机构的结构形式及尺寸时,必须考虑到由于手臂关节的驱动是由驱动器和传动系统来完成的,因而手臂部件自身的重量较大,而且还要承受手腕、末端执行器和工件的重量,以及在运动中产生的动载荷;同时,要考虑到其对机器人手臂运动响应的速度、运动精度和刚度以及运动平稳性的影响等。

(2) 手腕机构的设计

机器人手腕机构用以实现末端执行器在作业空间中的三个姿态坐标,通常使末端执行器能实现回转运动 θ(图 14-1b)、偏摆运动 β 和俯仰运动 φ。手腕自由度愈多,各关节的运动角范围愈大,其动作的灵活性愈高,机器人对作业的适应能力愈强。但增加手腕自由度,会使手腕结构复杂,运动控制难度加大。因此,一般手腕机构的自由度为 1~2 个即能满足作业要求。通用性强的机器人手腕机构的自由度为 3,而某些专业工业机器人的手腕机构则视作业实际需要可减少其自由度数,甚至可以不要手腕。

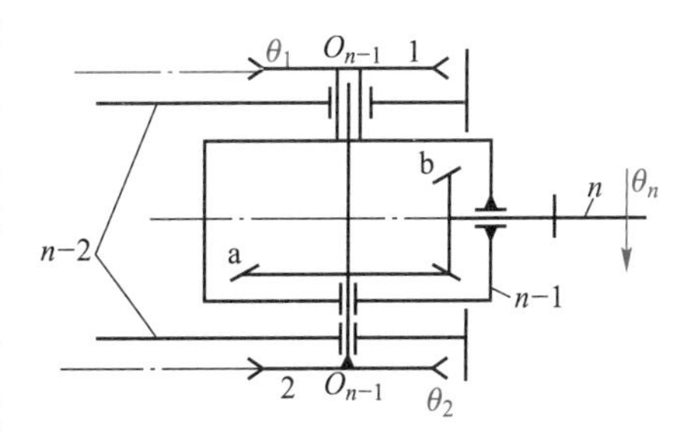

图 14-16　手腕机构

手腕机构的形式很多,下面介绍一种应用最广的具有两个自由度的手腕机构。图 14-16 所示的手腕机构由锥齿轮 a、b,系杆 $n-1$ 和小臂 $n-2$ 组成的差动轮系，由两个驱动装置传动。通常，驱动电动机安装在大臂关节上，经减速器减速后，用链传动将运动传到链轮 1、2 上。链轮 1 使手腕壳体 $n-1$ 相对小臂 $n-2$ 实现上下俯仰摆动；链轮 2 经锥齿轮 a、b 传动使手腕末杆 n（其上装有夹持器）相对手腕壳体（系杆）$n-1$ 作回转运动（θ_n），故该手腕机构具有两个自由度。若设两链轮 1、2 的输入角分别为 θ_1 和 θ_2，则手腕末杆 n 的回转运动角 θ_n 为

$$\theta_n=(\theta_2-\theta_1)z_a/z_b \tag{14-27}$$

由式（14-27）知，手腕末杆的转角 θ_n 不仅与末杆驱动转角 θ_2 有关，还与前一杆 $n-1$ 的驱动转角 θ_1 有关，把这种运动称为诱导运动（induced movement）。

在作手腕机构的运动设计时，要注意大、小手臂的关节转角对末端执行器的俯仰角均可能产生诱导运动。此外，手腕机构的设计还要注意减轻手臂的载荷，应力求手腕部件的结构紧凑，减小其重量和体积，以利于手腕驱动传动装置的布置，提高手腕动作的精确性和装配与调整的方便性。

（3）末端执行器的设计

机器人的末端执行器是直接执行作业任务的装置。通常，末端执行器的结构和尺寸都是根据不同作业任务要求专门设计的，从而形成了多种多样的结构形式。根据其用途和结构的不同可分为机械式夹持器、吸附式执行器、专用工具（如焊枪、喷嘴、电磨头等）和仿生手（或灵巧手）四类。就工业机器人中应用的机械式夹持器形式而言，多为双指手爪式，按其手爪的运动方式又可分为平移型（图 14-17a）和回转型。回转型手爪又可分为单支点回转型（图 14-17b）和双支点回转型（图 14-17c）；按其夹持方式又可分为外夹式和内撑式（图 14-17d）。此外，按驱动方式则有电动、气动、液压和记忆合金驱动四种。

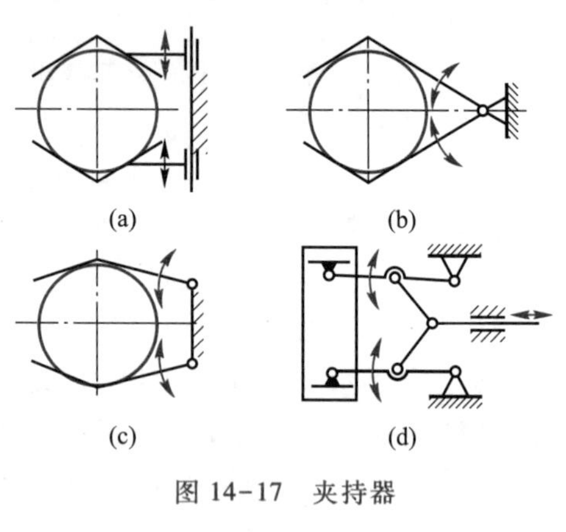

图 14-17 夹持器

设计末端执行器时，无论是夹持式或吸附式，都需要有足够的夹持（吸附）力和所需要的夹持位置精度。用机械式单支点回转型夹持器来夹持工件时（图 14-18），当所夹持工件的直径有变动时，将引起工件轴心的偏移量 Δ（称为夹持误差），故其夹持位置精度较低。为了改善夹持精度，可采用双支点回转型夹持器或采用平移型夹持器。

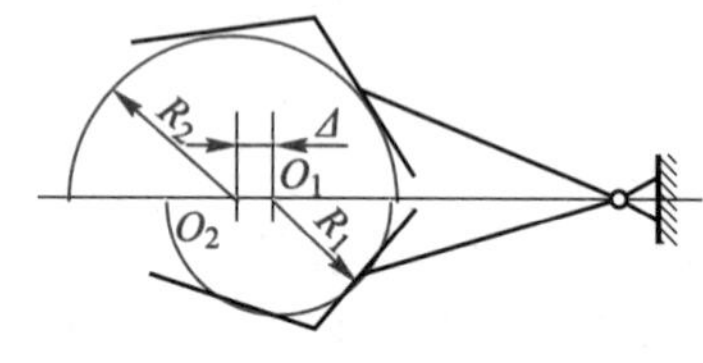

图 14-18 夹持误差

同样，在设计末端执行器时，应尽可能使其结构简单、紧凑、重量轻，以减轻手臂的负荷。

工业机器人手臂机构和手腕机构的驱动传动系统设计也是机器人机构设计的重要环节，传动系统的设计根据机器人完成作业任务的不同和驱动方式的不同而有很大区别，设计时可参阅有关著作。

2. 其他机器人机构设计简介

（1）轮式机器人

轮式机器人根据其轮子数量可分为两轮到八轮等不同的轮式机器人。由于轮式机器人

可有效地解决固定式机器人工作空间受限制的不足，所以在光或磁自动引导车、智能遥控车、探索机器人和服务机器人等领域获得了很广使用。

根据轮子配置方式不同，轮式机器人还可分为普通轮式机器人和全方位轮式机器人两种基本类型。普通轮式机器人属于车轮式机器人，其运动等同于传统陆地上的车辆，其轮式机构具有两个自由度，只需要两个驱动器。根据驱动轮位置不同，又有不同的设计：第一种设计为两个驱动轮中，一个起动力驱动作用，另一个则起舵轮作用。第二种设计为两同轴轮分别采用两个独立驱动，其余轮变为脚轮。前者存在两种不同的控制方法和结构复杂等缺点，而后者转向靠摩擦和惯性力来确定，结构简单。全方位轮式机器人具有三个自由度的运动能力，这充分增加它的机动性。这种轮子在轮毂的外缘上设置有可绕自身轴线转动的滚子(图 14-19)，这些滚子与轮毂保持一定的角度。它是具有三个自由度的轮式机构，即在支撑面上的两个移动运动和一个绕垂直轴的转动运动。就其轮子的形状而言，又可分为球形轮和麦卡姆(Mekanum)轮(图 14-19)。麦卡姆轮式两自由度机器人和普通轮式两自由度机器人一样，其结构的自由度数目大于其系统工作空间的维数。因而轮式机器人的控制不能用其轮子转动角位移来确定车体本身的位置和方向，需要按照冗余自由度机器人系统来处理。

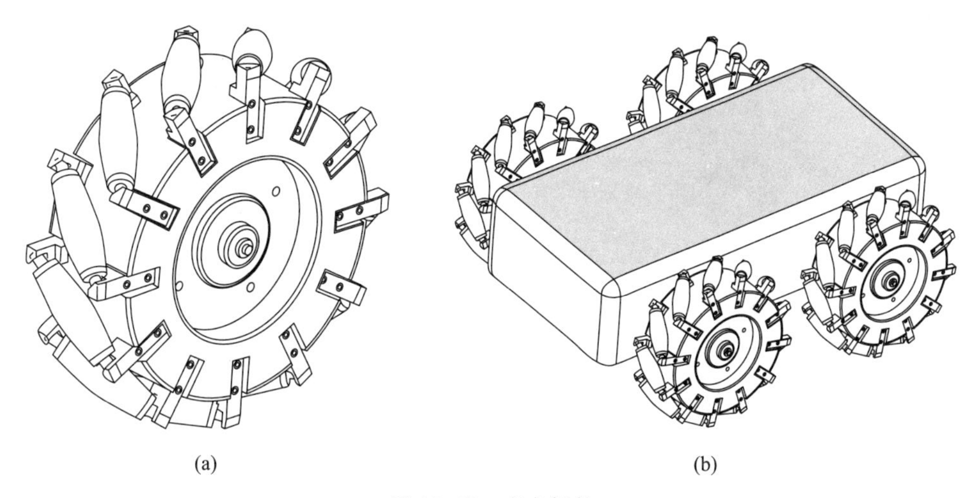

(a)　　(b)

图 14-19　麦卡姆轮

(2) 步行式机器人

目前步行式机器人有单足跳跃、双足及多足行走的多种机器人。由于步行式机器人的支撑域可以为一些孤立点，其身体与地面的相对运动可以完全解耦，即其身体运动可以不受地面不平度的影响，所以步行式机器人较轮式和履带式机器人更适用于在不规则地面上行走和复杂环境下作业，因而在探索、军事和服务等各领域具有更广泛的应用前景。

对于步行式机器人机构的设计，其运动稳定性是主要问题，需要考虑机器人行走时的静态稳定性和动态稳定性。静态稳定性只考虑在支撑位形下重力的作用，而动态稳定性则需要考虑重力和惯性力的共同作用。一般静态稳定性需要更多的支撑点，也就是比动态稳定性需要更多的腿。所以单足跳跃和两足步行机器人都需要靠动态稳定性来完成运动。两足机器人行走为两足交替着地，为具有静态平衡的能力常做成大脚式，而三足以上的机器人则均有静态平衡的能力，要易于维持动静平衡一般需四条腿。当前步行式机器人的研究已向着仿人式机器人的方向发展，属于机器人技术发展的最高境界。如图 14-20 所示为目前世界上智能仿人两足机器人一例，它就可以自主完成行走、小跑和上下楼梯等复杂动作。

(3) 灵巧手

为了完成复杂操作，尤其对于如书写或手术等要求运动精度较高的操作任务，人们期望机械手能像人手那样灵巧，这就要求设计灵巧手机构。灵巧手的设计，为了能灵巧抓住物体需要考虑手指和手掌的相对运动。通常，手指是多指的。手指机构是一个简单的、开式的和高冗余自由度的运动链，其自由度一般为 2~4；多指手的结构由一个以简单操作手为手掌和若干手指机构组成，当所有手指抓住物体时，则手指便形成多闭环的闭链。对于灵巧手，其手指机构的数目一般为 3~5。与关节独立驱动的串联式操作手不同，灵巧手的手指不都是独立驱动的。如一个手指机构是主动手指，而其他手指机构可以是从动手指，即可以用一个电动机来驱动五个手指运动，所以灵巧手往往是一个高冗余自由度的多体系统。随着各种驱动、传感和控制技术的不断发展，灵巧手的关节数和手指逐渐向仿人手靠近，如图 14-21 所示就为一个用记忆合金驱动的仿人多指灵巧手。

图 14-20　仿人机器人

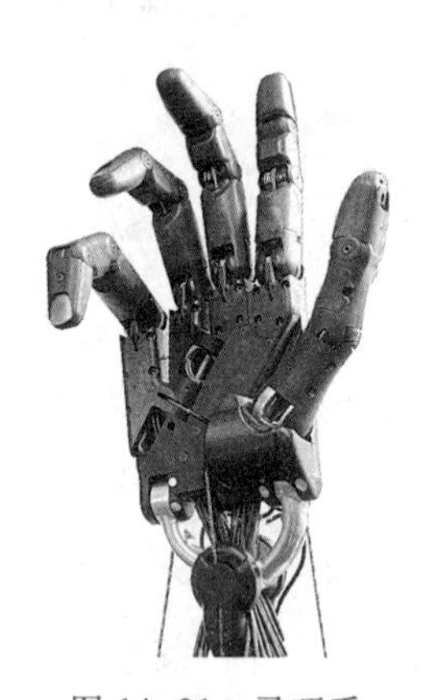

图 14-21　灵巧手

思考题及练习题

14-1　何谓工业机器人？什么是智能机器人？什么是仿生机器人？机器人与一般自动控制机器有何本质的区别？

14-2　机器人学与哪些学科有密切的关系？机器人学的发展对机械学科会产生什么影响？

14-3　何谓机器人的自由度、灵活度和工作空间？这些机器人的技术指标之间有无联系？它们对机器人的工作性能及应用有什么影响？

14-4　试画出直角坐标型（图 14-4）、球坐标型（图 14-6）和关节型（图 14-1）操作机的工作空间简图，并分析比较这些操作机的工作性能和适宜的作业范围。

14-5　图 14-22 所示为一三自由度平面机器人机构。已知机器人机构的结构尺寸和输入运动参数 θ_1、θ_2 及 θ_3（如图所示）。试求该机器人机构末端执行器的位姿方程。

14-6　图 14-23 所示为一个三自由度转动关节机器人机构。已知其结构尺寸和关节转角如图所示。试求该操作机末端执行器的位姿方程。

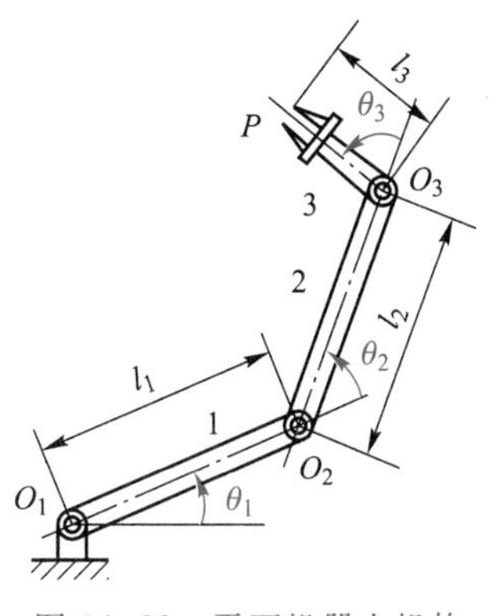

图 14-22　平面机器人机构

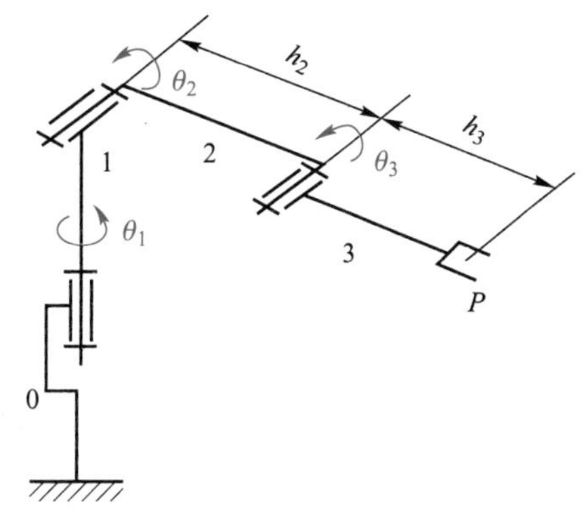

图 14-23　关节机器人机构

14-7　在题 14-6 中，试求该机器人机构的位姿逆解。

14-8　在题 14-6 中，若设其各主动件的角速度分别为 $\omega_1=\dot{\theta}_1$，$\omega_2=\dot{\theta}_2$ 及 $\omega_3=\dot{\theta}_3$，而其角加速度均为 0，试求该机器人机构末端执行器上工具中心点 P 的速度 $\boldsymbol{v}_P^{(0)}$、加速度 $\boldsymbol{a}_P^{(0)}$ 和杆 3 的角速度 $\omega_3^{(0)}$ 及角加速度 $\alpha_3^{(0)}$。

14-9　图 14-24 所示为 PUMA560 机器人机构的轴测简图，已知其结构尺寸及运动关节参数如图。试绘制该机器人机构的机构运动简图，并列出其机器人机构的运动学方程。

14-10　在题 14-9 中，试求 PUMA560 机器人机构运动学方程的逆解。

14-11　图 14-25 所示为两种具有三个自由度的手腕机构，其中图 a 为一偏置式手腕机构，图 b 为一球形手腕机构。试分析这两种手腕机构的结构，它们是如何实现手部回转运动 θ、俯仰运动 β 和偏摆运动 φ 的，是否会产生"诱导运动"？

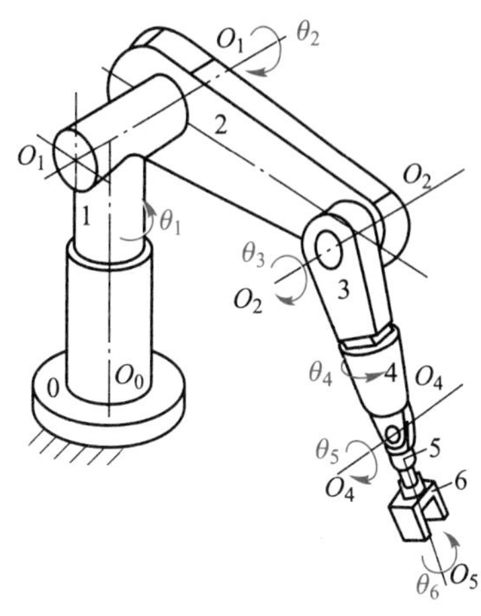

图 14-24　PUMA560 机器人

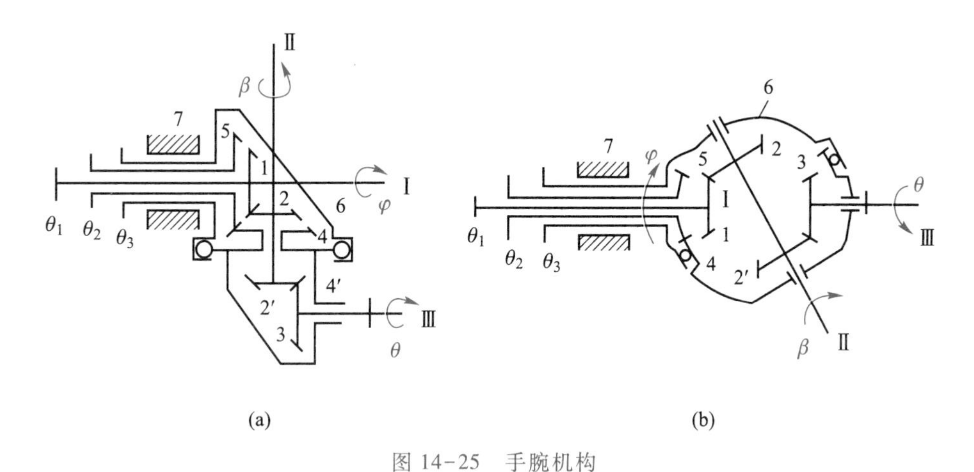

图 14-25　手腕机构

14-12　图 14-26 所示为一具有多自由度的关节式机器人机构及其驱动-传动系统运动简图。试分析其大臂 2、小臂 3 及手部 8 运动是如何实现的？为什么手腕机构及小臂驱动电动机 5、6 要安装在大臂的后端处？

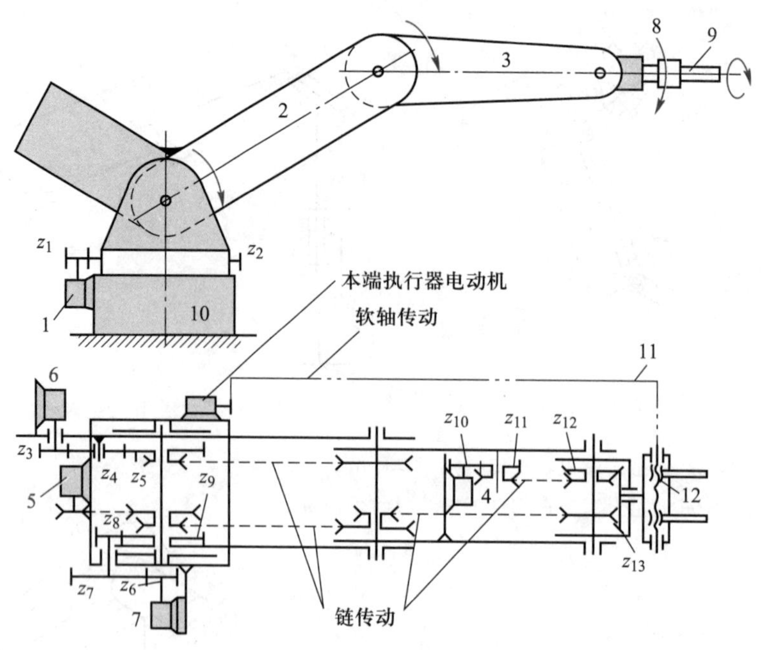

图 14-26　关节机器人的传动系统

阅读参考资料

[1] 陈作模．机械原理学习指南[M]. 5 版．北京:高等教育出版社,2008.
[2] 孟宪源．现代机构手册:下册[M]. 北京:机械工业出版社,1994.
[3] 李慧,马正先,逄波．工业机器人及零部件结构设计[M]. 北京:化学工业出版社,2017.
[4] 刘极峰,杨小兰．机器人技术基础[M]. 3 版．北京:高等教育出版社,2019.

参考文献

[1] 孙桓,陈作模,葛文杰. 机械原理[M]. 8版. 北京:高等教育出版社,2013.

[2] 陈作模. 机械原理学习指南[M]. 5版. 北京:高等教育出版社,2013.

[3] 罗伯特　诺顿. 机械原理:英文版[M]. 5版. 北京:机械工业出版社,2017.

[4] Neil Sclater. 机械设计实用机构与装置图册[M]. 5版. 邹平,译. 北京:机械工业出版社,2014.

[5] 罗伯特　诺顿. 机械设计[M]. 5版. 黄平,等,译. 北京:机械工业出版社,2016.

[6] 大卫 G 乌尔曼. 机械设计过程[M]. 3版. 黄靖远,刘莹,等,译. 北京:机械工业出版社,2006.

[7] K 洛克,K-H　莫德勒. 机械原理:分析·综合·优化[M]. 孔建益,译. 北京:机械工业出版社,2003.

[8] 森田钧. 机构学[M]. 东京:実教出版株式会社,2004.

[9] 王三民,诸文俊. 机械原理与设计[M]. 北京:机械工业出版社,2020.

[10] 傅祥志. 机械原理[M]. 2版. 武汉:华中科技大学出版社,2008.

[11] 齿轮手册编委会. 齿轮手册:上册[M]. 2版. 北京:机械工业出版社,2004.

[12] 张展. 渐开线圆柱齿轮传动[M]. 北京:机械工业出版社,2012.

[13] 华大年,华志宏. 连杆机构设计与创新应用[M]. 北京:机械工业出版社,2008.

[14] 邹慧君,张青. 机械原理课程设计手册[M]. 2版. 北京:高等教育出版社,2010.

[15] 谢进,万朝燕,杜立杰. 机械原理[M]. 3版. 北京:高等教育出版社,2020.

[16] 赵自强,张春林. 机械原理[M]. 2版. 北京:高等教育出版社,2020.

[17] 于红英,王知行. 机械原理[M]. 3版. 北京:高等教育出版社,2015.

[18] 邱丽芳,唐进元,高志. 机械创新设计[M]. 3版. 北京:高等教育出版社,2020.

[19] 邹慧君,颜鸿森. 机械创新设计理论与方法[M]. 2版. 北京:高等教育出版社,2015.

[20] 黄平. 摩擦学教程[M]. 北京:高等教育出版社,2008.

[21] 刘辛军,谢福贵,汪劲松. 并联机器人机构学基础[M]. 北京:高等教育出版社,2018.

[22] 于靖军,毕树生,裴旭,等. 柔性设计:柔性机构的分析与综合[M]. 北京:高等教育出版社,2018.

[23] 黄真,曾达幸. 机构自由度计算:原理和方法[M]. 北京:高等教育出版社,2016.

[24] 邹慧君,高峰. 现代机构学进展:第2卷[M]. 北京:高等教育出版社,2011.

[25] 张策. 机械动力学[M]. 2版. 北京:高等教育出版社,2008.

[26] 张义民. 机械振动学基础[M]. 2版. 北京:高等教育出版社,2019.

[27] 温宏愿,孙松丽,林燕文. 工业机器人技术及应用[M]. 北京:高等教育出版社,2019.

[28] 黄真,赵永生,赵铁石. 高等空间机构学[M]. 2版. 北京:高等教育出版社,2014.